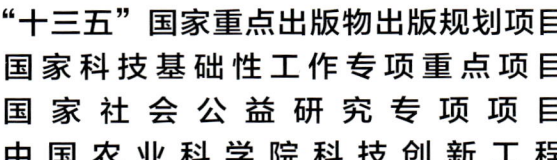

"十三五"国家重点出版物出版规划项目
国家科技基础性工作专项重点项目
国家社会公益研究专项项目
中国农业科学院科技创新工程

中国土壤剖面数据集

·甘肃卷

主　编　张维理

本卷主编　车宗贤　徐爱国　龙怀玉　崔增团　郭全恩

浙江科学技术出版社·杭州

版权所有　侵权必究

图书在版编目（CIP）数据

中国土壤剖面数据集. 甘肃卷 / 张维理主编；车宗贤等本卷主编. -- 杭州：浙江科学技术出版社，2024.6. -- ISBN 978-7-5739-1284-8

Ⅰ．S152.2

中国国家版本馆 CIP 数据核字第 2024170BZ2 号

书　　名	中国土壤剖面数据集·甘肃卷	
主　　编	张维理	
本卷主编	车宗贤　徐爱国　龙怀玉　崔增团　郭全恩	
出版发行	浙江科学技术出版社	
	杭州市拱墅区环城北路 177 号　邮政编码：310006	
	办公室电话：0571-85152719	
	销售部电话：0571-85176040	
排　　版	杭州万方图书有限公司	
印　　刷	浙江新华数码印务有限公司	
经　　销	全国各地新华书店	
开　　本	787mm×1092mm　1/8	印　张　55.5
字　　数	978 千字	
版　　次	2024 年 6 月第 1 版	印　次　2024 年 6 月第 1 次印刷
书　　号	ISBN 978-7-5739-1284-8	定　价　420.00 元
地图审核号	GS 浙（2024）312 号	

策划组稿	詹　喜　章建林	责任编辑	周乔俐	文字编辑	汪哲远
责任校对	赵　艳	责任美编	金　晖	责任印务	叶文炀

如发现印、装问题，请与承印厂联系。电话：0571-85155604

《中国土壤剖面数据集》
编委会

主　　任　赵其国

副 主 任　张维理

委　　员　（按姓氏笔画排序）

　　　　　　毛达如　　史学正　　刘　旭　　刘先林　　刘更另

　　　　　　孙　睿　　孙九林　　孙铁珩　　杨　鹏　　张洪江

　　　　　　张维理　　周健民　　赵其国　　陶　澍　　黄鸿翔

　　　　　　黄德明　　傅伯杰

《中国土壤剖面数据集·甘肃卷》
编写人员

主　　编　张维理

本卷主编　车宗贤　　徐爱国　　龙怀玉　　崔增团　　郭全恩

本卷编委　（按姓氏笔画排序）

　　　　　　车宗贤　　龙怀玉　　卢秉林　　田有国　　冯备战

　　　　　　杨思存　　杨蕊菊　　吴立忠　　张久东　　张认连

　　　　　　张怀志　　张维理　　徐爱国　　郭世乾　　郭全恩

　　　　　　黄鸿翔　　崔增团　　雷秋良　　冀宏杰

土壤大数据整合与数字制图

设　　计　张维理

制　　作　徐爱国　　张认连　　冀宏杰

程序编制　贾　萌　　吴章生　　严　豪

地图编辑　中国地图出版社集团有限公司

内容提要

本数据集以分县主要土壤类型与土壤剖面点分布图、土壤剖面理化性状表的形式，提供了我国各地详尽的土壤资源与质量的科学数据。全集共 25 卷，收录了全国 2200 多个县（市、区）的分县土壤图和 6 万多个土壤剖面的分层理化性状数据。根据各省级行政区土壤剖面数量和地域关联特征，既有一个省（自治区）的单卷，也有多个省（自治区、直辖市、特别行政区）的合订卷。各卷内容包含分县主要土类说明、主要土壤类型与土壤剖面点分布图、中心区气候特征图表，还含有全国和各卷所涉省级行政区的土壤图、土壤有机质含量图与地势图，以便读者在全国、省级和县级不同视角和尺度上，了解土壤资源与质量状况及其空间分布特征，以及土壤类型、土壤肥力与气候条件、地势、地貌之间的相互关联。

甘肃省地处黄土高原、青藏高原和内蒙古高原三大高原的交汇地带，山脉纵横交错，海拔相差悬殊，高山、盆地、平川、沙漠、戈壁等兼而有之，是山地型高原地貌，其地势自西南向东北倾斜。气候类型从南向北包括亚热带季风气候、温带季风气候、温带大陆性干旱气候和高原山地气候四大类型。年平均气温为 0—15℃，大部分地区气候干燥，干旱、半干旱区占总面积的 75%。年平均降水量为 36.6—734.9mm，从东南向西北递减。主要土壤类型有灰棕漠土、黄绵土、风沙土、灰钙土、褐土、冷钙土、棕漠土、黑毡土、黑垆土、栗钙土、灰褐土、草毡土、棕壤、寒钙土、灌漠土、粗骨土、石质土、草甸盐土、新积土、暗棕壤、寒冻土、草甸土、棕钙土、黑钙土、漠境盐土、灰漠土、红黏土、沼泽土、黄棕壤、潮土、黑土、山地草甸土、寒漠土、龟裂土、灌淤土、泥炭土、林灌草甸土、水稻土等 38 个土类。本卷收录了甘肃省 81 个县（市、区）2035 个典型土壤剖面的分层理化性状数据，便于读者了解甘肃省主要土壤类型的分布特征及剖面特征，可作为农业、林业、环境、气象、国土、水利、经济等领域的科研、管理、技术人员的工具书和参考书，也适合高等院校相关专业研究生参考使用。

序

万物土中生，有土斯有粮。土为万物之本，土壤的重要性是怎么强调都不为过的。现在，土壤相关数据已成为农业、林业、环境、气象、国土、水利等各部门、各行业的基础数据。土壤研究最基础、最重要的表现形式是土壤剖面数据，其反映了不同层次的土壤理化性状。然而，长期以来，我国一直缺乏一套完整的系统性表现全国各区域土壤性状的剖面数据。

中华人民共和国成立以来，我国曾开展了两次全国性土壤普查，其中20世纪70年代末开始的全国第二次土壤普查是迄今为止最完整的。当时全国挖掘了550余万个剖面，各地分县完成了大比例尺土壤图，数据完整且可靠性高；然而，限于种种因素，当时仅完成了全国范围小比例尺土壤类型图和养分图的汇总，未及时完成全国土壤剖面库的整理。这些纸质资料散落于各地，并且年代久远，面临丢失、损毁的风险。这些宝贵数据具有时空尺度的唯一性，一旦出现问题，将对国家和社会各层面造成无法挽回的损失。

自2001年起，在国家社会公益研究专项项目资助下，张维理研究员带领团队，在全国范围开始对分散存留各地的土壤调查资料进行抢救性收集和整理。2006年，科技部启动了国家科技基础性工作专项项目，"我国1∶5万土壤图籍编撰及高精度数字土壤构建"项目被列入首批重点项目并连续获得两期资助。该项目由中国农业科学院农业资源与农业区划研究所牵头，全国近20个科研单位（两期）共同承担任务，极大地加快了土壤数据抢救的进程，为编制本数据集奠定了基础。在参与本数据集编制的土壤科技工作者20年的持续努力下，在2019年度国家出版基金的资助下，在中国农业科学院科技创新工程的持续支持下，本数据集终于得以面世。

本数据集以涵盖全国2200多个县的土壤剖面分层数据为主体，首次同时展示了分县土壤图与典型土壤剖面分布图，描述了影响土壤发生的气候特征、主要土类的性状等，内容丰富，兼具专业性和科普性。全集共25卷，既有一个省、自治区的单卷，也有多个省、自治区、直辖市、特别行政区的合订卷。鉴于其数据的完整性、系统性、科学性，本数据集可成为我国资源环境领域的必备工具书之一。

本数据集至少可以应用于以下几个方面：

第一，直接服务于农业生产，保障粮食安全和食品安全。全国分县的不同土壤类型分层养分数据、土壤质地信息，可为科学施肥、土壤培肥与耕作措施的制定提供决策依据。

第二，为水利、环境、建筑、旅游等行业提供便捷、直观的土壤分层次基础信息。信息后标有剖面点经纬度，便于查询获取。

第三，对于土壤质量演变、耕地地力演变、碳储量、面源污染、气候变化等多学科研究具有土壤科学起始点数据意义。

我国疆域辽阔，编制本数据集需要对各地分县完成的大比例尺土壤图和土壤调查资料进行数字化整合，创建覆盖我国全域的高精度数字土壤，再进行分县土壤剖面表的提取与分县土壤图的缩编。本数据集的总数据处理量达到 TB 级且数据来源多而复杂、专业性强、处理难度大，按常规方法，需数万人历时多年方能处理完成。张维理研究员创造性地将数据科学、人工智能与人机交互设计原理引入土壤学范畴，首创土壤大数据方法，以土壤科学需求设计统领其他各层级设计，以智能化、自动化、人机交互式的数据分析流程替代人工流程，高效、精准地完成了土壤大数据的时空整合和表达，这一巨著才得以面世。作为两期项目的专家组组长，我亲历了整个项目的全过程，对张维理研究员勇于创新、踏实、勤奋、务实、敬业、有担当的优秀品质印象深刻，也深感钦佩！

本数据集的完成前后历时 20 年之久，直接参与数据收集、编撰人数近百人，涉及我国各省（自治区、直辖市）的土壤肥料相关单位。正是他们的付出和努力，才使得本数据集得以面世。衷心希望本数据集能在农业、林业、环境、气象、国土、水利以及肥料工业等领域发挥积极作用，更好地服务于我国经济和社会发展。

中国科学院院士 赵其国

2021 年 12 月

前 言

土壤是农业的基础，是陆地生态系统生命过程的基础，也是维持地球上能量与水的交换、生命元素循环的重要基础。《中国土壤剖面数据集》首次以分县土壤图和土壤剖面理化性状表的形式，提供了我国陆域全覆盖的土壤资源与质量的科学数据，为农业、林业、环境、气象、国土、水利等部门和相关行业精准了解各地土壤资源分布与质量状况，科学利用土壤资源，发展绿色农业、特色农业和节水农业，进行耕地保育、科学施肥、面源污染防治和基本农田保护等提供了科学依据；也为农业科学、环境科学及地学、气象、测绘、水利等多个学科领域的科研工作者研究陆地生态系统生产力演变、地球物质循环、气候与环境变化提供了基础数据。

编入本数据集的分县土壤图和土壤剖面理化性状表主要源于对全国第二次土壤普查（以下简称"二普"）调查资料的收集、整理、提取与汇总。二普是我国现代规模最大的以查清土壤资源和土壤肥力为主要目标的土壤资源综合调查，既完成了我国迄今为止最详尽的土壤分类调查，也首次在全国范围进行了较高密度的土壤采样化验，开启了我国用土壤理化性状量化指标描述土壤资源与质量状况的时代。二普地面调查采样实施于1979—1987年，通过550万个土壤剖面观测和采样，分县完成了1∶5万比例尺土壤图绘制和10万余个土壤剖面的分层采样、化验、记录，其中的土壤质量稳定性要素，如土体构造、质地、母质、成土条件、土壤类型等时效性长，CRT值（土壤特性响应时间，characteristic response time）达上千年，可长久使用；土壤有机质含量，氮、磷、钾含量，酸碱度，耕层厚度等土壤质量变化性要素为了解土壤与环境质量演变提供了重要信息。无论从数量还是质量上看，二普获取的土壤科学数据至今都是我国最详尽、最有价值的土壤资源基础数据，其精度与质量超过许多发达国家的土壤资源基础数据。

20世纪末期以来，全球性人口和经济快速增长导致的人均土地资源与水资源紧缺、环境污染、气候变化、粮食安全危机，使科学界对土壤及其形成过程的关注度不断提高，关注重点也从了解土壤与环境质量现状转变为弄清演变趋势、引致变化的内在机理和驱动因素。土壤圈处于地球大气圈、水圈、生物圈和岩石圈的交会处。土壤层中的生物过程和物质循环过程既活跃，又具有一定的稳定性，能较好地反映地球水圈、土壤圈、大气圈、生物圈及岩石圈五大圈层动态交互作用的结果。只要对近年来国际上关于碳足迹、气候变化的研究进展稍加关注，就可知晓具有时空维度的土壤科学数据对于阐明土壤与环境过程并弄清其驱动因素、预测未来土壤与环境质量变化具有无可替代的作用。本数据集编入的土壤质量数据既是我国在全国范围内首次完成的土壤理化性状的科学记载，也是40多年前对我国土壤质量变化性要素的客观记录，能帮助我们了解改革开放以来经济、农业高速发展以及农用化学品投入量高速增长对土壤与环境质量的影响，对了解我国土壤与环境质量时空演变亦具有起始点土壤科学数据的意义。本数据集编入的起始点数据使我们对全国土壤及相关过程的认识延伸了40多年。历史上的土壤调查结果不能被新的调查结果替代，这一不可替代性使得本数据集将成为我国农业与环境领域最具影响力的工具书和参考书之一。

本数据集既是我国老一辈土壤与农业科研工作者在全国土壤普查工作中取得的成果，也是数据集编制人员长期以来默默耕耘的结晶。二普完成的大比例尺土壤图件和土壤剖面理化性状主要为手绘纸质图件和非正式出版的铅印或油印资料，份数少且由各地自行保存。二普结束后，随着各地机构调整与人员变动，土壤调查资料被损毁或丢失严重，难以发挥作用。在我国多位知名科学家的倡议和推动下，"十一五"期间，"我国1∶5万土壤图籍编撰及高精度数字土壤构建"项目（2006—2017）被列为国家科技基础性工作专项重点项目。其目的是对各地宝贵的土壤科学数据进行抢救性收集、数字化和整合，提升我国科学研究与管理基础数据的条件。为实现这一目标，项目组研究人员首先对各地分散存留的纸质分县土壤调查资料进行了全面的收集、修复和整理。针对国际范围内缺少对异源、异质、异构、异形土壤大数据的提取、整合方法的难题，项目组研究人员积极探索、勇于创新，融合应用土壤学、地理信息系统技术、数据科学、人工智能、人机交互设计方法，创建了土壤大数据方法，以层级化的流程设计实现土壤科学层面的需求设计统领体系架构、数据流程及模块设计，以独立于数据流程的监控设计实现土壤科学家对全流程的掌控和人工干预，以智能化、人机交互式数据流程替代人工流程，优质、高效地完成了对各地异源土壤资料的审核、提取、过滤、分类、整合与表达，完成了覆盖我国全陆域的1∶5万比例尺土壤图绘制与土壤剖面点空间数据库建设工作。为满足各行各业准确了解我国各地土壤资源与质量状况的广泛需求，编者通过对1∶5万比例尺土壤图数据的缩编表达与10万余个土壤剖面理化性状数据的进一步提取，最终完成了本数据集的编制。

本数据集共25卷，收录了全国2200多个县（市、区）的分县土壤图和6万多个土壤剖面的理化性状数据。根据各省级行政区土壤剖面数量的多寡和地域关联特征，既有一个省（自治区）的单卷，也有多个省（自治区、直辖市、特别行政区）的合订卷。为便于读者了解全国及各省级行政区土壤资源与质量的分布特征，特别编制了全国及各省级行政区土壤图、土壤有机质含量图与地势图三个序图，读者可以方便地查询全国及各省级行政区任何地区拥有的主要土壤类型，了解其土壤有机质含量及地势、地貌特征。在各分卷中，分县土壤资源与质量性状由主要土类说明、中心区气候特征图表、分县主要土壤类型与土壤剖面点分布图以及土壤剖面理化性状表共同呈现。

本数据集既可作为工具书、参考书，供农业、林业、环境、气象、国土、水利、经济等领域的管理人员和技术人员使用，也适合高等院校相关专业研究生参考使用。

我国幅员辽阔，从收集、整理全国分县土壤调查资料，到完成覆盖我国全境的1:5万比例尺土壤图籍，再到完成本数据集的编制，来自全国近20家研究机构的科研人员组成项目组，辛苦工作了20多年。其间，本项工作得到了国家社会公益研究专项项目、国家科技基础性工作专项重点项目的长期、连续资助和在项目实施年限上给予的充分理解，同时得到了中国农业科学院科技创新工程的资助，全国50多家国家级及省级土壤、测绘、农业科研与管理机构的大力支持以及我国老一辈土壤科学家自始至终的关心和鼓励。在整个项目实施期间，有9位院士和7位长期从事土壤科学、农业资源环境研究的专家给予了直接和全程的指导。近20年间，项目组研究人员一方面要承担艰难而繁重的科研任务，另一方面要顶着多年没有科研产出的压力，没有他们的坚持和付出，就没有本数据集的面世。在此，谨向所有参加数据集编制的科研人员及对本项工作给予支持的部门和人员一并表示衷心的感谢！

由于本数据集包含的数据量庞大，且不限于土壤学本身，尽管我们在编撰过程中极尽斟酌，仍难免存在不足之处，敬请读者批评指正，以便今后修订完善。

中国农业科学院研究员

2021年12月

目 录

第一编　编制说明与序图

编制说明

编制目的	002
土壤数据基础知识	002
数据集内容	005
土壤数据来源	005
编制方法——土壤大数据方法	006
中国土壤图、中国土壤有机质含量图与中国地势图编制	007
分省土壤图、分省土壤有机质含量图与分省地势图编制	009
县域中心区气候特征图表编制	011
分县主要土壤类型与土壤剖面点分布图编制	012
分县土壤剖面理化性状表编制	012
土壤专题图与土壤剖面数据可靠性检验	017
参编单位	019

序　图

中国土壤图	020
中国土壤有机质含量图	022
中国地势图	024
甘肃省土壤图	026
甘肃省土壤有机质含量图	028
甘肃省地势图	030

第二编　分县土壤图与土壤剖面数据

兰　州　市

市辖区	034	皋兰县	043
永登县	039	榆中县	046

嘉　峪　关　市

市辖区	051

金　昌　市

市辖区	054	永昌县	057

白　银　市

市辖区	060	会宁县	069
平川区	063	景泰县	074
靖远县	066		

天　水　市

市辖区	080	甘谷县	101
麦积区	085	武山县	110
清水县	090	张家川回族自治县	114
秦安县	097		

武　威　市

市辖区	124	古浪县	135
民勤县	130	天祝藏族自治县	139

张　掖　市

市辖区	143	临泽县	160
肃南裕固族自治县	151	高台县	164
民乐县	156	山丹县	171

平　凉　市

市辖区	175	庄浪县	193
泾川县	180	静宁县	197
灵台县	184	华亭市	200
崇信县	188		

酒　泉　市

市辖区	204	阿克塞哈萨克族自治县	220
金塔县	207	玉门市	223
瓜州县	211	敦煌市	227
肃北蒙古族自治县	217		

庆　阳　市

庆城县	230	正宁县	246
环县	234	宁县	250
华池县	239	镇原县	255
合水县	242		

定　西　市

市辖区	259	临洮县	276
通渭县	263	漳县	280
陇西县	267	岷县	286
渭源县	272		

陇　南　市

武都区	291	西和县	318
成县	296	礼县	323
文县	299	徽县	327
宕昌县	305	两当县	334
康县	310		

临夏回族自治州

临夏县 ……………………… 340
康乐县 ……………………… 346
永靖县 ……………………… 351
广河县 ……………………… 355
和政县 ……………………… 360
东乡族自治县 ……………… 364
积石山保安族东乡族撒拉族自治县
……………………………… 369

甘南藏族自治州

合作市 ……………………… 374
临潭县 ……………………… 377
卓尼县 ……………………… 381
舟曲县 ……………………… 386
迭部县 ……………………… 392
玛曲县 ……………………… 396
碌曲县 ……………………… 400
夏河县 ……………………… 404

附　　录

附录1　甘肃省县级行政区及分县主要土壤类型与土壤剖面点分布图地域名对照表 …………………………………………………………………………………… 410
附录2　专题图基础地理要素图例 ……………………………………………… 412
附录3　土壤图土类图例 ………………………………………………………… 413
附录4　中国主要土壤类型简表 ………………………………………………… 415
附录5　甘肃省主要土壤类型表 ………………………………………………… 420
附录6　分省土壤有机质含量图有机质含量分级图例 ………………………… 422
附录7　甘肃省典型剖面0—20cm土层土壤理化性状中位数与平均数 ……… 423
附录8　甘肃省主要土地利用类型0—30cm土层土壤有机质含量 …………… 424
附录9　甘肃省耕地、园地、林地和草地中主要土壤类型占比 ……………… 425
附录10　《中国土壤剖面数据集》参编单位 …………………………………… 426

参考文献
……………………………………………………………………………………… 428

中国土壤剖面数据集·甘肃卷

第一编 | 编制说明与序图

编 制 说 明

编制目的

土壤是农业的基础，也是维持地球碳、氮、硫、磷等重要生命元素正常循环的基础。肥沃的土壤促进了人类文明的诞生和繁荣。科学研究表明，地球上种类繁多、形态各异的土壤是在气候、生物、地形、时间、成土母质五大成土因素共同作用下形成的。北京社稷坛铺设的青、白、红、黑、黄五种不同颜色的土壤（五色土），分别代表我国东、西、南、北、中五大区域的典型土壤。不同类型的土壤性状差别很大。例如，南方红壤呈酸性，易缺乏钾离子、钙离子、镁离子等阳离子，农业生产上要注意调酸和补充富含钾、钙、镁的肥料；而西部土壤有机质含量低，施用有机肥料和秸秆还田对提高地力至关重要。我国人均土地资源紧缺，要实现粮食安全、环境安全和可持续发展，需要精准掌握各地土壤资源与质量状况，做到因土制宜，科学管理。

《中国土壤剖面数据集》是国家自然资源基本资料之一，其首次以分县土壤图和土壤剖面理化性状表的形式，提供了我国各地详尽的土壤资源与质量科学数据，为农业、林业、环境、气象、国土、水利等部门了解各地土壤质量状况，科学利用土壤资源，发展绿色农业、特色农业和节水农业，进行耕地保育、科学施肥、面源污染防治和基本农田保护提供了基础数据，也为农业科学、环境科学及地学、气象、测绘、水利多个学科领域的科研工作者研究陆地生态系统生产力及其演变、地球物质循环、气候与环境变化提供了科学依据。

本数据集编入的土壤质量数据亦是我国在全国范围内首次完成的土壤理化性状的科学记载，对了解我国土壤与环境质量时空演变具有起始点数据的意义。通过这些数据，科研工作者可以追溯我国全国范围土壤与环境相关过程至20世纪80年代，分析和了解导致土壤质量变化的环境和人为因素，并对土壤与环境质量演变趋势进行预报与预警。历史上的土壤调查结果不能被新的调查结果替代，这一不可替代性使得本数据集将成为我国农业与环境领域最具影响力的工具书和参考书之一。

土壤数据基础知识

本数据集收录的土壤数据源于土壤调查。为便于读者了解和应用这些数据，本节对土壤调查的目标、内容与主要方法，土壤数据的时空维度特征，土壤数据的应用领域与时效性做一简要介绍。

（一）土壤调查的目标、内容与主要方法

土壤调查的主要目标是查清一个区域内土壤资源与质量状况及其空间分布特征。19世纪末期至20世纪中后期，各国土壤调查的主要目标是查清土壤类型及分布特征[1-2]。由于不同土壤类型最典型的区别是成土过程中形成的土壤剖面特征，因而在传统的土壤调查中，需要在调查区域内进行多点采样，并在每个采样点对0—1—2m深土体的土壤剖面进行分层采样、观测、理化性状分析，记录剖面各分层土壤理化性状，据此进行土壤

分类、命名，并最终依据多点调查结果完成土壤图的绘制。

20世纪末期以来，全球人口及经济快速增长导致人均土地资源和水资源紧缺、环境污染、气候变化与粮食安全危机，不同行业及学科领域对土壤生产功能和环境功能的关注度不断提高，土壤调查的核心内容也逐步从查清土壤类型分布特征转为土壤功能调查。土壤功能调查的目标是了解土壤生产力、土壤环境质量和土壤健康质量等。例如，为了耕地保育和科学施肥，需要进行土壤有效养分含量状况、土壤障碍因素调查；为了了解环境质量，需要进行土壤污染状况、土壤环境容量调查；为了发展节水农业，需要进行土壤保水性状调查；为了控制水污染，需要进行流域农田土壤氮、磷流失特征与风险调查。土壤功能调查的内容主要为可量化的，或含义单一且明确、易于被其他学科和行业认知的土壤功能性指标，如土壤有机碳含量、土壤重金属含量、土壤质地类型、耕层厚度等。在土壤功能调查中，也需要在调查区进行多点采样，并根据调查目标的不同，选择适宜的采样深度。例如，当调查目标是了解土壤有效养分供应量或农田土壤污染物含量时，通常仅对耕层土壤进行采样；当调查目标是了解土壤保水性能、土壤水土流失与养分流失性状时，则需要对较深的土壤剖面进行分层采样和观测。

较早的土壤调查主要通过地面多点采样来了解一个区域土壤资源与质量性状的空间分布特征。近年来，随着遥感技术、地理信息系统（GIS）技术、模拟技术与大数据技术的发展，土壤质量相关数据（如数字高程、土地覆盖、植被数据等）产生量急剧增长，这使得在大区域尺度内通过多类型相关信息精确地捕捉和表达土壤质量性状以及相关过程成为可能。在国际上，地面采样调查与辅助信息结合的方法——数字土壤制图方法（digital soil mapping）已成为土壤调查的重要方法[3]。该方法能利用采样设计、辅助信息、推理模型与地统计检验，大幅度减少地面采样和土壤理化性状测试分析的工作量。与传统方法相比，采用数字土壤制图方法进行土壤调查，可缩短调查周期，降低调查成本，提高用土壤专题地图表征土壤资源与质量性状空间分布特征的可靠性和精度，从而提高土壤调查的效率与质量。

（二）土壤数据的时空维度特征

在现代社会，农业、环境等领域的专业工作者要了解最新的土壤调查结果，更需要掌握未来土壤质量变化趋势，以便根据变化趋势、自然与人为要素对土壤质量的影响，制定具有针对性的政策与技术措施，实现高产、稳产和环境安全。要精确进行土壤与环境质量预测和预警，就需要对重要的土壤质量性状进行周期性的采样、调查、记录，构建具有时空维度的土壤质量数据。这意味着历史上完成的土壤调查不能被新的调查所替代，所以其结果十分宝贵。

土壤数据最重要的特征之一是时空维度特征。通过历史上的土壤调查结果记录，构建具有时间序列的土壤质量科学数据，能将土壤质量现状与土壤质量演变过程相关联，并以此对土壤质量演变趋势和导致其变化的因素进行分析、预测。而土壤数据标有空间坐标，便于科研工作者将土壤调查结果与其他类别的要素和过程，如与气候、地形、土地利用情况有关的变化信息，以及随施肥投入农田的碳、氮、硫、磷数据等相关联，从而进一步提高分析的精度和预测、预报的可靠性。

土壤圈处于地球大气圈、水圈、生物圈和岩石圈的交会处。土壤层中的生物过程和物质循环过程既活跃，又具有一定的稳定性，能较好地反映地球水圈、土壤圈、大气圈、生物圈及岩石圈五大圈层动态交互作用的结果。具有时空维度的土壤科学数据对于阐明土壤与环境过程并弄清其驱动因素、预测未来土壤与环境质量变化具有不可替代的作用。

近年来，具有地理坐标的土壤剖面点数据受到科学界的广泛关注。剖面数据记载了土体构造、剖面分层土壤理化性状，是了解成土过程的基础，也是构建推理模型，量化表征区域尺度土壤过程、流域水土流失与氮磷流失特征、碳氮循环与环境质量演变的基础。在过去的半个世纪中，尽管完成了大量的土壤剖面调查，但由于在较早的土壤调查中尚未使用全球定位系统（GPS）设备，各国在构建地理坐标的土壤剖面点数据库上差别较大。目前，美国完成了约2万个有地理位点标识的土壤剖面数据[4]，澳大利亚已完成约16万个有地理坐标的土壤剖面数据[5]，欧盟各成员国共享使用的土壤剖面数据库含4000个剖面的分层土壤理化性状数据[6]。本数据集则汇集了我国总计6万多个有地理坐标的土壤剖面数据。

（三）土壤数据的应用领域与时效性

表1汇总了本数据集编入的土壤理化性状及其主要影响因素与过程、时间变化特征、所关联的土壤质量性状和应用领域。

表1 土壤理化性状及其主要影响因素与过程、时间变化特征、所关联的土壤质量性状和应用领域

土壤理化性状	主要影响因素与过程	时间变化特征	所关联的土壤质量性状	应用领域
土壤类型	成土过程	变化慢	土壤肥力与环境质量	农业、水利、环境、建筑、肥料工业等
剖面深度（指剖面各土层厚度的总和）	成土过程	变化慢	土壤肥力、土壤环境容量、土壤保水和保肥性能、土壤持水性能	农业、环境等
土体构造（指土壤剖面各发生层有规律的组合，是土壤剖面最重要的特征）	成土过程	变化慢	土壤肥力、土壤环境容量、土壤保水和保肥性能、土壤持水性能、土壤透水性能	农业、水利、环境等
母质	成土因素	变化慢	土壤肥力、土壤矿物组成、矿质养分含量、土壤质地	农业、水利、环境、肥料工业等
质地	成土过程、母质	变化慢	土壤肥力、土壤环境容量、土壤持水性能、土壤耕性、土壤有机碳与养分含量、土壤重金属吸附性能	农业、水利、环境、建筑等
颜色	土壤氧化还原、淋溶等成土过程，土壤有机质累积过程	变化较慢	土壤肥力、土壤有机碳与养分含量	农业
土壤结构	成土过程、耕作措施	耕层：变化快；深层：变化慢	土壤水分、通气与养分供应状况，土壤持水性能、土壤透水性能、土壤阳离子交换量、土壤孔隙度、土壤松紧度、土壤耕性等多个土壤肥力相关性状	农业
有机质含量	成土过程、质地、土地利用、施肥、轮作等	变化较慢	与多项土壤肥力与环境指标密切相关，是土壤肥力最重要的指标	农业、环境、肥料工业等
全氮含量	成土过程、土地利用、施肥、轮作等	变化较慢	土壤肥力、土壤供氮性能	农业、环境等
全磷含量	成土过程、母质等	变化较慢	土壤肥力、土壤供磷性能	农业、环境等
全钾含量	成土过程、母质等	变化较慢	土壤肥力、土壤供钾性能	农业、环境等
pH	成土过程、酸雨、土壤调理剂施用等	变化快	土壤肥力、土壤养分有效性、土壤结构及重金属吸附性能	农业、环境、肥料工业等
碱解氮含量	土地利用、施肥等	变化快	土壤供氮性能、土壤氮素流失特征	农业、环境、肥料工业等
有效磷含量	土地利用、施肥等	变化快	土壤供磷性能、土壤磷素流失特征	农业、环境、肥料工业等
速效钾含量	土地利用、施肥等	变化快	土壤供钾性能、土壤钾素流失特征	农业、环境、肥料工业等
阳离子交换量	成土过程、黏粒、有机质含量、盐分含量	变化较慢	土壤供肥和保肥性能、土壤重金属吸附性能	农业、环境

在表1中，主要影响因素与过程指对某项理化性状起主要作用的过程和因素。例如，土壤类型、土壤剖面深度、土体构造、母质、土壤质地类型主要由成土过程或成土条件决定；土壤有机质含量和土壤全氮含量则受成土过程、施肥及轮作等农业技术措施的共同影响；在耕地土壤上，施肥等农业技术措施对土壤碱解氮、有效磷、速效钾等土壤有效养分含量的影响很大。

土壤理化性状的现势性主要取决于其影响因素与过程的时间尺度。自然条件下，成土过程通常需要数万年。受成土过程影响的土壤类型、土层厚度、土体构造、土壤质地类型、母质等土壤理化性状变化很慢，CRT 值（土壤特性响应时间，characteristic response time）达上千年，可称为土壤稳定性要素或慢变化性状，其相关数据时效性很长，可长久使用。而农田土壤有效养分含量、酸碱度、耕层厚度等土壤质量性状受施肥和耕作等农业措施影响大，变化较快。例如，农田土壤有效磷、速效钾养分含量，在大量施用磷肥、钾肥条件下，10 余年后可成倍提升。这些土壤理化性状亦可称为土壤变化性要素或快变化性状。

不同土壤理化性状的应用范围既取决于其现势性、时空维度特征，又取决于其所关联的土壤质量性状。土壤剖面深度、土体构造、质地、有机质含量等与土壤持水、保肥、通气和透水性能密切相关，可供农业、水利、环境、金融等行业用于农田稳产、高产性能，农田排灌设施规划与灌溉定额编制，农田水土流失风险分级，流域农田蓄水容量与降雨后流失水量分级，农田水、旱灾害风险分级，农田环境容量测算等各方面的地力评价。土壤有效养分含量、pH 与土壤需肥性状和调酸性状密切相关，可供农业、肥料生产和销售部门用于科学施肥和土壤改良。土体构造和质地、土壤结构、土壤有效养分含量还影响流域农田土壤养分流失特征，农业和环境部门在进行农业面源污染防控时，可利用这些土壤性状与其他要素共同编制流域污染源解析与控制类型区分布图，以便对农业面源污染采取分类型、分区段的源头控制措施。土壤有机质含量变化也是了解气候变化和碳减排措施效果的基础，对于环境管控和环境外交具有重要意义。

数据集内容

本数据集全集共 25 卷，收录了我国 2200 多个县（市、区）的分县土壤图和 6 万多个土壤剖面的理化性状数据。根据各省级行政区土壤剖面数量的多寡和地域关联特征，既有一个省（自治区）的单卷，也有多个省（自治区、直辖市、特别行政区）的合订卷。

为便于读者了解各地土壤资源与质量分布概况及其主要特征，编者为各分卷编制了省级行政区的土壤图、土壤有机质含量图与地势图三图。读者可通过分省三图查询各省级行政区任何地区拥有的主要土壤类型，了解其土壤有机质含量及其地势、地貌特征。此外，编者还编制了全国土壤图、土壤有机质含量图与地势图三图附于各分卷，供读者比较和了解各省级行政区土壤资源及质量特征同全国其他地区的区别和关联。

各分卷的第二部分为分县土壤图与土壤剖面数据。在每个省级行政区内，各分县按四部分展示土壤及其相关信息，即分县主要土类说明、本区域中心区气候特征、主要土壤类型与土壤剖面点分布图以及土壤剖面理化性状表。在本卷目录中，分县按民政部于 2022 年 3 月发布的《2021 年中华人民共和国行政区划代码》中的地级、县级行政区顺序排序。各分卷目录中仅收录了县域内有土壤剖面数据的县级行政区，无土壤剖面数据的县级行政区未纳入分卷目录中，并在附录 1 中对其进行了标注。

土壤数据来源

编入数据集的分县土壤图与土壤剖面理化性状数据主要源于全国第二次土壤普查（以下简称"二普"）。二普是我国现代规模最大的、以查清土壤类型和土壤肥力为主要目标的土壤资源综合调查。二普之前，我国土壤调查以观测性调查和定性评价为主，很少有采样化验。在总结之前国内外土壤调查经验的基础上，二普不仅完成了我国迄今为止最为详尽的土壤分类调查，也首次在全国范围进行了高密度土壤采样化验，开启了我国用土壤理化性状量化指标描述土壤资源与质量状况的时代。

二普地面采样调查实施于 1979—1987 年，调查区域基本覆盖我国全陆域。二普不仅地面采样密度高，科学性和系统性也比较突出。全国百余名长期从事土壤研究的科研工作者共同制定了全国土壤分类系统和统一的土壤调查技术规程[7]。在地面调查中，各地以 1∶1 万比例尺地形图作为工作底图，以乡为调查单元进行野外采样作业，全国共挖取土壤观察剖面 550 余万个，记录了 1—2m 深土体各发生层形态和特征，并根据土壤分类标准对土壤进行了分类和命名。对边远区、高寒区和无人区应用遥感解译方法，填补了之前土壤调查及成图中上述地区土壤数据的空白。在大量剖面土体观测和采样调查的基础上，完成了全国绝大部分分县 1∶5 万比例尺土壤图的绘制，牧区和边疆地区完成了1∶20万—1∶10万比例尺土壤图的绘制。二普还完成了10余万个典型剖面的分层采样，化验分析了剖面分层质地，有机质含量，大量、中量和微量元素含量，pH，阳离子交换量，土壤矿物组成等多项土壤理化性状，编制了分县土壤志。二普通过野外实地调查、采样和测试获取的土壤科学数据，至今仍是我国最详尽、最有实用价值的土壤资源基础数据，其精度与质量超过许多发达国家的土壤资源基础数据[8]。

如图1所示，收录于本数据集的土壤质量数据是对我国40多年前土壤质量状况的客观记录，亦是我国在全国范围内首次完成的土壤理化性状的科学记载，其中的土壤稳定性要素现势性较长，可在今后若干年间长期使用；而土壤变化性要素对了解我国土壤与环境过程的作用亦不可替代。这些数据使我们用现代科学手段研究各地土壤及相关过程的历史可上溯至20世纪80年代。

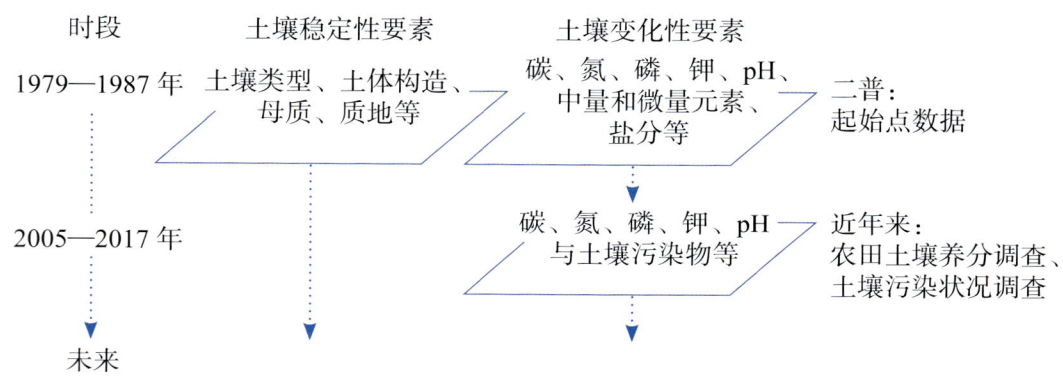

图1 全国性土壤调查所覆盖的时段

受历史条件限制，二普完成的大比例尺土壤图和土壤剖面理化性状主要为手绘纸质图件、非正式出版的铅印或油印资料，份数少且由各地自行保存。二普结束后，随着各地机构调整与人员变动，土壤调查资料被损毁或丢失严重。2000年以来，编者开始对各地分散存留的纸质分县土壤调查资料进行系统性收集、修复与整理，通过对宝贵的土壤科学数据的提取、整合和表达，我国科学研究与管理基础数据的水平得到了提升。本数据集收录的分县土壤图和剖面数据主要源于对全国分县土壤图、分县土种志和分省土种志的整理、提取、汇总与表达（表2）。

表2 数据集主要土壤资料与数据来源

资料类型	资料名称及数量	
土壤图（纸质）	1∶5万分县土壤图，总计约1600个县	
	1∶100万—1∶50万省级土壤图，总计570个县	
土壤剖面资料（纸质）	分县土种志：约2200册，计约2200个县；分省土种志：28册	
土壤有机质含量图（纸质）	全国、分省土壤有机质含量图	
农区土壤耕层采样数据（电子）	2005—2017年在全国农区采集的、含GPS坐标定位的1000万个采样点耕层有机质含量数据	

为编制全国与分省土壤有机质含量分布图，本数据集还使用了我国于二普期间完成的全国、分省土壤有机质含量图纸质图件和于2005—2017年在全国采集的1000万个具有GPS坐标定位的采样点耕层有机质含量数据[9]。

编制方法——土壤大数据方法

我国幅员辽阔，不同地区土壤的土壤类型及其质量状况和分布特征差别较大，各地土壤调查技术条件和水平差别也较大，因此各地分县完成的图件和剖面资料在形式和内容上有较大差异。在用异源土壤数据生成新数据时，新数据的科学性既取决于各异源数据本身的科学性和可靠性，也取决于数据整合采用方法的科学性和可靠性。例如，对分县剖面资料进行整合时，对国标上未出现过的土壤类型名进行归并需要有土壤分类学上的依据；用新的土壤调查数据对原有土壤有机质含量图进行更新，也需要有进行合并表达的科学依据。编制本数据集需要对海量异源数据进行提取、分析、整合、缩编与表达，数据分析流程复杂。同时，在数据分析过程中，土壤专业问题，非标准化数据问题，计算机硬、软件平台系统问题和数据分析员、程序员疏漏问题等可能引致多类别数据分析错误。若既要准确无误地完成各项数据分析技术任务，又要在繁复的数据分析流程中有效贯彻科学原则、实现数据分析科学目标，这就需要一套科学的方法体系。为此，本数据集编者通过研究异源非标准土壤数据特征，融合应用土壤学、数据科学、人工智能、人机交互设计方法与地理信息系统技术，创建了土壤大数据方法[10-11]。

土壤大数据方法是专门供土壤科研工作者使用的一种设计方法，是对经典土壤学研究方法的补充，主要适用于对海量异源土壤数据信息的提取、筛选、分析与表达。通过土壤大数据方法的使用，科研工作者能够分析、认识和阐明土壤性状及相关过程和规律。土壤大数据方法的主要设计规则为以层级化的流程设计实现土壤科学层面的需求设计统领体系架构设计，界定各分段流程目标和关联，部署低层级分段流程、模型和功能模块；以独立于数据流程的监控设计实现土壤科学家对全流程的掌控和人工干预。土壤大数据方法的设计内容包括数据科学分析目标与科学基础界定、数据流程体系架构、流程及软件工具设计、数据流程监控设计。设计中，所有节点均采用双命名制命名，即对流程中各节点数据同时进行土壤科学内涵命名和函数代码命名。应用以上设计方法编制设计文档，能在庞杂的异源、异质、异形、异构大数据分析中，实现以科学目标引领数据分析流程，以自动化、人工智能、人机交互式的数据流程替代人工流程，提高大数据分析效率。

在本数据集编制过程中，编者需要完成图件与资料数字化、矢量化，元数据构建，信息提取、过滤、分类、赋码，土壤空间数据逻辑结构、存储结构归一化，统计检验，数据整合，缩编表达、输出等多项数据分析任务，分段流程达1500余个，需要存储的重要节点数据超过2000个，数据量超过20TB。采用土壤大数据方法，编者自主设计和完成了6个土壤大数据分析工具软件包，其中包含157个功能模块（表3），设计文档的科学和工程目标实现率超过99%，为准确、高效完成数据集编制提供了保障，也为土壤学研究提供了新的方法。

表3　系列化土壤大数据分析软件包及其主要功能与模块数

软件包	主要功能	模块数/个
IMAT2.0（intelligent mapping tools）智能化制图工具	异源土壤空间数据的要素提取、过滤、分类、赋码、坐标转换，空间库要素与字段的编辑，图幅与图层的编辑，土壤要素空间库外挂属性表编辑与管理等	35
IMAT-big（intelligent mapping tools for big data）智能化大数据制图工具	超大土壤及相关要素空间数据的要素筛选、图层拆分、数据整合、节点监控、逻辑结构重组等分析	37
IMAP（intelligent map presentation）智能化地图表达工具	土壤大数据地图制图表达与输出	30
ISPA（intelligent soil profile data analysis）智能化土壤剖面数据分析	异源土壤剖面数据的信息提取、过滤、赋码、坐标匹配、检验、整合与统计等	22
ISPP（intelligent soil profile presentation）智能化土壤剖面表达	土壤剖面图表及辅助信息的表达	12
IMAT-SOM（intelligent mapping tools-SOM）土壤有机质制图工具	异源土壤有机质数据整合与表达	21

中国土壤图、中国土壤有机质含量图与中国地势图编制

编制全国三图的目的是便于读者在全国视角和尺度上了解我国各地区土壤资源与质量状况空间分布特征，土壤类型和土壤肥力与地势、地貌之间的相互关联。其中，土壤图用于展示土壤资源分布状况及与成土过程相关的土壤质量状况；土壤有机质含量图用于直观反映土壤肥力情况；地势图便于读者了解不同类型和肥力水平土壤的地势、地貌特征。全国三图的制图比例尺为1∶1300万。

全国三图中采用的境界、城市等基础地理信息要素源于中国地图出版社出版的《第一次全国地理国情普查地图集》[12]和《中国地图集》[13]。全国三图中，境界、水系、居民地、地级以上城市等基础地理信息要素的图示与图例表达见附录2。

（一）中国土壤图

由于制图比例尺小，中国土壤图是在二普完成的1:400万比例尺全国土壤图的基础上进行矢量化和缩编表达获得的。在缩编表达过程中，土壤类型仅保留了我国土壤分类系统中的第三层级——土类。

在土壤图中，土类颜色主要根据不同土类在其成土因素、发育程度下形成的典型颜色进行设计（附录3）。红色系供土壤富铝化程度高的土壤选用，如红壤、砖红壤、赤红壤等；黄色系、棕色系供干旱区发育程度低的土壤选用，如黄绵土、灰漠土、灰棕漠土等。受灌水、耕作和地下水影响大的土壤采用绿色系，如水稻土、灌淤土、潮土、草甸土等，表示土壤肥力较高，绿色植物生长茂盛；黑土、黑钙土、栗钙土、棕壤、褐土、黄棕壤、紫色土等分别选用深棕色系、褐色系、紫色系；盐土、碱土、沼泽土等植物生长有障碍的土类采用暗色系，如暗紫色系、灰褐色系、青灰色系等，表示土壤生产力低下，植物生长较差。这一颜色设计与国标相关规定一致[14]。

在图例中，按照我国主要土壤类型从南到北、从东向西的地带性分布规律对土类进行排序，附录4所列中国主要土壤类型的排序也按此规则编排。

（二）中国土壤有机质含量图

土壤有机质含量是指土壤中各种含碳有机物质的总和。土壤有机质主要包括土壤腐殖质、半分解的动植物残体、与土壤黏粒和细粉粒紧密结合的有机物质、土壤微生物体所含的有机物质等。以动植物残体形式进入土壤的有机物质成为土壤生物的食物，供养土壤生物的生命活动；在土壤生物，特别是土壤微生物作用下生成的土壤腐殖质，能够促进土壤团聚体形成，提高土壤保水、保肥、供水、供肥性能，提高土壤肥力，并大幅度提高耕地土壤高产、稳产性能。因此，土壤有机质含量是最重要的土壤质量指标之一。土壤有机质碳量是大气总碳量的2倍，是地球植被总碳量的3倍，参与地球陆域碳循环总碳量中80%的碳以土壤有机质碳的形式存在。研究显示，土壤有机质含量实质上是土壤有机碳投入和分解之间动态平衡的表现，影响这一平衡的主要因素为气候、土壤质地与土地利用方式，施肥和耕作等农业技术措施对其影响则相对较小。当影响平衡的主要因素未发生变化时，土壤有机质含量也比较稳定[15]。

中国土壤有机质含量图由各分省土壤有机质含量图（0—30cm土层）合并编制生成。制图用源数据和编制方法在分省土壤有机质含量图编制说明中加以叙述。

为展示全国范围的土壤有机质含量空间分布特征，编者在中国土壤有机质含量图的图示和图例表达中采用了有机质含量范围的非等距划分分级方式，将我国土壤有机质含量分为7个等级（表4），各分级所占我国陆域面积的比例也列于表中。其中，占我国陆域面积29%的"很低"和"低"两个分级的土壤（有机质含量小于10g/kg）主要分布于西北干旱地区，而"较高""高""很高"三个分级的土壤（有机质含量大于25g/kg）主要分布于东北、西南地区，这些地区森林覆盖率较高，雨量充沛，温度适宜，有利于土壤有机质的累积。

表4 中国土壤有机质含量（0—30cm土层）分级

分级	分级释义	有机质含量/（g/kg）	换算系数	有机碳含量/（g/kg）	占陆域面积/%
1	很低	≤5	1.724	≤2.9	5
2	低	5—10（含）	1.724	2.9—5.8（含）	24
3	较低	10—15（含）	1.724	5.8—8.7（含）	18
4	中	15—25（含）	1.724	8.7—14.5（含）	19
5	较高	25—35（含）	1.724	14.5—20.3（含）	9
6	高	35—45（含）	1.724	20.3—26.1（含）	16
7	很高	>45	1.724	>26.1	6

(三) 中国地势图

地势图是表示制图区域地貌特征的专题地图，强调表现地面的高低起伏、倾斜程度及其区域对比关系，以及与地形密切相关的河流、湖泊等水系要素分布特征，显示出制图区域山河分布的脉络体系、结构形式、各种地貌类型的形态特征。地势是影响土壤类型的重要因素，地势图也是编制土壤图、气候图、植被图等的基础。

中国地势图的地貌晕渲图采用 SRTM3 DEM（shuttle radar topography mission, digital elevation model, 2003）数据，考虑我国地势呈三级阶梯状分布的特点，按 0—50—100—200—500—800—1000—1200—1500—2000—2500—3000—3500—5000m 及以上设计高度表，以深绿色—黄绿色—棕色—紫色色调的象征色表示海拔由低向高过渡。其他矢量数据来源于中国地图出版社编制的 1:400 万《中国地形图》[16]。河流参照中国地图出版社编制的《中国河流、水运资料图》进行选取、表达，三级及以上河流全部选取，二级及以上河流标注名称，低级别河流适当选取以反映区域水系特点；成图面积 4mm² 以上湖泊和水库全部表示，但仅标注大型湖泊名称，小面积湖泊适当选取以反映区域特点，如青藏高原湖泊群分布；山脉、山峰参照中国地图出版社编制的《中国山脉资料图》选取，三级及以上山脉全部选取、表达，二级山脉主峰及知名山峰标注名称和高程，我国主要高原、平原、盆地和沙漠均选取、表达；自然地理要素分级参考中国地图出版社采用的地图编制分级系统；根据版面载负量情况选取省会、部分地级市和少量县级居民点（主要位于西部地区），居民地主要用于定位参照。

分省土壤图、分省土壤有机质含量图与分省地势图编制

编制分省土壤图、分省土壤有机质含量图与分省地势图三图的主要目的是使读者了解各省级行政区内不同地区土壤类型、土壤肥力与地貌的主要分布特征及其相互关联。其中，土壤图用于展示土壤资源分布状况及与成土过程相关的土壤质量状况；土壤有机质含量图用于直观反映土壤肥力情况；地势图便于读者了解不同类型和肥力水平土壤的地势、地貌特征。为便于比较，每个省级行政区的分省三图采用的比例尺相同，制图则采用幅面固定、各省级行政区制图比例尺自适应方法。

分省三图中采用的境界、城市等基础地理信息要素源于中国地图出版社出版的《第一次全国地理国情普查地图集》[12]和《中国地图集》[13]。分省三图中，境界、水系、居民地、地级以上城市等基础地理信息要素的图示与图例表达见附录 2。

（一）分省土壤图

为编制数据集用分省土壤图，编者对二普完成的纸质分省土壤图（原图比例尺主要为 1:50 万）进行了地理校正、空间要素提取、图层与分级码标准化、土壤学专业校正、属性表制作、挂接和专题图缩编表达。在缩编表达过程中，制图比例尺一般在 1:200 万—1:100 万之间。由于制图比例尺较小，土壤类型仅保留了我国土壤分类系统中的第三层级——土类。各土类颜色与中国土壤图中采用的土类颜色相同（附录 3）。在分省土壤图中，按照我国主要土壤类型从南到北、自东向西的分布规律对图例中的土壤类型进行排序。附录 4 所列中国主要土壤类型的排序也按此规则编排。附录 5 列出了甘肃省主要土壤类型及其占省级行政区域面积百分比。

（二）分省土壤有机质含量图

1. 数据源说明

本数据集中，土壤剖面理化性状表给出了有确切时间和空间坐标的剖面信息。分省土壤有机质含量图的主要作用是便于读者直观了解各省级行政区最重要的土壤肥力指标——土壤有机质含量的空间分布特征。

二普中，受当时技术条件限制，全国仅完成了比例尺为1∶400万的纸质土壤有机质含量分布图的绘制，19个省、自治区、直辖市完成了比例尺为1∶250万—1∶50万的纸质分省土壤有机质含量分布图的绘制。直接采用小比例尺纸质图矢量化生成的土壤有机质含量等级划线图作为分省土壤有机质含量图，存在有机质含量分级的级差大、信息均化、图斑大、制图精度不够等问题，难以精细表现一个省级行政区域内土壤有机质含量的空间分布特征。

2005—2017年，我国在农区进行了测土施肥，农田耕层采样点达到1000万个。这批数据的主要优点是采样密度大且有空间坐标，通过对这批数据进行空间插值分析，可较精细地展示各地农田土壤有机质含量分布特征；其缺点是采样点主要集中于占陆域面积不到20%的农田，仅采用这批数据难以绘制覆盖全域的土壤有机质含量分布图。考虑到土壤，尤其是林地、草地土壤的有机质含量变化较慢，在制图中采用了混合时段数据合并表达的方式。对无测土数据的林地、草地等，仍然采用从小比例尺土壤有机质含量等级划线图中提取的数据；对有测土数据的农田，则采用2005—2017年间耕层采样数据，对原有数据进行了更新。通过对两源数据的提取、土层转换、合并、插值，最终生成各省级行政区土壤有机质含量分布图（土层厚度0—30cm），这样既可较精细展示出各省级行政区土壤有机质含量的空间分布特征，也能保证所做专题图有很强的现势性。

三个数据源制图表达结果比较显示，采用异源数据合并表达的方式制图，各分省图展示的有机质含量空间分布特征与二普小比例尺图相近，但制图精度有较大改进，一个省级行政区域内土壤有机质含量的空间分布特征更为清晰（表5）。

表5 三个数据源制图表达结果比较

数据源	土壤有机质含量图制图表达效果	
	优点	存在问题
采用二普完成的手绘图	小比例尺手绘图中，土壤有机质含量地带性分布特征十分明显；基本无数据空区	局部地区图斑大，制图精度不够
采用新的测土数据插值生成	有数据的区域制图精度高	占陆域面积约80%的林地、草地和一些县域无新的测土数据，难以通过采样点插值生成覆盖全域的有机质含量图
异源数据合并表达	基本无数据空区；制图精度有较大改进；小比例尺图中土壤有机质含量的地带性分布特征被保留	用混合时段数据表达全陆域土壤有机质含量分布状况，其中林地、草地数据主要源于20世纪80年代采样数据，农田数据更新至2017年

表6汇总了分省土壤有机质含量图的主要制图信息。制图采用异源数据合并表达的方式，生成的分省土壤有机质含量图所代表的时间段为1979—2017年，图中核算土壤有机质含量的土层厚度为0—30cm。

表6 分省土壤有机质含量图制图信息

制图数据	异源数据合并表达
采样时间	草地、林地及其他非农田土壤采样时间段为1979—1987年，农田土壤采样时间段为2005—2017年
土层厚度	0—30cm（对采样深度不足0—30cm的耕层采样数据，用剖面数据进行了土层厚度转换，统一转换为0—30cm）
制图方法	普通克利金插值（ordinary Kriging）
网格尺寸	200m

2. 制图表达说明

我国地域辽阔，各地土壤有机质含量差异极大。西北部地区降水量少，土壤粗砂粒含量高，风沙土、漠土大量分布，占我国陆域总面积的12.6%，其0—30cm土层内有机质平均含量不到10g/kg；东北部地区雨量充沛，气候、植被有利于土壤有机碳累积，其0—30cm土层有机质平均含量在40g/kg以上。另外，一些省级行政区的土壤有机质含量变化范围很宽，如内蒙古土壤有机质含量主要为4—70g/kg；而北京、山东等地土壤有机质含量变化范围很窄，为7—17g/kg。

为使各省级行政区域内土壤有机质含量空间分布特征均能得到充分展示，编者在分省土壤有机质含量图的图示和图例表达中对有机质含量范围进行等距划分分级，根据各省级行政区土壤有机质含量分布特征，将有机质含量分为7—14个等级。各分级的颜色设计及其RGB与CMYK色码见附录6。

（三）分省地势图

根据各省级行政区的成图比例尺和地形特点，选取合适精度的数字高程模型（DEM）栅格数据，确定设色原则和色层表进行分层设色，编制彩色晕渲的分省地势图。图中的河流水系及山峰、山脉等地理要素基于中国地图出版社研制的多尺度中国地图数据库选取，按各省级行政区地图设定的投影参数和比例尺投影转换后进行数据融合处理，再进行图形化编辑和地图整饰，最后输出成图。各省级行政区的彩色地貌晕渲图，按0—50—200—500—1000—1500—2000—3000—4000—5000—6000m及以上设计统一的高度表，但对一些低海拔平原地区，如天津、山东、上海等省、直辖市，则增添了20m等高距。确定统一的设色原则，建立色层表，以深绿色—黄绿色—棕色—紫色色调的象征色过渡方式表示海拔由低向高过渡，低海拔地区以绿色为主，中海拔地区以棕色为主，高海拔地区的高寒地带则用冷色调紫色。地势图中的其他地理要素，地级市及以上级别居民地全部选取，县级居民地根据图面载负量情况酌情选取；河流按等级选取以反映地域水系结构特点，主要河流加注名称；成图面积4mm²以上的湖泊和水库全部选取，大型湖泊、水库加注名称，适当选取小面积湖泊以反映区域分布特点；山脉按等级选取，仅标注主要山脉主峰和知名山峰。

县域中心区气候特征图表编制

气候是五大成土因素之一，也是土壤质量的重要影响因素。为便于读者了解各地土壤资源与质量状况及其与气候特征的关联，编者编制了各县域中心区（位于各县域中心点、代表面积约为400km²的区域）气候特征值表、月平均气温与月平均降水量分布图。各县域中心区气候特征值是通过对160个中国地面国际交换站的气象年值、月值以及日值数据的计算和空间分析获得的。气象数据的相关用语也采用中国地面国际交换站所用的表达方式。鉴于各地气候特征值需要依据多年气象观测数据分析和提取，而二普采样时段为1979—1987年，因此采用了1971—2000年共计30年的年值、月值和日值气象数据，气象数据时段覆盖二普采样时段。

在分县气候特征值编制过程中，先从相应的各数据源中提取出各站点年值、月值以及日值数据，再按照表7所示计算方法，计算160个站点的各项气候特征值并对其分别进行插值计算，获得覆盖我国全域、网格尺寸约为20km的网格化气候特征年值与月值数据，最后再与县域中心点图层叠加，提取出各县中心区气候特征值。各县所处气候带则是通过县域中心点图层与中国气候区划图叠加后提取获得的[17]。

表7　县域中心区气候特征值的计算方法与数据来源

县域中心区气候特征	计算方法	气象数据来源
年平均气温 /℃	30年的年值平均	中国地面国际交换站气候标准值年值数据集（160个站点，1971—2000年）
年平均最高气温 /℃		
年平均最低气温 /℃		
年降水量 /mm		
年平均相对湿度 /%		
年日照时数 /h		
月平均气温 /℃	30年的月值平均	中国地面国际交换站气候标准值月值数据集（160个站点，1971—2000年）
月平均降水量 /mm		
≥10℃的积温 /℃	一年中日平均气温≥10℃的温度值加和	中国地面国际交换站气候资料日值数据集（160个站点，1971—2000年）
干燥度	修正的谢良尼诺夫公式：$$干燥度 = 0.16 \times \frac{全年 \geq 10℃的积温}{全年 \geq 10℃期间的降水量}$$	
气候带	提取	1:3200万中国气候区划图

分县主要土壤类型与土壤剖面点分布图编制

编制分县主要土壤类型与土壤剖面点分布图的主要目的是使读者在一个较小的图幅上也能大致了解一个县域内主要土壤类型概况。编者通过对全国 1∶5 万土壤图的缩编表达，为有土壤剖面数据的县级行政区编制了分县主要土壤类型图。受地图幅面限制，在分县土壤图中，仅保留了我国土壤分类系统中的第三层级——土类，通过缩编滤掉了亚类、土属、土种信息。

各分县主要土壤类型与土壤剖面点分布图的制图采用幅面固定、制图比例尺自适应的方法，制图比例尺一般为 1∶35 万—1∶20 万，自适应制图由编制者自行设计的软件模块自动完成。

在分县主要土壤类型与土壤剖面点分布图中，各土类颜色与中国土壤图中采用的土类颜色相同（附录 3）。图中各土类在图例中的排序则按各土类占本县县域面积比例从大到小的顺序排列，便于读者了解本县内主要土壤类型的分布。

在分县主要土壤类型与土壤剖面点分布图中，为便于读者查找，剖面点按照其在图面的位置，先左后右、先上后下顺序编码，编码过程也由 ISPP 软件包（表 3）中的模块自动完成。

分县主要土壤类型与土壤剖面点分布图中的基础地理底图来源于国家基础地理信息中心提供的 1∶25 万 DLG（公众版）数据（使用许可协议编号：非 2011-1011），基础地理信息要素的图示与图例表达主要参照相关国标（详见附录 2）。为保证本数据集中主要土壤类型与土壤剖面点分布图的内容和土壤剖面数据表对应，分县主要土壤类型与土壤剖面点分布图中的市级界线、县级界线均采用二普时的普查界线，并以此作为分县主要土壤类型与土壤剖面点分布图的分幅标准。为兼顾地名位置定位准确性和图书实用性，地图中乡镇级及以上居民地分别根据新版《中华人民共和国行政区划简册》和各省级行政区地图册进行了更新，现势性截至 2021 年 12 月。为更好地表现全书的系统性与协调性，在地图下方加注说明县级行政区划变更情况，部分市辖区图幅的图名根据图上县级居民点进行了更新。

二普后，随着城市化的加快，城市周边土地利用情况变化很大，居民地面积大幅增加，导致一些分县土壤图中的土壤面积占县域面积比例和分县主要土类说明中的一些土类面积占县域面积比例较二普时均有下降。在一些大城市周边县（市、区），土地利用情况的变化使各类土壤总面积不到县域面积的 60%。

二普时，分县完成了 1∶5 万比例尺土壤图编绘后，还通过省级汇总和缩编制图，完成了 1∶50 万比例尺省级土壤图。在省级汇总中，对一些分县土壤图中原有土壤类型名进行了修订。例如，浙江在进行省级汇总时，将分县土壤图中原命名为侵蚀型红壤亚类的大部分土属划归粗骨土类；安徽、湖北等省在省级汇总时将黏盘黄棕壤亚类改为黄褐土类。在对二普调查成果的数字整合中，编者仅收集到约 1600 个县的大比例尺土壤图（表 2）。对大比例尺图数据缺失的县，则以省级土壤图裁切方式进行了补全。这种补全虽有利于完成覆盖我国全域的高、中精度土壤图，但也引起了在一个省级行政区里源于分县和分省的两类土壤图中土壤分类命名不统一的问题，编者在尽量保持调查资料原始记载的前提下，对这类问题进行了力所能及的修订。

分县土壤剖面理化性状表编制

分县土壤剖面理化性状表是本数据集的主体内容。前文已对各项土壤理化性状应用范围以及从分县纸质土种志中进行信息提取、表达和制作的方法做了说明，本节仅对土壤理化性状测试方法、剖面点坐标匹配方法与土壤剖面分类名的修订加以说明。

（一）土壤理化性状测定方法

本数据集所列土壤理化性状的测定方法见表 8。其中，土壤有机质含量，土壤氮、磷、钾全量与有效态含量，pH，土壤阳离子交换量的测定方法以及土壤分类方法均为国标方法。剖面理化性状表中的土壤全氮、全磷、全钾、碱解氮、有效磷、速效钾含量均以 N、P、K 纯养分量计。

在二普中，我国大多数地区土壤质地分级采用了卡庆斯基制，仅极少数地区采用了国际制。其中，卡庆斯基制采用了简制，将土壤质地分为 3 组 9 种类型；国际制将土壤质地分为 12 种类型（表 9）。由于两种分级制中的质地分级名并无重复，因此在分县土壤剖面理化性状表中未对两种分级制的分级名进行合并。

表 8　土壤理化性状的测定方法

土壤理化性状	测定方法
有机质	湿灰化或干灰化消化后，重铬酸钾滴定法测定（丘林法）
全氮	凯氏定氮法测定
全磷	酸溶或碱熔消化后，钼锑抗比色法测定
全钾	碱熔或酸溶消化后，火焰光度法或四苯硼钠比浊法测定
pH	水浸提法，水土比为 5∶1 或 2∶1
碱解氮	扩散吸收法（康惠法）测定
有效磷	中性及石灰性土壤：Olsen 法测定；酸性土壤：Bray 法测定
速效钾	醋酸铵浸提后，火焰光度法或四苯硼钠比浊法测定
阳离子交换量	醋酸铵法测定

表 9　卡庆斯基制与国际制土壤质地分级名

等级序号	卡庆斯基制[1] 土壤质地分级名	等级序号	国际制[2] 土壤质地分级名
1	松砂土	1	砂土
2	紧砂土	2	壤质砂土
		3	砂质壤土
3	砂壤土	4	壤土
4	轻壤土	5	粉砂质壤土
5	中壤土	6	砂质黏壤土
		7	黏壤土
6	重壤土	8	粉砂质黏壤土
7	轻黏土	9	砂质黏土
		10	壤质黏土
8	中黏土	11	粉砂质黏土
9	重黏土	12	黏土

注：1）卡庆斯基制指按卡庆斯基粒径分级的质地分类。该分类制有简制和详制两种。简制有 3 组 9 种质地，其主要特点是将土粒分为物理性黏粒和物理性砂粒两级；按物理性黏粒或物理性砂粒的数量进行质地分类，而不是按照砂粒、粉粒、黏粒三个粒级的质量比分组。详制是在简制的基础上，把 9 种质地进一步细分为 39 种质地类别，把含量最多和次多的粒组作为冠词，顺序放在简制名称前面，主要用于土壤基层分类及大比例尺制图。卡庆斯基还提出根据石砾含量而定的附加分类，也可作为质地分类的冠词，主要应用于山地土壤的质地分类。

2）国际制土壤质地分类在第二届国际土壤学会上通过，根据砂粒（粒径 0.02—2mm）、粉粒（粒径 0.002—0.02mm）、黏粒（粒径小于 0.002mm）三粒组含量的比例，通过国际制土壤质地分类三角图，以黏粒含量为主要标准，小于 15% 者为砂土质地组和壤土质地组，15%—25% 者为黏壤组，黏粒含量大于 25% 者为黏土组，划定 12 种质地类别。

（二）土壤剖面点的坐标匹配

含地理坐标的剖面数据可直观展示该土壤剖面点所代表土壤的土层厚度、土体构造及理化性状等特征，也是构建推理模型，进行土壤及其理化性状数字制图的基础。

二普完成的分县土种志中虽无典型剖面地理坐标记载，却有关于剖面采样地点、景观和土壤剖面分类命名的详细记录，如乡镇名、村名、高程和土类、亚类、土属、土种名等。从 1∶5 万土壤类型图与 1∶5 万基础地理信息数据库中也能提取出上述信息。在 1∶5 万比例尺空间数据库中，空间对象分辨率可达到 100m×100m 精度，折合为 1hm²。在全国性土壤调查中，对于选择、确定典型剖面采样点点位，通常要求其所代表的土壤类型在面积上能代表采样点周围 100 亩（1 亩 ≈ 666.7m²）以上的土壤，通过这种匹配方法获得的点位对实际采样点点位有较高的代表性。

为了使分县土种志中记载的剖面数据获得坐标，编者构建了多要素土壤剖面点坐标匹配模型，无空间坐标的土壤剖面从 1∶5 万土壤类型图和基础地理信息数据库中获得空间坐标。坐标匹配模型工作机制如图 2 所示。首先，从分县土种志中提取出 A 源数据，即每个剖面隶属的土类、亚类、土属、土种名及剖面采样点地名、采样点高程等多要素信息；然后，用分县 1∶5 万土壤图与多要素基础地理信息数据库叠加，生成含土类、亚类、土属、土种名和村名、乡镇名、高程等要素信息的空间数据，即 B 源数据；最后，利用多要素匹配模型，逐县对 A、B 两源数据进行匹配。当 A 源数据中某剖面点土类、亚类、土属、土种名和采样点地名、高程与 B 源数据中某土壤要素空间对象的四个土壤分类名、地名、高程等多要素信息一致时，该剖面点获得 B 源数据中土壤要素空间对象中心点坐标。若一个县域内，某剖面点与 B 源数据中多个空间对象存在配对关系，则取其中面积最大的空间对象的中心点坐标。

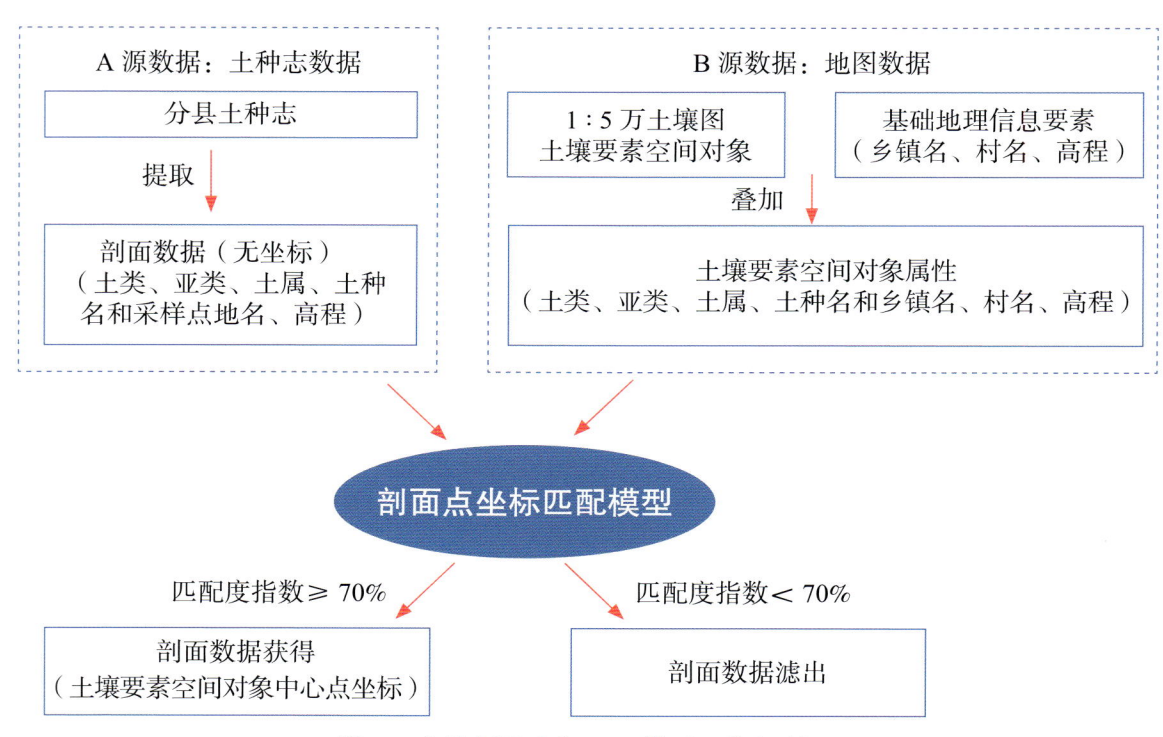

图 2　土壤剖面坐标匹配模型工作机制图

为衡量每个土壤剖面坐标匹配的质量，在匹配模型中植入了匹配度评价模型，分析和提取每个土壤剖面点坐标匹配中多要素信息的吻合度。匹配度指数较高，代表两源数据中的土类、亚类、土属、土种名和地名、高程等多要素信息一致性高；匹配度指数较低，代表 A、B 两源多要素信息存在一些不一致性；匹配度指数小于 70% 的剖面数据会被滤出，该剖面也会从分县土壤剖面理化性状表中删除（表 10）。利用坐标匹配模型，从分县土种志中提取出的 10 万余个剖面数据中，有 6 万多个获得了地理坐标并被收录于本数据集的分县土壤剖面理化性状表中，有约 3 万个由于匹配度指数较低被滤出。

表 10　坐标匹配的匹配度指数及释义

匹配度指数 / %	释义
90—100	匹配度高：A（分县土种志）、B（地图）两源数据中乡镇名、村名和三个以上土壤分类名（土类、亚类、土属、土种）、高程均一致
80—90	匹配度较高：A、B 两源数据中乡镇名、村名和两个土壤分类名（土类、亚类）、高程一致
70—80	具有一定匹配度：A、B 两源数据中乡镇名、村名、土类名、高程一致
＜ 70	匹配度较低：A、B 两源数据中地名和土类名不能全匹配

为检验通过匹配模型获得地理坐标的剖面对当地土壤类型是否具有代表性，编者自 2008 年以来，在河北、

山东、黑龙江、宁夏、海南等地挖取了300余个校验剖面，进行了比对研究。比对研究结果显示，校验剖面与二普完成的剖面记载在土壤类型、土体构造、母质、质地等土壤质量慢变化性状上都有很好的一致性。

（三）土壤剖面分类名的修订

分县土壤剖面理化性状表列出了每个土壤剖面的分类名。土壤分类名是对某一类土壤资源的抽象概括和表达，表述了各类土壤的主要成土过程以及各类土壤综合性的典型特征。如黑土是指在温带半湿润地区草甸草原植被条件下形成的具有深厚均匀腐殖质层的土壤，呈黑色，富含有机质和各种养分；褐土是指在暖温带半湿润地区形成的具有弱腐殖质表层和黏化层的土壤，盐基饱和度较高，呈棕褐色。土壤分类名既具有典型性，又具有综合性，是土壤最基本的属性。

二普中，我国基于全国第一次土壤普查经验制定了六等级土壤分类系统，这也是目前的国标系统。该系统中的六等级分别为土纲、亚纲、土类、亚类、土属和土种，从高级到低级，不同层级之间为隶属关系。其中，土纲用于界定水、温等主要的土壤成土条件，亚纲用来进一步区分土纲内成土条件与过程的差异，土类反映成土条件引致的最典型土壤特征，亚类反映土类内成土条件引致剖面特征的进一步分异，土属反映母质等成土条件引致亚类剖面的分异，土种反映同一土属中土壤的分异或当地群众对该土壤的命名。

在对各地土壤调查数据进行全国汇总时，编者发现，从全国2200多个分县土壤剖面资料中提取出的土壤分类名与我国在1998—2009年发布的三版《中国土壤分类与代码》国标差异较大[18-20]。国标发布的土类、亚类、土属、土种名数量分别为60个、229个、663个和3246个，而从2200多个分县土壤图件与剖面资料中提取出的土类、亚类、土属、土种名数量分别为312个、1520个、12150个和43200个。对国标上从未出现的土壤类型名进行审核和归并需要有土壤分类学上的依据。通过对俄罗斯、美国、加拿大、澳大利亚、德国、英国等各国土壤分类研究及发展状况的研究，编者总结了我国和其他世界各国过去半个世纪中在土壤分类方面的经验，确定了土壤剖面分类名的修订原则[1]。

研究显示，我国国标分类系统中的第三层级——土类（附录4），能很好地反映我国主要土壤类型形态上的典型特征。通过土类及其隶属的12大土纲可清晰展现出我国60个土类受温度、海拔、降雨、土壤发育度、地下水盐运动、耕种垦殖等主要成土条件影响而形成的地带性分布特征。另外，土类本身属于高层级分类，数目有限，命名符合汉语语言特征，易于专业及非专业人员掌握。通过土类名，读者能够辨识各种土壤类型，了解其成土过程、土壤质量与肥力特征。因此，在土壤剖面分类名的修订中，应重视维护土类名的稳定性。根据这一原则，在对分县资料中土壤分类名的编审中，编者将国标发布的60个土类名进行了归并，对亚类及以下的中、低级分类名称则在尽量保留现场获取的一手土壤调查信息的前提下进行适度归并与整合。

为便于读者了解我国目前采用的土壤分类名与国际土壤学会推荐的土壤分类名（world reference base for soil resources，WRB）[21]之间的关联，附录4中还给出了由史学正研究员通过剖面比对建立的WRB土组名与我国60个土类名的关联及WRB土组名对我国土类名的最大可参比性[22]。

（四）剖面土层代码

在形成过程中，由于物质迁移和转化，土壤会分化成一系列组成、性质和形态各不相同的层次，称为发生层或土层。土壤剖面各土层的顺序和变化情况，反映了土壤形成过程及土壤性质。

目前各国尚无统一的土层命名。1967年国际土壤学会提出将土壤剖面划分成O层（有机层）、A层（腐殖质层）、E层（淋溶层）、B层（淀积层）、C层（母质层）和R层（基岩）等6个主要土层。全国土壤普查办公室编制出版的《中国土种志》（6卷）[23-28]、《中国土壤》[29]则将自然土壤剖面划分成O层（凋落物有机质层）、A层（表层）、B层（淀积层）、C层（母质层）、D层（岩石碎屑层）和R层（坚硬岩石层）等6个主要土层；将旱地农田土壤划分成A（耕层）、C_1（心土层）和C_2（底土层）等几个主要土层；将水田土壤划分成Aa（耕作层）、Ap（犁底层）、P（渗育层）、W（潴育层）和G（潜育层）等5个主要土层。

由于分县土种志中，土层代码和释义与以上文献给出的土层码不尽相同，因此在数据集编制中，编者主要保留了2200多个分县土种志中实际采用的土层代码和释义（表11）。为便于读者参考，编者在附录4中列出了引自《中国土壤》部分土类典型剖面的土体构造及其关联的土层代码[29]。

表 11　土壤剖面土层代码和释义[1)]

代码		释义
自然土壤与旱地土壤	Ao	位于土表的枯枝落叶层
	A	自然土壤指表土层，耕地土壤指耕作层
	B	心土层，受成土作用形成的淋溶淀积层
	C	底土层，受成土作用少的母质层，较紧实，通常不受耕作、施肥影响
	D	未风化的母岩层，岩石碎屑层
水田土壤	A	耕作层，亦称淹育层和作物栽培层
	P	犁底层，位于耕作层下，经机械耕作和黏粒淀积，结构较为紧实
	W[2)]	潴育层，位于犁底层下，水田在干湿交替作用下，铁、锰淋溶淀积形成斑纹层，使水稻土有较好的通透性，渗水而不漏水，渍水而不滞水
	G	潜育层，存在于水稻土、沼泽土和泥炭土中。土体长期积水，通透性不良，在还原状态下形成青灰色土层又叫青泥层，作物受还原性物质危害。若在其他土层出现，可用 g 表示，如 Pg、Wg
	E	漂洗层，侧渗作用下黏粒、有机质被淋洗，铁质溶脱，形成灰白色或白色漂洗层

注：1) 表中土层代码和释义主要根据全国各分县土种志中实际采用代码和释义进行综合与汇总。土体构造中，两个字母并列表示过渡层土壤，例如 AB 层、BC 层等。
　　2) 一些地区将潴育层细分为 W_1（渗育层）和 W_2（淀积层）两层。渗育层指有明显水化铁层，多见黄色锈斑；淀积层指明显有铁锰淀斑或铁锰结核的土层。

（五）其他

分县土壤剖面理化性状表中，空格代表本项无数据。

若土壤剖面的土层码为数字，则表示调查中未对该剖面的各分层进行土层代码赋码。对这类剖面，编者按从地表至底土顺序赋土层序号 1、2、3……。土层序号不具有土壤发生学上的含义，仅表达每一土层的顺序。

分县土壤剖面理化性状表中土层厚度的上、下边界表示该土层采样范围。例如：土层厚度为 0—17cm，表示土层采自剖面 0—17cm 部位；土层厚度为 50—100cm 表示采自剖面 50—100cm 部位。一些剖面底土的土层厚度仅有上界而无下界。例如：85—，表示该土层采自剖面 85cm 至更深部位。

个别剖面上、下土层的上、下边界相互不衔接，例如：两个土层厚度分别为 0—10cm、30—35cm，表示该剖面的采样为不连贯采样，每个土层只选取了该土层的代表性层段。

一些剖面分层样本上、下土层的上、下边界相互不衔接，例如：按从地表至底土顺序，6 个土层采样范围分别为 0—13cm、13—18cm、18—40cm、18—32cm、32—100cm、50—100cm，其中第三个土层 18—40cm 为额外增加的采样层。在土壤调查中，当调查者认为需要对某些区域或土类的特定土层进行单独采样和分析时，往往会出现这一情形。为了最大限度保持第一手调查资料的完整性，编者将这类土层也编入了分县土壤剖面理化性状表中。

本卷收录的甘肃省典型土壤剖面共计 2035 个。通过对剖面数据的土层厚度转换，附录 7 给出了这些典型剖面 0—20cm 土层土壤理化性状中位数与平均数。二普剖面采样为典型土类采样，而非网格化采样。0—20cm 土层土壤理化性状中位数与平均数不代表本省土壤理化性状平均状况。但二普是我国最早的大样本量调查，附录 7 所示的 0—20cm 土层土壤理化性状中位数与平均数对了解甘肃省 20 世纪 80 年代土壤肥力性状具有一定参考价值。

附录 8 列出了甘肃省耕地、园地、林地、草地和湿地 0—30cm 土层土壤有机质含量的平均值。该值由甘肃省土壤有机质含量图和自然资源部土地科学数据中心编制的 2019 年 1∶100 万比例尺全国土地利用缩编图通过叠加、计算生成。其中，耕地包括水田、水浇地和旱地三种土地利用类型；园地包括果园、茶园和其他园地三种土地利用类型；林地包括有林地、灌木林地和其他林地三种土地利用类型；草地包括天然牧草地、人工牧草地和其他草地三种土地利用类型；湿地包括沼泽地、沿海滩涂和内陆滩涂三种土地利用类型。鉴于甘肃省土壤有机质含量图源于大样本量地面采样，土壤有机质含量亦为变化较慢的土壤质量性状[15]，附录 8 对了解甘肃省耕地、园地、林地、草地和湿地的土壤有机质含量状况及演变具有较高的参考价值。为便于读者了解甘肃省耕地、园地、林地和草地四种土地利用类型中受成土过程影响而形成的各主要土壤类型及其在各土地利用类型中的占比情况，附录 9 给出了主要土壤类型在这四种土地利用类型中的占比。

土壤专题图与土壤剖面数据可靠性检验

该检验目的是对数据集中的土壤专题图和土壤剖面数据能否真实反映土壤资源与土壤理化性状及其空间分布特征给出科学、客观的评价。另外，数据集中的土壤专题图和土壤剖面数据主要源于 1979—1987 年的二普和 2005—2017 年在全国测土配方施肥项目中的土壤养分调查，因此，该检验也是对我国两次全国性土壤调查所获成果的质量评估。

对土壤专题图及含地理坐标的剖面数据的检验涉及地图制图学、测绘科学、土壤学、地统计学等多学科内容，而对于不同的学科，数据检验的目标和内容也不同。对于地图制图，精度检验十分重要；而在土壤学范畴，可靠性检验更为重要。精度检验方面，本数据集剖面坐标是通过 1∶5 万比例尺地图数据匹配获得，匹配用地图精度直接影响剖面数据坐标精度。可靠性检验方面，土壤专题图和土壤剖面数据均属于土壤学范畴，还需要从土壤学角度给出科学评价。借助目前仍在发展中的地统计方法，编者最终给出了合理的可靠性检验方法。为便于读者理解，本节将重点说明两点：一是地图精度与土壤专题图制图的关联；二是土壤专题图和剖面数据的地统计检验结果。

在地图制图中，地图精度用于衡量某一地物点或地物轮廓点的平面位置和高程位置偏离其真实位置的平均误差。这里的地物点或地物轮廓点可以是测量控制点、水准点、道路交叉点、境界线方向变化点、山脚点、山顶等。地图精度与地图投影、比例尺、制作方法和工艺有关。地图比例尺不同，误差控制要求也不同。一般来说，地图比例尺越大，误差越小，精度越高。换言之，地图精度或比例尺主要反映对地图中基础地理信息要素，如测量控制点、河流、道路、等高线、境界的误差控制要求。

在土壤专题图制图中，需要用基础地理信息要素标识土壤要素空间位置。在较早的土壤调查中，没有 GPS 设备，通常用纸质地形图为底图标识采样点位置。地面土壤采样调查完成后，根据底图标记的采样点位置和实测获得的土壤要素值，由经验丰富的土壤科学家依据土壤及相关要素的空间分布、空间相关性和空间依赖性规律进行人工综合判图，在底图上手工完成土壤专题图的勾绘和制图。我国的二普与欧美各国在 20 世纪 80 年代之前进行的全国性土壤调查基本均采用这一方法进行土壤专题图编绘。二普为大样本量土壤调查，采样密度高，采用 1∶1 万大比例尺地形图为工作底图，全国共挖取土壤观察剖面 550 余万个，采集 0—20cm 土壤表层样本 200 余万个，通过综合判图和人工勾绘，最终完成分县 1∶5 万比例尺土壤图和各类土壤养分含量图的编制。土壤专题图比例尺不代表地图中对土壤要素的误差控制要求，客观上，地面采样中应用大比例尺的工作底图，采样密度高，土壤采样点均衡分布于调查区域中，以此为依据编制的土壤专题图能精细地表达调查区域内土壤要素的空间变化特征。采样密度低的土壤调查结果则不适合编制大比例尺土壤专题图。

近年来，随着 GPS 和 GIS 技术的发展，地统计方法已较多用于反映和研究土壤要素的空间变化规律。地统计方法不仅提供了利用含地理坐标的土壤采样点数据制作土壤专题图的地统计模型，还提供了对模拟结果进行不确定性检验的方法。地统计检验的主要目的是了解模拟结果对真实情况反演的客观性和可靠性，而不是评价地图中土壤要素的精度或误差控制。检验结果既受地面采样原则、采样量的影响，也受所选模型类型、建模过程中是否引入协变量等因素的影响。

由于二普完成的土壤图和养分含量图中没有采样点标注，难以对其进行地统计检验。为此，编者同时对我国在全国测土配方施肥项目中完成的有 GPS 定位坐标的农田耕层土壤有机质含量数据进行了地统计分析和检验。与二普相似，全国测土配方施肥项目也按网格化均匀分布原则进行大样本量、高密度土壤采样，全国总计完成 1000 万个农田土壤耕层样本的采集。

检验方法为：首先，在我国东、南、西、北、中不同地域选取 7 个代表性片区，每片区包含地域相连、域内无大面积剖面点缺失的多个行政县，且含土壤剖面点 500 个以上。其次，提取 7 个片区源于二普剖面 0—20cm 土层和源于 2005—2017 年 0—20cm 农田耕层采样的土壤有机质含量数据。二普剖面数据的采样特征为在优先选取典型土壤类型的前提下，尽量均衡分布；样本量较小，全国有 6 万多个具有匹配坐标的剖面。2005—2017 年农田养分调查数据为网格化均衡分布的大样本量，全国完成了 1000 万个有 GPS 定位坐标的耕层样本。最后，用普通克利金插值（ordinary Kriging）方法进行地统计分析和检验。在每片区剖面点和耕层采样点的数据中分别随机选取 80% 作为训练样本集，20% 作为验证样本集，同时进行建模；将验证样本预测值与实测值进行线性回归，计算 R^2（决定系数）和 RMSE（均方根误差），以此评价两组数据表达土壤要素空间分布特征的可靠性和误差。选择土壤有机质含量作为检验指标的原因为该指标是最重要的土壤质量性状之一，且可量化表达，便于进行地统计检验。

二普剖面数据的检验结果显示，在 7 个代表性片区，剖面点数据表达的有机质含量分布状况可靠性均达极显著水平（表 12）。这表明，尽管二普典型剖面数据为非网格化采样，含地理坐标样本量较少，需采用匹配坐标替代原点坐标，但在一个由多县组成的片区内，当剖面样本量达到一定数量后，即使未引入可极大改进 R^2 的地形、土地利用类型等辅助变量，用普通克利金插值仍然能比较真实、可靠地反演土壤要素空间分布特征。2005—2017 年耕层采样点数据的检验结果显示，与二普剖面点数据相比，大部分片区的有机质含量分布数据 R^2 更大（达到中等相关至强相关），RMSE 更小，可靠性和预测精度明显更优，这说明就表征土壤要素空间分布特征而言，网格化均衡分布的大样本量采样得到的数据可靠性和精度相对较高。这为二普大比例尺土壤专题图数据（土壤图和土壤 pH、有机质、氮、磷、钾养分含量图）的地统计检验特征提供了佐证。二普大比例尺土壤专题图数据均源于网格化均衡分布的大样本量地面调查，其可靠性和精度应优于二普剖面点数据。

两组数据地统计检验结果还显示，尽管相隔近 30 年，两时段调查的土壤有机质含量也有一定变化，但各片区土壤有机质含量的空间分布规律总体相近。图 3 展示了东北片区两组数据通过普通克利金插值获得的土壤有机质含量分布图。可以看出，尽管二普土壤剖面样本数（546）远少于农田耕层土壤样本数（45182），20% 校验集所获 R^2 较低，预测值与实测值偏差较大，但两组数据展示的土壤有机质含量空间分布格局相近，均为东北角最高，西南角最低。另外，该片区 2005—2017 年的农田耕层有机质含量均值为 36.41g/kg，低于 1979—1987 年的二普采样结果（40.53g/kg），这一结果与东北地区所做长期定位试验结论一致。这表明，本数据集剖面数据可为了解土壤质量时空演变规律提供可靠的数据支持[9]。

表 12　二普典型土壤剖面数据和 2005—2017 年耕层采样点数据的地统计检验结果

编号	片区名	县数	面积 /km²	二普剖面土壤有机质含量[1]			耕层土壤有机质含量[2]		
				样本量	R^2 [3]	RMSE[3]	样本量	R^2 [3]	RMSE[3]
1	东北片区	19	72353	546	0.329**	14.77	45182	0.689**	6.32
2	冀鲁豫片区	64	50071	881	0.363**	5.65	256341	0.429**	3.47
3	江浙片区	53	63003	1312	0.334**	8.83	51759	0.666**	4.05
4	湖北片区	10	21044	515	0.286**	20.21	60545	0.281**	11.09
5	四川片区	39	98052	1283	0.380**	9.20	206682	0.344**	7.08
6	粤闽赣片区	27	58745	801	0.223**	13.33	51759	0.285**	6.42
7	陕甘片区	47	109010	990	0.296**	7.20	256341	0.558**	2.48

注：1）数据源于二普土壤剖面（1979—1987 年采样，0—20cm 土层）数据库，土壤有机质含量单位为 g/kg。
2）数据源于 2005—2017 年农田耕层（0—20cm）土壤养分调查数据库，土壤有机质含量单位为 g/kg。
3）20% 验证样本所获预测值与实测值的线性回归 R^2（决定系数，其中 ** 表示 1% 水平显著）和 RMSE（均方根误差）。

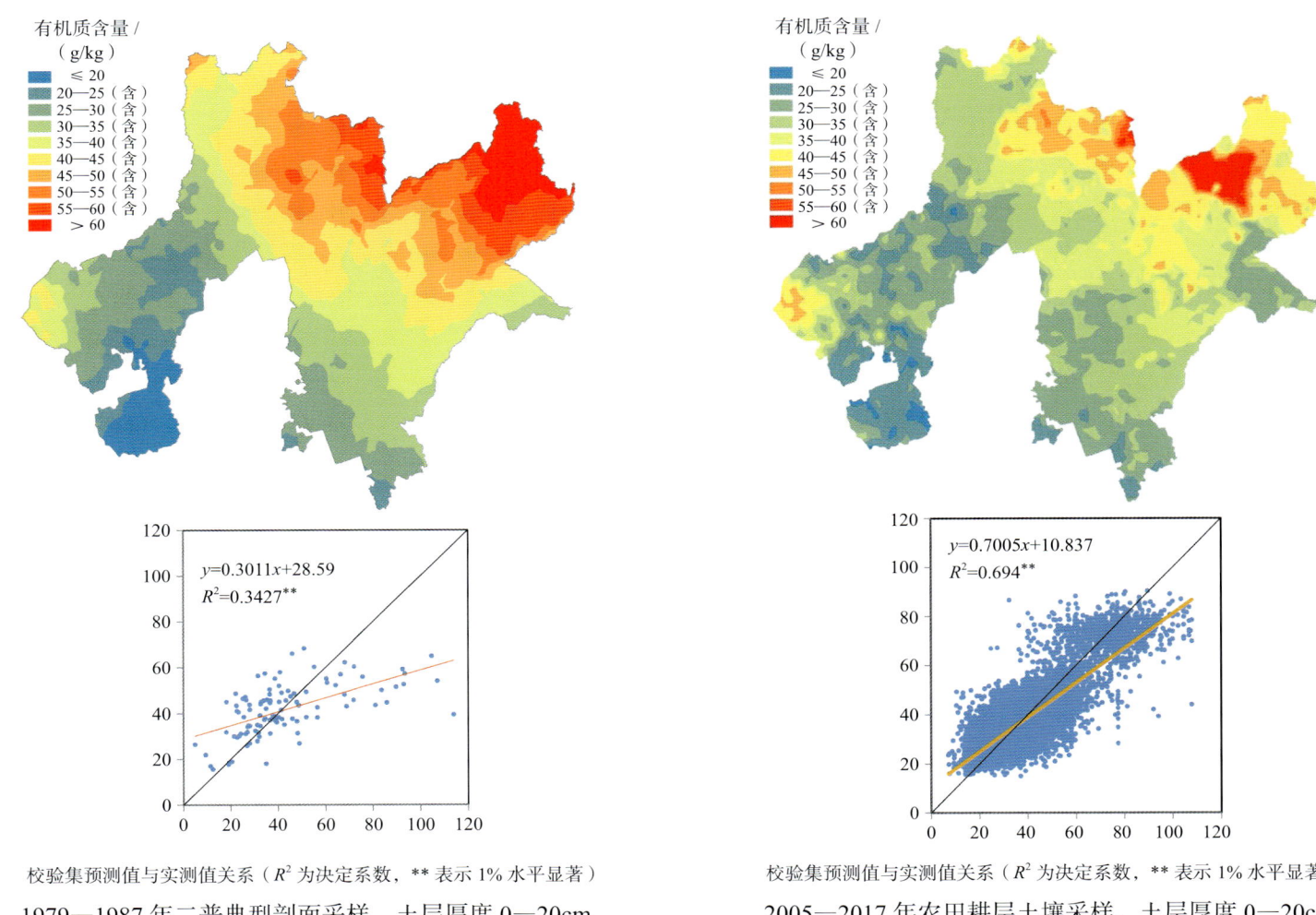

| 1979—1987年二普典型剖面采样，土层厚度0—20cm | 2005—2017年农田耕层土壤采样，土层厚度0—20cm |

校验集预测值与实测值关系（R^2 为决定系数，** 表示 1% 水平显著）

图3　东北片区土壤有机质含量分布图及地统计检验结果

参编单位

《中国土壤剖面数据集》的编制工作始于1998年。其编制过程主要分为以下两个阶段：

第一阶段为全国1∶5万土壤图编制和中国剖面数据库构建阶段。20世纪末，随着现代科学研究与管理对土壤时空信息的迫切需要和大数据技术的发展，利用土壤调查结果构建我国土壤资源与质量时空数据库日益显现出可行性和必要性。1998年，我国土壤科技工作者开始对二普分县土壤图件和资料进行系统收集和整理，这项工作曾得到国家社会公益性研究专项的资助。"十一五"期间，"我国1∶5万土壤图籍编撰及高精度数字土壤构建"被列为国家科技基础性工作专项重点项目。在全国各地农业、国土、档案等多家单位的大力配合和各地土壤科技工作者的支持下，项目组汇聚全国土壤科学、农业、测绘与环境领域多家专业科研院所的科研力量，深入31个省、自治区、直辖市以及数百个县的原始图件与资料存放部门，完成了2200多个县的分县大比例尺纸质土壤图与土种志的收集。同时，项目组还收集了31个省、自治区、直辖市的分省土壤图、土壤有机质含量图等多类别土壤专题图和分省土壤调查资料，并在此基础上，项目组研究人员通过融合多学科方法创建土壤大数据方法，以方法创新带动异源非标准海量土壤信息的时空整合与表达，至2017年，完成了我国1∶5万土壤图的整合表达和中国土壤剖面数据库的构建，为编制《中国土壤剖面数据集》奠定了科学基础、方法基础和数据基础。

第二阶段为《中国土壤剖面数据集》编制阶段。为满足我国农业、林业、环境、气象、国土、水利等各部门对公众版土壤资源与质量信息的迫切需求，项目组于2017年启动了数据集编制工作。在数据集编制过程中，项目组一方面利用土壤大数据方法进行数据的审核、土壤专题图的缩编与剖面数据表的表达等多项工作，另一方面组织了各省级土壤专业科研院所参与各分卷内容的审核和修订工作。数据集的编制还得到了中国农业科学院科技创新工程的资助。

本数据集的最终面世离不开多家科研单位在过去20多年时间里的共同付出。这些单位包括国家科技基础性工作专项重点项目"我国1∶5万土壤图籍编撰及高精度数字土壤构建""我国1∶5万土壤图籍编撰及高精度数字土壤构建二期工程"主持与参加单位、参加数据集各分卷审核和修订工作的土壤专业科研单位以及参与分县大比例尺纸质土壤图与土种志收集的各地相关管理与科研部门（附录10）。

（张维理、徐爱国、张认连、冀宏杰）

序图

中国土壤图
1:13 000 000

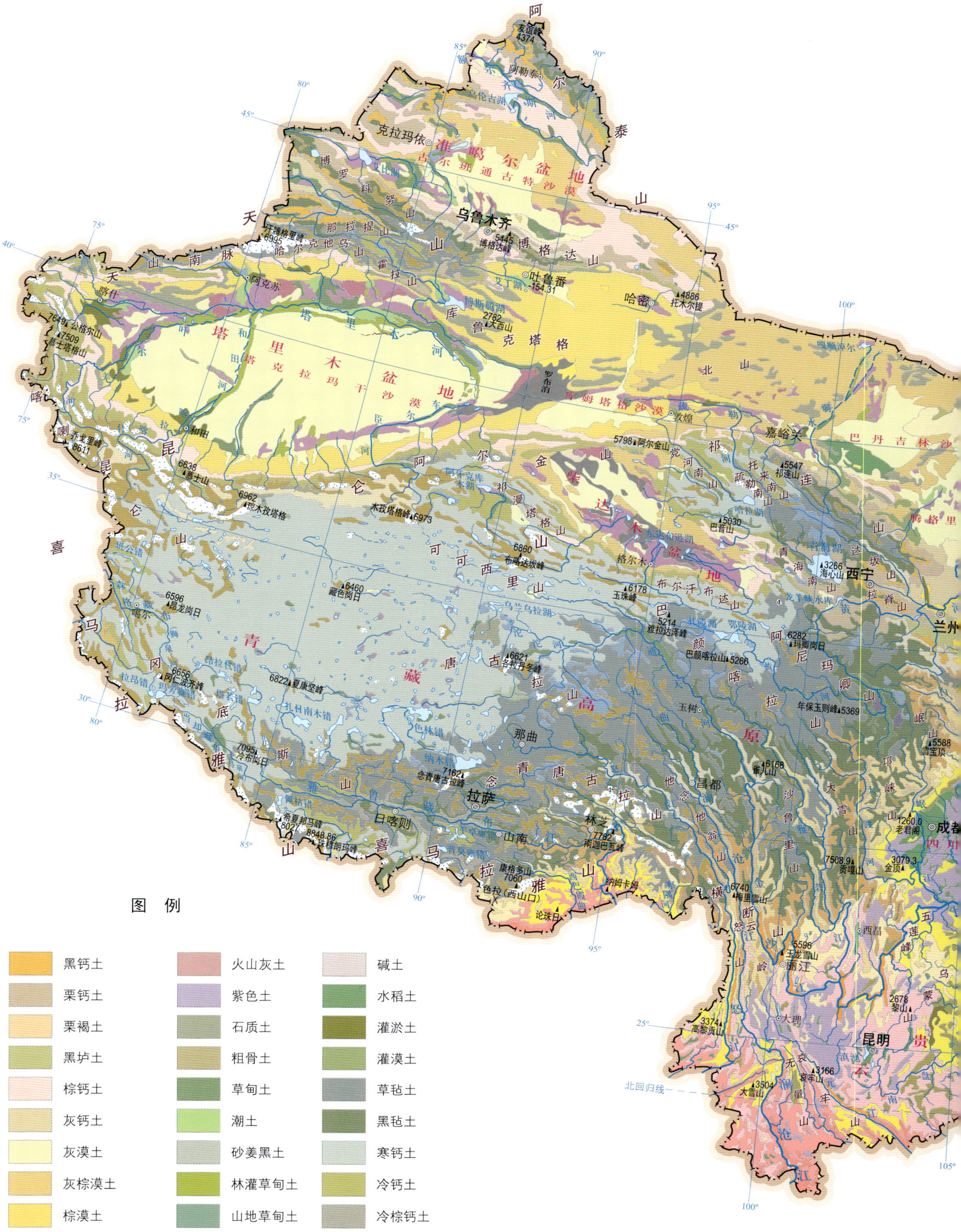

图例

砖红壤	黑钙土	火山灰土	碱土
赤红壤	栗钙土	紫色土	水稻土
红壤	栗褐土	石质土	灌淤土
黄壤	黑垆土	粗骨土	灌漠土
黄棕壤	棕钙土	草甸土	草毡土
黄褐土	灰钙土	潮土	黑毡土
棕壤	灰漠土	砂姜黑土	寒钙土
暗棕壤	灰棕漠土	林灌草甸土	冷钙土
白浆土	棕漠土	山地草甸土	冷棕钙土
棕色针叶林土	黄绵土	沼泽土	寒漠土
燥红土	红黏土	泥炭土	冷漠土
褐土	新积土	草甸盐土	寒冻土
灰褐土	龟裂土	滨海盐土	
黑土	风沙土	漠境盐土	
灰色森林土	石灰（岩）土	寒原盐土	

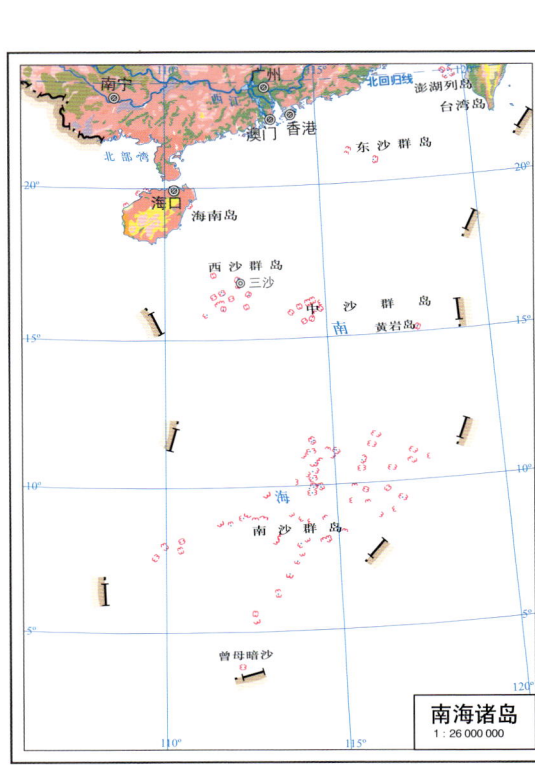

南海诸岛
1:26 000 000

中国土壤有机质含量图
1 : 13 000 000

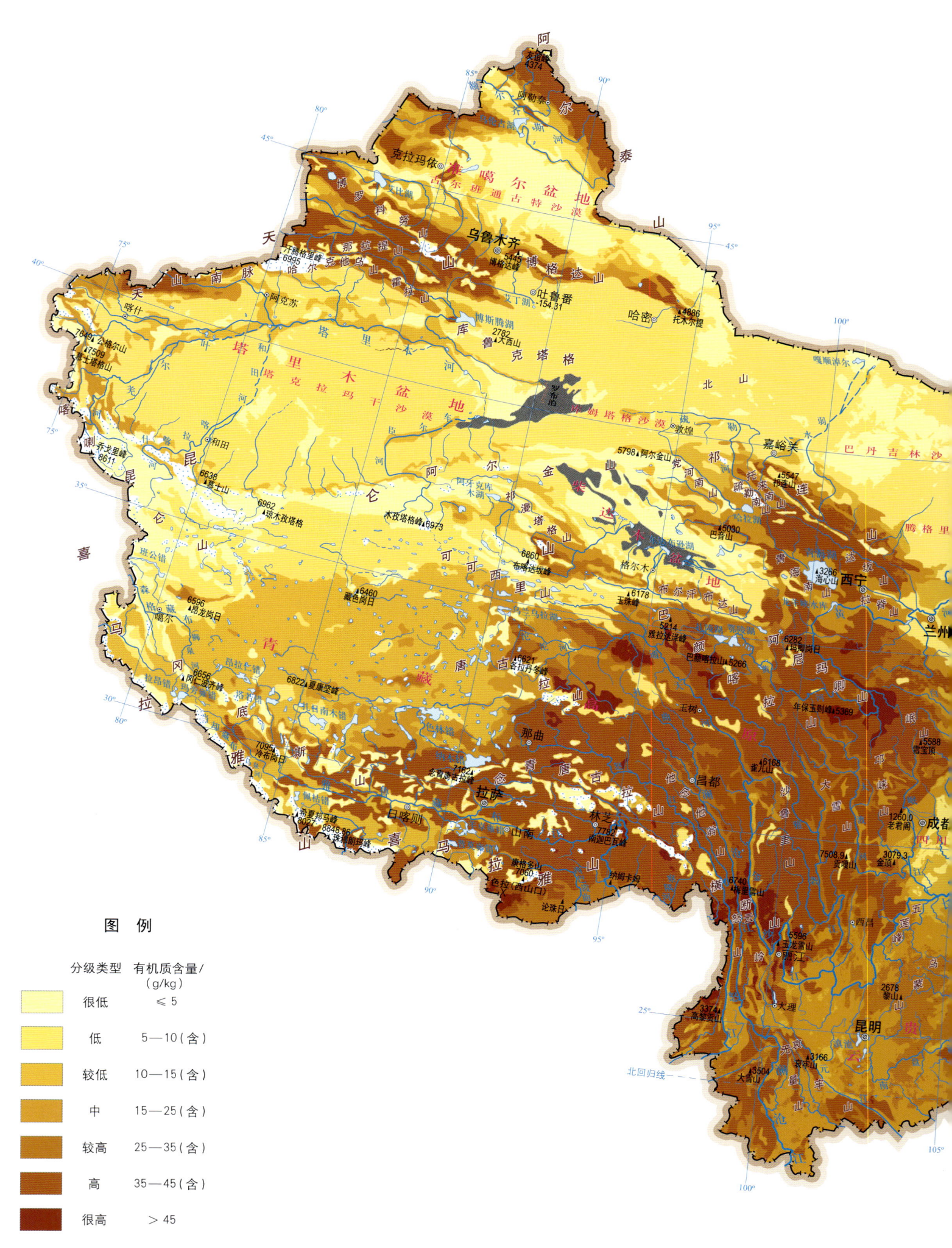

图 例

分级类型	有机质含量/(g/kg)
很低	≤ 5
低	5—10（含）
较低	10—15（含）
中	15—25（含）
较高	25—35（含）
高	35—45（含）
很高	> 45

注：土层厚度为 0—30cm。

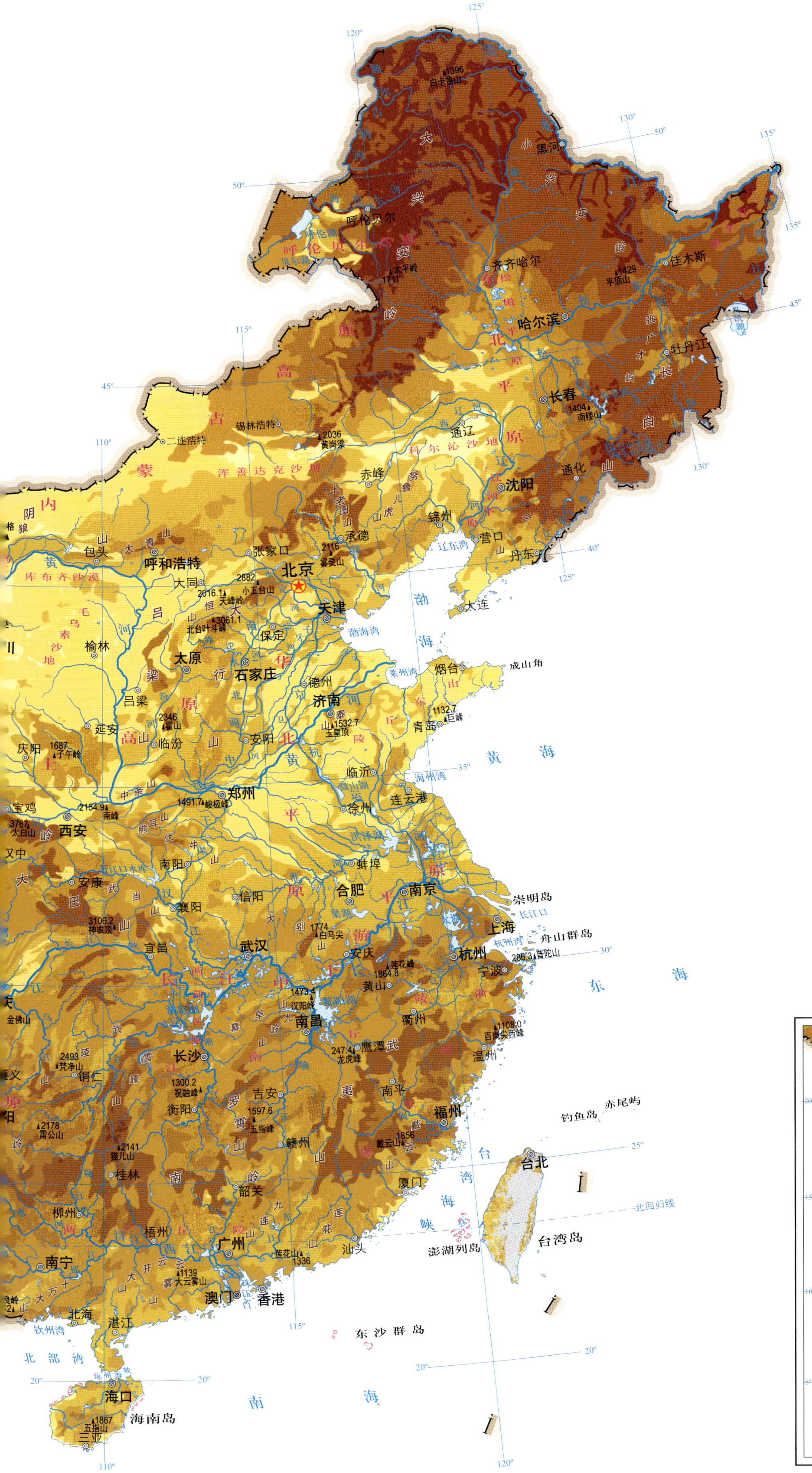

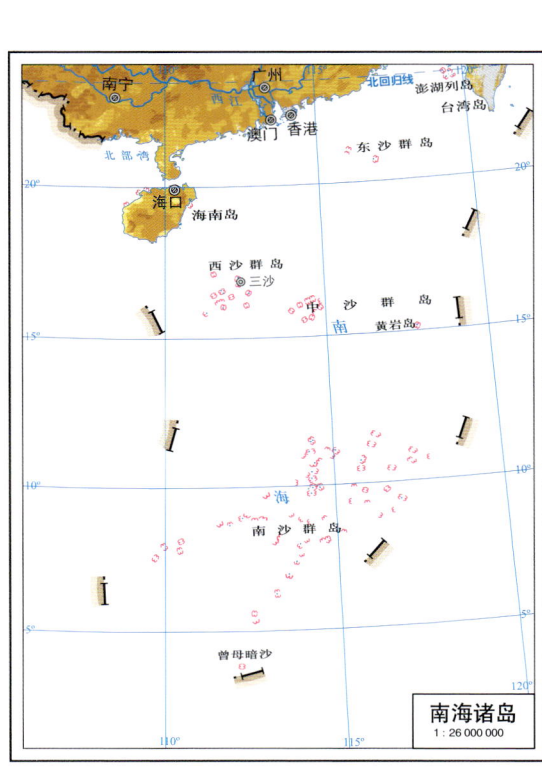

中国地势图

1 : 13 000 000

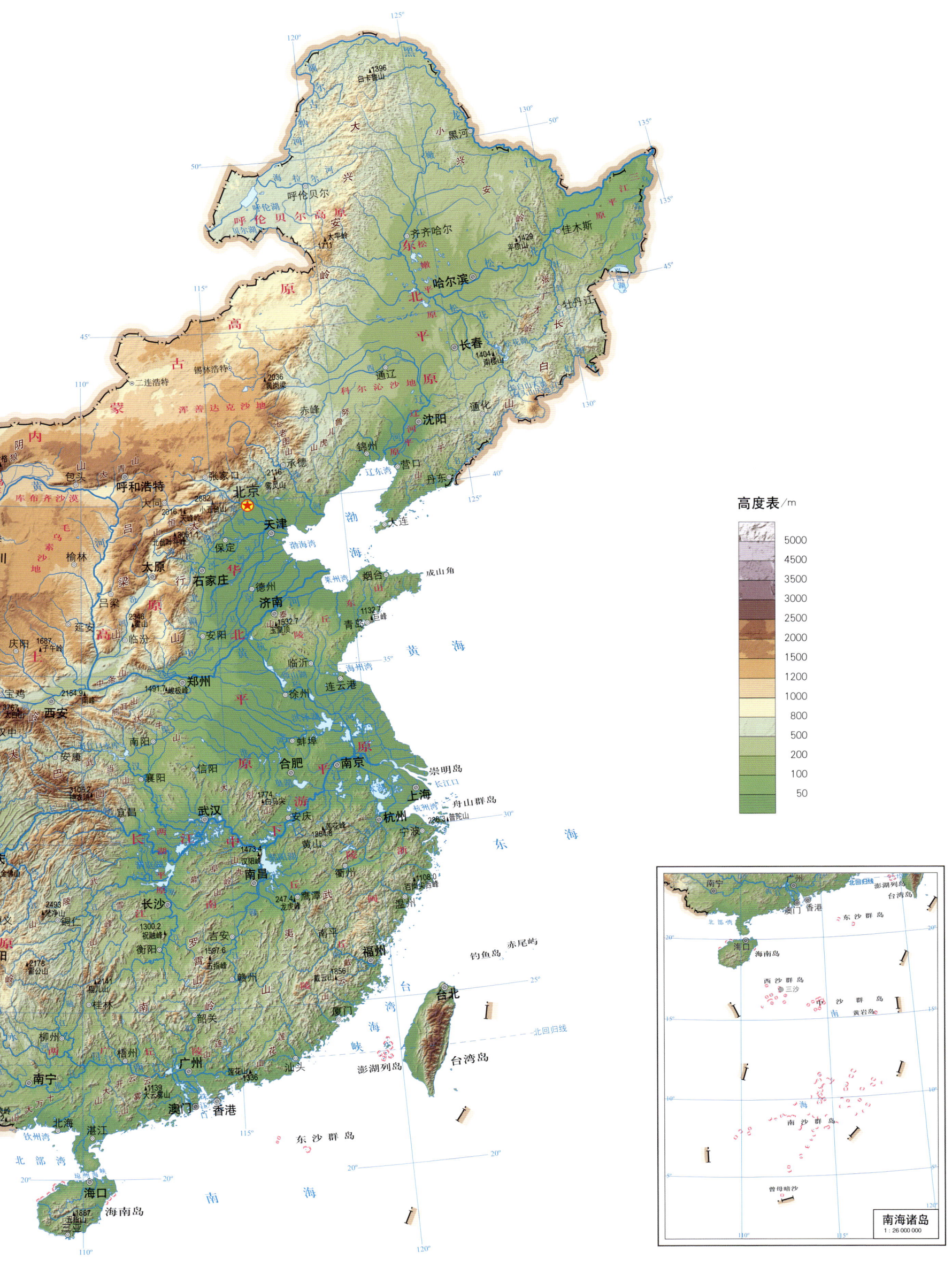

甘肃省土壤图
1∶3 200 000

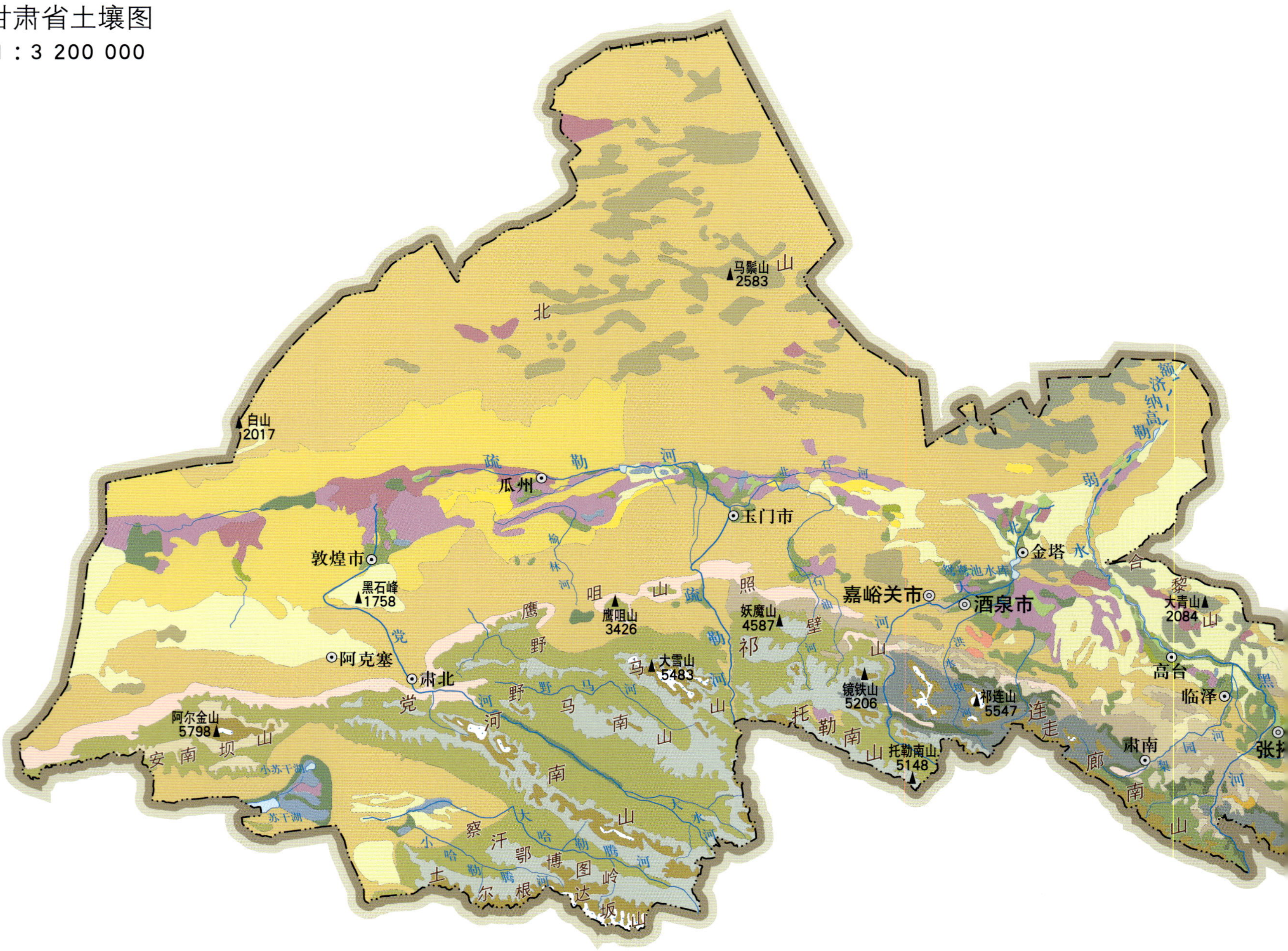

图 例

黄棕壤	棕漠土	泥炭土
棕壤	黄绵土	草甸盐土
暗棕壤	红黏土	漠境盐土
褐土	新积土	水稻土
灰褐土	龟裂土	灌淤土
黑土	风沙土	灌漠土
黑钙土	石质土	草毡土
栗钙土	粗骨土	黑毡土
黑垆土	草甸土	寒钙土
棕钙土	潮土	冷钙土
灰钙土	林灌草甸土	寒漠土
灰漠土	山地草甸土	寒冻土
灰棕漠土	沼泽土	

甘肃省土壤有机质含量图
1 : 3 200 000

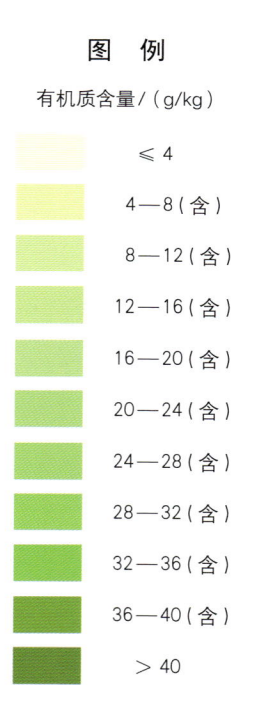

图　例

有机质含量/（g/kg）

- ≤ 4
- 4—8（含）
- 8—12（含）
- 12—16（含）
- 16—20（含）
- 20—24（含）
- 24—28（含）
- 28—32（含）
- 32—36（含）
- 36—40（含）
- ＞ 40

注：土层厚度为0—30cm。

甘肃省地势图
1:3 200 000

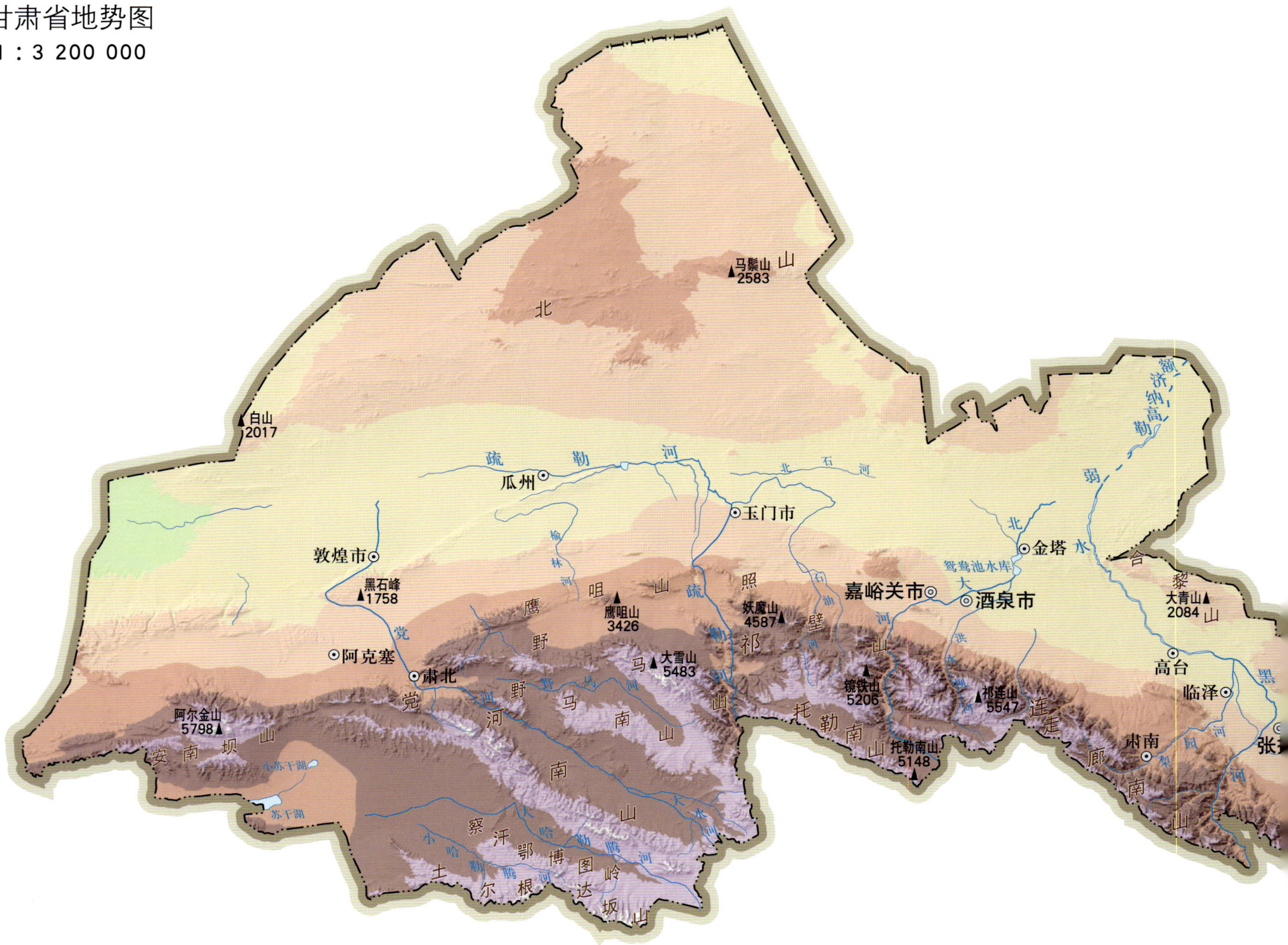

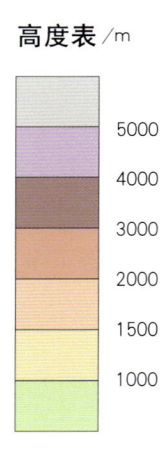

中国土壤剖面数据集·甘肃卷

第二编 | 分县土壤图与土壤剖面数据

兰 州 市

市 辖 区

主要土类说明

灰钙土是兰州市主要土壤类型，占本市地域面积的63%。灰钙土位于温带干旱草原区，是具低腐殖质、弱淋溶特征的土壤。成土母质多为黄土，少数为冲积扇洪积物。该土壤仅夏季发生淋溶，易溶盐、碳酸钙、石膏弱度淋移，分层累积于15—30cm深处。全剖面呈强石灰反应，碳酸钙含量为120—250g/kg。

灌淤土是兰州市第二大土壤类型，占本市地域面积的9%。灌淤土是长期引用高泥沙含量灌溉水淤灌，在落淤后即行翻耕，土层逐渐加厚至超过50cm的土壤。灌淤土土体深厚，色泽、质地均一，灌溉条件良好。

栗钙土是兰州市第三大土壤类型，占本市地域面积的7%。栗钙土是在温带半干旱草原下发育形成的具有栗色腐殖质层和灰白色钙积层的土壤。该土壤表层为栗色腐殖质层，厚20—30cm，有机质含量为15—45g/kg。其下，灰白色钙积层发育明显，见于20—30cm深处，厚20—40cm，呈斑点状或层状积钙。

黄绵土占本市地域面积的7%，主要分布在海拔1600—1800m的坪台阶地和岭顶平地，少数分布在海拔2000m左右的阳坡地带。黄绵土是由黄土母质直接翻耕形成的初育土，熟化程度低，熟化层薄，有机质含量低，一般在10g/kg左右。

灰褐土占本市地域面积的6%。灰褐土形成于温带干旱、半干旱山地云冷杉下，腐殖质累积与钙积作用明显。该土壤表层有机质含量可达100g/kg，表层下见暗色腐殖质层，有弱黏淀特征。

小于本市地域面积3%的土壤类型有潮土、红黏土、新积土、黑垆土和草甸盐土。

本区域中心区气候特征

本区域中心区气候特征值
Regional climate characteristics in central area of the region

气候带：中温带亚干旱气候 Climate region: Mid temperate subarid climate	
年平均气温 /℃ Annual average temperature /℃	8.6
年平均最高气温 /℃ Annual average maximum temperature /℃	15.6
年平均最低气温 /℃ Annual average minimum temperature /℃	3.3
年降水量 /mm Annual precipitation /mm	337
≥10℃的积温 /℃ Daily temperature accumulated in a year (≥10℃) /℃	2929
年日照时数 /h Annual sunshine /h	2429
年平均相对湿度 /% Annual average relative humidity /%	57
干燥度 Dryness	1.62

本区域中心区月平均气温与月平均降水量
Monthly temperature and precipitation in central area of the region

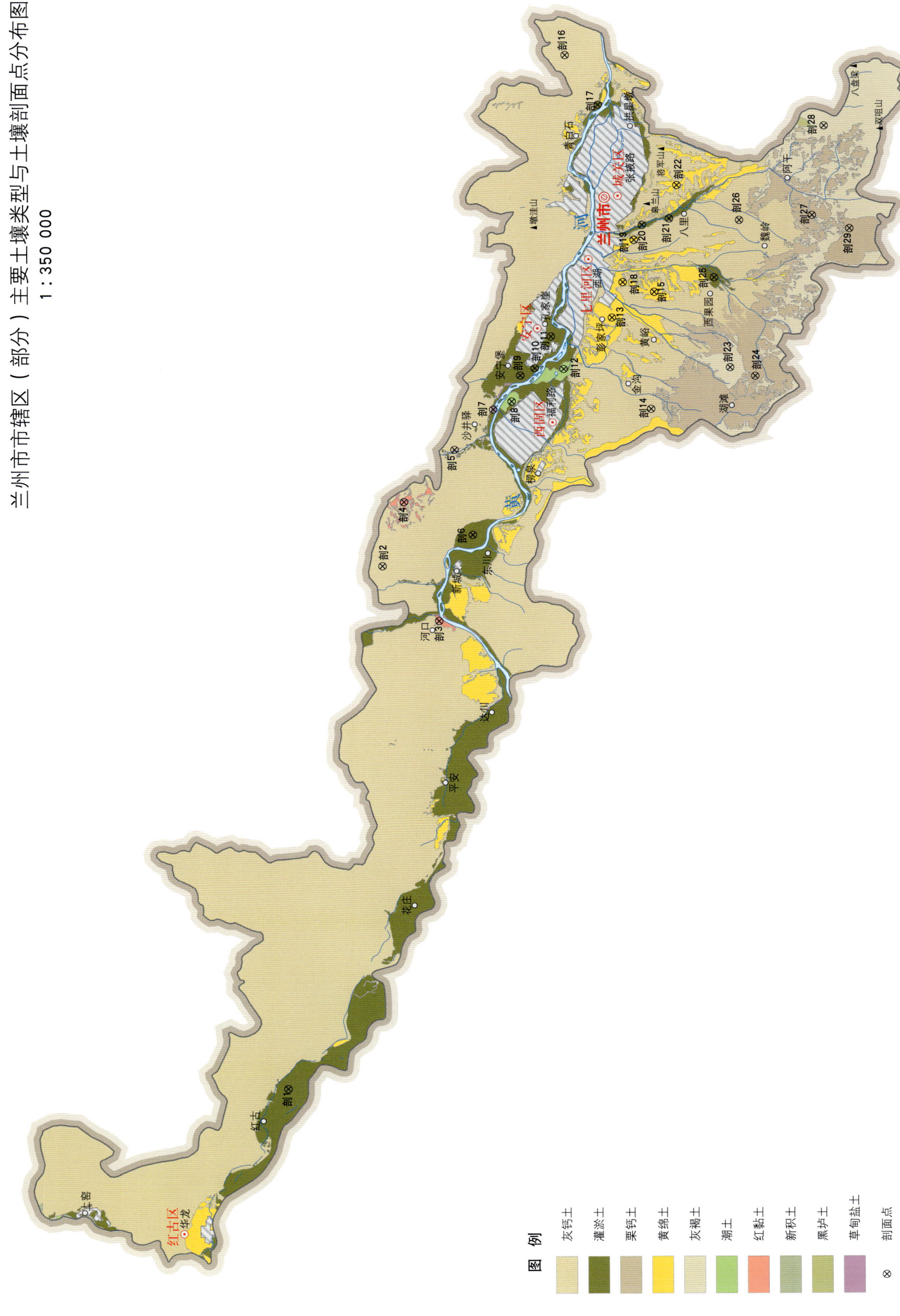

兰州市土壤剖面理化性状表

剖面号 Soil profile	土纲 Soil order	土类 Soil great group	亚类 Soil subgroup	土属 Soil genus	土种 Soil species	土层码 Layer code	土层厚度 Depth/cm	质地 Soil texture	pH	有机质 OM/(g/kg)	全氮 TN/(g/kg)	全磷 TP/(g/kg)	全钾 TK/(g/kg)	碱解氮 AN/(mg/kg)	有效磷 AP/(mg/kg)	速效钾 AK/(mg/kg)	阳离子交换量CEC/(cmol/kg)	土壤母质 Parent material	剖面点坐标 Profile coordinate	匹配指数 Matching index/%
剖1	人为土	灌淤土	灌耕土	厚层灌耕土	红吃劲土	1	0-26	重壤土	5.4	14.5	0.77	0.79	24.4	61	32.2	193	11.7	冲积物、淤积物、堆垫物	E 102°59′31.2″ N 36°16′54.1″	70
						2	26-35	重壤土	8.3	13.1	0.73	0.76	24.6				10.9			
						3	35-52	重壤土	8.5	7.9	0.45	0.59	24.9				8.6			
						4	52-100	轻壤土	8.6	4.7	0.38	0.65	25.4				10.3			
剖2	干旱土	灰钙土	灰钙土			1	0-17	轻壤土	8.2	3.8	0.33	0.56	22.2				3.9		E 103°29′13.8″ N 36°13′04.4″	79
						2	17-48	轻壤土	8.6	6.8	0.50	0.55	22.7				5.1			
						3	48-72	中壤土	8.7	2.5	0.24	0.59	23.5				4.2			
						4	72-110	中壤土	8.8	2.6	0.22	0.58	23.5				4.9			
						5	110-150	中壤土	8.9	2.7	0.20	0.72	22.7				4.9			
剖3	初育土	红黏土	红土	川台耕种红土	厚层红土	1	0-16	中壤土	8.6	12.6	0.74	1.01	19.3	117	15.3	189	8.0	红层母质、冲积红土	E 103°26′09.0″ N 36°10′31.6″	99
						2	16-29	中壤土	8.6	12.1	0.73	0.90	21.1				8.1			
						3	29-68	中壤土	8.5	14.4	0.82	0.93	19.0				8.5			
						4	68-100	中壤土	8.6	9.3	0.65	0.76	21.1				9.8			
剖4	初育土	红黏土	红砂土	川台耕种红砂土	厚层红砂土	1	0-16	砂壤土	8.4	6.6	0.49	0.27	17.1	88	9.3	241	6.1	红层母质、冲积红土	E 103°32′51.4″ N 36°12′09.4″	90
						2	16-33	砂壤土	8.6	5.5	0.41	0.30	16.8				5.6			
						3	33-84	砂壤土	8.7	2.8	0.14	0.23	18.6				3.5			
						4	84-124	砂壤土	8.5	1.3	0.50	0.12	18.8				3.9			
剖5	初育土	红黏土	红砂土	川台耕种红砂土	砂田	1	0-15	轻壤土	8.0	6.9	0.56	0.50	17.8	74	10.2	274	8.3	红层母质、冲积红土	E 103°35′50.1″ N 36°09′56.3″	81
						2	15-28	中壤土	8.0	7.0	0.52	0.51	17.9				8.5			
						3	28-61	中壤土	8.0	5.2	0.47	0.57	18.8				10.7			
						4	61-140	中壤土	8.3	3.1	0.40	0.61	20.1				10.0			
剖6	人为土	灌淤土	灌耕土	菜园土	紫土	1	0-33	中壤土	8.5	15.1	0.87	0.90	22.2	85	44.7	213	7.9	冲积物、淤积物、堆垫物	E 103°31′03.8″ N 36°09′05.1″	83
						2	33-67	中壤土	8.4	12.1	0.81	0.79	22.2				8.7			
						3	67-109	重壤土	8.5	9.0	0.69	0.72	23.2				9.1			
						4	109-130	重壤土	8.5	5.0	0.35	0.54	21.5				6.5			
剖7	盐碱土	草甸盐土	氯盐	硫酸盐盐土	硫酸盐盐土	1	0-0.5	中壤土	9.0	11.0	0.53	0.50	12.7				5.0		E 103°38′09.2″ N 36°08′14.5″	87
						2	0.5-5	砂壤土	8.7	8.2	0.39	0.62	16.0				5.6			
						3	5-15	砂壤土	8.5	8.7	0.50	0.53	15.8				4.3			
						4	15-25	砂壤土	8.4	2.3	0.26	0.48	15.9				4.1			
						5	25-55	轻壤土	8.4	1.8	0.21	0.28	19.2				7.4			
剖8	半水成土	潮土	潮土	中位潮土	中位潮土	1	0-28	砂壤土	8.5	7.7	0.67	0.71	18.0	64	6.2	143	9.1	河流冲积物	E 103°38′37.2″ N 36°07′25.3″	86
						2	28-40	轻壤土	8.4	6.7	0.41	0.72	20.5				4.4			
						3	40-54	轻壤土	8.3	5.1	0.33	0.70	25.7				6.4			
						4	54-80	轻壤土	8.1	4.4	0.33	0.68	24.2				4.2			
剖9	人为土	灌淤土	灌耕土	淤砂土	淤砂土	1	0-59	砂质土	8.9	1.3	0.17	0.39	16.6	43	1.0	31	1.2	冲积物、淤积物、堆垫物	E 103°40′05.4″ N 36°07′03.2″	86
						2	59-96	砂质土		2.9	0.28	0.44	18.8				2.8			
剖10	人为土	灌淤土	灌耕土	薄层灌耕土	薄层褐砂土	1	0-25	重壤土	8.2	16.4	0.79	0.75	21.6	128	25.0	213	10.6	冲积物、淤积物、堆垫物	E 103°40′31.5″ N 36°06′25.0″	78
						2	25-62	砂壤土	8.7	1.6	0.21	0.61	18.8				5.1			
						3	62-85	轻壤土	8.6	3.6	0.34	0.59	18.3							
剖11	人为土	灌淤土	灌耕土	菜园土	紫土	1	0-40	轻壤土	8.2	23.0	1.04	1.19	21.5	87	28.8	191	10.2	冲积物、淤积物、堆垫物	E 103°42′20.0″ N 36°05′43.2″	78
						2	40-80	中壤土	8.6	11.3	0.73	0.69	18.9				8.3			
						3	80-100	中壤土	8.5	1.4	0.65	0.61	18.7				6.6			

续表 Continued

剖面号 Soil profile	土纲 Soil order	土类 Soil great group	亚类 Soil subgroup	土属 Soil genus	土种 Soil species	土层码 Layer code	土层厚度 Depth/cm	质地 Soil texture	pH	有机质 OM/(g/kg)	全氮 TN/(g/kg)	全磷 TP/(g/kg)	全钾 TK/(g/kg)	碱解氮 AN/(mg/kg)	有效磷 AP/(mg/kg)	速效钾 AK/(mg/kg)	阳离子交换量CEC/(cmol/kg)	土壤母质 Parent material	剖面点坐标 Profile coordinate	匹配指数 Matching index/%
剖12	半水成土	潮土	潮土	下位潮土	下位潮土	1	0—19	砂壤土	8.3	18.0	1.01	0.99	18.6	40	22.7	44		河流冲积物	E 103° 40′ 29.2″ N 36° 05′ 08.1″	90
						2	19—37	砂壤土	8.5	4.3	0.29	0.83	19.3							
						3	37—84	轻壤土	8.4	3.2	0.23	0.86	17.5							
						4	84—107	重壤土	8.1	12.5	0.85	0.85	19.3							
剖13	初育土	黄绵土	黄绵土	川台黄绵土	水地黄绵土	1	0—16	中壤土	8.5	8.5	0.57	0.53	19.4	49	7.3	115	6.2	马兰黄土	E 103° 43′ 26.2″ N 36° 03′ 00.6″	88
						2	16—37	中壤土	8.6	3.6	0.40	0.49	17.6				6.1			
						3	37—87	轻壤土	8.3	3.5	0.35	0.49	20.5				4.8			
						4	87—120	中壤土	8.4	3.5	0.35	0.50	19.4				4.9			
剖14	干旱土	灰钙土	灰钙土	灰白土	旱地灰白土	1	0—19	中壤土	8.3	10.6	0.60	0.82	19.0	49	2.5	94	9.1	风积黄土	E 103° 38′ 17.2″ N 36° 01′ 14.0″	79
						2	19—36	中壤土	8.5	10.3	0.58	0.81	22.3				8.6			
						3	36—125	中壤土	8.6	7.2	0.47	0.70	18.5				7.1			
						4	125—145	轻壤土	8.9	2.7	0.19	0.59	19.5				6.3			
剖15	初育土	黄绵土	黄绵土	低丘黄绵土	水地黄绵土	1	0—23		8.4	14.4	0.91	0.84	20.8					马兰黄土	E 103° 44′ 54.2″ N 36° 01′ 09.5″	81
						2	23—42		8.3	13.7	0.85	0.82	21.2							
						3	42—65		8.4	13.2	0.80	0.84	21.7							
						4	65—130		8.9	4.1	0.26	0.61	17.3							
剖16	干旱土	灰钙土	灰钙土	灰白土		1	0—20	中壤土	8.6	12.3	0.84	0.65	25.9	99	66.5	189	10.8	洪冲积物	E 103° 58′ 14.5″ N 36° 05′ 13.6″	94
						2	20—31	中壤土	8.4	9.3	0.71	0.65	22.3				10.1			
						3	31—84	重壤土	8.7	7.1	0.66	0.59	22.3				11.4			
						4	84—120	中壤土	8.7	3.6	0.36	0.57	23.9				6.4			
剖17	人为土	灌淤土	灌耕土	菜园土	灰茌土	1	0—24	中壤土	8.3	18.8	0.81	1.97	18.5		28.0	198	6.4	冲积物、淤积物、堆垫物	E 103° 55′ 27.2″ N 36° 03′ 44.1″	92
						2	24—36	中壤土	8.3	17.4	0.78	1.81	18.6		18.0	140	7.1			
						3	36—56	中壤土	8.3	12.3	0.58	1.34	16.9		7.7	105	7.7			
						4	56—110	中壤土	8.5	12.3	0.43	1.04	14.0		1.1	41				
						5	110—144	中壤土	8.2	2.3	0.38	1.24	18.5		1.7	68	4.8			
剖18	初育土	黄绵土	黄绵土	川台黄绵土	旱地黄绵土	1	0—14	轻壤土	8.0	8.1	0.38	0.77	20.7				5.1	马兰黄土	E 103° 45′ 26.6″ N 36° 02′ 33.0″	74
						2	14—28	轻壤土	8.5	3.4	0.32	0.60	22.2				7.0			
						3	28—74	中壤土	8.3	6.3	0.45	0.66	22.6				3.3			
						4	74—120	轻壤土	8.5	2.4	0.22	0.53	17.8				8.9			
剖19	初育土	黄绵土	黄绵土	川台大白土	水地大白土	1	0—12	轻壤土	8.7	7.9	0.33	0.84	17.3	41	13.2	159	9.6	黄土	E 103° 47′ 49.1″ N 36° 02′ 04.7″	99
						2	12—29	中壤土	8.7	12.4	0.47	0.98	17.8				7.7			
						3	29—110	轻壤土	8.5	5.5	0.35	0.74	16.8				8.0			
						4	110—135	轻壤土	8.4	5.1	0.29	0.82	17.3				9.9			
剖20	人为土	灌淤土	灌耕土	菜园土	灰茌土	1	0—17	中壤土	8.3	28.8	1.25	1.07	18.4	112	64.4	301	10.9	冲积物、淤积物、堆垫物	E 103° 48′ 39.9″ N 36° 01′ 43.9″	78
						2	17—30	轻壤土	8.6	26.8	0.84	1.41	22.2				10.5			
						3	30—120	轻壤土	8.4	22.3	1.02	1.44	20.0				13.5			
						4	120—180	轻壤土	8.3	30.4	0.93	1.50	21.7				7.5			
剖21	人为土	灌淤土	灌耕土	菜园土		1	0—24	中壤土	8.1	26.1	1.08	2.58	25.9		99.0	302	9.0	冲积物、淤积物、堆垫物	E 103° 49′ 02.5″ N 36° 00′ 31.6″	78
						2	24—48	中壤土	8.2	33.1	1.24	3.41	21.7		102.0	410	8.5			
						3	48—130	轻壤土	8.3	24.1	0.84	2.47	19.1		30.0	267	6.0			
						4	130—150	轻壤土	8.4	4.7	0.43	1.48	19.2		4.8	170	7.2			
剖22	初育土	黄绵土	黄绵土	山地黄绵土	水地黄绵土	1	0—12	中壤土	8.4	12.2	0.74	1.44	18.6	44	9.2	110	5.5	马兰黄土	E 103° 50′ 56.1″ N 36° 00′ 12.2″	87
						2	12—24	中壤土	8.5	10.9	0.68	1.54	19.6				3.6			
						3	24—108	中壤土	8.5	4.7	0.39	1.22	26.1				5.0			
						4	108—124	轻壤土	8.7	5.1	0.21	1.34	31.5							

续表 Continued

剖面号 Soil profile	土纲 Soil order	土类 Soil great group	亚类 Soil subgroup	土属 Soil genus	土种 Soil species	土层码 Layer code	土层厚度 Depth/cm	质地 Soil texture	pH	有机质 OM/(g/kg)	全氮 TN/(g/kg)	全磷 TP/(g/kg)	全钾 TK/(g/kg)	碱解氮 AN/(mg/kg)	有效磷 AP/(mg/kg)	速效钾 AK/(mg/kg)	阳离子交换量 CEC/(cmol/kg)	土壤母质 Parent material	剖面点坐标 Profile coordinate	匹配指数 Matching index/%
剖23	半淋溶土	灰褐土	生草灰褐土			1	0—35	重壤土	7.9	105.1	4.73	1.02	17.5				40.4		E 103°40′41.9″ N 35°57′45.4″	89
						2	35—109	重壤土	8.1	75.1	4.08	1.02	17.5				37.1			
						3	109—145	轻黏土	8.3	20.4	1.17	0.69	21.9				19.1			
剖24	钙层土	栗钙土	栗钙土	耕种栗钙土	厚层耕种栗钙土	1	0—21	中壤土	8.2	25.7	1.19	0.75	23.2				10.5		E 103°40′13.3″ N 35°56′37.3″	89
						2	21—40	中壤土	8.2	13.1	0.90	0.63	22.4				11.5			
						3	40—85	中壤土	8.2	10.5	0.80	0.64	22.2				10.9			
						4	85—120	重壤土	8.1	9.9	0.79	0.68	18.0				10.5			
剖25	人为土	灌淤土	灌耕土	厚层灌耕土	黄吃劲土	1	0—30	中壤土	8.8	10.8	0.71	0.73	18.8	50	7.2	160	7.8	冲积物、淤积物、堆垫物	E 103°45′45.3″ N 35°58′30.3″	80
						2	30—44	轻壤土	8.5	7.3	0.54	0.67	20.2				7.6			
						3	44—85	砂壤土	8.7	7.3	0.53	0.72	18.3				7.4			
						4	85—130	轻壤土	8.6	5.4	0.33	0.66	25.4				6.0			
剖26	干旱土	灰钙土	淡灰钙土	耕种淡灰钙土	旱地淡灰钙土	1	0—15	轻壤土	8.3	6.0	0.43	0.61	17.8				5.3		E 103°48′59.9″ N 35°57′25.0″	79
						2	15—28	轻壤土	8.5	3.7	0.34	0.58	17.9				5.1			
						3	28—107	轻壤土	8.6	2.8	0.26	0.55	11.2				5.7			
						4	107—125	轻壤土	8.7	2.5	0.27	0.54	18.8				5.2			
剖27	钙层土	栗钙土	栗钙土	耕种栗钙土	薄层耕种栗钙土	1	0—13	中壤土	9.3	25.2	1.45	0.81	23.6				14.6		E 103°49′19.2″ N 35°54′11.5″	93
						2	13—27	中壤土	8.3	23.5	1.33	0.73	22.8				15.3			
						3	27—80	中壤土	8.4	10.3	0.73	0.54	21.8				15.6			
						4	80—135	中壤土	8.4	8.8	0.72	0.47	24.1				16.7			
						5	135—155	中壤土	8.5	6.9	0.42	0.49	21.9				13.7			
剖28	半淋溶土	灰褐土	石灰性灰褐土			1	0—10	中壤土	8.1	107.9	4.57	0.96	17.3				36.2		E 103°54′23.4″ N 35°53′41.4″	75
						2	10—70	中壤土	8.3	77.6	3.65	0.93	15.7				30.4			
						3	70—	重壤土	8.4	18.0	0.87	0.48	19.9				19.8			
剖29	钙层土	栗钙土	栗钙土	耕种栗钙土	中层耕种栗钙土	1	0—30	中壤土	8.2	26.8	1.25	0.82	20.2						E 103°48′35.9″ N 35°52′30.8″	85
						2	30—59	中壤土	8.4	20.9	1.15	0.61	20.1							
						3	59—94	中壤土	8.3	9.1	0.62	0.56	21.1							
						4	94—120	中壤土	8.3	4.8	0.33	0.63	19.7							

永 登 县

主要土类说明

灰钙土是永登县主要土壤类型，占本县地域面积的64%，主要分布在海拔1650—2500m的庄浪河谷两侧黄土丘陵沟壑区的梁峁地形。植被属半荒漠稀疏草原类型，建群种以短花针茅为主，还有长芒草、戈壁针茅、沙生针茅及各种耐旱蒿属和骆驼蓬。成土母质主要为第四纪黄土，其次为黄土洪冲积物。该土壤仅夏季发生淋溶，易溶盐、碳酸钙、石膏弱度淋移，分层累积于15—30cm深处。钙积层不明显，以假菌丝状和斑点状为主，厚20—30cm。地表可见微弱的薄结皮层，厚约1cm。土体干燥，质地多为轻壤土，表层多为粒状结构，表层以下结构不明显，土质较疏松，无明显的紧实层。剖面分化不明显，通体以黄色为主，腐殖质层多呈浅灰色。

栗钙土是永登县第二大土壤类型，占本县地域面积的25%，是半干旱山区重要的农业土壤，主要分布在武胜驿、坪城、民乐、中堡等地。栗钙土主要形成于半荒漠稀疏草原向半湿润山地针叶林、针阔叶混交林过渡的中间山地草原地带，海拔一般为2400—2600m，气候为温带大陆性亚干旱气候。植被属草原类型，由多年生旱生草类组成，草原灌木及半灌木也占有一定比重，植被覆盖百分率达56%。成土母质为石灰岩、板岩坡积物和残积物，以及黄土和河流冲积物。栗钙土剖面层次比较明显，具有颜色较深的腐殖质层，除腐殖质层外，存在呈假菌丝状、斑点状、粉末状及小结核状的钙积层。位于秦川盆地北部山地的栗钙土存在盐化现象，这与当地成土母质可溶盐含量较高有关。

小于本县地域面积3%的土壤类型有灌淤土、黑钙土、黑毡土、红黏土、灰褐土和新积土。

本区域中心区气候特征

本区域中心区气候特征值
Regional climate characteristics in central area of the region

气候带：中温带亚干旱气候 Climate region: Mid temperate subarid climate	
年平均气温 /℃ Annual average temperature /℃	5.1
年平均最高气温 /℃ Annual average maximum temperature /℃	11.6
年平均最低气温 /℃ Annual average minimum temperature /℃	0.0
年降水量 /mm Annual precipitation /mm	362
≥10℃的积温 /℃ Daily temperature accumulated in a year（≥10℃）/℃	1951
年日照时数 /h Annual sunshine /h	2523
年平均相对湿度 /% Annual average relative humidity /%	57
干燥度 Dryness	0.99

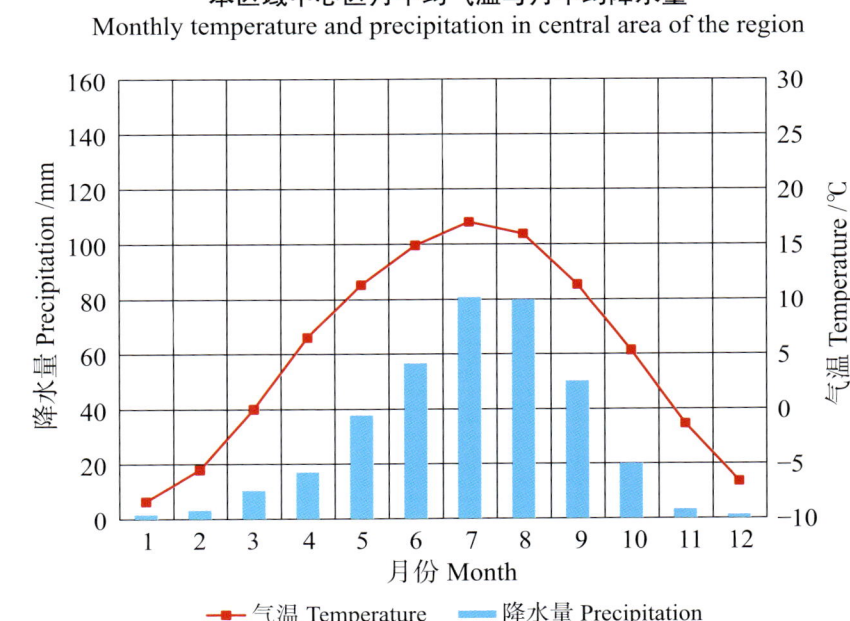

本区域中心区月平均气温与月平均降水量
Monthly temperature and precipitation in central area of the region

永登县主要土壤类型与土壤剖面点分布图
1∶460 000

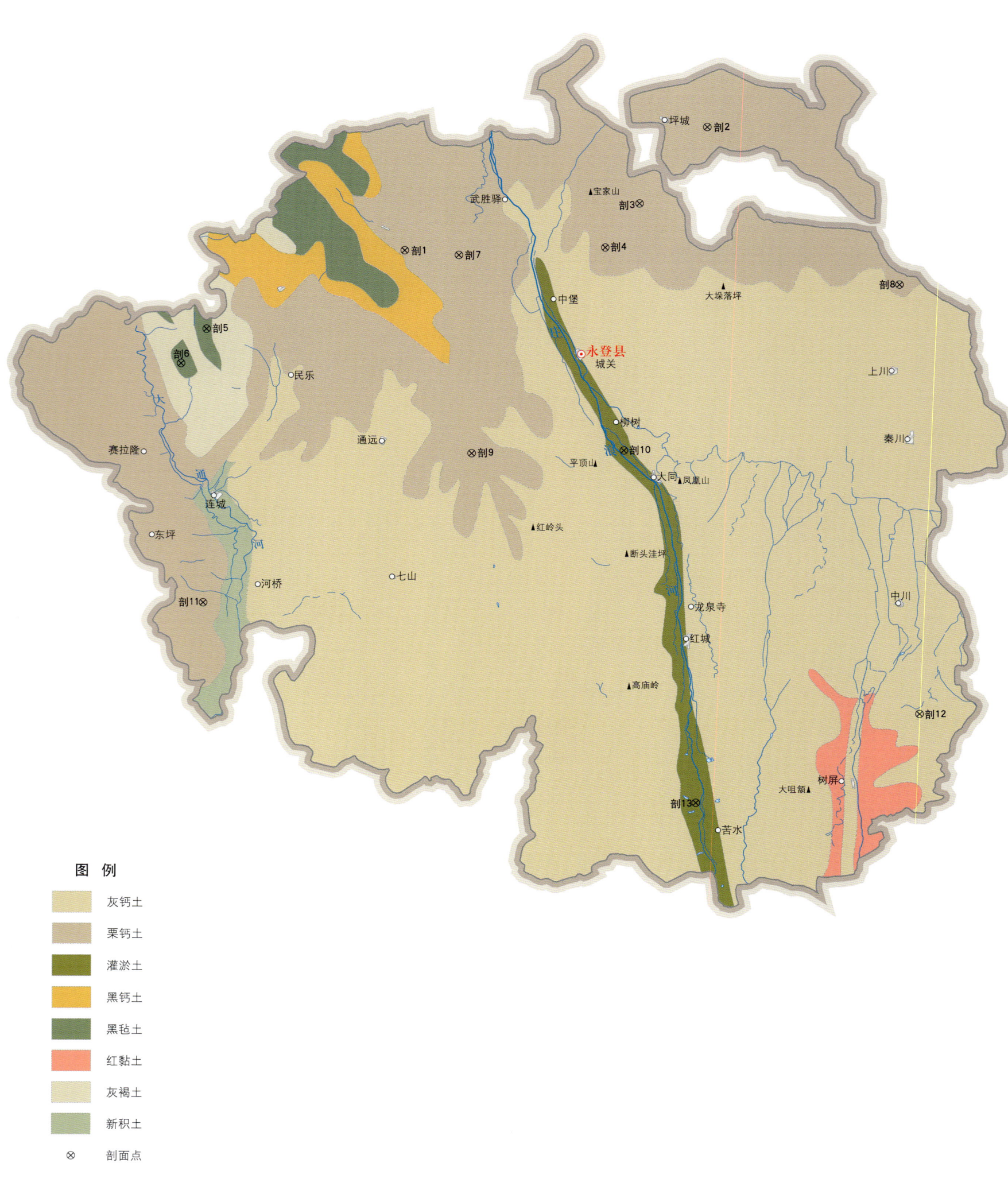

永登县土壤剖面理化性状表

剖面号 Soil profile	土纲 Soil order	土类 Soil great group	亚类 Soil subgroup	土属 Soil genus	土种 Soil species	土层码 Layer code	土层厚度 Depth/cm	颜色 Soil color	质地 Soil texture	土壤结构 Soil structure	pH	有机质 OM/(g/kg)	全氮 TN/(g/kg)	全磷 TP/(g/kg)	全钾 TK/(g/kg)	有效磷 AP/(mg/kg)	速效钾 AK/(mg/kg)	阳离子交换量 CEC/(cmol/kg)	剖面点坐标 Profile coordinate	匹配指数 Matching index/%
剖1	钙层土	栗钙土	暗栗钙土			1	0—13		中壤土		8.2	55.0	3.32	0.59				26.0	E 103°02′50.6″ N 36°50′00.6″	70
						2	13—36		中壤土		8.4	32.1	2.13	0.45				21.6		
						3	36—58		中壤土		8.5	18.7	0.89	0.35				13.2		
剖2	钙层土	栗钙土	栗钙土	川台栗钙土	川台厚层栗钙土	1	0—20	灰棕色	轻壤土	小块状	7.9	25.4	1.69	1.05				18.3	E 103°23′59.5″ N 36°57′35.4″	87
						2	20—50	浅棕灰色	轻壤土	小块状	8.2	25.8	1.73	1.02				16.8		
						3	50—80	浅棕灰色	轻壤土	块状	8.1	30.4	2.03	1.06				15.1		
						4	80—120	浅棕黄色	中壤土	块状	8.0	19.1	1.31	0.87				19.5		
剖3	钙层土	栗钙土	暗栗钙土			1	0—35	灰棕色	中壤土	粒状	8.1	31.9	2.10	1.05				16.7	E 103°19′18.3″ N 36°53′02.8″	76
						2	35—50	棕灰色	重壤土	块状	8.2	33.4	2.25	0.77				17.4		
						3	50—120	棕黄色	轻壤土	碎块状	8.4	7.7	0.56	0.23				5.3		
剖4	钙层土	栗钙土	栗钙土			A_{11}	0—17	浅棕灰色	中壤土	碎块状	8.2	19.5	1.90	1.85				11.7	E 103°16′56.6″ N 36°50′25.4″	96
						A_{12}	17—27	棕灰色	中壤土	小块状	8.1	26.0	1.45	1.90				14.5		
						Bk	27—66	棕灰色	中壤土	块状	8.2	27.2	2.19	1.86				15.4		
						Ck	66—130	棕黄色	中壤土	块状	8.6	10.1	0.95	1.60				8.2		
剖5	高山土	黑毡土	棕毡土			1	0—12	褐黑色	轻壤土	小块状	7.8	172.5	7.97	0.86				57.6	E 102°49′02.6″ N 36°45′08.3″	72
						2	12—40	褐棕色	重壤土	小块状	7.9	109.4	5.01	0.72				48.7		
						3	40—50	浅棕黄色	轻壤土	小块状	8.4	35.6	0.87	0.58				15.7		
剖6	高山土	黑毡土	棕毡土			1	0—34	暗棕灰色	轻壤土	团块状	8.1								E 102°47′18.6″ N 36°43′05.6″	77
						2	34—63	暗棕灰色	重壤土	块状	8.2									
						3	63—93	暗棕色	重壤土	层状	8.2									
						4	93—120	黄棕色	中壤土	屑片状	8.4									
剖7	钙层土	栗钙土	栗钙土			1	0—17		重壤土	小块状	8.3	34.0	3.07	0.85				21.9	E 103°06′39.8″ N 36°49′48.5″	79
						2	17—46		重壤土	碎块状	8.8	20.2	1.23	0.61				17.5		
						3	46—66		轻黏土	块状	8.8	8.5	0.56	0.65				5.6		
剖8	钙层土	栗钙土	淡栗钙土	川台淡栗钙土	川台厚层淡栗钙土	1	0—25	棕灰色	中壤土	粒状	8.5	19.3	1.19	0.72				15.2	E 103°37′42.6″ N 36°48′34.6″	98
						2	25—46	灰棕灰色	中壤土	小块状	8.6	19.8	1.60	0.73				15.6		
						3	46—110	棕灰色	中壤土	块状	9.0	7.7	0.57	0.56				12.8		
剖9	钙层土	栗钙土	淡栗钙土			1	0—19	浅棕灰色	中壤土	粒状	8.2	19.5	1.17	0.72				11.4	E 103°07′52.0″ N 36°38′13.6″	93
						2	19—51	暗棕灰色	中壤土	块状	8.4	23.1	1.71	0.68				14.8		
						3	51—127	灰黄棕色	中壤土	碎块状	8.6	6.6	0.44	0.57				6.2		
剖10	人为土	灌淤土	灌淤土			1	0—20	浅棕灰色	中壤土	块状	7.8	10.0	1.03	0.87		5.0	200		E 103°18′33.0″ N 36°38′34.9″	82
						2	20—40	灰棕灰色	中壤土	块状	8.1	14.3	1.17	1.13						
						3	40—110	灰黄棕色	轻壤土	块状	7.9	8.8	0.82	0.83						
						4	110—150	灰黄棕色	中壤土	块状	8.0	11.2	0.90	0.71						
剖11	钙层土	栗钙土	淡栗钙土	低丘淡栗钙土	低丘厚层淡栗钙土	1	0—17	灰黄棕色	中壤土	小块状	8.4	17.4	1.34	0.62	23.8			9.8	E 102°49′17.3″ N 36°29′07.8″	87
						2	17—33	浅棕黄色	中壤土	块状	8.6	14.7	1.05	0.60	22.8			8.8		
						3	33—100	浅黄棕色	轻壤土	块状	9.0	5.3	0.50	0.57	22.3			6.2		
剖12	干旱土	灰钙土	灰钙土			1	0—22		轻壤土	粒状、块状	8.2	1.7	1.14	0.57				10.7	E 103°39′38.2″ N 36°23′30.2″	76
						2	22—57		轻壤土		8.3	6.3	0.40	0.59				8.4		
						3	57—74		轻壤土		8.5	4.2	0.25	0.61				7.5		
						4	74—107		轻壤土		8.4	4.2	0.22	0.61	23.6			7.7		
						5	107—163		轻壤土		8.3	3.2	0.22	0.58	23.6			7.0		

续表 Continued

剖面号 Soil profile	土纲 Soil order	土类 Soil great group	亚类 Soil subgroup	土属 Soil genus	土种 Soil species	土层码 Layer code	土层厚度 Depth/cm	颜色 Soil color	质地 Soil texture	土壤结构 Soil structure	pH	有机质 OM/(g/kg)	全氮 TN/(g/kg)	全磷 TP/(g/kg)	全钾 TK/(g/kg)	有效磷 AP/(mg/kg)	速效钾 AK/(mg/kg)	阳离子交换量CEC/(cmol/kg)	剖面点坐标 Profile coordinate	匹配指数 Matching index/%
剖13	人为土	灌淤土	潮化灌淤土	下位潮化灌淤土	下位潮化厚层灌砂土	1	0—18	暗灰色	轻壤土	碎块状	8.7	21.5	1.37	1.77		13.0	142	9.5	E 103°24′05.7″ N 36°18′02.2″	86
						2	18—50	暗灰色	中壤土	小块状	8.9	17.2	1.17	1.90				10.1		
						3	50—70	浅灰黄色	砂壤土	块状	8.9	11.0	0.71	1.40				7.5		
						4	70—		砾质土											

皋兰县

主要土类说明

灰钙土是皋兰县主要土壤类型，占本县地域面积的 95%。灰钙土位于温带干旱草原区，是具低腐殖质、弱淋溶特征的土壤。植被属半荒漠稀疏草原类型，建群种以短花针茅为主，还有长芒草、戈壁针茅、沙生针茅及各种耐旱蒿属和骆驼蓬，植被覆盖百分率为 10%—40%。成土母质多为黄土，少数为冲积扇洪积物。该土壤仅夏季发生淋溶，易溶盐、碳酸钙、石膏弱度淋移，分层累积于 15—30cm 深处。全剖面呈强石灰反应，碳酸钙含量为 120—250g/kg。土壤底部可见易溶盐累积，含量可达 10g/kg。土壤 pH 为 8.0—9.0，表层初显结皮。

小于本县地域面积 3% 的土壤类型有红黏土、灌淤土和石质土。

本区域中心区气候特征

本区域中心区气候特征值
Regional climate characteristics in central area of the region

气候带：中温带亚干旱气候 Climate region: Mid temperate subarid climate	
年平均气温 /℃ Annual average temperature /℃	7.6
年平均最高气温 /℃ Annual average maximum temperature /℃	14.3
年平均最低气温 /℃ Annual average minimum temperature /℃	2.5
年降水量 /mm Annual precipitation /mm	326
≥10℃的积温 /℃ Daily temperature accumulated in a year（≥10℃）/℃	2661
年日照时数 /h Annual sunshine /h	2492
年平均相对湿度 /% Annual average relative humidity /%	56
干燥度 Dryness	1.55

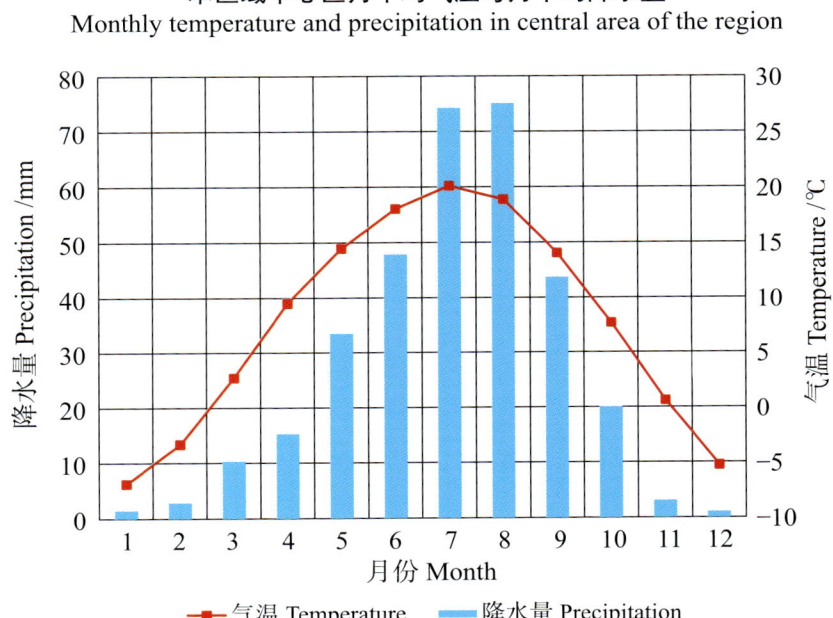

本区域中心区月平均气温与月平均降水量
Monthly temperature and precipitation in central area of the region

皋兰县主要土壤类型与土壤剖面点分布图
1∶290 000

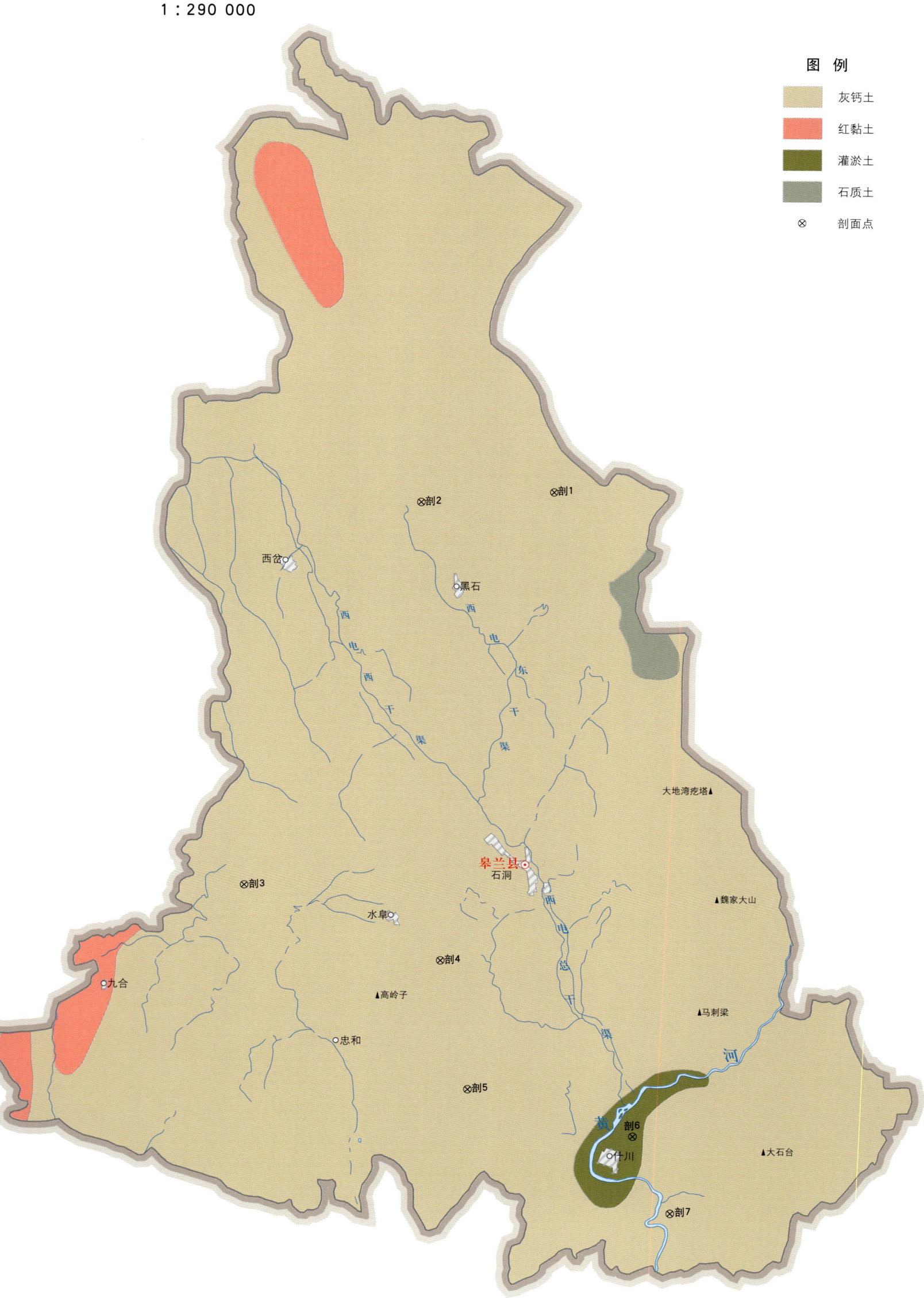

皋兰县土壤剖面理化性状表

剖面号 Soil profile	土纲 Soil order	土类 Soil great group	亚类 Soil subgroup	土属 Soil genus	土种 Soil species	土层码 Layer code	土层厚度 Depth/cm	颜色 Soil color	质地 Soil texture	土壤结构 Soil structure	pH	有机质 OM/(g/kg)	全氮 TN/(g/kg)	全磷 TP/(g/kg)	碱解氮 AN/(mg/kg)	有效磷 AP/(mg/kg)	速效钾 AK/(mg/kg)	土壤母质 Parent material	剖面点坐标 Profile coordinate	匹配指数 Matching index/%
剖1	干旱土	灰钙土	灰钙土	耕种灰钙土	旱地厚层灰白土	1	0—19		轻壤土		8.1	11.0	0.68	0.79	27	6.3	88	风积黄土	E 103°57′16.6″ N 36°34′25.0″	94
						2	19—69		轻壤土		8.2	6.0	0.44	0.61						
						3	69—110		轻壤土		8.4	5.2	0.32	0.77						
剖2	干旱土	灰钙土	灰钙土	耕种灰钙土	水地灰白土	1	0—17		中壤土		8.5	12.6	0.69	0.81	36	22.4	46	风积黄土	E 103°51′20.2″ N 36°33′58.3″	74
						2	17—30		轻壤土		8.4	12.4	0.66	0.80						
						3	30—87		轻壤土		8.4	11.0	0.58	0.62						
						4	87—122		轻壤土		8.6	8.2	0.49	0.86						
剖3	干旱土	灰钙土	灰钙土			1	0—25	浅灰色	砂壤土	小块状	8.4	13.6	0.70	0.42				黄土	E 103°43′46.2″ N 36°19′31.4″	95
						2	25—37	浅黄色	轻壤土	块状	8.8	7.7	0.31	0.55						
						3	37—91	浅棕黄色	轻壤土	块状	9.0	5.7	0.26	0.63						
						4	91—115	浅黄棕色	轻壤土	块状	8.8	4.2	0.20	0.65						
剖4	干旱土	灰钙土	淡灰钙土	耕种淡灰钙土	早地厚层淡灰白土	1	0—13		轻壤土		8.5	7.1	0.52	0.64	31	14.5	93	风积黄土	E 103°52′35.4″ N 36°16′49.8″	95
						2	13—30		轻壤土		8.8	6.9	0.52	0.70						
						3	30—47		砂壤土		8.8	4.5	0.36	0.66						
						4	47—87		轻壤土		8.6	6.0	0.46	0.73						
						5	87—139		中壤土		8.6	8.7	0.61	0.83						
剖5	干旱土	灰钙土	淡灰钙土	耕种淡灰钙土		1	0—1	灰色										风积黄土	E 103°53′55.7″ N 36°12′03.6″	78
						2	1—27	灰棕色	中壤土	小块状	8.5	13.8	0.88	0.70						
						3	27—54	浅灰棕色	中壤土	块状	8.8	7.0	0.49	0.55						
						4	54—154	灰黄色	轻壤土	块状	8.3	5.8	0.44	0.72						
						5	154—184	浅黄色	轻壤土	块状	8.6	4.1	0.37	0.65						
剖6	人为土	灌淤土	灌淤土	厚层灌淤土	黑垆劲土	1	0—22		轻壤土		8.4	15.0	0.94	0.92	81	36.0	208	洪冲积物	E 104°01′18.9″ N 36°10′25.2″	95
						2	22—34		中壤土		8.3	10.5	0.77	0.88						
						3	34—79		中壤土		8.3	7.8	0.51	0.78						
						4	79—134		中壤土		8.4	6.6	0.45	0.84						
剖7	干旱土	灰钙土	淡灰钙土	耕种淡灰钙土	水地淡灰白土	1	0—20		轻壤土		8.5	9.0	0.48	0.62	38	23.6	12	风积黄土	E 104°03′02.7″ N 36°07′35.3″	100
						2	20—34		轻壤土		8.4	2.8	0.12	0.58						
						3	34—90		轻壤土		8.6	2.9	0.13	0.57						
						4	90—130		轻壤土		8.4	2.3	0.11	0.53						

榆 中 县

主要土类说明

灰钙土是榆中县主要土壤类型，占本县地域面积的59%，除马坡、小康营外，其余地区均有分布。灰钙土位于温带干旱草原区，是具低腐殖质、弱淋溶特征的土壤。植被覆盖百分率为10%—40%。成土母质多为黄土，少数为冲积扇洪积物。该土壤仅夏季发生淋溶，易溶盐、碳酸钙、石膏弱度淋移，分层累积于15—30cm深处。全剖面呈强石灰反应，碳酸钙含量为120—250g/kg。土壤底部可见易溶盐累积，含量可达10g/kg。土壤pH为8.0—9.0，表层初显结皮。本县灰钙土分为灰钙土、淡灰钙土等亚类。

黑垆土是榆中县第二大土壤类型，占本县地域面积的22%，位于六盘山以西黑垆土区的外缘部分，与本省中部定西地区的黑垆土区相连，集中分布在本县中部及东南部。黑垆土是在黄土高原上，由黄土发育而成的土壤。该土壤有机质含量低，但腐殖质层深厚。土体原位黏化，但无明显黏化层，具假菌丝状石灰累积；无盐化，多旱耕。本县黑垆土仅有黑麻土一个亚类。

灰褐土是榆中县第三大土壤类型，占本县地域面积的13%，主要分布在本县西南山区及盆地西部的黄土丘陵，包括马坡、小康营、新营、连搭、城关、和平、定远等地。灰褐土形成于温带干旱、半干旱山地云冷杉下，腐殖质累积与钙积作用明显，具Ao-A-B-C剖面构型。该土壤表层有机质含量可达100g/kg，表层下见暗色腐殖质层，有弱黏淀特征。B层呈棕褐色，钙积层在40cm以下出现，铁铝氧化物无移动。本县灰褐土分为淋溶灰褐土、石灰性灰褐土、灰褐土等亚类。

小于本县地域面积3%的土壤类型有黄绵土、黑毡土、灌淤土、草毡土、栗钙土和红黏土。

本区域中心区气候特征

本区域中心区气候特征值
Regional climate characteristics in central area of the region

气候带：暖温带干旱气候 Climate region: Warm temperate arid climate	
年平均气温 /℃ Annual average temperature /℃	9.5
年平均最高气温 /℃ Annual average maximum temperature /℃	16.4
年平均最低气温 /℃ Annual average minimum temperature /℃	4.2
年降水量 /mm Annual precipitation /mm	341
≥10℃的积温 /℃ Daily temperature accumulated in a year（≥10℃）/℃	3199
年日照时数 /h Annual sunshine /h	2384
年平均相对湿度 /% Annual average relative humidity /%	57
干燥度 Dryness	1.75

榆中县主要土壤类型与土壤剖面点分布图
1∶320 000

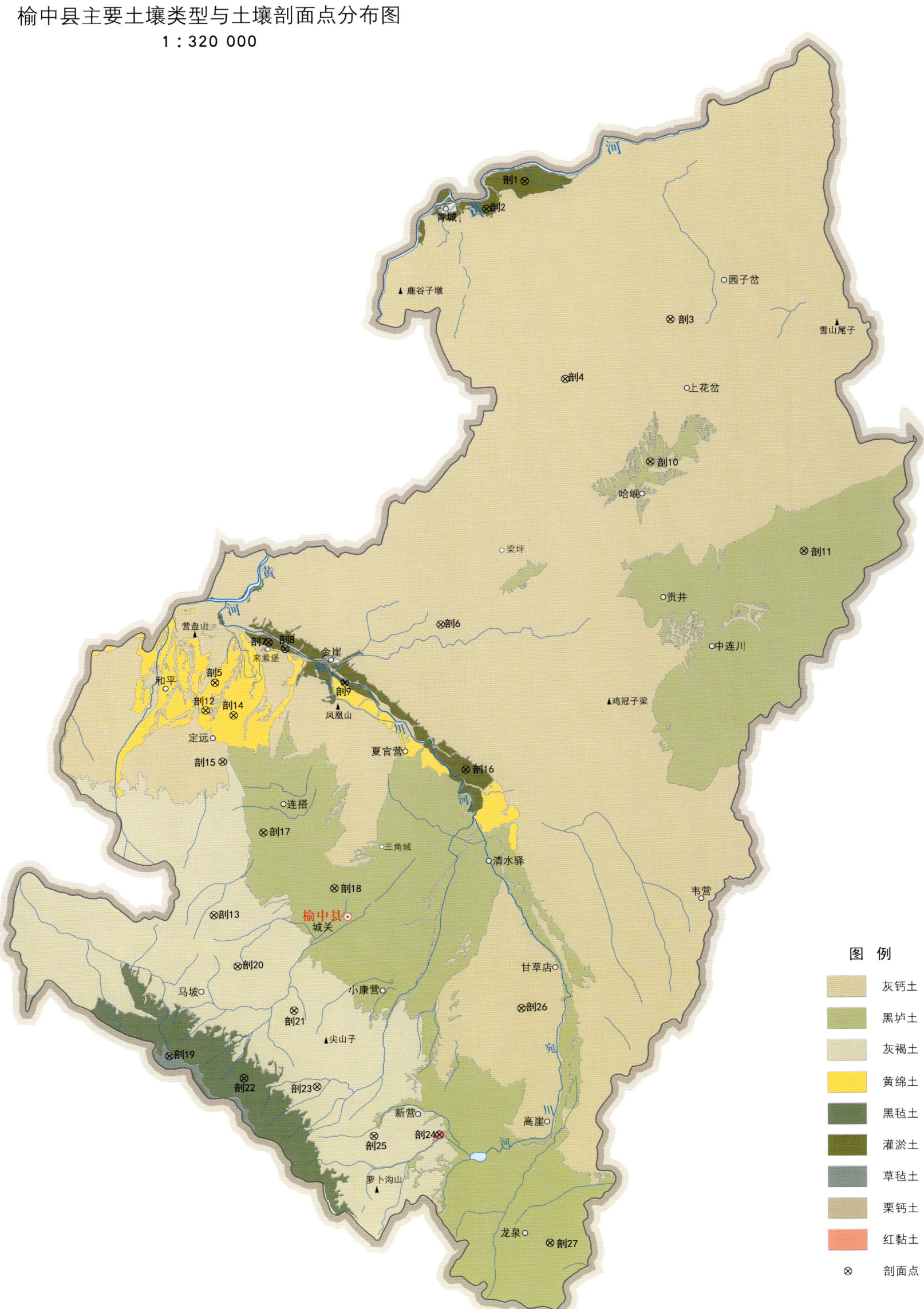

第二编　分县土壤图与土壤剖面数据

榆中县土壤剖面理化性状表

剖面号 Soil profile	土纲 Soil order	土类 Soil great group	亚类 Soil subgroup	土属 Soil genus	土种 Soil species	土层码 Layer code	土层厚度 Depth/cm	颜色 Soil color	质地 Soil texture	土壤结构 Soil structure	pH	有机质 OM/(g/kg)	全氮 TN/(g/kg)	全磷 TP/(g/kg)	全钾 TK/(g/kg)	碱解氮 AN/(mg/kg)	有效磷 AP/(mg/kg)	速效钾 AK/(mg/kg)	阳离子交换量 CEC/(cmol/kg)	土壤母质 Parent material	剖面点坐标 Profile coordinate	匹配指数 Matching index/%
剖1	人为土	灌淤土	灌淤土	厚层灌淤土	红吃劲土	1	0—22	紫棕色	中壤土	块状	8.5	14.9	0.94	0.67	17.0	71	42.0	276	10.1		E 104°15′03.6″ N 36°20′57.4″	80
						2	22—37	紫棕色	中壤土	块状	8.5	13.1	0.86	0.59	17.6				9.7			
						3	37—82	紫灰色	轻壤土	块状	8.7	9.5	0.39	0.81	16.8				8.4			
						4	82—110	紫棕色	轻壤土	块状	8.6	5.5	0.32	0.90	16.8				7.8			
剖2	人为土	灌淤土	灌淤土	厚层灌淤土	厚层漫淤土	1	0—20	棕灰色	轻壤土	块状	8.5	11.4	0.65	0.53	18.7		5.6				E 104°13′10.7″ N 36°19′48.2″	79
						2	20—38	黄灰色	砂壤土	块状	8.5	8.3	0.53	0.60	6.2							
						3	38—58	浅灰灰色	轻壤土	板状	8.4	5.1	0.34	0.31	16.2							
						4	58—108	浅灰黄色	轻壤土	块状	8.3	3.9	0.22	0.81	20.2							
剖3	干旱土	灰钙土	耕种灰钙土	旱种厚层灰白土		1	0—17	灰棕色	中壤土	团块状	8.5	12.8	0.96	0.89	20.0				6.0		E 104°22′17.1″ N 36°15′15.3″	100
						2	17—32	暗灰棕色	中壤土	块状	8.5	17.7	1.20	0.97	21.1				7.6			
						3	32—77	紫棕色	中壤土	块状	8.6	11.1	0.60	0.89	20.6				6.0			
						4	77—124	紫灰色	轻壤土	块状	8.8	5.5	0.38	0.76	20.0				3.1			
剖4	干旱土	灰钙土	自然土			1	0—8	紫棕色	轻壤土	块状	8.6	11.8	0.82	0.74	18.2				7.8		E 104°17′05.8″ N 36°12′47.0″	74
						2	8—30	灰棕色	轻壤土	块状	8.5	5.0	0.71	0.66	18.2				6.7			
						3	30—150	浅灰棕色	轻壤土	块状	8.7	4.3	0.35	0.66	18.2				5.8			
剖5	初育土	黄绵土	川台黄绵土	川台旱地黄绵土		1	0—22	紫棕色	重壤土	块状										马兰黄土	E 103°59′54.7″ N 36°00′10.1″	78
						2	22—48	紫色	中壤土	块状												
						3	48—110	浅棕灰色	轻壤土	块状												
剖6	干旱土	灰钙土	淡灰钙土	自然土		1	0—6	灰黄色	轻壤土	块状	8.4	7.3	0.52	0.65	19.0				7.1		E 104°11′00.2″ N 36°02′36.7″	82
						2	6—34	浅棕灰色	轻壤土	块状	8.1	7.1	0.52	0.50	17.1				7.7			
						3	34—165	浅棕灰色	砂壤土	块状	8.4	4.5	0.47	0.48	16.4				5.8			
剖7	人为土	灌淤土	盐化灌淤土	重盐化灌淤土	重盐化灌淤土	1	0—20	灰棕色	重壤土	碎块状											E 104°02′31.9″ N 36°01′50.9″	91
						2	20—48	黄灰色	中壤土	片层状												
						3	48—105	浅棕灰色	中壤土	块状												
						4	105—140	灰蓝色	轻壤土	块状												
剖8	人为土	灌淤土	盐化灌淤土	轻盐化灌淤土	轻盐化灌淤土	1	0—20	浅棕黄色	中壤土	块状											E 104°03′21.2″ N 36°01′34.7″	99
						2	20—30	浅棕黄色	重壤土	块状												
						3	30—50	灰棕黄色	重壤土	块状												
						4	50—79	灰灰色	砂壤土	块状												
						5	79—130	灰黄色	中壤土	块状												
剖9	人为土	灌淤土	潮灌淤土	下位潮灌淤土	下位厚层漫砂土	1	0—20	灰黄色	轻壤土	块状											E 104°06′17.6″ N 36°00′12.2″	70
						2	20—40	灰黄色	重壤土	块状												
						3	40—83	浅灰棕色	中壤土	团块状												
剖10	钙层土	黑垆土	黑垆土	黑垆土		1	0—18	灰黄色	中壤土	块状	8.4	17.9	1.15	0.91	21.1				8.5		E 104°21′18.3″ N 36°09′22.4″	81
						2	18—30	暗棕灰色	中壤土	块状	8.4	21.8	1.43	0.91	21.1				10.4			
						3	30—79	棕色	中壤土	块状	8.5	18.2	1.18	0.89	20.6				9.3			
						4	79—122	棕灰色	中壤土	碎块状	8.6	8.3	0.53	0.75	20.0				4.4			
剖11	钙层土	黑垆土	黑垆土	自然土		1	0—15	浅灰灰色	中壤土	碎块状	8.4	22.1	1.36	0.67	15.4				9.0		E 104°28′53.4″ N 36°05′41.1″	78
						2	15—33	浅灰棕色	中壤土	碎块状	8.5	20.0	1.42	0.62	14.2							
						3	33—74	灰棕色	中壤土	碎块状	8.7	12.8	0.84	0.59	15.8							
						4	74—130	浅棕色	中壤土	碎块状	8.4	12.5	0.83	0.59	16.7							

续表 Continued

剖面号 Soil profile	土纲 Soil order	土类 Soil great group	亚类 Soil subgroup	土属 Soil genus	土种 Soil species	土层码 Layer code	土层厚度 Depth/cm	颜色 Soil color	质地 Soil texture	土壤结构 Soil structure	pH	有机质 OM/(g/kg)	全氮 TN/(g/kg)	全磷 TP/(g/kg)	全钾 TK/(g/kg)	碱解氮 AN/(mg/kg)	有效磷 AP/(mg/kg)	速效钾 AK/(mg/kg)	阳离子交换量 CEC/(cmol/kg)	土壤母质 Parent material	剖面点坐标 Profile coordinate	匹配指数 Matching index/%
剖12	初育土	黄绵土	黄绵土	低丘黄绵土		1	0—23	灰棕色	中壤土	小块状	8.5	6.8	0.49		20.0	21	9.2	201		马兰黄土	E 103°59′27.6″ N 35°59′01.0″	88
						2	23—58	灰棕色	中壤土	小块状	8.5	7.1	0.46		20.0							
						3	58—106	棕色	中壤土	块状	8.5	9.8	0.71		17.9							
剖13	半淋溶土	灰褐土	灰褐土	自然土		Ao+A	0—17	暗棕色	中壤土	团粒状	7.0	56.5	2.84	0.90	20.4				40.5		E 103°59′55.0″ N 35°50′30.8″	83
						B	17—53	暗棕色	重壤土	团块状	7.8	33.7	1.90	0.70	20.4							
						C	53—100	暗棕色	中壤土	团块状	8.1	22.5	1.12	0.63	20.9							
剖14	初育土	黄绵土	黄绵土	川台黄绵土	川台水地黄绵土	1	0—20	浅棕黄色	中壤土	块状										马兰黄土	E 104°00′49.6″ N 35°58′48.8″	83
						2	20—37	浅棕色	中壤土	块状												
						3	37—130	紫棕色	中壤土	块状												
剖15	平旱土	灰钙土	灰钙土	耕种灰钙土	水地灰白土	1	0—23	棕灰色	轻壤土	块状	8.3	11.5	0.70	0.76	15.2				6.8		E 104°00′18.4″ N 35°56′53.0″	91
						2	23—48	灰棕色	轻壤土	块状	8.4	11.4	0.72	0.71	12.7				5.2			
						3	48—91	浅黄棕色	轻壤土	块状	8.4	7.8	0.45	0.74	22.7				3.7			
						4	91—154	黄棕色	中壤土	块状	8.4	7.5	0.45	0.71	22.7				5.1			
剖16	人为土	灌淤土	灌淤土	厚层灌淤土	黄吃劲土	1	0—20	灰黄色	重壤土	团块状	8.3	17.3	1.04	1.08	17.2	62	16.0	135	11.7	黄土	E 104°12′15.5″ N 35°56′36.2″	73
						2	20—60	暗棕色	重壤土	团状	8.6	15.6	0.88	1.01	19.7				11.8			
						3	60—129	灰黑色	重壤土	团块状	8.6	15.4	0.83	0.99	13.8				12.2			
						4	129—180	紫黄色	中壤土	块状	8.6	6.0	0.46	0.79	12.5				6.1			
剖17	钙层土	黑垆土	黑垆土	砂砾质垆土	砂砾质垆土	1	0—20	棕灰色	轻壤土	团块状											E 104°02′19.3″ N 35°53′57.8″	73
						2	20—10	灰棕色	中壤土	碎块状	8.4	12.8	0.83	1.03	17.9				7.1			
剖18	钙层土	黑垆土	黑垆土	垆土	川台垆土	1	0—18	灰棕色	重壤土	碎块状	8.4	12.3	0.81	0.95	18.6				10.3		E 104°05′49.3″ N 35°51′39.4″	97
						2	18—42	暗棕色	重壤土	块状	8.5	10.8	0.71	0.83	19.5				9.3			
						3	42—108	紫棕色	中壤土	块状	8.8	4.0	0.28	0.74	17.8				6.7			
						4	108—130															
剖19	高山土	草毡土	草毡土			Ao	0—5	深灰褐色	中壤土	团粒状	7.0	178.0	7.28	1.08	12.2				41.0		E 103°57′45.5″ N 35°44′41.0″	77
						A_1	5—18	灰褐色	重壤土	团状	6.8	62.4	3.28	1.07	21.0				26.3			
						B	18—30	浅灰棕色	重壤土	碎片状	7.0	47.1	2.91	1.09	18.0				24.3			
剖20	半淋溶土	灰褐土	石灰性灰褐土	自然土		Ao	0—10	灰棕色	中壤土	块状	8.3	31.5	1.89	0.81	20.8				16.0		E 104°01′05.5″ N 35°48′23.0″	92
						A_1	10—73	灰棕色	重壤土	块状	8.0	29.2	1.82	0.78	22.1							
						AC	73—140	灰黄色	中壤土	块状	8.7	14.0	0.80	0.64	21.2							
						C	140—170		轻壤土	块状	9.0	4.0	0.23	0.68	15.8							
剖21	半淋溶土	灰褐土	淋溶灰褐土			Ao	0—4				7.9	142.0	4.61	1.02	18.5				40.8	坡积物、残积物	E 104°03′52.5″ N 35°46′34.5″	74
						A_1	4—21	暗灰褐色	重壤土	团粒状	8.0	64.9	2.25	0.67	18.8				26.6			
						A_1B	21—59	灰棕色	轻壤土	块状	7.3	18.8	0.49	0.47	19.4				17.3			
						C	59—98	灰棕色	轻壤土	块状	8.3	12.4	0.57	0.61	20.0				12.7			
						5	98—110		中壤土	块状	8.3	13.4	0.67	0.68	28.5				10.0			
剖22	高山土	黑毡土	棕黑毡			Ao	0—10	暗灰褐色	中壤土	团块状	7.1	137.0	6.36	1.22	16.6				43.4	残积物、坡积物	E 104°01′25.7″ N 35°43′48.1″	89
						A_1	10—25	暗灰棕色	重壤土	粒状	7.1	91.4	4.53	1.12	19.7				33.6			
						A_1B	25—62	灰棕色	轻壤土	小块状	7.1	58.0	2.81	1.07	18.5				36.7			
						C	62—90	灰黄色	中壤土	块状	7.5	4.3	0.13	0.85	17.8				7.8			
剖23	半淋溶土	灰褐土	灰褐土	耕种灰褐土	耕种厚层灰褐土	1	0—21	暗灰褐色	中壤土	团块状	8.4	18.4	1.26	0.94	20.0				10.3		E 104°05′01.0″ N 35°43′28.2″	89
						2	21—40	灰棕色	重壤土	块状	8.4	21.6	1.45	0.96	20.6				9.0			
						3	40—64	紫灰色	中壤土	板状	8.4	4.9	0.38	0.81	18.5				7.0			
						4	64—120	灰黄色	中壤土	板状	8.5	3.9	0.37	0.83	20.0				7.6			

续表 Continued

剖面号 Soil profile	土纲 Soil order	土类 Soil great group	亚类 Soil subgroup	土属 Soil genus	土种 Soil species	土层码 Layer code	土层厚度 Depth/cm	颜色 Soil color	质地 Soil texture	土壤结构 Soil structure	pH	有机质 OM/(g/kg)	全氮 TN/(g/kg)	全磷 TP/(g/kg)	全钾 TK/(g/kg)	碱解氮 AN/(mg/kg)	有效磷 AP/(mg/kg)	速效钾 AK/(mg/kg)	阳离子交换量 CEC/(cmol/kg)	土壤母质 Parent material	剖面点坐标 Profile coordinate	匹配指数 Matching index/%
剖24	初育土	红黏土	红土	低丘红土	低丘红胶泥土	1	0—20	黄棕色	中壤土	小块状	8.4	11.9	0.76	0.71	17.5	35	8.0	377			E 104°11′01.3″ N 35°41′31.6″	93
						2	20—30	紫棕色	中壤土	块状	8.6	9.8	0.69	0.65	17.5							
						3	30—38	红棕色	中壤土	块状	8.4	9.0	0.64	0.66	16.7							
						4	38—80	紫棕色	中壤土	块状	8.5	9.7	0.65	0.74	15.4							
						5	80—120	灰褐色	中壤土	块状	8.5	9.6	0.61									
剖25	半淋溶土	灰褐土	石灰性灰褐土	耕种石灰性灰褐土		1	0—28	灰褐色	中壤土	团块状	8.5	25.4	1.50	0.95	20.0				11.3		E 104°07′48.8″ N 35°41′27.5″	73
						P	28—50	灰棕色	中壤土	碎块状	8.7	9.6	0.51	0.80	19.5				7.9			
						3	50—150	灰黄色	中壤土	块状	8.8	5.3	0.33	0.75	19.5				7.0			
						C	150—170	浅棕红色	轻黏土	块状	8.5	2.8	0.30	0.78	18.4				11.1			
剖26	干旱土	灰钙土	淡灰钙土	耕种淡灰钙土	旱地厚层淡灰白土	1	0—20	浅棕灰色	轻壤土	碎块状	9.1	3.3	0.18	0.67	18.2				3.9		E 104°15′02.0″ N 35°46′42.3″	73
						2	20—62	灰棕色	中壤土	小块状	8.7	8.5	0.62	0.71	17.2				5.9			
						3	62—121	灰黄色	轻壤土	碎块状	8.7	7.4	0.56	0.68	15.7				7.1			
剖27	钙层土	黑垆土	黑垆土	垆土	低丘麻土	1	0—23	灰棕色	中壤土	团块状	8.4	14.3	0.98	0.95	18.7				12.0		E 104°16′27.7″ N 35°37′05.3″	90
						2	23—52	灰棕色	重壤土	块状	8.5	15.0	1.15	0.99	18.2							
						3	52—92	紫灰色	重壤土	块状	8.5	8.6	0.61	0.75	17.7							
						4	92—137	紫色	中壤土	块状	8.6	7.4	0.50	0.79	17.1							

嘉 峪 关 市

市 辖 区

主要土类说明

灰棕漠土是嘉峪关市主要土壤类型，占本市地域面积的74%。灰棕漠土分布在海拔1500m以上的地区，那里气候干旱，植被稀疏，风蚀强烈。在不具备灌溉条件的地段，土壤中的水分进行着无休止的蒸发，造成土体失水，地表裸露，形成砾幂。土壤发育程度微弱，层次不明显，以粗骨性物质为主，细土物质缺乏，养分含量较低。土壤表层一般为发育较好的蜂窝状结皮，呈灰棕色，厚1—4cm；其下为灰棕色或棕色紧实层，质地为砂壤土或砾质土，节理不明显。

粗骨土是嘉峪关市第二大土壤类型，占本市地域面积的11%。粗骨土属于A-C型，甚至（A）-C型土壤。A层发育不明显，与母质土层性状相似，略显有机质累积。有时母质层富含砾石，很少出现剖面分异与发育特征。

草甸土是嘉峪关市第三大土壤类型，占本市地域面积的7%。草甸土是在草甸植被下形成的半水成土壤，主要分布在海拔1440—1480m的地区。地表生长草甸植被，剖面表层为10—20cm厚的生草层，土层中植物根系多且紧密，土壤呈灰棕色，以砂壤土为主。生草层以下为腐殖质层，该层因有机质含量不同而呈栗色、褐色或棕黄色，多为轻壤土。再往下为锈色斑纹层，该层有少量砂姜，呈棕黄色，个别剖面为灰白层，多为中壤土。

褐土占本市地域面积的4%。褐土是在半湿润区发育形成的具有黏化与钙质淋移淀积特征的土壤，具A-B-Bk-C剖面构型。该土壤盐基饱和，处于硅铝风化阶段，有明显黏淀层与假菌丝状钙积层。土壤pH为7.0—7.5，盐基饱和度在80%以上，有时过饱和。

小于本市地域面积3%的土壤类型有灌漠土、风沙土、林灌草甸土、棕钙土和草甸盐土。

本区域中心区气候特征

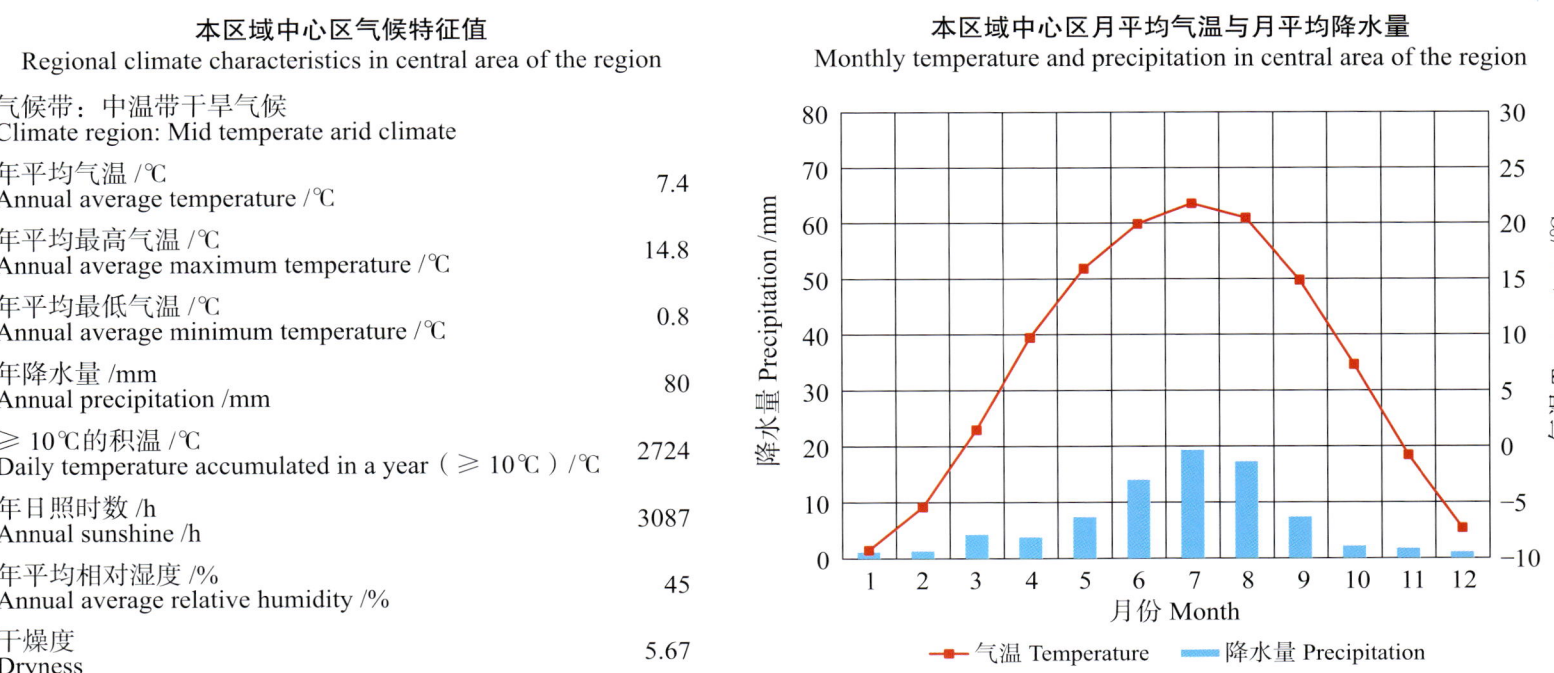

本区域中心区气候特征值
Regional climate characteristics in central area of the region

气候带：中温带干旱气候 Climate region: Mid temperate arid climate	
年平均气温 /℃ Annual average temperature /℃	7.4
年平均最高气温 /℃ Annual average maximum temperature /℃	14.8
年平均最低气温 /℃ Annual average minimum temperature /℃	0.8
年降水量 /mm Annual precipitation /mm	80
≥10℃的积温 /℃ Daily temperature accumulated in a year（≥10℃）/℃	2724
年日照时数 /h Annual sunshine /h	3087
年平均相对湿度 /% Annual average relative humidity /%	45
干燥度 Dryness	5.67

本区域中心区月平均气温与月平均降水量
Monthly temperature and precipitation in central area of the region

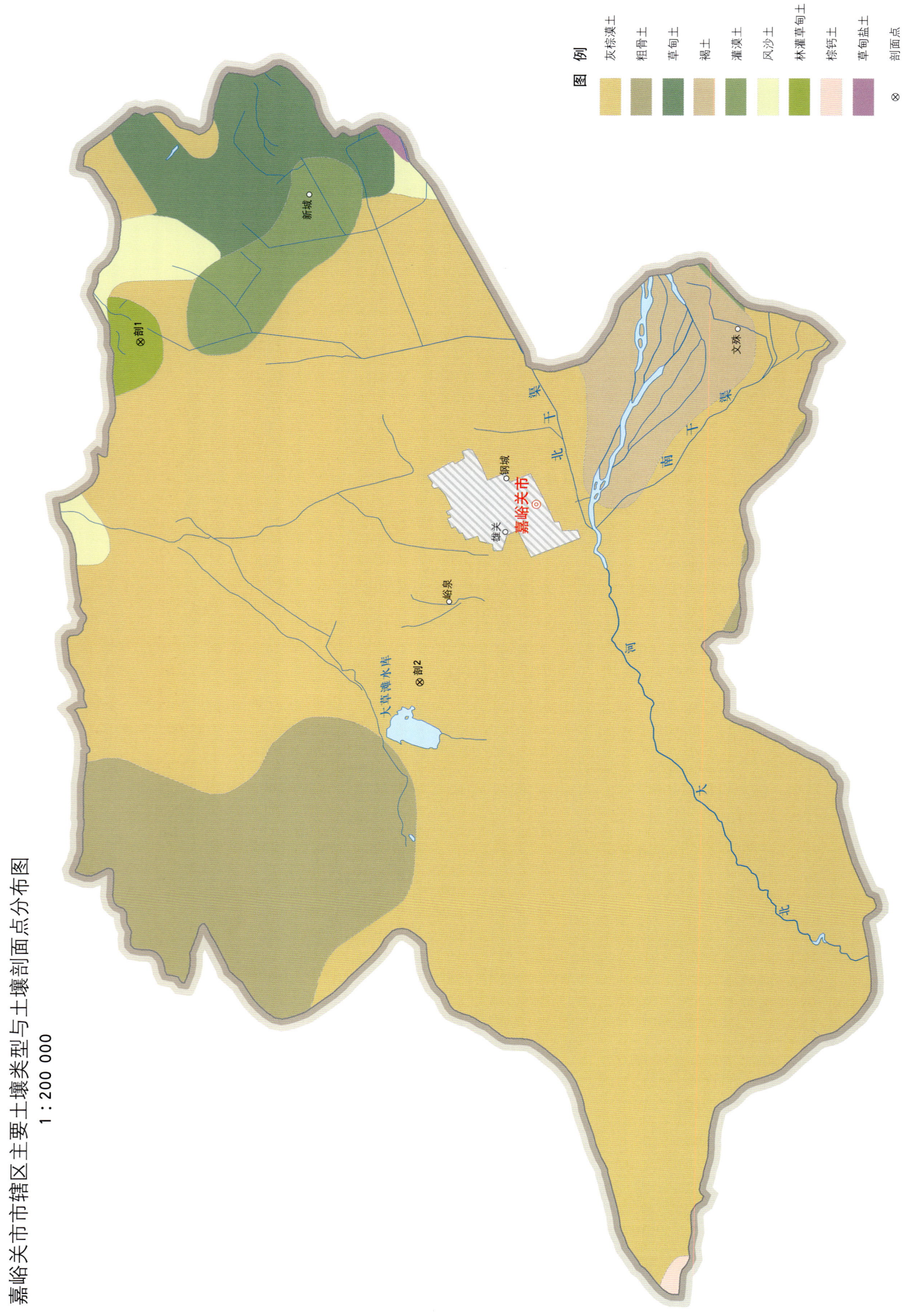

嘉峪关市市辖区主要土壤类型与土壤剖面点分布图
1∶200 000

嘉峪关市土壤剖面理化性状表

剖面号 Soil profile	土纲 Soil order	土类 Soil great group	亚类 Soil subgroup	土属 Soil genus	土种 Soil species	土层码 Layer code	土层厚度 Depth/cm	颜色 Soil color	质地 Soil texture	土壤结构 Soil structure	pH	有机质 OM/(g/kg)	全氮 TN/(g/kg)	全磷 TP/(g/kg)	有效磷 AP/(mg/kg)	速效钾 AK/(mg/kg)	阳离子交换量CEC/(cmol/kg)	剖面点坐标 Profile coordinate	匹配指数 Matching index/%
剖1	半水成土	林灌草甸土	林灌草甸土	耕种林灌草甸土	耕种林灌立土	1	0–30	棕灰色	中壤土	小块状		6.3	0.44	0.98	6.0	138	5.9	E 98°21′50.0″ N 39°56′41.4″	91
						2	30–48	灰棕色	中壤土	团块状		8.2	0.60	1.04	3.0	209	6.3		
						3	48–77	灰棕色	轻壤土	块状		3.6	0.70	1.24	6.0	170	10.7		
						4	77–120	棕黄色	重壤土	块状		13.0	0.59	1.26	6.0	158	9.3		
剖2	漠土	灰棕漠土	灰棕漠土			1	0–4	灰棕色	砂壤土	团块状	8.3	5.3	0.18	0.91	3.0	176	4.2	E 98°10′21.6″ N 39°49′31.1″	70
						2	4–16	灰棕色	砂壤土	鳞片状	8.3	7.2	0.19	0.93	3.0	167	9.0		
						3	16–116	棕灰色	砂砾土										

金 昌 市

市 辖 区

主要土类说明

灰棕漠土是金昌市主要土壤类型，占本市地域面积的58%，主要分布在海拔1300—2400m的石质山地、剥蚀残丘、戈壁滩和山前冲积扇。成土母质为残积物、洪冲积物及少量的黄土状母质。灰棕漠土是由粗骨母质发育形成的土壤，发育程度微弱，土层厚薄不均，厚度一般为30—50cm。地表有一层1—5cm厚的砾幂，下层为5—10cm厚的片状或鳞片状土层，腐殖质极少，石膏多在距地表20—50cm土层中。

风沙土是金昌市第二大土壤类型，占本市地域面积的13%，主要分布在海拔1300—1600m的双湾等地。风沙土成土时间短，受强烈的风力作用，植物难以生长，土壤剖面多为沙层，几乎无发育层次。由于风蚀程度不同，形成了新月形沙丘、沙丘链、沙垄等形状各异的地貌形态。

草甸盐土是金昌市第三大土壤类型，占本市地域面积的11%。草甸盐土形成于半湿润至半干旱地区，高矿化地下水经毛管作用上升至地表，使其盐分累积量大于6g/kg，属盐土范畴。该土壤有盐化表土层，具A–C剖面构型。

灌漠土占本市地域面积的9%，发育于海拔1400—2400m的冲积、洪积、淤积、湖相沉积、河漫滩淤积黄土母质。灌漠土是通过长期耕作、灌溉、施肥等农业措施，经定向改良培育而成的土壤。

栗钙土占本市地域面积的8%。栗钙土是在温带半干旱草原下发育形成的具有栗色腐殖质层和灰白色钙积层的土壤。该土壤表层为栗色腐殖质层，厚20—30cm，有机质含量为15—45g/kg。

小于本市地域面积3%的土壤类型有灰钙土和沼泽土。

本区域中心区气候特征

本区域中心区气候特征值
Regional climate characteristics in central area of the region

气候带：中温带干旱气候 Climate region: Mid temperate arid climate	
年平均气温 /℃ Annual average temperature /℃	5.8
年平均最高气温 /℃ Annual average maximum temperature /℃	13.2
年平均最低气温 /℃ Annual average minimum temperature /℃	−0.6
年降水量 /mm Annual precipitation /mm	188
≥10℃的积温 /℃ Daily temperature accumulated in a year (≥10℃) /℃	2324
年日照时数 /h Annual sunshine /h	3014
年平均相对湿度 /% Annual average relative humidity /%	48
干燥度 Dryness	3.32

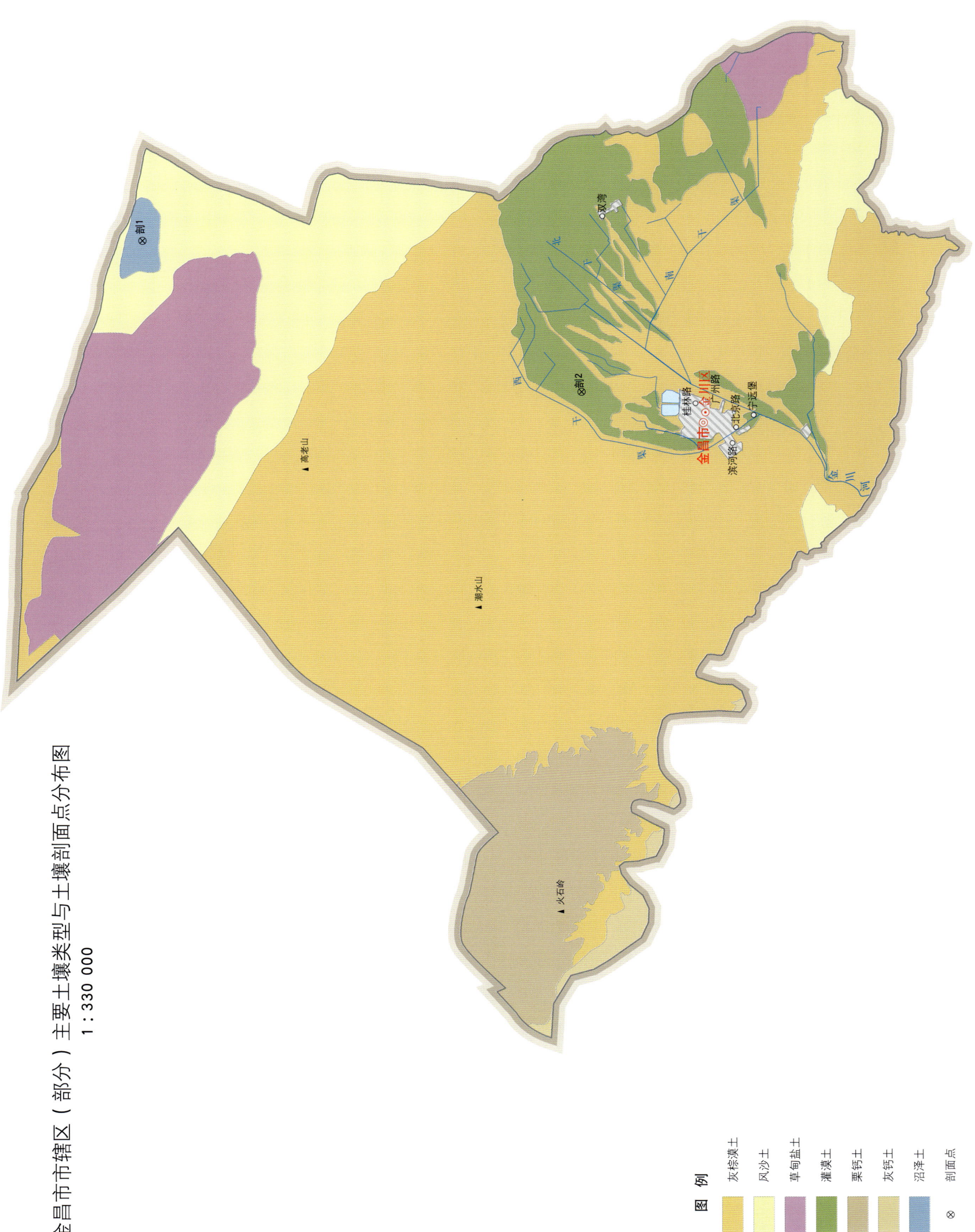

金昌市市辖区（部分）主要土壤类型与土壤剖面点分布图
1∶330 000

金昌市土壤剖面理化性状表

剖面号 Soil profile	土纲 Soil order	土类 Soil great group	亚类 Soil subgroup	土属 Soil genus	土种 Soil species	土层码 Layer code	土层厚度 Depth/cm	质地 Soil texture	pH	有机质 OM/(g/kg)	全氮 TN/(g/kg)	全磷 TP/(g/kg)	全钾 TK/(g/kg)	阳离子交换量CEC/(cmol/kg)	土壤母质 Parent material	剖面点坐标 Profile coordinate	匹配指数 Matching index/%
剖1	水成土	沼泽土	沼泽土			1	0—11	重壤土	7.7	236.4	10.80	1.36	18.0	71.1	河湖沉积物	E 102°20′36.6″ N 38°55′09.1″	85
						2	11—24	中壤土	7.9	254.7	11.18	1.52	16.5	74.9			
						3	24—47	中壤土	7.7	294.4	11.16	0.90	15.0				
						4	47—70	中壤土	7.3	194.4	7.90	0.55	18.8				
剖2	人为土	灌漠土	灌漠土	薄层灌漠土	中位夹砂壤土	1	0—22	中壤土	8.3	9.7	0.49	0.44	19.5	7.6		E 102°12′44.6″ N 38°36′09.4″	89
						2	22—46	中壤土	8.4	7.1	0.44	0.44	21.0				
						3	46—84	砂壤土	8.5	2.3	0.22	0.28	21.0				
						4	84—100	轻黏土	7.7	6.9	0.51	0.65	22.0				
						5	100—150	中黏土	8.4	5.4	0.50	0.65	21.0				

永 昌 县

主要土类说明

灌漠土是永昌县主要土壤类型，占本县地域面积的25%。灌漠土形成于干旱荒漠地区，漠土引用清澈的坎儿井水灌溉，经长期耕灌后，从根本上改变了土壤的水分与养分状态。土壤中原来上升累积的盐分向下淋移，石灰与石膏也有下淋现象。表土层中有机质含量为10—30g/kg，出现耕层与亚耕层。

灰钙土是永昌县第二大土壤类型，占本县地域面积的23%。灰钙土位于温带干旱草原区，是具低腐殖质、弱淋溶特征的土壤。植被覆盖百分率为10%—40%。成土母质多为黄土，少数为冲积扇洪积物。该土壤仅夏季发生淋溶，易溶盐、碳酸钙、石膏弱度淋移，分层累积于15—30cm深处。全剖面呈强石灰反应，碳酸钙含量为120—250g/kg。土壤底部可见易溶盐累积，含量可达10g/kg。

灰棕漠土是永昌县第三大土壤类型，占本县地域面积的22%。灰棕漠土是在温带极端干旱荒漠地区砾质化明显的土壤。该土壤地表见砾幂及褐色结皮，亦见干面包状结皮；石灰表聚，下见纤维状石膏聚积，亦见铁质黏化现象。铁铝结合的胡敏酸多于钙结合者，铁铝结合的富啡酸少于钙结合者是本土类特征。

栗钙土占本县地域面积的13%。栗钙土是在温带半干旱草原下发育形成的具有栗色腐殖质层和灰白色钙积层的土壤。该土壤表层为栗色腐殖质层，厚20—30cm，有机质含量为15—45g/kg。其下，灰白色钙积层发育明显，见于20—30cm深处，厚20—40cm，呈斑点状或层状积钙。石膏及易溶盐局部聚积。

石质土占本县地域面积的9%。成土母质为石质山地岩石风化残积物。风化层厚度一般小于10cm，土体具A-R剖面构型。

黑毡土占本县地域面积的4%。黑毡土形成于青藏高原高寒略较温湿的原面上，蒿草与杂生草类的草毡层初步分解，形成初步腐殖化的暗色草根茎盘结层。该土壤色泽较深，有机质含量较高，底土见锈色斑纹。土壤pH为6.5—8.0。

小于本县地域面积3%的土壤类型有黑钙土、灰褐土和风沙土。

本区域中心区气候特征

本区域中心区气候特征值
Regional climate characteristics in central area of the region

气候带：中温带干旱气候 Climate region: Mid temperate arid climate	
年平均气温 /℃ Annual average temperature /℃	4.7
年平均最高气温 /℃ Annual average maximum temperature /℃	11.9
年平均最低气温 /℃ Annual average minimum temperature /℃	-1.4
年降水量 /mm Annual precipitation /mm	234
≥10℃的积温 /℃ Daily temperature accumulated in a year（≥10℃）/℃	1936
年日照时数 /h Annual sunshine /h	2958
年平均相对湿度 /% Annual average relative humidity /%	50
干燥度 Dryness	2.62

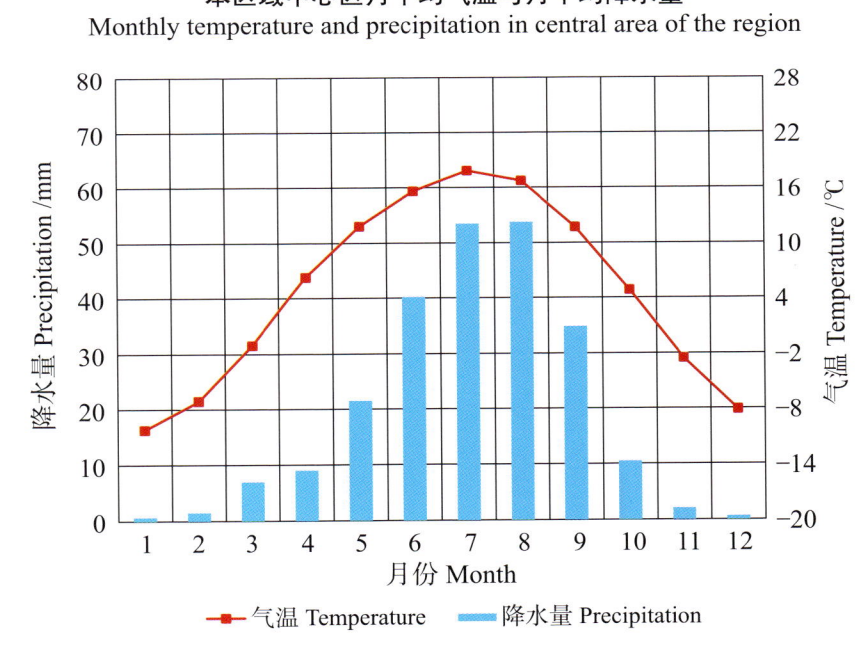

本区域中心区月平均气温与月平均降水量
Monthly temperature and precipitation in central area of the region

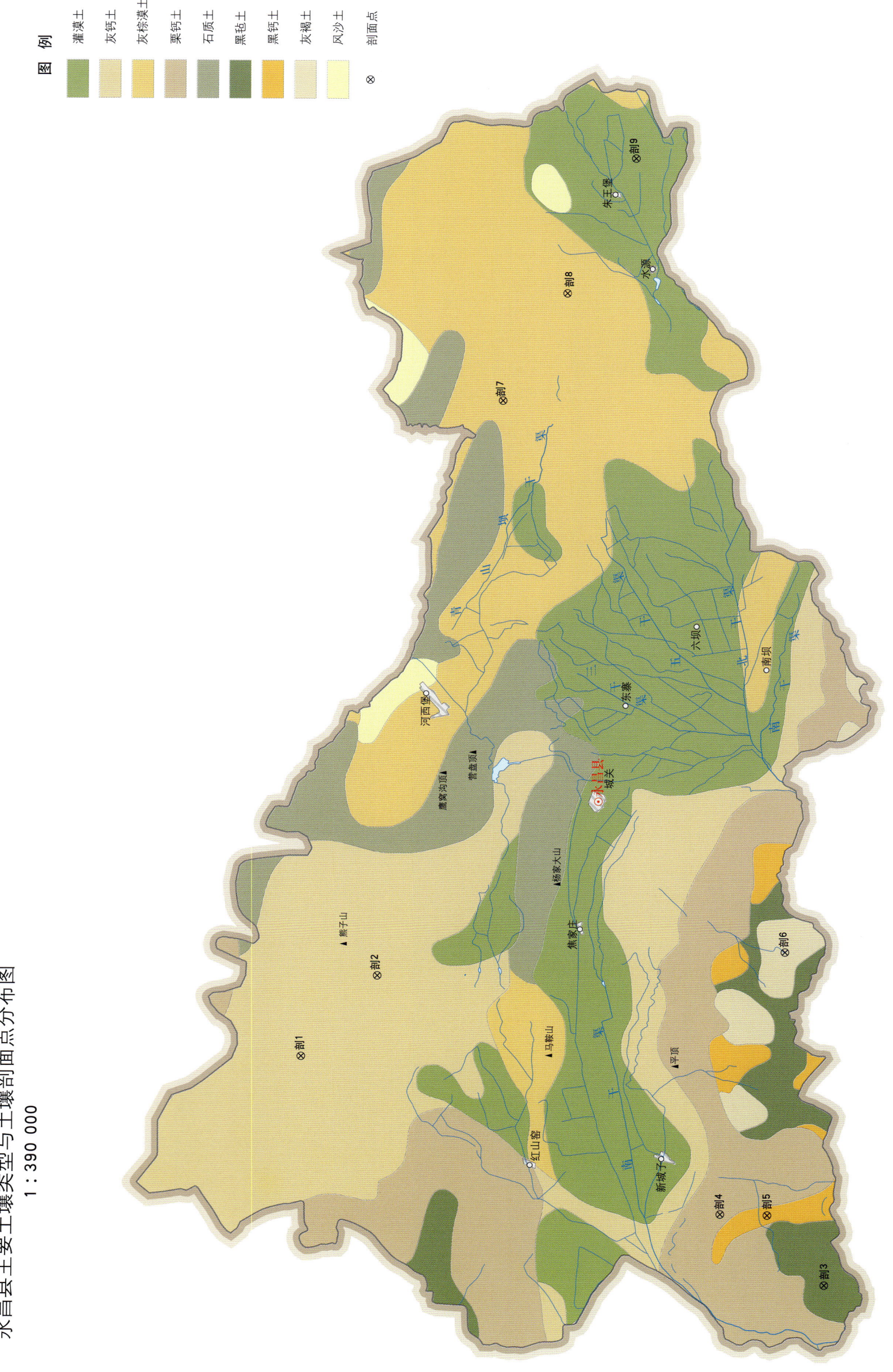

永昌县土壤剖面理化性状表

剖面号 Soil profile	土纲 Soil order	土类 Soil great group	亚类 Soil subgroup	土属 Soil genus	土种 Soil species	土层码 Layer code	土层厚度 Depth/cm	质地 Soil texture	pH	有机质 OM/(g/kg)	全氮 TN/(g/kg)	全磷 TP/(g/kg)	全钾 TK/(g/kg)	碱解氮 AN/(mg/kg)	有效磷 AP/(mg/kg)	速效钾 AK/(mg/kg)	阳离子交换量CEC/(cmol/kg)	土壤母质 Parent material	剖面点坐标 Profile coordinate	匹配指数 Matching index/%
剖1	干旱土	灰钙土	盐化灰钙土			1	0—41	轻壤土		40.1	2.12	0.54	85.4					黄土、洪冲积物	E 101°42′05.8″ N 38°29′29.0″	98
						2	41—70	中壤土	8.5	17.0	0.73	0.42	87.6							
剖2	干旱土	灰钙土	灰钙土			1	0—20	重壤土	8.3	24.1	1.52	0.88	20.0	40	4.0	162	15.6	黄土、洪冲积物	E 101°47′09.6″ N 38°25′41.5″	73
						2	20—47	重壤土	8.1	12.6	0.83	0.92	19.0							
						3	47—60	中壤土	8.0	8.1	0.56	0.91	19.0							
						4	60—125	轻壤土	7.8	14.0	0.72	1.01	20.0							
剖3	高山土	黑毡土	黑毡土			1	0—6	中壤土	7.9	280.0	10.36	1.06	16.0				68.4	残积物、坡积物、冰碛物	E 101°26′55.0″ N 38°04′19.1″	91
						2	6—22	中壤土	7.7	203.4	8.40	0.93	17.0				60.6			
						3	22—80	中壤土	6.9	192.7	7.90	0.85	15.0							
						4	80—	重壤土		146.6	6.62	0.82	16.0							
剖4	钙层土	栗钙土	暗栗钙土			1	0—30	中壤土	8.2	31.8	2.12	0.94	22.0	84	3.0	303	13.3	残积物、坡积物、黄土状母质	E 101°31′30.7″ N 38°09′18.4″	74
						2	30—65	中壤土	7.5	20.6	1.17	0.89	24.0							
						3	65—95	轻黏土	8.4	14.5	0.89	0.89	22.0							
						4	95—132	重壤土	8.2	7.6	0.54	0.82	20.0							
剖5	钙层土	黑钙土	石灰性黑钙土			1	0—5	中壤土	7.7	102.4	6.45	1.09	24.0	202	10.0	67	36.6	湖相沉积物、风积物	E 101°31′23.4″ N 38°07′00.8″	84
						2	5—18	重壤土	8.0	78.4	4.83	1.11	24.0	180	4.0	570	32.7			
						3	18—58	中壤土	8.3	58.9	3.65	0.96	24.0	105	3.0	413	24.2			
						4	58—80	重壤土	8.1	25.2	1.68	0.71	21.0							
						5	80—100	中壤土	8.4	14.1	1.13	0.73	21.0							
剖6	半淋溶土	灰褐土	石灰性灰褐土			1	0—6	中壤土	7.8	110.0	5.70	1.10	24.0	247	12.0	488	43.8	残积物、坡积物	E 101°48′00.4″ N 38°05′52.4″	81
						2	6—23	中壤土	7.8	134.8	6.79	0.80	19.0	148	10.0	143	45.7			
						3	23—45	中壤土	8.1	95.8	5.07	0.95	21.0							
						4	45—70	中壤土	8.0	97.5	5.03	0.76	20.0							
剖7	漠土	灰棕漠土	灰棕漠土			1	0—20	轻壤土	8.4	15.6	0.96	0.79	22.0	50	14.0	237	5.4	残积物、洪冲积物	E 102°23′37.6″ N 38°18′48.2″	76
						2	20—40	轻壤土	8.6	14.4	0.87	0.69	21.0	34	11.0	219	5.9			
						3	40—70	重壤土	7.5	10.4	0.76	0.87	28.0							
剖8	漠土	灰棕漠土	灰棕漠土	砾质灰棕漠土		1	0—4	轻壤土	8.3	8.1	0.51	0.48	20.0	33	5.0	172	4.9	残积物、洪冲积物	E 102°30′17.6″ N 38°15′30.6″	76
						2	4—17	中壤土	8.3	11.8	0.84	0.39	21.0	29	2.0	136	6.6			
剖9	人为土	灌漠土	盐化灌漠土	硫酸盐盐化灌漠土	中度盐化立土	1	0—26	中壤土	8.2	20.6	1.14	0.74	20.0	78	7.0	276	8.9	残积物、洪冲积物	E 102°38′42.4″ N 38°11′57.5″	85
						2	26—60	重壤土	8.4	16.2	0.93	0.79	20.8							
						3	60—100	中壤土	8.4	14.8	0.72	0.70	20.8							

白 银 市

市 辖 区

主要土类说明

灰钙土是白银市主要土壤类型，占本市地域面积的94%。灰钙土位于温带干旱草原区，是具低腐殖质、弱淋溶特征的土壤。植被覆盖百分率为10%—40%。成土母质多为黄土，少数为冲积扇洪积物。该土壤仅夏季发生淋溶，易溶盐、碳酸钙、石膏弱度淋移，分层累积于15—30cm深处。全剖面呈强石灰反应，碳酸钙含量为120—250g/kg。土壤底部可见易溶盐累积，含量可达10g/kg。土壤pH为8.0—9.0，表层初显结皮。

小于本市地域面积3%的土壤类型有灌淤土、红黏土和石质土。

本区域中心区气候特征

本区域中心区气候特征值
Regional climate characteristics in central area of the region

气候带：中温带亚干旱气候 Climate region: Mid temperate subarid climate	
年平均气温 /℃ Annual average temperature /℃	7.4
年平均最高气温 /℃ Annual average maximum temperature /℃	14.0
年平均最低气温 /℃ Annual average minimum temperature /℃	2.3
年降水量 /mm Annual precipitation /mm	321
≥10℃的积温 /℃ Daily temperature accumulated in a year (≥10℃) /℃	2629
年日照时数 /h Annual sunshine /h	2516
年平均相对湿度 /% Annual average relative humidity /%	56
干燥度 Dryness	1.58

本区域中心区月平均气温与月平均降水量
Monthly temperature and precipitation in central area of the region

白银市市辖区（部分）主要土壤类型与土壤剖面点分布图
1∶200 000

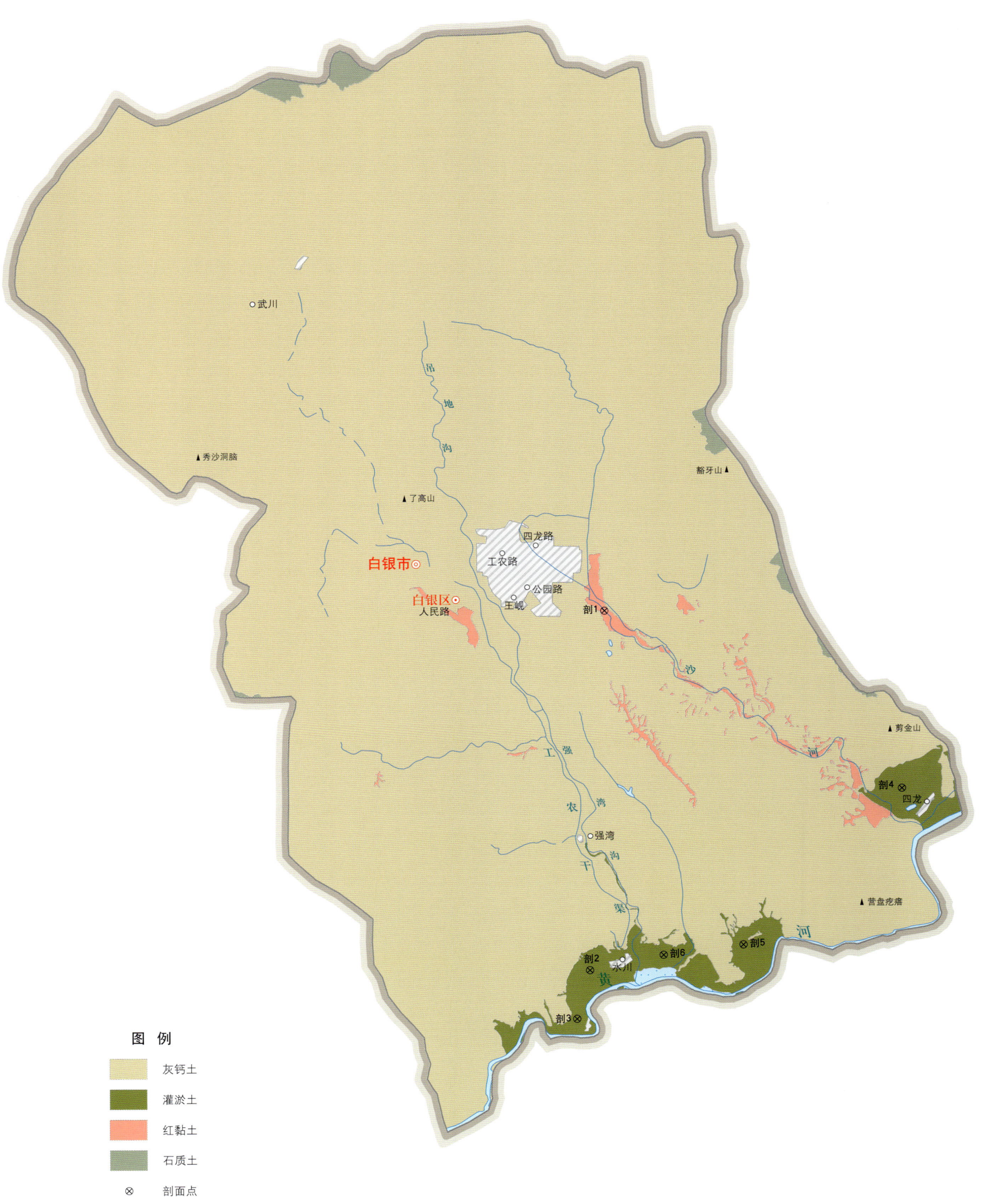

白银市土壤剖面理化性状表

剖面号 Soil profile	土纲 Soil order	土类 Soil great group	亚类 Soil subgroup	土属 Soil genus	土种 Soil species	土层码 Layer code	土层厚度 Depth/cm	颜色 Soil color	质地 Soil texture	土壤结构 Soil structure	pH	有机质 OM/(g/kg)	全氮 TN/(g/kg)	全磷 TP/(g/kg)	碱解氮 AN/(mg/kg)	有效磷 AP/(mg/kg)	速效钾 AK/(mg/kg)	土壤母质 Parent material	剖面点坐标 Profile coordinate	匹配指数 Matching index/%
剖1	初育土	红黏土	红土	低丘红土	红黏土	1	0—20	棕灰色	轻壤土	块状	8.0	9.6	0.68	0.61	32	19.9	149	红色黏土、砂岩	E 104°13′16.3″ N 36°31′37.9″	84
						2	20—38	浅灰棕色	轻壤土	块状	8.1	9.1	0.67	1.04						
						3	38—82	浅黄棕色	重壤土	块状	8.1	9.7	0.68	0.67						
						4	84—110	棕红色	重壤土	块状	8.0	9.4	0.73	0.59						
						5	110—130	浅棕黄色	重壤土	块状	8.0	9.4	0.73	0.59						
剖2	人为土	灌淤土	灌淤土	淤砂土	厚层淤砂土	1	0—19				8.4	11.4	0.84	0.52	39	21.3	32	冲积物、淤积物、堆垫物	E 104°12′52.0″ N 36°21′58.4″	95
						2	19—30				8.4	7.2	0.36	0.60						
						3	30—110				8.5	4.4	0.21	0.33						
剖3	人为土	灌淤土	潮灌淤土	中位潮土	中位潮土	1	0—15		紧砂土		8.5	3.0	0.10	0.52	41	4.4	52	冲积物、淤积物、堆垫物	E 104°12′27.6″ N 36°20′41.1″	86
						2	15—60		砂壤土		8.5	3.3	0.15	0.60						
						3	60—80		砂壤土		8.4	6.9	0.36	0.85						
						4	80—120		砂壤土		8.5	4.0	0.21	0.65						
剖4	人为土	灌淤土	灌淤土	厚层灌淤土	红吃劲土	1	0—20		轻壤土		8.5	13.9	0.73	0.88	92	31.2	154	冲积物、淤积物、堆垫物	E 104°22′50.9″ N 36°26′53.8″	85
						2	20—30		中壤土		8.5	13.1	0.69	0.70						
						3	30—56		轻壤土		8.4	10.3	0.64	0.75						
						4	56—94		轻黏土		8.2	8.5	0.62	0.78						
						5	94—116		重壤土		8.2	9.5	0.64	0.67						
剖5	人为土	灌淤土	灌淤土	厚层灌淤土	黄吃劲土	1	0—17		轻壤土		8.4	13.9	0.77	0.85	55	13.4	100	冲积物、淤积物、堆垫物	E 104°17′46.7″ N 36°22′40.3″	96
						2	17—40		轻壤土		8.4	10.4	0.57	0.84						
						3	40—59		轻壤土		8.4	9.9	0.52	0.90						
						4	59—125		中壤土		8.3	5.4	0.81	0.70						
剖6	人为土	灌淤土	灌淤土	淤砂土	厚层蒙砂土	1	0—21				7.9	11.7	0.74	0.74	55	14.8	95	冲积物、淤积物、堆垫物	E 104°15′13.3″ N 36°22′23.5″	73
						2	21—42				8.0	4.2	0.35	0.52						
						3	42—108				8.9	1.5	0.12	0.52						
						4	108—130				8.1	2.9	0.13	0.54						

平 川 区

主要土类说明

灰钙土是平川区主要土壤类型，占本区地域面积的76%。灰钙土位于温带干旱草原区，是具低腐殖质、弱淋溶特征的土壤。植被覆盖百分率为10%—40%。成土母质多为黄土，少数为冲积扇洪积物。该土壤仅夏季发生淋溶，易溶盐、碳酸钙、石膏弱度淋移，分层累积于15—30cm深处。全剖面呈强石灰反应，碳酸钙含量为120—250g/kg。土壤底部可见易溶盐累积，含量可达10g/kg。土壤pH为8.0—9.0，表层初显结皮。

栗钙土是平川区第二大土壤类型，占本区地域面积的12%。栗钙土是在温带半干旱草原下发育形成的具有栗色腐殖质层和灰白色钙积层的土壤。该土壤表层为栗色腐殖质层，厚20—30cm，有机质含量为15—45g/kg。其下，灰白色钙积层发育明显，见于20—30cm深处，厚20—40cm，呈斑点状或层状积钙。石膏及易溶盐局部聚积。

石质土是平川区第三大土壤类型，占本区地域面积的10%。成土母质为石质山地岩石风化残积物。风化层厚度一般小于10cm，土体具A-R剖面构型。

小于本区地域面积3%的土壤类型有灌淤土和灰褐土。

本区域中心区气候特征

本区域中心区气候特征值
Regional climate characteristics in central area of the region

气候带：中温带亚干旱气候 Climate region: Mid temperate subarid climate	
年平均气温 /℃ Annual average temperature /℃	8.1
年平均最高气温 /℃ Annual average maximum temperature /℃	14.7
年平均最低气温 /℃ Annual average minimum temperature /℃	2.8
年降水量 /mm Annual precipitation /mm	316
≥10℃的积温 /℃ Daily temperature accumulated in a year（≥10℃）/℃	2917
年日照时数 /h Annual sunshine /h	2565
年平均相对湿度 /% Annual average relative humidity /%	58
干燥度 Dryness	1.83

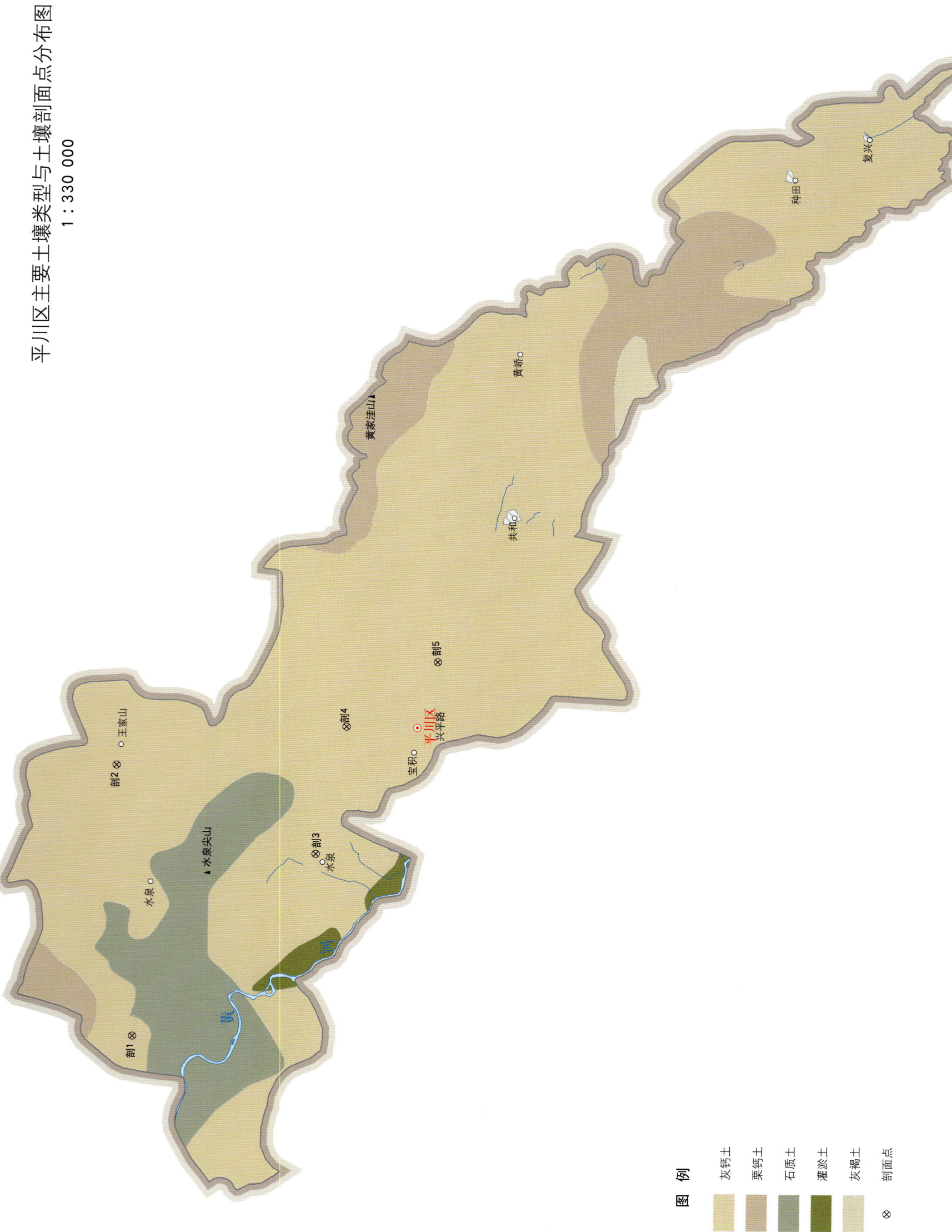

平川区土壤剖面理化性状表

剖面号 Soil profile	土纲 Soil order	土类 Soil great group	亚类 Soil subgroup	土属 Soil genus	土种 Soil species	土层码 Layer code	土层厚度 Depth/cm	质地 Soil texture	土壤结构 Soil structure	有机质 OM/(g/kg)	全氮 TN/(g/kg)	全磷 TP/(g/kg)	速效钾 AK/(mg/kg)	阳离子交换量CEC/(cmol/kg)	土壤母质 Parent material	剖面点坐标 Profile coordinate	匹配指数 Matching index/%
剖1	干旱土	灰钙土	淡灰钙土	淡灰钙土	厚层耕灌淡灰钙土	1	0—20	轻壤土	块状	14.3	0.94	0.73	214	3.3	次生黄土	E 104°32′21.5″ N 36°54′27.3″	81
						2	20—80	轻壤土	团块状	5.5	0.41	0.67					
						3	80—150	轻壤土	团块状	7.0	0.52	0.62					
剖2	干旱土	灰钙土	淡灰钙土	淡灰钙土	砂砾质耕灌淡灰钙土	1	0—20	砂壤土	块状	11.0	0.73	0.59	144	2.5	冰川沉积物	E 104°47′14.6″ N 36°55′15.7″	74
						2	20—30	砂壤土	团块状	3.2	0.25	0.37					
						3	30—150	轻壤土	团块状	1.9	0.17	0.31					
剖3	干旱土	灰钙土	淡灰钙土	淡灰钙土	砂砾质耕种淡灰钙土	1	0—20	砂壤土	块状	5.4	0.48	0.41	134	2.9	冰川沉积物	E 104°42′26.7″ N 36°46′45.5″	91
						2	20—64	砂壤土	团块状	1.3	0.13	0.34					
						3	64—150	轻壤土	团块状	1.7	0.16	0.45					
剖4	干旱土	灰钙土	淡灰钙土	淡灰钙土	薄层耕种淡灰钙土	1	0—20	轻壤土	块状	12.9	0.64	1.47	180		次生黄土	E 104°49′25.3″ N 36°45′30.6″	99
						2	20—87	轻壤土	块状	10.8	0.43	1.33					
						3	87—150	轻壤土	团块	9.2	0.56	0.13					
剖5	干旱土	灰钙土	淡灰钙土	淡灰钙土	水砂田	1	0—20	砾质土		11.0	0.84	0.68	191	10.0	黄土、次生黄土	E 104°52′59.5″ N 36°41′39.1″	94
						2	20—70	轻壤土	团块状	8.0	0.59	0.63		8.3			
						3	70—150	轻壤土	团块状	6.3	0.50	0.55					

靖 远 县

主要土类说明

灰钙土是靖远县主要土壤类型，占本县地域面积的84%，是本县面积最大的地带性土壤。灰钙土分布在干旱气候向荒漠气候过渡地带，海拔为1500—2300m。成土母质多为风成黄土和洪冲积次生黄土。植被为多年生禾本科草类、旱生灌木、小灌木，代表植物有长芒草、短花针茅、委陵菜等。表层有机质含量为5—21g/kg。钙积层一般出现在20—40cm深处，碳酸钙含量为48—174g/kg。由于淋溶作用微弱，剖面整体无黏粒下移现象。由于气候、地形、植被等成土因素差异较大，本县灰钙土分为灰钙土、淡灰钙土、盐化灰钙土等亚类。

石质土是靖远县第二大土壤类型，占本县地域面积的6%，广泛分布在侵蚀严重、岩石裸露的石质山地、侵蚀残丘，以及丘顶、山脊、山坡等坡度陡峻的地形部位。石质土表层岩石裸露，风化层浅薄，厚度一般小于10cm，风化度低，富含砾石，多碎屑岩粒，属A-R型土。

栗钙土是靖远县第三大土壤类型，占本县地域面积的4%。栗钙土是在亚干旱气候条件下，由风积物、坡积物、残积物发育形成的土壤，主要分布在海拔2300—2500m的山地。植被主要为禾本科草类和蒿属，如针茅、冷蒿及其他春生短命植物等。成土过程中有明显的腐殖质累积和钙积过程。土壤剖面发育完整，具浅栗色腐殖质层，厚25—40cm，钙积层和母质层分化明显。表层有机质含量为19—55g/kg，全剖面呈强石灰反应。在淋溶作用下，土壤内部的物理性黏粒明显下移，0—26cm黏粒含量为11.23%，26—87cm黏粒含量为16.34%，82—116cm黏粒含量达19.26%。本县栗钙土分为暗栗钙土、栗钙土、淡栗钙土等亚类。

小于本县地域面积3%的土壤类型有灌淤土、灰褐土、黑垆土和黑钙土。

本区域中心区气候特征

本区域中心区气候特征值
Regional climate characteristics in central area of the region

气候带：暖温带干旱气候 Climate region: Warm temperate arid climate	
年平均气温 /℃ Annual average temperature /℃	8.1
年平均最高气温 /℃ Annual average maximum temperature /℃	14.7
年平均最低气温 /℃ Annual average minimum temperature /℃	3.0
年降水量 /mm Annual precipitation /mm	322
≥10℃的积温 /℃ Daily temperature accumulated in a year (≥10℃) /℃	2880
年日照时数 /h Annual sunshine /h	2515
年平均相对湿度 /% Annual average relative humidity /%	57
干燥度 Dryness	1.74

本区域中心区月平均气温与月平均降水量
Monthly temperature and precipitation in central area of the region

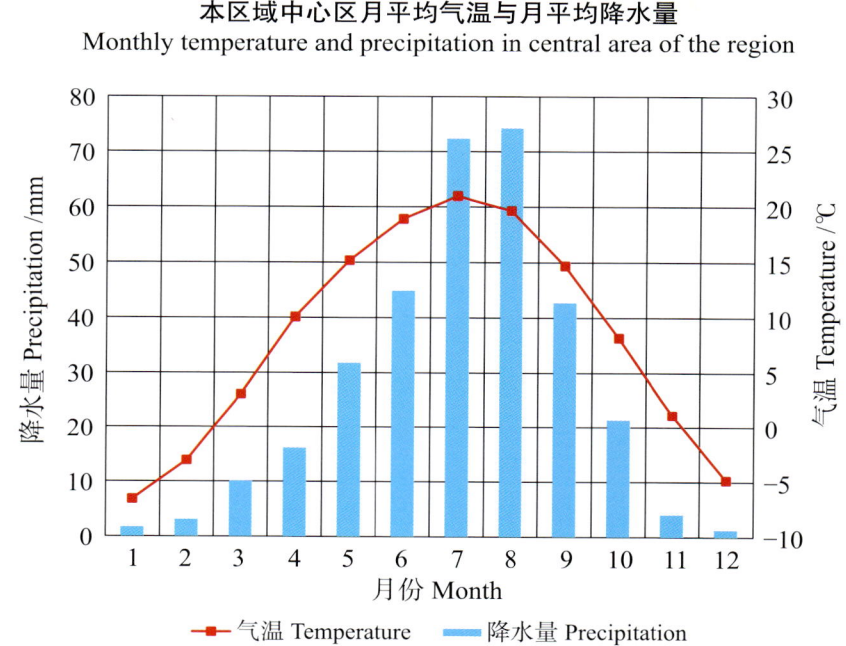

靖远县主要土壤类型与土壤剖面点分布图
1:420 000

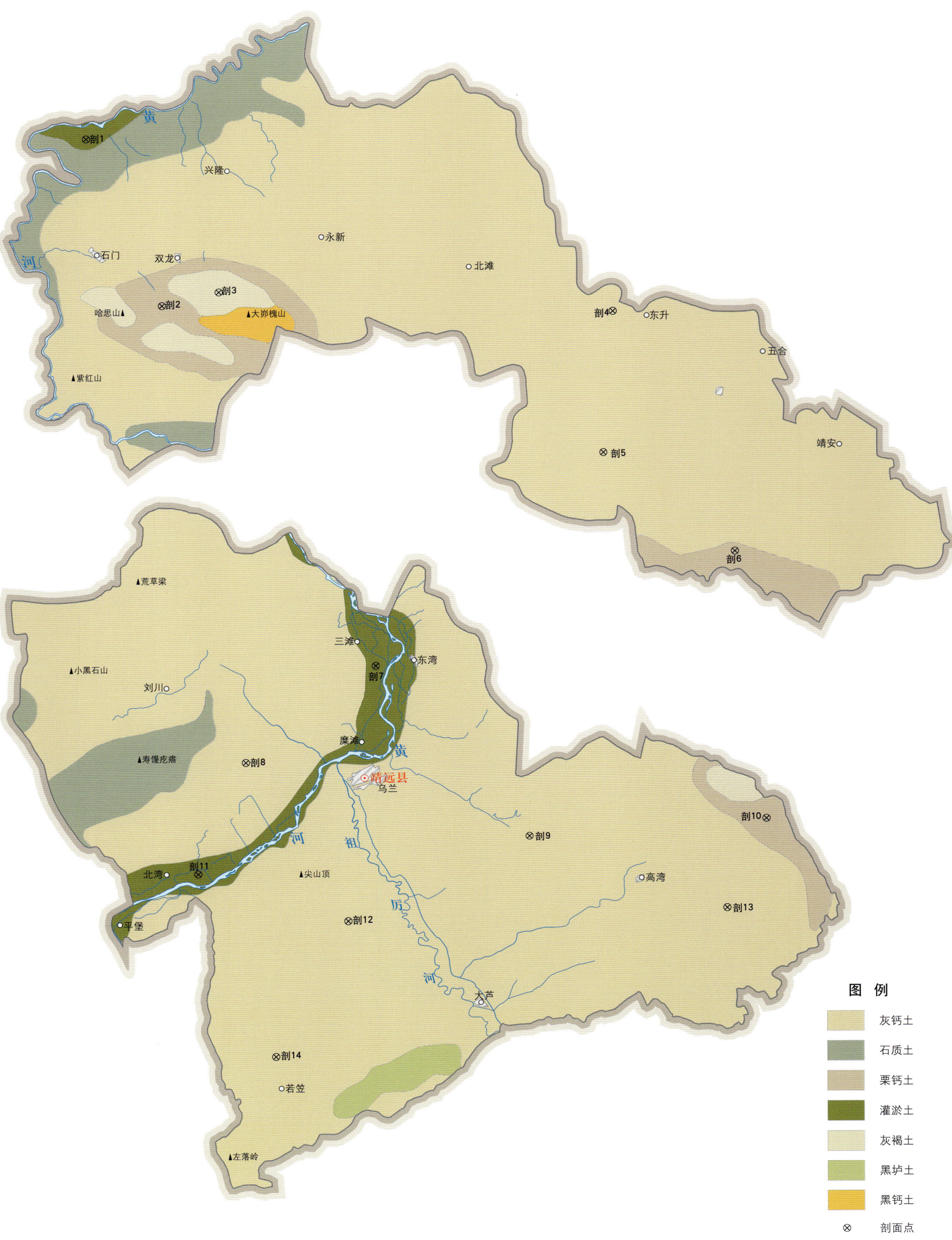

靖远县土壤剖面理化性状表

剖面号 Soil profile	土纲 Soil order	土类 Soil great group	亚类 Soil subgroup	土属 Soil genus	土种 Soil species	土层码 Layer code	土层厚度 Depth/cm	颜色 Soil color	质地 Soil texture	土壤结构 Soil structure	pH	有机质 OM/(g/kg)	全氮 TN/(g/kg)	全磷 TP/(g/kg)	有效磷 AP/(mg/kg)	速效钾 AK/(mg/kg)	阳离子交换量CEC/(cmol/kg)	土壤母质 Parent material	剖面点坐标 Profile coordinate	匹配指数 Matching index/%
剖1	人为土	灌淤土	灌淤土	薄层灌淤土	薄层漏砂灌淤土	1	0—20	暗灰棕色	中壤土	块状	8.3	8.8	0.72	0.78	23.8	21	3.4	残积物、坡积物	E 104°21′22.1″ N 37°09′59.7″	74
剖2	钙层土	栗钙土	栗钙土	栗钙土		1	0—20	黄棕色	轻壤土	层状	8.0	5.8	0.53	0.71		339	14.4	残积物、坡积物	E 104°26′39.8″ N 37°00′29.2″	100
						1	0—20		中壤土	粒状、块状		24.0	2.29	0.81						
						2	20—30		中壤土	粒状、块状		21.7	1.84	0.78			13.8			
						3	30—60		中壤土	块状		15.6	0.96	0.66						
						4	60—150		中壤土			8.8	0.62	0.69						
剖3	半淋溶土	灰褐土	石灰性灰褐土	石灰性灰褐土		1	0—20		砂壤土			47.5	2.07	0.51				残积物、坡积物	E 104°30′34.2″ N 37°01′16.7″	76
						2	20—50		紧砂土			38.0	1.79	0.43						
						3	50—121		砂壤土			21.6	1.08	0.58						
剖4	干旱土	灰钙土	盐化淡灰钙土	盐化淡灰钙土	盐化耕种淡灰钙土	1	0—20	灰黄色	重壤土	粒状	8.4	7.5	0.59	0.92	15.5	175	7.4	残积物、坡积物	E 104°57′46.7″ N 37°00′14.5″	71
						2	20—100	褐黄色	轻壤土	块状	8.5	3.8	0.37	0.63			2.4			
						3	100—150	黄褐色	轻壤土	块状	8.4	9.1	0.83	0.77						
剖5	干旱土	灰钙土	淡灰钙土	淡灰钙土	砂田	1	0—20	浅黄色	轻壤土	团块状	8.5	9.0	0.46	1.32	5.5	326	5.3	黄土、次生黄土	E 104°57′06.1″ N 36°52′09.5″	92
						2	20—83	浅黄色	轻壤土	团块状	8.4	9.4	0.58	1.35	3.5	137				
						3	83—150	浅黄色	轻壤土	团块状		6.1	0.30	1.16	2.5	105				
剖6	钙层土	栗钙土	淡栗钙土	淡栗钙土		1	0—35		轻壤土	粒状、块状		19.0	1.33	0.76		163	5.3	残积物、坡积物	E 105°06′08.2″ N 36°46′30.9″	88
						2	35—68		中壤土	块状		11.1	0.81	0.74						
						3	68—150		轻壤土			8.3	0.61	0.76						
剖7	灌淤土	灌淤土	灌淤土	厚层灌淤土	厚层耕种灌淤土	1	0—20	暗黄棕色	中壤土	粒状	8.4	11.9	1.01	0.77	7.8	202	5.5	冲积物、淤积物、堆垫物	E 104°41′25.2″ N 36°39′55.4″	72
						2	20—98	灰黄棕色	中壤土	块状	8.5	6.6	0.70	0.73						
						3	98—150	灰灰黄色	中壤土	块状	8.5	5.0	0.54	0.64						
剖8	干旱土	灰钙土	淡灰钙土	淡灰钙土	薄层耕种淡灰钙土	1	0—20		轻壤土	团块状		6.6	0.63	0.65		114	6.0	次生黄土	E 104°32′29.8″ N 36°34′23.0″	72
						2	20—43		轻壤土	团块状		4.9	0.47	0.63			5.3			
						3	43—150		轻壤土	块状		4.1	0.52	0.59						
剖9	干旱土	灰钙土	淡灰钙土	淡灰钙土	川地耕种淡灰钙土	1	0—20	灰黄色	中壤土	团块状		7.7	0.43	1.32	16.7	239		次生黄土	E 104°51′58.0″ N 36°30′09.0″	93
						2	20—91		中壤土	块状		5.4	0.53	1.26	1.3	50				
						3	91—150		砂壤土	块状		5.8	0.46	1.27	1.2	47				
剖10	钙层土	栗钙土	暗栗钙土	暗栗钙土		1	0—26	黑黄色	中壤土	粒状、块状	8.1	54.2	3.45	0.64		198	24.8	残积物、坡积物	E 105°08′13.0″ N 36°31′09.1″	75
						2	26—87	褐黄色	砂壤土	块状	8.0	17.5	1.28	0.43			18.6			
						3	87—116	棕黄色	重壤土	层状	8.1	21.5	1.11	0.59						
剖11	人为土	灌淤土	灌淤土	薄层灌淤土	薄层灌淤土	1	0—22	灰黄色	中壤土	粒状、块状	8.3	4.2	0.71	0.68	12.8	249	5.8	冲积物、淤积物、堆垫物	E 104°29′14.8″ N 36°27′55.5″	77
						2	22—100	浅灰黄色	中壤土	块状	8.3	3.2	0.31	0.67			3.0			
						3	100—132	灰灰黄色	重壤土	层状	9.4	4.3	0.49	0.93						
剖12	干旱土	灰钙土	淡灰钙土	淡灰钙土	山嵌耕种淡灰钙土	1	0—16	灰黄色	轻壤土	块状	8.2	8.6	0.73	0.66	8.8	149	6.8	次生黄土	E 104°39′31.4″ N 36°25′16.6″	79
						2	16—74	浅灰黄色	中壤土	块状	8.6	9.3	0.75	0.73			6.8			
						3	74—140	棕黄色	砂壤土	片状	8.1	2.2	0.19	0.66						
剖13	干旱土	灰钙土	灰钙土	灰钙土	川地耕种灰钙土	1	0—20	栗色	中壤土	团块状	8.3	14.7	1.04	0.81	18.6	151	5.5	黄土、次生黄土	E 105°05′29.8″ N 36°26′01.0″	95
						2	20—66	浅黄色	轻壤土	块状		3.6	0.33	1.99			2.7			
						3	66—150	灰黄色	轻壤土	块状		2.9	0.29	0.68	1.6	107	3.0			
剖14	干旱土	灰钙土	灰钙土	灰钙土	山嵌耕种灰钙土													黄土、次生黄土	E 104°34′35.4″ N 36°17′34.1″	85

会 宁 县

主要土类说明

灰钙土是会宁县主要土壤类型，占本县地域面积的41%，广泛分布在甘沟驿镇以北的山、塬、川、沟谷、坪台，海拔为1450—2000m。该区域气候干燥，雨量稀少，干燥度大，植物生长受到水分的限制，呈荒漠草原自然景观。植被由多年生禾本科草类和小灌木组成，代表植物有短花针茅、骆驼蓬及耐旱蒿属等。灰钙土地表出现荒漠化过程所特有的荒漠假结皮及附生的地衣和藻类等低等植物。腐殖质层呈浅棕灰色，腐殖质含量在15g/kg以下，厚度一般为40—70cm。钙积层不明显，钙积形态以斑点状为主，并伴有小粒状石膏结晶。全剖面呈强石灰反应，pH为8.0—9.0。根据盐分含量，本县灰钙土分为灰钙土和盐化灰钙土两个亚类。

黄绵土是会宁县第二大土壤类型，占本县地域面积的40%，主要分布在柴家门、韩家集、大沟、汉家岔、甘沟驿、八里湾、平头川等地，在本县南部与黑垆土呈交错分布。黄绵土是由黄土母质直接翻耕形成的初育土，无明显剖面发育。黄绵土熟化程度低，处于"发育—侵蚀—发育"的循环中，广泛分布在黄土丘陵沟壑水土流失较强烈的地区。黄绵土土层深厚，土质疏松，质地均一，以粉粒为主，耕性较好，适耕期长。表土层有机质含量一般小于10g/kg，碳酸钙含量在100g/kg左右，土壤呈强石灰反应，但无钙积层。磷、钾储量丰富，但有效性差。土壤通体呈黄棕色，除表层呈浅灰色或灰棕色外，整体无颜色分化。本县黄绵土仅有黄绵土一个亚类。

黑垆土是会宁县第三大土壤类型，占本县地域面积的19%，广泛分布在甘沟驿、汉家岔、韩家集、大沟、新塬以南海拔1700—2300m的山地及川塬区，在甘沟驿镇以北海拔2000m以上的地区也有分布。本县黑垆土仅有黑麻土一个亚类，其主要剖面特征是具有麻土层（即腐殖质层，土壤黑、白、黄相杂而呈麻色），质地以轻壤土为主，为碎块状结构，有明显的碳酸钙淀积，淀积层与腐殖质层同位。该亚类具有多次轻、中度片状侵蚀和沉积累积的特征，并受局部地表径流的淤积作用影响，有机质含量较高，土质疏松。

小于本县地域面积3%的土壤类型有灰褐土。

本区域中心区气候特征

本区域中心区气候特征值
Regional climate characteristics in central area of the region

气候带：中温带亚干旱气候 Climate region: Mid temperate subarid climate	
年平均气温 /℃ Annual average temperature /℃	9.1
年平均最高气温 /℃ Annual average maximum temperature /℃	15.7
年平均最低气温 /℃ Annual average minimum temperature /℃	3.9
年降水量 /mm Annual precipitation /mm	373
≥10℃的积温 /℃ Daily temperature accumulated in a year（≥10℃）/℃	3211
年日照时数 /h Annual sunshine /h	2393
年平均相对湿度 /% Annual average relative humidity /%	60
干燥度 Dryness	1.59

本区域中心区月平均气温与月平均降水量
Monthly temperature and precipitation in central area of the region

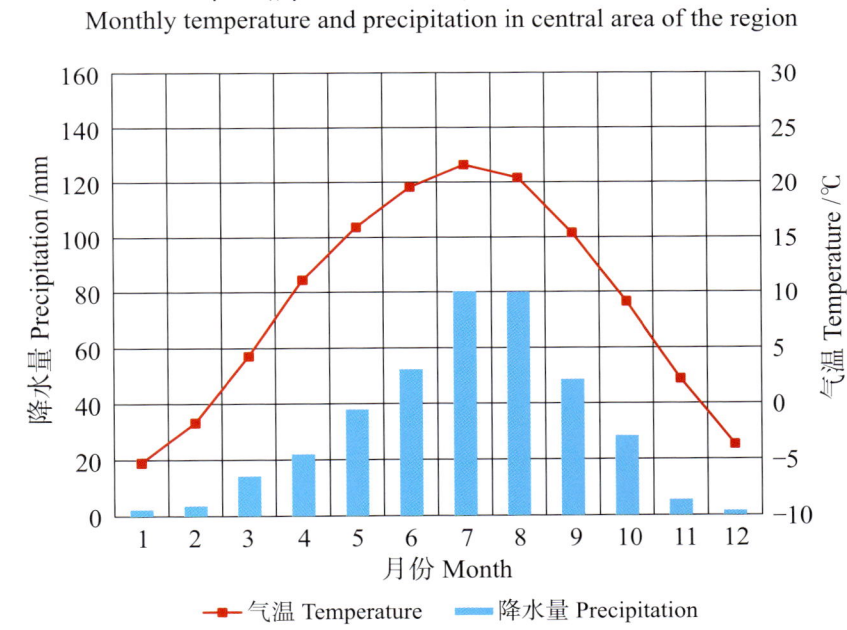

会宁县主要土壤类型与土壤剖面点分布图
1∶410 000

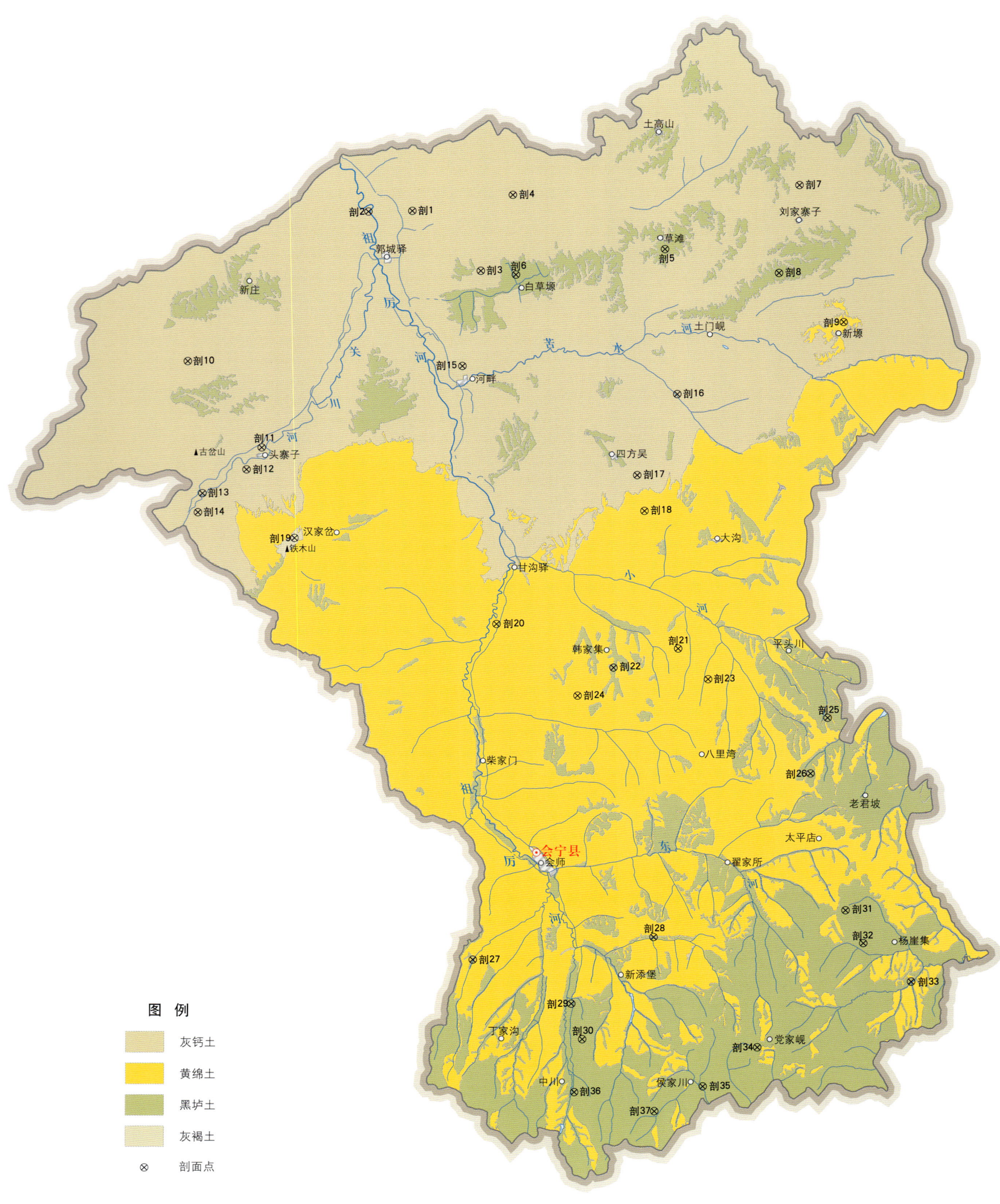

会宁县土壤剖面理化性状表

剖面号 Soil profile	土纲 Soil order	土类 Soil great group	亚类 Soil subgroup	土属 Soil genus	土种 Soil species	土层码 Layer code	土层厚度 Depth/cm	颜色 Soil color	质地 Soil texture	土壤结构 Soil structure	pH	有机质 OM/(g/kg)	全氮 TN/(g/kg)	全磷 TP/(g/kg)	全钾 TK/(g/kg)	阳离子交换量CEC/(cmol/kg)	土壤母质 Parent material	剖面点坐标 Profile coordinate	匹配指数 Matching index/%
剖1	干旱土	灰钙土	灰钙土	灰钙土	旱坪台地灰钙土	1	0—18	灰黄色	轻壤土	粒状、块状	8.4	6.4	0.53	1.22	19.3	8.5	洪积积黄土	E 104°54′31.4″ N 36°16′25.7″	100
						P	18—47	浅灰黄色	中壤土	块状	8.6	6.9	0.62	1.04	20.1	8.0			
						3	47—98	浅黄色	轻壤土	块状	8.6	4.2	0.39	1.03	19.1	8.7			
						4	98—150	浅黄色	轻壤土										
剖2	干旱土	灰钙土	灰钙土	灰钙土	砂田土	1	0—19		砂土		8.5	7.7	0.57	1.26		11.9		E 104°51′43.2″ N 36°16′23.0″	97
						2	19—50	浅灰黄色	轻壤土	块状	8.6	5.5	0.45	0.94		12.1			
						3	50—150	浅黄色	轻壤土	块状	8.6	6.3	0.55	1.06		12.3			
剖3	干旱土	灰钙土	灰钙土	灰钙土	堨地耕灌灰钙土	1	0—18	浅黄色	中壤土	大团块状	8.5	11.1	0.73	1.00	18.5	11.4	次生黄土	E 104°58′54.5″ N 36°13′13.6″	100
						P	18—38	浅黄色	中壤土	块状	8.2	8.4	0.80	1.20	20.4	11.7			
						3	38—84	浅灰棕色	中壤土	块状	8.3	10.4	0.69	1.29	19.1	12.3			
						4	84—150	浅黄棕色	轻壤土										
剖4	干旱土	灰钙土	灰钙土	灰钙土	堨地灰钙土	1	0—20	浅黄棕色	中壤土	团块状	8.1	10.1	7.15	1.23		12.3	次生黄土	E 105°00′55.5″ N 36°17′17.9″	90
						2	20—60	浅灰棕色	中壤土	块状	8.1	6.8	0.48	1.03		11.4			
						3	60—150	浅黄色	轻壤土	块状	8.4	4.3	0.30	1.01		9.0			
剖5	钙层土	黑垆土	黑垆土	堨地黑垆土	堨地黄麻土	1	0—20		中壤土		8.2	15.5	1.18	1.43	20.9	13.9	风积黄土	E 105°10′39.9″ N 36°14′22.7″	86
						2	20—55		中壤土		8.3	17.6	1.31	1.22	17.8	14.9			
						3	55—150		中壤土		8.3	5.8	0.55	1.15	19.5	9.4			
剖6	钙层土	黑垆土	黑垆土	堨地黑垆土	堨地耕灌黄麻土	1	0—20		中壤土		8.3	10.0	0.87	1.31	20.0	9.4	风积黄土	E 105°01′08.4″ N 36°13′01.6″	78
						2	20—38		中壤土		8.4	11.3	0.77	1.24	20.9	9.9			
						3	38—66		中壤土		8.3	13.1	1.08	1.22	21.4	11.8			
						4	66—150		中壤土		8.3	7.0	0.60	1.05	20.6	9.4			
剖7	干旱土	灰钙土	灰钙土	灰钙土	旱川地灰钙土	1	0—20	灰黄色	中壤土	碎块状	8.4	9.3	0.71	1.17		8.2	洪冲积物	E 105°19′15.6″ N 36°17′47.0″	78
						P	20—40	浅灰黄色		块状	8.3	7.8	0.57	0.89		8.9			
						3	40—58	浅灰黄色		块状	8.3	5.7	0.47	1.20		8.3			
						4	58—150	浅黄色			8.4	6.0	0.60	1.00		8.9			
剖8	钙层土	黑垆土	黑垆土	堨地黄绵土	堨地黄棕土	1	0—20	灰黄色	中壤土	粒状、块状	7.9	10.5	0.78	1.35	18.5	10.0	风积黄土	E 105°17′56.8″ N 36°13′05.5″	88
						2	20—34	浅灰棕色	中壤土	块状	8.2	9.0	0.73	1.35	19.5	9.9			
						3	34—58	浅灰棕色	中壤土	块状	8.2	11.5	0.87	1.46	15.1	10.8			
						4	58—150	浅黄色	轻壤土	块状	8.2	3.8	0.37	1.16	10.8	8.9			
剖9	初育土	黄绵土	黄绵土	堨地黄绵土	堨地黄绵土	1	0—17		中壤土	小块状	8.3	17.0	1.23	1.70	21.5	10.6	马兰黄土	E 105°22′04.2″ N 36°10′27.8″	94
						2	17—25	灰黄色	轻壤土	块状	8.3	9.9	0.70	1.26	21.5	10.1			
						3	25—150	灰黄棕色	轻壤土	碎块状	8.4	4.6	0.35	1.23	20.8	7.2			
剖10	干旱土	灰钙土	灰钙土	灰钙土	沟谷地灰钙土	1	0—18	浅灰棕色	轻黏土	片状	8.3	6.6	0.57	1.36	19.8	7.4	洪冲积物	E 104°40′14.9″ N 36°08′22.9″	92
						P	18—54	浅灰棕色	轻黏土	片状	8.3	7.4	0.56	1.40	19.1	8.6			
						3	54—110	浅黄色	重壤土	层状	8.3	8.2	0.62	1.47	19.1	10.1			
						4	110—150	灰褐色	重壤土		8.5	8.9	0.64	1.43	20.8	10.6			
剖11	干旱土	灰钙土	灰钙土	灰钙土	水川地夹黏灰钙土	1	0—20		重壤土		8.6	9.9	1.23	1.65	29.7	10.7	洪冲积物	E 104°44′59.4″ N 36°03′46.2″	96
						2	20—40		重壤土		8.7	9.8	0.62	1.72	31.4	9.0			
						3	40—100		轻黏土		8.5	9.6	0.62	1.79	28.4	8.8			
						4	100—150		重壤土		8.3	9.4	0.67	1.56	31.0	8.4			
剖12	干旱土	灰钙土	盐化灰钙土	盐化灰钙土	旱川地弱盐渍化土	1	0—20		轻壤土		8.3	6.1	0.58	1.30	21.3	7.1	洪冲积物	E 104°44′02.0″ N 36°02′35.5″	70
						2	20—50		轻壤土		8.2	8.0	0.46	1.06	19.3	7.5			
						3	50—150		轻壤土		8.2	3.9	0.35	1.08	13.9	6.6			

续表 Continued

剖面号 Soil profile	土纲 Soil order	土类 Soil great group	亚类 Soil subgroup	土属 Soil genus	土种 Soil species	土层码 Layer code	土层厚度 Depth/cm	颜色 Soil color	质地 Soil texture	土壤结构 Soil structure	pH	有机质 OM/(g/kg)	全氮 TN/(g/kg)	全磷 TP/(g/kg)	全钾 TK/(g/kg)	阳离子交换量CEC/(cmol/kg)	土壤母质 Parent material	剖面点坐标 Profile coordinate	匹配指数 Matching index/%
剖13	干旱土	灰钙土	盐化灰钙土	盐化灰钙土	水川地弱盐渍化土	1	0–20		重壤土		8.4	8.6	0.55	1.60	29.3	8.2	洪冲积物	E 104° 41' 13.6" N 36° 01' 18.5"	85
						2	20–40		重壤土		8.3	9.0	0.49	1.44	29.3	7.9			
						3	40–110		中壤土		8.6	7.1	0.38	1.67	31.0	6.7			
						4	110–200		轻壤土		8.5	6.7	0.41	1.53	28.4	7.5			
剖14	干旱土	灰钙土	盐化灰钙土	盐化灰钙土	旱川地中盐渍化土	1	0–20		中壤土		8.4	9.2	0.57	1.24	18.5	8.5	洪冲积物	E 104° 40' 57.0" N 36° 00' 17.6"	75
						2	20–64		中壤土		8.2	5.8	0.42	1.15	10.1	7.5			
						3	64–82		中壤土		8.1	10.9	0.72	1.53	19.5	9.4			
						4	82–140		中壤土	大团块状	8.1	10.2	0.87	1.43	19.5	10.3			
剖15	干旱土	灰钙土	灰钙土	灰钙土	坪台地耕灌灰钙土	1	0–20	浅灰黄色	轻壤土		8.3	8.4	0.65	0.99	20.1	7.8	洪冲积物	E 104° 57' 45.4" N 36° 08' 09.6"	88
						2	20–92	灰黄色	中壤土	块状	8.3	7.0	0.54	1.20	20.3	8.5			
						3	92–150	灰黄色	中壤土	块状	8.4	8.3	0.72	1.30	19.5	8.9			
剖16	干旱土	灰钙土	侵蚀性灰钙土	侵蚀性灰钙土	山地灰钙土	1	0–20		砂壤土		8.5	4.6	0.33	0.96	18.8	10.6		E 105° 11' 27.4" N 36° 06' 39.3"	75
						2	20–100		砂壤土		8.8	2.8	0.26	1.20	19.1	11.0			
						3	100–150		轻壤土		8.3	3.2	0.24	0.95	18.5	10.3			
剖17	干旱土	灰钙土	灰钙土	灰钙土	旱川地黄绵土	1	0–20	灰黄色	轻壤土	粒状、块状	8.1	6.5	6.44	1.20	8.0	7.1	马兰黄土	E 105° 08' 54.9" N 36° 02' 19.1"	89
						2	20–65	灰黄色	中壤土	块状	8.3	4.3	0.45	1.17	9.5	8.0			
						3	65–150	浅灰黄色	中壤土	块状	8.4	3.1	0.47	1.16	18.5	8.3			
剖18	初育土	黄绵土	黄绵土	川地黄绵土	旱川地黄绵土	1	0–20	浅灰黄色	轻壤土	碎块状	8.3	8.3	0.66	1.38	18.0	7.0	马兰黄土	E 105° 09' 22.7" N 36° 00' 24.5"	80
						2	20–50	浅灰黄色	轻壤土	块状	8.2	6.3	0.57	1.18	20.9	6.2			
						3	50–150	浅灰黄色	轻壤土	块状	8.3	5.6	0.43	1.20	21.2	5.6			
剖19	半淋溶土	灰褐土	石灰性灰褐土			A₁	0–22	暗灰棕色	轻壤土	小团块状	8.0	40.5	2.83	1.29	18.0	16.9		E 105° 08' 54.9" N 36° 02' 19.1"	83
						A₂	22–40	灰黄棕色	中壤土	粒状、块状	8.1	29.5	2.10	1.32	16.5	15.0			
						B₁	40–80	浅灰棕色	中壤土	块状	8.2	15.0	1.05	1.21	8.0	12.2			
						B₂	80–130	灰黄色	中壤土	块状	8.4	3.9	0.32	1.16	19.0	8.5			
						C	130–175	浅灰黄色			8.3	3.9	0.32	1.16	19.0	8.5			
剖20	初育土	黄绵土	黄绵土	川地黄绵土	水川地黄绵土	1	0–20	灰黄色	轻壤土	粒状、块状	8.5	9.0	0.70	1.20	20.1	9.4	马兰黄土	E 104° 47' 06.4" N 35° 58' 56.5"	77
						2	20–60	浅灰黄色	中壤土	块状	8.4	5.9	0.53	1.23	19.3	8.2			
						3	60–150	浅灰黄色	中壤土	大块状	8.5	6.3	0.54	1.18	19.5	7.5			
剖21	初育土	黄绵土	侵蚀性黄绵土	侵蚀性黄绵土	旱川地黄绵土	1	0–20	浅灰黄色	轻壤土	碎块状	8.6	4.5	0.36	1.01	20.1	11.9	马兰黄土	E 104° 59' 58.6" N 35° 53' 23.4"	96
						2	20–70	浅灰黄色	中壤土	块状	8.5	4.3	0.30	1.40	19.3	8.6			
						3	70–150	浅灰黄色	中壤土		8.5	1.4	0.26	1.32	19.5	11.0			
剖22	初育土	黑垆土	黑垆土	川地黑垆土		1	0–20	灰黄棕色	轻壤土	粒状、块状	8.2	10.1	0.79	1.73	21.6	9.6	马兰黄土	E 105° 11' 31.7" N 35° 53' 04.4"	97
						2	20–92	浅灰黄棕色	中壤土	大团块状	8.3	7.8	0.58	1.39	23.1	9.1			
						3	92–170	浅灰黄棕色	中壤土	大团块状	8.2	12.4	0.82	1.44	21.8	11.5			
剖23	初育土	黄绵土	黄绵土	沟谷地黄绵土	沟谷地黄绵土	1	0–20	浅灰黄色	轻壤土	碎块状	8.4	7.9	0.60	1.17	20.1	9.1	洪冲积物	E 105° 07' 25.2" N 35° 52' 03.1"	74
						2	20–140	浅灰黄色	中壤土	块状	8.4	6.3	0.51	1.20	19.3	9.6			
						C	140–270	浅灰黄色	中壤土	块状	8.3	5.2	0.45	1.16	19.5	9.3			
剖24	初育土	黄绵土	黄绵土	山地黄绵土	山地黄绵土	1	0–20	鲜黄色	中壤土	碎块状	7.9	11.5	0.78	1.35	19.2	10.1	马兰黄土	E 105° 13' 26.6" N 35° 51' 25.7"	85
						2	20–48	浅灰黄棕色	中壤土	块状	8.2	8.5	0.56	1.30	21.5	9.6			
						C	48–150	浅灰黄色	轻壤土	粒状、块状	8.3	6.1	0.36	1.19	20.8	7.2			
剖25	钙层土	黑垆土	黑麻土	沟谷地黑麻土	沟谷地黄麻土	1	0–18	浅灰黄棕色	轻壤土	块状	8.2	10.0	0.81	1.16	21.6	13.9	洪冲积物	E 105° 21' 01.8" N 35° 49' 21.0"	77
						P	18–32	浅灰棕色	轻壤土	块状	8.2	6.1	0.39	0.93	21.6	16.3			
						3	32–59	灰灰棕色	中壤土	块状	8.3	12.9	0.99	1.20	19.1	14.4			
						4	59–100	浅灰黄棕色	中壤土	块状	8.4	8.5	0.66	1.01	23.3	12.0			

续表 Continued

剖面号 Soil profile	土纲 Soil order	土类 Soil great group	亚类 Soil subgroup	土属 Soil genus	土种 Soil species	土层码 Layer code	土层厚度 Depth/cm	颜色 Soil color	质地 Soil texture	土壤结构 Soil structure	pH	有机质 OM/(g/kg)	全氮 TN/(g/kg)	全磷 TP/(g/kg)	全钾 TK/(g/kg)	阳离子交换量CEC/(cmol/kg)	土壤母质 Parent material	剖面点坐标 Profile coordinate	匹配指数 Matching index/%
剖26	钙层土	黑垆土	黑麻土	沟谷地麻土	沟谷地麻土	1	0—20		中壤土		8.4	12.3	0.94	1.39	20.6	10.3	洪冲积黄土	E 105°19′56.3″ N 35°46′22.8″	98
						2	20—150		中壤土		8.3	20.4	1.34	1.36	20.6	15.0			
						3	150—180		中壤土		8.5	11.2	0.76	1.43	20.1	11.3			
剖27	钙层土	黑垆土	黑麻土	沟谷地麻土	沟谷耕灌黄麻土	1	0—20		轻壤土		8.3	7.9	0.59	1.18	10.1	9.9	洪冲积黄土	E 104°58′33.2″ N 35°36′23.0″	88
						2	20—50		轻壤土		8.3	7.7	0.05	1.39	18.5	10.6			
						3	50—150		中壤土		8.4	7.3	0.59	1.08	19.5	10.6			
剖28	钙层土	黑垆土	黑麻土	沟谷地麻土	沟谷地红麻土	1	0—20		中壤土		8.5	12.3	1.00	1.03	19.3	14.3	洪冲积黄土	E 105°10′00.1″ N 35°37′36.8″	96
						2	20—50		中壤土		8.5	8.8	0.75	1.04	19.5	12.8			
						3	50—80		中壤土		8.6	4.8	0.33	0.99	19.3	12.1			
						4	80—150		中壤土		8.6	5.1	0.50	0.96	19.8	10.8			
剖29	钙层土	黑垆土	黑麻土	川地麻土	水川地黄麻土	1	0—20		中壤土		8.5	9.1	0.66	1.32	21.4	9.6	洪冲积物	E 105°04′47.6″ N 35°34′04.1″	100
						2	20—107		中壤土		8.4	6.1	0.44	1.26	21.8	9.6			
						3	107—160		重壤土		8.5	11.2	0.78	1.54	21.2	11.5			
剖30	钙层土	黑垆土	黑麻土	山地麻土	山地黄麻土	1	0—27		中壤土		8.2	13.0	0.97	1.11	20.1	10.1	黄土坡积物	E 105°05′29.7″ N 35°32′11.5″	84
						2	27—76		中壤土		8.2	12.3	0.87	1.22	19.5	10.6			
						3	76—150		中壤土		8.3	10.9	0.85	1.33	19.1	10.6			
剖31	钙层土	黑垆土	黑麻土	山地麻土	山地黑麻土	1	0—20		中壤土		8.3	23.3	1.84	1.35		14.1	黄土坡积物	E 105°22′09.5″ N 35°39′01.8″	90
						2	20—50		中壤土		8.2	24.3	1.87	1.22		13.6			
						3	50—150		中壤土		8.3	24.4	1.93	1.59		15.0			
剖32	钙层土	黑垆土	山地麻土	侵蚀性麻土		1	0—18	灰棕色	中壤土	块状							黄土坡积物	E 105°23′17.2″ N 35°37′15.6″	100
						P	18—46	灰棕色	中壤土	块状									
						3	46—80	浅灰棕色	轻壤土	块状									
						4	80—190	灰黄色	轻壤土	块状									
剖33	钙层土	黑垆土	黑麻土	山地麻土		1	0—20		中壤土		8.3	20.3	1.41	1.23	19.5	13.0	黄土坡积物	E 105°26′18.6″ N 35°35′13.2″	97
						2	20—80		中壤土		8.4	10.3	0.75	1.08	19.1	13.4			
						3	80—150		中壤土		8.5	3.0	0.32	1.02	18.3	10.6			
剖34	钙层土	黑垆土	黑麻土	山地麻土		1	0—20		中壤土		8.3	16.0	1.21	1.29	19.1	13.7	黄土坡积物	E 105°16′34.6″ N 35°31′46.1″	75
						2	20—74		中壤土		8.3	18.5	1.30	1.41	19.1	14.4			
						3	74—120		中壤土		8.3	9.5	0.77	1.26	18.3	11.8			
						4	120—150		中壤土		8.3	6.8	0.53	1.29	18.1	9.4			
剖35	钙层土	黑垆土	黑麻土	沟谷地麻土	沟谷耕灌麻土	1	0—20		中壤土		8.2	13.7	1.06	1.40	20.0	12.2	洪冲积黄土	E 105°13′08.0″ N 35°29′42.5″	75
						2	20—60		中壤土		8.5	12.2	0.91	1.28	19.8	13.9			
						3	60—126		轻壤土		8.3	7.4	0.54	1.17	22.6	12.0			
						4	126—150		中壤土		8.2	11.4	0.83	1.38	20.6	13.4			
剖36	钙层土	黑垆土	黑麻土	川地麻土	水川地麻土	1	0—20		重壤土		8.4	13.8	0.99	1.36		11.8	洪冲积物	E 105°05′00.0″ N 35°29′24.1″	76
						2	20—42		中壤土		8.3	12.3	0.89	1.44		11.8			
						3	42—64		轻壤土		8.1	20.8	1.35	0.95		17.2			
						4	64—150		重壤土		8.1	11.9	0.82	1.23		13.2			
剖37	钙层土	黑垆土	黑麻土	山地麻土	山地红麻土	1	0—22		重壤土		8.4	10.4	0.81	1.03	8.3	12.5	黄土坡积物	E 105°10′04.2″ N 35°28′23.4″	76
						2	22—70		重壤土		8.5	7.6	0.61	1.10	8.1	12.0			
						3	70—150		重壤土		8.5	7.1	0.55	1.11	8.1	10.6			

景 泰 县

主要土类说明

石质土是景泰县主要土壤类型,占本县地域面积的40%,广泛分布在侵蚀严重、岩石裸露的石质山地、侵蚀残丘,以及丘顶、山脊、山坡等坡度陡峻的地形部位。石质土表层岩石裸露,风化层浅薄,厚度一般小于10cm,风化度低,富含砾石,多碎屑岩粒,属A-R型土。

灰钙土是景泰县第二大土壤类型,占本县地域面积的29%,分布在海拔1300—2200m的地区。受干旱、少雨、多风、蒸发强烈等气候因素的影响,植被稀少,属荒漠草原类型,植被覆盖百分率为3%—15%。灰钙土地表常有较薄的假结皮,并附生苔藓和地衣;部分地段风蚀严重,常有小沙丘覆盖。在土壤形成过程中,有机质矿质化过程较快,腐殖质累积较少。从剖面形态来看,土壤整体剖面分化很弱,发生层次不明显,0—20cm剖面呈浅棕色,其下呈浅黄棕色至浅棕色,质地为粉砂质壤土,为块状结构,新生体以斑点状在20cm以下出现,并在40—114cm及以下大量聚积。下层可见石膏结核聚积,向下逐渐增多。随着剖面深度增加,养分含量降低,石膏含量增加,碳酸钙在40—117cm处淀积,其含量由120g/kg逐渐增加至158g/kg。本县灰钙土分为灰钙土、淡灰钙土、盐化灰钙土等亚类。

粗骨土是景泰县第三大土壤类型,占本县地域面积的9%,主要分布在中泉镇周围的丘陵地区。其主要特征是表层厚10—20cm,下层为风化岩层,厚度不等。

栗钙土占本县地域面积的8%。栗钙土是在温带半干旱草原下发育形成的具有栗色腐殖质层和灰白色钙积层的土壤。该土壤表层为栗色腐殖质层,厚20—30cm,有机质含量为15—45g/kg。其下,灰白色钙积层发育明显,见于20—30cm深处,厚20—40cm,呈斑点状或层状积钙。石膏及易溶盐局部聚积。

新积土占本县地域面积的5%,经洪流搬运堆积而成。土壤剖面构型为A-C,发生层次不明显,只显露质地为砂砾石的沉积层次。本县新积土仅有石灰性新积土一个亚类。

风沙土占本县地域面积的3%。风沙土是在风成沙性母质上发育而成的土壤。成土母质为岩石风化物及河流冲积物。受风蚀和沙压的影响,成土过程很不稳定,因此风沙土没有完整的土壤剖面。本县风沙土分为流动风沙土、半固定风沙土、固定风沙土等亚类。

小于本县地域面积3%的土壤类型有黑钙土、黑毡土、灌漠土、草甸盐土、灰褐土、灰漠土、灌淤土、漠境盐土和潮土。

本区域中心区气候特征

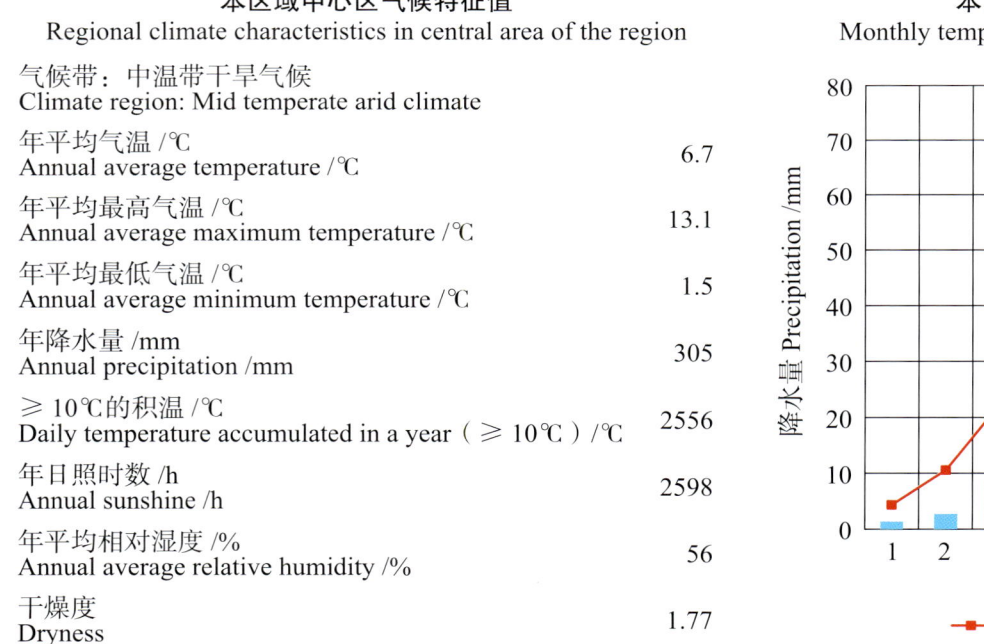

本区域中心区气候特征值
Regional climate characteristics in central area of the region

气候带:中温带干旱气候 Climate region: Mid temperate arid climate	
年平均气温 /℃ Annual average temperature /℃	6.7
年平均最高气温 /℃ Annual average maximum temperature /℃	13.1
年平均最低气温 /℃ Annual average minimum temperature /℃	1.5
年降水量 /mm Annual precipitation /mm	305
≥10℃的积温 /℃ Daily temperature accumulated in a year(≥10℃)/℃	2556
年日照时数 /h Annual sunshine /h	2598
年平均相对湿度 /% Annual average relative humidity /%	56
干燥度 Dryness	1.77

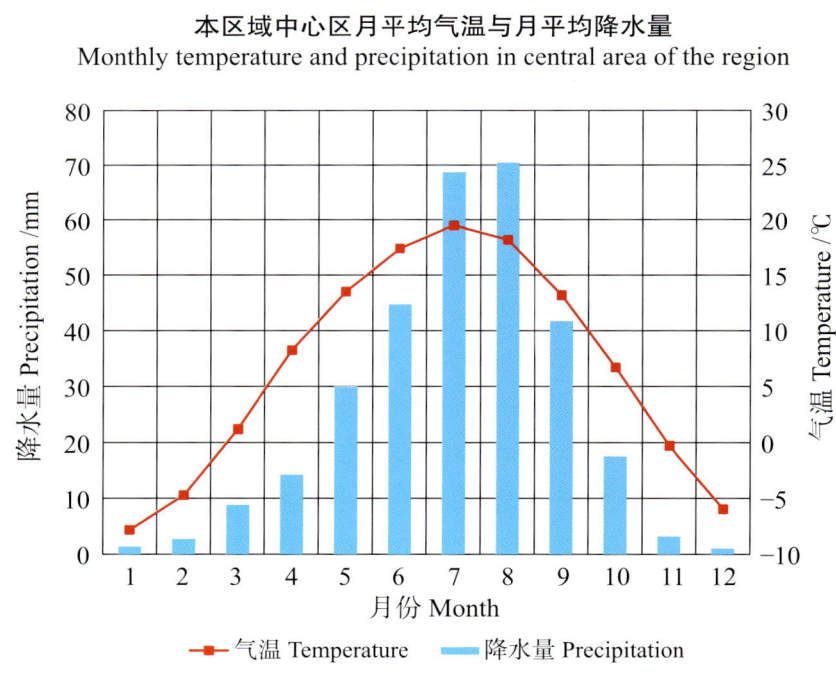

本区域中心区月平均气温与月平均降水量
Monthly temperature and precipitation in central area of the region

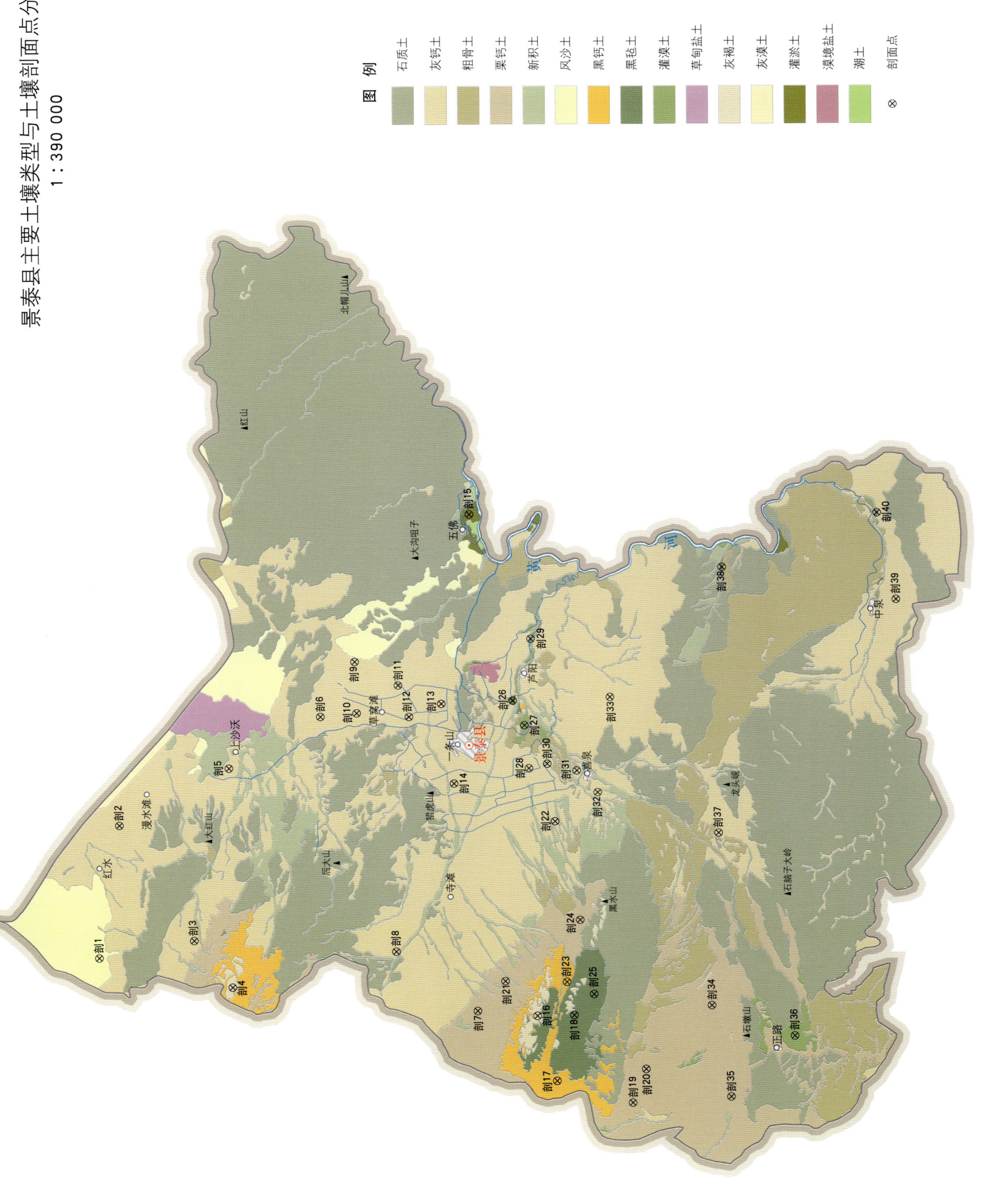

景泰县主要土壤类型与土壤剖面点分布图
1:390 000

景泰县土壤剖面理化性状表

剖面号 Soil profile	土纲 Soil order	土类 Soil great group	亚类 Soil subgroup	土属 Soil genus	土种 Soil species	土层码 Layer code	土层厚度 Depth/cm	颜色 Soil color	质地 Soil texture	土壤结构 Soil structure	pH	有机质 OM/(g/kg)	全氮 TN/(g/kg)	全磷 TP/(g/kg)	全钾 TK/(g/kg)	有效磷 AP/(mg/kg)	速效钾 AK/(mg/kg)	阳离子交换量CEC/(cmol/kg)	土壤母质 Parent material	剖面点坐标 Profile coordinate	匹配指数 Matching index,%
剖1	初育土	风沙土				1	0—13				8.3	5.0	0.17	0.82		3.0	94	3.5	风成沙性母质	E 103°17′48.8″ N 37°32′34.4″	89
						2	13—79				8.6	3.2	0.81	0.31		1.0	51	3.5			
						3	79—92				8.8	1.5	0.24	0.26		4.0	45	2.5			
						4	92—150				8.8	1.5	1.00	0.26		3.0	45	1.9			
剖2	干旱土	灰钙土	淡灰钙土	淡灰钙土	壤体淡灰钙土	1	0—15	灰黄棕色	轻壤土	块状	8.4	8.3	0.47	0.57			230	0.4		E 103°57′40.5″ N 37°31′28.0″	72
						2	15—30	黄棕色	轻壤土	块状	8.6	7.5	0.48	0.61			125	0.7			
						3	30—50	黄棕色	中壤土	块状	8.4	7.0	0.50	0.69			158	1.6			
						4	50—100	黄棕色	中壤土	块状	8.5	6.4	0.33	0.61			214	1.5			
						5	100—150	黄棕色	轻壤土	块状	8.6							0.8			
剖3	干旱土	灰钙土	灰钙土	耕种灰钙土	耕种灰钙土	1	0—14	灰黄棕色	轻壤土	屑粒状		10.7	0.84	1.30	22.0					E 103°49′08.4″ N 37°27′09.7″	78
						2	14—50	浅黄棕色	轻壤土	屑粒状		5.6	0.49	1.20	21.0						
						3	50—65	黄棕色	砂壤土	屑粒状		3.9	0.35	1.00	22.0						
						4	65—15														
剖4	半淋溶土	灰褐土				1	0—15	暗棕色	中壤土	粒状	7.2	94.3	4.19	0.62	20.3	11.0	156	28.3		E 103°45′42.8″ N 37°24′57.3″	91
						2	15—28	暗棕色	中壤土	粒状	7.4	84.6	3.07	0.56	19.4	8.0	114	32.2			
						3	28—70	暗棕色	砾质中壤土	粒状	7.8	32.8	2.95	0.52	18.2	6.0	98	37.1			
						4	70—150	黄棕色	砂壤土	粒状	8.4	12.0	0.83	0.84	20.8	6.0	196	6.3			
剖5	干旱土	灰钙土	淡灰钙土	灌溉淡灰钙土	壤体灰黄土	1	0—26	浅棕色	轻偏中壤土	粒状、块状	8.8	10.5	0.85	0.92	20.8	8.0	111	8.1		E 104°01′57.4″ N 37°25′13.1″	74
						2	26—68	棕色	中壤土	块状、层状	8.2	8.4	0.68	0.92	21.7	6.0	141	8.4			
						3	68—115	暗黄棕色	重壤土	块状	8.5	4.3	0.47	0.08	21.0	10.0	149	7.6			
						4	115—137	红棕色	砂壤土		8.6	2.5	0.23	0.34	23.6	4.0	117	4.9			
						5	137—160				8.5	7.1	0.53	0.88	20.4	11.0	229	7.4			
剖6	干旱土	灰钙土	淡灰钙土	灌溉淡灰钙土	红砂底厚层灰黄土	1	0—36				8.9	4.3	0.28	0.83	18.9	5.0	141	5.7		E 104°05′48.3″ N 37°20′00.6″	74
						2	36—62				8.6	2.9	0.26	0.57	19.6	5.0	86	4.1			
						3	62—91				8.5	1.9	0.12	0.58	11.8	4.0	87	3.8			
						4	91—128				8.6	2.3	0.14	0.55	22.8	3.0	221	6.8			
						5	128—150				8.3	23.0	1.67	0.60	15.4	11.0	195	9.5			
剖7	钙层土	栗钙土	淡栗钙土	耕种灰钙土		1	0—17		轻壤土		8.3	13.7	0.94	0.56	14.6	3.0	74	8.2		E 103°44′06.0″ N 37°10′58.1″	79
						2	17—44		中壤土		8.4	11.1	0.81	0.54	12.2	5.0	61	8.7			
						3	44—73		中壤土		8.6	1.1	0.41	0.59	15.3	5.0	64	8.8			
						4	73—150				8.2	3.3	0.23	0.36	18.8	4.0	114	9.8			
剖8	干旱土	灰钙土	淡灰钙土	灌溉淡灰钙土	洪漫灰钙土	1	0—36				8.6	13.0	1.03	0.70		18.0	200	6.2		E 103°48′24.8″ N 37°15′37.4″	99
						2	36—83		轻壤土		8.6	10.4	0.76	0.63	20.3	8.0	97	6.4			
						3	83—150		中壤土		8.5	11.3	0.86	0.66	23.2	9.0	70	7.2			
						4	94—119		中壤土		8.2	14.3	1.16	0.73	19.1	17.0	83	8.3			
剖9	干旱土	灰钙土	淡灰钙土	灌溉淡灰钙土	砂底灰黄土	1	0—24				8.3	7.6	0.53	0.75	20.3	11.0	151	6.4		E 104°09′54.4″ N 37°18′04.0″	92
						2	24—52				8.5	4.2	0.24	0.84	23.2	8.0	90	9.6			
						3	52—94				8.4	5.4	0.53	0.71	21.8	5.0	83	4.9			
剖10	干旱土	灰钙土	淡灰钙土	灌溉淡灰钙土	红砂底中层灰黄土	1	0—24				8.4	3.0	0.26	0.64	21.8	8.0	166	5.9		E 104°06′05.0″ N 37°17′56.8″	90
						2	24—52				8.4	3.1	0.28	0.35	18.2	8.0	148	6.2			
						3	52—94				8.4	1.4	0.11	0.18	20.1	7.0	199	9.0			
						4	94—110				8.4	1.4	0.11	0.14	19.7	15.7	86	6.9			

续表 Continued

剖面号 Soil profile	土纲 Soil order	土类 Soil great group	亚类 Soil subgroup	土属 Soil genus	土种 Soil species	土层码 Layer code	土层厚度 Depth/cm	颜色 Soil color	质地 Soil texture	土壤结构 Soil structure	pH	有机质 OM/(g/kg)	全氮 TN/(g/kg)	全磷 TP/(g/kg)	全钾 TK/(g/kg)	有效磷 AP/(mg/kg)	速效钾 AK/(mg/kg)	阳离子交换量 CEC/(cmol/kg)	土壤母质 Parent material	剖面点坐标 Profile coordinate	匹配指数 Matching index/%
剖11	干旱土	灰钙土	淡灰钙土	灌溉淡灰钙土	壤体灰黄土	1	0–35	灰黄棕色	砂壤土	块状		14.4	0.78	0.22	23.0	32.0	272			E 104° 08′ 10.3″ N 37° 15′ 34.9″	77
						2	35–80	黄棕色	中壤土	块状	8.8	14.2	0.69	0.12	22.0	8.0	369				
						3	80–117	浅黄棕色	中壤土	块状	8.6	8.6	0.52	0.14	23.2	10.0	141				
						4	117–150	黄棕色	砂偏轻壤土		8.7	6.1	0.46	0.19	25.3	5.0	112				
剖12	干旱土	灰钙土	淡灰钙土	灌溉淡灰钙土	红砂底厚层灰黄土	1	0–27				8.5	10.2	0.88	0.83	11.1	12.0	237	6.5		E 104° 05′ 49.6″ N 37° 14′ 57.1″	83
						2	27–44				8.5	7.4	0.57	0.87	20.4	5.0	220	6.8			
						3	44–99				8.5	3.4	0.38	0.68	19.9	5.0	148	6.0			
						4	99–128				8.2	2.3	0.31	0.35	19.2	5.0	238	9.0			
						5	128–150				8.2	1.0	0.11	0.15	2.9	2.0	18	5.8			
剖13	干旱土	灰钙土	淡灰钙土	灌溉淡灰钙土	壤体灰黄土	1	0–63	浅棕色	轻偏砂壤土	块状	8.6	6.1	0.56	0.73	23.0	16.0	140	5.4		E 104° 06′ 47.9″ N 37° 13′ 07.1″	86
						2	63–110	浅红棕色	砂壤土	块状	8.6	3.0	0.31	0.49	23.0	5.0	118	7.2			
						3	110–150	浅棕色	轻壤土	块状	8.8	3.4	0.32	0.60	20.4	4.0	126	7.5			
剖14	干旱土	灰钙土	淡灰钙土	灌溉淡灰钙土	砾底厚层灰黄土	1	0–44		中壤土		8.6	3.7	0.47	0.51	16.2	8.0	65	3.1		E 104° 00′ 54.4″ N 37° 12′ 22.0″	71
						2	44–88				8.9	3.9	0.40	0.52	20.8	5.0	50	3.5			
						3	88–127				8.8	5.8	0.52	0.70	21.7	12.0	60	5.2			
						4	127–148				9.1	1.8	0.17	0.33	18.8	3.0	12	1.4			
剖15	人为土	灌淤土	灌淤土	薄灌淤土	砂壤质薄灌淤土	1	0–5				6.8	10.0	0.61	0.55		12.0	118	8.1		E 104° 20′ 46.7″ N 37° 11′ 32.1″	92
						2	28–55				4.1	3.5	0.42	0.73		2.0	73	8.0			
						3	55–145				5.7	4.2	0.26	0.66		1.0	46	8.0			
剖16	半淋溶土	灰褐土	棕色土			1	0–5				8.2	55.7	2.57	0.59	18.1	7.0	104	26.1		E 103° 43′ 46.6″ N 37° 07′ 33.2″	98
						2	5–49	暗棕色	中壤土	粒状	8.4	28.3	1.40	0.40	19.4	4.0	97	23.0			
						3	49–86	棕色	重壤土	粒状、块状	8.3	11.1	0.62	0.23	20.5	4.0	113	16.2			
						4	86–125	棕红色	重壤土	粒状	8.3	16.5	0.87	0.65	16.4	3.0	61	10.5			
						5	125–150	浅黄棕色	中壤土	块状	7.8	44.5	3.19	0.66	19.7	13.0	313	18.2			
剖17	钙层土	黑钙土				1	0–8	棕色	轻壤土	粒状	8.2	35.8	2.57	0.66	22.0	12.0	159	17.7		E 103° 39′ 03.7″ N 37° 06′ 24.5″	86
						2	8–41	暗棕色	轻壤土	粒状	8.2	25.5	1.93	0.57	24.4	5.0	208	20.1			
						3	41–84	灰棕色	中壤土	粒状	8.2	17.6	0.80	0.35	19.3	4.0	185	14.9			
						4	84–123	浅红棕色	轻壤土	粒状	8.2	11.3	0.62	0.45	14.1	3.0	62	10.0			
						5	123–150	浅黄色	轻壤土	块状	8.3	3.1	0.39	0.48	16.2	2.0	40	5.5			
剖18	高山土	黑毡土	棕色毡土			1	0–18				7.8	167.7	5.98	0.58	19.4	9.0	151	52.9	坡积物、残积物	E 103° 43′ 50.9″ N 37° 05′ 27.0″	84
						2	18–49				7.2	150.4	5.97	0.66	22.0	5.0	94	53.7			
						3	49–150				7.2	111.7	4.97	0.68	19.4	3.0	85	44.0			
剖19	钙层土	栗钙土				1	0–3	棕色	轻壤土	粒状、块状	8.1	17.0	1.01	0.54	16.9	13.0	193	7.3		E 103° 37′ 30.7″ N 37° 02′ 04.9″	99
						2	3–48	灰棕色	轻壤土	粒状、块状	8.2	25.1	1.42	0.61	16.2	12.0	140	12.2			
						3	48–82	浅红棕色	中壤土	粒状、块状	8.2	19.5	1.00	0.56	17.4	5.0	82	12.2			
						4	82–121	浅红黄色	轻壤土	块状	8.3	11.3	0.62	0.57	15.1	3.0	50	8.6			
						5	121–150	浅黄棕色	轻壤土	块状	8.4	3.1	0.39	0.48	16.2	2.0	40	5.5			
剖20	钙层土	栗钙土	暗栗钙土			1	0–12				7.8	29.4	1.83	0.50	17.3	11.0	78	21.9		E 103° 39′ 57.8″ N 37° 01′ 20.4″	77
						2	12–50				7.8	39.6	2.41	0.54	17.6	11.0	144	16.7			
						3	50–75				8.2	11.2	0.77	0.54	17.9	4.0	73	12.8			
						4	75–134				8.1	7.4	0.48	0.60	17.8	1.0	68	9.4			
剖21	钙层土	栗钙土				1	0–7	灰棕色	轻壤土	粒状、块状	8.2	29.4	1.56	0.76	17.2	13.0	286	11.5		E 103° 46′ 17.8″ N 37° 09′ 24.1″	76
						2	7–30	暗棕色	轻壤土	粒状、块状	8.0	32.8	1.95	0.71	16.3	7.0	306	13.6			
						3	30–55	棕色	轻壤土	粒状、块状	7.9	22.0	1.40	0.65	15.8	11.0	418	12.1			
						4	55–150	浅黄棕色	轻壤土	块状	7.9	5.4	0.30	0.51	12.1	4.0	245	5.0			

续表 Continued

剖面号 Soil profile	土纲 Soil order	土类 Soil great group	亚类 Soil subgroup	土属 Soil genus	土种 Soil species	土层码 Layer code	土层厚度 Depth/ cm	颜色 Soil color	质地 Soil texture	土壤结构 Soil structure	pH	有机质 OM (g/kg)	全氮 TN (g/kg)	全磷 TP (g/kg)	全钾 TK (g/kg)	有效磷 AP (mg/kg)	速效钾 AK (mg/kg)	阴离子 交换量CEC/ (cmol/kg)	土壤母质 Parent material	剖面点坐标 Profile coordinate	匹配指数 Matching index/%
剖22	干旱土	灰钙土	淡灰钙土	耕种淡灰钙土	覆砂淡灰钙土	1	0—12				8.4	9.0	0.31	0.29	18.4	16.0	50	5.8		E 103°58′08.0″ N 37°06′36.4″	76
						2	12—43				8.3	6.6	0.65	0.66	18.6	4.0	221	7.8			
						3	43—67				8.3	5.1	0.44	0.67	18.6	3.0	213	8.4			
						4	67—102				8.1	12.4	1.00	0.72	20.3	4.0	165	10.7			
剖23	钙层土	黑钙土	暗栗钙土	耕种暗栗钙土	覆砂暗栗钙土	1	0—6	暗棕色		粒状	7.7	52.3	3.60	0.67	18.7	10.0	382	24.1		E 103°46′16.3″ N 37°05′52.8″	100
						2	6—40	黑棕色	重壤土	粒状	7.8	33.4	2.54	0.61	18.0	4.0	108	24.6			
						3	40—62	暗棕色	重壤土		7.9	21.5	1.44	0.34	19.1	4.0	88	19.6			
						4	62—85	棕色	重壤土	块状	8.0	9.9	0.74	0.33	16.2	5.0	81	17.3			
						5	85—110		砾质土	无明显结构											
剖24	钙层土	栗钙土				1	0—15													E 103°50′50.3″ N 37°05′08.9″	95
						2	15—30				8.3	18.1	1.29	0.91	23.6	3.0	120	13.6			
						3	30—48				8.3	25.7	1.84	0.88	21.3	2.0	126	18.5			
						4	48—65				8.3	20.3	1.56	1.07		2.0	96	13.1			
						5	65—90				8.5	21.4	1.61	0.94		6.0	144	17.2			
						6	90—130				8.5	20.1	1.59	0.83		3.0	200				
						7	130—150				8.3	7.5	0.62	0.86		5.0	129				
剖25	高山土	黑毡土				1	0—8	棕色	中壤土		8.1	58.8	3.00	0.62	18.7	8.0	254	23.2	坡积物、残积物	E 103°45′23.4″ N 37°04′19.8″	79
						2	8—40	灰棕色	中壤土	粒状、块状	8.2	44.4	2.46	0.52	17.4	8.0	88	29.0			
						3	40—66	红棕色	重壤土	粒状、块状	8.3	14.8	1.24	0.31	17.6	5.0	58	20.5			
						4	66—120	黄棕色	中壤土	粒状、块状	8.4	11.8	1.03	0.61	17.7	4.0	48	14.0			
						R	120—														
剖26	人为土	灌淤土	灌淤土	厚灌淤土	壤质厚灌淤土	1	0—24		中壤土	块层状	7.2	10.7	0.62	0.39		11.0	156	8.2		E 104°07′03.4″ N 37°09′02.9″	95
						2	24—60				7.2	10.6	0.64	0.43		3.0	101	8.1			
						3	60—105				6.3	7.5	0.46	0.40		2.0	74	8.0			
剖27	人为土	灌漠土	灌漠土	薄灌漠土	壤质薄层灌漠土	1	0—25		轻壤土	块状	8.6	17.2	1.25	0.72	22.8	13.0	472	9.8		E 104°05′14.3″ N 37°08′21.8″	98
						2	25—48		轻壤土	块状	8.8	8.6	0.62	0.58	21.7	5.0	142	8.2			
						3	48—150		中壤土	块状	8.7	5.7	0.29	0.55	16.1	5.0	95	8.3			
剖28	干旱土	灰钙土	淡灰钙土	灌溉淡灰钙土	壤体灰黄土	1	0—25	浅灰棕色	轻壤土	粒层状	8.4	10.9	0.88	0.15	22.8	8.0	119	8.0		E 104°02′03.1″ N 37°08′06.0″	96
						2	25—45	浅黄棕色	轻壤土	块状	8.5	9.3	0.72	0.88	21.5	4.0	82	10.3			
						3	45—150	灰黄棕色	中壤土	块状	8.3	5.9	0.61	0.55	21.4	8.0	102	9.8			
剖29	人为土	灌漠土	灌漠土	厚灌漠土	壤体厚层灌漠土	1	0—36				8.6	25.0	1.15	1.09	16.2	24.0	128	9.8		E 104°11′38.8″ N 37°08′01.7″	83
						2	36—54				8.5	26.9	0.83	0.85	20.2	20.0	95	7.9			
						3	54—150				8.6	13.7	0.74	0.81	18.5	5.0	95	7.4			
剖30	干旱土	灰钙土	淡灰钙土	灌溉淡灰钙土	砾底层灰黄土	1	0—28				8.3	4.2	0.33	0.21	20.8	8.0	111	5.1		E 104°02′24.0″ N 37°07′03.4″	82
						2	28—88				8.3	3.9	0.32	0.72	20.8	4.0	149	5.3			
						3	88—148				8.6	1.6	0.10	0.18	13.3	5.0	58	2.4			
剖31	干旱土	灰钙土	淡灰钙土	灌溉淡灰钙土	壤体灰黄土	1	0—22	灰黄棕色	轻偏砂壤土	粒状、块状	8.5	7.5	0.74	0.83	19.0	10.0	197	6.9		E 104°01′54.8″ N 37°05′22.1″	97
						2	22—64	浅黄棕色	轻壤土	粒状、块状	8.4	8.0	0.43	0.89	22.3	9.0	139	8.6			
						3	64—150	浅黄棕色	中壤土	块状	8.8	7.6	0.63	0.82	24.6	14.0	183	10.9			
剖32	干旱土	灰钙土	淡灰钙土	灌溉淡灰钙土	壤体灰黄土	1	0—31	灰棕色	砂壤土	块状	8.6	6.1	0.33	0.33	20.8	15.0	137	2.7		E 104°00′18.4″ N 37°04′10.6″	70
						2	31—66	黄棕色	砂壤土	块状	8.8	4.6	0.22	0.11	18.9	7.0	71	5.4			
						3	66—137	黄棕色		块状	8.6	0.6	0.29	0.62	20.8	18.0	65	4.8			
						4	137—150		中壤土		8.4	10.1	0.73	0.27	23.8	18.0	184	9.9			

续表 Continued

剖面号 Soil profile	土纲 Soil order	土类 Soil great group	亚类 Soil subgroup	土属 Soil genus	土种 Soil species	土层码 Layer code	土层厚度 Depth/cm	颜色 Soil color	质地 Soil texture	土壤结构 Soil structure	pH	有机质 OM/(g/kg)	全氮 TN/(g/kg)	全磷 TP/(g/kg)	全钾 TK/(g/kg)	有效磷 AP/(mg/kg)	速效钾 AK/(mg/kg)	阳离子交换量CEC/(cmol/kg)	土壤母质 Parent material	剖面点坐标 Profile coordinate	匹配指数 Matching index/%
剖33	干旱土	灰钙土	淡灰钙土			1	0—16				8.6	9.0	0.64	0.61	19.8	7.0	218	9.2		E 104°07′21.6″ N 37°03′29.4″	88
						2	16—53				8.6	8.7	0.58	0.57	19.1	8.0	112	9.0			
						3	53—80				8.5	6.7	0.58	0.61	18.0						
						4	80—120				8.3	5.0	0.40	0.58	17.8						
剖34	钙层土	栗钙土	淡栗钙土	耕种淡栗钙土	覆砂淡栗钙土	1	0—15				8.6	5.1	3.00	2.50	6.6	5.0	45	10.8		E 103°44′37.0″ N 36°57′36.4″	98
						2	15—33				8.6	19.6	1.34	0.75	27.5	4.0	243	18.5			
						3	33—80				8.4	16.7	1.14	0.79	25.4	3.0	128	18.1			
						4	80—100				8.2	15.5	1.00	0.72	21.3	4.0	68	16.0			
						5	100—150				8.2	15.9	1.25	0.75		4.0	108	17.2			
剖35	钙层土	栗钙土	栗钙土	耕种栗钙土	覆砂栗钙土	1	0—18				8.5	15.2	0.86	0.80	20.0	11.0	187	17.1		E 103°37′59.9″ N 36°56′28.0″	92
						2	18—38				8.5	4.5	0.23	0.60	17.7	6.0	182	10.6			
						3	38—136				8.5	2.8	0.18	0.45	22.6	8.0	86	5.9			
						4	136—155														
剖36	人为土	灌漠土				1	0—30	暗棕色	砂壤土	粒状	8.2	28.4	1.49	1.11	16.3	50.0	164	10.9		E 103°42′28.1″ N 36°52′52.1″	96
						2	30—60	暗棕色	轻偏砂壤土	粒状、块状	8.4	27.4	1.00	0.85	18.6	12.0	134	10.4			
						3	60—150	暗棕色	中壤土	粒状、块状	8.4	26.9	0.97	0.85	15.4	12.0	152	12.0			
剖37	干旱土	灰钙土	灰钙土	耕种灰钙土	覆砂灰钙土	1	0—20				8.8	6.6	0.22	0.49	8.5	4.0	68	4.9		E 103°57′20.3″ N 36°57′16.4″	93
						2	20—60				8.4	9.2	0.70	0.67	21.9	5.0	69	8.6			
						3	60—120				8.3	5.8	0.44	0.61	19.2	10.0	72	11.8			
剖38	高山土	黑毡土				1	0—10	暗棕色	轻壤土	粒状	8.6	100.0	6.05	0.62	19.3	7.0	288	38.1	坡积物、残积物	E 104°16′57.4″ N 36°57′07.2″	85
						2	10—23	暗棕色	轻壤土	粒状	7.8	83.2	5.32	0.70	19.9	6.0	91	36.7			
						3	23—45	黑棕色	轻壤土	粒状	7.8	129.2	4.55	0.76	19.2	5.0	68	47.8			
						4	45—72	暗黄色	轻壤土	粒状	8.1	31.0	2.04	0.54	20.4	4.0	59	24.6			
						5	72—82	黄黄色	轻壤土	粒状、块状	8.1	9.7	0.81	0.34	23.0	2.0	54	16.4			
						6	82—97		砾质土												
剖39	干旱土	灰钙土				1	0—20	浅棕色	粉砂质壤土	块状	8.6	14.5	1.27	0.65		8.0	353			E 104°14′37.7″ N 36°47′10.5″	79
						2	20—40	浅黄色	粉砂质壤土	块状	7.8	14.2	0.98	0.62		5.0	101				
						3	40—114	浅黄棕色	粉砂质壤土	块状		9.2	0.60	0.52		8.0	81				
						4	114—163	浅黄色	粉砂质壤土	块状		5.2	0.34	0.53		5.0	86				
						5	163—173	浅黄色	粉砂质壤土	块状		4.8	0.31	0.69		4.0	116				
剖40	人为土	灌漠土	灌漠土	厚灌漠土	底砂厚层灌漠土	1	0—22				8.4	22.6	1.38	0.83	19.0	4.0	148	8.8		E 104°20′58.0″ N 36°48′16.0″	79
						2	22—58				8.6	19.1	1.08	0.89	21.8	10.0	126	10.4			
						3	58—110				8.6	16.4	0.84	0.83	17.0	6.0	139	10.0			
						4	110—				8.9	10.6	0.57	0.58	18.4	8.0	65				

天 水 市

市 辖 区

主要土类说明

褐土是天水市主要土壤类型，占本市地域面积的41%。褐土是在半湿润区发育形成的具有黏化与钙质淋溶淀积特征的土壤，具 A–B–Bk–C 剖面构型。该土壤盐基饱和，处于硅铝风化阶段，有明显黏淀层与假菌丝状钙积层。土壤盐基饱和度在80%以上，有时过饱和。

红黏土是天水市第二大土壤类型，占本市地域面积的20%。深厚黄土层下，常见第三纪红色黏土（保德期红黏土）埋藏。厚层黄土层侵蚀殆尽处，红色黏土层露出，形成的母质性状明显的初育土，即红黏土。其黏粒含量高，塑性强，生物作用微弱，母质特性明显，有时夹有砂姜。

黑垆土是天水市第三大土壤类型，占本市地域面积的19%。黑垆土是在黄土高原上，由黄土发育而成的土壤。该土壤有机质含量低，但腐殖质层深厚。土体原位黏化，但无明显黏化层，具假菌丝状石灰累积。

新积土占本市地域面积的9%。新积土是由新近冲积、洪积、坡积、塌积或人工堆垫形成的土壤。该土壤成土期短，母质特性明显，具 A–C 或（A）–C 剖面构型。

棕壤占本市地域面积的7%。棕壤形成于落叶阔叶林下，但大部分已被垦殖，以旱作为主。该土壤处于硅铝风化阶段，具有黏化特征，呈棕色。土体见黏粒淀积，盐基充分淋失，pH 一般为 6.0—7.0，见少量游离铁。

小于本市地域面积 3% 的土壤类型有黄绵土和潮土。

本区域中心区气候特征

本区域中心区气候特征值
Regional climate characteristics in central area of the region

气候带：暖温带亚湿润气候 Climate region: Warm temperate subhumid climate	
年平均气温 /℃ Annual average temperature /℃	11.3
年平均最高气温 /℃ Annual average maximum temperature /℃	17.3
年平均最低气温 /℃ Annual average minimum temperature /℃	6.8
年降水量 /mm Annual precipitation /mm	493
≥10℃的积温 /℃ Daily temperature accumulated in a year（≥10℃）/℃	4428
年日照时数 /h Annual sunshine /h	1906
年平均相对湿度 /% Annual average relative humidity /%	66
干燥度 Dryness	1.39

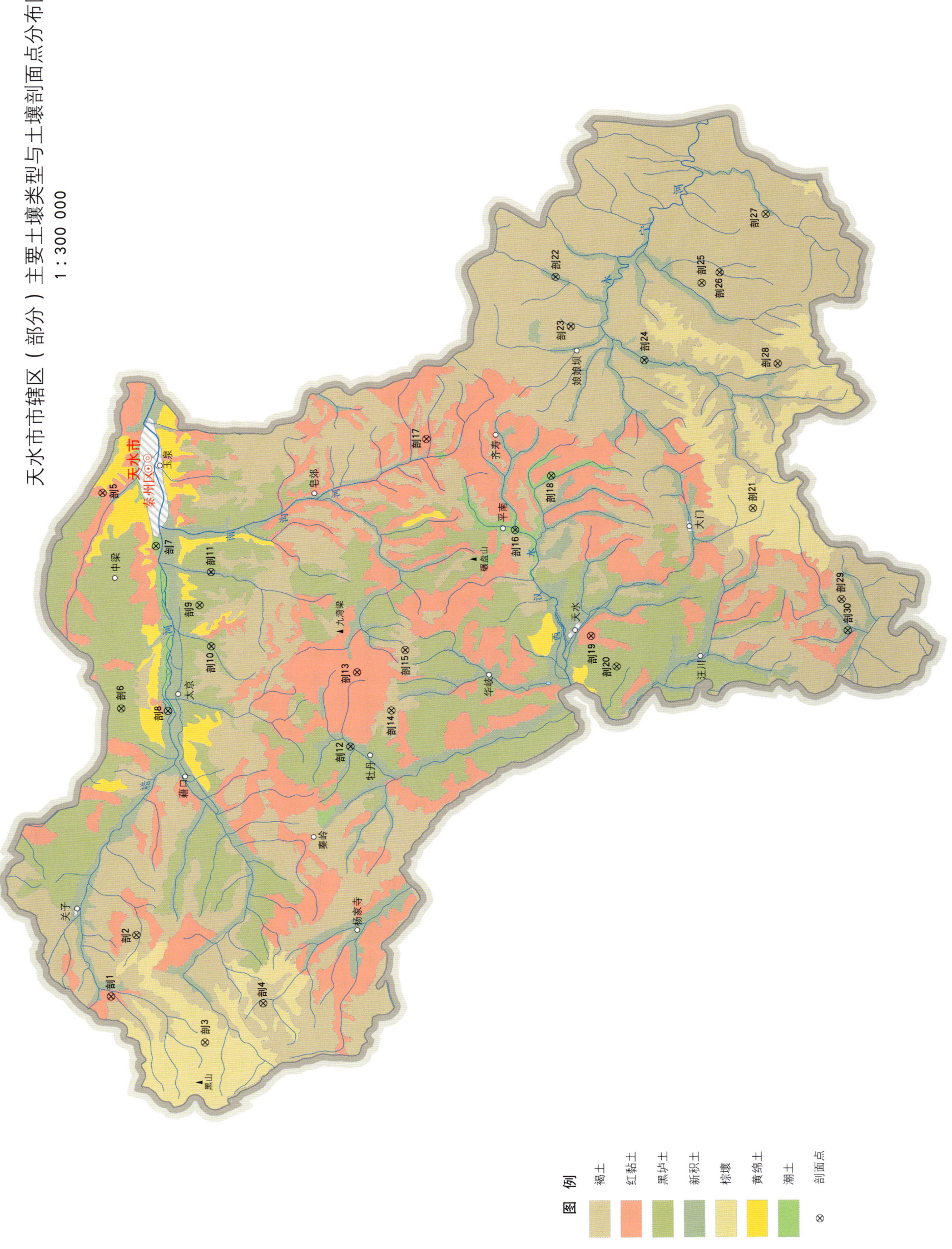

天水市土壤剖面理化性状表

剖面号 Soil profile	土纲 Soil order	土类 Soil great group	亚类 Soil subgroup	土属 Soil genus	土种 Soil species	土层码 Layer code	土层厚度 Depth/cm	颜色 Soil color	质地 Soil texture	土壤结构 Soil structure	pH	有机质 OM/(g/kg)	全氮 TN/(g/kg)	全磷 TP/(g/kg)	全钾 TK/(g/kg)	碱解氮 AN/(mg/kg)	有效磷 AP/(mg/kg)	速效钾 AK/(mg/kg)	阳离子交换量CEC/(cmol/kg)	土壤母质 Parent material	剖面点坐标 Profile coordinate	匹配指数 Matching index/%
剖1	初育土	红黏土	红土	黑红土	黑红砂土	1	0—17	棕褐色	重壤土	粒状、块状	8.0	11.6	0.87	0.54	16.1	31	6.0	149	13.0	红黏土、泥岩疏松物	E 105°18′16.2″ N 34°36′30.2″	92
						P	17—25	棕褐色	重壤土	块状	7.9	10.8	0.85	0.50	22.2	29	5.0	149	15.8			
						3	25—58	棕褐色	重壤土	棱块状	7.9	9.3	0.67	0.37	23.1	16	6.0	158	15.4			
						4	58—70	棕红色	重壤土	棱块状	7.8	6.7	0.36	0.37	20.9	28	5.0	145	20.1			
						5	70—156	棕红色	重壤土	块状	7.9	6.5	0.30	0.65	18.2	16	6.0	140	14.6			
剖2	半淋溶土	褐土	山地耕种褐土	黄土	黄鸡粪土	1	0—15	黄褐色	中壤土	块状										黄土	E 105°21′13.0″ N 34°35′30.5″	99
						P	15—25	灰褐色	中壤土	核块状												
						3	25—64	棕褐色	重壤土	核状												
						4	64—162	灰棕色	重壤土	块状												
剖3	淋溶土	棕壤	山地棕壤	黄土质山地棕壤	黄土	Ao	0—5	黑褐色			6.8	28.6	1.67	1.03	9.8	206	5.0	4	44.2	黄土	E 105°16′02.4″ N 34°32′53.9″	98
						2	5—20	浅褐黑色	中壤土	粒状、块状	6.8	28.5	1.57	0.93	28.9	115	29.0	3	29.3			
						3	20—30	浅褐灰色	中壤土	团块状	6.7	21.0	1.90	0.48	28.7	93	4.0	2	21.3			
						4	30—50	棕褐色	中偏重壤土	棱块状	6.6	12.4	0.70	0.39	28.7	11	3.0	1				
						C	50—				6.4	11.9	0.59	0.39	29.1	33	4.0	1				
剖4	半淋溶土	褐土	山地耕种褐土	黄土	黄土	1	0—15	黄褐色	中壤土	块状	8.4	12.7	0.63	0.50	24.2	46	8.0	181	16.0	黄土	E 105°17′53.3″ N 34°30′38.1″	98
						P	15—24	灰棕色	中壤土	片状	8.3	8.9	0.70	0.55	22.4	41	5.0	198	17.0			
						3	24—65	棕黄色	中壤土	核状	8.6	8.5	0.74	0.56	20.6	38	4.0	213	14.0			
						4	65—115	棕黄色	中壤土	棱状	8.5	5.7	0.72	0.50	25.2	39	2.0	191				
剖5	初育土	红黏土	红土	红板土	红板土	1	0—19	浅褐红色	中壤土	块状	8.3	9.2	0.63	0.64	20.8	20	15.0	549	16.0	红黏土、泥岩疏松物	E 105°42′36.7″ N 34°36′38.2″	70
						2	19—30	暗棕褐色	轻黏土	大块状	8.1	9.3	0.60	0.65	19.4	17	10.0	436	17.0			
						As	30—107	黑灰色	中壤土	粒状	8.1	6.7	0.40	0.62	22.0	14	10.0	283	14.0			
剖6	钙层土	黑垆土	黑垆土型侵蚀土	黄土质黑垆土型侵蚀土		1	0—14	黑灰色	中壤土	团块状	8.2	17.6	0.11	0.53	30.0	34	10.0	248	9.6	黄土	E 105°32′12.6″ N 34°36′00.6″	95
						2	14—33	棕褐色	中壤土	核块状	8.3	13.9	0.69	0.50	23.0	34	1.0	153	8.5			
						3	33—100	黄褐色	紧砂土	块状	8.3	5.1	0.36	0.46	25.9	27	5.0	138	7.0			
剖7	半水成土	潮土	淀潮土	淀潮土	黄淀潮砂土	1	0—14	褐灰色	砂壤土	块状	8.1	9.5	0.72	0.56	24.0	24	1.0	239		河流冲积物	E 105°40′01.4″ N 34°34′36.0″	85
						P	14—26	棕褐色	轻壤土	块状	7.9	5.5	0.47	0.74	22.7	12	1.0	201				
						3	26—46	灰青色	中壤土		8.2	4.9	0.44	0.79	22.4	13	2.0	172				
						G	46—63	青色	中壤土		8.2	5.9	0.42	0.73	14.3	29	6.0	155				
剖8	新积土	新积土	洪淀土	洪黄淀土	洪淀潮砂土	1	0—19	灰棕色	轻壤土	块状	8.6	9.2	0.53	0.58	24.6	26	4.0	193			E 105°32′04.2″ N 34°34′12.4″	88
						P	19—30	灰棕黄色	中壤土	块状	8.6	9.3	0.59	0.62	23.8	24	4.0	192				
						3	30—62	棕黄色	轻壤土	大块状	8.6	9.2	0.46	0.62	24.8	28	4.0	182				
						4	62—				8.7	6.0	0.41	0.62	25.5	23	4.0	161				
剖9	初育土	黑垆土	黑垆土型侵蚀土	红土质黑垆土型侵蚀土		As	0—12	灰红棕色	中壤土	粒状、块状	8.1	20.5	1.00	0.55	19.6	30	12.0	165	7.0	次生黄土	E 105°37′09.8″ N 34°32′57.1″	93
						2	12—22	棕红灰色	中壤土	棱块状	8.2	6.9	0.59	0.54	19.5	20	3.0	70	7.0			
						3	22—89	棕红色	中壤土	块状	8.2	3.0	0.50	0.45	19.5	13	9.0	60	6.0			
						C	89—															
剖10	钙层土	黑垆土	黑垆土型侵蚀土	石质黑垆土型侵蚀土		As	0—15	灰绿色	砂壤土		8.1	10.2	0.67	0.34	16.4	39	7.0	95	10.8	风化物	E 105°35′10.3″ N 34°32′31.2″	84
						2	15—37	灰棕色		块状	8.2	5.1	0.46	0.26	15.8	31	1.0	42	7.0			
						R	37—				8.3	4.6	0.46	0.37	15.7	21	3.0	40	9.2	板岩、花岗岩碎块		
剖11	初育土	新积土	河淀土	河黄淀土	河黄淀砂砾土	1	0—19	棕灰色		块状										冲积物、淤积物、堆垫物	E 105°38′44.5″ N 34°32′30.0″	99
						P	19—27	棕灰色														
						3	27—103															
						4	103—															

续表 Continued

剖面号 Soil profile	土纲 Soil order	土类 Soil great group	亚类 Soil subgroup	土属 Soil genus	土种 Soil species	土层码 Layer code	土层厚度 Depth/cm	颜色 Soil color	质地 Soil texture	土壤结构 Soil structure	pH	有机质 OM/(g/kg)	全氮 TN/(g/kg)	全磷 TP/(g/kg)	全钾 TK/(g/kg)	碱解氮 AN/(mg/kg)	有效磷 AP/(mg/kg)	速效钾 AK/(mg/kg)	阳离子交换量 CEC/(cmol/kg)	土壤母质 Parent material	剖面点坐标 Profile coordinate	匹配指数 Matching index/%
剖12	初育土	新积土	河淤土	河黑淤土	河黑淤土	1	0—17	灰黑色	轻壤土	小块状	8.5	16.5	0.80	1.20	23.6	53	17.0	381	10.0	冲积物、淤积物、堆垫物	E 105°30′15.6″ N 34°27′10.7″	82
						P	17—25	灰黑色	轻壤土	块状	8.5	14.7	0.82	0.81	23.0	44	18.0	209	9.0			
						3	25—93	灰黄色	中壤土	块状	8.5	12.3	0.67	0.80	22.7	32	11.0	179	9.0			
						4	93—				8.4	12.3	0.63	0.78	22.7	26	1.0					
剖13	初育土	红黏土	红土	红土		1	0—16	棕红色	重壤土	团块状	8.6	7.9	0.55	0.50	20.8	39	7.0	228		红黏土、泥岩疏松堆垫物	E 105°33′51.4″ N 34°26′53.6″	82
						2	16—32	棕红色	重壤土	棱块状	8.7	5.1	0.28	0.50	20.5	61	3.0	210				
						3	32—95	红棕色	重壤土	块块状	8.6	5.6	0.27	0.44	20.7	30	4.0	264				
剖14	半淋溶土	褐土	淋溶褐土	石质山地淋溶褐土		Ao	0—7				7.4	44.6	1.17	0.80	17.8	128	24.0	186			E 105°31′59.5″ N 34°25′34.8″	93
						2	7—15	棕黑色	轻壤土	粉粒状	7.7	43.9		0.38	15.8	224	26.0	328				
剖15	半淋溶土	褐土	石灰性褐土	红砂土质山地石灰性褐土		Ao	0—3				8.5	14.6	0.53	0.47	24.0	16	4.0	410	14.6		E 105°34′54.3″ N 34°25′01.1″	75
						2	3—23	棕红褐色	砂土	粒状、块状	8.3	14.6	0.68	0.44	23.4	43	1.0	295	11.9			
						3	23—46	棕褐色	砂土	块状	8.2	8.2	0.84	0.39	26.5	38	1.0	185	12.2			
						C	46—															
剖16	半水成土	潮土	潮土	黑潮土	黑潮土	1	0—15	黑灰色	中壤土	块状	8.5	14.8	0.83	0.66	22.6	26	1.0	112	16.0	河流冲积物	E 105°40′36.8″ N 34°20′44.3″	79
						P	15—23	深黑褐色	中壤土	块状	8.4	14.8	0.89	0.48	22.5	29	2.0	112	16.0			
						W	23—80	灰黑色	中壤土	块状	8.4	13.6	0.75	0.69	22.5	14	4.0	115	16.0			
						G	80—				8.4	13.3	0.63	0.78	22.2	26	1.0	125	17.0			
剖17	初育土	红黏土	红土	红土	黑红土	1	0—17	棕红色	重壤土	粒状	8.4	11.6	0.87	0.54	16.1	33	6.0	155	13.0	红黏土、泥岩疏松物	E 105°45′02.8″ N 34°24′07.0″	99
						P	17—25	灰黄色	重壤土	块状	8.3	10.8	0.85	0.50	12.0	29	5.0	132	15.8			
						3	25—58	黑棕红色	重壤土	核状、块状	8.1	9.3	0.67	0.32	13.1	16	6.0	50	15.4			
						4	58—70	黑黑色	重壤土	大块状	8.1	8.7	0.36	0.27	18.2	28	12.0	40	20.1			
剖18	半水成土	潮土	淀潮土	淀潮土	黄淀潮土	1	0—13	棕灰色	中壤土	块状	8.4	6.8	0.68	0.62	24.1	40	2.0	115	12.0	河流冲积物	E 105°43′12.9″ N 34°19′18.9″	70
						P	13—25	棕褐色	轻壤土	块状	8.5	8.8	0.63	0.47	21.0	14	2.0	115	12.0			
						3	25—55	灰棕色	中壤土	块状	8.5	7.1	0.48	0.49	22.2	23	2.0	105	12.0			
						G	55—110	灰黑色	中壤土	块状	8.4	8.4	0.68	0.71	22.1	20	1.0	132	15.0			
剖19	初育土	红黏土	青土	青土	白青杂土	1	0—14	灰白色	重壤土	粒状、大块状	8.4	10.4	0.63	0.38	21.8	26	3.0	438	11.0	红黏土、泥岩疏松物	E 105°35′29.9″ N 34°17′51.2″	73
						2	14—30	灰绿色	重壤土	大块状	8.3	10.6	0.59	0.41	22.7	20	7.0	333	13.0			
						3	30—75	浅灰色	重壤土	板状	8.3	10.7	0.65	0.47	22.5	27	12.0	300	10.0			
剖20	钙层土	黑垆土	黑麻土	麻土	麻鸡粪土	1	0—17	灰黄色	中壤土	粒状、块状	8.2	10.6	0.91	0.57	15.9	20	7.0	237	12.0	红黏土、泥岩疏松物	E 105°34′01.3″ N 34°16′52.1″	86
						P	17—40	灰黄色	中壤土	块状	8.5	13.2	0.82	0.57	18.3	17	6.0	179	12.0			
						3	40—100	灰褐色	中壤土	块状	8.5	8.2	0.40	0.35	17.0	17	9.0	143	10.0			
剖21	淋溶土	棕壤	山地棕壤	粗骨质山地棕壤		Ao	0—15	黑褐色	中壤土	粒状	7.2	56.1	2.47	0.47	24.6	53	5.0	49	33.4	岩石风化	E 105°41′32.6″ N 34°11′33.0″	70
						2	15—41	灰棕色	轻黏土	蒜瓣状	6.9	39.2	1.72	0.67	25.9	49	5.0	55	34.3			
						3	41—70	棕色			7.0	11.2	0.83	0.46	22.2	22	4.0	69	28.9			
						4	70—95					15.0		0.50	12.9	31	4.0	104	22.5			
						C	95—				7.0	8.1	0.52	0.63	15.5	9	3.0	68	11.0			
剖22	初育土	新积土	垫土	垫土	垫砂砾土	1	0—18	灰黄色	砂壤土	块状	8.6	14.3	0.73	0.74	24.3	27	8.0	145	10.5	次生黄土	E 105°52′45.5″ N 34°19′03.4″	86
						2	18—35	灰褐色	中壤土	块状	8.7	10.2	0.54	0.54	12.9	31	4.0	60				
						3	35—															
剖23	半淋溶土	褐土	石灰性褐土	砂土质山地石灰性褐土		Ao	0—7	褐灰色	砂壤土	块状	8.4	26.2	0.71	0.69	24.3	151	9.0	345	30.8		E 105°50′22.4″ N 34°18′29.3″	87
						2	7—20				8.2	16.4		0.69	25.9	89	6.0	125	19.2			
						C	20—88				7.9	11.7	1.51	0.65	27.3	31	6.0	62	14.7			
						R	88—100															

续表 Continued

剖面号 Soil profile	土纲 Soil order	土类 Soil great group	亚类 Soil subgroup	土属 Soil genus	土种 Soil species	土层码 Layer code	土层厚度 Depth/cm	颜色 Soil color	质地 Soil texture	土壤结构 Soil structure	pH	有机质 OM/(g/kg)	全氮 TN/(g/kg)	全磷 TP/(g/kg)	全钾 TK/(g/kg)	碱解氮 AN/(mg/kg)	有效磷 AP/(mg/kg)	速效钾 AK/(mg/kg)	阳离子交换量CEC/(cmol/kg)	土壤母质 Parent material	剖面点坐标 Profile coordinate	匹配指数 Matching index/%
剖24	初育土	新积土	垫土	垫土	垫砂土	1	0—17	灰褐色	中壤土	块状	8.4	12.1	0.93	0.80	10.9	31	16.0	190	15.9	次生黄土	E 105°48′43.1″ N 34°15′40.0″	93
						P	17—28	灰褐色	中壤土	块状	8.4	11.8	0.70	0.79	16.9	40	10.0	145	15.9			
						3	28—40	灰棕色	轻壤土	块状	8.3	9.6	0.65	0.77	24.6	25	7.0	130	16.4			
						4	40—															
剖25			淋溶褐土	黄土质山地淋溶褐土		Ao	0—4	棕褐色		粉粒状	7.9	37.5	2.59	0.79	19.3	4	5.0	184	19.0	黄土	E 105°52′23.2″ N 34°13′25.0″	91
						A	4—20	褐黑色	中壤土	粒状、块状	7.9	37.5	2.59	0.79	19.3	4	5.0	184	19.0			
						Bt₁	20—32	浅棕灰色	中壤土	核块状	8.1	10.8	1.06	0.88	19.9	29	2.0	73	19.0			
						Bt₂	32—65		重壤土	棱块状	8.1	10.8	1.06	0.88	19.9	29	2.0	73	19.0			
						C₁	65—137	棕黄色	重壤土		8.3	6.0	0.71	0.46	17.7	9	2.0	61	8.3			
						C₂	137—															
剖26	半淋溶土	褐土	山地耕种褐土	僵黄土	黄砂土	1	0—16	灰黄色	砂壤土	块状	8.3	4.1	0.53	0.41	18.7	23	4.0	105	34.1		E 105°52′53.0″ N 34°12′43.2″	86
						3	16—25	灰黄色		块状	8.4	12.7	1.02	0.42	18.5	45	6.0	120	28.8			
							25—90	灰黄色	紧砂土		8.2	13.3	1.09	0.44	18.5	48	7.0	125	16.7			
						4	90—															
剖27	半淋溶土	褐土	石灰性褐土	粗骨质山地石灰性褐土			Ao	0—2	棕褐色		粒状	8.2	62.4	2.90	0.45	18.4	47	9.0	157	27.0	砂土、角砾岩、大石块	E 105°55′40.1″ N 34°10′55.2″	80
						2	2—20	褐灰色		块状	8.3	47.1	2.73	0.43	18.2	53	4.0	110	27.7			
						3	20—50	暗褐色	黏壤土		8.4	18.9	2.28	0.32	18.2	42	4.0	166	23.8			
						C	50—				8.4	15.9	1.63	0.40	17.9	29	3.0	166	24.8			
剖28	半淋溶土	褐土	淋溶褐土	粗骨质山地淋溶褐土			Ao	0—10	黑色	轻壤土	粒状	7.9	45.7	2.36	0.38	22.2	45	12.0	210	13.7		E 105°48′29.3″ N 34°10′31.2″	80
						2	10—35	黑灰色		粒状、块状	8.0	28.9	2.14	0.37	19.0	64	8.0	210	13.4			
						3	35—77	灰褐色		块状	8.0	9.5	0.96	0.39	20.2	37	3.0	141	18.3			
剖29	半淋溶土	褐土	山地耕种褐土	黑黄土	黑黄土	1	0—14	灰黄色	中壤土	块状	8.0	21.1	1.12	0.41	19.4	57	4.0	115	16.0		E 105°37′09.1″ N 34°08′09.5″	71
						P	14—24	灰黄色	中壤土	核块状	8.1	21.1	1.02	0.54	18.5	43	4.0	135	17.0			
						3	24—56	灰黄色	重壤土		8.2	6.5	0.73	0.62	20.3	34	2.0	187	15.0			
						4	56—114				8.2	6.5	0.73	0.62	20.3	34	2.0	187	15.0			
剖30	初育土	新积土	洪淀土	洪红淀土	洪红淀砂土	1	0—16	黄红色	中壤土	块状	8.3	6.1	0.78	0.41	19.1	44	4.0	263	6.1	次生黄土	E 105°35′38.8″ N 34°07′56.1″	72
						P	16—26	褐红色	重壤土	块状	8.4	6.4	0.56	0.59	19.5	30	4.0	281	17.0			
						3	26—69	褐红色	重壤土	大块状	8.4	23.4	0.52	0.46	19.6	25	7.0	209	16.0			
						4	69—											239	39.0			

麦 积 区

主要土类说明

褐土是麦积区主要土壤类型，占本区地域面积的60%。褐土是在半湿润区发育形成的具有黏化与钙质淋移淀积特征的土壤，具 A–B–Bk–C 剖面构型。该土壤盐基饱和，处于硅铝风化阶段，有明显黏淀层与假菌丝状钙积层。土壤盐基饱和度在80%以上，有时过饱和。

黑垆土是麦积区第二大土壤类型，占本区地域面积的12%。黑垆土形成于暖温带大陆性气候带内，由黄土母质发育而成，分布在渭河及其支河流域，东部海拔为1350—1500m，西南部海拔为1680—1800m。该土壤有机质含量低，但腐殖质层深厚。土体原位黏化，但无明显黏化层，具假菌丝状石灰累积；无盐化，多旱耕。

黄绵土是麦积区第三大土壤类型，占本区地域面积的8%。黄绵土是由黄土母质直接翻耕形成的初育土。由于土壤侵蚀严重，表层长期遭侵蚀，只能不断加深耕作黄土母质层，因而母质特性明显。土壤无明显发育，为 A–C 型土。由于风成黄土富含细粉粒，故质地、结构均一，疏松绵软，富含石灰，磷、钾储量较丰富，但有效性差，土壤有机质缺乏。

棕壤占本区地域面积的7%。棕壤形成于落叶阔叶林下，但大部分已被垦殖，以旱作为主。该土壤处于硅铝风化阶段，具有黏化特征，呈棕色。土体见黏粒淀积，盐基充分淋失，pH 一般为 6.0—7.0，见少量游离铁。

新积土占本区地域面积的7%。新积土是由新近冲积、洪积、坡积、塌积或人工堆垫形成的土壤。该土壤成土期短，母质特性明显，具 A–C 或（A）–C 剖面构型。

红黏土占本区地域面积的5%。深厚黄土层下，常见第三纪红色黏土（保德期红黏土）埋藏。厚层黄土层侵蚀殆尽处，红色黏土层露出，形成的母质性状明显的初育土，即红黏土。其黏粒含量高，塑性强，生物作用微弱，母质特性明显，有时夹有砂姜。

小于本区地域面积3%的土壤类型有潮土。

本区域中心区气候特征

本区域中心区气候特征值
Regional climate characteristics in central area of the region

气候带：暖温带亚湿润气候 Climate region: Warm temperate subhumid climate	
年平均气温 /℃ Annual average temperature /℃	11.6
年平均最高气温 /℃ Annual average maximum temperature /℃	17.3
年平均最低气温 /℃ Annual average minimum temperature /℃	7.1
年降水量 /mm Annual precipitation /mm	528
≥10℃的积温 /℃ Daily temperature accumulated in a year（≥10℃）/℃	4759
年日照时数 /h Annual sunshine /h	1903
年平均相对湿度 /% Annual average relative humidity /%	68
干燥度 Dryness	1.34

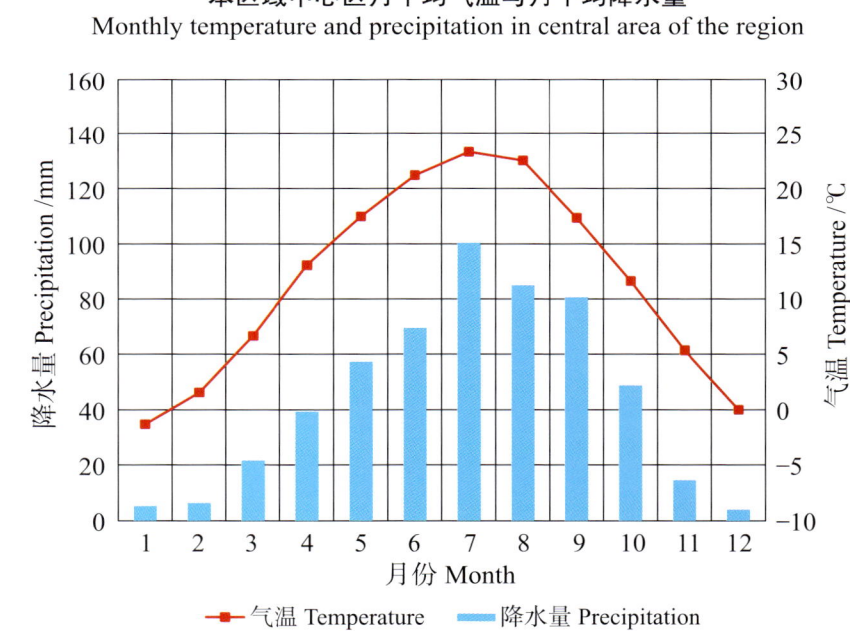

本区域中心区月平均气温与月平均降水量
Monthly temperature and precipitation in central area of the region

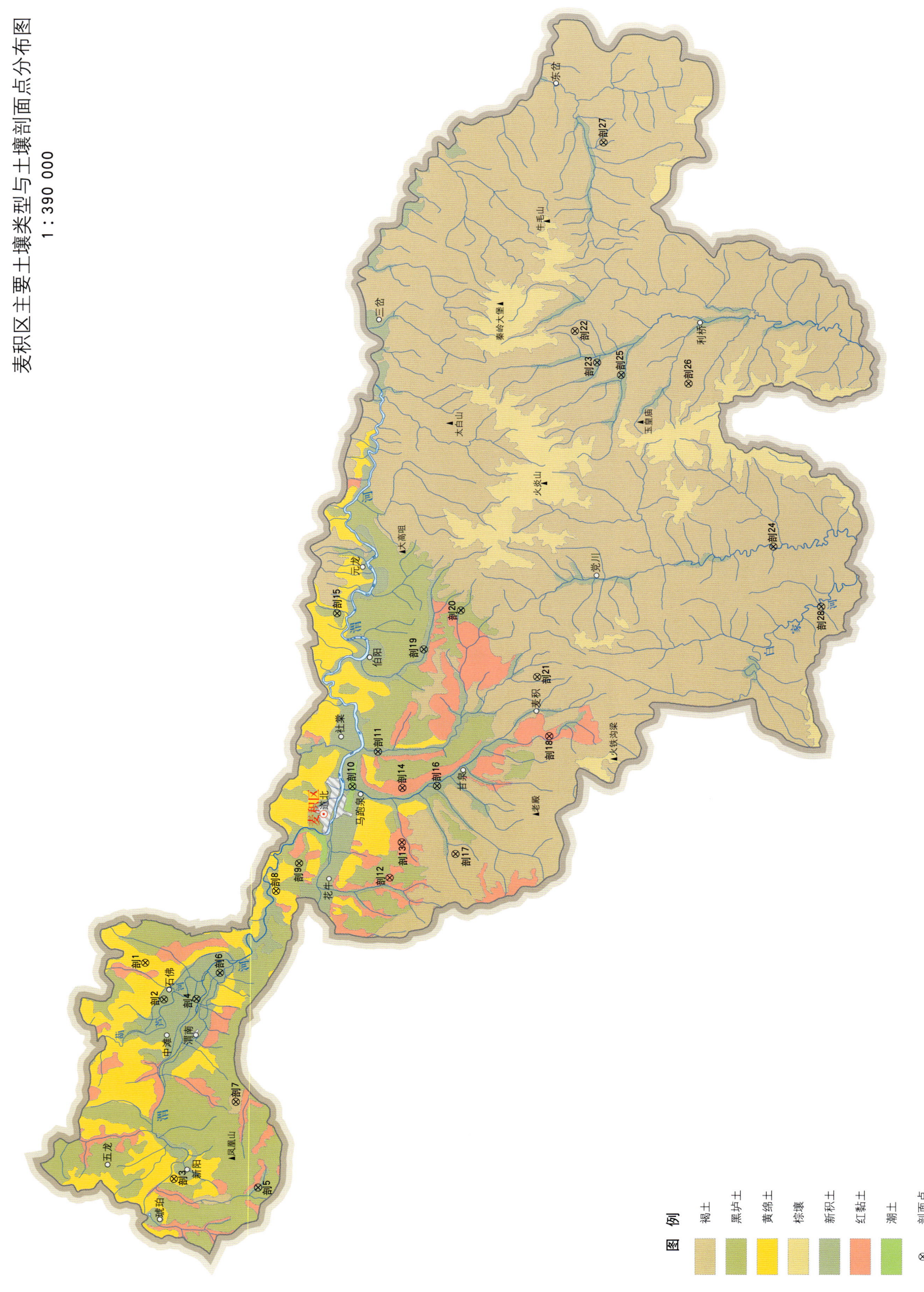

麦积区主要土壤类型与土壤剖面点分布图
1:390 000

麦积区土壤剖面理化性状表

剖面号 Soil profile	土纲 Soil order	土类 Soil great group	亚类 Soil subgroup	土属 Soil genus	土种 Soil species	土层码 Layer code	土层厚度 Depth/cm	颜色 Soil color	质地 Soil texture	土壤结构 Soil structure	pH	有机质 OM/(g/kg)	全氮 TN/(g/kg)	全磷 TP/(g/kg)	全钾 TK/(g/kg)	碱解氮 AN/(mg/kg)	有效磷 AP/(mg/kg)	速效钾 AK/(mg/kg)	阳离子交换量 CEC/(cmol/kg)	土壤母质 Parent material	剖面点坐标 Profile coordinate	匹配指数 Matching index/%
剖1	初育土	黄绵土	黄绵土	黄绵土	黄绵土	1	0—21	浅灰棕色	中壤土	粉粒状	8.1	10.3	0.97	0.71	23.5	81	9.0	292		黄土	E 105°43′52.4″ N 34°43′21.7″	86
						2	21—30	浅灰棕色	中壤土	块状	8.2	8.2	0.68	0.66	20.9	112	2.0	243				
						3	30—67	浅灰棕色	中壤土	块状	8.2	7.2	0.59	0.72	24.5	18	3.0	192				
						4	67—127	浅灰棕色	中壤土	块状	8.7	7.4	0.69	0.66	25.2	20	7.0	184				
剖2	初育土	新积土	洪淀土	洪红淀土	洪红淀土	1	0—18	黄棕红色	中壤土	块状	8.3	6.2	0.47	0.33	24.4	17	6.0	415	12.0	次生黄土	E 105°41′31.7″ N 34°42′25.7″	82
						2	18—50	棕红色	轻壤土	块状	8.5	4.5	0.56	0.84	19.9	12	9.0	200	11.0			
						3	50—90	红棕色	轻壤土	块状	8.6	3.7	0.33	0.34	21.8	15	6.0	245	14.0			
剖3	初育土	黄绵土	黄绵土	黄绵土	黑黄绵土	1	0—17	浅灰棕色	中壤土	粒状、块状	8.1	16.4	1.02	0.47	24.5	30	4.0	227	8.4	黄土	E 105°30′10.4″ N 34°41′58.1″	74
						2	17—25	灰棕色	中壤土	块状	8.7	9.4	0.53	0.38	26.2	20	3.0	107	7.0			
						3	25—95	灰棕色	中壤土		8.0	7.6	0.50	0.60	27.1	15	2.0	85	6.0			
剖4	初育土	新积土	河淀土	河黄淀土	河黄淀砂土	1	0—15				8.8	4.4	0.23	0.53	16.1	40	1.0	323	7.5	次生黄土	E 105°41′32.6″ N 34°40′46.6″	88
						2	15—30				8.7	4.7	0.39	0.53	13.4	4	1.0	222	6.0			
						3	30—				8.4	4.4	0.57	0.45	13.0	6	1.0	297	7.6			
剖5	初育土	新积土	垫土	垫土	垫土	A	0—18	灰褐色	中壤土	块状	8.3	6.8	0.51	0.67	22.1	21	2.0	418	12.0	黄土	E 105°29′36.2″ N 34°37′41.2″	100
						P	18—20	棕灰色	中壤土	块状	8.3	7.2	0.56	0.67	23.5	22	1.0	200	7.6			
						B	20—30	灰棕色	中壤土	块状	8.3	7.2	0.56	0.67	23.5	22	1.0	200	7.6			
						C	30—100	灰棕色	中壤土		8.4	4.5	0.45	0.55	25.1	23	7.0	250	6.5			
剖6	初育土	新积土	河淀土	河黄淀土	河黄淀土	1	0—20	灰棕色	中壤土	块状	8.7	8.3	0.88	0.53	23.9	30	4.0	367	7.0	次生黄土	E 105°43′11.6″ N 34°39′34.6″	94
						P	20—34	灰棕色	中壤土	块状	8.8	9.7	0.51	0.47	26.2	31	2.0	160	5.0			
						3	34—128	棕黄色	中壤土	块状	8.9	8.4	0.42	1.20	23.7	31	3.0	173	7.5			
						4	128—					6.4	0.37	0.66	23.8	37	4.0		7.8			
剖7	半淋溶土	褐土	山地耕种褐土	偭黄土	黄胶土	1	0—17	灰褐色	中壤土	块状	7.9	10.7		0.59	19.5	46	3.0	195	13.0	次生黄土	E 105°35′00.2″ N 34°38′48.1″	76
						P	17—25	黄褐色	轻壤土	块状	8.0	6.3	0.70	0.64	19.2	41	3.0	178	13.0			
						3	25—75	灰褐色	重壤土	核块状	8.3	2.5	0.73	0.52	20.6	20	3.0	139	13.0			
						4	75—															
剖8	初育土	黄绵土	黄绵土	黄绵土	傻黄绵土	1	0—20	灰棕色	中壤土	粉粒状	8.4	6.8	0.51	0.54	22.3	23	3.0	145	5.2	黄土	E 105°48′23.0″ N 34°36′41.0″	76
						2	20—30	灰棕色	中壤土	块状	8.5	6.7	0.57	0.51	21.8	14	2.0	134	8.7			
						3	30—100	灰棕色	中壤土	块状	8.5	4.4	0.34	0.47	22.3	17	1.0	140	11.5			
剖9	初育土	黑垆土	黑垆土	黑垆土	黑垆羹土	1	0—15	浅黑灰色	中壤土	粒状、块状	8.7	11.5	0.63	0.70	21.2	60	6.0	118	9.0	黄土	E 105°50′11.3″ N 34°35′30.0″	95
						P	15—24	黑黑色	中壤土	块状	8.8	8.8	0.69	0.68	21.2	52	3.0	143	11.0			
						3	24—45	灰黑色	中壤土	核块状	8.8	8.8	0.79	0.97	24.2	40	2.0	135	12.0			
						4	45—100	浅灰褐色	中壤土	块状	8.7	4.7	0.46	0.65	20.4	34	1.0	136	11.0			
剖10	半水成土	潮土	盐化潮土	盐化潮土	白碱潮土	1	0—18	灰褐色	中壤土	块状	9.0	13.5	0.66	0.48	15.6	9	10.0	137	7.5	河流冲积物	E 105°55′04.4″ N 34°32′44.9″	99
						P	18—27	青棕色	中壤土	块状	9.2	16.1	0.75	0.49	18.9	14	9.0	145	7.0			
						3	27—70	灰棕色	轻壤土	核状	9.0	8.6	0.45	0.41	16.1	14	4.0	135	7.0			
剖11	初育土	新积土	洪淀土	洪青淀土	洪青杂淀土	1	0—20	灰棕色	轻黏土	块状	9.0	15.1	0.72	0.54	19.0	12	3.0	367	9.6	次生黄土	E 105°57′15.9″ N 34°31′26.3″	83
						2	20—46	棕灰色	轻壤土	块状	8.9	9.3	0.67	0.51	15.1	23	1.0	367	9.7			
						3	46—68	灰棕色	轻黏土	块状	8.8	12.3	0.48	0.61	13.7	23	1.0	332	9.1			
						4	68—		重壤土		8.8	11.5	0.43	0.50	16.9	23	6.0	340	10.0			
剖12	初育土	红黏土	青土	青杂土	青杂土	1	0—15		轻黏土	粒状	8.2	9.4	0.63	0.41	27.5	27	1.0	325	6.9	红黏土、泥岩疏松物	E 105°49′12.8″ N 34°30′54.1″	87
						2	15—43	棕灰色	轻黏土	块状	8.3	10.6	0.58	0.41	24.7	54	1.0	333	7.2			
						3	43—70	灰青色	轻黏土	大块状	8.3	12.6	0.68	0.47	26.5	46	7.0	324	6.4			

续表 Continued

剖面号 Soil profile	土纲 Soil order	土类 Soil great group	亚类 Soil subgroup	土属 Soil genus	土种 Soil species	土层码 Layer code	土层厚度 Depth/cm	颜色 Soil color	质地 Soil texture	土壤结构 Soil structure	pH	有机质 OM/(g/kg)	全氮 TN/(g/kg)	全磷 TP/(g/kg)	全钾 TK/(g/kg)	碱解氮 AN/(mg/kg)	有效磷 AP/(mg/kg)	速效钾 AK/(mg/kg)	阳离子交换量CEC/(cmol/kg)	土壤母质 Parent material	剖面点坐标 Profile coordinate	匹配指数 Matching index,%
剖13	初育土	红黏土	青土	青杂土	红青杂土	1	0–14	黄灰色	轻黏土	粒状、块状	8.4	14.3	0.97	0.42	25.7	20	1.0	409	9.2	红黏土、泥岩疏松物	E 105°51′29.0″ N 34°30′16.1″	81
						2	14–30				8.4	9.2	0.57	0.50	29.5	14	1.0	415	9.1			
						3	30–46	灰棕色	轻黏土	大块状	8.5	8.7	0.52	0.64	26.9	32	8.0	375	15.0			
						4	46–		棕红色													
剖14	初育土	红黏土	青土	青杂土	黄青杂土	1	0–16	灰褐色	轻黏土	团块状	8.7	14.8	0.89	0.57	22.7	29	3.0	327	8.3	红黏土、泥岩疏松物	E 105°54′57.3″ N 34°30′13.0″	82
						2	16–37	灰褐色		块状	8.7	12.3	0.63	0.56	20.9	29	5.0	297	9.1			
						3	37–80	灰绿色	重黏土	大块状	8.7	10.9	0.64	0.28	19.2	35	3.0	329	7.4			
剖15	钙层土	黑垆土	黑垆土型侵蚀土	红土质黑垆土型侵蚀土		As	0–13		轻黏土		9.1	13.5	0.39	0.55	27.2	11	1.0	159		风化物	E 106°06′04.5″ N 34°33′26.8″	81
						2	13–27				8.2	12.1	0.45	0.46	26.0	17	3.0	138				
						C	27–100				8.3	3.8	0.29	0.51	26.2	9	1.0	157				
剖16	初育土	新积土	河淀土	河黄淀土	河黄淀砂土	1	0–15	棕褐色	中壤土		8.5	10.7	0.71	0.35	26.3	44	5.0	250	10.5	次生黄土	E 105°55′03.7″ N 34°28′26.6″	96
						P	15–26	灰棕色	中壤土	块状	8.6	10.3	0.63	0.35	26.2	36	4.0	295	8.1			
						3	26–70	棕灰色	重壤土		8.7	5.0	0.32	0.34	25.4	21	3.0	254	8.2			
						4	70–120		砂土	大块状	8.8	2.7	0.35	0.33	25.6	10	1.0	127	8.4			
剖17	半淋溶土	褐土	山地耕种褐土	黑黄土	黑黄砂土	1	0–15	灰褐色	黏质砂土		7.6	19.4	1.01	0.47	22.3	67	13.0	198	17.0		E 105°50′43.0″ N 34°27′32.4″	100
						P	15–24	灰褐色	砂土	核块状	7.8	16.0	1.01	0.48	23.5	115	15.0	162	16.0			
						3	24–90		砂壤偏砂土		7.8	5.4	0.34	0.51	25.9	115	5.0	125	5.9			
						4	90–															
剖18	初育土	红黏土	红土	红土	红砂土	1	0–10	灰褐色	重壤土	粒状、块状	8.5	10.5	0.55	0.45	16.4	29	1.0	223	18.0		E 105°58′08.2″ N 34°22′42.9″	100
						2	10–17	灰棕色	重壤土	核块状	8.5	14.4	0.70	0.40	21.0	12	1.0	233	17.0			
						3	17–23	棕灰色	重壤土	核块状	8.6	8.4	0.52	0.94	20.2	23	1.0	202	14.0			
						4	23–30	灰棕色			8.8	7.7	0.40	0.42	23.1	17	1.0	135	14.0			
剖19	初育土	新积土	河淀土	河黄淀土		1	0–18	灰褐色												次生黄土	E 106°03′43.4″ N 34°29′03.4″	97
						2	18–40	棕褐色														
						3	40–115															
剖20	初育土	黑垆土	黑垆土型侵蚀土	粗骨质黑垆土型侵蚀土		Ao	0–5		轻壤土	粒状、块状	7.7	52.0	1.06	0.65	18.9	11	12.0	164	15.5	坡积砂砾	E 106°06′10.8″ N 34°27′09.0″	80
						2	5–12	灰褐色	轻壤土	粒状、块状	7.5	23.6	1.26	1.04	19.2	81	6.0	183	12.1			
						3	12–17	黄褐色	砾质轻壤土	核块状	8.1	19.0	1.26	0.62	20.0	62	5.0	160	9.9			
						4	17–80	黄褐色	砂壤土	块状	8.4	17.6	1.16	0.67	15.5	59	5.0	146	11.1			
						C	80–				8.0	7.9	0.69	0.57	15.9	33	4.0	114	10.0			
剖21	半淋溶土	褐土	石灰性褐土	砂砾质山地石灰性褐土		Ao	0–5	黑棕褐色													E 106°01′53.8″ N 34°23′18.2″	71
						2	5–12	褐棕褐色	砂土	团块状	8.2	46.6	2.28	0.67	24.7	60	5.0	277	32.1			
						3	12–24	棕褐色	砂土	粒状	8.3	26.0	1.76	0.76	23.5	38	5.0	175	10.5			
						C	24–115	棕褐色	砂壤土	块状	8.4	4.4	0.48	0.62	20.8	22	3.0	150	23.8			
剖22	半淋溶土	褐土	淋溶褐土	砂砾质山地淋溶褐土		Ao	0–5	棕褐色				22.2	3.38	0.62	19.2	138	16.0	135			E 106°23′48.4″ N 34°21′10.0″	85
						2	5–15	棕褐色	轻壤土	粒状	7.9	22.0	1.22	0.83	21.0	91	7.0	112				
						3	15–26	浅棕灰色	砂壤土	块状	7.7	15.5	1.21	0.83	19.7	66	6.0	101				
						4	26–56	棕褐色	砂壤土	核块状	7.3	15.5	1.06	0.97	10.9	68	5.0	130				
						C	56–					17.4										
剖23	初育土	新积土	河淀土	河黑淀土	河黑淀砂砾土	1	0–13	浅棕灰色	砂壤土	粒状、块状	7.5	26.1	1.49	0.67	28.3	52	6.0	120	11.0	次生黄土	E 106°21′47.9″ N 34°20′03.8″	78
						P	13–20	暗棕灰色	轻壤土	块状	7.8	29.4	1.31	0.71	23.4	56	8.0	115	17.0			
						3	20–60	暗棕灰色	砂壤土	核块状	8.0	10.9	1.08	0.60	25.1	43	6.0	120	11.0			
						4	60–															
剖24	半淋溶土	褐土	石灰性褐土	红土质山地石灰性褐土		As	0–16	灰棕色	中壤土	团块状	8.2	27.5	1.02	0.53	27.0	82	5.0	177	12.4		E 106°09′59.9″ N 34°11′12.6″	72
						2	16–38	棕褐色	轻黏土	块状	8.5	10.7	1.02	0.50	23.9	11	4.0	158	12.4			
						3	38–132	棕红色	轻黏土	核块状	8.7	4.9	0.23	0.78	21.7	11	5.0	152	7.1			

续表 Continued

剖面号 Soil profile	土纲 Soil order	土类 Soil great group	亚类 Soil subgroup	土属 Soil genus	土种 Soil species	土层码 Layer code	土层厚度 Depth/cm	颜色 Soil color	质地 Soil texture	土壤结构 Soil structure	pH	有机质 OM/(g/kg)	全氮 TN/(g/kg)	全磷 TP/(g/kg)	全钾 TK/(g/kg)	碱解氮 AN/(mg/kg)	有效磷 AP/(mg/kg)	速效钾 AK/(mg/kg)	阳离子交换量CEC/(cmol/kg)	土壤母质 Parent material	剖面点坐标 Profile coordinate	匹配指数 Matching index/%
剖25	初育土	新积土	河淀土	河黑淀土	河黑淀砂土	1	0—18	暗棕灰色	砂壤土	粒状、块状	7.6	21.2	1.30	0.36	13.1	30	8.0	50		次生黄土	E 106°20′59.7″ N 34°18′50.8″	76
						P	18—30	暗棕灰色	砂壤土	块状	7.6	15.7	1.24	0.38	19.2	37	3.0	55				
						3	30—60	暗棕灰色	砂壤土	核块状	7.5	7.5	0.95	0.33	19.2	39	2.0	173				
						4	60—	灰褐色														
剖26	半淋溶土	褐土	淋溶褐土	砂土质山地淋溶褐土		As	0—15	棕褐色	轻壤土	粒状、块状	8.2	30.0	1.52	0.38	23.0	80	4.0	151			E 106°20′23.0″ N 34°15′25.2″	88
						2	15—45	棕褐色	砂壤土	粒状、块状	7.9	18.1	0.70	0.30	25.0	78	4.0	52				
						3	45—78	棕褐色														
剖27	半淋溶土	褐土	石灰性褐土	石质山地石灰性褐土		As	0—20	黄褐色	轻壤土	粒状、块状	8.0	33.6	1.22	0.48	15.1	80	6.0	135	17.6		E 106°35′41.6″ N 34°19′34.0″	77
						2	20—30		轻壤土	块状	6.6	146.5	3.75	0.74	16.8	200	18.0	459	42.7			
						R	30—				8.5	20.5	0.32	0.83	15.0	38	9.0	36	13.0			
剖28	半淋溶土	褐土	石灰性褐土	黄土质山地石灰性褐土		As	0—17	灰褐色			8.8	14.5	0.98	0.51	17.9	48	6.0	117	17.8	黄土	E 106°06′10.1″ N 34°08′48.5″	71
						2	17—36	灰褐色	重壤土	粒状、块状	8.6	14.0	0.87	0.49	18.2	26	5.0	71	17.1			
						3	36—110	灰黄色	重壤土	块状	8.5	7.1	10.46	0.33	17.9	50	6.0	58	10.2			
						C	110—															

清 水 县

主要土类说明

褐土是清水县主要土壤类型，占本县地域面积的 41%。褐土是在半湿润区发育形成的具有黏化与钙质淋移淀积特征的土壤，具 A-B-Bk-C 剖面构型。该土壤盐基饱和，处于硅铝风化阶段，有明显黏淀层与假菌丝状钙积层。土壤盐基饱和度在 80% 以上，有时过饱和。

黑垆土是清水县第二大土壤类型，占本县地域面积的 28%，主要分布在永清、红堡、贾川、丰望、金集、郭川、土门、远门、王河、松树、黄门、新城、白沙等地，海拔为 1300—1650m，地形多为黄土梁坡、梁顶和台地。黑垆土是由黄土发育而成的古老的耕种土壤，地处暖温带半湿润半干旱地区，该地区夏季温暖多雨，冬季寒冷少雪，干湿季节分明。植被以干草原类型为主，但多已被破坏，仅见于田埂和荒坡，土壤侵蚀严重。黑垆土具有深厚的腐殖质层，厚 50—80cm，但有机质含量仅为 10—15g/kg。石灰淀积较明显，多呈假菌丝状和斑纹状。本县黑垆土分为黑麻土、黑垆土性土、始成黑垆土等亚类。

红黏土是清水县第三大土壤类型，占本县地域面积的 12%。其主要特征是没有自然发生层次，或发生层次不明显。质地因母岩不同而异，熟化层呈浅红色，下层呈棕红色。全剖面呈强石灰反应，pH 为 8.0—8.5，有机质含量在 10g/kg 左右。根据母质和成土过程的差异，本县红黏土分为红土、青土、板土等亚类。

棕壤占本县地域面积的 10%。棕壤形成于落叶阔叶林下，但大部分已被垦殖，以旱作为主。该土壤处于硅铝风化阶段，具有黏化特征，呈棕色。土体见黏粒淀积，盐基充分淋失，pH 一般为 6.0—7.0，见少量游离铁。

黄绵土占本县地域面积的 5%。黄绵土是由黄土母质直接翻耕形成的初育土。由于土壤侵蚀严重，表层长期遭侵蚀，只能不断加深耕作黄土母质层，因而母质特性明显。土壤无明显发育，为 A-C 型土。由于风成黄土富含细粉粒，故质地、结构均一，疏松绵软，富含石灰，磷、钾储量较丰富，但有效性差，土壤有机质缺乏。

小于本县地域面积 3% 的土壤类型有新积土、潮土、草甸土和沼泽土。

本区域中心区气候特征

本区域中心区气候特征值
Regional climate characteristics in central area of the region

气候带：暖温带亚湿润气候 Climate region: Warm temperate subhumid climate	
年平均气温 /℃ Annual average temperature /℃	10.9
年平均最高气温 /℃ Annual average maximum temperature /℃	16.8
年平均最低气温 /℃ Annual average minimum temperature /℃	6.2
年降水量 /mm Annual precipitation /mm	505
≥ 10℃的积温 /℃ Daily temperature accumulated in a year（≥ 10℃）/℃	4501
年日照时数 /h Annual sunshine /h	1997
年平均相对湿度 /% Annual average relative humidity /%	67
干燥度 Dryness	1.31

本区域中心区月平均气温与月平均降水量
Monthly temperature and precipitation in central area of the region

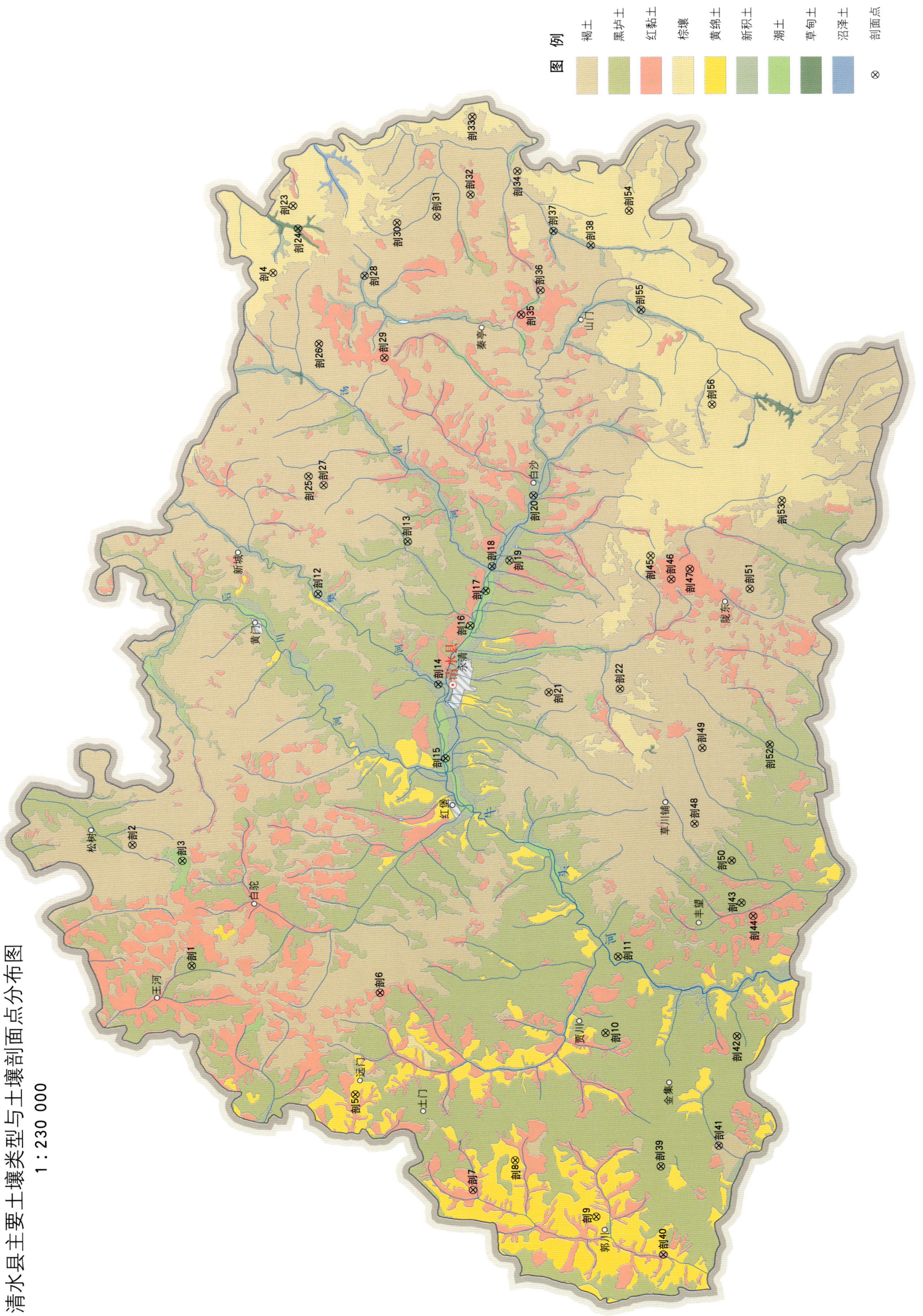

清水县土壤剖面理化性状表

剖面号 Soil profile	土纲 Soil order	土类 Soil great group	亚类 Soil subgroup	土属 Soil genus	土种 Soil species	土层码 Layer code	土层厚度 Depth/cm	颜色 Soil color	质地 Soil texture	土壤结构 Soil structure	pH	有机质 OM/(g/kg)	全氮 TN/(g/kg)	全磷 TP/(g/kg)	全钾 TK/(g/kg)	有效磷 AP/(mg/kg)	速效钾 AK/(mg/kg)	阳离子交换量CEC/(cmol/kg)	土壤母质 Parent material	剖面点坐标 Profile coordinate	匹配指数 Matching index/%
剖1	钙层土	黑垆土	黑垆土	黑鸡粪土	厚层黑鸡粪土	1	0—19		中壤土		8.3	18.3	1.00	0.68	14.0	3.0	182	14.0	黄土	E 105° 57′ 57.6″ N 34° 53′ 00.2″	74
						2	19—28		中壤土		8.1	15.3	0.96	0.69	14.0	1.0	130	14.0			
						3	28—90		中壤土		8.3	14.3	0.99	0.65	14.0	1.0	118	15.0			
						4	90—107		重壤土		8.2	20.5	1.02	0.63	11.9	1.0	68	15.0			
剖2	半淋溶土	褐土	石灰性褐土	黄鸡粪土	薄层黄鸡粪土	1	0—12	灰棕色	中壤土	块状	8.1	11.4	0.82	0.55	19.7	3.0	99	9.0	黄土	E 106° 02′ 26.5″ N 34° 54′ 40.3″	92
						2	12—17	暗灰棕色	重壤土	块状	8.2	10.6	0.78	0.56	16.8	2.0	97	8.6			
						3	17—79	棕黄色	重壤土	块状	8.1	6.0	0.51	0.52	17.3	1.0	92	8.0			
						4	79—122	灰黄色	轻黏土	块状	8.1	9.2	0.69	0.61	17.6	2.0	100	9.9			
						5	122—160	浅灰黄色	轻黏土	团块状	8.2	4.1	0.54	0.57	23.7	6.0	108	7.5			
剖3	半水成土	潮土	潮土	黑潮土	薄层黑潮土	1	0—17	灰黑色	重壤土	块状	8.1	8.9	0.65	0.69	20.6	3.0	105	8.9	河流冲积物	E 106° 01′ 49.4″ N 34° 53′ 13.4″	94
						2	17—25	浅黑色	重壤土	块状	8.1	8.8	0.64	0.73	19.8	3.0	100	8.6			
						3	25—60	暗灰棕色	重壤土		7.9	9.6	0.60	0.81	20.2	3.0	94	13.0			
						4	60—130	青黑色	重壤土	块状	7.7	4.3	0.49	0.68	20.7	3.0	1	10.0			
剖4	淋溶土	棕壤	棕壤	棕黄土	薄层棕黄土	1	0—9	暗灰色	中壤土	块状	7.2	9.9	0.82	0.50	16.8	5.0	158	14.0		E 106° 23′ 15.3″ N 34° 50′ 16.5″	71
						2	9—15	棕灰色	重壤土	块状	7.2	9.2	0.74	0.47	19.0	2.0	141	13.0			
						3	15—58	浅灰黄色	轻黏土	核块状	7.0	6.5	0.60	0.46	16.6	1.0	105	13.0			
						4	58—70	灰黄色	轻黏土	块状	7.2	7.2	0.60	0.41	16.9		104	14.0			
剖5	初育土	黄绵土	黄绵土	黄绵土	黑黄绵土	1	0—19	暗灰色	中壤土		8.3	12.2	0.85	0.69	21.7	3.0	199	7.4	马兰黄土	E 105° 53′ 13.7″ N 34° 48′ 17.8″	92
						2	19—23		中壤土	块状	8.4	11.1	0.82	0.82	20.5	2.0	171	6.4			
						3	23—80	灰灰色	中壤土		8.4	4.6	0.38	0.71	20.2	1.0	168	5.1			
						4	80—120		中壤土		8.3	4.3	0.38	0.64	19.2	1.0	134	4.7			
剖6	初育土	红黏土	红土	红土	薄层红砂土	1	0—23		砂壤土		8.3	7.6	0.96	0.66	18.2	6.0	358	10.0	红土	E 105° 56′ 54.1″ N 34° 47′ 31.5″	70
						2	23—28		砂壤土		8.3	4.6	0.47	0.67	17.2	1.0	239	11.0			
						3	28—101		砂壤土		8.4	3.9	0.42	0.59	16.6	2.0	225	13.0			
						4	101—131		砂壤土		8.4	5.7	0.54	0.61	17.1	2.0	254	14.0			
剖7	初育土	红黏土	板土	黄板土	薄层黄板土	1	0—14		轻黏土		8.0	12.0	0.83	0.79	21.0	4.0	196	6.4	红土	E 105° 49′ 43.0″ N 34° 44′ 54.6″	81
						2	14—22		中壤土		8.2	11.2	0.76	0.73	19.6	3.0	176	4.9			
						3	22—100		轻壤土		8.2	5.2	0.46	0.57	19.4	1.0	82	5.7			
剖8	初育土	黄绵土	黄绵土	黄绵土	黄绵土	1	0—13		中壤土		8.1	8.0	0.58	0.64	14.7	5.0	230	4.9	马兰黄土	E 105° 50′ 46.0″ N 34° 43′ 40.1″	74
						2	13—18		中壤土		8.2	7.2	0.59	0.65	15.8	3.0	181	4.6			
						3	18—117		中壤土		8.1	6.9	0.26	0.65	14.1	1.0	108	4.7			
						4	117—150		中壤土		8.1	4.6	0.46	0.59	16.4	2.0	132	4.6			
剖9	初育土	黄绵土	黄绵土	黄绵土	傻黄绵土	1	0—19		中壤土		8.5	6.9	0.51	0.54	19.6	6.0	150	4.7	马兰黄土	E 105° 48′ 42.1″ N 34° 41′ 19.7″	73
						2	19—24	浅灰黄色	中壤土	团块状	8.3	4.8	0.50	0.54	19.5	9.0	125	4.5			
						3	24—110		中壤土		8.4	4.1	0.45	0.58	13.8	4.0	91	4.2			
剖10	钙层土	黑垆土	黑垆土	白鸡粪土	薄层白鸡粪土	1	0—13	浅灰黄色	中壤土	团块状	8.3	10.7	0.73	0.45	20.5	2.0	110	6.5	黄土	E 105° 55′ 20.6″ N 34° 40′ 58.9″	92
						2	13—20	浅黄色	中壤土	块状	8.4	7.3	0.54	0.39	18.5	1.0	98	7.3			
						3	20—67	浅灰黄色	中壤土	块状	8.4	7.5	0.50	0.41	14.3	1.0	89	8.0			
						4	67—156	浅灰黄色	中壤土	碎块状	8.4	6.6	0.49	0.44	13.4	2.0	101	8.0			

续表 Continued

剖面号 Soil profile	土纲 Soil order	土类 Soil great group	亚类 Soil subgroup	土属 Soil genus	土种 Soil species	土层码 Layer code	土层厚度 Depth/cm	颜色 Soil color	质地 Soil texture	土壤结构 Soil structure	pH	有机质 OM/(g/kg)	全氮 TN/(g/kg)	全磷 TP/(g/kg)	全钾 TK/(g/kg)	有效磷 AP/(mg/kg)	速效钾 AK/(mg/kg)	阳离子交换量CEC/(cmol/kg)	土壤母质 Parent material	剖面点坐标 Profile coordinate	匹配指数 Matching index/%
剖11	钙层土	黑垆土	黑垆土性	黄土质黑垆土性土		1	0—5	暗灰棕色	中壤土		8.2	25.0	1.37	0.60	19.5	2.0	257	18.0		E 105° 58′ 04.7″ N 34° 40′ 34.8″	87
						2	5—24	暗棕灰色	中壤土	团块状	8.2	31.5	1.77	0.56	18.8	2.0	132	11.0			
						3	24—50	灰黄色	中壤土	块状	8.4	12.0	0.68	0.49	16.4	1.0	70	8.8			
						4	50—110	棕黄色	中壤土	块状	8.4	13.4	0.42	0.47	15.8		57	8.5			
						5	110—149	浅棕黄色	中壤土		8.3	4.4	0.36	0.42	15.6		90	15.0			
剖12	初育土	新积土	河淀土	河淀黄土	厚层河淀黄土	1	0—20		中壤土		8.3	23.0	1.58	0.88	21.3	9.0	160	17.0		E 106° 11′ 31.3″ N 34° 49′ 08.6″	80
						2	20—29		中壤土		8.1	21.0	1.44	0.81	19.3	3.0	105	13.0			
						3	29—75		中壤土		8.3	21.2	0.93	0.61	18.4	2.0	126	8.8			
						4	75—90		中壤土		8.3	14.8	0.85	0.91	19.0	2.0	85				
剖13	钙层土	新积土	黑垆土性	红土质黑垆土性土		1	0—7	暗棕色	中黏土	团块状	8.2	9.0	0.62	0.58	15.3	3.0	162	13.0		E 106° 13′ 22.5″ N 34° 46′ 30.1″	95
						2	7—100	黄红色	中黏土	块状	8.4	2.3	0.29	0.46	13.3	2.0	190	15.0			
剖14	初育土	新积土	河淀土	河淀黄土	薄层河淀黄土	1	0—14	灰黄色	中壤土	块状	8.1	9.4	0.73	0.62	19.6	3.0	150	7.9		E 106° 08′ 08.2″ N 34° 45′ 41.0″	72
						2	14—24	灰棕黄色	中壤土	块状	8.0	8.2	0.63	0.60	19.8	1.0	115	8.0			
						3	24—61	灰黄色	中壤土	块状	8.2	5.3	0.52	0.58	16.6	1.0	73	9.0			
						4	61—110	灰黄色	中壤土		8.2	4.6	0.38	0.63	19.8	2.0	81	5.3			
剖15	半水成土	潮土	淀潮土	河淀潮土	河淀潮砂土	1	0—13	灰黄色	砂壤土	块状	8.3	3.5	0.18	1.17	16.7	2.0	81	3.4	河流冲积物	E 106° 05′ 26.2″ N 34° 45′ 30.6″	80
						2	13—21	暗灰色	砂壤土	块状	8.2	10.1	0.67	0.77	21.6	6.0	208	4.6			
						3	21—32	灰黄色	砂壤土	块状	8.2	11.0	0.80	0.69	21.9	3.0	200	7.6			
						4	32—58		紧砂土												
剖16	半水成土	潮土	淀潮土	河淀潮土	薄层河淀潮砂土	1	0—20	灰棕色	中壤土	块状	8.3	13.6	1.02	0.77	19.1	9.0	345	10.0	河流冲积物	E 106° 10′ 16.3″ N 34° 44′ 43.8″	73
						2	20—23	灰色	中壤土	片状	8.1	6.3	0.47	0.60	18.4	2.0	220	6.9			
						3	23—82	浅棕黄色	中壤土	块状	8.1	3.3	0.28	0.60	16.8	3.0	95	6.5			
						4	82—113	灰蓝色	中壤土		8.2	8.7	0.61	0.51	20.0	6.0	155	12.0			
剖17	半水成土	潮土	淀潮土	河淀潮土	河淀潮黄砂土	1	0—27		轻壤土		8.1	9.9	0.71	0.70	21.2	3.0	187	11.0	河流冲积物	E 106° 11′ 32.3″ N 34° 44′ 15.4″	86
						2	27—34	暗棕色	砂壤土	团块状	8.1	10.0	0.69	0.70	18.8	1.0	156	11.0			
						3	34—79	暗棕色	砂壤土	团块状	8.1	3.0	0.70	0.10	22.2		65	5.7			
						4	79—120	灰棕色	砂壤土	团块状	8.1	4.7	0.66	0.30	19.3		115	9.5			
剖18	初育土	新积土	河淀土	河淀潮土	中层河淀黄土	1	0—12	浅黄色	中壤土	块状	8.2	12.7	0.92	0.70	21.0	6.0	270	12.0	河流冲积物	E 106° 12′ 25.2″ N 34° 44′ 03.8″	99
						2	12—36	暗棕色	中壤土	团块状	8.3	12.3	0.93	0.72	19.3	4.0	255	11.0			
						3	36—135	灰黄色	中壤土	团块状	8.4	8.5	0.61	0.60	19.4	2.0	155	11.0			
						4	135—167		重壤土	块状	8.4	9.3	0.70	0.61	18.6	2.0	149	11.0			
剖19	钙层土	黑垆土	黑垆土	黑鸡粪土	中层黑鸡粪土	1	0—27	暗灰色	重壤土	块状	8.0	14.3	0.96	0.91	19.7	6.0	237	12.0	黄土	E 106° 12′ 37.2″ N 34° 43′ 33.2″	85
						2	27—33	暗灰色	重壤土	块状	8.0	11.2	0.76	0.69	20.4	3.0	160	12.0			
						3	33—42		中壤土	块状	8.1	11.7	0.82	0.76	18.3	6.0	160	12.0			
						4	42—55		中壤土	块状	8.1	12.3	0.88	0.79	18.7	4.0	160	12.0			
						5	55—80	暗黄色	中壤土	块状	8.2	10.1	0.64	0.77	16.3	2.0	115	13.0			
						6	80—157	灰黄色	重壤土	块状	8.4	11.4	0.78	0.81	17.7	2.0	144	8.7			
						7	157—162	浅黄色	重壤土	块状	8.4	6.2	0.44	0.72	14.7	3.0	99	12.0			
剖20	初育土	新积土	河淀土	河淀黄土	薄层河淀黄砂土	1	0—21		中壤土	块状	8.0	10.7	0.72	0.64	19.7	7.0	277	12.0		E 106° 14′ 58.2″ N 34° 42′ 49.1″	91
						2	21—26		砂壤土	块状	8.4	10.9	0.77	0.62	18.8	5.0	250	13.0			
						3	26—80		砂壤土	块状	8.4	9.7	0.70	0.60	19.9	2.0	221	14.0			
						4	80—90		砂壤土		8.4	8.2	0.66	0.59	19.4	2.0	118	14.0			
剖21	半淋溶土	褐土	潮褐土	潮黄土	薄层潮黄土	1	0—17	暗灰色	重壤土	块状	8.0	12.4	0.89	0.68	25.8	4.0	135	9.6		E 106° 07′ 47.3″ N 34° 42′ 28.5″	74
						2	17—24	暗灰色	轻壤土	块状	8.0	11.9	0.82	0.70	25.2	3.0	113	9.9			
						3	24—70	灰棕色	中壤土	块状	8.0	6.0	0.53	0.64	23.6	4.0	113	12.0			
						4	70—120	灰棕色	中黏土	块状	8.0	4.4	0.47	0.64	23.1	7.0	106	11.0			

续表 Continued

剖面号 Soil profile	土纲 Soil order	土类 Soil great group	亚类 Soil subgroup	土属 Soil genus	土种 Soil species	土层码 Layer code	土层厚度 Depth/cm	颜色 Soil color	质地 Soil texture	土壤结构 Soil structure	pH	有机质 OM/(g/kg)	全氮 TN/(g/kg)	全磷 TP/(g/kg)	全钾 TK/(g/kg)	有效磷 AP/(mg/kg)	速效钾 AK/(mg/kg)	阳离子交换量CEC/(cmol/kg)	土壤母质 Parent material	剖面点坐标 Profile coordinate	匹配指数 Matching index/%
剖22	半淋溶土	褐土	淋溶褐土	黄土质淋溶褐土		1	0–5	暗棕色	重壤土	团块状	7.0	56.8	3.10	0.41	21.0	8.0	165	27.0		E 106°07′52.5″ N 34°40′24.2″	76
						2	5–15	灰褐色	中壤土	块状	7.1	27.2	1.52	0.34	21.1	2.0	110	17.0			
						3	15–50	浅棕色	重壤土	核块状	7.3	8.1	0.56	0.41	19.1	2.0	69	12.0			
						4	50–110		重壤土	块状	7.3	6.3	0.37	0.34	16.6	1.0	78	22.0			
						5	110–137				7.2	3.8	0.35	0.13	16.3		177				
剖23	淋溶土	棕壤	棕壤	棕黄壤	薄层棕黄砂土	1	0–20	棕黄色	砂壤土	块状	7.1	20.9	1.41	0.61	16.2	12.0	232	13.0		E 106°25′41.8″ N 34°49′39.5″	78
						2	20–25	暗棕黄色	砂壤土	块状	7.0	17.5	1.22	0.58	23.4	6.0	149	12.0			
						3	25–80		砂壤土	块状	7.0	13.6	0.94	0.48	20.0	3.0	80	13.0			
						4	80–100		重壤土		7.2	13.5	0.97	0.51	31.9	5.0	115	12.0			
剖24	半水成土	草甸土	暗色草甸土	冲积沼泽草甸土		1	0–14	褐灰褐色	中壤土	团块状		42.9	1.91	0.59	15.0	3.0		18.0		E 106°24′51.5″ N 34°49′31.6″	79
						2	14–23	深灰褐色	中壤土		8.2	42.9	2.06	0.81	20.9	2.0	81	18.0			
						3	23–58		重壤土	块状		30.7	1.63	0.69	20.9	2.0		16.0			
						4	58–70	青灰色	中壤土			26.1	1.37	0.68	21.1	13.0					
剖25	半淋溶土	褐土	淋溶褐土	黑黄土	中层黑黄土	1	0–10		中壤土	块状	8.2	18.1	1.13	0.69	18.9	5.0	217	17.0		E 106°15′48.3″ N 34°49′21.2″	70
						2	10–14	暗灰色	中壤土	块状	8.1	18.9	1.07	0.64	18.4	3.0	198	18.0			
						3	14–38		重壤土		7.9	16.3	0.84	0.65	19.5	1.0	131	19.0			
						4	38–60		重壤土		7.9	19.7	0.95	0.71	22.6	1.0	125	18.0			
剖26	半淋溶土	褐土	石灰性褐土	黄土质石灰性褐土		1	0–9	暗褐色	中壤土		8.2	14.5	1.28	0.80	17.0	2.0	155	14.0		E 106°20′38.8″ N 34°48′58.8″	93
						2	9–19	暗棕灰色	重壤土	团块状	8.4	15.4	1.12	0.81	16.7	1.0	125	12.0			
						3	19–28	灰棕色	重壤土	核块状	8.4	7.3	0.57	0.54	17.9		75	9.7			
						4	28–163	棕黄色	重壤土	块状	8.1	5.1	1.01	0.54	16.9	2.0	182	12.0			
剖27	半淋溶土	褐土	褐土	黄土	薄层黄砂土	1	0–13		砂壤土	块状	8.0	23.4	1.63	0.83	16.4	12.0	450	12.0		E 106°15′28.1″ N 34°48′55.2″	79
						2	13–19		中壤土	块状		21.2	1.48	0.87	18.6	7.0	436	11.0			
						3	19–99		中壤土	块状		20.9	1.27	1.13	17.0	3.0	145	16.0			
						4	99–150		中壤土	块状		7.5	0.60	0.87	16.6	9.0	111	10.0			
剖28	半淋溶土	新积土	洪淀土	洪砾黑黑土	薄层洪淀黑土	1	0–17	暗灰棕色	重壤土	块状	8.1	15.4	0.83	0.84	19.8	8.0	212	13.0		E 106°23′05.6″ N 34°47′36.6″	74
						2	17–22	灰黑色	中壤土	块状	8.2	13.7	0.72	0.88	21.3	4.0	164	13.0			
						3	22–60	褐黑色	中壤土	核块状	8.2	12.5	0.80	0.10	18.3	2.0	107	12.0			
						4	60–	棕黑色	重壤土	块状	8.0	4.6		1.39	18.8	3.0	92				
剖29	初育土	红黏土	红土	黄红土	薄层黄红土	1	0–14	黄红色	中壤土	核块状	8.2	7.9	0.64	0.57	16.7	1.0	151	12.0		E 106°20′06.0″ N 34°47′04.9″	73
						2	14–24	暗红色	中壤土	块状	8.3	9.1	0.68	0.59	15.8	2.0	170	11.0			
						3	24–60	浅红色	轻黏土	块状	8.3	5.9	0.48	0.56	13.5	1.0	145	12.0			
						4	60–	棕红色	轻黏土	碎屑状											
剖30	初育土	褐土	石灰性褐土	砂土质石灰性褐土		1	0–22	暗棕色	轻壤土	团粒状	8.1	39.2	3.50	0.69	19.8	2.0	120	21.0		E 106°25′00.4″ N 34°46′38.4″	100
						2	22–37	暗棕色	砂壤土	团块状	8.5	22.4	1.39	0.54	16.8	1.0	70	16.0			
						3	37–		砾质土	碎屑状											
剖31	半淋溶土	褐土	石灰性褐土	红土质石灰性褐土	薄层黄红土	1	0–5	暗棕色	砂壤土	粒状		28.7	1.24						红土	E 106°25′12.0″ N 34°45′28.8″	81
						2	5–10	浅灰色	轻壤土	团粒状	8.1	26.8	1.37	0.61	18.0	2.0	120	19.0			
						3	10–26		轻壤土	团块状	8.2	17.8	1.60	0.51	22.2	2.0	251	18.0			
						4	26–		轻壤土				1.14								
剖32	半淋溶土	褐土				1	0–7	暗灰色	轻壤土	团块状		1.3	0.34					20.0		E 106°25′59.2″ N 34°44′29.4″	78
						2	7–15	暗棕色	轻壤土	团块状											
						3	15–100	黄红色	轻壤土					0.70	32.6	1.0	300				
						4	100–	棕红色	重黏土		8.1										

续表 Continued

剖面号 Soil profile	土纲 Soil order	土类 Soil great group	亚类 Soil subgroup	土属 Soil genus	土种 Soil species	土层码 Layer code	土层厚度 Depth/cm	颜色 Soil color	质地 Soil texture	土壤结构 Soil structure	pH	有机质 OM/(g/kg)	全氮 TN/(g/kg)	全磷 TP/(g/kg)	全钾 TK/(g/kg)	有效磷 AP/(mg/kg)	速效钾 AK/(mg/kg)	阳离子交换量CEC/(cmol/kg)	土壤母质 Parent material	剖面点坐标 Profile coordinate	匹配指数 Matching index/%
剖33	半淋溶土	褐土	淋溶褐土	砂砾质淋溶褐土		1	0—10	暗灰色	中壤土	粒状	7.6	64.7	2.96	0.52	20.6	5.0	361	25.0		E 106°28′49.4″ N 34°44′23.6″	74
						2	10—25	浅灰褐色	中壤土	团块状	7.4	40.9	2.01	0.38	19.1		169	23.0			
						3	25—78		紧砂土	块状	7.4	16.7	1.10	0.52	18.9		110	10.0			
						4	78—94		紧砂土		7.5	9.1	0.58	0.49	16.5	1.0	51	9.5			
剖34	半淋溶土	褐土	褐土	红土质褐土		1	0—5	黑褐色	中壤土		7.6	67.0	3.82	0.86	20.2	5.0	303			E 106°26′48.6″ N 34°43′06.9″	89
						2	5—30	黑褐色	中壤土	团块状	7.5	66.7	3.27	0.76	21.4	4.0	372	29.0			
						3	30—	棕红色		块状											
剖35	初育土	红黏土	板土	黑板土	薄层黑板土	1	0—17	浅黑灰色	中壤土	块状	8.1	19.1	1.20	0.70	19.8	5.0	238	13.0	红土	E 106°21′35.1″ N 34°43′04.6″	98
						2	17—23	暗灰色	重壤土	片状	8.1	14.9	0.70	0.67	19.9	1.0	151	12.0			
						3	23—140		重壤土	片状	8.2	15.2	0.88	0.83	20.2	5.0	125	14.0			
						4	140—170	黑褐色	重壤土	片状	8.0	24.6	1.25	0.25	18.1	7.0	155	13.0			
剖36	半淋溶土	褐土	淋溶褐土	红土质淋溶褐土		1	0—9		砂壤土		7.3	24.3	1.34	0.68	22.2	7.0	205	18.0		E 106°22′27.1″ N 34°42′30.2″	79
						2	9—20	灰黄色	重壤土		7.2	6.4	0.48	0.66	21.6	2.0	112	15.0			
						3	20—40		重壤土		7.4	4.6	0.38	0.70	21.8	3.0	119	15.0			
						4	40—150		重壤土		7.9	1.8	0.19	2.06	28.0	3.0	105	18.0			
剖37	初育土	新积土	洪淀土	洪淀黄土	薄层洪淀黄土	1	0—25	灰黑色	中壤土	团块状	8.3	12.4	1.19	0.88	18.5	12.0	115	19.0		E 106°24′36.1″ N 34°42′05.7″	75
						2	25—29	暗灰色	中壤土	块状	8.4	9.4	0.89	0.78	19.2	3.0	141	13.0			
						3	29—85		中壤土	块状	8.4	5.6	0.56	0.91	15.8	2.0	99	10.0			
						4	85—130	灰黄色	中壤土	块状	8.3	5.6	0.56	0.65	12.7	2.0	109	6.8			
剖38	初育土	新积土	洪淀土	洪淀黄土	洪淀黄砂土	1	0—16		砂壤土	片状	8.1	12.5	0.77	0.86	21.0	14.0	180	12.0		E 106°24′03.2″ N 34°41′00.6″	74
						2	16—24		砂壤土	片状	8.1	10.3	0.70	0.84	21.5	5.0	145	12.0			
						3	24—49		砂壤土		8.1	8.0	0.51	0.64	20.8	1.0	125	13.0			
剖39	钙层土	黑垆土	黑麻土	麻鸡粪土	薄层麻鸡粪土	1	0—12	暗灰色	中壤土	团块状	8.0	15.3	1.13	0.81	21.7	6.0	185	10.0	黄土	E 105°50′28.7″ N 34°39′25.9″	79
						2	12—70	暗灰黄色	重壤土	块状	8.2	13.5	0.91	0.80	29.0	3.0	170	11.0			
						3	70—100	棕黄色	中壤土	块状	8.2	11.4	0.85	0.78	23.8	4.0	165	9.7			
剖40	初育土	红黏土	板土	红板土	薄层红板土	1	0—15	棕红色	轻黏土	片状	8.4	5.1	0.36	0.44	15.5	1.0	225	14.0	红土	E 105°47′17.9″ N 34°39′23.8″	87
						2	15—21	棕红色	重壤土	片状	8.4	5.4	0.40	0.50	16.6	2.0	217	14.0			
						3	21—103	棕红色	重壤土	片状	8.4	2.2	0.24	0.42	15.5	1.0	180	14.0			
						4	103—134	暗红色	重壤土	块层状	8.4	1.5	0.20	0.36	16.7	1.0	177	12.0			
剖41	半淋溶土	褐土	淋溶褐土	黑黄土	薄层黑黄土	1	0—12	灰褐色	中壤土	团块状	7.3	22.2	1.16	0.74	24.6	2.0	118	17.0		E 105°51′11.9″ N 34°37′44.0″	77
						2	12—20	暗棕色	重壤土	片状	7.2	20.5	1.15	0.70	23.9	3.0	120	17.0			
						3	20—81	黑褐色	中壤土	块状	7.1	26.5	1.21	0.71	23.9	2.0	100	22.0			
						4	81—114	灰黄色	重壤土	块状	7.5	12.7	0.74	0.73	22.2	1.0	102	17.0			
剖42	钙层土	黑垆土	黑麻土	红鸡粪土	薄层红鸡粪土	1	0—14	红灰色	中壤土	团块状	8.2	9.1	0.76	0.54	19.2	11.0	166	5.8	黄土	E 105°55′09.5″ N 34°37′09.5″	78
						2	14—21	棕灰色	中壤土	板块状	8.0	7.2	0.77	0.47	19.3	13.0	150	7.9			
						3	21—81	棕灰色	中壤土	棱块状	8.0	6.9	0.69	0.49	24.0	14.0	147	8.1			
						4	81—141	黄灰色	中壤土	块状	8.0	5.9	0.68	0.45	21.3	16.0	155	13.0			
剖43	钙层土	黑垆土	黑麻土	黑鸡粪土	薄层黑鸡粪土	1	0—13	暗灰色	中壤土	片状	7.8	17.1	1.02	0.74	16.6	12.0	291	11.0	黄土	E 105°59′58.9″ N 34°36′58.1″	92
						2	13—19	暗灰黑色	中壤土	块状	8.1	16.4	1.14	0.63	17.2	3.0	195	12.0			
						3	19—40	浅灰黑色	中壤土	块状	8.0	16.7	0.92	0.39	17.1	2.0	125	17.0			
						4	40—90	暗灰色	中壤土	块状	8.0	17.7	1.02	0.45	18.0	1.0	113	16.0			
剖44	初育土	红黏土	青土	红青杂土	薄层红青杂土	1	0—13	青灰色	中壤土	块状	8.4	6.4	0.56	0.70	24.7	2.0	260	14.0	红土	E 105°59′29.6″ N 34°36′37.8″	80
						2	13—18		重壤土	块状	8.3	7.7	0.56	0.75	23.2	3.0	277	10.0			
						3	18—56	灰青色	重壤土	块状	8.3	6.1	0.54	0.75	22.4	7.0	273	10.0			

续表 Continued

剖面号 Soil profile	土纲 Soil order	土类 Soil great group	亚类 Soil subgroup	土属 Soil genus	土种 Soil species	土层码 Layer code	土层厚度 Depth/cm	颜色 Soil color	质地 Soil texture	土壤结构 Soil structure	pH	有机质 OM/(g/kg)	全氮 TN/(g/kg)	全磷 TP/(g/kg)	全钾 TK/(g/kg)	有效磷 AP/(mg/kg)	速效钾 AK/(mg/kg)	阳离子交换量CEC/(cmol/kg)	土壤母质 Parent material	剖面点坐标 Profile coordinate	匹配指数 Matching index/%
剖45	淋溶土	棕壤	棕壤	棕黄土	薄层棕黄砂砾土	1	0–14	棕灰色	砂壤土		7.1	9.7	0.65	0.60	24.4	6.0	129	9.9		E 106°12′42.9″ N 34°39′26.7″	100
						2	14–27	棕褐色	砂壤土	块状	7.1	7.6	0.56	0.61	24.1	3.0	90	10.0			
						3	27–62		紧砂土		7.0	10.1	0.71	0.55	22.5	4.0	90	8.4			
						4	62–95		紧砂土		6.8	5.0	0.46	0.61	23.6	6.0	90	9.4			
剖46	初育土	红黏土	红土	红土	薄层红土	1	0–11	浅棕红色	重黏土	团块状	8.2	13.5	0.92	0.57	24.9	4.0	168	15.0	红土	E 106°11′50.6″ N 34°38′51.1″	81
						2	11–16	棕红色	重黏土	块状	8.1	12.9	0.88	0.54	24.3	2.0	155	15.0			
						3	16–122	棕红色	轻黏土	块状	8.3	7.5	0.59	0.54	21.5	2.0	124	15.0			
						4	122–134	棕红色	轻黏土	块状	6.4	3.6	0.37	0.50	17.9		155	14.0			
剖47	初育土	红黏土	红土	黄红土	中层黄红土	1	0–37		轻黏土		8.1	10.1	0.80	0.76	23.2	4.0	240	15.0	红土	E 106°12′12.5″ N 34°38′18.3″	76
						2	37–70		轻黏土		8.2	2.9	0.43	0.91	26.4	6.0	242	9.4			
剖48	半淋溶土	褐土	褐土	黄土	中层黄土	1	0–15		中壤土		8.5	8.9	0.68	0.73	19.0	6.0	147	11.9		E 106°02′55.3″ N 34°38′17.7″	79
						2	15–32		中壤土		8.2	9.3	0.74	0.69	17.5	4.0	102	10.1			
						3	32–45		重黏土		8.0	8.5	0.60	0.71	17.9	3.0	75	10.0			
						4	45–100		重黏土		8.3	4.6	0.48	0.65	15.8	2.0	132	10.0			
剖49	半淋溶土	褐土	褐土	黄土	薄层黄土	1	0–15	暗灰色	轻壤土	块状	7.9	10.0	0.86	0.55	18.1	2.0	155	14.0		E 106°05′40.5″ N 34°38′02.1″	98
						2	15–24	暗棕黄色	轻黏土	块状	7.9	13.8	1.01	0.54	16.9	3.0	106	15.0			
						3	24–102	棕黄色	轻黏土	块状	8.0	8.9	0.56	0.76	19.1	1.0	85	15.0			
						4	102–135	灰黄色	中壤土		8.1	7.6	0.61	0.71	15.2	1.0	184	10.0			
剖50	钙层土	黑垆土	黑麻土	麻鸡粪土	中层麻鸡粪土	1	0–23		中壤土		8.2	10.1	0.72	0.70	19.9	7.0	126	11.0	黄土	E 106°01′32.5″ N 34°37′14.2″	95
						2	23–38		中壤土		8.2	6.1	0.54	0.74	23.2	4.0	96	8.5			
						3	38–67		中壤土	块状	8.3	5.7	0.50	0.67	19.6	2.0	101	11.0			
						4	67–89		中壤土	块状	8.1	7.9	0.61	0.66	18.5	3.0	78	8.1			
						5	89–140		重黏土	块状	8.2	6.1	0.44	0.68	18.2	3.0	178	11.0			
剖51	半淋溶土	褐土	石灰性褐土	黄鸡粪土	中层黄鸡粪土	1	0–17		重黏土		8.2	12.3	0.92	0.71	20.6	5.0	181	11.0		E 106°11′27.4″ N 34°36′34.3″	80
						2	17–35		中壤土	团粒状	8.2	12.3	0.92	0.68	20.3	4.0	112	9.8			
						3	35–71		中壤土	团粒状	8.3	10.5	0.78	0.61	17.2	1.0	112	9.5			
						4	71–125		中壤土		8.3	9.3	0.68	0.60	17.3	1.0	104	10.0			
剖52	钙层土	黑垆土	粗骨质原始黑垆土			1	0–11	暗灰色	中壤土		8.2	27.9	1.74	0.65	22.3	3.0	241	11.0		E 106°05′45.9″ N 34°36′04.0″	80
						2	11–23	灰棕褐色	轻壤土	团粒状	8.3	23.8	1.44	0.44	21.6	3.0	112	22.0			
						3	5–24	黑褐色	中壤土	块状	7.3	104.6	3.54	0.26	17.2	13.0	247	23.0			
剖53	淋溶土	棕壤	棕壤	红土质棕壤		1	0–11	灰褐色	中壤土	团粒状	6.5	16.9	0.81	0.31	16.9		84	22.0		E 106°14′38.8″ N 34°35′35.5″	77
						2	5–24	浅棕色	重黏土	块状	6.9	9.3	0.56	0.31	17.5	1.0	78	23.0			
						3	24–44	棕红色	重黏土	块状	6.9	7.7	0.54	0.35	19.2	1.0	155	24.0			
剖54	淋溶土	棕壤	棕壤	黄土质棕壤		1	0–14	浅棕黑色	中壤土	块状	7.1	98.1	4.46	0.93	23.6	15.0	289	11.0	黄土	E 106°25′17.8″ N 34°39′52.9″	96
						2	14–28	浅褐黑色	重黏土	块状	7.0	59.5	3.33	0.83	22.8	5.0	281	11.0			
						3	28–70		重黏土	块状	7.0	12.7	0.92	0.83	23.9	4.0	101	9.2			
剖55	新积土	河淀土	河淀土	河淀砂土	薄层河淀砂土	1	0–19	灰黄色	砂壤土	块状	8.2	10.5	0.90	0.74	19.5	5.0	100	7.1		E 106°21′41.0″ N 34°39′35.3″	93
						2	19–25	灰黄色	砂壤土	块状	8.1	9.8	0.79	0.66	20.3	6.0	94	8.6			
						3	25–116	灰棕色	紧砂土		8.2	9.3	0.90	0.78	19.8	7.0	100	9.8			
						4	116–142		紧砂土		8.4	9.3	0.82	0.64	20.5	4.0	82				
剖56	淋溶土	棕壤	棕壤	砂土质棕壤		1	0–30	黑褐色	轻壤土	团块状	7.0	98.1		1.05	8.4	17.0				E 106°18′11.5″ N 34°37′34.7″	83
						2	30–60	灰棕色	砂壤土	团块状	6.8	51.5	2.01	0.65	18.6	6.0	260				
						3	60–90	灰棕色	砂壤土	块状	6.8	11.4	0.48	1.04	15.9	2.0	90				

秦 安 县

主要土类说明

黄绵土是秦安县主要土壤类型，占本县地域面积的37%。黄绵土是由黄土母质直接翻耕形成的初育土，主要分布在黄土梁峁山区的下半部。植被属干草原类型。黄绵土熟化程度低，熟化层薄，属于侵蚀性幼年土，无明显的剖面发育，耕层以下为底土层，疏松绵软，无水稳性结构，有机质含量为5—15g/kg。土壤肥力高低与水土流失的程度有关，水土流失严重时，黄绵土肥力降低；当水土保持工作和人为耕作、施肥过程加强时，黄绵土肥力提高。本县黄绵土分为黄绵土、黄绵土性土等亚类。

黑垆土是秦安县第二大土壤类型，占本县地域面积的27%。黑垆土是在黄土高原上，由黄土发育而成的土壤。该土壤有机质含量低，但腐殖质层深厚。土体原位黏化，但无明显黏化层，具假菌丝状石灰累积；无盐化，多旱耕。

红黏土是秦安县第三大土壤类型，占本县地域面积的20%。深厚黄土层下，常见第三纪红色黏土（保德期红黏土）埋藏。厚层黄土层侵蚀殆尽处，红色黏土层露出，形成的母质性状明显的初育土，即红黏土。其黏粒含量高，塑性强，生物作用微弱，母质特性明显，pH为7.0—8.0，有时夹有砂姜。

新积土占本县地域面积的9%。新积土是由新近冲积、洪积、坡积、塌积或人工堆垫形成的土壤。该土壤成土期短，母质特性明显，具A-C或（A）-C剖面构型。

褐土占本县地域面积的8%。褐土是在半湿润区发育形成的具有黏化与钙质淋移淀积特征的土壤，具A-B-Bk-C剖面构型。该土壤盐基饱和，处于硅铝风化阶段，有明显黏淀层与假菌丝状钙积层。土壤盐基饱和度在80%以上，有时过饱和。

本区域中心区气候特征

本区域中心区气候特征值
Regional climate characteristics in central area of the region

气候带：暖温带亚湿润气候 Climate region: Warm temperate subhumid climate	
年平均气温 /℃ Annual average temperature /℃	10.4
年平均最高气温 /℃ Annual average maximum temperature /℃	16.6
年平均最低气温 /℃ Annual average minimum temperature /℃	5.6
年降水量 /mm Annual precipitation /mm	465
≥10℃的积温 /℃ Daily temperature accumulated in a year (≥10℃) /℃	4026
年日照时数 /h Annual sunshine /h	2054
年平均相对湿度 /% Annual average relative humidity /%	65
干燥度 Dryness	1.34

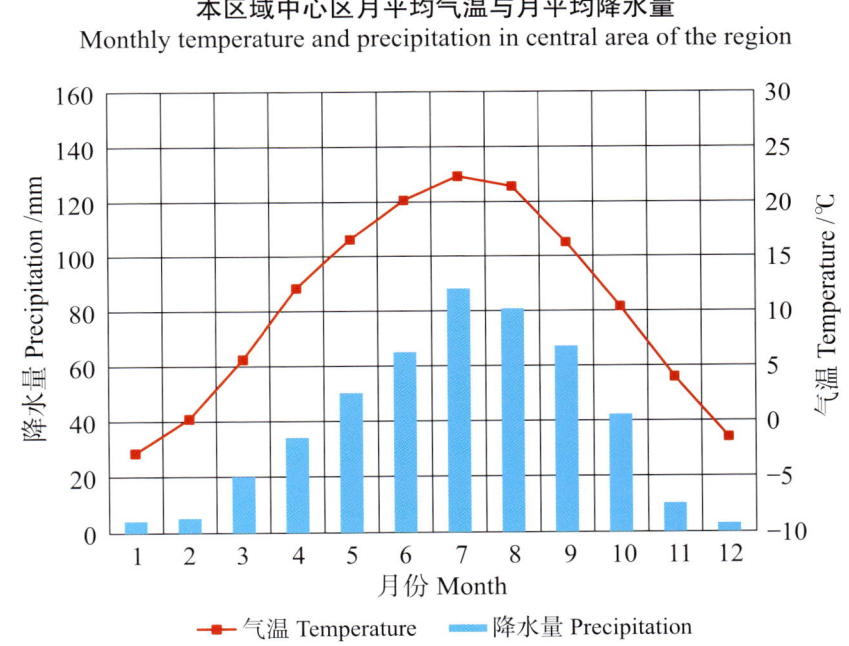

本区域中心区月平均气温与月平均降水量
Monthly temperature and precipitation in central area of the region

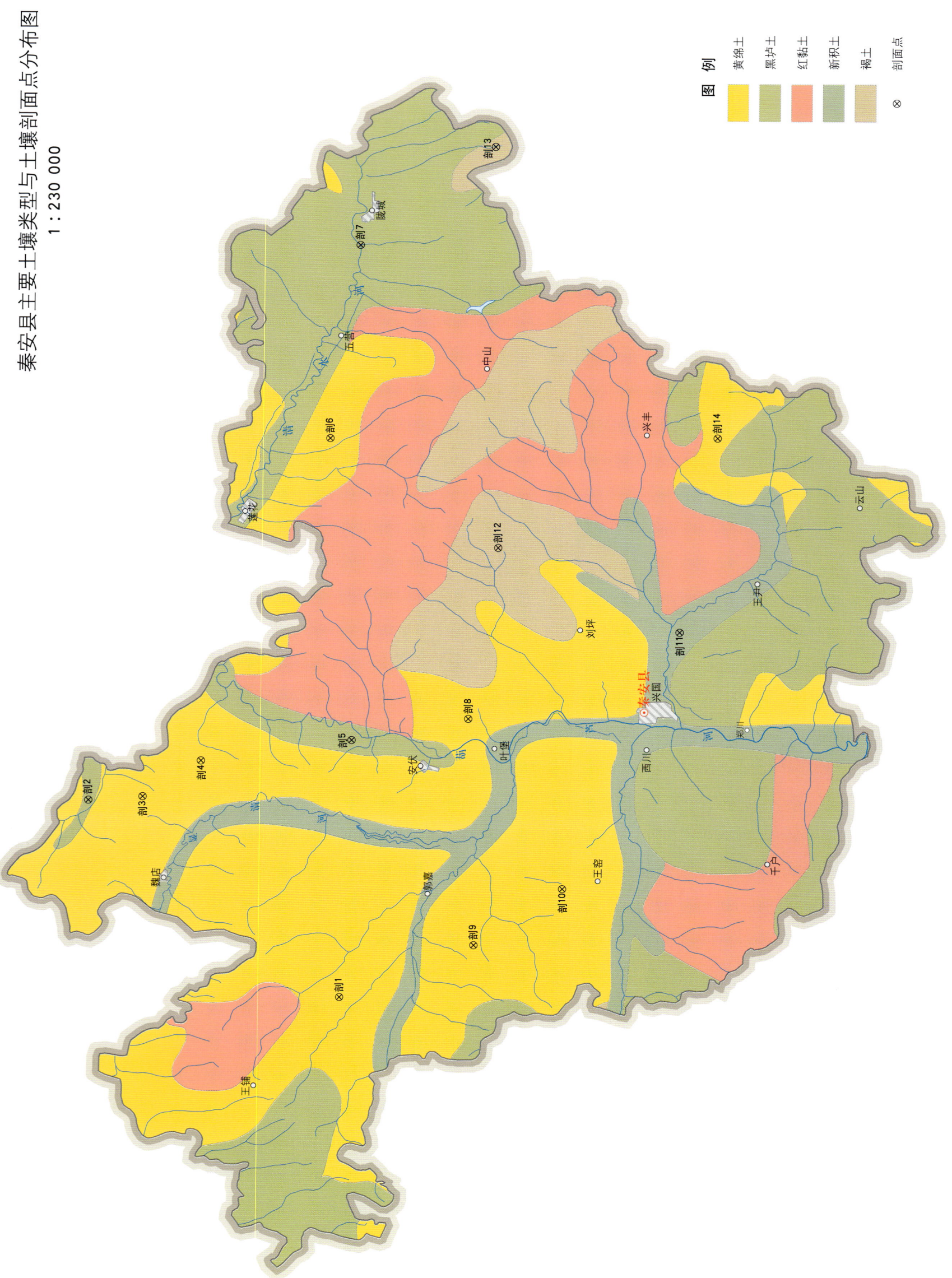

秦安县土壤剖面理化性状表

剖面号 Soil profile	土纲 Soil order	土类 Soil great group	亚类 Soil subgroup	土属 Soil genus	土种 Soil species	土层码 Layer code	土层厚度 Depth/cm	颜色 Soil color	质地 Soil texture	土壤结构 Soil structure	pH	有机质 OM/(g/kg)	全氮 TN/(g/kg)	全磷 TP/(g/kg)	全钾 TK/(g/kg)	有效磷 AP/(mg/kg)	速效钾 AK/(mg/kg)	阴离子交换量CEC/(cmol/kg)	土壤母质 Parent material	剖面点坐标 Profile coordinate	匹配指数 Matching index/%
剖1	初育土	黄绵土	黄绵土	黑黄绵土	厚层黑黄绵土	1	0~20	暗棕灰色	中壤土	粒状	7.9	14.2	0.78	0.66	18.8	3.0	237	12.1	马兰黄土	E 105° 29′ 27.5″ N 35° 00′ 56.9″	93
						P	20~30	暗棕灰色	中壤土	块状	8.0	12.0	0.66	0.66	18.8	1.0	135	12.1			
						3	30~90	棕灰色	中壤土	块状	8.1	11.5	0.60	0.66	17.8		117	12.1			
						4	90~														
剖2	钙层土	黑垆土	黑垆土	白鸡粪土	中层白鸡粪土	1	0~20	灰棕色	中壤土	粉粒状	8.3	10.3	0.79	0.61	19.4	4.0	175	8.4	马兰黄土	E 105° 36′ 47.1″ N 35° 08′ 19.7″	76
						P	20~28	灰棕色	中壤土	块状	8.3	8.4	0.62	0.59	19.0	3.0	125	8.4			
						3	28~60	灰棕色	中壤土	块状	8.4	6.9	0.61	0.53	19.0	1.0	112	7.9			
						4	60~	灰棕色	中壤土		8.4	6.8	0.56	0.51	19.2		100	6.9			
剖3	初育土	黄绵土	黄绵土	黄绵土	薄层黄绵土	1	0~15	灰棕色	中壤土	粉粒状	8.5	5.6	0.40	0.59	19.5	9.0	90	6.9	马兰黄土	E 105° 36′ 55.1″ N 35° 06′ 43.9″	83
						2	15~80	灰棕色	中壤土	粉末状	8.5	4.5	0.34	0.57	19.4	4.0	70	6.9			
						3	80~	浅灰棕色	中壤土		8.1	9.2		0.66	19.3	1.0		9.5			
剖4	初育土	黄绵土	黄绵土	黄绵土	中层黄绵土	1	0~17	灰棕色	中壤土	粒状	8.0	7.0	0.57	0.65	19.2	3.0	170	9.0	马兰黄土	E 105° 38′ 14.1″ N 35° 05′ 01.3″	80
						2	17~36	灰棕色	中壤土	粉粒状	8.1	5.4	0.45	0.64	18.8		112	8.4			
						3	36~100	灰棕色	中壤土		8.0	12.5	0.36	0.71	20.1		65				
剖5	钙层土	黑垆土	黑垆土	白鸡粪土	厚层白鸡粪土	1	0~20	灰棕色	中壤土	粉粒状	8.0	8.9	0.93	0.61	20.0	4.0	165	12.6	马兰黄土	E 105° 38′ 59.3″ N 35° 00′ 35.6″	100
						P	20~32	灰棕色	中壤土	块状	8.0	4.8	0.60	0.63	19.5	3.0	100	12.1			
						3	32~70	灰棕色	中壤土	粉末状			0.30			2.0	95	11.6			
						4	70~102	灰棕色	中壤土												
剖6	初育土	黄绵土	黄绵土	傻黄绵土	薄层傻黄绵土	1	0~20	浅灰棕色	中壤土	粒、块状	8.2	5.8	0.48	0.62	19.0	3.0	122	7.4	马兰黄土	E 105° 50′ 10.0″ N 35° 01′ 12.7″	88
						2	20~43	浅灰棕色	中壤土	块状	8.3	4.8	0.33	0.55	17.9	1.0	92	6.9			
						3	43~91		中壤土	粉粒状	8.3	4.0	0.27	0.53	17.9		100	4.7			
剖7	钙层土	黑垆土	黑垆土	白鸡粪土	薄层白鸡粪土	1	0~18	灰棕色	中壤土	块状	8.0	9.0	0.54	0.77	20.0	3.0	190	10.5	马兰黄土	E 105° 57′ 17.3″ N 35° 00′ 18.0″	98
						2	18~45	灰棕色	中壤土	粉末状	8.0	8.5	0.51	0.72	20.1	1.0	132	11.1			
						3	45~91	灰棕色	中壤土	块状	8.5	6.0	0.39	0.72	19.2		137	12.6			
剖8	初育土	黄绵土	黄绵土	黑黄绵土	薄层黑黄绵土	1	0~15	灰棕色	中壤土	粉粒状	8.5	7.7	0.54	0.76	19.9	5.0	167	14.8	马兰黄土	E 105° 57′ 46.8″ N 34° 57′ 09.9″	90
						P	15~27	灰棕色	中壤土	粒状、块状	8.5	6.7	0.51	0.69	20.0	8.0	135	14.8			
						3	27~50	灰棕色	中壤土		8.2	7.7	0.54	0.69	20.0	3.0	112	13.7			
						4	50~100	灰棕色	中壤土		8.1	7.0	0.54	0.76	19.6	2.0	112	13.2			
剖9	初育土	黄绵土	黄绵土	黑黄绵土	中层黑黄绵土	1	0~19	灰棕色	中壤土	粒状	8.3	10.1	0.66	0.66	19.0	2.0	152	11.1	马兰黄土	E 105° 31′ 23.5″ N 34° 57′ 00.5″	99
						P	19~51	浅灰棕色	中壤土	块状	8.5	5.8	0.39	0.64	19.2	1.0	67	10.0			
						3	51~97	浅灰棕色	中壤土	小块状	7.6	5.5	0.39	0.59	18.0		90	9.5			
						4	97~														
剖10	初育土	黄绵土	黄绵土	黄绵土	厚层黄绵土	1	0~18	灰棕色	中壤土	粒状	8.0	12.9	0.78	0.82	17.8	3.0	157	16.3	马兰黄土	E 105° 33′ 29.5″ N 34° 54′ 24.5″	83
						2	18~60	棕灰色	中壤土	粉末状	7.9	9.7	0.60	0.69	17.4	2.0	90	14.2			
						3	60~120	浅灰棕色	中壤土		7.8	5.7	0.36	0.63	16.9	1.0	67	12.1			
剖11	初育土	新积土	冲积土	底砂土	高位底砂土	1	0~20	灰棕色	砂壤土	粒状	8.5	3.5	0.24	0.65	17.8	3.0	115	3.2	马兰黄土	E 105° 42′ 57.3″ N 34° 50′ 57.1″	82
						2	20~55	浅灰棕色	砂壤土	小块状	8.5	3.4	0.21	0.65	17.7	2.0	105	2.6			
						C	55~100	浅灰棕色			8.4	2.9	0.21	0.63	17.5		57				
剖12	半淋溶土	褐土	石灰性褐土	黄鸡粪土	薄层黄鸡粪土	1	0~23	浅黄色	中壤土	粒状	8.2	9.6	0.72	0.65	19.4	8.0	222	14.8	马兰黄土	E 105° 46′ 05.7″ N 34° 56′ 16.9″	82
						P	23~30	浅黄色	重壤土	块状	8.2	8.6	0.60	0.63	19.3	8.0	155	14.8			
						3	30~120		重壤土	大块状	8.5	6.4	0.48	0.54	19.3	1.0	92	13.7			
						C	120~				8.4	5.3	0.39	0.63	18.8		87	13.2			

续表 Continued

剖面号 Soil profile	土纲 Soil order	土类 Soil great group	亚类 Soil subgroup	土属 Soil genus	土种 Soil species	土层码 Layer code	土层厚度 Depth/cm	颜色 Soil color	质地 Soil texture	土壤结构 Soil structure	pH	有机质 OM/(g/kg)	全氮 TN/(g/kg)	全磷 TP/(g/kg)	全钾 TK/(g/kg)	有效磷 AP/(mg/kg)	速效钾 AK/(mg/kg)	阳离子交换量CEC/(cmol/kg)	土壤母质 Parent material	剖面点坐标 Profile coordinate	匹配指数 Matching index/%
剖13	半淋溶土	褐土	石灰性褐土	黄鸡粪土	厚层黄鸡黄土	1	0—20				8.3	11.6	0.84	0.65	19.1	3.0	140	9.0	马兰黄土	E 106°00′53.6″ N 34°56′19.0″	93
						2	20—28				8.1	10.2	0.72	0.64	18.9	2.0	125	10.0			
						3	28—65				8.0	7.1	0.42	0.63	20.1	2.0	87	8.4			
						4	65—				8.2	6.1	0.36	0.61	19.0	1.0	72	8.4			
剖14	初育土	黄绵土	黄绵土	傻黄绵土	中层傻黄绵土	1	0—19	灰棕色	中壤土	粉粒状	8.4	7.2	0.61	0.37	19.3	6.0	160	6.6	马兰黄土	E 105°50′06.9″ N 34°49′49.6″	82
						2	19—80	浅棕黄色	中壤土	粉末状	8.4	6.6	0.48	0.32	19.1	2.0	100	6.6			
						C	80—				8.5	6.3	0.48	0.30	18.8		85	6.3			

甘 谷 县

主要土类说明

黑垆土是甘谷县主要土壤类型，占本县地域面积的34%。黑垆土是古老的耕种土壤，分布在北山海拔1700—2060m和南山海拔1500—2100m的黄土梁峁沟壑山区。该区域气候温凉，属半湿润半干旱区。植被为疏灌草丛和干草原植被。

黄绵土是甘谷县第二大土壤类型，占本县地域面积的29%。黄绵土是由黄土母质直接翻耕形成的初育土。由于土壤侵蚀严重，表层长期遭侵蚀，只能不断加深耕作黄土母质层，因而母质特性明显。土壤无明显发育，为A-C型土。由于风成黄土富含细粉粒，故质地、结构均一，疏松绵软，富含石灰，磷、钾储量较丰富，但有效性差，土壤有机质缺乏。

新积土是甘谷县第三大土壤类型，占本县地域面积的11%。新积土是由新近冲积、洪积、坡积、塌积或人工堆垫形成的土壤。该土壤成土期短，母质特性明显，具A-C或（A）-C剖面构型。

红黏土占本县地域面积的11%。深厚黄土层下，常见第三纪红色黏土（保德期红黏土）埋藏。厚层黄土层侵蚀殆尽处，红色黏土层露出，形成的母质性状明显的初育土，即红黏土。其黏粒含量高，塑性强，生物作用微弱，母质特性明显，有时夹有砂姜。

褐土占本县地域面积的5%。褐土是在半湿润区发育形成的具有黏化与钙质淋移淀积特征的土壤，具A-B-Bk-C剖面构型。该土壤盐基饱和，处于硅铝风化阶段，有明显黏淀层与假菌丝状钙积层。

棕壤占本县地域面积的5%。棕壤形成于落叶阔叶林下，处于硅铝风化阶段。土体见黏粒淀积，盐基充分淋失，土壤呈棕色，具O-A-Bt-C剖面构型。

草甸土占本县地域面积的4%。因所处地带地下水位较高，潜水参与土壤形成过程，受地下水升降与浸润作用，成土过程具有明显腐殖质累积和铁锰氧化还原特征，土体出现锈色斑纹层，具A-Cu或A-C-Cu剖面构型。

小于本县地域面积3%的土壤类型有潮土。

本区域中心区气候特征

本区域中心区气候特征值
Regional climate characteristics in central area of the region

气候带：暖温带亚湿润气候 Climate region: Warm temperate subhumid climate	
年平均气温 /℃ Annual average temperature /℃	10.4
年平均最高气温 /℃ Annual average maximum temperature /℃	16.7
年平均最低气温 /℃ Annual average minimum temperature /℃	5.6
年降水量 /mm Annual precipitation /mm	458
≥10℃的积温 /℃ Daily temperature accumulated in a year（≥10℃）/℃	3966
年日照时数 /h Annual sunshine /h	2033
年平均相对湿度 /% Annual average relative humidity /%	64
干燥度 Dryness	1.38

本区域中心区月平均气温与月平均降水量
Monthly temperature and precipitation in central area of the region

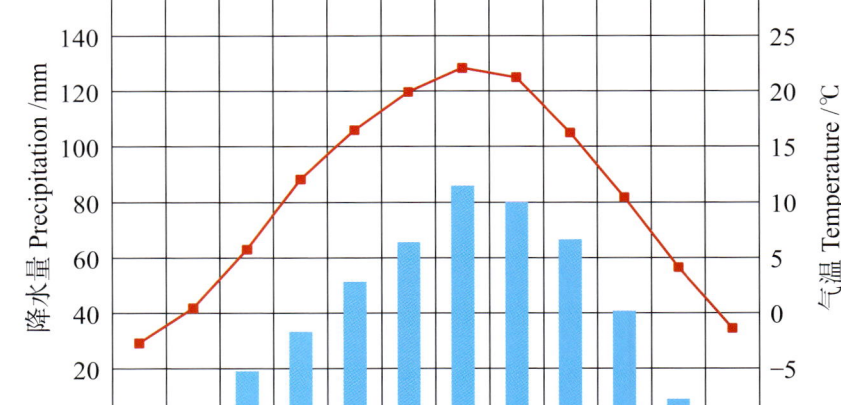

甘谷县主要土壤类型与土壤剖面点分布图
1∶230 000

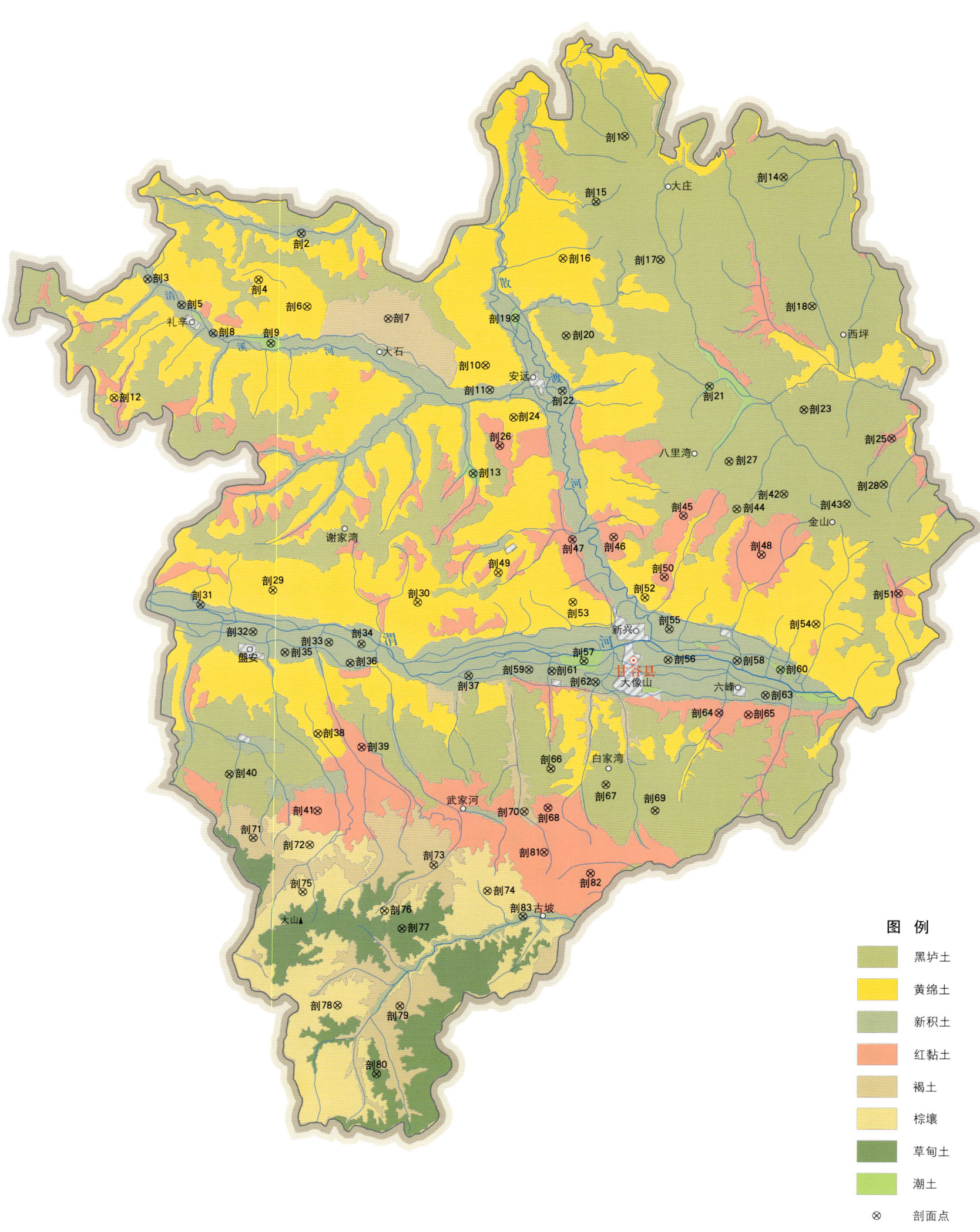

甘谷县土壤剖面理化性状表

剖面号 Soil profile	土纲 Soil order	土类 Soil great group	亚类 Soil subgroup	土属 Soil genus	土种 Soil species	土层码 Layer code	土层厚度 Depth/cm	颜色 Soil color	质地 Soil texture	土壤结构 Soil structure	pH	有机质 OM/(g/kg)	全氮 TN/(g/kg)	全磷 TP/(g/kg)	全钾 TK/(g/kg)	有效磷 AP/(mg/kg)	速效钾 AK/(mg/kg)	阳离子交换量 CEC/(cmol/kg)	土壤母质 Parent material	剖面点坐标 Profile coordinate	匹配指数 Matching index/%
剖1	钙层土	黑垆土	黑垆土	黑鸡粪土	厚层黑鸡粪土	1	0—25		重壤土		8.0	17.9	1.22	0.69	21.0	5.0	100	17.0	黄土	E 105°19′26.4″ N 35°00′11.9″	87
						2	25—38		重壤土		8.1	21.4	1.43	0.62	21.1	5.0	92				
						3	38—72		重壤土		8.0	31.1	1.55	0.74	21.1	5.0	84				
						4	72—120		重壤土		8.0	17.3	1.22	0.62	20.1	4.0	79				
剖2	初育土	新积土	洪淀土	洪淀黄土	中层洪淀黄土	1	0—25	灰棕色	中壤土	块状	8.3	5.5	0.46	0.69	19.0	3.0	95	5.7	洪冲积物	E 105°08′25.0″ N 34°57′23.2″	91
						P	25—35	暗灰棕色	中壤土	块状	8.4	6.7	0.58	0.96	18.6	3.0	118	7.5			
						3	35—120	暗灰棕色	中壤土	块状	8.3	8.3	0.71	0.65	19.7	5.0	186				
剖3	初育土	新积土	河淀土	河淀砂土	厚层河淀砂土	1	0—18		中壤土		8.3	7.3	0.65	0.63	19.4	8.0	162	7.3	洪冲积物	E 105°03′11.5″ N 34°56′04.1″	82
						2	18—25	浅灰棕色	中壤土	粉粒状	8.5	5.7	0.49	0.62	19.4	6.0	118				
						3	25—57	暗灰棕色	中壤土	块状	8.3	4.6	0.45	0.54	19.4	4.0	101				
						4	57—120	灰棕色	轻壤土	块状	8.4	4.5	0.44	0.47	19.0	4.0	107				
剖4	初育土	黄绵土	淀淤土	黑黄绵土	薄层黑黄绵土	1	0—15		中壤土	粉粒状	8.1	7.7	0.61	0.69	18.2	4.0	178	7.0	黄土	E 105°06′58.0″ N 34°56′03.1″	70
						2	15—43	暗灰棕色	中壤土	块状	8.3	4.5	0.37	0.61	19.4	2.0	115				
						3	43—130	灰棕色	重壤土	块状	8.2	4.5	0.41	0.58	19.4	2.0	127				
						4	130—														
剖5	初育土	新积土	淀淤土	河淀土	厚层河淀土	1	0—30	灰棕色	中壤土	块状	8.3	11.3	1.08	0.79	23.0	6.0	226	8.3	洪冲积物	E 105°04′20.6″ N 34°55′19.2″	90
						P	30—38	灰棕色	重壤土	块层状	8.4	9.4	0.82	0.85	22.4	4.0	135				
						3	38—79	暗灰棕色	中壤土	块状	8.4	7.3	0.77	0.77	21.8	4.0	147				
						4	79—120		中壤土		8.3	9.2	0.77	0.77	21.5	5.0	139				
剖6	初育土	黄绵土	黄绵土	黑黄绵土	中层黄绵土	1	0—14	暗棕色	中壤土	粉粒状	8.1	14.0	1.01	0.75	18.2	7.0	147	11.0	黄土	E 105°08′37.0″ N 34°55′16.7″	98
						P	14—23	灰棕色	重壤土	块状	8.1	13.8	1.02	0.80	18.2	5.0	122				
						3	23—85	棕灰色	中壤土	块状	8.1	10.9	0.80	0.55	17.8	3.0	83	10.9			
						4	85—120	浅灰棕色	中壤土		8.2	6.6	0.52	0.63	18.2	3.0	75				
剖7	半淋溶土	褐土	石灰性褐土	黄鸡粪土	薄层黄鸡粪土	1	0—16	褐色	重壤土	小粒状	8.3	7.4	0.59	0.70	19.4	12.0	151	7.3	碳酸岩类残积物	E 105°11′22.9″ N 34°54′55.4″	79
						P	16—25		重壤土	块状、层状	7.2	2.6	0.39	0.59	18.0	18.0	95	6.6			
						3	25—120		重壤土		8.3	6.3	0.53	0.63	18.0	8.0	134				
剖8	初育土	新积土	石灰性新积土	河淀腰砂土	高位河淀腰砂土	1	0—15		中壤土	块状	8.5	5.9	0.51	0.54	22.2	8.0	162	13.4	河流冲积物	E 105°05′25.8″ N 34°54′29.9″	93
						2	15—20		中壤土	粉状	8.8	4.8	0.46	0.49	23.0	5.0	139	12.3			
						3	20—60		中壤土		8.7	3.0	0.48	0.63	21.4	5.0	143				
剖9	半水成土	潮土	淀潮土	河淀潮土	河淀潮土	1	0—10	暗棕灰色	轻壤土	块状	8.8	3.0	0.28	0.50	24.6	12.0	163	10.1	河流冲积物	E 105°07′22.9″ N 34°54′12.4″	94
						2	10—60	暗棕灰色	轻壤土	块状	8.4	2.6	0.24	0.54	25.0	4.0	112				
						3	60—115	棕灰色	轻壤土	块状	8.6	1.6	0.17	0.48	28.0	3.0	67				
剖10	初育土	黄绵土	黄绵土	傻黄绵土	薄层傻黄绵土	1	0—19	浅棕灰色	中壤土	块状	8.2	5.5	0.50	0.64	18.2	4.0	157	8.1	黄土	E 105°14′41.3″ N 34°53′34.1″	97
						2	19—45	浅棕灰色	中壤土	粉状	8.5	2.7	0.32	0.66	19.7	4.0	110				
						3	45—130	浅棕红色	中壤土	块状	8.3	3.3	0.33	0.68	22.5	3.0	120				
剖11	初育土	新积土	洪淀土	洪淀红土	薄层洪淀红土	1	0—15		中壤土	粒状、块状	8.2	13.9	0.97	0.55	18.4	4.0	160	18.5	洪冲积物	E 105°14′49.9″ N 34°52′51.2″	81
						2	15—64	浅红棕色	中壤土	块状	8.1	11.7	0.81	0.55	17.6	2.0	120				
						3	64—100		中壤土		8.2	10.7	0.81	0.51	18.9	2.0	124				
剖12	初育土	黄绵土	黄绵土性土	黄绵土性土		1	0—20		中壤土		8.1	9.2	0.68	0.68	17.8	5.0	87	9.1	黄土	E 105°02′03.1″ N 34°52′36.8″	97
						2	20—80		中壤土		8.3	5.5	0.40	0.62	18.2	3.0	95				

续表 Continued

剖面号 Soil profile	土纲 Soil order	土类 Soil great group	亚类 Soil subgroup	土属 Soil genus	土种 Soil species	土层码 Layer code	土层厚度 Depth/cm	颜色 Soil color	质地 Soil texture	土壤结构 Soil structure	pH	有机质 OM/(g/kg)	全氮 TN/(g/kg)	全磷 TP/(g/kg)	全钾 TK/(g/kg)	有效磷 AP/(mg/kg)	速效钾 AK/(mg/kg)	阳离子交换量CEC/(cmol/kg)	土壤母质 Parent material	剖面点坐标 Profile coordinate	匹配指数 Matching index/%
剖13	半水成土	潮土	潮土	洪淀潮土	中层洪淀潮土	1	0–33		中壤土		8.0	9.0	0.75	0.77	19.4	18.0	339	7.2	洪积物	E 105°14′16.1″ N 34°50′25.8″	96
						2	33–40		中壤土		8.3	6.7	0.54	0.75	18.5	14.0	363				
						3	40–110		中壤土		8.4	4.2	0.40	0.69	18.6	5.0	240				
						4	110–150		重壤土		8.4	4.6	0.49	0.70	19.4	5.0	226				
剖14	钙层土	黑垆土	黑麻土	红鸡粪土	薄层红鸡粪土	1	0–15	浅棕红色	重黏土	小块状	8.0	6.2	0.55	0.56	19.5	4.0	151	12.4	红土	E 105°24′50.9″ N 34°59′00.1″	85
						2	15–80	棕红色	轻黏土	块状	8.1	1.7	0.32	0.50	21.1	4.0	180				
						3	80–		轻黏土		8.0	1.5	0.25	0.58	17.0	5.0	151				
剖15	钙层土	黑垆土	黑麻土	白鸡粪土	中层白鸡粪土	1	0–28		中壤土		8.2	9.1	0.80	0.44	18.4	5.0	150	7.5	黄土	E 105°18′27.0″ N 34°58′18.1″	84
						2	28–49	灰棕色	中壤土	粉粒状	8.1	12.6	1.05	0.79	19.6	16.0	244				
						3	49–85	灰棕色	中壤土	块状	8.2	6.4	0.54	0.64	18.8	4.0	257				
						4	85–130	灰棕色	中壤土	块状	8.1	6.5	0.57	0.67	19.0	4.0	95				
剖16	初育土	黄绵土	黄绵土	黄绵土	薄层黄绵土	1	0–18	灰棕色	中壤土	块状	8.1	7.6	0.79	0.73	19.9	13.0	166	7.5	黄土	E 105°17′19.7″ N 34°56′40.2″	86
						2	18–27	灰棕色	中壤土	块状	8.2	7.8	0.73	0.69	20.1	7.0	138	7.6			
						3	27–122	灰棕色	中壤土	块状	8.3	4.9	0.49	0.64	20.1	3.0	91				
剖17	钙层土	黑垆土	黑麻土	黑鸡粪土	中层黑鸡粪土	1	0–30		中壤土		7.9	11.7	0.93	0.76	19.8	17.0	119	9.9	黄土	E 105°20′38.8″ N 34°56′38.0″	70
						2	30–38	棕褐色	中壤土		8.0	10.3	0.79	0.73	19.0	8.0	95				
						3	38–65		中壤土		8.0	8.3	0.57	0.67	21.0	4.0	87				
						4	65–110		重壤土		8.1	7.9	0.57	0.67	21.4	5.0	91				
剖18	钙层土	黑垆土	黑麻土	黑鸡粪土	中层黑鸡粪土	1	0–17		中壤土		8.1	11.0	0.86	0.81	20.2	6.0	158	9.8	黄土	E 105°25′48.4″ N 34°55′16.3″	93
						2	17–25		重壤土	块状	8.1	9.6	0.85	0.74	20.6	4.0	146	9.5			
						3	25–153		重壤土	块层状	8.1	9.6	0.73	0.77	20.6	3.0	108				
						4	153–180		重壤土	块状	8.0	7.6	0.61	0.69	17.6	3.0	79				
剖19	半水成土	潮土	潮土	洪淀潮土	厚层洪淀潮土	1	0–22		中壤土	粒状、块状	8.3	11.9	0.78	0.73	19.4	10.0	281	8.0	洪积物	E 105°15′42.1″ N 34°54′56.9″	91
						2	22–32		中壤土	块层状	8.4	13.5	0.61	0.63	19.7	7.0	170	8.4			
						3	32–56		中壤土	块状	8.4	8.3	0.58	0.75	18.6	6.0	158				
						4	56–110		中壤土	块状	8.4	7.0	0.59	0.71	19.4	7.0	157				
剖20	钙层土	黑垆土	黑麻土	白鸡粪土	中层白鸡粪土	1	0–19	暗棕色	重壤土	块状	8.0	15.9	1.18	0.66	18.2	7.0	118	13.5	黄土	E 105°17′26.2″ N 34°54′25.9″	85
						2	19–36	暗棕灰色	重壤土	块状	8.0	14.8	1.07	0.62	18.0	4.0	88				
						3	36–83	棕灰色	重壤土	块状	8.0	10.1	0.70	0.61	17.4	3.0	75				
						4	83–115	棕灰色	重壤土	块状	8.0	8.4	0.62	0.60	18.2	4.0	71				
剖21	半水成土	潮土	潮土	洪淀潮土	薄层洪淀潮土	1	0–18	棕灰色	重壤土	块状	8.1	13.1	0.79	0.75	21.4	5.0	127	15.8	洪积物	E 105°22′18.5″ N 34°52′56.6″	100
						2	18–45	灰棕色	重壤土	块状	8.2	7.2	0.55	0.62	20.8	5.0	139				
						3	45–95	棕灰色	中壤土	块层状	8.2	2.8	0.26	0.61	19.7	4.0	108				
						4	80–110	灰棕色	轻壤土	块状	8.2	6.5	0.69	0.67	20.9	8.0	91				
剖22	初育土	新积土	洪淀土	洪淀黄土	薄层洪淀黄土	1	0–20	灰棕色	中壤土	块状	8.2	6.5	0.55	0.66	20.1	17.0	146	6.0	洪冲积物	E 105°17′18.4″ N 34°52′49.2″	73
						P	20–30	暗棕灰色	中壤土	块状	8.2	5.6	0.49	0.60	20.1	5.0	87	5.7			
						3	30–80	棕灰色	中壤土	块状	8.4	5.9	0.47	0.56	20.5	4.0	91				
						4	80–110	灰棕色	中壤土	块状	8.5	9.1	0.78	0.71	18.2	5.0	95				
剖23	钙层土	黑垆土	黑麻土	白鸡粪土	薄层白鸡粪土	1	0–19	灰棕色	中壤土	块状	7.9	8.7	0.69	0.73	18.4	4.0	87	8.9	黄土	E 105°25′31.5″ N 34°52′15.4″	83
						P	19–28	灰棕色	中壤土	块状	8.1	7.0	0.58	0.67	18.6	4.0	79	8.9			
						3	28–100	灰褐色	中壤土	块状	8.0	5.2	0.43	0.64	19.7	8.0	83				
						4	100–150		中壤土		8.0										
剖24	初育土	黄绵土	黄绵土	黑黄绵土	厚层黑黄绵土	1	0–22	暗灰棕色	中壤土	粉粒状	8.1	12.3	0.89	0.84	19.7	11.0	221	9.1	黄土	E 105°15′38.5″ N 34°52′03.4″	78
						P	22–29	暗灰棕色	中壤土	块状	8.1	11.5	0.86	0.83	19.7	9.0	174	9.1			
						3	29–90	暗棕色	中壤土	块状	8.2	8.1	0.72	0.77	19.0	4.0	130				
						4	90–140	浅灰棕色	中壤土		8.1	5.1	0.40	0.55	17.8	3.0	79				

续表 Continued

剖面号 Soil profile	土纲 Soil order	土类 Soil great group	亚类 Soil subgroup	土属 Soil genus	土种 Soil species	土层码 Layer code	土层厚度 Depth/cm	颜色 Soil color	质地 Soil texture	土壤结构 Soil structure	pH	有机质 OM/(g/kg)	全氮 TN/(g/kg)	全磷 TP/(g/kg)	全钾 TK/(g/kg)	有效磷 AP/(mg/kg)	速效钾 AK/(mg/kg)	阳离子交换量CEC/(cmol/kg)	土壤母质 Parent material	剖面点坐标 Profile coordinate	匹配指数 Matching index/%
剖25	初育土	红黏土	青土	红青杂土	薄层红青杂土	1	0~15		中壤土		8.1	5.5	0.54	0.61	19.4	5.0	139	7.8	离石黄土	E 105°28′29.6″ N 34°51′25.2″	99
						2	15~23		重壤土		8.1	4.9	0.50	0.61	15.8	5.0	131	8.1			
						3	23~79		重壤土		8.9	1.7	0.27	0.81	19.7	6.0	119				
						4	79~125		重壤土		8.3	2.3	0.30	0.60	19.4	9.0	111				
剖26	初育土	红黏土	青土	红青杂土	薄层红青杂土	1	0~15	浅棕灰色	轻黏土	核状、粒状	8.2	4.7	0.50	0.68	21.9	3.0	188	16.3	黄土	E 105°15′10.1″ N 34°51′14.0″	78
						P	15~24	浅棕灰色	轻壤土		8.3	2.1	0.40	0.64	21.9	4.0	175	14.7			
						3	24~85	棕红色	中壤土	核红色	8.3	3.8	0.37	0.72	21.7	5.0	103				
						4	85~98		中壤土		8.2	2.5	0.31	0.73	19.7	7.0	75				
剖27	钙层土	黑垆土	黑麻土	白鸡粪土	厚层白鸡粪土	1	0~15		中壤土		8.1	8.8	0.63	0.74	17.4	5.0	112	8.5	黄土	E 105°22′58.4″ N 34°50′46.0″	95
						2	15~31		中壤土		8.0	4.9	0.34	0.65	19.0	2.0	87	7.8			
						3	31~78		重壤土		8.1	5.3	0.41	0.67	20.1	3.0	91				
						4	78~130		重壤土		8.1	6.2	0.46	0.80	21.2	6.0	107				
剖28	钙层土	黑垆土	黑麻土	黑鸡粪土	薄层黑鸡粪土	A_{11}	0~22	暗棕灰色	重壤土	块状	8.0	15.4	1.04	0.85	19.4	12.0	139	12.6	黄土	E 105°28′13.3″ N 34°50′05.3″	92
						P	22~27	暗棕灰色	重壤土	块状	8.0	13.8	0.89	0.78	19.5	4.0	107	14.6			
						Btk	27~95		重壤土	块状	8.0	17.7	1.01	0.77	19.8	4.0	104				
						Ck	95~120		重壤土		8.0	8.3	0.69	0.73	18.6	4.0	75				
剖29	初育土	黄绵土	黄绵土	黄绵土	厚层黄绵土	1	0~20	灰棕色	中壤土	粉粒状	8.1	10.0	0.78	0.65	18.2	5.0	99	8.9	黄土	E 105°07′27.8″ N 34°47′03.1″	74
						P	20~29	灰棕色	中壤土	块状	8.1	9.1	0.73	0.67	18.2	4.0	95	8.4			
						3	29~90	灰棕色	重壤土	块状	8.3	8.6	0.71	0.63	18.6	3.0	91				
						4	90~120	灰棕色	重壤土	核块状	8.2	3.4	0.28	0.55	18.2	4.0	87				
剖30	初育土	黄绵土	黄绵土	黄绵土	中层黄绵土	1	0~22	灰棕色	中壤土	粉粒状	8.3	6.8	0.63	0.63	17.8	6.0	182	4.8	黄土	E 105°12′23.1″ N 34°46′41.7″	76
						P	22~32	灰棕色	中壤土	块状	8.3	6.3	0.57	0.66	17.5	5.0	151	5.2			
						3	32~47	浅灰棕色	中壤土	块状	8.4	5.4	0.52	0.60	18.8	3.0	130				
						4	47~120	浅灰棕色	中壤土		8.4	4.8	0.48	0.52	17.4	3.0	126				
剖31	初育土	新积土	洪淀土	洪淀红土	中层洪淀红土	1	0~25		重壤土		8.1	8.1	0.72	0.74	20.7	30.0	274	6.9	洪冲积物	E 105°05′00.6″ N 34°46′37.6″	91
						2	25~35		轻壤土		8.0	3.7	0.40	0.66	24.1	4.0	166				
						3	35~		中壤土		7.9	2.4	0.34	4.50	20.9	5.0	192				
剖32	初育土	新积土	淀淤土	河淀土	薄层河淀土	1	0~27		中壤土		8.5	6.5	0.55	0.62	17.7	7.0	194	6.0	洪冲积物	E 105°06′47.5″ N 34°45′50.0″	97
						2	27~35		中壤土		8.4	5.7	0.46	0.62	20.1	5.0	122				
						3	35~78		中壤土		8.4	4.2	0.32	0.53	19.4	4.0	91				
						4	78~120		中壤土		8.3	4.2	0.38	0.60	19.0	3.0	127				
剖33	初育土	新积土	淀淤土	河淀土	中层河淀土	1	0~26		重壤土		8.1	12.0	0.88	0.77	19.7	8.0	297	10.0	洪冲积物	E 105°09′22.2″ N 34°45′32.0″	94
						2	26~36		中壤土		8.2	10.2	0.71	0.72	20.5	4.0	195				
						3	36~49		中壤土		8.2	9.0	0.69	0.67	20.1	3.0	174				
						4	49~135		中壤土		8.3	5.8	0.73	0.68	19.0	2.0	111				
剖34	初育土	新积土	河淀土	河淀砂土	中层河淀砂土	1	0~27		重壤土		8.2	10.9	0.72	0.71	20.9	4.0	190	9.4	洪冲积物	E 105°10′28.7″ N 34°45′28.9″	82
						2	27~36		中壤土		8.3	6.9	0.48	0.68	21.3	2.0	122				
						3	36~140		中壤土		8.5	5.9	0.41	0.63	22.9	2.0	83				
剖35	初育土	新积土	洪淀土	洪淀黄土	中层洪淀黄土	1	0~28		中壤土		8.2	6.1	0.51	0.66	19.0	4.0	114	6.1	洪冲积物	E 105°07′52.7″ N 34°45′14.3″	97
						2	28~36		中壤土		8.3	5.8	0.50	0.66	19.0	2.0	95				
						3	36~71		中壤土		8.2	5.6	0.44	0.69	19.0	2.0	99				
						4	71~150		中壤土		8.6	3.5	0.35	0.66	19.0	5.0	103				
剖36	初育土	新积土	洪淀土	洪淀红土	厚层洪淀红土	1	0~22		中壤土		8.4	11.8	0.97	0.89	20.2	35.0	242	9.4	洪冲积物	E 105°10′05.3″ N 34°44′55.8″	85
						2	22~30		中壤土		8.4	7.0	0.66	0.71	19.8	5.0	119				
						3	30~90		中壤土		8.7	5.5	0.48	0.62	18.7	2.0	99				
						4	90~123		重壤土		8.6	7.8	0.69	0.80	19.8	7.0	163				

续表 Continued

剖面号 Soil profile	土纲 Soil order	土类 Soil great group	亚类 Soil subgroup	土属 Soil genus	土种 Soil species	土层码 Layer code	土层厚度 Depth/cm	颜色 Soil color	质地 Soil texture	土壤结构 Soil structure	pH	有机质 OM/(g/kg)	全氮 TN/(g/kg)	全磷 TP/(g/kg)	全钾 TK/(g/kg)	有效磷 AP/(mg/kg)	速效钾 AK/(mg/kg)	阳离子交换量CEC/(cmol/kg)	土壤母质 Parent material	剖面点坐标 Profile coordinate	匹配指数 Matching index/%
剖37	初育土	新积土	洪淀土	洪淀红砂土	厚层洪淀红砂土	1	0—19		重壤土		8.2	4.8	0.40	0.49	19.5	4.0	123	8.5	洪冲积物	E 105°14′07.1″ N 34°44′34.0″	87
						2	19—27		轻壤土		8.2	4.1	0.37	0.48	19.5	2.0	99	8.6			
						3	27—56		中壤土		8.3	3.9	0.40	0.55	19.5	2.0	104				
						4	56—110		重壤土		8.4	1.6	0.29	0.72	26.0	7.0	127				
剖38	初育土	黄绵土	黄绵土	黑黄绵土	厚层黑黄绵土	1	0—15		重壤土		8.0	17.4	1.14	0.68	18.8	5.0	108	12.4	黄土	E 105°09′00.4″ N 34°42′53.3″	94
						2	15—30		重壤土		8.0	18.0	1.26	0.73	17.5	4.0	95	14.4			
						3	30—100		重壤土		7.8	17.9	1.22	0.67	17.9	3.0	91				
剖39	初育土	红黏土	红土	红板土	薄层红板土	1	0—18	黄棕色	中壤土	核状	8.2	7.4	0.57	0.74	19.7	9.0	130	6.1	红土	E 105°10′28.9″ N 34°42′29.9″	70
						2	18—26		重壤土	板层状	8.3	6.9	0.59	0.74	19.7	8.0	123	7.2			
						3	26—		重壤土		8.6	3.7	0.36	0.77	19.7	35.0	120				
剖40	钙层土	黑垆土	黑麻土	麻鸡粪土	中层麻鸡粪土	1	0—20	灰褐色	中壤土	块状	8.1	10.8	0.77	0.69	17.8	3.0	107	8.3	黄土	E 105°05′59.6″ N 34°41′42.7″	89
						P	20—35	灰褐色	中壤土	层状	8.1	11.7	0.85	0.64	17.6	2.0	91	9.7			
						3	35—90	灰褐色	重壤土	块状	8.1	11.8	0.83	0.66	18.3	2.0	95				
						4	90—110		中壤土		8.1	16.6	0.49	0.60	17.9	2.0	79				
剖41	初育土	红黏土	红土	红砂土	薄红砂土	1	0—28		中壤土		9.1	4.3	0.37	0.57	22.5	5.0	153	20.1	砂岩风化残积物	E 105°08′59.3″ N 34°40′38.6″	91
						2	28—43		中壤土		9.3	1.9	0.25	0.51	24.6	5.0	168				
						3	43—120		中壤土		9.4	0.4	0.16	0.48	26.5		173				
剖42	钙层土	黑垆土	黑麻土	黄土质黑垆土性土	中层黑鸡粪土	1	0—3		中壤土		8.0	21.6	1.38	0.65	17.8	8.0	299	9.9	黄土	E 105°24′50.5″ N 34°49′49.0″	86
						2	3—25		中壤土		8.1	12.3	0.88	0.60	17.4	4.0	147	8.1			
						3	25—85		中壤土		8.1	9.3	0.73	0.55	17.4	4.0	95				
						4	85—		中壤土		8.2	4.1	0.79	0.55	16.6	5.0	111				
剖43	钙层土	黑垆土	黑麻土	黑鸡粪土		1	0—31		重壤土		8.2	15.0	0.90	0.67	19.5	4.0	71	15.7	黄土	E 105°26′58.1″ N 34°49′31.7″	96
						2	31—48		重壤土		8.0	10.1	0.73	0.65	19.4	4.0	68				
						3	48—75		重壤土	块状	7.9	16.2	0.78	0.64	19.5	5.0	79				
						4	75—120		重壤土		8.0	16.7	1.05	0.85	19.4	5.0	87				
剖44	钙层土	红黏土	黑麻土	白鸡粪土	薄层白鸡粪土	1	0—20		中壤土		8.1	6.1	0.51	0.62	17.8	6.0	111	7.8	黄土	E 105°23′14.2″ N 34°49′23.7″	97
						2	20—27		中壤土		8.1	5.8	0.48	0.59	18.2	5.0	91	8.4			
						3	27—87		中壤土		8.2	4.0	0.36	0.59	16.6	3.0	87				
剖45	初育土	红黏土	红土	黄红土	薄层黄红土	1	0—18		重壤土		8.3	5.7	0.54	0.64	19.7	6.0	166	7.7	离石黄土,午城黄土	E 105°21′25.2″ N 34°49′12.3″	86
						2	18—35		中壤土		8.3	2.0	0.30	0.56	20.9	8.0	207	9.8			
						3	35—123		轻壤土		8.7	2.0	0.30	0.55	22.7	4.0	219				
剖46	初育土	红黏土	红土	黄红土	薄层黄红土	1	0—22		重黏土		8.3	4.9	0.48	0.98	18.1	5.0	170	7.1	红土	E 105°19′02.9″ N 34°48′35.2″	93
						2	22—70	浅棕红色	轻黏土		9.2	1.6	0.36	0.60	23.0	3.0	273				
剖47	初育土	红黏土	红土	红板土	中层红板土	1	0—27	棕红色	重黏土	块状	8.3	6.3	0.53	0.69	19.5	3.0	139	9.7	红色黏土质泥岩风化物	E 105°17′38.4″ N 34°48′31.3″	93
						2	27—51	棕红色	重黏土		8.7	4.6	0.40	0.48	19.9	1.0	92				
						3	51—		轻黏土		8.8	0.9	0.28	0.23	24.3	1.0	186				
剖48	初育土	红黏土	红土	黄红土	薄层黄红土	1	0—13		重黏土		8.3	8.4	0.76	0.75	22.5	4.0	201	19.3	离石黄土,午城黄土	E 105°24′04.0″ N 34°48′04.0″	99
						2	13—54		轻黏土		8.2	6.9	0.69	0.78	22.1	2.0	185				
						3	54—100		重黏土		8.2	2.0	0.36	0.87	22.5	2.0	177				
剖49	初育土	黄绵土	黄绵土性	黄绵土性土		1	0—22		中壤土		8.2	9.5	0.74	0.58	17.8	3.0	122	6.9	黄土	E 105°15′07.2″ N 34°47′34.1″	77
						2	22—60		中壤土		8.2	6.2	0.53	0.61	17.8		85				
						3	60—120		中壤土		8.2	4.3	0.39	0.52	17.8		79				
剖50	初育土	红黏土	红土	黄红土	中层黄红土	1	0—33		中壤土		8.2	4.6	0.46	0.62	19.1	5.0	183	10.7	离石黄土,午城黄土	E 105°20′46.1″ N 34°47′25.5″	99
						2	33—39		重壤土		8.3	4.1	0.43	0.63	19.1	4.0	162				
						3	39—108		轻壤土		8.4	4.4	0.43	0.60	17.8	5.0	147				
						4	108—120		中壤土		8.5	2.3	0.28	0.62	19.0	4.0	99				

续表 Continued

剖面号 Soil profile	土纲 Soil order	土类 Soil great group	亚类 Soil subgroup	土属 Soil genus	土种 Soil species	土层码 Layer code	土层厚度 Depth/cm	颜色 Soil color	质地 Soil texture	土壤结构 Soil structure	pH	有机质 OM/(g/kg)	全氮 TN/(g/kg)	全磷 TP/(g/kg)	全钾 TK/(g/kg)	有效磷 AP/(mg/kg)	速效钾 AK/(mg/kg)	阳离子交换量CEC/(cmol/kg)	土壤母质 Parent material	剖面点坐标 Profile coordinate	匹配指数 Matching index/%
剖51	初育土	红黏土	红土	红土	薄层红土	1	0—13	浅棕红色	中黏土	棱块状	8.5	2.8	0.38	0.73	21.9	4.0	248	15.8	红色黏土质泥岩风化物	E 105°28′43.0″ N 34°46′55.9″	94
						P	13—23	浅棕红色	中黏土	块层状	8.8	1.7	0.32	0.72	25.1	4.0	244	16.8			
						3	23—50	棕红色	中黏土	棱块状	8.9	2.2	0.32	0.60	24.0	4.0	240				
						4	50—80	棕红色	重黏土	棱块状	9.0	1.3	0.32	0.72	23.6	4.0	228				
剖52	初育土	黄绵土	黄绵土	傻黄绵土	厚层傻黄绵土	1	0—16		中壤土		8.2	6.9	0.60	0.64	18.2	6.0	134	3.6	黄土	E 105°20′06.3″ N 34°46′50.0″	70
						2	16—60		中壤土		8.2	6.2	0.57	0.62	17.8	2.0	71				
						3	60—120		中壤土		8.3	4.1	0.37	0.60	17.8	1.0	71				
剖53	初育土	黄绵土	黄绵土	傻黄绵土	中层傻黄绵土	1	0—24	浅灰棕色	中壤土	粉末状	8.3	8.0	0.65	0.21	19.0	10.0	218	5.2	黄土	E 105°17′39.5″ N 34°46′42.1″	72
						P	24—34	灰棕色	中壤土	块状	8.4	6.8	0.49	0.70	19.0	4.0	118	5.3			
						3	34—84	灰棕色	中壤土	块状	8.3	6.5	0.51	0.72	18.6	4.0	122				
						4	84—120	浅灰棕色	中壤土		8.4	6.4	0.52	0.69	18.6	3.0	110				
剖54	初育土	黄绵土	黄绵土	黄绵土	薄层黄绵土	1	0—21		中壤土		8.0	9.4	0.77	0.68	19.0	8.0	260	6.6	黄土	E 105°25′55.0″ N 34°46′02.6″	70
						2	21—49		中壤土		8.1	6.7	0.55	0.66	18.6	4.0	190				
						3	49—120		重壤土		8.4	5.1	0.40	0.62	19.4	8.0	143				
剖55	初育土	新积土	淀淤土	河淀土	厚层河淀土	1	0—18		中壤土		8.3	7.9	0.59	0.72	19.4	12.0	170	7.9	洪冲积物	E 105°20′55.9″ N 34°45′54.5″	87
						2	18—27		中壤土		8.4	5.5	0.41	0.67	19.0	10.0	103	6.7			
						3	27—87		中壤土		8.7	5.1	0.40	0.57	18.5	4.0	91				
						4	87—120		重壤土		8.6	6.6	0.57	0.64	19.7	6.0	147				
剖56	初育土	新积土	石灰性新积土	河淀底砂土	高位河淀底砂土	1	0—23	灰棕色	重壤土		8.4	3.4	0.32	0.60	18.2	4.0	135	4.0	河流冲积物	E 105°20′53.2″ N 34°45′01.0″	92
						2	23—51		重壤土		8.3	6.3	0.64	0.64	21.2	5.0	180				
剖57	初育土	潮土	淀潜土	河淀土	中层河淀土	1	0—25		中壤土	块层状	8.3	9.9	0.76	0.61	19.8	6.0	152	11.2	河流冲积物	E 105°18′01.8″ N 34°44′44.6″	89
						2	25—35		重壤土	块层状	8.3	9.2	0.73	0.61	20.2	4.0	127				
						3	35—85	浅灰棕色	轻壤土		8.2	7.9	0.70	0.64	20.9	3.0	169				
						4	85—110		中壤土		8.2	4.8	0.41	0.59	19.8	5.0	103				
剖58	半水成土	新积土	石灰性新积土	河淀底砂土	高位河淀底砂土	1	0—22	暗棕色	中壤土	块状	8.2	6.3	0.56	0.68	19.0	7.0	119	7.9	河流冲积物	E 105°23′13.9″ N 34°44′59.3″	91
						2	22—		中壤土	块状	8.3	6.5	0.48	0.61	19.7	9.0	111	9.1			
剖59	初育土	新积土	洪淀	洪淀黄砂土	薄层洪淀黄砂土	1	0—21	灰棕色	中壤土	块状	8.2	8.6	0.73	0.64	19.8	10.0	119	9.2	洪冲积物	E 105°16′10.0″ N 34°44′41.8″	97
						2	21—29	暗棕色	中壤土	块状	8.4	5.9	0.61	0.57	19.1	2.0	111	9.3			
						3	29—64	暗棕色	中壤土		8.6	6.0	0.55	0.61	17.9	2.0	87				
						4	64—130	浅灰棕色	轻壤土		8.7	3.8	0.36	0.57	17.8	3.0	87				
剖60	半水成土	潮土	淀潜土	河淀潮土	薄层河淀潮土	1	0—15	暗棕灰色	中壤土	块状	8.4	6.4	0.55	0.83	18.7	4.0	115	8.1	河流冲积物	E 105°21′42.8″ N 34°44′43.4″	72
						2	15—53	灰棕色	重壤土	块状	8.3	5.4	0.57	0.67	19.5	5.0	147				
						3	53—110	灰黄色	重壤土		8.4	4.9	0.51	0.62	18.7	6.0	127				
剖61	初育土	新积土	洪淀	洪淀黄砂土	中层洪淀黄砂土	1	0—20		轻壤土		8.4	7.6	0.55	0.60	17.1	4.0	128	10.7	洪冲积物	E 105°16′56.4″ N 34°44′41.8″	80
						2	20—		中壤土		8.5	4.5	0.42	0.51	17.1	2.0	100	7.4			
剖62	初育土	新积土	洪淀	洪淀黄砂土	中层洪淀黄砂土	1	0—25		轻壤土		8.4	6.8	0.55	0.61	19.8	4.0	115		洪冲积物	E 105°18′25.6″ N 34°44′22.6″	77
						2	25—34		中壤土		8.3	4.8	0.38	0.52	18.7	2.0	83				
						3	34—82		中壤土		8.2	5.8	0.46	0.55	19.5	2.0	83				
						4	82—120		中壤土		8.4	4.7	0.42	0.55	22.2	2.0	83				
剖63	初育土	新积土	洪淀	洪淀红砂土	薄层洪淀红砂土	1	0—20		中壤土		8.6	6.2	0.60	0.45	22.0	7.0	131	10.5	洪冲积物	E 105°24′12.0″ N 34°43′59.2″	88
						2	20—26		轻壤土		8.6	4.3	0.48	0.48	22.2	6.0	110	11.8			
						3	26—56		轻壤土		8.3	4.1	0.44	0.44	20.4	3.0	111				
						4	56—120		轻壤土		8.9	3.4	0.37	0.41	22.5	2.0	79				
剖64	初育土	红黏土	红土	红砂土	厚红砂土	1	0—21	浅棕红色	中壤土	块状	8.5	3.4	0.37	0.48	19.5	3.0	131	8.0	砂岩风化残积物	E 105°22′37.2″ N 34°43′28.8″	95
						2	21—78	浅棕红色	中壤土		8.5	3.6	0.39	0.50	19.0	3.0	119				
						3	78—143		中壤土		8.6	2.1	0.28	0.48	19.4	3.0	114				

续表 Continued

剖面号 Soil profile	土纲 Soil order	亚类 Soil subgroup	土属 Soil genus	土种 Soil species	土层码 Layer code	土层厚度 Depth/cm	颜色 Soil color	质地 Soil texture	土壤结构 Soil structure	pH	有机质 OM/(g/kg)	全氮 TN/(g/kg)	全磷 TP/(g/kg)	全钾 TK/(g/kg)	有效磷 AP/(mg/kg)	速效钾 AK/(mg/kg)	阳离子交换量CEC/(cmol/kg)	土壤母质 Parent material	剖面点坐标 Profile coordinate	匹配指数 Matching index/%
剖65	初育土	红土	红砂土	中层红砂土	1	0—17	浅棕红色	中壤土		8.4	4.3	0.38	0.64	19.1	2.0	118	8.8	砂岩风化残积物	E 105°23′37.0″ N 34°43′25.3″	86
					2	17—60	浅红棕色	中壤土		8.3	5.0	0.43	0.68	19.4	7.0	183				
					3	60—100	红棕色	重壤土		8.4	3.7	0.33	0.64	19.4	2.0	136				
剖66	钙层土	黑垆土	麻鸡粪土	厚层麻鸡粪土	1	0—25		中壤土		8.0	14.4	1.09	0.84	20.1	11.0	320	10.4	黄土	E 105°16′54.5″ N 34°41′52.4″	73
					2	25—34		中壤土		8.1	13.0	0.99	0.83	20.5	5.0	198	10.4			
					3	34—114		重壤土		8.1	12.7	0.92	0.78	20.2	4.0	103				
					4	114—140		重壤土		8.1	10.2	0.73	0.74	20.2	4.0	103				
剖67	钙层土	黑垆土	白鸡粪土	中层白鸡粪土	1	0—30		中壤土		8.0	9.8	0.76	0.73	19.0	16.0	174	8.3	黄土	E 105°18′46.8″ N 34°41′24.4″	80
					2	30—62		中壤土		8.1	10.4	0.79	0.73	19.0	8.0	158				
					3	62—112		重壤土		8.2	6.0	0.54	0.68	19.0	4.0	83				
剖68	初育土	红土	红砂土	薄层红砂土	1	0—15	浅红色	中壤土		8.3	2.6	0.26	0.63	25.6	2.0	79	16.3	砂岩风化残积物	E 105°16′48.7″ N 34°40′44.0″	82
					2	15—60	浅红棕色	中壤土		8.2	2.0	0.22	1.09	23.7	1.0	100				
					3	60—110	浅红棕色	重壤土		8.2	1.6	0.22	1.01	24.8	1.0	101				
剖69	钙层土	黑垆土	麻鸡粪土	薄层麻鸡粪土	1	0—20	灰褐色	重壤土	块状	8.0	14.1	1.04	0.69	19.8	6.0	100	16.1	黄土	E 105°20′26.5″ N 34°40′39.0″	85
					2	20—26	灰褐色	重壤土	块状	8.0	13.3	0.96	0.72	20.2	5.0	100	16.5			
					P	26—150	灰褐色	重壤土	块状	8.0	20.2	1.49	0.75	20.7	4.0	96				
剖70	半淋溶土	褐土	黄壤土	薄层黄壤土	1	0—16	黄褐色	中壤土	块状	8.0	5.9	0.53	0.59	20.1	13.0	151	7.6	石灰性残积物、坡积物	E 105°16′00.5″ N 34°40′37.6″	72
					2	16—50	黄褐色	中壤土	块状	8.0	5.4	0.53	0.59	20.9	5.0	87				
					3	50—	褐黄色	中壤土	小粒状	7.8	3.6	0.36	0.62	18.6	4.0	75				
剖71	半淋溶土	褐土	黑黄壤土	薄层黑黄壤土	1	0—13	褐黄色	轻壤土	块状	8.4	24.6	1.58	0.53	17.8	5.0	51	16.0	坡积物、残积物	E 105°06′48.6″ N 34°39′50.4″	100
					2	13—50		中壤土	块状	7.7	7.8	0.51	0.31	17.8	2.0	40				
					3	50—97		轻壤土		7.7	7.5	0.52	0.46	18.8	2.0	32				
剖72	淋溶土	棕壤	棕黄壤土	薄层棕黄壤土	1	0—16	浅棕色	中壤土	小块状	7.3	8.9	0.59	1.06	21.3	3.0	99	35.1	坡积、残积、砂土	E 105°08′43.5″ N 34°39′38.4″	93
					2	16—37	暗棕色	中壤土		8.0	4.9	0.32	0.93	24.8	2.0	79	30.1			
					3	37—100	浅棕色	重壤土		8.0	2.8	0.12	0.87	24.9	1.0	82				
剖73	半淋溶土	褐土	黑红黄壤土	薄层黑红黄壤土	1	0—10	棕褐色	中壤土	小块状	8.1	11.8	0.93	0.67	21.0	7.0	133	25.4	坡积、残积、砂土	E 105°12′55.9″ N 34°39′03.7″	89
					2	10—40	浅棕褐色	重壤土	粒状	8.0	16.4	1.20	0.51	19.9	3.0	125	29.2			
					3	40—110	浅棕褐色	重壤土	小块状	8.0	14.3	1.09	0.54	19.4	4.0	129				
剖74	淋溶土	棕壤	棕黄壤土	薄层棕黄壤土	1	0—20	棕黄色	重壤土	小块状	7.3	12.4	0.97	0.41	21.5	4.0	84	19.5	坡积物、残积、砂土	E 105°14′45.2″ N 34°38′18.2″	70
					P	20—30	棕黄色	重壤土	块状	7.5	11.6	0.94	0.46	21.5	3.0	80	18.4			
					3	30—70	棕黄色	重壤土	棱块状	7.3	4.7	0.51	0.41	22.8	2.0	76				
					4	70—110	棕黄色	重壤土	块状	7.2	3.5	0.43	0.43	22.0	6.0	92				
剖75	淋溶土	棕壤	砂土质棕壤		Ao	0—5	棕黑色	轻壤土	团粒状	7.1	44.2	2.91	0.66	20.7	4.0	115	22.6	坡积物、残积、砂土	E 105°08′29.5″ N 34°38′16.1″	71
					2	5—30	棕色	中壤土	小粒状	7.5	11.1	0.73	0.36	21.4	2.0	71				
					3	30—70	棕黄色	重壤土	块状											
					C	70—														
剖76	淋溶土	棕壤	黄土质棕壤		Ao	0—5	黑黄色	重壤土	团粒状	7.2	21.0	1.37	0.52	19.7	6.0	60	20.8	黄土	E 105°11′15.8″ N 34°37′43.4″	78
					2	5—40	浅棕灰色	重壤土	小块状	7.3	23.7	1.50	0.51	19.1	9.0	56				
					3	40—80	棕灰色	重壤土	块状	7.5	31.0	1.98	0.56	19.4	19.0	80				
					4	80—100														
					C	100—														
剖77	半水成土	草甸土	黄土质草甸土		1	0—40		重壤土		6.9	57.8	3.51	0.76	20.5	4.0	68	31.0	黄土	E 105°11′51.3″ N 34°37′12.5″	96
					2	40—70		重壤土		7.4	12.0	0.89	0.43	19.8	2.0	36				
					3	70—100		重壤土		7.4	10.1	0.80	0.38	19.8	2.0	44				

续表 Continued

剖面号 Soil profile	土纲 Soil order	土类 Soil great group	亚类 Soil subgroup	土属 Soil genus	土种 Soil species	土层码 Layer code	土层厚度 Depth/cm	颜色 Soil color	质地 Soil texture	土壤结构 Soil structure	pH	有机质 OM/(g/kg)	全氮 TN/(g/kg)	全磷 TP/(g/kg)	全钾 TK/(g/kg)	有效磷 AP/(mg/kg)	速效钾 AK/(mg/kg)	阳离子交换量CEC/(cmol/kg)	土壤母质 Parent material	剖面点坐标 Profile coordinate	匹配指数 Matching index/%
剖78	淋溶土	棕壤	棕壤	砂砾质棕壤		Ao	0—5	褐黑色	轻壤土		7.1	95.9	5.13	1.35	22.4	11.0	278	38.2	残积物	E 105°09′40.5″ N 34°34′59.8″	99
						A	5—25		轻壤土		7.0	65.2	3.70	1.35	24.3	8.0	210	31.3			
						3	25—100				8.1	10.5	0.55	1.14	34.3	2.0	144				
剖79	半淋溶土	褐土	淋溶褐土	黄土质淋溶褐土		C	100—												黄土	E 105°11′47.4″ N 34°34′58.9″	75
						As	0—18	灰褐色	中壤土	团粒状	7.3	72.1	5.90	0.97	19.0	14.0	336	16.4			
						2	18—34	褐色	中壤土	小粒状	6.9	112.0	4.31	0.92	19.7	7.0	153	31.8			
						3	34—70	褐黄色	重壤土	块状	6.9	13.9	0.92	0.48	19.0	2.0	64				
剖80	半水成土	草甸土	暗色草甸土	黄土质暗色草甸土		1	0—30		重壤土		7.0	52.5	3.20	0.65	18.0	4.0	60	25.9	坡积、残积黄土	E 105°10′59.8″ N 34°33′00.9″	76
						2	30—56		重壤土		7.1	19.6	1.35	0.42	18.3	2.0	40				
						3	56—100		重壤土		7.2	10.1	0.67	0.35	18.7	2.0	36				
剖81	初育土	红黏土	红土	红土	薄层红土	1	0—19		中黏土		8.5	4.5	0.46	0.67	20.6	5.0	183	9.8	红色黏土质泥岩风化物	E 105°16′40.8″ N 34°39′25.6″	92
						2	19—		中黏土		8.7	1.4	0.29	0.67	24.2	2.0	373				
剖82	初育土	红黏土	红土	黄红土	薄层黄红土	1	0—24	黄棕色	重黏土	核块状	8.4	7.1	0.61	0.69	22.7	13.0	222	9.1	离石黄土、午城黄土	E 105°18′14.8″ N 34°38′48.5″	99
						2	24—120	黄棕色	轻黏土	核块状	9.1	1.5	0.28	0.65	17.5	2.0	154				
剖83	初育土	新积土	河淀土	河淀砂土	薄层河淀砂土	1	0—16	灰棕色	中壤土	粽状、块状	8.2	11.8	0.90	0.81	21.5	5.0	140	15.2	洪冲积物	E 105°15′57.6″ N 34°37′33.6″	82
						2	16—75	暗棕灰色	中壤土	块层状	8.2	8.7	0.70	0.73	21.5	2.0	152				
						3	75—100	暗灰棕色	轻壤土	层状	8.2	6.8	0.57	0.80	21.8	2.0	124				

武 山 县

主要土类说明

　　褐土是武山县主要土壤类型，占本县地域面积的 35%。褐土是在半湿润区发育形成的具有黏化与钙质淋移淀积特征的土壤，具 A-B-Bk-C 剖面构型。该土壤盐基饱和，处于硅铝风化阶段，有明显黏淀层与假菌丝状钙积层。土壤盐基饱和度在 80% 以上，有时过饱和。

　　黄绵土是武山县第二大土壤类型，占本县地域面积的 31%。黄绵土分布在海拔 1400—2000m 的向阳山坡、渭河及其支流三级阶地和黄土梁峁沟壑山地的下半山山坡，多位于黑垆土之下，或与黑垆土交错分布。植被属干草原类型，建群种主要有锦鸡儿、骆驼蓬、针茅、阿尔泰狗娃花、甘草等。土壤无团粒结构，磷素养分缺乏。本县黄绵土分为黄绵土、黄绵土性土等亚类。

　　新积土是武山县第三大土壤类型，占本县地域面积的 10%。新积土是由新近冲积、洪积、坡积、塌积或人工堆垫形成的土壤。该土壤成土期短，母质特性明显，具 A-C 或（A）-C 剖面构型。

　　黑垆土占本县地域面积的 7%。黑垆土是在黄土高原上，由黄土发育而成的土壤。该土壤有机质含量低，但腐殖质层深厚。土体原位黏化，但无明显黏化层，具假菌丝状石灰累积；无盐化，多旱耕。

　　山地草甸土占本县地域面积的 6%。山地草甸土是在中山山顶平台的草甸植被下形成的薄层土壤。其表层为草皮层，其下是有锈色斑纹或络合铁锰胶膜的薄层土壤，具 As-A-C-D 剖面构型。

　　棕壤占本县地域面积的 6%。棕壤形成于落叶阔叶林下，处于硅铝风化阶段。土体见黏粒淀积，盐基充分淋失，土壤呈棕色，具 O-A-Bt-C 剖面构型。

　　灰褐土占本县地域面积的 3%。灰褐土形成于温带干旱、半干旱山地云冷杉下，腐殖质累积与钙积作用明显，有弱黏淀特征，具 Ao-A-B-C 剖面构型。

　　小于本县地域面积 3% 的土壤类型有红黏土和暗棕壤。

本区域中心区气候特征

本区域中心区气候特征值
Regional climate characteristics in central area of the region

气候带：中温带亚湿润气候 Climate region: Mid temperate subhumid climate	
年平均气温 /℃ Annual average temperature /℃	10.1
年平均最高气温 /℃ Annual average maximum temperature /℃	16.5
年平均最低气温 /℃ Annual average minimum temperature /℃	5.2
年降水量 /mm Annual precipitation /mm	453
≥10℃的积温 /℃ Daily temperature accumulated in a year（≥10℃）/℃	3672
年日照时数 /h Annual sunshine /h	2069
年平均相对湿度 /% Annual average relative humidity /%	63
干燥度 Dryness	1.38

本区域中心区月平均气温与月平均降水量
Monthly temperature and precipitation in central area of the region

武山县主要土壤类型与土壤剖面点分布图
1∶230 000

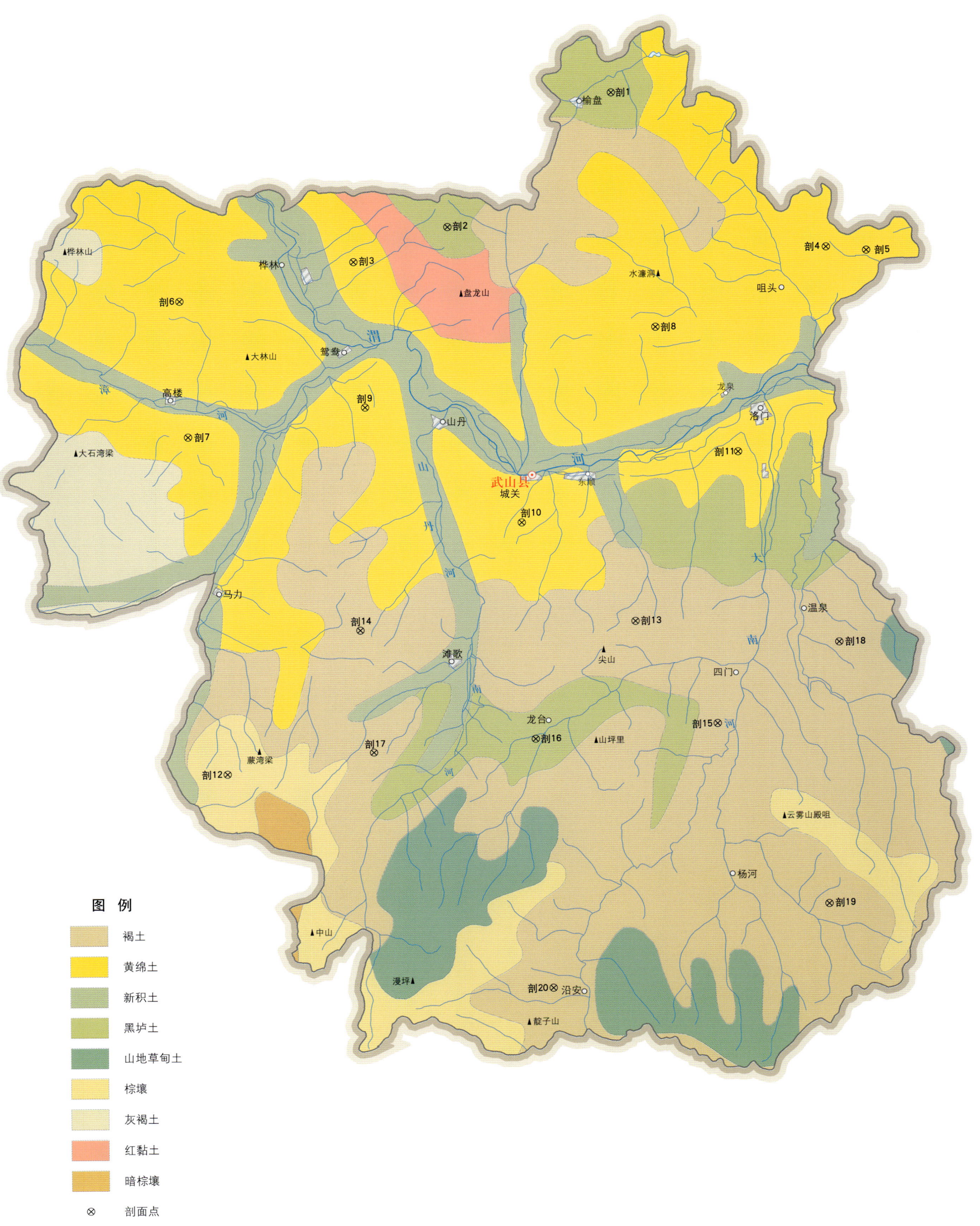

武山县土壤剖面理化性状表

剖面号 Soil profile	土纲 Soil order	土类 Soil great group	亚类 Soil subgroup	土属 Soil genus	土种 Soil species	土层码 Layer code	土层厚度 Depth/cm	颜色 Soil color	质地 Soil texture	土壤结构 Soil structure	pH	有机质 OM/(g/kg)	全氮 TN/(g/kg)	全磷 TP/(g/kg)	全钾 TK/(g/kg)	有效磷 AP/(mg/kg)	速效钾 AK/(mg/kg)	阳离子交换量CEC/(cmol/kg)	土壤母质 Parent material	剖面点坐标 Profile coordinate	匹配指数 Matching index/%
剖1	钙层土	黑垆土	黑垆土	黑鸡粪土	厚层鸡粪土	1	0—20	暗棕黑色	轻壤土	团块状	8.2	18.6	1.41	0.44	8.6	5.0	115	5.1	黄土	E 104°56′06.9″ N 34°55′14.0″	97
						P	20—35	浅棕黑色	轻壤土	团块状	8.3	19.7	1.19	0.70	15.6	4.0	100	9.3			
						3	35—80	黑灰色	中壤土	块状	8.1	16.2	1.31	0.73	9.7	2.0	105	7.8			
剖2	钙层土	黑垆土	黑垆土	黑鸡粪土	中层鸡粪土	1	0—21	浅灰黑色	中壤土	粉粒状	8.4	39.8	2.73	0.76	14.0	6.0	150	10.7	黄土	E 104°50′11.5″ N 34°51′05.7″	71
						P	21—36	浅灰黑色	重壤土	块状	8.2	21.2	2.07	0.68	17.0	5.0	135	11.2			
						3	36—75	深黑黑色	中壤土	块状	8.1	8.1	0.64	0.45	10.7	4.0	111	11.1			
剖3	初育土	黄绵土	黄绵土	傻黄绵土	薄层黑黄绵土	1	0—21	灰棕色	中壤土	粉粒状	7.8	5.1	0.51	0.33	21.7	4.0	185	7.1	马兰黄土	E 104°46′47.6″ N 34°50′02.0″	93
						P	21—35	灰棕色	中壤土	块状	8.2	4.4	0.52	0.53	18.9	3.0	138	9.1			
						3	35—121	灰棕色	轻壤土	核块状	8.1	4.6	0.40	0.49	20.5	2.0	135	9.0			
						4	121—150	灰棕色	砂壤土	块状	8.1	4.6	0.40	0.49	15.8	5.0	130	8.8			
剖4	初育土	黄绵土	黄绵土	傻黄绵土	薄层黄黑绵土	1	0—18	棕灰色	轻壤土	粉粒状	8.1	16.3	1.23	0.54	26.3	2.0	167	8.8	马兰黄土	E 105°03′50.8″ N 34°50′27.6″	72
						P	18—35	棕灰色	砂壤土	块状	8.2	18.7	1.60	0.65	23.7	4.0	117	10.4			
						3	35—89	棕灰色	中壤土	块状	8.2	21.7	1.87	0.82	19.1	2.0	105	5.7			
剖5	初育土	黄绵土	黄绵土	黄绵土性土		As	0—15	灰棕色	中壤土	粉粒状	8.2	7.4	0.57	1.22	22.2	2.0	169	8.6	马兰黄土	E 105°05′18.3″ N 34°50′21.1″	96
						2	15—25	灰棕色	中壤土	粒状、块状	8.5	4.0	0.51	0.95	15.9	2.0	124	8.9			
						C	25—150	灰黄色	轻壤土	块状	8.6	5.7	0.43	0.79	28.7	2.0	125	9.8			
剖6	初育土	黄绵土	黄绵土	黑黄绵土	中层黄黑绵土	1	0—17	棕灰色	中壤土	粉粒状	8.3	9.1	0.71	0.91	21.8	5.0	210	5.1	马兰黄土	E 104°40′30.7″ N 34°48′50.0″	78
						P	17—32	棕灰色	砂壤土	块状	8.4	5.1	0.43	0.65	11.1	10.0	105	6.1			
						3	32—67	灰黄色	中壤土	块状	7.9	19.7	0.94	0.81	13.9	5.0	350	5.2			
剖7	初育土	黄绵土	黄绵土	黄绵土	中层黄绵土	1	0—15	棕灰色	中壤土	粉粒状	8.3	6.2	0.64	0.31	23.6	4.0	225	5.4	马兰黄土	E 104°40′48.5″ N 34°44′38.4″	72
						P	15—25	灰棕色	中壤土	块状	8.5	3.9	0.91	0.63	24.4	4.0	165	5.3			
						3	25—65	灰棕色	中壤土	块状	8.5	2.8	0.52	0.77	24.4	5.0	120	4.3			
						4	65—150	灰棕色	轻壤土	块状	8.3	2.2	0.38	0.63	24.1	2.0	115	3.7			
剖8	初育土	黄绵土	黄绵土	黑黄绵土	厚层黑黄绵土	1	0—23	暗棕灰色	重壤土	粉粒状	8.1	14.9	0.92	0.21	19.1	9.0	126	6.1	马兰黄土	E 104°57′40.8″ N 34°48′00.6″	95
						P	23—36	棕灰色	中壤土	块状	8.3	9.2	0.83	0.38	12.8	6.0	110	7.7			
						3	36—110	棕灰色	中壤土	块状	8.0	8.6	0.71	0.11	13.3	4.0	105	7.9			
						4	110—150	灰棕色	中壤土	块状	8.1	4.6	0.57	0.11	13.8	2.0	105	8.0			
剖9	初育土	黄绵土	黄绵土	黄绵土	薄层黄绵土	1	0—19	棕灰色	中壤土	粉粒状	8.1	6.5	0.72	0.56	14.9	9.0	272	9.9	马兰黄土	E 104°47′11.7″ N 34°45′32.8″	95
						P	19—27	棕灰色	中壤土	块状	8.2	2.2	0.38	0.60	18.0	9.0	285	11.0			
剖10	初育土	黄绵土	黄绵土	黄绵土	厚层黄绵土	1	0—16	灰棕色	轻壤土	粉粒状	8.1	4.6	0.57	0.77	20.2	7.0	115	8.2	马兰黄土	E 104°52′49.4″ N 34°42′00.4″	100
						P	16—27	灰棕色	中壤土	块状	8.2	3.4	0.50	0.83	14.8	3.0	124	8.1			
						3	27—99	灰棕色	中壤土	块状	8.2	4.5	0.54	0.61	19.0	4.0	149	7.8			
剖11	初育土	黄绵土	黄绵土	傻黄绵土	中层傻黄绵土	As	0—21	灰棕色	中壤土	粉粒、块状	8.2	21.7	1.60	0.17	15.2	4.0	247	13.0	马兰黄土	E 105°00′38.2″ N 34°44′09.2″	98
						2	21—35	灰棕色	中壤土	粒状、块状	8.3	3.4	0.39	0.68	17.2	6.0	265	14.5			
						3	35—86	灰红色	中壤土	核状	8.2	4.5	0.44	0.32	15.2	9.0	273	6.4			
剖12	淋溶土	棕壤	棕壤	黄土质棕壤		1	0—12	棕红色	砂壤土	粒状	7.1	104.5	5.32	8.60	14.5	5.0		7.4	黄土	E 104°42′11.5″ N 34°34′15.6″	79
						P	12—21	浅灰棕色	中壤土	核状	6.8	58.3	3.91	0.15	14.6	6.0	280	7.0			
						C	43—	棕红褐色	砂壤土	块状	8.2	9.0	0.60	0.24	9.4	3.0		5.6			
剖13	半淋溶土	褐土	石灰性褐土	黄鸡粪土	薄层黄鸡粪土	1	0—17	黄褐色	中壤土	粒状、块状	8.1	14.2	1.45	0.15	14.5	6.0	280	12.3	黄土	E 104°56′54.2″ N 34°38′56.8″	82
						P	17—20	黄棕色	中壤土	块状	8.1	18.6	1.25	0.14	13.8	4.0	175	11.2			
						3	20—43	黄色	轻黏土	块状	8.2	14.6	0.84	0.42	13.4	2.0	105	9.2			
						4	43—80	黄色	重壤土	块状	8.1	8.3	0.71	0.56	15.4	2.0	145	10.1			

续表 Continued

剖面号 Soil profile	土纲 Soil order	土类 Soil great group	亚类 Soil subgroup	土属 Soil genus	土种 Soil species	土层码 Layer code	土层厚度 Depth/ cm	颜色 Soil color	质地 Soil texture	土壤结构 Soil structure	pH	有机质 OM/ (g/kg)	全氮 TN/ (g/kg)	全磷 TP/ (g/kg)	全钾 TK/ (g/kg)	有效磷 AP/ (mg/kg)	速效钾 AK/ (mg/kg)	阳离子交换量CEC/ (cmol/kg)	土壤母质 Parent material	剖面点坐标 Profile coordinate	匹配指数 Matching index/%
剖14	半淋溶土	褐土	石灰性褐土	黄鸡粪土	厚层黄鸡粪土	1	0–17	棕灰色	中壤土	粉粒状	8.2	6.1	0.28	0.53	8.5	14.0	130	5.1		E 104°46′59.6″ N 34°38′41.0″	78
						P	17–25	灰棕色	轻壤土	核块状	8.2	13.4	1.10	0.69	13.9	14.0	185	7.2			
						3	25–60	棕灰色	中壤土	核块状	8.4	11.6	0.97	0.62	22.5	3.0	109	6.7			
						4	60–115	棕灰色	砂壤土	块状	8.2	13.9	0.95	0.59	19.4	6.0	115	9.7			
剖15	半淋溶土	褐土	褐土	黄土	薄层黄鸡粪土	1	0–21	黄褐色	砂壤土	块状	8.0	22.1	1.48	0.53	22.2	8.0	100	11.1		E 104°59′50.4″ N 34°35′47.7″	91
						P	21–25	浅黄色	紧砂土	块状	7.9	21.4	1.47	0.38	28.5	3.0	125	7.8			
						3	25–110	浅黄色	重黏土	块状	7.9	20.5	1.68	0.11	24.4	2.0	140	11.1			
剖16	钙层土	黑垆土	黑麻土	黑鸡粪土	薄层黑鸡粪土	1	0–17	暗棕灰色	中壤土	粉粒状	8.2	11.1	0.93	0.76	23.5	4.0	260	5.5	黄土	E 104°53′17.2″ N 34°35′20.0″	89
						P	17–24	暗棕灰色	中壤土	块状	8.2	8.8	0.86	0.94	24.2	4.0	175	8.1			
						3	24–150	灰棕色	中壤土	块状	8.4	13.5	1.04	1.04	25.7	6.0	132	10.2			
剖17	半淋溶土	褐土	淋溶褐土	黑黄土	薄层黑黄砂土	1	0–25	深褐色	中壤土	颗粒状	6.9	35.4	2.34	0.85	18.1	7.0	153	23.9		E 104°47′27.9″ N 34°34′55.3″	79
						P	25–35	深褐色	中壤土	核块状	6.7	34.8	2.80	0.73	17.1	4.0	134	24.2			
						3	35–56	深褐色	砂壤土	核块状	6.4	45.6	2.85	0.62	13.9	7.0	127	10.7			
剖18	半淋溶土	褐土	淋溶褐土	黑黄土	中层黑黄土	1	0–15	灰褐色	轻壤土	粒状	8.1	10.4	0.38	0.10	21.0	6.0	155	11.7	黄土	E 105°04′14.2″ N 34°38′16.7″	89
						P	15–33	灰棕色	轻壤土	核块状	8.0	8.4	0.84	0.87	23.1	13.0	140	5.6			
						3	33–100	黄棕色	中壤土	团块状	8.0	2.3	0.48	0.56	20.8	8.0	145	8.9			
						4	100–150	黄棕色	砂壤土	团块状	7.8	2.3	0.48	0.76	14.8	5.0	158	11.7			
剖19	半淋溶土	褐土	淋溶褐土	黑红土	薄层黑红土	1	0–21	黑红色	轻壤土	粒状、块状	7.8	9.2	0.84	0.21	22.1	1.0	68	7.3	红土	E 105°03′48.7″ N 34°30′12.0″	70
						P	21–29	黑红色	重黏土	核块状	8.0	8.1	0.93	0.23	23.6	4.0	58	7.1			
						3	29–66	红土色	轻黏土	块状	8.1	2.3	0.47	0.67	23.8	2.0	40	6.2			
剖20	半淋溶土	褐土	淋溶褐土	黑黄土	薄层黑黄土	1	0–17	黑黄色	中壤土	粉粒状	7.3	24.6	1.38	0.78	12.2	4.0	81	16.6	花岗岩风化残积物、堆积物	E 104°53′52.8″ N 34°27′40.4″	85
						P	17–30	黑色	中壤土	块状	7.4	10.1	0.68	0.62	10.7	4.0	160	12.0			
						3	30–45	灰褐色	中壤土	块状	7.1	19.3	1.30	0.54	12.0	2.0	82	12.0			
						4	45–95	黄褐色		细砂粒状	7.3	5.0	0.42	0.62	21.0	7.0	102	7.6			

张家川回族自治县

主要土类说明

黑垆土是张家川回族自治县主要土壤类型，占本县地域面积的27%。黑垆土是在黄土高原上，由黄土发育而成的土壤。该土壤有机质含量低，但腐殖质层深厚。土体原位黏化，但无明显黏化层，具假菌丝状石灰累积；无盐化，多旱耕。

棕壤是张家川回族自治县第二大土壤类型，占本县地域面积的23%。棕壤形成于落叶阔叶林下，但大部分已被垦殖，以旱作为主。该土壤处于硅铝风化阶段，具有黏化特征，呈棕色。土体见黏粒淀积，盐基充分淋失，pH一般为6.0—7.0，见少量游离铁。

褐土是张家川回族自治县第三大土壤类型，占本县地域面积的22%。褐土是在半湿润区发育形成的具有黏化与钙质淋移淀积特征的土壤，具A-B-Bk-C剖面构型。该土壤盐基饱和，处于硅铝风化阶段，有明显黏淀层与假菌丝状钙积层。土壤盐基饱和度在80%以上，有时过饱和。

红黏土占本县地域面积的10%。深厚黄土层下，常见第三纪红色黏土（保德期红黏土）埋藏。厚层黄土层侵蚀殆尽处，红色黏土层露出，形成的母质性状明显的初育土，即红黏土。其黏粒含量高，塑性强，生物作用微弱，母质特性明显，有时夹有砂姜。

黄绵土占本县地域面积的7%。黄绵土是由黄土母质直接翻耕形成的初育土。由于土壤侵蚀严重，表层长期遭侵蚀，只能不断加深耕作黄土母质层，因而母质特性明显。土壤无明显发育，为A-C型土。由于风成黄土富含细粉粒，故质地、结构均一，疏松绵软，富含石灰，磷、钾储量较丰富，但有效性差，土壤有机质缺乏。

新积土占本县地域面积的4%。新积土是由新近冲积、洪积、坡积、塌积或人工堆垫形成的土壤。该土壤成土期短，母质特性明显，具A-C或（A）-C剖面构型。

草甸土占本县地域面积的3%。因所处地带地下水位较高，潜水参与土壤形成过程，受地下水升降与浸润作用，成土过程具有明显腐殖质累积和铁锰氧化还原特征，土体出现锈色斑纹层，具A-Cu或A-C-Cu剖面构型。

小于本县地域面积3%的土壤类型有山地草甸土、潮土和黑土。

本区域中心区气候特征

本区域中心区气候特征值
Regional climate characteristics in central area of the region

气候带：暖温带亚湿润气候 Climate region: Warm temperate subhumid climate	
年平均气温 /℃ Annual average temperature /℃	10.2
年平均最高气温 /℃ Annual average maximum temperature /℃	16.3
年平均最低气温 /℃ Annual average minimum temperature /℃	5.4
年降水量 /mm Annual precipitation /mm	486
≥10℃的积温 /℃ Daily temperature accumulated in a year (≥10℃) /℃	4155
年日照时数 /h Annual sunshine /h	2119
年平均相对湿度 /% Annual average relative humidity /%	66
干燥度 Dryness	1.26

本区域中心区月平均气温与月平均降水量
Monthly temperature and precipitation in central area of the region

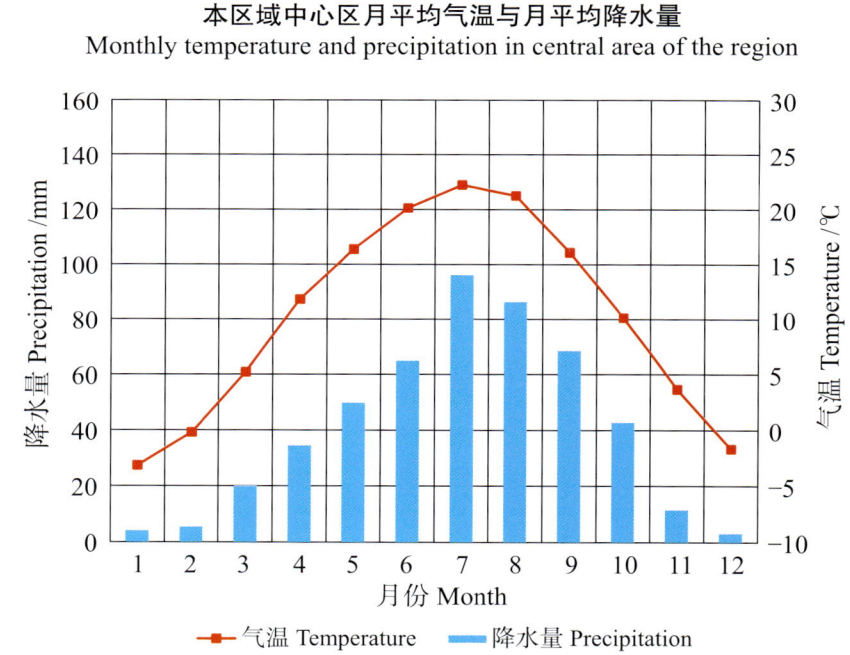

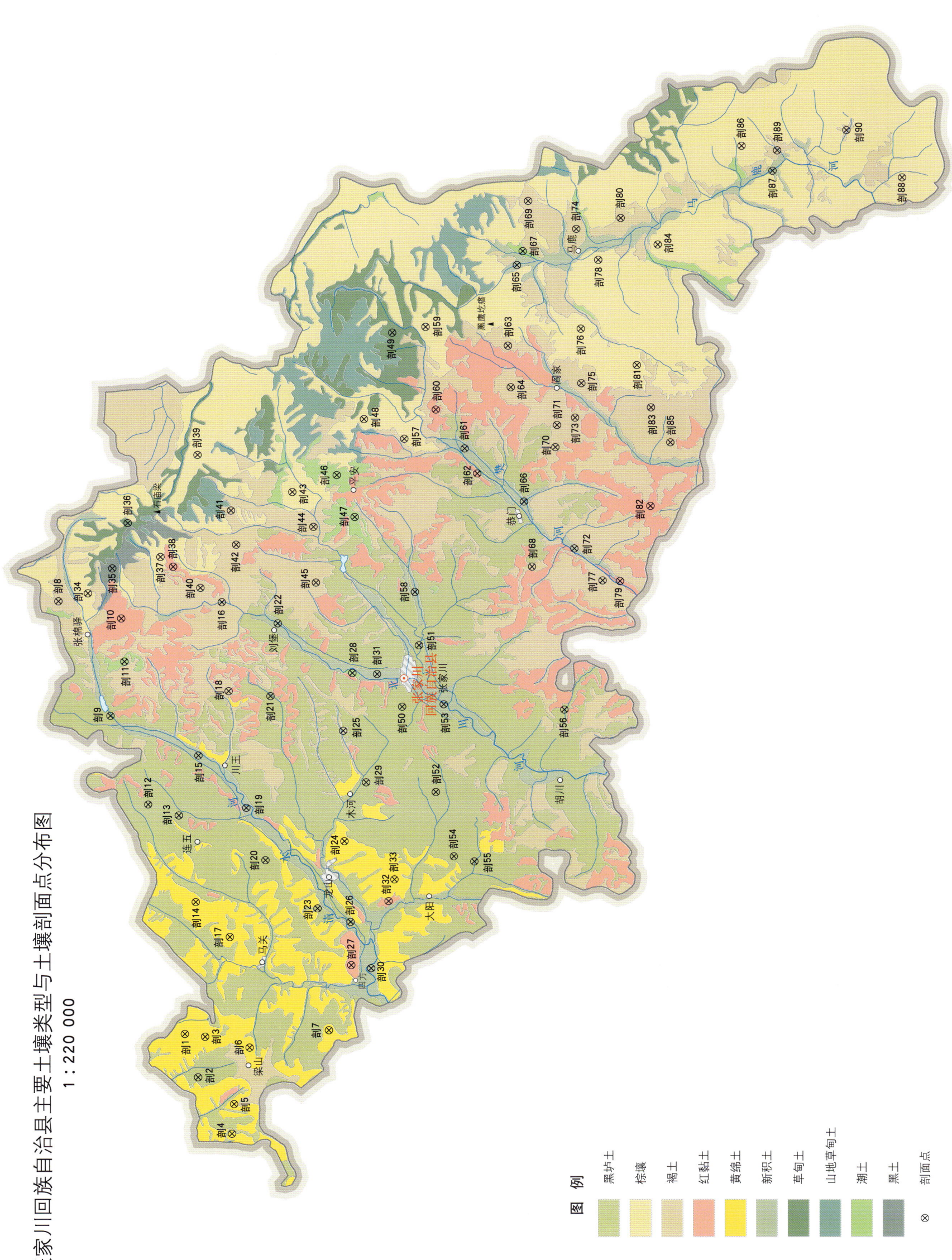

张家川回族自治县土壤剖面理化性状表

剖面号	土纲	土类	亚类	土属	土种	土层码	土层厚度/cm	颜色	质地	土壤结构	pH	有机质OM/(g/kg)	全氮TN/(g/kg)	全磷TP/(g/kg)	全钾TK/(g/kg)	有效磷AP/(mg/kg)	速效钾AK/(mg/kg)	阳离子交换量CEC/(cmol/kg)	土壤母质	剖面点坐标	匹配指数/%
剖1	初育土	黄绵土	黄绵土性土	黄绵土性土		A	0—12	暗灰黄色	中壤土	粉粒状	8.0	26.0	1.61	0.74	23.0	5.0	276	11.5	黄土	E 105°59′35.7″ N 35°06′11.2″	75
						2	12—16	灰黄色	中壤土	块状	8.3	16.4	1.02	0.71	20.3	4.0	124	9.6			
						C	16—124		中壤土	块状	8.1	9.5		0.73	22.0	4.0	102	8.9			
剖2	钙层土	黑垆土	黑麻土	麻鸡粪土	厚层麻鸡粪土	1	0—13	暗灰褐色	中壤土	粒状、块状	8.2	16.4	1.12	0.84	21.6	13.0	342	12.7	黄土	E 105°58′03.9″ N 35°05′49.4″	98
						P	13—20	暗灰褐色	中壤土	块状	8.2	14.5	1.15	0.78	26.2	3.0	218	11.4			
						3	20—72	灰灰褐色	中壤土	块状	8.1	9.7	0.83	0.73	22.8	2.0	118	10.5			
						4	72—150	浅灰褐色	中壤土	块状	8.1	10.6	0.81	0.73	22.8	2.0	107	12.8			
剖3	初育土	黄绵土	黄绵土	黄绵土	薄层黄绵土	1	0—14	灰黄色	中壤土	粒状、块状	8.2	10.0	0.65	0.72	18.9	10.0	138	9.5	黄土	E 105°59′29.2″ N 35°05′37.0″	96
						P	14—21	浅灰黄色	中壤土	块状	8.3	9.7	0.67	0.62	19.3	3.0	98	9.0			
						3	21—23	浅灰黄色	中壤土	块状	8.3	5.3	0.44	0.55	20.6	1.0	68	8.5			
						C	23—80		中壤土	块状	8.3	5.3	0.36	0.51	21.2	1.0	68	8.3			
剖4	初育土	黄绵土	黄绵土	傻黄绵土	薄层傻黄绵土	1	0—17	灰黄色	中壤土	粉粒状	8.1	10.5	0.88	0.70	19.3	9.0	206	7.3	黄土	E 105°56′03.6″ N 35°04′53.1″	79
						P	17—23	灰黄色	中壤土	块状	8.2	9.6	0.60	0.68	21.1	6.0	151	7.2			
						3	23—65	浅灰黄色	中壤土	块状	8.2	7.2	0.58	0.60	20.3	3.0	166	6.3			
						C	65—		中壤土	块状											
							150—														
剖5	初育土	黄绵土	黄绵土	傻黄绵土	厚层傻黄绵土	1	0—14	灰黄色	中壤土	粉粒状	8.0	14.3	1.08	0.95	21.7	44.0	253	11.0	黄土	E 105°57′06.4″ N 35°04′48.9″	100
						P	14—20	灰黄色	中壤土	块状	8.3	13.4	1.04	0.83	21.0	19.0	171	10.6			
						3	20—64	浅灰黄色	中壤土	块状	8.3	6.5	0.57	0.61	18.6	1.0	64	8.5			
						C	64—150	浅灰黄色	中壤土	块状	8.4	5.5	0.52	0.62	18.0	1.0	64	7.4			
剖6	初育土	黄绵土	黄绵土	黑黄绵土	中层黑黄绵土	1	0—14	暗灰黄色	中壤土	粒状、块状	8.2	11.7	0.84	0.83	18.9	16.0	177	8.3	黄土	E 105°59′05.5″ N 35°04′21.6″	73
						P	14—23	暗灰黄色	中壤土	块状	8.3	10.3	0.81	0.72	18.8	8.0	153	8.0			
						3	23—50	灰黄色	中壤土	块状	8.4	5.6	0.44	0.67	12.8	2.0	88	6.8			
						C	50—		中壤土	块状	8.4	5.3	0.40	0.60	15.4	2.0	75	6.5			
剖7	初育土	黄绵土	黄绵土	黑黄绵土	厚层黑黄绵土	1	0—14	暗灰黄色	中壤土	粒状、块状	8.0	14.8	0.86	0.82	19.4	5.0	172	7.4	黄土	E 105°59′40.3″ N 35°02′07.2″	88
						P	14—22	灰黄色	轻壤土	块状	8.1	14.2	0.39	0.81	21.2	2.0	154	6.5			
						3	22—62	灰黄色	轻壤土	块状	8.1	8.7	0.42	0.75	24.3	2.0	90	4.2			
						4	62—150		中壤土		8.1										
剖8	半淋溶土	褐土	褐土	黄土	薄层黄土	1	0—14	暗灰黄色	砂壤土	粒状	8.1	13.0	0.82	0.78	17.5	4.0	96	18.2		E 106°14′59.4″ N 35°09′36.5″	87
						2	14—17	棕灰色	砂壤土	粒状、块状	8.0	5.6	0.33	0.60	19.6	2.0	77	11.6			
						3	17—82	棕灰色	黏质砂壤土	粒状、块状	8.1	3.9	0.28	0.61	19.7	2.0	55	19.8			
						C	82—150		砂土		8.3	2.3	0.15	0.79	7.2	1.0	74	21.5			
剖9	钙层土	黑垆土	始成黑垆土	石质始成黑垆土		As	0—5	暗灰黄色	砂壤土	粒状、块状										E 106°10′53.3″ N 35°08′10.6″	88
						2	5—22	黄灰色	砂壤土	粒状、块状											
						C	22—		黏土												
剖10	初育土	红黏土	红土	红土	薄层红土	1	0—12	红褐色	黏土	小块状	8.2	9.2	1.32	0.62	23.0	7.0	244	13.5	红土、第四纪古黄土	E 106°14′21.2″ N 35°07′50.6″	82
						2	12—19	红褐色	重壤土	梭块状	8.2	8.2	0.82	0.66	23.0	5.0	211	14.6			
						C	19—57	红褐色	重壤土	块状	8.1	6.8	0.65	0.63	22.2	3.0	168	15.6			
剖11	半水成土	潮土	潮土	潮土	厚层潮土	1	0—15	黑褐色	中壤土	粒状、块状	8.0	22.0	1.72	1.02	22.3	20.0	273	17.7	河流冲积物	E 106°12′48.7″ N 35°07′46.0″	80
						P	15—21	黑褐色	中壤土	片块状	8.1	18.6	1.61	0.95	20.6	9.0	173	15.8			
						3	21—95	棕褐色	中壤土	块状	8.1	14.5	1.09	1.10	20.3	9.0	115	14.5			

续表 Continued

剖面号 Soil profile	土纲 Soil order	土类 Soil great group	亚类 Soil subgroup	土属 Soil genus	土种 Soil species	土层码 Layer code	土层厚度 Depth/cm	颜色 Soil color	质地 Soil texture	土壤结构 Soil structure	pH	有机质 OM/(g/kg)	全氮 TN/(g/kg)	全磷 TP/(g/kg)	全钾 TK/(g/kg)	有效磷 AP/(mg/kg)	速效钾 AK/(mg/kg)	阳离子交换量 CEC/(cmol/kg)	土壤母质 Parent material	剖面点坐标 Profile coordinate	匹配指数 Matching index/%
剖12	钙层土	黑垆土	黑垆土性土	黄土质黑垆土性土		As	0—10	暗灰褐色	中壤土	粒状、块状	8.1	14.9	1.47	0.75	20.6	5.0	144	9.1	黄土	E 106°07′43.7″ N 35°07′08.8″	94
						2	10—16	暗灰色	中壤土	粒状	8.0	15.7	1.13	0.30	21.3	5.0	154	9.2			
						3	16—31	灰褐色	中壤土	块状	8.0	20.2	1.08	1.02	23.1	9.0	169	14.4			
						C	31—91		中壤土	块状	8.0	16.1	1.04	0.82	24.4	4.0	99	14.8			
剖13	钙层土	黑垆土	黑垆土	白鸡粪土	中层白鸡粪土	1	0—13	浅灰褐色	中壤土	粒状、块状	8.2	11.6	0.83	0.63	21.9	3.0	128	11.4	黄土	E 106°07′19.3″ N 35°06′17.0″	86
						P	13—19	浅灰褐色	中壤土	块状	8.3	9.4	0.78	0.53	23.2	1.0	98	11.0			
						3	19—39	浅灰褐色	中壤土	块状	8.3	4.3	0.70	0.58	22.9	1.0	63	12.2			
						4	39—126	灰褐色	中壤土	块状	8.4	3.9	0.13	0.76	23.6	1.0	66	12.8			
						C	126—														
剖14	初育土	黄绵土	黄绵土	傻黄绵土	中层傻黄绵土	1	0—11	灰黄色	中壤土	粉粒状	8.1	12.8	1.00	0.75	20.3	9.0	151	11.6	黄土	E 106°04′13.4″ N 35°05′50.3″	87
						P	11—16	灰黄色	中壤土	块状	8.4	12.7	0.94	0.74	15.6	5.0	109	11.9			
						3	16—37	浅灰黄色	中壤土	块状	8.4	12.5	0.88	0.73	15.7	4.0	82	15.1			
						C	37—85		中壤土	块状	8.4	12.9	0.80	0.71	15.8	2.0	80	14.2			
剖15	新积土	新积土	洪淀土	洪淀红土	中层洪淀红土	1	0—16	暗红褐色	重壤土	粒状、块状	8.3	11.0	0.83	0.82	24.3	8.0	200	8.7	黄土	E 106°09′26.8″ N 35°05′42.8″	88
						P	16—21	红褐色	重壤土	小块状	8.3	10.8	0.65	0.89	25.8	8.0	203	8.0			
						3	21—48	红褐色	重壤土	块状	8.4	7.9	0.58	0.79	23.9	1.0	120	7.8			
						C	48—150	红褐色	重壤土	块状	8.4	6.4	0.60	0.77		1.0	92	6.9			
剖16	半淋溶土	褐土	始成褐土	粗骨质始成褐土		A	0—12	暗灰褐色	轻偏砂壤土										风化岩石碎块	E 106°14′53.2″ N 35°05′00.2″	85
						C	12—18														
						R	18—														
剖17	初育土	黄绵土	黄绵土	黄绵土		1	0—14	灰黄色	中壤土	粉粒状	8.2	9.8	0.64	0.42	21.7	4.0	104	7.9	黄土	E 106°02′58.0″ N 35°04′52.8″	96
						P	14—22	浅灰黄色	中壤土	块状	8.3	8.0	0.49	0.51	25.0	3.0	73	8.1			
						3	22—42	浅灰黄色	中壤土	块状	8.3	6.1	0.37	0.59	23.7	3.0	68	8.4			
						C	42—150		中壤土	块状	8.3	6.4	0.30	0.61	23.0	3.0	68	8.4			
剖18	半淋溶土	褐土	石灰性褐土	红土质石灰性褐土	厚河淀黄砂土	As	0—14	暗标红色	轻黏土	粒状、块状	8.2	22.9	1.09	0.51	31.0	2.0	154	17.0	黄土	E 106°11′43.5″ N 35°04′50.2″	90
						2	14—29	黑红色	轻黏土	棱块状	8.3	7.6	0.90	0.48	34.9	2.0	90	16.0			
						3	29—44	棕红色	中壤土	棱状	8.1	2.8	0.84	0.33	33.6	1.0	104	17.1			
剖19	新积土	新积土	河淀土	河淀黄砂土	厚河淀黄砂土	1	0—14	灰灰褐色	砂质黏壤土	粒状	8.3	9.4	0.60	0.84	27.1	4.0	143	9.6		E 106°07′34.0″ N 35°04′22.8″	98
						P	14—23	灰灰褐色	中壤土	块状	8.3	7.7	0.60	0.80	26.7	1.0	113	9.2			
						3	23—68	灰灰褐色	中壤土	块状	8.3	7.4	0.42	0.77	21.9	1.0	111	11.8			
						C	68—150	灰褐色	中壤土	片块状	8.4	3.2	0.17	0.73	24.0	1.0	101	11.1			
剖20	初育土	黄绵土	黄绵土	白鸡粪土	薄层白鸡粪土	1	0—14	浅灰褐色	重壤土	块状	8.2	14.5	1.04	0.59	10.1	4.0	109	9.5	黄土	E 106°05′42.0″ N 35°03′51.5″	74
						P	14—20	浅灰褐色	中壤土	块状	8.2	15.4	0.96	0.61	20.9	4.0	128	9.1			
						3	20—23	浅灰褐色	中壤土	棱块状	8.3	8.1	0.59	0.54	18.4	2.0	63	8.8			
						4	23—														
剖21	新积土	新积土	洪淀土	洪淀红土	薄层洪淀红土	As	0—10	暗棕红色	重黏土	粒状、块状	8.1	17.0	1.21	0.60	23.8	3.0	269	18.4		E 106°11′31.8″ N 35°03′39.7″	78
						2	10—20	暗棕红色	重黏土	棱块状	8.2	9.1	0.72	0.51	28.0	1.0	171	17.9			
						3	20—47	棕红色	重黏土	棱块状	8.3	6.9	0.46	0.55	30.9	1.0	169	18.8			
						C	47—150	棕红色	中黏土	块状	8.0	6.4	0.29	0.62	22.8	3.0	179	20.2			
剖22	钙层土	黑垆土	黑垆土	白鸡粪土		1	0—13	暗红褐色	轻壤土	粒状、块状	8.1	12.9	0.96	0.75	22.0	7.0	296	10.5	黄土	E 106°14′07.1″ N 35°03′25.6″	73
						P	13—19	红褐色	轻壤土	小块状	8.0	10.7	1.01	0.78	22.2	4.0	265	9.6			
						3	19—29	红褐色	轻壤土	块状	8.0	12.3	1.10	0.77	24.2	3.0	252	11.2			
						As	29—150	棕红色	重壤土	粒状、块状	8.3	12.1	1.04	0.59	22.2	2.0	173	9.9			
剖23	钙层土	黑垆土	黑垆土型侵蚀土	黄红土质黑垆土型侵蚀土		1	0—13	暗红色	重壤土	块状	8.3	29.9	1.78	0.59	22.5	5.0	193	17.0		E 106°03′57.3″ N 35°02′24.1″	87
						2	13—23	黄红色	重壤土	块状	8.4	20.8	0.85	0.58	21.1	3.0	111	18.0			
						C	23—	黄红色	重壤土	块状	8.4	3.6	0.78	0.58	24.1	3.0	161	24.0			

续表 Continued

剖面号 Soil profile	土纲 Soil order	土类 Soil great group	亚类 Soil subgroup	土属 Soil genus	土种 Soil species	土层码 Layer code	土层厚度 Depth/cm	颜色 Soil color	质地 Soil texture	土壤结构 Soil structure	pH	有机质 OM/(g/kg)	全氮 TN/(g/kg)	全磷 TP/(g/kg)	全钾 TK/(g/kg)	有效磷 AP/(mg/kg)	速效钾 AK/(mg/kg)	阳离子交换量CEC/(cmol/kg)	土壤母质 Parent material	剖面点坐标 Profile coordinate	匹配指数 Matching index/%
剖24	初育土	黄绵土	黄绵土	黑黄绵土	薄层黑黄绵土	1	0-14	暗灰黄色	中壤土	粒状	8.0	13.6	0.85	0.84	24.2	8.0	209	12.4	黄土	E 106°06′20.9″ N 35°01′37.6″	71
						P	14-21	灰灰黄色	中壤土	块状	8.1	12.4	0.66	0.83	23.3	3.0	175	11.7			
						3	21-23	灰黄色	中壤土	块状	8.1	10.8	0.64	0.83	23.0	2.0	162	11.6			
						C	23-150		中壤土		8.0	5.4	0.30	0.65	24.8	2.0	80	7.7			
剖25	半淋溶土	褐土	褐土	红土质褐土		A	0-16	暗棕红色	轻黏土	粒状、块状	8.3	21.0	1.26	0.50	20.4	8.0	156	20.8	黄土	E 106°10′15.9″ N 35°01′37.4″	99
						2	16-23	棕红色	重黏土	棱块状	8.3	20.0	1.21	0.47	20.4	3.0	108	21.0			
						C	23-150	棕红色	轻黏土	棱状	8.3	1.9	0.31	0.43	26.9	3.0	169	13.9			
剖26	钙层土	黑垆土	黑垆土	黑鸡粪土	厚层黑鸡粪土	1	0-17	灰黑色	中壤土	粒状、块状	8.2	17.9	1.28	0.85	24.8	6.0	190	14.0	黄土	E 106°03′27.4″ N 35°01′28.6″	72
						P	17-28	灰黑色	中壤土	片块状	8.3	17.7	1.04	0.89	25.7	4.0	160	14.5			
						3	28-66	暗灰褐色	中壤土	块状	8.4	15.7	1.00	0.89	27.1	4.0	105	23.8			
						4	66-150	暗灰褐色	中壤土	块状	8.3	26.1	1.02	0.98	26.4	2.0	100	8.4			
						C	150—		重黏土		8.5	11.8	0.80	0.83		1.0	70				
剖27	初育土	红黏土	红土	青杂土	薄层红青杂土	1	0-17	灰红色	重黏土	块状									红土	E 106°01′56.7″ N 35°01′28.1″	83
						P	17-23	灰红色	轻黏土	块状											
						3	23-64	浅红棕色		大块状											
						C	64—														
剖28	半水成土	潮土	淀潮土	河淀潮土	薄层河淀潮土	1	0-16	暗灰褐色	中壤土	粒状、块状	8.2	17.8	1.43	0.99	20.4	15.0	271	13.4	河流冲积物	E 106°12′18.7″ N 35°01′20.6″	95
						P	16-24	暗灰褐色	中壤土	块状	8.4	16.5	1.25	0.91	20.3	6.0	215	12.7			
						W	24-150	灰黄色	中壤土		9.0	6.0	0.41	0.74	19.6	4.0	87	9.5			
剖29	钙层土	黑垆土	黑垆	黑鸡粪土	薄层黑鸡粪土	1	0-15	浅灰黑色	中壤土	粒状、块状	8.1	19.6	1.27	0.89	23.9	4.0	122	17.3	黄土	E 106°08′26.2″ N 35°00′59.8″	95
						2	15-22	灰黑色	中壤土	片块状	8.0	19.4	1.22	0.91	26.5	1.0	115	20.8			
						3	22-24	灰黑色	中壤土	块状	8.1	18.8	0.92	0.78	24.9	1.0	97	22.6			
						4	24-150	暗灰黄色	中壤土	块状	8.1	6.0	0.36	0.83	21.5	1.0	57	14.7			
剖30	初育土	新积土	河淀	河淀黄砂土	中层河淀黄砂土	1	0-16	灰黄色	中壤土	粒状	7.7	17.8	1.25	1.11	23.8	5.0	244	15.7	黄土	E 106°01′49.6″ N 35°00′54.9″	78
						P	16-24	灰黄色	中壤土	小块状	8.0	15.0	1.07	0.99	23.3	3.0	146	15.5			
						3	24-63	浅灰黄色	中壤土	小块状	7.7	11.9	0.93	1.08	24.7	2.0	117	15.4			
						C	63-150				7.7	6.0	0.36	1.02	11.5	2.0	68	9.0			
剖31	初育土	新积土	河淀	河淀黄砂土	薄层河淀黄砂土	1	0-14	暗灰黑色	中壤土	片块状	8.2	12.7	1.21	0.91	21.7	13.0	186	13.6	黄土	E 106°12′16.2″ N 35°00′38.6″	97
						2	14-23	灰黑色	中壤土	块状	8.1	11.9	1.00	0.89	21.8	13.0	169	12.0			
						3	23-26	暗灰黄色	中壤土	块状	8.1	10.6	0.84	0.89	17.0	11.0	154	12.6			
						C	26-150		重壤土		8.4	8.2	0.73	0.79	18.4	6.0	111	11.3			
剖32	初育土	红黏土	红土	黄红土	薄层黄红土	1	0-13	灰棕色	重壤土	小块状	8.5	11.2	0.70	0.81	22.1	11.0	196	8.0	红土	E 106°04′11.3″ N 35°00′23.8″	97
						P	13-22	灰黄色	重壤土	棱块状	8.3	9.3	0.55	0.81	22.2	8.0	157	7.5			
						3	22-63	棕黄色	重壤土	块状	8.6	4.2	0.25	0.68	22.8	2.0	97	6.4			
						C	63-150		中壤土		8.1	2.1	0.20	0.88	23.4	1.0	97	7.9			
剖33	初育土	黄绵土	黄绵土	黄绵土	厚层黄绵土	1	0-16	暗棕黄色	中壤土	粉粒状	8.2	9.9	0.90	0.81	22.4	31.0	201	11.3	黄土	E 106°04′57.7″ N 35°00′13.3″	83
						P	16-23	暗灰黄	中壤土	块状	8.1	9.9	0.87	0.81	21.9	14.0	149	11.7			
						3	23-63	浅灰黄色	中壤土	块状	8.2	6.3	0.61	0.69	21.4		90	10.6			
						C	63-150		中壤土		8.2	5.7	0.57	0.68	20.8	4.0	87	11.0			
剖34	淋溶土	棕壤	棕壤	棕黄土	薄层棕黄砂土	1	0-13	暗棕褐色	中壤土	粒状	7.8	28.0	1.81	0.82	22.2	4.0	102	13.5	坡积砂砾	E 106°15′15.3″ N 35°08′46.3″	83
						P	13-17	暗棕褐色	中壤土	棱块状	7.7	29.5	1.96	0.83	20.8	4.0	88	11.6			
						3	17-50		中壤土	棱块状	7.5	33.3	2.16	0.80	22.0	2.0	96	11.0			
						C	50-150		中壤土	粒状	8.0	17.7	1.01	0.72	19.4	5.0	77	10.4			

续表 Continued

剖面号 Soil profile	土纲 Soil order	土类 Soil great group	亚类 Soil subgroup	土属 Soil genus	土种 Soil species	土层码 Layer code	土层厚度 Depth/cm	颜色 Soil color	质地 Soil texture	土壤结构 Soil structure	pH	有机质 OM/(g/kg)	全氮 TN/(g/kg)	全磷 TP/(g/kg)	全钾 TK/(g/kg)	有效磷 AP/(mg/kg)	速效钾 AK/(mg/kg)	阳离子交换量CEC/(cmol/kg)	土壤母质 Parent material	剖面点坐标 Profile coordinate	匹配指数 Matching index/%
剖35	半淋溶土	黑土	黑土	黄土质黑土		As	0—12	灰褐色	中壤土	粒状、块状	7.2	54.4	1.89	0.61	14.9	5.0	78	16.8		E 106°16′07.9″ N 35°08′04.5″	81
						2	12—32	暗灰褐色	中壤土	块状	7.2	43.1	1.80	0.52	19.5	4.0	48	27.7			
						3	32—57	浅灰棕色	中壤土	块状	7.7	44.8	1.63	0.60	14.6	3.0	56	25.9			
						4	57—150	黄褐色			7.7	37.1	1.41	0.63	16.5	3.0	48	29.1			
剖36	半水成土	草甸土	暗色草甸土	暗色沼泽草甸土		As	0—8	暗黑褐色	细黏土	粉末状	6.1	21.6	1.16	0.58	20.9	12.0	72	28.5		E 106°17′43.3″ N 35°07′37.7″	74
						2	8—27	暗黑褐色			5.8	28.6	1.12	0.59	22.4	8.0	56	32.1			
						W	27—37	暗灰棕色			5.3	44.4	0.98	0.58	21.6	13.0	88				
						G	37—	灰白色	砂砾土												
剖37	淋溶土	棕壤	棕壤	棕黄土	厚层棕黄砂土	1	0—14	暗褐色	中壤土		7.7	32.1	1.93	1.29	20.1	4.0	114	6.3	坡积砂砾	E 106°16′30.7″ N 35°06′42.8″	90
						P	14—22	暗棕褐色	中壤土	板块状	7.9	29.8	1.79	1.38	23.2	3.0	103	15.8			
						3	22—87	棕褐色	中壤土		7.9	17.0	1.70	1.65	20.7	2.0	64	13.1			
						C	87—														
剖38	初育土	红黏土	红土	红砂土	薄层红砂土	1	0—12	红褐色	砂壤土	粒状	8.0	15.6	0.74	0.51	19.8	3.0	155	15.0	红土、第四纪古黄土	E 106°16′09.9″ N 35°06′21.4″	91
						P	12—16	红褐色	砂壤土	粒状、块状	8.1	9.4	0.60	0.49	19.5	2.0	128	14.2			
						3	16—20	红褐色		块状	8.0	3.2	0.44	0.18	19.2	1.0	107	16.5			
						C	20—														
剖39	淋溶土	棕壤	棕壤	黄土质棕壤	厚层黄黏土	Ao	0—8	黑褐色	中壤土	粉末状	6.6	220.6	7.55	0.65	19.7	7.4	64	14.7	黄土	E 106°20′06.7″ N 35°05′37.9″	91
						2	8—18	棕褐色	重壤土	块状	6.7	96.6	4.24	0.64	21.3	1.2	31	35.8			
						3	18—45	棕褐色	重壤土	块状	5.5	16.1	0.64	0.23	21.0	1.0	69	19.4			
						4	45—87	棕褐色	重壤土	块状	7.0	7.3	0.23	0.76	18.9	1.0	95	20.5			
						C	87—														
剖40	半淋溶土	褐土	石灰性褐土	黄土质淋溶褐土		1	0—15	黄褐色	中壤土	粒状、块状	8.0	14.4	0.72	0.74	20.6	11.0	194	11.1		E 106°15′24.4″ N 35°05′36.0″	77
						P	15—23	黄褐色	中壤土	片块状	8.0	13.1	0.72	0.70	21.8	4.0	9	10.5			
						3	23—61	浅黄褐色	中壤土	块状	8.1	10.4	0.57	0.65	23.6	3.0	10	10.0			
						4	61—150	棕褐色	中壤土	块状	8.0	9.0	0.54	0.57	22.9	3.0	12				
剖41	淋溶土	褐土	淋溶褐土	黄土质淋溶褐土	薄层黑红土	Ao	0—10	暗褐色	中壤土	粉粒状	7.3	32.5	1.72	0.53	21.9	4.0	107	23.2	黄土	E 106°18′07.5″ N 35°04′42.2″	98
						2	10—17	暗褐色	重壤土	粉粒状	7.7	19.9	0.98	0.48	20.4	2.0	72	18.9			
						3	17—30	棕褐色	重壤土	核块状	7.8	15.1	0.53	0.39	19.8	2.0	54	20.7			
						4	30—78	黄褐色	重壤土	块状	7.8	7.6	0.48	0.46		1.0	96				
						C	78—	灰黄棕色													
剖42	棕壤	棕壤	棕壤	黑红土	棕红土	1	0—14	暗棕红色	重壤土	小块状	7.6	10.0	1.05	0.52	24.5	3.0	159	20.0		E 106°16′54.9″ N 35°04′34.4″	89
						2	14—18	棕红色	重壤土	棱块状	7.6	15.0	0.86	0.60	25.1	5.0	188	19.2			
						C	18—45	棕红色	重壤土	棱块状	7.7	10.4	0.73	0.74	24.6	3.0	151	18.8			
剖43	淋溶土	棕壤	棕壤	棕红土	棕红砂土	1	0—12	棕红色	砂壤土	粒状	7.7	24.4	1.67	0.49	14.7	9.0	182	18.3	砂岩风化物碎屑	E 106°18′45.0″ N 35°02′58.4″	99
						2	12—17	棕红色	砂壤土	块状	7.7	23.0	1.52	0.39	14.5	8.0	158	8.6			
						C	17—81	棕红色	砂壤土	块状	7.7	7.2	0.62	0.46	14.8	5.0	110	6.9			
剖44	半淋溶土	褐土	始成褐土	石质始成褐土		A	0—11	暗灰棕褐色	砂壤土	粉粒状									坡积、残积砂砾	E 106°17′30.8″ N 35°02′22.9″	94
						C	11—29														
						R	29—														
剖45	半淋溶土	褐土	石灰性褐土	黄鸡粪土	中层黄鸡粪土	1	0—13	黄褐色	中壤土	粒状、块状	8.2	13.0	0.88	0.56	19.3	3.0	101	12.9	黄土	E 106°15′32.8″ N 35°02′20.0″	83
						P	13—20	黄褐色	中壤土	片块状	8.3	10.9	0.76	0.59	21.0	1.0	80	12.4			
						3	20—42	浅黄褐色	中壤土	块状	8.2	11.7	0.75	0.56	19.2		80	13.1			
						4	42—150	浅黄褐色	中壤土	块状	8.2	3.7	0.96	0.55	21.9		77	15.9			
						5	150—														

续表 Continued

剖面号 Soil profile	土纲 Soil order	土类 Soil great group	亚类 Soil subgroup	土属 Soil genus	土种 Soil species	土层码 Layer code	土层厚度 Depth/cm	颜色 Soil color	质地 Soil texture	土壤结构 Soil structure	pH	有机质 OM/(g/kg)	全氮 TN/(g/kg)	全磷 TP/(g/kg)	全钾 TK/(g/kg)	有效磷 AP/(mg/kg)	速效钾 AK/(mg/kg)	阳离子交换量CEC/(cmol/kg)	土壤母质 Parent material	剖面点坐标 Profile coordinate	匹配指数 Matching index/%
剖46	半水成土	潮土	潮土	黑潮土	厚层黑潮土	1	0—15	黑灰色	中壤土	团块状	8.1	19.4	1.48	0.80	23.9	10.0	212	15.7	河流冲积物	E 106°19′19.8″ N 35°01′42.7″	97
						P	15—21	黑灰色	中壤土	块状	8.1	16.0	1.43	1.16	23.7	5.0	54	16.0			
						3	21—92	暗棕褐色	中壤土	块状	8.1	11.6	0.88	1.14	24.8	3.0	108	15.9			
剖47	半水成土	潮土	潮土	黑潮土	薄层黑潮土	1	0—13	黑灰色	中壤土	团块状	8.0	27.6	1.11	0.95	25.8	10.0	123	22.5	河流冲积物	E 106°17′50.4″ N 35°01′13.5″	85
						P	13—18	黑灰色	中壤土	片块状	8.0	24.0	0.99	0.96	25.7	10.0	110	21.1			
						3	18—24	暗棕褐色	中壤土	块状	7.9	19.9	1.05	0.90	20.5	5.0	89	20.1			
						4	24—150	暗棕褐色	中壤土	块状	7.9	5.3	0.59		25.0	4.0	84	15.7			
剖48	淋溶土	棕壤	草甸棕壤	潮棕壤黄土	中层棕褐黄土	1	0—14	暗棕褐色	中壤土	粒状、块状	7.3	14.9	1.14	0.65	21.1	9.0	134	17.2	坡积物	E 106°21′18.7″ N 35°00′55.2″	88
						P	14—21	暗棕褐色	中壤土	片块状	7.3	15.6	1.02	0.61	20.6	6.0	149	17.3			
						3	21—46	棕褐色	中壤土	棱块状	7.4	9.0	0.77	0.68	17.9	2.0	101	22.6			
						4	46—150	棕黄色	重壤土	棱块状	7.1	4.5	0.55	0.73	18.5	9.0	218	24.0			
剖49	半水成土	草甸土	暗色草甸土	暗色草甸土		1	0—10	暗棕黑色	中壤土	粒状	6.5	36.9	1.67	2.12	23.2	5.0	122	15.5	坡积物	E 106°24′21.6″ N 35°00′05.3″	80
						2	10—25	暗棕褐色	中壤土	块状	6.7	27.0	1.84	1.10	22.4	4.0	171	14.7			
						W	25—68	棕黄色	中壤土	棱块状	6.7	21.7	1.50	1.21	21.5	4.0	52	15.7			
						C	68—														
剖50	钙层土	黑垆土	黑垆土	麻鸡粪土	中层麻鸡粪土	1	0—14	暗灰褐色	中壤土	粒状、块状	8.3	13.2	1.14	0.77	20.0	8.0	193	15.3	黄土	E 106°11′05.9″ N 34°59′56.9″	86
						P	14—20	暗灰褐色	中壤土	块状	8.2	12.4	0.88	0.74	22.5	4.0	153	14.8			
						3	20—42	灰褐色	中壤土	块状	8.2	10.0	0.64	0.74	21.3	3.0	122	14.1			
						4	42—150	浅灰褐色	中壤土	块状	8.2	7.7	0.50	0.75	21.9	2.0	95	13.6			
剖51	钙层土	黑垆土	黑垆土	麻鸡粪土	中层黑鸡粪土	1	0—15	浅灰黑色	中壤土	粒状、块状	8.1	10.9	0.68	0.86	19.2	6.0	231	10.0	黄土	E 106°13′16.5″ N 34°59′27.2″	84
						P	15—21	灰黑色	中壤土	粒状、块状	8.2	11.2	0.64	0.80	15.8	3.0	156	10.7			
						3	21—39	暗灰褐色	中壤土	小块状	8.1	10.4	0.58	0.79	19.4	2.0	145	10.0			
						4	39—150	暗灰褐色	中壤土	块状	8.0	8.1	0.47	0.75	20.6	2.0	91	7.6			
剖52	钙层土	黑垆土	黑垆土	麻鸡粪土	薄层麻鸡粪土	1	0—14	暗灰褐色	中壤土	粒状、块状	8.4	11.9	0.84	0.72	17.7	6.0	170	9.1	黄土	E 106°08′03.8″ N 34°59′01.7″	72
						3	14—20	浅灰褐色	中壤土	片块状	8.3	9.5	0.62	0.66	16.3	2.0	100	10.2			
						4	20—23	浅灰褐色	中壤土	块状	8.4	7.2	0.53	0.68	13.0	2.0	85	8.8			
						C	23—150														
							150—														
剖53	初育土	新积土	河淀土	河淀黄土	中层河淀黄土	1	0—14	灰褐色	中壤土	粒状、块状	8.3	16.2	1.46	0.83	21.6	7.0	238	13.7	黄土	E 106°11′10.3″ N 34°58′46.5″	95
						2	14—19	暗灰褐色	重壤土	片块状	8.3	13.1	1.02	0.79	22.5	4.0	192	14.3			
						3	19—43	灰褐色	重壤土	棱块状	8.3	7.6	0.68	0.73	20.0	5.0	139	14.9			
						C	43—150	灰褐色	中壤土	块块状	8.4	7.7	0.64	0.71	21.6	2.0	114	15.6			
剖54	钙层土	黑垆土	黑垆土	白鸡粪土	厚层白鸡粪土	1	0—16	浅灰黑色	中壤土	粒状、块状	8.3	12.8	0.80	0.87	22.6	9.0	263	8.3	黄土	E 106°05′46.2″ N 34°58′32.5″	98
						P	16—23	浅灰黑色	中壤土	片块状	8.3	10.1	0.57	0.80	22.0	2.0	182	7.3			
						3	23—63	灰褐色	中壤土	块状	8.4	7.7	0.53	0.78	20.5	1.0	109	6.7			
						C	63—	灰褐色	中壤土	块状	8.5	6.8	0.43	0.68	21.2	1.0	109	7.1			
剖55	钙层土	黑垆土	黑垆土型侵蚀类	红土质黑垆土型侵蚀土		A	0—15	棕红色	重壤土	粒状、块状	8.2	28.9	1.59	0.68	20.1	6.0	343	13.7		E 106°05′34.5″ N 34°57′57.8″	88
						2	15—32	棕红色	重壤土	棱块状	8.3	23.9	1.65	0.65	5.7	4.0	132	14.7			
						C	32—39	棕红色	重壤土	块状	8.3	6.0	0.51	0.49	22.4	2.0	174	16.0			
剖56	钙层土	黑垆土	始成黑垆土	粗骨质黑垆土		1	0—14	灰黑色	砂壤土	粒状、块状									角闪岩坡积物	E 106°10′56.1″ N 34°55′22.7″	80
						As	14—21	暗灰褐色	砂壤土	块状											
						2	21—58														
						3	58—														

续表 Continued

剖面号 Soil profile	土纲 Soil order	土类 Soil great group	亚类 Soil subgroup	土属 Soil genus	土种 Soil species	土层码 Layer code	土层厚度 Depth/cm	颜色 Soil color	质地 Soil texture	土壤结构 Soil structure	pH	有机质 OM/(g/kg)	全氮 TN/(g/kg)	全磷 TP/(g/kg)	全钾 TK/(g/kg)	有效磷 AP/(mg/kg)	速效钾 AK/(mg/kg)	阳离子交换量CEC/(cmol/kg)	土壤母质 Parent material	剖面点坐标 Profile coordinate	匹配指数 Matching index/%
剖57	淋溶土	棕壤	棕壤	棕红土	薄层棕红土	1	0—12	暗棕红色	重壤土	小块状	7.8	12.0	0.71	0.50	24.2	4.0	103	16.6		E 106°20′35.9″ N 34°59′47.2″	71
						2	12—19	棕红色	重壤土	核块状	7.5	6.0	0.55	0.60	23.0	1.0	79	15.7			
						C	19—150	棕红色	重壤土	核块状	7.2	6.5	0.49	0.34	24.2	1.0	151	24.0			
剖58	初育土	洪淀土	洪淀红土	厚层洪淀红土		1	0—17	暗红褐色	重壤土	粒状、块状	8.3	9.5	1.02	0.59	22.4	7.0	266	7.4		E 106°15′10.4″ N 34°59′33.0″	86
						P	17—24	暗红褐色	重壤土	小块状	8.5	9.8	0.43	0.59	22.3	3.0	206	7.4			
						3	24—79	红褐色	重壤土	块状	8.5	3.5	0.41	0.51	20.7	2.0	128	5.8			
						C	79—150	红褐色	重壤土	块状	8.4	4.5	0.37	0.55	20.9	1.0	147	6.4			
剖59	淋溶土	棕壤	棕壤	棕黄土	厚层棕黄土	1	0—14	暗棕褐色	中壤土	粒状、块状	7.9	27.5	1.87	0.88	25.2	18.0	160	19.2		E 106°24′32.9″ N 34°59′09.0″	96
						P	14—21	棕褐色	中壤土	片块状	7.7	25.1	1.68	0.82	23.0	5.0	160	18.6			
						3	21—78	棕褐色	中壤土	块状	6.9	21.2	1.38	0.73	25.9	3.0	83	19.1			
						C	78—		重壤土	棱块状											
剖60	初育土	红黏土	红土	黄红土	中层黄红土	1	0—15	暗棕红色	重壤土	小块状	8.2	11.8	0.63	0.56	25.7	4.0	111	11.3	红土	E 106°21′37.1″ N 34°58′53.4″	89
						P	15—20	棕红色	中壤土	核块状	8.2	7.7	0.58	0.57	26.5	3.0	96	10.2			
						3	20—34	棕红色	中壤土	核块状	8.3	4.7	0.59	0.54	26.9	1.0	94	10.1			
						C	34—150		重壤土	棱块状	8.3	1.7	0.27	0.49		1.0	131	12.7			
剖61	初育土	新积土	河淀土	河淀黄土	厚层河淀黄土	1	0—19	暗棕褐色	中壤土	粒状、块状	8.1	13.9	0.81	0.93	24.6	18.0	398	11.5		E 106°20′13.6″ N 34°58′05.4″	93
						P	19—25	棕灰褐色	中壤土	片块状	8.2	11.4	0.91	0.91	24.6	9.0	248	11.0			
						3	25—67	灰褐色	中壤土	块状	8.3	7.7	0.90	0.90	23.5	12.0	286	10.6			
						C	67—150	灰褐色	中壤土	块状	8.5	10.1	0.56	0.86	21.4	3.0	166	9.5			
剖62	初育土	红黏土	青土	青杂土	薄层青杂土	1	0—12	暗灰绿色	重壤土	小块状	8.3	7.6	0.80	0.58	22.4	5.0	190	8.4		E 106°19′19.6″ N 34°57′44.6″	90
						2	12—18	灰绿色	重壤土	大块状	8.2	8.4	0.64	0.48	20.3	8.0	192	9.4	红土		
						3	18—150	灰绿色	重黏土	大块状	8.4	3.0	0.24	0.61	12.9	1.0	128	2.1			
剖63	半淋溶土	褐土	淋溶褐土	砂土质淋溶褐土	高位河淀砂土	Ao	0—13	暗棕褐色	轻壤土	粒状	8.3	71.3	3.62	0.75	21.7	7.0	182	17.5	坡积砂砾	E 106°23′51.4″ N 34°56′50.1″	100
						2	13—26	黑褐色	中壤土	粒状、块状	8.3	47.2	2.33	0.84	22.0	4.0	129	23.2			
						3	26—35	灰褐色	中壤土	块状	8.4	22.7	1.42	0.77	19.0	2.0	79	17.9			
						C	35—50		黏质砂土		8.5	15.9	1.02	0.73	20.2	2.0	87	17.5			
剖64	半淋溶土	褐土	淋溶褐土	黑黄土	薄层黑黄土	1	0—15	暗黄褐色	中壤土	粒状、块状	8.1	20.8	1.52	0.97	24.9	6.0	204	18.0	黄土	E 106°22′23.2″ N 34°56′46.3″	92
						P	15—23	暗黄褐色	中壤土	块层棱块状	8.1	12.9	0.86	0.88	24.8	2.0	209	17.1			
						3	23—27	灰褐色	中壤土	核块状	8.0	9.7	0.85	0.30	22.6	3.0	141	15.7			
						C	27—														
剖65	初育土	新积土	河淀土	河淀黑土	中层河淀黑土	1	0—14	黑褐色	重壤土	粒状、块状	8.1	33.4	2.18	1.07	25.2	9.0	244	18.2		E 106°26′41.6″ N 34°56′33.0″	76
						2	14—20	黑灰褐色	重壤土	片块状	8.0	31.8	1.82	0.98	21.9	5.0	146	17.8			
						3	20—54	暗黄褐色	砂壤土	块状	7.9	39.9	1.79	1.00	19.4	4.0	102	16.8			
						C	54—150	暗黄褐色	砂壤土	块状	7.0	12.5	1.51	1.12	16.9	2.0	53	9.7			
剖66	初育土	新积土	冲积土	底砂土	高位河淀潮砂土	1	0—17	灰褐色	砂壤土	粒状	8.2	10.7	0.63	0.86	23.4	8.0	148	9.4		E 106°18′18.8″ N 34°56′26.6″	84
						P	17—22	暗灰褐色	中壤土	粒状、块状	8.3	5.8	0.35	0.89	23.6	9.0	109	8.4			
						3	22—30	暗灰褐色	中壤土	块状	8.4	6.9	0.31	1.01	22.1	5.0	97	5.8			
						4	30—150	暗棕色	中壤土	核块状	8.6	3.5	0.12	0.97	20.6	2.0	52	4.2			
剖67	半水成土	潮土	淀潮土	河淀潮土	中层河淀潮土	1	0—14	暗灰褐色	中壤土	粒状、块状	8.3	13.7	1.02	0.70	22.1	10.0	306	14.8	河流冲积物	E 106°27′10.8″ N 34°56′22.9″	73
						P	14—19	暗灰褐色	中壤土	块状	8.4	13.3	0.99	0.64	18.5	9.0	298	15.7			
						3	19—37	暗灰褐色	中壤土	块状	8.4	12.5	0.79	0.65	18.0	8.0	248	16.1			
						4	37—150	暗棕褐色	中壤土	块状	8.4	7.0	0.41	0.61	18.0	3.0	114	10.6			
剖68	半淋溶土	褐土	褐土	黄土质褐土		A	0—17	暗黄褐色	中壤土	粒状、块状	8.2	25.9	1.53	0.65	18.5	3.0	95	15.8		E 106°16′01.3″ N 34°56′14.5″	73
						2	17—28	暗黄褐色	中壤土	核块状	8.2	24.1	1.41	0.74	17.7	6.0	75	11.5			
						C	28—33	褐黄色	中壤土	核块状	8.2	8.0	0.52	0.66	17.8	4.0	58	10.8			
						4	33—150	浅灰黄色	中壤土	块状	8.3	5.2	0.35	0.64	19.5	1.0	68				

续表 Continued

剖面号 Soil profile	土纲 Soil order	土类 Soil great group	亚类 Soil subgroup	土属 Soil genus	土种 Soil species	土层码 Layer code	土层厚度 Depth/cm	颜色 Soil color	质地 Soil texture	土壤结构 Soil structure	pH	有机质 OM/(g/kg)	全氮 TN/(g/kg)	全磷 TP/(g/kg)	全钾 TK/(g/kg)	有效磷 AP/(mg/kg)	速效钾 AK/(mg/kg)	阳离子交换量CEC/(cmol/kg)	土壤母质 Parent material	剖面点坐标 Profile coordinate	匹配指数 Matching index/%
剖69	半淋溶土	褐土	石灰性褐土	黄红土质石灰性褐土		As	0—9	暗棕红色	重壤土	粒状、块状	7.9	44.0	2.46	0.51	18.5	10.0	212	18.8		E 106°28′57.7″ N 34°56′12.5″	97
						2	9—23	棕红色	重壤土	粒状、块状	8.1	32.3	0.74	0.43	17.8	5.0	140	24.0			
						C	23—46	黄红色	重壤土	核状、块状	8.0	4.8	0.33	0.45	17.3	4.0	170	12.4			
剖70	半淋溶土	褐土	褐土	黄土	薄层黄土	1	0—14	灰棕黄色	中壤土	粒状、块状	8.2	15.2	1.03	0.70	20.1	4.0	155	11.6		E 106°20′14.1″ N 34°55′32.2″	78
						P	14—21	灰棕黄色	中壤土	片状、块状	8.3	14.4	0.98	0.67	20.0	3.0	114	10.6			
						3	21—28	浅棕黄色	重壤土	核块状	8.3	7.2	0.51	0.53	18.9	1.0	68	8.4			
						C	28—150	灰棕黄色	重壤土	核块状	8.4	4.9	0.45	0.54	19.4	1.0	63				
剖71	半淋溶土	褐土	淋溶褐土	黑黄土	中层黑黄土	1	0—13	暗黄褐色	中壤土	粒状、块状	8.0	17.8	1.08	0.58	23.8	5.0	126	20.1	黄土	E 106°21′01.4″ N 34°55′28.9″	93
						P	13—20	暗黄褐色	中壤土	块层状	8.1	17.2	0.99	0.56	24.0	4.0	113	20.9			
						3	20—42	黄黄褐色	中壤土	核状	7.9	13.5	0.68	0.54	23.6	4.0	102	20.8			
						C	42—150	灰褐色	中壤土	块状	7.8	10.4	0.63	0.56	24.2	3.0	107	21.6			
剖72	初育土	新积土	冲积土	夹砂土	中位夹砂土	1	0—15	灰褐色	砂壤土	粒状、块状	8.0	11.6	0.81	0.90	21.3	12.0	143	11.5		E 106°16′38.6″ N 34°55′02.3″	82
						P	15—24	灰褐色	砂壤土	块状	8.0	11.8	0.74	0.81	19.3	8.0	99	17.8			
						3	24—34			块状	8.1	13.8	0.70	0.71	22.7	7.0	112	18.7			
						4	34—53				8.1	5.3	0.43	1.18	19.0	3.0	58	6.3			
						5	53—150				8.5		0.32	0.88		6.0	75	7.0			
剖73	半淋溶土	褐土	石灰性褐土	黄土质石灰性褐土	厚层黄土	1	0—14	灰褐色	中壤土	粒状、块状	8.0	49.0	3.02	0.85	20.2	5.0	189	19.4		E 106°21′16.5″ N 34°54′58.3″	73
						2	14—24	暗灰褐色	中壤土	核状、块状	8.1	30.9	1.99	0.71	14.5	3.0	84	15.9			
						3	24—35	浅灰棕色	中壤土	块状	8.2	12.4	0.80	0.71	18.4	1.0	64	11.5			
						4	35—150	黄褐色	中壤土	块状	8.4	7.3	0.53	0.70	20.4		66	11.0			
剖74	半淋溶土	褐土	石灰性褐土	黄鸡粪土	薄层黄鸡粪土	1	0—13	黄褐色	中壤土	粒状、块状	8.2	11.3	0.86	0.77	21.6	7.0	131	12.2		E 106°27′56.9″ N 34°54′51.8″	95
						P	13—19	黄褐色	中壤土	块层状	8.2	3.9	0.75	0.71	18.5	4.0	106	11.4			
						3	19—26	黄褐色	中壤土	块状	8.3	2.9	0.50	0.59	19.8	3.0	76	11.0			
						4	26—150	浅黄褐色	中壤土	块状	8.2	3.1	0.41	0.66		3.0	76	10.6			
剖75	棕壤土	棕壤	草甸棕壤	砂土质草甸棕壤		Ao	0—12	灰褐黄色	中壤土	粒状、块状	8.1	12.4	0.76	0.50	18.8	4.0	116	14.0		E 106°22′29.9″ N 34°54′46.9″	100
						P	13—19	浅灰棕色	中壤土	核块状	8.3	6.8	0.45	0.55	17.5	4.0	80	10.7			
						3	19—76	黄褐色	砂壤土	核块状	8.3	5.3	0.58	0.56	16.2	2.0	80	9.7			
						4	76—150	黄褐色	重壤土	块状	8.4	1.6	0.59	0.37	21.3	2.0	176	18.2			
剖76	棕壤土	棕壤	草甸棕壤	砂土质草甸棕壤		1	0—13	黑褐色		粉末状	6.1	52.7	3.29	0.96	14.8	8.0	60	21.4		E 106°24′25.0″ N 34°54′46.4″	100
						Ao	13—33	暗棕褐色	中壤土	块状	6.9	5.3	0.63	0.53	16.1	2.0	20	9.9			
						3	33—53	棕褐色	砂壤土	块层状	7.6	8.3	0.58	1.62	17.3	2.0	30	9.2			
						4	53—86	浅棕黄色	重壤土	块状											
						5	86— 150—														
剖77	半淋溶土	褐土	褐土	砂土质褐土		Ao	0—12	暗棕褐色	中壤土	核块状	7.4	181.0	5.02	0.86	17.3	17.0	325		坡积砂砾	E 106°15′30.2″ N 34°54′15.5″	84
						2	12—24	棕褐色	砂壤土	块状	7.5	93.7	4.77	1.02	15.9	6.0	194	21.1			
						3	24—49	灰褐色	黏土	核块状	7.7	33.0	1.71	0.91	16.3	5.0	98	12.8			
						C	49—150				7.8	6.0	0.27	2.60	16.4	4.0	80	21.2			
剖78	淋溶土	棕壤	棕壤	棕黄土	中层棕黄土	1	0—14	棕褐色	中壤土	块状	8.3	6.0	1.14	0.53	21.1	8.0	219	13.7		E 106°26′50.7″ N 34°54′15.3″	86
						2	14—31	棕黄色	重壤土	核块状	8.5	5.3	0.73	0.57	21.1	4.0	187	15.9			
						3	31—														
剖79	初育土	红黏土	红黏土	红板土	薄层红板土	1	0—10	棕红色	重壤土	大块状	8.5	1.2	0.28	0.34	22.7	3.0	172	21.2	红色黏土泥岩	E 106°15′28.8″ N 34°53′45.6″	70
						2	10—18	浅棕红色	重壤土	大块状											
						C	18—150														

续表 Continued

剖面号 Soil profile	土纲 Soil order	土类 Soil great group	亚类 Soil subgroup	土属 Soil genus	土种 Soil species	土层码 Layer code	土层厚度 Depth/cm	颜色 Soil color	质地 Soil texture	土壤结构 Soil structure	pH	有机质 OM/(g/kg)	全氮 TN/(g/kg)	全磷 TP/(g/kg)	全钾 TK/(g/kg)	有效磷 AP/(mg/kg)	速效钾 AK/(mg/kg)	阳离子交换量CEC/(cmol/kg)	土壤母质 Parent material	剖面点坐标 Profile coordinate	匹配指数 Matching index/%
剖80	半淋溶土	褐土	淋溶褐土	黑黄土	厚层黑黄土	1	0—20	暗黄褐色	中壤土	粒状、块状	8.0	24.5	1.47	0.85	20.8	8.0	160	16.0	黄土	E 106°28′18.8″ N 34°53′36.2″	90
						P	20—25	暗黄褐色	中壤土	块层状	7.2	21.4	1.35	0.80	21.9	6.0	113	15.9			
						3	25—87	棕黄色	中黏土	核块状	7.1	18.0	1.17	0.76	20.6	5.0	77	16.1			
						C	87—	灰棕色	中壤土												
剖81	淋溶土	棕壤	棕壤	棕黄土	薄层棕黄土	1	0—13	暗棕褐色	中壤土	粒状、块状	7.8	21.0	1.32	0.77	21.9	9.0	190	16.5	黄土	E 106°23′06.7″ N 34°53′12.5″	97
						P	13—20	暗棕褐色	中壤土	片块状	7.6	40.8	0.94	1.07	20.0	7.0	127	21.2			
						3	20—65	棕黄色	重壤土	核块状	7.8	6.7	0.45	0.80	11.7	5.0	83	16.0			
						C	65—150	棕黄色		块状	7.8	14.9	0.79		14.5	4.0	105	16.3			
剖82	初育土	红黏土	红土	黄红土	薄层黄红土	1	0—13	暗棕红色	重壤土	小块状	8.1	9.1	1.06	0.61	21.9	4.0	196	14.6	红土	E 106°18′06.9″ N 34°52′52.7″	93
						2	13—22	棕红色		核块状	7.9	7.4	0.86	0.55	28.9	3.0	154	14.3			
						C	22—84	棕红色		棱块状	8.0	1.5	0.95	0.18	32.3	1.0	211	21.4			
剖83	半淋溶土	褐土	淋溶褐土	黑红土	中层黑红土	1	0—15	棕棕红色	轻黏土	小块状	7.8	19.0	1.35	0.85	21.3	6.0	135	16.0		E 106°21′36.1″ N 34°52′49.6″	92
						P	15—22	棕棕红色	重壤土	片块状	7.9	16.1	1.09	0.82	20.9	5.0	135	16.4			
						3	22—34	棕棕红色	重壤土	核块状	8.0	15.2	1.02	0.90	19.2	4.0	102	16.1			
						C	34—150	暗棕褐色	重壤土	棱块状	8.0	7.9	0.64	0.83	17.9	3.0	105	20.4			
剖84	淋溶土	棕壤	棕壤	红土质棕壤		Ao	0—17	暗棕褐色	细黏土	粉末状										E 106°27′21.2″ N 34°52′34.3″	99
						2	17—26		重黏土	核末状											
						3	26—85			棱块状											
						C	85—														
剖85	半淋溶土	褐土	石灰性褐土	砂土质石灰性褐土		As	0—12	灰褐色	中壤土	粒状、块状	8.0	72.8	2.24	0.87	22.7	8.0	275	17.7	坡积砂砾	E 106°20′21.5″ N 34°52′17.8″	77
						2	12—20	暗棕黄色	砂壤土	粒状	8.0	31.7	1.96	0.88	25.8	4.0	138	10.1			
						3	20—31	灰棕色	砂壤土		8.4	2.9	0.34	0.85	23.5	1.0	78	15.5			
						C	31—150	灰棕色			8.1	2.7	0.15	1.52	22.8		53				
剖86	淋溶土	棕壤	棕壤	砂土质棕壤		Ao	0—12	暗棕褐色	砂质黏壤土		7.2	56.0	2.50	3.71	21.0	5.0	44	9.5	坡积物	E 106°30′49.3″ N 34°50′10.3″	97
						2	12—27	暗棕褐色		粉末状	7.1	31.4	1.50	3.77	24.8	5.0	38	11.1			
						3	27—38	棕褐色			6.8	14.6	0.66	5.75	23.4	4.0	29	10.0			
						4	38—83	棕褐色			7.4	7.6	0.34	5.27	20.9	4.0	47				
						C	83—														
剖87	新积土	河淀土	河淀土	河淀黄砂土	薄层河淀黄砂土	1	0—14	灰棕黄色	中壤土	粒状、块状	8.4	7.0	0.35	0.80	21.4	1.0	98	7.8		E 106°29′55.7″ N 34°49′18.5″	93
						2	14—21	灰棕黄色	中壤土	粒状、块状	8.5	4.1	0.28	0.81	18.3	1.0	63	6.1			
						3	21—47	浅灰棕色	砂土												
剖88	初育土	棕壤	始成棕壤	石质始成棕壤		Ao	0—5	暗棕褐色	细黏土	粒状、块状	8.2	17.9	1.00	0.61	21.8	3.0	111	20.6		E 106°29′37.9″ N 34°45′39.5″	87
						2	5—25	黑棕色	中壤土	片块状	8.3	18.5	0.84	0.65	21.1	3.0	90	21.3			
						C	25—	灰棕色	重壤土	核块状	8.3	13.9	0.65	0.65	21.1	3.0	79	21.1			
剖89	淋溶土	褐土	褐土	黄土	中层黄土	1	0—14	灰棕黄色	重壤土	块块状	8.2	12.4	0.53	0.70	21.9	5.0	93	20.9		E 106°30′38.7″ N 34°49′10.3″	99
						P	14—23	棕棕黄色	中壤土	粒状、块状	7.9	28.1	1.82	1.18	16.4	8.0	112	17.7			
						3	23—57	棕灰色	重壤土	块块状、块状	8.0	24.2	1.58	1.10	22.1	35.0	114	15.7			
						4	57—150	棕灰色	重壤土	块状	8.1	9.1	0.88	1.07	23.4	26.0	143	12.2			
剖90	半淋溶土	褐土	潮褐土	潮黄土	厚层潮黄土	1	0—14	棕灰色	中壤土	块状										E 106°31′19.5″ N 34°47′12.2″	89
						P	14—22														
						3	22—67														
						4	67—														

武 威 市

市 辖 区

主要土类说明

风沙土是武威市主要土壤类型，占本市地域面积的 36%。风沙土形成于半干旱、干旱漠境地区及滨海地区，是在风沙移动堆积形成的多种形态的风沙沉积物上发育的初育土。由于成土时间短暂，该土壤无剖面发育，具 C、(A)-C 或 A-C 剖面构型，反映了风沙移动堆积与固定的不同阶段。

灌漠土是武威市第二大土壤类型，占本市地域面积的 32%。灌漠土形成于干旱荒漠地区，漠土引用清澈的坎儿井水灌溉，经长期耕灌后，从根本上改变了土壤的水分与养分状态。

灰钙土是武威市第三大土壤类型，占本市地域面积的 12%。灰钙土位于温带干旱草原区，是具低腐殖质、弱淋溶特征的土壤。植被覆盖百分率为 10%—40%。成土母质多为黄土，少数为冲积扇洪积物。全剖面呈强石灰反应，碳酸钙含量为 120—250g/kg。土壤底部可见易溶盐累积，含量可达 10g/kg。

栗钙土占本市地域面积的 8%。栗钙土是在温带半干旱草原下发育形成的具有栗色腐殖质层和灰白色钙积层的土壤。该土壤表层为栗色腐殖质层，厚 20—30cm，有机质含量为 15—45g/kg。其下，灰白色钙积层发育明显，见于 20—30cm 深处，厚 20—40cm，呈斑点状或层状积钙。石膏及易溶盐局部聚积。

灰漠土占本市地域面积的 5%。灰漠土曾被称为荒漠灰钙土，是在漠境地区初显石灰表聚及易溶盐与石膏分层累积的土壤。该土壤地表有明显结皮层，下为浅棕色片状土层，含砾石。

小于本市地域面积 5% 的土壤类型有黑毡土、潮土、灰褐土、草甸土、沼泽土和草甸盐土。

本区域中心区气候特征

本区域中心区气候特征值
Regional climate characteristics in central area of the region

气候带：中温带干旱气候 Climate region: Mid temperate arid climate	
年平均气温 /℃ Annual average temperature /℃	3.6
年平均最高气温 /℃ Annual average maximum temperature /℃	10.4
年平均最低气温 /℃ Annual average minimum temperature /℃	-1.9
年降水量 /mm Annual precipitation /mm	282
≥10℃的积温 /℃ Daily temperature accumulated in a year (≥10℃) /℃	1606
年日照时数 /h Annual sunshine /h	2832
年平均相对湿度 /% Annual average relative humidity /%	52
干燥度 Dryness	1.87

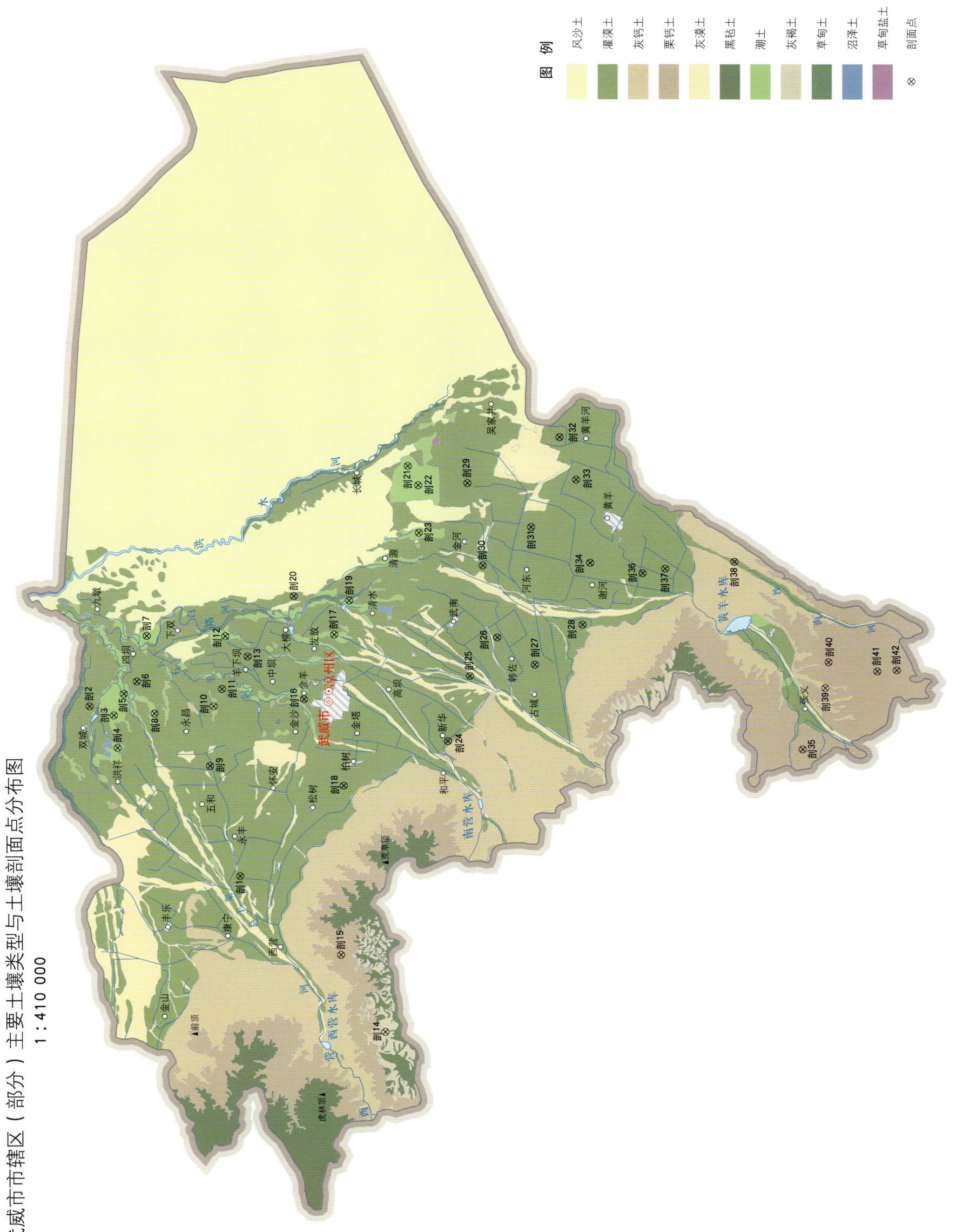

武威市市辖区(部分)主要土壤类型与土壤剖面点分布图
1∶410 000

武威市土壤剖面理化性状表

剖面号 Soil profile	土纲 Soil order	土类 Soil great group	亚类 Soil subgroup	土属 Soil genus	土种 Soil species	土层码 Layer code	土层厚度 Depth/cm	颜色 Soil color	质地 Soil texture	土壤结构 Soil structure	pH	有机质 OM/(g/kg)	全氮 TN/(g/kg)	全磷 TP/(g/kg)	全钾 TK/(g/kg)	有效磷 AP/(mg/kg)	速效钾 AK/(mg/kg)	阳离子交换量 CEC/(cmol/kg)	土壤母质 Parent material	剖面点坐标 Profile coordinate	匹配指数 Matching index/%
剖1	人为土	灌漠土	绿洲灌耕土	厚层灌耕土	灰黄平土	1	0—48				8.3	13.9	0.87	0.70			140			E 102° 25′ 13.2″ N 38° 00′ 31.2″	93
						2	48—110				8.3	9.5	0.71	0.67							
						3	110—136				8.4	9.1	0.63	0.71							
						4	136—150				8.5	6.4	0.35	0.59							
剖2	人为土	灌漠土	绿洲灌耕土	厚层灌耕土	灰黄平土	1	0—20		重壤土		8.5	11.4	0.57	0.53	23.8	4.0	118	7.7		E 102° 37′ 03.6″ N 38° 08′ 55.8″	91
						2	20—43		重壤土		8.2	11.2	0.55	0.59	23.8			8.7			
						3	43—90		重壤土		8.5	9.0	0.46	0.53	23.8			8.8			
						4	90—150		中壤土		8.5	8.7	0.43	0.66	23.5			9.3			
剖3	半水成土	潮土	盐化潮土	硫酸盐潮土	轻盐化潮土	1	0—30	浅黄色	轻壤土	块状	8.5								河流冲积物	E 102° 36′ 26.7″ N 38° 07′ 36.7″	82
						2	30—44	浅灰黄色	轻壤土	板状	8.4										
						3	44—75	棕灰色	黏土	板状	8.2										
						4	75—90	棕灰黄色	黏土	块状											
剖4	半水成土	潮土		青土		1	0—30		重壤土		8.1	22.7	1.52	0.52	12.4	7.0		10.6	河流冲积物	E 102° 34′ 08.4″ N 38° 07′ 21.7″	96
						2	30—64		轻黏土		8.0	35.6	2.08	0.52	11.3						
						3	64—80		重壤土		8.0	22.0	1.21	0.57	18.3						
						4	80—102		轻壤土		8.0	20.2	0.99	0.47	15.7						
						5	102—150				8.7	13.7	0.77	0.39	18.9						
剖5	半水成土	潮土	盐化潮土		中度盐化潮土	1	0—30				8.7								河流冲积物	E 102° 37′ 59.6″ N 38° 07′ 06.3″	75
						2	30—60				8.6										
						3	60—90				8.3										
						4	90—120				8.3										
剖6	人为土	灌漠土	绿洲灌耕土	厚层灌耕土	灰黄平土	1	0—18				8.4	15.7	0.97	0.70		6.0	163		河流冲积物	E 102° 38′ 54.7″ N 38° 06′ 24.6″	84
						2	18—48				8.5	14.6	0.98	0.56							
						3	48—90				8.5	10.4	0.68	0.56							
						4	90—130				8.4	10.3	0.72	0.69							
剖7	半水成土	潮土	盐化潮土	硫酸盐潮土	重盐化潮土	1	0—40	浅灰黄色	中壤土	块状	9.3								河流冲积物	E 102° 42′ 10.1″ N 38° 05′ 56.5″	94
						2	40—60	浅灰黄色	中壤土	块状	8.5										
						3	60—100	浅灰黄色	中壤土	块状	8.4										
剖8	半水成土	潮土	盐化潮土	硫酸盐潮土	轻盐化潮土	1	0—25				8.4	14.2	0.89	0.64		7.0		6.8	河流冲积物	E 102° 36′ 39.3″ N 38° 05′ 24.6″	92
						2	25—40				9.3	13.3	0.90	0.57							
						3	40—70				8.5	16.3	0.97	0.58							
						4	70—125				8.4	10.0	0.55	0.55							
剖9	人为土	灌漠土	绿洲灌耕土	薄层灌耕土	中位黄刚土	1	0—20		中壤土		8.7	16.9	1.00	0.63	22.4	7.0	107	9.0	河流冲积物	E 102° 33′ 00.7″ N 38° 02′ 19.3″	82
						2	20—40		中壤土		8.6	8.8	0.58	0.45	22.3						
						3	40—60		中壤土		8.6	8.3	0.48	0.51	23.1						
剖10	半水成土	潮土		青土		1	0—29				8.1	16.5	1.03	0.64		10.0	90		河流冲积物	E 102° 37′ 15.6″ N 38° 02′ 12.8″	86
						2	29—77				8.0	19.5	1.35	0.52							
						3	77—113				8.1	21.1	1.27	0.42							
						4	113—150				8.0	22.5	1.22	0.52							
剖11	人为土	灌漠土	绿洲灌耕土	厚层灌耕土	灰绵黄立土	1	0—28				8.5	16.1	0.96	0.69		2.0	178	7.7	河流冲积物	E 102° 38′ 30.7″ N 38° 01′ 47.3″	76
						2	28—100				8.5	12.7	0.74	0.66							
						3	100—136				8.6	4.3	0.26	0.53							

续表 Continued

剖面号 Soil profile	土纲 Soil order	土类 Soil great group	亚类 Soil subgroup	土属 Soil genus	土种 Soil species	土层码 Layer code	土层厚度 Depth/cm	颜色 Soil color	质地 Soil texture	土壤结构 Soil structure	pH	有机质 OM/(g/kg)	全氮 TN/(g/kg)	全磷 TP/(g/kg)	全钾 TK/(g/kg)	有效磷 AP/(mg/kg)	速效钾 AK/(mg/kg)	阳离子交换量CEC/(cmol/kg)	土壤母质 Parent material	剖面点坐标 Profile coordinate	匹配指数 Matching index/%
剖12	半水成土	潮土	潮土	潮土	潮土	1	0–30				8.5								河流冲积物	E 102°42′15.8″ N 38°01′41.2″	74
						2	30–70				8.6	15.9	0.89	0.73	23.3	2.0	151	8.7			
剖13	人为土	灌淤土	绿洲灌耕土	厚层灌耕土	灰黄立土	1	0–27		中壤土		8.6	13.4	0.83	0.66	22.8			8.7		E 102°40′52.3″ N 38°00′25.6″	100
						2	27–60		中壤土		8.6	6.5	0.52	0.58	22.5			7.3			
						3	60–95		中壤土		8.4	7.0	0.56	0.57	23.2	6.0	107	8.2			
						4	95–150				8.0	214.3	7.76	0.79	16.8			44.0			
剖14	半淋溶土	灰褐土	山地灰褐土			1	0–14		重壤土		8.0	165.1	6.31	0.81	19.4					E 102°14′31.1″ N 37°52′24.7″	73
						2	14–30		重壤土		8.0	125.0	5.37	0.67	19.9						
						3	30–53		中壤土		8.4	82.6	3.71	0.63	21.7						
						4	53–100				8.6	24.2	1.45	0.31	20.1						
						5	100–150				7.6	63.7	3.21	0.60		7.0	225		黄土		
剖15	钙层土	栗钙土				1	0–10				8.0	45.5	2.46	0.55		4.0				E 102°19′49.3″ N 37°54′56.3″	70
						2	10–27				8.5	23.6	1.41	0.52		2.0					
						3	27–40				8.5	6.8	0.43	0.53		9.0	80				
						4	40–75				8.4	15.0	0.85	1.18							
剖16	人为土	灌漠土	绿洲灌耕土	厚层灌耕土	浅黑立土	1	0–28				8.3	21.0	1.63	1.29						E 102°37′54.8″ N 37°57′18.4″	72
						2	28–52				8.6	18.8	0.89	1.41							
						3	52–92				8.2	17.6	0.96	1.23							
						4	92–153				8.0	15.6	0.91	0.61		5.0	124	6.4			
剖17	半水成土	潮土	潮土	潮土	潮土	1	0–30				8.2	12.8	0.75	0.59					河流冲积物	E 102°42′33.4″ N 37°55′45.3″	91
						2	30–55				8.3	5.1	0.29	0.38							
						3	55–83				8.1	6.9	0.30	0.53							
						4	83–110				8.4	19.6	0.99	0.87	23.9	7.0	115	9.7			
剖18	人为土	灌漠土	绿洲灌耕土	厚层灌耕土	灰黄立土	1	0–40		中壤土		8.4	12.6	0.79	0.59	23.6					E 102°31′50.1″ N 37°55′02.3″	86
						2	40–76		中壤土		8.5	8.5	0.60	0.61	23.5						
						3	76–103		中壤土		8.6	5.2	0.43	0.62	21.5						
						4	103–150				8.6										
剖19	半水成土	潮土	盐化潮土	硫酸盐潮土	轻盐化潮土	1	0–1	灰黄色	轻壤土	块状	8.6								河流冲积物	E 102°44′58.7″ N 37°54′59.6″	88
						2	1–20	浅灰黄色	中壤土	板状	8.6										
						3	20–60	浅灰黄色	中壤土	板状	8.4							9.9			
						4	60–104	浅灰黄色	轻壤土	板状	8.4										
剖20	人为土	灌淤土	绿洲灌耕土	薄层灌耕土	红胶泥土	1	0–30		重壤土		8.4	6.2	0.32	0.58	20.8			9.0		E 102°45′11.9″ N 37°58′00.5″	70
						2	30–80		重壤土		8.7	3.8	0.17	0.47	20.9	4.0	158	6.0			
						3	80–150		中壤土		8.4	2.2	0.13	0.59	22.1						
剖21	半水成土	潮土	盐化潮土	盐化潮土	中度盐化潮土	1	0–27				8.4								河流冲积物	E 102°54′36.4″ N 37°51′58.0″	98
						2	27–76				8.3										
						3	76–108				8.5										
						4	108–150				8.4										
剖22	半水成土	潮土	盐化潮土	盐化潮土	轻度盐化潮土	1	0–25				8.5								河流冲积物	E 102°53′15.0″ N 37°51′23.0″	92
						2	25–63				8.5										
						3	63–98				8.7										
						4	98–120				8.4										
剖23	半水成土	潮土	潮土	潮土	潮土	1	0–30				8.4								河流冲积物	E 102°49′52.8″ N 37°51′17.3″	81
						2	30–60														

续表 Continued

剖面号 Soil profile	土纲 Soil order	土类 Soil great group	亚类 Soil subgroup	土属 Soil genus	土种 Soil species	土层码 Layer code	土层厚度 Depth/cm	颜色 Soil color	质地 Soil texture	土壤结构 Soil structure	pH	有机质 OM/(g/kg)	全氮 TN/(g/kg)	全磷 TP/(g/kg)	全钾 TK/(g/kg)	有效磷 AP/(mg/kg)	速效钾 AK/(mg/kg)	阳离子交换量CEC/(cmol/kg)	土壤母质 Parent material	剖面点坐标 Profile coordinate	匹配指数 Matching index/%
剖24	人为土	灌漠土	绿洲灌耕土	厚层灌耕土	绵黄立土	1	0—21				8.3	20.6	1.12	0.68	22.1	4.0	168	9.0		E 102°35′10.3″ N 37°49′26.8″	73
						2	21—43				8.3	16.8	0.86	0.79	21.7						
						3	43—105				8.3	7.1	0.53	0.72	21.1						
						4	105—150				8.4	6.9	0.53	0.72	21.2						
剖25	人为土	灌漠土	绿洲灌耕土	薄层灌耕土	浅位漏砂土	1	0—28				8.3	20.3	1.10	0.55		5.0	141			E 102°39′50.0″ N 37°48′19.8″	98
						2	28—50				8.5	23.8	1.00	0.63							
						3	50—				8.7	13.8	0.64	0.38							
剖26	人为土	灌漠土	绿洲灌耕土	薄层灌耕土	僵黄平土	1	0—20		重壤土		8.3	14.4	0.80	0.61	23.9	6.0		7.9		E 102°42′36.8″ N 37°46′54.0″	78
						2	20—70		重壤土		8.4	8.6	0.53	0.51	21.7			8.5			
						3	70—150		中壤土		8.4	7.4	0.39	0.52	23.6			8.4			
剖27	人为土	灌漠土	绿洲灌耕土	厚层灌耕土	淡灰黄平土	1	0—17				8.5	14.5	0.98	0.60		6.0	147			E 102°40′44.3″ N 37°44′49.3″	92
						2	17—36				8.6	12.0	0.66	0.56							
						3	36—60				8.5	8.8	0.49	0.60							
						4	60—123				8.6	10.1	0.60	0.60							
						5	123—160				8.5	6.2	0.37	0.53							
剖28	人为土	灌漠土	绿洲灌耕土	厚层灌耕土	绵黄立土	1	0—30				8.3	13.6	0.69	0.69		10.0	171			E 102°43′39.3″ N 37°42′17.8″	90
						2	30—100				8.6	12.8	0.78	0.71							
						3	100—150				8.5	4.6	0.20	0.61							
剖29	人为土	灌漠土	绿洲灌耕土	薄层灌耕土	黄立土	1	0—23		中壤土		8.5	12.5	0.76	0.62		3.0	112			E 102°53′27.4″ N 37°48′42.4″	72
						2	23—110		中壤土		8.7	9.2	5.50	0.60							
						3	110—150		轻壤土		8.5	7.3	0.41	0.54							
剖30	人为土	灌漠土	绿洲灌耕土	厚层灌耕土	淡灰黄立土	1	0—28		中壤土			13.6	0.69	0.69		5.0	104	8.4		E 102°47′39.8″ N 37°47′47.4″	76
						2	28—60		中壤土		8.3	11.8	0.56	0.60				8.3			
						3	60—93		中壤土		8.4	6.0	0.31	0.59				8.7			
						4	93—150				8.4	4.9	0.26	0.71				7.5			
剖31	人为土	灌漠土	绿洲灌耕土	厚层灌耕土	淡灰黄立土	1	0—30		中壤土		8.4	16.7	0.92	0.84	21.9	6.0	139			E 102°50′26.4″ N 37°45′12.2″	83
						2	30—80		中壤土		8.4	12.4	0.78	0.77	22.2						
						3	80—120		中壤土		8.4	10.4	0.69	0.84	21.9						
						4	120—150		轻壤土		8.4	8.4	0.54	0.79	21.6						
剖32	人为土	灌漠土	绿洲灌耕土	薄层灌耕土	砂质黄立土	1	0—29		中壤土		8.5	8.1	0.50	0.50		5.0	112			E 102°56′51.9″ N 37°43′46.0″	78
						2	29—51		中壤土		8.6	6.6	0.42	0.45		1.0					
						3	51—96		中壤土		8.6	4.2	0.38	0.44		2.0					
						4	96—150		重壤土		8.4	5.6	0.35	0.52		10.0					
剖33	人为土	灌漠土	绿洲灌耕土	薄层灌耕土	砂土	1	0—17				8.4	3.7	0.25	0.48	19.1	2.0	58	4.8		E 102°53′52.4″ N 37°42′49.3″	88
						2	17—36				8.3	1.9	0.16	0.56	18.8			4.7			
						3	36—66				8.3	2.0	0.13	0.48	20.2			3.9			
						4	66—150				8.8	3.0	0.14	0.32	21.6			2.1			
剖34	人为土	灌漠土	绿洲灌耕土	薄层灌耕土	黄立土	1	0—30				8.6	13.8	0.80	0.72		3.0	218			E 102°48′01.2″ N 37°41′57.3″	91
						2	30—60				8.6	13.9	0.78	0.76							
						3	60—110				8.6	9.9	0.51	0.06							
						4	110—150				8.7	6.4	0.39	0.71							
剖35	钙层土	栗钙土	山地旱作栗钙土	栗土	厚层栗土	1	0—37				8.2	25.4	1.70	0.70	23.0	3.0	86		黄土	E 102°35′10.3″ N 37°30′10.8″	86
						2	37—100				8.2	37.1	2.72	0.76	21.7						
						3	100—120				8.3	27.4	1.51	0.62	22.7						
						4	120—150				8.6	21.5	1.14	0.59	21.9						

续表 Continued

剖面号 Soil profile	土纲 Soil order	土类 Soil great group	亚类 Soil subgroup	土属 Soil genus	土种 Soil species	土层码 Layer code	土层厚度 Depth/cm	颜色 Soil color	质地 Soil texture	土壤结构 Soil structure	pH	有机质 OM/(g/kg)	全氮 TN/(g/kg)	全磷 TP/(g/kg)	全钾 TK/(g/kg)	有效磷 AP/(mg/kg)	速效钾 AK/(mg/kg)	阳离子交换量CEC/(cmol/kg)	土壤母质 Parent material	剖面点坐标 Profile coordinate	匹配指数 Matching index/%
剖36	人为土	灌淤土	绿洲灌耕土	薄层灌耕土	黄平土	1	0—33		中壤土		8.5	13.1	0.91	0.62	22.9	3.0		9.4		E 102°47′22.2″ N 37°39′05.4″	71
						2	33—65		中壤土		8.5	7.2	0.53	0.53	22.2						
						3	65—129		重壤土		8.5	6.9	0.41	0.56	22.1						
						4	129—150		中壤土		8.5	3.8	0.20	0.51	21.7						
剖37	人为土	灌淤土	绿洲灌耕土	厚层灌耕土	淡灰黄平土	1	0—28		重壤土		8.4	14.8	0.87	0.72	18.8	5.0	156	7.3		E 102°47′42.7″ N 37°37′52.7″	80
						2	28—60		中壤土		8.6	12.1	0.91	0.72	19.7						
						3	60—103		中壤土		8.5	12.1	0.75	0.66	21.9						
						4	103—150		重壤土		8.6	8.9	0.58	0.68	20.7						
剖38	人为土	灌淤土	绿洲灌耕土	厚层灌耕土	灰绵黄立土	1	0—20				8.6	16.1	0.81	0.60		9.0	173			E 102°48′18.6″ N 37°34′07.6″	71
						2	20—63				8.5	16.3	0.92	0.60							
						3	63—120				8.4	17.3	0.94	0.68							
剖39	干旱土	灰钙土	灰钙土	灰白土	灰白土	1	0—25				8.2	17.4	1.80	0.72	21.8	5.0	157	9.6	黄土	E 102°39′33.2″ N 37°29′01.6″	83
						2	25—50				8.1	19.1	1.29	0.71	21.0						
						3	50—110				8.4	10.2	0.59	0.65	20.8						
						4	110—145				8.4	6.0	0.35	0.60	19.9						
剖40	钙层土	栗钙土	山地旱作栗钙土	栗土	淡栗土	1	0—35		轻壤土		8.3	23.0	1.38	0.72	22.3	3.0	124	13.6	黄土	E 102°41′23.5″ N 37°28′53.1″	78
						2	35—90		轻壤土		8.5	25.3	1.52	0.83	22.4						
						3	90—130		轻壤土		8.1	10.9	0.64	0.68	21.6						
剖41	钙层土	栗钙土	山地旱作栗钙土	黑土	厚层黑土	1	0—25		轻壤土		8.3	22.9	1.52	0.69	22.3	7.0	118	13.6	黄土	E 102°40′48.9″ N 37°26′13.9″	78
						2	25—60		轻壤土		8.1	37.2	1.76	0.69	22.4						
						3	60—90		轻壤土		8.3	23.6	1.27	0.63	22.2						
						4	90—150		轻壤土		8.9	5.0	0.28	0.60	19.3						
剖42	钙层土	栗钙土	山地旱作栗钙土	黑土	厚层红砂黑土	1	0—20				8.3	22.6	1.65	0.57		11.0	90	16.8	黄土	E 102°40′55.3″ N 37°25′10.9″	74
						2	20—40				8.2	36.6	1.89	0.62							
						3	40—70				8.2	23.2	1.24	0.53							

民 勤 县

主要土类说明

风沙土是民勤县主要土壤类型，占本县地域面积的 46%。风沙土形成于半干旱、干旱漠境地区及滨海地区，是在风沙移动堆积形成的多种形态的风沙沉积物上发育的初育土。由于成土时间短暂，该土壤无剖面发育，具 C、（A）-C 或 A-C 剖面构型，反映了风沙移动堆积与固定的不同阶段。

灰棕漠土是民勤县第二大土壤类型，占本县地域面积的 33%。灰棕漠土是在温带极端干旱荒漠地区砾质化明显的土壤。该土壤地表见砾幂及褐色结皮，亦见干面包状结皮；石灰表聚，下见纤维状石膏聚积，亦见铁质黏化现象。土壤有机质含量小于 5g/kg，且土层很薄。铁铝结合的胡敏酸多于钙结合者，铁铝结合的富啡酸少于钙结合者是本土类特征。

灌淤土是民勤县第三大土壤类型，占本县地域面积的 7%。灌淤土是长期引用高泥沙含量灌溉水淤灌，在落淤后即行翻耕，土层逐渐加厚至超过 50cm 的土壤。原来的土壤层次发生改变，包括表土及其他土层，均作为埋藏层，因而土体深厚，色泽、质地均一，土壤水分物理性状良好。

草甸盐土占本县地域面积的 6%。草甸盐土形成于半湿润至半干旱地区，高矿化地下水经毛管作用上升至地表，使其盐分累积量大于 6g/kg，属盐土范畴。该土壤有盐化表土层，具 A-C 剖面构型。

草甸土占本县地域面积的 4%。因所处地带地下水位较高，潜水参与土壤形成过程，受地下水升降与浸润作用，成土过程具有明显腐殖质累积和铁锰氧化还原特征，土体出现锈色斑纹层，具 A-Cu 或 A-C-Cu 剖面构型。

小于本县地域面积 3% 的土壤类型有潮土和漠境盐土。

本区域中心区气候特征

本区域中心区气候特征值
Regional climate characteristics in central area of the region

气候带：中温带干旱气候 Climate region: Mid temperate arid climate	
年平均气温 /℃ Annual average temperature /℃	7.9
年平均最高气温 /℃ Annual average maximum temperature /℃	15.6
年平均最低气温 /℃ Annual average minimum temperature /℃	1.2
年降水量 /mm Annual precipitation /mm	127
≥10℃的积温 /℃ Daily temperature accumulated in a year（≥10℃）/℃	2903
年日照时数 /h Annual sunshine /h	3052
年平均相对湿度 /% Annual average relative humidity /%	46
干燥度 Dryness	4.21

本区域中心区月平均气温与月平均降水量
Monthly temperature and precipitation in central area of the region

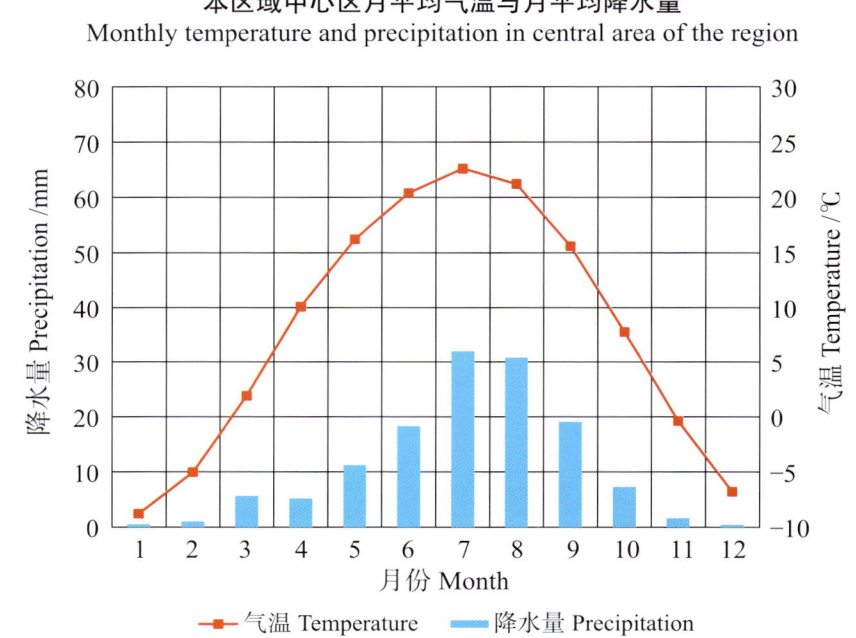

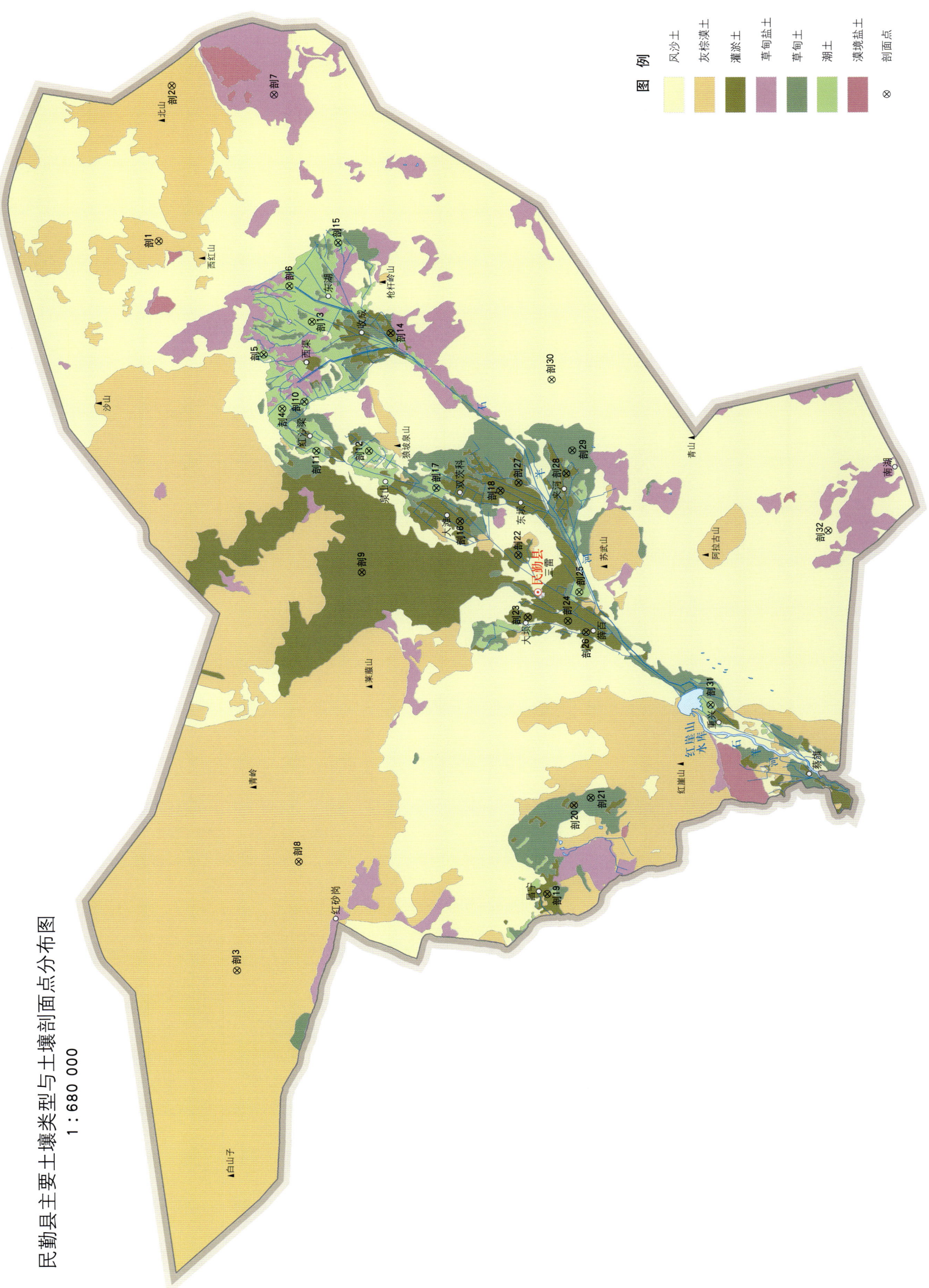

民勤县土壤剖面理化性状表

剖面号 Soil profile	土纲 Soil order	土类 Soil great group	亚类 Soil subgroup	土属 Soil genus	土种 Soil species	土层码 Layer code	土层厚度 Depth/cm	颜色 color	质地 Soil texture	土壤结构 Soil structure	pH	有机质 OM/(g/kg)	全氮 TN/(g/kg)	全磷 TP/(g/kg)	全钾 TK/(g/kg)	碱解氮 AN/(mg/kg)	有效磷 AP/(mg/kg)	速效钾 AK/(mg/kg)	阴离子交换量CEC/(cmol/kg)	土壤母质 Parent material	剖面点坐标 Profile coordinate	匹配指数 Matching index/%
剖1	漠土	灰棕漠土	砂化灰膏灰棕漠土			1	0—6	浅灰棕色	细砂土	块层状											E 103° 46′ 36.5″ N 39° 12′ 16.6″	95
						2	6—11	浅灰棕色	细砂土	块状												
						3	11—42	浅红棕色	细砂土	块状												
						4	42—57		细砂土													
						5	57—65	黄棕色	细砂土													
剖2	漠土	灰棕漠土	山地石膏灰棕漠土			1	0—4	浅灰黄色	砂壤土	层状	8.2	3.9	0.24	0.81	24.5						E 104° 05′ 09.7″ N 39° 11′ 14.4″	90
						2	4—18	浅黄棕色	砂壤土	小块状	8.3	5.5	0.40	0.91	25.9							
						3	18—31	黄棕色	紧砂土	块状	8.9	3.3	0.22	1.12	22.8							
						4	31—45	灰白色	松砂土		7.9	2.4	0.17	1.80	28.5							
剖3	漠土	灰棕漠土	灰棕漠土			1	0—5	黄棕色	轻壤土	鳞片状											E 102° 19′ 53.4″ N 39° 04′ 04.8″	87
						2	5—24	浅棕色	中壤土	小块状												
						3	24—50	灰棕色	砂壤土													
						4	50—75	灰色	紧砂土													
						5	75—120		松砂土													
剖4	半水成土	潮土	盐化潮土	盐化退化潮土	中盐化青白退化潮土	1	0—5	浅灰黄色	中壤土	块状	8.5	9.2	0.55	0.41	12.7	33	22.0	478	5.5		E 103° 26′ 49.2″ N 39° 01′ 01.2″	90
						2	5—15	浅灰黄色	中壤土	块状	8.4	9.1	0.51	0.42	11.8	38	12.0	740	4.6			
						3	15—30	黄灰黄色	中壤土	块状	8.2	8.4	0.48	0.39	14.5	34	10.0	234	4.8			
						4	30—49	黄灰色	中壤土	片状		5.9	0.34	0.37	16.0	32	10.0	255	5.4			
						5	49—111	蓝灰色	黏土	鳞片状	8.4		0.71	0.27	19.1		9.0	291	13.4			
						6	111—150	灰黄色	重壤土	片状		5.7	0.27	0.33	11.1	22	8.0	45	7.1			
剖5	半水成土	潮土	盐化潮土	轻盐化黏退化潮土		1	0—30	浅灰黄色	轻壤土	块状	8.5	10.1	0.33	0.60		41	10.0	75				80
						2	30—70	浅灰黄色	黏土	板状	8.4	8.5	0.60	0.53		78	6.0	135		河流冲积物		
						3	70—110	棕灰黄色	黏土	板状	8.2	12.3	0.53	0.52		62	5.0	248				
						4	110—150	浅灰黄色	轻壤土	块状		10.9	0.52	0.67		51	6.0	124				
剖6	半水成土	潮土	盐化潮土	轻盐化退化潮土		1	0—20	灰黄色	中壤土	板状	8.6	9.0	0.51	0.57		41	6.0	274	4.6	河流冲积物	E 103° 33′ 16.0″ N 39° 02′ 44.4″	90
						2	20—63	浅灰黄色	中壤土	板状	8.6	7.2	0.51	0.45		28	2.0	365	3.9			
						3	63—85	浅灰黄色	中壤土	板状	8.4	6.4	0.48	0.47		28	5.0	391	5.6			
						4	85—125	黄灰黄色	紧砂土	板状	8.4	6.7	0.34	0.34		24	7.0	236	6.6			
						5	125—150		黏土	板状		6.7		0.53					2.8			
剖7	盐碱土	草甸盐土	草甸盐土			1	0—4	浅灰黄色	轻壤土	小块状	8.1	12.0	0.47	0.17	20.6	24	11.0	418		河流冲积物	E 103° 41′ 26.3″ N 39° 00′ 31.2″	90
						2	4—25	黄灰黄色	中壤土	小块状	8.3	10.3	0.48	0.57	24.5	26	14.0	603				
						3	25—48	灰黄棕色	中壤土	小块状	8.2	7.1	0.51	0.53	28.3	26	13.0	418				
						4	48—68	灰棕色	中壤土	小块状	8.2	4.3	0.28	0.34	15.6	29	10.0	253				
						5	68—110	浅灰棕色	细砂土		8.3	2.9	0.22	0.30	21.2	17	9.0	184				
						6	120—	浅灰棕色	细砂砾质土	小块状				0.42		21		487				
剖8	漠土	灰棕漠土	砂砾质灰棕漠土			1	0—5	黄黄棕色	轻壤土	块状	8.2	11.1	0.65	0.55	33.4	55	5.0	268	3.3		E 104° 04′ 10.8″ N 38° 58′ 46.6″	83
						2	5—15	灰黄棕色	中壤土	块状	8.3	9.0	0.61	0.60	34.3	56	9.0	255	3.0			
						3	15—30	棕黄色	中壤土	块状	8.3	9.5	0.65	0.64	30.6	45	1.0	152	6.4			
剖9	人为土	灌淤土	灌淤土	厚层灌淤土	厚立土	1	0—29														E 103° 07′ 32.5″ N 38° 53′ 39.8″	71
						2	29—73															
						3	73—150															

续表 Continued

剖面号 Soil profile	土纲 Soil order	土类 Soil great group	亚类 Soil subgroup	土属 Soil genus	土种 Soil species	土层码 Layer code	土层厚度 Depth/cm	颜色 Soil color	质地 Soil texture	土壤结构 Soil structure	pH	有机质 OM/(g/kg)	全氮 TN/(g/kg)	全磷 TP/(g/kg)	全钾 TK/(g/kg)	碱解氮 AN/(mg/kg)	有效磷 AP/(mg/kg)	速效钾 AK/(mg/kg)	阳离子交换量CEC/(cmol/kg)	土壤母质 Parent material	剖面点坐标 Profile coordinate	匹配指数 Matching index/%
剖10	半水成土	潮土	灌淤潮土	退化灌淤潮土	退化潮土	1	0—30	浅灰黄色	中壤土	块状	8.0	8.9	0.54	0.44		56	10.0	148		河流冲积物	E 103°27′40.7″ N 38°59′01.7″	70
剖11	半水成土	潮土	灌淤潮土	退化灌淤潮土	漏砂退化潮土	1	30—80	浅灰黄色	砂壤土	块状	8.4	5.5	0.30	0.50		19	1.0	246		河流冲积物	E 103°21′51.1″ N 38°57′53.6″	98
						2	80—150	黄灰黄色	中壤土	块状	8.6	6.7	0.46	0.49		30	4.0	221				
剖12	半水成土	潮土	灌淤潮土	退化灌淤潮土	底砂退化潮土	1	0—31	灰黄色	中壤土	板状										河流冲积物	E 103°21′56.0″ N 38°53′10.9″	88
						2	31—66	浅灰黄色	轻壤土	块状		10.7	0.60	0.29		57	10.0	77				
						3	66—107	浅灰黄色	轻壤土	板状		7.2	0.42	0.49		42	5.0	181				
						4	107—150	灰黄色	紧砂土	鳞片状		3.2	0.27	0.35		23	5.0					
剖13	半水成土	潮土	灌淤潮土	退化灌淤潮土	底黏退化潮土	1	0—35	灰黄色	中壤土	块状		8.9	0.48	0.47		28	6.0	83		河流冲积物	E 103°37′14.0″ N 38°58′26.6″	76
						2	35—60	浅灰黄色	轻壤土	块状		1.8	0.08	0.26		21	7.0					
						3	60—86	黄灰黄色	紧砂土	板状	8.6	11.1	0.49	0.57		53	0.5	49				
						4	86—101	浅灰黄色	中壤土	板状	8.6	9.7		0.56		51	2.0					
						5	101—150	灰白色	重壤土	板状	8.2	9.0		0.57		41	2.0					
剖14	人为土	灌淤土	灌淤土	薄层灌淤土	薄浅位砂土	1	0—25	黄灰色	黏土	块状		13.3	0.54	0.66		71	2.0			河流冲积物	E 103°35′59.4″ N 38°51′21.7″	100
						2	25—48	灰棕色	重壤土	板状		9.2	0.40	0.63		62	4.0					
						3	48—105	黄灰色	中壤土	小块状		10.3		0.47		42	10.0	40				
						4	105—150	灰黄色	砂壤土	块状		5.3	0.28	0.46		24	6.0	32	6.3			
剖15	半水成土	潮土	灌淤潮土	盐化退化灌淤土	中盐化潮土	1	0—35	黄灰色	紧砂土	片状		2.1	0.13	0.34		29	5.0	15	5.3		E 103°46′37.6″ N 38°56′10.7″	91
						2	35—70	浅灰色	轻壤土	块状	8.8	8.4	0.54	0.51		34	4.0	109	10.1			
						3	70—98	浅灰色	轻壤土	团块状	8.4	11.6	0.49	0.57		39	14.0	384	5.0			
						4	98—150	棕色	黏土	块状		9.7	0.37	0.37		41	5.0	150	11.4			
剖16	人为土	灌淤土	灌淤土	薄层灌淤土	薄平土	1	0—48	浅灰黄色	轻壤土	块状		8.0	0.63	0.43	23.3	89	5.0	80	5.2		E 103°13′48.0″ N 38°44′55.3″	77
						2	48—102	浅灰色	中壤土	片状	8.3	8.3	0.41	0.60	23.9	25	4.0	343	14.2			
						3	102—150	黄灰色	重壤土	块状		6.0	0.32	0.50	24.2	26	6.0	99				
剖17	半水成土	潮土	灌淤潮土	退化灌淤潮土	体黏退化潮土	1	0—35	浅灰色	中壤土	块状		8.2	0.44	0.75	22.7	45	6.0	242		河流冲积物	E 103°17′40.9″ N 38°47′06.0″	97
						2	35—85	浅灰色	中黏土	鳞片状	8.5	9.3	0.43	0.47	34.9	84	4.0	284				
						3	85—105	浅灰色	中壤土	块状	8.3	16.4	0.93	0.61	24.5	28	5.0	445				
						4	105—121	浅灰色	重壤土	鳞片状		8.9	0.38	0.58	23.2	66	4.0	232				
						5	121—150	浅灰色	重壤土	块状		17.1	0.88	0.39				363				
剖18	人为土	灌淤土	灌淤土	薄层灌淤土	薄立土	1	0—30	灰黄色	松砂土	块状	8.3	8.9	0.49	0.53		64	12.0	135			E 103°17′28.5″ N 38°41′21.3″	76
						2	30—65	浅灰黄色	轻壤土	块状		7.8	0.37	0.56		85	2.0	92				
						3	65—110	棕黄色	中壤土	块状		7.4	0.38	0.53		66	5.0	113				
						4	110—150	暗灰黄色	重壤土	块状		10.3	0.60	0.54		71	3.0	303				
剖19	人为土	灌淤土	灌淤土	薄层灌淤土	薄腰砂土	1	0—30	浅灰黄色	黏土	块状		11.0	0.65	0.45		57		127			E 102°29′43.3″ N 38°36′27.0″	93
						2	30—70	灰白色	中壤土	块状	8.6	1.9	0.14	0.28		29	6.0	68	4.5			
						3	70—100	棕黄色	中壤土	块状	8.6	6.5	0.44	0.48	22.7	49	14.0	105	6.2			
						4	100—133	棕黄色	重壤土	块状	8.2	8.1	0.44	0.47	20.9	35	13.0	85	11.6			
						5	133—150	灰白色	砂壤土	块状		3.3	0.16	0.28		23	10.0		9.6			
剖20	人为土	灌淤土	盐化灌淤土	盐化薄层灌淤土	中盐化薄立土	1	0—27	浅灰黄层	轻壤土	块状		6.5	0.38	0.38		47	4.0	68			E 102°40′21.9″ N 38°34′14.2″	96
						2	27—73	浅灰黄色	中壤土	块状		4.8	0.26	0.44		34	8.0	23				
						3	73—108	青灰色	中壤土	粒状		10.0	0.55	0.58	20.6	19	6.0	98				
						4	108—150	灰棕色	重壤土	粒状		7.1	0.43	0.50	23.9	62	4.0	152				

续表 Continued

剖面号 Soil profile	土纲 Soil order	土类 Soil great group	亚类 Soil subgroup	土属 Soil genus	土种 Soil species	土层码 Layer code	土层厚度 Depth/ cm	颜色 Soil color	质地 Soil texture	土壤结构 Soil structure	pH	有机质 OM/ (g/kg)	全氮 TN/ (g/kg)	全磷 TP/ (g/kg)	全钾 TK/ (g/kg)	碱解氮 AN/ (mg/kg)	有效磷 AP/ (mg/kg)	速效钾 AK/ (mg/kg)	阳离子 交换量CEC/ (cmol/kg)	土壤母质 Parent material	剖面点坐标 Profile coordinate	匹配指数 Matching index/%
剖21	半水成土	草甸土	荒漠化草甸土			1	0–24	浅黄色	轻壤土	片状	8.2	7.3	0.61	0.37		40	13.0	126			E 102°41′17.5″ N 38°32′44.5″	97
剖22	人为土	灌淤土	灌淤土	薄层灌淤土	底黏薄立土	1	0–37	暗黄色	轻壤土	板状	8.1	6.7	0.75	0.42		16	15.0	161			E 103°09′54.0″ N 38°39′38.9″	98
						2	37–74	暗黄色	重壤土	块状		7.2		0.82		22	5.0	307	21.7			
						3	74–107	棕色	轻壤土	块状		8.4	0.53	0.49	13.3	45	8.0	163	3.9			
剖23	人为土	灌淤土	灌淤土	厚层灌淤土	厚平土	1	0–37	浅灰黄色	轻壤土	小块状	8.5	5.0		0.44	30.3	30	4.0	163	3.9		E 103°02′30.5″ N 38°38′42.0″	87
						2	37–95	暗黄色	黏土	块状		11.7	0.72	0.64	25.7	51	4.0	221	9.1			
						3	95–150	浅灰黄色	砂壤土	块状	8.3	8.7		0.50	25.7	15	3.0	103	7.3			
剖24	人为土	灌淤土	灌淤土	薄层灌淤土	薄深位漏砂土	1	0–37	灰黄色	中壤土	片状	8.3	10.7	0.89	0.60	22.1	67	10.0	229	6.6		E 103°02′09.3″ N 38°35′06.2″	96
						2	37–95	黄棕色	中壤土	片状		7.2	0.57	0.55	18.5	42	6.0	142	9.2			
						3	95–150	浅黄色	中壤土	片状	8.5	9.5	0.68	0.54	18.1	76	10.0	172	8.2			
剖25	半水成土	潮土	砂化潮土	砂化薄层灌淤土	砂化退平土	1	0–30	浅黄棕色	轻壤土	片状		9.5	0.46	0.60		47	10.0	90		河流冲积物	E 103°05′36.6″ N 38°34′08.0″	93
						2	30–60	浅黄棕色	中壤土	片状	8.6	8.2	0.32	0.58	10.7	41	9.0	108	3.9			
						3	60–80	灰黄棕色	中壤土	片状	8.5	10.5		0.57		58	9.0	286	3.5			
						4	80–150	浅灰黄色	紧砂土	块状	8.6	4.4		0.28		19	2.0	23	3.6			
剖26	人为土	灌淤土	砂化灌淤土	砂化薄层灌淤土	砂化薄性土	1	0–30	浅黄色	砂壤土	板状	8.5	5.6	0.23	0.48	8.1	31	8.0	178	2.9		E 103°00′50.8″ N 38°33′27.9″	72
						2	30–73	黄棕色	中壤土	片状	8.6	3.4	0.21	0.56	17.8	18	4.0	132				
						3	73–110	灰黄棕色	中壤土	块状		4.7	0.14	0.47	19.7	16	3.0	40				
						4	110–150	浅灰黄色	中壤土	块状		2.3	0.35	0.80		19	2.0	66				
剖27	人为土	灌淤土	盐化灌淤土	盐化薄层灌淤土	轻盐化薄平土	1	0–20	黄棕色	砂壤土	块状	8.2	6.7	0.21	0.53		49	7.0				E 103°18′26.7″ N 38°39′43.8″	83
						2	20–80	黄棕色	砂壤土	块状	8.3	5.2		0.58				281	2.2			
						3	80–150	黄棕色	紧砂土	片状	8.3	1.8	0.77	0.23		38	8.0	294	1.9			
剖28	人为土	灌淤土	盐化灌淤土	盐化薄层灌淤土	轻盐化薄立土	1	0–35	灰黄色	中壤土	片状	8.3	10.1	0.40	0.43	24.5	36	4.0	330	5.5		E 103°19′36.5″ N 38°35′28.0″	75
						2	35–60	浅黄棕色	中壤土	片状	8.3	8.2	0.55	0.44	23.3	29	4.0	372				
						3	60–105	浅灰棕色	中壤土	片状	8.1	7.2	0.63	0.41	28.8	36	4.0	86				
						4	105–150	棕色	砂壤土	片状		8.4	0.47	0.43	20.3	39	6.0	92				
						5		灰黄色	砂壤土	片状	8.2	7.8	0.36	0.60		38	3.0	180				
剖29	半水成土	草甸土	盐化草甸土			1	0–47	棕色	中壤土	片状		5.7	0.60	0.57		59	5.0	110	3.7		E 103°22′20.5″ N 38°34′58.0″	70
						2	47–90	棕色	中壤土	片状	8.2	10.5	0.30	0.64		21	3.0					
						3	90–120	棕色	砂壤土	板状		4.3	0.15	0.52		19	4.0					
						4	120–150	棕色	砂壤土	板状		2.7		0.61								
剖30	初育土	风沙土	流动风沙土			1	0–16	浅黄棕色	细砂土	单粒状											E 103°30′41.0″ N 38°36′54.0″	97
						2	16–87	浅黄棕色	细砂土	单粒状												
						3	87–132	浅黄棕色	细砂土	团块状												
剖31	半水成土	潮土	灌淤潮土	灌淤潮土	漏砂潮土	1	0–40	浅黄棕色	轻壤土	片状		6.2	0.49	0.50	20.9	55	9.0	513	3.9	河流冲积物	E 102°52′33.0″ N 38°22′10.4″	83
						2	40–58	黄棕色	轻壤土	块状			0.31	0.49	21.8	44	3.0	180	4.9			
						3	58–110	灰黄色	紧砂土	松砂土												
						4	110–140	灰黄色														
剖32	初育土	风沙土	固定风沙土			1	0–28	灰色	细砂土	小块状											E 103°13′20.6″ N 38°11′53.8″	81
						2	28–63	棕色	细砂土	块状												
						3	63–72	棕色	中砂土	块状												
						4	72–106		细砂土													
						5	106–170		细砂土	小块状												

古 浪 县

主要土类说明

灰钙土是古浪县主要土壤类型，占本县地域面积的33%。灰钙土位于温带干旱草原区，是具低腐殖质、弱淋溶特征的土壤。植被覆盖百分率为10%—40%。成土母质多为黄土，少数为冲积扇洪积物。该土壤仅夏季发生淋溶，易溶盐、碳酸钙、石膏弱度淋移，分层累积于15—30cm深处。全剖面呈强石灰反应，碳酸钙含量为120—250g/kg。土壤底部可见易溶盐累积，含量可达10g/kg。

风沙土是古浪县第二大土壤类型，占本县地域面积的32%。风沙土形成于半干旱、干旱漠境地区及滨海地区，是风沙移动堆积形成的多种形态的风沙沉积。由于成土时间短暂，该土壤无剖面发育，具C、(A)-C或A-C剖面构型，反映了风沙流动堆积与固定的不同阶段。

栗钙土是古浪县第三大土壤类型，占本县地域面积的25%。栗钙土是在温带半干旱草原下发育形成的具有栗色腐殖质层和灰白色钙积层的土壤。该土壤表层为栗色腐殖质层，厚20—30cm，有机质含量为15—45g/kg。其下，灰白色钙积层发育明显，见于20—30cm深处，厚20—40cm，呈斑点状或层状积钙。石膏及易溶盐局部聚积。

灌漠土占本县地域面积的6%。灌漠土形成于干旱荒漠地区，漠土引用清澈的坎儿井水灌溉，经长期耕灌后，从根本上改变了土壤的水分与养分状态。土壤中原来上升累积的盐分向下淋移，石灰与石膏也有下淋现象。表土层中有机质含量为10—30g/kg，出现耕层与亚耕层。

小于本县地域面积3%的土壤类型有黑钙土、灰棕漠土、黄棕壤、草甸盐土和黑毡土。

本区域中心区气候特征

本区域中心区气候特征值
Regional climate characteristics in central area of the region

气候带：中温带干旱气候 Climate region: Mid temperate arid climate	
年平均气温 /℃ Annual average temperature /℃	3.4
年平均最高气温 /℃ Annual average maximum temperature /℃	9.7
年平均最低气温 /℃ Annual average minimum temperature /℃	-1.8
年降水量 /mm Annual precipitation /mm	307
≥10℃的积温 /℃ Daily temperature accumulated in a year (≥10℃) /℃	1663
年日照时数 /h Annual sunshine /h	2718
年平均相对湿度 /% Annual average relative humidity /%	55
干燥度 Dryness	1.53

本区域中心区月平均气温与月平均降水量
Monthly temperature and precipitation in central area of the region

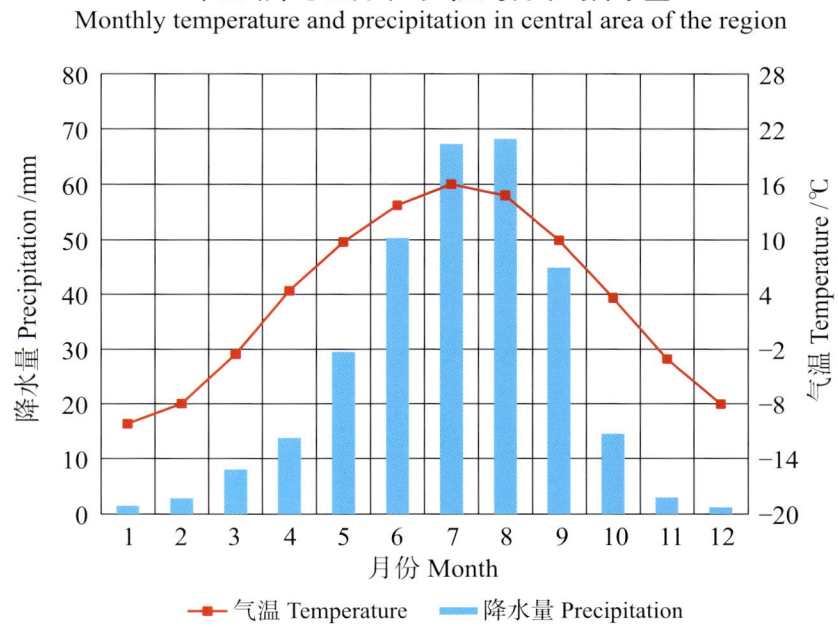

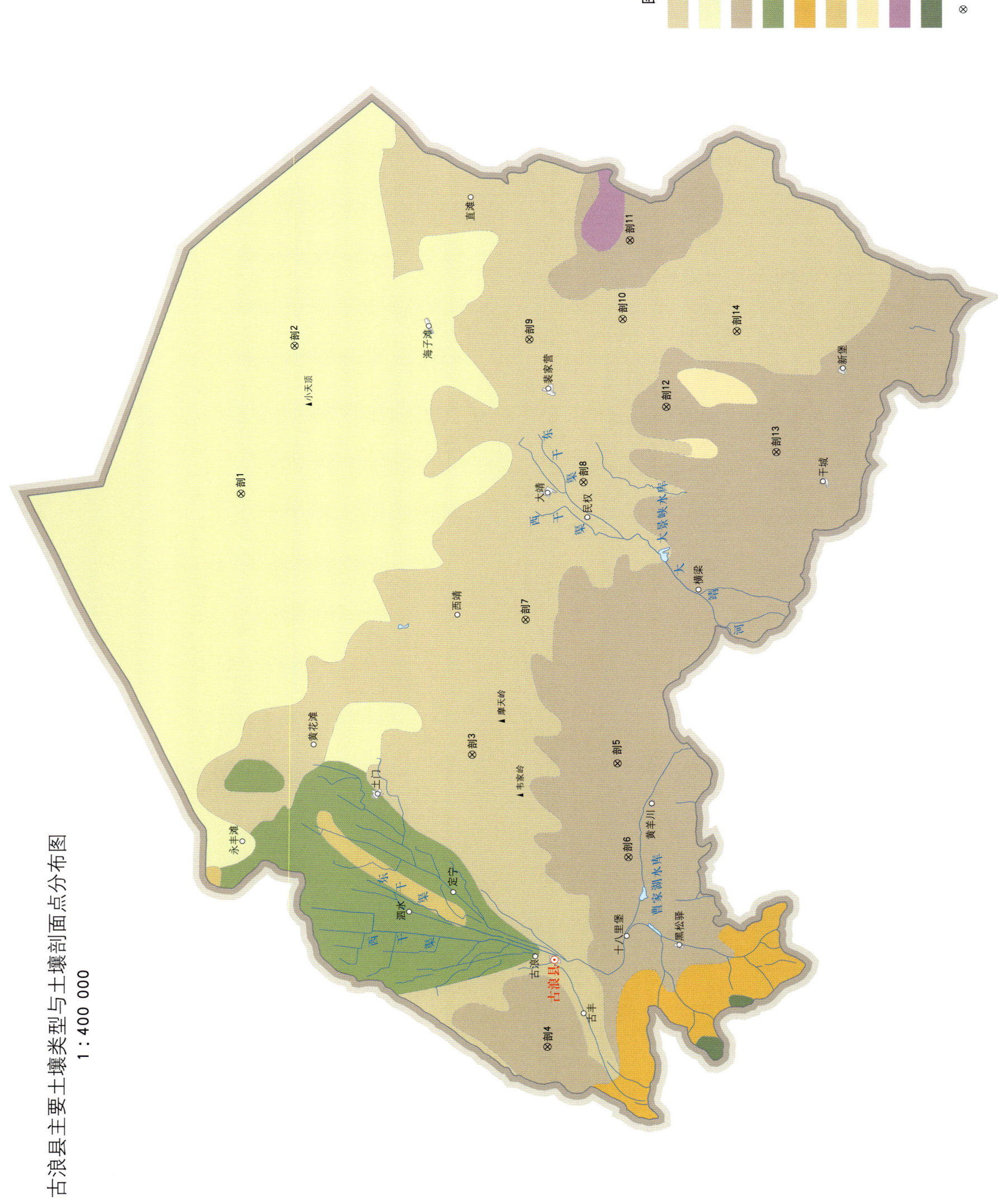

古浪县主要土壤类型与土壤剖面点分布图
1:400 000

古浪县土壤剖面理化性状表

剖面号 Soil profile	土纲 Soil order	土类 Soil great group	亚类 Soil subgroup	土属 Soil genus	土种 Soil species	土层码 Layer code	土层厚度 Depth/cm	pH	有机质 OM/(g/kg)	全氮 TN/(g/kg)	全磷 TP/(g/kg)	全钾 TK/(g/kg)	有效磷 AP/(mg/kg)	速效钾 AK/(mg/kg)	阳离子交换量 CEC/(cmol/kg)	土壤母质 Parent material	剖面点坐标 Profile coordinate	匹配指数 Matching index/%
剖1	初育土	风沙土	固定风沙土			1	0—15	8.5	8.6	0.03	0.48	29.7	3.0	133		风积沙	E 103°24′04.0″ N 37°44′14.6″	97
						2	15—80	8.8	5.4	0.34	0.47	26.2	4.0	50				
						3	80—150	8.8	3.1	0.25	0.25	23.6						
剖2	初育土	风沙土	流动风沙土			1	0—20	8.7	0.7	0.04	0.11	23.2	2.0	75	3.2	风积沙	E 103°33′58.7″ N 37°41′37.3″	96
						2	20—70	8.8	0.9	0.06	0.12	25.3			2.9			
						3	70—150	8.9	1.2	0.09	0.14	30.8			2.9			
剖3	干旱土	灰钙土	灰钙土	平原耕种灰钙土	黄平土	1	0—27	8.5	5.4	0.31	0.52	24.9	4.0	94	4.9	洪冲积物、黄土	E 103°06′58.6″ N 37°32′09.1″	78
						2	27—50	8.1	4.5	0.37	0.55	24.9			4.4			
						3	50—90	8.3	4.8	0.32	0.55	27.1			5.6			
						4	90—130	8.6	8.5	0.43	0.57	27.5			5.8			
剖4	钙层土	栗钙土	栗钙土	耕种黄土质栗钙土	暗栗土	1	0—20	8.1	24.0	1.34	0.71		16.0	440		黄土	E 102°47′43.4″ N 37°27′57.2″	84
						2	20—60	8.4	22.2	1.45	0.60							
						3	60—90	8.2	32.2	1.93	0.70							
						4	90—150	8.2	27.1	1.66	0.67							
剖5	钙层土	栗钙土	暗栗钙土			1	0—30	8.1	23.9	1.44	0.58	26.1	2.0	185	11.4	坡积物、残积物、黄土	E 103°06′35.6″ N 37°24′42.1″	88
						2	30—70	8.0	28.8	2.02	0.58	22.3			13.1			
						3	70—120	8.4	10.6	0.53	0.42	21.4			7.3			
						4	120—150	8.5	5.8	0.41	0.30	24.0			5.4			
剖6	钙层土	栗钙土	栗钙土			1	0—20	8.8	19.1	1.12	0.57	26.2	6.0	130	14.0		E 103°00′20.1″ N 37°24′02.4″	70
						2	20—70	9.0	9.7	0.48	0.52	27.1			9.9			
						3	70—120	8.7	9.0	0.66	0.38	30.1			16.2			
剖7	干旱土	灰钙土	灰钙土	砂化耕种灰钙土	砂化灰黄立土	1	0—30	8.6	5.0	0.24	0.39	29.3	4.0	134	3.8	洪冲积物、黄土	E 103°16′01.3″ N 37°29′32.8″	73
						2	30—82	8.5	6.3	0.47	0.59	30.1			9.8			
						3	82—150	8.6	3.2	0.21	0.49	31.0			5.4			
剖8	干旱土	灰钙土	淡灰钙土	丘陵灰钙土		1	0—20	8.3	10.9	0.59	0.59		3.0	107	7.2	洪冲积物、黄土	E 103°25′11.6″ N 37°26′43.4″	91
						2	20—75	8.5	3.6	0.25	0.59	24.9			4.2			
						3	75—150	8.5	1.7	0.13	0.57	23.6			4.9			
剖9	干旱土	灰钙土	淡灰钙土	山地灰钙土		1	0—30	8.5	9.4	0.53	0.42	26.2	2.0	238	9.7	洪冲积物、黄土	E 103°34′38.1″ N 37°29′36.6″	73
						2	30—70	8.6	3.6	0.26	0.35	23.6			8.9			
						3	70—140	8.9	3.1	0.18	0.45	26.2			9.2			
剖10	干旱土	灰钙土	灰钙土	丘陵耕种灰钙土	压砂灰黄立土	1	0—17	8.5	22.3	1.28	0.70	27.1	10.0	273	9.2	洪冲积物、黄土	E 103°36′03.2″ N 37°24′50.4″	98
						2	17—40	8.5	14.0	0.87	0.73	26.2	4.0		17.5			
						3	40—72	9.0	11.4	0.90	0.72	26.2						
						4	72—150	8.6	0.7	0.68	0.76	27.1						
剖11	钙层土	栗钙土	栗钙土	耕种黄土质栗钙土	暗栗土	1	0—23	8.0	30.7	2.20	0.69	29.3	12.0	160	14.8	黄土	E 103°41′15.7″ N 37°24′31.7″	92
						2	23—50	8.3	27.8	1.56	0.75	28.2			15.8			
						3	50—80	8.4	29.3	1.38	0.79	27.5			13.1			
						4	80—150	8.7	22.7	1.53	0.74	30.1						
剖12	钙层土	栗钙土	栗钙土	耕种黄土质栗钙土	淡栗土	1	0—20	8.4	15.7	1.09	0.57		7.0			黄土	E 103°30′17.3″ N 37°22′32.2″	96
						2	20—55	8.6	11.5	0.65	0.56							
						3	55—115	8.4	11.7	0.76	0.58							
						4	115—150	8.5	10.3	0.78	0.57							

续表 Continued

剖面号 Soil profile	土纲 Soil order	土类 Soil great group	亚类 Soil subgroup	土属 Soil genus	土种 Soil species	土层码 Layer code	土层厚度 Depth/cm	pH	有机质 OM/(g/kg)	全氮 TN/(g/kg)	全磷 TP/(g/kg)	全钾 TK/(g/kg)	有效磷 AP/(mg/kg)	速效钾 AK/(mg/kg)	阳离子交换量 CEC/(cmol/kg)	土壤母质 Parent material	剖面点坐标 Profile coordinate	匹配指数 Matching index/%
剖13	钙层土	栗钙土	栗钙土	残积耕种栗钙土	底砾薄栗土	1	0—18	8.3	15.0	0.94	0.76		3.0	155		残积物	E 103°27′23.1″ N 37°16′51.8″	77
						2	18—30	8.3	9.1	0.62	0.45		4.0	85				
						3	30—50	8.7	3.7	0.32	0.31							
剖14	干旱土	灰钙土	灰钙土	丘陵耕种灰钙土	浅灰黄立土	1	0—20	8.3	9.1	0.46	0.54	23.2	5.0	189	6.3	洪冲积物、黄土	E 103°35′22.2″ N 37°18′59.0″	70
						2	20—43	8.4	4.9	0.35	0.56	22.6			6.8			
						3	43—83	8.7	3.9	0.26	0.48	21.1			4.4			
						4	83—140	8.9	2.4	0.12	0.41	22.6			4.9			

天祝藏族自治县

主要土类说明

栗钙土是天祝藏族自治县主要土壤类型，占本县地域面积的28%。栗钙土是在半干旱草原下发育形成的具有栗色腐殖质层和灰白色钙积层的土壤。该土壤表层为栗色腐殖质层，厚20—30cm，有机质含量为15—45g/kg。其下，灰白色钙积层发育明显，见于20—30cm深处，厚20—40cm，呈斑点状或层状积钙。石膏及易溶盐局部聚积。

黑毡土是天祝藏族自治县第二大土壤类型，占本县地域面积的26%。黑毡土形成于青藏高原高寒略较温湿的原面上，蒿草与杂生草类的草毡层初步分解，形成初步腐殖化的暗色草根茎盘结层。该土壤色泽较深，有机质含量较高，底土见锈色斑纹。

灰褐土是天祝藏族自治县第三大土壤类型，占本县地域面积的17%。灰褐土形成于干旱、半干旱山地云冷杉下，腐殖质累积与钙积作用明显。该土壤表层有机质含量可达100g/kg，表层下见暗色腐殖质层，有弱黏淀特征。B层呈棕褐色，钙积层在40cm以下出现，铁铝氧化物无移动。

山地草甸土占本县地域面积的9%。山地草甸土是在中山山顶平台的草甸植被下形成的薄层土壤。其表层为草皮层，其下是有锈色斑纹或络合铁锰胶膜的薄层土壤，具 As-A-C-D 剖面构型。

黑钙土占本县地域面积的9%。黑钙土是在半湿润草甸草原下发育形成的具深厚均腐殖质层和碳酸钙淋溶淀积层的土壤。该土壤均腐殖质层厚50cm左右，有机质含量为50—80g/kg。其下，钙积层明显。土壤表层 pH 约为7.0，逐渐往下 pH 为 8.0—8.5。冬季冻层厚 1.3—1.5m。

草毡土占本县地域面积的7%。草毡土是在高寒区（青藏高原）平缓高原面上发育形成的具强度生草腐殖质累积与弱度氧化还原特征的高山土壤。由于寒冻，蒿草根累积并弱度分解，该土壤呈草毡状。土体滞水，冻融交替，弱度氧化还原交替进行，造成该土壤氧化铁微弱游离。

小于本县地域面积3%的土壤类型有寒冻土和灰钙土。

本区域中心区气候特征

本区域中心区气候特征值
Regional climate characteristics in central area of the region

气候带：高原亚寒带亚干旱气候 Climate region: Plateau subfrigid subarid climate	
年平均气温 /℃ Annual average temperature /℃	2.6
年平均最高气温 /℃ Annual average maximum temperature /℃	9.1
年平均最低气温 /℃ Annual average minimum temperature /℃	-2.7
年降水量 /mm Annual precipitation /mm	334
≥10℃的积温 /℃ Daily temperature accumulated in a year（≥10℃）/℃	1294
年日照时数 /h Annual sunshine /h	2759
年平均相对湿度 /% Annual average relative humidity /%	54
干燥度 Dryness	1.17

本区域中心区月平均气温与月平均降水量
Monthly temperature and precipitation in central area of the region

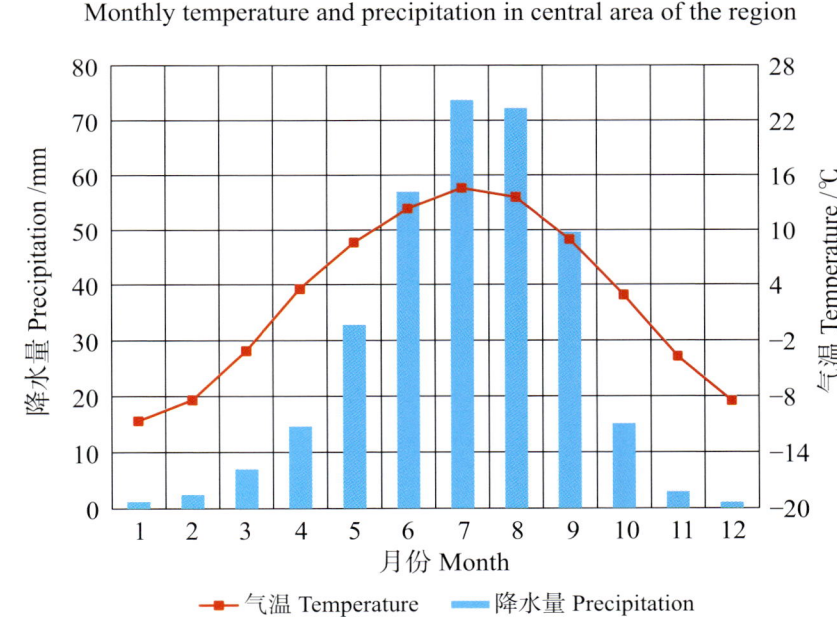

天祝藏族自治县主要土壤类型与土壤剖面点分布图
1 : 620 000

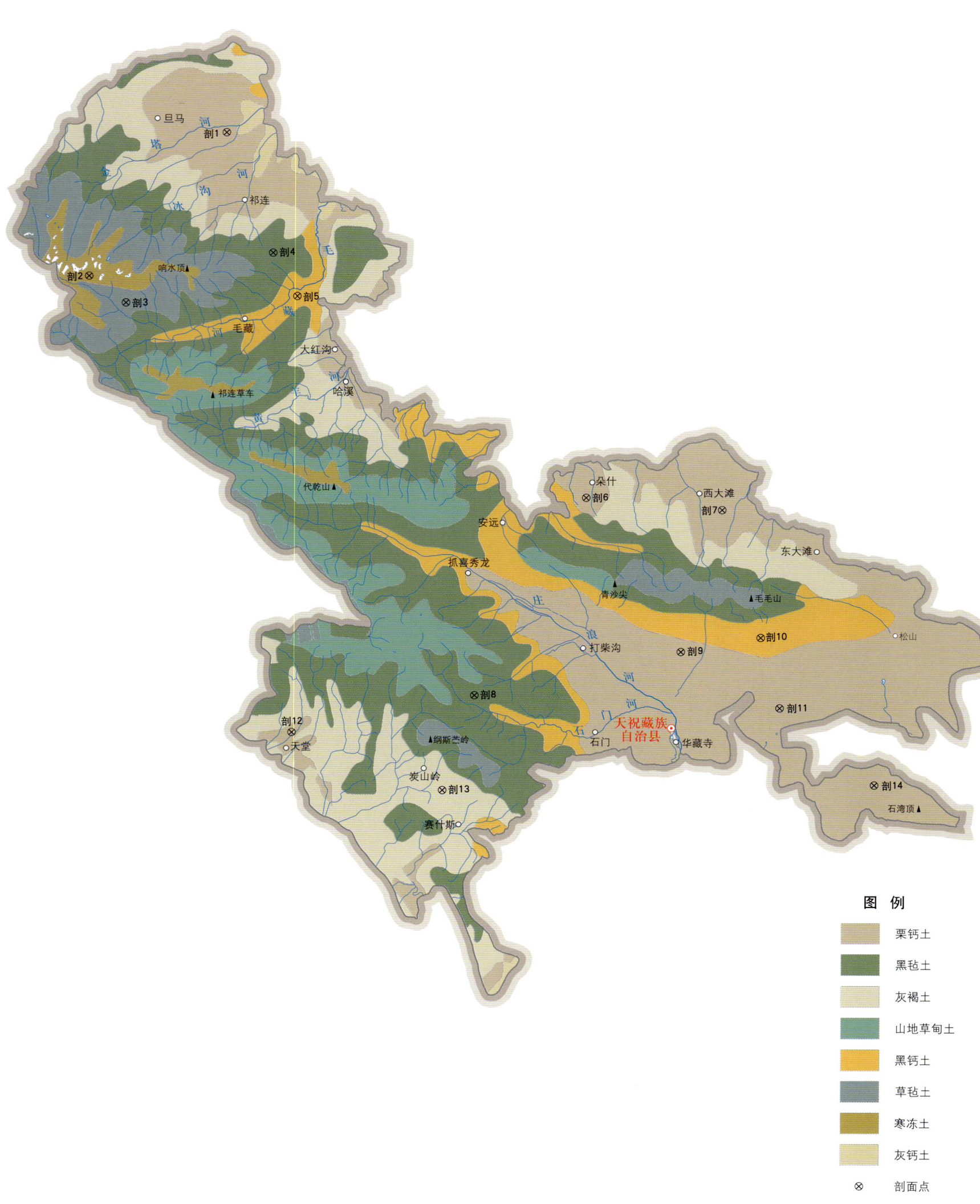

图 例
- 栗钙土
- 黑毡土
- 灰褐土
- 山地草甸土
- 黑钙土
- 草毡土
- 寒冻土
- 灰钙土
- ⊗ 剖面点

天祝藏族自治县土壤剖面理化性状表

剖面号 Soil profile	土纲 Soil order	土类 Soil great group	亚类 Soil subgroup	土属 Soil genus	土层码 Layer code	土层厚度 Depth/cm	质地 Soil texture	pH	有机质 OM/(g/kg)	全氮 TN/(g/kg)	全磷 TP/(g/kg)	全钾 TK/(g/kg)	有效磷 AP/(mg/kg)	速效钾 AK/(mg/kg)	阳离子交换量CEC/(cmol/kg)	土壤母质 Parent material	剖面点坐标 Profile coordinate	匹配指数 Matching index/%
剖1	钙层土	栗钙土	淡栗钙土	山地淡栗钙土	1	0—22	中壤土	8.5	9.7	0.78	1.42	19.5	2.0	128	3.2	黄土	E 102°23′04.3″ N 37°46′14.6″	91
					2	22—64	轻壤土	8.7	5.0	0.36	1.56	21.4			3.0			
					3	64—100	轻壤土	9.2	3.1	0.26	1.58	21.8			2.2			
					4	100—150	轻壤土	9.2	2.9	0.26	1.51	21.4			2.8			
剖2	高山土	寒冻土	寒冻土	寒冻土	1	0—8		8.5	21.1	1.35	0.68	15.6	4.0	77	11.7	冰碛物、冰水沉积物	E 102°10′02.2″ N 37°34′22.6″	70
					2	8—15												
剖3	高山土	草毡土	草毡土	草毡土	1	0—6										冰碛物、冰水沉积物、坡积物	E 102°13′41.1″ N 37°32′18.7″	94
					2	6—20	重壤土	6.3	135.6	6.80	1.10	22.1	6.0	100	31.2			
					3	20—37	重壤土	6.5	44.0	2.53	1.02	24.1	3.0		19.6			
					4	37—70	重壤土	6.6	19.8	1.23		26.1			15.6			
剖4	高山土	黑毡土	棕黑毡土	棕黑毡土	1	0—8										残积物、坡积物、黄土状母质	E 102°27′56.4″ N 37°36′38.3″	94
					2	8—16	中壤土	7.6	171.2	7.19	0.89	20.8	6.0	131	50.3			
					3	16—50	中壤土	7.7	140.4	6.12	0.64	21.9	3.0		47.3			
					4	50—75	重壤土	7.7	68.6	2.85	0.74	24.3			33.9			
剖5	钙层土	黑钙土	石灰性山地黑钙土	石灰性草原	1	0—21	中壤土	8.0	116.4	6.50	0.81	18.5	10.0	119	55.1	黄土、次生黄土	E 102°30′26.2″ N 37°33′11.6″	93
					2	21—60	重壤土	7.9	91.3	4.99	0.96	18.4	1.0		52.8			
					3	60—110	重壤土	8.2	32.1	1.77	0.57	18.6			25.7			
					4	110—134	中壤土	8.4	5.9	0.42	0.66	20.9			7.1			
剖6	钙层土	栗钙土	暗栗钙土	耕种山地暗栗钙土	1	0—28	中壤土	8.2	24.4	1.69	0.60	21.5	9.0	175	18.8	黄土、次生黄土	E 102°59′06.3″ N 37°33′30.6″	85
					2	28—90	重壤土	8.3	44.8	3.02	0.79	20.2	2.0		30.5			
					3	90—117	重壤土	8.6	31.6	2.05	0.64	20.7			26.0			
					4	117—150	重壤土	8.6	14.5	0.98	0.50	18.5			16.9			
剖7	钙层土	栗钙土	暗栗钙土	山地暗栗钙土	1	0—18	中壤土	8.2	46.1	2.99	0.71	19.7	2.0	141	23.2	黄土、洪积物	E 103°12′21.6″ N 37°16′44.2″	77
					2	18—40	中壤土	8.2	30.5	2.09	0.69	18.6	1.0		18.5			
					3	40—60	中壤土	8.5	14.1	0.91	0.42	18.8			7.4			
剖8	高山土	黑毡土	黑毡土	黑毡土	1	0—40	中壤土	8.2	92.7	5.06	1.26	21.6	3.0	65	49.4	残积物、坡积物、黄土状母质	E 102°48′42.5″ N 37°01′25.8″	78
					2	40—73	重壤土	8.3	50.5	2.70	1.14	21.9	2.0		36.2			
					3	73—108	重壤土	8.2	17.8	1.04	0.46				20.9			
					4	108—152	中壤土	8.5	7.7	0.50	0.62				14.7			
剖9	钙层土	栗钙土	暗栗钙土	川地灌种栗钙土	1	0—20	中壤土	8.3	32.2	1.89	1.19	19.5	28.0	400	18.0	黄土、洪积物	E 103°08′38.0″ N 37°05′17.9″	70
					2	20—50	中壤土	8.5	28.9	1.87	1.25	19.4	20.0		17.1			
					3	50—100	轻黏土	8.1	40.4	2.31	1.34	21.0			20.0			
					4	100—150	重壤土	8.4	26.8	1.65	1.96	21.6			21.2			
剖10	钙层土	黑钙土	石灰性山地黑钙土	山地耕种黑钙土	1	0—23	中壤土	8.1	137.3	7.85	0.82	19.7	10.0	154	44.7	黄土、次生黄土	E 103°16′22.1″ N 37°06′32.4″	88
					2	23—57	中壤土	8.4	73.1	4.44	0.78	23.3	4.0		33.4			
					3	57—90	轻黏土	8.6	45.8	2.76	0.72	22.8			25.2			
					4	90—110	重黏土	8.7	26.5	1.69	0.61	22.7			21.9			
					5	110—120	中壤土	8.4	11.1	0.81	0.67	21.9			10.1			
剖11	钙层土	栗钙土	栗钙土	川地灌漠栗钙土	1	0—26	中壤土	8.6	32.4	2.04	1.14	21.5	8.0	289	16.1	黄土、洪积物	E 103°18′20.6″ N 37°00′53.1″	70
					2	26—54	中壤土	8.6	28.3	1.72	1.12	22.5	3.0					
					3	54—75	中壤土	8.6	28.0	1.86	0.96	22.6						
					4	75—93	中壤土	8.6	30.2	2.07	1.00	20.1						
					5	93—145	中壤土	8.6	26.5	1.73	1.13	17.5						

续表 Continued

剖面号 Soil profile	土纲 Soil order	土类 Soil great group	亚类 Soil subgroup	土属 Soil genus	土层码 Layer code	土层厚度 Depth/cm	质地 Soil texture	pH	有机质 OM/(g/kg)	全氮 TN/(g/kg)	全磷 TP/(g/kg)	全钾 TK/(g/kg)	有效磷 AP/(mg/kg)	速效钾 AK/(mg/kg)	阳离子交换量CEC/(cmol/kg)	土壤母质 Parent material	剖面点坐标 Profile coordinate	匹配指数 Matching index/%
剖面12	钙层土	栗钙土	栗钙土	山地耕种栗钙土	1	0—17	中壤土	8.3	38.4	2.52	0.82	18.0	7.0		18.9	黄土、洪积物	E 102°31′04.2″ N 36°58′04.5″	79
					2	17—35	重壤土	8.4	30.6	2.07	0.70	18.6	1.0		16.2			
					3	35—120	中壤土	8.7	5.7	0.36	0.60	16.7			3.7			
剖面13	半淋溶土	灰褐土	山地淋溶灰褐土	山地淋溶灰褐土	1	0—5												90
					2	5—25	重壤土	8.2	121.7	4.31	0.60	19.2	8.0		50.4	砂砾岩及其坡积物	E 102°45′49.6″ N 36°53′43.7″	
					3	25—66	重壤土	8.2	14.8	0.77	0.59	21.2	3.0		20.2			
					4	66—106	中壤土	8.4	7.9	0.43	0.61	17.3		107	9.1			
剖面14	钙层土	栗钙土	栗钙土	山地栗钙土	1	0—24	中壤土	8.3	36.0	2.48	0.73	18.4	2.0	179	17.2	黄土、洪积物	E 103°27′39.2″ N 36°54′48.2″	93
					2	24—40	轻壤土	8.2	34.5	2.38	0.64	13.3	微量		14.3			

张 掖 市

市 辖 区

主要土类说明

灰棕漠土是张掖市主要土壤类型，占本市地域面积的 47%。灰棕漠土是在极端干旱荒漠地区砾质化明显的土壤。该土壤地表见砾幂及褐色结皮，亦见干面包状结皮；石灰表聚，下见纤维状石膏聚积，亦见铁质黏化现象。铁铝结合的胡敏酸多于钙结合者，铁铝结合的富啡酸少于钙结合者是本土类特征。

灌淤土是张掖市第二大土壤类型，占本市地域面积的 19%。灌淤土是长期引用高泥沙含量灌溉水淤灌，在落淤后即行翻耕，土层逐渐加厚至超过 50cm 的土壤。原来的土壤层次发生改变，包括表土及其他土层，均作为埋藏层，因而土体深厚，色泽、质地均一，土壤水分物理性状良好。

灰钙土是张掖市第三大土壤类型，占本市地域面积的 14%。灰钙土位于干旱草原区，是具低腐殖质、弱淋溶特征的土壤。植被覆盖百分率为 10%—40%。成土母质多为黄土，少数为冲积扇洪积物。该土壤仅夏季发生淋溶，易溶盐、碳酸钙、石膏弱度淋移，分层累积于 15—30cm 深处。全剖面呈强石灰反应，碳酸钙含量为 120—250g/kg。土壤底部可见易溶盐累积，含量可达 10g/kg。土壤 pH 为 8.0—9.0，表层初显结皮。

风沙土占本市地域面积的 7%。风沙土形成于半干旱、干旱漠境地区及滨海地区，是在风沙移动堆积形成的多种形态的风沙沉积物上发育的初育土。由于成土时间短暂，该土壤无剖面发育，具 C、（A）-C 或 A-C 剖面构型，反映了风沙移动堆积与固定的不同阶段。

小于本市地域面积 5% 的土壤类型有漠境盐土、草甸土、潮土、栗钙土、黑毡土、灰褐土、草甸盐土和沼泽土。

本区域中心区气候特征

本区域中心区气候特征值
Regional climate characteristics in central area of the region

气候带：高原亚寒带亚干旱气候 Climate region: Plateau subfrigid subarid climate	
年平均气温 /℃ Annual average temperature /℃	4.9
年平均最高气温 /℃ Annual average maximum temperature /℃	12.2
年平均最低气温 /℃ Annual average minimum temperature /℃	-1.4
年降水量 /mm Annual precipitation /mm	191
≥10℃的积温 /℃ Daily temperature accumulated in a year（≥10℃）/℃	2106
年日照时数 /h Annual sunshine /h	3045
年平均相对湿度 /% Annual average relative humidity /%	49
干燥度 Dryness	3.26

本区域中心区月平均气温与月平均降水量
Monthly temperature and precipitation in central area of the region

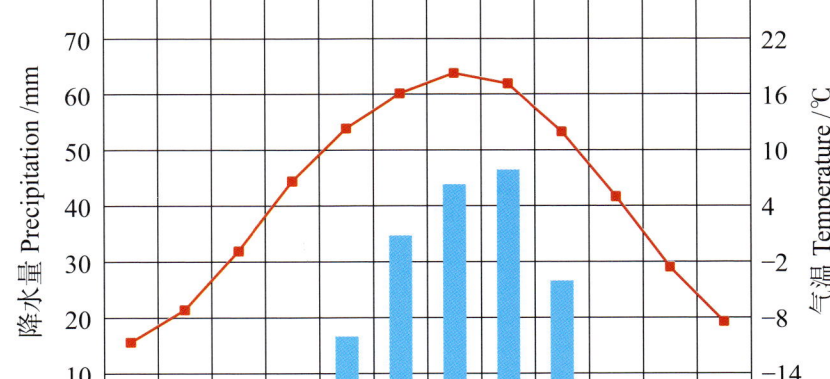

张掖市市辖区（部分）主要土壤类型与土壤剖面点分布图
1：320 000

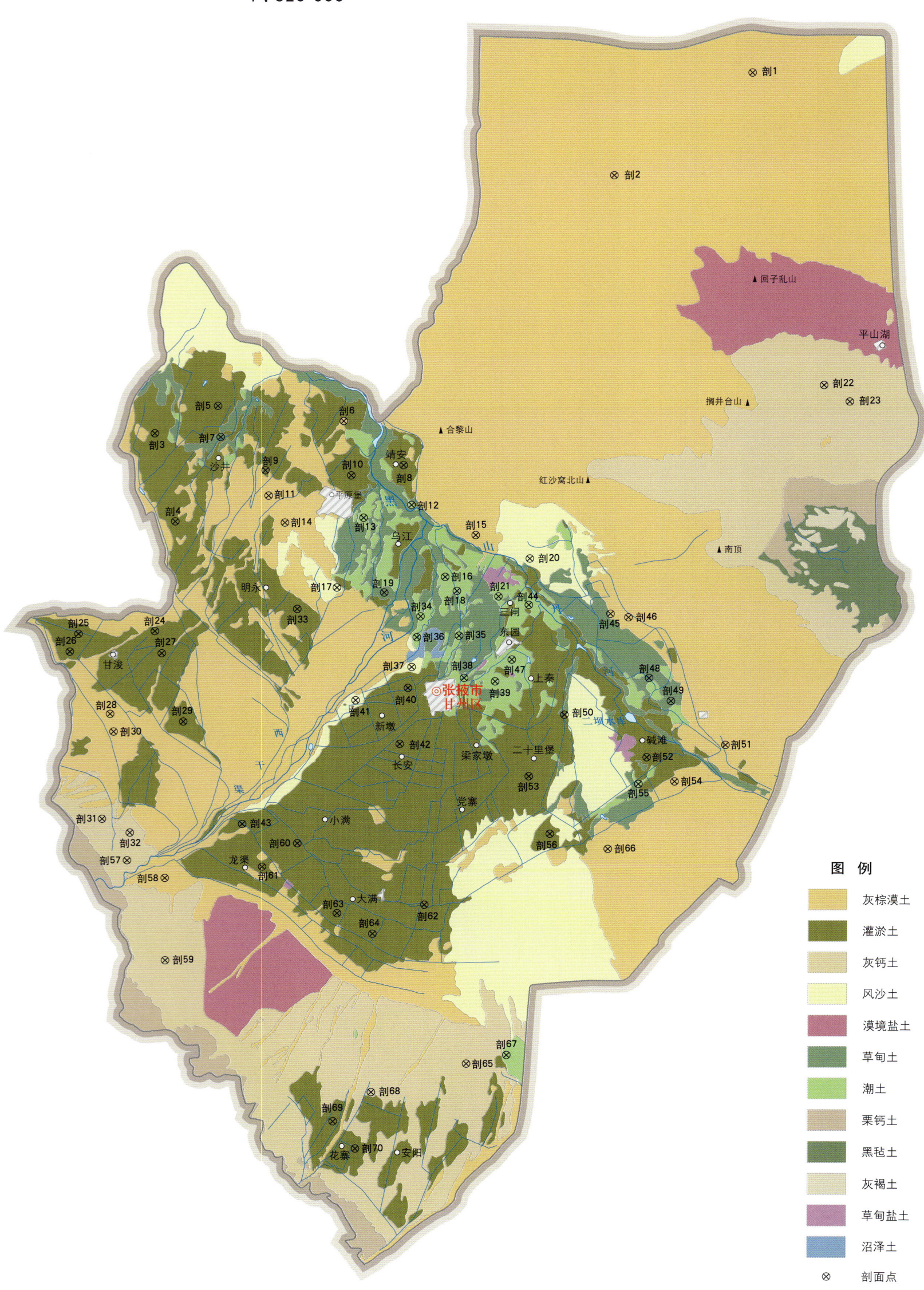

张掖市土壤剖面理化性状表

剖面号 Soil profile	土纲 Soil order	土类 Soil great group	亚类 Soil subgroup	土属 Soil genus	土种 Soil species	土层码 Layer code	土层厚度 Depth/cm	质地 Soil texture	土壤结构 Soil structure	有机质 OM/(g/kg)	全氮 TN/(g/kg)	全磷 TP/(g/kg)	全钾 TK/(g/kg)	有效磷 AP/(mg/kg)	速效钾 AK/(mg/kg)	阳离子交换量CEC/(cmol/kg)	土壤母质 Parent material	剖面点坐标 Profile coordinate	匹配指数 Matching index/%
剖1	漠土	灰棕漠土	旱盐化灰棕漠土	轻盐化灰棕漠土		1	0—22	轻壤土	块状	7.3	0.54	0.67	18.8		62		岩石风化物、风力搬运物	E 100°43′38.3″ N 39°21′33.5″	99
						2	22—37	轻壤土	片状	7.1	0.54	0.68	18.3		151				
						3	37—76	中壤土	块状	6.2		0.67	17.4		55				
剖2	漠土	灰棕漠土	灰棕漠土	中层灰棕漠土		1	0—18	轻壤土	层状	3.6	0.14	0.46			84		洪冲积物、坡积物	E 100°36′24.8″ N 39°17′24.7″	83
						2	18—48	锈砂土	层状	2.3	0.08	0.40			38				
						3	48—100	松砂土	无明显结构	1.1					20				
剖3	人为土	灌淤土	绿洲灌淤土	厚灌淤土	厚淤腰砂土	1	0—17	轻壤土	块状	11.7	0.59	0.53			99		冲积物、堆积物	E 100°12′35.6″ N 39°07′01.6″	74
						2	17—69	轻壤土	块状	8.8	0.47	0.47			94				
						3	69—88	松砂土	无明显结构	4.0		0.34			68				
						4	88—116	轻壤土	块状	5.8		0.49			77				
剖4	人为土	灌淤土	绿洲灌淤土	厚灌淤土	厚淤平土	1	0—20	轻壤土	块状	14.4	0.99	0.75			131	10.7	冲积物、堆积物	E 100°13′35.4″ N 39°03′23.0″	94
						2	20—31	轻壤土	层状	11.8	0.77	0.69			179	11.1			
						3	31—80	重壤土	层状	8.3		0.72			151	13.4			
						4	80—105	重壤土	块状	5.8		0.72			172				
剖5	人为土	灌淤土	绿洲灌淤土	厚灌淤土	厚淤立土	1	0—18	轻壤土	块状	14.7	0.70	0.77		8.0	75	7.5	冲积物、堆积物	E 100°15′51.8″ N 39°08′07.8″	86
						2	18—38	轻壤土	块状	10.1	0.51	0.79		6.0	44	7.8			
						3	38—146	轻壤土	块状	7.2	0.37	0.70		2.0	47				
剖6	漠土	灰棕漠土	耕灌灰棕漠土	厚层耕灌灰棕漠土	耕灌厚层灰棕漠土	1	0—12	轻壤土	块状	13.6	0.72	0.60			85	7.1	洪积物、坡积物	E 100°22′18.1″ N 39°07′25.7″	80
						2	12—30	轻壤土	层状	13.5	0.76	0.53			121				
						3	30—73	重壤土	层状	11.4		0.60			174				
						4	73—118	砂壤土	块状	5.7		0.38			53				
剖7	半水成土	草甸土	耕灌草甸土	厚耕灌草甸土	耕灌草甸土	1	0—23	轻壤土	块状	12.8	0.86	0.85			120		河流冲积物	E 100°15′58.7″ N 39°06′50.0″	86
						2	23—92	紧砂土	层状	12.1	0.60	0.64			84				
						3	92—110		无明显结构										
剖8	人为土	灌淤土	绿洲灌淤土	厚灌淤土	厚淤底黏土	1	0—17	中壤土	块状	16.7	1.10	0.73			158	10.6	冲积物、堆积物	E 100°25′20.4″ N 39°05′34.6″	88
						2	17—68	中壤土	层状	14.6	0.88	0.72			137	11.1			
						3	68—106	黏土	层状	8.7		0.62			139				
剖9	人为土	灌淤土	绿洲灌淤土	厚灌淤土	厚淤夹黏土	1	0—27	轻壤土	块状	15.9	0.89	0.74			129		冲积物、堆积物	E 100°18′15.5″ N 39°05′26.9″	99
						2	27—62	中壤土	块状	10.3	0.56	0.72			77				
						3	62—72	黏土	块状	7.5		0.77			63				
						4	72—100	重壤土	块状										
剖10	人为土	灌淤土	绿洲灌淤土	厚灌淤土	厚淤砂土	1	0—20	砂壤土	块状	8.0	0.43	0.46			79	5.1	冲积物、堆积物	E 100°22′39.4″ N 39°05′11.4″	79
						2	20—60	轻壤土	块状	7.5	0.48	0.46			68	5.9			
						3	60—81	中壤土	片状	6.1		0.53			77				
						4	81—	松砂土	无明显结构	3.1		0.38			57				
剖11	漠土	灰棕漠土	耕灌灰棕漠土	厚层耕灌灰棕漠土	耕灌厚层砂灰棕漠土	1	0—13	轻壤土	块状	10.5	0.62	0.47			126		洪冲积物、坡积物	E 100°18′24.1″ N 39°04′23.5″	98
						2	13—36	轻壤土	层状	10.7	0.54	0.52			90				
						3	36—62	松砂土	块状	2.6		0.28			64				
						4	62—100	轻壤土	块状	5.7		0.50			184				
剖12	半水成土	潮土	潮土	上潮土	夹黏上潮土	1	0—24	轻壤土	块状	12.7	0.75	0.67			150		冲积物、堆积物	E 100°25′43.7″ N 39°03′56.2″	79
						2	24—36	轻壤土	片状	11.6	0.65	0.67			128				
						3	36—60	黏土	片状	11.1		0.60			153				
						4	60—84	砂壤土	块状	8.9		0.65			83				

续表 Continued

剖面号 Soil profile	土纲 Soil order	土类 Soil great group	亚类 Soil subgroup	土属 Soil genus	土种 Soil species	土层码 Layer code	土层厚度 Depth/cm	质地 Soil texture	土壤结构 Soil structure	有机质 OM/(g/kg)	全氮 TN/(g/kg)	全磷 TP/(g/kg)	全钾 TK/(g/kg)	有效磷 AP/(mg/kg)	速效钾 AK/(mg/kg)	阳离子交换量 CEC/(cmol/kg)	土壤母质 Parent material	剖面点坐标 Profile coordinate	匹配指数 Matching index/%
剖13	半水成土	潮土	盐化潮土	盐化上潮土	中盐化上潮土	1	0—18	轻壤土	块状	19.7	1.07	1.09			238		冲积物、堆积物	E 100°23′15.4″ N 39°03′26.0″	83
						2	18—41	中壤土	块状	21.1	1.08	0.85			179				
						3	41—80	重壤土	片状	5.4		0.61			139				
剖14	淀土	灰棕漠土	耕灌灰棕漠土	中层耕灌灰棕漠土	耕灌中层灰棕漠土	1	0—12	砂壤土	块状	10.3	0.54	0.46			78		洪冲积物、坡积物	E 100°19′13.1″ N 39°03′16.6″	78
						2	12—48	砂壤土	块状	5.7	0.35	0.30			63				
						3	48—72	紧砂土	无明显结构	1.7		0.18			22				
剖15	淀土	灰棕漠土	灰棕漠土	厚层灰棕漠土		1	0—18	轻壤土	块状	4.1	0.24	0.51	18.6		47		洪冲积物、坡积物	E 100°28′58.8″ N 39°02′39.5″	70
						2	18—47	轻壤土	块状	5.2	0.25	0.61	16.8		23				
						3	47—100	黏土	层状	4.2		0.58	19.6		56				
剖16	半水成土	潮土	潮土	潮土	潮平土	1	0—23	轻壤土	块状	14.1	0.82	0.84			231		冲积物、堆积物	E 100°27′23.8″ N 39°00′56.9″	93
						2	23—60	砂砾土	层状	6.2	0.30	0.79	19.8		130				
						3	60—89	砂砾土	层状	6.1		0.86	19.2		140				
						4	89—	紧砂土	无明显结构	3.8		0.50	14.0		113				
剖17	初育土	风沙土	固定风沙土	耕灌固定风沙土	耕灌固定藩沙土	1	0—20	砂砾土	块状	11.3	0.63	0.50			70		风成沙性母质	E 100°21′50.0″ N 39°00′34.2″	77
						2	20—100	松砂土	无明显结构	2.7	0.17	0.38			45	8.6			
剖18	半水成土	潮土	盐化潮土	盐化上潮土	轻盐化上潮土	1	0—19	轻壤土	块状	20.1	1.09	0.60	19.8		104		冲积物、堆积物	E 100°27′59.4″ N 39°00′21.6″	77
						2	19—60	中壤土	层状	12.3	0.81	0.61	19.2		53	8.4			
						3	60—78	中壤土	片状	11.8		0.59	14.0		67				
						4	78—100	中壤土	片状	4.0		0.57			72				
剖19	半水成土	草甸土	耕灌草甸土	盐化耕灌草甸土	中盐化耕灌草甸土	1	0—14	轻壤土	块状	14.0	0.83	0.67	20.7		429	7.3	湖积物、河流淤积物	E 100°24′15.5″ N 39°00′20.2″	97
						2	14—72	中壤土	片状	13.6	0.57	0.73	18.0		290	8.2			
						3	72—101	重壤土	片状	9.4		0.62	19.5		97				
剖20	初育土	风沙土	固定风沙土	耕灌固定风沙土	耕灌固定沙盖土	1	0—20	紧砂土	无明显结构	11.1	0.71	0.53	24.0		65		冲积物、堆积物	E 100°31′44.8″ N 39°01′39.0″	73
						2	20—60	轻壤土	层状	4.5	0.36	0.44	22.3		47				
						3	60—83	中壤土	层状	5.3		0.64			134				
						4	83—110	中壤土	层状	4.0		0.57			72				
剖21	半水成土	潮土	盐化潮土	盐化潮土	轻盐化潮土	1	0—15	轻壤土	块状	21.9	1.58	0.77	20.7				冲积物、堆积物	E 100°30′06.8″ N 39°00′06.5″	95
						2	15—47	中壤土	片状	18.2	1.12	0.56	18.0		232				
						3	47—77	中壤土	片状	13.4	0.82	0.56	19.5		49				
						4	77—150	重壤土	块状	8.4	0.47	0.66	24.0		109				
剖22	干旱土	灰钙土	灰钙土	盐化灰钙土	重盐化灰钙土	1	0—19	轻壤土	块状	7.6	0.66	0.70	22.3		43		洪积物、堆积物	E 100°46′59.9″ N 39°08′35.9″	75
						2	19—32	轻壤土	块状	6.9	0.54	0.61	21.5		238				
						3	32—57	中壤土	块状	10.2		0.64	23.1		198				
						4	57—100	轻壤土	块状	4.4		0.65	33.8		205				
剖23	干旱土	灰钙土	灰钙土	盐化灰钙土	中盐化灰钙土	1	0—17	轻壤土	块状	9.2	0.68	0.73			188	7.8	洪积物、堆积物	E 100°48′17.6″ N 39°07′53.8″	94
						2	17—50	轻壤土	块状	11.2	0.55	0.77			137	7.0			
						3	50—85	中壤土	块状	8.5		0.79			114				
剖24	人为土	灌淤土	绿洲灌淤土	薄灌淤土	薄淤立土	1	0—10	重壤土	块状	13.5	0.69	0.69			84		冲积物、堆积物	E 100°12′28.8″ N 38°58′51.2″	98
						2	10—56	中壤土	块状	11.3	0.50	0.66			254	6.1			
						3	56—92	中壤土	层状	13.2	0.48	0.80	14.6		192	6.5			
						4	92—146	中壤土	层状	9.0	0.40	0.55	13.4		136				
剖25	人为土	灌淤土	绿洲灌淤土	薄灌淤土	薄淤平土	1	0—20	中壤土	块状	14.6	0.82	0.84	14.6		254		冲积物、堆积物	E 100°08′34.1″ N 38°58′46.6″	98
						2	20—50	中壤土	层状	12.3	0.76	0.81	13.4		192				
						3	50—83	中壤土	层状	9.4		0.77	13.2		136				
						4	83—120	中壤土	层状	8.5		0.80	19.0		118				

续表 Continued

剖面号 Soil profile	土纲 Soil order	土类 Soil great group	亚类 Soil subgroup	土属 Soil genus	土种 Soil species	土层码 Layer code	土层厚度 Depth/cm	质地 Soil texture	土壤结构 Soil structure	有机质 OM/(g/kg)	全氮 TN/(g/kg)	全磷 TP/(g/kg)	全钾 TK/(g/kg)	有效磷 AP/(mg/kg)	速效钾 AK/(mg/kg)	阳离子交换量 CEC/(cmol/kg)	土壤母质 Parent material	剖面点坐标 Profile coordinate	匹配指数 Matching index/%
剖26	人为土	灌淤土	绿洲灌淤土	薄灌淤土	薄淤底黏土	1	0—20	轻壤土	块状	13.2	0.58	0.69			151		冲积物、淤积物、堆垫物	E 100°08′06.5″ N 38°58′02.6″	93
						2	20—35	中壤土	块状	10.1	0.52	0.66			161				
						3	35—105	黏土	块状	5.3		0.68			211				
剖27	人为土	灌淤土	绿洲灌淤土	厚灌淤土	厚淤平土	1	0—12	轻壤土	块状	16.2	1.09	0.75			264		冲积物、淤积物、堆垫物	E 100°12′49.3″ N 38°57′55.8″	71
						2	12—64	轻壤土	片状	12.8	0.96	0.76			98				
						3	64—124	轻壤土	块状	10.7		0.69			165				
剖28		灰棕漠土	耕灌灰棕漠土	厚层耕灌灰砂灰棕漠土	耕灌厚层底砂灰棕漠土	1	0—12	中壤土	块状	10.0	0.54	0.51			77		洪积物、淤积物、坡积物	E 100°10′08.4″ N 38°55′26.8″	86
						2	12—65	轻壤土	块状	5.8	0.34	0.49			42				
						3	65—	紧砂土	无明显结构	1.7	0.12	0.28			39				
剖29	人为土	灌淤土	绿洲灌淤土	薄灌淤土	薄淤底砂土	1	0—19	轻壤土	块状	15.5	0.84	0.82	43.6		60	7.6	冲积物、淤积物、坡积物	E 100°13′52.7″ N 38°55′05.7″	85
						2	19—58	轻壤土	层状	8.8	0.47	0.60	27.2		57	5.8			
						3	58—74	砂壤土	块状	7.1		0.51	13.8		63				
						4	74—110	砾质土	无明显结构				23.9						
剖30	漠土	灰棕漠土	耕灌灰棕漠土	薄层灌灰棕漠土	耕灌薄层灰棕漠土	1	0—13	砂壤土	块状	3.5	0.20	0.25			60	2.8	洪积物、淤积物、坡积物	E 100°10′18.5″ N 38°54′42.5″	100
						2	13—45	松砂土	无明显结构	1.9	0.12	0.21			51	2.6			
						3	45—80	紧砂土	层状	2.3		0.33			151				
						4	80—120	中壤土	块状	3.3					32				
剖31	干旱土	灰钙土	灰钙土	薄层灰钙土	薄层灰钙土	1	0—5	轻壤土	块状	5.3	0.40	0.64			201		洪积物、堆积物	E 100°09′39.4″ N 38°51′06.4″	94
						2	5—18	轻壤土	块状	5.5	0.35	0.46			102				
						3	18—	重壤土	无明显结构	4.4	0.26	0.31			66				
剖32	干旱土	灰钙土	灰钙土	盐化灰钙土	中盐化灰钙土	1	0—10	轻壤土	块状	9.2	0.77	0.63			171		洪积物、堆积物	E 100°11′04.9″ N 38°50′31.2″	73
						2	10—23	轻壤土	层状	6.7	0.57	0.46			114				
						3	23—37	砂壤土	块状	4.3		0.44			47				
						4	37—	砾质土	无明显结构	4.0									
剖33	人为土	灌淤土	绿洲灌淤土	厚灌淤土	厚淤平土	1	0—34	轻壤土	块状	16.0	0.71	0.69		7.0	110		冲积物、淤积物、堆垫物	E 100°19′47.7″ N 38°59′41.9″	98
						2	34—98	轻壤土	层状	13.4	0.55	0.65		8.0	123				
						3	98—155	轻壤土	层状	8.7	0.38	0.70		4.0	78				
剖34	半水成土	潮土	青白潮土	青白潮土	青白潮土	1	0—13	轻壤土	块状	11.9	0.63	0.62			112		冲积物、堆积物	E 100°26′06.4″ N 38°59′19.3″	77
						2	13—50	轻壤土	片状	7.5	0.42	0.52			71				
						3	50—85	重壤土	块状	2.6		0.52			60				
剖35	半水成土	潮土	盐化潮土	盐化潮土	重盐化潮土	1	0—18	轻壤土	块状	21.3	1.38	0.73					冲积物、堆积物	E 100°28′03.7″ N 38°58′30.0″	71
						2	18—33	轻壤土	层状	20.3	1.35	0.69							
						3	33—66	轻壤土	块状	9.3	0.98	0.50							
						4	66—100	重壤土	层状	8.1	0.55	0.50							
剖36	半水成土	潮土	潮土	潮土	潮立土	1	0—19	轻壤土	块状	14.2	0.82	0.55		5.0	94		冲积物、堆积物	E 100°25′53.4″ N 38°58′27.8″	92
						2	19—47	砂壤土	块状	11.7	0.70	0.49		2.0	50				
						3	47—74	砂壤土	块状	6.8		0.41		3.0	49				
						4	74—120	砂壤土	层状	5.6		0.39			50				
剖37	初育土	风沙土	固定风沙土	耕灌固定风沙土	耕灌固定沙土	1	0—24	中壤土	块状	14.7	0.62	0.71	21.4		38	7.1	风成沙性母质	E 100°25′36.5″ N 38°57′13.7″	77
						2	24—68	砂壤土	块状	10.1	0.37	0.71	21.7		23	6.0			
						3	68—100	砂壤土	块状	6.7	0.31	0.63	19.1		20				
剖38	半水成土	潮土	潮土	上潮土	上潮平土	1	0—18	中壤土	块状	14.4	0.87	0.58	21.3		155	30.2	冲积物、堆积物	E 100°28′17.2″ N 38°56′44.8″	97
						2	18—52	中壤土	层状	10.6	0.61	0.55	23.2		162	31.2			
						3	52—110	中壤土	层状	4.2		0.41	19.4		126	34.1			

续表 Continued

剖面号 Soil profile	土纲 Soil order	土类 Soil great group	亚类 Soil subgroup	土属 Soil genus	土种 Soil species	土层码 Layer code	土层厚度 Depth/cm	质地 Soil texture	土壤结构 Soil structure	有机质 OM/(g/kg)	全氮 TN/(g/kg)	全磷 TP/(g/kg)	全钾 TK/(g/kg)	有效磷 AP/(mg/kg)	速效钾 AK/(mg/kg)	阳离子交换量 CEC/(cmol/kg)	土壤母质 Parent material	剖面点坐标 Profile coordinate	匹配指数 Matching index/%
剖39	半水成土	潮土	潮土	潮土	潮平土	1	0—16	轻壤土	块状	11.1	0.57	0.72	24.1			6.3	冲积物、堆积物	E 100°29′52.1″ N 38°56′35.2″	95
						2	16—62	轻壤土	层状	8.0	0.47	0.59	23.2			6.3			
						3	62—85	轻壤土	层状	10.0		0.63	25.9						
						4	85—135	砂壤土	层状	4.2		0.61							
剖40	人为土	灌淤土	绿洲灌淤土	厚灌淤土	厚淤土	1	0—25	轻壤土	块状	17.7	1.11	0.70			121	8.3	冲积物、淤积物、堆垫物	E 100°25′24.2″ N 38°56′21.8″	88
						2	25—75	轻壤土	块状	11.3	0.73	0.65			77	6.8			
						3	75—105	轻壤土	块状	12.8		0.76			166				
剖41	初育土	风沙土	固定风沙土	耕灌固定风沙土	耕灌固沙土	1	0—14	砂壤土	块状	10.6	0.50	0.73			47		风成沙性母质	E 100°22′43.0″ N 38°55′53.0″	88
						2	14—40	紧砂土	块状	7.1	0.32	0.62			30				
						3	40—62	松砂土	块状	5.7	0.22	0.57			33				
						4	62—100		无明显结构										
剖42	人为土	灌淤土	绿洲灌淤土	厚灌淤土	厚淤平土	1	0—12	轻壤土	块状	17.3	0.76	0.85			225	8.4	冲积物、淤积物、堆垫物	E 100°24′56.3″ N 38°54′03.4″	91
						2	12—60	轻壤土	片状	12.2	0.66	0.82			110	7.1			
						3	60—102	中壤土	片状	7.6	0.38	0.68			63				
剖43	人为土	灌淤土	绿洲灌淤土	薄灌淤土	薄淤平土	1	0—18	轻壤土	块状	10.5	0.53	0.58			158	5.6	冲积物、淤积物、堆垫物	E 100°16′49.4″ N 38°50′49.6″	87
						2	18—62	轻壤土	层状	10.2	0.54	0.57			173	7.3			
						3	62—85	中壤土	层状	4.6		0.71			69				
						4	85—105	黏土	层状	8.1		0.42			178				
剖44	半水成土	潮土	潮土	潮土	底黏潮土	1	0—18	轻壤土	块状	14.4	0.79	0.78					冲积物、堆积物	E 100°31′39.7″ N 38°59′44.2″	80
						2	18—49	轻壤土	层状	7.7	0.49	0.65							
						3	49—75	轻壤土	层状	5.9		0.60							
						4	75—165	中壤土	层状	7.3		0.59							
剖45	漠土	灰棕漠土	盐化耕灌灰棕漠土	薄层盐化耕灌灰棕漠土	中盐化耕灌厚层灰棕漠土	1	0—23	轻壤土	块状	10.9	0.64	0.55	18.6		187		洪冲积物、坡积物	E 100°35′50.3″ N 38°59′19.0″	76
						2	23—67	轻壤土	层状	7.6	0.44	0.55	17.5		102				
						3	67—105	中壤土	层状	8.0		0.56	16.5		104				
剖46	漠土	灰棕漠土	耕灌灰棕漠土	厚层耕灌灰棕漠土	耕灌厚层底黏灰棕漠土	1	0—10	中壤土	块状	8.0	0.51	0.61			157		洪冲积物、坡积物	E 100°36′45.0″ N 38°59′09.2″	83
						2	10—30	中壤土	层状	6.5	0.40	0.55			108				
						3	30—97	黏土	层状	4.5		0.59			65				
						4	97—126	中壤土	层状										
剖47	半水成土	草甸土	盐化草甸土	盐化潮土	中盐化潮土	1	0—17	轻壤土	片状	18.5	1.07	0.82			273		冲积物、堆积物	E 100°30′44.7″ N 38°57′28.5″	91
						2	17—41	轻壤土	片状	18.5	1.06	0.80			199				
						3	41—64	中壤土	片状	5.8	0.32	0.55			73				
						4	64—150	重壤土	片状	15.3	0.94	0.66			167				
剖48	半水成土	草甸土	耕灌草甸土	盐化耕灌草甸土	重度盐化耕灌草甸土	1	0—20	重壤土	块状	6.7	0.42	0.55			117		湖积物、河流淤积物	E 100°36′45.5″ N 38°56′37.7″	78
						2	20—95	中黏土	层状	2.5	0.15	0.39			100				
						3	95—	中黏土	层状	5.3	0.32	0.44			71				
剖49	半水成土	草甸土	耕灌草甸土	盐化耕灌草甸土	轻盐化耕灌草甸土	1	0—18	重壤土	块状	20.2	1.15	0.59			131		湖积物、河流淤积物	E 100°38′51.4″ N 38°55′39.7″	89
						2	18—36	重壤土	片状	19.7	0.61	0.64			75				
						3	36—70	黏土	片状	9.8		0.63			68				
						4	70—90	黏土	片状	8.1		0.76							
剖50	人为土	灌淤土	绿洲灌淤土	堆垫土	薄层堆垫土	1	0—15	砂壤土	块状	9.3	0.55	0.62	15.2	4.0	137	6.8	洪冲积物、坡积物	E 100°33′23.7″ N 38°55′09.8″	70
						2	15—22	松砂土	单粒状	3.9	0.21	0.44		3.0	117				
剖51	漠土	灰棕漠土	耕灌灰棕漠土	厚层耕灌灰棕漠土	耕灌厚层灰棕漠平土	1	0—22	轻壤土	块状	11.5	0.69	0.80	17.6			6.5	洪冲积物、坡积物	E 100°41′36.2″ N 38°53′48.8″	74
						2	22—60	轻壤土	层状	8.9	0.52	0.72	14.5						
						3	60—74	中壤土	层状	8.0		0.77	9.1		81				
						4	74—110	砂壤土	块状	4.9		0.69							

续表 Continued

剖面号 Soil profile	土纲 Soil order	土类 Soil great group	亚类 Soil subgroup	土属 Soil genus	土种 Soil species	土层码 Layer code	土层厚度 Depth/cm	质地 Soil texture	土壤结构 Soil structure	有机质 OM/(g/kg)	全氮 TN/(g/kg)	全磷 TP/(g/kg)	全钾 TK/(g/kg)	有效磷 AP/(mg/kg)	速效钾 AK/(mg/kg)	阳离子交换量 CEC/(cmol/kg)	土壤母质 Parent material	剖面点坐标 Profile coordinate	匹配指数 Matching index/%
剖52	人为土	灌淤土	绿洲灌淤土	薄灌淤土	薄淤平土	1	0—16	轻壤土	块状	15.8	0.84	0.69				7.4	冲积物、淤积物、堆垫物	E 100°37′33.8″ N 38°53′21.5″	100
						2	16—53	中壤土	层状	12.8	0.65	0.65				7.0			
						3	53—92	中壤土	层状	7.6	0.30	0.69							
						4	92—153	砂壤土		6.7	0.18	0.56							
剖53	人为土	灌淤土	绿洲灌淤土	厚灌淤土	厚淤立土	1	0—18	轻壤土	块状	15.5	0.67	0.66			182	6.7	冲积物、淤积物、堆垫物	E 100°31′31.8″ N 38°52′39.0″	96
						2	18—65	轻壤土	块状	8.4	0.43	0.58			177	6.3			
						3	65—105	轻壤土	层状	13.6		0.60			233				
剖54	漠土	灰棕漠土	盐化耕灌灰棕漠土	薄层盐化耕灌灰棕漠土	重盐化耕灌厚层灰棕漠土	1	0—20	轻壤土	块状	14.2	0.58	0.73					洪积物、冲积物、坡积物	E 100°38′58.8″ N 38°52′20.6″	73
						2	20—42	中壤土	块状	11.0	0.47	0.67			130				
						3	42—100	中壤土	层状	10.3	0.46	0.82							
						4	100—160	砂壤土	层状	7.6	0.40	0.69							
剖55	半水成土	潮土	潮土	上潮土	上潮平土	1	0—15	轻壤土	块状	14.3	0.84	0.59			152		冲积物、堆积物	E 100°37′07.1″ N 38°52′15.7″	76
						2	15—40	中壤土	片状	9.4	0.65	0.50			184				
						3	40—60	砂壤土	片状	5.0		0.42			225				
						4	60—100	紧砂土	无明显结构	15.6		0.28							
剖56	人为土	灌淤土	绿洲灌淤土	薄灌淤土	薄淤立土	1	0—18	轻壤土	块状	13.9	0.75	0.66			138	5.7	冲积物、淤积物	E 100°32′33.3″ N 38°50′15.2″	81
						2	18—43	砂壤土	块状	6.6	0.34	0.47			81	4.9			
						3	43—75	砂壤土	块状	4.9		0.48			111				
						4	75—110	中壤土	层状	3.5		0.41			76				
剖57	干旱土	灰钙土	灰钙土	盐化耕灌灰钙土	重盐化耕灌灰钙土	1	0—20	轻壤土	块状	4.7	0.50	0.69			168	7.0	冲积物、淤积物、堆积物	E 100°10′55.2″ N 38°49′22.4″	73
						2	20—35	轻壤土	块状	6.7	0.48	0.66			117	6.3			
						3	35—68	中壤土	块状	4.0		0.57			30				
						4	68—88	中壤土	块状	4.1		0.59			168				
剖58	漠土	灰棕漠土	盐化耕灌灰棕漠土	耕灌灰棕漠土	轻盐化耕灌厚层灰棕漠土	1	0—20	轻壤土	块状	7.6	0.37	0.64	19.0		77	7.3	洪冲积物、堆积物	E 100°12′50.4″ N 38°48′36.0″	99
						2	20—42	砂壤土	块状	3.9	0.17	0.46	27.9		32	6.4			
						3	42—100	中壤土	块状	1.7	0.12	0.46	20.1		29				
						4	100—145	砂壤土	层状	1.5	0.08	0.49	25.6		26				
剖59	干旱土	灰钙土	灰钙土	厚灌淤土	耕灌厚层底砂土	1	0—16	轻壤土	块状	14.6	0.87	0.64			198		洪积物、堆积物	E 100°12′48.2″ N 38°45′11.5″	88
						2	16—45	中壤土	块状	10.8	0.70	0.62			76				
						3	45—74	中壤土	块状	12.6		0.67			60				
						4	74—	紧砂土	无明显结构	9.8		0.65							
剖60	人为土	灌淤土	绿洲灌淤土	厚灌淤土	厚淤平土	1	0—23	轻壤土	块状	18.7	0.99	0.59		17.0			洪积物、堆积物	E 100°19′38.3″ N 38°49′59.9″	76
						2	23—98	中壤土	块状	8.6	0.49	0.53		3.0					
						3	98—	中壤土	层状	1.9	0.18	0.28		3.0					
剖61	人为土	灌淤土	绿洲灌淤土	薄灌淤土	薄淤平土	1	0—20	轻壤土	块状	6.7	0.45	0.59			107		冲积物、淤积物、堆垫物	E 100°17′49.4″ N 38°49′02.6″	90
						2	20—37	砂壤土	块状	1.5	0.72	0.62			84				
						3	37—57	中壤土	层状	10.6	0.73	0.62			76				
						4	57—110	中壤土	层状										
剖62	人为土	灌淤土	绿洲灌淤土	薄灌淤土	薄淤立土	1	0—19	轻壤土	块状	10.0	0.60	0.62			94	5.6	冲积物、淤积物、堆垫物	E 100°26′05.3″ N 38°47′21.8″	82
						2	19—54	中壤土	块状	8.5	0.54	0.59			47	5.3			
						3	54—90	中壤土	块状	9.0		0.58			60				
						4	90—120	轻壤土	块状										
剖63	人为土	灌淤土	绿洲灌淤土	厚灌淤土	厚淤平土	1	0—18	轻壤土	块状	14.8	0.81	0.73			127	7.0	冲积物、淤积物、堆垫物	E 100°21′36.7″ N 38°47′03.8″	72
						2	18—72	中壤土	层状	11.2	0.65	0.63			113	4.8			
						3	72—100	轻壤土	层状	8.4		0.64			69				

续表 Continued

剖面号 Soil profile	土纲 Soil order	土类 Soil great group	亚类 Soil subgroup	土属 Soil genus	土种 Soil species	土层码 Layer code	土层厚度 Depth/cm	质地 Soil texture	土壤结构 Soil structure	有机质 OM/(g/kg)	全氮 TN/(g/kg)	全磷 TP/(g/kg)	全钾 TK/(g/kg)	有效磷 AP/(mg/kg)	速效钾 AK/(mg/kg)	阳离子交换量CEC/(cmol/kg)	土壤母质 Parent material	剖面点坐标 Profile coordinate	匹配指数 Matching index/%
剖64	人为土	灌淤土	绿洲灌淤土	厚灌淤土	厚淤立土	1	0—17	中壤土	块状	18.4	0.98	0.73			165	8.3	冲积物、堆积物、堆垫物	E 100°23′25.1″ N 38°46′11.3″	81
						2	17—80	中壤土	块状	12.1	0.67	0.69			106	7.8			
						3	80—105	中壤土	片状	13.2		0.71			109				
剖65	干旱土	灰钙土	灰钙土	灰钙土	厚层灰钙土	1	0—5	中壤土	块状	8.7	0.52	0.61			121		洪积物、堆积物	E 100°28′07.0″ N 38°40′47.6″	93
						2	5—20	中壤土	块状	8.8	0.38	0.62	16.6		67				
						3	20—50	中壤土	块状	6.4		0.56	16.1		52				
						4	50—100	中壤土	块状	6.3		0.61	17.5		37				
剖66	漠土	灰棕漠土	耕灌灰棕漠土	厚层耕灌灰棕漠土	耕灌厚层灰棕漠砂土	1	0—20	砂壤土	块状	4.7	0.35	0.51			65	4.4	洪积物、坡积物	E 100°35′30.1″ N 38°49′35.8″	89
						2	20—50	砂壤土	块状	3.3	0.17	0.41			63	3.3			
						3	50—62	砂壤土	块状	8.3		0.61			72				
						4	62—110	轻壤土	块状			0.33			63				
剖67	半水成土	潮土	菁白潮土	菁白潮土	菁白潮土	1	0—20	轻壤土	块状	16.3	0.79	0.77	35.2				冲积物、堆积物	E 100°30′11.0″ N 38°41′07.8″	83
						2	20—44	轻壤土	片状	10.5	0.54	0.63	23.5						
						3	44—65	松砂土	单粒状	4.4		0.45	55.9						
						4	65—100	黏土	块状	11.8		0.58	46.4						
剖68	干旱土	灰钙土	灰钙土	耕灌灰钙土	耕灌中层灰钙土	1	0—23	轻壤土	块状	10.6	0.75	0.71			27		洪积物、堆积物	E 100°23′14.6″ N 38°39′40.0″	90
						2	23—54	轻壤土	块状	11.8	0.72	0.72			57				
						3	54—	砾质土	无明显结构										
剖69	人为土	灌淤土	绿洲灌淤土	厚灌淤土	厚淤立土	1	0—18	轻壤土	块状	18.5	1.08	0.64			132	7.2	冲积物、堆积物、堆垫物	E 100°21′16.2″ N 38°38′29.4″	89
						2	18—60	轻壤土	块状	10.7	0.62	0.55			137	6.6			
						3	60—107	中壤土	块状	7.0		0.61			87				
剖70	人为土	灌淤土	绿洲灌淤土	薄灌淤土	薄灌漏砂土	1	0—17	轻壤土	块状	12.1	0.69	0.59			106	2.6	冲积物、淤积物、堆垫物	E 100°22′23.9″ N 38°37′21.7″	78
						2	17—57	轻壤土	层状	15.5	0.73	0.55			85	3.3			
						3	57—78	紧砂土	无明显结构	3.6		0.54			70				
						4	78—105	松砂土	无明显结构	2.9		0.41			60				

肃南裕固族自治县

主要土类说明

寒冻土是肃南裕固族自治县主要土壤类型，占本县地域面积的18%。寒冻土形成于高山冰雪带下缘。成土过程以寒冻物理风化为主，弱生物累积，土层薄，含砾石多，仅在岩屑中见少量细土物质堆积。

黑毡土是肃南裕固族自治县第二大土壤类型，占本县地域面积的15%。黑毡土形成于青藏高原高寒略较温湿的原面上，蒿草与杂生草类的草毡层初步分解，形成初步腐殖化的暗色草根茎盘结层。

栗钙土是肃南裕固族自治县第三大土壤类型，占本县地域面积的12%。栗钙土是在半干旱草原下发育形成的具有栗色腐殖质层和灰白色钙积层的土壤。该土壤表层为栗色腐殖质层，厚20—30cm。

草毡土占本县地域面积的12%。草毡土是在高寒区（青藏高原）平缓高原面上发育形成的具强度生草腐殖质累积与弱度氧化还原特征的高山土壤。由于寒冻，蒿草根累积并弱度分解，该土壤呈草毡状。土体滞水，冻融交替，弱度氧化还原交替进行，造成该土壤氧化铁微弱游离。

寒钙土占本县地域面积的9%。寒钙土是形成于青藏高原高寒半干旱区，具弱度腐殖质累积与底层钙积特征的土壤。该土壤有机质层厚15cm，有机质含量为10—30g/kg；碳酸钙含量为50—120g/kg，上部含量低，下部含量高。

棕钙土占本县地域面积的8%。棕钙土是位于温带干旱草原向荒漠过渡区，具浅棕色薄腐殖质层和灰白色薄钙积层的土壤。该土壤地表多砾石，见黑色地衣，具有多角形裂隙，石膏聚积，钙积层接近地表。

黑钙土占本县地域面积的5%。黑钙土是在半湿润草甸草原下发育形成的具深厚均腐殖质层和碳酸钙淋溶淀积层的土壤。该土壤均腐殖质层厚50cm左右，有机质含量为50—80g/kg。其下，钙积层明显。

灰褐土占本县地域面积的5%。灰褐土形成于干旱、半干旱山地云冷杉下，腐殖质累积与钙积作用明显。该土壤表层有机质含量可达100g/kg，表层下见暗色腐殖质层，有弱黏淀特征。B层呈棕褐色，钙积层在40cm以下出现，铁铝氧化物无移动。

冷钙土占本县地域面积的4%。冷钙土形成于青藏高原高寒半干旱原面上，具弱腐殖质累积与钙积特征。该土壤碳酸钙含量为50—200g/kg，呈斑点状或脉络状，且含少量易溶盐和石膏。

灰漠土占本县地域面积的3%。灰漠土曾被称为荒漠灰钙土，是在漠境地区初显石灰表聚及易溶盐与石膏分层累积的土壤。该土壤地表有明显结皮层，下为浅棕色片状土层，含砾石。

小于本县地域面积3%的土壤类型有草甸盐土、风沙土、灰棕漠土、沼泽土、草甸土、泥炭土和灰钙土。

本区域中心区气候特征

本区域中心区气候特征值
Regional climate characteristics in central area of the region

气候带：高原亚寒带亚干旱气候 Climate region: Plateau subfrigid subarid climate	
年平均气温 /℃ Annual average temperature /℃	6.1
年平均最高气温 /℃ Annual average maximum temperature /℃	13.4
年平均最低气温 /℃ Annual average minimum temperature /℃	-0.4
年降水量 /mm Annual precipitation /mm	115
≥10℃的积温 /℃ Daily temperature accumulated in a year（≥10℃）/℃	2287
年日照时数 /h Annual sunshine /h	3084
年平均相对湿度 /% Annual average relative humidity /%	45
干燥度 Dryness	4.82

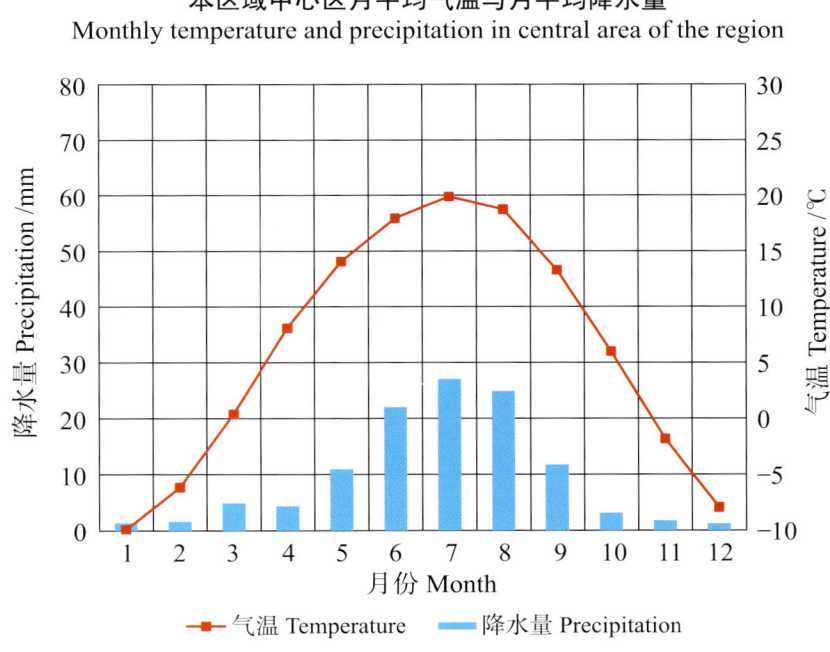

本区域中心区月平均气温与月平均降水量
Monthly temperature and precipitation in central area of the region

肃南裕固族自治县主要土壤类型与土壤剖面点分布图
1:1 400 000

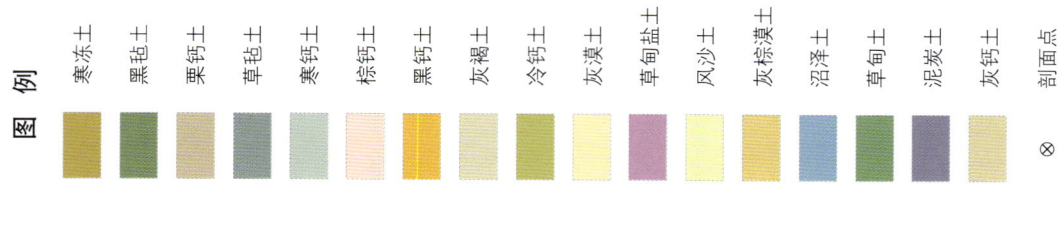
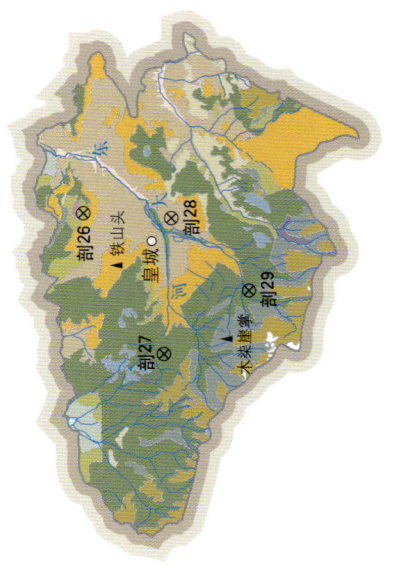
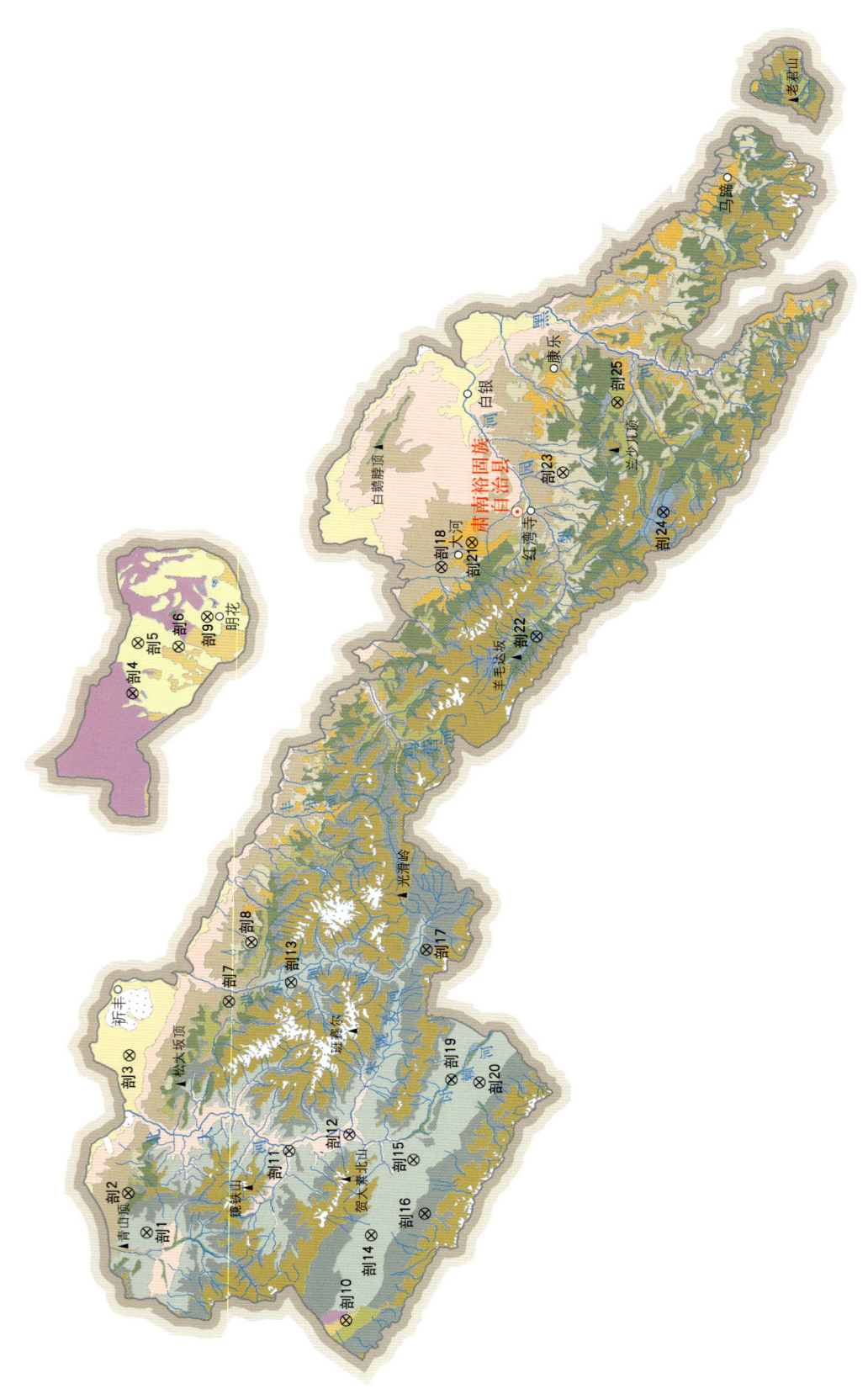

肃南裕固族自治县土壤剖面理化性状表

剖面号 Soil profile	土纲 Soil order	土类 Soil great group	亚类 Soil subgroup	土属 Soil genus	土层码 Layer code	土层厚度 Depth/cm	颜色 Soil color	质地 Soil texture	土壤结构 Soil structure	pH	有机质 OM/(g/kg)	全氮 TN/(g/kg)	全磷 TP/(g/kg)	全钾 TK/(g/kg)	有效磷 AP/(mg/kg)	速效钾 AK/(mg/kg)	阳离子交换量CEC/(cmol/kg)	土壤母质 Parent material	剖面点坐标 Profile coordinate	匹配指数 Matching index/%
剖1	高山土	寒钙土	寒钙土		1	0–8	灰棕色	砂壤土	小块状									冰碛物、黄土状母质、坡积物	E 97°42′12.2″ N 39°35′06.5″	98
					2	8–25	黄棕色	砂壤土	小块状											
					3	25—														
剖2	钙层土	栗钙土	栗钙土	耕种山地栗钙土	1	0–17	暗棕色	中壤土	粒状	8.1	50.4	2.68	0.99	30.3	31.8		18.3	黄土状母质、坡积物	E 97°48′20.8″ N 39°37′24.1″	91
					P	17–32	暗棕色	重壤土	块状	8.6	26.0	1.45	0.68	27.9	3.5		13.0			
					3	32–80	浅棕色	重壤土	块状	8.6	26.0	1.45	0.68	27.9	3.5		13.0			
					C	80–100	浅棕色	中壤土	块状	8.8	7.9	0.43	0.09	27.9	2.8		7.6			
剖3	漠土	灰漠土	山地灰漠土		1	0–6	灰黄色	轻壤土	蜂窝状	8.4	7.1	0.46			8.0		5.0	黄土母质、洪冲积物	E 98°10′10.7″ N 39°37′32.2″	70
					2	6–28	暗黄棕色	轻壤土	片状	8.4	7.6	0.46			5.4		5.1			
					3	28–85	浅棕黄色	中壤土	块状	8.3	4.9	0.30			2.6		5.4			
					C	85—														
剖4	盐碱土	草甸盐土	沼泽盐土	氯化物硫酸盐沼泽盐土	As	0–9	浅棕色	轻壤土		8.6	36.8	4.06	0.46	12.6	4.2		13.4	湖相沉积物、黄土状母质	E 99°07′54.2″ N 39°37′35.1″	88
					2	9–20	暗黄色	中壤土		8.8	104.4	3.93	0.59	17.2	3.1		13.6			
					3	20–69	浅灰色	中壤土		8.5	54.2	2.41	0.58	17.5	1.7		12.9			
					G	69–100	灰白色	中壤土		8.4	37.8	1.73	0.47	17.4	1.7		10.7			
剖5	初育土	风沙土	流动风沙土		1	0–8	浅青色	松砂土		9.3	2.6	0.16	0.34		9.0	70		风积沙	E 99°15′55.5″ N 39°36′57.5″	92
					2	8–31	暗黄色	松砂土		8.8	1.8	0.10	0.31		9.0	70				
					3	31–54	暗黄色	紧砂土			2.2	0.15								
					4	54–120	浅棕色	松砂土			1.6	0.09								
剖6	初育土	风沙土	固定风沙土		1	0–2	浅青灰色	紧砂土	粒状	9.2	7.3	0.37			4.0	244		风积沙	E 99°15′22.2″ N 39°32′07.9″	99
					2	2–22	浅青灰色	紧砂土		8.6	4.1	0.23			4.0	156				
					3	22–56	浅青灰色	紧砂土			4.4	0.27								
					4	56–115	浅青灰色	砂壤土			3.7	0.26								
剖7	钙层土	栗钙土	粗骨栗钙土	山地粗骨栗钙土	1	0–22	暗栗色	轻壤土	团粒状	7.6	39.0	0.94	0.60		4.0	112		黄土状母质、坡积物	E 98°18′53.1″ N 39°25′49.1″	87
					2	22–57	青灰色	砂壤土		8.2	17.2	0.68	0.66		6.0	84				
					C	57—														
剖8	半淋溶土	灰褐土	山地石灰性灰褐土		As	0–5	暗栗色	轻壤土	团粒状	8.3	83.7	3.30	0.77		9.0	152	24.7	黄土状母质、坡积物	E 98°28′15.6″ N 39°23′11.8″	79
					2	5–22	暗栗色	轻壤土	粒状	8.2	105.4	3.73	0.68		9.0	140	33.8			
					3	22–63	黑色	轻壤土	粒状	8.2	100.8	3.07	0.61				43.0			
					4	63–76	黄黄色	砂壤土		8.4	9.6	0.72	0.77				11.4			
剖9	初育土	风沙土	半固定风沙土		1	0–1	灰白色	砂砂土		8.1	4.2	0.24	0.50		7.0	420		风积沙	E 99°20′05.1″ N 39°28′45.6″	98
					2	1–23	浅青灰色	紧砂土	鳞片状	8.2	3.1	0.18	0.46		5.0	260				
					3	23–56	浅青灰色	松砂土	块状		3.6	0.20								
					4	56–86	灰青色	松砂土	片状		5.6	0.30								
剖10	漠土	灰棕漠土			1	0–13	黄黄棕色	重壤土	片状	8.1	7.3	0.46			3.2		6.2	洪积物、湖相沉积物	E 97°29′09.8″ N 39°11′09.7″	84
					2	13–35	灰棕色	重壤土	块状	8.4	11.5	0.56			3.2		6.5			
					3	35–65	青灰色	砂壤土	鳞片状	8.4	8.7	0.78			2.8		4.1			
					4	65–75	黄色	黏土	块状	8.1	5.9	0.47			4.6		8.4			
					5	75–90	灰黄色	中壤土	片状	8.1	6.6	0.27			2.6		3.3			
剖11	干旱土	棕钙土	山地粗骨棕钙土		1	0–5	灰黄色	砂壤土	小块状	8.4	14.5	0.85	0.56	18.7	3.4		4.9	坡积物	E 97°55′28.9″ N 39°18′19.4″	75
					2	5–21	黄棕色	砂壤土	小块状	8.1	14.8	0.95	0.54	20.1	2.3		5.9			
					3	21–35	浅黄棕色	砂壤土		8.5	11.3	0.60	0.53	22.4	2.4		4.4			
					4	35–60	黄棕色	砂壤土		8.5	4.8	1.74	0.69	22.9	1.1		5.8			

续表 Continued

剖面号 Soil profile	土纲 Soil order	土类 Soil great group	亚类 Soil subgroup	土属 Soil genus	土层码 Layer code	土层厚度 Depth/cm	颜色 Soil color	质地 Soil texture	土壤结构 Soil structure	pH	有机质 OM/(g/kg)	全氮 TN/(g/kg)	全磷 TP/(g/kg)	全钾 TK/(g/kg)	有效磷 AP/(mg/kg)	速效钾 AK/(mg/kg)	阳离子交换量CEC/(cmol/kg)	土壤母质 Parent material	剖面点坐标 Profile coordinate	匹配指数 Matching index/%
剖12	干旱土	棕钙土	盐化山地棕钙土		1	0—4	浅棕黄色	中壤土	鳞片状	8.4	20.2	1.29	0.78		10.0	240	7.2	黄土状母质	E 97°58′12.6″ N 39°11′13.2″	75
					2	4—20	暗棕黄色	中壤土	小块状	8.5	25.4	1.74	0.74		6.9	268	9.9			
					3	20—50	黄棕色	中壤土	小块状	8.4	16.6	1.30	0.66		2.9	310	9.5			
					C	50—68			屑粒状	8.3	9.1	0.55	0.47		1.2	201	6.9			
剖13	高山土	寒钙土	寒钙土		1	0—15				8.7	20.5	1.40	0.70	29.2	6.3		6.7	冰碛物、黄土状母质、坡积物	E 98°21′59.6″ N 39°18′25.6″	88
					2	15—22				8.5	15.2	1.00	0.60	25.4		178	5.3			
剖14	高山土	寒钙土	盐化寒钙土		1	0—6	黄棕色	中壤土	粒状	8.4	31.3	1.91					10.1	冰碛物、黄土状母质、坡积物	E 97°42′30.2″ N 39°08′22.2″	76
					2	6—40	栗色	中壤土	片状	8.2	5.7	0.46			1.3	118	6.5			
					3	40—70	浅棕黄色	轻壤土	小块状	8.4	2.9	1.82			4.1	95	10.4			
					C	70—														
剖15	高山土	寒钙土	暗寒钙土		As	0—16	暗棕色	轻壤土	粒状	8.2	53.2	0.52	0.55	25.3	9.5	4	21.9	碳酸岩类冰碛物、坡积物	E 97°54′24.7″ N 39°03′32.2″	94
					2	16—32	浅棕色	中壤土	块状	8.8	23.0	0.36	0.51	20.4	4.5	2	11.0			
					3	32—52	黄棕色			8.9	16.7	0.35	0.36	18.4	1.7		8.7			
剖16	高山土	草毡土			1	0—12		中壤土					0.22		2.4			碳酸岩类冰碛物、坡积物	E 97°46′01.4″ N 39°02′03.9″	76
					2	12—30		中壤土					0.75		3.8					
					3	30—54		中壤土												
剖17	高山土	草毡土	暗色草甸土	山地暗栗钙土	1	0—10	栗色	中壤土	小块状	8.3	82.6	3.05	0.75	21.6	3.8	173	24.0	黄土状母质、黄土状坡积物	E 98°27′23.3″ N 39°02′22.7″	93
					2	10—30	暗棕色	中壤土	块状	8.4	33.8	1.85	0.68	22.1	1.5	173	19.9			
					3	30—58		中壤土	核块状	8.5	2.0	0.45	0.62	23.7	3.0	43	10.1			
					4	58—80		中壤土	小块状	8.6	3.3	0.28	0.60	17.7	3.5	60	4.8			
剖18	钙层土	栗钙土	暗栗钙土		1	0—14	栗色	中壤土	小块状	8.1	51.5	3.30	0.75		3.8	70	20.1	洪冲积物	E 99°27′57.5″ N 39°00′52.8″	94
					2	14—45	暗棕色	中壤土	块状	8.1	51.5	3.30	0.68		1.5	220	20.1			
					3	45—80	浅棕色	中壤土	块状	8.4	22.5	1.38					12.5			
					4	80—140	灰黄色	中壤土	块状	8.6	5.9	0.44					8.2			
					C	140—160	黄灰色	轻壤土	小块状	8.6	6.6	0.35					6.7			
剖19	半水成土	草甸土	腐泥沼泽土		As	0—8	黑棕色	中壤土	粒状	7.6	98.1	5.21	0.88		12.0			冰碛物、黄土状母质、坡积物	E 98°07′08.6″ N 38°59′11.7″	89
					2	8—33	棕灰色	松砂土		8.2	17.0	0.88	0.58		3.0	50				
剖20	高山土	寒钙土	盐化寒钙土		1	0—1												冰碛物、黄土状母质、坡积物	E 98°06′45.5″ N 38°55′48.8″	94
					2	1—11	暗棕色	轻壤土	粒状	7.8	122.9	6.00	0.82	31.5	14.3	85	45.6			
					3	11—25	黑棕色	中壤土	粒状	8.1	71.6	3.50	0.77	31.2	5.4	45	38.3			
					4	25—40	暗黄棕色	中壤土	块状	8.4	16.8	0.88	5.10	25.5	1.5	63	14.4			
剖21	钙层土	黑钙土	山地石灰性黑钙土		As	0—20	浅黄棕色	轻壤土	块状	8.5	6.8	0.38	0.63	29.4	1.2	70	7.4	黄土状母质	E 99°31′53.8″ N 38°57′13.7″	96
					2	20—88	黄青棕色	中壤土	小块状	7.9	215.8	8.28	0.87		23.6		55.4			
					3	88—120	黄青色	中壤土	片状	7.9	209.6	10.47	0.87		8.6	45	48.2			
					4	120—150	青灰色	中壤土		7.1	128.5	4.76	0.52		5.7	63	49.1			
剖22	水成土	沼泽土	腐泥沼泽土		As	0—9	灰青棕色	重壤土		6.7	96.6	3.50	0.59		9.4	70	41.0	冰碛物、黄土状母质	E 99°17′07.7″ N 38°49′31.1″	74
					Ao	0—5	暗棕色	轻壤土	粒状	7.0	256.4	12.13	0.76		28.3	128	80.0			
					2	5—15	黑棕色	轻壤土	粒状	7.2	172.2	6.37	0.73		15.7	50	65.0			
剖23	半淋溶土	灰褐土	山地淋溶灰褐土		3	15—33	黑棕色	中壤土	团粒状	7.5	196.7	6.26	0.77		10.1	45	87.0	黄土状母质、坡积物	E 99°42′53.4″ N 38°46′22.5″	90
					4	33—52	黑棕色	中壤土	鳞片状	7.5	188.0	2.95	0.58		5.3	29	44.4			
					R	52—90				7.6	3.1	0.17	0.38		0.5	11	6.0			

续表 Continued

剖面号 Soil profile	土纲 Soil order	土类 Soil great group	亚类 Soil subgroup	土属 Soil genus	土层码 Layer code	土层厚度 Depth/cm	颜色 Soil color	质地 Soil texture	土壤结构 Soil structure	pH	有机质 OM/(g/kg)	全氮 TN/(g/kg)	全磷 TP/(g/kg)	全钾 TK/(g/kg)	有效磷 AP/(mg/kg)	速效钾 AK/(mg/kg)	阳离子交换量CEC/(cmol/kg)	土壤母质 Parent material	剖面点坐标 Profile coordinate	匹配指数 Matching index/%
剖24	水成土	沼泽土	泥炭沼泽土		As	0—16	黑棕色	中壤土	粒状		349.2	16.99	1.04		11.0	108	85.4	冰碛物、黄土状母质	E 99°36′37.8″ N 38°34′25.3″	74
					2	16—33	暗棕色	中壤土	片状		280.6	12.22	1.00		7.0	84	66.4			
					3	33—65	暗灰色				311.4	13.47	0.98							
					H	65—125	灰黑色		片状		243.5	11.51	0.98							
剖25	高山土	冷钙土	冷钙土		1	0—10	暗棕色	轻壤土	块状	7.6	108.3	5.03	1.01		11.0	188	38.2	坡积物	E 99°53′55.1″ N 38°39′50.0″	78
					2	10—50	棕色	轻壤土	小块状	7.6	52.7	2.69	0.72		6.0	160	23.8			
					3	50—75	灰黄色	轻壤土		7.9	24.7	1.31								
剖26	高山土	冷钙土	暗冷钙土		1	0—18	灰棕色	轻壤土	小块状	7.7	61.6	4.17	1.01	22.9	4.6		30.6	坡积物、黄土状母质	E 101°49′37.9″ N 38°01′18.1″	75
					2	18—40	灰棕色	中壤土	块状	7.9	35.4	3.18	0.99	20.5	2.4		24.9			
					3	40—70	棕色	砂土		7.9	15.2	2.57	0.76	19.3	1.3		13.3			
					C	70—														
剖27	高山土	黑色土	棕黑色土		As	0—14	黑棕色	中壤土	团粒状	7.4	172.4	7.65	1.25	34.9	21.8		54.2	冰碛物、黄土状沉积物	E 101°31′00.2″ N 37°53′34.5″	76
					2	14—35	暗棕色	重壤土	小片块状	7.3	87.0	5.57	1.13	35.4	9.8		39.8			
					3	35—75	黑棕色	重壤土	团粒状	7.1	170.7	6.00	1.22	36.6	8.0		46.1			
					4	75—100	暗栗色	重壤土	团粒状	7.0	73.5	3.43	1.77	34.2	7.7		37.0			
					5	100—	灰黄色													
剖28	钙层土	栗钙土	暗栗钙土	耕种山地暗栗钙土	1	0—18	暗棕色	中壤土	团粒状	8.1	56.7	3.11	0.79		18.3	118	24.3	黄土状母质、坡积物	E 101°48′40.8″ N 37°52′29.1″	85
					P	18—45	暗棕色	轻壤土	块状	8.2	30.1	1.75	0.62		2.9	43	17.0			
					3	45—66	栗色	轻壤土	块状	8.2	30.1	1.75	0.62		2.9	43	17.0			
					4	66—100	浅棕色	中壤土	粒状	8.5	9.0	0.53	0.60		2.0	25	9.2			
剖29	高山土	黑色土	黑色土		As	0—18	暗棕色	轻壤土	粒状	7.6	98.6	5.48	0.71	31.4	8.2		39.2	冰碛物、黄土状沉积物	E 101°39′01.2″ N 37°44′55.8″	87
					Ah	18—55	暗棕色	轻壤土	粒状	8.1	71.0	3.70	0.78	34.3	3.2		33.6			
					ABk	55—75	棕灰色	中壤土	块状	8.4	13.2	0.63	0.56	28.6	1.0		11.3			
					Bk_1	75—115	紫红色	中壤土	片片状	8.4	7.2	0.27	0.54	28.5	1.3		13.6			
					Bk_2	115—140	棕黄色	中壤土	片状	8.6	4.6	0.31	0.49	28.4	0.7		8.8			

民 乐 县

主要土类说明

灌漠土是民乐县主要土壤类型,占本县地域面积的21%。灌漠土形成于干旱荒漠地区,漠土引用清澈的坎儿井水灌溉,经长期耕灌后,从根本上改变了土壤的水分与养分状态。

栗钙土是民乐县第二大土壤类型,占本县地域面积的19%。栗钙土是在半干旱草原下发育形成的具有栗色腐殖质层和灰白色钙积层的土壤。该土壤表层为栗色腐殖质层,厚20—30cm。其下,灰白色钙积层发育明显,见于20—30cm深处,厚20—40cm,呈斑点状或层状积钙。石膏及易溶盐局部聚积。

灰钙土是民乐县第三大土壤类型,占本县地域面积的18%。灰钙土位于干旱草原区,是具低腐殖质、弱淋溶特征的土壤。成土母质多为黄土,少数为冲积扇洪积物。全剖面呈强石灰反应,碳酸钙含量为120—250g/kg。

灰棕漠土占本县地域面积的10%。灰棕漠土是在极端干旱荒漠地区砾质化明显的土壤。该土壤地表见砾幂及褐色结皮,亦见干面包状结皮;石灰表聚,下见纤维状石膏聚积,亦见铁质黏化现象。

黑毡土占本县地域面积的6%。黑毡土形成于青藏高原高寒略较温湿的原面上,蒿草与杂生草类的草毡层初步分解,形成初步腐殖化的暗色草根茎盘结层。

灰漠土占本县地域面积的5%。灰漠土曾被称为荒漠灰钙土,是在漠境地区初显石灰表聚及易溶盐与石膏分层累积的土壤。该土壤地表有明显结皮层,下为浅棕色片状土层,含砾石。

草毡土占本县地域面积的4%。草毡土是在高寒区(青藏高原)平缓高原面上发育形成的具强度生草腐殖质累积与弱度氧化还原特征的高山土壤。由于寒冻,蒿草根累积并弱度分解,该土壤呈草毡状。土体滞水,冻融交替,弱度氧化还原交替进行,造成该土壤氧化铁微弱游离。

山地草甸土占本县地域面积的4%。山地草甸土是在中山山顶平台的草甸植被下形成的薄层土壤。其表层为草皮层,其下是有锈色斑纹或络合铁锰胶膜的薄层土壤,具As-A-C-D剖面构型。

寒冻土占本县地域面积的4%。寒冻土形成于高山冰雪带下缘。成土过程以寒冻物理风化为主,弱生物累积,土层薄,含砾石多,仅在岩屑中见少量细土物质堆积,地表生长稀疏垫状植物及雪莲。

风沙土占本县地域面积的4%。风沙土形成于半干旱、干旱漠境地区及滨海地区,是在风沙移动堆积形成的多种形态的风沙沉积物上发育的初育土。由于成土时间短暂,该土壤无剖面发育,具C、(A)-C或A-C剖面构型,反映了风沙移动堆积与固定的不同阶段。

小于本县地域面积3%的土壤类型有黑钙土、黑土、灰褐土和灌淤土。

本区域中心区气候特征

本区域中心区气候特征值
Regional climate characteristics in central area of the region

气候带:高原亚寒带亚干旱气候 Climate region: Plateau subfrigid subarid climate	
年平均气温 /℃ Annual average temperature /℃	4.3
年平均最高气温 /℃ Annual average maximum temperature /℃	11.6
年平均最低气温 /℃ Annual average minimum temperature /℃	-1.9
年降水量 /mm Annual precipitation /mm	217
≥10℃的积温 /℃ Daily temperature accumulated in a year (≥10℃) /℃	1882
年日照时数 /h Annual sunshine /h	3032
年平均相对湿度 /% Annual average relative humidity /%	49
干燥度 Dryness	2.79

本区域中心区月平均气温与月平均降水量
Monthly temperature and precipitation in central area of the region

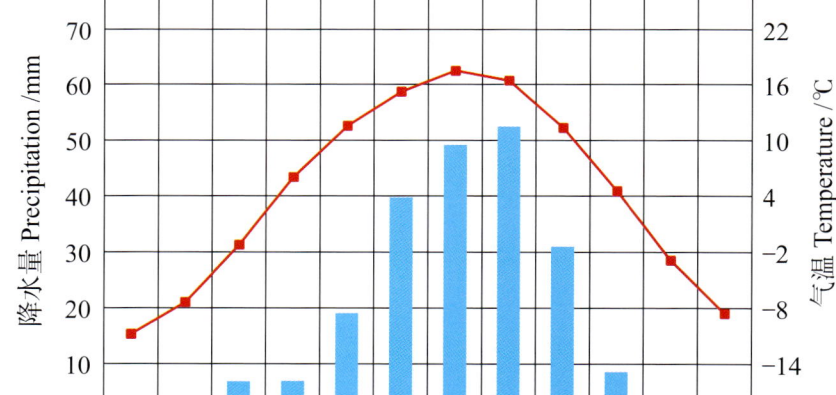

民乐县主要土壤类型与土壤剖面点分布图

1∶310 000

图例

- 灌漠土
- 栗钙土
- 灰钙土
- 灰棕漠土
- 黑毡土
- 灰漠土
- 草毡土
- 山地草甸土
- 寒冻土
- 风沙土
- 黑钙土
- 黑土
- 灰褐土
- 灌淤土
- ⊗ 剖面点

民乐县土壤剖面理化性状表

剖面号 Soil profile	土纲 Soil order	土类 Soil great group	亚类 Soil subgroup	土属 Soil genus	土种 Soil species	土层码 Layer code	土层厚度 Depth/cm	颜色 Soil color	质地 Soil texture	土壤结构 Soil structure	pH	有机质 OM/(g/kg)	全氮 TN/(g/kg)	全磷 TP/(g/kg)	全钾 TK/(g/kg)	碱解氮 AN/(mg/kg)	有效磷 AP/(mg/kg)	速效钾 AK/(mg/kg)	阳离子交换量CEC/(cmol/kg)	剖面点坐标 Profile coordinate	匹配指数 Matching index/%
剖1	漠土	灰棕漠土	灰棕漠土	砂砾质灰棕漠土		1	0~7	灰黄色	松砂土		8.8	2.9	0.18	0.29	13.5	26	4.0	75	2.4	E 100°48′11.9″ N 38°45′48.2″	95
						2	7~15	浅红棕色	紧砂土		8.8	5.9	0.38	0.37	17.0		3.0	128	6.2		
						3	15~30	红棕色	砂砾石土		8.8	4.0	0.29	0.29	17.0				5.8		
剖2	漠土	灰棕漠土	石膏灰棕漠土	老洪积扇石膏灰棕漠土		1	0~10	浅灰色	紧砂土	片状	8.3	8.2	0.51	0.49	20.2		7.0	227	5.9	E 100°53′55.6″ N 38°44′19.9″	90
						2	10~29	暗棕色	砂壤土	块状	8.3	4.6	0.39	0.27	21.7		1.0	145	8.1		
						3	29~55	红棕色	砂壤土	块状	8.0	2.2	0.26	0.24	18.3						
剖3	漠土	灰棕漠土	灰棕漠土	灰棕漠土		1	0~22	浅黄色	砂壤土	块状	8.4	10.6	0.78	0.65		131	10.0			E 100°47′16.6″ N 38°43′00.9″	100
						2	22~30	浅棕黄色	砂壤土	块状	8.7	8.6	0.62	0.66							
						3	30—	红棕色		锈砂粒状											
剖4	钙层土	栗钙土	栗钙土	栗钙土	壤质栗钙土	1	0~18	黄灰色	轻壤土	块状	8.4	44.7	2.76	0.84	21.5	175	43.0	280	16.9	E 100°25′32.2″ N 38°31′16.6″	73
						2	18~27	灰黄色	轻壤土	块状	8.7	24.3	1.62	0.67		21.0			11.8		
						3	27~120	浅黄灰色	轻壤土	块状		18.9	1.23	0.60					10.9		
剖5	漠土	灰漠土	灰漠土	耕种灰漠土	耕灌厚层灰漠土	A₁₁	0~20	黄灰色	中壤土	片状	8.8	7.3	0.52	0.58	19.8	28	3.0	85	7.6	E 100°56′19.0″ N 38°36′11.2″	100
						Bk	20~58	黄棕色	轻壤土	块状	8.8	5.7	0.43	0.63	19.8		2.0	75	7.3		
						Ck	58~130	灰黄色	轻壤土	块状	8.7	5.3	0.38	0.58	17.8						
剖6	干旱土	灰钙土	灰钙土	耕种灰钙土	灌质耕灌灰钙土	1	0~22	灰色	中壤土	小块状	8.7	14.6	0.86	0.71	21.1	32	2.0	158	8.8	E 100°50′39.5″ N 38°33′39.2″	83
						2	22~62	棕灰色	中壤土	块状	8.6	12.9	0.83	0.76	22.1		1.0	158	9.4		
						3	62~120	黄灰色	中壤土	鳞片状	8.6	11.4	0.80	0.74	20.4						
剖7	钙层土	栗钙土	栗钙土	耕种栗钙土	壤质耕种栗钙土	1	0~16	灰色	中壤土	碎块状	8.5	17.7	1.19	0.61	21.3	203	11.0	185	10.4	E 100°35′07.1″ N 38°26′59.4″	83
						2	16~88	深黑色	轻壤土	块状	8.4	25.1	1.59	0.58					12.8		
						3	88~110	黄黑色	轻壤土	块状	8.6	11.0	0.78	0.58					9.6		
剖8	钙层土	栗钙土	淡栗钙土	耕种淡栗钙土	壤质耕种淡栗钙土	1	0~20	浅灰色	轻壤土	块状	8.8	17.6	1.19	0.73		139	8.0	180	10.4	E 100°42′11.5″ N 38°26′08.5″	82
						2	20~50	黄灰色	中壤土	块状	9.0	16.6	1.03	0.70		101	3.0		10.9		
						3	50~130	黄灰色	中壤土	块状	9.1	16.6	1.03	0.71							
剖9	人为土	灌漠土	灌耕土	薄灌耕土	薄灌耕立土	1	0~20	浅灰黄色	中壤土	小块状	8.6	18.5	1.14	0.81	21.3	29	5.0	261	10.8	E 100°50′36.7″ N 38°27′07.2″	100
						2	20~55	暗黄色	中壤土	块状	8.7	15.4	1.06	0.74	24.0		2.0	177	11.8		
						3	55~100	浅灰黄色	中壤土	块状	8.7	14.5	1.08	0.74	23.6						
剖10	干旱土	灰钙土	淡灰钙土	淡灰钙土	壤质淡灰钙土	1	0~13	灰灰色	轻壤土	块状	8.9	8.5	0.62	0.50	18.7	72	7.0	125	6.1	E 100°57′48.2″ N 38°27′04.8″	82
						2	13~53	棕灰色	砂壤土	块状	9.1	4.9	0.41	0.47	18.1			78	4.5		
						3	53~130	棕黑色	砂壤土	块状	9.1	5.9	0.43	0.59	18.4						
剖11	钙层土	栗钙土	栗钙土	耕种栗钙土	中壤耕种栗钙土	1	0~16	栗色	中壤土	团粒状	8.5	23.7	1.53	0.84	21.7	93	4.0	123	10.9	E 100°52′56.3″ N 38°20′20.8″	81
						2	16~30	栗色	中壤土	团粒状	8.5	25.8	1.80	0.82	23.5		3.0	138	14.1		
						Bk	30~120	暗栗色	重壤土	团粒状	8.8	19.2	1.29	0.82	20.4						
剖12	钙层土	栗钙土	暗栗钙土	耕种暗栗钙土	壤质耕种暗栗钙土	1	0~24	暗栗色	轻壤土	块状	8.7	27.7	1.79	0.69		193	13.0	266		E 100°55′27.9″ N 38°17′38.5″	79
						2	24~46	黄灰色	中壤土	块状	8.6	37.1	2.39	0.70	22.2			228	36.4		
						3	46~69	灰黑色	轻壤土	块状		41.9	2.81	0.66					31.0		
						4	69~130														
剖13	钙层土	黑钙土	黑钙土	耕种黑钙土	壤质耕种黑钙土	1	0~23	黑黑色	轻壤土	团粒块状	8.4	87.1	5.40	0.97		389	14.0	228	46.8	E 100°57′51.8″ N 38°14′16.1″	76
						2	23~100	深黑色	轻壤土	棱块状	8.5	59.1	3.37	0.69	19.4	499	4.0	146	33.3		
剖14	高山土	黑毡土	黑毡土	耕种黑栗钙土	壤质耕种黑钙土	1	0~50	栗色	壤质黏土	团粒状	7.5	125.1	5.22	0.67	22.8	289				E 100°52′00.9″ N 38°13′30.0″	98
						2	50~70	暗黄色	壤质黏土	块状		67.3	2.72	0.51							
						3	70~90	棕灰色	砂土	层状	8.3	8.5	0.47	0.31	33.1						
						4	90~100	青灰色	石质土												

续表 Continued

剖面号 Soil profile	土纲 Soil order	土类 Soil great group	亚类 Soil subgroup	土属 Soil genus	土种 Soil species	土层码 Layer code	土层厚度 Depth/ cm	颜色 Soil color	质地 Soil texture	土壤结构 Soil structure	pH	有机质 OM/ (g/kg)	全氮 TN/ (g/kg)	全磷 TP/ (g/kg)	全钾 TK/ (g/kg)	碱解氮 AN/ (mg/kg)	有效磷 AP/ (mg/kg)	速效钾 AK/ (mg/kg)	阳离子 交换量CEC/ (cmol/kg)	剖面点坐标 Profile coordinate	匹配指数 Matching index/%
剖15	高山土	草毡土	草毡土			1	0—50	栗色	中壤土	团粒状	7.7	85.7	4.53	0.72	27.6			160	32.5	E 100°57′02.9″ N 38°03′11.9″	97
						2	50—90	暗栗色	中壤土	层状	8.3	35.8	2.00	0.60	25.5			135	21.7		
						3	90—120	黑色	中壤土	薄片状	8.3	45.0	2.40	0.66	23.5			130	33.1		

临 泽 县

主要土类说明

灰棕漠土是临泽县主要土壤类型，占本县地域面积的68%。灰棕漠土是在温带极端干旱荒漠地区砾质化明显的土壤。该土壤地表见砾幂及褐色结皮，亦见干面包状结皮；石灰表聚，下见纤维状石膏聚积，亦见铁质黏化现象。铁铝结合的胡敏酸多于钙结合者，铁铝结合的富啡酸少于钙结合者是本土类特征。

风沙土是临泽县第二大土壤类型，占本县地域面积的13%。风沙土形成于半干旱、干旱漠境地区及滨海地区，是在风沙移动堆积形成的多种形态的风沙沉积物上发育的初育土。由于成土时间短暂，该土壤无剖面发育，具 C、(A)-C 或 A-C 剖面构型，反映了风沙移动堆积与固定的不同阶段。

灌漠土是临泽县第三大土壤类型，占本县地域面积的6%。灌漠土形成于干旱荒漠地区，漠土引用清澈的坎儿井水灌溉，经长期耕灌后，从根本上改变了土壤的水分与养分状态。

草甸土占本县地域面积的4%。因所处地带地下水位较高，潜水参与土壤形成过程，受地下水升降与浸润作用，成土过程具有明显腐殖质累积和铁锰氧化还原特征，土体出现锈色斑纹层，具 A-Cu 或 A-C-Cu 剖面构型。

小于本县地域面积3%的土壤类型有潮土、草甸盐土、漠境盐土、沼泽土和灰钙土。

本区域中心区气候特征

本区域中心区气候特征值
Regional climate characteristics in central area of the region

气候带：中温带干旱气候 Climate region: Mid temperate arid climate	
年平均气温 /℃ Annual average temperature /℃	6.4
年平均最高气温 /℃ Annual average maximum temperature /℃	13.7
年平均最低气温 /℃ Annual average minimum temperature /℃	0.0
年降水量 /mm Annual precipitation /mm	139
≥10℃的积温 /℃ Daily temperature accumulated in a year (≥10℃) /℃	2505
年日照时数 /h Annual sunshine /h	3056
年平均相对湿度 /% Annual average relative humidity /%	47
干燥度 Dryness	3.99

本区域中心区月平均气温与月平均降水量
Monthly temperature and precipitation in central area of the region

临泽县主要土壤类型与土壤剖面点分布图
1 : 270 000

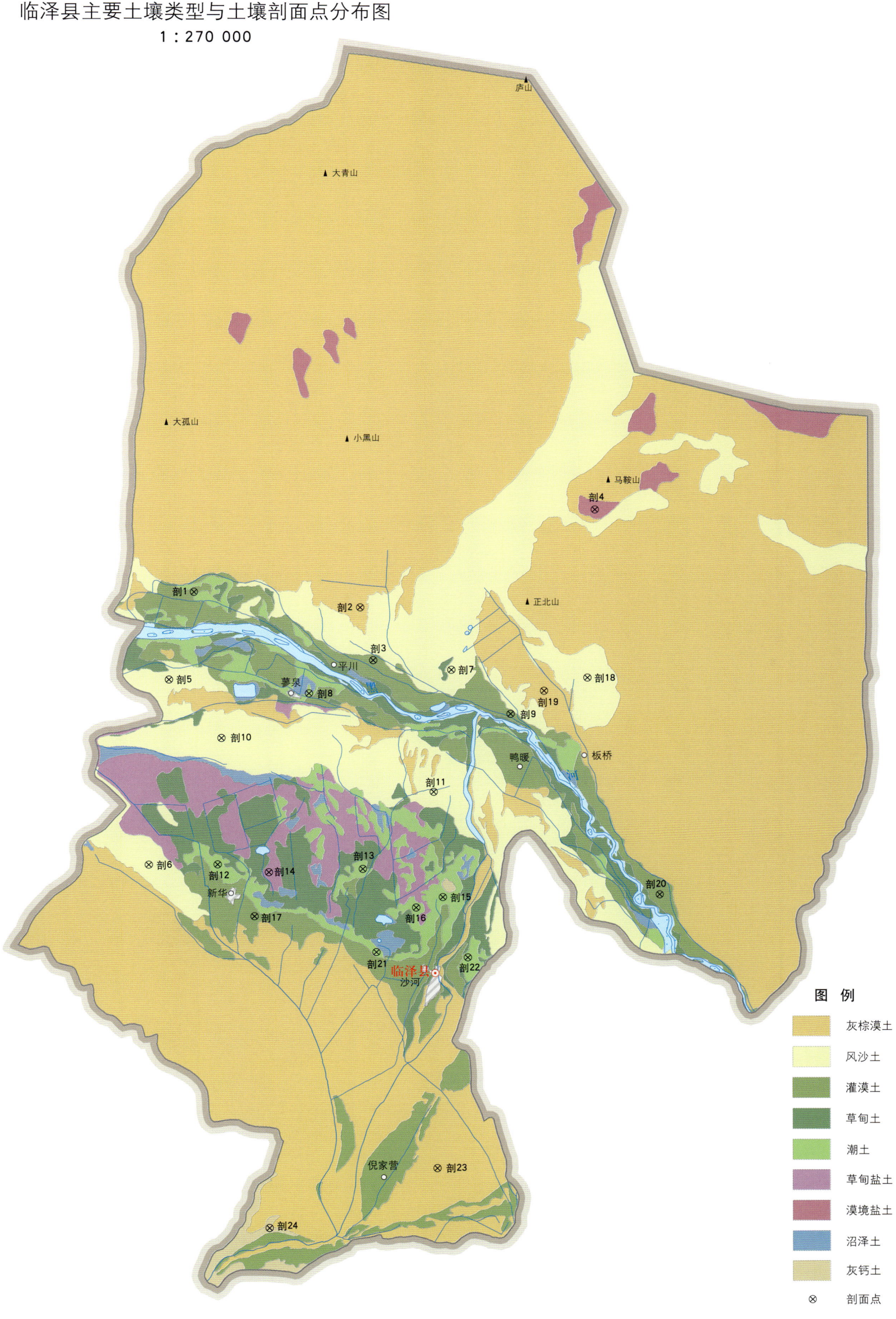

图 例
- 灰棕漠土
- 风沙土
- 灌漠土
- 草甸土
- 潮土
- 草甸盐土
- 漠境盐土
- 沼泽土
- 灰钙土
- ⊗ 剖面点

临泽县土壤剖面理化性状表

剖面号 Soil profile	土纲 Soil order	土类 Soil great group	亚类 Soil subgroup	土属 Soil genus	土种 Soil species	土层码 Layer code	土层厚度 Depth/cm	颜色 Soil color	质地 Soil texture	土壤结构 Soil structure	pH	有机质 OM (g/kg)	全氮 TN (g/kg)	全磷 TP (g/kg)	全钾 TK (g/kg)	碱解氮 AN (mg/kg)	有效磷 AP (mg/kg)	速效钾 AK (mg/kg)	阳离子交换量 CEC (cmol/kg)	土壤母质 Parent material	剖面点坐标 Profile coordinate	匹配指数 Matching index/%
剖1	人为土	灌漠土	砂化灌漠土	砂化薄灌耕土	砂化薄立土	1	0–17	灰黄棕色	轻壤土	块状	8.1	10.9	0.84	0.60		108	20.0	171			E 99°59′28.0″ N 39°22′48.7″	84
						2	17–42	黄棕色	砂壤土	块状	8.1	8.2	0.59	0.56		130	4.0	162				
						3	42–80	黄棕色	砂壤土	块状	8.3	7.3	0.40	0.56				92				
剖2	漠土	灰棕漠土	耕种灰棕漠土	耕种灰棕漠土	厚壤土	1	0–12				8.4	12.5	0.69	0.58				196			E 100°06′55.1″ N 39°22′11.3″	85
						2	12–55				8.4	9.4	0.54	0.51				90				
						3	55–100				8.5	5.9		0.46				59				
剖3	人为土	灌漠土	砂化灌漠土	砂化厚灌漠	砂化厚立土	1	0–22	棕灰色	砂壤土	小块状	8.3	10.9	0.55	0.44				136			E 100°07′27.8″ N 39°20′17.2″	79
						2	22–68	浅棕灰色	砂壤土	块状	8.2	6.4	0.39	0.43				132				
						3	68–110	灰棕色	轻壤土	块状	8.0	6.4		0.48				100				
剖4	盐碱土	漠境盐土	旱盐土			1	0–9	灰棕色	轻壤土	碎粒状	8.8										E 99°58′18.0″ N 39°19′40.6″	82
						2	9–30	灰棕色	中壤土	小块状	8.2											
						3	30–60	黄棕色	中黏土	片状	8.2											
						4	60–90	黄棕色	紧砂土	弱棱状	8.3											
剖5	初育土	风沙土	流动风沙土			1	0–20				8.3	1.2	0.06	0.12	13.2	40	10.0	110			E 99°57′18.0″ N 39°13′00.1″	95
剖6	初育土	风沙土	流动风沙土			1	0–20				8.3	1.9	0.17	0.01	14.8	40	10.0	110			E 100°10′57.2″ N 39°19′54.4″	95
剖7	初育土	风沙土	固定风沙土	耕种风沙土		1	0–19		轻壤土		8.1	5.4	0.34	0.50				135	7.3			88
						2	19–60		中壤土		8.2	2.0	0.12	0.29				105				
剖8	半水成土	潮土	潮土	下潮土	底黏下潮土	1	0–26		轻壤土	块状	8.0	18.5	0.94	0.68			7.0	202		河流冲积物	E 100°04′34.0″ N 39°19′07.3″	75
						2	26–48		轻壤土	层状	8.1	16.1	0.72	0.65			3.0	137				
						3	48–74		中壤土	片层状	8.1	11.4	0.51	0.61			2.0	117				
						4	74–110		重黏土	片层状	8.2	9.8	0.48	0.62			3.0	74				
剖9	人为土	灌漠土	绿洲灌耕土	绿洲薄灌耕	薄立土	1	0–15	棕灰色	砂壤土	碎块状	8.4	19.0	0.43	0.56				72			E 100°13′34.7″ N 39°18′18.0″	93
						2	15–40	浅棕黄色	砂壤土	层状	8.3	12.2	0.67	0.55				55				
						3	40–100	浅棕黄色	砂壤土	碎块状	8.2	6.3		0.50				54				
剖10	初育土	风沙土	流动风沙土			1	0–20				8.3	8.3	0.21	1.08	26.2	100	10.0	100	7.3		E 100°00′37.4″ N 39°17′33.7″	72
剖11	初育土	风沙土	固定风沙土	耕种风沙土	砂土	1	0–25	灰黄棕色	砂壤土	块状	8.9	8.1	0.43	0.42				162			E 100°10′05.5″ N 39°15′31.0″	88
						2	25–110	黄棕色	砂土	单粒状	9.0	2.4	0.19	0.33				106				
剖12	半水成土	潮土	盐化潮土	盐化下潮土	轻黏化下潮平土	1	0–20	灰棕色	轻壤土	层状	8.0	10.7	0.61	0.54				186		河流冲积物	E 100°00′23.0″ N 39°12′59.0″	71
						2	20–45	灰黄色	中壤土	层状	8.0	9.7	0.51	0.53								
						3	45–100	灰棕色	片层状	片层状	7.9	7.0		0.54								
剖13	半水成土	潮土	潮土	上二潮土	底黏上潮平土	1	0–22	灰棕色	轻壤土	弱块状	8.1	13.0	0.72	0.50			6.0	91		河流冲积物	E 100°06′52.6″ N 39°12′45.4″	93
						2	22–44	灰棕色	中壤土	层状	8.0	6.3	0.68	0.44			2.0	118				
						3	44–86	灰棕色	轻壤土	层状	7.9	6.3	0.39	0.39			3.0	116				
						4	86–110	灰棕色	黏土	层状	8.0	8.2	0.46	0.47			5.0	291				
剖14	盐碱土	草甸盐土	草甸盐土			1	0–3	灰白色	中壤土		8.5	15.7	0.75	0.93							E 100°02′40.2″ N 39°12′40.7″	97
						2	3–40	灰棕色	轻编中壤土	弱块状	8.7	14.0	0.66	0.61				152				
						3	40–78	青灰色	重壤土	块状	8.1	12.4	0.62	0.56				139				
						4	78–110	红棕色	轻壤土	块状	8.1	10.8	0.58	0.68				162				
剖15	半水成土	潮土	潮土	下潮土	下潮立土	1	0–21		砂壤土	弱块状	8.2	11.6	0.87	0.52						河流冲积物	E 100°10′25.3″ N 39°11′42.3″	80
						2	21–64		轻壤土	块状	8.3	9.0	0.63	0.49								
						3	64–85		轻壤土	层状	8.3	7.5	0.56	0.46								
						4	85–110		黏土	块层状	8.3	8.5	0.66	0.59				313				

续表 Continued

剖面号 Soil profile	土纲 Soil order	土类 Soil great group	亚类 Soil subgroup	土属 Soil genus	土种 Soil species	土层码 Layer code	土层厚度 Depth/cm	颜色 Soil color	质地 Soil texture	土壤结构 Soil structure	pH	有机质 OM/(g/kg)	全氮 TN/(g/kg)	全磷 TP/(g/kg)	全钾 TK/(g/kg)	碱解氮 AN/(mg/kg)	有效磷 AP/(mg/kg)	速效钾 AK/(mg/kg)	阳离子交换量CEC/(cmol/kg)	土壤母质 Parent material	剖面点坐标 Profile coordinate	匹配指数 Matching index/%
剖16	半水成土	潮土	潮土	下潮土	下潮平土	1	0—24	浅棕灰色	轻壤土	小块状	8.2	12.5	0.91	0.61				175		河流冲积物	E 100° 09′ 13.7″ N 39° 11′ 20.4″	93
						2	24—74	棕灰色	轻壤土	片状	8.4	9.6	0.57	0.49				107				
						3	74—104	棕灰色	中壤土	层状	8.3	8.7		0.56				113				
剖17	人为土	灌漠土	绿洲灌耕土	绿洲厚灌耕土	厚立土	1	0—23	深灰色	轻壤土	小块状		25.1	1.29	0.55			17.0	132			E 100° 01′ 59.9″ N 39° 11′ 06.0″	95
						2	23—59	深灰色	轻壤土	块状		24.8	1.36	0.50			7.0	125				
						3	59—92	黄棕色	轻壤土	块状		14.0	0.89	0.48			3.0	86				
						4	92—120	黄棕色	轻壤土	块状		11.8	0.81	0.49			4.0	94				
剖18	初育土	风沙土	流动风沙土			1	0—20			块状	8.1	2.1	0.09	0.12	17.8	40	10.0	170			E 100° 17′ 02.9″ N 39° 19′ 34.1″	79
剖19	漠土	灰棕漠土	灰棕漠土	黏质灰棕漠土		1	0—4	浅红棕色	黏土	块层状											E 100° 15′ 05.5″ N 39° 19′ 06.6″	92
						2	4—21	浅黄棕色	中壤土	块状												
						3	21—54	浅棕褐色	紧砂土	块状												
						4	54—83	橘红色	黏土	块状												
						5	83—	灰白色	黏土													
剖20	人为土	灌漠土	绿洲灌耕土	绿洲厚灌耕土	厚平土	1	0—24	黄棕色	轻壤土	块状	8.0	12.1	0.59	0.69			7.0	119			E 100° 20′ 07.4″ N 39° 11′ 41.6″	94
						2	24—45	黄灰棕色	轻壤土	层状	8.3	11.3	0.79	0.68			5.0	108				
						3	45—76	红灰色	轻壤土	层状	8.5	8.3	0.50	0.66			3.0	128				
						4	76—110	棕灰色	轻壤土	层状	8.1	7.8	0.43	0.65			2.0	243				
剖21	半水成土	潮土	盐化潮土	盐化上二潮土	轻盐化底砂下潮上潮平土	1	0—18	灰白棕色	轻壤土	碎块状	8.4	12.7	0.73	0.64				106		河流冲积物	E 100° 07′ 26.0″ N 39° 09′ 45.0″	92
						2	18—52	黄棕色	轻壤土	层状	8.2	14.6	0.73	0.60				97				
						3	52—79	黄灰棕色	重壤土	片状	8.2	23.0		0.54				203				
						4	79—100	青灰色			8.1	16.1		0.60				106				
剖22	潮土	潮土	盐化潮土	盐化下潮土	轻盐化潮立土	1	0—26	灰棕色	轻壤土	鳞片状	8.4	11.9	0.71	0.55				75		河流冲积物	E 100° 11′ 30.5″ N 39° 09′ 30.5″	70
						2	26—65	黄棕褐色	轻壤土	块状	8.4	9.2	0.53	0.52				147				
						3	65—100	黄灰棕色	砂土	单粒状	8.8	4.0		0.36				69				
剖23	漠土	灰棕漠土	灰棕漠土	黏质灰棕漠土		1	0—17				7.9	4.1	0.27	0.59				279			E 100° 10′ 00.8″ N 39° 02′ 01.1″	93
						2	17—37				9.1	3.9	0.26	0.64				202				
						3	37—80				8.3	5.7		0.53				256				
剖24	干旱土	灰钙土	淡灰钙土			1	0—10		中壤土		8.1	5.1	0.38	0.62				218			E 100° 02′ 28.6″ N 38° 59′ 57.5″	91
						2	10—25		中壤土		8.4	2.9	0.23	0.54				76				
						3	75—100		砂砾土		8.2	1.8		0.24				103				

高 台 县

主要土类说明

灰棕漠土是高台县主要土壤类型，占本县地域面积的 51%。灰棕漠土是在温带极端干旱荒漠地区砾质化明显的土壤。该土壤地表见砾幂及褐色结皮，亦见干面包状结皮；石灰表聚，下见纤维状石膏聚积，亦见铁质黏化现象。铁铝结合的胡敏酸多于钙结合者，铁铝结合的富啡酸少于钙结合者是本土类特征。

风沙土是高台县第二大土壤类型，占本县地域面积的 21%。风沙土形成于半干旱、干旱漠境地区及滨海地区，是在风沙移动堆积形成的多种形态的风沙沉积物上发育的初育土。由于成土时间短暂，该土壤无剖面发育，具 C、(A)-C 或 A-C 剖面构型，反映了风沙移动堆积与固定的不同阶段。

草甸盐土是高台县第三大土壤类型，占本县地域面积的 8%。草甸盐土形成于半湿润至半干旱地区，高矿化地下水经毛管作用上升至地表，使其盐分累积量大于 6g/kg，属盐土范畴。该土壤有盐化表土层，具 A-C 剖面构型。

灰钙土占本县地域面积的 5%。灰钙土位于温带干旱草原区，是具低腐殖质、弱淋溶特征的土壤。植被覆盖百分率为 10%—40%。成土母质多为黄土，少数为冲积扇洪积物。全剖面呈强石灰反应，碳酸钙含量为 120—250g/kg。土壤底部可见易溶盐累积，含量可达 10g/kg。土壤 pH 为 8.0—9.0，表层初显结皮。

灌淤土占本县地域面积的 5%。灌淤土是长期引用高泥沙含量灌溉水淤灌，在落淤后即行翻耕，土层逐渐加厚至超过 50cm 的土壤。灌淤土土体深厚，色泽、质地均一，土壤水分物理性状良好。

小于本县地域面积 3% 的土壤类型有草甸土、漠境盐土、潮土、沼泽土、石质土和栗钙土。

本区域中心区气候特征

本区域中心区气候特征值
Regional climate characteristics in central area of the region

气候带：中温带干旱气候 Climate region: Mid temperate arid climate	
年平均气温 /℃ Annual average temperature /℃	6.7
年平均最高气温 /℃ Annual average maximum temperature /℃	14.0
年平均最低气温 /℃ Annual average minimum temperature /℃	0.3
年降水量 /mm Annual precipitation /mm	127
≥10℃的积温 /℃ Daily temperature accumulated in a year (≥10℃) /℃	2509
年日照时数 /h Annual sunshine /h	3055
年平均相对湿度 /% Annual average relative humidity /%	47
干燥度 Dryness	4.20

本区域中心区月平均气温与月平均降水量
Monthly temperature and precipitation in central area of the region

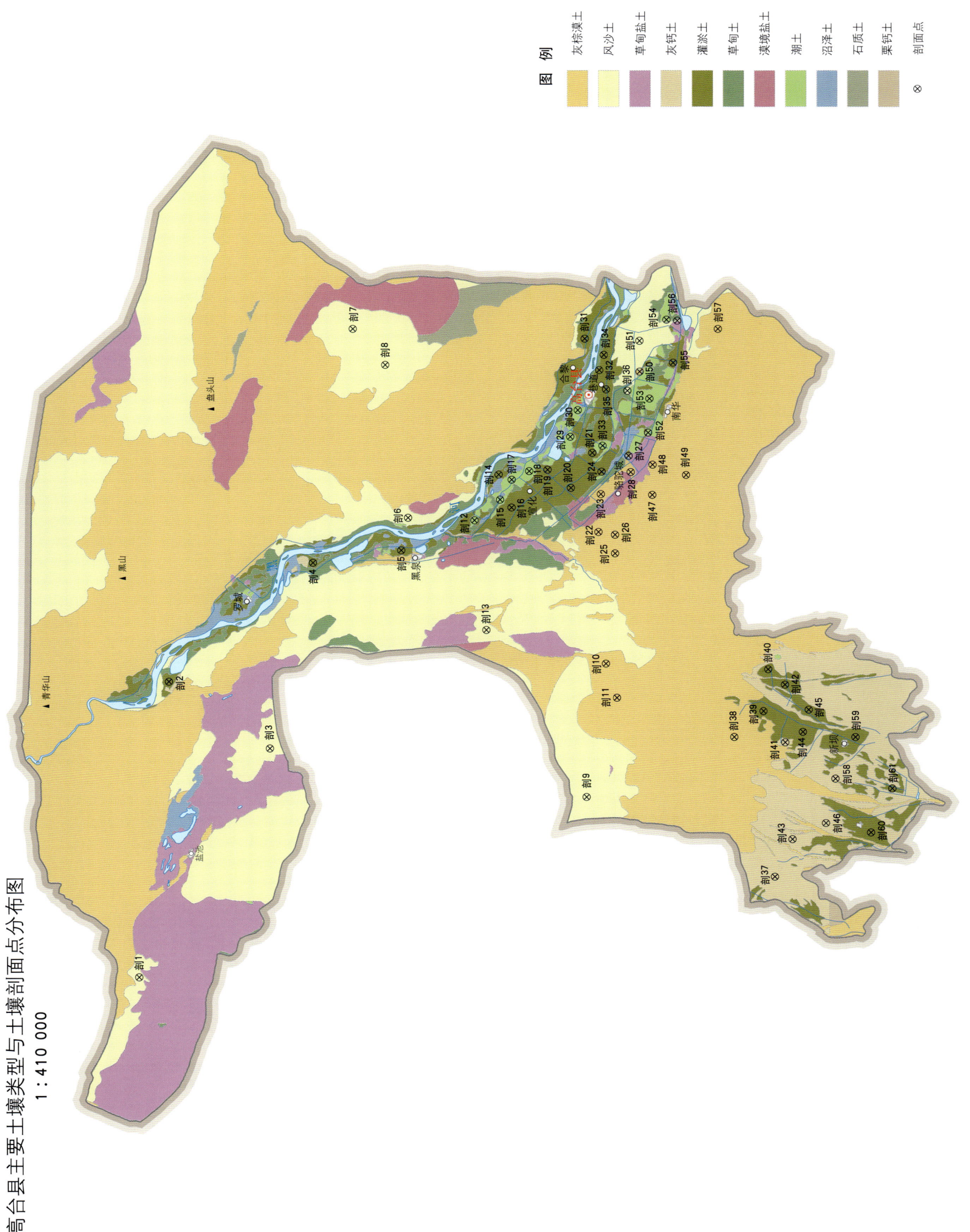

高台县土壤剖面理化性状表

剖面号 Soil profile	土纲 Soil order	土类 Soil great group	亚类 Soil subgroup	土属 Soil genus	土种 Soil species	土层码 Layer code	土层厚度 Depth/cm	颜色 Soil color	质地 Soil texture	土壤结构 Soil structure	pH	有机质 OM (g/kg)	全氮 TN (g/kg)	全磷 TP (g/kg)	全钾 TK (g/kg)	碱解氮 AN (mg/kg)	有效磷 AP (mg/kg)	速效钾 AK (mg/kg)	阳离子交换量 CEC (cmol/kg)	土壤母质 Parent material	剖面点坐标 Profile coordinate	匹配指数 Matching index/%
剖1	初育土	风沙土	固定风沙土	固定风沙土		1	0～31	黄棕色	轻壤土	片状	8.6	11.0	0.65	0.50			2.0	195		风积沙	E 99°07′35.9″ N 39°46′49.0″	78
						2	31～47	黄棕色	松砂土	单粒状	9.4	1.8	0.17	0.26			3.0					
						3	47～97	灰黄色	砂壤土	块状	9.4	1.8	0.17	0.26			3.0					
						4	97～110	灰黄色	砂壤土	块状	8.6	3.0		0.49								
剖2	人为土	灌淤土	灌耕土	薄灌耕土	壤质薄灌灌耕土	1	0～21	灰棕色	重壤土	团块状	8.1	15.5	0.91	0.66				314	8.7		E 99°28′43.9″ N 39°45′08.3″	74
						2	21～48	棕黄色	重壤土	块状	8.4	13.3	0.86	0.67				327	8.6			
						3	48～74	棕黄色	砂壤土	块状	8.6	3.6	0.31	0.67				213	3.5			
						4	74～104	棕色	重壤土	块状	8.6								5.9			
						5	104～150	黄棕色		块状												
剖3	初育土	风沙土	半固定风沙土	半固定风沙土	半固定厚层风沙土	1	0～14	棕黄色	松砂土	单粒状										风积沙	E 99°23′53.8″ N 39°39′46.9″	90
						2	14～43	灰黄色		单粒状												
						3	43～58	浅黄色		单粒状												
						4	58～100	灰黄色		单粒状												
剖4	人为土	盐化灌耕土	盐化灌耕土	盐化厚层灌耕土	弱盐化壤质厚灌耕土	1	0～22		轻壤土	碎块状	8.7	11.1	0.73	0.50		98		182			E 99°37′07.7″ N 39°37′24.3″	95
						2	22～96		轻壤土	块状	8.6	8.5	0.53	0.60		72		189				
						3	96～120		中壤土	层状	8.4	9.0		0.70								
剖5	人为土	灌淤土	灌耕土	厚灌耕土	砂壤质厚灌耕土	1	0～29	褐黄色	轻壤土	小块状	8.9	12.0	0.63	0.61				135			E 99°37′57.4″ N 39°32′41.3″	99
						2	29～90	褐黄色	紫壤土	块状	9.1	9.3	0.49	0.56				136				
						3	90～120	灰黄色	砂壤土	单粒状												
剖6	初育土	风沙土	固定风沙土	固定风沙土		1	0～19	浅黄色	砂壤土	单粒状		6.3	0.36	0.54				166			E 99°40′15.8″ N 39°32′18.8″	90
						2	19～41	灰黄色	松砂土	块状		2.2	0.18	0.37								
						3	41～55	灰黄色	松砂土	块状		3.8		0.49								
						4	55～118	灰黄色	松砂土	单粒状												
剖7	初育土	风沙土	半固定风沙土	半固定风沙土	半固定厚层风沙土	1	0～14	灰黄色	松砂土	块状	8.5	1.2	0.08	0.22	18.5		1.0	140		风积沙	E 99°53′45.2″ N 39°35′09.2″	76
						2	14～44	灰黄色	砂土	块状	8.7	1.5	0.08	0.22	18.5			110				
						3	44～95					1.3										
剖8	初育土	风沙土	固定风沙土	流动风沙土	鱼背形流动沙丘	1	0～5	黄灰色	砂土	单粒状		2.2	0.25	0.55			2.0			风积沙	E 99°51′10.8″ N 39°33′26.3″	74
						2	5～40	黄色	砂土	单粒状		2.3	0.24	0.56								
剖9	初育土	风沙土	流动风沙土	流动风沙土	半固定厚层风沙土	1	0～23	红棕色	轻壤土	块状	8.2	9.0	0.50	0.52	19.2		9.0	185		风积沙	E 99°20′16.4″ N 39°22′55.2″	95
						2	23～45	黄黄色	中壤土	块状	8.4	6.7	0.56	0.52	19.8			250				
						3	45～84	红棕色	砂壤土	块状	9.0											
						4	84～106	棕色	轻壤土	块状												
剖10	漠土	灰棕漠土	盐化层厚灰棕漠土	盐化厚层灰棕漠土		1	0～19	棕色	砂壤土	块状	8.6	6.4	0.46	0.57						黄土状洪积物	E 99°29′47.4″ N 39°21′51.1″	99
						2	19～33	棕色	轻壤土	块状	8.9	3.8	0.31	0.40								
						3	33～93	灰黄色	砂壤土	块状	8.8											
						4	93～110	灰褐色	轻壤土	块状												
剖11	漠土	灰棕漠土	厚土层灰棕漠土	厚土层灰棕漠土		1	0～18	灰褐色	轻壤土	块状										黄土状洪积物	E 99°27′20.9″ N 39°21′16.2″	87
						2	18～42	棕黄色	中壤土	块状												
剖12	半水成土	潮土	潮土	上潮土	壤质上潮土	3	42～100													河流冲积物	E 99°40′01.8″ N 39°28′46.7″	75

续表 Continued

剖面号 Soil profile	土纲 Soil order	土类 Soil great group	亚类 Soil subgroup	土属 Soil genus	土种 Soil species	土层码 Layer code	土层厚度 Depth/cm	颜色 Soil color	质地 Soil texture	土壤结构 Soil structure	pH	有机质 OM/(g/kg)	全氮 TN/(g/kg)	全磷 TP/(g/kg)	全钾 TK/(g/kg)	碱解氮 AN/(mg/kg)	有效磷 AP/(mg/kg)	速效钾 AK/(mg/kg)	阳离子交换量CEC/(cmol/kg)	土壤母质 Parent material	剖面点坐标 Profile coordinate	匹配指数 Matching index/%
剖13	初育土	风沙土	流动风沙土	流动风沙土		1	0~13				9.1	3.2	0.21	0.34	17.0		1.0	197		风积沙	E 99°32′15.0″ N 39°28′12.0″	85
剖14	人为土	灌淤土	盐化灌耕土	盐化薄层灌耕土	弱盐化薄层灌耕土	1	0~14				9.1	8.5	0.52	0.57				231			E 99°43′16.6″ N 39°27′28.1″	86
						2	14~47				9.0	7.9	0.44	0.52				198				
						3	47~65				9.1	4.5	0.38	0.52				159				
剖15	半水成土	潮土	潮土	上潮土	壤质上潮土	1	0~14	暗褐色	轻壤土	小块状	8.8	25.2	1.26	0.95				244		河流冲积物	E 99°41′28.7″ N 39°27′24.5″	87
						2	14~44	褐色	轻壤土	块状	9.0	18.9	0.97	0.69				216				
						3	44~68	浅褐色	砂壤土	块状	9.0	10.7	0.65	0.74				174				
						4	68~101	灰棕色	砂壤土	层状												
剖16	人为土	灌淤土	灌耕土	薄灌耕土	薄灌耕土	1	0~16	黄灰色	轻壤土	块状	8.0	18.7	1.08	0.90			18.0	300			E 99°40′55.3″ N 39°26′47.9″	86
						2	16~43	黄棕色	轻壤土	块状	8.0	13.8	0.86	0.80			3.0	142				
						3	43~70	浅黄色	砂壤土	层状	8.0	9.3	0.56									
剖17	半水成土	潮土	潮土	上潮土		1	0~22	棕黄色	轻壤土	碎块状										河流冲积物	E 99°42′54.0″ N 39°26′46.5″	75
						2	22~46	棕灰色	砂壤土	块状	8.9	12.9	0.69	0.72				197				
						3	46~96	黄黄色	砂壤土	层状	8.1	10.5	0.66	0.59				190				
						4	96~110	浅灰色	松砂土	单粒状		7.4		0.52								
剖18	半水成土	潮土	潮土	薄灌耕土	砂壤质薄砂上潮土	1	0~18	碎灰色	砂壤土	碎块状	8.1	16.0	0.89	0.80			21.0	270		河流冲积物	E 99°43′29.9″ N 39°25′50.8″	80
						2	18~29	棕灰色	轻壤土	块状	8.2	12.8	0.83	0.68			8.0	185				
						3	29~63	黄黄色	轻壤土	块状	8.2	12.4	0.71	0.65			8.0					
						4	63~100	灰色	砾质土	单粒状												
剖19	人为土	灌淤土	灌耕土	厚灌耕土	壤质底黏厚灌耕土	1	0~14	灰棕色	轻壤土	碎块状	8.8	8.0	0.59	0.63							E 99°43′35.4″ N 39°24′51.5″	80
						2	14~36	黄黄色	重壤土	块状	8.8	6.4	0.45	0.52								
						3	36~100	黄青色	重壤土	块状												
剖20	人为土	灌淤土	盐化灌耕土	盐化厚层灌耕土	弱盐化砂质厚灌耕土	1	0~20	灰青色	砂壤土	块状											E 99°42′16.5″ N 39°23′37.7″	75
						2	20~67	灰棕色	砂壤土	块状												
						3	67~105	黄黄色	砂壤土	块状												
						4	105~151															
剖21	漠土	灰棕漠土	灰棕漠土	盐化厚灌耕土		1	0~20	棕灰色	砂壤土	块状											E 99°44′45.2″ N 39°22′28.2″	72
						2	20~60	棕灰色	重壤土	块状												
						3	60~100	黄黄色	紧砂土													
剖22	漠土	灰棕漠土	盐化灰棕漠土	盐化厚灌耕土		1	0~19	棕灰色	轻壤土	块状	8.6	10.3	5.56	0.55	19.5			194	10.0	黄土状洪积物	E 99°41′49.2″ N 39°22′02.3″	79
						2	18~50				8.7	6.2	0.38	0.48	19.3	88		130				
剖23	人为土	灌淤土	盐化灌耕土	盐化耕灌土	弱盐化砂质厚灌耕土	1	0~21	棕灰色	中壤土	块状	8.3	13.6	0.88	0.70			5.0	151	9.9	黄土状洪积物	E 99°43′24.6″ N 39°21′59.4″	72
						2	21~65	灰棕色	砂壤土	块状	8.5	10.2	0.79	0.60								
						3	65~120	红棕色	砂壤土	块状												
剖24	漠土	灰棕漠土	耕灌灰棕漠土	耕灌灰棕漠土		1	0~24	黄褐色	轻壤土	块状	8.9	9.3	0.45	0.63				150		黄土状洪积物	E 99°37′36.8″ N 39°21′18.0″	92
						2	24~45	灰棕色	轻壤土	单粒状	8.7	18.5	1.01	0.71								
						3	45~100	黄色	紧砂土													
剖25	漠土	灰棕漠土	盐化灰棕漠土	盐化耕灰棕漠土		1	0~18	黄棕色	轻壤土	碎块状	8.3	7.9	0.53	0.62	19.9			136	11.3	黄土状洪积物	E 99°38′56.4″ N 39°21′18.0″	78
						2	22~75	棕红色	中壤土	块状	8.5	3.1	0.30	0.54	19.2			157	11.3			
剖26						3	75~110	灰棕色	砂壤土	块状												89

续表 Continued

剖面号 Soil profile	土纲 Soil order	土类 Soil great group	亚类 Soil subgroup	土属 Soil genus	土种 Soil species	土层码 Layer code	土层厚度 Depth/cm	颜色 Soil color	质地 Soil texture	土壤结构 Soil structure	pH	有机质 OM/(g/kg)	全氮 TN/(g/kg)	全磷 TP/(g/kg)	全钾 TK/(g/kg)	碱解氮 AN/(mg/kg)	有效磷 AP/(mg/kg)	速效钾 AK/(mg/kg)	阳离子交换量CEC/(cmol/kg)	土壤母质 Parent material	剖面点坐标 Profile coordinate	匹配指数 Matching index,%
剖27	漠土	灰棕漠土	盐化耕灌灰棕漠土	盐化耕灌灰棕漠土		1	0—14	棕色	砂壤土	碎块状										黄土状洪积物	E 99°44′31.2″ N 39°20′32.6″	80
						2	14—25	灰棕色	轻壤土	碎块状												
						3	25—78	灰棕色	砂壤土	层状												
						4	78—110	灰黄色	轻壤土	层状												
剖28	漠土	灰棕漠土	耕灌灰棕漠土	耕灌灰棕漠土		1	0—18	黄灰色	砂壤土	块状	8.9	7.0	0.49	0.62					5.4	黄土状洪冲积物	E 99°43′22.1″ N 39°20′26.2″	71
						2	18—42	黄黄色	紧砂土	块状	8.7	2.3	0.14	0.33					3.6			
						3	42—66	黄色	紧砂土	单粒状	8.6											
						4	66—100	黄色	紧砂土	层状												
剖29	半水成土	潮土	潮土	上潮土	壤质底黏上潮土	1	0—21	棕灰色	轻壤土	块状	9.2	11.6	0.63	0.56				125	7.0	河流冲积物	E 99°45′55.1″ N 39°23′38.0″	92
						2	21—54	浅棕灰色	轻壤土	块状	8.9	6.5	0.50	0.46				100	6.5			
						3	54—112	浅红棕色	中黏土	块状	8.6											
剖30	半水成土	潮土	潮土	上潮土	壤质漏砂上潮土	1	0—21	浅褐色	轻壤土	碎块状										河流冲积物	E 99°47′48.7″ N 39°23′13.1″	81
						2	21—44	浅褐色	轻壤土	层状												
						3	44—102	褐色	松砂土	单粒状												
剖31	人为土	灌淤土	灌耕土	厚灌耕土		1	0—20	黄灰色	轻壤土	小块状	9.1	13.1	0.76	0.65	80		115				E 99°52′52.3″ N 39°22′48.4″	96
						2	20—61	黄棕色	轻壤土	块状	8.4		0.95	0.78								
						3	61—83	黄黄色	中壤土	单粒状												
						4	83—120	浅黄色	砂壤土	碎块状												
剖32	人为土	灌淤土	盐化灌耕土	盐化薄层耕土		1	0—23	褐色	砂壤土	层状	9.1	15.1	0.76	0.69			152				E 99°50′38.5″ N 39°22′03.5″	79
						2	23—56	褐色	轻壤土	片状	9.0	12.3	0.60	0.62			102					
						3	56—110	棕黄色	轻壤土	片状	8.9	7.6	0.36	0.62			103					
剖33	半水成土	潮土	潮土	潮土	壤质潮土	1	0—24	褐色	轻壤土	块状	8.4	5.7	1.03	0.65		2.0	240				E 99°45′15.8″ N 39°21′55.4″	98
						2	24—62				8.5	11.1	0.78	0.62			220					
剖34	人为土	灌淤土	盐化灌耕土	盐化薄层耕土		1	0—18	灰黄色	轻壤土	块状		17.7	1.10	0.82			207				E 99°51′43.4″ N 39°21′48.5″	70
						2	18—33	黄棕色	轻壤土	片状		14.9	0.90	0.61			150					
						3	33—68	黄褐色	中壤土	片状												
						4	68—100	灰青色	中壤土													
剖35	人为土	灌淤土	灌耕土	厚灌耕土	壤质底黏厚灌耕土	1	0—20	灰黄色	轻壤土	块状	8.5	11.9	0.73	0.62			115			黄土状洪积物	E 99°49′16.3″ N 39°21′42.1″	80
						2	20—76	黄棕色	轻壤土	片状	9.2	7.8	0.48	0.56			126					
						3	76—120	灰黄色	轻壤土	块状	9.0	6.0	0.39	0.57			176					
剖36	初育土	风沙土	半固定风沙土	耕种半固定风沙土		1	0—17	灰棕色	砂壤土	块状										风积沙	E 99°49′09.5″ N 39°20′34.1″	96
						2	17—34	灰棕色	砂壤土	块状												
						3	34—120	灰黄色		单粒状												
剖37	干旱土	灰钙土	淡灰钙土	耕灌淡灰钙土	厚层耕灌淡灰钙土	1	0—17	黄灰色	轻壤土	块状	8.4	15.6	0.96	0.81		7.0	215			黄土状洪积物	E 99°14′31.2″ N 39°12′55.1″	97
						2	17—53	浅灰色	轻壤土	块状	8.4	10.3	0.70	0.69		1.0	110					
						3	53—100	棕黄色	中壤土	块状	8.4	6.4	0.47	0.73	20.1							
剖38	漠土	灰棕漠土	灰棕漠土	厚土层灰棕漠土		1	0—16	灰黄色	轻壤土	块状	8.5	6.0	0.38	0.54	20.3					黄土状洪积物	E 99°24′29.9″ N 39°15′02.2″	91
						2	16—34	灰黄色	轻壤土	块状	8.6	4.5	0.30	0.49								
						3	34—65	灰黄色		块状	8.4	4.7										
						4	65—120	灰黄色		块状												
剖39	人为土	灌淤土	灌耕土	薄灌耕土	壤质薄灌耕土	1	0—19	灰黄色	轻壤土	块状	8.4	13.6	0.83	0.55			249				E 99°26′19.4″ N 39°13′28.6″	85
						2	19—52	浅黄色	轻壤土	块状	8.5	9.5	0.65	0.41			248					
						3	52—105		轻壤土	块状		7.8		0.54								
剖40	人为土	灌淤土	灌耕土	薄灌耕土	壤质薄灌耕土	1	0—21	灰黄色	轻壤土	块状	8.5										E 99°29′17.9″ N 39°13′12.5″	73
						2	21—56		轻壤土	块状	8.5											
						3	56—68		中壤土	块状												

续表 Continued

剖面号 Soil profile	土纲 Soil order	土类 Soil great group	亚类 Soil subgroup	土属 Soil genus	土种 Soil species	土层码 Layer code	土层厚度 Depth/cm	颜色 Soil color	质地 Soil texture	土壤结构 Soil structure	pH	有机质 OM/(g/kg)	全氮 TN/(g/kg)	全磷 TP/(g/kg)	全钾 TK/(g/kg)	碱解氮 AN/(mg/kg)	有效磷 AP/(mg/kg)	速效钾 AK/(mg/kg)	阳离子交换量CEC/(cmol/kg)	土壤母质 Parent material	剖面点坐标 Profile coordinate	匹配指数 Matching index/%
剖41	干旱土	灰钙土	淡灰钙土	耕灌淡灰钙土	薄层耕灌淡灰钙土	1	0~20	灰棕色	轻壤土	块状	8.3	8.1	0.48	0.59			6.0	150		黄土状洪积物	E 99°24′05.8″ N 39°12′19.1″	77
						2	20~50	灰棕色	轻壤土	块状	8.5	7.0	0.44	0.62			3.0	110				
						3	50—	灰色	砂壤土	小块状												
剖42	人为土	灌淤土	灌耕土	厚灌耕土	砂砾质厚灌耕土	1	0~25	深褐色	砂壤土	块状											E 99°28′11.6″ N 39°12′19.1″	89
						2	25~61	深褐色	中壤土	块状	8.5	17.6	1.04	0.90			15.0	205				
						3	61~110	浅褐色	轻壤土	片状	8.6	7.2	0.43	0.72			1.0	100				
剖43	干旱土	灰钙土	淡灰钙土	耕灌淡灰钙土	厚层耕灌淡灰钙土	1	0~17	黄灰色	轻壤土	块状	8.3	7.0								黄土状洪积物	E 99°17′11.8″ N 39°11′57.8″	71
						2	17~60	浅黄色	轻壤土	块状	8.2	13.9	1.06	0.56		90		275	6.1			
						3	60~110	浅黄色	轻壤土	层状	8.8	9.6	0.51	0.47		49		198	7.0			
剖44	人为土	灌淤土	灌耕土	厚灌耕土	壤质厚灌耕土	1	0~25	棕黄色	轻壤土	碎块状	8.6	3.9	0.18	0.44		25		175	4.0	黄土状洪积物	E 99°24′49.2″ N 39°11′22.8″	79
						2	25~82	棕黄色	轻壤土	块状	8.9	19.1	1.06	0.71		102		143	10.0			
						3	82~115	黄色	砂壤土	块状	8.8	12.8	0.67	0.64		55		116	7.4			
剖45	人为土	灌淤土	灌耕土	厚灌耕土	壤质厚灌耕土	1	0~20				9.0	7.5	0.46	0.63		35			6.1		E 99°26′23.8″ N 39°11′03.6″	72
						2	20~90															
						3	90~128															
剖46	干旱土	灰钙土	淡灰钙土	耕灌淡灰钙土	薄层耕灌淡灰钙土	1	0~25	棕灰色		块状	8.1	8.0	0.49	0.64	19.5		10.0	126	7.1	黄土状洪积物	E 99°18′19.7″ N 39°10′10.8″	94
						2	25~50	褐灰色		块状	8.1	8.6	0.56	0.68	19.9		4.0	143				
						3	50—	灰色														
剖47	漠土	灰棕漠土	灰棕漠土	薄层灰棕漠土	薄层灰棕漠土	1	0~24		砂壤土			3.2	0.22	0.45			1.0			黄土状洪积物	E 99°41′43.8″ N 39°19′18.1″	90
剖48	漠土	灰棕漠土	耕灌灰棕漠土	耕灌灰棕漠土		1	0~22	棕褐色	轻壤土	块状	8.4	7.8	0.42	0.52				190	6.3	黄土状洪积冲积物	E 99°43′52.7″ N 39°19′16.3″	74
						2	22~48	灰黄色	重壤土	块状	8.2	9.7	0.59	0.52				274	9.3			
						3	48~77	灰黄色	砂壤土	块状	8.4								8.4			
						4	77~108	灰黄色	砾质土	单粒状												
剖49	漠土	灰棕漠土	薄层灰棕漠土	薄层灰棕漠土		1	0~30	浅黄色	砂壤土	块状										黄土状洪积物	E 99°43′07.3″ N 39°17′29.2″	87
						2	30—			单粒状												
剖50	漠土	盐化灰棕漠土	林地盐化灰棕漠土	盐化覆砂灰棕漠土		1	0~50	棕灰色	轻壤土	块状										黄土状洪积物	E 99°50′30.1″ N 39°19′53.8″	84
						2	50~80	棕黄色	轻壤土	块状												
						3	80~100	黄色	中壤土	块状												
剖51	初育土	风沙土	半固定风沙土	半固定沙土		1	0~15	红棕色	砂壤土	块状										风积沙	E 99°52′40.8″ N 39°19′53.8″	90
						2	15~32	红棕色	中壤土	棱状												
						3	32~79	棕褐色	砂壤土	片状												
剖52	半水成土	潮土	潮土	上潮土	砂壤质底砂土	1	0~15	黄褐色	中壤土	碎块状										河流冲积物	E 99°46′10.2″ N 39°19′29.3″	76
						2	15~35	浅黄色	轻壤土	块状	8.7	20.9	1.21	0.71				266				
						3	35~70	灰褐色	轻壤土	块状	8.9	14.2	0.79	0.58				134				
						4	70~110	灰白色	中壤土	块状	8.9	4.8	2.58	0.41				104				
剖53	半水成土	潮土	潮土	上潮土	壤质厚灌耕土	1	0~16	褐色	轻壤土	小块状	8.4	19.7	1.02	0.85				166		河流冲积物	E 99°48′35.1″ N 39°19′24.1″	77
						2	16~76	浅褐色	轻壤土	块状	8.4	19.4	1.08	0.84				150				
						3	76~116	棕灰色	砂壤土	片状												
剖54	半水成土	潮土	潮土	潮土	壤质上潮土	1	0~27	棕灰色	砂壤土	片状							8.0			河流冲积物	E 99°54′09.3″ N 39°18′27.0″	76
						2	27~31	灰褐色	砂壤土	碎块状	8.9	9.0	0.55	0.51				143				
						3	34~66															
						4	66~100															
剖55	人为土	灌淤土	盐化灌耕土	盐化厚灌耕土	弱盐化覆砂	1	0~18	灰棕色	砂壤土	块状	8.9	7.3	0.43	0.50							E 99°51′06.5″ N 39°18′07.2″	81
						2	18~60	黄灰色	砂壤土	块状	8.8											
						3	60~120	黄灰色	砂壤土	块状												

续表 Continued

剖面号 Soil profile	土纲 Soil order	土类 Soil great group	亚类 Soil subgroup	土属 Soil genus	土种 Soil species	土层码 Layer code	土层厚度 Depth/cm	颜色 Soil color	质地 Soil texture	土壤结构 Soil structure	pH	有机质 OM/(g/kg)	全氮 TN/(g/kg)	全磷 TP/(g/kg)	全钾 TK/(g/kg)	碱解氮 AN/(mg/kg)	有效磷 AP/(mg/kg)	速效钾 AK/(mg/kg)	阳离子交换量CEC/(cmol/kg)	土壤母质 Parent material	剖面点坐标 Profile coordinate	匹配指数 Matching index/%
剖56	初育土	风沙土	半固定风沙土	林地盐化风沙土	弱盐化砂质厚层耕风沙土	1	0—16	浅黄色	砂壤土	单粒状										风积沙	E 99°54′04.7″ N 39°17′52.4″	80
						2	16—39	棕黄色	砂壤土													
						3	39—54	黄棕色	轻壤土													
						4	54—100	浅黄色	砂壤土													
剖57	漠土	灰棕漠土	灰棕漠土	薄层灰棕漠土		1	0—10	棕黄色	砂砾土	块状		5.6	0.31	0.59			6.0			黄土状洪积物	E 99°53′27.8″ N 39°15′42.5″	83
						2	10—26	黄棕色	轻壤土	块状												
						3	26—		砾质土	单粒状													
剖58	干旱土	灰钙土	淡灰钙土	厚层淡灰钙土		1	0—26		轻壤土	块状	8.4	18.0	1.20	0.68			5.0	140	8.6	黄土状洪积物	E 99°21′28.8″ N 39°09′39.6″	80
						2	26—60	灰黄色	轻壤土	块状	8.2	12.9		0.67			4.0	125				
						3	60—150	棕黄色	轻壤土	块状	8.3	8.8	0.54	0.66								
剖59	人为土	灌淤土	灌耕土	厚灌耕土	壤质厚灌耕土	1	0—15	棕灰色	中壤土	块状	8.2	13.9	0.83	0.61		94		234	6.0		E 99°24′26.2″ N 39°08′34.7″	91
						2	15—84	灰棕色	中壤土	块状	8.6	8.9	0.58	0.58		53		240	6.3			
						3	84—110	灰白色	重壤土	层状	8.3	7.9	0.51	0.64		73		185	7.9			
						4	110—140	浅黄色		层状												
剖60	人为土	灌淤土	灌耕土	厚灌耕土	壤质底砂厚灌耕土	1	0—20					30.6	1.21	0.77		126		521			E 99°17′39.1″ N 39°07′46.6″	85
						2	20—63					12.9	0.70	0.69				385				
剖61	人为土	灌淤土	灌耕土	薄灌耕土	壤质薄灌耕土	1	0—25				8.1	8.1	0.49	0.64			10.0	126	7.1		E 99°20′45.9″ N 39°06′38.2″	91
						2	25—50				8.1	8.6	0.56	0.68			4.0	143				

山 丹 县

主要土类说明

灰钙土是山丹县主要土壤类型，占本县地域面积的38%。灰钙土位于干旱草原区，是具低腐殖质、弱淋溶特征的土壤。植被覆盖百分率为10%—40%。成土母质多为黄土，少数为冲积扇洪积物。全剖面呈强石灰反应，碳酸钙含量为120—250g/kg。土壤底部可见易溶盐累积，含量可达10g/kg。土壤pH为8.0—9.0，表层初显结皮。

栗钙土是山丹县第二大土壤类型，占本县地域面积的19%。栗钙土是在半干旱草原下发育形成的具有栗色腐殖质层和灰白色钙积层的土壤。该土壤表层为栗色腐殖质层，厚20—30cm，有机质含量为15—45g/kg。其下，灰白色钙积层发育明显，见于20—30cm深处，厚20—40cm，呈斑点状或层状积钙。石膏及易溶盐局部聚积。

灰棕漠土是山丹县第三大土壤类型，占本县地域面积的14%。灰棕漠土是在极端干旱荒漠地区砾质化明显的土壤。该土壤地表见砾幂及褐色结皮，亦见干面包状结皮；石灰表聚，下见纤维状石膏聚积，亦见铁质黏化现象。

灰漠土占本县地域面积的9%。灰漠土曾被称为荒漠灰钙土，是在漠境地区初显石灰表聚及易溶盐与石膏分层累积的土壤。该土壤地表有明显结皮层，下为浅棕色片状土层，含砾石；石灰表聚外，尚可见深层积钙；pH大于8.0。表层有机质累积弱且层薄，含量仅为6—15g/kg。

灌漠土占本县地域面积的6%。灌漠土形成于干旱荒漠地区，漠土引用清澈的坎儿井水灌溉，经长期耕灌后，从根本上改变了土壤的水分与养分状态。土壤中原来上升累积的盐分向下淋移，石灰与石膏也有下淋现象。

山地草甸土占本县地域面积的5%。山地草甸土是在中山山顶平台的草甸植被下形成的薄层土壤。其表层为草皮层，其下是有锈色斑纹或络合铁锰胶膜的薄层土壤，具As-A-C-D剖面构型。

寒漠土占本县地域面积的3%。寒漠土形成于高原高寒干旱条件下，其表层见明显漠土化砾幂及漆皮，多砾石，易溶盐就地累积。土壤pH为7.8—9.0。

小于本县地域面积3%的土壤类型有黑土、灰褐土、草甸盐土、草甸土、黑毡土和漠境盐土。

本区域中心区气候特征

本区域中心区气候特征值
Regional climate characteristics in central area of the region

气候带：高原亚寒带亚干旱气候 Climate region: Plateau subfrigid subarid climate	
年平均气温 /℃ Annual average temperature /℃	4.5
年平均最高气温 /℃ Annual average maximum temperature /℃	11.7
年平均最低气温 /℃ Annual average minimum temperature /℃	−1.7
年降水量 /mm Annual precipitation /mm	224
≥10℃的积温 /℃ Daily temperature accumulated in a year (≥10℃) /℃	1927
年日照时数 /h Annual sunshine /h	3009
年平均相对湿度 /% Annual average relative humidity /%	50
干燥度 Dryness	2.72

本区域中心区月平均气温与月平均降水量
Monthly temperature and precipitation in central area of the region

山丹县主要土壤类型与土壤剖面点分布图
1∶420 000

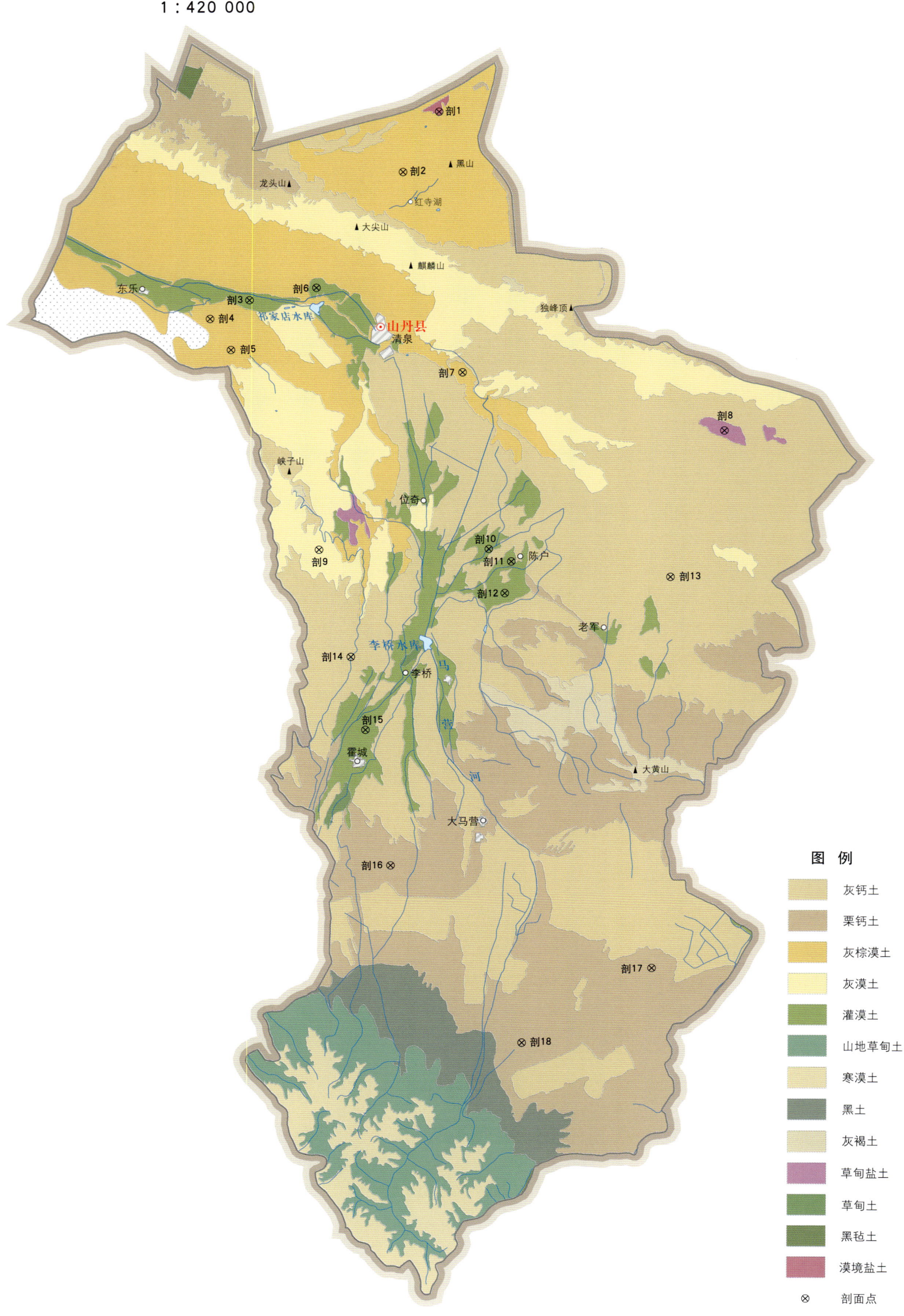

山丹县土壤剖面理化性状表

剖面号	土纲	土类	亚类	土属	土种	土层码	土层厚度/cm	颜色	质地	土壤结构	pH	有机质 OM/(g/kg)	全氮 TN/(g/kg)	全磷 TP/(g/kg)	速效钾 AK/(mg/kg)	阳离子交换量 CEC/(cmol/kg)	土壤母质	剖面点坐标	匹配指数/%
剖1	盐碱土	漠境盐土	残余盐土			1	0—2	灰棕色	中壤土	页状								E 101°09′27.8″ N 38°58′50.9″	82
						2	2—18	棕色	中壤土	块状									
						3	18—67	灰棕色	砂壤土										
剖2	漠土	灰棕漠土	灰棕漠土	灰棕漠土		1	0—10	浅灰黄色	轻壤土		8.3	8.9	0.70	0.68	117			E 101°06′56.5″ N 38°55′37.2″	73
						2	10—28	浅灰黄色	轻壤土	块状	8.3	9.1	0.71	0.71					
						3	28—63	浅灰黄色	轻壤土	块状	8.7	5.8	0.46	0.67					
						4	63—90	浅红棕色	砂壤土	块状	8.4	4.3		0.45					
剖3	人为土	灌漠土	盐化灌耕土	盐化厚灌耕土	盐化厚灌耕立土	1	0—27				8.0	13.4	0.92	0.83	135		冲积物、淤积物、堆垫物	E 100°56′28.3″ N 38°48′51.8″	73
						2	27—50				8.1	12.1	0.81	0.84					
						3	50—80				8.5	10.2	0.68	0.76					
						4	80—100				8.2	8.8		0.77					
剖4	漠土	灰棕漠土	灰棕漠土	砾质灰棕漠土		1	0—3	灰棕色	轻壤土	页状								E 100°53′49.1″ N 38°47′53.5″	76
						2	3—12	灰棕色	轻壤土	块状	8.1	4.4							
						3	12—26	浅灰黄色	砂壤土	单粒状	8.3	2.3							
						4	26—36	浅褐色	砂壤土	单粒状	8.0	2.1							
						5	36—54	黄色	紫砂土		7.9	1.1							
						6	54—		砾质土										
剖5	漠土	灰棕漠土	石膏灰棕漠土	老洪积锏石膏灰棕漠土		1	0—5	灰棕色	砂砾石土	弱片状	8.1	3.5						E 100°55′10.2″ N 38°46′11.0″	81
						2	5—50	浅灰棕色	砂砾石土	单粒状	8.0	2.1							
						3	50—100	浅灰棕色	砂砾石土	单粒状	7.7	2.8							
剖6	人为土	灌漠土	盐化灌耕土	盐化厚灌耕土	盐化厚灌耕平土	1	0—20	灰黄色	轻壤土	块状	8.1	11.8	0.84	0.81	150		冲积物、淤积物、堆垫物	E 101°00′58.3″ N 38°49′28.2″	94
						2	20—75	黄色	砂壤土	层状	8.2	11.7	0.76	0.73					
						3	75—100	浅黄色	轻壤土	层状	8.0	7.3	0.64	0.66					
剖7	漠土	灰棕漠土	耕灌灰棕漠土	耕灌灰棕漠土		1	0—24	黄灰色	轻壤土	小块状	8.4	10.4	0.74	0.71	145			E 101°10′38.3″ N 38°44′44.5″	86
						2	24—63	浅灰黄色	轻壤土	块状	8.6	6.8	0.48	0.73					
						3	63—130	浅黄色	砂壤土	块状	8.7	3.8		0.75					
剖8	盐碱土	草甸盐土				1	0—1	灰褐色		屑粉状								E 101°28′02.3″ N 38°41′17.2″	72
						2	1—3	灰褐色	轻壤土	屑粒状									
						3	3—24	褐灰色	砂壤土	碎块状		16.0							
						4	24—48		轻壤土	鳞片状									
剖9	漠土	灰漠土				1	0—21	灰黄色	轻壤土	块状	8.7	5.9	0.47	0.63	156			E 101°12′07.9″ N 38°35′19.0″	92
						2	21—60	黄色	砂壤土	块状	8.2	7.9	0.57	0.68	120				
						3	60—100	浅黄色	中壤土	块状	8.9	6.8		0.63	130				
剖10	人为土	灌漠土	绿洲灌耕土	薄灌耕土	薄灌耕底砾立土	1	0—17	灰黄色	轻壤土	小块状	8.5	11.4	0.74	0.76			冲积物、淤积物、堆垫物	E 101°12′37.2″ N 38°34′28.9″	72
						2	17—36	灰黄色	轻壤土	层状	8.5	8.9	0.66	0.76					
						3	36—60	灰黄色	轻壤土	层状	8.6		0.45	0.66					
剖11	人为土	灌漠土	绿洲灌耕土	厚灌耕土	厚灌耕平土	1	0—17	黄灰黄色	轻壤土	块状	8.5	18.7	1.05	0.89	215	10.4	冲积物、淤积物、堆垫物	E 101°13′37.2″ N 38°34′28.9″	84
						2	17—87	灰黄色	轻壤土	块状	8.4	17.6	0.98	0.86					
						3	87—110	灰黄色	轻壤土	块状	8.6	8.6		0.81					
剖12	人为土	灌漠土	绿洲灌耕土	厚灌耕土	厚灌耕立土	1	0—18	黄灰色	轻壤土	块状	8.3	14.9	1.00			10.1	冲积物、淤积物、堆垫物	E 101°13′08.4″ N 38°32′46.7″	70
						2	18—67	灰黄色	轻壤土	块状	8.4	13.7	0.99						
						3	67—100	灰黄色	轻壤土	块状	8.6	11.4							

续表 Continued

剖面号 Soil profile	土纲 Soil order	土类 Soil great group	亚类 Soil subgroup	土属 Soil genus	土种 Soil species	土层码 Layer code	土层厚度 Depth/ cm	颜色 Soil color	质地 Soil texture	土壤结构 Soil structure	pH	有机质 OM/ (g/kg)	全氮 TN/ (g/kg)	全磷 TP/ (g/kg)	速效钾 AK/ (mg/kg)	阳离子 交换量CEC/ (cmol/kg)	土壤母质 Parent material	剖面点坐标 Profile coordinate	匹配指数 Matching index/%
剖13	干旱土	灰钙土	灰钙土			1	5—15					35.6				11.9		E 101°24′12.2″ N 38°33′27.4″	98
						2	25—35					23.9				11.8			
						3	45—55					12.9				10.1			
						4	65—75					10.9				6.4			
						5	85—95					7.1				7.2			
						6	105—115					5.0				4.5			
剖14	干旱土	灰钙土	淡灰钙土			1	0—24	灰黄色	砂壤土	屑粒状		9.2				6.7		E 101°02′47.4″ N 38°29′29.0″	71
						2	24—62	黄褐色	砂壤土	屑粒状		8.3				7.9			
						3	62—92	黄褐色	轻壤土	块状		9.5							
剖15	人为土	灌漠土	绿洲灌耕土	薄灌耕土	薄灌耕立土	1	0—18	灰褐色	轻壤土	块状	8.2	17.5	1.37	0.75			冲积物、淤积物、堆垫物	E 101°03′40.3″ N 38°25′31.8″	76
						2	18—55	黄褐色	轻壤土	块状	8.5	17.9	1.29	0.69					
						3	55—100	灰黄色	轻壤土	块状	8.6	8.5		0.65	220				
剖16	钙层土	栗钙土	淡栗钙土	耕种淡栗钙土		1	0—20	暗褐色	轻壤土	碎块状	6.8	38.0					黄土	E 101°05′09.2″ N 38°18′08.3″	87
						2	20—80	暗褐色		碎块状	7.8	42.6							
						3	80—120	黄褐色		棱柱状	8.2	18.9							
剖17	钙层土	栗钙土	淡栗钙土			1	0—35	浅栗色	轻壤土	粒状		30.7					砾石层	E 101°22′20.8″ N 38°12′16.6″	80
						2	35—65	黄褐色	中壤土			24.7							
						3	65—110	黄褐色	轻壤土	块状		13.7							
剖18	钙层土	栗钙土	暗栗钙土			1	0—32	暗褐色	轻壤土	屑粒状		60.2					黄土状洪冲积物、黄土状冰水沉积物	E 101°13′37.2″ N 38°08′21.1″	79
						2	32—66	暗褐色	轻壤土	碎块状		27.7							
						3	66—96	灰黄色	轻壤土	大块状		12.9							
						4	96—120	灰黄色	轻壤土	块状		5.9							

平 凉 市

市 辖 区

主要土类说明

黄绵土是平凉市主要土壤类型，占本市地域面积的55%。黄绵土是由黄土母质直接翻耕形成的初育土。土壤无明显发育，为A-C型土。由于风成黄土富含细粉粒，故质地、结构均一，疏松绵软，富含石灰、磷、钾储量较丰富，但有效性差，土壤有机质缺乏。

灰褐土是平凉市第二大土壤类型，占本市地域面积的19%。灰褐土形成于温带干旱、半干旱山地云冷杉下，腐殖质累积与钙积作用明显。该土壤表层有机质含量可达100g/kg，表层下见暗色腐殖质层，有弱黏淀特征。B层呈棕褐色，钙积层在40cm以下出现，铁铝氧化物无移动。

黑垆土是平凉市第三大土壤类型，占本市地域面积的10%。黑垆土是在黄土高原上，由黄土发育而成的土壤。该土壤有机质含量低，但腐殖质层深厚。土体原位黏化，但无明显黏化层，具假菌丝状石灰累积；无盐化，多旱耕。

新积土占本市地域面积的9%。新积土是由新近冲积、洪积、坡积、塌积或人工堆垫形成的土壤。该土壤成土期短，母质特性明显，具A-C或（A）-C剖面构型。

红黏土占本市地域面积的5%。深厚黄土层下，常见第三纪红色黏土（保德期红黏土）埋藏。其黏粒含量高，塑性强，生物作用微弱，母质特性明显，有时夹有砂姜。

小于本市地域面积3%的土壤类型有潮土、棕壤和草甸土。

本区域中心区气候特征

本区域中心区气候特征值
Regional climate characteristics in central area of the region

气候带：中温带亚湿润气候 Climate region: Mid temperate subhumid climate	
年平均气温 /℃ Annual average temperature /℃	8.8
年平均最高气温 /℃ Annual average maximum temperature /℃	15.3
年平均最低气温 /℃ Annual average minimum temperature /℃	3.7
年降水量 /mm Annual precipitation /mm	471
≥10℃的积温 /℃ Daily temperature accumulated in a year (≥10℃) /℃	3492
年日照时数 /h Annual sunshine /h	2385
年平均相对湿度 /% Annual average relative humidity /%	64
干燥度 Dryness	1.15

本区域中心区月平均气温与月平均降水量
Monthly temperature and precipitation in central area of the region

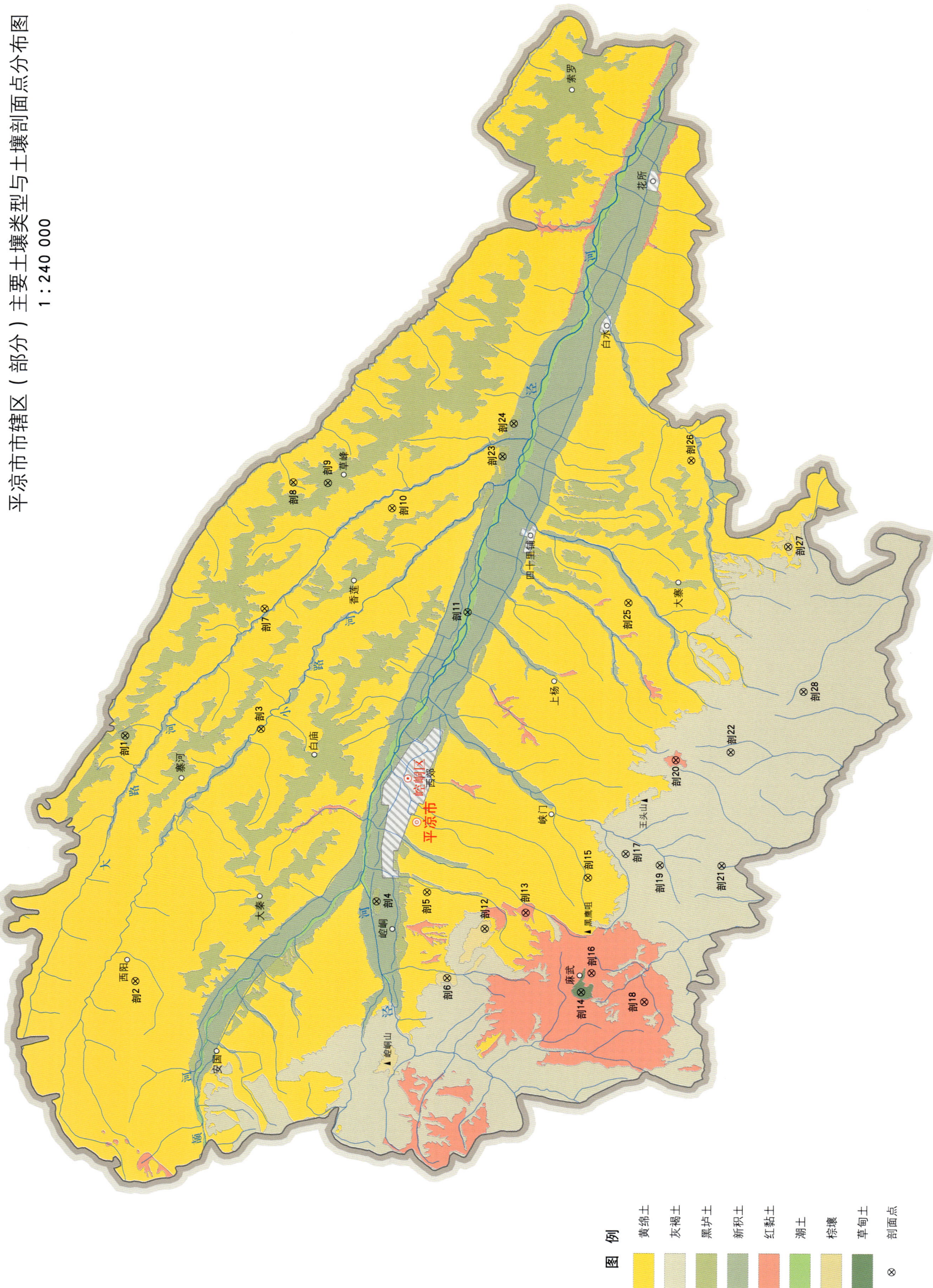

平凉市土壤剖面理化性状表

剖面号 Soil profile	土纲 Soil order	土类 Soil great group	亚类 Soil subgroup	土属 Soil genus	土种 Soil species	土层码 Layer code	土层厚度 Depth/cm	颜色 Soil color	质地 Soil texture	土壤结构 Soil structure	pH	有机质 OM/(g/kg)	全氮 TN/(g/kg)	全磷 TP/(g/kg)	碱解氮 AN/(mg/kg)	有效磷 AP/(mg/kg)	速效钾 AK/(mg/kg)	阳离子交换量CEC/(cmol/kg)	土壤母质 Parent material	剖面点坐标 Profile coordinate	匹配指数 Matching index/%
剖1	钙层土	黑垆土	黑垆土	塬黑垆土	塬黄垆土	1	0—13	暗黄棕色	中壤土	粒状	8.6	9.2	0.85	1.69		4.0	132	10.1	马兰黄土	E 106°43′22.0″ N 35°41′03.2″	72
						P	13—20	灰棕黄色	中壤土	片状	8.7	9.2	0.85	1.50		3.0	118	9.8			
						3	20—40	灰棕黄色	中壤土	小块状	8.6	8.8	0.80	1.30		3.0	95	7.8			
						4	40—150	灰棕黄色	中壤土	大块状											
剖2	初育土	黄绵土	黄绵土	坡黄绵土	坡黄绵土	1	0—13	浅棕黄色	轻偏中壤土	粒状	8.4	9.0	0.80	1.58	46	10.0	162	9.0	马兰黄土	E 106°33′39.3″ N 35°40′50.3″	90
						P	13—18	浅棕黄色	轻偏中壤土	团块状	8.6	8.7	0.77	1.56	35	4.0	161	7.0			
						C	18—145	浅棕黄色		无明显结构	8.6	5.0	0.47	1.52	32	2.2	144	7.0			
剖3	初育土	黄绵土	黄绵土	坡黄墡土	坡黄墡土	1	0—11	棕黄色	中壤土	小块状	8.8	4.0	0.40	1.50		2.0	184	15.4	离石黄土	E 106°43′33.2″ N 35°36′49.6″	84
						P	11—17	棕黄色	中壤土	小块状	8.8	3.7	0.30	1.50		2.0	114	15.2			
						3	17—31	棕黄色	中壤土	大块状	8.7	3.5	0.40	1.50		3.0	156	15.3			
						4	31—60	棕黄色	中壤土		8.7	4.7	0.50	1.40		1.0	57	15.3			
						C	60—150	棕黄色													
剖4	钙层土	黑垆土	黑垆土	台黑垆土	台覆盖黑垆土	1	0—14	暗黄棕色	中壤土	小块状	8.7	10.3	0.86	1.37		8.7	111		马兰黄土	E 106°36′41.4″ N 35°33′18.7″	98
						P	14—24	暗黄棕色	中偏重壤土	小块状	8.5	9.5	0.84	1.42		7.7	112				
						3	24—48	暗棕色	中偏重壤土	大块状	8.5	8.2	0.73	1.55		7.9	152				
						4	48—115	暗棕色		小块状	8.5	13.5	0.98	1.42		5.9	98				
						S	115—														
剖5	初育土	黄绵土	黄绵土	梯黄绵土	梯黄绵土	1	0—15	浅黄棕色	中壤土	粒状	6.9	7.7	0.52	1.59	45	8.0	253	12.4	马兰黄土	E 106°37′02.3″ N 35°31′44.4″	82
						P	15—22	暗黄棕色		团块状	6.9	7.3	0.52	1.55	37	4.0	178	9.5			
						3	22—150	暗黄棕色		团块状	7.1	7.1	0.59	1.55	39	4.0	166	9.8			
剖6	淋溶土	棕壤	山地棕壤	山地棕壤	棕壤土	Aoo	0—3	棕褐色			7.5	76.0	3.87	1.26	249	2.0	298	22.0	岩石风化物	E 106°33′38.8″ N 35°31′08.8″	76
						Ao	3—8	暗棕褐色	轻壤土	团粒状	6.9	31.0	1.95	1.37	133	4.0	183	21.0			
						A	8—32	暗棕色	中壤土	小块状	7.1	9.7	0.82	1.12	46	1.0	190	18.0			
						B	32—98	暗棕色	重壤土	块状	6.8	8.6	0.64	1.12	45	1.0	90	17.0			
						C	98—														
剖7	初育土	黄绵土	黄绵土	梯黄绵土	梯黄绵土	1	0—14	浅棕黄色	轻偏中壤土	粒状	8.4	8.6	0.55	1.40	43	8.0	165	15.4	离石黄土	E 106°48′17.6″ N 35°36′39.2″	70
						P	14—22	浅棕黄色	中壤土	片状	8.4	9.9	0.76	1.28	43	6.0	139	15.2			
						C	22—150	暗棕黄色	中壤土		8.3	9.4	0.52	1.21	34	2.0	87	15.3			
剖8	初育土	黄绵土	黄绵土	坡黄墡土	坡黄墡土	A	0—20	灰黄棕色	中壤土	块状	8.8	8.2	0.70	1.70		2.0	181	15.3	离石黄土	E 106°53′14.1″ N 35°35′42.2″	86
						B	20—127	灰黄棕色	中壤土	块状	8.9	6.2	0.59	1.50		1.5	156	15.4			
						C	127—150	灰黄色	中壤土		9.4	4.8	0.43	1.40		9.0	93	15.4			
剖9	钙层土	黑垆土	黑垆土	塬黑垆土	塬覆盖黑垆土	1	0—25	深黄棕色	中壤土	无明显结构	8.6	7.3	0.42	1.42	50	12.0	175	20.5	马兰黄土	E 106°53′11.8″ N 35°34′37.6″	73
						2	25—35	栗色	轻偏中壤土	小块状	8.6	8.5	0.45	1.50	50	7.0	160	20.5			
						3	35—80	暗棕色	中壤土	块状	8.4	10.8	0.49	1.60	42	10.0	150	20.4			
						4	80—116	浅棕黄色	轻偏中壤土		8.4										
						6	116—150	浅黄棕色	中壤土		8.4										
剖10	初育土	黄绵土	黄绵土	梯黄绵土	梯黄绵土	1	0—24	黄色	中壤土	团粒状	8.0	11.4	0.89	1.16	84	8.0	130	16.0	马兰黄土	E 106°52′10.5″ N 35°32′38.5″	86
						P	24—30	黄色	中壤土	片状、块状	8.9	8.9	0.63	1.16	57	4.7	127	16.0			
						3	30—62	黄色	中壤土	块状	7.9	6.9	0.52	1.88	37	4.1	136	14.0			
						4	62—125			块状											
						C	125—														

续表 Continued

剖面号 Soil profile	土纲 Soil order	土类 Soil great group	亚类 Soil subgroup	土属 Soil genus	土种 Soil species	土层码 Layer code	土层厚度 Depth/cm	颜色 Soil color	质地 Soil texture	土壤结构 Soil structure	pH	有机质 OM/(g/kg)	全氮 TN/(g/kg)	全磷 TP/(g/kg)	碱解氮 AN/(mg/kg)	有效磷 AP/(mg/kg)	速效钾 AK/(mg/kg)	阳离子交换量CEC/(cmol/kg)	土壤母质 Parent material	剖面点坐标 Profile coordinate	匹配指数 Matching index/%
剖11	半水成土	潮土	潮土	川地潮土	黄潮土	1	0—20	暗黄棕色	重壤土	粒状	7.1	2.7	0.59	1.60	60	5.0	174		冲积物、洪积物	E 106°48′03.2″ N 35°30′20.9″	86
						P	20—27	暗黄棕色	中壤土	片状	6.5	6.2	0.55	1.48	50	4.0	128				
						3	27—55	暗黄棕色	中壤土	大块状	7.3	8.3	0.66	1.59	54	3.0	153				
						4	55—70	暗黄棕色	重壤土	块状											
						C	70—140	浅棕黄色	重壤土	片状											
剖12	淋溶土	棕壤	山地棕壤	山地棕壤	生草棕壤土	Ao	0—3	深灰黄色	轻壤土	团粒状	7.1	47.0	2.41	1.17	151	9.0	172	20.0	岩石风化物	E 106°35′34.0″ N 35°29′57.9″	76
						A_1	3—24	灰黄黄色	中壤土	粒状	7.1	21.0	1.28	0.98	73	9.0	136	18.0			
						A_2	24—46	浅灰黄棕色	中偏重壤土	块状	7.3	6.7	0.61	0.91	81	2.0	140	14.0			
						A_3	46—72	浅灰黄棕色	中偏重壤土	块状	7.3										
						B	72—128	棕色	重壤土	块状	6.7										
						C	128—														
剖13	初育土	红黏土	红胶土	坡红胶土	坡红胶土	1	0—12	棕色	轻黏土	粒状	8.7	6.0	0.45	1.41	118	4.0	142	19.2	红土	E 106°36′10.8″ N 35°28′40.8″	99
						P	12—18	棕色	轻黏土	粒状	8.8	4.9	0.43	1.41	100	2.0	94	19.1			
						3	18—42	棕色	轻黏土	块状	8.8	5.1	0.55	1.36	104	3.0	76	15.7			
						4	42—98	灰棕色	轻黏土	块状	8.8	5.3	0.45	1.21	95	2.0	72	15.5			
						5	98—116	紫灰黄棕色	轻壤土		9.0	3.5	0.38	1.08		1.0	65				
						C	116—	棕色	重壤土		9.0	3.8	0.35	1.16			90				
剖14	半水成土	草甸土	草甸土	坡草甸土	坡草甸土	1	0—13	暗灰棕色	重壤土	小块状	7.9	29.8	1.86	2.06		10.3	152	20.6		E 106°33′01.5″ N 35°26′59.7″	83
						P	13—23	暗灰棕色	轻黏土	块状	7.8	30.0	1.64	1.94		9.3	157	19.1			
						3	23—53	暗灰棕色	轻黏土	大颗粒状	8.0	24.7	1.49	1.67		7.0	141	15.7			
						4	53—150	黑棕色	黏壤土	大颗粒状	7.9	34.0	1.72	1.79		4.7	135	15.5			
剖15	初育土	黄绵土	黄绵土	坡灰黄绵土	坡灰黄绵土	A_1	0—28	灰棕黄色	中壤土	小块状	8.7	11.1	0.68	1.55		1.0	165	20.6	马兰黄土	E 106°37′33.2″ N 35°26′43.8″	99
						A_2	28—46	黄棕色	中壤土	块状	8.7	8.0	0.42	1.44		1.0	151	20.6			
						B	46—108	黄棕色	中壤土	块状	8.7	6.6	0.51	1.42		1.0	131	18.1			
						C	108—150	黄色	中壤土	块状	8.7	4.4	0.48	1.34		1.0	126	15.5			
剖16	初育土	红黏土	红胶土	坡红胶土	坡红胶土	1	0—12	灰棕色	轻壤土	团块状	7.0	21.0	1.45	1.36	100	13.0	251	20.0	砂质泥岩、紫红色砾岩风化物	E 106°33′46.5″ N 35°26′39.6″	77
						P	12—24	暗灰棕色	轻黏土	块状	6.7	8.9	0.60	0.94	37	9.0	164	15.0			
						3	24—47	暗灰棕色	轻黏土	块状	7.0	7.4	0.63	0.82	34	7.0	163	14.0			
						4	47—95	暗灰棕色		块状											
						5	95—140	深灰棕色		团块状											
剖17	半淋溶土	灰褐土	石灰性灰褐土	粗骨质灰褐土	粗骨质灰褐土	A	0—21	深灰棕色	砂砾土	无明显结构	8.6	15.8	1.27	1.70		2.0	160	18.1	石灰岩、砾岩、砂岩及泥岩风化物	E 106°38′28.7″ N 35°25′32.9″	82
						B	21—50	灰黄棕色	砂砾土	无明显结构	8.7	9.0	0.85	1.60		1.0	114	15.5			
						BC	50—83	深灰棕色	砂砾土	无明显结构	8.6	9.0	0.73	1.52		1.0	142	15.6			
						C	83—140	暗灰棕色	砂砾土	无明显结构	8.8	15.2	1.23	1.45		1.0	85	15.6			
剖18	初育土	红黏土	红胶土	坡红胶土	坡红胶土	1	0—16	红棕色	轻黏土	小块状	8.0	8.8	0.70	1.23	63	5.0	173	18.0	红土	E 106°32′37.3″ N 35°25′02.2″	95
						P	16—35	紫棕色	轻黏土	小块状	8.1	4.7	0.45	0.94	49	3.0	151	14.0			
						3	35—55	紫棕色	重壤土	块状	7.8	5.3	0.42		58	2.0	152	14.0			
						4	55—97	紫棕色	重壤土	块状	7.0	4.7	0.40	0.90	59	5.0	159	15.0			
						C	97—														
剖19	半淋溶土	灰褐土	石灰性灰褐土	耕地灰褐土	梯灰褐土	1	0—12	暗棕色	中壤土	粒状	7.8	20.8	1.42	1.75	111	9.0	132	19.0	石灰岩、砾岩、砂岩及泥岩风化物	E 106°38′00.6″ N 35°24′29.9″	73
						2	12—56	浅黄棕色	中壤土	块状	7.9	15.2	1.28	1.23	107	3.0	69	18.0			
						3	56—92	暗黄棕色	中壤土	粒状	7.8	12.6	1.00	1.13	91	2.0	73	17.0			
						4	92—128		重壤土	粒状	7.9	11.9	0.82	1.36	70	2.0	59	15.0			
						5	128—				8.1	11.3	0.80	1.20	59	3.0	53	18.0			
剖20	初育土	红黏土	红胶土	梯红胶土	梯红胶土	1	0—20	灰黄棕色	重壤土	粒状	8.7	8.6	0.65	1.67		2.0	120	18.2	红土	E 106°42′07.6″ N 35°23′57.1″	94
						C	20—120	棕红色		无明显结构	8.8	3.3	3.50	1.62		3.0	89	15.8			

续表 Continued

剖面号 Soil profile	土纲 Soil order	土类 Soil great group	亚类 Soil subgroup	土属 Soil genus	土种 Soil species	土层码 Layer code	土层厚度 Depth/cm	颜色 Soil color	质地 Soil texture	土壤结构 Soil structure	pH	有机质 OM/(g/kg)	全氮 TN/(g/kg)	全磷 TP/(g/kg)	碱解氮 AN/(mg/kg)	有效磷 AP/(mg/kg)	速效钾 AK/(mg/kg)	阳离子交换量 CEC/(cmol/kg)	土壤母质 Parent material	剖面点总坐标 Profile coordinate	匹配指数 Matching index/%
剖21	半淋溶土	灰褐土	石灰性灰褐土	耕地灰褐土	梯灰褐土	1	0—13	暗黄棕色	重壤土	小块状	8.2	11.0	0.83	1.08	74	8.0	249	20.0	石灰岩、砾岩、砂岩及泥岩风化物	E 106°37′57.4″ N 35°22′34.4″	71
						P	13—21	暗黄棕色	重壤土	块状	8.2	7.2	0.58	0.86	58	4.0	153	20.0			
						3	21—78	浅棕色	轻黏土	大块状	8.2	6.7	0.46	0.57	53	3.0	161	18.0			
						C	78—														
剖22	半淋溶土	灰褐土	石灰性灰褐土	耕地灰褐土	坡灰褐土	1	0—8	浅棕黄色	重壤土	粒状	7.3	10.6	0.84	1.69		5.0	116	21.0	石灰岩、砾岩、砂岩及泥岩风化物	E 106°42′24.2″ N 35°22′14.7″	95
						P	8—11	褐色	重壤土	粒状	7.0	9.3	0.77	1.54		4.0	99	20.5			
						3	11—27	灰黄色	轻黏土	小块状	8.0	9.8	0.71	1.53		4.0	103	15.9			
						4	27—50	暗黄棕色	轻黏土	块状	6.2	4.8	0.45	1.54		2.0	88	15.5			
						5	50—77	褐色	轻黏土	块状	6.1	4.0	0.38	1.51		3.0	95	15.5			
						6	77—150	紫色		块状	5.6	2.6	0.27	1.54		2.0	94	15.6			
剖23	钙层土	黑垆土	黑垆土	台黑垆土	台覆盖黑垆土	1	0—24	暗黄棕色	中壤土	粒状	8.7	11.1	0.96	1.50		4.0	106		马兰黄土	E 106°54′08.6″ N 35°29′11.4″	86
						P	24—33	暗黄棕色	中壤土	块状	8.8	9.0	0.83	1.52		6.0	158				
						3	33—76	深棕色	中壤土		8.8	8.3	0.70	1.59		1.0	144				
						4	76—96	浅棕黄色	中壤土	块状	8.6	5.9	0.43	1.51		1.0	104				
						C	96—														
剖24	钙层土	黑垆土	黑垆土	台黑垆土	台覆盖黑垆土	1	0—25	灰黄棕色	中壤土	块状									马兰黄土	E 106°55′25.7″ N 35°28′49.4″	71
						2	25—35	灰黄棕色	中偏重壤土	片状											
						3	35—150	暗棕色	中偏重壤土	块状											
						4	150—														
剖25	初育土	黄绵土	黄绵土	坡黄绵土	坡黄绵土	1	0—15	浅棕黄色	中壤土	小团块状	8.0	7.6	0.67	1.26	45	8.0	134	9.0	马兰黄土	E 106°48′20.3″ N 35°25′20.9″	98
						P	15—23	浅黄棕色	中壤土	片状	8.1	7.0	0.58	1.18	40	5.0	72	9.0			
						3	23—92	浅棕黄色	中壤土	小块状	8.1	4.3	0.42	1.02	23	2.0	45	9.0			
						C	92—145	浅棕黄色	中壤土		8.1										
剖26	初育土	黄绵土	黄绵土	坡灰黄绵土	坡灰黄绵土	A_1	0—16	暗黄棕色	中壤土	块状	8.4	11.3	0.90	1.76		3.0	160	15.8	马兰黄土	E 106°53′52.1″ N 35°23′19.3″	76
						A_2	16—25	灰黄棕色	中壤土	块状	8.6	10.7	0.88	1.72		2.0	117	15.5			
						C	25—96	浅黄棕色	中偏重壤土	无明显结构	8.7	8.2	0.65	1.66		3.0	87	15.5			
剖27	淋溶土	棕壤	山地棕壤	山地棕壤	坡棕壤土	1	0—18	浅黄棕色	黎壤轻壤土	小块状	7.6	18.0	1.29	1.13	105	4.0	156	19.0	岩石风化物	E 106°50′26.5″ N 35°20′21.3″	91
						P	18—24	暗黄棕色	中偏轻壤土	小块状	7.9	11.0	0.76	1.06	65	2.0	147	16.0			
						3	24—55	暗黄棕色	中偏重壤土	粒状	7.8	8.0	0.63	1.31	53	2.0	146	15.0			
						4	55—91	浅黄棕色	中偏重壤土	粒状	7.8	4.0	0.61	1.17	44	2.0	104	14.0			
						5	91—119	浅棕色		块状	7.8										
						C	119—160														
剖28	半淋溶土	灰褐土	石灰性灰褐土	灰褐土	石灰性灰褐土	Ao	0—9	深棕色	中壤土	块状	8.2	57.2	3.05	2.03		9.0	429	20.9	石灰岩、砾岩、砂岩及泥岩风化物	E 106°44′44.4″ N 35°19′57.1″	74
						A	9—16	黄棕色	中壤土	块状	8.3	13.5	1.28	1.90		3.0	435	20.7			
						B	16—31	暗棕色	轻壤土	块状	8.7	19.9	1.73	1.85		2.0	285	15.5			
						C_1	31—81	暗棕色			8.6	12.2	0.95	0.81		2.0	136	15.6			
						C_2	81—104				8.5	9.3	0.40	1.55		2.0	122	15.5			
						C_3	104—137				8.5	4.0	0.36	1.44		3.0	145	15.5			

泾 川 县

主要土类说明

黄绵土是泾川县主要土壤类型，占本县地域面积的 62%。黄绵土是由黄土母质直接翻耕形成的初育土。由于土壤侵蚀严重，表层长期遭侵蚀，只能不断加深耕作黄土母质层，因而母质特性明显。土壤无明显发育，为 A-C 型土。由于风成黄土富含细粉粒，故质地、结构均一，疏松绵软，富含石灰，磷、钾储量较丰富，但有效性差，土壤有机质缺乏。

黑垆土是泾川县第二大土壤类型，占本县地域面积的 26%，主要分布在高平、玉都、荔堡等地和泾河两岸的坪台地。土壤剖面中铁铝氧化物富集，碳酸钙下移：垆土层黏粒明显聚积，下层出现碳酸钙积累形成的大量假菌丝体。黑垆土剖面深厚，常深达 4m 或更深，生物活动强烈，根孔、动物穴和蚯蚓粪等均可延伸至 3m 以下。其剖面由熟化层、垆土层、钙积层和母质层等组成。本县黑垆土仅有黑垆土一个亚类。

新积土是泾川县第三大土壤类型，占本县地域面积的 7%。新积土是由新近冲积、洪积、坡积、塌积或人工堆垫形成的土壤。该土壤成土期短，母质特性明显，具 A-C 或（A）-C 剖面构型。

小于本县地域面积 3% 的土壤类型有潮土、灰褐土和红黏土。

本区域中心区气候特征

本区域中心区气候特征值
Regional climate characteristics in central area of the region

气候带：中温带亚湿润气候 Climate region: Mid temperate subhumid climate	
年平均气温 /℃ Annual average temperature /℃	10.0
年平均最高气温 /℃ Annual average maximum temperature /℃	16.3
年平均最低气温 /℃ Annual average minimum temperature /℃	5.0
年降水量 /mm Annual precipitation /mm	507
≥10℃的积温 /℃ Daily temperature accumulated in a year (≥10℃) /℃	4746
年日照时数 /h Annual sunshine /h	2229
年平均相对湿度 /% Annual average relative humidity /%	65
干燥度 Dryness	1.19

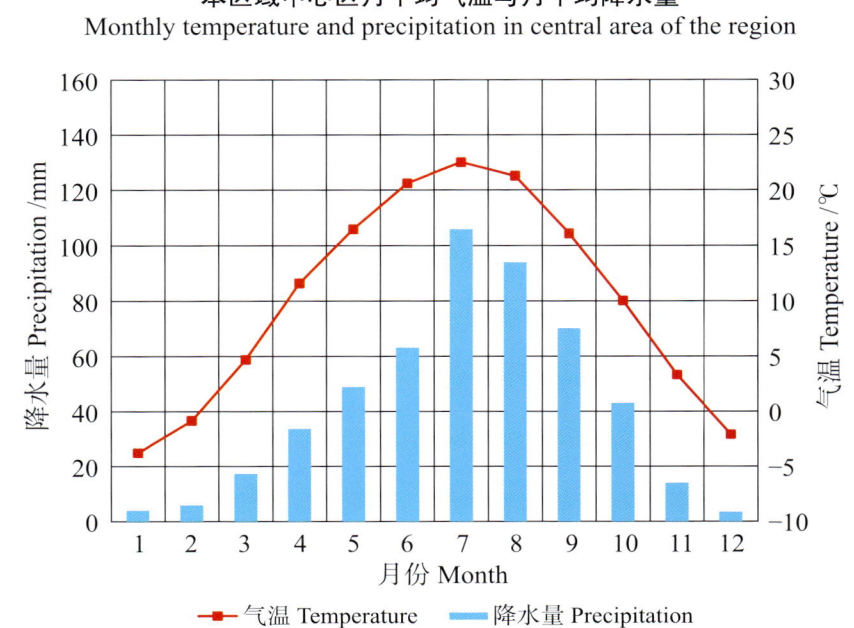

本区域中心区月平均气温与月平均降水量
Monthly temperature and precipitation in central area of the region

泾川县主要土壤类型与土壤剖面点分布图

1:330 000

图例

- 黄绵土
- 黑垆土
- 新积土
- 潮土
- 灰褐土
- 红黏土
- ⊗ 剖面点

第二编 分县土壤图与土壤剖面数据

泾川县土壤剖面理化性状表

剖面号 Soil profile	土纲 Soil order	土类 Soil great group	亚类 Soil subgroup	土属 Soil genus	土种 Soil species	土层码 Layer code	土层厚度 Depth/cm	颜色 Soil color	质地 Soil texture	土壤结构 Soil structure	pH	有机质 OM/(g/kg)	全氮 TN/(g/kg)	全磷 TP/(g/kg)	有效磷 AP/(mg/kg)	速效钾 AK/(mg/kg)	阳离子交换量CEC/(cmol/kg)	土壤母质 Parent material	剖面点坐标 Profile coordinate	匹配指数 Matching index/%
剖1	初育土	黄绵土	黄绵土	坡黄绵土	灰黄绵土	A	0—20	灰棕色	中壤土	团粒状	8.3	12.5	0.83	1.70			8.5	马兰黄土	E 107°14′16.2″ N 35°30′13.8″	70
						C	20—	深棕色	中偏重壤土	块状	8.1	9.1	0.66	1.70			8.3			
剖2	初育土	红黏土	红胶土	坡红土	坡黄红胶土	1	0—20	红棕色	中偏重壤土	小块状								红土	E 107°11′19.0″ N 35°23′36.6″	83
						2	20—55	红棕色	重黏土	大块状										
						3	55—	红棕色	重黏土	柱状										
剖3	初育土	红黏土	红胶土	坡红土	坡灰红胶土	A	0—24	棕色	重黏土	团块状	8.1	8.0	0.60	1.57			14.2	红土	E 107°12′25.2″ N 35°23′15.7″	79
						C	24—	棕色	重黏土	块状	7.9	5.5	0.42	1.58			14.0			
剖4	钙层土	黑垆土	黑垆土	塬黑垆土	厚覆盖黑垆土	1	0—17	灰黄色	轻褐土	粒状	8.4	11.2	0.78	1.59	4.0	141	10.3	黄土	E 107°15′16.9″ N 35°25′35.4″	91
						P	17—25	棕黄色	轻偏中壤土	片状	8.8	11.0	0.76	1.54	6.0	125	8.8			
						3	25—43	棕黄色	中偏中壤土	片状	8.7	9.0	0.68	1.51	4.0	110	9.3			
						4	43—130	棕色	中壤土	柱状	8.8	9.7	0.65	1.45	3.0	53	12.0			
						5	130—	棕黄色	中壤土		8.8	7.5	0.57	1.45	3.0	38	9.8			
剖5	钙层土	黑垆土	坪台黑垆土	坪台黑垆土	厚覆盖黑垆土	1	0—15	灰灰黄色	轻偏中壤土	粒状	8.6	8.4	0.61	1.53	6.0	157	6.6	黄土	E 107°25′21.5″ N 35°21′53.2″	84
						P	15—23	浅灰黄色	轻偏中壤土	块状、片状	8.2	7.7	0.62	1.55	4.0	108	8.0			
						3	23—45	灰黄色	中壤土	粒状	8.2	5.3	0.41	1.47	2.0	53	7.5			
						4	45—109	棕色	中壤土	柱状、块状	8.2	4.8	0.37	1.47	2.0	30	7.1			
						5	109—	棕色	中壤土		8.4	6.6	0.64	1.39		8	7.5			
剖6	半水成土	潮土	黄潮土	黄潮土	底砂潮土	1	0—15		砂壤土	块状								河流冲积物	E 107°19′26.4″ N 35°20′40.9″	74
						2	15—36		砂壤土											
						C	36—77													
剖7	钙层土	黑垆土	坪台黑垆土	坪台黑垆土	中覆盖黑垆土	1	0—15	黄色	轻偏中壤土	粒状	8.0	10.5	0.68	1.50	4.0	233	8.4	黄土	E 107°36′14.8″ N 35°23′01.0″	75
						P	15—22	棕黄色	中壤土	块状	8.2	9.7	0.65	1.60	3.0	144	7.6			
						3	22—31	灰棕黄色	中壤土	片状	8.3	8.3	0.55	1.60	2.0	64	7.8			
						4	31—95	棕色	重黏土	片状	8.0	11.9	0.66	1.50	1.0	54	9.3			
						5	95—145	深棕色	重黏土	片块状	8.3	9.9	0.55	1.40	1.0	60	8.0			
						C	145—													
剖8	初育土	黄绵土	黄绵土	坡黄绵土	粒状黑垆土	1	0—17	灰黄棕色	轻褐土	粒状、块状	8.2	6.6	0.48	1.48	5.0	204	6.3	马兰黄土	E 107°38′45.2″ N 35°20′14.8″	84
						2	17—	浅棕黄色	中偏重壤土	块状	8.1	4.6	0.34	1.40			6.9			
剖9	半水成土	潮土	黄潮土	黄潮土	黄潮黏壤土	1	0—21	黄色	中壤土	块状								河流冲积物	E 107°13′17.0″ N 35°18′44.2″	99
						2	21—59	棕黄色	中壤土	柱状										
						3	59—63	棕黄色	重黏土											
						4	63—	深棕色	中偏轻壤土											
剖10	钙层土	黑垆土	黑垆土	塬黑垆土	中覆盖黑垆土	1	0—14	灰黄棕色	中壤土	粒状	8.2	12.2	0.81	1.48	5.0	204	11.3	黄土	E 107°18′46.0″ N 35°19′42.4″	75
						2	14—19	黄棕色	中壤土	块状	7.9	12.1	0.78	1.51	9.0	168	12.0			
						3	19—46	黄棕色	中壤土	柱状	7.9	8.8	0.57	1.45	5.0	133	15.0			
						4	46—91	棕棕色	中壤土		8.2	7.3	0.51	1.41	4.0	71	11.8			
						5	91—		中偏轻壤土		8.0	5.3	0.38	1.43	4.0	45	7.5			
剖11	半淋溶土	灰褐土	粗骨灰褐土	石质山灰褐土	石质山灰褐土	A_1	0—13	灰黑色	砂质土	粒状	8.2	11.5	0.84	1.39			10.4		E 107°20′52.8″ N 35°19′28.1″	97
						A_2	13—23	黄棕色	砂质土		8.5	0.9	0.70	1.36			9.4			
						C	23—	灰色												
剖12	初育土	黄绵土	黄绵土	坡黄绵土	坡灰钙黄土	A	0—13	灰棕黄色	中壤土	团粒状	8.1	21.3	0.83	1.60			7.1	离石黄土	E 107°26′40.2″ N 35°19′04.2″	86
						C	13—	灰黄色	轻偏中壤土	粒状、块状	8.0	27.5	0.61	1.40			8.3			

续表 Continued

剖面号 Soil profile	土纲 Soil order	土类 Soil great group	亚类 Soil subgroup	土属 Soil genus	土种 Soil species	土层码 Layer code	土层厚度 Depth/cm	颜色 Soil color	质地 Soil texture	土壤结构 Soil structure	pH	有机质 OM/(g/kg)	全氮 TN/(g/kg)	全磷 TP/(g/kg)	有效磷 AP/(mg/kg)	速效钾 AK/(mg/kg)	阳离子交换量CEC/(cmol/kg)	土壤母质 Parent material	剖面点坐标 Profile coordinate	匹配指数 Matching index/%
剖13	初育土	黄绵土	黄绵土	坡黄绵土	坡厚黄绵土	1	0—20	深黄色	中壤土	粒状	8.3	7.0	0.55	1.40			7.5	马兰黄土	E 107°21′20.0″ N 35°18′13.4″	73
						2	20—	棕黄色	轻偏中壤土	块状	8.2	4.5	0.35	1.20			6.9			
剖14	初育土	黄绵土	黄墡土	梯黄墡土	梯黄墡土	1	0—22	黄色	中壤土	粒状、块状	7.8	10.9	0.74	1.51	2.0	58	7.9	离石黄土	E 107°23′47.0″ N 35°18′11.6″	89
						2	22—44	灰黄色	中壤土	块状	7.4	4.5	0.38	1.52	1.0	45	6.6			
						3	44—	黄色	中壤土	块状	7.5	3.8	0.35	1.39	2.0	45	6.0			
剖15	初育土	黄绵土	黄墡土	坡黄墡土	坡灰黄墡土	A	0—15	红黄色	中壤土	粒状、片状	8.2	9.1	0.75	1.40	3.0	205	8.7	离石黄土	E 107°23′09.2″ N 35°18′02.5″	75
						C	15—	黄色	中壤土	块状	8.4	6.0	0.49	0.49	2.0	69	8.0			
剖16	初育土	黄绵土	黄绵土	梯黄绵土	梯厚黄绵土	A	0—17	灰黄色	中壤土	粒状、块状	8.2	7.0	0.52	1.39			7.6	马兰黄土	E 107°29′35.2″ N 35°15′03.2″	94
						C	17—	浅棕黄色	中壤土		8.3	5.4	0.34	1.43			7.2			

灵 台 县

主要土类说明

黄绵土是灵台县主要土壤类型，占本县地域面积的56%。黄绵土是由黄土母质直接翻耕形成的初育土。由于土壤侵蚀严重，表层长期遭侵蚀，只能不断加深耕作黄土母质层，因而母质特性明显。土壤无明显发育，为A-C型土。由于风成黄土富含细粉粒，故质地、结构均一，疏松绵软，富含石灰，磷、钾储量较丰富，但有效性差，土壤有机质缺乏。

灰褐土是灵台县第二大土壤类型，占本县地域面积的23%。灰褐土形成于温带干旱、半干旱山地云冷杉下，腐殖质累积与钙积作用明显。该土壤表层有机质含量可达100g/kg，表层下见暗色腐殖质层，有弱黏淀特征。B层呈棕褐色，钙积层在40cm以下出现，铁铝氧化物无移动。

黑垆土是灵台县第三大土壤类型，占本县地域面积的14%。黑垆土是在黄土高原上，由黄土发育而成的土壤。该土壤有机质含量低，但腐殖质层深厚。土体原位黏化，但无明显黏化层，具假菌丝状石灰累积；无盐化，多旱耕。

新积土占本县地域面积的5%。新积土是由新近冲积、洪积、坡积、塌积或人工堆垫形成的土壤。该土壤成土期短，母质特性明显，具A-C或（A）-C剖面构型。

小于本县地域面积3%的土壤类型有红黏土、沼泽土和潮土。

本区域中心区气候特征

本区域中心区气候特征值
Regional climate characteristics in central area of the region

气候带：暖温带亚湿润气候 Climate region: Warm temperate subhumid climate	
年平均气温 /℃ Annual average temperature /℃	10.8
年平均最高气温 /℃ Annual average maximum temperature /℃	16.8
年平均最低气温 /℃ Annual average minimum temperature /℃	6.0
年降水量 /mm Annual precipitation /mm	532
≥10℃的积温 /℃ Daily temperature accumulated in a year（≥10℃）/℃	5450
年日照时数 /h Annual sunshine /h	2063
年平均相对湿度 /% Annual average relative humidity /%	67
干燥度 Dryness	1.20

本区域中心区月平均气温与月平均降水量
Monthly temperature and precipitation in central area of the region

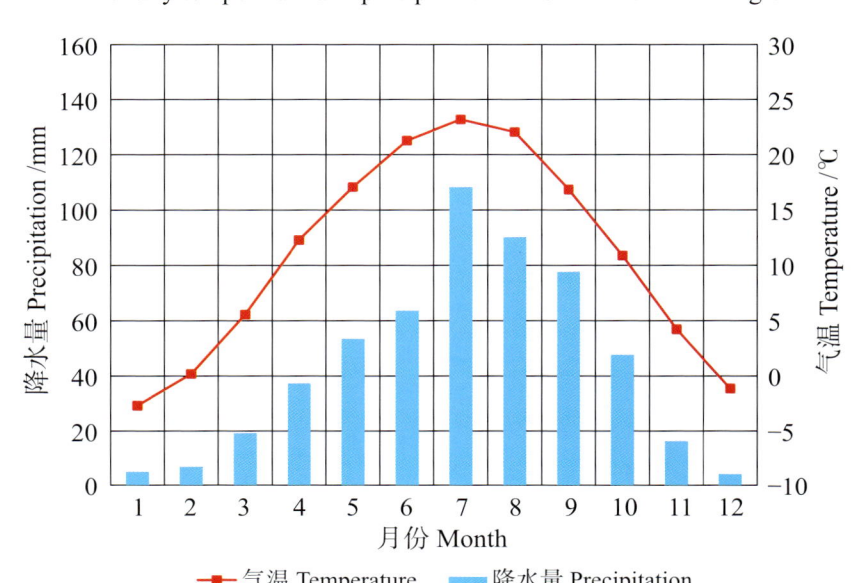

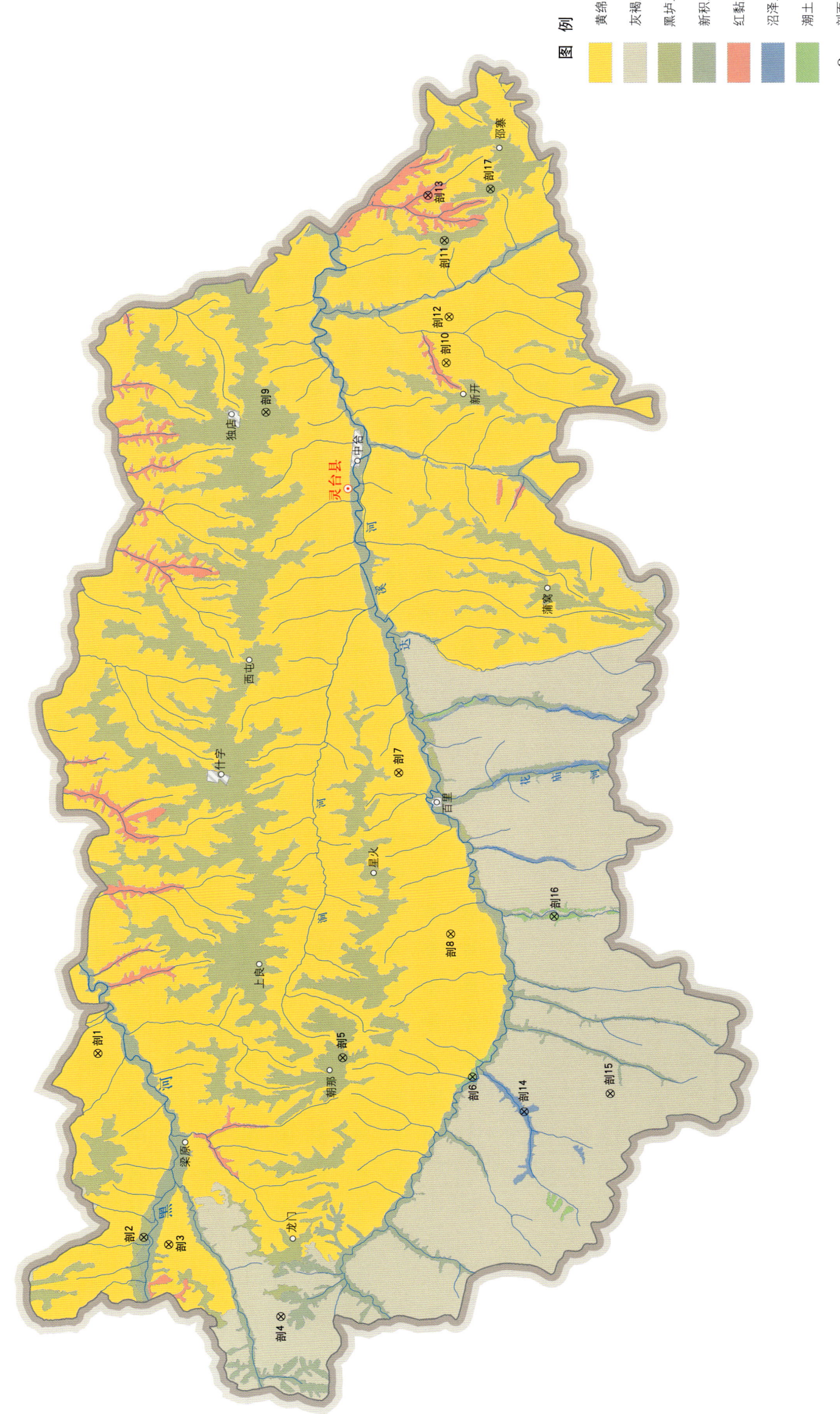

灵台县土壤剖面理化性状表

剖面号 Soil profile	土纲 Soil order	土类 Soil great group	亚类 Soil subgroup	土属 Soil genus	土种 Soil species	土层码 Layer code	土层厚度 Depth/cm	颜色 Soil color	质地 Soil texture	土壤结构 Soil structure	pH	有机质 OM/(g/kg)	全氮 TN/(g/kg)	全磷 TP/(g/kg)	全钾 TK/(g/kg)	有效磷 AP/(mg/kg)	速效钾 AK/(mg/kg)	阳离子交换量 CEC/(cmol/kg)	土壤母质 Parent material	剖面点坐标 Profile coordinate	匹配指数 Matching index/%
剖1	初育土	黄绵土	黄绵土	黄绵土	梯黄绵土	1	0—24	灰黄色	中壤土	粒状	8.5	7.4	0.46	0.73	16.0	3.0	90	8.7	马兰黄土	E 107°13′53.3″ N 35°12′30.9″	86
						2	24—47	黄棕色	中壤土	块状	8.7	6.7	0.42	0.79	19.0	2.0	80	7.9			
						3	47—130	黄棕色	中壤土	块状	8.4	6.6	0.41	0.73	18.0	1.0	55	7.1			
剖2	钙层土	黑垆土	黑垆土	台黑垆土	台黑垆土	1	0—24	浅黄棕色		粒状	8.0	11.1	0.86	1.04	19.0	3.0	160			E 107°06′50.5″ N 35°11′15.4″	74
						P	24—35	黄黄棕色		块状	8.1	9.3	0.72	0.72	19.0	3.0	120				
						3	35—55	棕色		块状	8.2	9.3	0.72	0.62	20.0	3.0	80				
						4	55—90	棕色		棱柱状	8.2	9.6	0.74	0.56	19.0	2.0	80				
						5	90—130	暗棕色		棱柱状	8.2	10.8	0.84	0.60	18.0	4.0	90				
剖3	初育土	黄绵土	黄绵土	黄垆土	坡黄垆土	1	0—15	灰黄色	中壤土	粒状	8.2	7.5	0.45	0.70	18.0	3.0	115	11.6	离石黄土	E 107°06′33.0″ N 35°10′29.7″	100
						2	15—50	灰黄色	中壤土	块状	8.3	8.2	0.49	0.76	17.0	1.0	95	10.8			
						3	50—120	浅黄黄色	中壤土	柱状	8.3	5.1	0.31	0.65	19.0	1.0	80	12.2			
剖4	半淋溶土	灰褐土	石灰性灰褐土	石灰性灰褐土	耕地石灰性灰褐土	1	0—14	灰黄棕色	中壤土	团粒状	8.4	12.3	0.95	0.95	16.0	16.0	145	18.1	离石黄土	E 107°03′42.4″ N 35°07′07.6″	100
						2	14—45	浅黄棕色	中壤土	棱柱状	8.0	8.1	0.63	1.19	15.0	13.0	95	20.5			
						C	45—160	浅黄棕色	中壤土	棱柱状	8.4	11.0	0.85	1.13	13.0	19.0	95	21.6			
剖5	钙层土	黑垆土	黑垆土	塬黑垆土	薄覆盖黑垆土	1	0—23	灰棕色	中壤土		8.3	11.5	0.76	0.70	16.0	3.0	140	12.6		E 107°13′30.0″ N 35°05′02.8″	92
						P	23—29	暗棕色	中壤土	棱柱状	8.3	9.4	0.62	0.68	17.0	5.0	110	13.8			
						3	29—60	暗棕色	中壤土	棱柱状	8.1	9.4	0.62	0.73	12.0	1.0	115	14.0			
						4	60—120	黄棕色	中壤土	柱状	8.2	9.8	0.65	0.61	11.0	3.0	85				
						5	120—140	黄棕色	中壤土	柱状	8.2	6.7	0.44	0.70	10.0	1.0	75				
						6	140—180	浅黄棕色	重壤土	柱状	8.2	5.3	0.35	0.76	16.0	1.0	60				
剖6	半水成土	潮土	黄潮土	黄潮土	黄潮土	1	0—19	浅黄棕色	中壤土	粒状	8.4	8.1	0.49	0.87		5.0	155	12.8	河流冲积物	E 107°12′38.5″ N 35°01′06.1″	81
						P	19—27	浅黄棕色	中壤土	片状	8.4	4.7	0.28	0.80	15.0	3.0	80	13.1			
						3	27—64	灰棕色	中壤土	块状	8.3	4.7	0.28	0.87	20.0	9.0	55	12.7			
						4	64—120	灰黄棕色	重壤土	片状	8.3	10.4	0.65	0.65	15.0	5.0	130	12.8			
剖7	初育土	黄绵土	黄绵土	黄绵土	梯黄绵土	1	0—20	灰黄色	中壤土	粒状	8.4	8.2	0.51	0.65	20.0	3.0	80	13.1	离石黄土	E 107°24′24.8″ N 35°03′06.7″	77
						P	20—26	棕褐色	中壤土	片状	8.5	7.0	0.44	0.70	19.0	3.0	85	12.7			
						3	26—70	棕黄色	重壤土	柱状	8.4	4.6	0.29	0.68	23.0	3.0	115	12.2			
						4	70—120	黄棕色	中壤土	粒状	8.4	12.9	0.80	0.78	22.0	1.0	130	12.8			
剖8	初育土	黄绵土	黄绵土	黄绵土	灰黄绵土	1	0—10	黄棕色	中壤土	块状	8.5	7.3	0.45	0.65	17.0	3.0	80	13.9	离石黄土	E 107°18′08.6″ N 35°01′39.4″	89
						As	10—55	黄棕色	中壤土	柱状	8.5	4.5	0.28	0.65	20.0	3.0	80	17.1			
						C	55—130	浅黄棕色	中壤土	粒状	8.4	11.5	0.76	0.71	17.0	4.0	140	11.6			
剖9	钙层土	黑垆土	黑垆土	塬黑垆土	厚覆盖黑垆土	1	0—18	灰棕色	中壤土	片状	8.3	8.5	0.54	0.71	19.0	2.0	135	10.7	马兰黄土	E 107°38′22.6″ N 35°06′50.4″	87
						P	18—30	暗棕色	中壤土	块状	8.6	8.1	0.71	0.65	14.0	4.0	105	9.6			
						3	30—47	暗棕色	中壤土	棱柱状	8.5	10.7	0.56	0.70	14.0	4.0	80	8.7			
						4	47—93	黄棕色	中壤土	柱状	8.3	8.1	0.39	0.75	12.0	4.0	95	8.5			
						5	93—126	浅黄棕色	中壤土	柱状	8.2	5.9	1.23	0.80	12.0	1.0	75	7.7			
						6	126—151	灰黄棕色	中壤土	粒状	8.4	18.6	0.53	0.70	13.0	3.0	185				
剖10	初育土	黄绵土	黄绵土	黄绵土	灰黄绵土	1	0—12	浅黄棕色	中壤土	块状	8.5	8.0	0.38	0.69	14.0	2.0	75		马兰黄土	E 107°40′05.2″ N 35°01′18.1″	74
						As	12—60	浅黄棕色	中壤土	块状	8.5	5.8		0.70	13.0	1.0	60				
						C	60—120														

续表 Continued

剖面号 Soil profile	土纲 Soil order	土类 Soil great group	亚类 Soil subgroup	土属 Soil genus	土种 Soil species	土层码 Layer code	土层厚度 Depth/ cm	颜色 Soil color	质地 Soil texture	土壤结构 Soil structure	pH	有机质 OM/ (g/kg)	全氮 TN/ (g/kg)	全磷 TP/ (g/kg)	全钾 TK/ (g/kg)	有效磷 AP/ (mg/kg)	速效钾 AK/ (mg/kg)	阳离子 交换量CEC/ (cmol/kg)	土壤母质 Parent material	剖面点坐标 Profile coordinate	匹配指数 Matching index/%
剖11	钙层土	黑垆土	黏黑垆土	黏黑垆土	薄覆盖黏黑垆土	1	0—18	浅棕色	中壤土	粒状	8.4	9.0	0.59	0.77	17.0	1.0	145			E 107° 44′ 46.9″ N 35° 01′ 15.0″	83
						P	18—24	棕色	中壤土	片状	8.6	5.9	0.39	0.57	14.0	2.0	105				
						3	24—61	棕色	中壤土	棱柱状	8.6	6.2	0.41	0.61	15.0	1.0	110				
						4	61—117	暗棕色	重壤土	棱柱状	8.3	10.3	0.68	0.72	19.0	1.0	120				
						5	117—161	浅棕色	中壤土	柱状	8.0	8.0	0.53	0.75	17.0	2.0	115				
						6	161—198	浅棕黄色	重壤土	柱状	8.4	6.1	0.40	0.76	18.0	2.0	120				
剖12	初育土	黄绵土	黄绵土	黄绵土	坡黄绵土	1	0—18	棕色	中壤土	粒状、块状	8.4	6.3	0.39	0.75	15.0	3.0	80	11.1	马兰黄土	E 107° 41′ 51.3″ N 35° 01′ 10.2″	93
						P	18—28	浅棕黄色	中壤土	片状	8.5	8.1	0.50	0.65	15.0	2.0	70	10.9			
						3	28—60	灰黄色	中壤土	块状	8.4	3.8	0.24	0.71	12.0	2.0	60	10.6			
						4	60—130	黄黄色	中壤土	块状	8.6	5.6	0.35	0.72	15.0	1.0	75	10.4			
剖13	初育土	红黏土	红胶土	红胶土	灰红胶土	1	0—3	浅灰棕色	中壤土	粒状	7.9	15.7	1.22	0.67		3.0	200	14.1		E 107° 46′ 32.0″ N 35° 01′ 42.5″	91
						As	3—90	红棕色	重壤土	块状、核状	7.9	6.9	0.53	0.67		12.0	120	17.9			
						C	90—120	红棕色	重壤土	块状、核状	7.7	2.0	0.16	0.56		12.0	145	18.6			
剖14	水成土	沼泽土	沼泽土	沼泽土	沼泽土	A	0—19	黄棕色		块状	7.8	6.7	0.52	1.40	21.0	23.0	110	6.8		E 107° 11′ 15.7″ N 34° 59′ 33.0″	79
						G	19—36	灰棕色		块状	7.9	11.3	0.88	1.28	19.0	22.0	90	7.2			
						W	36—56	浅灰色			8.0	3.6	0.28	1.28	19.0	20.0	50	8.6			
						4	56—	浅灰蓝色			8.0	4.6	0.36	1.50	18.0	22.0	30	10.0			
剖15	半淋溶土	灰褐土	石灰性灰褐土	石灰性灰褐土	石灰性灰褐土	Ao	0—7	暗灰棕色	轻壤土	粒状	8.1	24.6	1.91	0.90	16.0	2.0	500	22.9		E 107° 11′ 52.8″ N 34° 56′ 54.7″	72
						2	7—20	暗灰棕色	中壤土	粒状、块状	8.2	15.5	1.20	0.83	17.0	4.0	230	20.2			
						As	20—40	浅灰棕色	中壤土	块状	7.9	11.4	0.88	0.90	18.0	1.0	170	15.5			
						4	40—80	浅灰棕色	中壤土	块状	8.2	10.3	0.80	0.86	16.0	2.0	50	12.2			
						C	80—130	浅灰棕色	中壤土	柱状	8.1	7.3	0.57	0.85	16.0	3.0	85	10.7			
剖16	半水成土	潮土	黄潮土	黄潮土	漏砂潮土	1	0—21	浅灰黄色	中壤土	粒状	8.5	9.8	0.59	0.83		2.0	110	7.8		E 107° 18′ 42.5″ N 34° 58′ 28.8″	90
						P	21—35	灰黄色	中壤土	片状	8.3	9.3	0.56	0.87		4.0	85	8.6	河流冲积物		
						3	35—93	浅灰棕色	砂壤土	块状	8.6	4.3	0.26	0.92		2.0	40	9.7			
						4	93—130	灰棕色	砂壤土	块状	8.5	4.2	0.25	0.83		3.0	75	9.9			
剖17	钙层土	黑垆土	黏黑垆土	黏黑垆土	厚覆盖黏黑垆土	1	0—18	浅棕色	轻壤土	粒状	8.1	15.1	1.17	0.64	17.0	5.0	150	14.5		E 107° 46′ 42.2″ N 34° 59′ 47.7″	75
						P	18—30	灰棕色	中壤土	片状	8.3	14.0	1.08	0.62	20.0	4.0	115	14.1			
						3	30—48	黄棕色	中壤土	块状	8.3	9.2	0.71	0.53	16.5	3.0	70	13.7			
						4	48—80	暗棕色	重壤土	棱柱状	8.2	8.7	0.67	0.54	19.5	3.0	95	12.0			
						5	80—120	暗棕色	重壤土	棱柱状	8.2	6.8	0.53	0.56	13.5	3.0	85	11.5			
						6	120—175	浅黄棕色	重壤土	柱状	8.5	7.6	0.59	0.70	21.5	3.0	75	10.8			
						7	175—	浅黄棕色	中壤土	柱状	8.4	4.8	0.37	0.74	18.5	3.0	65	10.1			

崇 信 县

主要土类说明

黄绵土是崇信县主要土壤类型，占本县地域面积的58%。黄绵土是由黄土母质直接翻耕形成的初育土。由于土壤侵蚀严重，表层长期遭侵蚀，只能不断加深耕作黄土母质层，因而母质特性明显。土壤无明显发育，为A-C型土。由于风成黄土富含细粉粒，故质地、结构均一，疏松绵软，富含石灰，磷、钾储量较丰富，但有效性差，土壤有机质缺乏。

灰褐土是崇信县第二大土壤类型，占本县地域面积的21%。灰褐土形成于温带干旱、半干旱山地云冷杉下，腐殖质累积与钙积作用明显。该土壤表层有机质含量可达100g/kg，表层下见暗色腐殖质层，有弱黏淀特征。B层呈棕褐色，钙积层在40cm以下出现，铁铝氧化物无移动。

黑垆土是崇信县第三大土壤类型，占本县地域面积的10%。黑垆土是在黄土高原上，由黄土发育而成的土壤。该土壤有机质含量低，但腐殖质层深厚。土体原位黏化，但无明显黏化层，具假菌丝状石灰累积；无盐化，多旱耕。

红黏土占本县地域面积的5%。深厚黄土层下，常见第三纪红色黏土（保德期红黏土）埋藏。厚层黄土层侵蚀殆尽处，红色黏土层露出，形成的母质性状明显的初育土，即红黏土。其黏粒含量高，塑性强，生物作用微弱，母质特性明显，有时夹有砂姜。

新积土占本县地域面积的5%。新积土是由新近冲积、洪积、坡积、塌积或人工堆垫形成的土壤。该土壤成土期短，母质特性明显，具A-C或（A）-C剖面构型。

小于本县地域面积3%的土壤类型有褐土和潮土。

本区域中心区气候特征

本区域中心区气候特征值
Regional climate characteristics in central area of the region

气候带：暖温带亚湿润气候 Climate region: Warm temperate subhumid climate	
年平均气温 /℃ Annual average temperature /℃	9.6
年平均最高气温 /℃ Annual average maximum temperature /℃	15.9
年平均最低气温 /℃ Annual average minimum temperature /℃	4.7
年降水量 /mm Annual precipitation /mm	500
≥10℃的积温 /℃ Daily temperature accumulated in a year (≥10℃) /℃	4246
年日照时数 /h Annual sunshine /h	2241
年平均相对湿度 /% Annual average relative humidity /%	66
干燥度 Dryness	1.14

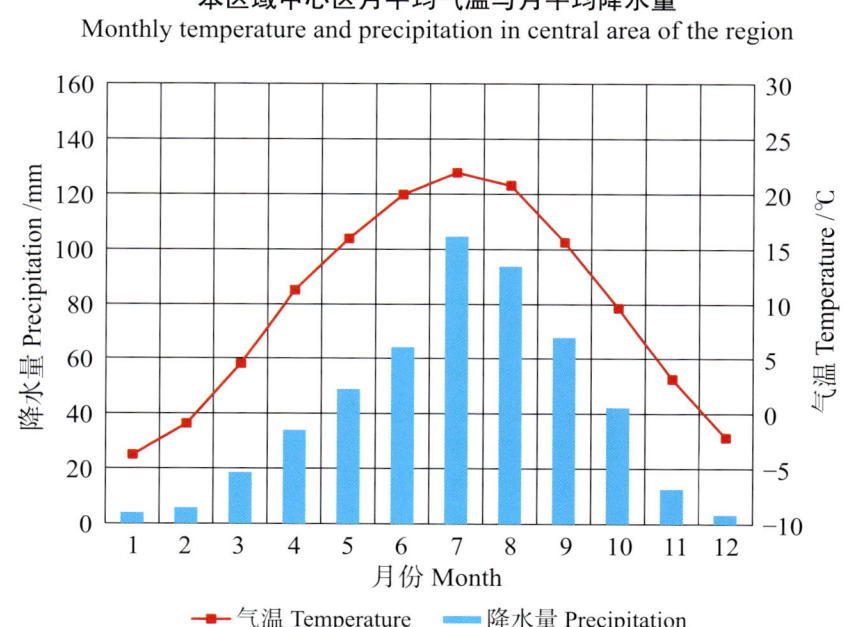

本区域中心区月平均气温与月平均降水量
Monthly temperature and precipitation in central area of the region

崇信县主要土壤类型与土壤剖面点分布图
1∶160 000

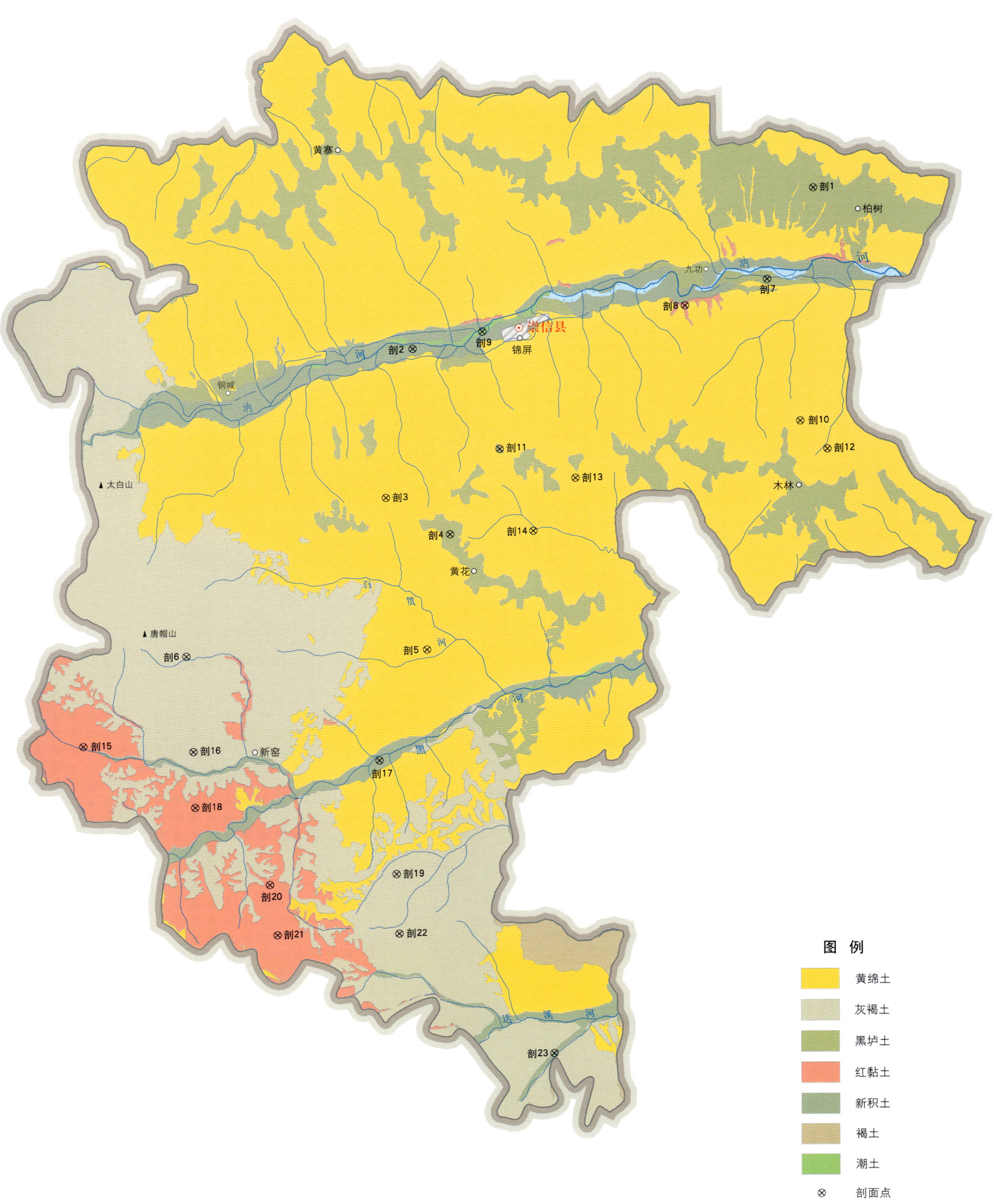

崇信县土壤剖面理化性状表

剖面号 Soil profile	土纲 Soil order	土类 Soil great group	亚类 Soil subgroup	土属 Soil genus	土种 Soil species	土层码 Layer code	土层厚度 Depth/cm	颜色 Soil color	质地 Soil texture	土壤结构 Soil structure	pH	有机质 OM/(g/kg)	全氮 TN/(g/kg)	全磷 TP/(g/kg)	有效磷 AP/(mg/kg)	速效钾 AK/(mg/kg)	阳离子交换量CEC/(cmol/kg)	土壤母质 Parent material	剖面点坐标 Profile coordinate	匹配指数 Matching index/%
剖1	钙层土	黑垆土	黑垆土	覆盖黑垆土	塬厚覆盖黑垆土	1	0—16	灰黄棕色	中壤土	团粒状	8.4	10.8	0.90	1.79	6.0	220	10.1	马兰黄土	E 107°08′53.9″ N 35°21′05.0″	94
						P	16—25	黄棕色	中壤土	片状	8.5	9.1	0.83	1.63	4.8	220	5.8			
						3	25—34	黄棕色	中壤土	块状	8.6	8.9	0.77	1.50	5.6	133	9.5			
						4	34—110	深黄棕色	中偏重壤土	块状、柱状	8.5	7.9	0.64	1.34	2.8	86	14.0			
						5	110—139	深黄棕色	中偏重壤土	块状、柱状	8.4	6.3	0.62	1.29	2.7	67	12.2			
						6	139—184	棕黄色	中壤土	块状	8.5	3.1	0.49	1.99	2.7	54				
						C	184—	黄色												
剖2	初育土	新积土	新积土	石灰性新积土	黄淀土	1	0—19	灰黄棕色	中壤土	片状	8.3	9.8	0.71	1.55	12.4	189	11.3	河谷次生黄土	E 106°58′50.9″ N 35°17′52.4″	77
						P	19—29	灰黄棕色	中壤土	片状	8.4	8.5	0.70	1.52	6.7	177	10.9			
						3	29—57	棕黄色	中壤土	片状	8.5	5.0	0.51	1.46	6.1	122	9.1			
						4	57—110	棕色	重壤土	块状	8.5	4.5	0.47	1.41	4.0	98	11.9			
						5	110—	棕色	中壤土	块状	8.4		0.45	1.37	3.8	171	20.3			
剖3	初育土	黄绵土	黄绵土	黄绵土	梯黄墡土	1	0—9	灰黄色	中壤土	片块状	8.6	11.1	0.74	1.19	3.9	90	9.0	离石黄土	E 106°58′05.7″ N 35°14′44.8″	87
						P	9—19	灰黄色	中壤土	片块状	8.8	10.2	0.70	1.12	2.8	79	10.3			
						3	19—150	棕色	中壤土	块状	8.6	3.5	0.36	0.97	2.4	71	11.0			
剖4	钙层土	黑垆土	黑垆土	覆盖黑垆土	塬薄覆盖黑垆土	1	0—17	灰黄色	中壤土	团粒状	8.5	11.9	0.87	1.57	6.0	106	13.4	马兰黄土	E 106°59′40.1″ N 35°13′56.6″	84
						P	17—26	灰黄色	中壤土	片状	8.5	11.8	0.87	1.25	4.3	106	13.5			
						3	26—61	暗棕色	重壤土	块状、柱状	8.4	12.4	0.76	1.10	4.2	94	19.3			
						4	61—82	深棕黄色	重壤土	块状	8.2	7.7	0.57	1.25	4.2	94	18.4			
						5	82—132	棕黄色	重壤土	块状	8.3	6.6	0.34	1.15	3.6	71	15.8			
						6	132—150	棕色	中偏重壤土	块状	8.5	4.9	0.45	1.08	2.8	59	11.2			
						C	150—													
剖5	初育土	黄绵土	黄绵土	黄绵土	坡黄墡土	1	0—6	黄色	中壤土	粒状、块状	8.4	5.1	0.57	1.60	3.1	83	9.8	离石黄土	E 106°59′01.5″ N 35°11′32.0″	75
						P	6—59	红黄色	中壤土	块状	8.3	4.0	0.46	1.44	2.0	71	9.2			
						3	59—120	红黄色	中壤土	块状	8.3	4.1	0.39	1.33	2.0	67	8.5			
剖6	半淋溶土	灰褐土	淋溶灰褐土	淋溶灰褐土	淋溶灰褐土	Ao	0—3	黑褐色	轻壤土	圆柱状	8.0	91.1	4.88	1.63	8.2	306	34.9		E 106°53′02.6″ N 35°11′29.8″	73
						A₁	3—16	黑褐色	轻壤土	圆柱状	8.1	49.3	2.90	1.33	5.3	134	25.7			
						B	16—36	黑褐色	轻壤土	块状	8.4	19.1	1.32	1.26	2.1	76	17.0			
剖7	钙层土	黑垆土	黑垆土	覆盖黑垆土	台原覆盖黑垆土	1	0—103	灰黄色	中壤土	粉粒状	8.5	9.3	0.70	1.60	7.0	125	9.4	马兰黄土	E 107°07′42.1″ N 35°19′10.2″	96
						2	103—223	黄棕色	中壤土	棱柱状	8.6	8.5	0.59	1.43	2.8	102	15.8			
						3	223—273	黄棕色	中壤土	棱柱状	8.5	5.5	0.45	1.41	2.1	90	10.6			
						C	273—	黄色	中壤土	柱状	8.6	4.4	0.33	1.39	2.1	43	9.2			
剖8	初育土	红黏土	红土	红土	灰红土	A	0—15	浅灰红色	重壤土	片状	8.2	2.1	0.26	1.42	4.8	137	9.7	第四纪午城黄土	E 107°05′38.5″ N 35°18′39.4″	76
						C	15—30	灰红色	重壤土	块状	8.4	1.3	0.23	1.16	5.7	191	11.0			
剖9	半水成土	潮土	潮土	黄潮土	黄潮土	1	0—12	黄色	砂壤土	粉粒状	8.5	6.4	0.44	1.78	5.5	71	8.2	河流冲积物	E 107°00′35.3″ N 35°18′12.2″	85
						2	12—51	黄色	砂壤土	粒状	8.5	3.4	0.23	1.73	5.4	51	7.6			
						3	51—75	黄色	砂壤土	块状	8.7	2.3	0.21	1.45	5.0	43	6.4			
						4	75—													
剖10	初育土	黄绵土	黄绵土	黄绵土	坡黄绵土	1	0—16	黄色	中壤土	粒状、块状	8.3	8.1	0.70	1.37	8.4	106	10.5	马兰黄土	E 107°08′26.0″ N 35°16′11.0″	70
						2	16—30	黄色	中壤土	块状	8.4	3.6	0.38	1.27	3.2	67	9.5			
						C	30—100	黄色	中壤土	块状	8.5	3.0	0.28	1.24	1.4	47	8.6			

续表 Continued

剖面号 Soil profile	土纲 Soil order	土类 Soil great group	亚类 Soil subgroup	土属 Soil genus	土种 Soil species	土层码 Layer code	土层厚度 Depth/cm	颜色 Soil color	质地 Soil texture	土壤结构 Soil structure	pH	有机质 OM/(g/kg)	全氮 TN/(g/kg)	全磷 TP/(g/kg)	有效磷 AP/(mg/kg)	速效钾 AK/(mg/kg)	阳离子交换量CEC/(cmol/kg)	土壤母质 Parent material	剖面点坐标 Profile coordinate	匹配指数 Matching index/%
剖11	钙层土	黑垆土	黑垆土	黑垆土	堰黑垆	1	0—14	浅棕色	中偏重壤土	团粒状	8.3	9.2	0.79	1.33	4.6	114	9.7	马兰黄土	E 107°00′56.5″ N 35°15′43.6″	74
						P	14—24	浅棕色	重壤土	片状	8.3	0.7	0.64	1.30	4.8	63	10.3			
						3	24—102	棕色	重壤土	块状	8.5	6.0	0.53	1.26	4.1	55	10.7			
						4	102—139	棕色	中偏重壤土	块状	8.6	4.5	0.47	1.24	2.1	51	8.8			
						C	139—150	黄色	中壤土	块状	8.4	0.5	0.44	1.20	1.7	55	9.4			
剖12	初育土	黄绵土	黄绵土	灰黄绵土	灰黄绵土	As	0—6	黄色	轻壤土	粒状、块状	8.2	24.2	1.46	1.66	4.4	228	10.8	马兰黄土	E 107°09′05.5″ N 35°15′34.1″	86
						B	6—37	黄色	中壤土	块状	8.5	5.9	0.63	1.44	3.5	83	9.1			
						C	37—95	黄色	中壤土	块状	8.6	4.2	0.63	1.32	1.7	71	7.9			
剖13	初育土	黄绵土	黄绵土	黄绵土	梯黄绵土	1	0—10	浅黄色	中壤土	粉粒状	8.2	12.1	0.94	1.71	4.8	165	10.2	马兰黄土	E 107°02′48.6″ N 35°15′04.6″	86
						P	10—14	浅黄色	中壤土	块状、片状	8.3	11.4	0.94	1.35	3.5	167	10.7			
						3	14—44	黄色	中壤土	块状	8.5	6.2	0.63	1.26	2.5	71	8.7			
						4	44—71	黄色	中壤土	块状	8.4	2.6	0.47	1.22	2.5	71				
						C	71—145	深黄色	中壤土	粒状、块状	8.5	2.6	0.44	1.20	2.1	79				
剖14	初育土	黄绵土	黄绵土	灰黄绵土	灰黄绵土	1	0—11	灰棕色	中偏轻壤土	小块状	8.2	23.6	1.56	1.58	4.5	141	12.7	离石黄土	E 107°01′44.0″ N 35°13′58.8″	81
						2	11—37	灰棕色	中壤土	块状	8.4	11.5	0.94	1.46	2.1	71	11.4			
						3	37—68	黄棕色	中壤土	块状	8.6	6.0	0.68	1.41	2.1	59	10.2			
						4	68—120	黄棕色	中壤土	块状	8.5	5.0	0.58	1.39	2.0	67	9.8			
						5	120—145	黄棕色	中壤土	片状	8.5	4.5	0.47	1.35	4.4	95				
剖15	初育土	红黏土	红土	灰红砂土	灰红砂土	A	0—12	棕红色	中壤土	片状	8.2	10.9	0.79	1.30	2.5	167	10.8	红土	E 106°50′26.2″ N 35°09′37.8″	92
						2	12—40	浅棕红色	中壤土	片块状	8.3	8.9	0.73	1.26	1.2	108	10.8			
						C	40—60		中壤土		8.3	7.8	0.71	1.24	1.8	106	9.9			
剖16	半淋溶土	灰褐土	淋溶灰褐土	耕种淋溶灰褐土		1	0—11	灰棕色	中壤土	粒状、块状	8.2	11.1	0.89	1.29	5.5	125	29.5	河谷次生黄土	E 106°57′46.8″ N 35°09′12.0″	80
						2	11—22	灰棕色	中壤土	片状	8.2	10.4	0.82	1.25	3.9	98	22.4			
						3	22—64		中壤土	柱状	7.9	6.8	0.64	1.12	5.3	86	20.2			
剖17	初育土	新积土	新积土	石灰性新积土	心砂土	1	0—9	黄色	轻壤土	粒状	8.3	8.2	0.68	1.64	6.2	79	9.8	红泥砂岩	E 106°53′09.6″ N 35°13′28.1″	86
						P	9—15	黄色	轻壤土	片状	8.2	6.5	0.62	1.64	5.8	79	9.7			
						3	15—58	黄色	砂土	砂粒状	8.5	3.9	0.34	1.59	4.6	63	8.6			
						4	58—95	黄色	轻偏砂壤土		8.3	2.6	0.29	1.51	5.7	47	7.9			
						5	95—	深黄色			8.5	2.2	0.27	1.41	3.5	40				
剖18	初育土	红黏土	红土	红砂土	坡红砂土	1	0—10	棕色	中壤土	粉粒状	8.1	22.9	1.37	1.51	4.6	177	19.0	红泥砂岩	E 106°53′10.6″ N 35°08′17.6″	73
						C	10—40	棕色	中壤土	小块状	8.5	10.3	0.82	1.09	2.1	177	18.6			
						R	40—				8.7									
剖19	半淋溶土	灰褐土	石灰性灰褐土	石灰性灰褐土	石灰性灰褐土	Ao	0—3				8.2							离石黄土	E 106°58′08.0″ N 35°06′47.9″	84
						A₁	3—19	黄灰色	中偏轻壤土	小块状	8.0	53.9	2.59	1.26	4.5	275	17.4			
						A₂	19—37	黄灰色	中壤土	小块状	8.2	30.7	1.57	1.04	2.1	110	13.3			
						B	37—96	红黄色	中壤土	块状	8.5	7.9	0.51	0.92	1.5	63	9.7			
						C	96—	红黄色	中壤土	块状	8.5	3.6	0.22	0.88	1.6	75	9.7			
剖20	初育土	红黏土	红土	红胶土	坡红胶土	A	0—11	灰黄色	重壤土	块状	8.1	8.0	0.70	1.00	3.2	145	22.5	红土	E 106°54′58.8″ N 35°06′37.8″	97
						C	11—120	红黄色	重壤土	块状	8.5	7.4	0.65	0.79	2.9	137	21.3			
剖21	初育土	红黏土	红土	灰红胶土	灰红胶土	A	0—10	灰黄色	重壤土	粉粒状	8.5	4.2	0.31	1.56	3.1	161	16.7	红土	E 106°55′08.3″ N 35°05′34.2″	86
						C	10—	棕红色	中壤土	小块状	8.7	1.2	0.23	1.30	1.8	122	13.1			
剖22	半淋溶土	灰褐土	石灰性灰褐土	耕种石灰性灰褐土	耕种石灰性灰褐土	1	0—12	灰黄棕色	中壤土	圆柱状	8.2	29.3	1.13	1.78	16.8	181	15.6	离石黄土	E 106°58′09.9″ N 35°05′32.6″	91
						P	12—20	灰黄棕色	中壤土	块状	8.3	13.5	1.01	1.67	4.4	133	13.3			
						3	20—43	黄棕色	中壤土	块状	9.3	9.8	0.72	1.54	2.1	86	13.3			
						4	43—68	棕黄色	中壤土	块状	8.5	7.2	0.51	1.52	2.1	63	12.9			
						5	68—168	棕黄色	中壤土	块状	8.4		0.62	1.43	2.1	63				

续表 Continued

剖面号 Soil profile	土纲 Soil order	土类 Soil great group	亚类 Soil subgroup	土属 Soil genus	土种 Soil species	土层码 Layer code	土层厚度 Depth/cm	颜色 Soil color	质地 Soil texture	土壤结构 Soil structure	pH	有机质 OM/(g/kg)	全氮 TN/(g/kg)	全磷 TP/(g/kg)	有效磷 AP/(mg/kg)	速效钾 AK/(mg/kg)	阳离子交换量CEC/(cmol/kg)	土壤母质 Parent material	剖面点坐标 Profile coordinate	匹配指数 Matching index/%
剖23	初育土	新积土	新积土	砂砾质新积土	黄砂土	1	0—11	黄色	轻壤偏砂土	砂粒状	8.5	9.6	0.73	1.58	20.8	224	8.8	河谷次生黄土	E 107°01′53.0″ N 35°02′55.9″	78
						P	11—20	黄色	砂壤土	片状	8.4	7.2	0.28	1.45	4.4	119	8.2			
						3	20—75	黄色	砂土	块状	8.8	2.5	0.22	1.29	3.7	39	5.9			
						4	75—													

庄 浪 县

主要土类说明

黄绵土是庄浪县主要土壤类型，占本县地域面积的44%，主要分布在梁峁、山坡、湾掌地和沟台地。成土母质为马兰黄土。其剖面基本上由耕层、犁底层和底土层组成，上下层次不明显，全剖面呈浅黄棕色，土壤性状与母质相似，肥力较低。肥力因地面坡度、熟化层厚薄而异，梯田和村庄周围的耕地肥力较高，其他地方肥力较低。荒坡地土壤有机质含量约为25g/kg，比耕地高11.3倍。黄绵土松散绵软，不砂不黏，质地为中壤土，耕性良好，透水性强。

黑垆土是庄浪县第二大土壤类型，占本县地域面积的30%，主要分布在河谷川台地和比较平缓的梁峁、湾掌地，是本县肥力较高、稳产高产的旱作土壤。黑垆土是在黄土高原上，由黄土发育而成的土壤。该土壤有机质含量低，但腐殖质层深厚。土体原位黏化，但无明显黏化层，具假菌丝状石灰累积；无盐化，多旱耕。

灰褐土是庄浪县第三大土壤类型，占本县地域面积的14%。灰褐土形成于温带干旱、半干旱山地云冷杉下，腐殖质累积与钙积作用明显。该土壤表层有机质含量可达100g/kg，表层下见暗色腐殖质层，有弱黏淀特征。B层呈棕褐色，钙积层在40cm以下出现，铁铝氧化物无移动。

红黏土占本县地域面积的6%，分布在黄土沟谷中下部、沟床两侧坡脚处和关山一带。成土母质为红土和午城黄土。其黏粒含量高，塑性强，生物作用微弱，母质特性明显。

山地草甸土占本县地域面积的4%。山地草甸土是在海拔2500m以上的草原植被和灌丛草原植被下形成的土壤。由于海拔高，气温低，微生物活动较弱，有机质分解缓慢，全剖面呈棕黑色。

小于本县地域面积3%的土壤类型有褐土。

本区域中心区气候特征

本区域中心区气候特征值
Regional climate characteristics in central area of the region

气候带：中温带亚湿润气候 Climate region: Mid temperate subhumid climate	
年平均气温 /℃ Annual average temperature /℃	9.6
年平均最高气温 /℃ Annual average maximum temperature /℃	15.9
年平均最低气温 /℃ Annual average minimum temperature /℃	4.6
年降水量 /mm Annual precipitation /mm	469
≥10℃的积温 /℃ Daily temperature accumulated in a year (≥10℃) /℃	3795
年日照时数 /h Annual sunshine /h	2245
年平均相对湿度 /% Annual average relative humidity /%	64
干燥度 Dryness	1.24

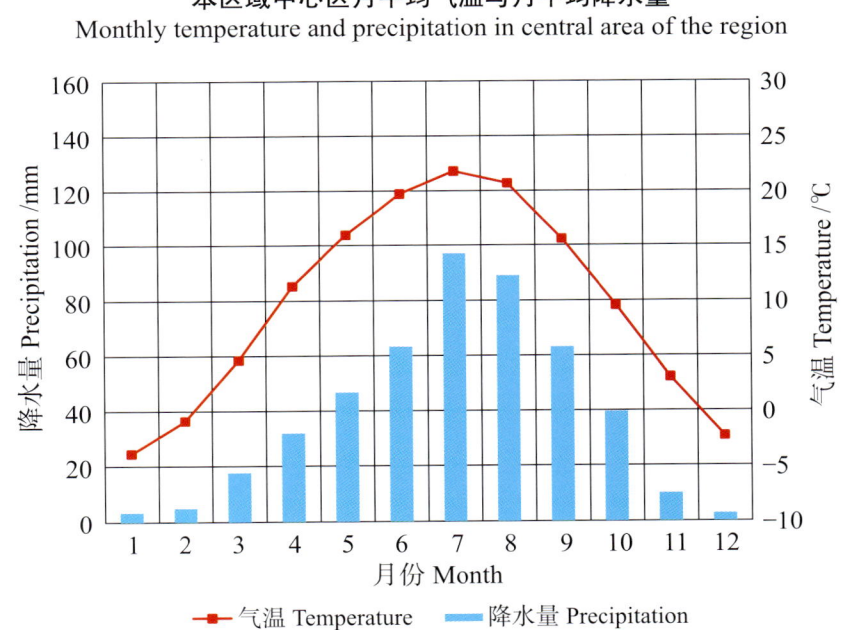

本区域中心区月平均气温与月平均降水量
Monthly temperature and precipitation in central area of the region

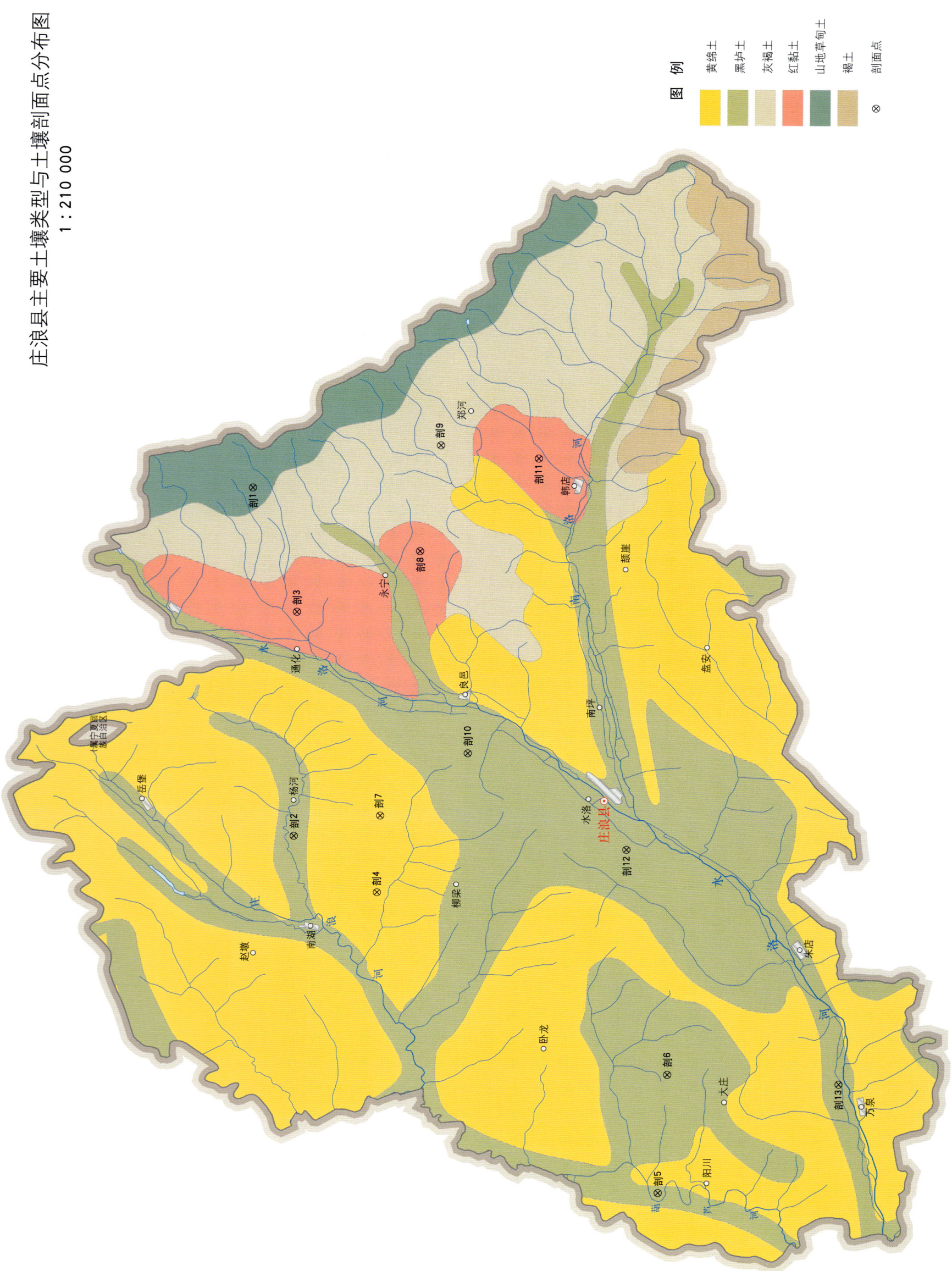

庄浪县土壤剖面理化性状表

剖面号 Soil profile	土纲 Soil order	土类 Soil great group	亚类 Soil subgroup	土属 Soil genus	土种 Soil species	土层码 Layer code	土层厚度 Depth/cm	颜色 Soil color	质地 Soil texture	土壤结构 Soil structure	pH	有机质 OM/(g/kg)	全氮 TN/(g/kg)	全磷 TP/(g/kg)	有效磷 AP/(mg/kg)	速效钾 AK/(mg/kg)	阳离子交换量CEC/(cmol/kg)	土壤母质 Parent material	剖面点坐标 Profile coordinate	匹配指数 Matching index/%
剖1	半水成土	山地草甸土	山地草甸土	灌丛草甸土	灌丛草甸土	1	0—2	暗棕黑色	中壤土	团粒状	7.1	128.6	4.79	1.11	8.0	565	39.4		E 106°12′51.3″ N 35°21′47.4″	77
						2	2—30	暗棕黑色	中壤土	团粒状	7.0	90.8	4.67	1.10	3.0	203	23.1			
						3	30—50	棕色	中壤土	柱状、块状	7.2	46.2	2.50	1.09	2.0	203	23.7			
剖2	钙层土	黑垆土	黑垆土	川黑垆土	川覆盖黑垆土	1	0—18	暗灰黄色	中壤土	粒状	8.4	13.4	0.86	0.75	4.0	202	20.5	马兰黄土	E 106°00′49.3″ N 35°20′43.1″	73
						2	18—22	暗灰黄色	中壤土	块状、片状	8.5	12.4	0.89	0.71	2.0	138	17.7			
						3	22—55	灰黄黄色	中壤土	块状	8.7	8.6	0.72	0.63	4.0	136	14.7			
						4	55—115	棕黄色	中壤土	柱状、块状	8.4	12.9	0.78	0.64	4.0	116	17.6			
						5	115—150	黄黄色	中壤土	块状	8.5	6.7	0.44	0.59	2.0	107	12.6			
剖3	初育土	红黏土	红黏土	红胶土	灰红胶土	1	0—12	灰红色	重壤土	粒状、块状	8.2	17.8	1.27	0.68	1.0	208	13.7	红土	E 106°08′33.4″ N 35°20′36.2″	100
						2	12—150	红色	轻黏土	块状	8.3	5.1	0.37	0.53	2.0	186	12.3			
剖4	初育土	黄绵土	黄绵土	黄黄土	坡黄黄土	1	0—18	浅黄色	中壤土	粒状	8.5	8.6	0.63	0.64	4.0	155	10.6	马兰黄土	E 105°58′50.2″ N 35°18′27.0″	70
						2	18—22	浅黄色	中壤土	块状	8.5	8.0	0.61	0.66	3.0	130	10.0			
						3	22—150	黄色	中壤土	块状	8.3	7.4	0.44	0.62	2.0	128	11.2			
剖5	钙层土	黑垆土	黑垆土	川黑垆土	川黑垆土	1	0—20	暗黄色	重壤土	粒状	8.3	16.8	0.86	0.78	7.0	262	15.4	马兰黄土	E 105°48′30.4″ N 35°10′46.4″	100
						2	20—26	暗黄色	重壤土	块状	8.5	15.6	0.74	0.75	5.0	268	14.9			
						3	26—68	黑色	轻黏土	柱状、块状	8.5	12.4	0.55	0.72	2.0	167	17.9			
						4	68—150	棕黄色	中壤土	块状	8.1	6.2	0.27	7.40	8.0	361	10.2			
剖6	初育土	黄绵土	黄绵土	台黑垆土	台黄黄土	1	0—20	灰黄色	重壤土	粒状	8.3	14.1	0.94	0.83	1.0	232	10.0	马兰黄土	E 105°52′31.8″ N 35°10′31.1″	93
						2	20—24	灰黄色	中壤土	片状	8.4	11.4	0.75	0.80	1.0	143	9.4			
						3	24—80	浅黄色	中壤土	块状	8.5	9.2	0.57	1.02	1.0	127	8.8			
						4	80—140	黄黄色	中壤土	柱状、块状	8.4	8.8	0.66	0.98	1.0	94	9.8			
						5	140—180	浅黄黑色	重壤土	块状、柱状	8.4	15.7	0.88	1.20	2.0	95	14.8			
剖7	初育土	黄绵土	黄绵土	黄黄土	黄黄土	1	0—6	灰色	重壤土	粒状	8.1	26.8	1.48	0.71	3.0	207	12.9	马兰黄土	E 106°01′30.7″ N 35°18′21.2″	88
						2	6—20	暗黄色	重壤土	片状	8.3	18.5	1.04	0.65	2.0	211	11.4			
						3	20—150	浅黄色	中壤土	柱状、块状	8.4	11.2	0.63	0.70	4.0	117	11.6			
剖8	初育土	红黏土	红黏土	红砂土	灰红砂土	1	0—10	褐色	中壤土	粒状、粉状	8.1	17.2	1.03	0.60	1.0	138	21.0	砂岩	E 106°10′38.3″ N 35°17′13.9″	99
						2	10—18	棕色	中壤土	柱状、块状	8.5	9.5	0.58	0.72	1.0	138	20.6			
						3	18—	深棕色	中壤土	棱状、柱状	8.2	4.5	0.25	0.91	1.0	142	19.9			
剖9	半淋溶土	灰褐土	石灰性灰褐土	石灰性灰褐土	耕种石灰性灰褐土	1	0—20	暗灰黄色	重壤土	粒状	8.6	15.6	0.87	0.59	1.0	120	12.7		E 106°14′16.4″ N 35°16′38.6″	93
						2	17—20	暗灰色	重壤土	片状	8.9	17.2	0.88	0.66	1.0	137	17.0			
						3	20—30	灰黄色	中壤土	粒状、块状	8.5	18.7	0.89	0.61	1.0	100	20.3			
						4	30—80	灰黄色	中壤土	片状、块状	8.3	10.7	0.63	0.57	1.0	103	16.9			
						5	80—150	灰黄色	中壤土	块状、柱状	8.6	11.4	0.55	0.60	1.0	103	16.5			
剖10	钙层土	黑垆土	黑垆土	台黑垆土	台覆盖黑垆土	1	0—20	灰棕黄色	重壤土	粒状	8.4	14.1	0.84	0.65	1.0	124	17.6	马兰黄土	E 106°03′39.3″ N 35°15′56.9″	75
						2	20—24	灰棕黄色	重壤土	片状、块状	8.5	16.3	0.87	0.72	1.0	119	16.6			
						3	24—33	棕黑色	重壤土	柱状、块状	8.3	19.0	0.92	0.74	1.0	105	17.7			
						4	33—54	棕黑色	重壤土	柱状、块状	8.6	16.8	0.98	0.64	1.0	152	14.4			
						5	54—150	棕红色	重壤土	粒状、块状	8.6	15.6	0.84	0.58	1.0	93	14.2			
剖11	初育土	红黏土	红黏土	红胶土	坡红胶土	1	0—18	棕红色	轻黏土	棱状、块状	8.4	11.6	0.78	0.63	4.0	130	10.8	红土	E 106°13′48.0″ N 35°13′58.4″	91
						2	18—150	浅红色			8.4	4.9	0.37	0.51	2.0	106	8.2			

续表 Continued

剖面号 Soil profile	土纲 Soil order	土类 Soil great group	亚类 Soil subgroup	土属 Soil genus	土种 Soil species	土层码 Layer code	土层厚度 Depth/cm	颜色 Soil color	质地 Soil texture	土壤结构 Soil structure	pH	有机质 OM/(g/kg)	全氮 TN/(g/kg)	全磷 TP/(g/kg)	有效磷 AP/(mg/kg)	速效钾 AK/(mg/kg)	阳离子交换量CEC/(cmol/kg)	土壤母质 Parent material	剖面点坐标 Profile coordinate	匹配指数 Matching index/%
剖12	钙层土	黑垆土	黑麻土	梁黑麻土	梁梯黑麻土	1	0—17	灰黄色	中壤土	粒状、块状	8.4	13.4	0.87	0.60	4.0	148	12.5	马兰黄土	E 106°00′18.0″ N 35°11′37.3″	99
						2	17—21	灰黄色	中壤土	片状	8.4	13.1	0.81	0.60	2.0	106	12.7			
						3	21—47	黄色	中壤土	块状	8.5	12.2	0.76	0.58	2.0	91	11.2			
						4	47—84	灰黑色	中壤土	柱状、块状	8.4	13.4	0.73	0.62	2.0	140	13.2			
						5	84—150	黑色	中壤土	柱状、块状	8.3	17.6	0.88	0.64	1.0	118	13.7			
剖13	钙层土	黑垆土	黑麻土	梁黑麻土	梁覆盖黑麻土	1	0—20	黄色	中壤土	粒状	8.3	13.8	0.94	0.73	2.0	125	11.7	马兰黄土	E 105°52′10.9″ N 35°05′49.9″	82
						2	20—26	黄色	中壤土	片状	8.4	12.9	0.93	0.60	2.0	133	10.8			
						3	26—69	灰黄色	中壤土	粒状、块状	8.3	12.0	0.73	0.61	1.0	120	10.1			
						4	69—110	棕色	重壤土	柱状、块状	8.4	16.6	1.07	0.66	1.0	101	16.4			
						5	110—150	浅棕黄色	重壤土	柱状、块状	8.2	10.8	0.55	0.61	1.0	105	11.7			

静 宁 县

主要土类说明

黄绵土是静宁县主要土壤类型，占本县地域面积的81%。黄绵土是由黄土母质直接翻耕形成的初育土。由于土壤侵蚀严重，表层长期遭侵蚀，只能不断加深耕作黄土母质层，因而母质特性明显。土壤无明显发育，为A–C型土。由于风成黄土富含细粉粒，故质地、结构均一，疏松绵软，富含石灰，磷、钾储量较丰富，但有效性差，土壤有机质缺乏。

黑垆土是静宁县第二大土壤类型，占本县地域面积的18%。黑垆土是在黄土高原上，由黄土发育而成的土壤。该土壤有机质含量低，但腐殖质层深厚。土体原位黏化，但无明显黏化层，具假菌丝状石灰累积；无盐化，多旱耕。

小于本县地域面积3%的土壤类型有红黏土。

本区域中心区气候特征

本区域中心区气候特征值
Regional climate characteristics in central area of the region

气候带：中温带亚湿润气候 Climate region: Mid temperate subhumid climate	
年平均气温 /℃ Annual average temperature /℃	9.6
年平均最高气温 /℃ Annual average maximum temperature /℃	16.1
年平均最低气温 /℃ Annual average minimum temperature /℃	4.5
年降水量 /mm Annual precipitation /mm	426
≥10℃的积温 /℃ Daily temperature accumulated in a year (≥10℃) /℃	3515
年日照时数 /h Annual sunshine /h	2278
年平均相对湿度 /% Annual average relative humidity /%	62
干燥度 Dryness	1.38

本区域中心区月平均气温与月平均降水量
Monthly temperature and precipitation in central area of the region

静宁县主要土壤类型与土壤剖面点分布图
1 : 310 000

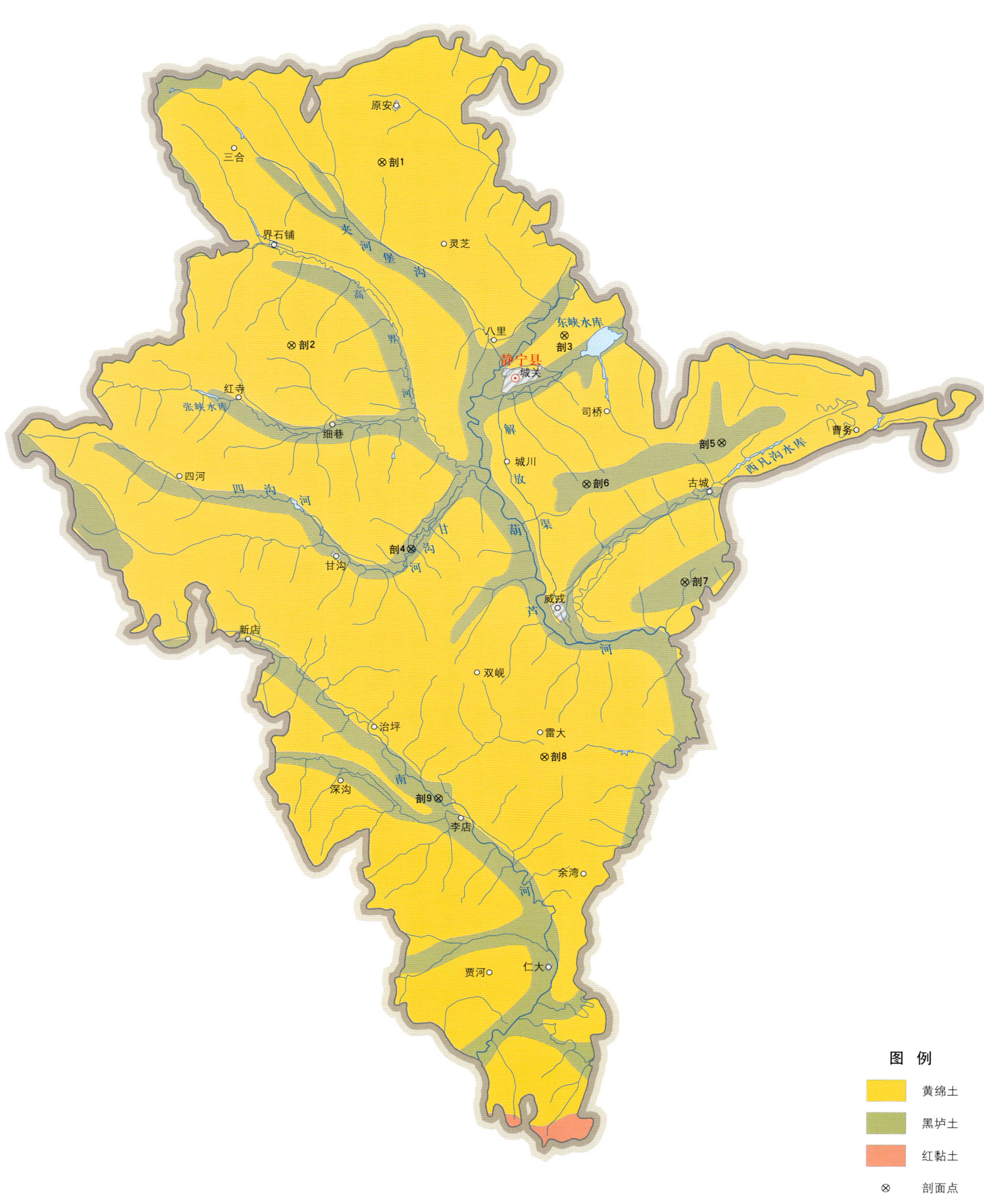

静宁县土壤剖面理化性状表

剖面号 Soil profile	土纲 Soil order	土类 Soil great group	亚类 Soil subgroup	土属 Soil genus	土种 Soil species	土层码 Layer code	土层厚度 Depth/cm	颜色 Soil color	质地 Soil texture	pH	有机质 OM/(g/kg)	全氮 TN/(g/kg)	全磷 TP/(g/kg)	有效磷 AP/(mg/kg)	速效钾 AK/(mg/kg)	阳离子交换量CEC/(cmol/kg)	土壤母质 Parent material	剖面点坐标 Profile coordinate	匹配指数 Matching index/%
剖1	初育土	黄绵土	黄绵土	黄绵土	坡灰黄黄绵土	A	0–25	暗黄色	重壤土	8.3	19.2	1.37	0.73	10.0	133	12.2	马兰黄土	E 105°37′25.3″ N 35°39′54.0″	75
						2	25–110	浅黄色	重壤土	8.2	11.1	0.81	0.70	4.0	71	10.3			
剖2	初育土	黄绵土	黄绵土	黄绵土	粗骨质黄绵土	A	0–17	灰黄色	中壤土	8.5	14.7	0.53	0.54	3.0	152	10.1	马兰黄土	E 105°33′10.1″ N 35°32′42.4″	89
						C	17–80	灰黄色	中壤土	8.5	14.2	0.57	0.49	3.0	71	7.1			
						D	80—												
剖3	初育土	黄绵土	黄绵土	黄绵土	坡黄绵土	1	0–10	浅棕黄色	中壤土	8.2	8.5	0.63	0.70	9.0	169	8.7	马兰黄土	E 105°45′52.9″ N 35°33′03.6″	98
						2	10—	浅黄色	中壤土	8.3	6.9	0.58	0.65	7.0	148	8.0			
剖4	钙层土	黑垆土	黑垆土	川黑垆土	退化沼泽黑垆土	1	0–11	浅棕色	轻黏土	8.5	15.0	0.91	0.84	11.0	165	10.1	马兰黄土	E 105°38′42.4″ N 35°24′41.0″	94
						P	11–19	浅棕色	轻黏土	8.6	16.9	0.83	0.71	1.0	103	10.6			
						3	19–35	棕黄色	轻黏土	8.6	15.7	0.84	0.77	3.0	98	10.3			
						4	35–90	灰黄色	重壤土	8.7	5.1	0.33	0.60	2.0	61	7.6			
						5	90–146	灰黄色											
剖5	钙层土	黑垆土	黑垆土	台黑垆土	台覆盖黑垆土	1	0–17	灰黄色	重壤土	8.6	9.4	1.14	0.72	13.0	343	10.4		E 105°53′10.1″ N 35°28′48.1″	81
						P	17–24	灰黄色	重壤土	8.6	7.0	0.95	0.63	3.0	102	10.0			
						3	24–64	暗棕色	重壤土	8.5	6.8	0.92	0.63	3.0	148	11.6			
						4	64–100	浅棕黄色	重壤土	8.5	8.0	0.92	0.64	2.0	102	10.7			
						5	100–176	灰黄色	中壤土	8.4	5.2	0.71	0.52	3.0	59	9.9			
剖6	钙层土	黑垆土	黑垆土	梯黑垆土	梯覆盖黑垆土	1	0–18	灰黄色	中壤土	8.3	14.0	0.95	0.78	12.0	197	11.1		E 105°46′53.1″ N 35°27′12.6″	80
						P	18–24	黄棕色	中壤土	8.3	13.2	0.92	0.74	5.0	128	10.7			
						3	24–60	灰黑色	重壤土	8.3	12.3	0.83	0.83	3.0	97	11.8			
						4	60–93	灰黑色	重壤土	8.4	15.2	0.96	0.85	2.0	92	14.1			
						5	93–150	灰黑色	重壤土	8.3	16.0	0.86	0.94	2.0	103	13.9			
						6	150–185	黄色	重壤土	8.3	9.9	0.70	0.81	2.0	86	10.8			
剖7	钙层土	黑垆土	黑垆土	梯黑垆土	梯黄绵土	1	0–16	灰黑色	重壤土	8.3	15.5	1.03	0.98	7.0	164	11.9		E 105°51′25.2″ N 35°23′19.3″	89
						P	16–22	灰黑色	重壤土	8.1	17.2	1.21	0.85	1.0	123	13.9			
						3	22–82	灰棕色	重壤土	8.2	20.9	1.11	0.88	1.0	93	16.8			
						4	82–151	黑黄色	中壤土	8.2	11.6	0.86	0.92	1.0	72	12.1			
剖8	初育土	黄绵土	黄绵土	黄绵土	梯黄绵土	1	0–12	浅棕色	中壤土	8.0	10.5	0.80	0.69	8.0	158	8.6	马兰黄土	E 105°44′51.7″ N 35°16′28.9″	88
						P	12–19	浅黄色	中壤土	8.0	8.5	0.67	0.69	4.0	97	8.0			
						3	19–147	灰黄色	中壤土	8.2	3.5	0.35	0.66	1.0	56	5.8			
剖9	钙层土	黑垆土	黑垆土	川黑垆土	川黑垆土	1	0–19	灰黑色	中壤土	8.4	12.1	0.77	0.84	10.0	207	11.4		E 105°39′55.6″ N 35°14′51.0″	71
						P	19–24	灰黑色	重壤土	8.5	11.4	0.69	0.90	6.0	128	13.0			
						3	24–67	灰黑色	重壤土	8.5	11.9	0.66	0.81	5.0	123	13.3			
						4	67–147	灰黄色	重壤土	8.4	10.9	0.58	0.89	5.0	118	11.5			

华 亭 市

主要土类说明

灰褐土是华亭市主要土壤类型，占本市地域面积的 37%。灰褐土形成于温带干旱、半干旱山地云冷杉下，腐殖质累积与钙积作用明显。该土壤表层有机质含量可达 100g/kg，表层下见暗色腐殖质层，有弱黏淀特征。B 层呈棕褐色，钙积层在 40cm 以下出现，铁铝氧化物无移动。

黄绵土是华亭市第二大土壤类型，占本市地域面积的 28%。黄绵土是由黄土母质直接翻耕形成的初育土。由于土壤侵蚀严重，表层长期遭侵蚀，只能不断加深耕作黄土母质层，因而母质特性明显。土壤无明显发育，为 A-C 型土。由于风成黄土富含细粉粒，故质地、结构均一，疏松绵软，富含石灰、磷、钾储量较丰富，但有效性差，土壤有机质缺乏。

红黏土是华亭市第三大土壤类型，占本市地域面积的 22%。深厚黄土层下，常见第三纪红色黏土（保德期红黏土）埋藏。厚层黄土层侵蚀殆尽处，红色黏土层露出，形成的母质性状明显的初育土，即红黏土。其黏粒含量高，塑性强，生物作用微弱，母质特性明显，有时夹有砂姜。

新积土占本市地域面积的 7%。新积土是由新近冲积、洪积、坡积、塌积或人工堆垫形成的土壤。该土壤成土期短，母质特性明显，具 A-C 或（A）-C 剖面构型。

小于本市地域面积 3% 的土壤类型有褐土、山地草甸土和潮土。

本区域中心区气候特征

本区域中心区气候特征值
Regional climate characteristics in central area of the region

气候带：暖温带亚湿润气候 Climate region: Warm temperate subhumid climate	
年平均气温 /℃ Annual average temperature /℃	9.5
年平均最高气温 /℃ Annual average maximum temperature /℃	15.7
年平均最低气温 /℃ Annual average minimum temperature /℃	4.5
年降水量 /mm Annual precipitation /mm	488
≥10℃的积温 /℃ Daily temperature accumulated in a year（≥10℃）/℃	3906
年日照时数 /h Annual sunshine /h	2260
年平均相对湿度 /% Annual average relative humidity /%	65
干燥度 Dryness	1.17

本区域中心区月平均气温与月平均降水量
Monthly temperature and precipitation in central area of the region

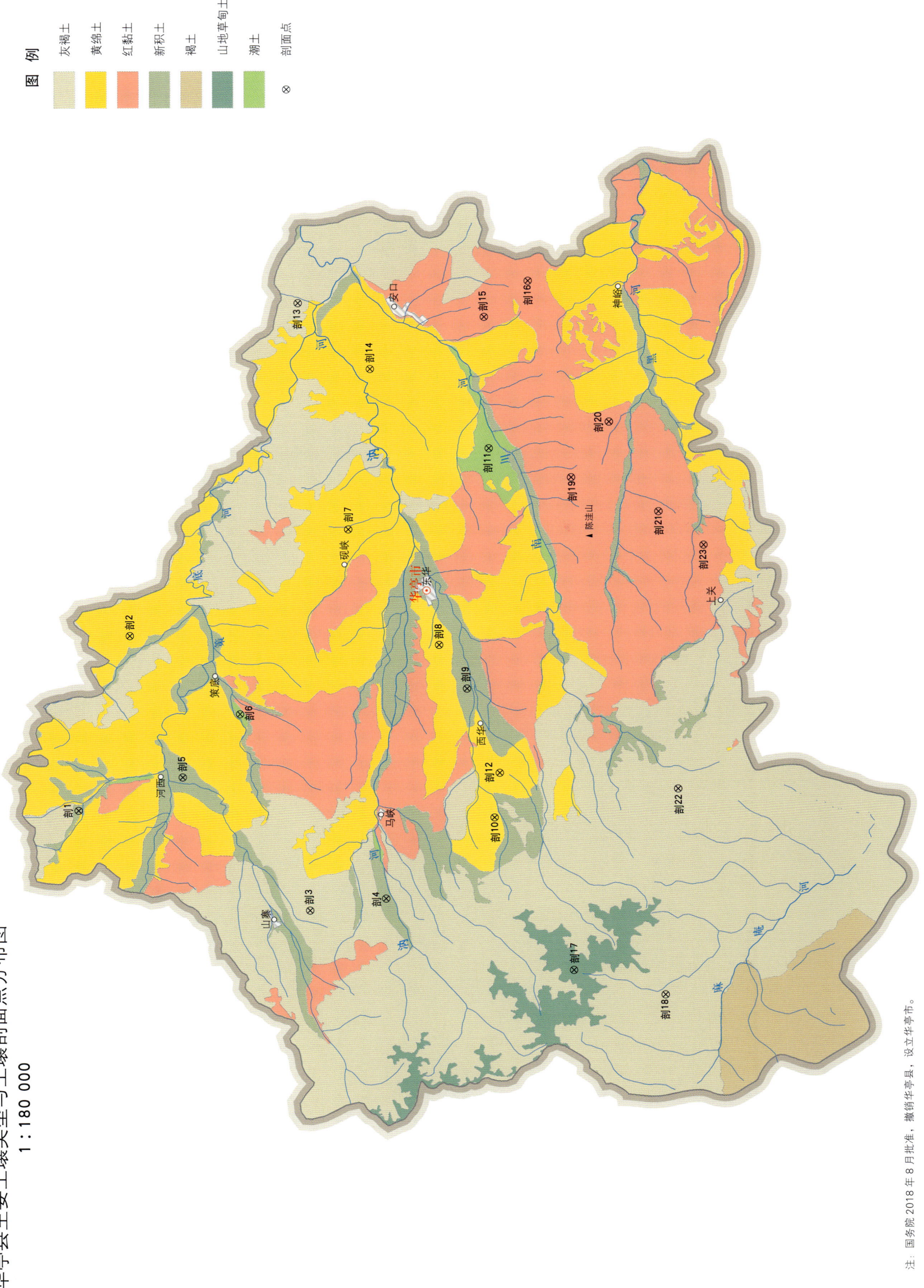

华亭市土壤剖面理化性状表

剖面号 Soil profile	土纲 Soil order	土类 Soil great group	亚类 Soil subgroup	土属 Soil genus	土种 Soil species	土层码 Layer code	土层厚度 Depth/cm	颜色 Soil color	质地 Soil texture	土壤结构 Soil structure	pH	有机质 OM/(g/kg)	全氮 TN/(g/kg)	全磷 TP/(g/kg)	有效磷 AP/(mg/kg)	速效钾 AK/(mg/kg)	阳离子交换量CEC/(cmol/kg)	土壤母质 Parent material	剖面点坐标 Profile coordinate	匹配指数 Matching index/%
剖1	初育土	新积土	石灰性新积土	砂土	底砂土	1	0—18	棕色	中壤土	团粒状	8.6	15.4	1.21	0.75	9.5	480	13.0		E 106°31′50.2″ N 35°22′07.7″	84
						P	18—24	棕色	中壤土	粒状、块状	8.6	10.9	0.93	0.59	4.5	270	12.3			
						3	24—44	棕色	中壤土	块状	8.5	8.2	0.72	0.59	5.0	121	11.9			
						4	44—96	棕色	中壤土	块状	8.5	7.7	0.76	0.65	5.0	121	11.5			
剖2	黄绵土	黄绵土	黄绵土	黄墡土	灰黄墡土	A	0—27	暗棕色	中壤土	粒状、块状	8.4	23.6		1.64	3.0	270	18.6	离石黄土	E 106°37′26.6″ N 35°20′43.5″	76
						B	27—95	棕色	中壤土	粒状、块状	8.5	15.2		1.10	1.5	102	16.1			
						C	95—	棕色	重壤土	块状										
剖3	灰褐土	半淋溶土	淋溶灰褐土	耕种淋溶灰褐土	耕种淋溶灰褐土	1	0—18	灰棕色	重壤土	团粒状	8.1	23.7	1.61	1.16	47.0	399	18.9		E 106°28′26.6″ N 35°16′15.2″	82
						2	18—73	红棕色	轻黏土	块状	8.0	10.0	0.90	0.96	6.5	108	18.5			
						3	73—98	红棕色	重黏土	块状	8.0	10.5	0.92	1.00	6.0	121	18.3			
剖4	初育土	新积土	石灰性新积土	潴土	黑潴土	1	0—10	浅棕色	中壤土	粒状	7.7	27.7	1.57	0.82	13.0	63	24.1		E 106°28′46.9″ N 35°14′17.9″	76
						P	10—16	深棕色	重壤土	块状、片状	7.5	23.2	1.61	0.79	10.8	63	24.3			
						3	16—45	深棕色	重壤土	片状	7.4	21.3	1.49	0.78	9.0	45	23.9			
						4	45—85	深棕色	中壤土	块状	7.5	21.7	1.40	0.75	9.5	45	24.8			
						5	85—106	深红棕色	中壤土	块状	7.5	31.9	1.63	0.85	11.5	31	28.8			
						6	106—													
剖5	初育土	新积土	石灰性新积土	砂土	心砂土	1	0—13	灰黄色	中壤土	粒状	8.5	12.8	0.99	0.77	12.5	276	12.8	河流冲积物	E 106°32′51.0″ N 35°19′26.4″	92
						P	13—20	灰黄色	轻壤土	团粒状	8.5	8.4	0.71	0.68	4.8	115	12.6			
						3	20—70	灰黄色	重壤土	片状粒状	8.6	6.2	0.50	0.67	3.5	63	11.1			
剖6	潮土	潮土	黄潮土	黄潮土	黄潮土	1	0—20	浅黄色	重壤土	团粒状	8.1	11.6	0.96	0.71					E 106°34′51.2″ N 35°17′56.4″	82
						P	20—26	黄色	重壤土	块状、团粒状	8.5	7.2	0.63	0.64						
						3	26—83	灰黄色	重壤土	粒状、块状	8.5	6.8	0.64	0.59	3.5	63	14.7			
						4	83—150	黄色	重壤土	粒状、块状	8.2	4.3	0.48	0.61	5.5	45	13.7			
						5	150—	黄色	轻壤土	块状	8.4	4.7	0.49	0.65	4.5	51	13.0			
剖7	黄绵土	黄绵土	黄绵土	黄墡土	坡黄墡土	1	0—10	灰棕色	重壤土	团粒状	8.5	6.7	0.59	0.60	2.5	83	12.6	离石黄土	E 106°40′45.5″ N 35°15′04.3″	76
						P	10—16	棕黄色	重壤土	片状	8.4	5.8	0.49	0.59	3.0	77	11.4			
						3	16—30	棕黄色	重壤土	粒状块状	8.5	4.6	0.46	0.58	2.5	63	12.1			
						4	30—120	棕黄色	中壤土	粒状、团状	8.5	4.4	0.54	0.62	2.0	63	12.2			
剖8	黄绵土	黄绵土	黄绵土	黄墡土	梯黄墡土	1	0—18	浅黄色	重壤土	粒状、团状	8.5	6.8	7.60	0.67	3.0	63	21.3	离石黄土	E 106°36′57.4″ N 35°12′48.7″	78
						2	18—120	浅黄色	重壤土	块状	8.5	7.2	0.70	0.71	9.0	38	16.7			
						3	120—135	浅棕黄色	重壤土	块状	7.2	21.7	1.55	0.87	4.8	83	16.4			
剖9	初育土	新积土	石灰性新积土	潴土	黄潴土	1	0—19	浅棕黄色	轻壤土	片状	8.3	16.9	1.21	0.97	3.0	57	12.6		E 106°35′31.9″ N 35°12′07.2″	77
						3	19—26	黄色	中壤土	块状、粒状	8.5	10.7	0.73	0.93	4.0	38	15.7			
						4	26—47	浅黄色	中壤土	柱状、核状	8.5	4.5	0.52	0.78	3.5	51				
						5	47—79	棕黄色	中壤土	块状	8.4	8.1	0.66	0.83	6.5					
						6	79—134	黄灰红色												
							134—160													
剖10	初育土	黄绵土	黄绵土	黄绵土	梯黄绵土	1	0—23	棕黄色	中壤土	团粒状	8.3	11.8	0.95	0.71	5.0	149	13.9	马兰黄土	E 106°35′21.0″ N 35°11′29.0″	83
						2	23—120	棕黄色	中壤地	块状	8.5	10.9	0.82	0.67	4.5	102	12.9			
						3	120—167	棕黄色	中壤土	块状	8.4	7.1	0.73	0.62	3.5	83	13.7			
剖11	半水成土	潮土	黄潮土	黄潮土	漏砂潮土	1	0—15	棕黄色	中壤土	团粒状	8.0	11.3	0.90	0.65	12.5	354	12.5	河流冲积物	E 106°43′15.6″ N 35°11′26.2″	96
						2	15—33	棕黄色	中壤土	块状	8.4	9.0	0.76	0.58	5.0	126	11.6			

续表 Continued

剖面号 Soil profile	土纲 Soil order	土类 Soil great group	亚类 Soil subgroup	土属 Soil genus	土种 Soil species	土层码 Layer code	土层厚度 Depth/cm	颜色 Soil color	质地 Soil texture	土壤结构 Soil structure	pH	有机质 OM/(g/kg)	全氮 TN/(g/kg)	全磷 TP/(g/kg)	有效磷 AP/(mg/kg)	速效钾 AK/(mg/kg)	阳离子交换量CEC/(cmol/kg)	土壤母质 Parent material	剖面点坐标 Profile coordinate	匹配指数 Matching index/%
剖12	初育土	黄绵土	黄绵土	黄绵土	坡黄绵土	1	0—13	浅黄色	中壤土	团粒状	8.6	10.6	0.82	0.67	2.0	102	15.2	马兰黄土	E 106°32′47.2″ N 35°11′20.3″	76
						2	13—64	浅黄色	中壤土	块状	8.5	4.1	0.42	0.70	2.0	77	13.7			
						3	64—150	黄色	中壤土	块状	8.6	3.5	0.35	0.63	2.0	63	11.0			
剖13	半淋溶土	灰褐土	石灰性灰褐土	耕种石灰性灰褐土	耕种石灰性灰褐土	1	0—18	浅黄色	中壤土	团粒状								马兰黄土	E 106°48′04.8″ N 35°16′14.2″	73
						2	18—46	浅黄色	中壤土	粒状										
						3	46—91	灰黄色	中壤土	粒状										
						4	91—150	灰黄色	中壤土	块状										
剖14	初育土	黄绵土	黄绵土	黄绵土	灰黄绵土	1	0—24	棕黄色	中壤土	团粒状	8.6	25.4	1.74	0.63	3.5	77	15.8		E 106°45′54.2″ N 35°14′25.3″	99
						2	24—77	棕黄色	中壤土	块状	8.6	6.5	0.54	0.58	2.0	63	12.9			
						C	77—200	棕黄色	重壤土	块状	8.6	5.3	0.48	0.56	2.0	69	12.5			
剖15	初育土	红黏土	红黏土	红砂土	梯红砂土	1	0—14	棕红色	重黏土	团粒状	8.4	2.5	0.31	0.54	6.0	102	16.8	红土	E 106°47′30.5″ N 35°11′28.7″	76
						P	14—21	浅红色	轻黏土	粒状、片状	8.6	1.5	1.24	0.60	6.0	108	21.7			
						3	21—35	浅红色	重壤土	粒状	8.5	1.9	0.22	0.61	5.0	97	22.1			
						4	35—60	浅红色	重壤土	块状	8.5	1.4	0.15	0.59	5.0	97	23.1			
剖16	初育土	红黏土	红黏土	红胶土	坡红胶土	1	0—18	棕红色	重壤土	粒状	8.4	10.9	0.85	0.57	3.0	102	22.8	红土	E 106°45′38.5″ N 35°10′20.6″	85
						AC	18—110	棕红色	轻黏土	块状、片状	8.5	6.9	0.59	0.53	1.5	121	27.6			
						C	110—150	浅红色	重壤土	粒状	8.5	4.0	0.48	0.60	3.0	115	28.1			
剖17	半水成土	山地草甸土	山地草甸土	山地草甸土	山地草甸土	1	3—6	灰黑色	重壤土	团粒状	6.5	85.2	5.03	0.98	6.0	198	36.7	红土	E 106°26′23.3″ N 35°09′31.7″	89
						2	6—28	灰黑色	重壤土	粒状、块状	6.4	81.3	4.99	1.02	4.8	126	35.5			
						3	28—44	棕色	重黏土	粒状、块状	6.6	64.3	4.07	1.00	4.0	96	33.8			
						4	44—108	黄色	重黏土	块状、核状	6.5	13.8	1.11	0.47	1.5	38	17.3			
剖18	半淋溶土	灰褐土	淋溶性灰褐土	淋溶灰褐土	淋溶灰褐土	Ao	0—3												E 106°25′33.2″ N 35°07′11.6″	73
						2	3—7	深褐色	轻壤土	团粒状	7.7	83.6	3.78	0.72	19.0	180	33.3			
						3	7—42	深褐色	中壤土	粒状、块状	8.0	20.2	1.42	0.95	2.0	90	16.0			
						4	42—70	褐色	重壤土	粒状	8.2	6.7	0.43	1.25	1.0	57	12.3			
剖19	初育土	红黏土	红黏土	红胶土	灰红胶土	A	0—20	暗红棕色	重壤土	粒状	8.0	19.6	1.37	0.47	4.5	115	21.8	红土	E 106°42′16.8″ N 35°09′20.5″	70
						B	20—70	暗棕红色	重壤土	块状	8.4	8.5	0.82	0.55	4.5	96	17.6			
						C	70—110	棕黄色	重黏土	块状	8.3	4.2	0.40	0.50		83	15.9			
剖20	初育土	红黏土	红黏土	红胶土	梯红胶土	1	0—20	棕黄色	轻黏土	块状	8.5	8.0	0.70	0.70	6.0	121	13.0	红土	E 106°44′02.6″ N 35°08′20.8″	89
						2	20—86	浅红色	重壤土	粒状	8.3	2.3	0.34	0.38	6.0	133	32.6			
						3	86—135	棕红色	重黏土	块状	8.3	1.5	0.25	0.50	5.0	270	39.6			
剖21	初育土	红黏土	红黏土	红胶土	坡红胶土	1	0—12	棕红色	重黏土	粒状	8.1	5.4	0.59	0.58				红土	E 106°41′07.9″ N 35°07′07.7″	82
						2	12—84	棕色	中壤土	块状	8.3	6.3	0.69	0.50	4.5	138	19.7			
						3	84—120	棕色	重壤土	块状	8.5	1.8	0.24	0.38	2.5	83	18.5			
剖22	半淋溶土	灰褐土	石灰性灰褐土	石灰性灰褐土	石灰性灰褐土	1	0—28	浅黄棕色	中壤土	团粒状	8.3	29.5	1.86	0.57		57	13.8	红土	E 106°32′10.7″ N 35°06′46.4″	70
						2	28—62	棕色	重壤土	块状	8.5	20.3	1.41	0.55	2.5					
						3	62—127	棕色	中壤土	块状	8.3	6.1	0.59	0.55	2.5					
剖23	初育土	红黏土	红黏土	红砂土	灰红砂土	A	0—20	棕红色	中壤土	粒状	8.4	13.7	0.92	0.70	3.0	51	17.5	红土	E 106°40′01.6″ N 35°05′59.6″	82
						B_1	20—36	棕红色	轻壤土	块状	8.5	8.4	0.68	0.68	2.0	45	16.2			
						B_2	36—57	棕黄色	轻壤土	粒状、块状	8.4	7.6	0.52	0.57	3.0	45	16.3			

酒 泉 市

市 辖 区

主要土类说明

灰棕漠土是酒泉市主要土壤类型，占本市地域面积的39%。灰棕漠土是在干燥少雨、夏热冬冷的荒漠气候条件下形成的地带性土壤。植被稀疏，以深根、多肉质、耐旱的灌木或小灌木为主。地表有黑色砾幂，表土层为浅灰色多孔状的漠境结皮，其下为褐棕色砾质土层。在砾石背面出现少量的石膏结晶或在下部聚积大量的石膏，土层浅薄，均含砾石。本市灰棕漠土分为灰棕漠土、石膏灰棕漠土等亚类。

灌漠土是酒泉市第二大土壤类型，占本市地域面积的24%。灌漠土形成于干旱荒漠地区，漠土引用清澈的坎儿井水灌溉，经长期耕灌后，从根本上改变了土壤的水分与养分状态。土壤中原来上升累积的盐分向下淋移，石灰与石膏也有下淋现象。表土层中有机质含量为10—30g/kg，出现耕层与亚耕层。

草甸盐土是酒泉市第三大土壤类型，占本市地域面积的13%。草甸盐土形成于半湿润至半干旱地区，高矿化地下水经毛管作用上升至地表，使其盐分累积量大于6g/kg，属盐土范畴。

风沙土占本市地域面积的7%。风沙土形成于半干旱、干旱漠境地区及滨海地区，是在风沙移动堆积形成的多种形态的风沙沉积物上发育的初育土。由于成土时间短暂，该土壤无剖面发育，具C、（A）-C或A-C剖面构型，反映了风沙移动堆积与固定的不同阶段。

草甸土占本市地域面积的7%。因所处地带地下水位较高，潜水参与土壤形成过程，受地下水升降与浸润作用，成土过程具有明显腐殖质累积和铁锰氧化还原特征，土体出现锈色斑纹层，具A-Cu或A-C-Cu剖面构型。

小于本市地域面积5%的土壤类型有红黏土、潮土、新积土、黑钙土、石质土、棕钙土和褐土。

本区域中心区气候特征

本区域中心区气候特征值
Regional climate characteristics in central area of the region

气候带：中温带干旱气候 Climate region: Mid temperate arid climate	
年平均气温 /℃ Annual average temperature /℃	7.2
年平均最高气温 /℃ Annual average maximum temperature /℃	14.5
年平均最低气温 /℃ Annual average minimum temperature /℃	0.7
年降水量 /mm Annual precipitation /mm	98
≥10℃的积温 /℃ Daily temperature accumulated in a year（≥10℃）/℃	2654
年日照时数 /h Annual sunshine /h	3036
年平均相对湿度 /% Annual average relative humidity /%	47
干燥度 Dryness	5.00

酒泉市市辖区（部分）主要土壤类型与土壤剖面点分布图
1：370 000

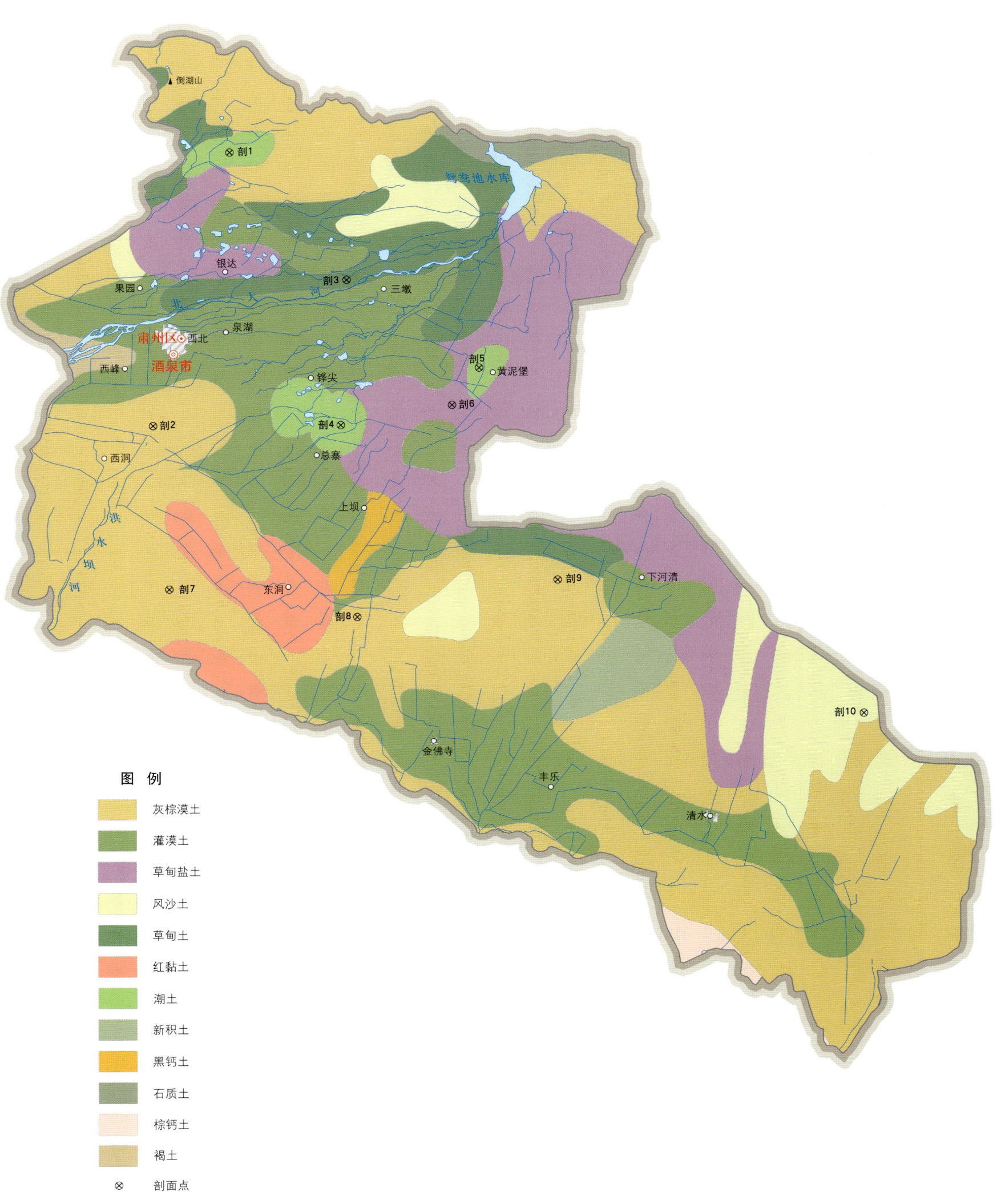

酒泉市土壤剖面理化性状表

剖面号 Soil profile	土纲 Soil order	土类 Soil great group	亚类 Soil subgroup	土属 Soil genus	土种 Soil species	土层码 Layer code	土层厚度 Depth/cm	颜色 Soil color	质地 Soil texture	土壤结构 Soil structure	pH	有机质 OM/(g/kg)	全氮 TN/(g/kg)	全磷 TP/(g/kg)	全钾 TK/(g/kg)	碱解氮 AN/(mg/kg)	有效磷 AP/(mg/kg)	速效钾 AK/(mg/kg)	阳离子交换量CEC/(cmol/kg)	土壤母质 Parent material	剖面点坐标 Profile coordinate	匹配指数 Matching index/%
剖1	半水成土	潮土	潮土	低位潮土	平荒低位潮土	1	0—22	棕灰色	轻壤土	粒状	8.4	15.4	0.74	1.72			5.0	126	8.2	河流冲积物	E 98°33′56.2″ N 39°53′29.4″	94
						2	22—63	棕灰色	轻壤土	粒状	8.3	12.1	0.49	1.69			1.0	80	8.0			
						3	63—102	黄棕色	中壤土	板片状	8.3	10.2	0.33	1.40			1.0	90	8.0			
						4	102—129	黄棕色	轻壤土	板状	8.2	8.0	0.21	1.51			9.0	120	8.4			
						5	129—	浅灰色	轻壤土	小块状	8.3	9.5	0.19	1.44			1.0	140	9.8			
剖2		灰棕漠土	灰棕漠土	灰棕漠土		1	0—16	棕色	粗砂土	无明显结构	8.4	3.9	0.52	1.86			2.0	44		洪冲积物	E 98°29′24.0″ N 39°40′22.1″	83
						2	16—68	灰棕色	轻壤土	碎粒结构	8.4	4.2	0.43	1.79			1.0	35				
						3	68—108	浅红棕色	砂土	无明显结构	8.7	3.3	0.16	1.81			1.0	27				
						4	108—140	棕红色	轻壤土	块状	8.5	4.5	0.09	2.36			3.0	31				
剖3	半水成土	草甸土	盐化草甸土			1	0—24	棕黄色	细砂土	粒状	8.9	16.8	0.90	1.19			3.0	450	6.8		E 98°40′59.9″ N 39°47′25.6″	86
						2	24—55	黄褐色	轻壤土	粒状	8.5	16.1	1.23	1.26			2.0	184	8.2			
						3	55—78	灰色	轻壤土	片状	8.3	15.5	0.79	1.15			2.0	108	8.3			
						4	78—120	浅青色	中壤土	片状	8.2	17.2	1.26	1.01			1.0	84	8.2			
剖4	半水成土	潮土	盐化潮土	高位盐化潮土	高位弱盐化潮土	1	0—23	黄褐色	中壤土	粒状	8.1	15.7	0.68	1.49			3.0	256	10.1		E 98°40′40.1″ N 39°40′26.4″	86
						2	23—50	红褐色	重壤土	片状	8.0	9.7	0.36	1.24			1.0	330	14.1			
						3	50—71	棕褐色	中壤土	透镜状	8.0	16.6	0.87	1.63			1.0	304	14.1			
						4	71—95	浅棕色	中壤土	棱状	8.0	9.6	0.50	1.47			1.0	300	14.2			
剖5	半水成土	潮土	潮土	高位潮土	平茬高位潮土	1	0—26	栗色	轻壤土	粒状	8.3	24.3	2.01	1.72	17.3		39.0	108	9.0	河流冲积物	E 98°40′57.7″ N 39°43′11.9″	100
						2	26—50	棕色	轻壤土	鳞片状	8.2	20.9	1.30	1.40	18.2		1.0	90	9.6			
						3	50—70	棕色	轻壤土	鳞片状	8.1	11.5	0.81	1.21	18.7		3.0	96	8.9			
						4	70—90	黄棕色	轻壤土	透镜状	8.1	9.9	0.78	1.21	17.8		1.0	100	8.7			
剖6	盐碱土	草甸盐土	草甸盐土			1	0—28	黄褐色	砂壤土	粒状	8.3	8.3	0.58	0.94			微量	351	4.3	河流冲积物	E 98°47′20.6″ N 39°41′25.5″	72
						2	28—65	棕黄色	砂壤土	片状	7.9	5.7	0.33	1.03			1.0	138	5.7			
						3	65—90	棕黄色	细砂壤土	碎粒状	7.7	5.1	0.23	0.82			1.0	74	4.5			
						4	90—130	黄棕色	砾壤土	粒状	7.7	5.2	0.42	0.94			1.0	98	5.6			
剖7	漠土	灰棕漠土	灰棕漠土	戈壁灰棕漠土		1	0—34	棕灰色	砾质土	无明显结构	8.4	6.4	0.56	2.66			2.0	107		洪冲积物	E 98°30′24.8″ N 39°32′31.2″	76
						2	34—63	浅红棕色	砾质土	鳞片状	7.9	5.3	0.45	2.50		38	1.0	73				
						3	63—99	浅红棕色	砾质土	粒状	8.1	4.7	0.12	1.88		14	0.3	80				
						4	99—	黄棕色	砾质土	无明显结构	7.9	4.5	0.03	1.95		15	4.0	90				
剖8	漠土	灰棕漠土	灰棕漠土	耕灌灰棕漠土	厚层耕灌灰棕漠土	1	0—20	黄棕色	轻壤土	粒状	8.3	13.0	0.90	3.02			2.0	191	6.4	洪冲积物	E 98°41′41.1″ N 39°31′14.2″	85
						2	20—50	棕黄色	砂壤土	鳞片状	8.5	4.8	0.43	3.12		21	1.0	162	5.5			
						3	50—90	黄棕色	砂壤土	小块状	8.5	4.3	0.37	3.01		14	微量	209	5.3			
剖9	漠土	灰棕漠土	灰棕漠土	耕灌灰棕漠土	薄层耕灌灰棕漠土	1	0—28	黄棕色	砂壤土	无明显结构	8.7	5.5	0.33	2.38		14	3.0	121	3.8	洪冲积物	E 98°53′40.2″ N 39°33′02.6″	89
						2	28—57	黄棕色	砂壤土	无明显结构	8.6	4.0	0.23	2.34			1.0	59	3.2			
						3	57—130	黄棕色	砂壤土	无明显结构	8.7	4.6	0.28	2.58			2.0	102	4.0			
剖10	初育土	风沙土	固定风沙土	荒地固定风沙土		1	0—12	白色	粗砂土	无明显结构	8.0	3.2	0.52	2.52			1.0	20			E 99°11′59.5″ N 39°26′37.4″	100
						2	12—20	黄棕色	粗砂土	无明显结构	8.0	3.9	0.21	2.61			微量	41				
						3	20—53	浅黄棕色	粗砂土	无明显结构	8.0	3.6	0.07	2.31			微量	20				
						4	53—120	灰白色	粗砂土	无明显结构	9.0	2.0	0.01	2.47			1.0	13				

金 塔 县

主要土类说明

灰棕漠土是金塔县主要土壤类型，占本县地域面积的57%。灰棕漠土是在温带极端干旱荒漠地区砾质化明显的土壤。该土壤地表见砾幂及褐色结皮，亦见干面包状结皮；石灰表聚，下见纤维状石膏聚积，亦见铁质黏化现象。土壤有机质含量小于5g/kg，且土层很薄。铁铝结合的胡敏酸多于钙结合者，铁铝结合的富啡酸少于钙结合者是本土类特征。根据土壤形成过程、剖面发育程度及人为活动影响，本县灰棕漠土分为灰棕漠土、耕灌灰棕漠土、石膏灰棕漠土、盐化灰棕漠土和林灌灰棕漠土五个亚类。

风沙土是金塔县第二大土壤类型，占本县地域面积的21%。风沙土形成于半干旱、干旱漠境地区及滨海地区，是在风沙移动堆积形成的多种形态的风沙沉积物上发育的初育土。由于成土时间短暂，该土壤无剖面发育，具C、(A)-C或A-C剖面构型，反映了风沙移动堆积与固定的不同阶段。

石质土是金塔县第三大土壤类型，占本县地域面积的13%，广泛分布在侵蚀严重、岩石裸露的石质山地、侵蚀残丘，以及丘顶、山脊、山坡等坡度陡峻的地形部位。石质土表层岩石裸露，风化层浅薄，厚度一般小于10cm，风化度低，富含砾石，多碎屑岩粒，属A-R型土。

小于本县地域面积3%的土壤类型有粗骨土、草甸盐土、潮土、灌漠土、漠境盐土、龟裂土、草甸土和林灌草甸土。

本区域中心区气候特征

本区域中心区气候特征值
Regional climate characteristics in central area of the region

气候带：中温带干旱气候 Climate region: Mid temperate arid climate	
年平均气温 /℃ Annual average temperature /℃	7.9
年平均最高气温 /℃ Annual average maximum temperature /℃	15.3
年平均最低气温 /℃ Annual average minimum temperature /℃	1.3
年降水量 /mm Annual precipitation /mm	86
≥10℃的积温 /℃ Daily temperature accumulated in a year (≥10℃) /℃	3046
年日照时数 /h Annual sunshine /h	3084
年平均相对湿度 /% Annual average relative humidity /%	46
干燥度 Dryness	5.59

本区域中心区月平均气温与月平均降水量
Monthly temperature and precipitation in central area of the region

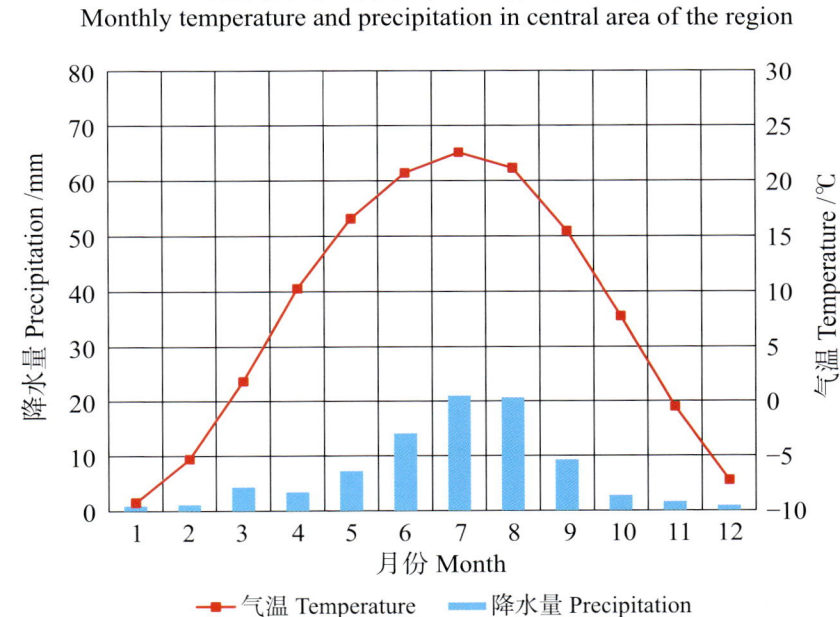

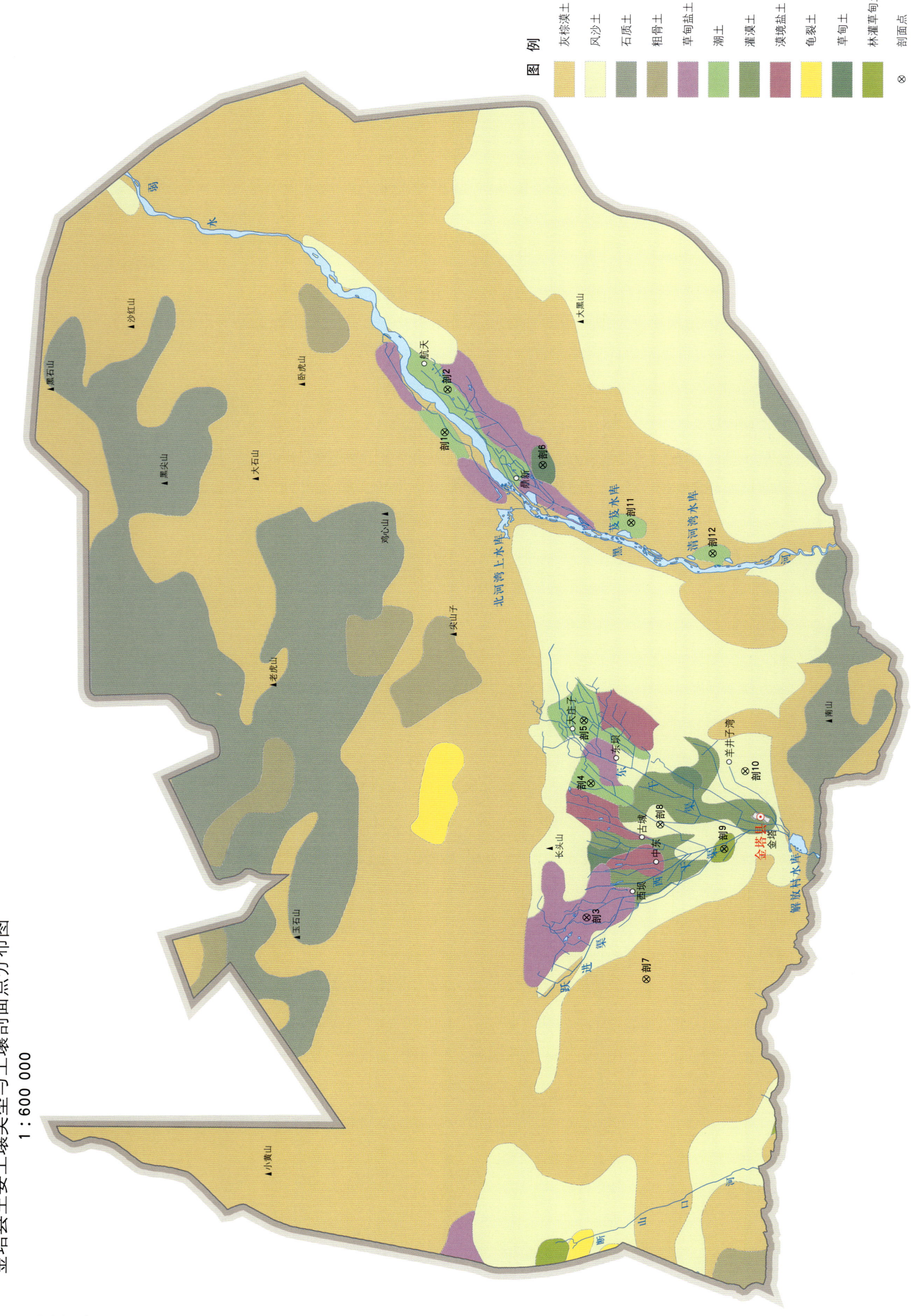

金塔县主要土壤类型与土壤剖面点分布图
1∶600 000

金塔县土壤剖面理化性状表

剖面号 Soil profile	土纲 Soil order	土类 Soil great group	亚类 Soil subgroup	土属 Soil genus	土种 Soil species	土层码 Layer code	土层厚度 Depth/cm	颜色 Soil color	质地 Soil texture	土壤结构 Soil structure	pH	有机质 OM/(g/kg)	全氮 TN/(g/kg)	全磷 TP/(g/kg)	碱解氮 AN/(mg/kg)	有效磷 AP/(mg/kg)	速效钾 AK/(mg/kg)	阳离子交换量 CEC/(cmol/kg)	土壤母质 Parent material	剖面点坐标 Profile coordinate	匹配指数 Matching index/%
剖1	半水成土	潮土	潮土	低位潮化土	立苍漏砂低位潮土	1	0—27	棕灰色	轻壤土	粒状	7.8	10.1	0.74	0.51	45	2.3	225	6.3	河流沉积物、湖积物	E 99°35′23.3″ N 40°24′09.4″	83
						2	27—62	棕灰色	轻壤土	粒状	7.8	6.9	0.55	0.48	24	0.6	217	5.1			
						3	62—115	灰青棕色	砂壤土	无明显结构	8.0	1.8	0.20	0.39	31	微量	115	1.1			
						4	115—150	浅黄棕色	砂壤土	无明显结构	7.9	3.7	0.37	0.41	15	微量	192	2.3			
剖2	半水成土	潮土	潮土	低位潮化土	立苍低位潮土	1	0—24	灰棕色	轻壤土	粒状	8.3	6.6	0.45	0.48	24	1.3	200	6.9	河流沉积物、湖积物	E 99°39′59.9″ N 40°23′54.4″	84
						2	24—65	灰棕色	轻壤土	粒状	8.3	4.8	0.33	0.45	15	1.3	275	4.3			
						3	65—110	青棕色	轻壤土	鳞升状	8.5	5.4	0.41	0.49	16	2.0	292	4.5			
						4	110—170	暗红棕色	黏土	鳞升状	8.7	4.9	0.39	0.50	15	2.0	400	6.2			
剖3	盐碱土	草甸盐土	草甸盐土			1	0—2				8.4	10.8	0.41	0.26	43	1.1	588	2.5		E 98°42′51.9″ N 40°12′42.7″	93
						2	2—31	灰棕色	砂土	粒状	7.9	4.6	0.27	0.36	18	1.7	192	4.3			
						3	31—76	黄棕色	重壤土	块状	7.9	11.4	0.74	0.48	38	1.1	377	8.2			
						4	76—97	青灰色	粉砂质壤土	粒状	8.5	4.8	0.26	0.48	16	1.1	198	3.0			
剖4	半水成土	潮土	盐化潮土	低位盐化潮土		1	0—27	棕灰色	轻壤土	粒状	9.1	7.3	0.49	0.36	21	12.8	183	6.8	河流沉积物、湖积物	E 98°57′22.6″ N 40°12′26.2″	70
						2	27—49	棕灰色	轻壤土	粒状	9.2	6.2	0.44	0.43	17	1.3	167	6.3			
						3	49—83	灰棕色	轻偏中壤土	鳞片状	8.9	6.0	0.45	0.44	19	2.0	425	7.1			
						4	83—106	青棕色	粉砂质壤土	无明显结构	8.9	4.1	0.38	0.49	9	1.3	385	5.2			
						5	106—150	浅红棕色	重壤土	粒状	8.7	5.6	0.59	0.46	19	0.7	508	7.4			
剖5	半水成土	潮土	盐化潮土	低位盐化潮土		1	0—26	灰白色	砂壤土	鳞片状		8.8	0.65	0.56	43	4.8	255	6.3	河流沉积物、湖积物	E 99°04′11.4″ N 40°13′00.5″	99
						2	26—59	灰棕色	砂壤土	粒状	8.4	5.4	0.41	0.39	43	3.9	243	7.0			
						3	59—97	黄棕色	轻壤土	无明显结构	8.9	2.2	0.15	0.26	32	1.3	198	3.1			
						4	97—160	棕灰色	中壤土	无明显结构	9.5	1.9	0.09	0.10	24	0.7	125	2.0			
剖6	半水成土	草甸土	盐化草甸土			1	0—23	灰棕色	砂土	透镜状	9.1	2.9	0.76	0.51	37	2.1	875	3.7	湖积物、河流淤积物	E 98°31′48.0″ N 40°16′17.8″	98
						2	1—23	黄棕色	砂壤土	鳞片状	8.9	8.5	0.46	0.46	19	1.4	850	6.5			
						3	23—49			粒状	8.5	2.9	0.13	0.35	16	0.7	92	1.3			
						4	49—74			无明显结构	9.1	2.9	0.13	0.25	7	微量	170	0.4			
剖7	漠土	灰棕漠土	耕灌灰棕漠土	厚层耕灌灰棕漠土		1	0—28	棕灰色	砂壤土	粒状	8.9	4.2	0.29	0.39	27	3.5	258	4.8	洪冲积物、粗骨质母质	E 99°36′11.2″ N 40°07′53.4″	99
						2	28—50	浅红棕色	重壤土	鳞片状	8.8	3.4	0.28	0.43	12	3.5	315	6.4			
						3	50—93	红棕色	轻偏砂壤土	粒状	8.7	2.3	0.24	0.34	12	2.8	283	4.2			
						4	93—150	棕灰色	粉砂质壤土	粒状	8.5	2.9	0.19	0.48	9	3.5	369	4.4			
剖8	初育土	风沙土	固定风沙土	耕灌固定风沙土		1	0—24	棕灰色	轻壤土	粒状	8.0	6.3	0.40	0.54	24	4.5	179	2.9	风成母质	E 98°52′59.8″ N 40°06′52.1″	84
						2	24—55	棕灰色	轻壤土	透镜状	8.0	5.2	0.45	0.41	24	1.3	225	2.7			
						3	55—85	灰棕色	轻壤土	透镜状	8.1	5.6	0.40	0.51	20	3.0	250	2.7			
						4	85—130	灰棕色	轻偏砂壤土	透镜状	7.7	6.3	0.24	0.51	14	1.9	292	3.0			
						5	130—155	棕灰色	轻粘土	无明显结构	8.0	2.8	0.26	0.44	25	1.5	400	6.3			
剖9	半水成土	林灌草甸土	林灌草甸土			1	0—22	灰棕色	轻壤土	粒状	8.2	7.6	0.49	0.45	24	1.7	241	6.1	湖积物、河流淤积物	E 98°50′21.9″ N 40°01′43.4″	80
						2	22—59	黄棕色	轻偏中壤土	粒状	8.0	11.5	0.73	0.60	46	1.1	300	6.8			
						3	59—92	黑灰色	重壤土	粒状	7.9	8.7	0.47	0.50	34	0.6	167	6.3			
						4	92—127	棕灰色	粉砂质壤土	无明显结构	7.7	12.6	0.47	0.54	27	1.1	142	7.0			
剖10	初育土	风沙土	固定风沙土	荒地固定风沙土		1	0—40	青灰色	砂土	粒状	8.5	3.1	0.23	0.32	19	0.7	135	4.3	风成母质	E 98°58′45.1″ N 40°00′06.1″	74
						2	40—80	青灰色	砂壤土	粒状	8.7	3.7	0.21	0.35	23	1.3	87	4.8			
						3	80—114	青灰色	粉砂质壤土	无明显结构	8.5	3.5	0.13	0.23	8	微量	63	4.6			
						4	114—150	棕灰色	砂壤土	粒状	9.0	2.6	0.09	0.20	5	微量	84	2.2			

续表 Continued

剖面号 Soil profile	土纲 Soil order	土类 Soil great group	亚类 Soil subgroup	土属 Soil genus	土种 Soil species	土层码 Layer code	土层厚度 Depth/cm	颜色 Soil color	质地 Soil texture	土壤结构 Soil structure	pH	有机质 OM/(g/kg)	全氮 TN/(g/kg)	全磷 TP/(g/kg)	碱解氮 AN/(mg/kg)	有效磷 AP/(mg/kg)	速效钾 AK/(mg/kg)	阳离子交换量CEC/(cmol/kg)	土壤母质 Parent material	剖面点坐标 Profile coordinate	匹配指数 Matching index/%
剖11	半水成土	潮土	潮土	低位潮土	平茬低位潮土	1	0—22	棕灰色	轻壤土	粒状	8.0	10.1	0.60	0.58	47	5.4	63	7.3	河流沉积物、湖积物	E 99°25′31.1″ N 40°09′13.8″	78
						2	22—52	棕灰色	轻壤土	粒状	8.0	7.4	0.57	0.48	32	1.3	117	7.0			
						3	52—80	灰棕色	轻偏中壤土	鳞片状	8.2	5.5	0.44	0.43	40	0.6	150	6.4			
						4	80—112	灰棕色	轻壤土	粒状	8.2	5.0	0.42	0.41	24	2.4	167	6.0			
						5	112—150	灰棕色	轻壤土	粒状	7.9	5.2	0.30	0.45	15	3.6	161	6.1			
剖12	半水成土	潮土	潮土	低位潮土	平茬底黏低位潮土	1	0—24	棕灰色	轻壤土	粒状	8.8	9.7	0.72	0.43	36	15.2	208	5.9	河流沉积物、湖积物	E 99°22′12.0″ N 40°02′43.1″	87
						2	24—45	浅棕灰色	轻壤土	粒状	8.8	10.6	0.77	0.56	34	4.2	283	7.2			
						3	45—89	灰棕色	中黏土	鳞片状	8.7	11.9	0.87	0.51	34	3.5	425	8.7			
						4	89—150	青灰色	砂壤土	无明显结构	8.7	2.4	0.20	0.45	10	1.4	18	2.1			

瓜 州 县

主要土类说明

灰棕漠土是瓜州县主要土壤类型，占本县地域面积的60%。灰棕漠土是在温带极端干旱荒漠气候条件下形成的地带性土壤。植被稀疏，以深根、多肉质、耐旱的灌木或小灌木为主，生物作用微弱，土壤有机质含量很低。成土母质为山前平原砂砾质洪冲积物或低山残丘石质坡积物。土壤以粗骨性为主，土层浅薄，地表大多有黑褐色砾幂，地下水位一般在7m以下。由于降水量小而蒸发量大，土壤所受的淋溶作用十分微弱，易溶盐、碳酸钙和石膏随水分蒸发而上升，聚积在土壤上层或地表。

棕漠土是瓜州县第二大土壤类型，占本县地域面积的29%。棕漠土是在温带极端干旱条件下形成的具有明显盐磐的漠土，常与砾质戈壁共存。植被覆盖百分率极低，且植株矮小。土壤中石灰、石膏、易溶盐分层聚积于地表，见孔状结皮、砾幂、黑结皮，多砾石，结皮层下见红棕色或玫瑰色铁染色层，下为石膏层，再下为盐磐层。整个土层厚度不足50cm，结皮层以下碳酸钙含量为60—110g/kg，石膏含量为300—550g/kg；盐磐层含盐量为300—600g/kg。盐磐层的存在是棕漠土的重要特征。

漠境盐土是瓜州县第三大土壤类型，占本县地域面积的7%。草甸盐土形成于半湿润至半干旱地区，高矿化地下水经毛管作用上升至地表，使其盐分累积量大于6g/kg，属盐土范畴。该土壤有盐化表土层，具A–C剖面构型。

小于本县地域面积3%的土壤类型有草甸土、灌淤土、风沙土、沼泽土、草甸盐土和潮土。

本区域中心区气候特征

本区域中心区气候特征值
Regional climate characteristics in central area of the region

气候带：暖温带极干旱气候 Climate region: Warm temperate extremely arid climate	
年平均气温 /℃ Annual average temperature /℃	8.8
年平均最高气温 /℃ Annual average maximum temperature /℃	16.7
年平均最低气温 /℃ Annual average minimum temperature /℃	1.6
年降水量 /mm Annual precipitation /mm	50
≥10℃的积温 /℃ Daily temperature accumulated in a year（≥10℃）/℃	3160
年日照时数 /h Annual sunshine /h	3243
年平均相对湿度 /% Annual average relative humidity /%	43
干燥度 Dryness	10.59

本区域中心区月平均气温与月平均降水量
Monthly temperature and precipitation in central area of the region

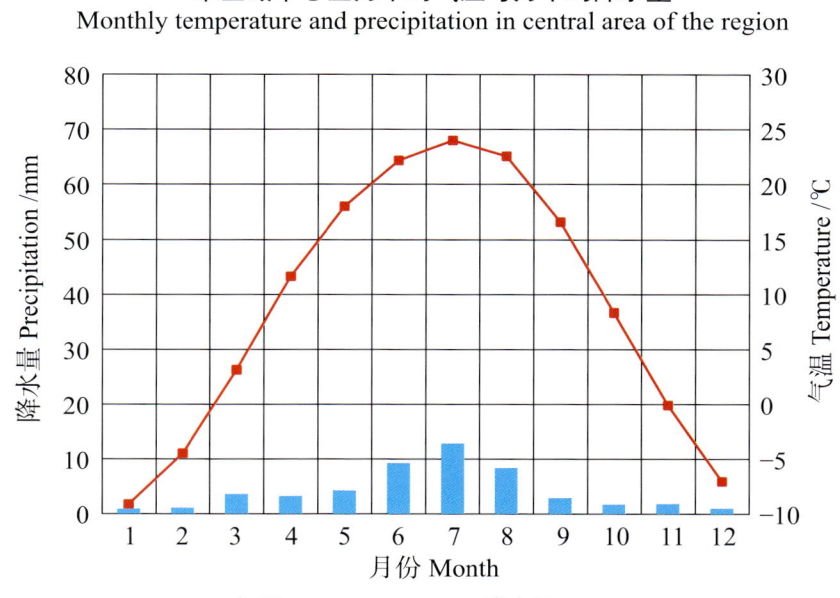

安西县主要土壤类型与土壤剖面点分布图
1∶890 000

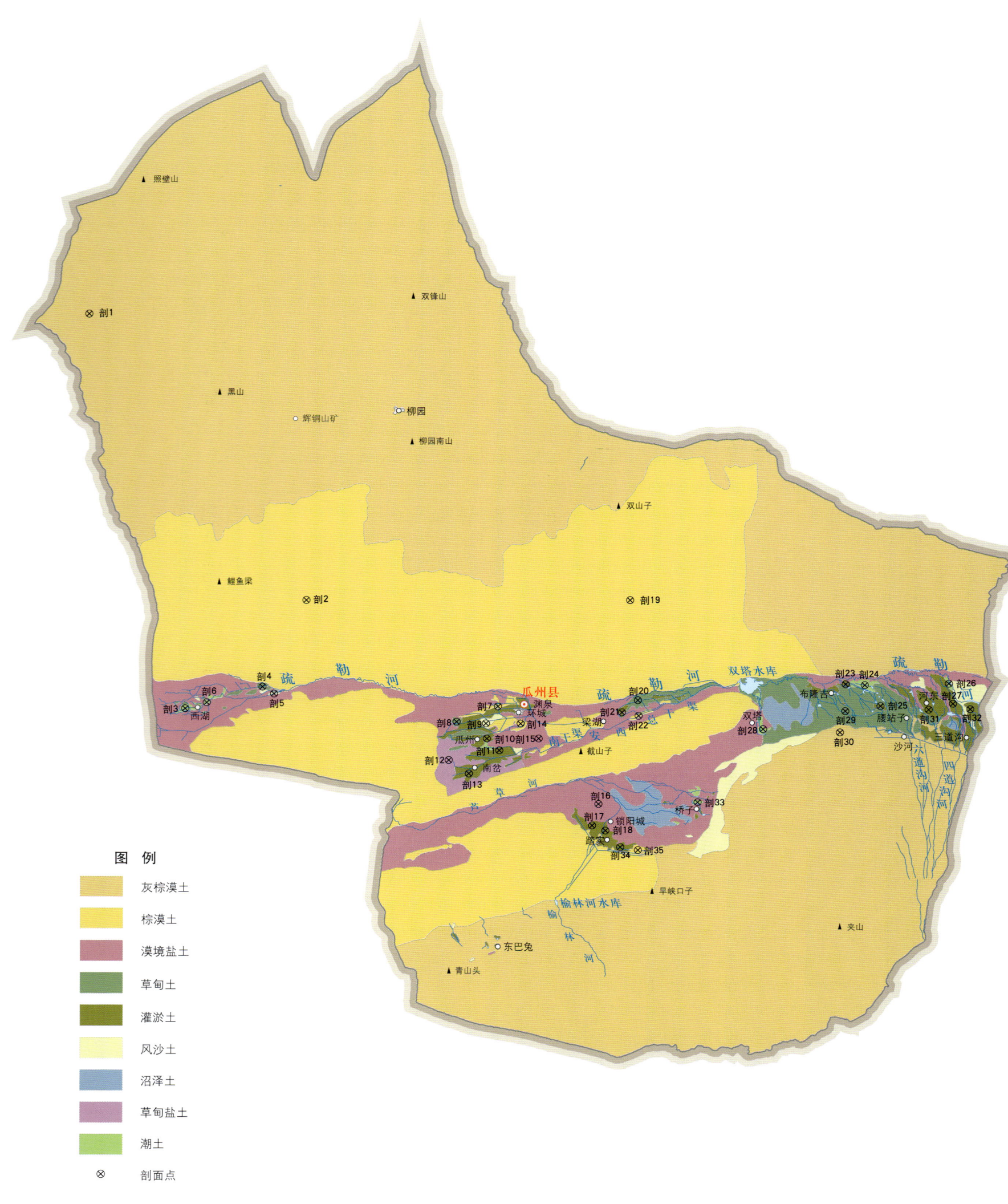

注：国务院 2006 年 8 月批准，安西县更名为瓜州县。

瓜州县土壤剖面理化性状表

剖面号 Soil profile	土纲 Soil order	土类 Soil great group	亚类 Soil subgroup	土属 Soil genus	土种 Soil species	土层码 Layer code	土层厚度 Depth/cm	颜色 Soil color	质地 Soil texture	土壤结构 Soil structure	pH	有机质 OM/(g/kg)	全氮 TN/(g/kg)	全磷 TP/(g/kg)	全钾 TK/(g/kg)	碱解氮 AN/(mg/kg)	有效磷 AP/(mg/kg)	速效钾 AK/(mg/kg)	阴离子交换量CEC/(cmol/kg)	土壤母质 Parent material	剖面点坐标 Profile coordinate	匹配指数 Matching index/%
剖1	漠土	灰棕漠土	石膏灰棕漠土			1	0~1	灰棕色	砂砾石土	面皮状		2.0	0.17								E 94°44′45.6″ N 41°18′09.6″	91
						2	1~3	黄棕色	粗砂砾质土			2.0	0.17									
						3	3~14	黄棕色	砂砾石土			2.0	0.17									
						4	14~53	灰棕色	砾质石土			1.4	0.09									
						5	53~120	棕黄色	砂砾质土			1.2	0.07									
剖2	漠土	棕漠土	石膏盐盘棕漠土			1	0~0.5	棕灰色	粉灰土	片状		3.7	0.25								E 95°15′48.6″ N 40°44′32.3″	96
						2	0.5~2	棕灰色	砾灰土	面皮状		3.7	0.25									
						3	2~26	铁红色	砾质砂土	弱块状		3.6	0.22									
						4	26~52	棕灰色	砾质砂土	块状		1.8	0.09									
						5	52~81	铁红色	砂土	弱块状		3.0	0.21									
						6	81~	红棕色	砂砾石土	无明显结构		1.8	0.11									
剖3	半水成土	潮土	盐化潮土	低位盐化潮土	低位弱盐化潮土	1	0~30	灰棕色	轻壤土	碎粒状	8.8	17.6	0.88	0.57	12.0	31	4.0	80	6.4		E 94°57′37.8″ N 40°32′16.5″	79
						2	30~63	灰棕色	轻壤土	鳞片状	8.6	12.1	0.57	0.36	14.3	47	2.0	91	5.3			
						3	63~110	浅青色	中壤土	鳞片状	8.3	17.4	0.82	0.46	10.3	20	2.0	108	9.4			
						4	110~135	浅黄棕色	中壤土	块状	8.4	7.8	0.38	0.51	14.3	15	2.0	99	4.9			
剖4	半水成土	草甸土	盐化草甸土	盐化耕灌草甸土	弱盐化耕灌棕漠土	1	0~30	黄棕色	轻壤土	粒状	8.1	16.9	0.89	0.47		56	4.0	251	5.6	湖沼沉积物、洪冲积物	E 95°09′01.9″ N 40°34′35.6″	77
						2	30~73	灰棕色	中壤土	屑粒状	8.3	15.8	0.78	0.45		31	1.0	563	6.7			
						3	73~110	灰褐色	中壤土	屑粒状	8.5	15.7	0.67	0.28		24	1.0	368	7.6			
						4	110~130	棕灰色	轻黏土	粒状	8.5	7.2	0.27	0.23		21	1.0	338	5.6			
剖5	初育土	风沙土	固定风沙土	盐化风沙土	弱盐化灌风沙土	1	0~20	黄棕色	砂壤土	碎粒状	8.3	7.6	0.37	0.57		22	6.0	83	2.8	风积物	E 95°10′41.5″ N 40°33′45.7″	99
						2	20~50	棕灰色	砂土	弱粒状	8.3	3.1	0.14	0.38		18	2.0	83	1.2			
						3	50~102	棕灰色	砂土	弱粒状	8.1	2.9	0.12	0.38		22	2.0	65	0.9			
						4	102~130	浅黄棕色		弱块状	8.0	4.9	0.29	0.42		14	2.0	93	4.3			
剖6	半水成土	潮土	盐化潮土	高位盐化潮土	高位弱盐化潮土	1	0~25	灰棕色	中壤土	粒状	8.5	8.1	0.43	0.43		35	6.0	589	2.4		E 95°00′46.8″ N 40°32′56.0″	72
						2	25~55	灰棕色	粒状	粒状	8.7	4.1	0.21	0.33		31	2.0	304	2.2			
						3	55~95	灰棕色	中壤土	板状	8.4	3.7	0.18	0.38		28	2.0	205	2.0			
剖7	漠土	棕漠土	盐化棕漠土	盐化耕灌棕漠土	强盐化耕灌棕漠土	1	0~30	棕灰色	中壤土	粒状	8.6	5.2	0.36	0.33	15.4	36	12.0	253	14.7	河流冲积物	E 95°43′27.2″ N 40°31′36.9″	96
						2	30~52	黄棕色	重壤土	棱块状	8.5	4.5	0.36	0.41	21.6	17	15.0	249	10.1			
						3	52~86	黄棕色	中黏土	大板状	8.5	4.2	0.39	0.50	24.8	20	3.0	244	5.2			
						4	86~110	黄棕色	轻黏土	板状	8.4	4.1	0.35	0.43	21.2	23	4.0	360	6.9			
						5	110~130	黄棕色	砂壤土	碎粒状	8.4	2.3	0.12	0.25	13.4	15	1.0	115	1.2			
剖8	半水成土	草甸土	盐化草甸土	盐化耕灌草甸土	中盐化耕灌草甸土	1	0~19	棕灰色	砂壤土	粒状	8.1	11.9	0.62	0.41		17	13.0	229	6.3	湖沼沉积物、洪冲积物	E 95°37′18.5″ N 40°29′58.6″	96
						2	19~45	黄棕色	砂壤土	屑粒状	8.1	11.5	0.56	0.50		30	9.0	317	6.3			
						3	45~110	黄棕色	重壤土	粒状	8.1	11.1	0.50	0.52		31	2.0	290	7.5			
						4	105~	灰棕色	重壤土	小块状	8.3	4.1	0.24	0.46		25	2.0	184	2.7			
剖9	初育土	风沙土	固定风沙土	耕灌风沙土		1	0~21	灰棕色	中壤土	碎粒状	8.4	8.1	0.45	0.32		34	3.0	77	4.0	风积物	E 95°41′35.2″ N 40°29′41.6″	72
						2	21~48	灰棕色	紧砂土	弱粒状	8.4	5.5	0.41	0.39		27	3.0	184	1.7			
						3	48~110	黄棕色	砂壤土	弱粒状	8.4	2.7	0.22	0.27		3	2.0	88	1.2			
						4	110~138	棕灰色	重壤土	块状	8.2	5.1	0.36	0.34		13	1.0	325	6.1			
剖10	人为土	灌淤土	灌淤土	厚层灌淤土	厚层灌淤土	1	0~30	棕灰色	中壤土	粒状	8.8	17.6	0.87	0.98		22	12.0	195	6.4		E 95°41′39.8″ N 40°27′56.2″	82
						2	30~60	浅灰棕色	中壤土	粒状	8.6	19.7	0.99	0.79		24	2.0	171	7.7			
						3	60~105	灰棕色	中壤土	碎粒状	8.1	13.0	0.81	0.74		32	1.0	185	6.2			
						4	105~125	灰棕色	中壤土	碎粒状	8.7	9.1	0.42	0.63		17	2.0	85	3.8			

续表 Continued

剖面号 Soil profile	土纲 Soil order	土类 Soil great group	亚类 Soil subgroup	土属 Soil genus	土种 Soil species	土层码 Layer code	土层厚度 Depth/cm	颜色 Soil color	质地 Soil texture	土壤结构 Soil structure	pH	有机质 OM/(g/kg)	全氮 TN/(g/kg)	全磷 TP/(g/kg)	全钾 TK/(g/kg)	碱解氮 AN/(mg/kg)	有效磷 AP/(mg/kg)	速效钾 AK/(mg/kg)	阳离子交换量CEC/(cmol/kg)	土壤母质 Parent material	剖面点坐标 Profile coordinate	匹配指数 Matching index/%
剖11	人为土	灌淤土	砂盖灌淤土	厚层砂盖灌淤土	厚层砂盖灌淤立土	1	0—25	浅灰棕色	砂壤土	碎粒状	8.5	10.3	0.67	0.41	14.3	34	2.0	55	3.2		E 95°43′27.1″ N 40°26′31.6″	97
						2	25—93	黄棕色	轻壤土	碎粒状	8.6	7.0	0.39	0.46	14.3	31	5.0	15	2.4			
						3	93—115	浅黄棕色	重壤土	弱片状	8.3	4.6	0.36	0.42	18.9	22	4.0	80	2.3			
						4	115—140	黄黄棕色	砂壤土	弱块状	8.5	3.1	0.20	0.36	13.6	15	3.0	33	1.7			
剖12	盐碱土	草甸盐土				1	0—32	棕黄色	砂壤土	碎粒状	8.7	10.7	0.49	0.43		75	8.0	510	3.5		E 95°35′59.2″ N 40°25′35.0″	93
						2	32—60	棕色	轻壤土	小块状	8.7	8.8	0.40	0.41		35	10.0	303	3.3			
						3	60—120	灰棕色	轻黏土	板状	8.6	4.8	0.25	0.43		32	7.0	240	4.5			
剖13	人为土	灌淤土	厚层灌淤土	厚层灌淤平土	1	0—24	灰棕色	中壤土	粒状	8.4	17.3	0.97	0.55		79	2.0	184	15.9		E 95°38′51.4″ N 40°23′58.9″	75
						2	24—63	灰棕色	中壤土	屑粒状	8.5	11.2	0.63	0.48		57	1.0	165	11.3			
						3	63—84	棕黄色	中壤土	屑粒状	8.5	9.9	0.56	0.38		83	1.0	108	5.9			
						4	84—103	浅黄棕色	轻黏土	鳞片状	8.4	6.4	0.43	0.23		36	1.0	158	4.0			
						5	103—135	灰黄褐色	重壤土	块状	8.1	13.9	0.71	0.53		74	1.0	199	5.9			
剖14	人为土	灌淤土	耕灌棕漠土	厚层灌棕漠土		1	0—30	灰棕色	重壤土	碎粒状	8.4	8.4	0.57	0.31		38	5.0	178	5.4		E 95°46′41.2″ N 40°29′32.7″	94
						2	30—70	棕灰色	轻壤土	片状	8.4	3.7	0.36	0.29		24	2.0	167	4.2			
						3	70—150	灰棕色	轻壤土	弱片状	8.4	2.4	0.17	0.28		27	3.0	73	1.9			
剖15	漠土	棕漠土		硫酸盐盐土		1	0—20	棕黄色	中壤土	屑粒状	8.5	15.6	0.71	0.32		40	9.0	214	9.2		E 95°49′14.5″ N 40°27′46.7″	80
						2	20—80	棕黄色	重壤土	块状	8.7	4.8	0.22	0.29		12	3.0	208	4.3			
						3	80—130	黄棕色	重壤土	块状	8.7	4.4	0.20	0.18		8	3.0	220	0.6			
剖16	盐碱土	漠境盐土	旱盐土	硫酸盐氯化物盐土		1	0—22	灰棕色	轻壤土	碎粒状	8.8	7.8	0.39	0.35		86	4.0	128	7.1	洪冲积物、冲积物	E 95°57′40.3″ N 40°20′00.2″	83
						2	22—52	灰棕色	中壤土	小块状	8.2	5.6	0.28	0.32		35	4.0	128	7.2			
						3	52—125	黄棕色	中黏土	片状	8.2	6.9	0.38	0.48		70	5.0	178	10.1			
						4	125—150	黄棕色	紧砂土	弱块状	8.3	5.2	0.10	0.19		20	4.0	58	1.9			
剖17	人为土	灌淤土	薄层漏砂灌淤土	薄层漏砂灌淤平土		1	0—18	棕灰色	轻壤土	碎粒状	8.2	10.6	0.44	0.54		41	3.0	48	6.6		E 95°56′38.3″ N 40°17′32.1″	79
						2	18—42	灰棕色	中壤土	粒状	8.2	9.9	0.44	0.32		54	5.0	123	3.3			
						3	42—57	棕黄色	轻黏土	粒状	8.1	4.3	0.35	0.30		64	4.0	129	4.0			
						4	57—150	浅黄棕色	砂砾石土	无明显结构												
剖18	人为土	灌淤土		厚层灌淤土	厚层漏砂灌淤立土	1	0—25	棕灰色	中壤土	碎粒状	8.5	13.7	0.76	0.41		74	4.0	173	4.1		E 95°58′33.6″ N 40°16′54.6″	89
						2	25—64	棕灰色	中壤土	弱块状	8.6	6.0	0.37	0.21		29	1.0	223	2.8			
						3	64—160	黄灰色	紧砂土	弱块状	8.9	2.3	0.14	0.30		11	1.0	203	0.6			
						4	160—180	黄棕色	重壤土	片状	8.4	3.3	0.17	0.42		25	2.0	291	1.7			
剖19	漠土	棕漠土	盐化棕漠土			1	0—10	灰棕色	中壤土	鳞片状	8.6	10.3	0.50				5.0	319			E 95°57′40.3″ N 40°20′00.2″	82
						2	10—50	棕灰色	砂壤土	小核状	8.6	10.3	0.50	0.32			5.0	319		河流冲积物		
						3	50—75	棕灰色	中黏土	弱片状	8.3	7.3	0.43	0.48			2.0	105				
						4	75—100	棕灰色	粉砂土	弱块状	8.3	5.7	0.37	0.53			4.0	75				
						5	100—150	浅黄棕色	中壤土	小块状	8.4	9.8	0.47	0.19			1.0	98				
剖20	半水成土	草甸土	盐化草甸土	盐化耕灌草甸土	强盐化耕灌草甸土	1	0—30	棕灰色	重壤土	碎粒状	8.4	17.4	0.87	0.26	18.0	81	3.0	278	11.3	湖沼沉积物、洪冲积物	E 96°03′21.2″ N 40°43′27.1″	72
						2	30—50	棕褐色	轻壤土	粒状	8.2	34.9	1.29	0.48	17.6	81	1.0	266	15.9			
						3	50—69	灰黑色	屑粒状	8.8	35.3	1.26	0.53	14.8	115	1.0	283	11.3				
						4	69—120	浅灰棕色	中黏土	鳞片状	8.9	8.9	0.46	0.19	17.6	44	1.0	225	5.1			
剖21	人为土	灌淤土	盐化灌淤土	薄层盐化灌淤土	薄层中盐化灌淤土	1	0—40	灰棕色	中壤土	碎粒状	8.1	7.2	0.50	0.42		48	4.0	308	7.3		E 96°01′34.3″ N 40°30′30.6″	91
						2	40—66	黄棕色	中壤土	小块状	8.2	6.3	0.36	0.50		42	2.0	360	6.8			
						3	66—90	黄棕色	中黏土	棱块状	8.1	6.5	0.31	0.35		27	2.0	278	5.9			
						4	90—140	黄棕色	轻壤土	块状	8.1	3.2	0.27	0.31		14	3.0	293	2.5			

续表 Continued

剖面号 Soil profile	土纲 Soil order	土类 Soil great group	亚类 Soil subgroup	土属 Soil genus	土种 Soil species	土层码 Layer code	土层厚度 Depth/cm	颜色 Soil color	质地 Soil texture	土壤结构 Soil structure	pH	有机质 OM/(g/kg)	全氮 TN/(g/kg)	全磷 TP/(g/kg)	全钾 TK/(g/kg)	碱解氮 AN/(mg/kg)	有效磷 AP/(mg/kg)	速效钾 AK/(mg/kg)	阳离子交换量CEC/(cmol/kg)	土壤母质 Parent material	剖面点坐标 Profile coordinate	匹配指数 Matching index/%
剖22	漠土	棕漠土	盐化棕漠土	盐化耕灌棕漠土	中盐化耕灌棕漠土	1	0~24	黄褐色	重壤土	粒状	8.6	13.4	0.67	0.46		64	22.0	203	6.4	河流冲积物	E 96°03′58.5″ N 40°30′01.9″	72
						2	24~50	棕黄色	重壤土	粒状	8.3	11.7	0.61	0.43		52	12.0	200	6.2			
						3	50~100	黄棕色	轻壤土	片状	8.5	6.6	0.38	0.58		39	11.0	240	5.3			
						4	100~125	黄棕色	轻壤土	片状	8.6	5.7	0.34	0.47		24	9.0	159	3.4			
剖23	人为土	灌淤土	潮化灌淤土	厚层潮化灌淤土	厚层潮化灌淤平土	1	0~20	棕褐色	中壤土	粒状	8.5	13.0	0.81	0.60		70	25.0	206	7.8		E 96°34′30.0″ N 40°32′50.6″	93
						2	20~70	棕灰色	中壤土	碎粒状	8.7	7.4	0.49	0.44		62	4.0	150	2.9			
						3	70~110	黄棕色	中壤土	弱粒状	8.4	15.1	0.80	0.55		78	3.0	182	4.0			
						4	110~157	浅黄棕色	重壤土	透镜状	8.7	5.8	0.27	0.41		59	3.0	150	2.9			
剖24	半水成土	潮土	潮土	中位潮土	中位潮立土	1	0~24	灰棕色	重壤土	粒状	8.3	11.4	0.56	0.43	16.0	36	7.0	188	4.7		E 96°37′17.8″ N 40°32′39.5″	86
						2	24~45	灰棕色	中壤土	屑粒状	8.4	10.1	0.42	0.33	16.6	76	4.0	182	3.4			
						3	45~110	黄棕色	中壤土	屑粒状	8.4	7.4	0.25	0.23	14.6	42	1.0	161	3.1			
						4	110~130	黄棕色	中黏土	片状	8.0	7.6	0.31	0.41	23.6	21	2.0	187	3.7			
剖25	人为土	灌淤土	潮化灌淤土	薄层潮化灌淤土	薄层潮化灌淤平土	1	0~27	棕褐色	轻壤土	粒状	8.7	18.4	1.09	0.50	16.3	76	3.0	259	6.9		E 96°39′26.6″ N 40°30′09.7″	87
						2	27~54	浅黄棕色	中壤土	弱片状	8.9	6.4	0.30	0.39	15.6	35	1.0	199	3.1			
						3	54~75	灰棕色	重壤土	片状	8.7	6.6	0.41	0.46	17.3	24	1.0	195	3.5			
						4	75~95	浅棕灰色	中壤土	片状	8.4	9.4	0.66	0.39	13.6	9	2.0	150	4.9			
剖26	半水成土	潮土	潮土	中位潮土		1	95~135	灰褐色	轻壤土	屑粒状	8.4	22.4	1.15	0.50	15.4	111	15.0	261	7.8		E 96°49′36.5″ N 40°32′25.8″	92
						2	0~24	棕灰色	轻壤土	碎粒状	8.7	19.4	1.00	0.40	15.4	85	1.0	233	8.5			
						3	24~52	灰棕色	中壤土	板状	8.3	13.8	0.71	0.18	15.2	64	1.0	173	8.7			
						4	52~74	黄棕色	重壤土	棱块状	8.6	6.3	0.34	0.19	18.0	28	1.0	206	3.9			
						5	74~103	浅青色	重壤土	棱块状	8.0	21.9	0.90	0.12	11.4		3.0	238	10.1			
剖27	人为土	灌淤土	灌淤土	薄层灌淤土	薄层灌淤立土	1	103~124	棕灰色	轻壤土	粒状	8.6	10.4	0.66	0.61		77	2.0	78	4.5		E 96°50′03.0″ N 40°30′05.9″	87
						2	0~30	灰棕色	轻壤土	碎粒状	8.6	5.7	0.39	0.44		49	1.0	83	3.6			
						3	30~58	黄棕色	中壤土	碎粒状	8.4	5.0	0.48	0.50		34	2.0	123	3.1			
						4	58~80	黄棕色	中壤土	小块状	8.3	5.1	0.42	0.44		11	1.0	123	2.2			
						5	80~100	浅红棕色	轻壤土	粒状	8.8	4.4	0.31	0.43		22	1.0	108	1.9			
剖28	人为土	潮土	盐化潮土	中位盐化潮土		1	100~130	棕灰色	轻壤土	粒状	8.4	8.6	0.39	0.28		36	2.0	319	4.2		E 96°22′08.2″ N 40°27′59.7″	72
						2	0~35	灰棕色	中壤土	碎粒状	8.7	5.3	0.31	0.59		39	1.0	353	2.2			
						3	35~75	黄棕色	中壤土	碎粒状	8.3	6.5	0.36	0.50		41	2.0	219	4.5			
						4	75~100	棕黄色	中壤土	碎粒状	8.8	5.0	0.34	0.45		31	3.0	233	2.6			
剖29	人为土	灌淤土	潮化灌淤土	厚层潮化灌淤土	厚层潮化灌淤立土	1	100~140	灰棕色	轻壤土	片状	8.4	12.5	0.77	0.54		22	5.0	202	4.4		E 96°34′16.8″ N 40°29′43.4″	74
						2	0~24	灰黄色	轻壤土	小块状	8.7	9.8	0.57	0.53		67	4.0	165	3.8			
						3	24~58	黄棕色	轻壤土	块状	8.8	7.0	0.52	0.51		54	2.0	148	3.5			
						4	58~84	棕黄色	中壤土	碎粒状	8.3	4.4	0.21	0.46		53	1.0	150	2.3			
剖30	漠土	灰棕漠土	盐化灰棕漠土	盐化灰棕漠土		1	84~156	褐棕色	重壤土	碎粒状	8.2	8.0	0.42	0.35		31	1.0	308	6.1		E 96°33′23.0″ N 40°27′18.2″	92
						2	0~30	灰棕色	轻壤土	小块状	8.3	7.0	0.34	0.33		14	2.0	165	1.5			
						3	30~105	浅灰棕色	轻壤土	块状	8.5	4.8	0.27	0.29		36	4.0	195	3.7			
剖31	人为土	灌淤土	盐化灌淤土	厚层盐化灌淤土	厚层盐化灌淤土	1	105~125	黄棕色	砂壤土	块状	8.1	5.8	0.38	0.31		25	2.0	65	1.5		E 96°46′29.6″ N 40°29′31.9″	75
						2	0~23	褐棕色	轻壤土	粒状	8.1	10.3	0.57	0.51		64	8.0	184	3.0			
						3	23~50	灰棕色	中壤土	碎粒状	8.0	10.0	0.57	0.56		59	8.0	148	8.0			
						4	50~110	黄棕色	中壤土	碎粒状	8.1	11.3	0.68	0.40		73	3.0	135	3.0			
剖32	人为土	灌淤土	盐化灌淤土	薄层盐化灌淤土	薄层盐化灌淤土		110~130	棕灰色	重壤土	小块状	8.3	15.2	0.78	0.35		78	3.0	169	7.6		E 96°52′35.2″ N 40°29′22.8″	89
							0~30											244	12.1			
							30~50															
							50~70															
							70~120															

续表 Continued

剖面号 Soil profile	土纲 Soil order	土类 Soil great group	亚类 Soil subgroup	土属 Soil genus	土种 Soil species	土层码 Layer code	土层厚度 Depth/cm	颜色 Soil color	质地 Soil texture	土壤结构 Soil structure	pH	有机质 OM/(g/kg)	全氮 TN/(g/kg)	全磷 TP/(g/kg)	全钾 TK/(g/kg)	碱解氮 AN/(mg/kg)	有效磷 AP/(mg/kg)	速效钾 AK/(mg/kg)	阳离子交换量CEC/(cmol/kg)	土壤母质 Parent material	剖面点坐标 Profile coordinate	匹配指数 Matching index/%
剖33	半水成土	潮土	潮土	低位潮土	低位潮平土	1	0—25	棕灰色	中壤土	粒状	8.5	18.5	1.11	0.47		80	2.0	364	9.0		E 96°12′09.7″ N 40°19′49.8″	98
						2	25—58	浅灰棕色	中壤土	板状	8.6	14.5	0.69	0.47		36	1.0	375	5.7			
						3	58—80	浅灰棕色	重壤土	片状	8.4	10.1	0.54	0.24		41	1.0	402	7.4			
						4	80—125	棕灰色	中壤土	碎粒状	8.3	13.1	0.55	0.46		21	2.0	311	5.4			
剖34	人为土	灌淤土	灌淤土	薄层灌淤土	薄层灌淤平土	1	0—24	灰褐色	中壤土	粒状	8.6	12.6	0.57	0.55		46	2.0	103	4.6		E 96°00′37.6″ N 40°14′55.6″	100
						2	24—48	黄褐色	中壤土	粒状	8.6	10.5	0.48	0.45		21	3.0	123	2.6			
						3	48—87	黄褐色	中壤土	板状	8.6	7.7	0.34	0.47		22	4.0	130	2.4			
						4	87—125	黄褐色	重壤土	碎粒状	8.3	7.7	0.45	0.50		24	3.0	140	2.8			
剖35	漠土	棕漠土	盐化棕漠土	盐化耕灌棕漠土	弱盐化耕灌棕漠土	1	0—15	黄褐色	重壤土	碎粒状	8.6	9.5	0.43	0.55		34	3.0	273	2.8	河流冲积物	E 96°03′10.4″ N 40°14′30.8″	91
						2	15—50	棕灰色	轻壤土	碎粒状	8.3	6.1	0.35	0.39		29	1.0	85	2.8			
						3	50—80	棕灰色	轻壤土	屑粒状	8.3	4.9	0.28	0.32		23	3.0	85	3.6			
						4	80—120	棕黄色	重壤土	块状	8.3	5.0	0.30	0.26		27	4.0	112	2.5			
						5	120—140	棕黄色	中壤土	片状	8.4	7.5	0.33	0.33		30	4.0	108	2.3			

肃北蒙古族自治县

主要土类说明

灰棕漠土是肃北蒙古族自治县主要土壤类型，占本县地域面积的49%。灰棕漠土是在温带极端干旱荒漠地区砾质化明显的土壤。该土壤地表见砾幂及褐色结皮，亦见干面包状结皮；石灰表聚，下见纤维状石膏聚积，亦见铁质黏化现象。铁铝结合的胡敏酸多于钙结合者，铁铝结合的富啡酸少于钙结合者是本土类特征。

黑毡土是肃北蒙古族自治县第二大土壤类型，占本县地域面积的23%。黑毡土形成于青藏高原高寒略较温湿的原面上，蒿草与杂生草类的草毡层初步分解，形成初步腐殖化的暗色草根茎盘结层。该土壤色泽较深，有机质含量较高，为100—150g/kg，底土见锈色斑纹。

粗骨土是肃北蒙古族自治县第三大土壤类型，占本县地域面积的12%，广泛分布在河谷阶地、丘陵、低山和中山等多种地貌单元和地形部位。粗骨土属于A-C型，甚至（A）-C型土壤。A层发育不明显，与母质土层性状相似，略显有机质累积。有时母质层富含砾石，很少出现剖面分异与发育特征。

草毡土占本县地域面积的10%。草毡土是在高寒区（青藏高原）平缓高原面上发育形成的具强度生草腐殖质累积与弱度氧化还原特征的高山土壤。由于寒冻，蒿草根累积并弱度分解，该土壤呈草毡状。土体滞水，冻融交替，弱度氧化还原交替进行，造成该土壤氧化铁微弱游离。

小于本县地域面积3%的土壤类型有寒冻土、棕钙土、漠境盐土、草甸土和风沙土。

本区域中心区气候特征

本区域中心区气候特征值
Regional climate characteristics in central area of the region

气候带：中温带干旱气候 Climate region: Mid temperate arid climate	
年平均气温 /℃ Annual average temperature /℃	8.9
年平均最高气温 /℃ Annual average maximum temperature /℃	16.7
年平均最低气温 /℃ Annual average minimum temperature /℃	2.0
年降水量 /mm Annual precipitation /mm	57
≥10℃的积温 /℃ Daily temperature accumulated in a year（≥10℃）/℃	3396
年日照时数 /h Annual sunshine /h	3208
年平均相对湿度 /% Annual average relative humidity /%	45
干燥度 Dryness	7.98

本区域中心区月平均气温与月平均降水量
Monthly temperature and precipitation in central area of the region

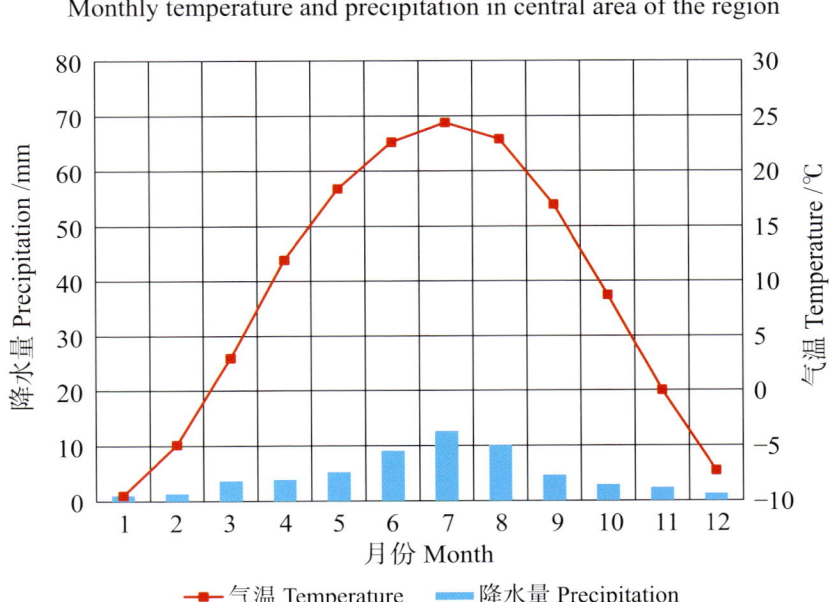

肃北蒙古族自治县主要土壤类型与土壤剖面点分布图
1∶1 640 000

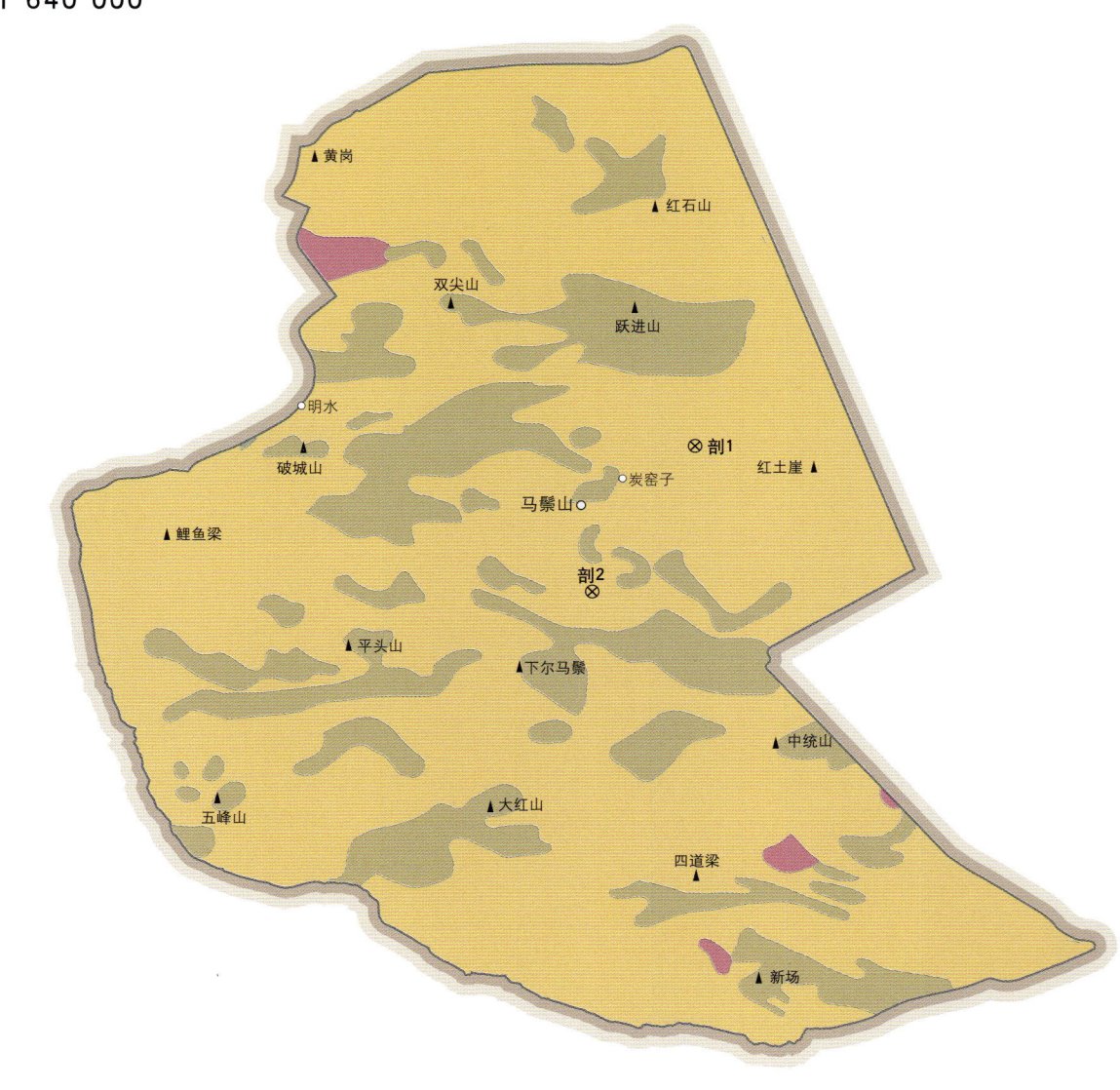

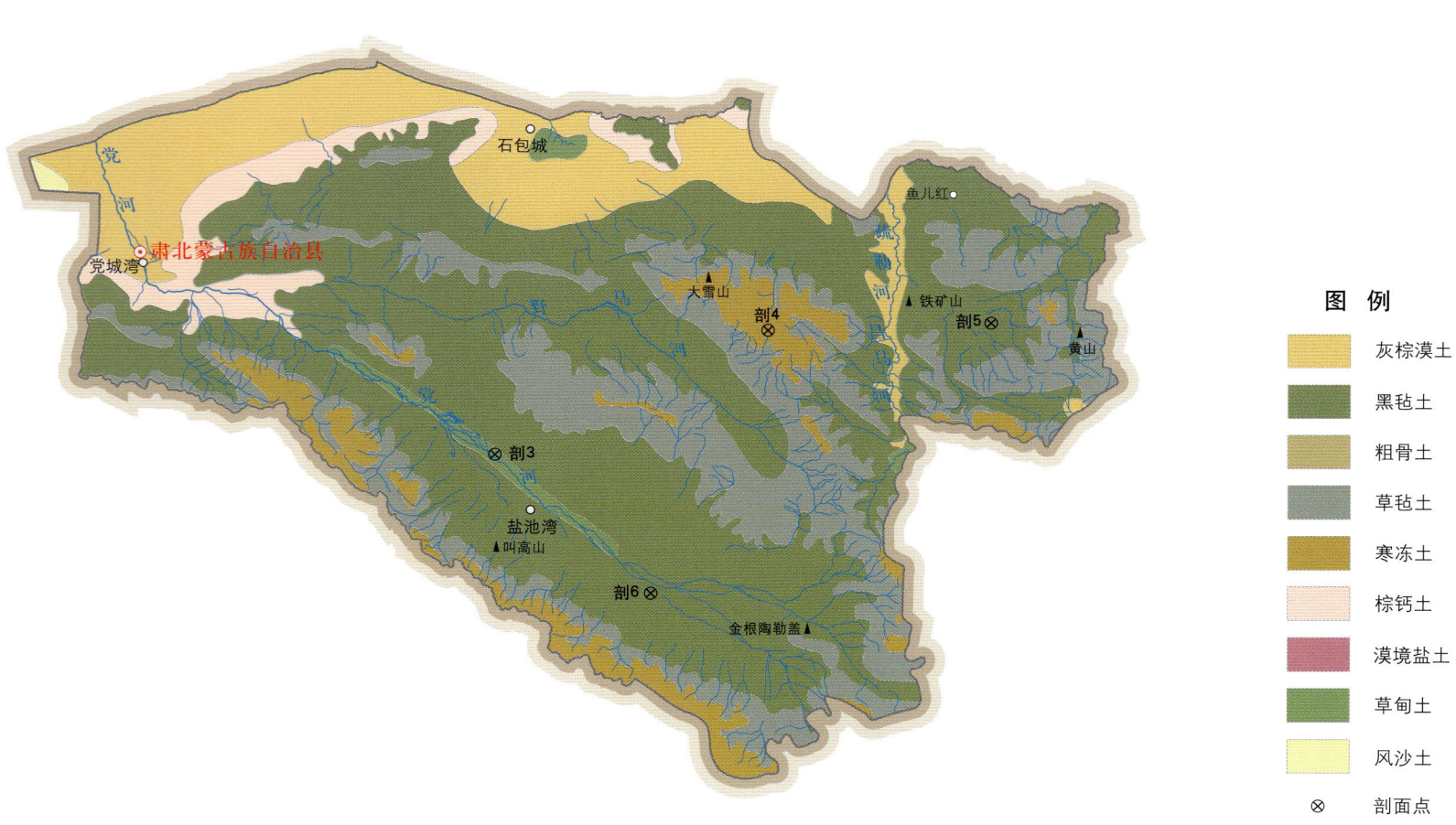

图 例

- 灰棕漠土
- 黑毡土
- 粗骨土
- 草毡土
- 寒冻土
- 棕钙土
- 漠境盐土
- 草甸土
- 风沙土
- ⊗ 剖面点

肃北蒙古族自治县土壤剖面理化性状表

剖面号 Soil profile	土纲 Soil order	土类 Soil great group	亚类 Soil subgroup	土属 Soil genus	土层码 Layer code	土层厚度 Depth/cm	颜色 Soil color	质地 Soil texture	土壤结构 Soil structure	pH	有机质 OM/(g/kg)	全氮 TN/(g/kg)	全磷 TP/(g/kg)	全钾 TK/(g/kg)	碱解氮 AN/(mg/kg)	有效磷 AP/(mg/kg)	速效钾 AK/(mg/kg)	阳离子交换量CEC/(cmol/kg)	土壤母质 Parent material	剖面点坐标 Profile coordinate	匹配指数 Matching index/%
剖1	漠土	灰棕漠土	灰棕漠土	灰棕漠土	1	0—17	浅灰棕色	轻壤土	微粒状	8.5	13.0	0.58	0.53	18.2	29	6.5	302	5.5	洪积物	E 97°14′24.2″ N 41°57′02.0″	76
					2	17—37	浅黄棕色	轻壤土	弱块状	9.0	14.0	0.57	0.43	18.3	29	3.7	366	7.9			
					3	37—60	灰棕色	轻壤土	弱块状	7.8	11.2	0.37	0.45	18.2	29	2.9	252	5.8			
					4	60—		砂砾石土													
剖2	漠土	灰棕漠土	石膏灰棕漠土		1	0—0.5	灰棕色	砂土											残积物、洪积物	E 96°58′22.7″ N 41°38′38.2″	77
					2	0.5—10	灰棕色	砂砾质石膏土	无明显结构	7.2	3.0	0.20	0.38	8.1	21	2.4	310	4.9			
					3	10—22	灰棕色	砂砾石土	无明显结构	7.2	3.4	0.25	0.60	14.8	45	2.2	275	7.4			
					4	22—40	灰棕色	砂砾石土	无明显结构	7.0	3.6	0.23	0.55	18.4	40	3.0	296	8.2			
剖3	半水成土	草甸土	盐化草甸土		1	0—10	灰棕色	砂壤土	无明显结构	9.0	16.2	0.61	0.58	18.6	80	14.3		7.0	洪冲积物	E 95°52′15.9″ N 39°06′08.1″	85
					2	10—30	棕灰色	轻壤土	弱块状	8.5	8.6	0.54	0.64	18.5	45	12.0	684	6.4			
					3	30—70	黄棕色	轻壤土	弱块状	7.7	3.2	0.38	0.63	16.6	26	9.7	254	6.6			
					4	70—145	灰棕色	轻壤土	弱块状	7.5	5.8	0.57	0.57	18.3	21	4.8		7.1			
剖4	高山土	寒冻土	寒冻土		1	0—20	紫红色	中壤土	胶粒状	7.2	5.0	0.13	0.24	26.8	10	1.1	195	12.7	泥质岩类、碳酸岩类风化物	E 96°36′31.9″ N 39°23′39.6″	85
					2	20—40	红紫色	中壤土	屑粒状	7.0	5.2	0.12	0.22	30.8	7	0.7	180	13.1			
					3	40—60	紫色	中壤土		7.0	5.9	0.25	0.30	33.5		0.4	207				
剖5	高山土	黑毡土	黑毡土		1	0—28	浅灰色	轻壤土	团粒状	8.0	44.2	2.88	0.68	20.6	182	4.6	288	15.8	冰碛物、坡状沉积物、坡积物	E 97°13′22.7″ N 39°25′19.4″	97
					2	28—70	浅黄棕色	轻壤土	弱粒状	8.5	22.3	1.84	0.55	19.5	72	1.1	267	14.1			
					3	70—115	黄棕色	轻壤土	弱块状	8.5	17.2	0.74	0.52	18.5	39	1.1	246	10.4			
剖6	高山土	黑毡土	黑毡土		1	0—20	黑色	中壤土	团粒状	7.8	37.9	2.20	0.43	19.6	160	3.0	207	22.6	冰碛物、黄土状沉积物、坡积物	E 96°18′33.6″ N 38°48′34.2″	76
					2	20—42	浅黄棕色	中壤土	团粒状	8.0	26.6	1.37	0.40	19.5	105	1.8	169	14.4			
					3	42—80	黄棕色	中壤土	弱块状	8.0	11.5	0.44	0.50	19.3	26	1.4	142	14.3			

阿克塞哈萨克族自治县

主要土类说明

灰棕漠土是阿克塞哈萨克族自治县主要土壤类型，占本县地域面积的35%，广泛分布在海拔1700—3200m的戈壁砾石滩。灰棕漠土是在极端干旱荒漠气候条件下形成的地带性土壤。植被稀疏，以深根、多肉质、耐旱的灌木或小灌木为主，植被覆盖百分率小于5%。地表光秃裸露，侵蚀较为严重，石灰的表聚作用十分明显，地表黑色砾幂下有1—2cm厚的蜂窝状结皮层。全剖面呈强石灰反应，pH一般为8.0—9.0。该土壤大部分无石膏盐层，可经人为开垦并不断向熟化方向发展，成为耕灌灰棕漠土。

冷钙土是阿克塞哈萨克族自治县第二大土壤类型，占本县地域面积的24%。冷钙土形成于青藏高原高寒半干旱原面上，具弱腐殖质累积与钙积特征，有机质含量为15—30g/kg。该土壤碳酸钙含量为50—200g/kg，呈斑点状或脉络状，且含少量易溶盐和石膏。土壤pH为7.5—8.5。

寒钙土是阿克塞哈萨克族自治县第三大土壤类型，占本县地域面积的12%。寒钙土是形成于青藏高原高寒半干旱区，具弱度腐殖质累积与底层钙积特征的土壤。该土壤有机质层厚15cm，有机质含量为10—30g/kg；碳酸钙含量为50—120g/kg，上部含量低，下部含量高。

风沙土占本县地域面积的8%。风沙土形成于半干旱、干旱漠境地区及滨海地区，是在风沙移动堆积形成的多种形态的风沙沉积物上发育的初育土。由于成土时间短暂，该土壤无剖面发育，具C、(A)-C或A-C剖面构型，反映了风沙移动堆积与固定的不同阶段。

棕钙土占本县地域面积的6%。棕钙土是位于温带干旱草原向荒漠过渡区，具浅棕色薄腐殖质层和灰白色薄钙积层的土壤。该土壤地表多砾石，见黑色地衣，具有多角形裂隙，石膏聚积，钙积层接近地表。

寒冻土占本县地域面积的6%。寒冻土形成于高山冰雪带下缘。成土过程以寒冻物理风化为主，弱生物累积，土层薄，含砾石多，仅在岩屑中见少量细土物质堆积。

寒漠土占本县地域面积的4%。寒漠土形成于高原高寒干旱条件下，其表层见明显漠土化砾幂及漆皮，多砾石，易溶盐就地累积。土壤pH为7.8—9.0。

小于本县地域面积3%的土壤类型有沼泽土、草甸土、粗骨土和草甸盐土。

本区域中心区气候特征

本区域中心区气候特征值
Regional climate characteristics in central area of the region

气候带：高原亚寒带亚干旱气候 Climate region: Plateau subfrigid subarid climate	
年平均气温 /℃ Annual average temperature /℃	5.9
年平均最高气温 /℃ Annual average maximum temperature /℃	14.5
年平均最低气温 /℃ Annual average minimum temperature /℃	-2.2
年降水量 /mm Annual precipitation /mm	34
≥10℃的积温 /℃ Daily temperature accumulated in a year (≥10℃) /℃	2348
年日照时数 /h Annual sunshine /h	3342
年平均相对湿度 /% Annual average relative humidity /%	36
干燥度 Dryness	12.55

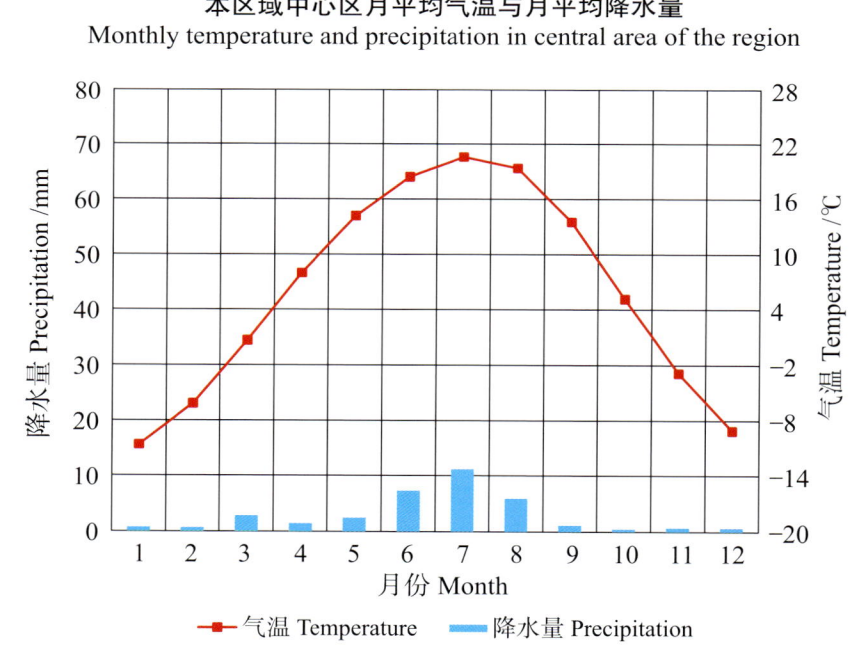

本区域中心区月平均气温与月平均降水量
Monthly temperature and precipitation in central area of the region

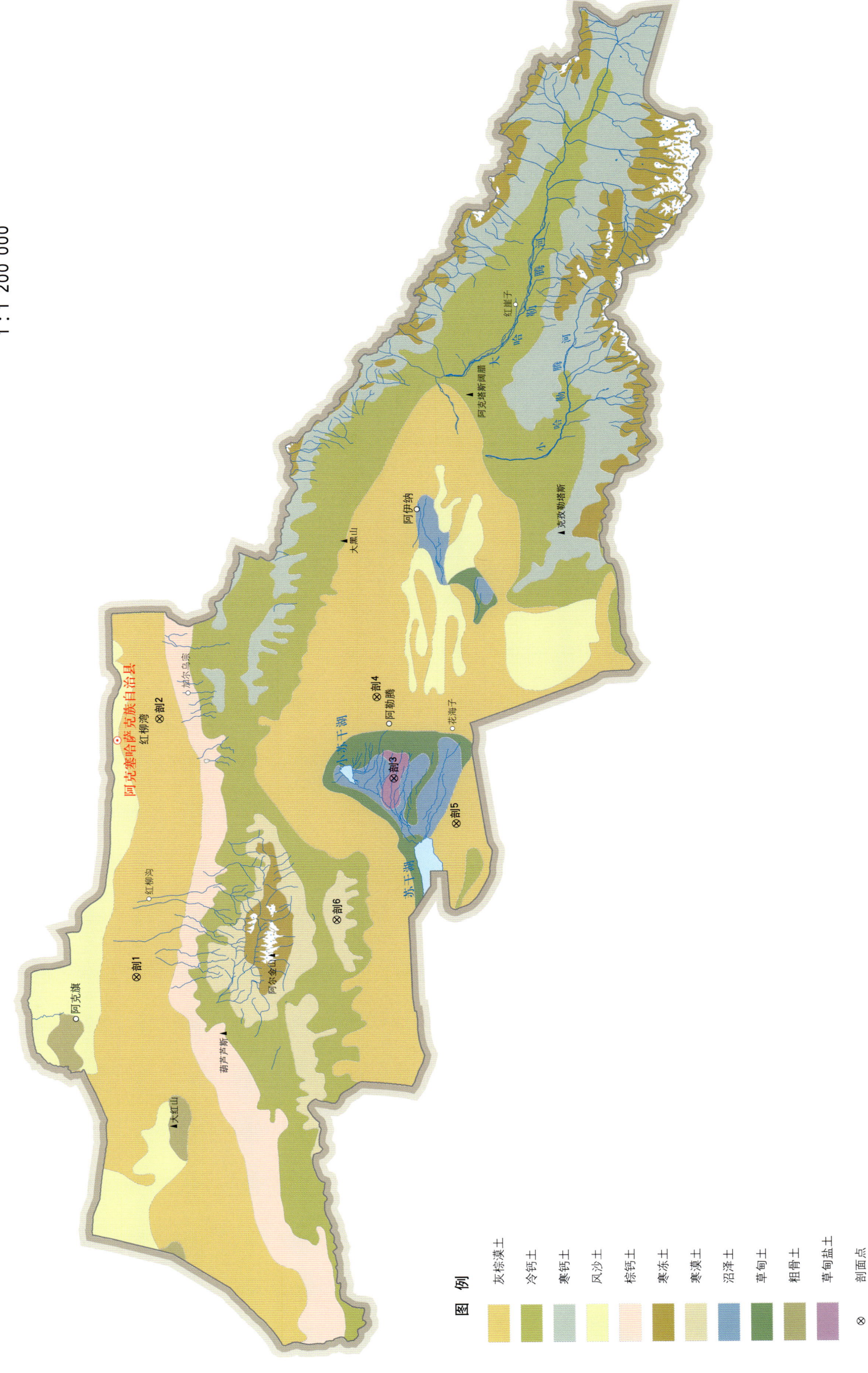

阿克塞哈萨克族自治县土壤剖面理化性状表

剖面号 Soil profile	土纲 Soil order	土类 Soil great group	亚类 Soil subgroup	土属 Soil genus	土层码 Layer code	土层厚度 Depth/cm	质地 Soil texture	pH	有机质 OM/(g/kg)	全氮 TN/(g/kg)	全磷 TP/(g/kg)	全钾 TK/(g/kg)	碱解氮 AN/(mg/kg)	有效磷 AP/(mg/kg)	速效钾 AK/(mg/kg)	阳离子交换量 CEC/(cmol/kg)	土壤母质 Parent material	剖面点坐标 Profile coordinate	匹配指数 Matching index/%
剖1	漠土	灰棕漠土	灰棕漠土	戈壁砾质灰棕漠土	1	0—20	砂壤土	8.6	12.8	0.58	0.67	17.1	37	2.9	156	6.0	洪冲积物	E 93°32′49.9″ N 39°35′55.3″	92
					2	20—46	砂壤土	8.1	15.3	0.56	0.67	16.2	53	2.1	141	7.3			
					3	46—110	砂壤土	8.4	7.9	0.38	0.53	16.3	19	0.4	168	6.7			
剖2	漠土	灰棕漠土	灰棕漠土	耕灌灰棕漠土	1	0—20		7.7	19.1	0.93	0.74	18.3	122	7.3	463	7.5	洪冲积物	E 94°24′09.0″ N 39°31′47.1″	82
					2	20—40		7.8	8.0	0.48	0.54	18.6	80	4.4	243	6.3			
					3	40—110		7.8	6.4	0.36	0.48	19.3	79	12.1	300	6.9			
剖3	盐碱土	草甸盐土	草甸盐土		1	0—20		8.6	17.4	0.99	0.68	21.3	81	18.1		9.6	洪积物，湖积物	E 94°11′30.1″ N 38°57′10.8″	90
					2	20—40		8.7	20.2	1.05	0.75	19.2	64	27.7	772	11.1			
					3	40—60		8.2	8.5	0.51	0.55	26.0	39	0.7	402	9.8			
剖4	漠土	灰棕漠土	灰棕漠土		1	0—20		7.7	11.7	0.58	0.41	13.7	32	0.4	63	7.1	洪冲积物	E 94°27′32.8″ N 38°59′26.6″	78
					2	20—40		8.4	6.2	0.23	0.45	17.8	26	0.4	106	6.3			
					3	40—60		8.4	5.5	0.30	0.51	18.6	19	0.4	162	6.4			
剖5	漠土	灰棕漠土	灰棕漠土		1	0—32		8.3	14.7	0.56	0.48	15.1	45	2.7	232	5.9	洪冲积物	E 94°02′23.3″ N 38°48′02.2″	97
					2	32—66		8.2	8.0	0.33	0.40	15.1	37	1.1	157	6.0			
					3	66—110		8.5	3.7	0.15	0.56	16.2	29	0.4	207	5.5			
剖6	高山土	寒漠土	高山寒漠土		1	0—10		8.8	8.4	0.36	0.57	17.8	61	10.6	379	5.2	冰碛物	E 93°43′37.9″ N 39°06′02.0″	81
					2	10—28		8.6	9.8	0.45	0.57	20.2	51	5.5	309	6.6			

玉 门 市

主要土类说明

灰棕漠土是玉门市主要土壤类型，占本市地域面积的66%。灰棕漠土是在温带极端干旱荒漠地区砾质化明显的土壤。该土壤地表见砾幂及褐色结皮，亦见干面包状结皮；石灰表聚，下见纤维状石膏聚积，亦见铁质黏化现象。土壤有机质含量小于5g/kg，且土层很薄。地下水位低，土体干燥，土壤的生物发育过程比较缓慢，剖面发育层次不明显，土质以砂壤土、轻壤土为主，土壤具有盐化现象。铁铝结合的胡敏酸多于钙结合者，铁铝结合的富啡酸少于钙结合者是本土类特征。本市灰棕漠土仅有灰棕漠土一个亚类。

草甸盐土是玉门市第二大土壤类型，占本市地域面积的8%。草甸盐土形成于半湿润至半干旱地区，高矿化地下水经毛管作用上升至地表，使其盐分累积量大于6g/kg，属盐土范畴。该土壤有盐化表土层，具A-C剖面构型。

棕钙土是玉门市第三大土壤类型，占本市地域面积的6%。棕钙土是位于温带干旱草原向荒漠过渡区，具浅棕色薄腐殖质层和灰白色薄钙积层的土壤。该土壤地表多砾石，见黑色地衣，具有多角形裂隙，石膏聚积，钙积层接近地表。

灌漠土占本市地域面积的5%。灌漠土形成于干旱荒漠地区，漠土引用清澈的坎儿井水灌溉，经长期耕灌后，从根本上改变了土壤的水分与养分状态。土壤中原来上升累积的盐分向下淋移，石灰与石膏也有下淋现象。表土层中有机质含量为10—30g/kg，出现耕层与亚耕层。

栗钙土占本市地域面积的4%。栗钙土是在温带半干旱草原下发育形成的具有栗色腐殖质层和灰白色钙积层的土壤。该土壤表层为栗色腐殖质层，厚20—30cm，有机质含量为15—45g/kg。其下，灰白色钙积层发育明显，见于20—30cm深处，厚20—40cm，呈斑点状或层状积钙。石膏及易溶盐局部聚积。

小于本市地域面积3%的土壤类型有风沙土、粗骨土、黑毡土、龟裂土、潮土、沼泽土、草毡土和林灌草甸土。

本区域中心区气候特征

本区域中心区气候特征值
Regional climate characteristics in central area of the region

气候带：中温带干旱气候 Climate region: Mid temperate arid climate	
年平均气温 /℃ Annual average temperature /℃	7.2
年平均最高气温 /℃ Annual average maximum temperature /℃	14.6
年平均最低气温 /℃ Annual average minimum temperature /℃	0.4
年降水量 /mm Annual precipitation /mm	70
≥10℃的积温 /℃ Daily temperature accumulated in a year (≥10℃) /℃	2704
年日照时数 /h Annual sunshine /h	3184
年平均相对湿度 /% Annual average relative humidity /%	43
干燥度 Dryness	6.46

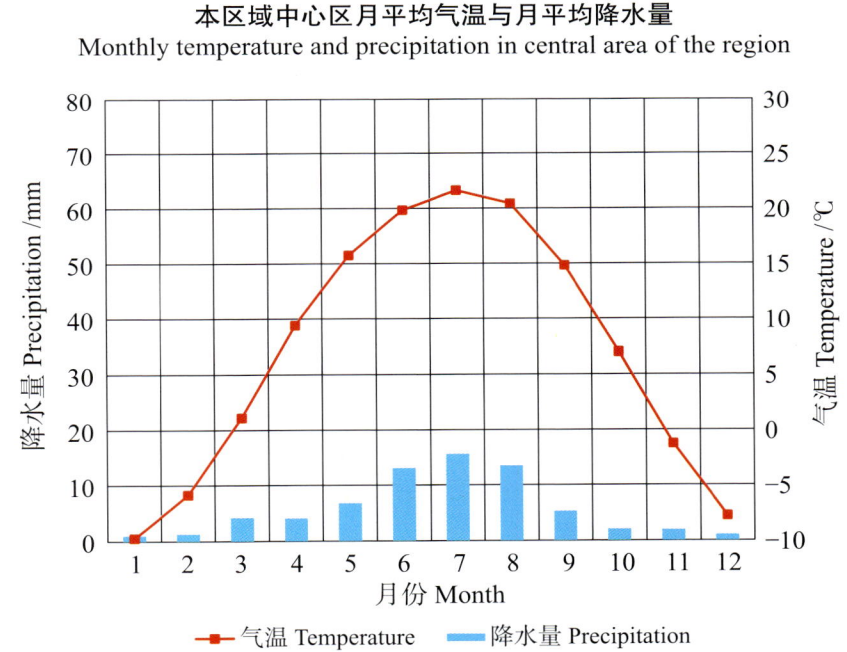

本区域中心区月平均气温与月平均降水量
Monthly temperature and precipitation in central area of the region

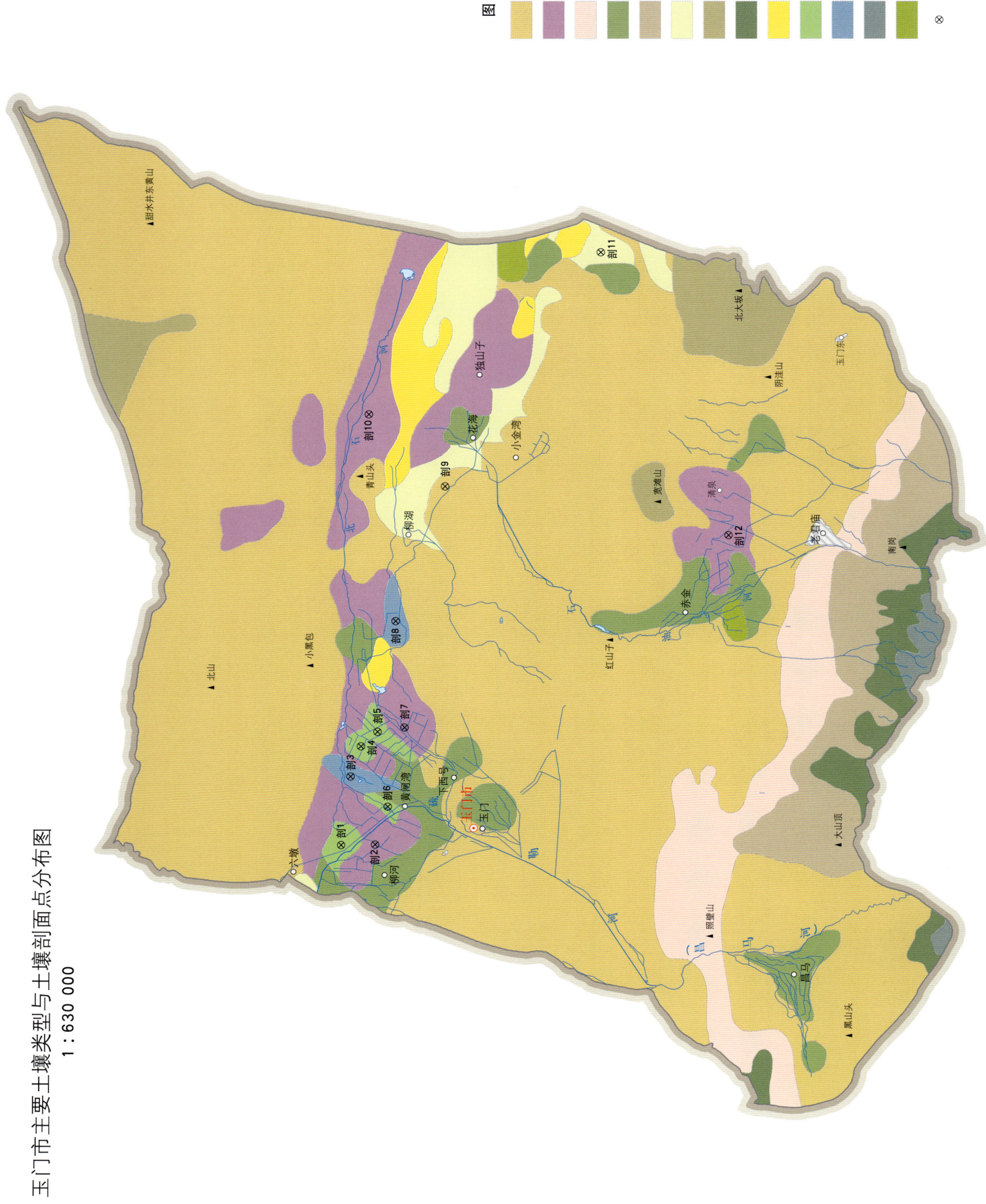

玉门市主要土壤类型与土壤剖面点分布图
1∶630 000

玉门市土壤剖面理化性状表

剖面号 Soil profile	土纲 Soil order	土类 Soil great group	亚类 Soil subgroup	土属 Soil genus	土种 Soil species	土层码 Layer code	土层厚度 Depth/cm	颜色 Soil color	质地 Soil texture	土壤结构 Soil structure	pH	有机质 OM/(g/kg)	全氮 TN/(g/kg)	全磷 TP/(g/kg)	碱解氮 AN/(mg/kg)	有效磷 AP/(mg/kg)	速效钾 AK/(mg/kg)	土壤母质 Parent material	剖面点坐标 Profile coordinate	匹配指数 Matching index/%
剖1	半水成土	潮土	盐化潮土	低位盐化潮土	低位盐化潮土	1	0—20		重壤土			17.7	0.83	0.01	107	3.0	78	河流冲积物	E 96°59′18.6″ N 40°28′07.3″	99
						2	20—52					20.7	0.43	0.59	61	2.0	75			
						3	52—100					9.9	0.27	0.10	54	1.0	71			
剖2	盐碱土	草甸盐土	镁质碱化草甸盐土			1	0—29	浅灰棕色	重壤土	棱块状	8.6	12.2	0.68						E 96°59′26.5″ N 40°25′23.2″	90
						2	29—40	浅红灰棕色	黏土	棱块状	9.1	10.7	0.76							
						3	40—63	灰红灰棕色	中壤土	棱块状	9.3	9.0	0.76							
						4	63—107	浅灰棕色	重壤土	块状	9.1									
						5	107—128	灰棕色	砂壤土	块状										
剖3	水成土	沼泽土	泥炭腐殖质沼泽土			1	0—27	青灰色	砂壤土		8.0	41.5	4.18	0.34					E 97°06′53.0″ N 40°27′29.8″	82
						2	27—70	蓝灰色	中壤土		8.1									
						3	70—115	灰棕色	轻壤土	块状	8.1									
剖4	半水成土	潮土	盐化潮土	低位盐化底黏潮平土	低位盐化底黏潮平土	2	29—42	灰棕色	轻壤土	碎块状		13.3	0.68	0.49	50	5.0	84	河流冲积物	E 97°10′14.2″ N 40°26′42.7″	100
						3	42—59	浅灰棕色	中壤土	碎块状										
						4	59—96		重壤土	鳞片状										
						5	96—130	浅灰棕色	砂壤土	块状										
剖5	半水成土	潮土	潮土	低位潮土	低位潮平土	1	0—34	灰棕色	中壤土	粒状	8.4	28.6	1.53		131	9.5	194	河流冲积物	E 97°11′51.4″ N 40°25′25.0″	75
						2	34—53	灰棕色	中壤土	核状	8.4	24.8	1.34		53	6.0	180			
						3	53—88	黄棕色	重黏土	核状	8.3	10.9	0.69		66	3.5	210			
						4	88—117		中壤土	块状	8.2	8.5	0.53		57	4.0	240			
剖6	半水成土	潮土	潮土	低位潮土	低位潮平土	1	0—30	浅灰棕色	砂壤土	团块状	8.3	25.8	1.26	0.56	92	15.0	113	河流冲积物	E 97°03′38.4″ N 40°24′26.3″	93
						2	30—58	棕灰色	轻壤土	块状										
						3	58—90	浅灰棕色	轻壤土	鳞片状										
						4	90—135	灰棕色	砂壤土	块状										
剖7	盐碱土	草甸盐土	镁质碱化草甸沼泽土			1	0—14	浅褐黄色	砂壤土	碎块状	8.4	37.8	1.92	0.72					E 97°12′23.4″ N 40°23′15.0″	82
						2	14—35	灰黄色	轻壤土	块状	9.0									
						3	35—77	褐灰色	轻壤土	块状	8.9									
						4	77—120	棕灰色	重壤土	块状										
剖8	水成土	沼泽土	草甸沼泽土			1	0—33	灰棕色	砂壤土	块状	8.8	40.7	2.36	0.44					E 97°23′57.2″ N 40°24′09.1″	96
						2	33—60	灰黄色	细砂土	块状	8.4	3.8	0.20							
剖9	漠土	灰棕漠土	灰棕漠土			1	0—18	灰棕色	砂壤土	块状	8.9								E 97°38′46.5″ N 40°20′22.3″	96
						2	18—54	褐灰色	轻壤土	块状	8.9									
						3	54—76	黄灰色	细砂壤土	块状	8.7									
						4	76—115	棕灰色	轻壤土	块状										
剖10	盐碱土	草甸盐土	草甸盐土			1	0—30	灰棕色	轻壤土	块状	8.9	10.3	0.48	0.49					E 97°46′28.5″ N 40°26′37.2″	91
						2	30—48	灰灰色	轻壤土	块状										
						3	48—76	浅灰色	细砂土											
						4	76—90	浅灰棕色	砂壤土	块状										
						5	90—115	深灰色	细砂土	块状										
剖11	初育土	风沙土	风沙土			1	0—23	灰棕色	细砂土	碎块状	8.3	0.6	0.28	0.56	32				E 98°04′27.2″ N 40°08′06.6″	90
						2	23—53	灰棕色	轻壤土	碎块状										
						3	53—90	灰棕色	砂壤土	块状										
						4	90—133	黄棕色	砂土	块状										

续表 Continued

剖面号 Soil profile	土纲 Soil order	土类 Soil great group	亚类 Soil subgroup	土属 Soil genus	土种 Soil species	土层码 Layer code	土层厚度 Depth/ cm	颜色 Soil color	质地 Soil texture	土壤结构 Soil structure	pH	有机质 OM/ (g/kg)	全氮 TN/ (g/kg)	全磷 TP/ (g/kg)	碱解氮 AN/ (mg/kg)	有效磷 AP/ (mg/kg)	速效钾 AK/ (mg/kg)	土壤母质 Parent material	剖面点坐标 Profile coordinate	匹配指数 Matching index/%
剖12	盐碱土	草甸盐土	草甸盐土			1	0—20	黄棕色	轻壤土	块状	8.6	11.4	0.15						E 97°33′58.4″ N 39°57′28.2″	72
						2	20—52	灰棕色	轻壤土	块状	8.3									
						3	52—78	浅灰棕色	砂壤土	碎块状	8.8									
						4	78—163	棕灰色	细砂土											

敦 煌 市

主要土类说明

棕漠土是敦煌市主要土壤类型，占本市地域面积的39%。棕漠土是在温带极端干旱条件下形成的具有明显盐磐的漠土，常与砾质戈壁共存。植被覆盖百分率极低，且植株矮小。土壤中石灰、石膏、易溶盐分层聚积于地表，见孔状结皮、砾幂、黑结皮，多砾石，结皮层下见红棕色或玫瑰色铁染色层，下为石膏层，再下为盐磐层。整个土层厚度不足50cm，结皮层以下碳酸钙含量为60—110g/kg，石膏含量为300—550g/kg；盐磐层含盐量为300—600g/kg。盐磐层的存在是棕漠土的重要特征。

灰棕漠土是敦煌市第二大土壤类型，占本市地域面积的29%。灰棕漠土是在温带极端干旱荒漠地区砾质化明显的土壤。该土壤地表见砾幂及褐色结皮，亦见干面包状结皮；石灰表聚，下见纤维状石膏聚积，亦见铁质黏化现象。土壤有机质含量小于5g/kg，且土层甚薄。铁铝结合的胡敏酸多于钙结合者，铁铝结合的富啡酸少于钙结合者是本土类特征。

风沙土是敦煌市第三大土壤类型，占本市地域面积的16%。风沙土形成于半干旱、干旱漠境地区及滨海地区，是风沙移动堆积形成的多种形态的风沙沉积。由于成土时间短暂，该土壤无剖面发育，具C、(A)-C或A-C剖面构型，反映了风沙流动堆积与固定的不同阶段。

草甸盐土占本市地域面积的8%。草甸盐土形成于半湿润至半干旱地区，高矿化地下水经毛管作用上升至地表，使其盐分累积量大于6g/kg，属盐土范畴。该土壤有盐化表土层，具A-C剖面构型。

漠境盐土占本市地域面积的4%。漠境盐土形成于荒漠地区，由于土壤中水分蒸发严重，盐分表聚，很少淋洗，大量盐分累积，可形成盐壳与盐磐，含盐量通常在100g/kg以上。

小于本市地域面积3%的土壤类型有草甸土、灌漠土、龟裂土、沼泽土和潮土。

本区域中心区气候特征

本区域中心区气候特征值
Regional climate characteristics in central area of the region

气候带：暖温带极干旱气候 Climate region: Warm temperate extremely arid climate	
年平均气温 /℃ Annual average temperature /℃	9.3
年平均最高气温 /℃ Annual average maximum temperature /℃	17.8
年平均最低气温 /℃ Annual average minimum temperature /℃	1.6
年降水量 /mm Annual precipitation /mm	37
≥10℃的积温 /℃ Daily temperature accumulated in a year (≥10℃) /℃	3287
年日照时数 /h Annual sunshine /h	3271
年平均相对湿度 /% Annual average relative humidity /%	42
干燥度 Dryness	14.86

本区域中心区月平均气温与月平均降水量
Monthly temperature and precipitation in central area of the region

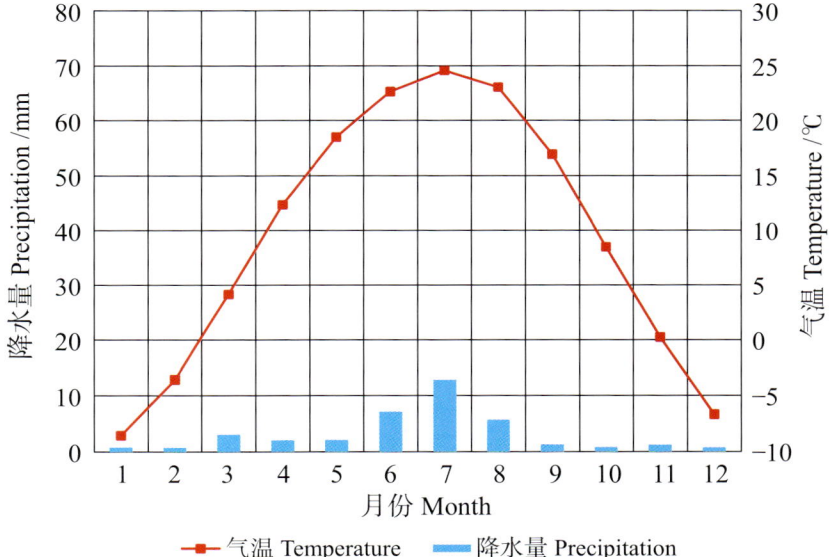

敦煌市主要土壤类型与土壤剖面点分布图

1:1 000 000

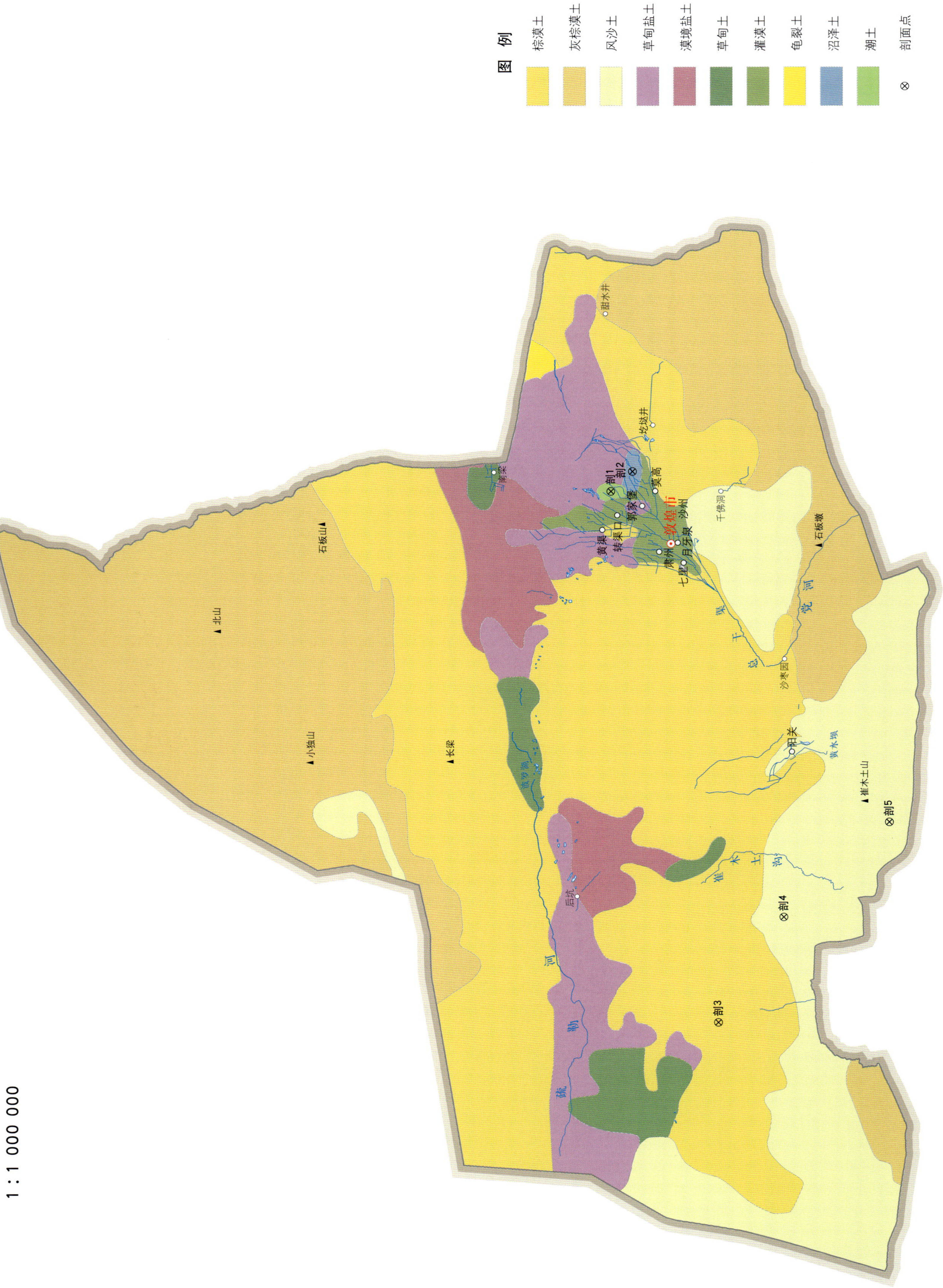

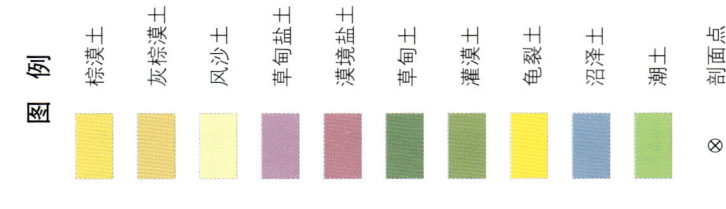

敦煌市土壤剖面理化性状表

剖面号 Soil profile	土纲 Soil order	土类 Soil great group	亚类 Soil subgroup	土属 Soil genus	土种 Soil species	土层码 Layer code	土层厚度 Depth/cm	颜色 Soil color	质地 Soil texture	土壤结构 Soil structure	pH	有机质 OM/(g/kg)	全氮 TN/(g/kg)	全磷 TP/(g/kg)	有效磷 AP/(mg/kg)	速效钾 AK/(mg/kg)	阳离子交换量CEC/(cmol/kg)	土壤母质 Parent material	剖面点坐标 Profile coordinate	匹配指数 Matching index/%
剖1	半水成土	潮土	盐化潮土	低位盐化潮土	低位强盐化潮土	1	0—24	棕黄色	轻壤土	粒状	8.6	9.6	0.61	0.59	7.0	209		河流沉积物	E 94°48′23.8″ N 40°15′34.9″	95
						2	24—38	棕黄色	轻壤土	核状	8.6	13.1	0.53	2.59	2.0	149				
						3	38—76	浅棕色	中壤土	块状	8.4	10.3	0.67	0.55	1.0	223				
						4	76—97	黑灰色	砂土		8.1	10.7	0.55	0.56	1.0	196				
						5	97—152	青色	砂土		8.4	1.0	0.47	0.56	1.0	173				
剖2	水成土	沼泽土	泥炭沼泽土			1	0—5	褐灰色	轻壤土	块状									E 94°51′34.9″ N 40°12′54.4″	70
						2	5—20	灰白色	轻壤土	块状										
						3	20—55	灰白色	轻壤土	块状										
剖3	漠土	棕漠土	棕漠土	戈壁棕漠土		1	0—8	棕黄色	砾质夹砂土										E 93°21′25.9″ N 40°03′19.4″	87
						2	8—25	青色	砂土											
						3	25—120	青色	砾质土											
剖4	初育土	风沙土	流动风沙土	河岸风沙土		A	0—22	青色	砂土		7.8	4.8	0.45	0.08	3.0	93		风成沙性母质	E 93°38′42.0″ N 39°55′19.2″	89
						C_1	22—41	黄色	砂土		8.5	2.4	0.12	0.46	1.0	93				
						C_2	41—65	棕黄色	砂土		8.8	3.9	0.11	0.43	4.0	46	2.1			
						C_3	65—123	青色	砂土		8.8	14.2	0.79	0.57	1.0	161				
剖5	初育土	风沙土	固定风沙土	固定耕灌风沙土		1	0—21	棕黄色	砂土		8.1	5.1	0.35	0.41	1.0	191		风成沙性母质	E 93°54′00.7″ N 39°42′27.3″	89
						2	21—72	棕黄色	砂土		8.2	3.8	0.25	0.35	1.0	239	2.6			
						3	72—95	黄色	砂土			2.1	0.17	0.26	1.0	321				
						4	95—110	黄黄色	砂土		8.4	2.0	0.20	0.45	2.0					
						5	110—145	棕黄色	黏土	片状	8.5	2.4	0.20	0.62	2.0	254				

庆 阳 市

庆 城 县

主要土类说明

黄绵土是庆城县主要土壤类型，占本县地域面积的82%。黄绵土是由黄土母质直接翻耕形成的初育土。由于土壤侵蚀严重，表层长期遭侵蚀，只能不断加深耕作黄土母质层，因而母质特性明显。土壤无明显发育，为A-C型土。由于风成黄土富含细粉粒，故质地、结构均一，疏松绵软，富含石灰，磷、钾储量较丰富，但有效性差，土壤有机质缺乏。

黑垆土是庆城县第二大土壤类型，占本县地域面积的15%。黑垆土是在黄土高原上，由黄土发育而成的土壤。该土壤有机质含量低，但腐殖质层深厚。土体原位黏化，但无明显黏化层，具假菌丝状石灰累积；无盐化，多旱耕。

小于本县地域面积3%的土壤类型有新积土和红黏土。

本区域中心区气候特征

本区域中心区气候特征值
Regional climate characteristics in central area of the region

气候带：中温带亚湿润气候 Climate region: Mid temperate subhumid climate	
年平均气温 /℃ Annual average temperature /℃	9.4
年平均最高气温 /℃ Annual average maximum temperature /℃	16.1
年平均最低气温 /℃ Annual average minimum temperature /℃	4.0
年降水量 /mm Annual precipitation /mm	450
≥10℃的积温 /℃ Daily temperature accumulated in a year (≥10℃) /℃	4071
年日照时数 /h Annual sunshine /h	2442
年平均相对湿度 /% Annual average relative humidity /%	61
干燥度 Dryness	1.30

本区域中心区月平均气温与月平均降水量
Monthly temperature and precipitation in central area of the region

庆城县主要土壤类型与土壤剖面点分布图

1:290 000

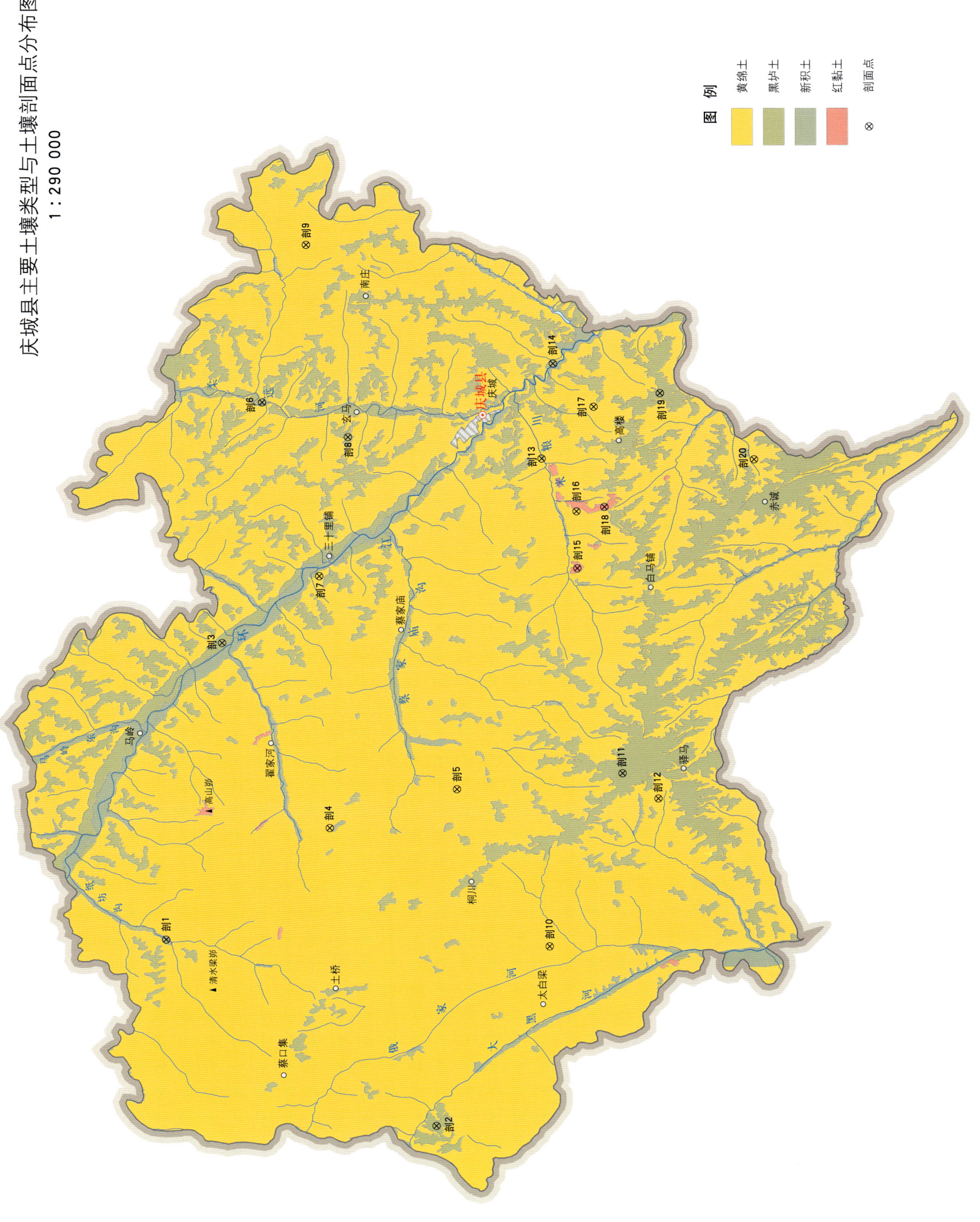

庆城县土壤剖面理化性状表

剖面号 Soil profile	土纲 Soil order	土类 Soil great group	亚类 Soil subgroup	土属 Soil genus	土种 Soil species	土层码 Layer code	土层厚度 Depth/cm	颜色 Soil color	质地 Soil texture	土壤结构 Soil structure	pH	有机质 OM/(g/kg)	全氮 TN/(g/kg)	全磷 TP/(g/kg)	全钾 TK/(g/kg)	有效磷 AP/(mg/kg)	速效钾 AK/(mg/kg)	阳离子交换量CEC/(cmol/kg)	土壤母质 Parent material	剖面点坐标 Profile coordinate	匹配指数 Matching index/%
剖1	钙层土	黑垆土	黑垆土	黑垆土	黑垆土	1	0—17		中壤土		8.4	8.5	0.50	0.49	18.3	8.0	130	8.2	马兰黄土	E 107°28′48.0″ N 36°12′21.6″	97
						2	17—70		中壤土		8.4	9.7	0.71	0.45	17.8			8.7			
						3	70—150		轻壤土		8.4	3.9	0.23	0.44	17.8			6.2			
剖2	钙层土	黑垆土	黑垆土	黑垆土	黄垆土	1	0—11		中壤土		8.5	8.2	0.58	0.51				5.6	马兰黄土	E 107°19′43.1″ N 36°02′32.1″	81
						2	11—62		中壤土		8.5	3.9	0.31	0.48				5.4			
						C	62—142		中壤土		8.5	3.6	0.26	0.54				5.4			
剖3				覆盖黑垆土	厚覆盖黑垆土	1	0—16		轻壤土		8.3	11.5	0.70	0.65	18.3	6.7	162	7.9	马兰黄土	E 107°42′49.3″ N 36°09′55.8″	74
						P	16—19		中壤土		8.5	9.4	0.55	0.65	18.3			8.2			
						3	19—42		中壤土		8.4	8.3	0.49	0.65	18.3			7.8			
						4	42—120		中壤土		8.4	10.3	0.60	0.67	18.3			9.4			
						5	120—185		中壤土		8.5	7.0	0.40	0.70	16.0			7.6			
						6	185—285		轻壤土		8.5	6.0	0.38	0.59	18.3			7.0			
							285—350		中壤土		8.5	2.1	0.20	0.65	18.3			7.4			
剖4	初育土	黄绵土	黄绵土	坡积黄绵土	坡积黄绵土	1	0—16	浅灰棕色	中壤土	粒状	8.3	8.4	0.51	0.57				7.4	马兰黄土	E 107°33′52.9″ N 36°06′09.4″	70
						C	16—120	黄棕色	中壤土	块状	8.3	7.2	0.46	0.57				6.1			
剖5	初育土	黄绵土	黄绵土	灰绵土	淡灰绵土	1	0—5		中壤土		8.3	13.9	0.81	0.54				8.8	马兰黄土	E 107°35′32.8″ N 36°01′23.4″	79
						C	5—100		中壤土		8.3	7.6	0.42	0.52				6.9			
剖6	钙层土	黑垆土	黑垆土	覆盖黑垆土	灰包土	1	0—22		轻壤土		8.2	8.9	0.55	0.61	17.0	7.0	230	8.5	马兰黄土	E 107°54′06.1″ N 36°08′07.8″	100
						2	22—27		轻壤土		8.5	10.4	0.61	0.83	17.8			7.2			
						3	27—200		中壤土		8.5	11.4	0.63	0.67	18.3			7.2			
剖7	初育土	黄绵土	黄绵土	灰绵土	暗灰绵土	1	0—13		中壤土		8.3	19.7	0.93	0.65				10.8	马兰黄土	E 107°45′49.0″ N 36°06′14.2″	91
						2	13—34		中壤土		8.3	10.9	0.60	0.64				7.1			
						3	34—120		中壤土		8.3	5.5	0.36	0.54				6.9			
剖8	初育土	黄绵土	黄绵土	黑垆土	鸡粪垆土	1	0—28		轻壤土		8.3	8.9	0.54	0.58	18.3	7.0	140	5.9	马兰黄土	E 107°52′19.6″ N 36°04′59.5″	95
						P	28—36		中壤土		8.5	8.2	0.53	0.59	17.0			10.3			
						3	36—48		中壤土		8.4	7.8	0.44	0.59	16.0			6.6			
						4	48—150		轻壤土		8.4	3.4	0.29	0.59	17.0			6.2			
剖9	初育土	黄绵土	黄绵土	灰绵土	灰包土	1	0—6		中壤土		8.3	16.0	0.98	0.55				10.8	马兰黄土	E 108°01′27.0″ N 36°06′18.1″	86
						As	6—13		中壤土		8.3	11.2	0.67	0.64				7.1			
						C	13—100		中壤土		8.3	6.2	0.37	0.57				6.9			
剖10	初育土	黄绵土	黄绵土	黄绵土	轻度侵蚀黄绵土	1	0—16		中壤土		8.3	8.3	0.58	0.56				6.5	马兰黄土	E 107°27′57.0″ N 35°58′08.2″	70
						C	16—40		中壤土		8.4	8.1	0.54	0.53				6.1			
剖11	钙层土	黑垆土	黑垆土	覆盖黑垆土	条田黑垆土	1	0—20		轻壤土		7.9	10.8	0.64	0.58				6.3	马兰黄土	E 107°36′04.0″ N 35°55′14.0″	78
						2	20—53		中壤土		8.5	11.7	0.66	0.61				13.6			
						3	53—86		中壤土		8.4	6.7	0.30	0.59				6.2			
						4	86—170		中壤土		8.4	10.4	0.57	0.62				8.3			
剖12	初育土	黄绵土	黄绵土	黄绵土	强度侵蚀黄绵土	1	0—18		中壤土		8.3	5.9	0.37	0.59				7.2	马兰黄土	E 107°34′49.4″ N 35°53′55.9″	77
						C	18—108		中壤土		8.3	4.3	0.31	0.56				6.8			
剖13	初育土	黄绵土	黄绵土	黄绵土	梯黄绵土	1	0—29	浅灰棕色	中壤土	粒状、块状	8.4	9.0	0.56	0.55				6.8	马兰黄土	E 107°51′00.6″ N 35°57′50.3″	82
						C	29—115	灰棕褐色	重壤土	块状	8.3	6.8	0.38	0.49				6.3			
剖14	钙层土	黑垆土	黑垆土	覆盖黑垆土	硬拦黑垆土	1	0—21	暗灰棕色	中壤土	柱状	8.3	9.8	0.57	0.57				7.3	马兰黄土	E 107°55′28.8″ N 35°57′18.0″	79
						2	21—109		中壤土		8.3	10.5	0.62	0.62				8.4			
						3	109—167		中壤土		8.4	10.5	0.60	0.59				8.4			

续表 Continued

剖面号 Soil profile	土纲 Soil order	土类 Soil great group	亚类 Soil subgroup	土属 Soil genus	土种 Soil species	土层码 Layer code	土层厚度 Depth/cm	颜色 Soil color	质地 Soil texture	土壤结构 Soil structure	pH	有机质 OM/(g/kg)	全氮 TN/(g/kg)	全磷 TP/(g/kg)	全钾 TK/(g/kg)	有效磷 AP/(mg/kg)	速效钾 AK/(mg/kg)	阳离子交换量CEC/(cmol/kg)	土壤母质 Parent material	剖面点坐标 Profile coordinate	匹配指数 Matching index/%
剖15	初育土	红黏土	红土	红土	红土	1	0–16		重壤土		8.3	8.0	0.50	0.65				7.1	离石黄土	E 107°45′48.0″ N 35°56′39.1″	89
						C	16–110		重壤土		8.4	6.6	0.33	0.50				8.7			
剖16	初育土	黄绵土	黄绵土	黄墡土	黄墡土	1	0–14		中壤土		8.5	6.7	0.41	0.45				7.8	离石黄土	E 107°48′28.4″ N 35°56′36.7″	85
						2	14–94		中壤土		8.6	4.1	0.26	0.44				6.7			
						3	94–116		中壤土		8.6	3.6	0.23	0.43				6.2			
剖17	初育土	黄绵土	黄绵土	黄墡土	白墡土	1	0–16		中壤土		8.5	6.6	0.41	0.58				7.8	离石黄土	E 107°53′23.3″ N 35°55′50.9″	77
						2	16–27		中壤土		8.5	4.1	0.26	0.53				6.5			
						3	27–100		中壤土		8.5	3.7	0.22	0.53				6.2			
剖18	初育土	红黏土	红土	红胶土	红胶土	1	0–16		重黏土		9.3	10.1	0.64	0.57				10.8	红土、第四纪古黄土	E 107°48′38.5″ N 35°55′34.6″	86
						C	16–60		轻黏土		8.4	9.8	0.63	0.57				10.4			
剖19	钙层土	黑垆土	黑垆土	覆盖黑垆土	薄覆盖黑垆土	1	0–24		中壤土		8.3	9.6	0.50	0.62				7.4	马兰黄土	E 107°53′55.2″ N 35°53′22.3″	85
						P	24–28		中壤土		8.5	0.8	0.51	0.58				7.3			
						3	28–136		中壤土		8.3	9.3	0.59	0.61				8.6			
						4	136–200		轻壤土		8.4	3.4	0.31	0.54				6.1			
剖20	初育土	黄绵土	黄绵土	黄绵土	中度侵蚀黄绵土	1	0–20		中壤土		8.0	7.9	0.46	0.53	17.8	5.0	170	7.3	马兰黄土	E 107°50′39.4″ N 35°49′57.8″	74
						C	20–70		中壤土		8.1	5.4	0.33	0.49	17.8			6.8			

环 县

主要土类说明

黄绵土是环县主要土壤类型,占本县地域面积的49%。黄绵土是由黄土母质直接翻耕形成的初育土。由于土壤侵蚀严重,表层长期遭侵蚀,只能不断加深耕作黄土母质层,因而母质特性明显。土壤无明显发育,为A-C型土。由于风成黄土富含细粉粒,故质地、结构均一,疏松绵软,富含石灰,磷、钾储量较丰富,但有效性差,土壤有机质缺乏。

新积土是环县第二大土壤类型,占本县地域面积的44%。新积土是由新近冲积、洪积、坡积、塌积或人工堆垫形成的土壤。该土壤成土期短,母质特性明显,具A-C或(A)-C剖面构型。

黑垆土是环县第三大土壤类型,占本县地域面积的6%。黑垆土是在黄土高原上,由黄土发育而成的土壤。该土壤有机质含量低,但腐殖质层深厚。土体原位黏化,但无明显黏化层,具假菌丝状石灰累积;无盐化,多旱耕。

小于本县地域面积3%的土壤类型有红黏土和潮土。

本区域中心区气候特征

本区域中心区气候特征值
Regional climate characteristics in central area of the region

气候带:中温带亚湿润气候 Climate region: Mid temperate subhumid climate	
年平均气温 /℃ Annual average temperature /℃	8.8
年平均最高气温 /℃ Annual average maximum temperature /℃	15.6
年平均最低气温 /℃ Annual average minimum temperature /℃	3.3
年降水量 /mm Annual precipitation /mm	398
≥10℃的积温 /℃ Daily temperature accumulated in a year(≥10℃)/℃	3380
年日照时数 /h Annual sunshine /h	2585
年平均相对湿度 /% Annual average relative humidity /%	59
干燥度 Dryness	1.43

本区域中心区月平均气温与月平均降水量
Monthly temperature and precipitation in central area of the region

环县主要土壤类型与土壤剖面点分布图
1∶560 000

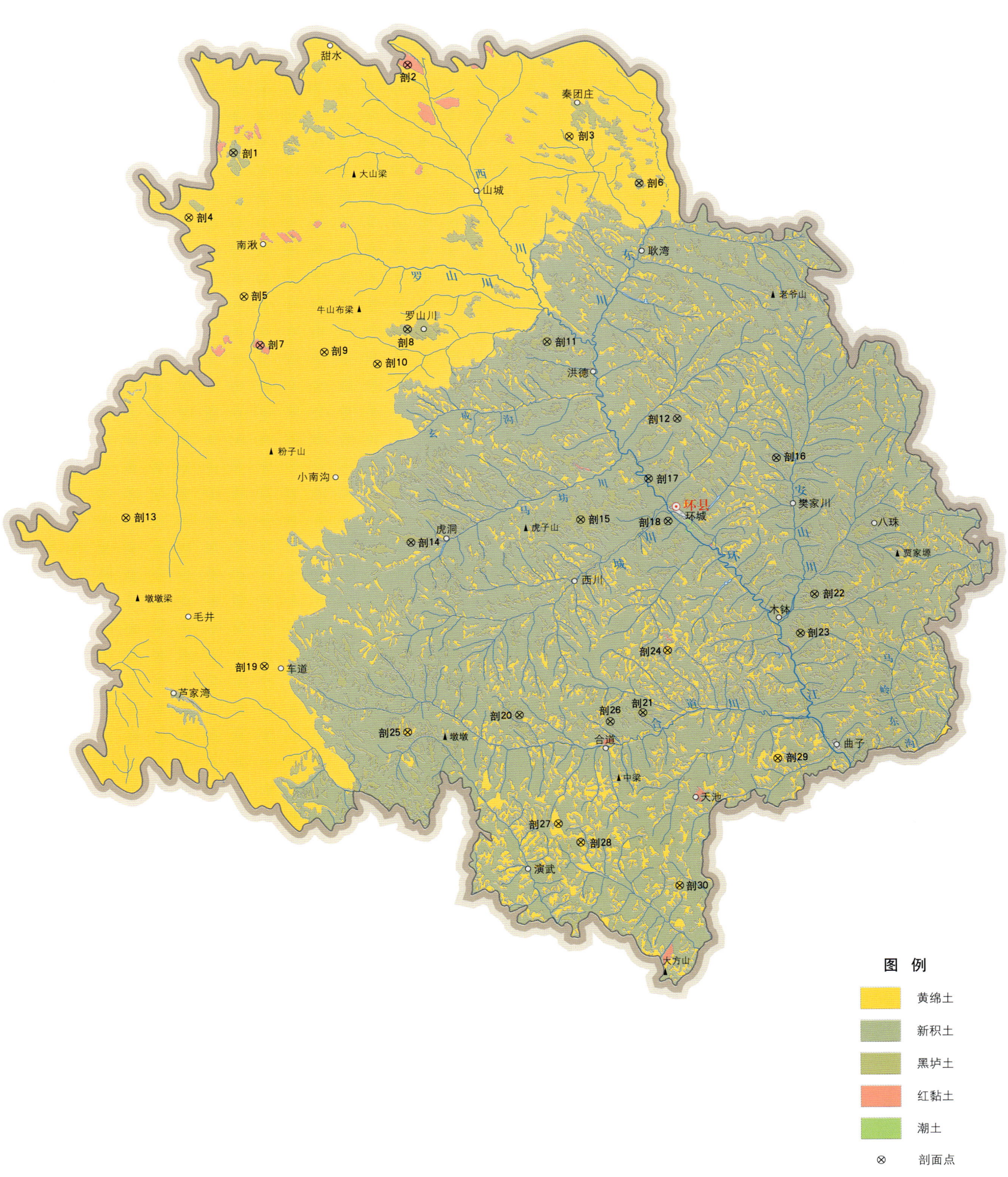

环县土壤剖面理化性状表

剖面号 Soil profile	土纲 Soil order	土类 Soil great group	亚类 Soil subgroup	土属 Soil genus	土种 Soil species	土层码 Layer code	土层厚度 Depth/cm	颜色 Soil color	质地 Soil texture	土壤结构 Soil structure	pH	有机质 OM/(g/kg)	全氮 TN/(g/kg)	全磷 TP/(g/kg)	全钾 TK/(g/kg)	阳离子交换量CEC/(cmol/kg)	土壤母质 Parent material	剖面点坐标 Profile coordinate	匹配指数 Matching index/%
剖1	钙层土	黑垆土	黑垆土	黑垆土	鸡粪黑垆土	1	0—18	棕色	中壤土	团块状	8.9	9.5	0.62	0.72		8.4	马兰黄土	E 106°41′04.1″ N 37°00′31.9″	90
						2	18—35	棕色	中壤土	柱状	8.8	5.5	0.34	0.67		8.7			
						3	35—75	浅棕色	中壤土	柱状	8.8	3.2	0.24	0.65		8.3			
						C	75—110	浅棕色	中壤土	柱状	8.7	2.9	0.20	0.67		7.6			
剖2	初育土	红黏土	红土	荒地红土	红土	1	0—1	棕色	轻壤土	片状	8.4	10.2	0.70	0.58		7.5	红土、红砂岩	E 106°56′02.7″ N 37°06′26.0″	87
						As	1—18	浅黄棕色	中壤土	团块状	8.4	10.5	0.61	0.45		7.6			
						3	18—89	浅黄棕色	重壤土	团块状	8.9	4.3	0.38	0.40		8.8			
剖3	初育土	黄绵土	黄绵土	黄墡土	中度侵蚀黄墡土	1	0—20	棕色	中壤土	小团块状	8.7	2.5	0.23	0.59		7.6	离石黄土	E 107°09′38.9″ N 37°01′09.1″	86
						2	20—72	棕色	重壤土	块状	9.1	2.1	0.20	0.57		7.2			
剖4	初育土	黄绵土	粗黄绵土	粗黄绵土	轻度侵蚀粗黄绵土	1	0—17	棕色	中壤土	小团块状	8.4	6.1	0.44	0.42		4.3	风积黄土	E 106°37′09.8″ N 36°56′00.2″	80
						2	17—138	浅棕色	轻壤土	柱状	8.4	5.0	0.35	0.35		3.9			
剖5	初育土	黄绵土	粗黄绵土	粗黄绵土	强度侵蚀粗黄绵土	1	0—17	棕色	中壤土	团块状	8.3	12.7	0.83	0.54		6.1	风积黄土	E 106°41′42.0″ N 36°50′21.1″	71
						2	17—158	棕色	中壤土	团块状	8.3	10.3	0.76	0.62		6.5			
剖6	钙层土	黑垆土	轻黑垆土	覆盖轻黑垆土	厚覆盖轻黑垆土	1	0—19	棕色	轻壤土	小团块状	8.9	10.6	0.84	0.63		6.0	马兰黄土	E 107°15′28.2″ N 36°57′43.7″	73
						2	19—37	棕色	轻壤土	块状	8.9	11.8	0.89	0.73		8.8			
						3	37—86	暗棕色	轻壤土	块状	9.0	13.9	0.90	0.71		9.4			
						4	86—145	棕色	轻壤土	块状	9.0	10.3	0.82	0.70		7.2			
						C	145—195	棕色	轻壤土	块状	9.1	8.8	0.55	0.72		6.7			
剖7	初育土	红黏土	红土	耕种红土	红胶土	1	0—17	浅黄棕色	重壤土	小团块状	8.5	6.5	0.45	0.48		5.9	红土、第四纪古黄土	E 106°42′58.0″ N 36°46′56.0″	70
						2	17—125	棕色	重壤土	小团块状	8.5	3.1	0.20	0.41		7.5			
剖8	钙层土	黑垆土	黑垆土	黑垆土	黄垆土	1	0—20	浅黄棕色	中壤土	团块状	8.8	9.0	0.58	0.63	19.0	8.6	马兰黄土	E 106°55′30.0″ N 36°47′48.8″	92
						2	20—78	浅黄棕色	中壤土	柱状	8.9	4.3	0.30	0.56	19.5	9.6			
						3	78—121	浅黄棕色	中壤土	柱状	8.8	3.3	0.22	0.61	18.0	8.4			
						C	121—158	浅黄棕色	中壤土	块状	9.0	3.0	0.22	0.69		7.4			
剖9	初育土	黄绵土	黄绵土	灰绵土	薄腐殖灰绵土	1	0—3	灰棕色	轻壤土	片状	8.8	12.0	0.73	0.56		7.1	马兰黄土	E 106°48′24.8″ N 36°16′20.3″	92
						As	3—17	暗棕色	中壤土	核柱状	8.0	7.4	0.56	0.61	16.0	8.6			
						3	17—145	暗棕色	中壤土	柱状	8.0	7.2	0.53	0.61	17.0	6.0			
剖10	初育土	黄绵土	黄绵土	黄绵土	强度侵蚀黄绵土	1	0—16	浅黄棕色	中壤土	团块状	7.9	3.9	0.33	0.62		8.2	马兰黄土	E 106°52′53.6″ N 36°45′25.2″	85
						2	16—137	棕色	中壤土	团块状	8.0	4.4	0.36	0.64	15.0	7.2			
剖11	初育土	黑垆土	轻黑垆土	轻黑垆土	轻黑垆土	1	0—18	棕色	轻壤土	团块状	7.9	16.6	1.18	0.77		8.6	马兰黄土	E 107°07′17.4″ N 36°46′42.6″	79
						2	18—95	暗棕色	中壤土	核柱状	8.0	16.3	1.18	0.74		9.3			
						3	95—150	暗棕色	中壤土	柱状	7.9	9.1	0.68	0.70		7.4			
						C	150—180	浅棕色	中壤土	块状	7.9	4.1	0.35	0.67		6.6			
剖12	钙层土	黑垆土	轻黑垆土	覆盖轻黑垆土	条田轻黑垆土	1	0—20	暗棕色	中壤土	小团块状	8.9	14.1	0.89	0.70		10.5	马兰黄土	E 107°18′08.4″ N 36°41′02.1″	100
						P	20—27	暗棕色	中壤土	板状	8.6	14.1	0.96	0.73		10.2			
						3	27—49	暗棕色	中壤土	块状	8.8	12.0	0.80	0.80		9.3			
						4	49—90	暗棕色	中壤土	块状	8.7	5.9	0.30	0.68		7.6			
						5	90—150	棕色	中壤土	块状	8.7	4.0	0.27	0.64		6.2			
						C	150—175	浅棕色	轻壤土	小团块状	8.8	3.2	0.26	0.63		5.3			
剖13	初育土	黄绵土	粗黄绵土	粗黄绵土	黑黄土	1	0—18	棕色	中壤土	块状	8.0	8.9	0.55	0.69	14.5	7.9	风积黄土	E 106°31′18.3″ N 36°34′55.5″	91
						2	18—220	棕色	中壤土	块状	8.0	8.8	0.61	0.71	11.2	6.6			

续表 Continued

剖面号 Soil profile	土纲 Soil order	土类 Soil great group	亚类 Soil subgroup	土属 Soil genus	土种 Soil species	土层码 Layer code	土层厚度 Depth/cm	颜色 Soil color	质地 Soil texture	土壤结构 Soil structure	pH	有机质 OM/(g/kg)	全氮 TN/(g/kg)	全磷 TP/(g/kg)	全钾 TK/(g/kg)	阳离子交换量CEC/(cmol/kg)	土壤母质 Parent material	剖面点坐标 Profile coordinate	匹配指数 Matching index/%
剖14	钙层土	黑垆土	黑垆土	黑垆土	黑垆土	1	0—20	暗棕色	中壤土	团块状	8.8	9.7	0.65	0.82	16.5	5.8	马兰黄土	E 106°55′21.4″ N 36°32′44.9″	96
						2	20—60	暗棕色	中壤土	块状	8.7	10.6	0.65	0.97	18.0	8.0			
						3	60—130	棕色	中壤土	柱状	8.8	6.2	0.41	0.68	16.0	7.0			
						4	130—180	棕色	中壤土	柱状	8.8	3.3	0.23	0.62	15.0	6.3			
						C	180—200	浅棕色	中壤土	柱状	8.6	3.6	0.25	0.66	16.5	6.0			
剖15	钙层土	黑垆土	轻黑垆土	覆盖轻黑垆土	薄覆盖轻黑垆土	1	0—20	棕色	中壤土	小团块状	8.0	8.4	0.57	0.75	16.0	7.1	马兰黄土	E 107°09′43.4″ N 36°34′05.0″	94
						2	20—65	暗棕色	中壤土	块状	7.9	11.8	0.79	0.67	18.5	8.0			
						3	65—100	棕色	中壤土	块状	7.8	8.9	0.57	0.65	20.0	8.4			
						C	100—150	浅棕色	轻壤土	块状	8.2	2.8	0.21	0.60	15.0	4.5			
剖16	钙层土	黑垆土	黑垆土	灰垆土	灰垆土	1	0—3	灰棕色	中壤土	片状	8.5	18.2	1.16	0.68		6.7	马兰黄土	E 107°26′25.4″ N 36°38′04.6″	87
						As	3—13	棕色	中壤土	块状	8.7	10.3	0.66	0.64		5.9			
						3	13—157	棕色	中壤土	柱状	9.0	3.5	0.30	0.62		6.4			
剖17	钙层土	黑垆土	黑垆土	灰垆土	覆盖浅灰垆土	1	0—5	灰棕色	中壤土	片状	8.7	20.6	1.10	0.73	18.0	10.5	马兰黄土	E 107°15′33.8″ N 36°36′51.1″	89
						As	5—70	棕色	中壤土	块状	8.8	10.7	0.73	0.66	18.5	11.3			
						3	70—132	暗棕色	中壤土	块状	8.9	8.0	0.49	0.63	20.0	7.8			
						4	132—170	棕色	中壤土	块状	8.6	7.0	0.46	0.91	18.0	9.3			
						5	170—220	浅棕色	中壤土	柱状	8.6	3.7	0.32	0.62	16.0	9.7			
剖18	半水成土	潮土	盐化潮土	盐化潮土	盐化潮土	1	0—13	暗灰棕色	中壤土	团块状	8.6	11.4	0.55	0.72	15.0	6.2	次生黄土淤积物	E 107°17′07.1″ N 36°33′49.3″	83
						2	13—110	棕色	中壤土	板状	8.6	3.6	0.22	0.64	17.8	5.3			
剖19	初育土	黄绵土	粗黄绵土	粗黄绵土	梯田粗黄绵土	1	0—17	棕色	中壤土	小团块状	7.9	8.6	0.56	0.66	16.5	6.5	风积黄土	E 106°42′43.1″ N 36°24′15.4″	94
						2	17—135	浅灰棕色	中壤土	块状	8.1	2.4	0.14	0.53	16.0	5.7			
剖20	钙层土	黑垆土	黑垆土	覆盖黑垆土	薄覆盖黑垆土	1	0—18	棕色	中壤土	团块状	8.3	11.0	0.72	0.69	18.0	9.1	马兰黄土	E 107°04′07.1″ N 36°20′21.6″	80
						2	18—28	棕色	中壤土	块状	8.3	10.5	0.74	0.71	15.0	9.3			
						3	28—60	暗棕色	中壤土	梭柱状	8.1	11.2	0.78	0.69	17.8	11.1			
						4	60—105	暗棕色	中壤土	梭柱状	8.2	7.3	0.51	0.64	16.5	8.2			
						5	105—140	棕色	中壤土	梭柱状	8.4	4.5	0.38	0.62	16.0	7.0			
						6	140—170	浅棕色	中壤土	柱状	8.2	4.0	0.30	0.62	15.0	7.0			
						C	147—187	浅棕色	中壤土	团块状	8.5	10.3	0.70	0.64	18.0	5.2			
剖21	钙层土	黑垆土	黑垆土	覆盖黑垆土	厚覆盖黑垆土	1	0—22	暗棕色	中壤土	小块状	8.3	10.1	0.68	0.64	17.0	4.6	马兰黄土	E 107°14′31.9″ N 36°28′23.9″	70
						P	22—29	暗棕色	中壤土	柱状	8.4	12.0	0.83	0.65	22.0	5.2			
						3	29—40	暗棕色	中壤土	柱状	8.4	10.3	0.66	0.63	25.0	7.2			
						4	40—80	棕色	中壤土	柱状	8.4	6.1	0.42	0.76	19.0	11.5			
						5	80—123	浅棕色	中壤土	柱状	8.4	5.3	0.36	0.58	24.0	8.5			
						6	123—147	浅棕色	中壤土	柱状	8.4	5.2	0.43	0.98	20.0	8.9			
						C	147—187	浅棕色	中壤土	团块状	8.1	7.5	0.53	0.75		7.2			
剖22	钙层土	黑垆土	轻黑垆土	轻黑垆土	鸡粪轻黑垆土	1	0—17	棕色	中壤土	小块状	8.0	4.0	3.00	0.75		5.7	马兰黄土	E 107°29′17.8″ N 36°28′23.9″	99
						2	17—65	棕色	中壤土	块状	8.1	2.3	0.21	0.86		4.5			
						C	65—110	浅棕色	轻壤土	小团块状	8.8	18.5	0.85	0.74		9.7			
剖23	钙层土	黑垆土	黑垆土	覆盖黑垆土	条田黑垆土	1	0—19	暗棕色	中壤土	块状	8.9	11.4	0.82	0.72		9.4	马兰黄土	E 107°28′00.1″ N 36°25′40.4″	100
						2	19—53	棕色	中壤土	块状	8.9	8.7	0.56	0.68		8.8			
						3	53—80	浅棕色	中壤土	块状	8.0	4.9	0.32	0.63		7.0			
						4	80—178	浅棕色	中壤土	块状	8.0	2.7	0.21	0.65		5.6			
						C	178—200	浅棕色	中壤土	团块状	8.0	4.6	0.39	1.27		5.5			
剖24	初育土	黄绵土	黄绵土	黄绵土	中度侵蚀黄绵土	1	0—17	浅棕色	轻壤土	块状	8.0	4.0	0.32	0.49		4.7	马兰黄土	E 107°16′44.6″ N 36°24′42.4″	84
						2	17—130												

续表 Continued

剖面号 Soil profile	土纲 Soil order	土类 Soil great group	亚类 Soil subgroup	土属 Soil genus	土种 Soil species	土层码 Layer code	土层厚度 Depth/cm	颜色 Soil color	质地 Soil texture	土壤结构 Soil structure	pH	有机质 OM/(g/kg)	全氮 TN/(g/kg)	全磷 TP/(g/kg)	全钾 TK/(g/kg)	阳离子交换量 CEC/(cmol/kg)	土壤母质 Parent material	剖面点坐标 Profile coordinate	匹配指数 Matching index/%
剖25	初育土	黄绵土	黄绵土	灰墡土	薄腐殖灰墡土	1	0—2	浅棕色	重壤土	团块状	8.1	9.8	0.67	0.55		7.9	离石黄土	E 106°54′40.1″ N 36°19′19.0″	89
						As	2—60	浅棕色	重壤土	棱柱状	8.2	4.2	0.34	0.53		8.3			
						C	60—100	浅棕色	重壤土	棱柱状	8.2	3.2	0.30	0.52		8.4			
剖26	钙层土	黑垆土	黑垆土	覆盖黑垆土	灰包黑垆土	1	0—14	暗棕色	轻壤土	粒状	8.3	12.8	0.68	0.23	20.5	9.3	马兰黄土	E 107°11′46.3″ N 36°19′43.7″	70
						2	14—28	棕色	中壤土	棱柱状	8.6	10.9	0.56	2.00	20.0	6.5			
						3	28—70	暗灰棕色	中壤土	棱柱状	8.6	9.4	0.69	2.98	20.0	9.3			
剖27	初育土	黄绵土	黄绵土	灰墡土	厚腐殖灰绵土	1	0—13	暗棕色	中壤土	团块状	8.6	17.3	1.08	0.61		10.7	马兰黄土	E 107°07′09.5″ N 36°12′36.7″	99
						As	13—60	棕色	中壤土	块状	8.7	10.4	0.71	0.66		10.4			
						3	60—140	棕色	中壤土	块状	8.7	3.0	0.53	0.57		10.7			
						4	140—170	浅棕色	中壤土	块状	8.9	4.3	0.32	0.59		9.6			
剖28	初育土	黄绵土	黄绵土	黄绵土	轻度侵蚀黄绵土	1	0—18	浅棕色	轻壤土	小团块状	7.9	5.5	0.41	0.58		5.2	马兰黄土	E 107°08′59.3″ N 36°11′15.7″	72
						2	18—110	浅棕色	轻壤土	团块状	8.0	3.0	0.21	0.58		5.9			
剖29	初育土	黄绵土	黄绵土	黄绵土	梯黄绵土	1	0—20	棕色	中壤土	团块状	8.0	9.7	0.62	0.71	16.5	6.3	马兰黄土	E 107°25′47.2″ N 36°16′49.5″	99
						2	20—133	棕色	中壤土	块状	8.0	6.2	0.48	0.86	18.1	7.0			
剖30	初育土	黄绵土	黄绵土	黄墡土	强度侵蚀黄墡土	1	0—19	浅棕色	重壤土	团块状	9.2	1.7	0.16	0.53		6.1	离石黄土	E 107°17′12.1″ N 36°08′03.4″	72
						2	19—123	棕色	重壤土	块状	8.9	1.7	0.30	0.52		6.6			

华 池 县

主要土类说明

黄绵土是华池县主要土壤类型，占本县地域面积的63%。黄绵土是由黄土母质直接翻耕形成的初育土。由于土壤侵蚀严重，表层长期遭侵蚀，只能不断加深耕作黄土母质层，因而母质特性明显。土壤无明显发育，为A–C型土。由于风成黄土富含细粉粒，故质地、结构均一，疏松绵软，富含石灰，磷、钾储量较丰富，但有效性差，土壤有机质缺乏。

灰褐土是华池县第二大土壤类型，占本县地域面积的23%。灰褐土形成于温带干旱、半干旱山地云冷杉下，腐殖质累积与钙积作用明显，pH为7.0—8.0。该土壤表层有机质含量可达100g/kg，表层下见暗色腐殖质层，有弱黏淀特征。B层呈棕褐色，钙积层在40cm以下出现，铁铝氧化物无移动。

新积土是华池县第三大土壤类型，占本县地域面积的13%。新积土是由新近冲积、洪积、坡积、塌积或人工堆垫形成的土壤。该土壤成土期短，母质特性明显，具A–C或（A）–C剖面构型。

小于本县地域面积3%的土壤类型有黑垆土。

本区域中心区气候特征

本区域中心区气候特征值
Regional climate characteristics in central area of the region

气候带：中温带亚湿润气候 Climate region: Mid temperate subhumid climate	
年平均气温 /℃ Annual average temperature /℃	9.4
年平均最高气温 /℃ Annual average maximum temperature /℃	16.3
年平均最低气温 /℃ Annual average minimum temperature /℃	3.9
年降水量 /mm Annual precipitation /mm	447
≥10℃的积温 /℃ Daily temperature accumulated in a year（≥10℃）/℃	3973
年日照时数 /h Annual sunshine /h	2494
年平均相对湿度 /% Annual average relative humidity /%	59
干燥度 Dryness	1.33

本区域中心区月平均气温与月平均降水量
Monthly temperature and precipitation in central area of the region

华池县主要土壤类型与土壤剖面点分布图

1∶360 000

图例
- 黄绵土
- 灰褐土
- 新积土
- 黑垆土
- ⊗ 剖面点

华池县土壤剖面理化性状表

剖面号 Soil profile	土纲 Soil order	土类 Soil great group	亚类 Soil subgroup	土属 Soil genus	土种 Soil species	土层码 Layer code	土层厚度 Depth/cm	颜色 Soil color	质地 Soil texture	土壤结构 Soil structure	pH	有机质 OM/(g/kg)	全氮 TN/(g/kg)	全磷 TP/(g/kg)	全钾 TK/(g/kg)	阳离子交换量CEC/(cmol/kg)	土壤母质 Parent material	剖面点坐标 Profile coordinate	匹配指数 Matching index/%
剖1	初育土	黄绵土	黄绵土	黄墡土	中度侵蚀黄墡土	1	0–15	棕色	重壤土	团块状	8.5	6.5	0.41	1.10	19.0	6.9	离石黄土	E 107°35′51.0″ N 36°48′21.6″	71
						2	15–150	浅棕色	中壤土	柱状	8.7	2.5	0.16	1.04	16.0	4.0			
剖2	初育土	黄绵土	黄绵土	灰墡土	薄腐殖灰墡土	1	0–15	灰棕色	中壤土	块状	8.1	23.4	1.33	1.22	19.0	13.0	离石黄土	E 107°46′15.7″ N 36°43′53.7″	85
						2	15–25	浅棕色	中壤土	块状	8.1	4.8	0.31	1.04	20.0	6.3			
						3	125–135	浅棕色	重壤土	柱状	8.3	2.9	0.20	1.37	18.0	5.3			
剖3	初育土	黄绵土	黄绵土	灰墡土	薄腐殖灰绵土	1	0–2	灰棕色	中壤土	粒状	8.2	28.3	1.67	1.28	15.0	14.1	马兰黄土	E 107°42′37.0″ N 36°39′37.3″	88
						2	2–38	棕色	中壤土	柱状	8.3	6.8	0.42	1.12	15.0	9.1			
						3	38–160	浅棕色	中壤土	柱状	8.2	4.8	0.28	1.12	15.0	5.9			
剖4	初育土	黄绵土	黄绵土	黄绵土	梯黄绵土	1	0–17	棕色	中壤土	团块状	8.1	4.5	0.30	1.04	19.0	8.8	马兰黄土	E 107°53′56.0″ N 36°33′54.4″	89
						2	17–60	棕色	中壤土	柱状	8.1	2.6	0.20	1.28	18.0	7.2			
						3	60–150	浅棕色	中壤土	柱状	8.3	2.2	0.17	1.28	17.0	5.5			
剖5	初育土	黄绵土	黄绵土	黄绵土	中度侵蚀黄绵土	1	0–20	棕色	中壤土	团块状	8.1	9.5	0.52	1.36	14.5	8.7	马兰黄土	E 107°44′19.4″ N 36°22′18.0″	90
						2	20–74	浅棕色	中壤土	棱柱状	8.2	2.5	0.23	1.04	16.0	7.7			
						3	74–150	棕色	中壤土	棱柱状	8.2	3.9	0.21	1.12	17.0	7.0			
剖6	钙层土	黑垆土	黑垆土	覆盖黑垆土	薄覆盖黑垆土	1	0–17	棕色	中壤土	团粒状	8.0	10.5	0.66	1.12	16.0	9.2	马兰黄土	E 107°43′02.3″ N 36°18′23.6″	77
						2	17–27	棕色	中壤土	块状	8.3	9.5	0.73	1.20	15.0	9.0			
						3	27–101	棕色	重壤土	棱柱状	8.2	12.2	0.89	1.04	22.0	13.6			
						4	101–150	暗棕色	中壤土	棱柱状	8.1	6.7	0.47	1.36	16.0	8.4			
剖7	初育土	黄绵土	黄绵土	黄绵土	强度侵蚀黄绵土	1	0–18	棕色	中壤土	团块状	8.2	9.8	0.68	1.20	17.0	7.4	马兰黄土	E 107°47′38.8″ N 36°17′25.8″	99
						2	18–150	浅棕色	中壤土	柱状	8.1	2.1	0.23	1.20	15.0	3.7			
剖8	初育土	黄绵土	黄绵土	黄绵土	轻度侵蚀黄绵土	1	0–21	棕色	轻壤土	团粒状	8.1	8.3	0.49	1.20	16.0	8.1	离石黄土	E 108°06′27.4″ N 36°31′05.2″	87
						2	21–25	棕色	中壤土	块状	8.1	5.4	0.46	1.20	17.6	7.6			
						3	25–150	浅棕色	中壤土	柱状	8.2	3.3	0.34	1.04	17.6	6.8			
剖9	初育土	黄绵土	黄绵土	黄墡土	强度侵蚀黄墡土	1	0–19	棕色	中壤土	团块状	8.2	5.7	0.46	1.20	15.0	5.2	离石黄土	E 108°14′26.5″ N 36°30′31.3″	100
						2	19–140	浅棕色	中壤土	柱状	8.3	1.5	0.16	1.36	19.0	4.5			
剖10	初育土	黄绵土	黄绵土	黄墡土	梯黄墡土	1	0–16	棕色	中壤土	团块状	8.4	5.7	0.26	1.20	15.0	6.4	离石黄土	E 108°05′16.1″ N 36°23′21.8″	71
						2	16–90	红棕色	中壤土	块状	8.4	5.8	0.21	1.20	17.0	5.9			
剖11	钙层土	黑垆土	黑垆土	覆盖黑垆土	厚覆盖黑垆土	1	0–18	棕色	中壤土	团粒状	8.2	11.4	0.68	1.36	21.0	10.5	马兰黄土	E 108°02′04.6″ N 36°20′00.2″	99
						2	18–42	棕色	中壤土	块状	8.2	12.7	0.60	1.36	22.0	9.6			
						3	42–88	暗棕色	重壤土	块状	8.1	13.4	0.82	1.44	21.0	14.1			
						4	88–150	暗棕色	中壤土	棱柱状	8.1	7.2	0.63	1.26	19.0	8.6			

合 水 县

主要土类说明

灰褐土是合水县主要土壤类型,占本县地域面积的61%。灰褐土形成于温带干旱、半干旱山地云冷杉下,腐殖质累积与钙积作用明显。该土壤表层有机质含量可达100g/kg,表层下见暗色腐殖质层,有弱黏淀特征。B层呈棕褐色,钙积层在40cm以下出现,铁铝氧化物无移动。

黄绵土是合水县第二大土壤类型,占本县地域面积的24%。黄绵土是由黄土母质直接翻耕形成的初育土。由于土壤侵蚀严重,表层长期遭侵蚀,只能不断加深耕作黄土母质层,因而母质特性明显。土壤无明显发育,为A-C型土。由于风成黄土富含细粉粒,故质地、结构均一,疏松绵软,富含石灰,磷、钾储量较丰富,但有效性差,土壤有机质缺乏。

黑垆土是合水县第三大土壤类型,占本县地域面积的10%。黑垆土是在黄土高原上,由黄土发育而成的土壤。该土壤有机质含量低,但腐殖质层深厚。土体原位黏化,但无明显黏化层,具假菌丝状石灰累积;无盐化,多旱耕。

新积土占本县地域面积的4%。新积土是由新近冲积、洪积、坡积、塌积或人工堆垫形成的土壤。该土壤成土期短,母质特性明显,具A-C或(A)-C剖面构型。

小于本县地域面积3%的土壤类型有水稻土、潮土和红黏土。

本区域中心区气候特征

本区域中心区气候特征值
Regional climate characteristics in central area of the region

气候带: 中温带亚湿润气候 Climate region: Mid temperate subhumid climate	
年平均气温 /℃ Annual average temperature /℃	10.0
年平均最高气温 /℃ Annual average maximum temperature /℃	16.8
年平均最低气温 /℃ Annual average minimum temperature /℃	4.6
年降水量 /mm Annual precipitation /mm	476
≥10℃的积温 /℃ Daily temperature accumulated in a year (≥10℃) /℃	4474
年日照时数 /h Annual sunshine /h	2382
年平均相对湿度 /% Annual average relative humidity /%	61
干燥度 Dryness	1.27

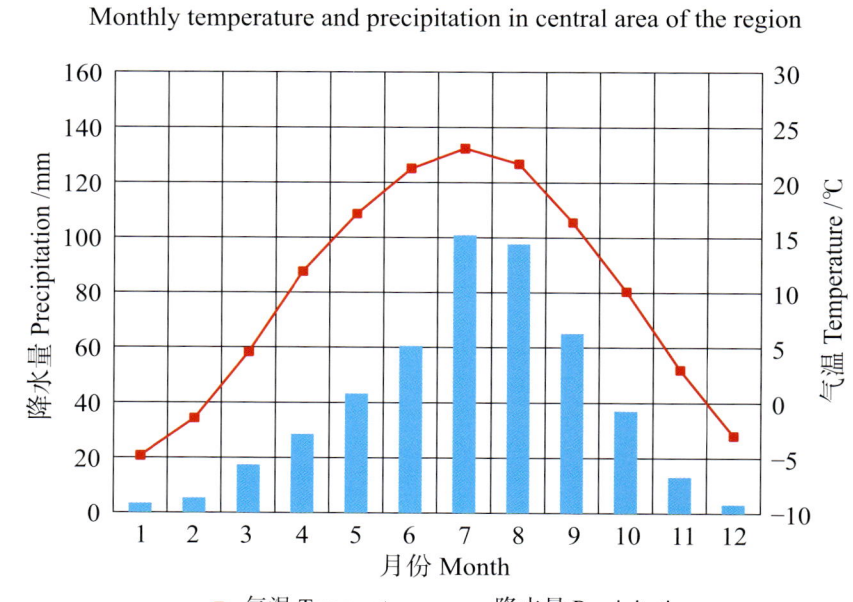

本区域中心区月平均气温与月平均降水量
Monthly temperature and precipitation in central area of the region

合水县主要土壤类型与土壤剖面点分布图
1：360 000

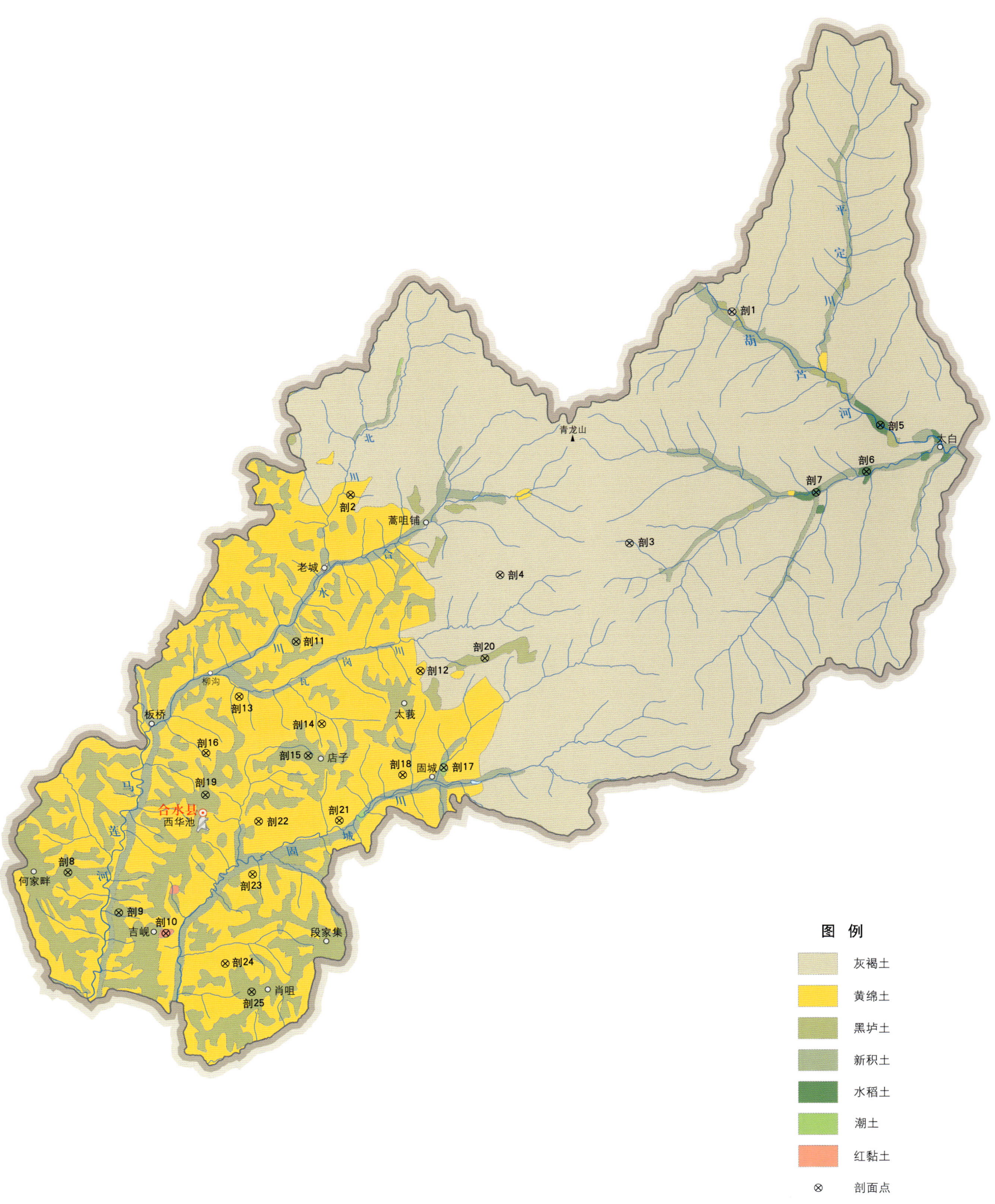

合水县土壤剖面理化性状表

剖面号 Soil profile	土纲 Soil order	土类 Soil great group	亚类 Soil subgroup	土属 Soil genus	土种 Soil species	土层码 Layer code	土层厚度 Depth/cm	颜色 Soil color	质地 Soil texture	土壤结构 Soil structure	pH	有机质 OM/(g/kg)	全氮 TN/(g/kg)	全磷 TP/(g/kg)	全钾 TK/(g/kg)	阳离子交换量CEC/(cmol/kg)	土壤母质 Parent material	剖面点坐标 Profile coordinate	匹配指数 Matching index/%
剖1	半淋溶土	灰褐土	石灰性灰褐土	耕种灰褐土		1	0—18	浅黄棕色	中壤土	粒状	8.1	11.6	0.70	0.65	17.4	10.1	马兰黄土	E 108°28′59.2″ N 36°13′06.2″	96
						P	18—25	棕色	中壤土	板状	8.2	7.4	0.43	0.56	15.8	9.1			
						3	25—100	棕色	中壤土	柱状	8.3	4.8	0.27	0.61	14.1	8.7			
剖2	初育土	黄绵土	黄绵土	黄绵土	梯黄绵土	1	0—19	浅棕色	中壤土	粒状、块状	8.5	6.3	0.40	0.76	14.9	11.2	马兰黄土	E 108°08′23.6″ N 36°04′15.2″	82
						P	19—23	浅棕色	中壤土	板状	8.5	5.1	0.35	0.67	11.2	9.8			
						3	23—97	浅棕色	中壤土	柱状	8.5	4.1	0.26	0.72	12.0	9.1			
剖3	半淋溶土	灰褐土	石灰性灰褐土	灰褐善土		1	0—3.5	暗黄棕色	轻壤土	粒状、片状	7.9	32.3	2.48	0.71	12.4	13.4	离石黄土	E 108°23′42.0″ N 36°02′22.6″	80
						2	3.5—73	灰棕色	中壤土	粒状、块状	8.2	14.8	0.67	0.58	13.3	9.2			
						C	73—113	浅棕色	中壤土	柱状	8.2	9.6	0.57	0.58	14.1	8.7			
剖4	半淋溶土	灰褐土	石灰性灰褐土	灰褐土		1	0—8	暗棕色	中壤土	粒状	7.9	35.6	1.69	0.67	14.9	9.5	马兰黄土	E 108°16′40.0″ N 36°00′46.2″	92
						2	8—23	灰棕色	中壤土	粒状	8.0	14.4	0.85	0.61	18.4	8.7			
						C	23—100	浅灰棕色	中壤土	柱状	8.0	5.0	0.43	0.63	15.8	7.2			
剖5	人为土	水稻土	潴育水稻土	黄泥田	黄泥田	1	0—33	暗黄棕色	中壤土	块状	8.2	13.2	0.67	0.65	14.9	15.8	淤积物	E 108°37′15.6″ N 36°08′02.8″	91
						P	33—39	暗黄棕色	重壤土	块状	8.4	12.7	0.60	0.69	16.6	17.2			
						W	39—100	灰棕色	重壤土	块状	8.3	11.8	0.57	0.65	11.6	13.6			
剖6	人为土	水稻土	潴育水稻土	黄泥田	菁底黄泥田	1	0—14	棕灰色	中壤土	块状	8.2	17.5	1.03	0.51	14.5	11.9	淤积物	E 108°36′34.0″ N 36°05′54.3″	90
						P	14—24	暗灰棕色	中壤土	块状	8.2	17.5	1.02	0.54	16.2	10.0			
						W	24—81	灰棕色	中壤土	板状、块状	8.3	12.2	0.78	0.49	15.4	9.5			
						G	81—111	青灰色	轻壤土	块状	8.1	15.4	0.84	0.47	14.5	8.9			
剖7	人为土	水稻土	渗育水稻土	黄砂田	底棕黄砂田	1	0—17	暗灰棕色	中砾质土	无明显结构	8.1	12.5	0.72	0.49	13.7	14.8	淤积物	E 108°33′50.0″ N 36°04′54.5″	72
						P	17—28	黑棕色	重砾质土	无明显结构	8.0	10.2	0.59	0.56	15.4	12.3			
剖8	钙层土	黑垆土	黑垆土	覆盖黑垆土	厚覆盖黑垆土	1	0—17	灰棕色	中壤土	粒状、团块状	8.4	9.2	0.71	0.52	17.0	10.6	马兰黄土	E 107°53′36.1″ N 35°46′31.5″	70
						P	17—25	棕色	中壤土	板状	8.4	9.3	0.74	0.56	16.2	9.9			
						3	25—55	褐棕色	中壤土	块状	8.5	5.7	0.47	0.56	14.9	10.4			
						4	55—105	暗灰棕色	重壤土	棱柱状	8.3	11.3	0.72	0.45	15.4	15.7			
						5	105—160	暗棕色	中壤土	棱柱状	8.3	6.0	0.45	0.49	16.2	12.3			
						6	160—185	棕色	重壤土	柱状	8.4	4.5	0.35	0.65	12.0	10.9			
剖9	初育土	黑垆土	黑垆土	黑垆土	黑垆土	1	0—20	灰棕色	中壤土	粒状、团块状	8.3	9.9	0.67	0.74	13.5	12.6	马兰黄土	E 107°56′25.8″ N 35°44′45.6″	70
						P	20—26	暗棕色	中壤土	板状	8.4	11.0	0.66	0.69	16.6	12.6			
						3	26—126	暗棕色	中壤土	棱柱状	8.4	8.8	0.58	0.64	17.0	11.9			
						4	126—150	棕色	重壤土	柱状	8.4	6.8	0.46	0.77	16.6	11.2			
剖10	初育土	红黏土	红土	荒地红土	红土	1	0—1	灰棕色	重壤土	块状	8.4						红土	E 107°59′01.3″ N 35°43′53.4″	98
						As	1—41	红棕色	重壤土	粒状、团状	8.5					8.2			
						C	41—	红棕色	中壤土	块状	8.3					7.6			
剖11	钙层土	黑垆土	黑垆土	黑垆土	黄垆土	1	0—16	棕色	中壤土	粒状、团状	8.3	10.0	0.57	0.62	14.9	7.5	马兰黄土	E 108°05′39.5″ N 35°57′27.0″	91
						P	16—21	棕色	中壤土	板状	8.5	7.9	0.49	0.62	14.1	7.0			
						3	21—100	浅棕色	中壤土	棱柱状	8.4	6.0	0.22	0.50	13.3	6.9			
剖12	初育土	黄绵土	黄绵土	黄绵土	轻度侵蚀黄绵土	1	0—10	浅棕色	中壤土	粒状、团状	8.4	7.9	0.59	0.58	13.3	8.1	马兰黄土	E 108°12′28.8″ N 35°56′10.5″	76
						2	10—105	浅棕色	中壤土	柱状	8.5	3.5	0.34	0.62	13.7	7.5			
剖13	初育土	黄绵土	黄绵土	黄绵土	中度侵蚀黄绵土	1	0—14	浅棕色	中壤土	粒状、块状	8.4	6.2	0.47	0.57	15.8		马兰黄土	E 108°02′37.7″ N 35°54′51.1″	100
						2	14—100	浅棕色	中壤土	柱状	8.5	4.2	0.36	0.50	12.4				

续表 Continued

剖面号 Soil profile	土纲 Soil order	土类 Soil great group	亚类 Soil subgroup	土属 Soil genus	土种 Soil species	土层码 Layer code	土层厚度 Depth/cm	颜色 Soil color	质地 Soil texture	土壤结构 Soil structure	pH	有机质 OM/(g/kg)	全氮 TN/(g/kg)	全磷 TP/(g/kg)	全钾 TK/(g/kg)	阳离子交换量CEC/(cmol/kg)	土壤母质 Parent material	剖面点坐标 Profile coordinate	匹配指数 Matching index/%
剖14	初育土	黄绵土	黄绵土	灰墡土	薄腐殖草灰墡土	1	0~5	暗灰棕色	中壤土	粒状	8.2	35.9	2.30	0.59	16.2	15.4	离石黄土	E 108°07′10.9″ N 35°53′42.7″	87
						As	5~22	棕色	中壤土	粒状	8.4	11.3	0.78	0.49	14.5	11.5			
						3	22~47	棕色	中壤土	块状	8.4	8.2	0.68	0.49	15.4	11.2			
						C	47~60	浅棕色	中壤土	柱状	8.5	9.2	0.66	0.52	13.7	10.7			
剖15	钙层土	黑垆土	黑垆土	覆盖黑垆土	硬烂黑垆土	1	0~19	浅棕色	中壤土	粒状、块状	8.2	9.6	0.57	0.69	13.3	10.3	马兰黄土	E 108°06′29.6″ N 35°52′13.1″	81
						P	19~28	浅棕色	中壤土	板状	8.2	7.9	0.50	0.59	12.4	9.7			
						3	28~54	暗红棕色	重壤土	块状	8.2	6.8	0.45	0.55	12.4	10.7			
						4	54~102	暗棕色	重壤土	棱柱状	8.2	10.7	0.43	0.55	13.3	14.0			
						5	102~148	暗棕色	重壤土	棱柱状	8.2	10.3	0.57	0.62	15.8	12.8			
剖16	初育土	黄绵土	黄绵土	灰墡土	薄腐殖灰绵土	1	0~3	灰棕色	中壤土	粒状	8.1	22.7	1.22	0.61	10.8	12.1	马兰黄土	E 108°00′54.7″ N 35°52′13.1″	89
						As	3~62	棕色	中壤土	块状	8.3	9.7	0.47	0.47	11.6	13.4			
						C	62~100	棕色	中壤土	柱状	8.5	4.8	0.29	0.61	10.0	12.7			
剖17	半水成土	潮土	潮土	潮土	黄潮土	1	0~20	棕色	中壤土	块状	9.1	4.4	0.41	0.44	13.7	10.3	河流冲积物	E 108°13′54.5″ N 35°51′50.0″	70
						2	20~41	棕色	中壤土	板状	8.7	3.3	0.35	0.45	13.7	9.2			
						W	41~88	黄棕色	中壤土	块状	8.5	6.8	0.59	0.42	12.9	9.5			
						G	88~120	灰蓝色	轻壤土	块状	8.4	4.2	0.35	0.35	12.9	9.7			
剖18	初育土	黄绵土	黄绵土	黄墡土	梯黄墡土	1	0~18	棕色	中壤土	粒状、块状	8.2	8.7	0.49	0.52	17.4	12.0	离石黄土	E 108°11′40.2″ N 35°51′27.7″	92
						P	18~24	棕色	中壤土	板状	8.3	8.6	0.46	0.52	18.3	11.6			
						3	24~100	棕色	中壤土	柱状	8.4	7.2	0.38	0.55	17.8	11.9			
剖19	钙层土	黑垆土	黑垆土	覆盖黑垆土	条田黑垆土	1	0~19	棕色	中壤土	粒状、团块状	8.3	10.2	0.54	0.50	14.9	9.8	马兰黄土	E 108°00′57.7″ N 35°50′17.2″	95
						P	19~26	棕色	中壤土	板状块状	8.3	8.9	0.57	0.43	18.3	8.6			
						3	26~78	棕色	中壤土	块状	8.3	8.7	0.77	0.49	19.5	8.6			
						4	78~99	棕色	中壤土	板状	8.4	9.9	0.50	0.49	19.1	9.9			
						5	99~105	棕色	中壤土	柱状	8.3	9.8	0.58	0.52	19.9	8.2			
						6	105~118	棕色	重壤土	块状	8.2	10.2	0.53	0.49	15.4	13.8			
						7	118~150	棕色	中壤土	棱柱状	8.3	7.8	0.42	0.64	14.9	10.7			
剖20	初育土	黑垆土	黑垆土	黑垆土	鸡粪黑垆土	1	0~17	浅灰棕色	中壤土	粒状、板状	8.2	9.6	0.58	0.67	15.8	8.4	马兰黄土	E 108°15′59.0″ N 35°56′54.2″	80
						P	17~22	棕色	中壤土	板状	8.5	7.3	0.39	0.59	12.4	9.4			
						3	22~47	棕色	中壤土	柱状、棱柱状	8.5	5.5	0.28	0.55	13.3	7.7			
						4	47~79	浅棕色	中壤土	柱状	8.6	3.9	0.23	0.65	14.9	7.1			
剖21	初育土	黄绵土	黄绵土	黄墡土	强度侵蚀黄墡土	1	0~15	棕色	中壤土	粒状、块状	8.4	8.4	0.45	0.65	20.3	8.8	离石黄土	E 108°08′17.5″ N 35°49′16.3″	75
						2	15~55	棕色	中壤土	块状	8.4	2.6	0.21	0.55	18.3	7.0			
剖22	初育土	黄绵土	黄绵土	黄墡土	轻度侵蚀黄墡土	1	0~20	棕色	重壤土	粒状、团块状	8.3	10.5	0.58	0.65	19.9	10.5	离石黄土	E 108°03′53.6″ N 35°49′08.1″	75
						2	20~100	棕色	重壤土	块状	8.4	7.0	0.35	0.65	16.6	9.8			
剖23	初育土	黄绵土	黄绵土	黄绵土	强度侵蚀黄绵土	1	0~15	浅棕色	中壤土	粒状、团块状	8.3	8.5	0.48	0.53	14.1	9.0	马兰黄土	E 108°03′38.9″ N 35°46′40.4″	79
						2	15~110	浅棕色	中壤土	柱状	8.6	4.1	0.26	0.52	13.3	7.3			
剖24	初育土	黄绵土	黄绵土	黄墡土	中度侵蚀黄墡土	1	0~15	棕色	中壤土	粒状、团块状	8.2	10.6	0.64	0.48	14.1	10.3	离石黄土	E 108°02′18.4″ N 35°42′35.4″	94
						P	15~21	浅棕色	中壤土	板状	8.3	9.8	0.58	0.50	13.3	9.9			
						3	21~100	灰棕色	中壤土	柱状	8.3	7.2	0.39	0.52	14.9	9.7			
剖25	钙层土	黑垆土	覆盖黑垆土		薄覆盖黑垆土	1	0~15	棕色	中壤土	粒状、团块状	8.4	11.0	0.77	0.50	17.8	11.9	马兰黄土	E 108°03′47.5″ N 35°41′21.2″	84
						P	15~21	暗灰棕色	中壤土	板状	8.3	9.4	0.56	0.49	19.5	10.3			
						3	21~50	暗棕色	重壤土	柱状	8.2	10.6	0.58	0.54	16.6	16.4			
						4	50~150	浅棕色	中壤土	棱柱状	8.4	6.2	0.46	0.52	14.9	11.8			

正 宁 县

主要土类说明

黄绵土是正宁县主要土壤类型，占本县地域面积的52%。黄绵土是由黄土母质直接翻耕形成的初育土。由于土壤侵蚀严重，表层长期遭侵蚀，只能不断加深耕作黄土母质层，因而母质特性明显。土壤无明显发育，为A-C型土。由于风成黄土富含细粉粒，故质地、结构均一，疏松绵软，富含石灰，磷、钾储量较丰富，但有效性差，土壤有机质缺乏。

灰褐土是正宁县第二大土壤类型，占本县地域面积的27%。灰褐土形成于温带干旱、半干旱山地云冷杉下，腐殖质累积与钙积作用明显。该土壤表层有机质含量可达100g/kg，表层下见暗色腐殖质层，有弱黏淀特征。B层呈棕褐色，钙积层在40cm以下出现，铁铝氧化物无移动。

黑垆土是正宁县第三大土壤类型，占本县地域面积的17%。黑垆土是在黄土高原上，由黄土发育而成的土壤。该土壤有机质含量低，但腐殖质层深厚。土体原位黏化，但无明显黏化层，具假菌丝状石灰累积；无盐化，多旱耕。

小于本县地域面积3%的土壤类型有新积土、红黏土和褐土。

本区域中心区气候特征

本区域中心区气候特征值
Regional climate characteristics in central area of the region

气候带：暖温带亚湿润气候 Climate region: Warm temperate subhumid climate	
年平均气温 /℃ Annual average temperature /℃	11.0
年平均最高气温 /℃ Annual average maximum temperature /℃	17.4
年平均最低气温 /℃ Annual average minimum temperature /℃	6.0
年降水量 /mm Annual precipitation /mm	503
≥10℃的积温 /℃ Daily temperature accumulated in a year（≥10℃）/℃	5760
年日照时数 /h Annual sunshine /h	2144
年平均相对湿度 /% Annual average relative humidity /%	65
干燥度 Dryness	1.26

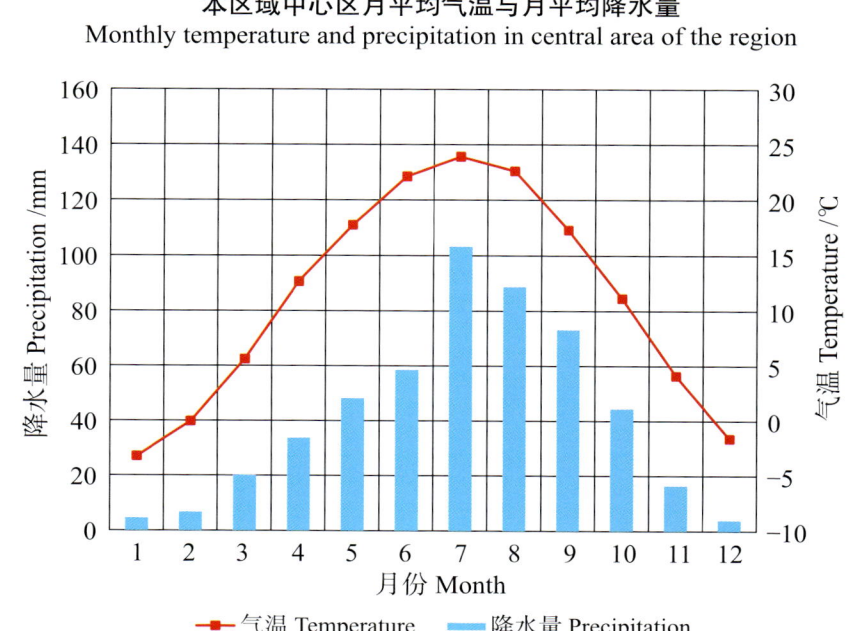

本区域中心区月平均气温与月平均降水量
Monthly temperature and precipitation in central area of the region

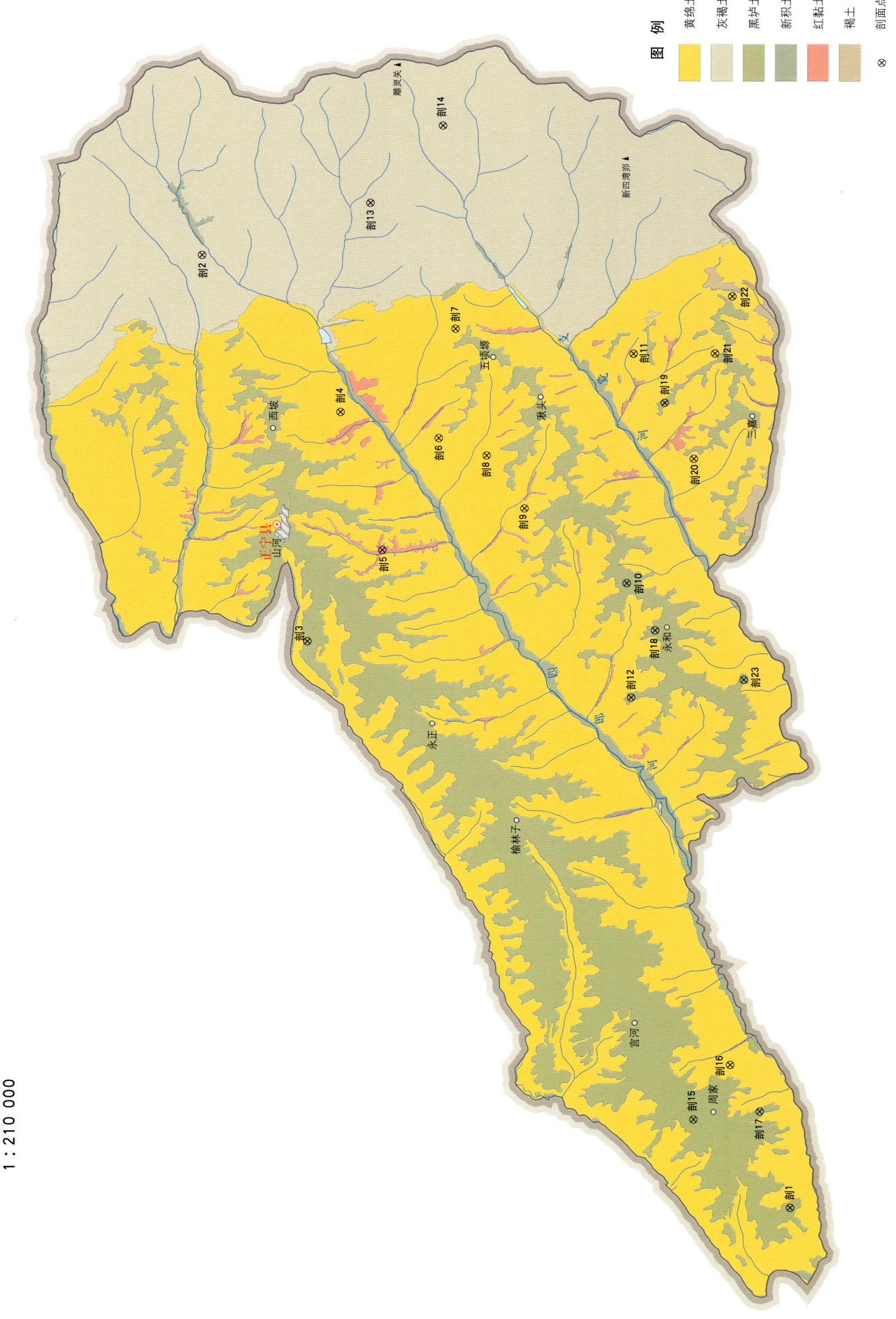

正宁县土壤剖面理化性状表

剖面号 Soil profile	土纲 Soil order	土类 Soil great group	亚类 Soil subgroup	土属 Soil genus	土种 Soil species	土层码 Layer code	土层厚度 Depth/cm	颜色 Soil color	质地 Soil texture	土壤结构 Soil structure	pH	有机质 OM/(g/kg)	全氮 TN/(g/kg)	全磷 TP/(g/kg)	全钾 TK/(g/kg)	阳离子交换量CEC/(cmol/kg)	土壤母质 Parent material	剖面点坐标 Profile coordinate	匹配指数 Matching index/%
剖1	钙层土	黑垆土	黑垆土	黑垆土	黄垆土	1	0—20	棕色	中壤土	粒状、块状	8.4	10.3	0.88	1.32	18.0	13.3	马兰黄土	E 107°59′22.2″ N 35°15′33.1″	77
						2	20—86	棕色	中壤土	柱状	8.4	5.3	0.44	1.19	22.8	11.2			
						C	86—116	浅棕色	中壤土	柱状									
剖2	半淋溶土	灰褐土	山地石灰性灰褐土	耕种灰褐潮土		1	0—11	棕色	中壤土	粒状	8.2	9.9	0.74	1.34	16.8	11.0	离石黄土	E 108°30′44.6″ N 35°31′51.6″	95
						C	11—23	棕色	中壤土	柱状	8.3	8.2	0.44	1.48	15.6	7.9			
剖3	钙层土	黑垆土	黑垆土	覆盖黑垆土	条田黑垆土	1	0—20	灰棕色	中壤土	粒状、块状	8.5	10.5	0.83	1.15	18.4	14.9	马兰黄土	E 108°17′52.1″ N 35°28′47.3″	93
						2	20—45	棕色	中壤土	粒状	8.5	8.4	0.62	1.13	19.6	12.3			
						3	45—150	暗棕色	中壤土	棱柱状	8.4	4.7	4.00	1.17	17.2	12.2			
剖4	初育土	黄绵土	黄绵土	灰壤土	薄腐殖灰壤土	1	0—1	灰棕色	中壤土	粒状	8.3	14.0	0.91	1.25	15.3	10.1	离石黄土	E 108°25′34.8″ N 35°28′04.7″	70
						2	1—17	棕色	中壤土	粒状、块状	8.4	8.7	0.62	1.27	13.3	8.3			
						3	17—140	红棕色	重壤土	核状	8.6	2.1	0.31	0.88	13.3	12.5			
						C	140—200	红棕色	重壤土	柱状	7.0	1.6	0.25	1.14	13.3	9.3			
剖5	初育土	红黏土	红土	荒地红土	红土	1	0—1	灰棕色	重壤土	粒状	8.4	7.8	0.90	1.38	15.3	7.4	红土	E 108°20′59.2″ N 35°26′52.0″	93
						As	1—23	红棕色	重壤土	核状	8.5	3.1	0.28	1.01	13.3	10.9			
						C	23—150	红棕色	重壤土	块状	8.6	1.5	0.25	0.83	16.3	12.5			
剖6	初育土	黄绵土	黄绵土	黄壤土	中度侵蚀黄壤土	1	0—15	棕色	中壤土	粒状、块状	8.4	9.3	0.65	1.25	20.8	11.2	离石黄土	E 108°24′47.5″ N 35°25′27.3″	72
						2	15—150	浅棕色	中壤土	柱状	8.5	3.2	0.28	1.22	22.1	8.3			
剖7	初育土	黄绵土	黄绵土	黄壤土	强度侵蚀黄壤土	1	0—14	浅棕色	中壤土	粒状、块状	8.5	9.3	0.67	1.48	15.6	10.5	离石黄土	E 108°28′27.5″ N 35°25′05.3″	86
						2	14—	浅棕色	中壤土	柱状	8.6	5.3	0.34	1.26	13.8	10.8			
剖8	初育土	黄绵土	黄绵土	耕种黑垆土	耕种黑垆土	1	0—16	暗棕色	中壤土	粒状、块状	8.7	8.4	0.85	1.30	16.3	11.7	马兰黄土	E 108°24′14.8″ N 35°24′10.4″	77
						2	16—100	暗棕色	中壤土	棱柱状	8.7	8.2	0.55	1.33	19.3	14.2			
						3	100—127	暗棕色	中壤土	棱柱状	8.7	3.0	0.28	1.25	16.3	12.5			
剖9	初育土	黄绵土	黄绵土	灰壤土	薄腐殖灰壤土	1	0—2	灰棕色	中壤土	粒状	8.2	19.0	1.16	1.38	15.3	12.3	马兰黄土	E 108°22′30.4″ N 35°23′07.8″	75
						2	2—33	棕色	中壤土	块状	8.4	10.0	0.79	1.25	14.3	11.3			
						3	33—82	浅棕色	中壤土	柱状	8.4	6.1	0.54	1.22	15.8	11.2			
						C	82—	浅棕色	重壤土	柱状	8.5	5.6	0.40	1.24	16.8	10.9			
剖10	钙层土	黑垆土	黏黑垆土	覆盖黏黑垆土	厚覆盖黏黑垆土	A₁₁	0—20	棕色	粉砂质黏壤土	粒状	8.3	12.0	0.97	0.59	15.4	14.9	马兰黄土	E 108°20′04.6″ N 35°20′21.8″	86
						P	20—41	棕色	粉砂质黏壤土	板状	8.4	11.2	0.71	0.56	15.8	10.9			
						AB	41—95	暗棕色	壤质黏土	粒状、块状	8.4	10.5	0.66	0.45	12.9	11.2			
						Bk	95—147	暗棕色	壤质黏土	棱柱状	8.2	8.8	0.60	0.54	18.3	11.2			
						Ck	147—230	暗棕色	粉砂质黏壤土	棱柱状	8.5	4.8	0.45	0.54	17.1	12.0			
剖11	初育土	黄绵土	黄绵土	灰壤土	薄腐殖灰壤土	1	0—2	棕色	中壤土	粒状、块状	8.3	42.5	2.27	1.39	13.3	14.6	马兰黄土	E 108°27′46.2″ N 35°20′20.8″	70
						2	2—31	棕色	中壤土	粒状、块状	8.4	20.9	1.58	1.15	12.8	12.8			
						C	31—149	浅棕色	中壤土	粒状、块状	8.5	10.8	0.88	1.16	12.8	10.4			
剖12	钙层土	黑垆土	黑垆土	覆盖黑垆土	灰包黑垆土	1	0—15	棕色	中壤土	粒状、块状	8.3	13.2	1.05	1.94	21.4	13.9	马兰黄土	E 108°16′15.6″ N 35°20′10.0″	71
						P	15—20	棕色	中壤土	片状	8.4	10.1	0.85	2.00	18.4	13.3			
						3	20—50	灰棕色	中壤土	核状	8.5	7.8	0.71	2.02	18.4	12.8			
						4	50—200	暗棕色	中壤土	块状	8.6	12.0	0.62	5.42	18.4	11.4			
剖13	半淋溶土	灰褐土	山地石灰性灰褐土	灰褐壤土		Ao	0—3	暗棕色	中壤土	粒状、块状	8.1	38.7	2.46	1.36	12.6	16.7	离石黄土	E 108°32′37.3″ N 35°27′25.9″	99
						A	3—15	暗棕色	重壤土	粒状、块状	8.1	20.8	1.42	1.38	13.8	15.6			
						AB	15—34	棕色	重壤土	块状	8.2	8.7	0.56	1.13	16.2	14.8			
						Bk₁	34—80												

续表 Continued

剖面号 Soil profile	土纲 Soil order	土类 Soil great group	亚类 Soil subgroup	土属 Soil genus	土种 Soil species	土层码 Layer code	土层厚度 Depth/cm	颜色 Soil color	质地 Soil texture	土壤结构 Soil structure	pH	有机质 OM/(g/kg)	全氮 TN/(g/kg)	全磷 TP/(g/kg)	全钾 TK/(g/kg)	阳离子交换量CEC/(cmol/kg)	土壤母质 Parent material	剖面点坐标 Profile coordinate	匹配指数 Matching index/%
剖面14	半淋溶土	灰褐土	山地石灰性灰褐土			Ao	0—2	黑灰色	重壤土	粒状、块状	8.3	42.9	1.91	1.60	24.0	17.4		E 108°35′15.8″ N 35°25′33.7″	89
						2	2—16	暗灰棕色	中壤土	小团块状	8.4	10.5	0.80	1.40	20.4	14.0			
						3	16—45	棕色	中壤土	块状	8.5	8.3	0.54	1.34	22.8	14.8			
						4	45—230	棕色		块状									
						C	230—												
剖面15	钙层土	黑垆土	黑垆土	覆盖黑垆土	厚覆盖黑垆土	1	0—20	棕色	中壤土	粒状	8.3	9.5	0.88	1.44	18.4	14.4	马兰黄土	E 108°02′12.8″ N 35°18′11.2″	99
						P	20—25	棕色	中壤土	板状	8.4	10.1	0.78	1.48	14.2	14.4			
						3	25—46	暗棕色	中壤土	粒状、块状	8.4	7.7	0.65	1.25	17.8	11.2			
						4	46—97	棕色	中壤土	棱柱状	8.3	10.4	0.79	1.26	18.4	12.0			
						5	97—145	棕色	中壤土	棱柱状	8.5	4.7	0.41	1.28	18.4	10.7			
						6	145—405	棕色	中壤土	柱状	8.5	4.0	0.34	1.22	18.4	10.4			
						C	405—	浅棕色	中壤土	柱状	8.3	5.5	0.42	1.36	22.6	11.2			
剖面16	初育土	黄绵土	黄绵土	黄绵土	梯黄墡土	1	0—22	棕色	中壤土	块状	8.6	8.8	0.71	1.13	19.6	5.5	离石黄土	E 108°04′03.0″ N 35°17′15.5″	76
						2	22—28	棕色	中壤土	板状	8.5	9.0	0.72	1.18	19.7	9.7			
						3	28—161	浅棕色	中壤土	柱状	8.6	9.6	0.56	1.13	14.8	5.2			
剖面17	初育土	黑垆土	黑垆土	黑垆土	鸡粪垆土	1	0—19	棕色	中壤土	粒状、块状	8.6	6.7	0.62	1.15	18.4	13.3	马兰黄土	E 108°02′32.3″ N 35°16′26.0″	97
						2	19—52	暗棕色	中壤土	核块状	8.4	6.7	0.51	1.13	16.0	12.8			
						3	52—150	棕色	中壤土	柱状	8.3	4.2	0.34	1.25	18.4	11.2			
剖面18	钙层土	黑垆土	黏黑垆土	覆盖黏黑垆土	条田黏垆黑土	1	0—18	棕色	中壤土	粒状、块状	8.2	12.5	1.00	1.26	15.1	14.2	马兰黄土	E 108°18′31.7″ N 35°19′35.0″	100
						P	18—26	浅棕色	中壤土	棱柱状	8.2	10.3	0.83	1.26	18.6	11.6			
						3	26—118	暗棕色	重壤土	棱柱状	8.1	12.0	0.85	1.26	15.6	10.3			
剖面19	钙层土	黑垆土	黏黑垆土	黏黑垆土	鸡粪黏垆土	1	0—20	棕色	中壤土	粒状、块状	8.2	11.0	0.97	1.66	16.2	14.3	马兰黄土	E 108°26′09.6″ N 35°19′29.3″	83
						P	20—28	暗棕色	中壤土	板状	8.3	8.1	0.71	1.26	17.4	12.6			
						3	28—36	暗棕色	中壤土	棱柱状	8.3	5.8	0.52	1.11	11.4	11.3			
						4	36—182	暗棕色	中壤土	柱状	8.2	3.5	0.32	1.30	12.6	9.2			
剖面20	初育土	黄绵土	黄绵土	黑绵土	黑绵土	1	0—1.5	黑棕色	中壤土	粒状、块状	8.1	17.9	1.08	1.38	19.8	14.5	马兰黄土	E 108°24′18.7″ N 35°18′40.3″	90
						2	1.5—50	暗棕色	中壤土	棱柱状	8.3	9.3	0.61	1.34	16.2	13.7			
						C	50—150	棕色	中壤土	棱柱状	8.2	8.3	0.58	1.20	18.6	12.6			
剖面21	初育土	黄绵土	黄绵土	黄绵土	梯黄绵土	1	0—12	棕色	重壤土	粒状、块状	8.5	9.8	0.82	1.95	22.2	14.3	马兰黄土	E 108°27′51.0″ N 35°18′11.3″	76
						2	12—85	浅棕色	重壤土	小团块状	8.5	6.0	0.54	1.53	21.6	12.7			
						C	85—127	棕色	中壤土	柱状	8.5	5.7	0.45	1.44	21.0	10.4			
剖面22	初育土	黄绵土	黄绵土	黄绵土	轻度侵蚀黄墡土	1	0—12	棕色	中壤土	粒状、团块状	8.4	8.2	0.68	1.32	17.2	11.4	离石黄土	E 108°29′46.3″ N 35°17′46.6″	82
						2	12—123	浅棕色	中壤土	柱状	8.4	4.6	0.37	1.03	14.8	6.2			
剖面23	钙层土	黑垆土	黏黑垆土	黏黑垆土	黏黄垆土	1	0—17	棕色	轻壤土	块状	8.3	8.4	0.59	1.38	13.8	11.6	马兰黄土	E 108°16′57.2″ N 35°17′11.5″	92
						2	17—102	浅棕色	中壤土	柱状	8.4	4.3	0.32	1.30	10.2	8.9			

宁 县

主要土类说明

黄绵土是宁县主要土壤类型，占本县地域面积的 48%。黄绵土是由黄土母质直接翻耕形成的初育土。由于土壤侵蚀严重，表层长期遭侵蚀，只能不断加深耕作黄土母质层，因而母质特性明显。土壤无明显发育，为 A-C 型土。由于风成黄土富含细粉粒，故质地、结构均一，疏松绵软，富含石灰，磷、钾储量较丰富，但有效性差，土壤有机质缺乏。

黑垆土是宁县第二大土壤类型，占本县地域面积的 27%。黑垆土是在黄土高原上，由黄土发育而成的土壤。该土壤有机质含量低，但腐殖质层深厚。土体原位黏化，但无明显黏化层，具假菌丝状石灰累积；无盐化，多旱耕。

灰褐土是宁县第三大土壤类型，占本县地域面积的 22%。灰褐土形成于温带干旱、半干旱山地云冷杉下，腐殖质累积与钙积作用明显。该土壤表层有机质含量可达 100g/kg，表层下见暗色腐殖质层，有弱黏淀特征。B 层呈棕褐色，钙积层在 40cm 以下出现，铁铝氧化物无移动。

小于本县地域面积 3% 的土壤类型有新积土和红黏土。

本区域中心区气候特征

本区域中心区气候特征值
Regional climate characteristics in central area of the region

气候带：中温带亚湿润气候 Climate region: Mid temperate subhumid climate	
年平均气温 /℃ Annual average temperature /℃	10.6
年平均最高气温 /℃ Annual average maximum temperature /℃	17.0
年平均最低气温 /℃ Annual average minimum temperature /℃	5.5
年降水量 /mm Annual precipitation /mm	507
≥10℃的积温 /℃ Daily temperature accumulated in a year (≥10℃) /℃	5305
年日照时数 /h Annual sunshine /h	2204
年平均相对湿度 /% Annual average relative humidity /%	64
干燥度 Dryness	1.24

本区域中心区月平均气温与月平均降水量
Monthly temperature and precipitation in central area of the region

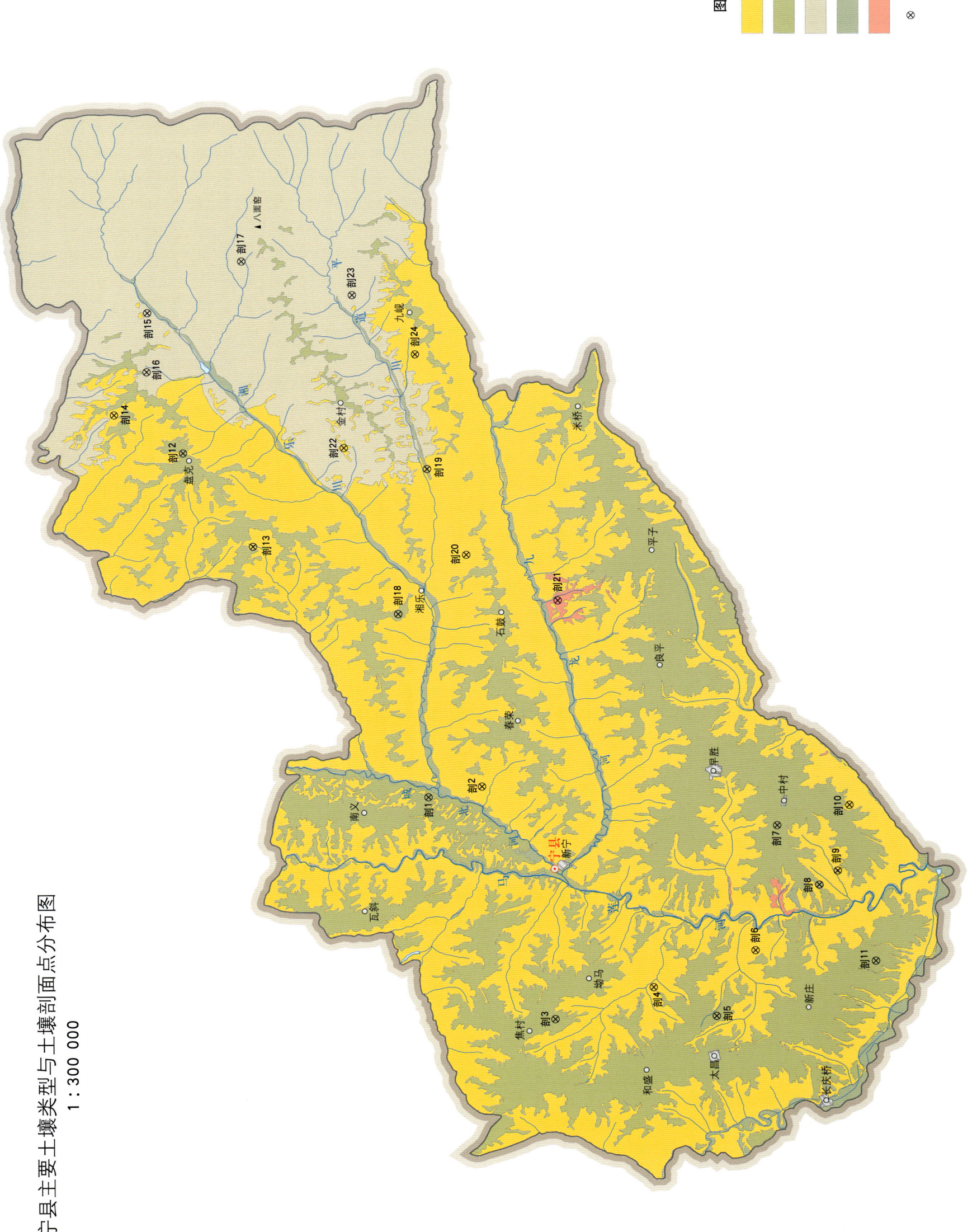

宁县土壤剖面理化性状表

剖面号 Soil profile	土纲 Soil order	土类 Soil great group	亚类 Soil subgroup	土属 Soil genus	土种 Soil species	土层码 Layer code	土层厚度 Depth/cm	颜色 Soil color	质地 Soil texture	土壤结构 Soil structure	pH	有机质 OM/(g/kg)	全氮 TN/(g/kg)	全磷 TP/(g/kg)	全钾 TK/(g/kg)	有效磷 AP/(mg/kg)	速效钾 AK/(mg/kg)	阳离子交换量 CEC/(cmol/kg)	土壤母质 Parent material	剖面点坐标 Profile coordinate	匹配指数 Matching index/%
剖1	钙层土	黑垆土	黑垆土	覆盖黑垆土	灰包黑垆土	1	0—17	灰棕色	中壤土	屑粒状	8.1	15.0	1.11	1.30	16.8	14.0	330	10.6		E 107°58′27.4″ N 35°35′18.2″	95
						2	17—71	浅棕色	中壤土	团块状	8.3	8.6	0.80	1.07	16.0	5.5	140	9.4			
						3	71—260	暗灰棕色	中壤土	粉粒状	8.3	2.6	0.96	1.29	16.3		90	8.6			
						C	260—	浅棕色	中壤土	柱状	8.4	3.1	0.37	1.06	16.1		140	7.3			
剖2	初育土	黄绵土	黄绵土	黄绵土	轻度侵蚀黄绵土	1	0—15	棕色	中壤土	小块状、粒状	8.6	12.1		0.45	16.0				马兰黄土	E 107°59′03.1″ N 35°33′16.2″	75
						2	15—60	棕色	中壤土	柱状	8.6	7.8	0.79	0.47	13.0			12.7			
						3	60—	浅黄棕色	中壤土	柱状	8.7	3.8	0.36	0.54	16.0			11.7			
剖3	钙层土	黑垆土	黑垆土	覆盖黑垆土	条田黑垆土	1	0—18	浅黄棕色	重壤土	粒状	8.4	13.3	1.08	0.52	15.0			12.3		E 107°47′54.8″ N 35°30′11.7″	87
						P	18—24	浅灰棕色	重壤土	板状	8.5	7.9	0.76	0.48	17.5			12.0			
						3	24—61	浅灰棕色	中壤土	块状	8.5	6.4	0.64	0.52	17.0			10.9			
						4	61—117	暗灰棕色	中壤土	梭柱状	8.4	9.4	0.86	0.46	19.0						
						5	117—161	浅灰棕色	中壤土	梭柱状	8.4	5.4	0.54	0.50	18.0						
						6	161—198	棕色	中壤土	柱状											
						C	198—	浅棕色	中壤土	柱状											
剖4	初育土	黄绵土	黄绵土	黄绵土	黄绵土	1	0—12	浅灰棕色	重壤土	块状	8.3	7.9	0.69	0.48	14.0			11.2	离石黄土	E 107°49′35.0″ N 35°26′28.0″	82
						2	12—	浅灰棕色	重壤土	块状	8.4	7.7	0.54	0.53	14.5			6.0			
剖5	钙层土	黑垆土	黑垆土	覆盖黑垆土	薄覆盖黑垆土	1	0—15	棕色	重壤土	粒状、团块状	8.1	11.9	1.04	0.68	22.0			14.4		E 107°48′17.6″ N 35°24′01.1″	77
						P	15—20	浅棕色	重壤土	板状、块状	8.3	11.5	0.95	0.70	21.5			13.8			
						3	20—73	暗棕色	中壤土	梭柱状	8.4	9.1	0.83	0.68	19.5			12.6			
						4	73—130	浅棕色	中壤土	柱状	8.2			0.77	20.0						
						5	130—180	浅棕色	中壤土	柱状	8.3			0.88	21.0						
						6	180—230	棕色	中壤土	柱状											
剖6	初育土	黄绵土	黄绵土	黄绵土	梯黄绵土	1	0—18	浅灰棕色	中壤土	团块、粒状	8.5	9.7	0.83	0.55	17.0	4.0	170	8.8	马兰黄土	E 107°51′30.3″ N 35°22′36.1″	78
						P	18—23	浅棕色	中壤土	块状、板状	8.4	8.4	0.79	0.57	15.8	2.0	120	7.0			
						3	23—68	暗棕色	中壤土	柱状	8.4	7.8	0.76	0.56	17.0	1.0	110	6.8			
						4	68—	浅棕色	中壤土	柱状											
剖7	钙层土	黑垆土	黑垆土	覆盖黑垆土	厚覆盖黑垆土	1	0—23	棕色	中壤土	粒状、块状	8.2	13.0	1.09	0.85	17.0	13.0	320	11.1		E 107°57′33.6″ N 35°21′54.9″	76
						2	23—33	棕色	中壤土	板状	8.5	11.5	1.03	0.85	15.8	6.0	240	10.1			
						3	33—51	棕色	重壤土	梭柱状	8.1	8.3	0.79	0.52	17.0	4.0	200	9.6			
						4	51—125	暗棕色	重壤土	梭柱状	8.4	9.7	0.77	0.67	15.3	4.0	110	8.8			
						5	125—189	浅灰棕色	中壤土	柱状	8.0	5.9	0.71	0.54	11.3	4.0	90	7.8			
						6	189—260	浅灰棕色	中壤土	柱状	8.2	5.4	0.51	0.56	12.1	4.0	75	7.3			
						C	260—	浅灰棕色	中壤土	柱状	8.3	4.7	0.48	0.51	12.1	3.0	75	6.9			
剖8	初育土	黑垆土	黑垆土	黑垆土	黑垆土	1	0—20	浅灰棕色	中壤土	粒状、团块状	8.2	12.1	12.08	0.57	19.5			13.2	马兰黄土	E 107°54′44.9″ N 35°20′13.7″	84
						2	20—35	暗棕色	中壤土	拟棱柱状	8.2	6.8	0.72	0.55	16.5			12.0			
						3	35—99	暗棕色	中壤土	柱状	8.5	6.7	0.60	0.52	16.0			11.4			
						4	99—143	棕色	中壤土	柱状	8.5	4.0	0.31	0.57	15.0			7.8			
						C	143—	浅黄棕色	中壤土	柱状											
剖9	初育土	红黏土	红土	耕种红土	红胶土	1	0—14	红棕色	重壤土	块状	8.5	9.7	0.76	0.50	14.5			12.0	红土	E 107°55′26.8″ N 35°19′32.2″	96
						2	14—	红棕色	轻黏土	块状	8.5	4.1	0.33	0.46	13.5			14.5			
剖10	初育土	黄绵土	黄绵土	灰绵土	薄腐殖质灰绵土	1	0—4	棕色	中壤土	粒状	8.1	28.0	1.23	0.51	16.0			12.2		E 107°58′38.9″ N 35°19′09.8″	95
						As	4—36	棕色	中壤土	柱状	8.2	16.4	1.18	0.48	12.0			11.3			
						C	36—110	浅黄棕色	中壤土	柱状	8.2	9.1	0.83	0.41	10.0			10.1			

续表 Continued

剖面号 Soil profile	土纲 Soil order	土类 Soil great group	亚类 Soil subgroup	土属 Soil genus	土种 Soil species	土层码 Layer code	土层厚度 Depth/cm	颜色 Soil color	质地 Soil texture	土壤结构 Soil structure	pH	有机质 OM/(g/kg)	全氮 TN/(g/kg)	全磷 TP/(g/kg)	全钾 TK/(g/kg)	有效磷 AP/(mg/kg)	速效钾 AK/(mg/kg)	阳离子交换量CEC/(cmol/kg)	土壤母质 Parent material	剖面点坐标 Profile coordinate	匹配指数 Matching index/%
剖11	钙层土	黑垆土	黑垆土	黑垆土	鸡粪垆土	1	0—16	浅灰棕色	中壤土	团块状	8.3	9.8	0.93	0.65	15.0	11.0	200	9.0		E 107°51′09.7″ N 35°17′58.4″	94
						P	16—25	浅灰棕色	中壤土	板状	8.5	9.2	0.86	0.57	15.0	2.0	110	7.8			
						3	25—97	灰棕色	中壤土	棱柱状	8.4	6.7	0.65	0.51	18.0		110	7.4			
						4	97—143	浅棕色	中壤土	柱状	8.5	4.0	0.55	0.53	14.0	4.0	80	6.6			
						C	143—	浅棕色	中壤土	柱状											
剖12	钙层土	黑垆土	淋溶黑垆土	覆盖淋溶黑垆土	厚覆盖淋溶黑垆土	1	0—20	重壤土	块状、粒状		8.5	9.1	0.88	0.46	13.5			13.9		E 108°14′55.3″ N 35°45′04.3″	75
						P	20—30	中壤土	板状		8.5	0.5	0.79	0.45	15.0			12.0			
						3	30—45	黄棕色	中壤土	板状	8.5	0.4	0.69	0.36	15.0			11.3			
						4	45—100	暗棕色	重壤土	抱棱柱状	8.5	0.3	0.65	0.34	13.5			10.9			
						5	100—140	棕色	重壤土	抱棱柱状	8.5	0.5	0.42	0.46	15.0			10.3			
						6	140—200	浅黄棕色	中壤土	柱状	8.6	0.4	0.34	0.43	12.5			12.0			
						C	200—	浅黄棕色	中壤土	柱状											
剖13	初育土	黄绵土	黄绵土	灰褐土	薄腐殖灰褐土	1	0—5	灰棕色	中壤土	粒状	8.2	22.5	1.59	0.70	17.0			12.6	离石黄土	E 108°10′26.8″ N 35°42′18.0″	90
						As	5—50	棕色	重壤土	棱柱状	8.3	14.2	1.14	0.78	18.5			13.2			
						C	50—120	棕色	重壤土	棱柱状	8.4	6.8	0.62	0.60	17.0			12.6			
剖14	初育土	黄绵土	黄绵土	灰绵土	厚腐殖灰绵土	1	0—18	灰棕色	中壤土	粒状	8.3	40.1	1.87	0.48	15.0			14.3		E 108°16′40.5″ N 35°47′45.5″	100
						As	18—55	浅棕色	中壤土	柱状	8.5	16.9	1.02	0.43	14.5			12.2			
						C	55—150	浅黄棕色	中壤土	柱状	8.6	8.1	0.55	0.50	16.0			11.8			
剖15	半淋溶土	灰褐土	山地石灰性灰褐土	耕种灰褐土	耕种灰褐土	1	0—16	棕褐色	中壤土	团块状	8.0	11.4	0.84	0.57	14.5			13.2		E 108°21′41.6″ N 35°46′35.7″	92
						P	16—24	棕褐色	中壤土	板状	7.9	6.0	0.47	0.50	15.5			11.8			
						3	24—38	暗棕色	中壤土	块状	7.9	5.5	0.41	0.55	15.0			15.5			
						4	38—61	黄褐色	中壤土	核状	8.0	6.5	0.34	0.55	16.0			11.1			
						C	61—	棕色	中壤土	柱状	7.9	4.8	0.28	0.55	15.0			10.1			
剖16	半淋溶土	灰褐土	山地石灰性灰褐土	耕种灰褐土	耕种灰褐土	1	0—20	暗棕色	中壤土	团块状	8.3	10.2	0.78	0.56	16.0			13.9	离石黄土	E 108°18′49.0″ N 35°46′33.3″	93
						P	20—33	暗棕色	中壤土	块状	8.2	8.5	0.66	0.46	14.0			12.2			
						3	33—86	浅棕色	中壤土	柱状	8.3	4.3	0.38	0.48	15.0			10.1			
						4	86—121	浅黄棕色	中壤土	柱状	8.2	4.1	0.38	0.86	15.5			10.1			
						C	121—	浅黄棕色	中壤土	柱状											
剖17	钙层土	黑垆土	黑垆土	灰褐土	灰褐土	Ao	0—5	暗棕褐色	中壤土	粒状	8.1	21.3	1.76	0.48	14.5		140	14.3		E 108°24′19.8″ N 35°43′02.3″	90
						2	5—26	暗棕色	中壤土	粒状、块状	8.2	17.6	1.41	0.45	14.0		90	13.0			
						As	26—53	棕色	中壤土	块状	8.3	9.4	0.83	0.50	13.0		100	12.0			
						4	53—132	浅棕色	中壤土	柱状	8.2	2.1	0.40	0.22	17.5			24.6			
						C	132—	浅黄棕色	中壤土	柱状	8.5	11.2	0.92	1.00	18.5			11.2			
剖18	钙层土	黑垆土	黑垆土	覆盖黑垆土	黄垆土	1	0—17	浅灰棕色	中壤土	块状、粒状	8.4	8.4	0.74	0.52	15.3	6.0		10.0		E 108°07′21.4″ N 35°36′39.8″	84
						P	17—27	浅灰棕色	中壤土	板状	8.3	6.3	0.71	0.56	14.5	15.0		9.7			
						3	27—153	浅黄棕色	中壤土	柱状											
						C	153—														
剖19	钙层土	黑垆土	黑垆土	黑垆土	硬烂黑垆土	1	0—20	棕色	中壤土	粒状、块状	8.4	12.4	0.87	0.57	15.0			11.0		E 108°14′27.2″ N 35°35′42.4″	85
						2	20—65	棕色	重壤土	块状	8.5	7.2	0.77	0.60	17.0			11.4			
						3	65—140	暗灰棕色	中壤土	核状	8.5	10.3	0.76	0.69	7.0			12.2			
剖20	初育土	黄绵土	黄绵土	黄绵土	中度侵蚀黄绵土	1	0—12	棕色	中壤土	粒状、块状	8.3	10.8	0.96	1.00	15.3	4.0	280	19.5	马兰黄土	E 108°10′18.6″ N 35°34′07.2″	89
						2	12—	浅黄棕色	中壤土	柱状	8.2	8.3	0.91	0.55	18.0	3.0	165	21.3			
剖21	初育土	红黏土	红土	荒坡红土	红土	1	0—4	浅黄棕色	轻黏土	粒状、核状	8.5	3.2	0.44	0.38	17.8			10.0	红土	E 108°08′13.0″ N 35°30′34.0″	83
						As	4—74	红棕色	轻黏土	块状、核状	8.3	3.0	0.35	0.52	16.3			13.4			
						C	74—120	红棕色	轻黏土	块状、核状	8.2	3.0	0.35	0.52	16.3			13.4			

续表 Continued

剖面号 Soil profile	土纲 Soil order	土类 Soil great group	亚类 Soil subgroup	土属 Soil genus	土种 Soil species	土层码 Layer code	土层厚度 Depth/cm	颜色 Soil color	质地 Soil texture	土壤结构 Soil structure	pH	有机质 OM/(g/kg)	全氮 TN/(g/kg)	全磷 TP/(g/kg)	全钾 TK/(g/kg)	有效磷 AP/(mg/kg)	速效钾 AK/(mg/kg)	阳离子交换量CEC/(cmol/kg)	土壤母质 Parent material	剖面点坐标 Profile coordinate	匹配指数 Matching index/%
剖22	初育土	黄绵土	黄绵土	黄绵土	强度侵蚀黄绵土	1	0—10	浅黄棕色	中壤土	块状	8.3	9.5	8.20	0.46	14.0			17.0	马兰黄土	E 108°15′22.7″ N 35°38′54.6″	76
						C	10—	浅黄棕色	中壤土	柱状	8.4			0.50	15.0						
剖23	半淋溶土	灰褐土	山地石灰性灰褐土	灰褐壤土	灰褐壤土	Ao	0—10													离石黄土	E 108°22′48.8″ N 35°38′45.4″	95
						2	10—27	暗灰棕色	中壤土	粒状	8.0	27.6	0.75	0.50	16.0			17.4			
						3	27—48	暗灰棕色	重壤土	块状	8.1	10.0	0.83	0.41	15.0			12.6			
						4	48—91	红棕色	轻黏土	块状、片状	8.2	5.6	0.62	0.36	15.0			11.0			
						C	91—	红棕色	中黏土	块状	5.9	2.9	0.40	0.06	17.5			24.6			
剖24	初育土	黄绵土	黄绵土	灰褐土	厚腐殖灰褐土	1	0—20	暗灰棕色	中壤土	粒状	8.2	28.8	1.78	0.53	15.0			11.0	离石黄土	E 108°19′59.7″ N 35°36′17.1″	71
						As	20—52	灰棕色	中壤土	块状	8.4	7.4	0.59	0.41	13.0			13.0			
						C	52—130	浅棕色	中壤土	柱状	8.5	7.0	0.54	0.52	13.0			12.2			

镇 原 县

主要土类说明

黄绵土是镇原县主要土壤类型，占本县地域面积的71%。黄绵土是由黄土母质直接翻耕形成的初育土。由于土壤侵蚀严重，表层长期遭侵蚀，只能不断加深耕作黄土母质层，因而母质特性明显。土壤无明显发育，为A-C型土。由于风成黄土富含细粉粒，故质地、结构均一，疏松绵软，富含石灰，磷、钾储量较丰富，但有效性差，土壤有机质缺乏。

黑垆土是镇原县第二大土壤类型，占本县地域面积的16%。黑垆土是在黄土高原上，由黄土发育而成的土壤。该土壤有机质含量低，但腐殖质层深厚。土体原位黏化，但无明显黏化层，具假菌丝状石灰累积；无盐化，多旱耕。

新积土是镇原县第三大土壤类型，占本县地域面积的13%。新积土是由新近冲积、洪积、坡积、塌积或人工堆垫形成的土壤。该土壤成土期短，母质特性明显，具A-C或（A）-C剖面构型。

本区域中心区气候特征

本区域中心区气候特征值
Regional climate characteristics in central area of the region

气候带：中温带亚湿润气候 Climate region: Mid temperate subhumid climate	
年平均气温 /℃ Annual average temperature /℃	9.2
年平均最高气温 /℃ Annual average maximum temperature /℃	15.7
年平均最低气温 /℃ Annual average minimum temperature /℃	4.0
年降水量 /mm Annual precipitation /mm	474
≥10℃的积温 /℃ Daily temperature accumulated in a year (≥10℃) /℃	3945
年日照时数 /h Annual sunshine /h	2375
年平均相对湿度 /% Annual average relative humidity /%	63
干燥度 Dryness	1.19

本区域中心区月平均气温与月平均降水量
Monthly temperature and precipitation in central area of the region

镇原县主要土壤类型与土壤剖面点分布图
1∶360 000

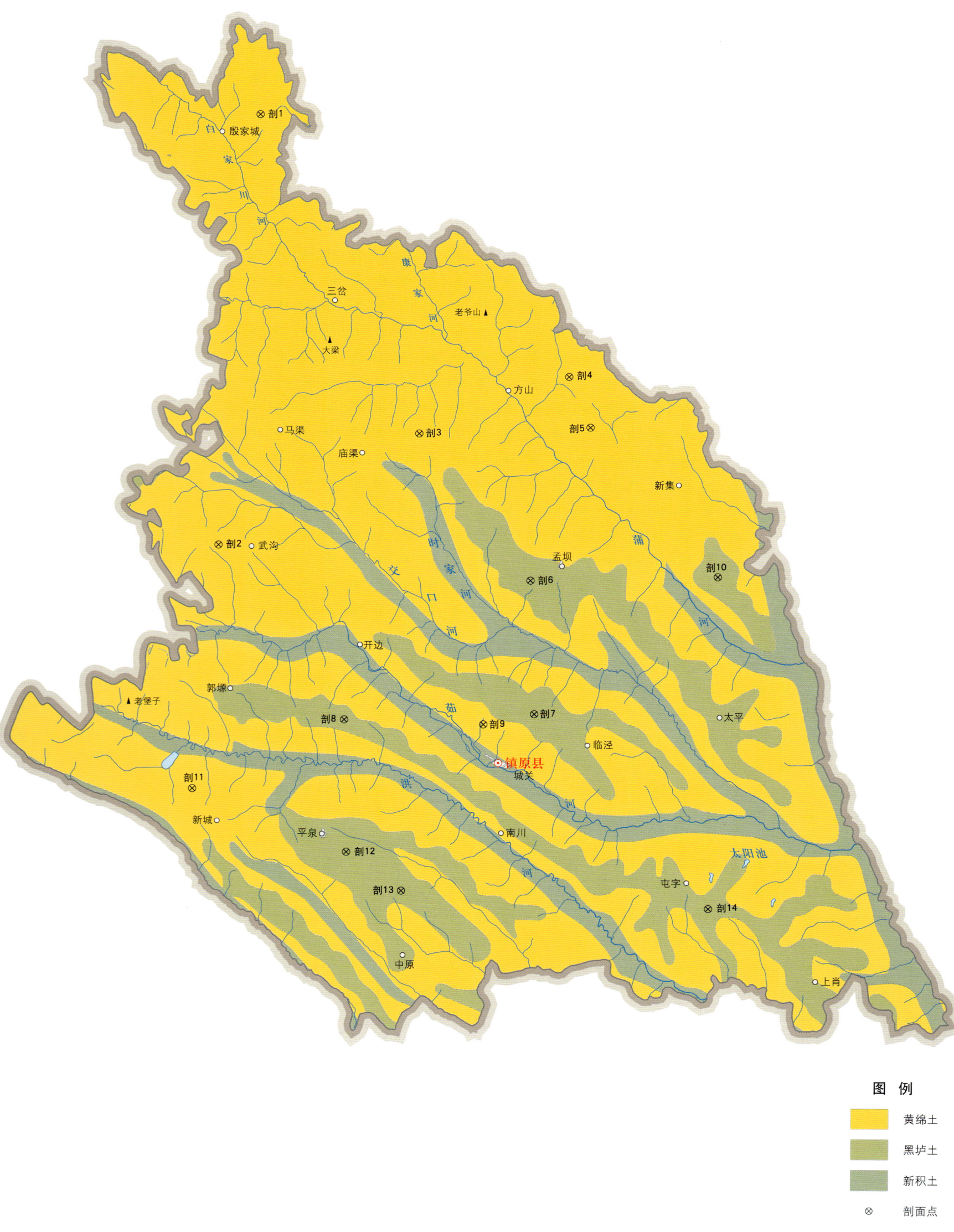

图 例

- 黄绵土
- 黑垆土
- 新积土
- ⊗ 剖面点

镇原县土壤剖面理化性状表

剖面号 Soil profile	土纲 Soil order	土类 Soil great group	亚类 Soil subgroup	土属 Soil genus	土种 Soil species	土层码 Layer code	土层厚度 Depth/cm	颜色 Soil color	质地 Soil texture	土壤结构 Soil structure	pH	有机质 OM/(g/kg)	全氮 TN/(g/kg)	全磷 TP/(g/kg)	全钾 TK/(g/kg)	阳离子交换量CEC/(cmol/kg)	土壤母质 Parent material	剖面点坐标 Profile coordinate	匹配指数 Matching index/%
剖1	初育土	黄绵土	黄绵土	黄绵土	梯黄绵土	1	0—12	棕色	中壤土	团块状	8.3	6.3	0.47	0.59	17.3	8.5	马兰黄土	E 106°58′42.6″ N 36°12′08.1″	89
						P	12—17	浅棕色	中壤土	板状	8.0	5.4	0.41	0.59	18.3	7.8			
						3	17—53	浅棕色	中壤土	块状	8.3	3.9	0.33	0.56	17.1	7.5			
						4	53—65	棕色	中壤土	团块状	8.3	4.6	0.38	0.62	16.8	7.4			
						5	65—120	浅棕色	中壤土	柱状	8.2	2.8	0.33	0.53	17.0	4.4			
剖2	初育土	黄绵土	黄绵土	黄绵土	轻度侵蚀黄绵土	1	0—16	棕色	中壤土	团块状	8.5	7.6	0.58	0.66	17.4	7.2	马兰黄土	E 106°55′53.4″ N 35°51′27.7″	78
						P	16—20	棕色	中壤土	板状	8.5	6.2	0.46	0.65	16.1	6.9			
						3	20—107	浅棕色	中壤土	柱状	8.5	7.0	0.48	0.53	16.6	13.2			
剖3	初育土	黄绵土	黄绵土	黄塔土	强度侵蚀黄塔土	1	0—15	棕色	中壤土	团块状	8.5	4.3	0.34	0.53	17.2	14.4	离石黄土	E 107°07′28.6″ N 35°56′38.4″	88
						2	15—	浅棕色	中壤土	柱状	8.6	5.5	0.39	0.58	16.9	8.7			
剖4	初育土	黄绵土	黄绵土	黄绵土	中度侵蚀黄绵土	1	0—14	棕色	中壤土	团块状	8.5	4.2	0.34	0.38	16.3	8.1	马兰黄土	E 107°16′06.7″ N 35°59′14.9″	83
						2	14—92	浅棕色	中壤土	柱状	8.5	6.7	0.58	0.60	16.0	10.8			
剖5	初育土	黄绵土	黄绵土	黄绵土	强度侵蚀黄绵土	1	0—11	棕色	中壤土	团块状	8.5	3.3	0.28	0.62	16.1	7.8	马兰黄土	E 107°17′16.5″ N 35°56′46.1″	83
						2	11—100	浅棕色	中壤土	柱状	8.5	11.3	0.86	0.69	18.3	10.9			
剖6	钙层土	黑垆土	黑垆土	覆盖黑垆土	厚覆盖黑垆土	1	0—17	棕色	中壤土	粒状、块状						10.5		E 107°13′40.1″ N 35°49′29.3″	97
						P	17—22	棕色	中壤土	板状	8.5	7.4	0.59	0.60	18.9	12.0			
						3	22—35	浅灰色	中壤土	块状	8.5	10.3	0.69	0.63	19.2	8.2			
						4	35—137	暗灰棕色	中壤土	棱柱状	8.4	5.2	0.46	0.59	17.3	7.4			
						5	137—184	暗灰棕色	中壤土	棱柱状	8.5	3.4	0.40	0.60	16.7	7.0			
						6	184—234	浅灰棕色	中壤土	柱状	8.5	3.3	0.30	0.58	17.1	9.9			
						C	234—	浅灰棕色	中壤土	柱状	8.5	12.6	0.87	0.70	19.2	9.7			
剖7	钙层土	黑垆土	黑垆土	覆盖黑垆土	条田黑垆土	1	0—15	浅灰棕色	中壤土	团块状	8.4	10.9	0.74	0.74	17.9	8.7		E 107°13′44.0″ N 35°43′02.6″	88
						2	15—34	粉棕色	中壤土	粒状、团块状	8.4	9.3	0.68	0.68	17.4	12.8			
						3	34—67	棕色	重壤土	块状、粒状	8.1	12.1	0.92	0.69	17.9	9.0			
						4	67—134	暗棕色	中壤土	棱柱状	8.4	9.1	0.76	0.72	17.5	8.4			
剖8	钙层土	黑垆土	黑垆土	黑垆土	鸡粪黑垆土	1	0—10	棕色	中壤土	粒状、团块状	8.5	8.8	0.71	0.54	15.5	8.0		E 107°02′54.2″ N 35°42′56.4″	81
						P	10—18	浅棕色	中壤土	板状	8.5	7.5	0.56	0.63	15.4	8.0			
						3	18—100	浅棕色	中壤土	柱状	8.4	3.8	0.30	0.57	15.7	7.4			
						4	100—161	浅灰棕色	中壤土	柱状	8.5	8.2	0.70	0.52	16.1	8.6			
剖9	初育土	黄绵土	黄塔土	黄塔土	梯黄绵土	1	0—13	粉棕色	中壤土	粒状、团块状	8.4	7.2	0.60	0.54	15.4	7.6		E 107°10′50.2″ N 35°42′35.6″	96
						2	13—110	棕色	中壤土	柱状	8.5	8.0	0.65	0.58	17.2	6.4			
剖10	钙层土	黑垆土	黑垆土	黑垆土	黄塔土	1	0—15	棕色	中壤土	板状	8.2	2.9	0.21	0.54	16.5	6.6		E 107°24′22.6″ N 35°49′28.5″	91
						2	15—23	棕色	中壤土	柱状	8.5	3.5	0.26	0.52	17.6	6.2			
						3	23—108	棕色	中壤土	粒状、团块状	8.5	8.7	0.66	0.66	18.3	9.3			
						C	108—	棕色	中壤土	柱状	8.5	4.4	0.32	0.61	16.3	9.1			
剖11	初育土	黄绵土	黄绵土	黄粪土	轻度侵蚀黄绵土	1	0—20	棕色	中壤土	团块状	8.5	3.4	0.28	0.66	17.0	7.8	离石黄土	E 106°54′10.7″ N 35°39′45.2″	95
						2	20—75	浅棕色	中壤土	块状	8.5	9.4	0.73	0.78	20.0	10.8			
						3	75—	浅棕色	中壤土	棱柱状	8.5	7.9	0.61	1.64	19.4	10.8			
剖12	钙层土	黑垆土	黑垆土	覆盖黑垆土	灰包黑垆土	1	0—17	棕色	中壤土	团块状	8.5	8.5	0.67	1.17	20.4	11.2	离石黄土	E 107°02′53.2″ N 35°36′33.1″	84
						2	17—34	灰棕色	中壤土	棱柱状	8.5	3.1	0.30	0.86	18.7	6.8			
						3	34—102	浅棕色	中壤土	柱状	8.6								
						4	102—164												

续表 Continued

剖面号 Soil profile	土纲 Soil order	土类 Soil great group	亚类 Soil subgroup	土属 Soil genus	土种 Soil species	土层码 Layer code	土层厚度 Depth/cm	颜色 Soil color	质地 Soil texture	土壤结构 Soil structure	pH	有机质 OM/(g/kg)	全氮 TN/(g/kg)	全磷 TP/(g/kg)	全钾 TK/(g/kg)	阴离子交换量CEC/(cmol/kg)	土壤母质 Parent material	剖面点坐标 Profile coordinate	匹配指数 Matching index/%
剖13	钙层土	黑垆土	黑垆土	黑垆土	黑垆土	1	0—10	浅灰棕色	中壤土	粒状、团块状	8.5	10.8	0.78	0.64	17.7	9.0		E 107°05′58.4″ N 35°34′37.6″	95
						2	10—60	暗棕色	中壤土	棱柱状	8.5	9.4	0.63	0.54	17.7	10.0			
						3	60—84	棕色	中壤土	柱状	8.5	7.6	0.55	0.60	16.8	10.4			
						4	84—109	浅棕色	中壤土	柱状	8.5	3.7	0.31	0.53	16.8	6.6			
						C	109—	浅棕色	中壤土		8.5	3.7	3.02	0.53	16.5	6.8			
剖14	钙层土	黑垆土	黑垆土	覆盖黑垆土	薄覆盖黑垆土	1	0—14	棕色	中壤土	粒状、柱状	8.5	9.6	0.80	0.59	19.1	11.8		E 107°23′26.1″ N 35°33′28.7″	83
						2	14—28	棕色	中壤土	块状	8.4	9.4	0.73	0.60	17.8	11.2			
						3	28—60	暗灰棕色	中壤土	棱柱状	8.4	10.7	0.81	0.60	17.3	10.6			
						4	60—124	棕色	中壤土	棱柱状	8.4	5.4	0.40	0.53	16.4	9.7			

定 西 市

市 辖 区

主要土类说明

黄绵土是定西市主要土壤类型，占本市地域面积的44%。黄绵土是由黄土母质直接翻耕形成的初育土。由于土壤侵蚀严重，表层长期遭侵蚀，只能不断加深耕作黄土母质层，因而母质特性明显。土壤无明显发育，为A–C型土。由于风成黄土富含细粉粒，故质地、结构均一，疏松绵软，富含石灰，磷、钾储量较丰富，但有效性差，土壤有机质缺乏。

黑垆土是定西市第二大土壤类型，占本市地域面积的26%。黑垆土是在黄土高原上，由黄土发育而成的土壤。该土壤有机质含量低，但腐殖质层深厚。土体原位黏化，但无明显黏化层，具假菌丝状石灰累积；无盐化，多旱耕。

灰钙土是定西市第三大土壤类型，占本市地域面积的21%。灰钙土位于温带干旱草原区，是具低腐殖质、弱淋溶特征的土壤。植被覆盖百分率为10%—40%。成土母质多为黄土，少数为冲积扇洪积物。该土壤仅夏季发生淋溶，易溶盐、碳酸钙、石膏弱度淋移，分层累积于15—30cm深处。全剖面呈强石灰反应，碳酸钙含量为120—250g/kg。土壤底部可见易溶盐累积，含量可达10g/kg。土壤pH为8.0—9.0，表层初显结皮。

风沙土占本市地域面积的9%。风沙土形成于半干旱、干旱漠境地区及滨海地区，是在风沙移动堆积形成的多种形态的风沙沉积物上发育的初育土。由于成土时间短暂，该土壤无剖面发育，具C、(A)–C或A–C剖面构型，反映了风沙移动堆积与固定的不同阶段。

本区域中心区气候特征

本区域中心区气候特征值
Regional climate characteristics in central area of the region

气候带：中温带亚湿润气候 Climate region: Mid temperate subhumid climate	
年平均气温 /℃ Annual average temperature /℃	9.4
年平均最高气温 /℃ Annual average maximum temperature /℃	16.2
年平均最低气温 /℃ Annual average minimum temperature /℃	4.2
年降水量 /mm Annual precipitation /mm	376
≥10℃的积温 /℃ Daily temperature accumulated in a year (≥10℃) /℃	3187
年日照时数 /h Annual sunshine /h	2309
年平均相对湿度 /% Annual average relative humidity /%	60
干燥度 Dryness	1.58

定西市市辖区（部分）主要土壤类型与土壤剖面点分布图
1∶330 000

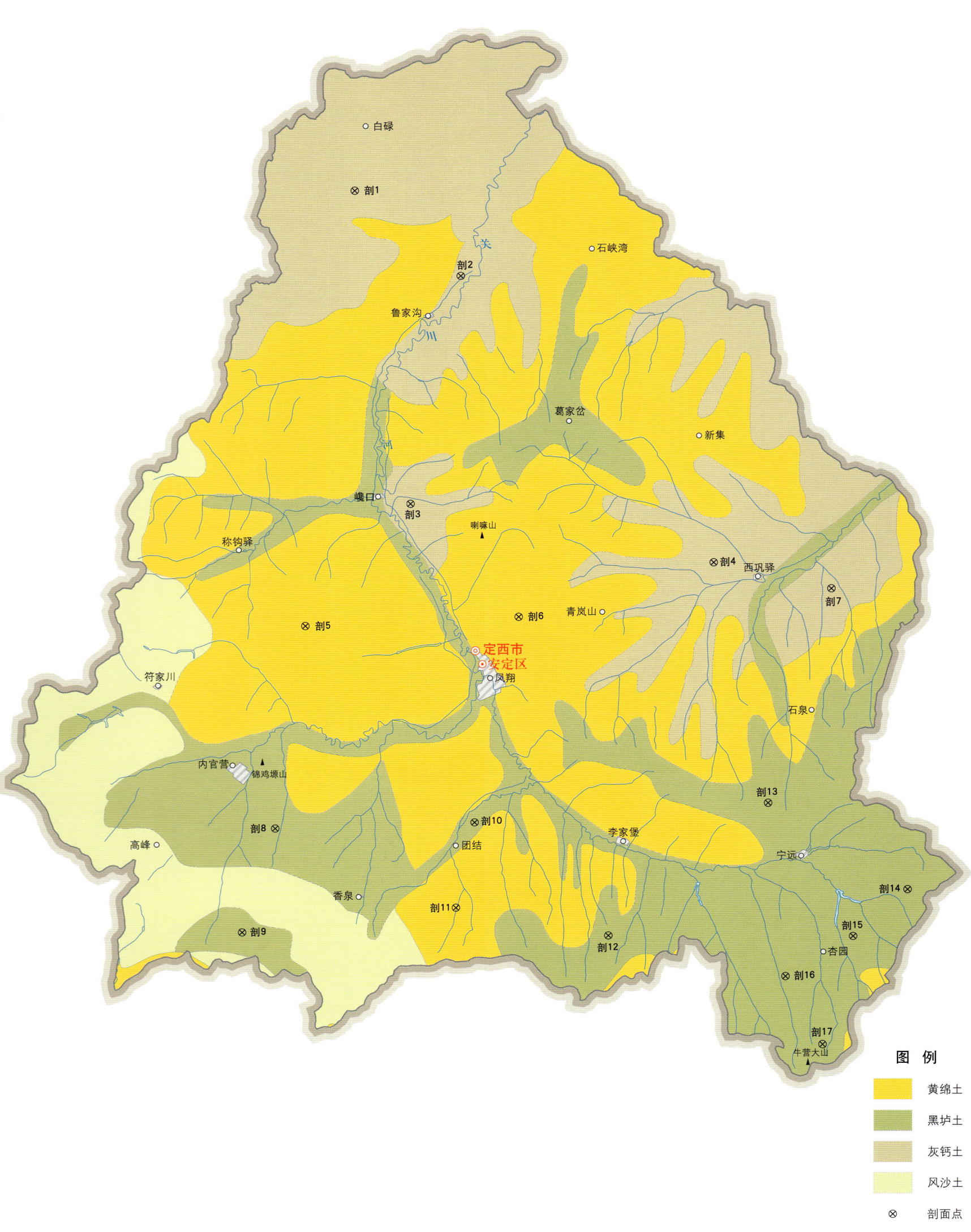

定西市土壤剖面理化性状表

剖面号 Soil profile	土纲 Soil order	土类 Soil great group	亚类 Soil subgroup	土属 Soil genus	土种 Soil species	土层码 Layer code	土层厚度 Depth/cm	颜色 Soil color	质地 Soil texture	土壤结构 Soil structure	pH	有机质 OM/(g/kg)	全氮 TN/(g/kg)	全磷 TP/(g/kg)	全钾 TK/(g/kg)	阳离子交换量CEC/(cmol/kg)	土壤母质 Parent material	剖面点坐标 Profile coordinate	匹配指数 Matching index/%
剖1	干旱土	灰钙土	灰钙土	旱川地灰钙土	肥白土	1	0–19		轻壤土		8.0	10.9	0.71	0.70		11.0	黄土	E 104°30′16.9″ N 35°56′07.4″	80
						2	19–31		轻壤土		7.9	9.9	0.60	0.62		13.0			
						3	31–62		轻壤土		7.9	7.0	0.42	0.64		11.5			
剖2	干旱土	灰钙土				1	0–20		轻壤土								黄土	E 104°35′43.4″ N 35°52′26.8″	77
						2	20–44		轻壤土										
						3	44–92		轻壤土										
剖3	干旱土	灰钙土	灰钙土	山地耕种灰钙土	俊白土	1	0–20		轻壤土		8.2	5.0	0.31	0.60	15.9	7.5	黄土	E 104°33′10.8″ N 35°42′35.3″	80
						2	20–28		轻壤土		8.3	5.3	0.37	0.61	15.3	7.0			
						3	28–50		轻壤土		8.2	6.5	0.43	0.59	15.9	6.5			
剖4	干旱土	灰钙土	灰钙土	沟谷地灰钙土	梯田黄白土	1	0–20		轻壤土		8.5	7.7	0.51	0.68		8.0	黄土	E 104°48′42.0″ N 35°40′04.2″	80
						2	20–44		轻壤土		8.4	3.8	0.46	0.61	15.4	7.5			
						3	44–92		轻壤土		8.3	3.9	0.47	0.56	17.4	6.0			
剖5	初育土	黄绵土	黄绵土	山地耕种黄绵土	俊黄绵土	1	0–16				8.5	5.0	0.29	0.57	15.4	8.5	马兰黄土	E 104°27′49.3″ N 35°37′18.5″	88
						2	16–35				8.4	4.0	0.27	0.61	17.4	8.1			
						3	35–110				8.2	3.2	0.18	0.57	15.4	8.3			
剖6	初育土	黄绵土	黄绵土	山地耕种黄绵土	黄育土	1	0–13		中壤土		8.1	8.5	0.58	0.65	15.8		马兰黄土	E 104°38′43.4″ N 35°37′43.7″	78
						2	13–33		中壤土		8.2	5.7	0.47	0.61	15.1				
						3	33–90		中壤土		8.2	5.4	0.26	0.61	15.4				
剖7	干旱土	灰钙土	灰钙土	山地耕种灰钙土	灰白土	1	0–17				8.5	7.2	0.45	0.66	17.1		黄土	E 104°54′43.8″ N 35°38′56.8″	95
						2	17–28				8.5	3.1	0.24	0.65	18.1				
						3	28–69				8.4	3.0	0.22	0.56	17.8				
剖8	钙层土	黑垆土	黑垆土	山地黑垆土	厚层毛黑垆土	1	0–21	暗棕色	中壤土	粒状	8.4	35.8	2.45		16.9	20.4	黄土	E 104°26′19.0″ N 35°28′31.8″	95
						2	21–55	暗棕色	中壤土	团块状	8.4	35.7	2.35		17.1	21.6			
						3	55–77	黑棕色	中壤土	团块状	8.4	52.1	3.33		17.1	25.3			
						4	77–165	黑棕色	中壤土	粒状、块状	8.4	34.7	2.11		17.3	23.9			
						5	165–180	暗棕色	中壤土	粒状、块状	8.5								
剖9	钙层土	黑垆土	黑垆土	山地耕种黑垆土	薄层黑垆土	1	0–14				7.8	19.7	1.24	0.58	16.1		黄土	E 104°24′38.5″ N 35°24′01.4″	86
						2	14–29				7.9	15.2	1.13	0.55	16.8				
						3	29–84				7.9	5.1	0.37	0.53	16.1				
剖10	钙层土	黑垆土	黑垆土	红土质黑垆土	暗红土	1	0–18		重壤土		8.1	3.7	0.32	0.40	16.8	13.5	黄土	E 104°36′29.2″ N 35°28′49.8″	76
						2	18–27		重壤土		8.0	4.1	0.38	0.43	15.6	13.0			
						3	27–48		重壤土		8.1	1.0	0.23	0.36	17.6	14.0			
剖11	初育土	黄绵土	黄绵土	山地耕种黄绵土	油黄绵土	1	0–19		轻壤土		8.4	7.9	0.52	0.59	15.4	9.4	马兰黄土	E 104°35′32.3″ N 35°25′08.0″	100
						2	19–30		轻壤土		8.4	5.3	0.24	0.55	15.4	7.8			
						3	30–60		轻壤土		8.0	4.3	0.22	0.56	14.9	7.6			
剖12	钙层土	黑垆土	黑垆土			1	0–16		中壤土								黄土	E 104°43′19.2″ N 35°23′55.7″	86
						2	16–47		重壤土		8.2	18.4	1.26	0.87	16.1	16.5			
						3	47–150		重壤土										
剖13	钙层土	黑垆土	黑垆土	沟谷地黑垆土	梯田黑土	1	0–19		轻壤土		8.4	15.2	1.02	0.83	16.0	16.0	黄土	E 104°51′28.5″ N 35°29′41.0″	90
						2	19–38		轻壤土		8.3	13.5	0.96	0.80		12.0			
						3	38–64		轻壤土										

第二编 分县土壤图与土壤剖面数据 | 261

续表 Continued

剖面号 Soil profile	土纲 Soil order	土类 Soil great group	亚类 Soil subgroup	土属 Soil genus	土种 Soil species	土层码 Layer code	土层厚度 Depth/cm	颜色 Soil color	质地 Soil texture	土壤结构 Soil structure	pH	有机质 OM/(g/kg)	全氮 TN/(g/kg)	全磷 TP/(g/kg)	全钾 TK/(g/kg)	阳离子交换量CEC/(cmol/kg)	土壤母质 Parent material	剖面点坐标 Profile coordinate	匹配指数 Matching index/%
剖14	钙层土	黑垆土	黑麻土	山地耕种黑麻土	少砾质砂灰黑土	1	0—15				7.9	27.8	1.47	0.48	16.3	23.0	黄土	E 104°58′35.2″ N 35°25′55.9″	96
						2	15—22				8.1	2.1	0.17	0.29	16.6	15.0			
						3	22—90				8.0	24.3	1.31	0.46	16.6	26.0			
剖15	钙层土	黑垆土	黑麻土	山地耕种黑麻土	厚层黑麻土	1	0—18	黑棕色	中壤土	粒状、块状	8.2	36.7	2.01	0.73	18.0	19.5	黄土	E 104°55′48.4″ N 35°23′53.9″	90
						2	18—35	暗灰棕色	中壤土	块状	8.1	32.1	1.78	0.67	17.8	19.0			
						3	35—57	黑棕色	中壤土	块状	8.0	47.3	2.46	0.96	17.8	20.5			
						4	57—95	黑红色	中壤土	粒状、块状									
剖16	钙层土	黑垆土	黑麻土	山地耕种黑麻土	中砾质砂灰黑土	1	0—15				8.1	21.0	1.27	0.42	18.9	20.9	黄土	E 104°52′21.4″ N 35°22′10.6″	78
						2	15—28				7.9	2.8	0.16	0.23	23.2	20.9			
						3	28—43				7.8	4.0	0.19	0.26	21.6	24.6			
剖17	钙层土	黑垆土	黑麻土	山地耕种黑麻土	厚层灰黑垆土	1	0—18				8.3	14.8	0.86	0.41	18.1	21.4	黄土	E 104°54′15.0″ N 35°19′16.2″	80
						2	18—53				8.2	16.4	1.03	0.44	16.2	21.2			
						3	53—62				8.4	5.5	0.35	0.48	16.2	13.6			

通 渭 县

主要土类说明

黄绵土是通渭县主要土壤类型，占本县地域面积的53%。黄绵土是由黄土母质直接翻耕形成的初育土。由于土壤侵蚀严重，表层长期遭侵蚀，只能不断加深耕作黄土母质层，因而母质特性明显。土壤无明显发育，为A–C型土。由于风成黄土富含细粉粒，故质地、结构均一，疏松绵软，富含石灰，磷、钾储量较丰富，但有效性差。土壤有机质缺乏，含量仅为5g/kg。

黑垆土是通渭县第二大土壤类型，占本县地域面积的42%。黑垆土是在黄土高原上，由黄土发育而成的土壤。该土壤有机质含量低，但腐殖质层深厚。土体原位黏化，但无明显黏化层，具假菌丝状石灰累积；无盐化，多旱耕。

新积土是通渭县第三大土壤类型，占本县地域面积的5%。新积土是由新近冲积、洪积、坡积、塌积或人工堆垫形成的土壤。该土壤成土期短，母质特性明显，具A–C或（A）–C剖面构型。

小于本县地域面积3%的土壤类型有红黏土。

本区域中心区气候特征

本区域中心区气候特征值
Regional climate characteristics in central area of the region

气候带：中温带亚湿润气候 Climate region: Mid temperate subhumid climate	
年平均气温 /℃ Annual average temperature /℃	9.7
年平均最高气温 /℃ Annual average maximum temperature /℃	16.2
年平均最低气温 /℃ Annual average minimum temperature /℃	4.6
年降水量 /mm Annual precipitation /mm	427
≥10℃的积温 /℃ Daily temperature accumulated in a year (≥10℃) /℃	3546
年日照时数 /h Annual sunshine /h	2186
年平均相对湿度 /% Annual average relative humidity /%	62
干燥度 Dryness	1.41

本区域中心区月平均气温与月平均降水量
Monthly temperature and precipitation in central area of the region

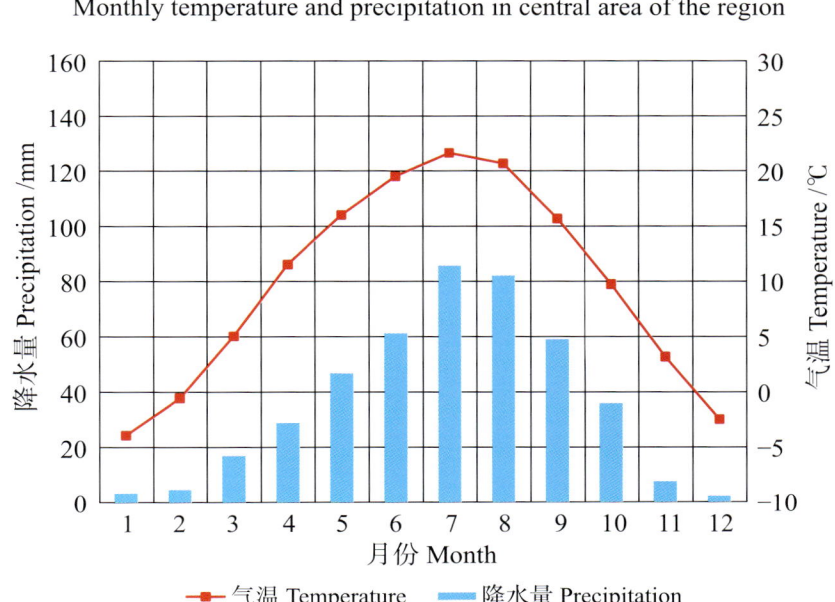

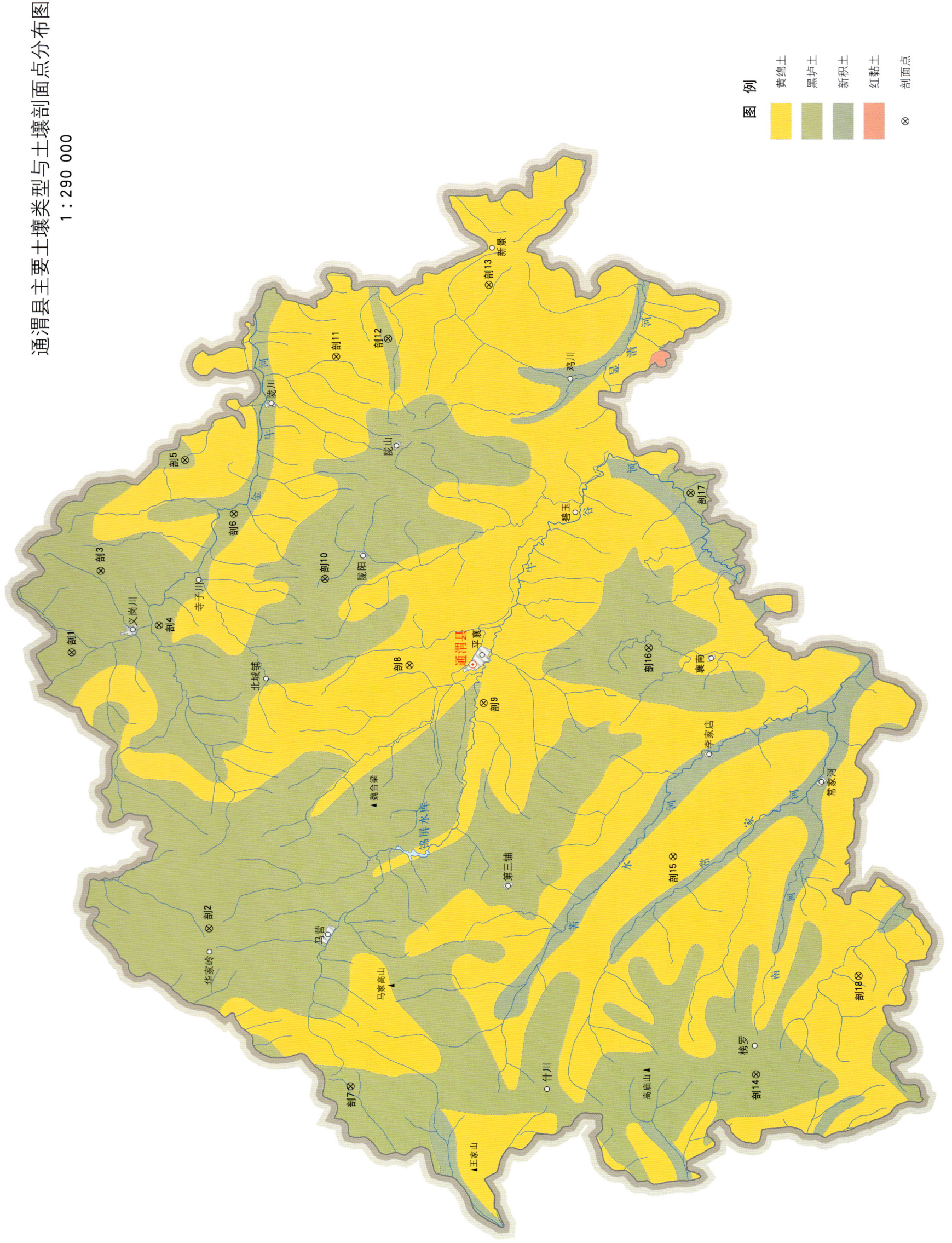

通渭县土壤剖面理化性状表

剖面号 Soil profile	土纲 Soil order	土类 Soil great group	亚类 Soil subgroup	土属 Soil genus	土种 Soil species	土层码 Layer code	土层厚度 Depth/cm	颜色 Soil color	质地 Soil texture	土壤结构 Soil structure	pH	有机质 OM/(g/kg)	全氮 TN/(g/kg)	全磷 TP/(g/kg)	全钾 TK/(g/kg)	阳离子交换量 CEC/(cmol/kg)	土壤母质 Parent material	剖面点坐标 Profile coordinate	匹配指数 Matching index/%
剖1	钙层土	黑垆土	黑垆土	川地垆土	水川垆土	1	0—20	浅褐色	轻壤土	团块状	8.3	12.5	0.91	1.62	21.3	12.2	洪冲积次生黄土	E 105°14′57.8″ N 35°28′00.6″	87
						2	20—32	灰黄色	轻壤土	块状	8.3	9.7	0.73	1.47	21.4	11.3			
						3	32—97	浅褐色	轻壤土	块状	8.2	8.8	0.66	1.48	20.9	12.2			
						4	97—150	灰褐色	重壤土	块状	8.2	11.2	0.93	1.54	20.8	14.6			
剖2	钙层土	黑垆土	黑垆土	沟谷垆土	沟谷黄麻土	1	0—20	灰黄色	轻壤土	小块状	8.4	8.4	0.55	1.34	20.1	8.3	洪冲积物、黄土	E 105°01′40.4″ N 35°22′49.1″	78
						2	20—65	黄黄色	轻壤土	块状	8.3	8.6	0.64	1.30	19.5	7.8			
						3	65—95	黄黄色	轻壤土	块状	8.4	8.3	0.58	1.19	18.5	9.7			
						4	95—150	灰黄色	轻壤土	片状	8.4	7.1	0.53	1.21	19.1	9.7			
剖3	钙层土	黑垆土	黑垆土	川地垆土	淤淀麻土	1	0—20		轻壤土		8.6	6.4	0.56	1.06	18.8	12.4	洪冲积次生黄土	E 105°18′51.8″ N 35°26′53.9″	83
						2	20—50		紧砂土		8.6	7.1	0.58	1.05	19.1	13.0			
						3	50—150		重壤土		8.7	3.7	0.24	0.52	19.1	5.8			
剖4	钙层土	黑垆土	黑垆土	川地垆土	水川黄麻土	1	0—20	灰黄色	中壤土	块状	8.4	11.4	0.76	1.42	18.8	11.3	洪冲积次生黄土	E 105°16′15.1″ N 35°24′42.1″	89
						2	20—26	灰黄色	中壤土	块状	8.4	8.9	0.63	1.44	19.3	11.8			
						3	26—150		中壤土		8.4	13.2	0.90	1.64	19.5	11.1			
剖5	钙层土	黑垆土	黑垆土	沟谷垆土	淤淀黄麻土	1	0—20		紧砂土		8.3	5.2	0.44	1.41	19.1	8.5	洪冲积次生黄土	E 105°24′07.9″ N 35°23′41.9″	99
						2	20—32		中壤土		8.3	5.4	0.44	1.33	20.1	8.3			
						3	32—44		重壤土		8.3	9.6	0.70	1.09	19.3	14.3			
						4	44—66		轻壤土		8.4	5.4	0.38	1.44	19.1	11.5			
						5	66—150		紧砂土		8.4	1.6	0.19	0.64	38.2	7.4			
剖6	钙层土	黑垆土	黑垆土	川地垆土	旱川黄麻土	1	0—20	黄灰色	轻壤土	小块状	8.2	11.7	0.89	1.50	20.9	13.2	洪冲积次生黄土	E 105°21′32.8″ N 35°21′51.1″	83
						2	20—70	浅灰黄色	中壤土	块状	8.3	11.3	0.87	1.48	20.5	12.7			
						3	70—150	浅黄色	中壤土	块状	8.5	9.5	0.64	1.46	19.5	12.5			
剖7	钙层土	黑垆土	黑垆土	沟谷垆土	沟谷黄麻土	1	0—20	暗褐色	中壤土	块状	8.3	13.2	0.86	1.97	18.1	11.7	洪冲积物、黄土	E 104°54′10.9″ N 35°17′25.9″	86
						2	20—75	浅黄褐色	中壤土	块状	8.3	12.8	0.81	1.65	18.8	10.6			
						3	75—150	浅灰黄色	中壤土	块状	8.4	8.2	0.50	1.61	19.5	10.1			
剖8	初育土	黄绵土	黄绵土	山地黄绵土	山地黄绵土	1	0—20	灰黄色	中壤土	块状	8.3	7.9	0.54	1.34	18.9	10.3	风积黄土	E 105°14′18.2″ N 35°15′12.2″	77
						2	20—52	浅灰黄色	中壤土	块状	8.4	5.6	0.43	1.24	18.7	11.4			
						3	52—150	浅灰黄色	中壤土	块状	8.4	5.2	0.33	1.30	19.2	10.1			
剖9	初育土	黄绵土	黄绵土	川地黄绵土	旱川黄绵土	1	0—20	浅灰黄色	中壤土	块状	8.2	9.2	0.60	1.41	20.5	11.8	风积黄土	E 105°12′29.9″ N 35°12′23.4″	89
						2	20—32	浅灰黄色	中壤土	块状	8.3	7.5	0.43	1.34	21.6	11.4			
						3	32—67	浅灰黄色	中壤土	块状	8.5	6.3	0.42	1.35	21.2	12.0			
						4	67—150	灰黄色	中壤土	块状	8.5	6.0	0.44	1.35	20.5	11.8			
剖10	钙层土	黑垆土	黑垆土	山地垆土	山地黄垆土	1	0—15	灰灰色	中壤土	小块状	8.2	11.0	0.82	1.41	21.4	14.3	风积、坡积黄土	E 105°18′27.0″ N 35°18′24.1″	99
						2	15—95	浅灰黄色	中壤土	块状	8.3	8.4	0.62	1.30	20.9	13.9			
						3	95—160	灰黄色	轻壤土	块状	8.3	5.6	0.45	1.30	20.2	12.0			
剖11	初育土	黄绵土	黄绵土	山地黄绵土	山地白绵土	1	0—20	黄色	轻壤土	小块状	8.3	13.5	0.94	1.22	18.1	12.2	风积黄土	E 105°29′03.5″ N 35°17′57.1″	92
						2	20—70	黄色	中壤土	块状	8.3	6.2	0.49	1.16	19.5	10.3			
						3	70—150	浅灰黄色	轻壤土	块状	8.4	3.7	0.25	1.21	20.2	9.9			
剖12	钙层土	黑垆土	黑垆土	川地垆土	旱川垆土	1	0—20	灰褐色	中壤土	小块状	8.3	13.7	0.94	1.82	21.3	17.9	洪冲积次生黄土	E 105°29′53.9″ N 35°15′58.7″	96
						2	20—60	灰褐色	中壤土	块状	8.3	13.1	0.86	1.80	19.2	13.6			
						3	60—117	灰褐色	重壤土	块状	8.4	12.6	1.10	1.96	19.5	16.0			
						4	117—126	灰褐色	重壤土	块状	8.4	10.6	0.65	1.73	19.2	13.2			

续表 Continued

剖面号 Soil profile	土纲 Soil order	土类 Soil great group	亚类 Soil subgroup	土属 Soil genus	土种 Soil species	土层码 Layer code	土层厚度 Depth/cm	颜色 Soil color	质地 Soil texture	土壤结构 Soil structure	pH	有机质 OM/(g/kg)	全氮 TN/(g/kg)	全磷 TP/(g/kg)	全钾 TK/(g/kg)	阳离子交换量CEC/(cmol/kg)	土壤母质 Parent material	剖面点坐标 Profile coordinate	匹配指数 Matching index/%
剖13	初育土	黄绵土	黄绵土	沟谷黄绵土	沟谷黄绵土	1	0—20	灰黄色	中壤土	小块状	8.3	9.6	0.69	1.52	20.1	9.6	风积黄土	E 105°32′26.1″ N 35°12′08.8″	71
						2	20—37	灰黄色	中壤土	块状	8.4	8.6	0.62	1.47	19.8	9.4			
						3	37—150	灰黄色	中壤土	块状	8.4	8.3	0.61	1.51	19.5	9.4			
剖14	钙层土	黑垆土	山地麻土	山地黑麻土	山地黑麻土	1	0—15	灰褐色	中壤土	小块状	8.4	26.0	1.53	1.78	19.5	14.3	风积、坡积黄土	E 104°54′47.9″ N 35°02′03.2″	92
						2	15—46	灰褐色	中壤土	块状	8.4	25.0	1.63	1.77	17.4	16.0			
						3	46—92	灰褐色	中壤土	块状	8.4	21.7	1.22	1.65	19.1	15.5			
						4	92—150	浅黄色	轻壤土	块状	8.3	7.4	0.56	1.41	20.4	9.9			
剖15	初育土	黄绵土	川地黄绵土	水川黄绵土	水川黄绵土	1	0—20	灰黄色	中壤土		8.3	6.6	0.48	1.31	20.9	12.5	风积、坡积黄土	E 105°05′10.3″ N 35°05′12.5″	71
						2	20—55		中壤土		8.5	6.0	0.57	1.39	20.7	12.2			
						3	55—180		中壤土		8.4	5.2	0.54	1.36	20.0	11.8			
剖16	钙层土	黑垆土	山地麻土	山地麻土	山地麻土	1	0—18		中壤土	块状	8.2	20.6	1.37	1.67	20.9	17.4	风积、坡积黄土	E 105°15′08.6″ N 35°06′07.6″	85
						2	18—63	灰黄色	中壤土	块状	8.3	16.6	1.07	1.55	50.5	16.9			
						3	63—150	浅黄色	中壤土	块状	8.3	6.8	0.49	1.18	18.9	10.8			
剖17	钙层土	黑垆土	川地麻土	旱川黑麻土	旱川黑麻土	1	0—20	深褐色	中壤土	团块状	8.2	14.3	0.94	1.77	21.7	14.6	洪冲积次生黄土	E 105°22′29.1″ N 35°04′31.7″	90
						2	20—80	浅灰褐色	中壤土	小块状	8.2	13.9	0.93	1.68	21.7	15.0			
						3	80—160	灰黄色	中壤土	块状	8.3	13.8	1.16	1.79	21.5	16.5			
剖18	初育土	黄绵土	黄绵土	山地黄绵土	山地黄板土	1	0—20	灰黄色	中壤土	块状	8.1	0.85		1.31	19.1	11.5	风积黄土	E 104°59′26.9″ N 34°58′09.8″	75
						2	20—44	浅黄色	中壤土	块状	8.1		0.43	1.21	19.3	8.7			
						3	44—150	浅灰黄色	中壤土	片状	8.1		0.33	1.22	19.5	9.7			

陇 西 县

主要土类说明

黄绵土是陇西县主要土壤类型，占本县地域面积的 57%。黄绵土是由黄土母质直接翻耕形成的初育土。土壤无明显发育，为 A-C 型土。由于风成黄土富含细粉粒，故质地、结构均一，疏松绵软，富含石灰，磷、钾储量较丰富，但有效性差，土壤有机质缺乏。

黑垆土是陇西县第二大土壤类型，占本县地域面积的 17%。黑垆土是在黄土高原上，由黄土发育而成的土壤。该土壤有机质含量低，但腐殖质层深厚。土体原位黏化，但无明显黏化层，具假菌丝状石灰累积；无盐化，多旱耕。

新积土是陇西县第三大土壤类型，占本县地域面积的 13%。新积土是由新近冲积、洪积、坡积、塌积或人工堆垫形成的土壤。该土壤成土期短，母质特性明显，具 A-C 或（A）-C 剖面构型。

风沙土占本县地域面积的 6%。风沙土形成于半干旱、干旱漠境地区及滨海地区，是在风沙移动堆积形成的多种形态的风沙沉积物上发育的初育土。由于成土时间短暂，该土壤无剖面发育，具 C、（A）-C 或 A-C 剖面构型，反映了风沙移动堆积与固定的不同阶段。

灰褐土占本县地域面积的 4%。灰褐土形成于温带干旱、半干旱山地云冷杉下，腐殖质累积与钙积作用明显，pH 为 7.0—8.0。该土壤表层有机质含量可达 100g/kg，表层下见暗色腐殖质层，有弱黏淀特征。B 层呈棕褐色，钙积层在 40cm 以下出现，铁铝氧化物无移动。

小于本县地域面积 3% 的土壤类型有红黏土和褐土。

本区域中心区气候特征

本区域中心区气候特征值
Regional climate characteristics in central area of the region

气候带：中温带亚湿润气候 Climate region: Mid temperate subhumid climate	
年平均气温 /℃ Annual average temperature /℃	9.2
年平均最高气温 /℃ Annual average maximum temperature /℃	16.0
年平均最低气温 /℃ Annual average minimum temperature /℃	4.1
年降水量 /mm Annual precipitation /mm	432
≥10℃的积温 /℃ Daily temperature accumulated in a year（≥10℃）/℃	3239
年日照时数 /h Annual sunshine /h	2178
年平均相对湿度 /% Annual average relative humidity /%	62
干燥度 Dryness	1.37

本区域中心区月平均气温与月平均降水量
Monthly temperature and precipitation in central area of the region

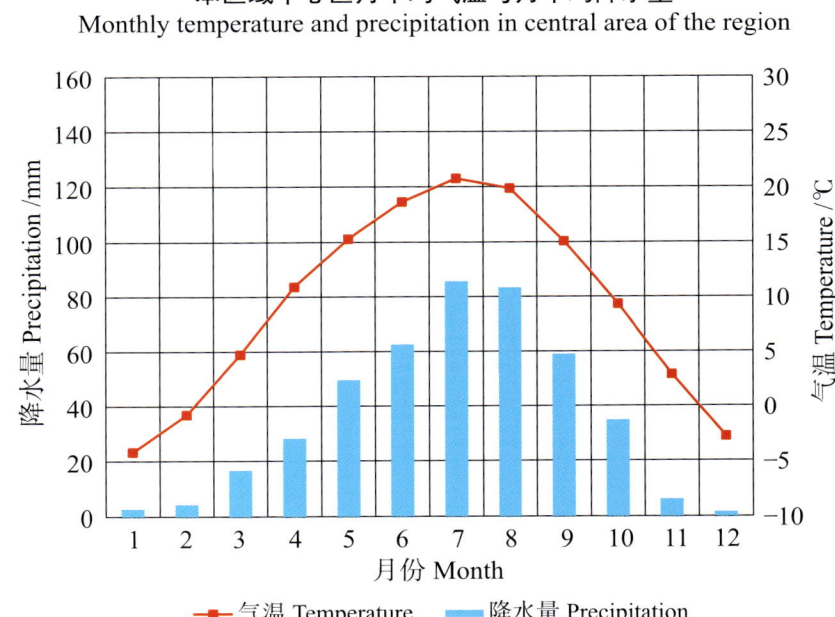

陇西县主要土壤类型与土壤剖面点分布图
1∶240 000

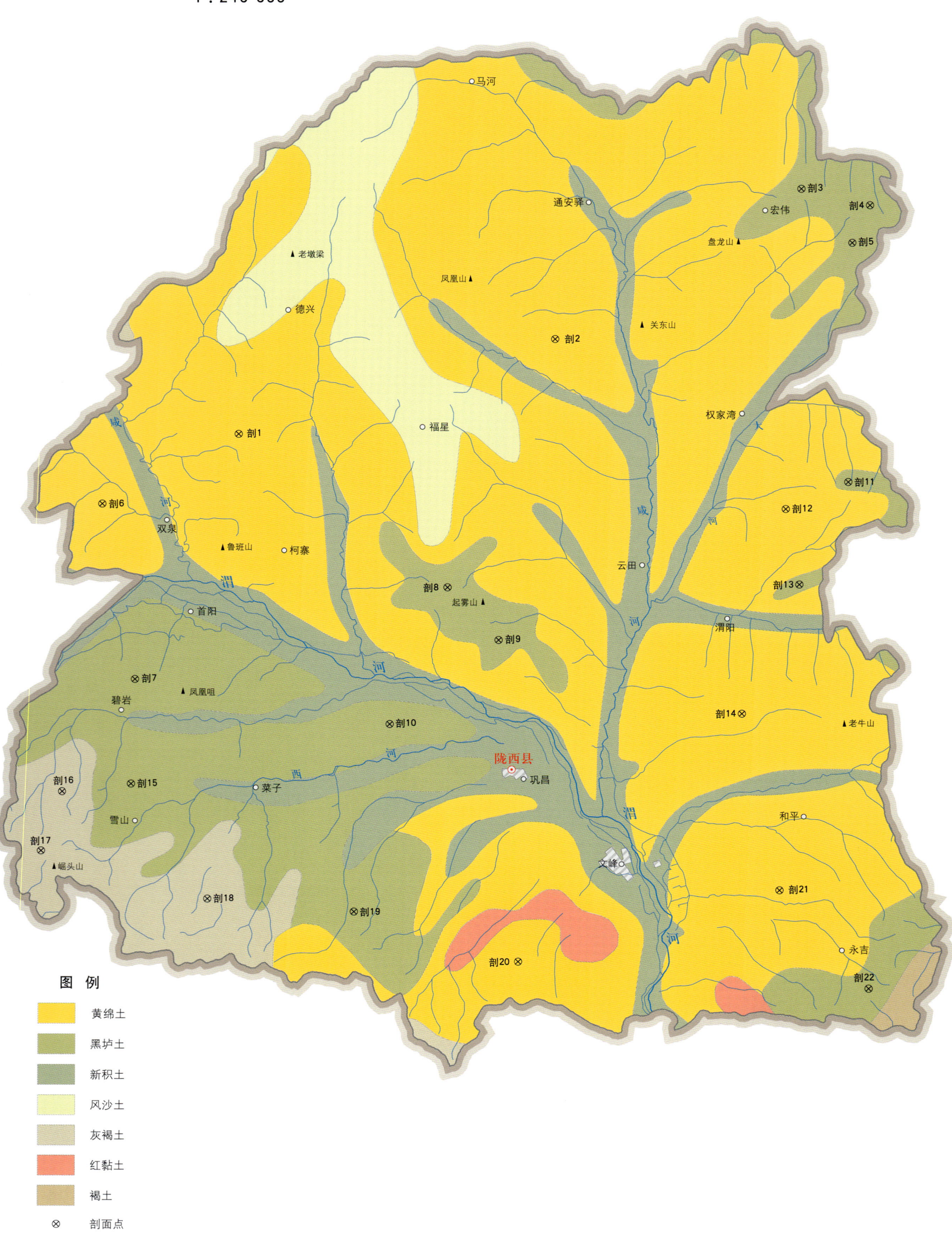

陇西县土壤剖面理化性状表

剖面号 Soil profile	土纲 Soil order	土类 Soil great group	亚类 Soil subgroup	土属 Soil genus	土种 Soil species	土层码 Layer code	土层厚度 Depth/cm	颜色 Soil color	质地 Soil texture	土壤结构 Soil structure	pH	有机质 OM/(g/kg)	全氮 TN/(g/kg)	全磷 TP/(g/kg)	全钾 TK/(g/kg)	阳离子交换量CEC/(cmol/kg)	土壤母质 Parent material	剖面点坐标 Profile coordinate	匹配指数 Matching index/%
剖1	初育土	黄绵土	黄绵土	山地黄绵土	山地黄绵土	1	0—22	灰黄色	轻壤土	粒状、块状	8.3	7.0	0.51	1.41	20.5	12.7	坡积物	E 104°27′31.1″ N 35°10′44.8″	74
						2	22—29	灰黄色	轻壤土	块状	8.3	4.0	0.23	1.32	21.3	11.3			
						3	29—80	浅黄色	轻壤土						20.5	10.3			
						4	80—150	浅黄色	轻壤土		8.4	2.8	0.22	1.31	20.7	7.5			
剖2	初育土	黄绵土	黄绵土	川地黄绵土	旱川地黄绵土	1	0—20	黄棕色	轻壤土	粒状、块状	8.2	5.9	0.50	1.33	21.4	8.0	马兰黄土	E 104°39′31.3″ N 35°13′53.2″	70
						2	20—38	黄棕色	砂壤土	粒状、块状	8.3	5.0	0.51	1.36	20.9	8.0			
						3	38—58	黄棕色	砂壤土	块状	8.7	4.9	0.45	1.28	23.5	7.2			
						4	58—163	浅黄棕色	砂壤土	块状	8.5	3.4	0.36	1.35	21.4	14.5			
剖3	钙层土	黑垆土	黑垆土	沟谷地麻土	沟谷地麻土	1	0—14	黑褐色	中壤土	粒状	7.9	20.8	1.15	1.25	19.0	13.7	洪冲积物	E 104°48′52.0″ N 35°18′46.0″	77
						2	14—32	暗棕色	中黏土	粒状	8.1	12.3	0.79	1.20	20.0	12.7			
						3	32—115	暗棕色	中壤土	粒状	8.2	12.1	0.73	1.46	19.9	14.0			
						4	115—130	黑棕色	重壤土	粒状	8.3	13.8	1.00	1.41	22.8	10.8			
剖4	钙层土	黑垆土	黑垆土	川地麻土	旱川地黄麻土	1	0—11	灰黄黄色	中壤土	粒状	8.3	9.2	0.76	1.36	22.8	10.8	冲积黄土	E 104°51′29.1″ N 35°18′14.9″	88
						2	11—28	暗棕色	中壤土	小块状	8.3	9.2	0.76	1.36	22.8	10.1			
						3	28—60	暗棕色	中黏土	小块状	8.2	11.6	0.93	1.33	22.9	22.4			
						4	60—99	暗棕色	重壤土	小块状	8.3	5.2	0.47	1.18	19.7	11.5			
剖5	初育土	黑垆土	黑垆土	川地麻土	水川地麻土	1	0—11	灰黄黄色	砂壤土	粒状	8.3	6.8	0.61	0.84	18.5	10.1	冲积黄土	E 104°50′48.5″ N 35°17′02.0″	88
						2	0—20	暗灰黄棕色	砂壤土	块状	8.4	5.2	0.31	0.87	19.5	10.1			
						3	40—85	暗灰黄棕色	中壤土	块状	8.3	8.2	0.66	0.72	19.1	14.9			
						4	85—	棕色	砂壤土	粒状						14.5			
剖6	初育土	黄绵土	黄绵土	山地黄绵土	荒林山地黄绵土	1	0—20	棕黄色	中壤土	小块状	8.5	27.9	2.09	1.67	19.1	11.8	马兰黄土	E 104°22′21.0″ N 35°08′26.9″	70
						2	20—41	棕黄色	中壤土	块状	8.3	12.1	1.05	1.14	19.5	9.4			
						3	41—62	浅黄色	中壤土	块状	8.4	5.1	0.49	1.11	21.8	8.6			
						4	62—96	浅黄色	轻壤土	块状	8.6	3.8	0.37	1.16	21.2	8.4			
						5	96—162	浅黄色	中壤土	粒状、块状	8.9	4.0	0.36	1.34	18.1	12.9			
剖7	钙层土	黑垆土	黑垆土	坪台黑麻土	耕灌坪台黄麻土	1	0—21	棕色	中壤土	粒状、块状	8.0	12.1	0.91	1.84	20.3	14.1	洪冲积物	E 104°23′38.6″ N 35°02′47.7″	94
						2	21—39	浅棕色	中壤土	块状	8.1	11.8	0.92	1.70	20.4	13.2			
						3	39—68	暗红棕色	中壤土	块状	8.3	9.7	0.85	1.52	20.4	14.8			
						4	68—150	浅黄色	中壤土	块状	8.2	12.8	0.92	1.71	19.5	14.9			
剖8	初育土	黑垆土	黑垆土	川地麻土	水川地腰砂红麻土	1	0—20	棕色	中壤土	粒状、块状	8.4	8.6	0.66	0.87	20.8	14.4	马兰黄土	E 104°35′29.0″ N 35°05′51.0″	95
						2	20—50	浅棕色	中壤土	块状	8.4	7.6	0.61	0.99	20.4	10.1			
						3	50—87	暗黄棕色	中壤土	块状	8.4	3.5	0.31	0.74	20.4	12.2			
						4	87—155	黄黄棕色	轻壤土	块状	8.3	3.4	0.28	0.81	20.1	11.5			
剖9	钙层土	黑垆土	黑垆土	川地麻土	水川地麻土	1	0—20	棕色	中壤土	小块状	8.4	15.3	1.22	1.68	18.5	11.5	冲积黄土	E 104°37′26.3″ N 35°04′10.2″	71
						2	20—61	棕色	中壤土	小块状	8.3	11.9	0.82	1.37	19.5	12.0			
						3	61—120	暗棕色	重壤土	小块状	8.4	11.6	0.78	1.65	20.4	7.2			
						4	120—170	黄黄棕色	轻壤土	小块状	8.4	3.5	0.24	1.12	20.8	12.7			
剖10	钙层土	黑垆土	黑垆土	坪台黑麻土	耕灌坪台麻土	1	0—20	棕色	中壤土	小块状	8.4	14.2	1.03	1.52	20.1	12.9	冲积黄土	E 104°33′19.5″ N 35°01′24.6″	87
						2	20—33	棕色	中壤土	小块状	8.4	12.4	0.85	1.82	20.4	13.0			
						3	33—81	暗黄棕色	重壤土	小块状	8.5	10.4	0.67	1.46	20.4	13.4			
						4	81—110	黄黄棕色	中壤土	小块状	8.5	11.0	0.81	1.42	18.5	9.6			
						5	110—150	浅黄色	中壤土	小块状	8.3	4.0	0.26	1.10	21.2				

续表 Continued

剖面号 Soil profile	土纲 Soil order	土类 Soil great group	亚类 Soil subgroup	土属 Soil genus	土种 Soil species	土层码 Layer code	土层厚度 Depth/cm	颜色 Soil color	质地 Soil texture	土壤结构 Soil structure	pH	有机质 OM/(g/kg)	全氮 TN/(g/kg)	全磷 TP/(g/kg)	全钾 TK/(g/kg)	阳离子交换量CEC/(cmol/kg)	土壤母质 Parent material	剖面点坐标 Profile coordinate	匹配指数 Matching index/%
剖11	钙层土	黑垆土	黑麻土	沟谷地麻土	沟谷地红麻土	1	0–25	红褐色	中壤土	粒状	8.3	12.0	1.02	1.32	19.7	12.8		E 104°50′41.0″ N 35°09′19.6″	93
						2	25–80	红褐色	中壤土	碎块状	8.3	6.5	0.60	1.08	20.7	12.9			
						3	80–110	黑灰色	中壤土	碎块状	8.3	9.4	0.68	1.29	21.4	12.2			
						4	110–140	黑灰色	中壤土		8.4	9.6	0.78	1.29	21.8	12.9			
						5	140–170	浅灰色	中壤土		8.4	9.9	7.09	1.23	21.4	12.0			
剖12	初育土	黄绵土	黄绵土	沟谷地黄绵土	沟谷地黄绵土	1	0–20	黄棕色	中壤土	粒状	8.3	8.6	0.61	1.49	19.5	9.2	马兰黄土	E 104°48′19.1″ N 35°08′26.9″	92
						2	20–65	黄棕色	中壤土	块状	8.6	7.4	0.54	1.50	19.1	10.1			
						3	65–87	棕黄色	中壤土	块状	8.3	6.8	0.52	1.31	21.2	11.4			
						4	87–150	棕色	中壤土	小块状	8.3	5.2	0.41	1.50	20.8	9.7			
剖13	初育土	黑垆土	黑麻土	沟谷地麻土	沟谷地黄绵土	1	0–20	暗棕色	轻壤土	块状	8.4	10.8	0.79	1.31	19.8	12.7	洪积次生黄土	E 104°48′50.8″ N 35°06′00.7″	86
						2	20–39	棕色	轻壤土	块状	8.3	8.7	0.70	1.15	20.3	9.9			
						3	39–63	棕色	轻壤土	块状	8.4	7.4	0.53	0.95	20.1	10.6			
						4	63–75	棕色	中壤土	块状	8.4	7.5	0.59	1.26	21.4	11.8			
						5	75–140	暗黄棕色	重壤土	粒状	8.3	12.3	0.93	1.43	21.4	16.5			
剖14	初育土	黄绵土	黄绵土	坪台黄绵土	耕灌坪台黄绵土	1	0–25	暗黄棕色	中壤土	小块状	8.4	4.8	0.41	1.52	19.5	12.0	洪积物、坡积物	E 104°46′40.8″ N 35°01′50.2″	84
						2	25–65	黄棕色	中壤土	小块状	8.4	4.6	0.38	1.46	19.8	11.0			
						3	65–89	黄棕色	轻壤土	小块状	8.5	1.8	0.43	1.47	20.4	22.1			
						4	89–122	红黄色	轻壤土	块状	8.4	4.3	0.21	1.40	19.8	9.4			
						5	122–150	灰黄棕色	轻壤土	碎块状	8.3	15.8	0.34	1.41	20.3	11.5			
剖15	钙层土	黑垆土	黑麻土	川地麻土	旱川地红麻土	1	0–15	灰黄棕色	轻壤土	粒状、块状	8.0	15.8	0.73	1.90	19.5	11.3	洪冲积物	E 104°23′31.9″ N 34°59′24.4″	92
						2	15–36	暗黄棕色	轻壤土	粒状、块状	8.0	12.1	0.61	1.58	20.4	14.5			
						3	36–150	红灰色	轻壤土	块状	8.1	3.6	0.27	0.95	21.5				
剖16	半淋溶土	灰褐土	石灰性灰褐土	砂砾质石灰性灰褐土	耕种砂质石灰性灰褐土	1	0–19	灰黄色	轻壤土	片状	7.6	39.6	2.92	1.70	20.7	21.6	洪冲积物	E 104°20′55.3″ N 34°59′08.4″	70
						2	19–32	浅黄棕色	重壤土	块状	7.7	36.8	2.68	1.48	21.6	20.7			
						3	32–44	灰黑色	中壤土	块状	7.6	37.3	2.50	1.40	20.0	19.3			
						4	44–60	灰黄棕色	中壤土	块状	8.1	10.7	1.05	0.98	19.7	14.6			
						5	60–100	红色	砂壤土	粒状	7.6	4.2	0.62	0.63	17.8	11.4			
剖17	半淋溶土	灰褐土	淋溶灰褐土	红土质淋溶灰褐土	耕种红土质淋溶灰褐土	1	0–20	暗棕色	重壤土	棱柱状		10.9	0.81	1.46	19.5		红土	E 104°20′08.4″ N 34°57′12.5″	96
						2	20–28	棕红色	黏壤土	块状		10.9	0.81	1.46	19.5				
						3	28–40	灰黄色	轻壤土	片状		10.5	0.90	1.34	20.1				
						4	40–62	棕红色	中黏土	块状		8.8	0.68	1.06	19.5				
						5	62–94	灰白色	中壤土	片状		5.1	0.40	1.19	19.5				
剖18	半淋溶土	灰褐土	石灰性灰褐土	砂砾质石灰性灰褐土	水川地僵板土	1	0–16	暗棕色	砂壤土	片状	8.3	8.3	0.67	1.90	20.1	11.4	洪冲积物	E 104°26′27.7″ N 34°55′41.4″	98
						2	16–34	棕红色	重壤土	粒状、块状	8.4	4.8	0.44	1.51	10.5	11.9			
						3	34–82	灰黄色	中壤土	块状	8.4	4.8	0.44	1.51	10.5	10.6			
						4	82–150	暗棕黄色	轻壤土	片状	8.4	6.8	0.50	1.59	20.4	11.0			
剖19	钙层土	黑垆土	黑麻土	坪台黄绵土	旱坪台黄绵土	1	0–16	灰黄棕色	轻壤土	块状	8.4	10.9	0.81	1.46	19.5	11.9	洪冲积物	E 104°32′01.3″ N 34°55′19.2″	85
						2	16–24	灰黄棕色	中壤土	小块状	8.4	10.9	0.81	1.46	19.5	11.9			
						3	24–50	棕红色	中黏土	块状	8.5	10.5	0.90	1.34	20.1	16.3			
						4	50–60	棕红色	中壤土	片状	8.4	8.8	0.68	1.06	19.5	22.9			
						5	60–150	灰白色	轻壤土	片状	8.4	5.1	0.40	1.19	19.5	9.5			
剖20	初育土	黄绵土	黄绵土			1	0–15	暗棕色	中壤土	粒状、块状	8.3	8.3	0.67	1.90	20.1	11.4	冲积黄土	E 104°38′15.4″ N 34°53′44.5″	84
						2	15–30	暗棕黄色	中壤土	块状	8.4	4.8	0.44	1.51	10.5	10.6			
						3	30–80	黄棕色	中壤土	小块状	8.4	4.8	0.44	1.51	10.5	10.6			
						4	80–155	棕黄色	中壤土		8.4	6.8	0.50	1.59	20.4	11.0			

续表 Continued

剖面号 Soil profile	土纲 Soil order	土类 Soil great group	亚类 Soil subgroup	土属 Soil genus	土种 Soil species	土层码 Layer code	土层厚度 Depth/cm	颜色 Soil color	质地 Soil texture	土壤结构 Soil structure	pH	有机质 OM/(g/kg)	全氮 TN/(g/kg)	全磷 TP/(g/kg)	全钾 TK/(g/kg)	阳离子交换量CEC/(cmol/kg)	土壤母质 Parent material	剖面点坐标 Profile coordinate	匹配指数 Matching index/%
剖21	初育土	黄绵土	黄绵土	川地黄绵土	水川地黄绵土	1	0—18	暗黄棕色	中壤土	粒状、块状	8.5	9.0	0.77	1.37	20.4	13.2	马兰黄土	E 104°48′08.6″ N 34°56′07.4″	100
						2	18—26	暗黄棕色	轻壤土	块状	8.5	6.2	0.49	1.16	19.5	12.8			
						3	26—47	暗黄棕色	轻壤土	块状	8.5	6.2	0.49	1.16	19.5	12.8			
						4	47—98	黄棕色	中壤土	块状	8.5	5.9	0.50	1.24	20.1	13.0			
						5	98—160	浅黄棕色	中壤土	块状	8.5	4.8	0.40	1.19	19.1	10.1			
剖22	钙层土	黑垆土	黑麻土	川地麻土	水川地砂土	1	0—20	棕灰色	轻壤土	块状	8.2	9.3	0.66	1.13	21.8	14.2		E 104°51′32.5″ N 34°52′57.0″	98
						2	20—50	灰黄色	砂壤土	块状	8.3	4.3	0.37	0.90	21.6	12.7			
						3	50—70	棕灰色	轻壤土	块状	8.3	7.6	0.77	1.17	20.7	14.7			
						4	70—145	灰棕色	轻壤土	块状	8.3	4.9	0.40	1.05	20.7	15.9			

渭 源 县

主要土类说明

灰褐土是渭源县主要土壤类型，占本县地域面积的39%。灰褐土形成于温带干旱、半干旱山地云冷杉下，腐殖质累积与钙积作用明显，pH为7.0—8.0。该土壤表层有机质含量可达100g/kg，表层下见暗色腐殖质层，有弱黏淀特征。B层呈棕褐色，钙积层在40cm以下出现，铁铝氧化物无移动。

黄绵土是渭源县第二大土壤类型，占本县地域面积的19%。黄绵土是由黄土母质直接翻耕形成的初育土。由于风成黄土富含细粉粒，故质地、结构均一，疏松绵软，富含石灰，磷、钾储量较丰富，但有效性差，土壤有机质缺乏。

黑垆土是渭源县第三大土壤类型，占本县地域面积的19%。黑垆土是在黄土高原上，由黄土发育而成的土壤。该土壤有机质含量低，但腐殖质层深厚。土体原位黏化，但无明显黏化层，具假菌丝状石灰累积；无盐化，多旱耕。

红黏土占本县地域面积的7%。深厚黄土层下，常见第三纪红色黏土（保德期红黏土）埋藏。厚层黄土层侵蚀殆尽处，红色黏土层露出，形成的母质性状明显的初育土，即红黏土。其黏粒含量高，塑性强，生物作用微弱，母质特性明显，pH为7.0—8.0，有时夹有砂姜。

新积土占本县地域面积的7%。新积土是由新近冲积、洪积、坡积、塌积或人工堆垫形成的土壤。该土壤成土期短，母质特性明显，具A-C或（A）-C剖面构型。

暗棕壤占本县地域面积的5%。暗棕壤是在温带湿润地区针阔叶混交林下发育形成的具有明显有机质富集和弱酸性淋溶特征的土壤，具O-A-B-C剖面构型。A层有机质含量可达200g/kg，弱酸性淋溶使铁铝轻微下移；B层呈棕色，结构面见铁锰胶膜。土壤呈弱酸性，盐基饱和度为70%—80%。土壤冻结期长。

风沙土占本县地域面积的3%。风沙土形成于半干旱、干旱漠境地区及滨海地区，是在风沙移动堆积形成的多种形态的风沙沉积物上发育的初育土。由于成土时间短暂，该土壤无剖面发育，具C、（A）-C或A-C剖面构型，反映了风沙移动堆积与固定的不同阶段。

小于本县地域面积3%的土壤类型有山地草甸土。

本区域中心区气候特征

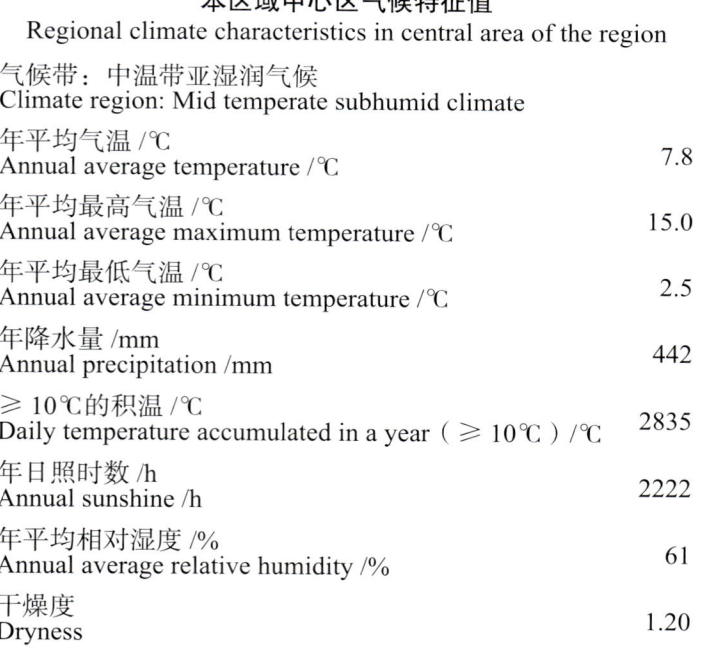

本区域中心区气候特征值
Regional climate characteristics in central area of the region

气候带：中温带亚湿润气候 Climate region: Mid temperate subhumid climate	
年平均气温 /℃ Annual average temperature /℃	7.8
年平均最高气温 /℃ Annual average maximum temperature /℃	15.0
年平均最低气温 /℃ Annual average minimum temperature /℃	2.5
年降水量 /mm Annual precipitation /mm	442
≥10℃的积温 /℃ Daily temperature accumulated in a year (≥10℃) /℃	2835
年日照时数 /h Annual sunshine /h	2222
年平均相对湿度 /% Annual average relative humidity /%	61
干燥度 Dryness	1.20

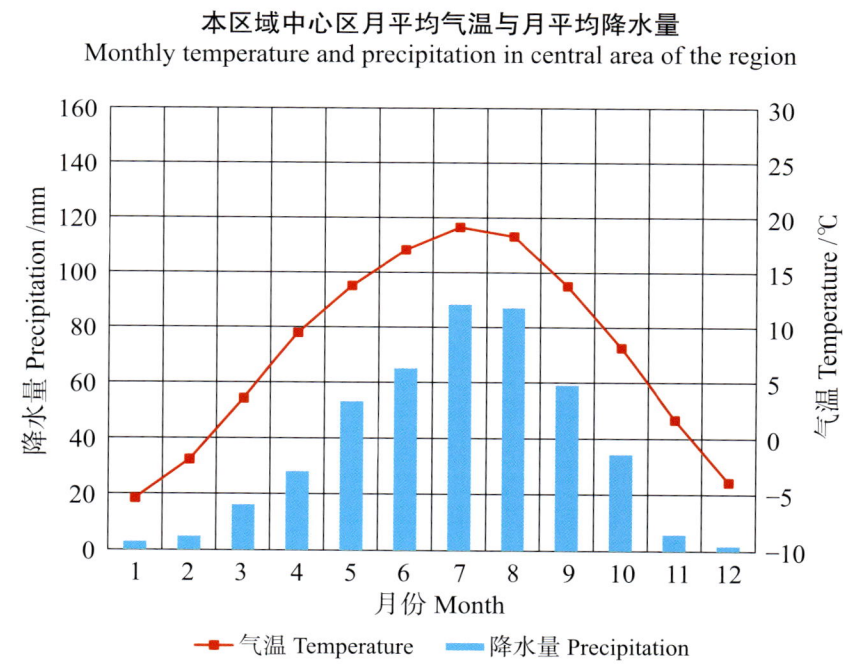

本区域中心区月平均气温与月平均降水量
Monthly temperature and precipitation in central area of the region

渭源县主要土壤类型与土壤剖面点分布图

1:260 000

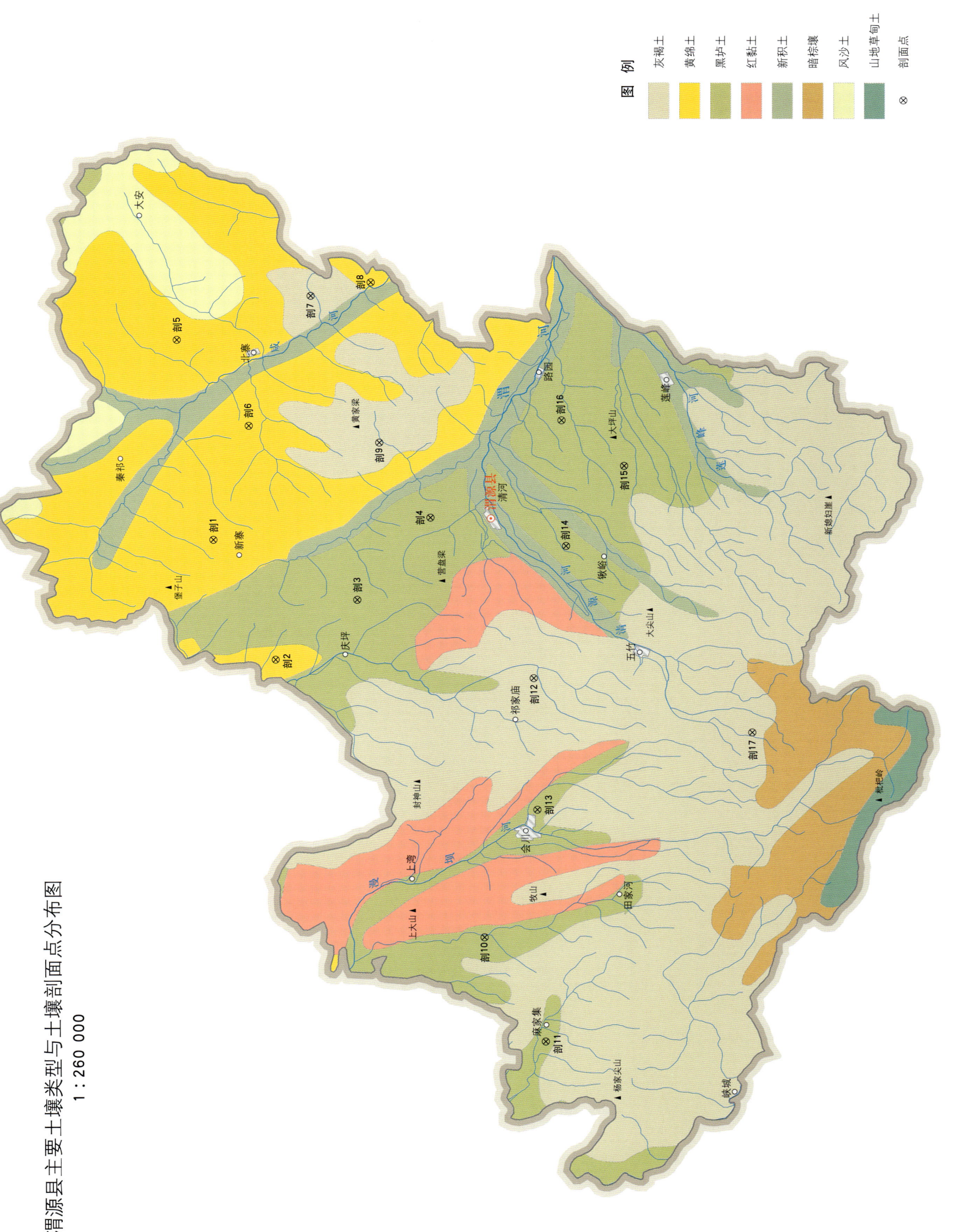

图例：灰褐土　黄绵土　黑垆土　红黏土　新积土　暗棕壤　风沙土　山地草甸土　⊗ 剖面点

渭源县土壤剖面理化性状表

剖面号 Soil profile	土纲 Soil order	土类 Soil great group	亚类 Soil subgroup	土属 Soil genus	土种 Soil species	土层码 Layer code	土层厚度 Depth/cm	颜色 Soil color	质地 Soil texture	土壤结构 Soil structure	pH	有机质 OM/(g/kg)	全氮 TN/(g/kg)	全磷 TP/(g/kg)	全钾 TK/(g/kg)	碱解氮 AN/(mg/kg)	有效磷 AP/(mg/kg)	速效钾 AK/(mg/kg)	阳离子交换量CEC/(cmol/kg)	土壤母质 Parent material	剖面点坐标 Profile coordinate	匹配指数 Matching index/%
剖1	初育土	黄绵土	黄绵土	川地黄绵土	川地黄绵土	1	0—24				8.6	5.9	0.48	0.75	19.1	30	13.0	187	6.2	风积黄土	E 104°11′38.4″ N 35°17′40.2″	98
						2	24—51				8.6	8.4	0.71	0.74	18.2							
						3	51—83				8.5	7.8	0.65	0.68	19.1							
剖2	初育土	黄绵土	黄绵土	山地黄绵土		1	0—20		轻壤土		8.0	27.1	1.70	0.63	18.5	125	5.0	186	12.3	风积黄土	E 104°06′29.5″ N 35°15′30.6″	79
						2	20—60		轻壤土		8.2	6.3	0.46	0.66	18.2				5.6			
						3	60—150		轻壤土		8.7	3.1	0.28	0.61	19.8				4.5			
剖3	钙层土	黑垆土	黑麻土	沟谷麻土	沟谷黑麻土	1	0—26		中壤土		7.9	19.6	1.44	0.73	21.0	136	11.0	176	8.2	黄土	E 104°09′05.8″ N 35°12′44.3″	92
						2	26—52		中壤土		7.9	23.8	1.29	0.70	20.8							
						3	52—97		中壤土		7.9	28.0	1.54	0.72	20.3							
剖4	钙层土	黑垆土	黑麻土	川地麻土	川地红砂麻土	1	0—21				8.2	12.5	0.95	0.67	19.5	57	5.0	165	7.2	洪冲积次生黄土	E 104°12′38.4″ N 35°10′15.5″	70
						2	21—49				8.2	9.3	0.78	0.65	20.0							
						3	49—60				8.3	5.8	0.43	0.56	18.1							
剖5	初育土	黄绵土	黄绵土	沟谷黄绵土	沟谷黄绵土	1	0—26		轻壤土		8.3	9.3	0.75	0.97	18.8	36	8.0	262	3.7	风积黄土	E 104°20′15.0″ N 35°18′58.0″	73
						2	26—50		轻壤土		8.6	6.4	0.56	0.71	19.0							
						3	50—78		轻壤土		8.9	2.5	0.28	0.67	19.0							
剖6	初育土	黄绵土	黄绵土	山地黄绵土	山地黄绵土	1	0—22		轻壤土		8.4	8.7	0.59	0.71	19.3	44	2.0	214	4.4	风积黄土	E 104°16′33.0″ N 35°16′29.3″	89
						2	22—41		轻壤土		8.4	9.0	0.58	0.73	18.3							
						3	41—82		轻壤土		8.4	9.7	0.67	0.75	18.2							
剖7	半淋溶土	灰褐土	淋溶灰褐土	淋溶灰褐土	谷地淋溶灰褐土	1	0—22		中壤土		7.8	32.5	2.09	0.92	21.2	156	19.0	113	22.3	残积物、坡积物	E 104°22′09.5″ N 35°14′24.4″	81
						2	22—48		中壤土		7.7	29.8	1.99	0.85	20.4				22.9			
						3	48—77		中壤土		7.7	26.1	1.79	0.85	20.0				22.0			
剖8	初育土	黄绵土	黄绵土	山地黄绵土	沟谷黄板土	1	0—20				8.1	14.0	1.09	0.72	20.3	75	8.0	244	9.7	风积黄土	E 104°22′45.1″ N 35°12′21.2″	95
						2	20—75				8.2	3.2	0.39	0.64	19.0				4.9			
						3	75—136				8.3	2.0	0.29	0.63	20.2				4.7			
剖9	半淋溶土	灰褐土	淋溶灰褐土	淋溶灰褐土	川地淋溶灰褐土	1	0—20	黄褐色	轻偏中壤土	碎块状	7.6	23.2	1.57	0.87	21.2	112	9.0	116	19.5	残积物、坡积物、风成黄土	E 104°15′51.5″ N 35°12′01.4″	86
						2	20—52	黄褐色	轻偏中壤土	棱块状	7.5	22.1	1.50	0.81	21.6				19.9			
						3	52—105	黄褐色	轻偏中壤土	块状	7.8	3.6	0.39	0.69	22.8				11.9			
剖10	钙层土	黑垆土	黑麻土	沟谷麻土	沟谷黄绵土	1	0—18	黄褐色	轻偏中壤土	块状	8.1	13.5	1.09	0.80	19.0	71	5.0	219	5.3	黄土	E 103°54′34.2″ N 35°08′18.6″	96
						2	18—48	黄褐色	轻偏中壤土		8.2	8.3	0.69	0.64	17.9							
						3	48—96	黄褐色	轻偏中壤土		8.2	12.3	0.98	0.75	17.9							
剖11	黑垆土	黑麻土	黑麻土	沟谷麻土	沟谷黄绵土	1	0—18		轻偏中壤土		8.3	14.1	0.92	0.86	19.8	62	8.0	337	8.0	黄土	E 103°50′10.0″ N 35°06′11.7″	83
						2	18—22		轻偏中壤土		8.3	14.1	0.92	0.81	19.8	62	8.0	337	8.0			
						3	22—56		轻偏中壤土		8.3	12.4	0.84	0.76	20.0							
						4	56—92		轻偏中壤土		8.3	14.5	1.00	0.74	20.2							
						5	92—150															
剖12	半淋溶土	灰褐土	石灰性灰褐土	红土质石灰性灰褐土	沟谷红麻土	1	0—17		中壤土		7.9	27.3	1.78	0.71	20.8	123	5.0	181	19.3	红土	E 104°05′45.6″ N 35°06′42.1″	78
						2	17—60		中壤土		8.2	6.5	0.58	0.64	19.5				12.7			
						3	60—98		中壤土		8.3	3.0	0.38	0.61	19.2				10.1			
剖13	钙层土	黑垆土	黑麻土	沟谷麻土	沟谷麻土	1	0—19		中壤土		8.3	13.1	0.96	1.00	19.5	69	9.0	354	7.6	黄土	E 104°00′05.0″ N 35°06′32.5″	86
						2	19—65		中壤土		8.3	11.8	0.79	0.85	19.4							
						3	65—120		中壤土		8.2	13.0	0.87	0.89	20.4							

续表 Continued

剖面号 Soil profile	土纲 Soil order	土类 Soil great group	亚类 Soil subgroup	土属 Soil genus	土种 Soil species	土层码 Layer code	土层厚度 Depth/cm	颜色 Soil color	质地 Soil texture	土壤结构 Soil structure	pH	有机质 OM/(g/kg)	全氮 TN/(g/kg)	全磷 TP/(g/kg)	全钾 TK/(g/kg)	碱解氮 AN/(mg/kg)	有效磷 AP/(mg/kg)	速效钾 AK/(mg/kg)	阳离子交换量 CEC/(cmol/kg)	土壤母质 Parent material	剖面点坐标 Profile coordinate	匹配指数 Matching index/%
剖14	钙层土	黑垆土	黑垆土	川地垆土	川地潮性黑垆土	1	0—20				7.8	30.8	2.01	0.99	20.1	156	7.0	237	26.8	洪冲积次生黄土	E 104°11′27.6″ N 35°05′38.0″	81
						2	20—80				8.0	25.6	1.72	0.99	19.2				26.3			
						3	80—106				8.1	27.3	1.53	0.81	14.1				25.7			
剖15	钙层土	黑垆土	黑垆土	川地垆土	川地黑垆土	1	0—23		中壤土		8.2	22.4	1.38	0.93	22.9	96	3.3	181	22.9	洪冲积次生黄土	E 104°14′54.3″ N 35°03′40.0″	81
						2	23—50		中壤土		8.2	24.2	1.45	0.87	22.9				22.9			
						3	50—95		中壤土		8.3	18.2	1.44	0.94	22.4				16.7			
						4	95—135		中壤土		8.2	31.8	1.04	0.85	22.4				29.8			
剖16	钙层土	黑垆土	黑垆土	川地垆土	川地薄层垆土	1	0—18				7.9	16.9	1.18	1.09	23.1	99	25.0	380	11.6	洪冲积次生黄土	E 104°16′51.5″ N 35°05′49.1″	99
						2	18—52				8.1	12.7	0.93	0.91	23.3				10.9			
剖17	半淋溶土	灰褐土	淋溶灰褐土	淋溶灰褐土		1	0—10				7.3	108.2	5.16	1.09	18.5	368	10.0	217	41.3	残积物、坡积物、风成黄土	E 104°03′28.8″ N 34°59′13.9″	92
						2	10—30		中壤土		7.1	75.4	4.10	1.02	18.4				35.3			
						3	30—67		中壤土		7.1	63.4	3.42	0.66	18.3							
						4	67—98		轻壤土		7.3	15.3	1.03	6.48	17.9							

临 洮 县

主要土类说明

黑垆土是临洮县主要土壤类型，占本县地域面积的 35%。黑垆土是在黄土高原上，由黄土发育而成的土壤。该土壤有机质含量低，但腐殖质层深厚。土体原位黏化，但无明显黏化层，具假菌丝状石灰累积；无盐化，多旱耕。

风沙土是临洮县第二大土壤类型，占本县地域面积的 16%。风沙土形成于半干旱、干旱漠境地区及滨海地区，是在风沙移动堆积形成的多种形态的风沙沉积物上发育的初育土。由于成土时间短暂，该土壤无剖面发育，具 C、(A)-C 或 A-C 剖面构型，反映了风沙移动堆积与固定的不同阶段。

黄绵土是临洮县第三大土壤类型，占本县地域面积的 14%。黄绵土是由黄土母质直接翻耕形成的初育土。由于风成黄土富含细粉粒，故质地、结构均一，疏松绵软，富含石灰，磷、钾储量较丰富，但有效性差，土壤有机质缺乏。

灰钙土占本县地域面积的 10%。灰钙土位于温带干旱草原区，是具低腐殖质、弱淋溶特征的土壤。植被覆盖百分率为 10%—40%。成土母质多为黄土，少数为冲积扇洪积物。全剖面呈强石灰反应，碳酸钙含量为 120—250g/kg。土壤底部可见易溶盐累积，含量可达 10g/kg。土壤 pH 为 8.0—9.0，表层初显结皮。

红黏土占本县地域面积的 7%。深厚黄土层下，常见第三纪红色黏土（保德期红黏土）埋藏。厚层黄土层侵蚀殆尽处，红色黏土层露出，形成的母质性状明显的初育土，即红黏土。其黏粒含量高，塑性强，生物作用微弱，母质特性明显，pH 为 7.0—8.0，有时夹有砂姜。

黑钙土占本县地域面积的 6%。黑钙土是在温带半湿润草甸草原下发育形成的具深厚均腐殖质层和碳酸钙淋溶淀积层的土壤。该土壤均腐殖质层厚 50cm 左右，有机质含量为 50—80g/kg。其下，钙积层明显。土壤表层 pH 约为 7.0，逐渐往下 pH 为 8.0—8.5。冬季冻层厚 1.3—1.5m。

栗钙土占本县地域面积的 6%。栗钙土是在温带半干旱草原下发育形成的具有栗色腐殖质层和灰白色钙积层的土壤。该土壤表层为栗色腐殖质层，厚 20—30cm，有机质含量为 15—45g/kg。其下，灰白色钙积层发育明显，见于 20—30cm 深处，厚 20—40cm，呈斑点状或层状积钙。石膏及易溶盐局部聚积。

灰褐土占本县地域面积的 4%。灰褐土形成于温带干旱、半干旱山地云冷杉下，腐殖质累积与钙积作用明显，具 Ao-A-B-C 剖面构型。该土壤表层有机质含量可达 100g/kg，表层下见暗色腐殖质层，有弱黏淀特征。B 层呈棕褐色，钙积层在 40cm 以下出现，铁铝氧化物无移动。

小于本县地域面积 3% 的土壤类型有黑毡土和新积土。

本区域中心区气候特征

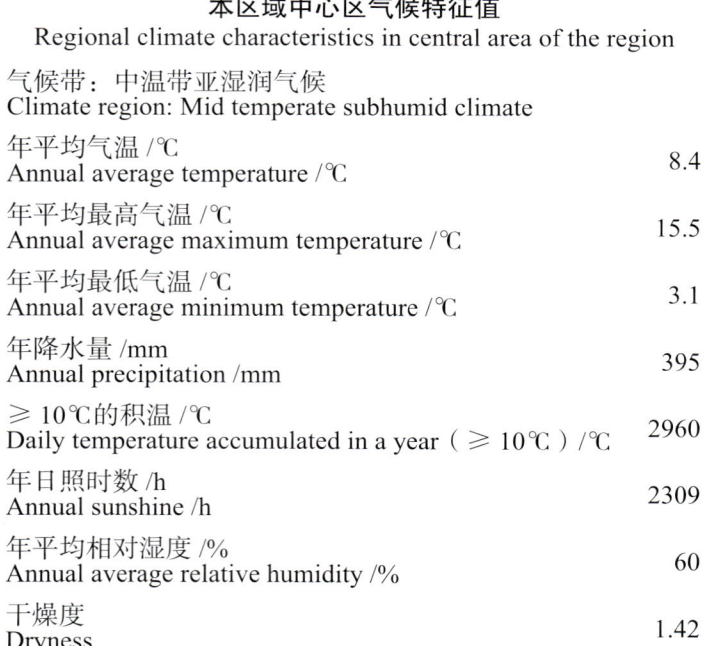

本区域中心区气候特征值
Regional climate characteristics in central area of the region

气候带：中温带亚湿润气候 Climate region: Mid temperate subhumid climate	
年平均气温 /℃ Annual average temperature /℃	8.4
年平均最高气温 /℃ Annual average maximum temperature /℃	15.5
年平均最低气温 /℃ Annual average minimum temperature /℃	3.1
年降水量 /mm Annual precipitation /mm	395
≥ 10℃的积温 /℃ Daily temperature accumulated in a year (≥ 10℃) /℃	2960
年日照时数 /h Annual sunshine /h	2309
年平均相对湿度 /% Annual average relative humidity /%	60
干燥度 Dryness	1.42

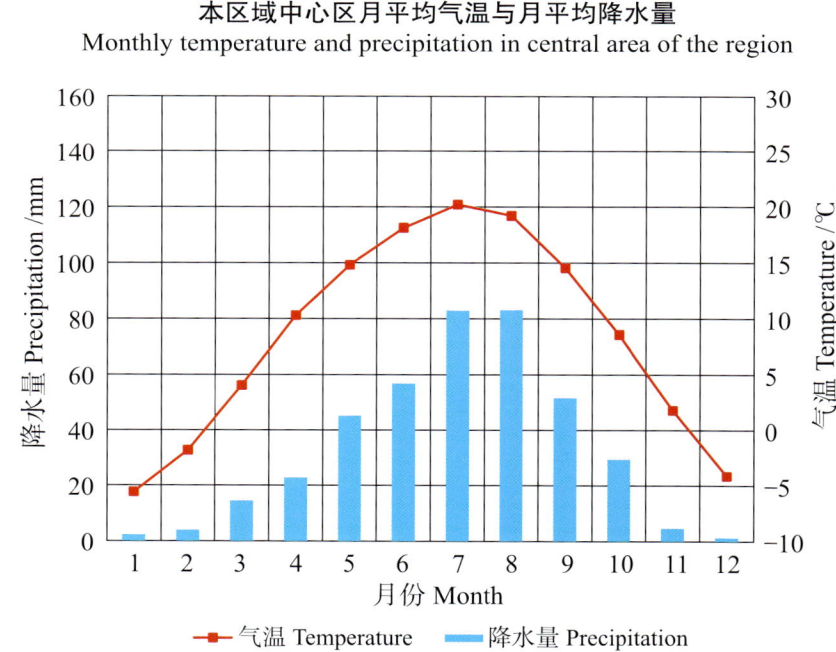

本区域中心区月平均气温与月平均降水量
Monthly temperature and precipitation in central area of the region

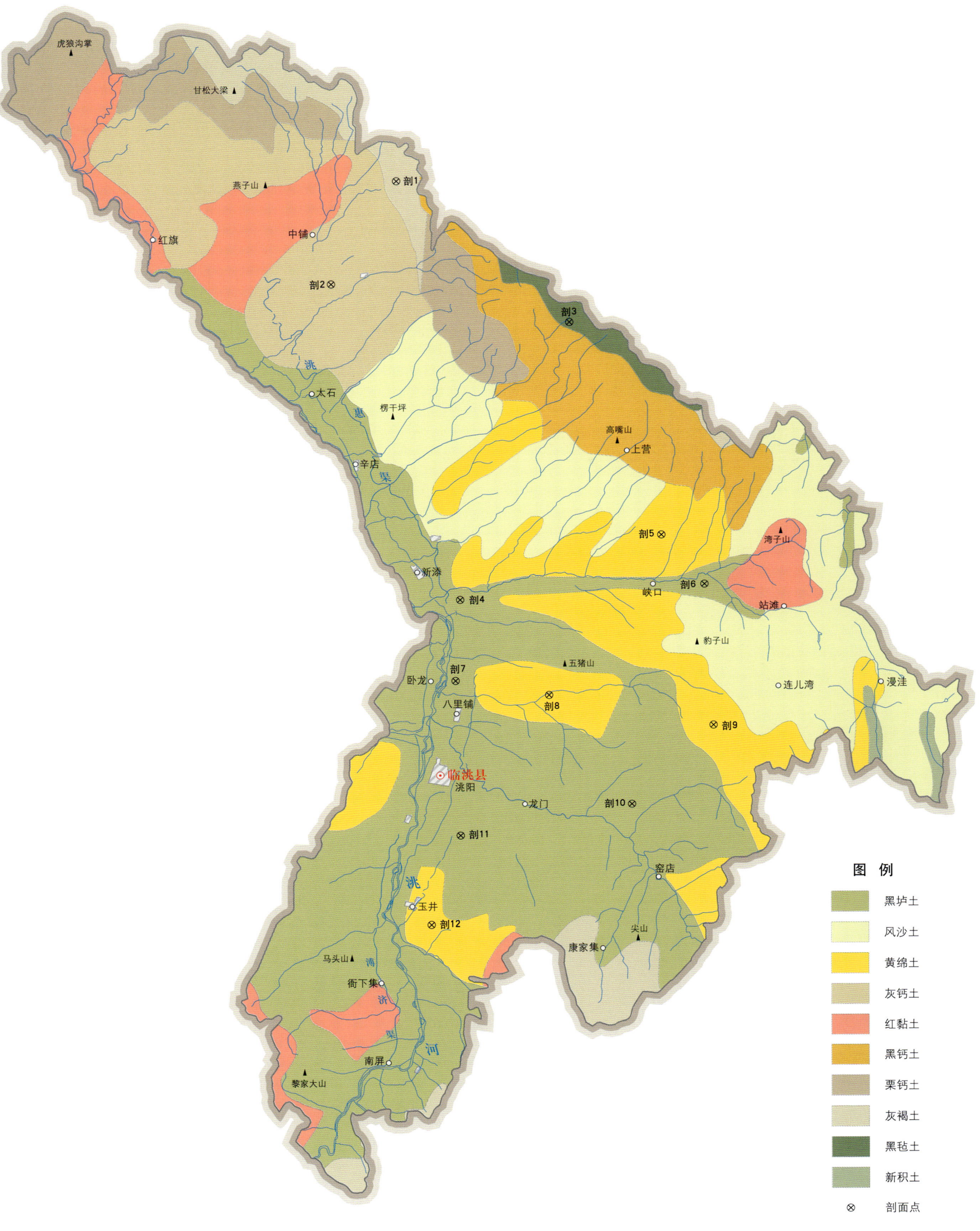

临洮县土壤剖面理化性状表

剖面号 Soil profile	土纲 Soil order	土类 Soil great group	亚类 Soil subgroup	土属 Soil genus	土种 Soil species	土层码 Layer code	土层厚度 Depth/cm	颜色 Soil color	质地 Soil texture	土壤结构 Soil structure	pH	有机质 OM/(g/kg)	全氮 TN/(g/kg)	全磷 TP/(g/kg)	全钾 TK/(g/kg)	阳离子交换量CEC/(cmol/kg)	土壤母质 Parent material	剖面点坐标 Profile coordinate	匹配指数 Matching index/%
剖1	半淋溶土	灰褐土	淋溶灰褐土	淋溶灰褐土		1	0—4	黑色		粒状、块状	7.3	150.9	7.02	0.59		42.5	风积黄土、坡积物、残积物	E 103°48′47.1″ N 35°49′34.4″	73
						2	4—7	栗色	中壤土	粗粒状	7.1	107.3	4.48	0.44		33.0			
						3	7—10	栗色	砂壤土	屑粒状	7.5	36.5	1.52	0.22		26.0			
						4	10—29	棕色	砂壤土		8.3	21.1	1.20	0.28		26.0			
						5	29—40	暗棕色	中壤土		8.4	19.0	0.93	0.24		17.8			
						6	40—												
剖2	干旱土	灰钙土	灰钙土	山地灰钙土		1	0—5	灰黄色	中壤土	块状	7.9	3.8	0.24	0.51		7.5	风积黄土、坡积物、残积物	E 103°45′20.2″ N 35°44′53.0″	92
						2	5—20	灰黄色	轻壤土		8.3	2.6	0.22	0.52		8.5			
						3	20—60	灰黄色	中壤土	大块状	8.3	2.3	0.19	0.56		8.5			
						4	60—130	灰黄色	中壤土	大块状	8.6								
剖3	高山土	黑毡土	黑毡土			1	0—8	黑色	中壤土	团粒状	7.6						冰积物、坡积物、黄土	E 103°58′09.3″ N 35°43′16.3″	91
						2	8—33	黑棕色	中壤土	团粒状	7.6	64.6	3.13	0.69		35.0			
						3	33—55	暗棕色	中壤土		7.6	46.1	2.14	0.64		27.5			
						4	55—												
剖4	钙层土	黑垆土	黑垆土	水川麻土	水川红麻土	1	0—19		中壤土		8.4	7.0	0.51	0.54	17.1	14.3	洪冲积物	E 103°52′25.8″ N 35°30′36.7″	93
						2	19—29		中壤土	块状	8.4	4.9	0.39	0.45	17.1	15.3			
						3	29—110		中壤土	块状	8.5	4.2		0.52	17.4	15.5			
剖5	初育土	黄绵土	黄绵土		水台黄绵土	1	0—19		砂壤土		8.0	3.4	0.24	0.54	15.9	7.9	风积黄土	E 104°03′10.8″ N 35°33′39.6″	78
						2	19—29		砂壤土		8.1	2.1	0.21	0.56	15.6	8.4			
						3	29—104		中壤土		8.2	2.4	0.27	0.54	15.8	8.4			
剖6	钙层土	黑垆土	黑垆土	水川麻土	水川红麻土	1	0—24	棕灰色	中黏土	粒状、块状	7.8	16.7	1.17	0.64		18.1	洪冲积物	E 104°05′30.2″ N 35°31′26.0″	86
						2	24—37	棕灰色	中黏土	块状	8.0	14.0	1.06	0.60		18.7			
						3	37—90	灰棕色	中黏土	块状	8.1	12.9	0.98	0.59		23.8			
						4	90—150	棕色	重壤土	块状	8.1	10.2	0.76	0.51		21.3			
剖7	初育土	黄绵土	黄绵土	水川麻土	水川红麻土	1	0—20	棕色	重壤土	块状、块状	8.0	11.6	0.89	0.59		11.9	洪冲积物	E 103°52′13.4″ N 35°26′56.0″	96
						2	20—31	棕色	重壤土	块状	8.0	10.4	0.84	0.58		12.2			
						3	31—50	灰棕色	砂壤土	块状	8.0	5.6	0.76	0.55		13.1			
						4	50—150	棕色	中壤土	块状	8.1	7.4	0.61	0.56		15.3			
剖8	初育土	黄绵土	黄绵土	黄绵土	水台黄绵土	1	0—20		轻壤土	小块状	8.2	6.2	0.45	0.54		8.0	风积黄土	E 104°05′14.0″ N 35°26′19.7″	78
						2	20—40		轻壤土	块状	8.4	3.2	0.23	0.53		7.0			
						3	40—100		轻壤土	块状	8.4	4.4	0.33	0.54		7.0			
剖9	初育土	黄绵土	黄绵土	黄绵土	山地黄绵土	1	0—16	暗灰黄色	中壤土	小块状	8.3	6.5	0.40	0.58		10.6	风积黄土	E 104°06′02.8″ N 35°25′02.1″	80
						2	16—31	灰黄色	中壤土	块状	8.2	6.9	0.44	0.60		10.6			
						3	31—62	浅黄棕色	中壤土	块状	8.3	5.1	0.37	0.56		10.2			
						4	62—100	栗色	中壤土	粒状	8.2	6.3	0.76	0.54		10.2			
剖10	钙层土	黑垆土	黑垆土	山地麻土	山地黑麻土	1	0—18	栗色	中壤土	小块状	8.6	27.7	1.92	0.76		15.8	坡积物、残积物、风积黄土	E 104°01′43.0″ N 35°21′23.4″	70
						2	18—62	暗棕灰色	中壤土	小块状	8.7	29.9	2.04	0.68	16.7	15.5			
						3	62—100	栗色	中壤土		8.8	20.4	1.29	0.61	16.7	13.1			
剖11	钙层土	黑垆土	黑垆土	山地麻土	山地黑麻土	1	0—15		中壤土		8.4	31.1	1.83	0.72	16.9	18.5	坡积物、残积物、风积黄土	E 103°52′33.8″ N 35°19′53.0″	85
						2	15—25		中壤土		8.5	30.3	1.88	0.73	17.1	21.0			
						3	25—100		中壤土		8.5	39.3	1.99	0.74	16.3	23.0			

续表 Continued

剖面号 Soil profile	土纲 Soil order	土类 Soil great group	亚类 Soil subgroup	土属 Soil genus	土种 Soil species	土层码 Layer code	土层厚度 Depth/cm	颜色 Soil color	质地 Soil texture	土壤结构 Soil structure	pH	有机质 OM/(g/kg)	全氮 TN/(g/kg)	全磷 TP/(g/kg)	全钾 TK/(g/kg)	阳离子交换量CEC/(cmol/kg)	土壤母质 Parent material	剖面点坐标 Profile coordinate	匹配指数 Matching index/%
剖12	初育土	黄绵土	黄绵土	黄绵土	水台黄绵土	1	0—20	灰黄色	轻壤土	粒状、块状	8.3	6.0	0.46	0.62	16.8	9.3	风积黄土	E 103°51′02.5″ N 35°15′50.6″	97
						2	20—38	灰黄色	轻壤土	块状	8.4	4.8	0.40	0.47	17.1	8.3			
						3	38—69	灰黄色	轻壤土	块状	8.2	4.2	0.40	0.49	16.7	8.0			
						4	69—150	灰黄色	轻壤土	块状	8.4	4.7	0.42	0.56	16.7	8.0			

漳 县

主要土类说明

山地草甸土是漳县主要土壤类型，占本县地域面积的 26%。山地草甸土是在中山山顶平台的草甸植被下形成的薄层土壤。其表层为草皮层，其下是有锈色斑纹或络合铁锰胶膜的薄层土壤，具 As–A–C–D 剖面构型。

黑垆土是漳县第二大土壤类型，占本县地域面积的 21%。黑垆土是在黄土高原上，由黄土发育而成的土壤。该土壤有机质含量低，但腐殖质层深厚。土体原位黏化，但无明显黏化层，具假菌丝状石灰累积；无盐化，多旱耕。

暗棕壤是漳县第三大土壤类型，占本县地域面积的 19%。暗棕壤是在温带湿润地区针阔叶混交林下发育形成的具有明显有机质富集和弱酸性淋溶特征的土壤，具 O–A–B–C 剖面构型。A 层有机质含量可达 200g/kg，弱酸性淋溶使铁铝轻微下移；B 层呈棕色，结构面见铁锰胶膜。土壤呈弱酸性，盐基饱和度为 70%—80%。土壤冻结期长。

灰褐土占本县地域面积的 17%。灰褐土形成于温带干旱、半干旱山地云冷杉下，腐殖质累积与钙积作用明显。该土壤表层有机质含量可达 100g/kg，表层下见暗色腐殖质层，有弱黏淀特征。B 层呈棕褐色，钙积层在 40cm 以下出现，铁铝氧化物无移动。

新积土占本县地域面积的 4%。新积土是由新近冲积、洪积、坡积、塌积或人工堆垫形成的土壤。该土壤成土期短，母质特性明显，具 A–C 或（A）–C 剖面构型。

草毡土占本县地域面积的 4%。草毡土是在高寒区（青藏高原）平缓高原面上发育形成的具强度生草腐殖质累积与弱度氧化还原特征的高山土壤。由于寒冻，蒿草根累积并弱度分解，该土壤呈草毡状。土体滞水，冻融交替，弱度氧化还原交替进行，造成该土壤氧化铁微弱游离。

红黏土占本县地域面积的 4%。深厚黄土层下，常见第三纪红色黏土（保德期红黏土）埋藏。厚层黄土层侵蚀殆尽处，红色黏土层露出，形成的母质性状明显的初育土，即红黏土。其黏粒含量高，塑性强，生物作用微弱，母质特性明显，有时夹有砂姜。

小于本县地域面积 3% 的土壤类型有黄绵土、黑毡土、棕壤、潮土和沼泽土。

本区域中心区气候特征

本区域中心区气候特征值
Regional climate characteristics in central area of the region

气候带：中温带亚湿润气候 Climate region: Mid temperate subhumid climate	
年平均气温 /℃ Annual average temperature /℃	9.0
年平均最高气温 /℃ Annual average maximum temperature /℃	15.8
年平均最低气温 /℃ Annual average minimum temperature /℃	3.9
年降水量 /mm Annual precipitation /mm	454
≥10℃的积温 /℃ Daily temperature accumulated in a year (≥10℃) /℃	3216
年日照时数 /h Annual sunshine /h	2132
年平均相对湿度 /% Annual average relative humidity /%	62
干燥度 Dryness	1.28

本区域中心区月平均气温与月平均降水量
Monthly temperature and precipitation in central area of the region

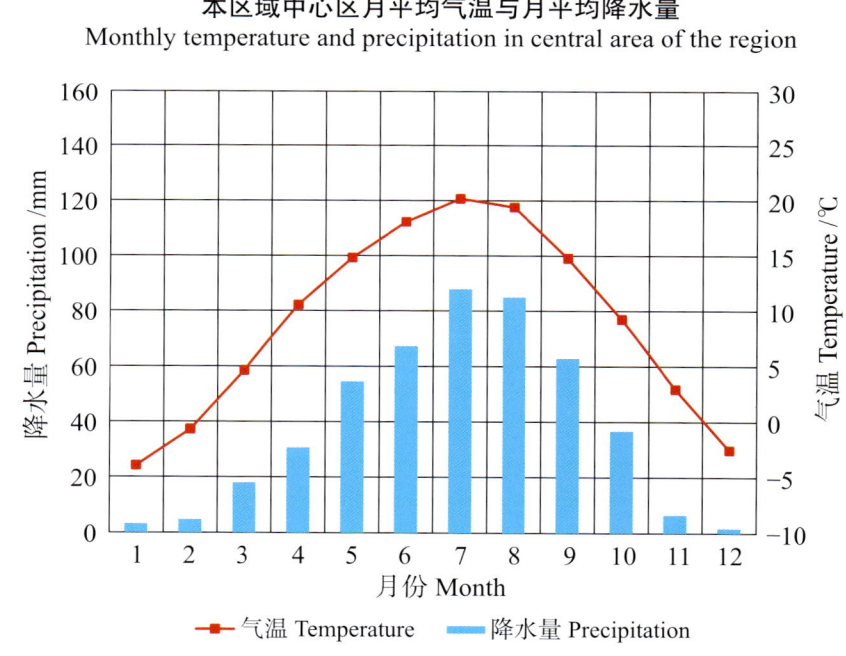

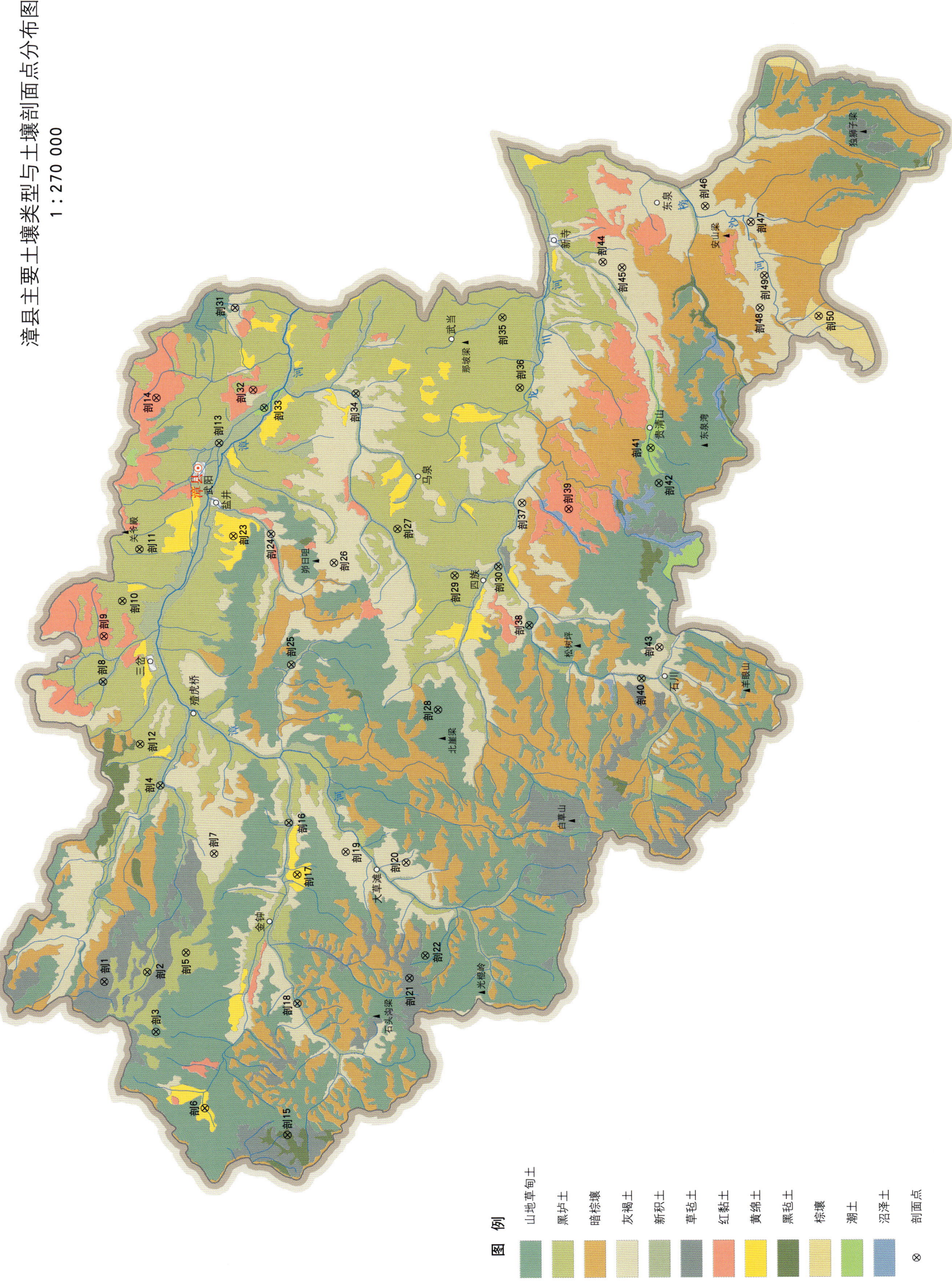

漳县土壤剖面理化性状表

剖面号 Soil profile	土纲 Soil order	土类 Soil great group	亚类 Soil subgroup	土属 Soil genus	土种 Soil species	土层码 Layer code	土层厚度 Depth/cm	颜色 Soil color	质地 Soil texture	土壤结构 Soil structure	pH	有机质 OM/(g/kg)	全氮 TN/(g/kg)	全磷 TP/(g/kg)	全钾 TK/(g/kg)	碱解氮 AN/(mg/kg)	有效磷 AP/(mg/kg)	速效钾 AK/(mg/kg)	阳离子交换量CEC/(cmol/kg)	土壤母质 Parent material	剖面点坐标 Profile coordinate	匹配指数 Matching index/%
剖1	高山土	草毡土	棕草毡土	薄草毡土		As	0—22	棕灰色	砂壤土	粒状	7.1	25.2	1.28	2.76			14.0	107		坡积物、残积物	E 104°06′05.7″ N 34°54′10.1″	93
剖2	钙层土	黑垆土	荒地黑垆土	红砂土质黑垆土型侵蚀		2	22—79	黑褐色	砂壤土	块状	6.7	70.2	5.24	1.82			2.0	32	20.5	黄土	E 104°06′30.6″ N 34°52′42.6″	83
						3	79—	浅灰黑色	砂壤土		8.1	18.0	1.41	1.18			3.0	31	21.8			
剖3	半水成土	山地草甸土	山地草甸草原土	黄土质山地草甸草原土		1	0—5		中壤土		8.2	2.0	0.19	0.90	22.0	20	6.0	148	5.8	黄土	E 104°03′58.7″ N 34°52′24.2″	94
						2	5—20		中壤土		8.3	47.2	2.42	1.30	21.4	133	1.0	284	29.2			
						3	20—		重壤土		8.4	21.0	1.07	1.03	19.6	57	5.0	89				
剖4	初育土	新积土	河积土	河积黄土	石灰性河积黄砂土	As	0—10	浅褐色	砂壤土	团粒状	7.8	53.5	2.78	0.66	21.5		5.0	230	5.8	冲积物	E 104°00′30.8″ N 34°52′17.0″	97
						2	10—40	黑猩色	中壤土		6.7	33.1	2.16	0.57	24.9		5.0	125	29.2			
						3	40—80	棕褐色	中壤土		7.3	9.9	2.07	0.48	21.4		1.0	65				
						C	80—															
剖5	黑垆土	黑垆土	荒地黑垆土	红土质黑垆土		1	0—17	灰棕色	砂土	块状	8.7	7.5	0.71	0.48	16.1		3.0	80	5.8	黄土	E 104°07′19.9″ N 34°51′23.4″	81
						P	17—41			片层状	8.5	9.5	0.46	0.46	15.2		2.0	85	29.2			
						C	41—				7.9	0.5	0.16	0.30	14.5		1.0	25	8.3			
剖6	初育土	黄绵土	黄绵土	傻黄绵土		As	0—3		轻壤土		8.3	4.3	0.29	1.03	20.8	25	0.3	213	11.5	黄土	E 104°00′45.0″ N 34°50′43.8″	76
						2	3—12		中壤土		8.4	19.8	1.22	1.20	21.2	74	5.0	173	8.3			
						3	12—80		中壤土		8.5	4.6	0.29	0.91	21.8	23	0.3	85	10.8			
						C	80—166		中壤土		8.5	2.6	0.28	0.86	21.9	22		122				
剖7	半淋溶土	灰褐土	山地淋溶灰褐土	黄土质山地淋溶灰褐土		1	0—10	灰棕色	壤土	无明显结构	8.5	7.3	0.44	0.86	20.4		5.0	190	19.7	马兰黄土	E 104°11′34.4″ N 34°50′26.9″	74
						2	10—120	棕灰色	中壤土		8.6	7.1	0.41	0.67	19.0		2.0	140	19.2			
						3	120—		中壤土													
剖8	初育土	新积土	洪积土	洪积黄土	石灰性洪积黄土	As	0—7		中壤土	粒状、块状	7.1	51.8	2.67	1.62	21.0	55	9.0	760	22.0	洪积黄土	E 104°18′55.5″ N 34°54′15.0″	93
						2	7—14	棕灰色	中壤土	板层状	7.1	54.8	3.01	1.76	21.6	172	4.0	575	22.0			
						3	14—55	暗棕黄色	壤土	大块状	7.5	41.1	2.03	1.55	20.4	183	2.0	525	19.8			
						4	55—100		中壤土		7.9	34.6	1.85	1.98	20.6	106	2.0	336	20.0			
剖9	初育土	红黏土	红土	红土		1	0—19	棕灰色	轻壤土	粒状、块状	8.5	14.7	1.21	0.74	15.5		6.0	240	41.7		E 104°20′52.7″ N 34°54′13.1″	95
						P	19—42	灰棕黄色	轻壤土	板层状	8.6	11.6	1.27	0.74	15.4		3.0	175	23.5			
						3	42—80	灰棕黄色	轻壤土	大块状	8.6	8.8	1.52	0.75	14.8		2.0	115	18.7			
						C	80—120	灰黄色	砂壤土	无明显结构	8.6	8.0	1.53	0.74	13.4		1.0	90	22.5			
剖10	初育土	黑粘土	黑粘土	黑鸡粪土		1	0—15	浅红色	砂壤土	粒状	7.9	16.2	1.00	0.34	24.2		17.0	148	21.2		E 104°22′23.5″ N 34°53′35.5″	89
						2	15—98	浅红色	砂壤土	块状	8.8	6.3	0.30	0.23	29.4		15.0	60	19.8			
						C	98—				7.9	1.2	0.20	0.23	29.6		7.0	60	7.8			
剖11	钙层土	黑垆土	荒地黑垆土	粗骨质黑垆土型侵蚀		1	0—17	暗棕灰色	中壤土	粉粒状	8.5	14.2	1.20	0.73	20.3	86	5.0	310	8.9	黄土	E 104°24′36.4″ N 34°53′01.0″	79
						P	17—41	暗棕灰色	中壤土	块状	8.2	12.9	1.38	0.77	17.4	38	4.0	300	7.9			
						3	41—100	灰色	中壤土	大块状	8.5	10.7	1.13	0.94	17.2	34	2.0	205	14.3			
						C	100—	灰褐质黑色	粉砂质中壤土	无明显结构	8.5	11.0	0.62	1.52	20.6	22		78				
剖12	钙层土	黑垆土	荒地黑垆土	黄土质黑垆土型侵蚀		As	0—17	灰黄色	中壤土	团粒状	8.4	30.2	1.52	1.56	19.8		3.0	354	14.8	黄土	E 104°16′16.3″ N 34°52′58.8″	92
						2	17—130	灰褐色	中壤土	块状	8.5	15.9	0.82	1.42	19.6	70	0.4	118	12.8			
								灰褐色	中壤土	块状	8.2	18.9	0.93	1.81	20.0		0.3	87	15.5				
						C	130—	灰黄色			8.5	19.2	1.21	1.30	21.0		0.7	214	11.0			
											8.7	5.4	0.34	1.21	20.6	25	0.3	80	9.3			

续表 Continued

剖面号 Soil profile	土纲 Soil order	土类 Soil great group	亚类 Soil subgroup	土属 Soil genus	土种 Soil species	土层码 Layer code	土层厚度 Depth/cm	颜色 Soil color	质地 Soil texture	土壤结构 Soil structure	pH	有机质 OM/(g/kg)	全氮 TN/(g/kg)	全磷 TP/(g/kg)	全钾 TK/(g/kg)	碱解氮 AN/(mg/kg)	有效磷 AP/(mg/kg)	速效钾 AK/(mg/kg)	阳离子交换量CEC/(cmol/kg)	土壤母质 Parent material	剖面点坐标 Profile coordinate	匹配指数 Matching index/%
剖13	初育土	新积土	洪积土	洪积红土	石灰性洪积红土	1	0—12	浅红棕色	黏质砂壤土	块状	8.5	11.5	0.97	0.59	21.1		5.0	207	15.3	冲积物	E 104° 29′ 08.1″ N 34° 50′ 18.1″	100
						P	12—33	浅红棕色	黏质砂壤土	块层状	8.6	8.6	0.69	0.66	20.2		3.0	165	9.6			
						3	33—93	浅棕红色	砂壤土	大块状	8.6	6.8	0.61	0.78	20.6		2.0	145	10.0			
						C	93—	棕红色	黏土	块状	8.7	6.3	0.86	0.65	19.0		2.0	120	12.9			
剖14	初育土	红黏土	红土	红土	红土	1	0—15	棕红色	重壤土	块状	8.4	22.7	1.31	0.62	20.0		1.0	126	38.4		E 104° 31′ 03.4″ N 34° 52′ 26.8″	89
						P	15—25	浅棕红色	轻黏土	大块状	8.4	20.9	1.44	0.42	19.4		4.0	85	13.4			
						3	25—55	棕红色	轻黏土	大块状	8.4	21.6	2.74	0.35	19.0		2.0	70	31.7			
						C	55—				8.7	2.9	0.74	0.33	21.2		1.0	40	10.0			
剖15	高山土			黑毡土		Ao	0—0.5													坡积物、黄土	E 103° 59′ 38.3″ N 34° 47′ 54.5″	91
						As	0.5—15	灰褐色	轻壤土	粒状												
						3	15—30	黑灰色	轻偏中壤土	粒状												
						4	30—65	灰白色	中壤土	块状												
剖16	初育土	新积土	洪积土	洪积黑土	石灰性洪积黑土	1	0—15	灰褐色	砂土	粒状、块状	8.2	19.8		1.25	23.5			325	11.7	冲积物	E 104° 12′ 55.5″ N 34° 47′ 54.2″	94
						C	15—40	棕灰色	砂土	粒状、块状	8.0	14.3		0.98	22.7		3.0	290	10.1			
剖17	初育土	黄绵土	黄绵土	黄绵土	黑黄绵土	1	0—13	棕灰色	中壤土	粉粒状	8.5	15.4	1.17	0.82	21.4			265	35.3	马兰黄土	E 104° 10′ 41.4″ N 34° 47′ 36.8″	87
						2	13—40	棕灰色	中壤土	块状	8.5	14.2	2.50	0.73	18.1		1.0	155	58.8			
						3	40—	棕黄色	中壤土	块状	8.4	12.0	0.90	0.67	19.7		0.4	98	35.9			
剖18	初育土	新积土	河积土	河积黑土	石灰性河积黑土	1	0—13	灰黄色	砂土	粒状、块状				0.50	18.9		4.0	35	20.5	冲积物	E 104° 05′ 12.5″ N 34° 47′ 35.5″	89
						C	13—38	灰棕黄色	轻壤土	块状				0.51	18.9		1.0	73	17.3			
剖19	半淋溶土	灰褐土	山地耕种灰褐土	黄土	黄鸡粪土	1	0—15		轻壤土	块状	7.7	7.0	0.53	0.50	18.2	146	2.0	90	14.5	黄土	E 104° 11′ 40.2″ N 34° 45′ 57.6″	78
						2	15—110		中壤土	无明显结构	8.8	4.1	0.41	0.51		115			15.5			
						C	110—130				8.8	3.0	0.20			77						
剖20	半淋溶土	灰褐土	山地灰褐土	黄土质山地灰褐土		As	0—5		砂土		8.1	60.0	2.83	1.22	20.4	50	6.0	278	16.8	黄土	E 104° 11′ 13.2″ N 34° 43′ 54.5″	73
						2	5—19		中壤土		8.2	43.5	2.21	1.51	21.6		4.0	100				
						3	19—44		壤土		8.4	26.3	1.55	1.44	22.6		3.0	94				
						4	44—110		中壤土		8.5	16.5	2.50	1.38	18.6		1.0	83				
剖21	高山土	草毡土	草毡土	砂砾质山地草甸草原土		As	0—12	黑灰色	中壤土	粒状、块状	7.7	149.5	9.08	0.91	20.8		4.0	196		石灰岩	E 104° 06′ 18.0″ N 34° 43′ 46.8″	80
						2	12—27	黑灰色	砂壤土	块状	6.9	41.5	5.11	1.13	18.8		2.0	185	20.5			
						W	27—41	浅灰棕色	轻壤土	块状	7.0	110.0	2.65		18.2		3.0	90	46.6			
						C	41—52		轻壤土		7.6	18.9	1.08	0.41	20.2		2.0	110	19.7			
						R	52—															
剖22	半水成土	山地草甸土	山地草甸草原土	砂壤土		As	0—4		中壤土		7.9	73.3	3.21	1.33	21.6	44	5.0	84	25.3	石灰岩	E 104° 07′ 14.9″ N 34° 43′ 14.4″	71
						2	4—11		中壤土		7.7	56.2	2.64	1.29	21.6	255	3.0	163	24.3			
						3	11—57		中壤土		7.5	36.4	2.07	1.17	20.9	181	2.0	92	21.3			
						C	57—131		中壤土	粉粒状	7.7	9.0	0.61	0.93	21.6	41	0.3	107	20.0			
剖23	初育土	黄绵土	黄绵土	黄绵土	黄绵土	1	0—17	浅棕灰色	中壤土	粉粒状	8.5	8.4	1.35	0.65	12.9		5.0	140	22.6	马兰黄土	E 104° 25′ 10.6″ N 34° 49′ 49.1″	87
						P	17—28	浅棕灰色	砂壤土	块状	7.9	8.3	1.13	0.69	12.3		4.0	135	11.0			
						3	28—77	浅棕灰色	中壤土	块状	8.5	4.8	1.18	0.56	11.8		2.0	60	18.0			
						C	77—	棕灰色	中壤土	粉粒状	8.3	5.3	1.53	0.63	13.4		2.0	80	14.3			
剖24	初育土	新积土	河积土	河积黑土	石灰性河积砂砾土	1	0—18	黑灰色	砂壤土	粒状、块状	8.1	39.4	7.56		39.4		14.0	140	20.5	冲积物	E 104° 25′ 16.3″ N 34° 48′ 32.0″	75
						2	18—36	黑灰色	中壤土	块状	8.1	32.1	3.02		22.2		13.0	260	18.4			
						C	36—		砾质砂壤土		8.2	27.3	2.32		37.9		11.0	130				
剖25	初育土	新积土	河积土	河积砂砾土	石灰性河积砂砾土	1	0—10	灰棕色	砂土	粒状、块状	7.6	20.8	22.00				1.0	100	18.4	冲积物	E 104° 19′ 40.2″ N 34° 47′ 50.1″	99
						2	10—50				8.0	40.7	16.70				1.0	120	16.9			

续表 Continued

剖面号 Soil profile	土纲 Soil order	土类 Soil great group	亚类 Soil subgroup	土属 Soil genus	土种 Soil species	土层码 Layer code	土层厚度 Depth/cm	颜色 Soil color	质地 Soil texture	土壤结构 Soil structure	pH	有机质 OM/(g/kg)	全氮 TN/(g/kg)	全磷 TP/(g/kg)	全钾 TK/(g/kg)	碱解氮 AN/(mg/kg)	有效磷 AP/(mg/kg)	速效钾 AK/(mg/kg)	阳离子交换量CEC/(cmol/kg)	土壤母质 Parent material	剖面点坐标 Profile coordinate	匹配指数 Matching index/%
剖面26	半淋溶土	灰褐土	山地耕种灰褐土	黑黄土	黑黄砂土	1	0—14		中壤土		8.1	47.1	2.04	1.26	21.6	89	5.0	197	20.3	黄土	E 104°24′02.5″ N 34°46′23.5″	83
						P	14—34		中壤土		8.3	45.0	2.38	1.20	19.8	177	3.0	131	20.0			
						C	34—66		壤土		8.4	22.3	1.15	1.28	20.8	87	8.0	69	18.3			
剖面27	钙层土	黑垆土	黑麻土	麻土	麻鸡粪土	1	0—9	灰褐色	中壤土	粒状、块状	8.5	11.5	0.82	0.69	20.2		5.0	170	10.0	黄土	E 104°25′29.6″ N 34°44′13.6″	86
						2	9—70	灰褐色	中壤土	块状	8.2	9.1	0.62	0.78	19.3		4.0	98	9.5			
						3	70—120	灰黄褐色	中壤土	块状	8.3	16.1	1.00	0.82	20.9		3.0	90	8.8			
剖面28	半水成土	山地草甸土	砂土质山地草甸草原土			As	0—5	灰黑色	中壤土	粒状	8.1	42.0	2.16	1.22	21.2	85	4.0	267	22.5		E 104°17′46.3″ N 34°42′50.0″	97
						2	5—12	灰黑色	中壤土	粒状、块状	8.0	32.8	1.75	1.31	20.0	160	2.0	71	25.5			
						3	12—55	灰黄色	中壤土	块状	7.5	29.4	1.60	1.06	21.4	126	2.0	102	22.5			
						C	55—114		重壤土		8.1	9.8	0.57	0.85	22.0	121	0.4	83	19.8			
剖面29	钙层土	黑垆土	麻土		红鸡黄土	1	0—12	红色	中壤土	粒状、块状	8.0	7.6	0.46	0.55	19.2		16.0	225		黄土	E 104°23′30.8″ N 34°42′16.6″	73
						P	12—28	红色	中壤土	片块状	8.3	3.2	0.27	0.62	17.9		15.0	155				
						3	28—115	红色	重黏土	棱块状	8.2	2.2	0.28	0.54	15.7		12.0	120				
						C	115—		轻黏土													
剖面30	初育土	新积土	河积黄土		石灰性河积黄土	1	0—12	灰棕色	轻壤土	块状	8.0	15.9	0.96	0.72	19.6		12.0	310	11.1		E 104°23′53.8″ N 34°40′47.8″	95
						P	12—25	灰棕色	轻壤土	板块状	7.4	9.4	0.65	0.63	17.6		8.0	115	9.0			
						3	25—90	深灰棕色	轻偏砂壤土	块状												
剖面31	半淋溶土	灰褐土	粗骨质山地淋溶灰褐土			1	0—3	黑褐色	砂砾土		7.6	47.0	12.17	0.69	17.9		6.0	410	46.8	冲积物	E 104°34′55.6″ N 34°49′46.0″	82
						2	3—17	黑褐色	砾质土		7.9	43.6	5.34	0.28	19.3		3.0	120	31.8			
						3	17—20		砂土		7.4	28.0	1.42	0.50	19.8		3.0	210	52.1			
剖面32	初育土	红黏土	红土		红砂砾土	1	0—11	浅红色	砂土	粒状	8.5	11.4	0.98	0.46	19.8		4.0	126	13.4		E 104°31′24.6″ N 34°49′09.1″	92
						2	11—67	浅黄红色	砂壤土		8.6	8.0	0.84		19.1		3.0					
						C	67—69															
剖面33	半水成土	潮土	淀潮土			1	0—8	棕色	砂壤土	块状	8.9	8.5	1.38	0.82	19.1		6.0	300	8.8		E 104°30′38.5″ N 34°48′46.4″	85
						P	8—12	灰黄色	砂壤土	片状块状	8.6	7.2	1.06	0.65	20.7		2.0	120	8.3			
						W	12—90	灰黄色	砂壤土	块状	8.7	6.0	1.33	0.85	19.2		1.0	470	8.8			
剖面34	初育土	新积土	洪积红土			1	0—12	灰红棕色	轻偏砂壤土											河流冲积物	E 104°31′15.2″ N 34°45′38.7″	74
						C	12—		粗砂砾质土													
剖面35	钙层土	黑垆土	黑麻土		白鸡粪土	1	0—15	灰黄棕色	中壤土	粉粒状	8.3	18.5	1.10	0.81	18.8		20.0	132	13.4	黄土	E 104°34′31.4″ N 34°40′39.7″	80
						2	15—30	灰黄棕色	中壤土	块状	8.5	18.5	1.20	0.67	18.4		16.0	110	14.3			
						3	30—110	灰黄色	中壤土	棱块状	8.6	5.8	0.40	0.63	18.7		4.0	110	6.3			
剖面36	钙层土	黑垆土	砂砾质黑垆土型侵蚀			1	0—15	黑色	轻壤土	棱块状	8.3	56.6	2.85	1.29	21.6	135	1.0	360	18.5	黄土	E 104°31′30.7″ N 34°40′04.1″	82
						2	15—21	灰黑棕色	中壤土	块状	8.5	29.6	1.68	1.33	22.0	84	4.0	92	16.0			
						C	21—				7.6	6.4	0.37	1.10	21.6	26	1.0	67	10.0			
剖面37	半淋溶土	灰褐土	荒地黑冉侵蚀			Ao	0—10	黑褐色	中壤土	粉粒状	7.8	28.6	14.58	1.05	11.9		1.0	200	80.8		E 104°26′36.6″ N 34°39′59.8″	98
						2	10—45	黑褐色	中壤土	粒状	7.5	21.3	9.84	1.10	17.9		6.0	112	50.6			
						3	45—65	浅黑褐色	中壤土	粉粒状	7.5	18.2	4.41	0.92	19.8		3.0	52	18.5			
						4	65—		粗砂砾质土		8.2	17.7	4.05	0.74	24.1		2.0					
剖面38	半水成土	山地草甸土	山地耕种草甸草原土	大黑土	大黑砂土	Ao	0—20	浅黑灰色	粗砂砾土	块状	7.2	19.3	1.40	0.34	21.0		4.0	68	16.0		E 104°21′22.7″ N 34°39′44.3″	75
						2	20—58	灰黑色	粗砂土		7.2	5.9	0.31	0.22	19.7		3.0	53	10.0			
						C	58—															
剖面39	初育土	红黏土	黑红土	黑红土		1	0—14	浅红色	轻黏土	棱块状	7.7	8.9	0.65	0.44	24.1		16.0	180	21.8	红土	E 104°26′21.5″ N 34°38′24.0″	75
						2	14—95	浅红色	重黏土	棱块状	7.3	2.9	0.37	0.37	25.0		16.0	158	19.0			
剖面40	初育土	新积土	河垫土	河垫黑土		1	0—12	浅灰黑色	轻壤土	粉粒状	7.9	34.7	1.88	0.71	17.5			90	19.2		E 104°19′07.9″ N 34°35′55.2″	80
						2	12—45	浅灰黑色	轻壤土	块状	8.2	36.2	2.03	0.69	18.2			78	19.2			

续表 Continued

剖面号 Soil profile	土纲 Soil order	土类 Soil great group	亚类 Soil subgroup	土属 Soil genus	土种 Soil species	土层码 Layer code	土层厚度 Depth/cm	颜色 Soil color	质地 Soil texture	土壤结构 Soil structure	pH	有机质 OM/(g/kg)	全氮 TN/(g/kg)	全磷 TP/(g/kg)	全钾 TK/(g/kg)	碱解氮 AN/(mg/kg)	有效磷 AP/(mg/kg)	速效钾 AK/(mg/kg)	阳离子交换量 CEC/(cmol/kg)	土壤母质 Parent material	剖面点坐标 Profile coordinate	匹配指数 Matching index/%
剖41	半水成土	潮土	黑潮土	黑潮土	黑潮土	1	0—17	黑色	砂壤土	块状	7.7	25.7			18.7			75	17.0	河流冲积物	E 104°28′57.3″ N 34°35′37.3″	98
						2	17—63	灰棕色	中壤土	粒状、块状	7.3	23.6			18.1			60	21.2			
						3	63—															
剖42	半水成土	山地草甸土	山地耕种草甸草原土	黑土	大黑土	1	0—7	黑棕色	砂偏中壤土	粒状、块状	7.9	10.5	1.39	0.54	18.1		4.0	58	17.0		E 104°27′27.8″ N 34°35′20.0″	74
						P	7—18	灰棕色	砂壤土	块状	7.3		1.35	0.55			2.0					
						3	18—49		砂壤土				1.46	0.53	20.7		1.0					
						C	49—															
剖43	半淋溶土	灰褐土	山地耕种灰褐土	黄土	黄砂土	1	0—10	灰褐色	中壤土	粒状	7.3	23.0		0.54	16.3			120	24.5	黄土	E 104°20′27.4″ N 34°35′18.4″	73
						2	10—40	灰褐色	中壤土	粒状	7.0	14.9		0.48	15.9			78	18.9			
						3	40—70	黄红色	中壤土	粒状	8.0	1.4		0.32	13.6			65	6.6			
剖44	半淋溶土	灰褐土	山地耕种灰褐土	黄土	黄土	1	0—14	黄褐色	中壤土	粒状、块状	7.5	10.7		0.92	20.5			190	19.4	黄土	E 104°36′52.9″ N 34°37′14.5″	98
						P	14—30	黄褐色	中壤土	粒状、块状	8.0	10.9		0.73	17.8			190	19.1			
						3	30—66	灰黄色	中壤土	片状	8.1	12.7		0.89	21.1			140	17.5			
剖45	半淋溶土	灰褐土	山地淋溶灰褐土	石质山地淋溶灰褐土		As	0—5		中壤土		8.2	44.1	2.25	1.04	21.6	148	3.0	236	22.0		E 104°36′39.1″ N 34°36′35.8″	97
						2	5—11		中壤土		8.4	22.1	1.16	0.90	22.8	52	2.0	103	17.0			
						3	11—33		中壤土		8.3	19.3	0.75	0.95	21.0	82	1.0	92	16.3			
剖46	半淋溶土	灰褐土	山地灰褐土	砂砾质山地灰褐土		Ao	0—5		壤土		8.3	38.6	2.17	1.46	19.8	108	4.0	222	18.0	坡积物、残积物	E 104°39′15.6″ N 34°33′46.0″	70
						2	5—15		中壤土		8.3	27.5	1.66	1.31	20.5	77	3.0	71	20.5			
						3	15—50		重壤土		8.4	19.2	1.21	1.31	19.2	69	2.0	68	15.8			
剖47	半淋溶土	灰褐土	山地灰褐土	粗骨质山地灰褐土		As	0—5		轻壤土		8.1	84.8	4.17	1.74	20.2	196	7.0	163	25.5	角砾岩坡积物	E 104°38′35.3″ N 34°32′12.5″	87
						2	5—16		中壤土		8.3	46.6	2.80	1.68	21.6	126	3.0	88	19.3			
						3	16—50		中壤土		8.1	23.6	1.26	1.29	18.6	59	5.0	78	15.0			
						C	50—100		中壤土	粉状	8.5	4.4	0.38	1.08	18.0	25	1.0	46	9.0			
剖48	半淋溶土	灰褐土	山地耕种灰褐土	黑黄土	黑黄土	1	0—7	灰黄色	壤土	粉状	7.3	20.9	2.01	0.87	20.1		4.0	160	39.6	黄土	E 104°36′57.4″ N 34°31′53.8″	100
						P	7—25	棕黄色	中壤土	块状	7.3	19.0	2.11	0.71	23.5		4.0	175	41.4			
						3	25—100	棕黄色	中壤土	核块状	7.3	16.4	1.31	0.77	19.7		2.0	98	18.9			
						C	100—	灰棕黄色		粉状												
剖49	半淋溶土	灰褐土	山地耕种灰褐土	石质山地灰褐土		As	0—3	黑黄色	中壤土	粒状、块状	8.2	42.0	2.39	1.46	22.0	112	3.0	250	17.8		E 104°36′19.4″ N 34°31′45.1″	88
						2	3—9	浅黄色	中壤土	片状	8.3	43.2	1.39	1.39	20.6	120	4.0	118	17.3			
剖50	淋溶土	棕壤	棕壤	棕黄土	棕黄土	1	0—10	黑黑色	中壤土		7.4	77.0	4.16	1.02	20.8		5.0	80	39.6	黄土状沉积物、砂、土残积物	E 104°34′36.4″ N 34°29′53.9″	98
						2	10—30	棕灰色	中壤土		7.5	82.0	4.54	1.12	20.2		3.0	60	41.4			
						3	30—75		轻黏土	核块状	7.6	11.9	0.65	0.53	21.0			38	18.8			

岷 县

主要土类说明

灰褐土是岷县主要土壤类型，占本县地域面积的22%。灰褐土形成于温带干旱、半干旱山地云冷杉下，腐殖质累积与钙积作用明显。该土壤表层有机质含量可达100g/kg，表层下见暗色腐殖质层，有弱黏淀特征。B层呈棕褐色，钙积层在40cm以下出现，铁铝氧化物无移动。

黑土是岷县第二大土壤类型，占本县地域面积的18%。黑土是在温带半湿润草甸草原下发育形成的具深厚均腐殖质层的无石灰性黑色土壤，具A–ABh–BhC–C剖面构型。该土壤均腐殖质层厚30—60cm，有机质含量一般为30—60g/kg，底层具轻度滞水还原淋溶特征，见硅粉。土壤盐基饱和度在80%以上。

褐土是岷县第三大土壤类型，占本县地域面积的14%。褐土是在半湿润区发育形成的具有黏化与钙质淋移淀积特征的土壤，具A–B–Bk–C剖面构型。该土壤盐基饱和，处于硅铝风化阶段，有明显黏淀层与假菌丝状钙积层。

暗棕壤占本县地域面积的11%。暗棕壤是在温带湿润地区针阔叶混交林下发育形成的具有明显有机质富集和弱酸性淋溶特征的土壤，具O–A–B–C剖面构型。A层有机质含量可达200g/kg，弱酸性淋溶使铁铝轻微下移；B层呈棕色，结构面见铁锰胶膜。土壤呈弱酸性，盐基饱和度为70%—80%。土壤冻结期长。

黑垆土占本县地域面积的9%。黑垆土是在黄土高原上，由黄土发育而成的土壤。该土壤有机质含量低，但腐殖质层深厚。土体原位黏化，但无明显黏化层，具假菌丝状石灰累积；无盐化，多旱耕。

山地草甸土占本县地域面积的8%。山地草甸土是在中山山顶平台的草甸植被下形成的薄层土壤。其表层为草皮层，其下是有锈色斑纹或络合铁锰胶膜的薄层土壤，具As–A–C–D剖面构型。

棕壤占本县地域面积的7%。棕壤形成于落叶阔叶林下，但大部分已被垦殖，以旱作为主。该土壤处于硅铝风化阶段，具有黏化特征，呈棕色。土体见黏粒淀积，盐基充分淋失，pH一般为6.0—7.0，见少量游离铁。

黑毡土占本县地域面积的5%。黑毡土形成于青藏高原高寒略较温湿的原面上，蒿草与杂生草类的草毡层初步分解，形成初步腐殖化的暗色草根茎盘结层。该土壤色泽较深，有机质含量较高，为100—150g/kg，底土见锈色斑纹。土壤pH为6.5—8.0。

黑钙土占本县地域面积的4%。黑钙土是在温带半湿润草甸草原下发育形成的具深厚均腐殖质层和碳酸钙淋溶淀积层的土壤。该土壤均腐殖质层厚50cm左右，有机质含量为50—80g/kg。其下，钙积层明显。土壤表层pH约为7.0，逐渐往下pH为8.0—8.5。冬季冻层厚1.3—1.5m。

小于本县地域面积3%的土壤类型有草毡土。

本区域中心区气候特征

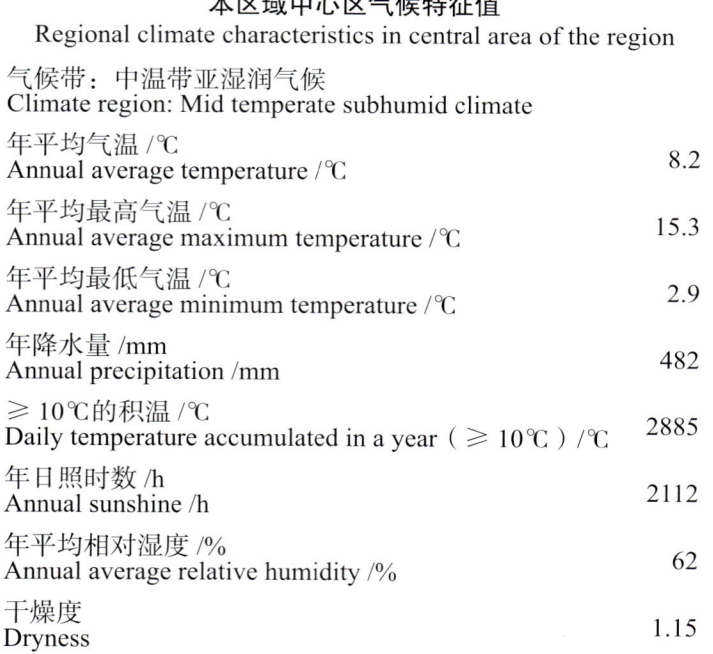

本区域中心区气候特征值
Regional climate characteristics in central area of the region

气候带：中温带亚湿润气候 Climate region: Mid temperate subhumid climate	
年平均气温 /℃ Annual average temperature /℃	8.2
年平均最高气温 /℃ Annual average maximum temperature /℃	15.3
年平均最低气温 /℃ Annual average minimum temperature /℃	2.9
年降水量 /mm Annual precipitation /mm	482
≥10℃的积温 /℃ Daily temperature accumulated in a year (≥10℃) /℃	2885
年日照时数 /h Annual sunshine /h	2112
年平均相对湿度 /% Annual average relative humidity /%	62
干燥度 Dryness	1.15

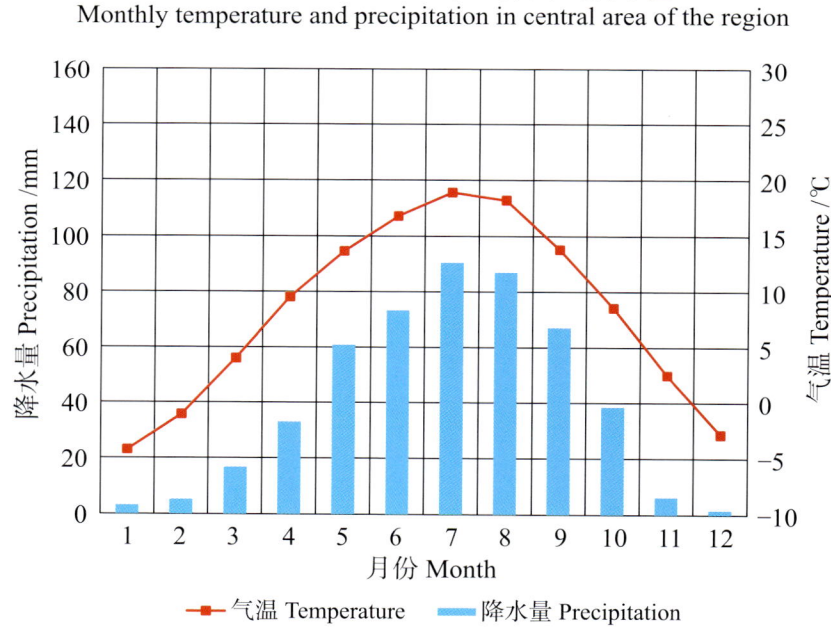

本区域中心区月平均气温与月平均降水量
Monthly temperature and precipitation in central area of the region

岷县主要土壤类型与土壤剖面点分布图

1:400 000

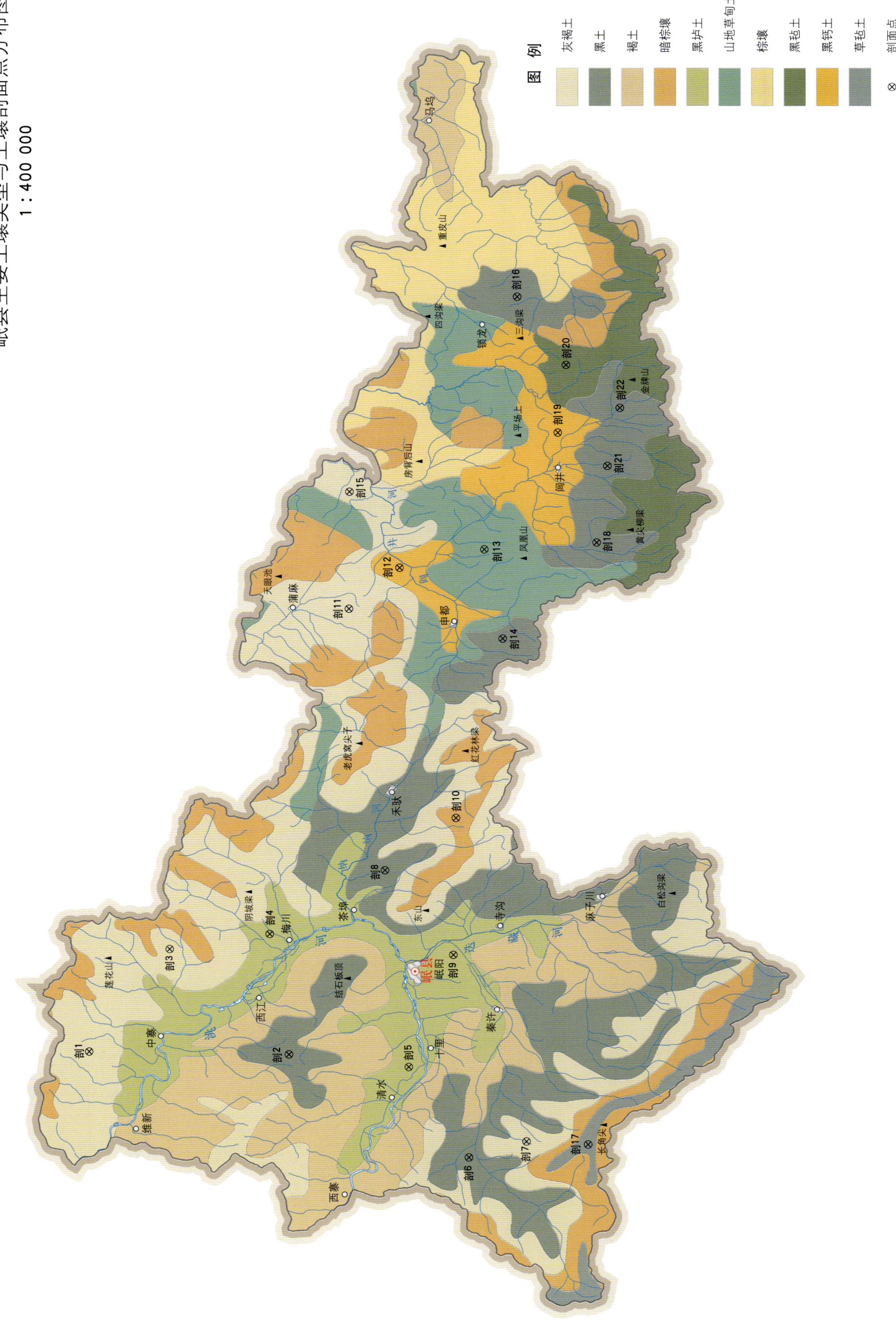

岷县土壤剖面理化性状表

剖面号 Soil profile	土纲 Soil order	土类 Soil great group	亚类 Soil subgroup	土属 Soil genus	土种 Soil species	土层码 Layer code	土层厚度 Depth/cm	颜色 Soil color	质地 Soil texture	土壤结构 Soil structure	pH	有机质 OM/(g/kg)	全氮 TN/(g/kg)	全磷 TP/(g/kg)	全钾 TK/(g/kg)	碱解氮 AN/(mg/kg)	有效磷 AP/(mg/kg)	速效钾 AK/(mg/kg)	阳离子交换量CEC/(cmol/kg)	土壤母质 Parent material	剖面点坐标 Profile coordinate	匹配指数 Matching index/%
剖1	半淋溶土	灰褐土	石灰性灰褐土	山地耕种石灰性灰褐土		1	0—19	灰褐色	中壤土	粒状	8.2	25.0	3.29	1.00	17.0		4.0	100	18.5	坡积黄土状母质	E 103°56′49.2″ N 34°42′23.4″	92
						P	19—29		中壤土	棱块状	8.3	23.2	1.75	1.10	17.0		1.0	90				
						3	29—120	褐灰色	中壤土	棱块状	8.2	26.4	1.54	0.90	18.0		2.0	80				
						4	120—178	黄棕色	中壤土	棱块状	8.2	9.8	0.77	0.50	20.0			70				
						C	178—230		中偏重壤土	块状	8.3	7.8	4.90	0.60	20.0			110				
剖2	半淋溶土	黑土	黑土	山地耕种黑土	砂砾质山地耕种黑土	1	0—16				7.2	85.9	5.60	1.50	15.0		5.0	60	35.0	残积物、坡积物	E 103°56′43.2″ N 34°32′25.1″	83
						2	16—40				7.5	66.9	3.70	1.40	15.0			40				
						3	40—61				7.2	27.4	1.80	1.20	18.0			45				
						4	61—135				7.3	13.5	1.40	0.90	18.0		1.0	30				
剖3	半淋溶土	灰褐土	淋溶灰褐土	山地淋溶灰褐土		Ao	0—7		少砾质土		7.2	79.0	6.49	2.40	20.0		6.0	100	29.0	残积物、坡积物	E 104°03′11.1″ N 34°38′24.2″	96
						2	7—30	灰褐色	中壤土		7.2	79.0	6.49	2.40	20.0		6.0	100	29.0			
						3	30—43	灰褐色	中壤土		7.3	33.1	2.24	1.50	25.0		2.0	60				
						4	43—61	灰黄色	中壤土		7.4	15.4	2.38	1.40	23.0		2.0	50				
						5	61—			粒状	7.5	16.2	1.33	1.20	25.0		1.0	40				
剖4	钙层土	黑垆土	黑垆土	山地耕种垆土	山地耕种垆土	1	0—20	灰黑色		粒状										黄土	E 104°04′09.8″ N 34°33′25.2″	90
						P	20—38	灰黑色		棱块状												
						3	38—111	暗灰黄色														
						C	111—142	棕黄色		块状												
剖5	钙层土	黑垆土	黑垆土	山地耕种垆土		1	0—20		壤土		8.3	19.9	3.30	1.20	22.0		8.0	135	13.0	风成黄土	E 103°55′59.9″ N 34°26′26.9″	84
						2	20—30		粉灰质壤土		8.4	21.6	1.50	1.50	20.0		4.0	110				
						3	30—122		粉灰质壤土		8.4	16.4	1.50	1.20	21.0		4.0	80				
						4	122—151		黏壤土		8.4	14.3	1.20	1.20	21.0		4.0	65				
剖6	半淋溶土	黑土	黑土	山地耕种垆土		1	0—12		砂砾土		7.0	55.1	3.92	1.40	16.0		4.0	115	23.0	残积物、坡积物	E 103°50′25.7″ N 34°23′24.8″	83
						2	12—28			粒状、块状	7.4	12.2	2.59	0.90	20.0		1.0	80				
						3	28—56			粒状、块状	7.4	4.1	0.56	0.80	20.0			90				
						4	56—110			粒状、棱块状	7.2	3.4	0.49	0.70	18.0		1.0	90				
剖7	半淋溶土	灰褐土	淋溶灰褐土	山地耕种灰褐土		1	0—19	灰褐色	中壤土	粒状	7.6	25.3	1.80	1.30	22.0	127	4.0	75	19.0	残积物、坡积物	E 103°51′26.6″ N 34°20′33.1″	75
						P	19—28	棕褐色	壤土		7.6	11.9	1.80	1.40	20.0	89	3.0	60				
						3	28—90	棕褐色	砂壤土		7.7	7.4	0.80	1.30	22.0	51	2.0	50				
						4	90—130		砂壤土		7.8	6.5	3.60	1.30	21.0	60	2.0	45				
剖8	半淋溶土	黑土	黑土	山地耕种黑土		1	0—20	灰黑色	粉砂质黏土		7.4	65.3	2.90	1.50	20.0		7.0	75	32.5	残积物、坡积物	E 104°08′12.2″ N 34°27′42.0″	90
						A_{11}	20—38		壤质黏土		7.6	49.4	2.80	1.40	20.0		5.0	55				
						A_{12}	38—87		壤质黏土		7.6	19.2	1.10	0.90	20.0		2.0	40				
						AC	87—112		壤质黏土		7.5	11.6	0.80	0.90	20.0		1.0	20				
剖9	钙层土	黑垆土	黑垆土	川地耕种垆土	砂砾质川地耕种垆土	1	0—16	灰色	中壤土	碎粒状	8.0	22.4	1.30	1.50	18.0	94	36.0	445	11.0	风成黄土	E 104°02′55.8″ N 34°24′15.6″	72
						P	16—27	浅灰色	中壤土	棱块状	8.0	20.8	1.60	1.50	20.0	91	22.0	390				
						3	27—83	灰色	中壤土	棱块状	8.3	15.7	1.00	3.00	20.0	67	14.0	390				
						4	83—115		壤质砂土	块状	8.3	4.7	0.40	1.30	13.0	20	4.0	200				

续表 Continued

剖面号 Soil profile	土纲 Soil order	土类 Soil great group	亚类 Soil subgroup	土属 Soil genus	土种 Soil species	土层码 Layer code	土层厚度 Depth/cm	颜色 Soil color	质地 Soil texture	土壤结构 Soil structure	pH	有机质 OM/(g/kg)	全氮 TN/(g/kg)	全磷 TP/(g/kg)	全钾 TK/(g/kg)	碱解氮 AN/(mg/kg)	有效磷 AP/(mg/kg)	速效钾 AK/(mg/kg)	阳离子交换量 CEC/(cmol/kg)	土壤母质 Parent material	剖面点坐标 Profile coordinate	匹配指数 Matching index/%
剖10	淋溶土	暗棕壤	暗棕壤	山地暗棕壤		1	0—6	暗棕黑色	中壤土		7.4	146.0	6.51	1.60	15.0		2.0	14	43.0			90
						2	6—12	暗棕棕色		粒状	7.4	146.0	6.51	1.60	15.0		2.0	14	43.0			
						3	12—23	暗棕棕色	中壤土	粒状、片状	6.6	50.4	3.08	1.40	15.0		1.0	44				
						4	23—46	灰棕棕色	中壤土	块状、片状	5.8	15.5	1.26	0.80	15.0			20				
						5	46—64	灰黄色	中壤土	棱块状	5.4	8.2	0.63	0.60	16.0			15				
						6	64—															
剖11	半淋溶土	淋溶灰褐土	淋溶灰褐土	谷地耕种淋溶灰褐土	砂砾质谷地耕种淋溶灰褐土	1	0—20	暗灰褐色	轻壤土	团块状	7.4	24.7	2.50	1.00	20.0		2.0	40	16.0	残积物、坡积物	E 104°11′32.3″ N 34°24′10.4″	98
						2	20—31	灰棕褐色	轻壤土	团块状	7.4	23.0	1.80	1.30	20.0			30			E 104°24′32.8″ N 34°29′33.0″	
						3	31—64	灰棕褐色	中壤土	团块状	7.2	7.5	0.60	0.70	20.0			20				
						4	64—90	浅棕褐色	中壤土	块状	7.2	6.5	0.40	0.60	20.0			30				
剖12	钙层土	黑钙土	黑钙土	谷地耕种黑钙土		1	0—14	灰褐色	中壤土	粒状	8.1	35.1	2.00	1.60	20.0		10.0	115	25.0	洪冲积物、坡积物	E 104°27′06.5″ N 34°27′02.9″	82
						P	14—28	灰棕褐色	中壤土	粒状、块状	8.2	32.4	2.30	1.70	20.0		6.0	135				
						3	28—68		中壤土	棱块状	8.1	32.7	2.20	1.50	20.0		9.0	100				
						4	68—140		中壤土		8.0	34.2	1.80	1.50	20.0		10.0	80				
剖13	半水成土	山地草甸土	山地草甸土	山地草甸土		As	0—7	浅黑色		粒状	6.9	99.3	5.50	1.40	16.0		1.0	85	36.0	残积物、坡积物	E 104°28′16.0″ N 34°22′49.3″	76
						A	7—26	暗灰黑色	中壤土	核状	6.7	84.0	4.80	1.40	17.0			65				
						3	26—38	棕黄色	中壤土	片状	8.1	7.1	0.70	0.70	17.0			20				
						4	38—90	蓝黄色	砂质黏壤土		7.0	3.7	0.30	1.00	22.0			20				
剖14	半淋溶土	黑土	黑土	山地耕种黑土		1	0—20				7.6	74.1	4.20	1.50	17.0		1.0	75	36.5		E 104°27′43.0″ N 34°21′52.9″	96
						2	20—45				7.6	61.4	4.20	1.40	15.0		3.0	65				
						3	45—65				7.9	9.0	2.00	0.90	17.0		1.0	30				
						4	65—84				7.7	6.8	0.60	1.10	20.0			65				
						5	84—125				7.8	5.4	0.50	0.60	18.0		2.0	30				
剖15	半淋溶土	灰褐土	石灰性灰褐土	山地石灰性灰褐土		As	0—4	灰棕色	中壤土	粒状	8.1	22.3	1.50	1.60	25.0	104	6.0	145	18.0	坡积黄土状母质	E 104°31′49.2″ N 34°29′33.0″	84
						2	4—18	浅棕褐色	壤土	粒状	8.1	22.3	1.50	1.60	25.0	104	6.0	145				
						3	18—32	黄棕黄色	中壤土	棱块状	8.0	19.2	1.50	1.50	23.0	90	3.0	110				
						4	32—86	浅棕黄色	中壤土		8.0	0.8	0.60	1.30	23.0	38	2.0	65				
						C	86—110		壤土		8.0	4.1	0.40	1.20	21.0	32	3.0	60				
剖16	半淋溶土	黑土	黑土	山地耕种黑土		1	0—17	黑褐色	壤土	块状	7.4	69.8	3.78	1.20	15.0		4.0	30	26.0		E 104°43′59.7″ N 34°21′12.8″	90
						P	17—29		壤土	粒状	7.1	53.2	5.81	1.20	12.0		2.0	30				
						3	29—42			片状	7.0	28.6	1.61	0.90	14.0		1.0	25				
						4	42—90			块状	6.8	10.1	1.19	0.70	22.0		1.0	15				
剖17	高山土	草毡土	草毡土			1	0—14	砾质黏壤土			6.2	125.5	7.10	2.60	18.0	117	3.0	180			E 103°51′17.1″ N 34°17′28.2″	70
						2	14—32				6.2	76.4	4.50	2.00	20.0	350	3.0	50				
						3	32—68				6.3	12.7	0.90	0.90	17.0	6	1.0	50				
剖18	半淋溶土	黑土	草甸黑土	山地草甸黑土		1	0—18	轻壤土			7.4	54.3	6.80	1.70	20.0		4.0	150	41.0		E 104°28′43.1″ N 34°17′13.0″	100
						2	18—39			核状	7.5	89.4	4.10	1.80	15.0		2.0	9				
						3	39—42		中壤土	核状	7.4	7.6	0.70	0.90	14.0		2.0	55				
						4	90—120				7.5	5.6	0.40	1.00	26.0		2.0	80				
剖19	钙层土	黑钙土	黑钙土			1	0—25	灰黑色	轻壤土	核状		52.9	3.20	1.40	20.0		1.0	75	24.0	坡积物、残积物	E 104°35′32.6″ N 34°19′10.2″	77
						2	25—66	暗灰黄色	中壤土	核状	7.3	27.8	2.30	1.30	25.0		1.0	65				
						3	66—97	灰黄色	中壤土		7.1	7.5	0.60	1.10	22.0		1.0	50				
剖20	高山土	黑毡土	黑毡土			1	0—15	黏砂质壤土			7.4	60.7	3.43	1.40	18.0		2.0	100	38.0	坡积物、残积物	E 104°39′46.3″ N 34°18′45.7″	80
						2	15—52	黏砂质壤土			7.1	46.2	3.29	1.30	20.0		1.0	65				
						3	52—78	黏砂质壤土			7.4	18.3	1.47	1.10	20.0		1.0	50				

续表 Continued

剖面号 Soil profile	土纲 Soil order	土类 Soil great group	亚类 Soil subgroup	土属 Soil genus	土种 Soil species	土层码 Layer code	土层厚度 Depth/cm	颜色 Soil color	质地 Soil texture	土壤结构 Soil structure	pH	有机质 OM/(g/kg)	全氮 TN/(g/kg)	全磷 TP/(g/kg)	全钾 TK/(g/kg)	碱解氮 AN/(mg/kg)	有效磷 AP/(mg/kg)	速效钾 AK/(mg/kg)	阳离子交换量CEC/(cmol/kg)	土壤母质 Parent material	剖面点坐标 Profile coordinate	匹配指数 Matching index/%
剖21	半淋溶土	黑土	黑土	坪台耕种黑土		1	0—28	灰黑色	中壤土	团粒状	7.4	58.1	1.40	0.90	18.0		6.0	65	30.0		E 104°33′28.0″ N 34°16′41.2″	83
						2	28—38	浅灰黑色		片粒状	7.2	45.7	3.40	1.40	18.0		2.0	50				
						3	38—85	棕灰色		棱状	7.3	19.1	2.60	1.40	20.0		1.0	50				
						4	85—120	灰棕黄色		棱块状	7.3	9.4	0.90	0.90	20.0		2.0	60				
剖22	半淋溶土	黑土	草甸黑土	山地草甸黑土		As	0—30	灰黑色		粒状	6.6	101.8	4.90	1.70	20.0		8.7	250	43.0		E 104°37′05.5″ N 34°16′04.8″	73
						2	30—50	灰黑色		棱状	6.5	69.3	3.50	1.40	19.0		8.7	265				
						3	50—85	灰黄色		棱块状	6.2	24.5	11.40	0.90	19.0		6.9	258				

陇 南 市

武 都 区

主要土类说明

褐土是武都区主要土壤类型，占本区地域面积的48%。褐土是在半湿润区发育形成的具有黏化与钙质淋移淀积特征的土壤，具A–B–Bk–C剖面构型。该土壤盐基饱和，处于硅铝风化阶段，有明显黏淀层与假菌丝状钙积层。土壤盐基饱和度在80%以上，有时过饱和。

棕壤是武都区第二大土壤类型，占本区地域面积的34%。棕壤形成于落叶阔叶林下，但大部分已被垦殖，以旱作为主。该土壤处于硅铝风化阶段，具有黏化特征，呈棕色。土体见黏粒淀积，盐基充分淋失，pH一般为6.0—7.0，见少量游离铁。

黄棕壤是武都区第三大土壤类型，占本区地域面积的9%。成土母质多为砂页岩及花岗岩风化物。黄棕壤形成于暖湿落叶阔叶林下，弱度富铝化，黏聚现象明显，呈黄棕色。该土壤具A–B–C或A–（B）–C剖面构型，黏粒硅铝率在2.5左右，铁的游离度较红壤低，B层交换性酸大于A层。

山地草甸土占本区地域面积的3%。山地草甸土是在中山山顶平台的草甸植被下形成的薄层土壤。其表层为草皮层，其下是有锈色斑纹或络合铁锰胶膜的薄层土壤，具As–A–C–D剖面构型。

小于本区地域面积3%的土壤类型有红黏土、水稻土、暗棕壤和潮土。

本区域中心区气候特征

本区域中心区气候特征值
Regional climate characteristics in central area of the region

气候带：北亚热带湿润气候 Climate region: North subtropical humid climate	
年平均气温 /℃ Annual average temperature /℃	14.4
年平均最高气温 /℃ Annual average maximum temperature /℃	19.6
年平均最低气温 /℃ Annual average minimum temperature /℃	10.5
年降水量 /mm Annual precipitation /mm	547
≥10℃的积温 /℃ Daily temperature accumulated in a year (≥10℃) /℃	4980
年日照时数 /h Annual sunshine /h	1768
年平均相对湿度 /% Annual average relative humidity /%	62
干燥度 Dryness	1.69

武都县主要土壤类型与土壤剖面点分布图
1∶440 000

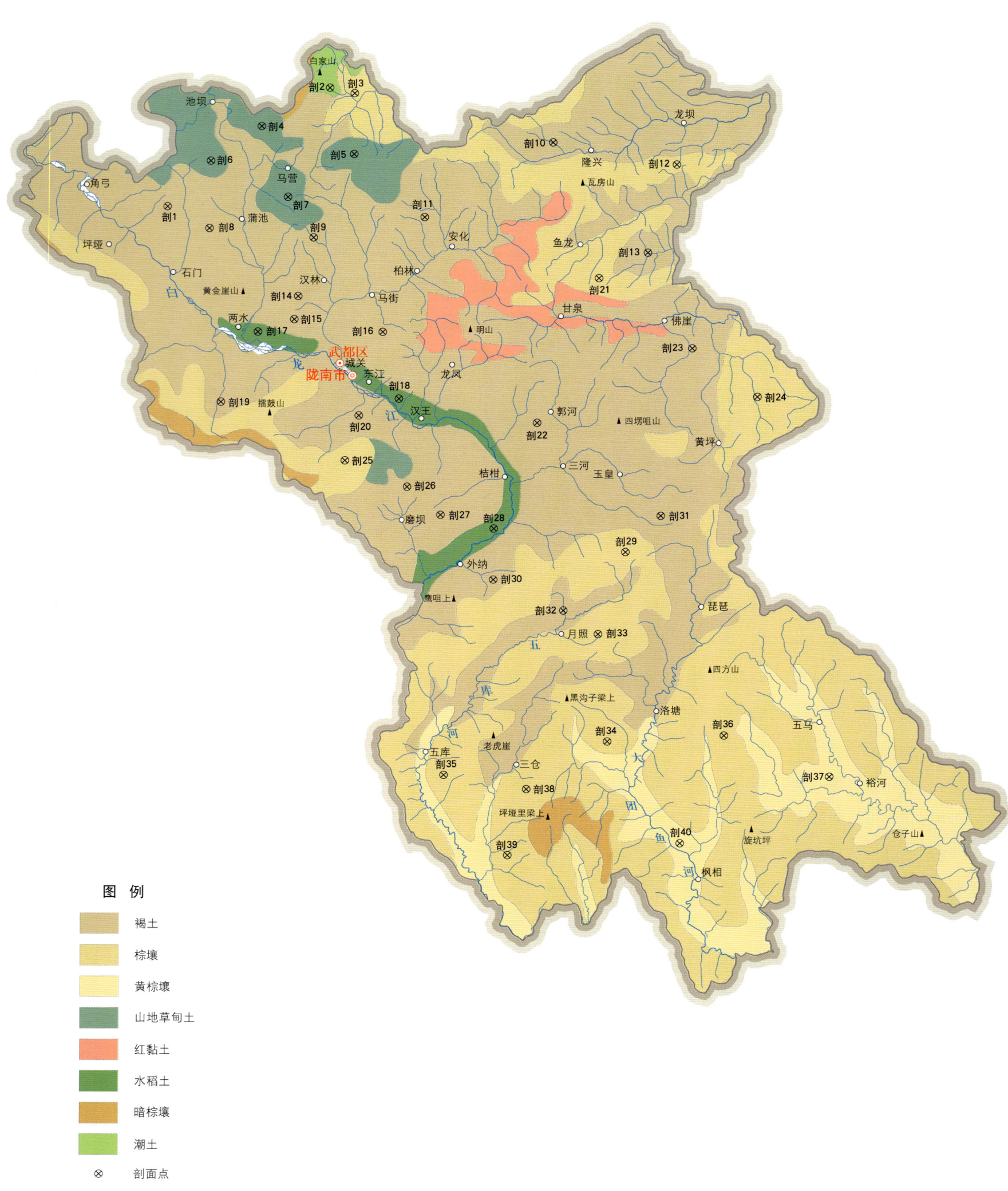

武都区土壤剖面理化性状表

剖面号 Soil profile	土纲 Soil order	土类 Soil great group	亚类 Soil subgroup	土属 Soil genus	土种 Soil species	土层码 Layer code	土层厚度 Depth/cm	颜色 Soil color	质地 Soil texture	土壤结构 Soil structure	pH	有机质 OM (g/kg)	全氮 TN (g/kg)	全磷 TP (g/kg)	全钾 TK (g/kg)	碱解氮 AN (mg/kg)	有效磷 AP (mg/kg)	速效钾 AK (mg/kg)	阳离子交换量 CEC (cmol+/kg)	土壤母质 Parent material	剖面点坐标 Profile coordinate	匹配指数 Matching index,%
剖1	半淋溶土	褐土	淋溶褐土	淋溶红砂土	淋溶红砂土	1	0—18		砂壤土		7.8	4.7	0.10	0.39	4.6	20	0.6	14		石灰性黄土、红土	E 104°43′44.5″ N 33°32′40.4″	74
						2	18—35		重壤土		7.9	5.9	0.05	0.37	10.8	35	0.3	9				
						3	35—95		重壤土		7.8	11.5	0.10	0.42	11.0	31	1.3	29				
剖2	半水成土	潮土		耕种黏质棕壤		1	0—15		砂壤土		7.7	21.9	1.12	0.97	7.9	58	2.8	242	6.8	河流洪冲积物	E 104°54′23.9″ N 33°39′26.7″	81
						2	15—35		中砾质土		7.6	16.0	0.92	0.39	12.2	45	1.3	134	6.9			
						3	35—70		重砾质土		7.6	11.8	0.69	0.40	8.6	58	1.2	210	12.8			
剖3	淋溶土	棕壤	棕壤	耕种黏质棕壤	棕壤土	1	0—15		中壤土		6.9	19.2	0.43	0.16	10.5		2.0	18	57.0	黄土	E 104°56′02.0″ N 33°39′08.3″	79
						2	15—35		轻黏土		7.1	10.8	0.28	0.18	7.3		1.2	33				
						3	35—111		中黏土		7.3	9.3	0.12	0.19	8.2		1.7	10				
剖4	半水成土	山地草甸土	山地耕种草甸土	砂质耕种草甸土	砂质耕种草甸土	1	0—22		中砾质重壤土		6.7	47.3	2.09	0.64	6.2	48	2.8	47		坡积物、残积物	E 104°49′55.6″ N 33°37′14.9″	81
						2	22—53		轻砾质土		6.7	8.5	1.04	0.42	10.6		4.0	47				
						3	53—117		中砾质土		6.7	11.3	0.88	0.24	0.7		2.5	61				
剖5	半水成土	山地草甸土	山地耕种草甸土	砂质耕种草甸土	砂质耕种草甸土	1	0—15		重砾质土		6.7	38.1	0.62	0.68	7.4	48	0.6	51		坡积物、残积物	E 104°56′00.2″ N 33°35′40.9″	76
						2	15—50		轻砾质土		6.7	36.8	0.88	0.64	6.3	146	0.2	57				
						3	50—95		中砾质土		6.8	38.6	1.05	0.97	4.6	160	0.6	81				
剖6	半水成土	山地草甸土				1	0—27		中壤土		6.6	94.3	5.40	0.74	0.9		1.5	215			E 104°46′35.1″ N 33°35′16.7″	70
						2	27—80		轻黏土		6.7	7.7	1.11	0.88	15.6		3.0	53				
剖7	半水成土	山地草甸土				1	0—20		轻壤土		7.3	38.8	2.04	0.48	6.1		1.0	94		坡积物、残积物	E 104°51′39.6″ N 33°33′14.0″	82
						2	20—30		轻黏土		7.0	44.2	3.29	0.61	8.6		1.8	111				
						3	30—89		中壤土		7.8	46.6	3.34	0.51	12.3		1.1	62				
剖8	半淋溶土	褐土	淋溶褐土	淋溶黄土	淋溶黄土	1	0—18		重壤土		7.6	14.3	0.30	0.56	8.0	45	1.1	61		石灰性黄土、红土	E 104°46′30.7″ N 33°31′27.5″	89
						2	18—35		中壤土		7.6	6.0	0.14	0.60	7.7	44	0.4	42				
						3	35—85		中壤土		7.6	6.0	0.05	0.54	8.6	43	0.6	14				
剖9	半淋溶土	褐土	石灰性褐土	砂黏质淋溶褐土	砂砾质石灰性褐土	1	0—18		重壤土		7.6	19.8	2.06	0.64	14.8	1	1.2	27		石灰性黄土、红土	E 104°53′21.5″ N 33°30′57.2″	77
						2	18—35		轻壤土		7.7	18.8	1.84	0.74	16.6		1.5	40				
						3	35—90		轻壤土		7.7	18.4	1.91	0.54	14.1		0.9	45				
剖10	半淋溶土	褐土	淋溶褐土	砂棕壤土	砂质棕壤	1	0—18		重壤土		7.2	22.2	1.30	0.46	14.3	104	0.8	42		石灰性黄土、红土	E 105°09′05.0″ N 33°36′22.3″	80
						2	18—33		轻壤土		7.4	26.1	1.80	0.90	17.6	131	1.5	146				
						3	33—93		中壤土		7.3	33.9	2.23	0.80	18.7	111	0.1	87				
剖11	半淋溶土	褐土	石灰性褐土	砂砾质石灰性褐土	砂砾质石灰性褐土	1	0—16		砂土		7.6	34.0	4.00	0.11	15.9		1.9	283		石灰性黄土、红土	E 105°00′39.4″ N 33°32′07.5″	85
						2	16—47		砂土		7.7	29.5	3.50	0.58	18.9		1.0	261				
						3	47—90		轻石质土		7.7	7.1	0.77	1.11	19.8		0.8	137				
剖12	淋溶土	棕壤	棕壤	砂棕壤	砂质棕壤	1	0—7		轻壤土		6.9	283.6	6.66	0.90	10.4		0.9	187			E 105°17′14.3″ N 33°35′07.1″	90
						2	7—15		重壤土		6.8	146.4	6.33	1.29	10.3		7.3	118				
						3	15—29		轻壤土		6.7	63.8	3.06	0.97	12.4		1.4	100				
						4	29—108		中壤质土		6.8	35.8	2.05	1.23	12.4		1.2	38				
剖13	半淋溶土	褐土	淋溶褐土	砂砾质淋溶褐土	砂砾质淋溶褐土	1	0—18		砂壤土		7.2	22.2	4.70	0.46	14.3	104	0.8	42		石灰性黄土、红土	E 105°15′20.2″ N 33°30′07.9″	90
						2	18—38		砂壤土		7.4	26.1	3.30	0.90	17.6	131	1.5	146				
						3	38—93		中黏土		7.3	33.9	2.23	0.80	18.7	111	0.1	87				
剖14	半淋溶土	褐土	淋溶褐土	黄土质淋溶褐土	黄土质淋溶褐土	1	0—37		中壤土		7.7	26.6	1.21	0.20	19.0	129	6.9	81		石灰性黄土、红土	E 104°52′21.7″ N 33°27′36.7″	98
						2	37—78		重壤土		7.8	13.8	0.67	0.30	10.9	144	6.1	57				
						3	78—131		中黏土		7.6	9.6	0.41	0.10	20.6	54	2.3	54				

续表 Continued

剖面号 Soil profile	土纲 Soil order	土类 Soil great group	亚类 Soil subgroup	土属 Soil genus	土种 Soil species	土层码 Layer code	土层厚度 Depth/cm	颜色 Soil color	质地 Soil texture	土壤结构 Soil structure	pH	有机质 OM/(g/kg)	全氮 TN/(g/kg)	全磷 TP/(g/kg)	全钾 TK/(g/kg)	碱解氮 AN/(mg/kg)	有效磷 AP/(mg/kg)	速效钾 AK/(mg/kg)	阳离子交换量CEC/(cmol/kg)	土壤母质 Parent material	剖面点坐标 Profile coordinate	匹配指数 Matching index/%
剖15	半淋溶土	褐土	石灰性褐土			1	0—20		中壤土		7.9	19.0	1.55	0.70	11.5		3.3	40		石灰性黄土、红土	E 104°52′06.2″ N 33°26′17.5″	81
						2	20—47		中壤土		7.7	15.9	1.18	0.67	12.4		2.6	50				
						3	47—108		重壤土		7.8	16.8	1.33	0.60	13.4		0.8	55				
剖16	半淋溶土	褐土	淋溶褐土	淋溶红置土	浅红土	1	0—18		中壤土		7.7	11.0	1.33	0.44	11.3	39	0.7	133		石灰性黄土、红土	E 104°57′55.1″ N 33°25′35.4″	89
						2	18—39		重壤土		7.7	27.0	1.68	0.46	11.9	30	0.7	148				
						3	39—105		中壤土		7.7	2.0	0.59	0.43	12.4	47	1.2	121				
剖17	人为土	水稻土	潜育水稻土	厚层潜育水稻土	污泥田	1	0—20		重壤土		7.7	67.2	1.20	0.04	11.4	96	6.8	71		河流冲积物、沉积物	E 104°49′44.2″ N 33°25′34.2″	79
						2	20—69		轻黏土		7.7	32.5	1.70	0.15	6.5	116	4.5	182				
						3	69—100		中黏土		7.8	33.8	1.30	0.18	16.0	62	1.8	134				
剖18	人为土	水稻土	潜育水稻土	厚层潜育水稻土	黄泥田	1	0—23		中壤土		7.8	35.8	1.52	0.84	41.1	87	0.2	86		河流冲积物、沉积物	E 104°58′59.2″ N 33°21′47.2″	77
						2	23—38		重壤土		7.8	25.8	1.69	1.02	28.5	50	1.1	18				
						3	38—75		轻黏土		7.8	29.1	1.28	0.32	24.1	46	0.9	207				
剖19	半淋溶土	褐土	淋溶褐土	砂砾质淋溶褐土	砂砾质	1	0—22		砂壤土		7.6	11.7	1.52	0.72	15.3	51	1.5	25		石灰性黄土、红土	E 104°47′18.6″ N 33°21′34.2″	95
						2	22—40		中壤土		7.6	11.8	1.30	0.64	22.9	78	0.1	40				
						3	40—100		重壤土		7.6	11.0	1.26	0.70	16.4	42	1.2	13				
剖20	半淋溶土	褐土	石灰性褐土	砂黏质石灰性褐土	砂黏质	1	0—15		砂壤土		7.8	22.3	1.29	0.63	32.4	138	0.4	119		石灰性黄土、红土	E 104°56′22.2″ N 33°20′49.2″	99
						2	15—40		中壤土		7.8	18.2	0.92	0.63	18.0	98	0.4	111				
						3	40—120		中壤土		7.7	14.7	0.67	0.32	16.8	81	1.5	100				
剖21	淋溶土	棕壤				1	0—7		轻壤土		7.7	141.0	1.63	0.15	10.2		3.7	168			E 105°12′06.9″ N 33°28′41.2″	97
						2	7—15		轻壤土		7.1	45.5	0.76	0.19	11.1		0.8	133				
						3	15—35		轻石质土		6.3	16.8	0.62	0.31	10.5		1.5	46				
剖22	半淋溶土	褐土	石灰性褐土	黏质棕壤		1	0—20		中壤土		7.3	23.2	1.33	0.87	8.1	73	8.6	50		石灰性黄土、红土	E 105°08′03.5″ N 33°20′26.2″	91
						2	20—36		重壤土		7.3	20.0	1.15	1.10	8.1	60	5.4	90				
						3	36—115				7.3	17.8	0.95	0.90	8.1	73	2.7	29				
剖23	半淋溶土	褐土	石灰性褐土	粗骨质棕壤		1	0—15		重壤土		7.8	15.3	1.10	1.06	13.5	26	2.7	142		石灰性黄土、红土	E 105°18′14.8″ N 33°24′41.0″	78
						2	15—60		中壤土		7.7	16.4	1.37	0.94	20.3	40	3.1	133				
						3	60—120		中壤土		6.8	5.7	0.47	0.40	17.6	42	2.7	148				
剖24	淋溶土	棕壤	棕壤	黏质棕壤		1	0—16		中壤土		6.3	32.4	1.66	0.10	15.3		2.2	145		黄土	E 105°22′31.4″ N 33°21′54.4″	76
						2	16—37		重黏土		6.2	22.3	1.66	0.16	15.9		0.1	30				
						3	37—79		中黏土		7.3	18.2	1.24	0.34	14.8		0.1	35				
剖25	淋溶土	棕壤	棕壤	粗骨质棕壤		1	0—20		轻石质土		6.9	34.4	2.67	0.84	16.6	55	2.1	78		石灰性黄土、红土	E 104°55′28.0″ N 33°18′16.1″	79
						2	20—35		重石质土		7.6	13.8	1.27	0.39	11.3	25	0.4	54				
剖26	半淋溶土	褐土	淋溶褐土	砂黏质淋溶褐土	黄黏质淋溶褐土	1	0—20		中壤土		7.6	18.9	0.28	0.72	7.9		14.6	104		石灰性黄土、红土	E 104°59′33.2″ N 33°16′47.4″	75
						2	20—47		重壤土		7.6	16.9	0.51	0.80	7.5		11.3	33				
						3	47—110		中壤土		7.6	17.1	0.38	0.64	10.0	53	10.2	121				
剖27	半淋溶土	褐土	淋溶褐土	黄土质淋溶褐土		1	0—18		砂壤土		7.9	42.0	2.94	1.07	16.9	80	3.6	62		石灰性黄土、红土	E 105°01′45.1″ N 33°15′11.9″	98
						2	18—39		中黏土		7.9	40.9	2.80	0.92	19.1	100	2.7	34				
						3	39—98		中黏土		7.9	40.9	2.84	0.91	21.2	37	1.7	32				
剖28	人为土	水稻土	潜育水稻土	厚层潜育水稻土	青泥田	1	0—20		重壤土		7.9	24.6	1.34	0.07	14.3	75	2.0	10	11.2		E 105°05′14.6″ N 33°14′25.4″	97
						2	20—32		中壤土		8.0	23.4	1.54	0.08	4.6	92	1.2	1				
						3	32—70		轻壤土		8.0	26.3	1.63	0.11	21.0	50	2.4	19				
剖29	淋溶土	棕壤	棕壤	砂质棕壤	砂质棕壤	1	0—13		砂壤土		6.9	35.3	2.49	0.62	6.9		1.2	81			E 105°13′52.0″ N 33°13′05.7″	83
						2	13—37		轻壤土		6.7	20.1	1.78	0.66	12.8		0.7	45				
						3	37—65		重石质土		6.9	13.4	1.77	0.74	16.0		1.3	45				

续表 Continued

剖面号 Soil profile	土纲 Soil order	土类 Soil great group	亚类 Soil subgroup	土属 Soil genus	土种 Soil species	土层码 Layer code	土层厚度 Depth/cm	颜色 Soil color	质地 Soil texture	土壤结构 Soil structure	pH	有机质 OM/(g/kg)	全氮 TN/(g/kg)	全磷 TP/(g/kg)	全钾 TK/(g/kg)	碱解氮 AN/(mg/kg)	有效磷 AP/(mg/kg)	速效钾 AK/(mg/kg)	阳离子交换量CEC/(cmol/kg)	土壤母质 Parent material	剖面点坐标 Profile coordinate	匹配指数 Matching index/%
剖30	半淋溶土	褐土	淋溶褐土			1	0—15		轻黏土		7.4	14.3	0.92	0.68	10.1	32	0.3	24		石灰性黄土、红土	E 105°05′13.4″ N 33°11′30.5″	73
						2	15—45		重黏土		7.5	11.5	0.71	0.60	8.5	40	0.4	6				
						3	45—90		重黏土		7.6	10.6	1.32	0.32	5.3	17	0.6	17				
剖31	半淋溶土	褐土	淋溶褐土	淋溶黄僵土	黄胶泥	1	0—15		中壤土		7.5	22.2	1.76	0.47	13.7	67	2.5	143		石灰性黄土、红土	E 105°16′11.2″ N 33°15′10.0″	99
						2	15—35		重壤土		7.4	22.4	1.82	0.58	13.8	114	1.2	180				
						3	35—90		中黏土		7.4	10.8	0.94	0.60	15.5	50	1.8	121				
剖32	半淋溶土	褐土	淋溶褐土	淋溶石渣土	淋溶石渣土	1	0—18		重石质土		6.9	14.5	1.39	0.73	11.8		1.8	29		石灰性黄土、红土	E 105°09′48.6″ N 33°09′45.4″	99
						2	18—39		轻石质土		6.9	9.5	1.30	0.78	9.7		1.3	33				
						3	39—43		轻石质土		7.0	6.3	0.90	0.52	8.8		0.1	44				
剖33	淋溶土	棕壤	棕壤	耕种粗骨质棕壤	耕种粗骨质棕壤	1	0—18		重石质土		6.7	20.6	1.39	0.99	15.4		1.6	194			E 105°12′05.0″ N 33°08′25.1″	81
						2	18—41		轻石质土		6.9	15.8	1.37	0.72	16.3		0.7	92				
						3	41—60		重石质土		7.0	12.4	1.28	0.86	15.7		0.8	50				
剖34	淋溶土	棕壤				1	0—15	暗黄色	中壤土	粒状	6.8										E 105°12′41.8″ N 33°02′19.0″	83
						P	15—35	棕黄色	中黏土	块状	6.4											
						3	35—150	暗棕黄色	重黏土	棱块状	6.6											
						C	150—200	浅灰黄色														
剖35	淋溶土	棕壤				1	0—19		轻石质土		6.8	20.3	1.79	0.67	16.3		0.7	53			E 105°02′00.0″ N 33°00′23.1″	79
						2	19—42		重石质土		6.8	18.3	1.38	0.66	13.0		1.2	45				
						3	42—85		重石质土		6.8	16.0	1.15	0.51	14.8		0.8	38				
剖36	淋溶土	棕壤	耕种砂质棕壤	耕种砂质棕壤		1	0—20		轻石质土		6.7	24.9	1.14	0.50	11.0		0.4	28			E 105°20′20.3″ N 33°02′39.3″	89
						2	20—51		轻石质土		6.8	23.3	1.18	0.50	12.9		0.6	93				
						3	51—92		轻石质土		7.0	11.0	1.07	0.52	16.8		0.7	47				
剖37	淋溶土	黄棕壤	黄棕壤	黏质黄棕壤	黏质黄棕壤	1	0—14		中壤土		5.5	17.7	0.97	0.32	17.9	195	9.0	86	13.9		E 105°27′13.2″ N 33°00′18.3″	83
						2	14—30		轻黏土		5.6	4.9	0.50	0.30	20.6	273	4.6	82	15.9			
						3	30—100		中黏土		5.6	1.9	0.36	0.41	20.5	291	7.7	78	13.3			
剖38	淋溶土	棕壤	棕壤	粗骨质棕壤	粗骨质棕壤	1	0—10		轻石质土		5.8	39.0	1.93	0.27	0.7		2.4	17			E 105°07′24.7″ N 32°59′35.2″	97
						2	10—30		中石质土		5.9	18.4	0.21	0.31	0.3		1.3	105				
剖39	淋溶土	棕壤				1	0—15		轻壤土		5.8	62.8	2.66	0.68	9.6		2.1	208			E 105°06′10.8″ N 32°55′47.3″	92
						2	15—40		重壤土		5.3	24.7	0.73	0.43	12.9		0.2	98				
剖40	淋溶土	黄棕壤	黄棕壤	砂质黄棕壤	砂质黄棕壤	1	0—5		重石质土		6.2	30.3	2.09	0.20	4.5		22.0	212			E 105°17′26.9″ N 32°56′28.7″	84
						2	5—20		重石质土		4.9	13.4	1.35	0.28	8.6		19.0	190				

成 县

主要土类说明

褐土是成县主要土壤类型，占本县地域面积的 80%。褐土是在半湿润区发育形成的具有黏化与钙质淋移淀积特征的土壤，具 A-B-Bk-C 剖面构型。该土壤盐基饱和，处于硅铝风化阶段，有明显黏淀层与假菌丝状钙积层。土壤盐基饱和度在 80% 以上，有时过饱和。

棕壤是成县第二大土壤类型，占本县地域面积的 14%。棕壤形成于落叶阔叶林下，但大部分已被垦殖，以旱作为主。该土壤处于硅铝风化阶段，具有黏化特征，呈棕色。土体见黏粒淀积，盐基充分淋失，pH 一般为 6.0—7.0，见少量游离铁。

黄棕壤是成县第三大土壤类型，占本县地域面积的 4%。成土母质多为砂页岩及花岗岩风化物。黄棕壤形成于暖湿落叶阔叶林下，弱度富铝化，黏聚现象明显，呈黄棕色。该土壤具 A-B-C 或 A-（B）-C 剖面构型，黏粒硅铝率在 2.5 左右，铁的游离度较红壤低，B 层交换性酸大于 A 层。土壤 pH 为 5.5—6.0。

小于本县地域面积 3% 的土壤类型有潮土和水稻土。

本区域中心区气候特征

本区域中心区气候特征值
Regional climate characteristics in central area of the region

气候带：暖温带亚湿润气候 Climate region: Warm temperate subhumid climate	
年平均气温 /℃ Annual average temperature /℃	13.5
年平均最高气温 /℃ Annual average maximum temperature /℃	18.8
年平均最低气温 /℃ Annual average minimum temperature /℃	9.4
年降水量 /mm Annual precipitation /mm	542
≥10℃的积温 /℃ Daily temperature accumulated in a year (≥10℃) /℃	4928
年日照时数 /h Annual sunshine /h	1808
年平均相对湿度 /% Annual average relative humidity /%	65
干燥度 Dryness	1.52

成县主要土壤类型与土壤剖面点分布图
1∶260 000

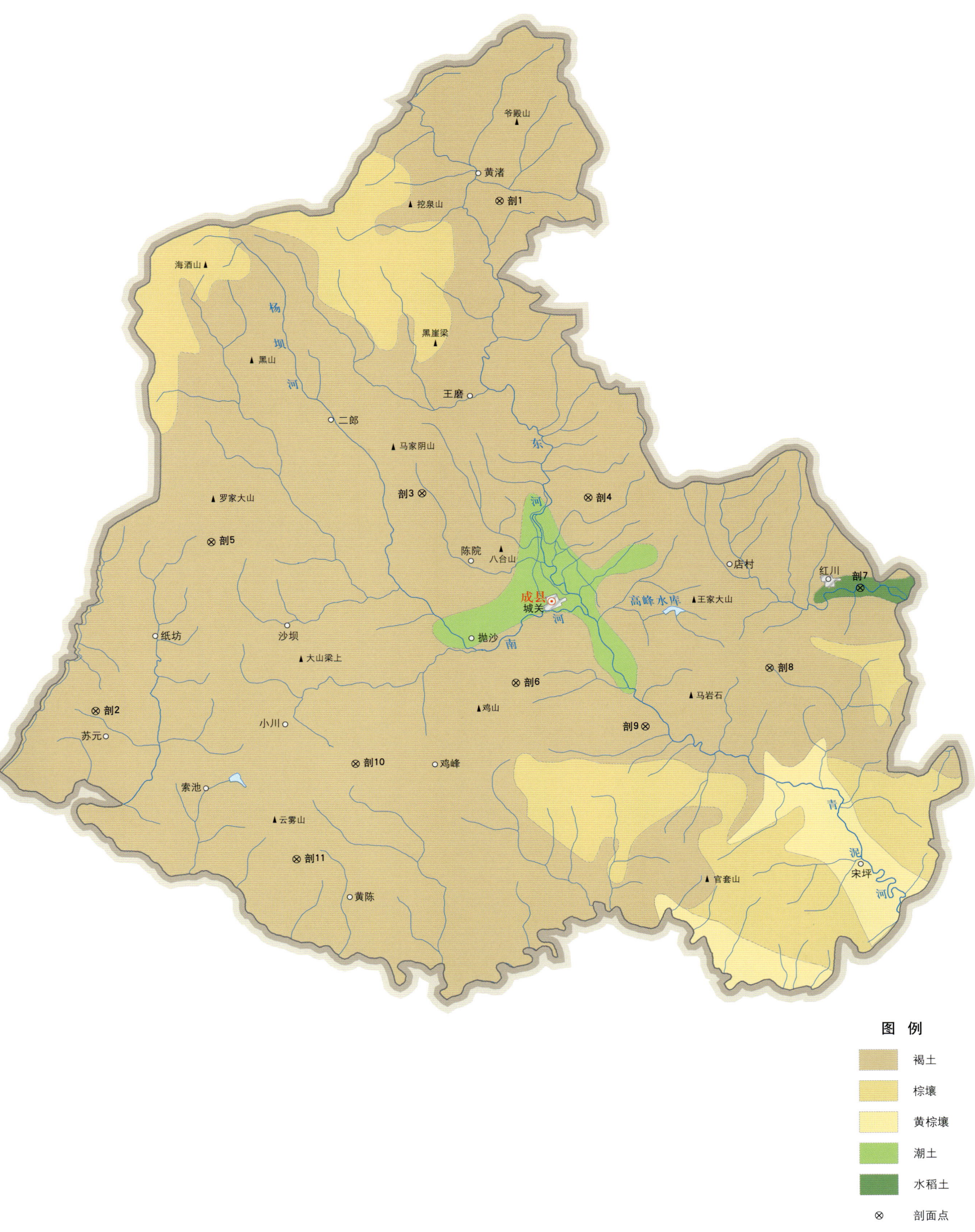

成县土壤剖面理化性状表

剖面号 Soil profile	土纲 Soil order	土类 Soil great group	亚类 Soil subgroup	土属 Soil genus	土层码 Layer code	土层厚度 Depth/cm	颜色 Soil color	质地 Soil texture	土壤结构 Soil structure	pH	有机质 OM/(g/kg)	全氮 TN/(g/kg)	全磷 TP/(g/kg)	全钾 TK/(g/kg)	有效磷 AP/(mg/kg)	速效钾 AK/(mg/kg)	阳离子交换量CEC/(cmol/kg)	土壤母质 Parent material	剖面点坐标 Profile coordinate	匹配指数 Matching index/%
剖1	半淋溶土	褐土	淋溶褐土		1	0—10	棕灰色	中壤土	粒状、团块状									黄土、砂岩、黏土、板岩、千枚岩、石灰岩风化物	E 105°41′46.3″ N 33°57′08.7″	97
					2	10—30	灰黄棕色	重壤土	粒状、块状											
					3	30—70	黄棕色	重壤土	块状											
					4	70—100	黄棕色	重壤土	块状											
剖2	半淋溶土	褐土	石灰性褐土	耕种羊脑髓土	1	0—12		中壤土		8.2	4.8	0.50	0.47	21.0	6.8	116	15.7	黄土、砂岩、黏土、板岩、千枚岩、石灰岩风化物	E 105°26′51.7″ N 33°41′11.8″	89
					2	12—44		中壤土		8.3	3.6	0.44	0.54	21.0	8.6	112	15.6			
					3	44—60		重壤土		8.3	3.2	0.41	0.49	21.4	7.1	120	15.7			
剖3	半淋溶土	褐土	淋溶褐土	黄土质淋溶褐土	1	6—26				7.3	23.3	1.52	0.56	21.0	14.0	181	20.5	黄土、砂岩、黏土、板岩、千枚岩、石灰岩风化物	E 105°38′49.9″ N 33°47′57.8″	100
					2	26—60				7.5	13.4	0.94	0.55	22.0	11.4	110	18.4			
					3	60—80				7.5	6.1	0.59	0.76	24.1	10.9	133	17.5			
剖4	半淋溶土	褐土	石灰性褐土	耕种红褐土	1	0—27		中壤土		8.0	9.6	0.80	0.65	22.5	13.7	147	16.9	黄土、砂岩、黏土、板岩、千枚岩、石灰岩风化物	E 105°44′53.1″ N 33°47′47.0″	90
					2	27—35		中壤土		8.1	4.7	0.54	0.50	22.2	4.8	88	17.0			
					3	35—78		中壤土		8.2	5.0	0.52	0.48	21.0	2.9	88	17.4			
					4	78—97		中壤土		8.1	4.9	0.56	0.50	21.5	8.6	96	18.2			
剖5	半淋溶土	褐土	淋溶褐土	耕种正黄土	1	0—28		轻壤土		8.2	9.6	0.87	0.73	21.3	9.1	185	16.3		E 105°31′08.0″ N 33°46′29.6″	95
					2	28—72		中壤土		8.3	5.3	0.60	0.60	19.7	4.6	128	14.5			
					3	72—125		中壤土		8.0	6.7	0.65	0.87	23.5	15.8	120	16.1			
					4	125—160		中壤土		8.2	4.3	0.49	0.71	23.0	12.3	94	16.5			
剖6	半淋溶土	褐土	淋溶褐土	粗骨质淋溶褐土	1	0—41		中壤土		7.9	32.8	1.91	0.36	21.3	6.6	139	27.2		E 105°42′10.8″ N 33°41′57.7″	74
					2	41—61		中壤土		8.1	23.2	1.54	0.40	21.1	2.4	87	24.6			
剖7	人为土	水稻土			1	0—14		中壤土		7.9	18.1	1.39	0.65	22.8	57.3	107	15.5		E 105°54′45.2″ N 33°44′51.3″	74
					2	14—27		中壤土		8.0	15.8	1.26	0.66	21.9	6.1	107	15.5			
剖8	半淋溶土	褐土	淋溶褐土	耕种淋溶红褐土	1	0—22		重壤土		7.6	15.8	1.36	0.62	22.1	5.8	151	20.6	黄土、砂岩、黏土、板岩、千枚岩、石灰岩风化物	E 105°51′25.2″ N 33°42′21.2″	77
					2	22—70		重壤土		7.7	8.5	0.89	0.56	22.6	2.5	112	21.0			
					3	70—120		重壤土		7.7	6.8	0.76	0.53	22.5	2.7	116				
剖9	半淋溶土	褐土	石灰性褐土		1	0—30	浅灰棕色	中壤土	粒状、块状									黄土、砂岩、黏土、板岩、千枚岩、石灰岩风化物	E 105°46′52.3″ N 33°40′33.2″	89
					2	30—55	灰黄棕色	重壤土	块状											
					3	55—95	黄棕色	重壤土	块状											
					4	95—120	浅黄棕色	重壤土												
剖10	半淋溶土	褐土	淋溶褐土	耕种淋溶黄褐土	1	0—18		重壤土		7.7	7.5	0.76	0.51	23.2	7.6	117	20.2	黄土、砂岩、黏土、板岩、千枚岩、石灰岩风化物	E 105°36′18.6″ N 33°39′27.8″	84
					2	18—23		中壤土		7.9	5.7	0.61	0.51	23.0	5.6	101	20.3			
					3	23—75		中壤土		7.4	3.2	0.48	0.47	22.1	4.2	97	20.5			
剖11	半淋溶土	褐土	石灰性褐土	耕种石渣土	1	0—23		中壤土		8.2	9.9	0.86	0.89	24.3	3.0	117	12.5	黄土、砂岩、黏土、板岩、千枚岩、石灰岩风化物	E 105°34′08.1″ N 33°36′27.4″	80
					2	23—60		中壤土		8.2	8.9	0.76	0.89	23.8	6.4	117	11.5			
					3	60—143		中壤土		8.2	6.7	0.67	0.81	24.3	3.7	92	11.0			
					4	143—165		中壤土		8.1	6.1	0.59	0.81	25.8	2.1	72	13.4			

文 县

主要土类说明

褐土是文县主要土壤类型，占本县地域面积的40%。褐土是在半湿润区发育形成的具有黏化与钙质淋移淀积特征的土壤，具A-B-Bk-C剖面构型。该土壤盐基饱和，处于硅铝风化阶段，有明显黏淀层与假菌丝状钙积层。土壤盐基饱和度在80%以上，有时过饱和。

棕壤是文县第二大土壤类型，占本县地域面积的32%。棕壤形成于落叶阔叶林下，但大部分已被垦殖，以旱作为主。该土壤处于硅铝风化阶段，具有黏化特征，呈棕色。土体见黏粒淀积，盐基充分淋失，pH一般为6.0—7.0，见少量游离铁。

暗棕壤是文县第三大土壤类型，占本县地域面积的12%。暗棕壤是在湿润地区针阔叶混交林下发育形成的具有明显有机质富集和弱酸性淋溶特征的土壤，具O-A-B-C剖面构型。A层有机质含量可达200g/kg，弱酸性淋溶使铁铝轻微下移；B层呈棕色，结构面见铁锰胶膜。土壤呈弱酸性，盐基饱和度为70%—80%。土壤冻结期长。

黄棕壤占本县地域面积的6%。成土母质多为砂页岩及花岗岩风化物。黄棕壤形成于暖湿落叶阔叶林下，弱度富铝化，黏聚现象明显，呈黄棕色。该土壤具A-B-C或A-（B）-C剖面构型，黏粒硅铝率在2.5左右，铁的游离度较红壤低，B层交换性酸大于A层。

粗骨土占本县地域面积的3%，广泛分布在河谷阶地、丘陵、低山和中山等多种地貌单元和地形部位。粗骨土属于A-C型，甚至（A）-C型土壤。A层发育不明显，与母质土层性状相似，略显有机质累积。有时母质层富含砾石，很少出现剖面分异与发育特征。

小于本县地域面积3%的土壤类型有石质土、黑土、黑毡土、水稻土、红黏土和新积土。

本区域中心区气候特征

本区域中心区气候特征值
Regional climate characteristics in central area of the region

气候带：北亚热带湿润气候 Climate region: North subtropical humid climate	
年平均气温 /℃ Annual average temperature /℃	13.5
年平均最高气温 /℃ Annual average maximum temperature /℃	19.0
年平均最低气温 /℃ Annual average minimum temperature /℃	9.5
年降水量 /mm Annual precipitation /mm	610
≥10℃的积温 /℃ Daily temperature accumulated in a year (≥10℃) /℃	4714
年日照时数 /h Annual sunshine /h	1713
年平均相对湿度 /% Annual average relative humidity /%	63
干燥度 Dryness	1.58

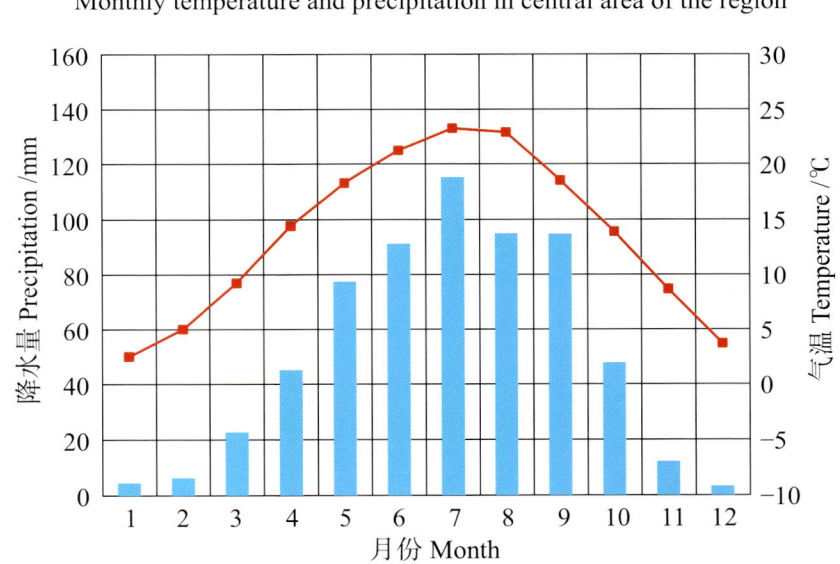

本区域中心区月平均气温与月平均降水量
Monthly temperature and precipitation in central area of the region

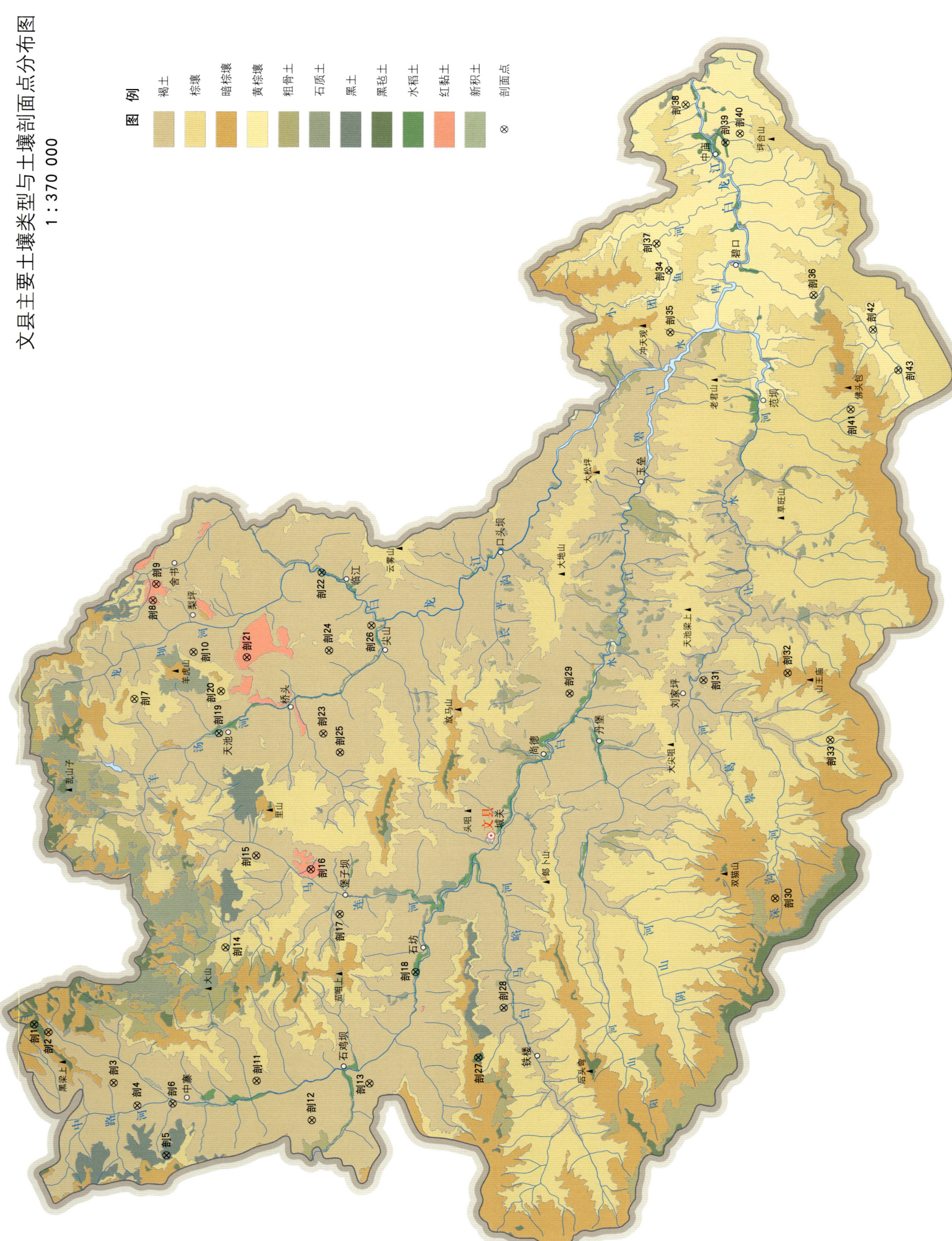

文县土壤剖面理化性状表

剖面号 Soil profile	土纲 Soil order	土类 Soil great group	亚类 Soil subgroup	土属 Soil genus	土种 Soil species	土层码 Layer code	土层厚度 Depth/cm	颜色 Soil color	质地 Soil texture	土壤结构 Soil structure	pH	有机质 OM/(g/kg)	全氮 TN/(g/kg)	全磷 TP/(g/kg)	全钾 TK/(g/kg)	有效磷 AP/(mg/kg)	速效钾 AK/(mg/kg)	阳离子交换量CEC/(cmol/kg)	土壤母质 Parent material	剖面点坐标 Profile coordinate	匹配指数 Matching index/%
剖1	高山土	黑毡土	黑毡土	黑毡土	黑毡土	As	0—10	黑褐色	中壤土	粒状	6.3	174.5	12.10	1.79	9.0	29.0	228	44.5		E 104°29′17.6″ N 33°18′47.9″	76
						2	10—23	黑色	轻壤土	粒状、块状	6.1	117.9	6.40	1.36	13.8	15.0	431	24.9			
						3	23—29	黑黄色	中壤土	粒状、块状	6.0	54.9	3.53	0.93	15.8	6.0	348	29.5			
						4	29—59	黄色	中壤土	块状	6.1	21.9	1.43	0.54	14.6	2.0		12.7			
						C	59—79	黄色													
剖2	淋溶土	暗棕壤	草甸暗棕壤	草甸暗棕壤	草甸暗棕壤	A	0—32	暗棕色	中壤土	粒状	6.4	69.1	0.56	1.04	24.4	3.0	87			E 104°28′50.2″ N 33°18′06.4″	89
						B	32—86	浅黄色	中壤土	块状	6.8	17.4	1.52	0.51	22.4	2.0	42				
						C	86—120	浅黄色	中壤土	块状	6.7	7.4	0.74	0.32	18.9	3.0	52				
剖3	半淋溶土	褐土	淋溶褐土	黄土质淋溶褐土	黄土质淋溶褐土	Ao	0—4		轻壤土		7.5		5.50							E 104°25′52.7″ N 33°14′56.4″	72
						2	4—19		中壤土		7.8	110.0	0.58	1.11	18.6	33.0	274	24.4			
						3	19—45		中壤土		7.5	49.8	0.24	0.94	17.3	15.0	230	6.4			
						4	45—150		重壤土		7.9	21.8	0.38	0.86	18.7	14.0	86	9.6			
剖4	半淋溶土	褐土	石灰性褐土	灌溉黄土	灌溉黄土	1	0—17		中壤土		8.0	28.4	1.65	3.69	17.7	78.0	280			E 104°24′33.5″ N 33°13′47.6″	93
						P	17—24		中壤土		8.4	28.5	1.78	4.11	18.7	78.0	180	13.4			
						3	24—44		中壤土		8.3	23.1	1.57	4.62	18.3	80.0	136	11.9			
						4	44—69		中壤土		8.4	3.2	1.41	4.18	20.2	70.0	115				
						5	69—		重壤土		8.4	3.0	1.35	2.70		86.0	73				
剖5	淋溶土	黑土	草甸黑土	草甸黑土	厚层草甸黑土	1	0—5	黑色	中壤土	粒状	6.1	134.8	6.60	0.75	10.4	11.0	230	11.3		E 104°21′39.6″ N 33°12′21.6″	80
						2	5—23	黑黑色	中壤土	块状	5.7	50.9	2.33	0.96	15.8	6.0	49				
						3	23—63	黑黑色	中壤土	块状	6.5	45.5	3.36	0.86	14.2	7.0	46				
						4	63—87	棕黄色	砾质土		8.1	28.5	2.21	1.74	28.7	23.0	158				
剖6	半淋溶土	褐土	石灰性褐土	灌溉黄土	灌溉夹石黄土	1	0—18		砾质土		8.1	12.5	2.07	1.52	29.1	10.0	96	9.6	洪冲积物	E 104°24′41.6″ N 33°12′05.3″	76
						P	18—36		砾质土		8.2	17.1	1.53	1.41	28.8	7.0	76	10.8			
						3	36—														
剖7		棕壤	棕壤	棕壤	生草棕壤	As	0—6	灰黑色	轻壤土	粒状										E 104°48′42.8″ N 33°14′04.6″	82
						2	6—18	灰黑黑色	重壤土	块状											
						3	18—97	浅棕黄色	重壤土	块状											
						C	97—	棕黄色	重壤土												
剖8	初育土	红黏土	中性紫红土	耕种中性紫红土	耕种中性紫红土	1	0—14		轻壤土		7.5	38.2	1.89	1.12	19.2	4.0	227	23.5		E 104°54′33.8″ N 33°13′12.2″	73
						P	14—21		中壤土		7.8	30.2	2.14	1.11	16.5	3.0	154	21.8			
						3	21—57		中壤土		7.7	29.2	1.85	1.36	17.0		200	33.3			
						4	57—141		中壤土				2.72	1.41	16.6	3.0	205	25.8			
剖9	初育土	红黏土	中性紫红土	中性紫红土	中性紫红土	1	0—23		轻壤土		7.8	47.4	2.40	0.80	8.1	18.0	96			E 104°55′32.5″ N 33°13′02.6″	86
						2	23—69		中壤土		7.7	35.8	1.44	0.14	16.9	5.0	31				
						C	69—93		中壤土		7.6	11.6	0.70	0.64	20.1	4.0	36				
剖10	半淋溶土	褐土	淋溶褐土	砂质黑土	耕种砂质黑黄土	1	0—16		轻壤土		7.2	152.7	5.58	0.76	18.8	3.0	353			E 104°51′29.9″ N 33°11′14.6″	85
						2	16—44		轻壤土		6.7	75.7	0.28	0.90	18.9	4.0	119				
						3	44—68		轻壤土		6.4	51.4	0.68	0.92	18.0	4.0	126				
剖11	半淋溶土	褐土	褐土	耕种黄垆土	耕种薄层黄垆土	1	0—22		中壤土		8.1	8.4	0.14	0.50	20.5	3.0	72			E 104°26′03.8″ N 33°08′03.1″	86
						2	22—54		中壤土			4.3	1.10	0.51	16.8	3.0	31				
						3	54—150		中壤土		8.3	5.6	5.64	0.57	18.9	3.0	61				

续表 Continued

剖面号 Soil profile	土纲 Soil order	土类 Soil great group	亚类 Soil subgroup	土属 Soil genus	土种 Soil species	土层码 Layer code	土层厚度 Depth/cm	颜色 Soil color	质地 Soil texture	土壤结构 Soil structure	pH	有机质 OM/(g/kg)	全氮 TN/(g/kg)	全磷 TP/(g/kg)	全钾 TK/(g/kg)	有效磷 AP/(mg/kg)	速效钾 AK/(mg/kg)	阴离子交换量CEC/(cmol/kg)	土壤母质 Parent material	剖面点坐标 Profile coordinate	匹配指数 Matching index/%
剖12	半淋溶土	褐土	褐土	黄土质褐土	黄土质褐土	1	0—10	黑棕色	中壤土	粒状	7.1	35.2	1.88	0.56	18.8	6.0	100			E 104°23′47.8″ N 33°05′22.2″	100
						2	10—25	灰黄色	中壤土	粒状、块状	8.0		1.46	0.30	18.7	3.0	108				
						3	25—70	灰黄色	重壤土	块状	8.0		1.40	0.70	17.2	4.0	96				
						R	70—														
剖13	半淋溶土	褐土	石灰性褐土	黄土	耕种薄层黄土	1	0—25		中壤土		8.3	14.9	1.13	0.70	21.3	4.0	362	6.7		E 104°25′57.6″ N 33°02′36.5″	71
						P	25—35		中壤土		8.4	12.6	1.05	0.69	20.4	2.0	314	7.2			
						3	35—53		中壤土		8.4	10.5	1.60	0.77	20.7	1.0	245	8.6			
						4	53—65		中壤土		8.4	10.9	0.80	0.66	19.3	2.0	222	6.7			
						5	65—				8.3	11.8		0.68	14.0	1.0	203				
剖14	淋溶土	棕壤	棕壤	耕种棕壤	耕种薄层砾石棕壤	1	0—18	棕色	轻壤土	粒状	6.5	3.5	0.48	0.42	24.2	2.0	97	10.0		E 104°33′57.2″ N 33°09′36.0″	85
						P	18—40	棕色	轻壤土	粒状											
						3	40—64	褐棕色	中壤土	块状											
						4	64—150	浅棕色	重壤土	块状											
剖15	半淋溶土	褐土	石灰性褐土	黄土	耕种薄层黄土	1	0—14		中壤土		8.4	19.0	1.90	0.62	10.0	5.0	241	14.3		E 104°39′25.6″ N 33°08′09.6″	76
						P	14—18		中壤土		8.0	9.0	1.12	0.66	22.8	5.0	206	13.7			
						3	18—37		中壤土		8.2	9.4	0.78	0.20	21.1	6.0	246	11.5			
						4	37—165		中壤土		8.2	8.2	0.36	0.56	24.3	4.0	140	19.4			
剖16	初育土	红黏土	石灰性紫红土	耕种石灰性紫红土	耕种石灰性紫红土	1	0—18		轻壤土		7.6	15.8	1.41	0.99	19.8	18.0	222			E 104°38′37.7″ N 33°05′31.2″	84
						2	18—88		中壤土		7.9	17.6	1.02	0.84	18.2	4.0	209				
						3	88—135		轻壤土		7.9	15.2	0.92	0.96	19.5	1.0	182				
剖17	半淋溶土	褐土	石灰性褐土	砾石土	耕种薄层砾石土	1	0—14		砾壤土		7.8	47.2	2.05	0.89	27.5	1.0	117			E 104°35′58.6″ N 33°04′07.0″	79
						P	14—20		砾壤土		8.0	22.4	2.20	0.70	23.9	1.0	84				
						3	20—107		中壤土		8.0	13.1	1.70	0.95	22.9	1.0	64				
剖18	人为土	水稻土	渗育水稻土	洪冲积渗育水稻土	砂质渗育水稻土	1	0—12	深灰色	重壤土	团粒状	7.9	127.3	1.84	0.99	22.2	6.0		8.4		E 104°32′33.7″ N 33°00′26.4″	92
						P	12—30	浅灰色	中壤土	片块状	8.1	45.3	1.73	0.94	24.1	3.0		5.6			
						3	30—47	浅灰色	中壤土	块状	8.2	60.9	0.93	1.26	21.5	4.0		7.9			
						4	47—65	灰棕色	中壤土	块状	8.4	23.8	0.66	0.86	20.0	2.0		6.4			
						5	65—130	红棕色	中壤土	块状	8.3	21.3	0.50	0.74	17.1	5.0		6.0			
剖19	初育土	新积土	新积土	耕种沟谷新积土	耕种沟谷新积土	1	0—25		轻砂土		8.3	15.3	1.11	0.54	17.8	4.0	209			E 104°46′41.9″ N 33°09′59.4″	73
						2	25—35		紧砂土		8.3	1.5	0.42	1.02	16.9	3.0	63				
						3	35—55		轻砂土		8.5	7.2	0.54	0.57	20.6	2.0	197				
						4	55—150		砂壤土		8.4	5.0	0.48	0.44	19.8	2.0	108				
剖20	淋溶土	棕壤	棕壤	棕壤	生草棕壤	1	0—14				6.3	19.5	2.17	0.22	18.6	7.0	496	11.4		E 104°49′11.3″ N 33°09′54.4″	99
						2	14—30		重壤土		5.9	17.2	1.03	0.26	17.3	5.0	108	17.1			
						3	30—61		重壤土		5.8	13.6	0.42	0.18	16.5	3.0	102	12.2			
						C	61—95				6.0	4.0	0.30	0.14	19.4	4.0	57	17.3			
剖21	初育土	红黏土	石灰性紫红土	石灰性紫红土	石灰性紫红土	1	0—10		重壤土		8.2	17.2	0.78	0.72	12.1	6.0	152	18.2		E 104°51′12.2″ N 33°08′39.8″	92
						2	10—35		重壤土		8.1	13.6	0.48	0.62	20.1	5.0	95	18.7			
						3	35—92		重壤土		8.1	16.6	0.45	0.59	20.9	3.0	75	19.3			
						4	92—119		重壤土		8.2	10.2	0.54	0.37	18.0	4.0	61	21.3			
						C	119—155		重壤土		8.3	12.3	0.38		16.9	4.0	90	18.8			
剖22	初育土	新积土	新积土	耕种河滩新积土	耕种河滩新积土	1	0—12				8.4	24.5	1.50			10.0	122		河流沉积物	E 104°56′14.3″ N 33°05′04.6″	84

续表 Continued

剖面号 Soil profile	土纲 Soil order	土类 Soil great group	亚类 Soil subgroup	土属 Soil genus	土种 Soil species	土层码 Layer code	土层厚度 Depth/cm	颜色 Soil color	质地 Soil texture	土壤结构 Soil structure	pH	有机质 OM/(g/kg)	全氮 TN/(g/kg)	全磷 TP/(g/kg)	全钾 TK/(g/kg)	有效磷 AP/(mg/kg)	速效钾 AK/(mg/kg)	阳离子交换量CEC/(cmol/kg)	土壤母质 Parent material	剖面点坐标 Profile coordinate	匹配指数 Matching index,%
剖23	半淋溶土	褐土	石灰性褐土	砾石土	耕种薄层砾石土	P	0–10	灰黄色		粒状										E 104° 46′ 42.2″ N 33° 04′ 58.1″	79
						3	10–14	暗黄色		块状											
							14–90	暗黄色		块状											
						4	90–144	黑黄色		棱块状											
剖24	半淋溶土	褐土	石灰性褐土	石灰性褐土	石灰性褐土	1	0–23		中壤土		8.0	53.8	3.50	0.86	10.2	14.0	159	15.5		E 104° 51′ 37.0″ N 33° 04′ 42.8″	93
						2	23–39		砾质土		8.0	27.3	2.20	0.76	0.5	1.0	62				
						3	39–90		砾质土		7.5	6.7	0.68	0.75	11.6		94				
						C	90–		松砂土		7.5	3.3	0.64				55				
剖25	半淋溶土	褐土	淋溶褐土	黑黄土	耕种黑黄土	1	0–18		中壤土		7.5	13.6	1.19	0.60	24.3	10.0	120	15.4		E 104° 45′ 35.3″ N 33° 04′ 09.5″	83
						P	18–25		中壤土		7.5	19.0	1.25	0.54	23.1	2.0	126	14.1			
						3	25–100		中壤土		7.6	12.4	0.90	0.52	23.4	4.0	108	15.5			
						4	100–145		中壤土		7.7	8.4	0.74	0.70	23.2	3.0	92	12.8			
剖26	半淋溶土	褐土	褐土性土	褐土性土	褐土性土	1	0–13		中壤土		7.6	24.8	3.30			10.0	211			E 104° 53′ 06.2″ N 33° 02′ 40.3″	80
剖27	高山土	黑毡土	棕黑毡土	棕黑毡土	棕黑毡土	As	0–3	黑色			6.5	208.1	8.35	0.82	16.5	15.0	117			E 104° 27′ 32.9″ N 32° 57′ 22.6″	88
						2	3–29	黑色		粒状	6.6	138.7	4.79	0.53	12.3	9.0	36				
						3	29–76	浅灰色		粒状	6.9	27.6	1.30	0.35	14.3	3.0	20				
						4	76–113	浅黄色		块状	7.3	30.9	1.48	0.45	14.3	3.0	29				
						5	113–158	棕黄色			8.4	10.3	0.77	0.60	13.4	8.0	162	4.9			
剖28	半淋溶土	褐土	石灰性褐土	黄土	耕种土层夹石黄土	1	0–14		轻壤土		8.5	10.1	0.61	0.58	12.7	3.0	95	4.8		E 104° 30′ 28.4″ N 32° 56′ 11.0″	97
						P	14–24		砾质土		8.5	7.1	0.56	0.61	14.7	1.0	84	4.6			
						3	24–50		砾质土		8.2	4.8	0.52	0.55	13.8	1.0	67	6.1			
						4	50–71		中壤土		7.9	3.0	0.61	0.48	14.0	1.0	78	4.9			
剖29	半淋溶土	褐土	褐土性土	褐土性土	褐土性土	1	0–23		中壤土		7.8	76.0	3.82			12.0	320			E 104° 49′ 08.4″ N 32° 53′ 06.7″	80
剖30	淋溶土	暗棕壤	暗棕壤	暗棕壤	暗棕壤	Ao	0–11	黑色		粒状										E 104° 37′ 03.1″ N 32° 43′ 08.8″	76
						2	11–33	黑色	轻黏土	粒状											
						3	33–52	黑色	轻黏土	粒状											
						4	52–89	浅棕黄色	中黏土	块状											
						C	89–		重黏土	块状											
剖31	半淋溶土	褐土	石灰性褐土	石灰性褐土	自然土壤砾石土	1	0–12	灰色	中壤土	粒状	7.7	40.7	4.32	0.96	28.1	2.0	409			E 104° 49′ 56.3″ N 32° 46′ 39.8″	86
						2	12–37	棕褐色	重壤土	块状	7.9	36.1	3.30	0.99	27.9	2.0	167				
						C	37–108	棕黄色	重黏土	块状	8.0	18.1	3.24	1.05	35.7	2.0	36				
剖32	淋溶土	暗棕壤	暗棕壤	暗棕壤	暗棕壤	1	0–15		中壤土		5.1	245.6	7.21	1.02	14.1	4.0	434			E 104° 50′ 23.1″ N 32° 42′ 36.7″	90
						2	15–57		中壤土	粒状	4.9	64.6	2.71	1.00	27.9	5.0	127				
						3	57–75		中壤土	块状	4.9	21.3	1.54	0.90	14.0	2.0	169				
						4	75–113		中壤土		5.3	3.4	1.47	0.70	14.7	4.0	56	5.3			
剖33	棕壤	棕壤	棕壤	棕壤	林灌棕壤	1	0–5	黑褐色	中壤土	粒状	7.3	102.9	3.02	0.44	13.9	7.0	134	16.3		E 104° 46′ 27.1″ N 32° 40′ 32.5″	86
						2	5–22	黑褐色	轻壤土	粒状	7.1	39.0	2.30	0.42	14.6	4.0	73	15.0			
						3	22–62	褐棕色	中壤土	棱块状	6.8	13.0	1.45	0.44	18.8	1.0	67	17.8			
						4	62–96	棕色	轻壤土	块状	7.0	15.4	1.26	0.44	18.9	1.0	65	16.4			
						C	96–120	红棕色	中壤土	块状	7.4	6.6	7.00	0.41	18.9	1.0	60				
剖34	淋溶土	黄棕壤	黄棕壤	黄棕壤	黄棕壤	1	0–25				6.6	31.7	0.98				92			E 105° 14′ 07.3″ N 32° 48′ 22.4″	85

续表 Continued

剖面号 Soil profile	土纲 Soil order	土类 Soil great group	亚类 Soil subgroup	土属 Soil genus	土种 Soil species	土层码 Layer code	土层厚度 Depth/cm	颜色 Soil color	质地 Soil texture	土壤结构 Soil structure	pH	有机质 OM/(g/kg)	全氮 TN/(g/kg)	全磷 TP/(g/kg)	全钾 TK/(g/kg)	有效磷 AP/(mg/kg)	速效钾 AK/(mg/kg)	阳离子交换量CEC/(cmol/kg)	土壤母质 Parent material	剖面点坐标 Profile coordinate	匹配指数 Matching index/%
剖35	淋溶土	棕壤	棕壤	耕种棕壤	耕种薄层棕壤	1	0—8	浅棕色	轻壤土	粒状	7.2	44.5	2.30	0.66	20.1	4.0	149	22.0		E 105°10′28.2″ N 32°48′18.7″	85
						P	8—25	浅黄棕色	中壤土	块状	7.2	39.7	1.54	0.22	16.4	2.0	65				
						3	25—43	灰黄棕色	中壤土	核块状	7.0	29.7	1.99	0.24	15.0	2.0	51				
						4	43—78	浅红棕色	中壤土	块状	7.3	14.9	0.86	0.25	16.3	1.0	77				
						C	78—	黄棕色	重壤土	块状	8.0	11.4	1.32	0.21	16.5	1.0	69				
剖36	淋溶土	黄棕壤	黄棕壤性土	黄棕壤性土	黄棕壤性土	C	10—30	灰棕色	砂壤土	粒状、块状										E 105°12′39.6″ N 32°41′24.4″	74
						R	30—	黄棕色	砾质砂土												
剖37	淋溶土	黄棕壤	黄棕壤	耕种黄棕壤	中层耕种黄棕壤	1	0—20				5.7	24.7	1.12			7.0	95			E 105°15′42.5″ N 32°48′58.0″	78
剖38	淋溶土	黄棕壤	黄棕壤	耕种黄棕壤	薄层耕种黄棕壤	1	0—20	褐黄色	中壤土	粒状	5.8	27.6	1.22	2.02	10.1	22.0	224			E 105°23′55.2″ N 32°47′32.7″	98
						2	20—59	黄棕色	重壤土	块状	5.9	3.5	0.16	0.14	10.7	3.0	58				
						3	59—150	黄棕色	重壤土		5.9	4.3	0.21	0.33	10.7	8.0	58				
剖39	人为土	水稻土	渗育水稻土	黄棕壤性渗育水稻土	砂质黄棕壤性渗育水稻土	1	0—18	灰黄色	中壤土	粒状	5.7	21.6	0.58	0.41	14.8	7.0	90			E 105°21′39.2″ N 32°45′38.5″	89
						P	18—29	灰色	轻壤土	块状	5.8	19.4	0.78	0.53	19.5	7.0	75				
						3	29—43	铁黄色	砂壤土	粒状	6.4	14.7	0.44	0.59	17.2	2.0	59				
						4	43—150	栗色	砾质壤土	粒状	6.6	11.4	0.37	0.50	16.7	1.0	58				
剖40	淋溶土	黄棕壤	黄棕壤	黄棕壤	黄棕壤	1	0—10	黄色	重壤土	粒状、块状										E 105°22′11.3″ N 32°44′56.4″	86
						2	10—62	黄棕色	轻黏土	核块状											
						3	62—100	棕褐色	中黏土	块状											
						4	100—	浅棕褐色	轻黏土	块状											
剖41	淋溶土	棕壤	棕壤性土	棕壤性土	棕壤性土	A	0—20		中壤土		6.6	47.7	2.32	0.66	22.6	6.0	88	15.7		E 105°05′54.6″ N 32°39′36.4″	98
						C_1	20—77		砾壤土		6.3	22.2	0.54	0.56	16.3	3.0	30	12.1			
						C_2	77—113		砾质土		7.1	4.7	0.62	1.02	26.0	4.0	26	13.7			
剖42	淋溶土	黄棕壤	黄棕壤	黄棕壤	黄棕壤	1	2—5	深黄褐色	轻壤土	粒状、块状	6.6	56.3	1.56			2.0	76			E 105°10′37.6″ N 32°38′32.7″	83
剖43	淋溶土	黄棕壤	黄棕壤	耕种黄棕壤	中层耕种黄棕壤	1	0—25	浅黄褐色	轻壤土	块状	6.5	20.6	1.23			1.0	134			E 105°08′13.6″ N 32°37′19.2″	87
						P	25—38	浅黄棕色	中壤土	块状											
						3	38—127	浅棕褐色	中壤土	块状											
						4	127—150														

宕　昌　县

主要土类说明

褐土是宕昌县主要土壤类型，占本县地域面积的 48%。褐土是在半湿润区发育形成的具有黏化与钙质淋移淀积特征的土壤，具 A-B-Bk-C 剖面构型。该土壤盐基饱和，处于硅铝风化阶段，有明显黏淀层与假菌丝状钙积层。土壤盐基饱和度在 80% 以上，有时过饱和。

棕壤是宕昌县第二大土壤类型，占本县地域面积的 16%。棕壤形成于落叶阔叶林下，但大部分已被垦殖，以旱作为主。该土壤处于硅铝风化阶段，具有黏化特征，呈棕色。土体见黏粒淀积，盐基充分淋失，pH 一般为 6.0—7.0，见少量游离铁。

黑土是宕昌县第三大土壤类型，占本县地域面积的 14%。黑土是在温带半湿润草甸草原下发育形成的具深厚均腐殖质层的无石灰性黑色土壤，具 A-ABh-BhC-C 剖面构型。该土壤均腐殖质层厚 30—60cm，有机质含量一般为 30—60g/kg，底层具轻度滞水还原淋溶特征，见硅粉。土壤盐基饱和度在 80% 以上。

暗棕壤占本县地域面积的 11%。暗棕壤是在湿润地区针阔叶混交林下发育形成的具有明显有机质富集和弱酸性淋溶特征的土壤，具 O-A-B-C 剖面构型。A 层有机质含量可达 200g/kg，弱酸性淋溶使铁铝轻微下移；B 层呈棕色，结构面见铁锰胶膜。土壤呈弱酸性，盐基饱和度为 70%—80%。土壤冻结期长。

黑钙土占本县地域面积的 3%。黑钙土是在温带半湿润草甸草原下发育形成的具深厚均腐殖质层和碳酸钙淋溶淀积层的土壤。该土壤均腐殖质层厚 50cm 左右，有机质含量为 50—80g/kg。其下，钙积层明显。土壤表层 pH 约为 7.0，逐渐往下 pH 为 8.0—8.5。冬季冻层厚 1.3—1.5m。

小于本县地域面积 3% 的土壤类型有山地草甸土、黑毡土、草毡土和灰褐土。

本区域中心区气候特征

本区域中心区气候特征值
Regional climate characteristics in central area of the region

气候带：中温带亚湿润气候 Climate region: Mid temperate subhumid climate	
年平均气温 /℃ Annual average temperature /℃	10.2
年平均最高气温 /℃ Annual average maximum temperature /℃	16.8
年平均最低气温 /℃ Annual average minimum temperature /℃	5.3
年降水量 /mm Annual precipitation /mm	485
≥10℃的积温 /℃ Daily temperature accumulated in a year（≥10℃）/℃	3667
年日照时数 /h Annual sunshine /h	2010
年平均相对湿度 /% Annual average relative humidity /%	60
干燥度 Dryness	1.38

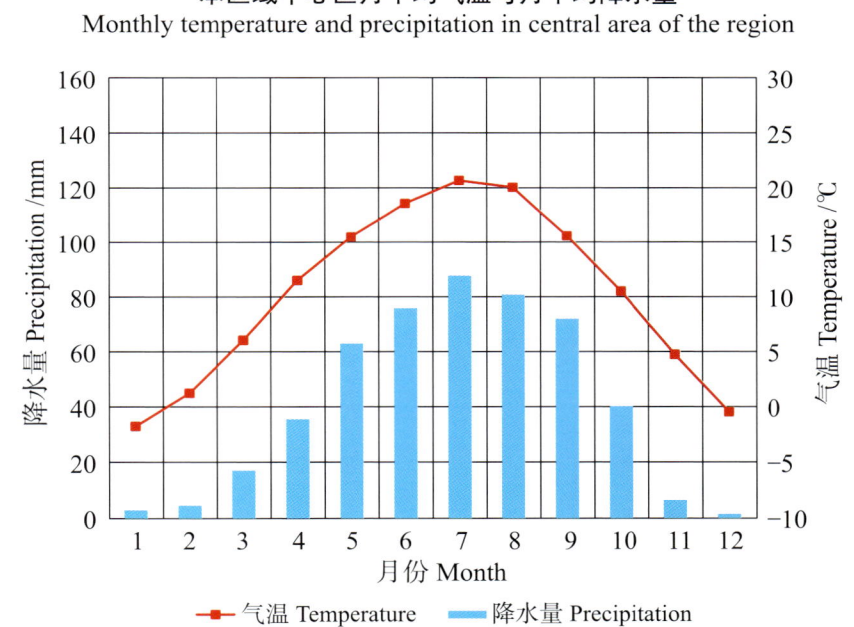

本区域中心区月平均气温与月平均降水量
Monthly temperature and precipitation in central area of the region

宕昌县主要土壤类型与土壤剖面点分布图
1∶340 000

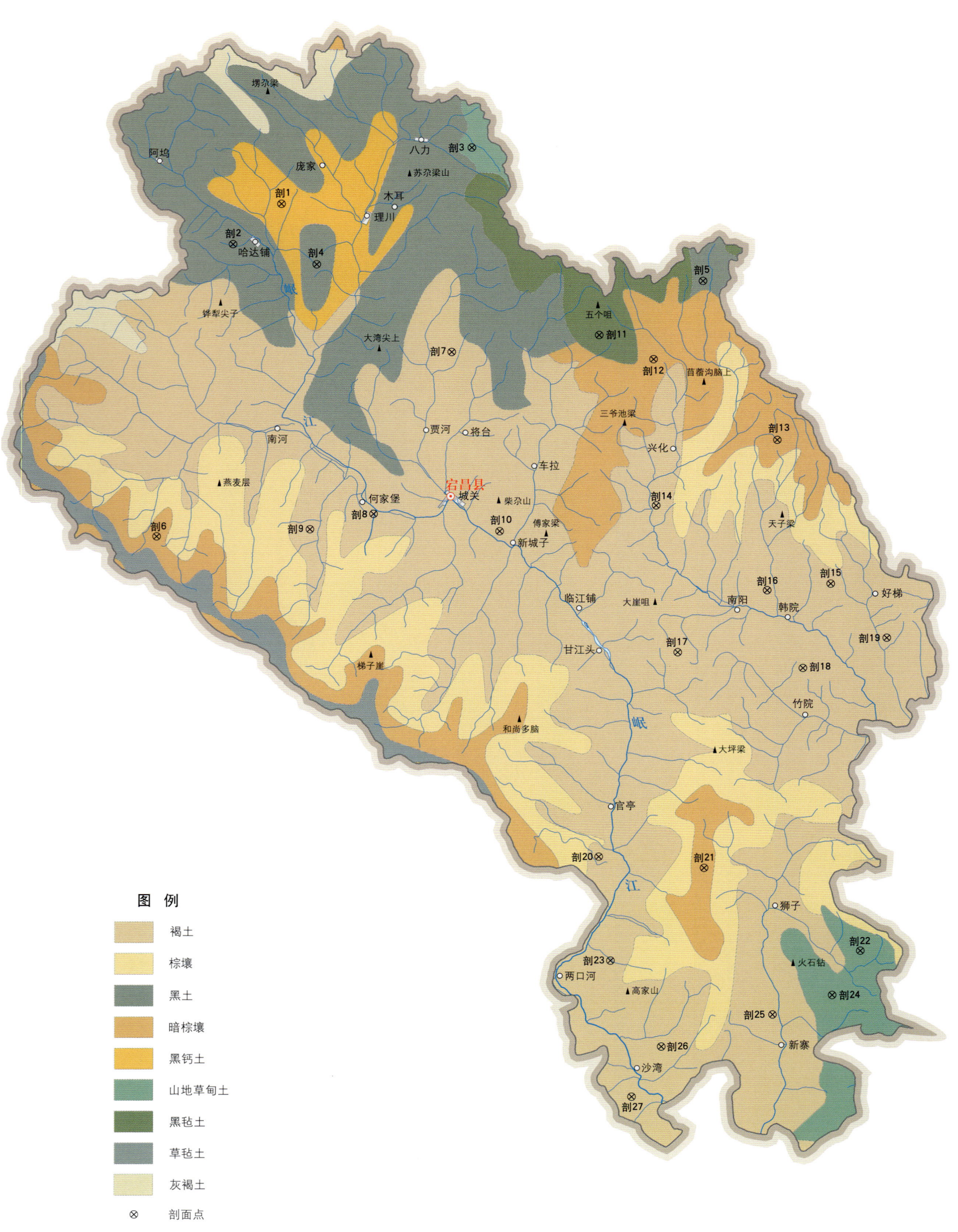

宕昌县土壤剖面理化性状表

剖面号 Soil profile	土纲 Soil order	土类 Soil great group	亚类 Soil subgroup	土属 Soil genus	土种 Soil species	土层码 Layer code	土层厚度 Depth/cm	颜色 Soil color	质地 Soil texture	土壤结构 Soil structure	pH	有机质 OM/(g/kg)	全氮 TN/(g/kg)	全磷 TP/(g/kg)	全钾 TK/(g/kg)	有效磷 AP/(mg/kg)	速效钾 AK/(mg/kg)	阳离子交换量CEC/(cmol/kg)	土壤母质 Parent material	剖面点坐标 Profile coordinate	匹配指数 Matching index/%
剖1	钙层土	黑钙土	淡黑钙土	淡黑钙土		A_{11}	0~20	黑色	轻壤土	团粒状	8.2	51.6	3.09	0.64	17.5	5.0	240		黄土	E 104°14′43.5″ N 34°15′30.6″	83
						A_{12}	20~45	暗灰黑色	轻壤土	核粒状	8.3	39.5	2.63	0.52	16.9	1.0	160				
						AB	45~60	暗灰色	中壤夹石土	核块状	8.3	31.5	1.71	0.46	16.0	1.0	130				
						B	60~72	暗黄灰色	轻石行质土	块状	8.5	20.2	1.35	0.23	10.4						
						C	72—	黄灰色		无明显结构	8.5	10.2	0.97	0.23	16.0						
剖2	半淋溶土	黑土	黑土			A		暗灰色		粒状										E 104°12′15.8″ N 34°13′43.3″	98
						B		灰棕色	重黏土	核块状											
						C		浅黄色		棱柱状											
剖3	半水成土	山地草甸土	山地草甸土			As	0~14	棕黑色	轻壤土	粒状	6.8	47.8	1.97	0.56	20.3	3.0	160		黄土状沉积物、坡积物	E 104°24′27.5″ N 34°18′02.6″	85
						AB	14~29	棕黑色	中壤土	粒状	7.6	22.3	1.26	0.47	19.5	1.0	160				
							29~59	棕褐色	中壤土	粒状、块状	7.8	17.4	0.91	0.42	15.0	1.0	130				
						B	59~81	黄褐色	重壤土	块状											
剖4	半淋溶土	黑土	黑土			As	0~22	棕黑色	中壤土	团粒状	7.1	109.5	5.52	1.13	16.9		180			E 104°16′33.2″ N 34°12′52.2″	93
						A	22~50	黑色	中壤土	粒状	7.0	66.5	3.89	0.99	13.9		165	44.6			
						AB	50~76	黄灰色	重壤土	粒状、块状	7.2	12.2	0.55	0.46	14.8		155	42.2			
						B	76~101	黄灰色	重壤土	块状	7.4	12.0	0.50	0.61	14.3		140	19.4			
剖5	半淋溶土	黑土	草甸黑土	草甸黑土		A_1	0~15		重壤土		7.0	51.7	2.62	0.65	21.9	12.0	150	10.1		E 104°36′18.9″ N 34°12′13.6″	70
						AB	15~30				7.0	27.5	1.80	0.57	21.3	2.0	100				
						B	30~52				7.5	18.0	0.57	0.37	21.2	2.0	52				
						C	52~133				8.0	9.0	0.50	0.47	21.0	1.0	65				
剖6	淋溶土	暗棕壤	暗棕壤			Ao	0~10	暗黑色	轻壤土	团粒状										E 104°08′29.8″ N 34°00′50.8″	86
						2	10~30	红棕色	中壤土	块状											
						3	30~60	棕红色													
						C	60—														
剖7	半淋溶土	褐土	淋溶褐土	黑黄土	厚层黑黄土	1	0~16				7.0	23.9	1.63	0.61	23.5	16.0	450		黄土	E 104°23′28.9″ N 34°09′03.5″	73
						2	16~83				7.5	16.9	1.19	0.88	22.5	6.0	420				
						3	83~169				7.9	9.0	0.50	0.26	21.0	7.0	240				
剖8	半淋溶土	褐土	石灰性褐土			1	0~13	黄褐色	中壤土	粒状、块状									黄土	E 104°19′32.9″ N 34°01′54.5″	83
						2	13~27	棕黄色	重壤土	块状											
						3	27~62	棕黄色	重壤土	块状											
剖9	半淋溶土	褐土	淋溶褐土	淋溶红褐土	中层淋溶红褐土	A	0~13				6.8	43.7	2.92	0.43	14.9	6.0	190		黄土	E 104°16′19.4″ N 34°01′12.5″	79
						B	13~34				7.2	18.4	1.46	0.41	14.4	5.0	80				
						C	34~60				7.6	10.9	0.80	0.41	11.4	1.0	50				
剖10	半淋溶土	褐土	褐土性土	侵蚀绵黄土	侵蚀绵黄土	1	0~20				8.5	8.9	0.62	0.71	17.4	2.0	225		黄土	E 104°25′59.3″ N 34°01′10.9″	81
						2	20~35				8.6	8.3	0.59	0.60	17.4	1.0	140				
						3	35~80				8.6	5.7	0.63	0.63	15.9	1.0	120				
剖11	高山土	黑毡土	黑毡土	黑毡		As	0~5				6.5	101.6	4.12	1.17	19.5	5.0	395			E 104°31′01.0″ N 34°09′50.0″	84
						A	5~20				6.5	87.2	3.76	1.03	20.0	3.0	380				
						AB	20~40				6.8	34.3	2.73	0.60	19.7	1.0	240				
						B	40~60				6.7	15.5	1.23	0.52	17.5	1.0	155				
剖12	淋溶土	暗棕壤	暗棕壤性土			Ao	0~5	暗棕色	中壤土	团粒状										E 104°33′48.2″ N 34°08′47.0″	80
						2	5~23	黄色													
						3	23—														

续表 Continued

剖面号 Soil profile	土纲 Soil order	土类 Soil great group	亚类 Soil subgroup	土属 Soil genus	土种 Soil species	土层码 Layer code	土层厚度 Depth/cm	颜色 Soil color	质地 Soil texture	土壤结构 Soil structure	pH	有机质 OM/(g/kg)	全氮 TN/(g/kg)	全磷 TP/(g/kg)	全钾 TK/(g/kg)	有效磷 AP/(mg/kg)	速效钾 AK/(mg/kg)	阳离子交换量CEC/(cmol/kg)	土壤母质 Parent material	剖面点坐标 Profile coordinate	匹配指数 Matching index/%
剖13	淋溶土	暗棕壤	暗棕壤	耕种暗棕壤	厚层耕种暗棕壤	1	0—17				7.0	31.6	2.04	0.45	19.2	3.0	175			E 104° 40′ 08.8″ N 34° 05′ 14.3″	86
						2	17—54				7.2	15.9	0.84	0.35	18.5	1.0	85				
						3	54—90				7.4	5.0	0.27	0.36	25.1	1.0	86				
剖14	半淋溶土	褐土	褐土性土	侵蚀砾石土	侵蚀砾石土	1	0—19				8.4	29.1	1.97	0.76	24.4	3.0	150		黄土	E 104° 33′ 58.7″ N 34° 02′ 20.4″	73
						2	19—42				8.4	15.1	1.08	0.87	26.6	1.0	135				
						3	42—				8.5	19.6	1.34	0.89	24.4	2.0	105				
剖15	半淋溶土	褐土	淋溶褐土	淋溶褐土	中层淋溶褐土	A	0—12				6.9	72.4	3.96	0.63	15.0	2.0	268		黄土	E 104° 42′ 54.4″ N 33° 58′ 55.9″	73
						B	12—24				7.1	34.4	2.30	0.45	14.3	1.0	75				
						C	24—42				7.3	10.4	0.72	0.21	12.6	1.0	50				
剖16	半淋溶土	褐土	石灰性褐土	灌溉黄土		1	0—22				8.2	21.4	1.62	0.69	13.5	30.0	220		黄土	E 104° 39′ 39.8″ N 33° 58′ 38.3″	75
						2	22—48				8.5	18.3	1.31	0.58	13.7	7.0	130				
						3	48—87				8.6	15.8	1.06	0.53	13.0	1.0	100				
剖17	半淋溶土	褐土	淋溶褐土	砂质黑黄土		1	0—18				7.8	17.3	1.38	0.65	12.9	2.0	55	27.3	黄土	E 104° 35′ 07.0″ N 33° 55′ 52.9″	76
						2	18—80				7.8	12.0	0.90	0.41	12.7	1.0	70	16.4			
						3	80—130				7.8	6.0	0.63	0.31	12.4	1.0	58	14.3			
剖18	半淋溶土	褐土	淋溶褐土	耕种淋溶红褐土	厚层耕种淋溶红褐土	1	0—13				7.0	20.9	1.24	0.52	19.5	2.0	150		黄土	E 104° 41′ 30.5″ N 33° 55′ 12.7″	83
						2	13—85				7.3	16.5	1.02	0.46	19.0	1.0	90				
						3	85—110				7.3	9.5	0.62	0.45	19.5	1.0	80				
剖19	半淋溶土	褐土	褐土性土	侵蚀砂质黄土	侵蚀砂质黄土	1	0—18				8.5	9.7	0.75	0.65	18.0	9.0	325		黄土	E 104° 45′ 46.5″ N 33° 56′ 33.2″	79
						2	18—34				8.5	9.3	0.73	0.56	17.5	4.0	160				
						3	34—71				8.4	5.0	0.30	0.62	12.0	3.0	143				
剖20	半淋溶土	褐土	石灰性褐土	石灰性红褐土	厚层石灰性红褐土	A₁	0—10				8.1	38.6	2.30	0.68	14.3	13.0	295			E 104° 31′ 09.6″ N 33° 46′ 51.3″	93
						AB	10—30			粒状	8.3	31.0	1.93	0.62	14.9	3.0	240				
						B	30—65			粒状、块状	8.5	13.0	0.91	0.64	13.7	3.0	85				
						C	65—100			块状	8.5	9.0	0.61	0.63	13.3	1.0	65				
剖21	淋溶土	暗棕壤	暗棕壤	耕种淋溶红褐土	厚层暗棕壤	A	0—32		轻壤土	块状	6.7	89.4	4.15	0.84	22.6	3.0	315			E 104° 36′ 32.0″ N 33° 46′ 22.8″	78
						B	32—80		轻壤土	块状	7.2	19.6	1.21	0.50	18.7	1.0	175				
						C	80—150		重壤土	块状	7.5	10.9	0.68	0.51	16.9	2.0	70				
剖22	半水成土	山地草甸土	山地草甸土	耕种山地草甸土		1	0—20	褐黑色	轻壤土	粒状	7.1	34.5	2.27	0.66	16.2	3.0	180		黄土	E 104° 44′ 30.1″ N 33° 42′ 45.4″	91
						P	20—46	浅褐黑色	重壤土	核块状	6.8	32.8	2.26	0.64	15.2	1.0	90				
						3	46—93	灰棕黄色	重壤土	块状	6.8	8.6	0.49	0.41	17.3	1.0	105				
						4	93—	浅棕黄色													
剖23	半淋溶土	褐土	淋溶褐土	暗棕壤		1	0—20	黑褐色	轻壤土		7.1	43.3	2.30	0.54	13.6	2.0	105			E 104° 31′ 47.3″ N 33° 42′ 16.6″	100
						2	20—46	棕褐色	重壤土		7.4	41.5	2.26	0.50	15.4	1.0	110				
						3	46—61	黄色	重壤土		7.6	9.4	0.48	0.49	17.7	1.0	150				
							61—74				7.9	5.4	0.41	0.51	18.3	1.0	185				
剖24	半水成土	山地草甸土	山地草原草甸土	山地草原草甸土		A₁	0—20				8.3	12.8	1.08	0.72	22.5	2.0	140		黄土	E 104° 43′ 04.4″ N 33° 40′ 50.0″	98
						A₂	20—45				8.5	9.9	1.12	0.62	20.5	1.0	90				
						B	45—				8.5	4.3	0.44	0.48	17.5	1.0	55				
剖25	半淋溶土	褐土	淋溶褐土	红黄土	中层红黄土	1	0—20				8.3	19.0	1.30	0.85	12.4	6.0	83	22.3	黄土	E 104° 40′ 03.0″ N 33° 39′ 58.3″	83
						2	17—52				8.3	16.7	0.96	0.87	11.2	2.0	83	28.3			
剖26	半淋溶土	褐土	石灰性褐土	耕种石灰性红褐土	中层耕种石灰性红褐土	1	0—17				8.3	6.9	0.61	0.38	12.7	1.0	50	29.8	黄土	E 104° 34′ 24.6″ N 33° 38′ 33.1″	77
						3	52—118														

续表 Continued

剖面号 Soil profile	土纲 Soil order	土类 Soil great group	亚类 Soil subgroup	土属 Soil genus	土种 Soil species	土层码 Layer code	土层厚度 Depth/cm	颜色 Soil color	质地 Soil texture	土壤结构 Soil structure	pH	有机质 OM/(g/kg)	全氮 TN/(g/kg)	全磷 TP/(g/kg)	全钾 TK/(g/kg)	有效磷 AP/(mg/kg)	速效钾 AK/(mg/kg)	阳离子交换量CEC/(cmol/kg)	土壤母质 Parent material	剖面点坐标 Profile coordinate	匹配指数 Matching index/%
剖27	半淋溶土	褐土	褐土	黄鸡粪土	中层黄鸡粪土	1	0—15				8.4	14.9	1.10	0.52	20.8	2.0	165		黄土	E 104°32′55.3″ N 33°36′20.9″	85
						2	15—30				8.4	10.9	0.69	0.53	20.5	3.0	140				
						3	30—				8.5	7.8	0.59	0.48	20.3	1.0	100				

康 县

主要土类说明

棕壤是康县主要土壤类型，占本县地域面积的44%。棕壤形成于落叶阔叶林下，但大部分已被垦殖，以旱作为主。该土壤处于硅铝风化阶段，具有黏化特征，呈棕色。土体见黏粒淀积，盐基充分淋失，pH 一般为6.0—7.0，见少量游离铁。

褐土是康县第二大土壤类型，占本县地域面积的33%。褐土是在半湿润区发育形成的具有黏化与钙质淋移淀积特征的土壤，具 A-B-Bk-C 剖面构型。该土壤盐基饱和，处于硅铝风化阶段，有明显黏淀层与假菌丝状钙积层。土壤盐基饱和度在80%以上，有时过饱和。

黄棕壤是康县第三大土壤类型，占本县地域面积的14%。成土母质多为砂页岩及花岗岩风化物。黄棕壤形成于暖湿落叶阔叶林下，弱度富铝化，黏聚现象明显，呈黄棕色。该土壤具 A-B-C 或 A-（B）-C 剖面构型，黏粒硅铝率在2.5左右，铁的游离度较红壤低，B 层交换性酸大于 A 层。

红黏土占本县地域面积的4%。深厚黄土层下，常见第三纪红色黏土（保德期红黏土）埋藏。厚层黄土层侵蚀殆尽处，红色黏土层露出，形成的母质性状明显的初育土，即红黏土。其黏粒含量高，塑性强，生物作用微弱，母质特性明显，pH 为7.0—8.0，有时夹有砂姜。

小于本县地域面积3%的土壤类型有粗骨土、新积土、石质土、水稻土和山地草甸土。

本区域中心区气候特征

本区域中心区气候特征值
Regional climate characteristics in central area of the region

气候带：北亚热带湿润气候 Climate region: North subtropical humid climate	
年平均气温 /℃ Annual average temperature /℃	14.5
年平均最高气温 /℃ Annual average maximum temperature /℃	19.5
年平均最低气温 /℃ Annual average minimum temperature /℃	10.7
年降水量 /mm Annual precipitation /mm	621
≥10℃的积温 /℃ Daily temperature accumulated in a year（≥10℃）/℃	5101
年日照时数 /h Annual sunshine /h	1700
年平均相对湿度 /% Annual average relative humidity /%	67
干燥度 Dryness	1.53

康县主要土壤类型与土壤剖面点分布图
1:290 000

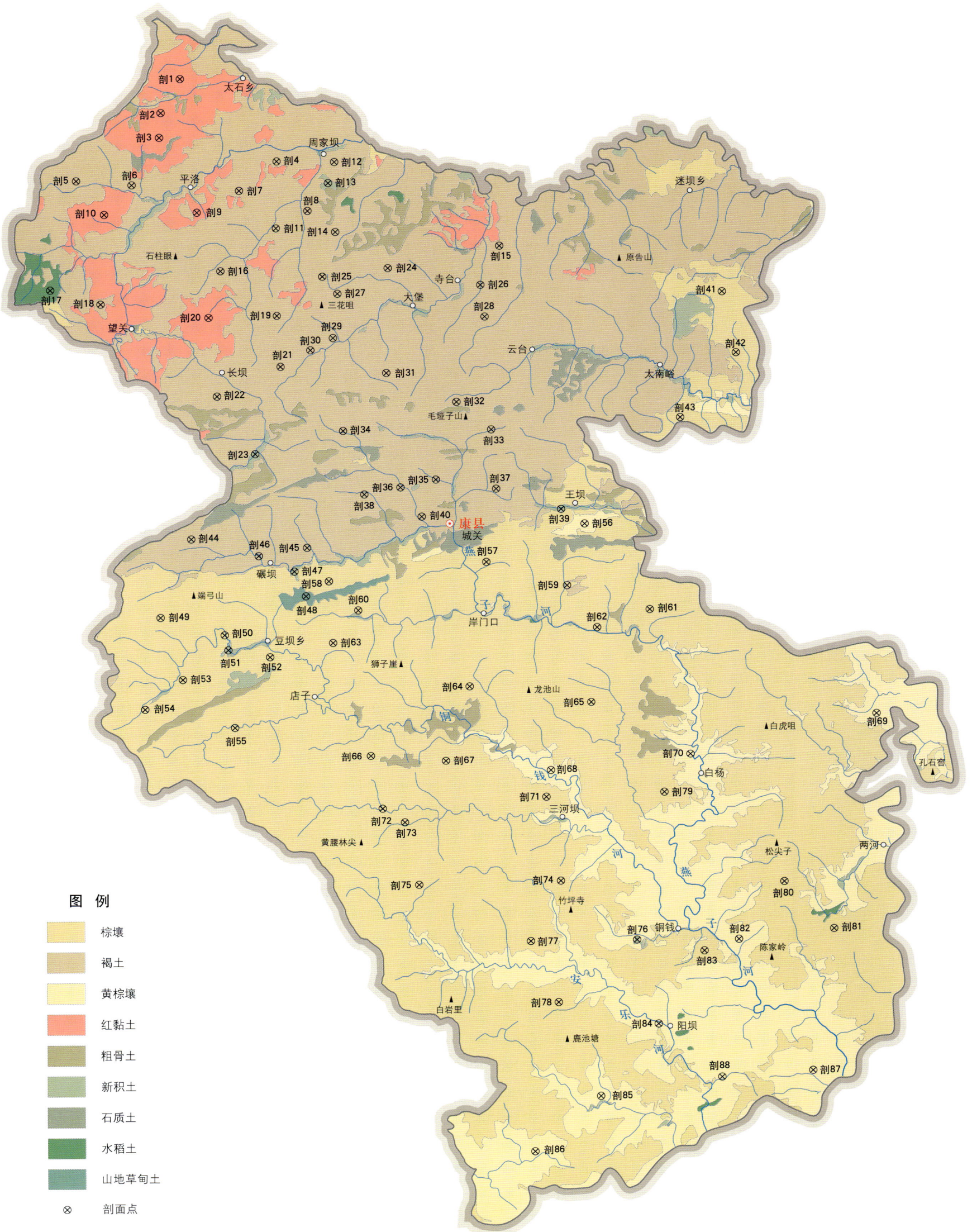

康县土壤剖面理化性状表

剖面号 Soil profile	土纲 Soil order	土类 Soil great group	亚类 Soil subgroup	土属 Soil genus	土种 Soil species	土层码 Layer code	土层厚度 Depth/cm	质地 Soil texture	pH	有机质 OM/(g/kg)	全氮 TN/(g/kg)	全磷 TP/(g/kg)	全钾 TK/(g/kg)	有效磷 AP/(mg/kg)	速效钾 AK/(mg/kg)	阳离子交换量CEC/(cmol/kg)	土壤母质 Parent material	剖面点坐标 Profile coordinate	匹配指数 Matching index/%
剖1	初育土	红黏土	石灰性紫红土	耕种石灰性紫红土	中层耕种石灰性紫红土	1	0—13	重壤土	7.6	12.8	1.11	0.65	24.1	2.8	91	11.5	砂岩、页岩	E 105°24′20.5″ N 33°36′58.7″	100
						2	13—41	重壤土	7.8	0.3	1.06	0.65	23.8	3.8	79				
						3	41—60	重壤土	7.7	9.1	0.88	0.52	23.9	1.7	69				
剖2	初育土	红黏土	石灰性紫红土	石灰性紫红土	中层石灰性紫红土	1	0—10	重壤土	8.3	39.1	2.30	0.60	19.1	7.0	184	27.2	砂岩、页岩	E 105°23′28.7″ N 33°35′40.6″	76
						2	10—57	重壤土	7.8	27.3	1.59	0.54	19.4	3.7	111				
剖3	初育土	红黏土	石灰性紫红土	耕种石灰性紫红土	厚层耕种石灰性紫红土	1	0—11	重壤土	8.0	9.8	0.85	1.06	24.0	2.1	97	14.6	砂岩、页岩	E 105°23′24.4″ N 33°34′43.7″	89
						2	11—71	重壤土	7.5	10.3	0.86	0.55	24.3	1.8	88				
						3	71—105	重壤土	7.6	9.3	0.69	0.45	22.8	1.5	92				
						4	105—130	重壤土	7.8	4.4	0.68	0.69	23.8	2.6	89				
剖4	半淋溶土	褐土	石灰性褐土	石灰性褐土	薄层石灰性褐土	1	0—2	重壤土	7.4	35.9	2.76	0.57	21.6	6.8	41	15.6		E 105°28′37.0″ N 33°33′47.5″	73
						2	2—25	重壤土	7.4	10.3	0.74	0.59	23.6	11.1	126	15.0			
剖5	半淋溶土	褐土	石灰性褐土	耕种黄土质石灰性褐土	麻黄土	1	0—20	重壤土	8.1	7.5	0.57	0.55	22.8	11.1	92		砂岩、页岩	E 105°19′42.6″ N 33°33′05.0″	96
						2	20—50	重壤土	8.2	3.4	0.34	0.42	22.7	2.9	83				
						3	50—120	中壤土	8.2	8.1	0.47	0.51	19.2	8.8	195	12.1			
剖6	半淋溶土	褐土	石灰性褐土	耕种黄土质石灰性褐土	麻黄土	1	0—14	重壤土	8.3	4.3	0.43	0.47	22.2	2.6	145			E 105°22′10.6″ N 33°32′55.3″	89
						2	14—42	重壤土	7.9	5.8	0.32	0.55	20.1	6.3	103				
						3	42—130	重壤土	7.7	12.8	0.81	0.59	24.8	5.7	94	15.5			
剖7	半淋溶土	褐土	侵蚀褐土	绵黄土	薄层黄壤砂土	1	0—30	重壤土	7.8	12.6	1.11	0.68	21.9	1.8	325	15.2		E 105°26′56.5″ N 33°32′40.8″	92
剖8	半淋溶土	褐土	侵蚀褐土	绵黄土	绵黄土	1	0—14	重壤土	7.7	9.5	0.71	0.68	21.9	3.0	170		砂岩、页岩	E 105°29′58.2″ N 33°31′53.6″	74
						2	14—67	重壤土	7.8	6.4	0.52	0.54	22.0	3.7	158				
						3	67—120	中壤土	8.0	14.2	1.02	0.71	25.6	2.5	111	12.3			
剖9	初育土	红黏土	石灰性紫红土	耕种石灰性紫红土	厚层耕种石灰性紫红土	1	0—22	轻壤土	8.0	11.6	0.98	0.75	23.9	3.2	103			E 105°25′03.4″ N 33°31′51.2″	92
						2	22—33	轻壤土	8.0	11.9	0.98	0.71	23.9	3.6	110				
						3	33—60	轻壤土	7.8	11.1	0.97	0.72	25.6	1.9	90				
剖10	初育土	红黏土	石灰性紫红土	耕种石灰性紫红土	中层耕种石灰性紫红土	1	0—30	轻壤土	7.9	21.4	1.52	0.61	25.5	2.8	88	17.7		E 105°20′56.3″ N 33°31′47.8″	92
						2	30—57	重壤土	7.8	28.2	1.72	0.72	26.6	4.7	157				
剖11	半淋溶土	褐土	石灰性褐土	耕种黄土质石灰性褐土	麻黄土	1	0—18	重壤土	7.5	21.6	1.12	0.68	22.2	4.9	180	20.2	砂岩、页岩	E 105°28′34.0″ N 33°31′13.4″	91
						2	18—33	中壤土	7.6	19.9	0.98	0.68	22.8	4.3	193				
						3	33—68	中壤土	7.7	5.2	0.35	0.64	21.1	2.4	156				
剖12	半淋溶土	褐土	石灰性褐土	耕种黄土质石灰性褐土	厚层黄鸡黄土	1	0—13	重壤土	7.9	8.8	0.68	0.64	20.4	8.3	203	10.2	砂岩、页岩	E 105°31′10.6″ N 33°33′45.4″	86
						2	13—65	重壤土	7.9	10.2	0.83	0.62	25.4	0.6	126				
						3	65—123	重壤土	8.0	9.3	0.85	0.47	23.1	3.0	104				
剖13	初育土	新积土	新积土	耕种冲谷新积土	耕种冲谷新积土	1	0—20	中壤土	7.7	14.8	0.81	0.58	17.8	7.0	42	9.6	河流沉积物	E 105°30′53.3″ N 33°32′56.8″	82
						2	20—30	轻砾质土	8.0	12.0	0.79	0.59	17.4	4.0	23	7.2			
						3	30—48	轻壤土	8.2	9.0	0.56	0.65	17.5	6.0	18	3.5			
剖14	半淋溶土	褐土	石灰性褐土	耕种黄土质石灰性褐土	中层石灰性褐土	1	0—20	重壤土	8.2	30.7	1.65	0.57	19.1	3.5	162	17.1		E 105°31′12.0″ N 33°31′04.1″	73
						2	20—113	重壤土	8.1	6.3	0.45	0.55	18.6	0.5	79				
剖15	半淋溶土	褐土	石灰性褐土	耕种黄土质石灰性褐土	麻黄土	1	0—12	重壤土	8.1	8.0	0.50	0.51	22.8	1.4	173	14.5		E 105°38′28.3″ N 33°30′29.2″	80
						2	12—57	重壤土	7.8	5.2	0.37	0.54	22.8	0.8	113				
						3	57—108	轻壤土	8.0	1.8	0.25	0.45	23.4	1.5	148				

续表 Continued

剖面号 Soil profile	土纲 Soil order	土类 Soil great group	亚类 Soil subgroup	土属 Soil genus	土种 Soil species	土层码 Layer code	土层厚度 Depth/cm	质地 Soil texture	pH	有机质 OM/(g/kg)	全氮 TN/(g/kg)	全磷 TP/(g/kg)	全钾 TK/(g/kg)	有效磷 AP/(mg/kg)	速效钾 AK/(mg/kg)	阳离子交换量 CEC/(cmol/kg)	土壤母质 Parent material	剖面点坐标 Profile coordinate	匹配指数 Matching index/%
剖16	半淋溶土	褐土	褐土	耕种黄壤土	厚层黄壤土	1	0—15	重壤土	7.9	16.3	1.05	0.82	23.0	7.7	183	15.4		E 105°26′05.3″ N 33°29′35.2″	100
						2	15—66	重壤土	7.8	5.8	0.72	0.60	23.3	1.8	124				
						3	66—110	轻黏土	8.2	3.4	0.45	0.55	22.4	1.3	95	11.4			
剖17	人为土	水稻土	渗育水稻土	泥质渗育水稻土	中层泥质渗育水稻土	1	0—13	中壤土	4.8	20.2	1.20	1.13	15.2	14.7	72		洪冲积物	E 105°18′31.8″ N 33°28′53.3″	82
						2	13—20	中壤土	5.1	16.1	1.11	1.19	16.8	15.0	68				
						3	20—28	轻壤土	5.5	10.5	0.33	2.36	16.4	79.1	65				
						4	28—46	轻壤土	5.9	6.6	0.45	0.88	21.8	19.0	65				
剖18	半淋溶土	褐土	褐土	耕种黄壤土	厚层黄壤土	1	0—14	重壤土	7.7	6.0	0.71	0.49	26.2	2.3	99	16.4		E 105°20′45.5″ N 33°28′20.0″	82
						2	14—42	重壤土	8.0	5.7	0.69	0.44	25.7	2.3	85				
						3	42—120	重壤土	7.8	4.8	0.58	0.43	24.7	2.7	87				
剖19	半淋溶土	褐土	淋溶褐土	淋溶褐土	薄层淋溶褐土	Ao	0—3											E 105°28′34.7″ N 33°27′51.1″	75
						2	3—9	中壤土	7.0	46.8	2.65	0.29	18.4	8.0	115	14.5			
						3	9—22	轻砾质土	7.0	11.9	0.86	0.36	21.1	8.0	49	9.1			
剖20	初育土	红黏土	石灰性紫红土	石灰性紫红土	薄层石灰性紫红土	1	0—5	重黏土	7.6	56.8	4.26	0.72	19.0	11.3	163	27.4	砂岩、页岩	E 105°25′33.2″ N 33°27′47.9″	80
						2	5—21	轻黏土	7.6	30.7	2.51	0.55	22.2	6.4	83	1.0			
剖21	半淋溶土	褐土	淋溶褐土	耕种砂质黄土	薄层砂质黄土	1	0—12	中壤土	7.2	18.1	1.23	0.45	27.4	1.8	92	14.0		E 105°28′43.7″ N 33°25′53.8″	71
						2	12—29	重壤土	7.4	12.9	0.87	0.48	27.9	1.7	74				
剖22	半淋溶土	褐土	淋溶褐土	耕种砂质黄土	厚层砂质黄土	1	0—17	中壤土	7.1	10.7	1.39	0.54	26.0	2.8	74	11.9		E 105°25′54.1″ N 33°24′46.8″	93
						2	17—53	中壤土	7.1	14.1	1.64	0.48	26.0	2.7	44	11.7			
						3	53—120	中壤土	7.1	18.2	1.83	0.56	25.2	1.4	43	11.7			
剖23	初育土	新积土	新积土	耕种河滩新积土	耕种河滩新积土	1	0—22	砂壤土	7.7	7.2	0.61	0.56	13.9	2.9	28	4.5	河流沉积物	E 105°27′33.8″ N 33°22′33.2″	94
						2	22—42	轻壤土	7.6	12.1	0.88	0.62	15.6	2.8	39				
						3	42—60	重壤土	7.9	8.2	0.75	0.63	16.1	3.5	42				
剖24	半淋溶土	褐土	石灰性褐土	石灰性褐土	中层石灰性褐土	1	0—5	重壤土	7.8	39.2	2.24	0.71	21.5	5.9	162	17.6		E 105°31′31.0″ N 33°29′39.5″	70
						2	5—42	中壤土	8.0	10.4	0.72	0.59	20.0	1.1	73	4.9			
剖25	半淋溶土	褐土	褐土	耕种黄壤土	中层黄壤土	1	0—20	重壤土	7.7	5.2	0.51	0.56	25.6	2.9	107	16.7		E 105°30′36.4″ N 33°29′20.4″	99
						2	20—40	重壤土	7.7	24.5	1.94	0.54	27.4	4.7	142				
剖26	半淋溶土	褐土	褐土	耕种黄土质石灰性褐土	夹石黄土	1	0—11	中壤土	7.7	7.5	0.68	0.68	21.9	2.2	74	8.1		E 105°37′36.8″ N 33°28′58.8″	100
						2	11—50	重壤土	8.1	5.8	0.47	0.68	23.3	2.6	83				
						3	50—120	重壤土	8.2	4.3	0.50	0.41	23.5	1.9	87				
剖27	半淋溶土	褐土	石灰性褐土	石灰性褐土	中层石灰性褐土	1	0—11	中砾质土	8.5	13.1	1.72	0.62	20.0	2.0	24	4.6		E 105°31′16.3″ N 33°28′41.0″	75
						2	11—34	中砾质土	8.9	13.8	1.34	1.25	29.7	2.4	14				
						3	34—51	中砾质土	8.4	15.7	1.55	1.28	29.8		72	29.7			
剖28	半淋溶土	褐土	褐土	耕种砂质黄土	中层砂质黄土	1	0—13	中壤土	6.3	8.1	0.85	0.67	26.9	2.8	63	9.3		E 105°37′46.9″ N 33°29′45.4″	74
						2	13—50	中壤土	6.2	5.7	0.88	0.72	28.3	1.4	43	8.0			
剖29	半淋溶土	褐土	石灰性褐土	耕种黄土质石灰性褐土	夹石黄土	1	0—25	重壤土	7.2	47.6	2.99	0.78	10.9	13.8	204	18.1		E 105°31′03.0″ N 33°26′58.9″	82
						2	25—60	重壤土	7.7	12.0	0.79	0.68	17.8	1.1	72				
剖30	半淋溶土	褐土	褐土	耕种黄壤砂土	厚层黄壤土	1	0—14	重壤土	6.9	19.7	0.93	0.60	22.1	2.2	104	13.3		E 105°30′03.2″ N 33°26′31.2″	77
						2	14—32	重壤土	7.6	16.6	1.92	0.61	21.0		114	13.9			
						3	32—140	重壤土	8.0	9.6	1.26	0.56	21.9		13	7.2			
剖31	半淋溶土	褐土	淋溶褐土	淋溶褐土	薄层淋溶褐土	1	0—9	中砾质土	7.1	62.5	4.56	0.24	18.5	8.0	96	16.2		E 105°33′24.9″ N 33°25′37.7″	91
						2	9—26	中砾质土	7.3	29.1	2.80	0.20	20.3	5.0	44	10.8			
剖32	半淋溶土	褐土	淋溶褐土	耕种砂质黄土	中层淋溶褐土	1	0—30	中壤土	7.5	12.8	1.72	0.43	32.5	3.0	81	15.5		E 105°36′30.6″ N 33°24′30.2″	87
						2	30—55	砂壤土	7.7	3.5	1.03	0.49	39.7	2.3	31				

续表 Continued

剖面号 Soil profile	土纲 Soil order	土类 Soil great group	亚类 Soil subgroup	土属 Soil genus	土种 Soil species	土层码 Layer code	土层厚度 Depth/cm	质地 Soil texture	pH	有机质 OM/(g/kg)	全氮 TN/(g/kg)	全磷 TP/(g/kg)	全钾 TK/(g/kg)	有效磷 AP/(mg/kg)	速效钾 AK/(mg/kg)	阳离子交换量CEC/(cmol/kg)	土壤母质 Parent material	剖面点坐标 Profile coordinate	匹配指数 Matching index/%
剖33	半淋溶土	褐土	淋溶褐土	耕种砂质黑黄土	中层砂质黑黄土	1	0—18	重壤土	6.2	15.8	1.13	0.57	24.8	3.5	141	16.6		E 105°38′02.0″ N 33°23′25.8″	86
						2	18—40	重壤土	6.2	10.3	0.75	0.59	25.4	1.7	108				
剖34	半淋溶土	褐土	侵蚀褐土	侵蚀褐土	侵蚀褐土	1	0—13	重壤土	7.8	21.0	1.34	0.56	19.1	6.0	22	9.9		E 105°31′28.2″ N 33°23′25.4″	96
						2	13—120	中壤土	7.9	6.7	0.52	0.59	19.0	2.1	112				
剖35	半淋溶土	褐土		耕种黄壤砂土	中层黄壤砂土	1	0—16	中壤土	8.0	18.0	1.31	0.57	25.5	6.3	85	12.4		E 105°35′33.7″ N 33°21′31.0″	84
						2	16—29	中壤土	7.8	17.0	1.22	0.61	25.1	7.2	74				
						3	29—33	紧砂土	7.8	5.9	0.55	0.52	19.8	3.7	33				
剖36	半淋溶土	褐土		耕种黄壤砂土	厚层黄壤砂土	1	0—16	重壤土	6.7	12.2	2.58	0.24	20.4	4.1	95	13.9		E 105°33′59.8″ N 33°21′13.3″	92
						2	16—30	重壤土	7.1	6.9	1.24	0.24	19.5	3.1	85	13.8			
						3	30—51	重壤土	7.1	7.1	1.08	0.26	20.0	4.3	90	13.1			
						4	51—76	重壤土	6.8	7.6	1.07	0.28	19.5	7.2	101	14.0			
						5	76—120	重壤土	5.7	9.7	0.78	0.87	25.4	5.2	96	14.4			
剖37	半淋溶土	褐土		耕种黄壤砂土	厚层黄壤砂土	1	0—12	重壤土	7.3	10.2	0.60	0.58	24.1	3.2	133	13.6		E 105°38′13.6″ N 33°21′08.7″	93
						2	12—29	重壤土	7.3	7.1	0.60	0.64	25.1	4.7	85				
						3	29—110	重壤土	6.5	3.3	0.27	0.64	24.7	2.9	75				
剖38	半淋溶土	褐土	淋溶褐土	耕种砂质土	砂质土	1	0—12	中砾质土	7.5	16.1	2.20	0.69	38.9	2.4	48	8.0		E 105°32′23.6″ N 33°20′57.8″	75
剖39	初育土	新积土	新积土	耕种河滩新积土	耕种河滩新积土	1	0—15	中壤土	7.7	12.9	1.25	0.24	18.1	4.2	34	6.7	河流沉积物	E 105°41′05.7″ N 33°20′20.5″	78
						2	15—27	轻壤土	8.0	9.8	0.99	0.22	15.3	4.3	24	7.5			
						3	27—42	轻壤土	8.4	5.7	0.67	0.20	14.2	2.2	8	5.1			
						4	42—53	轻砾质土	8.5	4.8	0.63	0.23	14.0	3.2	3	6.4			
						5	53—120	中砾质土	8.3	2.6	0.45	0.25	12.0	2.6	3	4.6			
剖40	半淋溶土	褐土	石灰性褐土	耕种黄土质石灰性褐土	夹石黄土	1	0—14	轻砾质土	8.4	19.5	2.01	0.40	22.7	5.9	75	16.2		E 105°34′55.2″ N 33°20′05.5″	95
						2	14—27	重壤土	8.4	16.6	2.00	0.39	23.1	3.2	54	18.1			
						3	27—74	重壤土	8.4	13.3	1.46	0.50	25.1	5.2	44	16.6			
						4	74—110	重壤土	8.3	12.1	1.31	0.46	25.2	15.2	54	15.5			
剖41	淋溶土	棕壤	棕壤	棕壤	厚层棕黄壤土	1	0—15	重壤土	7.4	26.1	1.00	0.20	18.4	3.0	105	15.4		E 105°48′19.4″ N 33°28′38.7″	73
						2	15—40	重壤土	7.4	17.1	0.88	0.20	20.0	2.0	65	15.6			
						3	40—104	重黏土	7.4	7.3	0.32	0.16	21.0	3.0	87	16.3			
剖42	淋溶土	棕壤	棕壤	棕壤	薄层棕壤土	1	0—15	轻砾质土	7.2	9.1	1.00	0.57	10.6	1.0	39	5.5		E 105°48′55.0″ N 33°26′17.9″	93
剖43	淋溶土	棕壤	棕壤	棕壤	薄层棕壤土	1	0—10	轻壤土	5.2	29.7	1.05	0.55	19.0	7.0	187	21.5		E 105°46′18.3″ N 33°23′45.3″	88
						2	10—21	重壤土	7.2	18.2	1.23	0.61	21.6	5.4	194				
剖44	半淋溶土	褐土	淋溶褐土	淋溶褐土	厚层淋溶褐土	1	0—20	重黏土	7.7	44.0	3.17	0.20	20.0	6.0	87	26.0		E 105°24′42.3″ N 33°19′17.3″	93
						2	20—41	轻黏土	8.2	33.0	2.68	0.22	19.0	4.0	95	23.7			
						3	41—65	轻黏土	8.2	23.0	2.38	0.22	20.4	4.0	86	23.7			
						4	65—120	轻黏土	8.3	12.4	1.34	0.16	20.6	5.1	76	13.1			
剖45	半淋溶土	褐土	石灰性褐土	耕种黄土质石灰性褐土	夹石黄土	1	0—7	轻砾质土	8.5	10.8	1.45	0.94	25.0	3.4	54	5.6		E 105°29′50.3″ N 33°18′56.0″	90
						2	7—20	轻砾质土	8.4	12.3	1.54	0.92	26.0	3.2	44	7.5			
剖46	半淋溶土	褐土	淋溶褐土	耕种砂质黑黄土	厚层砂质黑黄土	1	0—9	轻砾质土	7.4	14.9	2.78	0.50	33.0	1.7	84	6.8		E 105°27′41.5″ N 33°18′37.5″	93
						2	9—25	轻砾质土	7.4	15.3	2.67	0.54	31.6	1.7	54	11.6			
						3	25—90	轻砾质土	7.4	12.5	2.16	0.52	29.0		44	9.4			
						4	90—120	中壤土	7.4	5.8	1.57	0.42	28.0	5.1	49	7.5			

续表 Continued

剖面号 Soil profile	土纲 Soil order	土类 Soil great group	亚类 Soil subgroup	土属 Soil genus	土种 Soil species	土层码 Layer code	土层厚度 Depth/cm	质地 Soil texture	pH	有机质 OM/(g/kg)	全氮 TN/(g/kg)	全磷 TP/(g/kg)	全钾 TK/(g/kg)	有效磷 AP/(mg/kg)	速效钾 AK/(mg/kg)	阳离子交换量CEC/(cmol/kg)	土壤母质 Parent material	剖面点坐标 Profile coordinate	匹配指数 Matching index/%
剖47	初育土	新积土	新积土	耕种洪积幂新积土	耕种洪积幂新积土	1	0–10	轻壤土	8.2	8.2	0.63	0.69	23.7	2.0	47	7.8	河流沉积物	E 105°29′16.1″ N 33°18′01.5″	90
						2	10–52	轻砾质土	8.5	8.5	0.63	0.74	21.4	2.0	65	9.7			
						3	52–69	中壤土	8.5	5.7	0.42	0.64	21.8	1.0	60	9.1			
						4	69–110	中壤土	8.7	7.5	0.51	0.69	20.7	2.0	65	9.5			
剖48	半水成土	山地草甸土	山地草甸土	山地草甸土	山地草甸土	1	0–11	中壤土	6.8	16.8	1.65	0.59	19.1	4.0	99	11.5		E 105°29′46.3″ N 33°17′04.2″	72
						2	11–40	重壤土	6.7	6.6	1.45	0.68	22.0	2.0	64	10.6			
						3	40–90	重壤土	6.7	4.5	0.66	0.68	21.4	12.0	54	6.4			
剖49	淋溶土	棕壤	棕壤	棕壤土	厚层棕壤土	Ao	0–7											E 105°23′19.3″ N 33°16′17.4″	77
						2	7–23	重壤土	5.1	40.2	1.40	0.11	13.8	6.0	59	17.8			
						3	23–51	轻黏土	5.9	19.2	0.93	0.08	15.8	2.0	51	8.7			
						4	51–72	中壤土	5.9	9.9	0.77	0.04	17.0	3.0	54	10.4			
剖50	淋溶土	棕壤	棕壤	棕壤土	中层棕壤土	1	0–9	中砾质土	6.1	30.5	2.25	0.10	14.2	4.0	94	9.9		E 105°26′09.2″ N 33°15′36.4″	99
						2	9–38	中砾质土	5.7	9.9	0.68	0.06	15.7	2.0	99	10.2			
剖51	初育土	新积土	新积土	耕种沟谷新积土	耕种沟谷新积土	1	0–30	砂壤土	7.2	7.6	0.35	0.51	22.5	3.0	18	6.7	河流沉积物	E 105°26′18.6″ N 33°15′01.4″	95
剖52	淋溶土	棕壤	棕壤	棕黄土	厚层棕黄土	1	0–16	中壤土	6.8	9.6	0.84	0.43	19.5	6.3	103	13.3		E 105°28′09.1″ N 33°14′44.9″	87
						2	16–30	中壤土	6.7	13.1	0.78	0.46	19.7	4.5	81				
						3	30–120	重壤土	6.8	10.1	0.48	0.43	19.7	3.5	85	13.6			
剖53	淋溶土	棕壤	棕壤	棕黄土	厚层棕黄土	1	0–18	中砾质土	7.7	18.4	0.63	0.19	19.6	17.7	105	12.9		E 105°24′16.7″ N 33°13′53.9″	95
						2	18–72	中壤土	7.8	8.9	0.87	0.12	16.9	4.8	54	13.2			
						3	72–120	中壤土	7.4	7.6	0.79	0.10	17.9	4.1	54	10.1			
剖54	淋溶土	棕壤	棕壤	夹石棕黄土	厚层夹石棕黄土	1	0–16	轻砾质土	6.3	24.2	1.75	0.10	24.3	4.8	64	10.8		E 105°22′36.7″ N 33°12′45.4″	98
						2	16–33	轻砾质土	6.1	5.8	1.02	0.10	18.5	1.5	54	15.6			
						3	33–85	中砾质土	6.2	8.8	0.86	0.08	23.3	2.9	19	14.5			
						4	85–120	中壤土	6.1	5.4	0.68	0.10	20.1	11.3	29	11.9			
剖55	淋溶土	棕壤	棕壤	夹石棕黄土	厚层夹石棕黄土	1	0–18	中壤土	6.2	14.3	0.94	0.62	21.5	3.6	92			E 105°26′34.8″ N 33°12′01.8″	72
						2	18–55	中壤土	6.1	8.2	0.27	0.64	21.8	6.7	93	9.5			
						3	55–70	中壤土	5.0	6.3	0.23	0.79	20.6	17.5	92				
						4	70–120	中壤土	5.2	7.0	0.43	0.68	17.5	10.6	104				
剖56	淋溶土	黄棕壤	黄棕壤	川地耕种黄棕壤	川地黄棕壤土	1	0–17	轻壤土	5.8	17.9	1.03	0.82	17.9	20.3	87			E 105°42′07.6″ N 33°19′46.2″	79
						2	17–41	轻壤土	6.5	9.7	0.32	0.70	17.9	10.8	54				
						3	41–109	中壤土	6.3	9.3	0.64	0.69	17.5	9.0	53				
剖57	淋溶土	棕壤	棕壤	棕壤土	厚层棕壤土	1	0–20	重壤土	7.2	12.2	0.62	0.19	24.1	6.0	74	24.2		E 105°37′45.2″ N 33°18′20.0″	93
						2	20–60	重壤土	7.0	3.6	0.50	0.20	27.2	6.3	59	28.7			
						3	60–120	重壤土	7.4	3.5	0.26	0.24	28.3	9.3	59	30.0			
剖58	淋溶土	棕壤	棕壤	棕壤土	厚层棕壤土	Ao	0–3											E 105°30′47.2″ N 33°17′38.4″	93
						2	3–14	重壤土	5.9	39.1	3.02	0.61	20.3	7.0	108	22.1			
						3	14–68	中壤土	6.3	94.6	6.09	0.70	19.8	12.3	384				
剖59	淋溶土	棕壤	棕壤	夹石棕黄土	薄层夹石棕黄土	1	0–15	中壤土	7.1	8.2	1.10	0.07	19.5	2.5	66	17.4		E 105°41′19.4″ N 33°17′24.4″	72
						2	15–29	重壤土	6.7	2.0	0.52	0.06	20.3	2.0	75	18.6			
剖60	淋溶土	棕壤	棕壤	棕黄土	厚层棕黄土	1	0–20	重壤土	7.1	24.8	0.97	0.10	19.1	2.0	50	15.1		E 105°32′04.6″ N 33°16′31.1″	74
						2	20–68	重壤土	6.8	19.0	1.42	0.10	17.8	3.1	54	14.1			
						3	68–120	重壤土	6.9	12.7	1.02	0.06	16.5	2.2	43	18.4			

续表 Continued

剖面号 Soil profile	土纲 Soil order	土类 Soil great group	亚类 Soil subgroup	土属 Soil genus	土种 Soil species	土层码 Layer code	土层厚度 Depth/cm	质地 Soil texture	pH	有机质 OM/(g/kg)	全氮 TN/(g/kg)	全磷 TP/(g/kg)	全钾 TK/(g/kg)	有效磷 AP/(mg/kg)	速效钾 AK/(mg/kg)	阳离子交换量CEC/(cmol/kg)	土壤母质 Parent material	剖面点坐标 Profile coordinate	匹配指数 Matching index/%
剖61	淋溶土	棕壤	棕壤	棕黄土	中层棕黄土	1	0—9	中砾质土	7.8	19.5	0.27	0.24	17.9	5.4	59	14.7		E 105°44′58.1″ N 33°16′27.6″	79
剖62	淋溶土	棕壤	棕壤	棕黄土	厚层棕黄土	2	9—20	轻砾质土	7.9	9.9	0.41	0.18	17.4	3.2	54	14.8		E 105°42′38.4″ N 33°15′47.2″	72
						3	20—50	重壤土	7.3	6.0	0.38	0.15	18.5	2.3	65	17.1			
剖63	淋溶土	棕壤	棕壤	棕壤土	厚层棕壤土	1	0—15	中壤土	6.5	18.5	0.99	0.40	18.4	2.2	92	13.2		E 105°30′56.9″ N 33°15′16.6″	71
						2	15—44	中壤土	6.3	9.1	0.68	0.37	21.5	0.8	72				
						3	44—120	重壤土	6.4	8.6	1.02	0.41	21.3	2.6	75				
剖64	淋溶土	棕壤	棕壤	棕壤土	厚层棕壤土	1	0—7	重壤土	6.4	35.2	2.05	0.14	20.3	4.0	178	15.7		E 105°36′58.2″ N 33°13′33.0″	72
						2	7—15	轻砾质土	5.8	19.2	1.21	0.07	28.2	2.0	64	10.0			
						3	15—63	中层砾质土	5.6	5.3	0.69	0.12	35.8	2.0	34	7.3			
						4	63—120	中砾质土	5.7	2.3	0.64	0.12	42.2	1.0	38	7.1			
剖65	淋溶土	棕壤	棕壤	棕壤土	中层棕壤土	1	0—12	轻砾质土	6.7	68.2	1.49	0.18	18.8	6.0	67	20.9		E 105°42′20.5″ N 33°12′54.2″	70
						2	12—40	中砾质土	6.8	34.5	4.05	0.16	18.7	4.0	34	18.7			
						3	40—80	中层砾质土	7.0	19.4	1.49	0.13	22.8	2.0	34	14.0			
剖66	淋溶土	棕壤	棕壤	棕壤土	厚层棕壤土	1	0—18	中层砾质土	6.9	86.0	1.31	0.48	26.6	5.4	318	55.3		E 105°32′34.4″ N 33°10′54.1″	71
						2	18—41	中层砾质土	7.2	27.0	1.31	0.45	27.0	2.9	164	21.4			
剖67	淋溶土	棕壤	棕壤	棕壤土	厚层棕壤土	1	0—18	中壤土	7.0	15.2	1.41	0.44	20.9	5.2	105	16.0		E 105°35′53.5″ N 33°10′40.8″	87
						2	18—35	重壤土	7.1	12.2	0.98	0.41	20.7	2.6	85				
						3	35—95	重壤土	7.1	7.6	0.64	0.34	21.5	4.0	75				
						1	0—18	重壤土	6.5	39.8	0.37	0.32	15.9	8.0	410	23.6			
剖68	淋溶土	黄棕壤	黄棕壤	坡地耕种黄棕壤	坡地夹石黄棕壤	2	18—40	重壤土	7.1	30.4	2.18	0.24	16.8	14.0	440	15.5		E 105°40′31.7″ N 33°10′16.9″	78
						3	40—88	轻砾质土	7.0	25.5	2.21	0.26	17.0	4.0	259	16.7			
剖69	淋溶土	黄棕壤	黄棕壤	坡地耕种黄棕壤	坡地黄棕壤	1	0—20	中砾质土	6.5	16.3	1.22	0.44	30.2	4.3	87	9.1		E 105°54′56.9″ N 33°12′21.3″	72
						2	20—65	中砾质土	5.6	9.1	0.75	0.34	26.2	3.5	74	11.8			
剖70	淋溶土	黄棕壤	黄棕壤	黄棕壤	薄层黄棕壤	1	0—18	中砾质土	6.5	19.0	1.43	0.38	20.6	2.8	72			E 105°33′04.7″ N 33°08′51.7″	96
						2	18—46	中砾质土	6.7	9.4	0.62	0.29	18.3	8.4	57	22.3			
						3	46—68	重壤土	6.6	2.2	3.90	0.29	23.6	4.7	97				
剖71	淋溶土	棕壤	棕壤	夹石棕黄土	薄层夹石棕黄土	1	0—4	轻砾质土	6.3	54.4	2.75	0.34	22.5	6.6	133	38.2		E 105°46′42.1″ N 33°10′51.6″	72
						2	4—7	中砾质土	5.2	25.4	1.63	0.74	22.9	2.4	103	10.4			
剖72	淋溶土	棕壤	夹石棕壤	夹石棕黄土	薄层夹石棕黄土	1	7—19	轻砾质土	5.6	4.0	0.24	0.77	22.8	4.0	69	18.7		E 105°40′18.8″ N 33°09′15.5″	80
						2	9—18	中砾质土	6.9	14.5	0.64	0.06	23.0	3.0	58				
剖73	淋溶土	棕壤	夹石棕壤	夹石棕黄土	薄层夹石棕黄土	1	18—35	重壤土	7.0	6.1	0.22	0.08	22.4	32.0	50	17.2		E 105°54′56.9″ N 33°12′21.3″	77
						2	0—15	轻砾质土	6.5	23.1	0.95	0.20	26.9	9.5	57	12.7			
剖74	淋溶土	棕壤	棕壤	棕黄土	薄层棕黄土	1	15—25	轻砾质土	6.7	17.3	0.90	0.20	21.8	5.9	43	12.8		E 105°34′03.4″ N 33°08′19.7″	90
						2	0—10	重壤土	6.6	22.0	1.30	0.41	21.4	3.9	97				
						3	10—15	重壤土	6.6	14.7	1.00	0.38	20.5	3.4	70	12.9			
剖75	淋溶土	棕壤	棕壤性土	棕壤性土	棕壤性土	1	0—15	重壤土	7.4	8.8	0.88	0.54	26.2	6.7	112	13.7		E 105°40′54.8″ N 33°06′01.1″	75
						2	15—25	重壤土	7.6	6.0	0.67	0.67	25.2	3.7	93				
剖76	初育土	新积土	新积土	耕种沟谷新积土	耕种沟谷新积土	1	0—10	砂壤土	6.5	29.0	1.18	0.66	25.1	8.4	120	7.6	河流沉积物	E 105°34′39.2″ N 33°05′54.6″	84
						2	20—38	中砾质土	8.1	12.7	0.89	0.68	19.5	5.0	119	7.0			
						3	38—72	中砾质土	8.3	12.2	0.89	0.62	17.5	2.0	50	8.0			
剖77	淋溶土	棕壤	棕壤	棕壤土	中层棕壤土	1	0—6	中砾质土	6.4	48.3	1.88	0.09	16.8	6.0	171	19.5		E 105°44′14.6″ N 33°03′43.9″	96
						2	6—31	中砾质土	6.5	10.4	0.71	0.06	15.4	4.0	23	22.6		E 105°39′33.5″ N 33°03′42.8″	

续表 Continued

剖面号 Soil profile	土纲 Soil order	土类 Soil great group	亚类 Soil subgroup	土属 Soil genus	土种 Soil species	土层码 Layer code	土层厚度 Depth/cm	质地 Soil texture	pH	有机质 OM/(g/kg)	全氮 TN/(g/kg)	全磷 TP/(g/kg)	全钾 TK/(g/kg)	有效磷 AP/(mg/kg)	速效钾 AK/(mg/kg)	阳离子交换量CEC/(cmol/kg)	土壤母质 Parent material	剖面点坐标 Profile coordinate	匹配指数 Matching index/%
剖78	淋溶土	棕壤	棕壤	棕壤土	中层棕壤土	1	0—7	中砾质土	6.0	58.8	2.89	0.15	16.9	8.0	112	18.8		E 105°40′45.7″ N 33°01′22.5″	79
剖79	淋溶土	棕壤	棕壤	夹石棕黄土	中层夹石棕黄土	2	7—45	中砾质土	6.5	22.6	0.84	0.12	14.2	5.0	86	25.6		E 105°45′31.7″ N 33°09′24.1″	81
						1	0—8	中砾质土	7.5	10.1	1.06	0.44	11.3	2.1	154	10.4			
						2	8—40												
剖80	淋溶土	棕壤	棕壤	棕壤土	中层棕壤土	1	0—12	轻壤土	7.2	36.4	2.11	0.46	18.1	10.4	88	16.8		E 105°50′47.0″ N 33°05′54.4″	100
						2	12—50	轻壤土	6.4	15.1	0.91	0.46	18.0	3.1	92	28.0			
剖81	淋溶土	棕壤	棕壤	棕壤土	中层棕壤土	1	0—6	中壤土	5.5	62.3	4.59	0.42	17.0	9.0	271			E 105°52′57.8″ N 33°04′05.0″	76
						2	6—16	重壤土	5.5	32.8	1.36	0.32	18.1	4.7	151				
						3	16—36	重壤土	5.6	66.5	0.86	0.27	18.0	4.3	123				
剖82	淋溶土	黄棕壤	黄棕壤	坡地耕种黄棕壤	坡地黄棕壤土	1	0—15	中壤土	6.9	20.0	1.51	0.38	22.8	4.5	99	11.3		E 105°48′44.8″ N 33°03′43.0″	81
						2	15—34	中壤土	6.9	13.6	1.10	0.34	23.1	3.4	84				
剖83	淋溶土	棕壤	棕壤性土	棕壤性土	棕壤性土	Ao	0—3	中壤土	5.5	32.4	1.84	0.32	18.9	11.0	120	16.2		E 105°47′13.2″ N 33°03′17.3″	96
						2	3—18	中壤土	5.9	19.0	1.12	0.78	18.4	15.8	115	11.3			
剖84	淋溶土	黄棕壤	黄棕壤	坡地耕种黄棕壤	坡地夹石黄棕壤	1	0—13	中壤土	5.4	15.3	0.75	0.89	18.4	26.8	87			E 105°45′09.4″ N 33°00′31.3″	82
						2	13—58	轻壤土	5.6	36.1	2.23	0.86	18.7	33.7	190	9.5			
剖85	淋溶土	黄棕壤	黄棕壤	川地耕种黄棕壤	川地夹石黄棕壤	1	0—18	轻壤土	5.7	15.6	1.10	0.95	17.9	32.0	94			E 105°42′34.9″ N 32°57′48.2″	99
						2	18—40	轻壤土	6.1	12.7	0.70	0.89	18.3	27.5	72				
						3	40—96												
剖86	淋溶土	黄棕壤	黄棕壤	坡地耕种黄棕壤	坡地夹石黄棕壤	1	0—12	中壤土	5.7	20.4	1.38	0.35	19.7	4.6	100	1.5		E 105°39′39.2″ N 32°55′42.8″	79
						2	12—38	中壤土	5.9	19.7	1.29	0.37	17.4	1.8	94				
						3	38—75	重壤土	5.4	8.4	0.79	0.35	19.0	0.7	104				
剖87	淋溶土	黄棕壤	黄棕壤	坡地耕种黄棕壤	坡地夹石黄棕壤	1	0—18	中壤土	6.7	24.9	1.57	0.32	18.1	4.5	53	1.4		E 105°51′56.9″ N 32°58′41.9″	99
						2	18—38	重壤土	6.6	12.3	0.60	0.27	17.8	3.5	47				
剖88	淋溶土	黄棕壤	黄棕壤	坡地耕种黄棕壤	坡地夹石黄棕壤	1	0—16	砂壤土	5.7	14.7	0.72	2.22	19.6	5.9	137	7.9		E 105°47′56.0″ N 32°58′29.3″	79
						2	16—30	紧砂土	5.9	6.9	0.28	3.21	19.6	5.4	106				

西 和 县

主要土类说明

褐土是西和县主要土壤类型，占本县地域面积的 77%。褐土是在半湿润区发育形成的具有黏化与钙质淋移淀积特征的土壤，具 A-B-Bk-C 剖面构型。该土壤盐基饱和，处于硅铝风化阶段，有明显黏淀层与假菌丝状钙积层。土壤盐基饱和度在 80% 以上，有时过饱和。

棕壤是西和县第二大土壤类型，占本县地域面积的 16%。棕壤形成于落叶阔叶林下，但大部分已被垦殖，以旱作为主。该土壤处于硅铝风化阶段，具有黏化特征，呈棕色。土体见黏粒淀积，盐基充分淋失，pH 一般为 6.0—7.0，见少量游离铁。

红黏土是西和县第三大土壤类型，占本县地域面积的 7%。深厚黄土层下，常见第三纪红色黏土（保德期红黏土）埋藏。厚层黄土层侵蚀殆尽处，红色黏土层露出，形成的母质性状明显的初育土，即红黏土。其黏粒含量高，塑性强，生物作用微弱，母质特性明显，pH 为 7.0—8.0，有时夹有砂姜。

本区域中心区气候特征

本区域中心区气候特征值
Regional climate characteristics in central area of the region

气候带：暖温带亚湿润气候 Climate region: Warm temperate subhumid climate	
年平均气温 /℃ Annual average temperature /℃	12.9
年平均最高气温 /℃ Annual average maximum temperature /℃	18.4
年平均最低气温 /℃ Annual average minimum temperature /℃	8.6
年降水量 /mm Annual precipitation /mm	496
≥10℃的积温 /℃ Daily temperature accumulated in a year (≥10℃) /℃	4656
年日照时数 /h Annual sunshine /h	1873
年平均相对湿度 /% Annual average relative humidity /%	63
干燥度 Dryness	1.58

西和县主要土壤类型与土壤剖面点分布图
1∶260 000

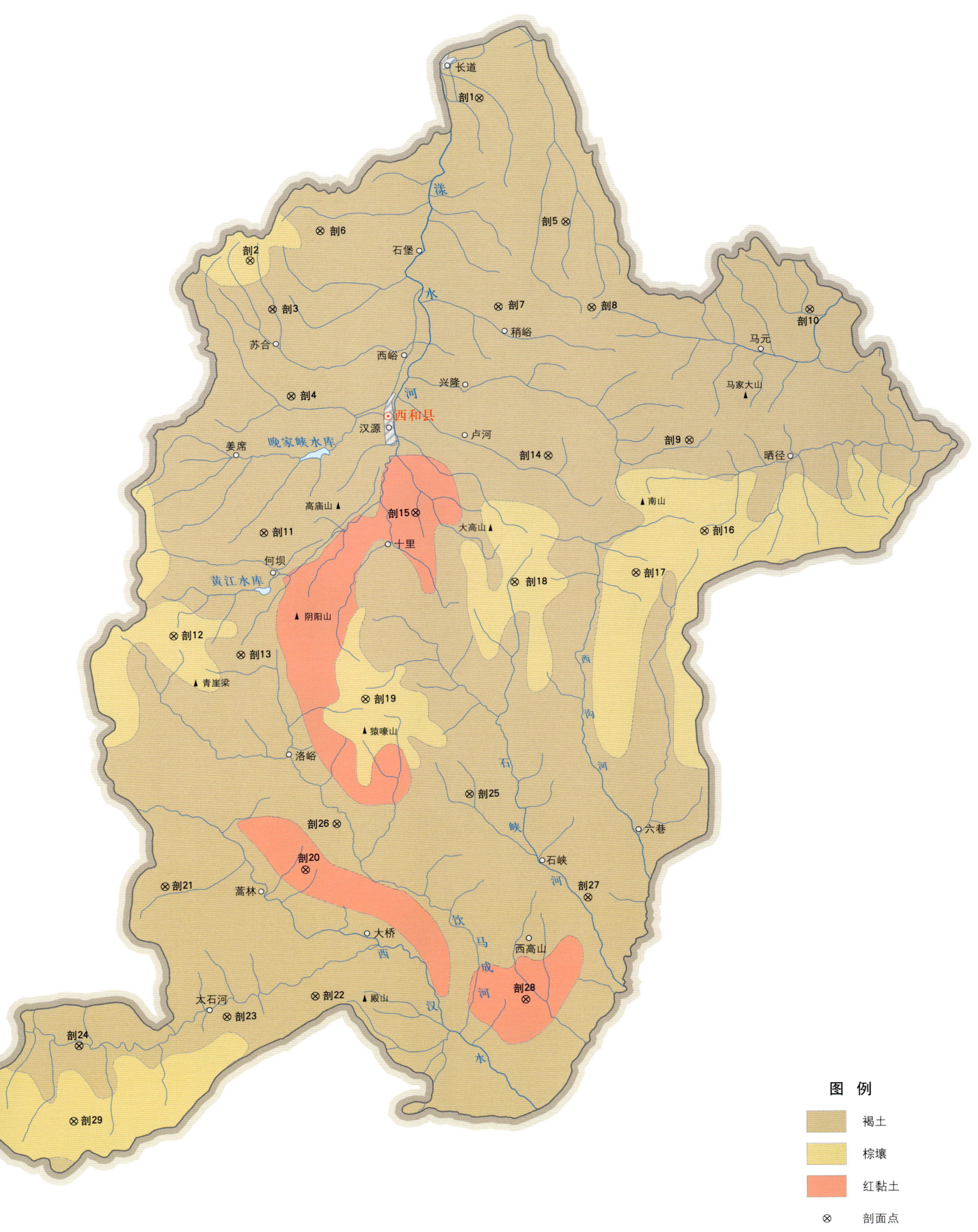

西和县土壤剖面理化性状表

剖面号 Soil profile	土纲 Soil order	土类 Soil great group	亚类 Soil subgroup	土属 Soil genus	土种 Soil species	土层码 Layer code	土层厚度 Depth/cm	颜色 Soil color	质地 Soil texture	土壤结构 Soil structure	pH	有机质 OM/(g/kg)	全氮 TN/(g/kg)	全磷 TP/(g/kg)	全钾 TK/(g/kg)	有效磷 AP/(mg/kg)	速效钾 AK/(mg/kg)	阳离子交换量CEC/(cmol/kg)	土壤母质 Parent material	剖面点坐标 Profile coordinate	匹配指数 Matching index/%
剖1	半淋溶土	褐土	石灰性褐土	羊脑髓土	薄层羊脑髓土	1	0—18		中壤土		8.2	13.2	0.74	0.35	21.7	7.0	120	16.7		E 105°21′04.3″ N 34°11′13.9″	84
						P	18—37		中壤土		8.2	10.6	0.66	0.31	22.0	6.0	105	16.2			
						3	37—65		中壤土		8.2	10.2	0.62	0.31	21.0	3.0	95	15.7			
						4	65—98		中壤土		8.0	7.8	0.50	0.60	20.3	5.0	93	12.4			
剖2	淋溶土	棕壤	棕壤	棕黄土	棕黄土	1	0—18	黄褐色	轻壤土	粒状、块状	7.2	11.6	0.67	0.46	20.7	6.0	127	19.7		E 105°12′34.9″ N 34°06′07.2″	95
						P	18—28	黄褐色	中壤土	块状	7.3	10.6	0.59	0.44	20.7	4.0	118	19.1			
						3	28—65	棕黄色	中壤土	块状	7.0	8.4	0.58	0.43	19.4	4.0	60	14.8			
						4	65—150	黄棕色	轻黏土	块状	7.0	7.0	0.53	0.41	27.4	4.0	174	14.6			
剖3	半淋溶土	褐土	褐土	黄壤土	薄层黄壤土	1	0—20	棕黄色	中壤土	粒状	7.4	10.0	0.64	0.42	24.6	4.0	80	23.1		E 105°13′24.2″ N 34°04′34.0″	80
						P	20—28	棕黄色	中壤土	核块状	7.5	7.4	0.57	0.39	26.8	4.0	75	22.0			
						3	28—65	棕黄色	重壤土	块状	7.5	6.4	0.40	0.37	26.4	6.0	68	17.7			
						4	65—150	棕黄色	重壤土	块状											
剖4	半淋溶土	褐土	石灰性褐土	黄土质石灰性褐土		Ao	0—4	黑褐色	轻壤土		8.3	91.5	4.84	0.61	21.4	28.0	376	40.3		E 105°14′04.2″ N 34°01′48.0″	79
						2	4—29		重壤土		8.5	31.0	2.01	0.52	20.5	7.0	78	17.9			
						3	29—50	黄褐色	重壤土		8.1	10.1	0.64	0.48	19.7	4.0	53	9.4			
						C	50—150	黄褐色	重壤土		8.1	9.8	0.56	0.47	19.2	3.0	65	83.0			
剖5	半淋溶土	褐土	淋溶褐土	砂土质褐土		As	0—5		轻壤土		8.3	38.8	2.31	0.57	26.4	10.0	210	18.1		E 105°24′14.4″ N 34°07′17.8″	92
						2	5—15		重壤土		8.3	18.6	1.04	0.51	26.4	5.0	65	15.5			
						3	15—35		重壤土		8.2	15.0	0.99	0.49	26.1	4.0	63	16.6			
						4	35—85		砂壤土		8.1	10.9	0.86	0.44	25.1	3.0	35	6.3			
剖6	半淋溶土	褐土	淋溶褐土	黑黄壤土	中层黑黄壤土	1	0—16	黄褐色	中壤土	粒状	7.2	23.1	1.34	0.57	26.0	3.0	105	24.2		E 105°15′10.4″ N 34°07′03.0″	90
						P	16—28	灰褐色	重壤土	核块状	7.3	16.6	0.93	0.56	25.3	3.0	90	21.8			
						3	28—48	灰黑色	重壤土	块状	7.7	13.8	0.80	0.60	25.1	2.0	98	26.5			
						4	48—150	黄褐色	重壤土	块状	7.8	9.2	7.00	0.67	25.1	2.0	70	16.1			
剖7	半淋溶土	褐土	石灰性褐土	红土质石灰性褐土	厚层黄壤土	As	0—20		中壤土		8.5	33.0	1.99	0.64	21.1	10.0	175	23.7		E 105°21′43.6″ N 34°07′36.8″	90
						2	20—60		轻壤土	粒状	8.3	29.3	1.83	0.54	21.0	6.0	100	21.5			
						C	60—90		轻壤土	块状	8.1	15.6	0.93	0.43	19.8	4.0	84	17.1			
剖8	半淋溶土	褐土	褐土	黄壤土	厚层黄壤土	1	0—28	棕黄色	中壤土	块状	7.9	13.9	0.87	0.52	21.4	4.0	248	20.6		E 105°25′10.5″ N 34°04′34.5″	79
						P	28—44	棕黄色	重壤土	块状	7.8	12.8	0.78	0.51	19.8	4.0	225	20.1			
						3	44—100	棕黄色	重壤土	块状	7.9	10.1	0.70	0.48	20.1	4.0	213	18.7			
						4	100—150	棕黄色	重壤土		7.3	10.1	0.69	0.47	21.4	3.0	180	21.8			
剖9	半淋溶土	褐土	褐土	黄壤砂土	薄层黄壤砂土	1	0—14		轻壤土		8.2	16.6	0.95	0.86	27.0	9.0	219	11.2		E 105°28′43.9″ N 34°00′19.7″	82
						P	14—33		轻壤土		8.2	15.1	0.83	0.69	26.5	11.0	250	10.5			
						3	33—57		中壤土		8.1	11.4	0.64	0.65	26.5	3.0	135	9.6			
						4	57—90				8.1	10.2	0.63	0.60	28.7	3.0	138	14.4			
剖10	半淋溶土	褐土	淋溶褐土	黑黄壤土	黑黄壤土	1	0—16	黄褐色	中壤土	粒状、块状	8.4	12.9	0.95	0.73	26.0	7.0	277	19.8		E 105°33′13.0″ N 34°04′27.7″	74
						P	16—20	黄褐色	中壤土	粒状、块状	8.5	11.8	0.83	0.66	24.0	3.0	205	19.0			
						3	20—90	黄褐色	重壤土	核块状	7.2	10.5	0.74	0.43	23.2	2.0	110	17.4			
剖11	半淋溶土	褐土	褐土	黄壤土	中层黄壤土	1	0—15	黄褐色	中壤土	块状	8.1	13.3	0.82	0.36	25.8	8.0	195	15.2		E 105°13′01.6″ N 33°57′28.8″	77
						P	15—30	黄褐色	中壤土	块状	8.1	11.5	0.77	0.36	23.1	5.0	165	15.7			
						3	30—78	黄褐色	重壤土	核块状	8.0	9.0	0.68	0.35	22.2	3.0	110	17.4			
						4	78—150	黄褐色	重壤土	核块状	8.0	8.8	0.60	0.35	23.1	2.0	95	16.2			

续表 Continued

剖面号 Soil profile	土纲 Soil order	土类 Soil great group	亚类 Soil subgroup	土属 Soil genus	土种 Soil species	土层码 Layer code	土层厚度 Depth/cm	颜色 Soil color	质地 Soil texture	土壤结构 Soil structure	pH	有机质 OM/(g/kg)	全氮 TN/(g/kg)	全磷 TP/(g/kg)	全钾 TK/(g/kg)	有效磷 AP/(mg/kg)	速效钾 AK/(mg/kg)	阳离子交换量CEC/(cmol/kg)	土壤母质 Parent material	剖面点坐标 Profile coordinate	匹配指数 Matching index/%
剖12	淋溶土	棕壤	棕壤	黄土质棕壤		Ao	0—12	黑褐色	中壤土	团粒状	6.9	92.5	2.10	0.65	17.2	13.0	200	34.3	黄土	E 105° 09′ 40.4″ N 33° 54′ 12.4″	84
						2	12—23	灰褐色	中壤土		6.8	31.4	2.07	0.57	16.6	7.0	68	27.5			
						3	23—47	灰白色	中壤土		6.8	31.3	1.89	0.26	16.2	6.0	55	11.9			
						4	47—150	棕黄色	中壤土		6.7	23.7	1.79	0.21	18.3	3.0	90	18.6			
剖13	半淋溶土	褐土	淋溶褐土	黄土质淋溶褐土		C	150—	棕黄色	轻壤土												
						Ao	0—6	黑褐色	重壤土	粒状	7.4	66.2	3.31	0.45	12.9	7.0	199	30.5		E 105° 12′ 08.6″ N 33° 53′ 36.2″	98
						2	6—40	黑褐色	黏壤土	粒状, 块状	7.1	46.1	2.56	0.46	12.7	4.0	69	31.7			
						3	40—80	褐棕色	重壤土	粒状	7.6	20.4	1.39	0.51	14.6						
						C	80—	棕黄色	中壤土	块状	7.9	10.2	0.95	0.85	18.3						
剖14	半淋溶土	褐土	淋溶褐土	黑黄垆土	薄层黑黄垆土	1	0—25	黄褐色	中壤土	块状	8.2	12.1	0.69	0.54	25.4	3.0	95	19.0		E 105° 23′ 31.3″ N 33° 59′ 52.4″	70
						P	25—38	黄褐色	中壤土	核块状	8.0	11.1	0.67	0.52	24.9	3.0	125	18.0			
						3	38—105	黄褐色	重壤土	核块状	8.0	10.5	0.66	0.46	23.3	3.0	136	17.5			
						4	105—150	黄褐色	重壤土	粒状, 块状	8.2	9.6	0.61	0.43	21.7	3.0	180	16.4			
剖15	初育土	红黏土	红土	黄红土	中层黄红土	1	0—14	黄褐色	中壤土	粒状	7.8	10.7	0.66	0.60	25.8	5.0	220	17.0	红土	E 105° 18′ 36.7″ N 33° 58′ 05.5″	87
						P	14—32	黄褐色	重壤土	棱柱状	7.8	9.2	0.54	0.59	24.3	4.0	115	13.4			
						3	32—100	黄褐色	重壤土	块状	7.7	8.3	0.46	0.55	25.2	4.0	110	11.7			
						4	100—150	棕黄色	黏壤土	片状	7.7	6.2	0.42	0.51	25.9	3.0	180	14.7			
剖16	淋溶土	棕壤	棕壤	紫土质棕壤		As	0—15	灰紫色	中壤土	粒状, 块状	7.0	56.0	2.15	0.48	25.2	7.0	185	34.4		E 105° 29′ 15.3″ N 33° 57′ 26.9″	87
						2	15—27	紫棕色	重壤土	核块状	7.2	33.4	1.88	0.43	26.3	4.0	175	32.3			
						3	27—39	红棕色	重壤土	块状	6.9	9.2	0.69	0.32	27.8	3.0	205	30.5			
						4	39—70	红棕色	黏壤土	块状	6.9	7.0	0.46	0.26	28.9	2.0	215	29.4			
剖17	淋溶土	棕壤	棕壤	棕黄砂土	棕黄砂土	C	70—	灰棕色	砂壤土	粒状, 块状	7.0	30.9	1.80	0.70	24.6	7.0	78	13.5		E 105° 26′ 43.3″ N 33° 56′ 08.2″	95
						2	15—23	灰棕色	轻壤土	小块状	7.1	27.4	1.89	0.67	27.4	5.0	68	12.8			
						Bt	23—70	灰棕色	砂壤土	块状	6.9	21.1	1.48	1.22	24.8	4.0	48	10.2			
剖18	淋溶土	棕壤	棕壤	砂土质棕壤		C	70—150	灰棕色	中壤土	核块状	7.0	39.7	2.21	0.63	27.4	19.0	213	21.5		E 105° 22′ 14.9″ N 33° 55′ 52.0″	85
						Ao	0—8	灰棕色	砂壤土	块状	7.0	36.7	2.14	0.64	27.9	18.0	210	20.0			
						2	8—20	灰棕色	砂壤土	核块状	7.1	33.9	2.03	0.64	25.3	3.0	100	19.9			
						3	20—76	灰棕色	重壤土	块状	7.1	32.2	1.93	0.53	27.1	6.0	150	17.6			
						C	76—150	灰棕色	中壤土	块状	7.2	30.0	1.76	0.69	25.5	10.0	158	14.4			
剖19	淋溶土	棕壤	棕壤	棕紫土	薄层棕紫土	1	0—10	浅棕紫色	中壤土	核块状	7.1	11.9	0.79	0.71	24.5	6.0	115	12.8		E 105° 16′ 43.7″ N 33° 52′ 11.0″	91
						P	10—25	浅棕紫色	中壤土	核块状	7.1	10.0	0.68	0.65	25.2	5.0	83	16.8			
						3	25—60	浅棕紫色	中壤土	棱柱状	7.3	6.5	0.63	0.51	22.8	9.0	80	14.5			
						4	60—150	棕色	重壤土	棱柱状	7.9	10.8	0.62	0.64	25.0	8.0	255	9.8			
剖20	初育土	红黏土	红土	黄红土	薄层黄红土	1	0—11	黄褐色	轻壤土	团块状	7.9	10.3	0.58	0.62	23.7	6.6	230	9.1	红土	E 105° 14′ 28.1″ N 33° 46′ 44.8″	73
						2	11—16	红黄色	重壤土	棱柱状	7.8	9.4	0.52	0.53	25.3	4.0	243	9.4			
						3	16—52	黄褐色	重壤土	核块状	7.7	8.6	0.56	0.62	20.2	4.0	333	8.2			
剖21	半淋溶土	褐土	淋溶褐土	黑黄垆土	厚层黑黄垆土	4	52—	棕色	中壤土	粒状	7.5	13.1	0.87	0.70	21.0	8.0	127	15.7		E 105° 09′ 17.6″ N 33° 46′ 14.5″	93
						1	0—15	黄褐色	重壤土	块状	7.5	13.8	0.82	0.64	21.5	6.6	112	15.2			
						P	15—30	红黄色	重壤土	块状	7.5	11.5	0.77	0.50	20.9	4.0	103	15.7			
						3	30—73	黄褐色	中壤土	块状	7.1	9.0	0.62	0.35	21.6	3.0	91	12.0			
剖22	半淋溶土	褐土	淋溶褐土	黑黄紫土	薄层黑黄紫土	4	73—150	紫红色	中壤土	块状	7.5	12.1	0.68	0.66	23.5	5.0	189	14.4		E 105° 14′ 46.9″ N 33° 42′ 45.6″	98
						1	0—11	紫红色	重壤土	块状	7.9	11.1	0.61	0.52	24.9	4.0	110	15.7			
						P	11—25	紫红色	重壤土	块状	7.9	11.1	0.61	0.52	24.9	4.0	110	15.7			
						3	25—73	紫红色	重壤土	块状	8.2	6.0	0.42	0.49	20.1	4.0	55	13.2			
						4	73—150		轻壤土												

续表 Continued

剖面号 Soil profile	土纲 Soil order	土类 Soil great group	亚类 Soil subgroup	土属 Soil genus	土种 Soil species	土层码 Layer code	土层厚度 Depth/cm	颜色 Soil color	质地 Soil texture	土壤结构 Soil structure	pH	有机质 OM/(g/kg)	全氮 TN/(g/kg)	全磷 TP/(g/kg)	全钾 TK/(g/kg)	有效磷 AP/(mg/kg)	速效钾 AK/(mg/kg)	阳离子交换量CEC/(cmol/kg)	土壤母质 Parent material	剖面点坐标 Profile coordinate	匹配指数 Matching index/%
剖23	半淋溶土	褐土	石灰性褐土	料姜石土	薄层料石土	1	0—13		中壤土		8.2	10.2	0.68	0.52	24.5	6.0	152	9.2		E 105°11′32.2″ N 33°42′07.9″	97
						P	13—30		重壤土		8.2	9.5	0.60	0.49	24.9	4.0	152	9.0			
						3	30—90		重壤土		8.2	9.6	0.64	0.48	24.4	3.0	152	8.7			
						4	90—150		重壤土		8.2	9.6	0.68	0.45	24.5	2.0	146	8.2			
剖24	半淋溶土	褐土	石灰性褐土	砂砾质石灰性褐土		Ao	0—6		轻壤土		8.4	19.0	1.19	0.69	23.6	4.0	231	15.0		E 105°06′05.4″ N 33°41′14.6″	96
						2	6—15	棕褐色	中壤土	块状	8.1	12.1	0.77	0.47	22.9	3.0	129	13.0			
						C	15—	暗棕灰色	砂壤土		7.8	10.9	0.72	0.60	21.3	2.0	140	6.4			
剖25	半淋溶土	褐土	淋溶褐土	砂土质淋溶褐土		Ao	0—4	灰黑色	轻壤土		7.8	166.0	6.40	0.69	22.7	17.0	407	39.5		E 105°20′30.8″ N 33°49′07.7″	74
						2	4—12	灰黑色	重壤土	块状	7.9	62.2	3.25	0.56	20.5	8.0	137	24.5			
						3	12—40	棕红色	轻壤土	块状	7.6	20.9	1.68	0.51	28.2						
						C	40—	灰褐色													
剖26	半淋溶土	褐土		黄土质褐土		As	0—11	黑褐色	中壤土	粒状	8.2	37.4	2.08	0.43	16.0	9.0	128	21.9		E 105°15′37.8″ N 33°48′12.2″	75
						2	11—33	黑褐色	重壤土	核块状	8.3	32.6	1.71	0.35	15.2	6.0	60	19.1			
						3	33—78	青灰色	重壤土	核块状	8.1	21.3	1.45	0.34	10.4	3.0	25	5.9			
						C	78—150	青灰色		片状											
剖27	半淋溶土	褐土	石灰性褐土	紫土质石灰性褐土	薄层红砂土	As	0—16		中壤土		8.2	25.5	1.51	0.60	15.7	3.0	132	14.4		E 105°24′50.4″ N 33°45′48.6″	89
						2	16—30		中壤土		8.4	4.9	0.59	0.53	17.7	2.0	60	3.6			
						C	30—		重壤土		8.4	4.0	0.49	0.56	21.1						
剖28	初育土	红黏土	红土	红砂土		1	0—11	红褐色	砂壤土	粒状	8.1	14.5	0.99	0.36	22.1	1.0	64	2.1	红土	E 105°22′31.1″ N 33°42′36.7″	100
						2	11—20	红褐色	砂壤土	粒状	8.2	15.7	1.83	0.36	21.5	2.0	56	1.9			
						3	20—38	红褐色	砂壤土	粒状、块状	8.2	16.9	1.11	0.37	21.5			2.0			
						4	38—82	红褐色	砂壤土		8.1	14.9	0.99	0.37	21.5			1.6			
						5	82—		砂壤土		8.1	14.1	0.95	0.76	21.0			1.8			
剖29	淋溶土	棕壤	棕壤	砂砾质棕壤		Ao	0—20	黑褐色	中壤土	粒状、块状	6.5	86.9	4.55	1.07	20.9	16.0	323	28.8		E 105°05′52.4″ N 33°38′52.8″	97
						2	20—40	黑褐色	中壤土	核块状、块状	6.9	68.7	3.95	1.00	20.9	6.0	157	28.3			
						3	40—86	黄褐色	砂质重壤土	块状	6.9	10.5	0.81	0.47	21.8						
						R	86—150	黄棕色	重壤土		6.7	4.6	0.39	0.42	23.1						

礼 县

主要土类说明

褐土是礼县主要土壤类型，占本县地域面积的 64%。褐土是在半湿润区发育形成的具有黏化与钙质淋移淀积特征的土壤，具 A-B-Bk-C 剖面构型。该土壤盐基饱和，处于硅铝风化阶段，有明显黏淀层与假菌丝状钙积层。土壤盐基饱和度在 80% 以上，有时过饱和。

棕壤是礼县第二大土壤类型，占本县地域面积的 18%。棕壤形成于落叶阔叶林下，但大部分已被垦殖，以旱作为主。该土壤处于硅铝风化阶段，具有黏化特征，呈棕色。土体见黏粒淀积，盐基充分淋失，pH 一般为 6.0—7.0，见少量游离铁。

暗棕壤是礼县第三大土壤类型，占本县地域面积的 8%。暗棕壤是在湿润地区针阔叶混交林下发育形成的具有明显有机质富集和弱酸性淋溶特征的土壤，具 O-A-B-C 剖面构型。A 层有机质含量可达 200g/kg，弱酸性淋溶使铁铝轻微下移；B 层呈棕色，结构面见铁锰胶膜。土壤呈弱酸性，盐基饱和度为 70%—80%。土壤冻结期长。

山地草甸土占本县地域面积的 4%。山地草甸土是在中山山顶平台的草甸植被下形成的薄层土壤。其表层为草皮层，其下是有锈色斑纹或络合铁锰胶膜的薄层土壤，具 As-A-C-D 剖面构型。

小于本县地域面积 3% 的土壤类型有粗骨土、黑垆土、新积土、黑毡土、潮土和黑土。

本区域中心区气候特征

本区域中心区气候特征值
Regional climate characteristics in central area of the region

气候带：暖温带亚湿润气候 Climate region: Warm temperate subhumid climate	
年平均气温 /℃ Annual average temperature /℃	12.1
年平均最高气温 /℃ Annual average maximum temperature /℃	17.9
年平均最低气温 /℃ Annual average minimum temperature /℃	7.7
年降水量 /mm Annual precipitation /mm	481
≥10℃的积温 /℃ Daily temperature accumulated in a year (≥10℃) /℃	4396
年日照时数 /h Annual sunshine /h	1920
年平均相对湿度 /% Annual average relative humidity /%	62
干燥度 Dryness	1.54

本区域中心区月平均气温与月平均降水量
Monthly temperature and precipitation in central area of the region

礼县主要土壤类型与土壤剖面点分布图
1 : 390 000

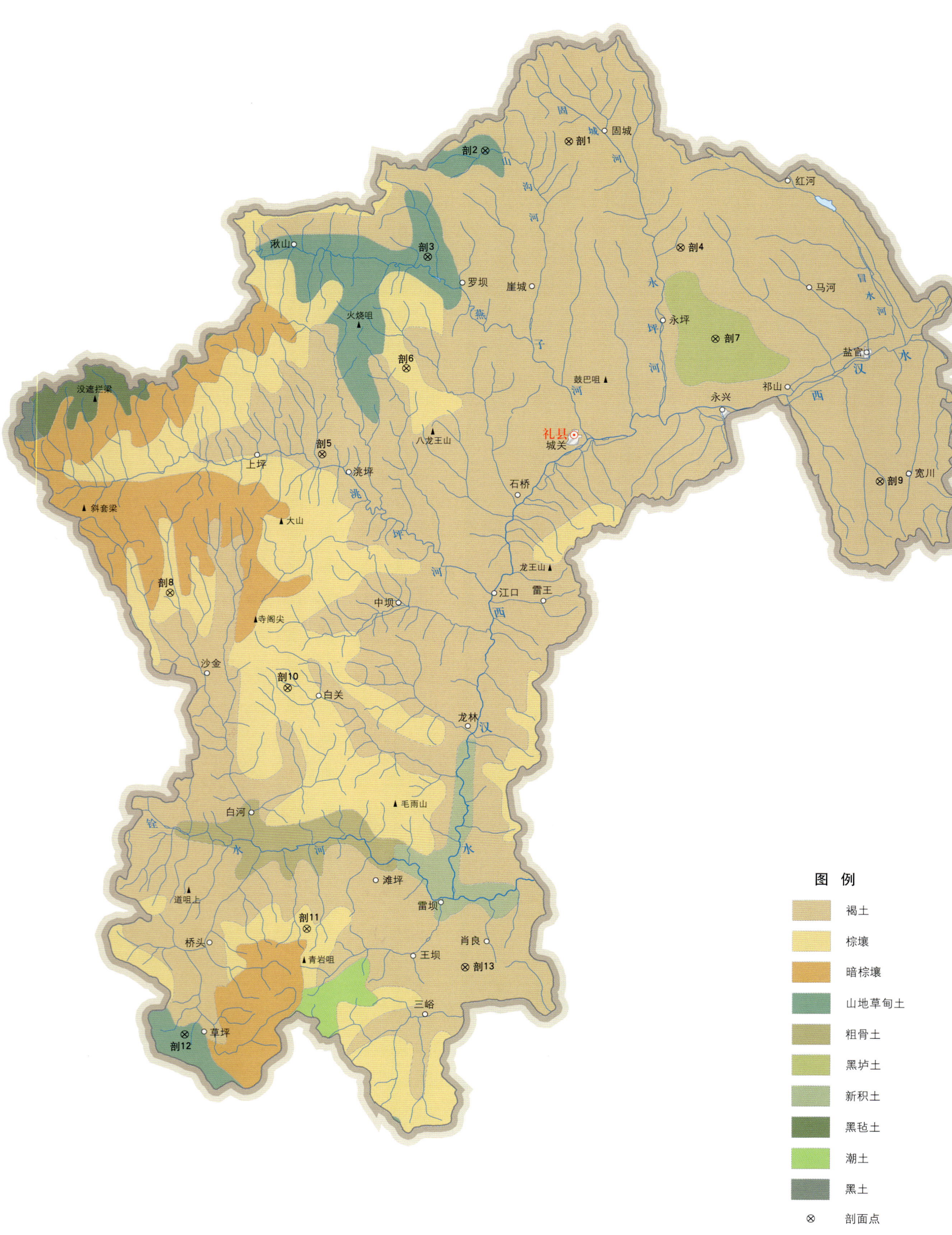

礼县土壤剖面理化性状表

剖面号 Soil profile	土纲 Soil order	土类 Soil great group	亚类 Soil subgroup	土属 Soil genus	土层码 Layer code	土层厚度 Depth/cm	颜色 Soil color	质地 Soil texture	土壤结构 Soil structure	pH	有机质 OM/(g/kg)	全氮 TN/(g/kg)	全磷 TP/(g/kg)	全钾 TK/(g/kg)	有效磷 AP/(mg/kg)	速效钾 AK/(mg/kg)	阳离子交换量 CEC/(cmol/kg)	土壤母质 Parent material	剖面点坐标 Profile coordinate	匹配指数 Matching index/%
剖1	半淋溶土	褐土	淋溶褐土	黄土质山地淋溶褐土	As	0—14	深褐色	轻壤土	团粒状										E 105°10′17.6″ N 34°26′37.6″	93
					2	14—25	黑褐色	中壤土	团粒状											
					3	25—61	黄褐色	黏壤土	团块状											
					C	61—150	黄棕色	中壤土	块状											
剖2	半水成土	山地草甸土	山地草甸土	砂土质山地草甸土	1	0—10				6.1	81.2	5.80	0.88	19.3	3.0	23	8.0		E 105°05′16.4″ N 34°26′08.5″	82
					2	10—25				6.0	75.6	3.30	1.24	18.2	2.0	23	14.0			
					3	25—55				5.9	12.8	0.69	1.93	18.9	7.0	25	6.4			
剖3	半水成土	山地草甸土	山地草甸土	红土质山地草甸土	1	0—17				7.4	94.9	5.86	0.77	20.8	6.0	205	20.1		E 105°01′50.3″ N 34°20′41.8″	94
					2	17—34				7.2	139.5	4.76	0.81	18.4	4.0	150	15.5			
					3	34—64				6.7	43.5	4.17	0.98	20.4	3.0	55	12.3			
					4	64—75				7.2	14.1	1.03	0.43	19.9	1.0	103	9.7			
剖4	半淋溶土	褐土	石灰性褐土	砂土质山地石灰性褐土	As	0—8	灰黑色	砾质砂壤土	粒状	8.3	67.4	4.66	0.73	17.1	13.0	116	6.6	坡积物、残积物、黄土	E 105°16′59.2″ N 34°21′10.4″	74
					2	8—30	黑黑色	砾质中壤土	粒状	8.3	58.4	4.74	0.38	15.8	11.0	119	11.2			
					3	30—85	浅褐色	砾质中壤土	粒状、块状	8.4	24.6	2.61	0.08	8.8	6.0	58	5.8			
					C	85—131	棕褐色	中壤土	块状	7.9	18.6	1.09	0.18	8.7	1.0	44	3.4			
剖5	半淋溶土	褐土	褐土	黄土质山地褐土	1	0—20	黑灰色	中壤土		8.1	19.2	0.53	0.32	14.0	5.0	35	5.9		E 104°55′33.2″ N 34°10′32.9″	88
					2	20—24	黑灰色	轻壤土		7.9	43.0	2.33	0.61	15.4	7.0	85	11.7			
					3	24—80	棕褐色	砂壤土	块状	8.0	14.3	1.45	0.17	18.9	4.0	25	6.3			
剖6	淋溶土	棕壤	棕壤	棕壤土	1	0—12	灰黄色	砂壤土	粒状、块状	7.2	26.9	1.21	1.36	19.9	3.0	20	13.2	黄土	E 105°00′34.3″ N 31°14′58.7″	96
					P	12—21	暗棕黄色	中壤土	块状	7.1	25.4	1.34	1.42	20.0	5.0	25	8.9			
					C	21—127		砂砾质砂壤土	块状	7.4	20.8	0.92	1.45	21.5	2.0	18	5.0			
剖7	钙层土	黑护土	黑麻土	黑麻土	1	0—18		中壤土		8.4	23.8	1.80	0.51	12.8	7.0	105	6.4	黄土	E 105°19′04.8″ N 34°16′30.0″	81
					2	18—34		中壤土	粒状、块状	8.5	14.2	1.28	0.43	16.3	4.0	85	13.3			
					3	34—81		黏土	棱块状	8.4	13.8	1.06	0.36	20.8	3.0	145	11.1			
					4	81—137		黏土	棱块状	8.6	7.2	0.61	0.21	17.8	2.0	70	6.0			
剖8	半淋溶土	褐土	褐土	红土质山地褐土	1	0—18	黄褐色	砂红壤	粒状	7.4	1.8	0.53	0.52	12.9	4.0	68	16.0	黄土	E 104°46′30.4″ N 34°03′24.8″	100
					2	18—34	浅紫红色	砂壤土	粒状	8.4	8.6	0.61	0.24	14.4	2.0	125	17.5			
					B	34—97	灰棕色	砂壤土	块状	7.5	15.9	0.47	0.20	19.3	5.0	70	11.2			
					C	97—		砂壤土	块状	7.2	12.0	0.68	0.42	12.8	4.0	100	6.1			
剖9	淋溶土	棕壤	棕壤	棕壤土	1	0—19	暗灰棕色	中壤土	粒状	8.4	13.2	1.23	0.84	19.1	8.0	215	13.2	砂岩风化物	E 105°28′54.8″ N 34°09′09.7″	88
					B	19—53	浅紫红色	轻壤土	块状	8.4	5.9	2.75	0.66	10.4	5.0	160	5.7			
					C	53—		中壤土	块状	8.0	2.9	0.31	0.74	19.3	3.0	185	2.9			
剖10	淋溶土	棕壤	棕壤	棕壤土	1	0—26	灰棕色	砂壤土	粒状	7.2	8.7	1.46	0.88	16.3	6.0	45	5.7	黄土	E 104°53′32.2″ N 33°58′31.7″	94
					P	26—38	暗灰棕色	轻壤土	块状	7.4	19.0	1.09	0.80	17.2	4.0	35	13.4			
					3	38—79	灰棕色	中壤土	块状	7.5	4.8	1.22	0.94	18.0	3.0	40	2.6			
					4	79—111	黄棕色	中壤土	团粒状	7.4	43.9	0.39	0.62	16.8	2.0	60	3.4			
剖11	淋溶土	棕壤	棕壤	棕黄土	1	0—20	褐黄色	中壤土	粒状、块状	7.3	11.8	1.11	0.37	12.3	1.0	50	16.2	黄土	E 104°54′44.8″ N 33°46′06.9″	88
					P	20—35	暗黄色	重壤土	块状	7.2	7.9	0.67	0.62	12.3	1.0	60	23.2			
					3	35—69	暗棕黄色	重壤土	块状	7.3	11.0	0.58	0.22	12.8	1.0	50	20.6			
					4	69—121	棕黄色	重壤土	团块状	7.4	3.1	0.41	0.31	12.9	6.0	59	11.8			
					5	121—150	棕黄色	重壤土	团块状	7.3	2.6	0.50	0.39	15.6	10.0	60	53.4			

续表 Continued

剖面号 Soil profile	土纲 Soil order	土类 Soil great group	亚类 Soil subgroup	土属 Soil genus	土层码 Layer code	土层厚度 Depth/cm	颜色 Soil color	质地 Soil texture	土壤结构 Soil structure	pH	有机质 OM/(g/kg)	全氮 TN/(g/kg)	全磷 TP/(g/kg)	全钾 TK/(g/kg)	有效磷 AP/(mg/kg)	速效钾 AK/(mg/kg)	阳离子交换量CEC/(cmol/kg)	土壤母质 Parent material	剖面点坐标 Profile coordinate	匹配指数 Matching index/%
剖12	半水成土	山地草甸土	山地草甸土	黄土质山地草甸土	As	0—12	黑褐色	轻壤土	粒状、块状	5.9	79.8	4.26	0.57	21.5	4.0	58	6.0		E 104°47′30.4″ N 33°40′41.7″	77
					2	12—56	灰褐色	砂壤土	块状	7.8	21.1	1.96	0.50	18.9	9.0	68	23.1			
					G	56—95	灰绿色	砂壤土		7.7	6.1	0.76	0.35	18.0	3.0	95	11.4			
					4	95—	灰绿色	轻壤土		5.5	41.5	0.48	0.01	17.5	2.0	85	6.6			
剖13	半淋溶土	褐土	褐土	砂土质山地褐土	1	0—14				7.6	31.3	5.22	1.00	1.0	13.0	140	5.3	坡积物	E 105°04′10.5″ N 33°44′10.1″	100
					2	14—25				7.1	49.9	3.18	0.71	0.7	3.0	78	6.2			
					3	25—53				8.2	20.3	1.36	0.41	1.0	6.0	57	4.8			
					4	53—				8.4	6.3	0.41	0.31	10.7	3.0	50	3.4			

徽 县

主要土类说明

褐土是徽县主要土壤类型，占本县地域面积的 88%。褐土是在半湿润区发育形成的具有黏化与钙质淋移淀积特征的土壤，具 A-B-Bk-C 剖面构型。该土壤盐基饱和，处于硅铝风化阶段，有明显黏淀层与假菌丝状钙积层。土壤盐基饱和度在 80% 以上，有时过饱和。

棕壤是徽县第二大土壤类型，占本县地域面积的 6%。棕壤形成于落叶阔叶林下，但大部分已被垦殖，以旱作为主。该土壤处于硅铝风化阶段，具有黏化特征，呈棕色。土体见黏粒淀积，盐基充分淋失，pH 一般为 6.0—7.0，见少量游离铁。

小于本县地域面积 3% 的土壤类型有新积土、红黏土、草甸土、潮土、水稻土和山地草甸土。

本区域中心区气候特征

本区域中心区气候特征值
Regional climate characteristics in central area of the region

气候带：暖温带亚湿润气候 Climate region: Warm temperate subhumid climate	
年平均气温 /℃ Annual average temperature /℃	13.1
年平均最高气温 /℃ Annual average maximum temperature /℃	18.4
年平均最低气温 /℃ Annual average minimum temperature /℃	9.0
年降水量 /mm Annual precipitation /mm	587
≥10℃的积温 /℃ Daily temperature accumulated in a year（≥10℃）/℃	5089
年日照时数 /h Annual sunshine /h	1787
年平均相对湿度 /% Annual average relative humidity /%	69
干燥度 Dryness	1.38

本区域中心区月平均气温与月平均降水量
Monthly temperature and precipitation in central area of the region

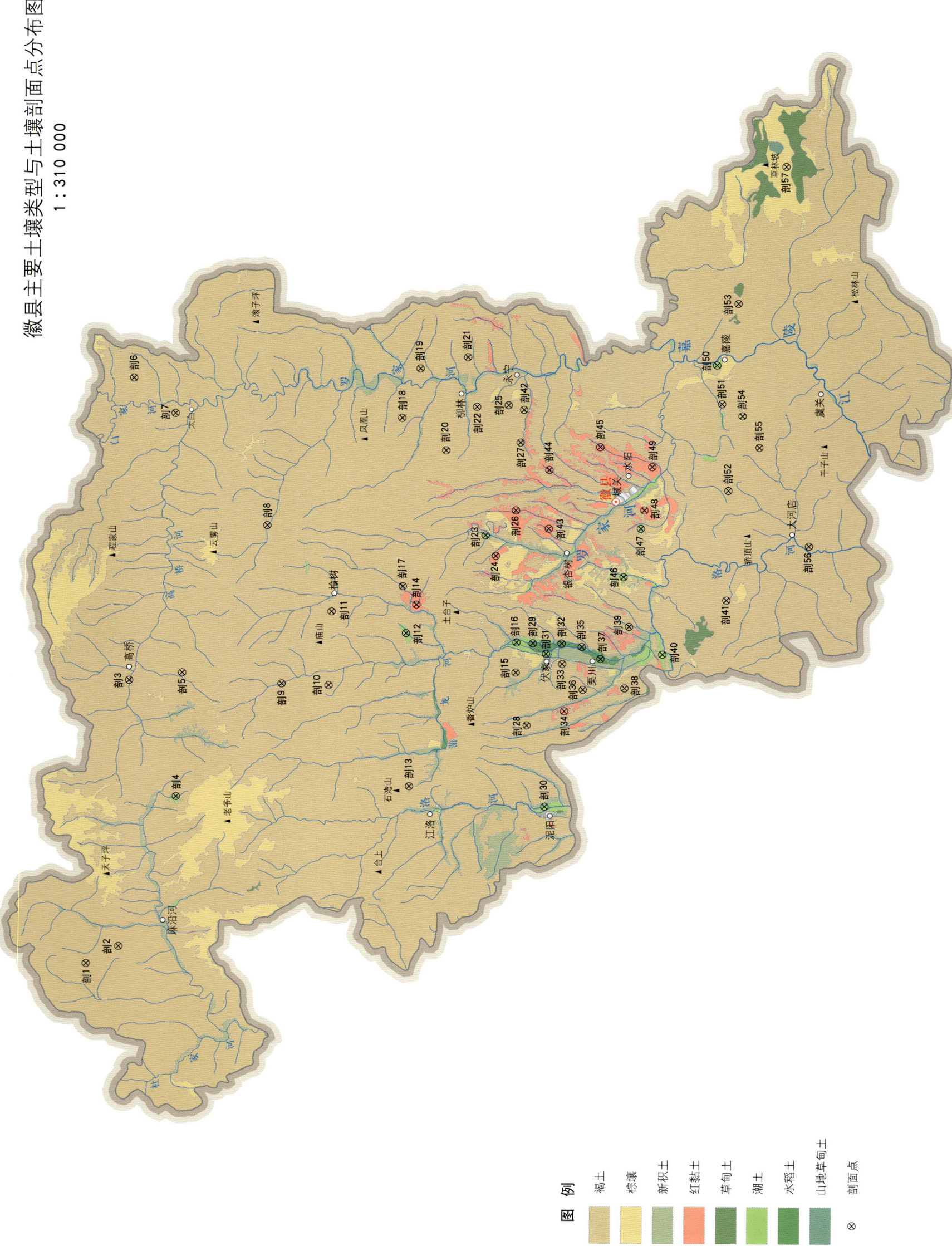

徽县土壤剖面理化性状表

剖面号 Soil profile	土纲 Soil order	亚类 Soil subgroup	土属 Soil genus	土种 Soil species	土层码 Layer code	土层厚度 Depth/cm	颜色 Soil color	质地 Soil texture	土壤结构 Soil structure	pH	有机质 OM/(g/kg)	全氮 TN/(g/kg)	全磷 TP/(g/kg)	全钾 TK/(g/kg)	有效磷 AP/(mg/kg)	速效钾 AK/(mg/kg)	阳离子交换量CEC/(cmol/kg)	土壤母质 Parent material	剖面点坐标 Profile coordinate	匹配指数 Matching index/%
剖1	半淋溶土	淋溶褐土	黑黄壤土	黑黄石渣土	1	0—16				7.7	18.6	1.03	0.39	17.3	2.0	80	11.9		E 105°42′04.0″ N 34°07′32.9″	70
					2	16—51				7.7	14.4	0.85	0.35	17.5	1.0	68	10.9			
					3	51—82				7.7	7.9	0.58	0.26	13.9	1.0	34	8.1			
剖2	半淋溶土	淋溶褐土	黄土质淋溶褐土		1	3—24		重壤土		7.7	14.2	0.72	0.34	24.6	4.0	102	15.3		E 105°42′54.4″ N 34°06′15.1″	81
					2	24—54		重壤土		7.5	9.5	0.60	0.46	22.6	10.0	103	15.4			
					3	54—77		重壤土		7.5	6.3	0.43	0.55	22.6	15.0	103	16.3			
					C	77—120		轻黏土		7.5	6.3	0.45	0.53	24.2	15.0	108	15.4			
剖3	半淋溶土	石灰性褐土	黄鸡粪土	黄石渣土	1	0—20				7.8	8.8	0.52	0.38	19.7	3.0	97	9.9		E 105°56′08.7″ N 34°05′46.8″	70
					2	20—24				7.8	8.0	0.43	0.42	19.0	2.0	98	11.4			
					3	24—64				7.7	7.3	0.53	0.39	18.3	2.0	109	15.6			
剖4	潮土	潮土	黑潮土	黑潮砂土	1	0—19	棕灰色	轻壤土	块状	6.4	15.9	0.84	0.42	20.8	7.0	95	10.0	河流冲积物	E 105°50′22.1″ N 34°03′55.9″	74
					2	19—40	棕灰色	粉砂质壤土	块状	6.5	11.1	0.67	0.36	20.2	3.0	68	10.0			
					W	40—62		砂壤土		6.6	4.9	0.41	0.28	17.4	3.0	47	8.8			
剖5	半淋溶土	淋溶褐土	黑黄壤土	黑黄砂土	1	0—14				7.7	11.6	0.69	0.58	21.4	20.0	103	10.6		E 105°56′30.1″ N 34°07′39.5″	73
					2	14—46				7.6	9.6	0.46	0.51	23.4	10.0	87	9.8			
					3	46—103				7.7	7.0	0.41	0.49	20.3	9.0	91	7.8			
剖6	半淋溶土	石灰性褐土	黄僵土	薄层黄僵土	1	0—17				7.5	11.0	0.74	0.33	18.5	3.0	155	16.5		E 106°11′08.5″ N 34°05′29.8″	80
					P	17—31				7.7	8.5	0.72	0.25	19.0	2.5	124	17.8			
					3	31—86				7.8	7.8	0.57	0.25	19.5	2.0	125	18.2			
					4	86—120				7.9	8.4	0.56	0.04	19.5	2.0	148	20.5			
剖7	半淋溶土	褐土	黄土	薄层黄土	1	0—20				8.0	11.1	0.33	0.44	13.5	5.0	137	18.6		E 106°09′21.6″ N 34°03′51.1″	99
					P	20—34				8.0	6.4	0.55	0.46	19.5	2.0	113	18.1			
					3	34—80				7.3	5.9	0.57	0.49	18.5	5.0	103	18.6			
					4	80—103				7.9	5.9	0.43	0.31	22.2	4.0	103	18.2			
剖8	半淋溶土	褐土	黄僵土	黄僵砂土	1	0—18		重壤土		7.8	8.3	0.42	0.34	19.7	1.0	89	11.4		E 106°03′47.2″ N 34°00′13.7″	76
					2	18—32		重壤土		7.8	7.0	0.53	0.30	19.6	2.0	92	12.2			
					3	32—88		重壤土		7.7	0.1	0.48	0.40	19.3	1.0	123	13.9			
剖9	半淋溶土	石灰性褐土	红土质石灰性褐土		As	0—6		重壤土	粒状、块状	7.7	30.8	1.57	0.25	22.7	5.0	202	16.4		E 105°55′55.9″ N 33°59′42.1″	81
					2	6—12	棕灰色	中壤土	核状、块状	7.6	14.0	0.86	0.41	20.2	3.0	77	7.5			
					B₁	12—32	灰褐色	重壤土	块状	7.6	4.6	0.31	0.53	12.3	1.0	102	1.1			
					B₂	32—64	灰黄色	重壤土	块状	7.6	4.6	0.30	0.22	13.3	1.0	77	1.1			
					C	64—88	黑黄色	轻壤土	粒状		4.7	0.27	0.14	20.6	1.0	72	5.9			
剖10	半淋溶土	淋溶褐土	黑黄僵土	厚层黑黄僵土	1	0—18	棕灰色	中壤土	粒状	7.7	14.6	1.04	0.47	24.5	7.0	148	11.6		E 105°55′50.1″ N 33°57′49.3″	89
					P	18—36	灰褐色	重壤土	块状	7.6	12.9	0.96	0.46	22.8	3.0	102	13.4			
					3	36—72	灰棕色	重壤土	块状	7.6	8.6	0.64	0.46	20.4	2.0	90	13.4			
					4	72—120	灰黄色	重壤土	块状	7.6	4.4	0.32	0.53	21.3	3.0	97	13.9			
剖11	半淋溶土	石灰性褐土	砂砾岩石灰性褐土		As	0—13	黑灰色	轻壤土	粒状	7.6	25.0	1.07	0.37	15.8	1.0	79	10.4	砂砾岩	E 105°59′29.0″ N 33°57′41.3″	76
					2	13—30	棕灰色	中壤土	块状	7.7	15.1	0.68	0.38	16.1	1.0	40	6.3			
					B₁	30—32	灰棕色	中壤土	块状	7.7	8.0	0.39	0.28	18.7	1.0	36	3.2			
					B₂	32—97	浅棕色	中壤土		7.8	2.6	0.13	0.25	13.3	0.5	39	5.0			
					C	97—														

续表 Continued

剖面号 Soil profile	土纲 Soil order	土类 Soil great group	亚类 Soil subgroup	土属 Soil genus	土种 Soil species	土层码 Layer code	土层厚度 Depth/cm	颜色 Soil color	质地 Soil texture	土壤结构 Soil structure	pH	有机质 OM/(g/kg)	全氮 TN/(g/kg)	全磷 TP/(g/kg)	全钾 TK/(g/kg)	有效磷 AP/(mg/kg)	速效钾 AK/(mg/kg)	阳离子交换量CEC/(cmol/kg)	土壤母质 Parent material	剖面点坐标 Profile coordinate	匹配指数 Matching index/%
剖12	半水成土	潮土	潮土	黑潮土	中层黑潮土	1	0—20				7.6	17.0	1.09	0.63	22.1	2.0	221	17.7	河流冲积物	E 105°58′23.2″ N 33°54′43.6″	96
						P	20—33				7.7	15.0	1.05	0.67	21.0	13.0	133	16.7			
						3	33—63				7.7	11.0	0.55	0.46	21.3	10.0	205	15.8			
						W	63—110				7.8	5.9	0.41	0.25	20.5	4.0	174	13.5			
剖13	半淋溶土	褐土	石灰性褐土	黄鸡粪土	黄砂土	1	0—20				7.7	12.5	0.77	0.54	18.2	10.0	181	14.3		E 105°50′49.6″ N 33°54′38.2″	83
						2	20—65				7.8	8.4	0.49	0.42	22.0	1.0	84	14.6			
						3	65—125				7.8	8.2	0.46	0.46	24.1	1.0	84	14.5			
剖14	初育土	红黏土	紫红土	紫红土	紫红砂砾土	1	0—20				7.6	8.1	0.67	0.67	20.4	1.0	70	13.7		E 105°59′48.1″ N 33°54′18.4″	98
						2	20—36				7.3	6.3	0.49	0.46	22.6	1.0	77	17.2			
剖15	半淋溶土	褐土	石灰性褐土	黄鸡粪土	白墡土	1	0—12	浅黄色	中壤土	粉粒状										E 105°56′25.1″ N 33°50′21.8″	73
						P	12—19	浅黄色	中壤土	块状											
						3	19—73	棕黄色	中壤土	块状											
						4	73—		中壤土	棱块状											
剖16	半水成土	潮土	淀潮土	河淀潮土	河淀潮砂土	1	0—20	棕灰色	中壤土	粒状、块状	7.7	9.5	0.64	0.59	22.0	3.0	164	13.6	河流冲积物	E 105°57′54.4″ N 33°50′19.3″	86
						P	20—38	棕灰色	轻壤土	块状	7.8	7.2	0.48	0.59	20.8	2.0	56	9.3			
						3	38—60	灰棕色	砂壤土	块状	7.9	4.9	0.30	0.57	18.7	2.0	25	5.4			
						4	60—80		紧砂土		8.0	5.8	0.43	0.57	19.4	3.0	20	2.6			
剖17	半水成土	潮土	淀潮土	洪淀潮土	洪淀潮砂土	1	0—21		粉砂质壤土		7.9	6.0	0.42	0.36	18.0	2.0	76	13.0	河流冲积物	E 106°00′43.2″ N 33°54′50.4″	90
						2	21—33		砂壤土		7.9	5.3	0.38	0.44	19.0	1.0	65	12.5			
						W	33—72		紧砂土		7.9	3.5	0.35	0.43	20.4	2.0	56	11.1			
剖18	半淋溶土	褐土	石灰性褐土	黄土质石灰性褐土		Ao	0—2				7.6	23.2	1.46	0.58	20.9	13.0	381	12.6		E 106°09′02.5″ N 33°54′49.0″	75
						2	2—17		重壤土		7.7	15.1	1.11	0.56	19.0	10.0	257	9.9			
						3	17—26		重壤土		8.1	5.7	0.55	0.40	18.5	3.0	72	7.3			
						4	26—76		重壤土		8.2	3.4	0.23	0.49	17.2	2.0	72	5.7			
						C	76—		重壤土		8.2	3.0	0.28	0.52	16.4	3.0	67	5.7			
剖19	半淋溶土	褐土	石灰性褐土	黄鸡粪土	薄层黄鸡粪土	1	0—17		中壤土		8.1	9.3	0.80	0.47	18.9	6.0	86	8.8		E 106°07′25.6″ N 33°53′04.7″	78
						P	17—28	棕灰色	轻壤土	粒状、块状	8.2	5.7	0.56	0.49	19.1	6.0	76	6.2			
						3	28—54	棕灰色	重壤土	块状	8.2	3.5	0.37	0.50	13.4	10.0	78	8.8			
						4	54—93	浅棕黄色	重壤土	块状	8.2	5.1	0.43	0.41	15.7	7.0	84	8.2			
剖20	半淋溶土	褐土	石灰性褐土			Ao	0—2													E 106°11′29.0″ N 33°54′04.3″	87
						A_1	2—17		轻壤土	粒状、块状											
						AB	17—26	棕灰色	重壤土	块状											
						Bca	26—76	棕灰色	重壤土	块状											
						C	76—	浅棕色	重壤土	块状											
剖21	半淋溶土	褐土	石灰性褐土	黄鸡粪土	厚层黄鸡粪土	1	0—20	浅灰白色	中壤土	粒状、块状	8.3	8.1	0.74	0.19	18.9	5.0	74	8.8	河流冲积物	E 106°12′01.4″ N 33°52′10.2″	96
						P	20—52	灰白色	中壤土	核块状	8.2	7.5	0.61	0.18		5.0	130	15.7			
						3	52—83	浅灰色	重壤土	核块状	8.3	4.1	0.33	0.20		4.0	115	16.6			
剖22	半淋溶土	褐土	石灰性褐土	黄鸡粪土	白墡土	1	0—18		中壤土		7.4	15.1	0.88	0.69	21.5	14.0	148	15.7		E 106°09′33.5″ N 33°51′49.7″	86
						2	18—29		重壤土		8.0	11.0	0.80	0.65	24.0	3.0	116	16.6			
						3	29—60		重壤土												
剖23	半水成土	潮土	潮土	黑潮土	薄层黑潮土	1	0—23				8.0	7.0	0.52	0.52	23.3	3.0	105	14.3	河流冲积物	E 106°03′13.3″ N 33°51′31.7″	89
						2	23—57														
						W	57—150														

续表 Continued

剖面号 Soil profile	土纲 Soil order	土类 Soil great group	亚类 Soil subgroup	土属 Soil genus	土种 Soil species	土层码 Layer code	土层厚度 Depth/cm	颜色 Soil color	质地 Soil texture	土壤结构 Soil structure	pH	有机质 OM/(g/kg)	全氮 TN/(g/kg)	全磷 TP/(g/kg)	全钾 TK/(g/kg)	有效磷 AP/(mg/kg)	速效钾 AK/(mg/kg)	阳离子交换量CEC/(cmol/kg)	土壤母质 Parent material	剖面点坐标 Profile coordinate	匹配指数 Matching index/%
剖24	初育土	红黏土	红土	红土	红砂砾土	1	0—14				7.8	7.2	0.32	0.35	22.4	5.0	94	13.6	红土	E 106°02′12.5″ N 33°51′07.6″	75
						2	14—29				7.8	4.9	0.31	0.35	19.0	1.0	69	11.4			
						3	29—				7.9	4.3	0.30	0.29	17.8	1.0	61	9.9			
剖25	半淋溶土	褐土	石灰性褐土	黄鸡粪土	中层黄鸡粪土	1	0—19		重壤土											E 106°09′38.0″ N 33°50′34.4″	98
						2	19—34		重壤土												
						3	34—85		重壤土												
						4	85—120		重壤土												
剖26	初育土	紫红土	紫红土	紫红土	紫红砂土	1	0—20	紫红色	轻壤土	粒状、块状	8.0	6.8	0.42	0.51	20.6	4.0	82	11.0		E 106°04′27.2″ N 33°50′18.8″	97
						2	20—40	紫红色	砂壤土	块状	8.0	6.3	0.39	0.48	21.9	3.0	77	11.0			
						3	40—50	紫色	轻壤土		7.9	3.6	0.26	0.62	23.2	2.0	108	8.4			
剖27	半淋溶土	褐土	石灰性褐土	黄土	中层黄土	1	0—18		中壤土											E 106°07′47.1″ N 33°50′06.8″	78
						2	18—28		中壤土												
						3	28—78		重壤土												
						4	78—86		中壤土												
剖28	半淋溶土	褐土	石灰性褐土	黄土	中层黄土	1	0—17				7.6	10.4	0.91	0.30	21.3	2.0	114	23.0		E 105°53′49.1″ N 33°49′56.1″	83
						2	17—50				7.7	4.0	0.49	0.23	21.7	0.4	103	14.0			
						3	50—71				7.6	3.2	0.46	0.15	20.9	0.2	134	27.0			
剖29	人为土	水稻土	潜育水稻土	潜育潮泥土	黑砂田	1	0—21		轻壤土		7.9	29.3	1.14	0.97	21.3	5.0	121	14.9	河流冲积物	E 105°57′51.5″ N 33°49′40.1″	74
						2	21—40		轻壤土		7.8	24.9	1.02	0.72	24.3	6.0	102	11.6			
						W	40—		中壤土		7.9	19.4	0.64	0.79	20.4	10.0	143	14.9			
剖30	半水成土	潮土	淀潮土	河淀潮土	薄层河淀潮土	1	0—23		中壤土		7.9	15.8	0.99	0.88	23.3	21.0	235	15.2		E 105°49′47.3″ N 33°49′14.1″	98
						2	23—40		重壤土		7.9	13.4	0.78	0.82	25.0	18.0	148	14.3			
						W	40—60		中壤土		8.0	11.0	0.60	0.45	18.9	18.0	177	15.2			
剖31	半水成土	潮土	淀潮土	淀潮土	中层淀潮土	1	0—26		轻壤土		7.8	14.2	0.99	0.63	22.1	10.0	139	17.3	河流冲积物	E 105°57′18.5″ N 33°49′08.7″	90
						P	26—40		轻壤土		8.1	13.5	0.64	0.79	23.3	6.0	97	12.5			
						3	40—53		中壤土		8.1	10.4	0.70	0.70	23.6	3.0	118	17.3			
						W	53—80		中壤土		8.0	10.1	0.48	0.58	23.0	3.0	71	17.2			
剖32	人为土	水稻土	潜育水稻土	紫色质河灰性褐土	烂泥田	1	0—20	浅蓝色	中壤土	团块状	7.9	22.4	1.35	0.55	22.1	6.0	158	20.2		E 105°57′50.1″ N 33°48′31.2″	82
						G	20—60	灰蓝色	中壤土	软块状	7.9	17.2	1.04	0.54	20.6	6.0	183	18.8			
						As	0—3				7.6	29.1	0.84	0.47	21.3	3.0	239	23.5			
						2	3—10			块状	7.7	8.3	0.42	0.38	17.5	0.5	57	16.3			
						B₁	10—32				7.7	2.9	0.16	0.33	19.3	0.6	38	7.0			
						B₂	32—59				7.7	2.6	0.10	0.26	16.9	0.5	43	4.8			
						C	59—150				7.8	1.6	0.07	0.35	17.5	0.5	47	8.9			
剖33	半淋溶土	褐土	石灰性褐土	红土	红砂土	1	0—24		砂壤土		7.9	6.0	0.57	0.28	20.2	1.0	206	8.0		E 105°54′30.1″ N 33°48′26.3″	98
						2	24—65		砂土		7.9	5.9	0.54	0.25	20.6	1.0	93	8.3			
						3	65—				8.0	5.2	0.45	0.28	20.1	1.0	72	8.2			
剖34	初育土	红黏土	红土	红土	红砂土	1	0—25		重壤土	块状	7.9	13.4	1.03	0.51	18.6	6.0	83	11.9	红土	E 105°57′39.6″ N 33°47′43.1″	100
						2	25—		砂壤土		7.9	3.6	0.47	0.45	17.7	3.0	49	8.1			
剖35	人为土	水稻土	淹育水稻土	淹育潮泥土	揽砂田	1	0—18		重壤土											E 105°55′32.9″ N 33°47′41.8″	91
						2	18—31		重壤土												
						3	31—98		重壤土												
						4	98—		重壤土												
剖36	半淋溶土	褐土	石灰性褐土	黄土	厚层黄土	1	0—20	灰黄色	中壤土	团块状	7.8	24.5	1.26	0.62	21.1	5.5	145	18.5		E 105°57′03.8″ N 33°46′58.7″	99
						W	20—60	浅灰色	中壤土	软块状	7.9	13.1	0.89	0.59	20.9	6.0	148	17.8			
剖37	人为土	水稻土	潜育水稻土	潜育潮泥土	黑泥田	G	60—	灰蓝色	中壤土		7.9	9.8	0.65	0.56	19.5	4.0	115	15.9			79

续表 Continued

剖面号 Soil profile	土纲 Soil order	土类 Soil great group	亚类 Soil subgroup	土属 Soil genus	土种 Soil species	土层码 Layer code	土层厚度 Depth/cm	颜色 Soil color	质地 Soil texture	土壤结构 Soil structure	pH	有机质 OM/(g/kg)	全氮 TN/(g/kg)	全磷 TP/(g/kg)	全钾 TK/(g/kg)	有效磷 AP/(mg/kg)	速效钾 AK/(mg/kg)	阳离子交换量 CEC/(cmol/kg)	土壤母质 Parent material	剖面点坐标 Profile coordinate	匹配指数 Matching index/%
剖38	半淋溶土	褐土	褐土	黄墡土	厚层黄墡土	1	0—19	棕灰色	重壤土	块状	6.9	11.8	0.79	0.52	25.2	5.0	170	17.2		E 105°55′36.5″ N 33°46′01.6″	86
						2	19—65	棕灰色	重壤土	块状	7.3	10.6	0.78	0.52	25.8	4.0	160	16.8			
						3	65—88				7.5	4.7	0.38	0.41	22.9	1.0	118	15.3			
剖39	半淋溶土	褐土	石灰性褐土	黄土	厚层黄土	1	0—18	灰棕色	重壤土	粒状、块状	8.1	9.4	0.84	0.63	22.1	4.7	164	17.2		E 105°58′38.6″ N 33°45′49.7″	88
						P	18—31	灰棕色	重壤土	块状	8.0	8.7	0.62	0.57	22.9	3.3	171	14.9			
						3	31—92	浅棕色	重壤土	棱块状	8.0	7.2	0.59	0.43	23.0	4.0	140	15.7			
						4	92—		重壤土	棱块状	8.0	3.1	0.37	0.55	20.9	4.0	116	10.8			
剖40	半水成土	潮土	淀潮土	河淀潮土	厚层河淀质潮土	1	0—18	棕灰色	粉砂质壤土	粉粒状	7.6	9.0	0.61	0.40	21.5	3.0	102	14.8	河流冲积物	E 105°57′15.7″ N 33°44′30.4″	85
						P	18—31	灰棕色	中壤土	块状	7.7	8.6	0.54	0.43	21.6	2.0	113	16.2			
						3	31—76	灰棕色	中壤土	大块状	7.7	9.9	0.52	0.40	23.6	1.0	129	17.8			
						W	76—120	棕黄色	重壤土	块状	7.8	7.5	0.51	0.42	23.0	2.0	124	3.2			
剖41	半淋溶土	褐土	淋溶褐土	黑黄墡土	中层黑黄墡土	1	0—19				7.8	15.9	0.98	0.40	25.4	3.0	107	13.4		E 105°59′55.7″ N 33°41′56.8″	76
						P	19—36				7.7	10.2	0.69	0.33	24.9	3.0	76	12.5			
						3	36—70				7.7	6.3	0.53	0.43	23.4	5.0	74	11.6			
						4	70—120				7.6	6.4	0.48	0.48	23.9	7.0	103	11.6			
剖42	半淋溶土	褐土	石灰性褐土	黄鸡粪土	中层鸡粪土	1	0—18				7.7	7.5	0.53	0.55	21.2	4.5	144	14.4		E 106°09′24.1″ N 33°49′57.7″	70
						P	18—34				7.9	5.9	0.45	0.48	21.1	4.5	110	15.5			
						3	34—67				7.9	6.6	0.43	0.37	21.2	2.5	119	14.6			
						4	67—137				7.9	3.0	0.36	0.25	22.3	2.0	143	18.8			
剖43	初育土	红黏土	紫红土	紫红土	薄层紫红土	1	0—20		中壤土		7.3	10.8	0.71	0.51	22.6	3.0	113	15.7		E 106°03′32.0″ N 33°49′00.1″	83
						P	20—39		中壤土	块状	7.9	10.8	0.66	0.58	22.1	2.0	107	16.7			
						3	39—70		重壤土	棱块状	7.9	9.9	0.72	0.53	23.4	2.0	104	22.0			
						4	70—100		中壤土	块状	7.6	8.1	0.61	0.50	23.8	2.0	98	17.4			
剖44	初育土	红黏土	红土	红土	中层红土	1	0—19	褐红色	中壤土	块状	7.9	5.9	0.50	0.49	23.7	2.0	82	19.6		E 106°06′25.6″ N 33°48′58.0″	95
						2	19—58	浅红色	砾质中壤土	棱块状	8.0	5.2	0.43	0.48	24.3	5.0	114	10.5			
						3	58—80		砾质壤土	块状	8.0	4.4	0.37	0.47	24.8	4.0	114	12.3			
						C	80—														
剖45	初育土	红黏土	红土	红土	薄层红土	1	0—14		中壤土		7.9	7.3	0.48	0.46	18.0	2.0	101	12.4	红土	E 106°07′31.6″ N 33°46′56.2″	77
						2	14—26		中壤土		8.0	6.4	0.43	0.43	19.2	2.0	84	10.3			
						3	26—		砾质中壤土		8.0	6.2	0.41	0.45	20.2	1.0	82	12.9			
剖46	半水成土	潮土	淀潮土	洪淀潮土	厚层洪淀潮土	1	0—30		砾质中壤土		8.0	6.3	0.52	0.44	20.0	2.0	92	15.8	河流冲积物	E 106°01′06.5″ N 33°46′02.5″	76
						2	30—61		中壤土		7.9	6.7	0.50	0.45	22.6	2.0	103	16.3			
						W	61—150		中壤土	粒状、块状	7.9	11.8	0.72	0.44	21.5	2.0	136	14.8			
剖47	半水成土	潮土	淀潮土	洪淀潮土	中层洪淀潮土	1	0—17	灰棕色	中壤土	块状	8.0	7.9	0.44	0.47	19.2	5.0	118	14.4	河流冲积物	E 106°03′29.9″ N 33°45′19.8″	86
						2	17—31	浅棕色	中壤土	块状	8.0	5.9	0.39	0.44	20.5	4.0	92	15.6			
						3	31—71		砾质中壤土	大块状	8.0	7.1	0.40	0.41	19.5	4.0	82	16.3			
剖48	初育土	红黏土	紫红土	紫红土	厚层紫红土	1	0—21	紫棕色	重壤土	大块状	7.9	6.2	0.46	0.51	24.8	7.0	181	21.0		E 106°04′24.2″ N 33°45′11.2″	98
						2	21—45	紫色	重壤土	棱块状	8.1	4.3	0.28	0.47	24.8	7.0	159	21.5			
						3	45—70	紫色	重壤土	块状	8.0	4.3	0.34	0.52	23.4	4.0	150	17.3			
						C	70—	紫色	轻黏土		8.0	4.2	0.35	0.41	21.2	5.0	148	16.2			
剖49	初育土	红黏土	紫红土	紫红土	中层紫红土	1	0—20		中壤土		8.0	9.1	0.85	0.56	21.2	5.0	144	19.0		E 106°06′32.2″ N 33°44′51.7″	86
						P	20—34		重壤土		8.1	7.8	0.61	0.54	21.6	3.0	113	19.5			
						3	34—70		重壤土		8.0	7.8	0.60	0.50	21.1	2.0	88	17.9			
						4	70—120		重壤土		7.8	8.6	0.66	0.56	21.2	3.0	105	16.2			

续表 Continued

剖面号 Soil profile	土纲 Soil order	土类 Soil great group	亚类 Soil subgroup	土属 Soil genus	土种 Soil species	土层码 Layer code	土层厚度 Depth/cm	颜色 Soil color	质地 Soil texture	土壤结构 Soil structure	pH	有机质 OM/(g/kg)	全氮 TN/(g/kg)	全磷 TP/(g/kg)	全钾 TK/(g/kg)	有效磷 AP/(mg/kg)	速效钾 AK/(mg/kg)	阴离子交换量CEC/(cmol/kg)	土壤母质 Parent material	剖面点坐标 Profile coordinate	匹配指数 Matching index/%
剖50	半水成土	潮土	潮土	黑潮土	厚层黑潮土	1	0—16	棕灰色	中壤土	粒状、块状	8.0	7.2	0.50	0.36	21.0	3.0	133	17.7	河流冲积物	E 106°11′30.9″ N 33°42′14.4″	82
						2	16—41	灰棕色	重壤土	块状	7.9	9.0	0.54	0.43	21.1	4.0	142	16.0			
						W	41—70		重壤土	棱块状	7.3	8.8	0.55	0.45	23.2	6.0	134	18.2			
						G	70—120	灰蓝色			7.8	7.2	0.46	0.39	20.5	6.0	118	15.7			
剖51	半淋溶土	褐土	淋溶褐土	黑黄褐土	薄层黑黄褐土	1	0—17				7.8	16.4	0.93	0.37	25.2	4.0	139	17.2		E 106°09′36.0″ N 33°42′03.6″	90
						P	17—25				7.7	12.7	0.73	0.32	23.7	2.0	123	16.7			
						3	25—46				7.8	9.9	0.66	0.27	22.1	2.0	113	18.1			
						4	46—120				7.8	7.6	0.53	0.26	20.6	1.0	93	17.7			
剖52	半淋溶土	褐土	褐土	黄土质褐土		As	0—1		中壤土		7.5	55.8	2.50	0.28	16.4	4.0	166	4.3		E 106°05′20.0″ N 33°41′50.1″	74
						2	4—10		重壤土		7.2	28.4	1.27	0.26	16.4	1.0	82	3.6			
						3	10—29		重壤土		7.1	25.2	1.12	0.25	17.0	1.0	83				
						4	29—70		重壤土		7.0	15.8	0.68	0.19	13.5	1.0	62				
剖53	半淋溶土	褐土	淋溶褐土	黄土质淋溶褐土		Ao	0—3	黑褐色	重壤土	团粒状										E 106°14′33.8″ N 33°41′22.3″	70
						2	3—24	灰黑色	重壤土	粒状、块状											
						3	24—54	黄灰色	重壤土	块状											
						4	54—77	灰灰色	重壤土	块状											
						C	77—120	棕黄色													
剖54	半淋溶土	褐土	褐土			Ao	0—4	灰黑色											黄土状母质	E 106°09′00.0″ N 33°41′15.1″	100
						2	4—10	灰棕色		棱块状											
						B₁	10—39	灰棕色		棱块状											
						B₂	39—70	浅棕色		棱块状											
						C	70—120														
剖55	半淋溶土	褐土	褐土	黄墡土	中层黄墡土	1	0—20		中壤土		7.9	14.4	1.07	0.51	22.6	4.0	154	16.7		E 106°07′26.5″ N 33°40′35.1″	80
						P	20—35		中壤土		7.9	13.5	0.90	0.40	22.0	3.0	113	16.2			
						3	35—70		中壤土		7.8	9.4	0.66	0.45	20.5	2.0	92	18.3			
						4	70—90		中壤土		7.4	7.1	0.42	0.47	23.2	2.0	72	16.8			
剖56	半淋溶土	褐土	褐土	黄墡土	黄墡石渣土	1	0—18				7.5	11.3	0.90	0.51	25.6	4.0	162	16.6		E 106°02′34.0″ N 33°38′38.3″	85
						2	18—40				7.7	11.2	0.91	0.34	18.2	1.0	95	19.1			
						3	40—110				7.7	9.1	0.80	0.36	14.2	1.0	97	18.2			
剖57	淋溶土	棕壤	草甸棕壤	黄土质草甸棕壤		As	0—4	黑褐色	中壤土	粒状	6.2	51.0	2.51	0.71	21.6	7.0	200	22.0		E 106°21′16.2″ N 33°39′24.5″	79
						2	4—7	黑灰色	中壤土	粒状	6.1	28.5	1.59	0.61	23.3	3.0	118	17.2			
						3	7—39	棕灰色	中壤土	块状	6.4	8.5	0.46	0.38	22.0	5.0	70	17.8			
						4	39—74	棕灰色	重壤土	棱块状	6.8	3.9	0.33	0.52	21.5	7.0	74	16.7			

两 当 县

主要土类说明

褐土是两当县主要土壤类型,占本县地域面积的74%。褐土是在半湿润区发育形成的具有黏化与钙质淋移淀积特征的土壤,具 A-B-Bk-C 剖面构型。该土壤盐基饱和,处于硅铝风化阶段,有明显黏淀层与假菌丝状钙积层。土壤盐基饱和度在80%以上,有时过饱和。

棕壤是两当县第二大土壤类型,占本县地域面积的18%。棕壤形成于落叶阔叶林下,但大部分已被垦殖,以旱作为主。该土壤处于硅铝风化阶段,具有黏化特征,呈棕色。土体见黏粒淀积,盐基充分淋失,pH 一般为 6.0—7.0,见少量游离铁。

红黏土是两当县第三大土壤类型,占本县地域面积的5%。深厚黄土层下,常见第三纪红色黏土(保德期红黏土)埋藏。厚层黄土层侵蚀殆尽处,红色黏土层露出,形成的母质性状明显的初育土,即红黏土。其黏粒含量高,塑性强,生物作用微弱,母质特性明显,pH 为 7.0—8.0,有时夹有砂姜。

小于本县地域面积3%的土壤类型有草甸土、新积土和潮土。

本区域中心区气候特征

本区域中心区气候特征值
Regional climate characteristics in central area of the region

气候带:暖温带亚湿润气候 Climate region: Warm temperate subhumid climate	
年平均气温 /℃ Annual average temperature /℃	13.1
年平均最高气温 /℃ Annual average maximum temperature /℃	18.4
年平均最低气温 /℃ Annual average minimum temperature /℃	9.0
年降水量 /mm Annual precipitation /mm	605
≥10℃的积温 /℃ Daily temperature accumulated in a year (≥10℃) /℃	5257
年日照时数 /h Annual sunshine /h	1777
年平均相对湿度 /% Annual average relative humidity /%	70
干燥度 Dryness	1.34

两当县主要土壤类型与土壤剖面点分布图
1∶230 000

两当县土壤剖面理化性状表

剖面号 Soil profile	土纲 Soil order	土类 Soil great group	亚类 Soil subgroup	土属 Soil genus	土种 Soil species	土层码 Layer code	土层厚度 Depth/cm	颜色 Soil color	质地 Soil texture	土壤结构 Soil structure	pH	有机质 OM/(g/kg)	全氮 TN/(g/kg)	全磷 TP/(g/kg)	全钾 TK/(g/kg)	有效磷 AP/(mg/kg)	速效钾 AK/(mg/kg)	阳离子交换量CEC/(cmol/kg)	土壤母质 Parent material	剖面点坐标 Profile coordinate	匹配指数 Matching index/%
剖1	淋溶土	棕壤	棕壤	棕黄土	棕黄石渣土	1	0—14	灰黑色	中壤土	粒状	6.6	48.6	3.19	2.08	14.4	37.0	257	18.2	坡积物、残积物、沟谷洪冲积物	E 106°29′46.3″ N 34°10′46.2″	79
						2	14—24	灰褐色	重壤土	块状	6.7	46.4	3.11	2.04	15.4	30.0	205	17.1			
						C	24—40		重壤土		6.8	43.5	2.97	1.99	13.3	29.0	158	11.9			
						4	40—		重壤土												
剖2	淋溶土	棕壤	棕壤	黄土质棕壤		1	0—14	黑褐色	重壤土										坡积物、残积物	E 106°30′24.1″ N 34°11′43.1″	88
						2	14—40														
						3	40—93														
剖3	半淋溶土	褐土	始成褐土	粗骨质始成褐土		Ao	0—5												坡积物、残积物	E 106°14′43.8″ N 34°05′19.6″	88
						2	5—12	褐色	轻壤土	粉粒状	8.1	26.7	1.59	0.66	24.1	2.0	92	15.7			
						3	12—27	褐色	中壤土	粒状	8.2	18.9	1.22	0.58	24.1	1.0	82	15.2			
						C	27—	棕黄色		颗粒状	8.2	12.5	1.04	0.52	25.6	1.0	49	14.3			
剖4	半淋溶土	褐土	始成褐土	粗骨质始成褐土		1	0—17	灰褐色	砂壤土	粒状	7.6	21.5	1.60	2.83	25.1	10.0	52		坡积物、残积物、黄土	E 106°18′23.2″ N 34°07′15.4″	94
						2	17—28	褐色			7.7	16.6	1.31	2.16	23.1	4.0	30				
						C	28—				7.8	11.9	1.09	2.02	63.0	3.0	25				
剖5	半淋溶土	褐土	淋溶褐土	砂土质淋溶褐土		Ao	0—4	褐色	中壤土	粉粒状、块状	6.3	18.7	1.28	0.47	18.2	4.0	108	11.1	坡积物、残积物、黄土	E 106°28′21.4″ N 34°06′56.5″	72
						2	4—15	黑褐色	中壤土	粒状、块状	6.3	17.0	1.21	0.46	17.2	5.0	67	9.4			
						3	15—25	黄褐色	中壤土	块状	6.0	15.7	1.18	0.45	17.7	2.0	63	9.7			
						C	25—	棕黄色													
剖6	半淋溶土	褐土	淋溶褐土	砂土质淋溶褐土		1	0—9		重壤土										坡积物、残积物、黄土	E 106°16′22.8″ N 34°06′37.7″	81
						2	9—29	浅黑色	轻黏土	粒状	7.6	27.4	1.75	0.32	17.7	3.0	96	18.5			
						3	29—45	暗褐色	中壤土	粒状	6.7	21.2	1.75	0.34	19.2	2.0	89	13.9			
						4	45—	浅褐棕色	中壤土	块状	6.0	15.6	1.29	0.34	20.4	2.0	85	22.2			
剖7	半淋溶土	褐土	淋溶褐土	黑黄壤土	中层黑黄壤土	1	0—18	黑褐色	中壤土	粒状	6.1	96.9	4.04	0.40	22.3	10.0	196	31.0	坡积物、残积物、黄土	E 106°28′56.6″ N 34°06′01.1″	88
						P	18—33	灰褐色	重壤土	粒状	6.6	40.1	1.62	0.33	23.0	4.0	109	22.4			
						3	33—60	棕褐色	重壤土	粒状	7.6	15.9	0.80	0.25	23.0	2.0	57	20.3			
剖8	半淋溶土	褐土	淋溶褐土	黄土质淋溶褐土		Ao	0—5	黄色	黏壤土										坡积物、残积物、黄土	E 106°21′33.1″ N 34°04′31.1″	97
						2	5—11		重壤土												
						3	11—39		中壤土												
						C	39—		重壤土												
剖9	半淋溶土	褐土	始成褐土	粗骨质始成褐土		1	0—15		重壤土										坡积物、残积物、黄土	E 106°26′43.4″ N 34°03′38.9″	86
						2	15—25	黑棕色	轻壤土	粉粒状	5.1	47.8	2.66	0.41	16.8	3.0	167	19.4			
						3	25—53	灰褐色	中壤土	粒状	5.7	36.2	2.29	0.38	16.3	3.0	100	17.6			
						4	53—	棕色	重壤土	块状	5.9	30.7	1.75	0.35	17.2	2.0	68	14.5			
剖10	淋溶土	棕壤	棕壤	黄土质棕壤		Ao	0—5	棕黄色	重壤土	块状	5.8	13.2	0.91	0.24	16.4	1.0	46	8.8	坡积物、残积物、黄土	E 106°19′03.4″ N 34°02′34.1″	85
						2	5—12	黄色	重壤土	粉末状	8.4	5.5	0.41	0.87	16.0	7.0	57	8.2			
						3	12—20	灰黄色	中壤土	粉粒状	8.4	9.7	0.60	0.64	16.2	5.0	120	13.2			
剖11	半淋溶土	褐土	始成褐土	粗骨质始成褐土		1	0—12	灰黄色	粉砂质壤土	片状	8.3	6.4	0.46	0.54	16.5	4.0	90	12.2	坡积物、残积物、黄土	E 106°30′19.2″ N 34°08′29.1″	78
						2	12—88		粉砂质壤土												
						C	88—													

续表 Continued

剖面号 Soil profile	土纲 Soil order	土类 Soil great group	亚类 Soil subgroup	土属 Soil genus	土种 Soil species	土层码 Layer code	土层厚度 Depth/cm	颜色 Soil color	质地 Soil texture	土壤结构 Soil structure	pH	有机质 OM/(g/kg)	全氮 TN/(g/kg)	全磷 TP/(g/kg)	全钾 TK/(g/kg)	有效磷 AP/(mg/kg)	速效钾 AK/(mg/kg)	阳离子交换量CEC/(cmol/kg)	土壤母质 Parent material	剖面点坐标 Profile coordinate	匹配指数 Matching index/%
剖12	半淋溶土	褐土	褐土	黄垆土	薄层黄垆土	1	0—16	灰褐色	重壤土	粒状	8.1	131.1	0.18	0.46	17.2	1.0	51	12.2	坡积物、残积物、黄土	E 106°31′56.8″ N 34°08′26.6″	95
						P	16—20	黄褐色	轻壤土	块状	7.9	126.9	0.98	0.46	18.3	1.0	46	11.8			
						3	20—35		重壤土	块状	8.3	127.7	0.85	0.46	17.2	1.0	34	13.1			
						C	35—		黏土		8.3	119.9	0.82	0.39	16.2	1.0	34	14.8			
剖13	半淋溶土	褐土	石灰性褐土	黄垆土	中层黄垆土	1	0—16		轻壤土										坡积物、残积物、黄土	E 106°23′53.4″ N 33°59′23.0″	85
						2	16—28		重黏土												
						3	28—120		重黏土												
剖14	半淋溶土	褐土	石灰性褐土	黄土质石灰性褐土		As	0—3	深褐色	轻黏土	粒状	7.9	73.5	3.27	0.55	23.3	8.0	290	25.4	坡积物、残积物、黄土	E 106°16′05.2″ N 33°57′28.1″	76
						2	3—6	暗黄褐色	重壤土	粒状	8.2	14.6	1.02	0.44	23.7	1.0	67	17.7			
						3	6—22	灰黄色	轻壤土		8.3	25.5	1.52	0.35	22.6	1.0	69	18.6			
						4	22—60	黄色	重壤土												
剖15	初育土	红黏土	红土	红土	中层红土	C	60—		中壤土										红黏土、褐色砂砾岩风化物	E 106°21′35.3″ N 33°56′55.0″	78
						1	0—16		中壤土												
						2	16—26		中壤土												
						3	26—53		重壤土												
剖16	半淋溶土	褐土	石灰性褐土	红土质石灰性褐土	黄垆砂土	1	0—5		砂壤土										坡积物、残积物、黄土	E 106°22′24.2″ N 33°56′37.0″	86
						2	5—12		轻黏土												
						3	12—50		轻壤土												
						4	50—		轻壤土												
剖17	半淋溶土	褐土	石灰性褐土	料姜石土	中层料姜石土	1	0—13		轻壤土										坡积物、残积物、黄土	E 106°20′06.0″ N 33°55′59.2″	70
						2	13—25		轻壤土												
						3	25—40		轻壤土												
						4	40—		轻壤土												
剖18	初育土	红黏土	红土	黑红土	薄层黑红土	1	0—15	浅红黑色	轻壤土	粒状	7.2	9.5	0.80	0.49	15.8	3.0	31	11.6	亚黏土	E 106°21′03.6″ N 33°55′12.7″	87
						P	15—28	浅红黑色	中壤土	粒状	7.4	4.3	0.52	0.43	13.2	1.0	38	9.5			
						3	28—45	黑红色	重壤土	块状											
						C	45—														
剖19	半淋溶土	褐土	褐土	黄垆土	黄垆砂土	1	0—20	灰褐色	中壤土	粒状	8.0	29.5	1.98	0.40	21.3	4.0	117	21.4	坡积物、残积物、黄土	E 106°23′28.7″ N 33°54′42.0″	88
						2	20—40	棕褐色	重壤土	粒状、块状	8.1	18.3	1.19	0.35	20.2	2.0	88	18.3			
						3	40—90	黄褐色	重壤土	块状	8.1	4.3	0.44	0.25	19.1	2.0	64	14.6			
						C	90—		砂壤土												
剖20	半淋溶土	褐土	石灰性褐土	黄垆土	薄层黄垆土	1	0—19	灰棕色	重壤土	粉粒状	8.2	18.2	0.66	1.25	19.9	2.0	120	13.9	坡积物、残积物、黄土	E 106°16′31.8″ N 33°54′40.0″	81
						2	19—27	灰褐色	重壤土	粒状	8.3	7.0	0.80	1.20	19.3	2.0	107	15.9			
						3	27—61	灰黄色	轻黏土	块状	8.3	3.4	0.43	1.80	20.0	4.0	130	14.9			
						C	61—	黄色	重黏土	块状	8.3	3.0	0.36	1.90	20.2	5.0	130	14.3			
剖21	初育土	红黏土	红土	黑红土	中层黑红土	1	0—18	浅红黑色	重壤土	粒状	7.2	18.7	1.29	0.51	23.7	7.0	113	16.2	亚黏土	E 106°22′08.8″ N 33°53′41.6″	98
						P	18—27	浅黑红色	重壤土	块状	7.4	15.3	1.15	0.49	22.6	4.0	90	16.7			
						3	27—62	棕红色	重壤土	粒状	7.7	4.9	0.53	0.53	22.2	4.0	85	16.5			
						C	62—														
剖22	初育土	红黏土	红砂土	红砂土	薄层红砂土	1	0—14	浅红色	轻砂壤土	粉粒状	8.1	5.1	0.34	0.51	18.8	2.0	63	27.9	砂岩风化物	E 106°24′09.2″ N 33°52′16.3″	85
						P	14—25	棕红色	中壤土	粒状	8.2	4.0	0.30	0.51	29.1	2.0	50	25.4			
						C	25—		中壤土	块状、片状	8.1	5.2	0.51	0.54	24.8	3.0	78	19.1			
剖23	初育土	红黏土	紫红土	紫红土	薄层紫红土	1	0—15	褐红色	中壤土	粉粒状									砂砾岩风化物	E 106°16′59.0″ N 33°51′36.7″	74
						3	15—24	褐红色	中壤土	粒状											
						C	24—85	红色		粒状、块状											
							85—														

续表 Continued

剖面号 Soil profile	土纲 Soil order	土类 Soil great group	亚类 Soil subgroup	土属 Soil genus	土种 Soil species	土层码 Layer code	土层厚度 Depth/cm	颜色 Soil color	质地 Soil texture	土壤结构 Soil structure	pH	有机质 OM/(g/kg)	全氮 TN/(g/kg)	全磷 TP/(g/kg)	全钾 TK/(g/kg)	有效磷 AP/(mg/kg)	速效钾 AK/(mg/kg)	阳离子交换量CEC/(cmol/kg)	土壤母质 Parent material	剖面点坐标 Profile coordinate	匹配指数 Matching index/%
剖24	半淋溶土	褐土	石灰性褐土	黄沙土	黄砂土	1	0—22				8.1	19.4	1.29	0.95	22.0	37.0	245	13.0	坡积物、残积物、黄土	E 106°22′08.0″ N 33°51′27.4″	81
						2	22—37				8.1	17.7	1.21	0.89	21.5	31.0	162	12.8			
						3	37—70				8.2	5.6	0.57	0.53	20.5	7.0	108	12.0			
剖25	初育土	红黏土	红土	黄沙土	中层黄红土	1	0—15	黄红色	中壤土	粒状	8.1	11.2	0.79	0.47	21.8	2.0	44	26.7	午城黄土、离石黄石风化物	E 106°20′48.8″ N 33°51′19.8″	95
						P	15—36	暗黄红色	黏壤土	粒状、块状	8.3	10.1	0.07	0.44	22.3	1.0	42	25.7			
						3	36—	黄红色	黏壤土	块状											
剖26	半淋溶土	褐土	始成褐土	砂砾质始成褐土		1	0—10		中壤土											坡积物、残积物、黄土	E 106°23′58.9″ N 33°50′59.6″	70
						2	10—16		中壤土												
						3	16—25		中壤土												
剖27	半淋溶土	褐土	褐土	黄壤土	中层黄壤土	1	0—20		中壤土											坡积物、残积物、黄土	E 106°19′19.2″ N 33°50′50.8″	78
						2	20—40		重壤土												
						3	40—100		重壤土												
剖28	半淋溶土	褐土	石灰性褐土	黄壤土	中层黄壤土	1	0—18	褐黄色	中壤土	粉粒状	8.1	11.1	0.65	0.56	21.4	4.0	87	10.4	坡积物、残积物、黄土	E 106°26′23.3″ N 33°50′48.1″	75
						2	18—37	灰黄色	中壤土	粒状	8.0	8.8	0.54	0.59	23.0	4.0	77	9.4			
						3	37—80	灰黄色	中壤土	块状	8.2	3.6	0.30	0.53	19.4	14.0	66	9.3			
						C	80—	浅红褐色	重壤土	块状											
剖29	初育土	红黏土	红土	黄红砂土	黄红砂土	1	0—17	黄红色	轻偏砂壤土	粒状	8.0	16.5	1.11	0.67	19.9	7.0	128	13.9	午城黄土、离石黄石风化物	E 106°16′53.0″ N 33°50′28.4″	71
						P	17—42	浅棕红色	轻偏砂壤土	块状	8.0	17.1	1.19	0.73	19.3	9.0	133	14.5			
						3	42—80	深棕红色	砂壤土	大块状	8.0	9.5	0.96	0.72	20.5	3.0	100	14.6			
						C	80—				8.0	9.2	0.79	0.62	22.5	1.0	72	16.6			
剖30	初育土	红黏土	红土	黑红土	黑砂土	1	0—10	浅红色	砂壤土	粒状、块状	8.1	2.8	0.36	0.49	23.3	3.0	117	19.1	亚黏土	E 106°19′31.8″ N 33°50′11.4″	75
						2	10—39	浅红色	砂质黏壤土	块状	7.8	1.8	0.34	0.45	22.4	5.0	123	19.6			
						C	39—	红色			7.8	1.3	0.33	0.39	26.0	6.0	177	19.6			
剖31	初育土	潮土	潮土	黑潮土	薄层黄红土	1	0—14		中壤土											坡积物、残积物、黄土	E 106°13′45.5″ N 33°47′30.7″	73
						2	14—59	灰黄色	重壤土	粒状	7.9	12.6	0.91	1.04	25.0	34.0	168	15.3			
						3	59—	暗灰褐色	重壤土	团块状	8.0	10.5	0.79	0.97	25.0	32.0	128	14.3			
剖32	初育土	潮土	潮土	黑潮土	中层潮土	1	0—18	暗灰褐色	重壤土	块状	7.8	11.2	0.82	0.75	26.1	12.0	118	10.8	河流冲积物	E 106°13′19.2″ N 33°46′48.0″	100
						P	18—29	灰黄色	中壤土	小核块状	8.2	22.5	1.16	0.47	17.7	2.0	133	15.2			
						3	29—70	灰黄色	重壤土	粒状	8.4	12.0	0.80	0.31	14.8	2.0	90	8.9			
						4	70—		重壤土	团块状	8.4	8.8	0.55	0.36	13.2	2.0	70	8.2			
剖33	半淋溶土	褐土	石灰性褐土	红上上质石灰性褐土		1	0—13	浅红色	重壤土	大块状										坡积物、残积物、黄土	E 106°14′26.9″ N 33°45′32.5″	100
						2	13—25														
						3	25—62														
						C	62—														
剖34	初育土	红黏土	红土	黄红土	薄层黄红土	1	0—20	浅棕红色	重壤土	块状	8.2	6.7	0.61	0.41	22.6	1.0	98	18.0	午城黄土、离石黄土风化物	E 106°19′06.6″ N 33°49′38.3″	89
						2	20—79	棕红色	轻壤土	粒状	8.0	7.8	0.63	0.41	23.2	2.0	98	17.9			
						C	79—		轻壤土		8.1	3.6	0.47	0.35	24.8	1.0	83	18.6			
剖35	半淋溶土	褐土	石灰性褐土	料姜石褐土	中料姜石褐土	1	0—18	褐黄色	中壤土	粉粒状	8.1	13.6	0.83	0.53	21.7	3.0	184	19.9	坡积物、残积物、黄土	E 106°20′35.5″ N 33°49′19.2″	71
						P	18—25	黄褐色	重壤土	粒状	8.2	13.8	0.82	0.49	21.7	2.0	134	19.9			
						3	25—40	暗褐色	轻壤土	块状	8.1	16.4	1.04	0.49	22.3	2.0	111	20.5			
						C	40—	黄褐色	轻壤土		8.1	4.9	0.52	0.50	24.2	2.0	111	14.1			
剖36	半淋溶土	褐土	褐土	黄壤土	薄层黄壤土	1	0—18		轻黏土											坡积物、残积物、黄土	E 106°15′09.4″ N 33°48′14.4″	82
						2	18—34		轻黏土												
						3	34—64		轻黏土												
						4	64—		轻黏土												

续表 Continued

剖面号 Soil profile	土纲 Soil order	土类 Soil great group	亚类 Soil subgroup	土属 Soil genus	土种 Soil species	土层码 Layer code	土层厚度 Depth/cm	颜色 Soil color	质地 Soil texture	土壤结构 Soil structure	pH	有机质 OM/(g/kg)	全氮 TN/(g/kg)	全磷 TP/(g/kg)	全钾 TK/(g/kg)	有效磷 AP/(mg/kg)	速效钾 AK/(mg/kg)	阳离子交换量CEC/(cmol/kg)	土壤母质 Parent material	剖面点坐标 Profile coordinate	匹配指数 Matching index/%
剖37	半淋溶土	褐土	石灰性褐土	料姜石	薄层料姜石土	1	0~12	灰棕黄色	中偏重壤土	粉粒状	8.4	7.0	0.55	0.43	12.3	2.0	120	10.0	坡积物、残积物、黄土	E 106°17′16.4″ N 33°48′11.9″	93
						2	12~100	灰棕色	重壤土	块状	8.5	2.3	0.25	0.22	11.3	5.0	90	5.9			
剖38	半淋溶土	褐土	淋溶褐土	黑黄墡土	薄层黑黄墡土	1	0~17	黄色	轻壤土	粒状	7.4	18.2	1.25	0.52	19.2	6.0	128	15.4	坡积物、残积物、黄土	E 106°24′15.5″ N 33°47′51.0″	95
						P	17~24	黄色	中壤土	粒状	7.3	12.0	0.95	0.41	18.4	1.0	72	13.4			
						3	24~60	褐黄色	黏壤土	块状	7.3	9.7	0.75	0.41	19.0	1.0	68	14.0			
						C	60~	褐黄色	黏壤土	块状											
剖39	半淋溶土	褐土	淋溶褐土	黑黄墡土	中层黑黄墡土	1	0~18		重壤土										坡积物、残积物、黄土	E 106°27′01.4″ N 33°46′58.5″	80
						2	18~37		重壤土												
						3	37~60		重壤土												
剖40	半淋溶土	褐土	石灰性褐土	砂土质初性褐土		1	0~10		重壤土										坡积物、残积物、黄土	E 106°17′22.2″ N 33°46′25.7″	71
						2	10~40		重壤土												
						3	40~90		重壤土												
剖41	半淋溶土	褐土	石灰性褐土	砂土质初性褐土		As	0~5	暗棕红色	中壤土	粒状	8.0	20.9	1.23	0.56	26.3	3.0	111	18.2	坡积物、残积物、黄土	E 106°25′38.3″ N 33°46′06.6″	85
						2	5~16		重壤土	粒状	8.1	8.3	0.58	0.52	24.7	3.0	77	17.2			
						3	16~40	棕红色	重壤土		8.2	6.5	0.50	0.59	25.9		39	27.7			
						C	40~														
剖42	半淋溶土	褐土	淋溶褐土	黑黄墡土	黑黄墡土	1	0~17		中壤土	粒状	7.6	48.6	1.09	2.08	14.4	37.0	257	18.2	坡积物、残积物、黄土	E 106°25′37.2″ N 33°44′53.2″	97
						2	17~28		重壤土	粒状	7.7	46.4	0.88	2.04	15.4	30.0	205	17.1			
						3	28~59		重壤土		7.8	43.5	0.43	1.99	13.3	29.0	158	11.9			
						4	59~														
剖43	半淋溶土	褐土	始成土	粗骨质初成褐土		1	0~24	灰褐色	轻偏砂壤土	粒状	7.4	8.7	0.74	0.32	20.1	1.0	94	17.8	坡积物、残积物、黄土	E 106°25′53.4″ N 33°42′19.4″	94
						2	24~40	褐红色	砂壤土	团块状	8.3	6.2	0.57	0.46	19.3		72	15.8			
						C	40~		中砂壤土		8.3	6.5	0.50	3.50	18.3		82	12.9			
剖44	半淋溶土	褐土	褐土	黄墡土	中层黄墡土	1	0~20	灰黄色	重壤土	粒状	8.1	8.0	0.59	0.46	20.7	1.0	87	17.3	坡积物、残积物、黄土	E 106°24′07.2″ N 33°41′41.2″	99
						P	20~40	浅黄色	轻壤土	粒状	8.1	7.5	0.68	0.46	20.2	1.0	73	15.8			
						3	40~100	暗灰黄色	黏壤土	块状	8.2	7.5	0.69	0.43	20.2		73	16.3			
						C	100~	灰黄色	黏壤土												
剖45	半淋溶土	褐土	始成土	砂砾质初成褐土		Ao	0~4	棕褐色	轻壤土	粒状									坡积物、残积物、黄土	E 106°25′48.0″ N 33°40′36.1″	100
						2	4~15	棕黑色	轻壤土	粒状											
						3	15~25	黑黄褐色	中砂壤土	块状											
						C	25~	黄褐色	砂壤土												
剖46	淋溶土	棕壤	棕壤	砂砾质棕壤		1	0~6	褐黄色	重壤土	粉粒状	5.8	65.9	3.17	0.44	16.6	4.0	95	20.4	岩石风化物、洪冲积物	E 106°29′41.6″ N 33°38′58.9″	91
						2	6~18	棕色	重壤土	粒状	6.4	36.7	1.80	0.31	12.8	1.0	38	16.5			
						3	18~50		重壤土	块状											
剖47	淋溶土	棕壤	棕壤	棕黄土	中层棕墡土	1	0~17		重壤土										坡积物、残积物	E 106°28′35.2″ N 33°35′41.6″	90
						2	17~34		重壤土												
						3	34~60														
剖48	淋溶土	棕壤	棕壤	砂土质棕壤		Ao	0~14	黑色	重壤土	粒状	5.1	43.1	1.74	0.21	13.7	1.0	98	14.7	坡积物、残积物	E 106°31′03.9″ N 33°34′49.8″	87
						2	14~40	棕褐色	重壤土	块状	5.8	18.8	0.85	0.16	10.6		46	12.8			
						3	40~93	黄褐色	重壤土		6.4	3.7	0.47	0.14	10.1		34	10.0			
						4	93~														

临夏回族自治州

临夏县

主要土类说明

黑垆土是临夏县主要土壤类型，占本县地域面积的 32%。黑垆土是在黄土高原上，由黄土发育而成的土壤。该土壤有机质含量低，但腐殖质层深厚。土体原位黏化，但无明显黏化层，具假菌丝状石灰累积；无盐化，多旱耕。

黑土是临夏县第二大土壤类型，占本县地域面积的 30%。黑土是在温带半湿润草甸草原下发育形成的具深厚均腐殖质层的无石灰性黑色土壤，具 A-ABh-BhC-C 剖面构型。该土壤均腐殖质层厚 30—60cm，有机质含量一般为 30—60g/kg，底层具轻度滞水还原淋溶特征，见硅粉。土壤盐基饱和度在 80% 以上。

红黏土是临夏县第三大土壤类型，占本县地域面积的 19%。深厚黄土层下，常见第三纪红色黏土（保德期红黏土）埋藏。厚层黄土层侵蚀殆尽处，红色黏土层露出，形成的母质性状明显的初育土，即红黏土。其黏粒含量高，塑性强，生物作用微弱，母质特性明显，有时夹有砂姜。

棕壤占本县地域面积的 11%。棕壤形成于落叶阔叶林下，但大部分已被垦殖，以旱作为主。该土壤处于硅铝风化阶段，具有黏化特征，呈棕色。土体见黏粒淀积，盐基充分淋失，pH 一般为 6.0—7.0，见少量游离铁。

小于本县地域面积 5% 的土壤类型有黑毡土、草毡土、寒漠土和黄绵土。

本区域中心区气候特征

本区域中心区气候特征值
Regional climate characteristics in central area of the region

气候带：中温带亚湿润气候 Climate region: Mid temperate subhumid climate	
年平均气温 /℃ Annual average temperature /℃	5.5
年平均最高气温 /℃ Annual average maximum temperature /℃	13.2
年平均最低气温 /℃ Annual average minimum temperature /℃	-0.2
年降水量 /mm Annual precipitation /mm	430
≥10℃的积温 /℃ Daily temperature accumulated in a year（≥10℃）/℃	2013
年日照时数 /h Annual sunshine /h	2418
年平均相对湿度 /% Annual average relative humidity /%	60
干燥度 Dryness	0.89

本区域中心区月平均气温与月平均降水量
Monthly temperature and precipitation in central area of the region

临夏县主要土壤类型与土壤剖面点分布图
1∶230 000

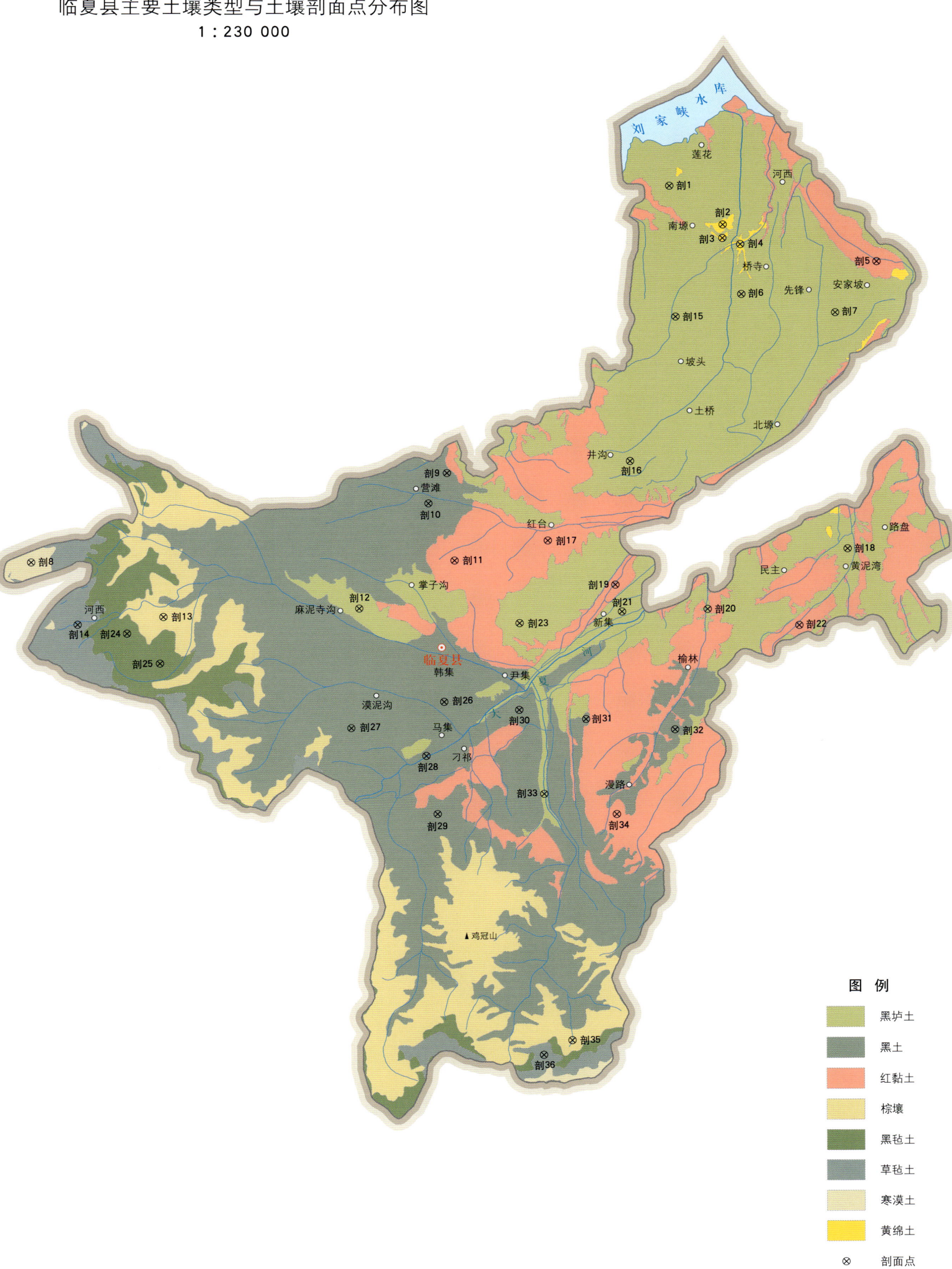

临夏县土壤剖面理化性状表

剖面号 Soil profile	土纲 Soil order	土类 Soil great group	亚类 Soil subgroup	土属 Soil genus	土种 Soil species	土层码 Layer code	土层厚度 Depth/cm	颜色 Soil color	质地 Soil texture	pH	有机质 OM/(g/kg)	全氮 TN/(g/kg)	全磷 TP/(g/kg)	全钾 TK/(g/kg)	有效磷 AP/(mg/kg)	速效钾 AK/(mg/kg)	阳离子交换量CEC/(cmol/kg)	土壤母质 Parent material	剖面点坐标 Profile coordinate	匹配指数 Matching index/%
剖1	钙层土	黑垆土	黑麻土	黄土质麻土	疏林麻土	A	0—30	栗色	中壤土	8.5	37.8	1.56	0.80	21.7	2.0	218	10.7	黄土	E 103°07′14.2″ N 35°43′53.0″	76
						B	30—90	暗黄棕色	中壤土	8.3	33.0	1.92	0.71	20.3	2.0	210	10.8			
						BC	90—150	灰黄色	中壤土	8.7	5.2	0.36	0.71	20.0			5.0			
剖2	初育土	黄绵土	大白土	大白土	堰地大白土	1	0—18	灰黄色	中壤土	8.2	5.5	0.55	0.66	15.3	14.0	146	5.3		E 103°09′12.2″ N 35°42′43.9″	72
						P	18—28	灰黄色	中壤土	8.5	7.1	0.27	0.69	17.9	2.0	80	4.4			
						3	28—95	灰黄色	中壤土	8.6	4.7	0.21	0.66	17.6			4.2			
						4	95—150	灰黄色	中壤土	8.4	2.7	0.23	0.74	18.5			4.2			
剖3	初育土	黄绵土	黄绵土	黄白土	疏林黄白土	1	0—4		中壤土	8.5	7.0	0.37	0.81	17.8	2.0	180	4.7		E 103°09′11.9″ N 35°42′18.8″	90
						2	4—54		中壤土	8.7	6.5	0.41	0.82	17.6	1.0	104	4.6			
						3	54—127		中壤土	8.8	5.5	0.40	0.83	16.7			4.3			
						4	127—150		中壤土	8.8	3.9	0.44	0.76	14.7			4.1			
剖4	初育土	黄绵土	黄绵土	黄白土	生草黄白土	1	0—27		中壤土	8.6	7.9	0.54	0.73	16.2	1.0	104	10.1		E 103°09′51.5″ N 35°42′08.1″	78
						2	27—57		中壤土	8.7	6.4	0.42	0.77	22.0	2.0	88	4.5			
						3	57—94		中壤土	8.7	4.7	0.29	0.87	21.4			3.9			
						4	94—150		中壤土	8.6	4.8	0.19	0.82	21.0			3.8			
剖5	初育土	红黏土	红土	川地砂红土	川地砂红土	1	0—20	浅棕红色	中壤土	8.3	8.0	0.41	0.73	15.3	14.0	260	6.9	红土	E 103°14′49.6″ N 35°41′40.9″	92
						2	20—30	浅棕红色	中壤土	8.5	4.4	0.18	0.82	16.7	4.0	220	7.3			
						3	30—100	浅棕红色	中壤土	8.6	3.4	0.14	0.67	16.7			7.1			
						4	100—150	棕红色	中壤土	8.6	3.4	0.14	0.54	14.4			6.1			
剖6	钙层土	黑垆土	黑麻土	堰地麻土	堰地白麻土	1	0—18	灰黄色	中壤土	8.1	8.4	0.45	0.67	16.9	13.0	148			E 103°09′56.2″ N 35°40′35.8″	87
						P	18—32	灰黄色	中壤土	8.1	8.6	0.35	0.66	15.2	13.0	108				
						3	32—80	灰黄色	中壤土	8.1	6.5	0.18	0.65	17.6						
						4	80—150	灰黄色	中壤土	8.2	5.2	0.15	0.65	15.8						
剖7	初育土	黑垆土	黑麻土	堰地麻土	堰地黄麻土	1	0—23	褐色	轻壤土	8.2	13.5	1.15	0.77	18.6	19.0	175	24.8	黄土	E 103°13′21.7″ N 35°40′04.8″	76
						P	23—40	褐色	砂壤土	8.4	13.2	0.75	0.68	17.3	21.0	119	14.9			
						3	40—97	棕灰色	中壤土	8.4	3.8	0.16	0.67	16.3			9.0			
						4	97—150	灰黄色	中壤土	8.5	3.1	0.11	0.60	17.2						
剖8	高山土	寒漠土	寒漠土	寒漠土	寒漠土	A	0—9	栗色	重壤土	7.0	72.1	3.78	0.95	19.8			15.3		E 102°44′17.5″ N 35°31′56.3″	84
						AC	9—24	褐色	重壤土	6.5	25.7	1.59	0.85	20.5			16.4			
						C	24—34	棕灰色	重壤土	6.5	9.7	0.66	0.83	21.5			11.5			
						4	34—										9.4			
剖9	半淋溶土	黑土	石灰性黑土	山地石灰性黑土	山地生草石灰性黑土	As	0—6	栗色	重壤土	8.2	24.6	1.56	0.91	20.5	29.0	243	10.4		E 102°59′20.6″ N 35°34′56.3″	86
						A₁	6—26	暗黄棕色	重壤土	8.3	20.0	1.00	0.68	21.2	18.0	138	16.4			
						B	26—114	褐色	重壤土	8.4	7.4	0.57	0.78	19.2			11.5			
						BC	114—150	灰黄色	中壤土	8.4	4.2	0.51	0.71	20.6			9.4			
剖10	半淋溶土	黑土	石灰性黑土	谷地耕种石灰性黑土	山地灰黑土	1	0—20	褐色	中壤土	8.2	13.1	0.90	0.85	22.3	4.0	112	10.4		E 102°58′41.5″ N 35°33′59.4″	84
						P	20—43	褐色	重壤土	8.3	13.4	0.85	0.95	22.3	2.0	104	11.4			
						3	43—92	褐色	中壤土	8.2	10.7	0.65	0.79	26.0			13.7			
						4	92—150	棕色	中壤土	8.5	2.6	0.10	0.87	20.5			9.2			
剖11	初育土	红黏土	黑红土	山地黑红土	山地油红土	1	0—14	紫棕色	中壤土	8.2	17.7	1.16	0.85	23.3			13.5		E 102°59′40.9″ N 35°32′14.6″	78
						P	14—27	红棕色	重壤土	8.4	13.1	0.95	0.76	23.4			15.0			
						3	27—60	浅红色	轻黏土	8.4	10.0	0.77	0.69	21.2			13.5			
						4	60—150	黄橙色	轻黏土	8.3	4.4	0.48	0.73	22.4			11.5			

续表 Continued

剖面号 Soil profile	土纲 Soil order	土类 Soil great group	亚类 Soil subgroup	土属 Soil genus	土种 Soil species	土层码 Layer code	土层厚度 Depth/cm	颜色 Soil color	质地 Soil texture	pH	有机质 OM/(g/kg)	全氮 TN/(g/kg)	全磷 TP/(g/kg)	全钾 TK/(g/kg)	有效磷 AP/(mg/kg)	速效钾 AK/(mg/kg)	阳离子交换量 CEC/(cmol/kg)	土壤母质 Parent material	剖面点坐标 Profile coordinate	匹配指数 Matching index/%
剖12	钙层土	黑垆土	黑垆土	山地垆土	山地黑垆土	1	0—19	栗色	中壤土	8.2	18.9	1.26	0.74	21.9	24.0	73	14.7	黄土	E 102°56′15.4″ N 35°30′43.2″	83
						P	19—32	栗色	中壤土	8.3	19.1	1.64	0.74	24.9	26.0	79	14.4			
						3	32—130	栗色	中壤土	8.3	20.4	1.17	0.67	23.4			8.8			
						4	130—150	栗色		8.1	25.5	1.21	0.71	21.7			26.8			
剖13	淋溶土	棕壤	山地棕壤	山地棕壤	山地草甸棕壤	As	0—11			7.0	99.7	5.45	0.94	17.5			37.1		E 102°49′08.4″ N 35°30′20.9″	90
						A₁	11—26	暗灰棕色	中壤土	6.8	80.1	4.99	0.83	17.7			34.7			
						B	26—			7.6	24.2	1.53	0.56	18.3			21.2			
剖14	高山土	草毡土	草毡土	草毡土	草甸土	As	0—9	栗色	轻壤土	6.4	183.5	8.60	0.89	17.6			47.4		E 102°46′01.9″ N 35°30′03.6″	82
						Ag	9—40	栗色	轻壤土	6.3	99.0	5.43	0.83	19.1			34.9			
						C	40—60	灰黄色	轻壤土	6.7	17.5	1.04	0.52	22.2			15.9			
剖15	钙层土	黑垆土	黑垆土	黄土质垆土	生草垆土	A	0—13	黄棕色	中壤土	8.3	33.9	1.36	0.65	20.3	2.0	278	9.2	黄土	E 103°07′33.1″ N 35°39′51.8″	97
						AB	13—31	灰棕色	中壤土	8.5	11.5	0.68	0.80	21.0	2.0	120	6.9			
						B	31—84	灰黄色	中壤土	8.6	4.4	0.27	0.76	19.7			6.5			
						C	84—150	灰黄色	中壤土	8.9	2.4	0.22	0.71	21.2			5.5			
剖16	钙层土	黑垆土	黑垆土	山地垆土	山地黄垆土	1	0—15	褐色	中壤土	8.1	15.5	0.69	0.68	20.6	1.0	300	2.8	黄土	E 103°05′59.6″ N 35°35′24.6″	92
						P	15—28	褐色	中壤土	8.4	12.0	0.48	0.54	19.4	1.0		3.0			
						3	28—93	褐色	中壤土	8.3	13.3	0.30	0.51	18.3			0.9			
						4	93—150	褐色	中壤土	8.6	11.8	0.34	0.50	18.9			3.5			
剖17	初育土	红黏土	红土	山地胶红土	山地胶红土	1	0—15	红棕色	中壤土	8.5	14.6	0.51	0.69	21.0	6.0	144	14.6	红土	E 103°03′03.2″ N 35°32′54.8″	83
						P	15—25	红棕色	中黏土	8.6	18.0	0.36	0.68	20.0	1.0	144	14.5			
						3	25—90	橙色	中黏土	8.6	5.0	0.26	0.67	23.4			14.8			
						4	90—150	褐色	中壤土	8.5	1.7	0.25	0.59	20.0			14.3			
剖18	初育土	黑垆土	黑垆土	谷地垆土	谷地黄垆土	1	0—24	褐色	中壤土	8.4	15.2	0.94	0.74	17.7	20.0	264	8.1	黄土	E 103°13′57.1″ N 35°32′49.5″	100
						P	24—36	褐色	中壤土	8.4	12.2	0.89	1.09	19.0	8.0	166	8.3			
						3	36—80	褐色	重壤土	8.2	12.2	0.95	0.87	19.2			10.3			
						4	80—150	褐色	重壤土	8.3	13.3	0.98	0.92	19.9			10.1			
剖19	初育土	红黏土	垆红土	川地垆红土	川地黄垆土	1	0—17	灰黄色	轻壤土	8.2	16.0	0.95	0.65	21.9	24.0	93	18.7	黄土	E 103°05′32.6″ N 35°31′35.8″	92
						P	17—33	紫棕色	轻黏土	8.3	12.4	0.54	0.75	21.4	37.0	55	14.3			
						3	33—80	暗黄色	轻黏土	8.0	6.7	0.26	0.68	20.3			16.4			
						4	80—150	红棕色	中黏土	8.1	8.4	0.47	0.68	19.8			15.2			
剖20	钙层土	黑垆土	黑垆土	川地垆土	川地黑垆土	1	0—23	褐色	中壤土	8.4	14.2	1.01	0.78	21.3	23.0	170	7.7	黄土	E 103°08′54.4″ N 35°30′53.6″	96
						P	23—41	褐色	中壤土	8.4	11.0	0.75	0.72	22.5	15.0	114	10.1			
						3	41—95	浅黄棕色	中壤土	8.5	6.9	0.44	0.69	21.0			7.2			
						4	95—150	浅灰棕色	中壤土	8.4	6.1	0.46	0.68	21.6			8.1			
剖21	钙层土	黑垆土	黑垆土	川地垆土	川地黑垆土	1	0—25	褐色	重壤土	7.9	17.8	1.17	0.83	21.4	28.0	276	10.3	黄土	E 103°05′48.0″ N 35°30′46.3″	89
						P	25—43	褐色	重壤土	8.0	15.9	1.15	0.81	20.9	18.0	219	9.2			
						3	43—96	浅黄棕色	重壤土	8.1	11.4	0.64	0.71	19.2			10.9			
						4	96—150	浅黄棕色	中壤土	8.1	10.1	0.85	0.90	19.4			8.4			
剖22	初育土	红黏土	垆红土	谷地垆红土	谷地黄垆土	1	0—19	紫棕色	轻壤土	8.0	12.9	0.95	0.86	27.4	4.0	380	16.9	黄土	E 103°12′14.8″ N 35°30′27.0″	87
						P	19—31	紫棕色	轻壤土	8.1	11.3	0.82	0.91	28.6	2.0	320	16.3			
						3	31—66	紫棕色	轻壤土	8.2	9.5	0.74	0.83	25.7			15.7			
						4	66—150	紫棕色	轻壤土	8.2	7.4	0.62	0.87	27.2			14.6			
剖23	钙层土	黑垆土	黑垆土	山地垆土	山地白垆土	1	0—22	灰黄色	中壤土	8.3	12.6	1.12	0.77	18.6	24.0	93	9.6	黄土	E 103°02′05.2″ N 35°30′21.7″	79
						P	22—39	灰黄色	中壤土	8.3	9.8	1.09	0.76	21.7	21.0		8.4			
						3	39—102	浅黄棕色	中壤土	8.4	9.3	0.69	0.72	22.4			7.8			
						4	102—150	浅黄棕色	中壤土	8.5	5.1	0.75	0.65	19.5			9.0			

续表 Continued

剖面号 Soil profile	土纲 Soil order	土类 Soil great group	亚类 Soil subgroup	土属 Soil genus	土种 Soil species	土层码 Layer code	土层厚度 Depth/cm	颜色 Soil color	质地 Soil texture	pH	有机质 OM/(g/kg)	全氮 TN/(g/kg)	全磷 TP/(g/kg)	全钾 TK/(g/kg)	有效磷 AP/(mg/kg)	速效钾 AK/(mg/kg)	阳离子交换量CEC/(cmol/kg)	土壤母质 Parent material	剖面点坐标 Profile coordinate	匹配指数 Matching index/%
剖24	高山土	黑毡土	棕黑毡土	棕黑毡土		As	0—11	黑棕色	轻壤土	6.7	149.4	7.21	1.05	17.6			55.4		E 102°47′50.1″ N 35°29′49.3″	88
						A₁	11—40	栗色	轻壤土	7.0	78.8	4.34	1.07	20.5			38.8			
						A,B	40—65	褐棕色	轻壤土	7.1	70.8	3.98	1.12	20.7			36.1			
						B	65—75	栗色	中壤土	6.8	20.4	1.24	0.66	21.4			43.6			
						C	75—													
剖25	高山土	黑毡土	黑毡土	黑毡土		As	0—11	黑色	轻壤土	6.7	143.3	7.88	1.56	20.2			45.7		E 102°49′02.7″ N 35°28′55.3″	77
						A₁	11—33	暗棕色	轻壤土	6.7	101.9	5.76	1.53	19.5			40.2			
						A,B	33—82	灰棕色	轻壤土	7.4	49.5	2.99	1.50	21.7			29.9			
						C	82—98	灰棕色	重壤土	6.6	7.9	0.43	0.49	20.4			18.2			
剖26	半淋溶土	黑土	石灰性黑土	山地耕种石灰性黑土	山地中层油黑土	1	0—20	暗棕色	重壤土	8.2	23.8	1.25	0.87	21.3	2.0	160	12.5		E 102°59′24.4″ N 35°27′54.4″	90
						P	20—33	暗棕灰色	重壤土	8.3	21.3	1.18	0.89	21.3	2.0	86	12.1			
						3	33—57	栗色	重壤土	8.6	12.2	0.72	0.94	18.7			10.6			
						4	57—150	灰黄色	中壤土	8.5	6.4	0.28	0.79	18.9			12.4			
剖27	半淋溶土	黑土	黑土	黑土	山地生草黑土	As	0—43	栗色	轻壤土										E 102°56′02.7″ N 35°27′02.5″	85
						AB	43—72	褐色	中壤土											
						B	72—119	紫棕色	重壤土											
						C	119—	灰黄色	砂壤土											
剖28	半淋溶土	黑土	石灰性黑土	谷地耕种石灰性黑土	谷地厚层油黑土	1	0—17	灰棕色		8.2	26.8	0.88	0.83	14.0	19.0	163	11.9	洪冲积物	E 102°58′47.3″ N 35°26′13.6″	78
						P	17—42	暗灰棕色	中壤土	8.3	24.6	1.08	0.87	14.4	7.0	130	15.4			
						3	42—100	暗灰棕色		8.1	25.6	1.06	0.73	14.3			25.7			
						4	100—150	灰黄棕色		8.0	13.6	0.65	0.67	13.5			21.5			
剖29	半淋溶土	黑土	黑土	黑土	山地灌丛黑土	A	0—40	黑棕色	轻壤土	6.6	63.2	3.53	0.76	17.2			34.8		E 102°59′14.6″ N 35°24′26.3″	81
						AB	40—53	灰黄色	紧砂土	7.1	7.3	0.52	0.37	17.7			13.0			
						BC	53—76	褐色	轻壤土	7.2	4.3	0.37	0.40	21.5			9.3			
						C	76—	栗色	中壤土	7.5	5.5	0.45	0.56	25.4			3.7			
剖30	半淋溶土	黑土	石灰性黑土	谷地耕种黑土	谷地厚层大黑土	1	0—25	暗黄棕色	中壤土	8.2	35.1	1.39	1.02	26.4	6.0	144	10.6		E 103°02′07.8″ N 35°27′41.8″	87
						P	25—44	栗色	重壤土	8.2	37.1	1.21	1.01	25.2	4.0	120	11.6			
						3	44—115	暗棕色	重壤土	8.0	54.0	1.37	0.99	24.4			23.5			
						4s	115—150	暗棕灰色	中砾质土	8.1	36.6	1.07	1.00	24.2			15.2			
剖31	半淋溶土	黑土	石灰性黑土	山地石灰性黑土	山地疏林石灰性黑土	A	0—25	黑灰色	轻壤土	8.2	26.6	1.53	1.04	28.3			16.7		E 103°04′34.0″ N 35°27′27.0″	91
						A₁	25—48	暗棕灰色	重黏土	8.2	21.1	1.17	0.97	26.4			20.4			
						B	48—95	暗棕灰色	重黏土	8.0	17.9	1.06	0.99	25.4			20.3			
						BC	95—150	浅棕灰色	重壤土	8.1	9.7	0.65	0.85	21.4			12.4			
剖32	半淋溶土	黑土	石灰性黑土	山地耕种石灰性黑土	山地厚层油黑土	1	0—16	栗色	重壤土	8.1	22.1	1.42	0.96	18.5	6.0	264	18.4		E 103°07′48.0″ N 35°27′10.6″	98
						P	16—26	黑色	重壤土	8.1	19.2	1.13	0.80	17.4	6.0	148	21.0			
						3	26—67	浅棕红色	重壤土	8.0	26.1	1.10	0.84	24.3			22.5			
						4	67—150	浅棕红色	重壤土	8.0	10.0	0.53	0.80	26.1			15.6			
剖33	钙层土	黑垆土	黑垆土	淤垫黑垆土	薄层淤垫黑砂土	1	0—19	褐色	中壤土	8.4	16.1	0.89	0.70	24.8	27.0	77	9.3	淤积物，堆垫物	E 103°03′05.8″ N 35°25′07.3″	78
						2	19—													
剖34	初育土	红黏土	麻红土	山地麻红土	山地麻红土	1	0—17	浅棕色	重黏土	8.3	12.7	1.07	0.51	18.3	12.0	168	7.2		E 103°05′44.7″ N 35°24′31.8″	96
						P	17—29	红棕色	轻黏土	8.3	13.6	1.06	0.49	16.6	2.0	291	8.2			
						3	29—106	棕红色	轻黏土	8.3	17.3	1.29	0.46	16.2			9.1			
						4	106—150	浅棕色	重黏土	8.4	9.3	0.77	0.37	15.5			11.5			

续表 Continued

剖面号 Soil profile	土纲 Soil order	土类 Soil great group	亚类 Soil subgroup	土属 Soil genus	土种 Soil species	土层码 Layer code	土层厚度 Depth/cm	颜色 Soil color	质地 Soil texture	pH	有机质 OM/(g/kg)	全氮 TN/(g/kg)	全磷 TP/(g/kg)	全钾 TK/(g/kg)	有效磷 AP/(mg/kg)	速效钾 AK/(mg/kg)	阳离子交换量CEC/(cmol/kg)	土壤母质 Parent material	剖面点坐标 Profile coordinate	匹配指数 Matching index/%
剖35	淋溶土	棕壤	山地棕壤	山地棕壤	山地森林棕壤	Ao	0—3		轻壤土	6.8	75.8	4.24	0.76	17.5			35.5		E 103°04′16.3″ N 35°17′34.8″	95
						A₁	3—12	暗棕色	轻壤土	6.8	75.8	4.24	0.76	17.5			35.5			
						A,B	12—33	灰棕色	重壤土	7.3	17.6	0.94	0.47	15.5			24.0			
						B	33—50	红棕色	中壤土	7.6	17.9	1.09	0.88	18.4			21.4			
						C	50—90		砂壤土	8.2	4.6	0.34	0.60	12.6			6.3			
剖36	高山土	草毡土	草毡土	草毡土	粗骨质草毡土	As	0—4			7.3	194.0	8.74	0.99	18.5			54.1		E 103°03′14.8″ N 35°17′07.4″	92
						Ag	4—33			7.6	147.0	7.44	0.90	18.5			50.9			
						C	33—42		轻壤土	7.5	33.8	1.90	0.67	23.4			21.7			

康 乐 县

主要土类说明

黑垆土是康乐县主要土壤类型,占本县地域面积的41%。黑垆土是在黄土高原上,由黄土发育而成的土壤。该土壤有机质含量低,但腐殖质层深厚。土体原位黏化,但无明显黏化层,具假菌丝状石灰累积;无盐化,多旱耕。

黑土是康乐县第二大土壤类型,占本县地域面积的24%。黑土是在温带半湿润草甸草原下发育形成的具深厚均腐殖质层的无石灰性黑色土壤,具 A-ABh-BhC-C 剖面构型。该土壤均腐殖质层厚30—60cm,有机质含量一般为30—60g/kg,底层具轻度滞水还原淋溶特征,见硅粉。土壤盐基饱和度在80%以上。

暗棕壤是康乐县第三大土壤类型,占本县地域面积的15%。暗棕壤是在湿润地区针阔叶混交林下发育形成的具有明显有机质富集和弱酸性淋溶特征的土壤,具 O-A-B-C 剖面构型。A层有机质含量可达200g/kg,弱酸性淋溶使铁铝轻微下移;B层呈棕色,结构面见铁锰胶膜。土壤呈弱酸性,盐基饱和度为70%—80%。土壤冻结期长。

栗钙土占本县地域面积的9%。栗钙土是在温带半干旱草原下发育形成的具有栗色腐殖质层和灰白色钙积层的土壤。该土壤表层为栗色腐殖质层,厚20—30cm,有机质含量为15—45g/kg。其下,灰白色钙积层发育明显,见于20—30cm深处,厚20—40cm,呈斑点状或层状积钙。石膏及易溶盐局部聚积。

红黏土占本县地域面积的6%。深厚黄土层下,常见第三纪红色黏土(保德期红黏土)埋藏。厚层黄土层侵蚀殆尽处,红色黏土层露出,形成的母质性状明显的初育土,即红黏土。其黏粒含量高,塑性强,生物作用微弱,母质特性明显,pH 为7.0—8.0,有时夹有砂姜。

小于本县地域面积小于3%的土壤类型有黑毡土、黄绵土、灰褐土、风沙土和草毡土。

本区域中心区气候特征

本区域中心区气候特征值
Regional climate characteristics in central area of the region

气候带:中温带亚湿润气候 Climate region: Mid temperate subhumid climate	
年平均气温 /℃ Annual average temperature /℃	6.9
年平均最高气温 /℃ Annual average maximum temperature /℃	14.4
年平均最低气温 /℃ Annual average minimum temperature /℃	1.4
年降水量 /mm Annual precipitation /mm	430
≥10℃的积温 /℃ Daily temperature accumulated in a year (≥10℃) /℃	2502
年日照时数 /h Annual sunshine /h	2316
年平均相对湿度 /% Annual average relative humidity /%	61
干燥度 Dryness	1.12

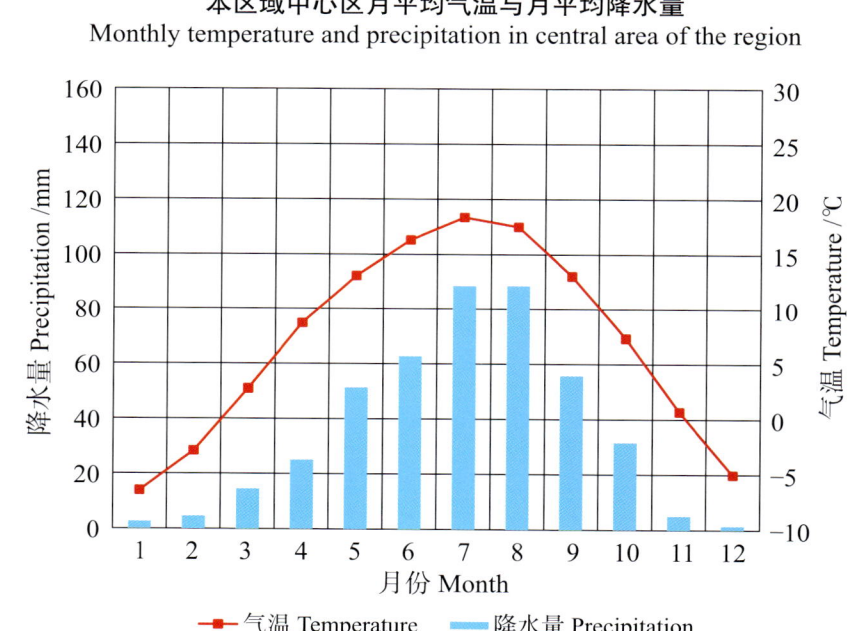

本区域中心区月平均气温与月平均降水量
Monthly temperature and precipitation in central area of the region

康乐县主要土壤类型与土壤剖面点分布图
1∶190 000

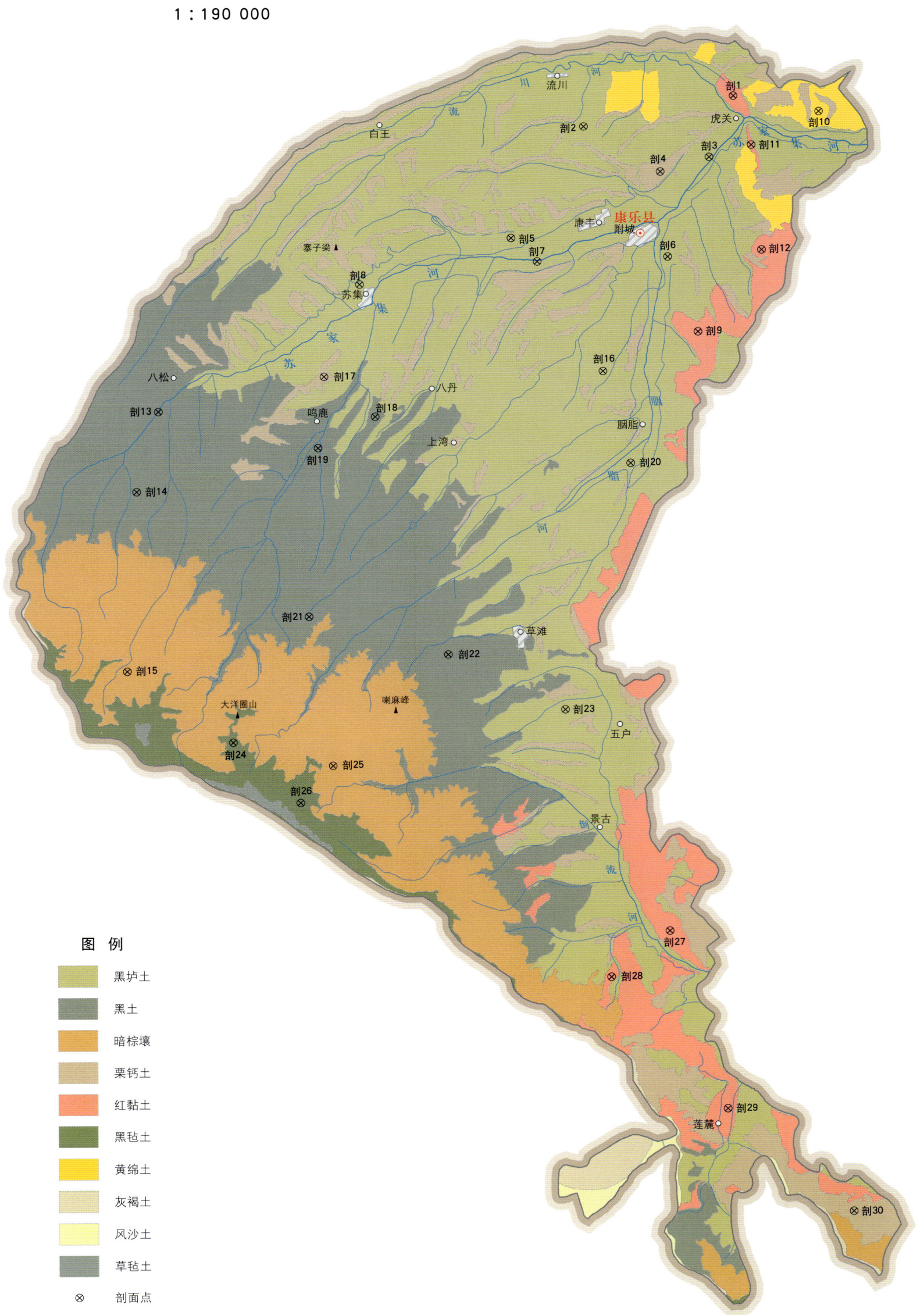

康乐县土壤剖面理化性状表

剖面号 Soil profile	土纲 Soil order	土类 Soil great group	亚类 Soil subgroup	土属 Soil genus	土种 Soil species	土层码 Layer code	土层厚度 Depth/cm	颜色 Soil color	质地 Soil texture	土壤结构 Soil structure	pH	有机质 OM/(g/kg)	全氮 TN/(g/kg)	全磷 TP/(g/kg)	全钾 TK/(g/kg)	有效磷 AP/(mg/kg)	速效钾 AK/(mg/kg)	阳离子交换量CEC/(cmol/kg)	土壤母质 Parent material	剖面点坐标 Profile coordinate	匹配指数 Matching index/%
剖1	初育土	红黏土	红黏土	川谷耕种红土	川谷红土	1	0—20	红橙色	中壤土	核粒状	8.1	6.8	0.54	0.59	22.3	5.0	216	16.4	红层母质	E 103°44′51.7″ N 35°25′44.0″	98
						2	20—35	红橙色	中壤土	核粒状	8.1	3.4	0.37	0.52	20.4	1.0	112	15.7			
						3	35—79	红橙色	中壤土	小块状	8.1	2.7	0.27	0.49	20.0			14.2			
						4	79—150	红橙色	中壤土	小块状	8.1	3.7	0.16	0.47	19.7			12.9			
剖2	钙层土	黑垆土	黑麻土	山地耕种麻土	山地白麻土	1	0—18		中壤土		8.4	10.4	0.82	0.65	20.6	4.0	96	8.8	坡积黄土	E 103°40′36.2″ N 35°24′56.7″	77
						2	18—27		中壤土		8.2	7.5	0.59	0.59	18.9	1.0	56	7.9			
						3	27—130		中壤土		8.4	2.0	0.28	0.52	20.0			9.0			
						4	130—150		中壤土		8.4	2.3	0.27	0.51	19.8			6.2			
剖3	钙层土	黑垆土	黑麻土	川谷耕种麻土	川谷黄麻土	1	0—20	褐色	重壤土	团粒状	8.1	14.5	1.03	0.76	20.5	8.0	112	12.9	洪冲积黄土	E 103°44′11.6″ N 35°24′14.4″	87
						2	20—37	褐色	重壤土	核状	8.1	16.4	1.08	0.64	22.4	4.0	112	10.6			
						3	37—112	褐色	重壤土	块状	8.0	12.7	0.87	0.64	24.8			9.5			
						4	112—150	灰黄色	中壤土	核状	8.2	4.8	0.49	0.58	20.7			5.4			
剖4	钙层土	栗钙土	淡栗钙土	疏林淡麻钙土		1	0—6	灰黄色	中壤土	核粒状	8.4	4.8	0.55	0.45	20.3	2.0	96	13.4	残积、坡积黄土	E 103°42′48.6″ N 35°23′52.1″	97
						2	6—46	灰黄色	中壤土	小块状	8.5	7.3	0.51	0.45	21.2	4.0	96	13.0			
						3	46—101	灰黄色	中壤土	块状	8.4	8.4	0.75	0.46	20.3			11.6			
						4	101—150	灰黄色	中壤土	块状	8.3	12.8	1.18	0.76	24.8	6.0	272	10.8			
剖5	钙层土	黑垆土	黑麻土	塬坪耕种麻土	塬坪黄麻土	1	0—20	褐色	中壤土	团粒状	8.8	12.5	1.09	0.78	24.1	4.0	256	13.2	风积黄土	E 103°44′02.9″ N 35°21′49.3″	99
						2	20—35	褐色	中壤土	小块状	8.3	10.6	0.95	0.81	23.3			13.0			
						3	35—200	褐色	中壤土	块状	8.3	2.7	0.38	0.62	23.2			11.4			
						4	200—	灰黄色	中壤土		8.3	10.9	1.29	0.73	21.4	6.0	224	10.9			
剖6	钙层土	黑垆土	黑麻土	川谷耕种麻土	川谷白麻土	1	0—18	褐色	中壤土	核粒状	8.3	9.4	0.97	0.69	20.6	4.0	165	9.9	洪冲积黄土	E 103°43′02.9″ N 35°21′49.3″	70
						2	18—30	褐色	中壤土	片状	8.3	8.6	1.04	0.70	21.3			9.1			
						3	30—70	褐色	中壤土	块状	8.4	4.1	0.57	0.65	19.2			7.6			
						4	70—150	灰黄色	轻壤土	块状	8.2	9.5	0.89	0.79	21.0	26.0	264	14.6			
剖7	钙层土	黑垆土	黑麻土	淤淀麻砂土	中层淤淀麻砂土	1	0—17	褐色	砂壤土	核粒状	8.2	8.9	0.69	0.71	20.2	9.0	112	13.6	淤积物、堆垫物	E 103°39′19.4″ N 35°21′40.0″	80
						2	17—25	褐色	砂壤土	核粒状	8.3	14.8	1.19	0.62	19.7			12.1			
						3	25—39		砾质土		8.1										
						4	39—														
剖8	钙层土	黑垆土	黑麻土	塬坪耕种麻土	塬坪黑麻土	1	0—24	栗色	重壤土	团粒状	8.0	20.0	1.49	1.13	20.4	16.0	432	18.1	风积黄土	E 103°34′16.0″ N 35°21′03.6″	80
						2	24—32	栗色	重壤土	片状	8.0	18.0	1.46	1.06	23.2	4.0	512	16.8			
						3	32—100	深栗色	重壤土	块状	8.0	19.6	1.61	0.92	22.2			13.9			
						4	100—150	深栗色	重壤土	块状	8.1	20.7	1.41	0.84	23.6			12.8			
剖9	初育土	红黏土	红黏土	山地耕种麻土	山地麻红土	1	0—17	紫棕色	重壤土	团粒状	8.2	17.3	1.48	0.71	21.3	3.0	280	17.9	红层母质	E 103°43′56.3″ N 35°20′01.2″	77
						2	17—27	紫棕色	重壤土	核粒状	8.2	18.2	1.64	0.70	21.9	2.0	184	16.1			
						3	27—48	浅红色	重壤土	小块状	8.2	17.9	1.51	0.59	22.4			14.9			
						4	48—150	浅红色	中黏土	块状	8.2	3.1	0.65	0.59	21.6			14.3			
剖10	初育土	黄绵土	黄绵土	山地大白土	山地大白土	1	0—18	灰黄色	中壤土	核粒状	8.4	4.2	0.45	0.66	22.1	9.0	192	7.1	残积、坡积黄土	E 103°47′18.7″ N 35°25′23.2″	96
						2	18—32	灰黄色	轻壤土	核粒状	8.4	2.6	0.32	0.57	19.5	3.0	112	5.8			
						3	32—94	灰黄色	中壤土	小块状	8.3	3.0	0.36	0.58	21.0			5.8			
						4	94—150		中壤土	块状	8.4	3.2	0.32	0.60	21.2			5.4			

续表 Continued

剖面号 Soil profile	土纲 Soil order	土类 Soil great group	亚类 Soil subgroup	土属 Soil genus	土种 Soil species	土层码 Layer code	土层厚度 Depth/cm	颜色 Soil color	质地 Soil texture	土壤结构 Soil structure	pH	有机质 OM/(g/kg)	全氮 TN/(g/kg)	全磷 TP/(g/kg)	全钾 TK/(g/kg)	有效磷 AP/(mg/kg)	速效钾 AK/(mg/kg)	阳离子交换量CEC/(cmol/kg)	土壤母质 Parent material	剖面点坐标 Profile coordinate	匹配指数 Matching index/%
剖11	初育土	红黏土	红黏土	生草砂红土		1	0~5	暗红色	轻壤土	粒状	7.9	31.1	2.18	0.70	20.8	3.0	344	9.2	砂岩	E 103°45′23.6″ N 35°24′33.1″	89
						2	5~20	暗红色	中壤土	核粒状	8.1	5.9	0.55	0.78	19.0	2.0	176	14.2			
						3	20~49	浅红色	轻壤土	核状	8.2	2.7	0.35	0.95	15.9		112	13.0			
剖12	初育土	红黏土	红黏土	山地耕种红土	山地红土	1	49~150	暗棕红色	中壤土	小块状	8.0	6.0	0.52	0.11	18.9	4.0	160	13.9	红层母质	E 103°45′43.7″ N 35°22′01.0″	84
						2	0~19	浅棕红色	中壤土	粒状	8.0	2.6	0.36	0.32	21.9	3.0		13.1			
						3	19~28	浅棕红色	中壤土	核粒状	7.9	2.5	0.31	0.41	22.7			16.9			
						4	28~110	红色	重壤土	小块状	8.0	2.3	0.22	0.36	22.2			14.0			
剖13	半淋溶土	黑土	黑土	川谷耕种黑土	川谷退化黑土	1	110~150	红色	中壤土	粒粒状	8.0	17.8	1.59	0.74	22.8	5.0	216	13.4	洪冲积黄土	E 103°28′34.3″ N 35°17′54.6″	82
						2	0~20	暗褐色	中壤土	团粒状	8.0	13.6	1.18	0.66	21.6	2.0	96	12.4			
						3	20~30	暗褐色	轻黏土	片状	8.0	10.1	0.76	0.61	21.9			10.8			
						4	30~70	褐色	轻黏土	块状	8.0	11.7	0.91	0.54	21.4			12.4			
剖14	半淋溶土	黑土	草甸黑土			1	70~150	褐色	轻壤土	块状	8.1								风积黄土	E 103°27′59.0″ N 35°15′58.3″	99
						2	0~3	栗色	中壤土	团粒状	7.5	25.9	1.94	0.71	22.3	2.0	184	23.0			
						3	3~27	栗色	中壤土	小块状	7.2	27.5	1.56	0.72	23.3	2.0	216	20.7			
						4	27~64	黑色	轻黏土	小块状	7.0	15.4	1.08	0.70	22.8			18.1			
剖15	淋溶土	暗棕壤	暗棕壤			1	64~150	红棕色	轻壤土	块状									坡积物	E 103°27′46.8″ N 35°11′37.7″	73
						2	0~8	褐色	重壤土	粒状	7.7	79.7	3.94	0.62	19.0	1.0	64	13.2			
						3	8~19	灰黄色	重壤土	块状	8.2	11.8	0.65	0.33	17.8		40	15.3			
						4	19~51	浅棕色	重壤土	小块状	8.1	10.4	0.71	0.49	22.3			14.7			
						5	51~71	棕色	重壤土	块状	7.4	23.5	1.21	0.51	22.0			17.0			
剖16	钙层土	栗钙土	栗钙土	生草栗钙土	山地黄麻土	1	71~	褐色	中壤土	核粒状	8.2	14.7	1.06	0.66	20.7	4.0	168	13.9	坡积黄土	E 103°41′14.4″ N 35°19′02.1″	71
						2	0~18	褐色	中壤土	小块状	8.1	17.4	1.15	0.64	21.1	1.0	216	12.7			
						3	18~34	灰黄色	中壤土	块状	8.0	4.0	0.33	0.54	20.2			11.5			
						4	34~56	灰黄色	中壤土	块状	8.5	3.4	0.28	0.44	19.9						
剖17	钙层土	黑垆土	黑垆土	山地耕种黑垆土	山地黄麻土	1	56~150	栗色	中壤土	团粒状	7.9	26.3	1.31	0.99	25.1	5.0	368	15.4	残积、坡积黄土	E 103°33′17.1″ N 35°18′48.7″	75
						2	0~5	栗色	重壤土	核状	8.0	15.7	1.28	0.91	23.8	9.0	248	14.2			
						3	5~40	栗色	重壤土	小块状	7.9	16.6	1.87	0.81	21.8			15.7			
						4	40~95	褐色	重壤土	块状	7.8	19.2	1.93	0.69	21.3	4.0	144	16.9			
剖18	半淋溶土	黑土	山地耕种黑土			1	95~150	褐色	重壤土	核粒状	7.8	15.3	1.04	0.72	22.1	1.0	96	17.0	坡积黄土	E 103°34′45.6″ N 35°17′51.6″	75
						2	0~18	褐色	中壤土	小块状	8.0	14.2	1.09	0.62	20.7			16.1			
						3	18~31	黑色	重壤土	团粒状	7.5	48.5	2.82	0.88	23.6	5.0	144	14.3			
						4	31~95	黑色	重壤土	块状	7.5	49.2	2.90	0.79	22.4	4.0	128	13.7			
剖19	半淋溶土	黑土	川谷耕种黑土	川谷厚层大黑土		1	95~150	灰色	重壤土	块状	7.5	46.0	1.93	0.71	21.6			12.7	风积黄土	E 103°33′08.3″ N 35°17′04.9″	84
						2	0~20	栗色	中壤土	粒粒状	8.3	10.1	0.73	0.64	21.6			12.4			
						3	20~32	褐色	重壤土	团粒状	8.4	22.6	1.16	0.77	21.6	11.0	208	11.9			
						4	30~90	褐色	中壤土	团粒状	8.1	11.2	1.00	0.83	23.6	5.0	144	13.5			
剖20	钙层土	黑垆土	川谷耕种麻土	川谷黑垆土		1	90~150	栗色	中壤土	小块状	8.2	11.7	1.05	0.76	22.5			13.8	洪冲积黄土	E 103°42′03.4″ N 35°16′48.8″	97
						2	0~20	栗色	中壤土	块状		11.7	0.87	0.83	23.0			12.4			
						3	20~32	褐色	中壤土	块状								11.8			
剖21	半淋溶土	黑土	灌丛黑土			1	32~80	栗色	重壤土	团粒状	7.3	49.7	11.40	0.79	23.5	2.0	80	17.1	洪冲积黄土	E 103°32′56.4″ N 35°13′00.5″	75
						2	80~150	褐棕色	重壤土	块状	7.1	11.4	6.90	0.45	21.6	4.0	40	9.3			
						3	0~7	黄棕色	中壤土	块状	7.2	6.9		0.51	21.5			13.4			
						4	7~43														
							43~76														
							76~94														

续表 Continued

剖面号 Soil profile	土纲 Soil order	亚类 Soil subgroup	土属 Soil genus	土种 Soil species	土层码 Layer code	土层厚度 Depth/cm	颜色 Soil color	质地 Soil texture	土壤结构 Soil structure	pH	有机质 OM/(g/kg)	全氮 TN/(g/kg)	全磷 TP/(g/kg)	全钾 TK/(g/kg)	有效磷 AP/(mg/kg)	速效钾 AK/(mg/kg)	阳离子交换量CEC/(cmol/kg)	土壤母质 Parent material	剖面点坐标 Profile coordinate	匹配指数 Matching index/%
剖22	半淋溶土	黑土	山地耕种黑土	山地厚层大黑土	1	0—18	栗色	重壤土	团粒状	7.5	37.8	1.85	0.64	23.4	5.0	112	23.1	风积黄土	E 103°36′55.1″ N 35°12′07.9″	86
					2	18—31	栗色	重壤土	粒状	7.5	37.1	1.83	0.61	22.4	4.0	112	25.1			
					3	31—72	黑色	中壤土	块状	7.7	45.4	2.12	0.66	21.9			28.7			
					4	72—150	浅黄棕色	中壤土	块状	7.7	9.0	0.54	0.58	22.6			13.7			
剖23	钙层土	黑垆土	山地耕种麻土	山地黑麻土	1	0—19	栗色	中壤土	团粒状	8.0	27.2	1.82	0.72	20.8	7.0	200	15.6	坡积黄土	E 103°40′16.3″ N 35°10′50.5″	78
					2	19—31	栗色	中壤土	片状	8.0	27.0	2.32	0.69	22.0	4.0	160	15.9			
					3	31—85	栗色	中壤土	块状	8.0	19.9	1.35	0.67	22.3			14.9			
					4	85—150	褐色	中壤土	块状	8.0	4.4	0.48	0.60	20.4			14.8			
剖24	高山土	棕黑毡土	棕黑毡土		1	7—25		重壤土		7.0	77.5	3.36	0.89	22.9	1.0	192	20.3	岩石风化残积物、坡积物	E 103°30′49.4″ N 35°09′56.7″	86
					2	25—53		重壤土		6.7	11.5	1.02	0.51	22.7	1.0	112	18.2			
					3	53—82		重壤土		6.7	13.8	0.69	0.57	23.3			14.9			
剖25	淋溶土	草甸暗棕壤	草甸暗棕壤		1	7—19		中壤土		6.9	114.3	5.58	1.04	23.1	12.0	264	25.5	坡积物	E 103°33′40.7″ N 35°09′25.2″	77
					2	19—34		中壤土		7.2	59.6	3.35	1.14	22.2	10.0	123	24.5			
					3	34—77		重壤土		7.4	37.4	2.27	0.99	21.9	10.0		20.9			
剖26	高山土	黑毡土	黑毡土		1	0—11	栗色	中壤土	团粒状	7.6	53.4	2.87	0.71	21.7	4.0	160	18.8	岩石风化残积物、坡积物	E 103°32′46.1″ N 35°08′30.8″	96
					2	11—24	栗色	重壤土	团粒状	7.6	39.2		0.54	19.2	5.0	80	16.0			
					3	24—85	暗褐色	重壤土	块状											
剖27	初育土	红黏土	生草红土		1	0—3	暗红棕色	重壤土	团粒状	8.0	21.8	1.54	0.65	19.0		96	21.8	红层母质	E 103°43′18.5″ N 35°05′29.4″	88
					2	3—11	暗红棕色	重壤土	核粒状	7.9	5.8	0.39	0.67	18.3		48	18.9			
					3	11—85	浅红色	中壤土	小块状	8.0	5.2	0.25	0.57	15.4			17.2			
					4	85—150	红工棕色	中壤土	大块状											
剖28	初育土	红黏土	灌丛红土		1	0—6	暗红棕色	重黏土	核粒状	8.0	20.1	1.52	0.57	22.4	3.0	192	18.6	红层母质	E 103°41′39.5″ N 35°04′22.1″	97
					2	6—21	暗红棕色	轻黏土	块状	8.0	5.2	0.67	0.65	22.9	2.0	176	16.9			
					3	21—84	橙色	中黏土	棱柱状	8.1	3.7	0.56	0.65	23.9			13.3			
					4	84—150	黄棕色	轻黏土	团粒状	7.9	15.2	1.10	0.68	21.1	5.0	352	18.1			
剖29	初育土	红黏土	川谷耕种红土	川谷耕麻红土	1	0—18	暗红棕色	中壤土	核粒状	8.0	12.5	1.04	0.68	20.5	3.0	288	17.5	红层母质	E 103°44′60.0″ N 35°01′13.8″	91
					2	18—30	暗红棕色	重壤土	核状	8.1	9.4	0.77	0.63	20.9			16.0			
					3	30—85	红色	重壤土	小块状	8.2	12.2	0.83	0.63	18.7			14.1			
					4	85—150	浅红棕色	重壤土	块状											
剖30	钙层土	栗钙土	疏林栗钙土		1	0—3	栗色	中壤土	团粒状	7.8	56.6	2.04	0.72	19.1	6.0	136	19.4	残积、坡积、黄土	E 103°48′36.2″ N 34°58′48.2″	79
					2	3—16	栗色	中壤土	核状	8.0	20.6	1.50	0.65	19.0	4.0	80	17.6			
					3	16—32	暗褐色	中壤土	小块状	8.2	4.1	0.51	0.64	18.6			16.7			
					4	32—150	灰黄色	中壤土	块状											

永 靖 县

主要土类说明

栗钙土是永靖县主要土壤类型，占本县地域面积的58%。栗钙土是在温带半干旱草原下发育形成的具有栗色腐殖质层和灰白色钙积层的土壤。该土壤表层为栗色腐殖质层，厚20—30cm，有机质含量为15—45g/kg。其下，灰白色钙积层发育明显，见于20—30cm深处，厚20—40cm，呈斑点状或层状积钙。石膏及易溶盐局部聚积。

黑垆土是永靖县第二大土壤类型，占本县地域面积的26%。黑垆土是在黄土高原上，由黄土发育而成的土壤。该土壤有机质含量低，但腐殖质层深厚。土体原位黏化，但无明显黏化层，具假菌丝状石灰累积；无盐化，多旱耕。

红黏土是永靖县第三大土壤类型，占本县地域面积的5%。深厚黄土层下，常见第三纪红色黏土（保德期红黏土）埋藏。厚层黄土层侵蚀殆尽处，红色黏土层露出，形成的母质性状明显的初育土，即红黏土。其黏粒含量高，塑性强，生物作用微弱，母质特性明显，有时夹有砂姜。

粗骨土占本县地域面积的4%，广泛分布在河谷阶地、丘陵、低山和中山等多种地貌单元和地形部位。粗骨土属于A-C型，甚至（A）-C型土壤。A层发育不明显，与母质土层性状相似，略显有机质累积。有时母质层富含砾石，很少出现剖面分异与发育特征。

灌淤土占本县地域面积的3%。灌淤土是长期引用高泥沙含量灌溉水淤灌，在落淤后即行翻耕，土层逐渐加厚至超过50cm的土壤。原来的土壤层次发生改变，包括表土及其他土层，均作为埋藏层，因而土体深厚，色泽、质地均一，土壤水分物理性状良好。

小于本县地域面积3%的土壤类型有黑钙土、黄绵土和灰褐土。

本区域中心区气候特征

本区域中心区气候特征值
Regional climate characteristics in central area of the region

气候带：中温带亚干旱气候 Climate region: Mid temperate subarid climate	
年平均气温 /℃ Annual average temperature /℃	6.1
年平均最高气温 /℃ Annual average maximum temperature /℃	13.4
年平均最低气温 /℃ Annual average minimum temperature /℃	0.6
年降水量 /mm Annual precipitation /mm	385
≥10℃的积温 /℃ Daily temperature accumulated in a year (≥10℃) /℃	2186
年日照时数 /h Annual sunshine /h	2469
年平均相对湿度 /% Annual average relative humidity /%	58
干燥度 Dryness	1.05

本区域中心区月平均气温与月平均降水量
Monthly temperature and precipitation in central area of the region

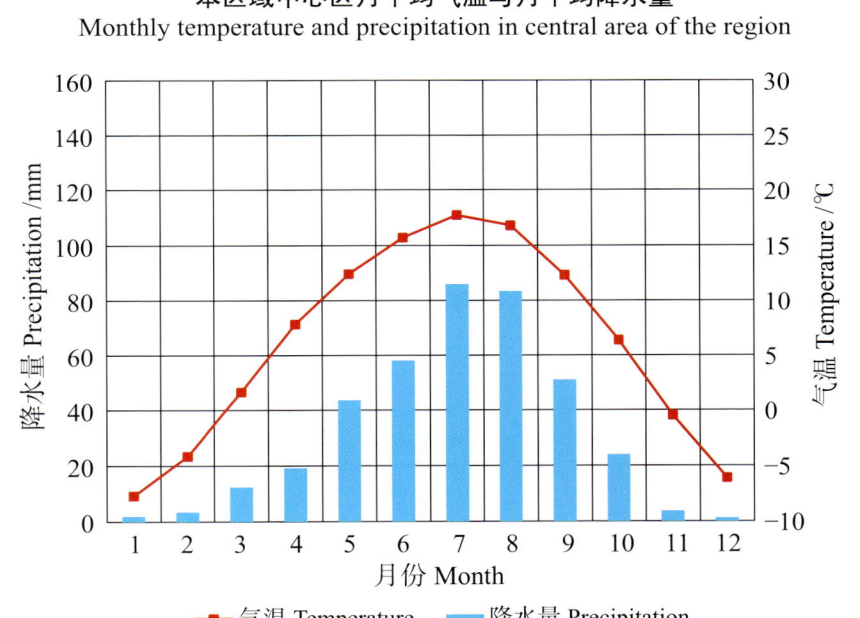

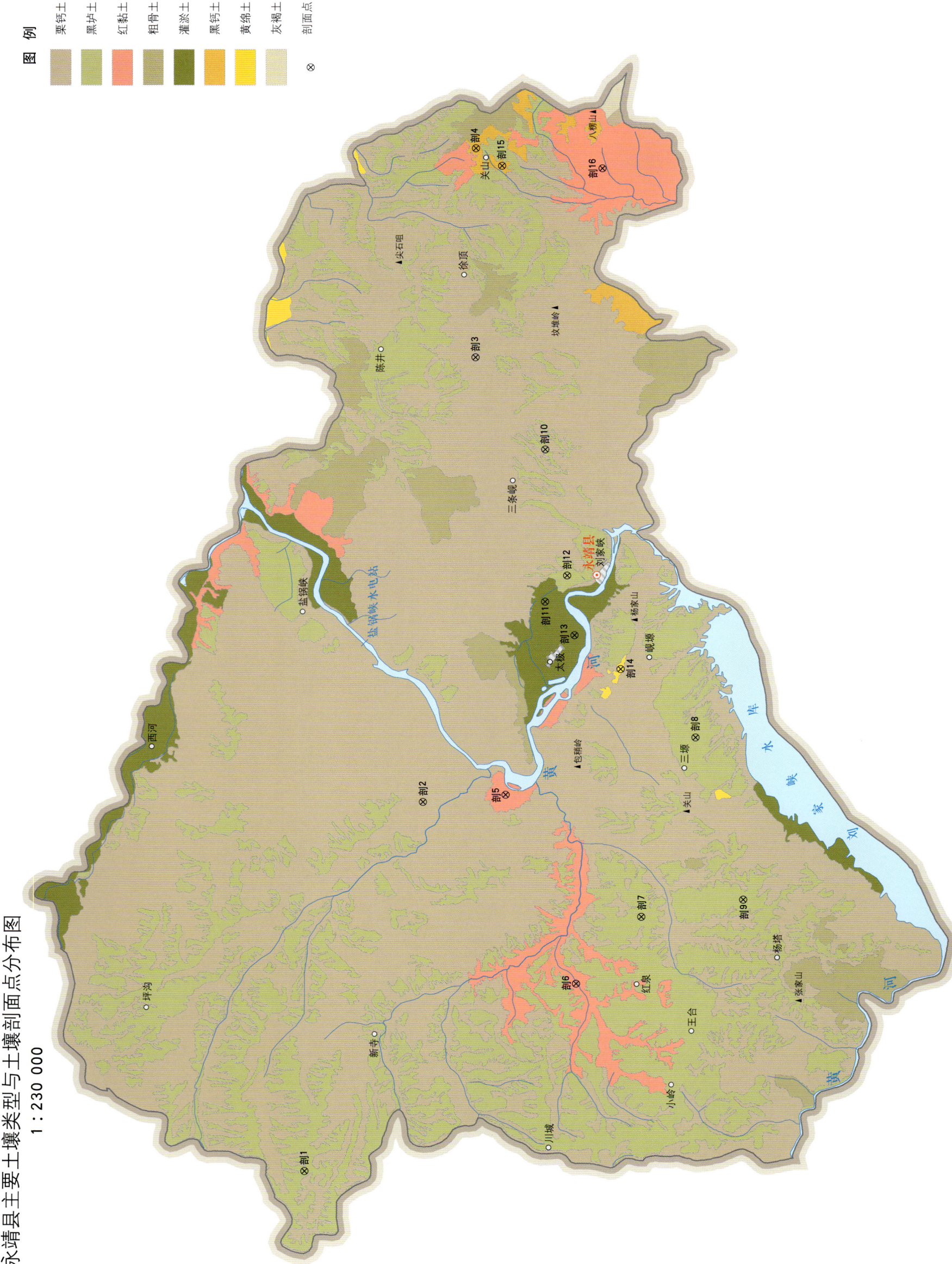

永靖县土壤剖面理化性状表

剖面号 Soil profile	土纲 Soil order	土类 Soil great group	亚类 Soil subgroup	土属 Soil genus	土种 Soil species	土层码 Layer code	土层厚度 Depth/cm	颜色 Soil color	质地 Soil texture	土壤结构 Soil structure	pH	有机质 OM/(g/kg)	全氮 TN/(g/kg)	全磷 TP/(g/kg)	全钾 TK/(g/kg)	有效磷 AP/(mg/kg)	速效钾 AK/(mg/kg)	阳离子交换量CEC/(cmol/kg)	土壤母质 Parent material	剖面点坐标 Profile coordinate	匹配指数 Matching index/%
剖1	钙层土	黑垆土	黑垆土	山地垆土	山地黑垆土	1	0—16	栗色	中壤土	粒状	7.9	17.5	1.10	0.72		5.0	160	12.5		E 102°55′52.6″ N 36°04′57.9″	91
						P	16—26	栗色	中壤土	粒状	8.0	18.6	1.34	0.64		4.0	120	11.3			
						3	26—81	暗黄棕色	中壤土	粒状、块状	8.2	12.4	0.84	0.61				10.2			
						4	81—150	暗黄棕色	轻壤土	块状	8.1	4.2	0.40	0.60				6.0			
剖2		栗钙土	淡栗钙土	生草淡栗钙土		1	0—16	浅棕色	中壤土	粒状	8.2	12.7	0.89	0.51		4.0	72			E 103°10′10.2″ N 36°01′39.7″	91
						P	16—36	浅棕色	中壤土	粒状	7.9	7.4	0.87	0.52		4.0	64				
						3	36—120	浅棕色	轻壤土	块状	8.0	4.9	0.40	0.57							
						4	120—150	棕色	轻壤土	块状	8.2	3.0	3.00	0.58							
剖3	钙层土	栗钙土	栗钙土	生草栗钙土		1	0—12	棕色	中壤土	粒状	8.0	32.8	2.15	0.64		4.0	232			E 103°27′21.2″ N 36°00′20.8″	72
						P	12—23	棕色	中壤土	粒状、块状	8.1	16.5	1.18	0.62		3.0	240				
						3	23—79	黄棕色	重壤土	块状	8.1	12.2	0.88	0.58							
						4	79—150	褐棕色	轻壤土	片状	8.2	1.7	0.35	0.56							
剖4	钙层土	黑钙土	石灰性黑钙土	山地耕种石灰黑钙土	山地厚层黑油土	1	0—16	棕色	中壤土	团粒状	8.0	21.2	1.32	0.68	22.0	5.0	152	13.1		E 103°35′24.5″ N 36°00′26.3″	95
						P	16—25	棕色	中壤土	粒状	7.9	19.1	1.32	0.67	23.4	2.0	112	11.8			
						3	25—105	黑棕色	重壤土	粒状、片状	7.9	23.7	1.60	0.67	23.0			9.6			
						4	105—150	褐棕色	轻壤土	片状	7.9	3.8	0.36	0.57	19.3			8.6			
剖5	初育土	红黏土	红黏土	川谷地红黏土	川谷地黄红土	1	0—16	浅红色	中壤土	粒状、块状	8.6	6.5	0.60	0.64		32.0	248	12.5	红土	E 103°10′31.1″ N 35°59′10.0″	86
						P	16—27	浅红红色	重壤土	粒状、块状	8.6	5.7	0.58	0.69		15.0	368	11.4			
						3	27—81	暗红棕色	重壤土	块状	8.6	5.7	0.46	0.64				9.9			
						4	81—150	暗棕红色	重壤土	片状	9.0	2.9	0.38	0.59				9.3			
剖6	初育土	红黏土		生草红黏土		1	0—7		中壤土		8.0	3.5	0.45	0.64	28.1	4.0	168		红土	E 103°03′17.0″ N 35°56′53.8″	93
						2	7—32		中壤土		7.9	2.2	0.40	0.63	27.8	4.0	104				
						3	32—65		中壤土		8.1	1.8	0.35	0.67	27.8						
						4	65—		中壤土		8.3	2.0	0.38	0.67	26.9						
剖7	钙层土	黑钙土	黑钙土	山地垆土	山地白垆土	1	0—18	黄棕色	中壤土	粒状、块状	8.4	8.4	0.73	0.63		5.0	248	2.0		E 103°05′55.3″ N 35°54′58.3″	76
						P	18—29	黄棕色	中壤土	粒状、块状	8.3	6.9	0.63	0.68		3.0	192	2.0			
						3	29—96	黄棕色	中壤土	块状	8.2	6.6	0.51	0.59				2.0			
						4	96—150	浅棕色	轻壤土	块状	8.3	2.5	0.33	0.31				1.9			
剖8	钙层土	黑钙土	黑钙土	塬坪垆土	塬坪白垆土	1	0—18	暗黄棕色	中壤土	粒状、块状	8.6	8.1	0.68	0.53	20.4	6.0	120	8.6		E 103°12′52.6″ N 35°53′27.5″	77
						P	18—29	暗黄棕色	中壤土	粒状、块状	8.6	6.9	0.69	0.52	20.5	6.0	80	7.8			
						3	29—72	暗黄棕色	中壤土	块状	8.6	6.2	0.66	0.51	20.2			6.9			
						4	72—150	黄棕色	轻壤土	块状	8.6	2.9	0.36	0.36	19.8			6.2			
剖9	钙层土	黑钙土	黑钙土	山地垆土	山地黄垆土	1	0—19	暗黄棕色	中壤土	粒状、块状	8.2	14.6	1.12	0.68		12.0	368	10.2		E 103°06′39.4″ N 35°51′54.2″	82
						P	19—28	暗黄棕色	中壤土	块状、片状	8.2	12.8	1.02	0.61		4.0	256	9.2			
						3	28—90	栗色	中壤土	粒状	8.1	15.1	1.14	0.60				9.1			
						4	90—150	黄棕色	轻壤土	粒状、片状	8.1	7.9	0.75	0.54				7.4			
剖10	钙层土	黑垆土	黑垆土	川谷垆土	川谷垆土	1	0—12	浅棕色	中壤土	粒状、片状	8.0	12.8	9.30	0.74		5.0	440	9.3		E 103°23′51.0″ N 35°58′10.9″	88
						P	12—25	浅棕色	轻壤土	粒状、片状	8.1	15.2	0.84	0.72		4.0	280	8.3			
						3	25—58	浅棕色	轻壤土	粒状、片状	8.0	6.0	0.74	0.74				7.8			
						4	58—150	棕色	轻壤土	粒状、片状	8.2		0.56	0.57				6.1			

续表 Continued

剖面号 Soil profile	土纲 Soil order	土类 Soil great group	亚类 Soil subgroup	土属 Soil genus	土种 Soil species	土层码 Layer code	土层厚度 Depth/cm	颜色 Soil color	质地 Soil texture	土壤结构 Soil structure	pH	有机质 OM/(g/kg)	全氮 TN/(g/kg)	全磷 TP/(g/kg)	全钾 TK/(g/kg)	有效磷 AP/(mg/kg)	速效钾 AK/(mg/kg)	阳离子交换量CEC/(cmol/kg)	土壤母质 Parent material	剖面点坐标 Profile coordinate	匹配指数 Matching index/%
剖11	人为土	灌淤土	灌淤土	中层灌淤土	中层灌淤土	1	0—18	浅棕色	砂壤土	粒状	7.7	9.9	0.40	0.64	18.1	10.0	96	7.6		E 103°17′59.3″ N 35°58′05.9″	78
						P	18—31	浅棕色	砂壤土	粒状	7.8	6.6	0.31	0.63	17.8	4.0	56	6.9			
						3	31—93	棕色	紧砂土	粒状	7.8	1.1	0.12	0.55	17.5			6.1			
						4	93—150	暗棕红色		无明显结构											
剖12	钙层土	黑垆土	黑垆土	塬坪黄麻土	塬坪黄麻土	1	0—19	栗色	中壤土	团粒状	8.0	12.8	9.30	0.74		5.0	440	9.3		E 103°19′00.7″ N 35°57′26.8″	70
						P	19—33	栗色	中壤土	粒状	8.1		0.84	0.72		4.0	280	8.3			
						3	33—128	栗色	重壤土	粒状	8.0	15.2	0.74	0.74				7.8			
						4	128—150	棕色	中壤土	块状	8.2	6.0	0.56	0.57				6.2			
剖13	人为土	灌淤土	潮灌淤土	厚层潮灌淤土	厚层潮灌淤土	1	0—20	棕色	中壤土		8.7	9.5	0.68	0.73		6.0	224	11.6		E 103°16′42.7″ N 35°57′11.3″	97
						P	20—33	棕色	中壤土		8.6	5.8	0.48	0.66		3.0	136	9.7			
						3	33—78	棕色	中壤土		8.7	5.1	0.58	0.65				8.8			
						4	78—150	暗棕红色	中壤土		8.6	5.0	0.51	0.63				8.3			
剖14	初育土	黄绵土	黄绵土	山地大白土	山地大白土	1	0—18	灰黄色	中壤土	粒状	8.4	3.6	0.39	0.64		5.0	184	9.8		E 103°15′27.0″ N 35°55′46.2″	84
						P	18—29	灰黄色	轻壤土	块状	8.4	1.8	0.23	0.59		3.0	136	8.8			
						3	29—70	灰黄色	轻壤土	块状	8.4	1.7	0.33	0.47				8.3			
						4	70—150	暗棕色	轻壤土	块状	8.4	1.8	0.34	0.51				7.2			
剖15	钙层土	黑钙土	石灰性黑钙土	生草黑钙土	生草黑钙土	1	0—13	暗棕色	中壤土	粒状	7.8	40.4	2.28	0.70		6.0	440			E 103°34′44.4″ N 35°59′38.6″	76
						P	13—79	暗棕色	中壤土	粒状	7.9	33.6	2.21	0.75		4.0	104				
						3	79—140	暗棕色	中壤土	粒状	8.1	29.4	1.74	0.74							
						4	140—150	暗红棕色	重壤土	块状	8.1	14.3	1.51	0.50							
剖16	初育土	红黏土	红黏土	生草红黏土	生草红黏土	As	0—12	暗红棕色	轻黏土	粒状、块状	8.3	17.2	1.07	0.66	23.8	3.0	184		红土	E 103°34′42.1″ N 35°56′36.2″	84
						2	12—51	暗棕红色	中黏土	粒状、块状	8.4	4.8	0.50	0.71	28.5	3.0	184				
						C	51—	暗棕红色	中黏土	块状	8.3	4.4	0.34	0.67	28.6						

广 河 县

主要土类说明

黑垆土是广河县主要土壤类型，占本县地域面积的 50%。黑垆土是在黄土高原上，由黄土发育而成的土壤。该土壤有机质含量低，但腐殖质层深厚。土体原位黏化，但无明显黏化层，具假菌丝状石灰累积；无盐化，多旱耕。

栗钙土是广河县第二大土壤类型，占本县地域面积的 28%。栗钙土是在温带半干旱草原下发育形成的具有栗色腐殖质层和灰白色钙积层的土壤。该土壤表层为栗色腐殖质层，厚 20—30cm，有机质含量为 15—45g/kg。其下，灰白色钙积层发育明显，见于 20—30cm 深处，厚 20—40cm，呈斑点状或层状积钙。石膏及易溶盐局部聚积。

黄绵土是广河县第三大土壤类型，占本县地域面积的 9%。黄绵土是由黄土母质直接翻耕形成的初育土。由于土壤侵蚀严重，表层长期遭侵蚀，只能不断加深耕作黄土母质层，因而母质特性明显。土壤无明显发育，为 A-C 型土。由于风成黄土富含细粉粒，故质地、结构均一，疏松绵软，富含石灰，磷、钾储量较丰富，但有效性差，土壤有机质缺乏。

黑土占本县地域面积的 8%。黑土是在温带半湿润草甸草原下发育形成的具深厚均腐殖质层的无石灰性黑色土壤，具 A-ABh-BhC-C 剖面构型。该土壤均腐殖质层厚 30—60cm，有机质含量一般为 30—60g/kg，底层具轻度滞水还原淋溶特征，见硅粉。土壤盐基饱和度在 80% 以上。

红黏土占本县地域面积的 4%。深厚黄土层下，常见第三纪红色黏土（保德期红黏土）埋藏。厚层黄土层侵蚀殆尽处，红色黏土层露出，形成的母质性状明显的初育土，即红黏土。其黏粒含量高，塑性强，生物作用微弱，母质特性明显，有时夹有砂姜。

小于本县地域面积 3% 的土壤类型有风沙土和黑钙土。

本区域中心区气候特征

本区域中心区气候特征值
Regional climate characteristics in central area of the region

气候带：中温带亚湿润气候 Climate region: Mid temperate subhumid climate	
年平均气温 /℃ Annual average temperature /℃	7.3
年平均最高气温 /℃ Annual average maximum temperature /℃	14.7
年平均最低气温 /℃ Annual average minimum temperature /℃	1.8
年降水量 /mm Annual precipitation /mm	411
≥10℃的积温 /℃ Daily temperature accumulated in a year (≥10℃) /℃	2594
年日照时数 /h Annual sunshine /h	2341
年平均相对湿度 /% Annual average relative humidity /%	60
干燥度 Dryness	1.22

本区域中心区月平均气温与月平均降水量
Monthly temperature and precipitation in central area of the region

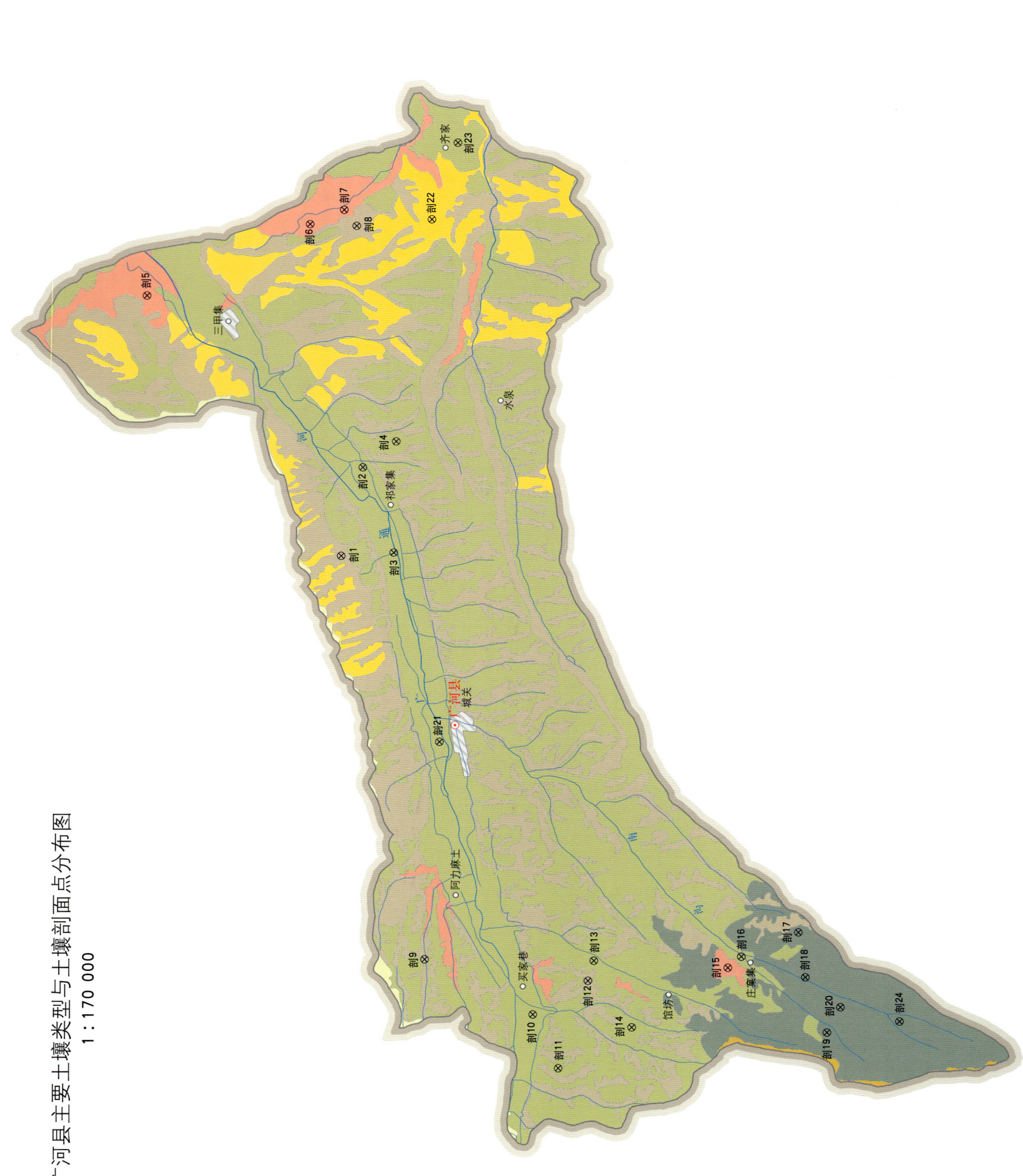

广河县主要土壤类型与土壤剖面点分布图

1:170 000

广河县土壤剖面理化性状表

剖面号 Soil profile	土纲 Soil order	土类 Soil great group	亚类 Soil subgroup	土属 Soil genus	土种 Soil species	土层码 Layer code	土层厚度 Depth/cm	颜色 Soil color	质地 Soil texture	土壤结构 Soil structure	pH	有机质 OM/(g/kg)	全氮 TN/(g/kg)	全磷 TP/(g/kg)	全钾 TK/(g/kg)	有效磷 AP/(mg/kg)	速效钾 AK/(mg/kg)	阳离子交换量 CEC/(cmol/kg)	土壤母质 Parent material	剖面点坐标 Profile coordinate	匹配指数 Matching index/%
剖1	钙层土	栗钙土	栗钙土	生草栗钙土	生草栗钙土	As	0—10	褐色	中壤土	团粒状	8.3	26.4	1.81			5.0	376	14.9	黄土	E 103°38′51.2″ N 35°31′20.1″	89
						2	10—39	褐色	中壤土	粒状	8.3	18.1	1.18			1.0	248	14.5			
						3	39—93	黄棕色	中壤土	块状	8.4	4.0	0.51					8.6			
						4	93—150	灰黄色	中壤土	块状	8.5	3.5	0.31					7.6			
剖2	钙层土	黑垆土	黑麻土	川谷耕种麻土	川谷白麻土	1	0—19	黄棕色	中壤土	粒状、块状	8.8	10.0	0.83			3.0	400	16.1	洪冲积物	E 103°41′14.3″ N 35°30′54.4″	86
						P	19—31	黄棕色	中壤土	粒状、块状	8.6	8.6	0.77			6.0	296	13.6			
						3	31—98	黄棕色	中壤土	块状	8.5	7.2	0.67					12.2			
						4	98—150	浅黄棕色	中壤土	块状	8.5	4.9	0.45					10.5			
剖3	钙层土	黑垆土	黑麻土	淤淀麻砂土	中层淤淀麻砂土	1	0—18	浅棕色	中壤土	粒状		4.8	0.55	0.65	22.1	2.0	200	11.7	淤积物、堆垫物	E 103°38′57.8″ N 35°30′13.7″	96
						P	18—27	浅黄棕色	中壤土	粒状	8.2	4.9	0.59	0.68	21.0	2.0	206	9.8			
						3	27—55	浅黄棕色	中壤土	块状	8.3	5.6	0.53	0.61	21.9			8.1			
剖4	钙层土	黑垆土	黑麻土	山地耕种麻土	山地白麻土	4	55—150	棕色	中壤土		8.4	5.2	0.40					7.9	黄土坡积物	E 103°41′56.5″ N 35°30′12.5″	97
						1	0—17	暗黄棕色	中壤土	团粒状	8.2	12.2	0.98			6.0	312	14.7			
						P	17—29	暗黄棕色	中壤土	团粒状	8.2	10.5	0.81			5.0	256	11.8			
						3	29—110	黄棕色	中壤土	粒状	8.3	10.2	0.82					8.8			
						4	110—150	灰黄色	中壤土	块状	8.4										
剖5	初育土	红黏土	红土	疏林红土	疏林红土	As	0—7		中壤土	粒状	8.5	8.7	0.86	0.53	15.5	1.0	88	14.9	红层母质	E 103°45′46.1″ N 35°35′31.6″	95
						2	7—40	浅红色	重壤土	块状	8.3	7.4	0.75	0.52	19.3	3.0	168	13.0			
						3	40—101	浅红色	重壤土	块状	8.3	9.9	0.72	0.52	17.4			10.2			
						C	101—150	红色	重壤土	团粒状	8.6	6.2	0.54	0.63	22.0	3.0	136	8.8			
剖6	初育土	红黏土	红土	川谷红土	川谷麻红土	1	0—18	红棕色	重壤土	块状	8.5	4.7	0.48	0.61	21.9	2.0	128	8.5	洪冲积红土	E 103°47′43.9″ N 35°32′05.7″	77
						P	18—31	浅红棕色	重壤土	块状	8.5	3.5	0.45	0.60	21.7			6.7			
						3	31—95	红色	重壤土	块状	8.6	2.5	0.41	0.60	19.7			6.6			
剖7	初育土	红黏土	红土	生草红土	生草红土	4	95—150	暗棕红色	中壤土	块状	8.7	3.9	0.55			3.0	368	9.7	红层母质	E 103°48′07.7″ N 35°31′22.4″	90
						As	0—10	暗棕红色	中壤土	粒状	8.3	4.5	0.43			1.0	312	9.5			
						2	10—32	黄棕色	中壤土	粒状	8.4	2.0	0.28					8.4			
						3	32—68	浅黄棕色	中壤土	块状	8.6	1.8	0.32					6.9			
剖8	钙层土	栗钙土	淡栗钙土	生草淡栗钙土	生草栗钙土	C	68—150	红色	中壤土	粒状	8.0	13.4	1.05			6.0	64	10.3	黄土	E 103°47′41.9″ N 35°31′06.3″	86
						As	0—18	褐色	中壤土	粒状	8.1	5.8	0.56			2.0	80	9.8			
						2	18—82	褐色	中壤土	粒状	8.3	4.0						7.9			
						3	82—150	黄棕色	重壤土	块状											
剖9	钙层土	栗钙土	栗钙土	疏林栗钙土	疏林栗钙土	4	118—150	浅黄棕色	重壤土	粒状	8.2	20.0	1.48			1.0	160	13.5	黄土	E 103°28′04.4″ N 35°29′25.8″	79
						As	0—8	栗色	重壤土	粒状	8.1	20.0	1.38			1.0	136	11.2			
						2	8—29	暗棕色	重壤土	粒状	8.3	7.9						10.2			
						3	29—80	暗黄棕色	重壤土	块状											
剖10	钙层土	黑垆土	黑麻土	川谷耕种麻土	川谷黄麻土	4	80—150	栗色	重壤土	块状	8.2	17.9	1.69			6.0	176	14.2	洪冲积物	E 103°26′39.5″ N 35°27′07.2″	86
						1	0—18	栗色	重壤土	粒状	8.1	22.9	1.64			3.0	104	13.7			
						P	18—28	栗色	重壤土	块状	8.1	20.2	1.44					12.5			
						3	28—49	暗黄棕色	重壤土	块状											
						4	49—150														

续表 Continued

剖面号 Soil profile	土纲 Soil order	土类 Soil great group	亚类 Soil subgroup	土属 Soil genus	土种 Soil species	土层码 Layer code	土层厚度 Depth/cm	颜色 Soil color	质地 Soil texture	土壤结构 Soil structure	pH	有机质 OM/(g/kg)	全氮 TN/(g/kg)	全磷 TP/(g/kg)	全钾 TK/(g/kg)	有效磷 AP/(mg/kg)	速效钾 AK/(mg/kg)	阳离子交换量CEC/(cmol/kg)	土壤母质 Parent material	剖面点坐标 Profile coordinate	匹配指数 Matching index/%
剖11	钙层土	黑垆土	黑垆土	塬坪耕种垆土	塬坪黄垆土	1	0—20	栗色	中壤土	粒状	8.2	10.9	0.87			7.0	172	14.4	风积黄土	E 103° 25′ 14.5″ N 35° 26′ 33.6″	70
						P	20—33	暗棕色	中壤土	粒状	8.3	14.5	0.79			6.0	248	13.2			
						3	33—125	暗棕色	中壤土	块状	8.3	14.0	0.94					13.1			
						4	125—150	黄棕色	中壤土	块状	8.1	8.7	0.93					10.2			
剖12	钙层土	栗钙土	淡栗钙土	疏林淡栗钙土	疏林淡栗钙土	As	0—12	暗黄棕色	中壤土	粒状	8.9	10.6	0.74			8.0	304	8.8	黄土	E 103° 27′ 34.9″ N 35° 25′ 57.9″	99
						2	12—25	暗黄棕色	中壤土	粒状	8.9	4.3	0.45			2.0	160	8.5			
						3	25—69	黄棕色	中壤土	块状	8.7	4.3	0.34					6.8			
						4	69—150	灰黄棕色	中壤土	块状	8.9	3.0	0.30					6.4			
剖13	钙层土	黑垆土	黑垆土	山地耕种垆土	山地黄垆土	1	0—18	栗色	中壤土	粒状	8.0	15.6	1.00			3.0	168	12.5	黄土坡积物	E 103° 28′ 07.0″ N 35° 25′ 50.9″	99
						P	18—28	栗色	中壤土	块状	8.0	9.9	0.74			4.0	112	10.4			
						3	28—70	暗黄棕色	重壤土	块状	8.1	10.3	0.73					8.2			
						4	70—150	灰黄色	中壤土	块状	8.2	7.2	0.37					7.5			
剖14	钙层土	黑垆土	黑垆土	山地耕种垆土	山地黑垆土	1	0—19	栗色	中壤土	粒状	8.7	20.6	1.54			5.0	181	19.8	黄土坡积物	E 103° 26′ 21.7″ N 35° 25′ 01.5″	74
						P	19—29	栗色	重壤土	粒状	8.2	17.2	1.38			4.0	368	18.2			
						3	29—98	栗棕色	重壤土	块状	8.2	15.0	1.18					16.7			
						4	98—150	暗棕色	重壤土	块状	8.2	17.5	1.16					13.5			
剖15	初育土	红黏土	红土	山地红土	山地麻红土	1	0—17	棕色	重壤土	粒状	8.0	4.3	0.93			3.0	152	21.2	残积、坡积红土	E 103° 27′ 59.4″ N 35° 23′ 00.2″	80
						P	17—29	浅棕色	重壤土	块状	8.1	4.9	0.92			6.0	168	19.3			
						3	29—135	红色	轻黏土	块状	8.2	1.4	0.67					17.3			
						4	135—150	橙色	轻黏土	块状	8.2	1.3	0.46					15.4			
剖16	钙层土	黑垆土	黑垆土	川谷耕种垆土	川谷黑垆土	1	0—18	栗色	中壤土	粒状	8.4	12.9	1.11			4.0	136	15.3	洪冲积物	E 103° 26′ 17.3″ N 35° 22′ 43.5″	75
						P	18—27	栗色	中壤土	粒状	8.7	13.5	1.09			3.0	264	12.7			
						3	27—98	褐色	中壤土	块状	8.8	9.8	0.84					11.7			
						4	98—150	褐色	轻壤土	块状	7.5	1.7	0.30					8.3			
剖17	半淋溶土	黑土	黑土	山地耕种黑土	山地中层大黑土	1	0—16	暗棕灰色	中壤土	粒状	7.9	19.9	1.42	0.57	21.7	4.0	144	14.8	洪冲积物	E 103° 28′ 57.5″ N 35° 21′ 31.7″	92
						P	16—31	暗棕色	中壤土	粒状	7.9	18.4	1.39	0.44	21.3	3.0	104	14.4			
						3	31—105	暗黄棕色	中壤土	块状	7.9	4.3	1.45	0.53	20.9			13.4			
						C	105—150	浅棕色	重壤土	块状	7.7	3.1	0.42	0.57	21.4			11.5			
剖18	半淋溶土	黑土	黑土	川谷耕种黑土	川谷厚层大黑土	1	0—20	黑黄色	中壤土	团粒状	7.9	20.8	1.72	0.77	22.4	5.0	280	21.5	洪冲积物	E 103° 27′ 46.1″ N 35° 21′ 21.6″	84
						P	20—31	栗色	中壤土	粒状	8.0	22.0	1.53	0.76	22.4	24.0	216	20.9			
						3	31—115	暗棕灰色	重壤土	块状	8.0	26.3	1.64	0.78	20.7	4.0		19.7			
						4	115—150	暗棕色	中壤土	块状	8.0	16.1	0.97	0.70	21.8			17.9			
剖19	半淋溶土	黑土	黑土	灌丛黑土	灌丛黑土	1	0—6	黑棕色	中壤土	团粒状	7.3	64.4	4.52	0.88	21.8	16.0	176	29.2	黄土坡积物	E 103° 28′ 18.8″ N 35° 20′ 53.1″	74
						2	6—23	灰棕色	中壤土	粒状	7.3	9.5	0.75	0.45	20.4	3.0	48	28.1			
						3	23—44	浅棕色	重壤土	块状	7.3	7.2	0.62	0.58	21.2			24.9			
						4	44—150	黄色	中壤土	团粒状	7.2	51.7	3.01	0.86	21.5	4.0	136	23.3			
剖20	半淋溶土	黑土	黑土	山地耕种黑土	山地厚层大黑土	1	0—19	栗色	中壤土	粒状	7.2	50.9	3.09	0.91	20.3	3.0	128	21.5	洪冲积物	E 103° 26′ 59.3″ N 35° 20′ 36.4″	94
						P	19—30	暗棕灰色	中壤土	粒状	7.2	36.1	2.10	0.78	20.0			18.3			
						3	30—94	暗棕色	重壤土	块状	7.6	9.9	0.74	0.60	22.1			17.3			
						4	94—150	黄棕色	轻壤土	块状	8.1	10.6	0.87	0.47	18.2	6.0	280	8.3			
剖21	钙层土	黑垆土	黑垆土	淤淀垆砂土	厚层淤淀垆砂土	1	0—21	暗棕色	轻壤土	粒状	8.2	11.2	0.81	0.50	18.2	3.0	136	7.7	淤积物、堆垫物	E 103° 33′ 54.7″ N 35° 29′ 11.8″	86
						P	21—30	黄棕色	轻壤土	粒状	8.4	6.9	0.47	0.48	14.3			6.4			
						3	30—88	暗棕色	轻壤土	片状	8.4	3.6	0.40	0.44	15.7			5.9			
						4	88—150	黄棕色	轻壤土	粒状											

续表 Continued

剖面号 Soil profile	土纲 Soil order	土类 Soil great group	亚类 Soil subgroup	土属 Soil genus	土种 Soil species	土层码 Layer code	土层厚度 Depth/cm	颜色 Soil color	质地 Soil texture	土壤结构 Soil structure	pH	有机质 OM/(g/kg)	全氮 TN/(g/kg)	全磷 TP/(g/kg)	全钾 TK/(g/kg)	有效磷 AP/(mg/kg)	速效钾 AK/(mg/kg)	阳离子交换量CEC/(cmol/kg)	土壤母质 Parent material	剖面点坐标 Profile coordinate	匹配指数 Matching index/%
剖22	初育土	黄绵土	黄绵土	山地大白土	山地大白土	1	0—17	浅黄色	中壤土	团粒状	8.7	5.6	0.51			5.0	160	9.2	风积黄土	E 103°47′54.4″ N 35°29′31.0″	85
						P	17—29	灰黄色	轻壤土	粒状	8.6	4.2	0.45			5.0	120	5.2			
						3	29—115	灰黄色	中壤土	块状	8.6	3.7	0.29					5.5			
						4	115—150	灰黄色	中壤土	块状	8.6	2.4	0.28					4.6			
剖23	钙层土	黑垆土	黑垆土	塬坪耕种垆土	塬坪白麻土	1	0—19	暗黄棕色	中壤土	粒状	8.2	6.8	0.63			10.0	104	11.3	风积黄土	E 103°49′57.3″ N 35°28′59.2″	96
						P	19—29	暗黄棕色	轻壤土	粒状	8.1	6.0	0.67			3.0	144	10.5			
						3	29—115	黄棕色	中壤土	块状	8.2	8.4	0.78					9.9			
						4	115—150	浅棕黄色	中壤土	块状	8.2	8.1	0.77					11.7			
剖24	半淋溶土	黑土	黑土	草甸黑土	草甸黑土	As	0—8	暗棕灰色	重壤土	粒状	7.3	19.9	1.77	0.61	22.0	2.0	104	25.5	黄土坡积物	E 103°26′38.3″ N 35°19′21.0″	76
						2	8—60	暗棕色	重壤土	块状	7.6	28.1	1.70	0.65	22.1			22.6			
						3	60—120	暗棕色	重壤土	块状											
						C	120—150	暗黄棕色	重壤土	块状	7.5	13.7	1.02	0.53	23.2			17.3			

和 政 县

主要土类说明

黑土是和政县主要土壤类型，占本县地域面积的 40%。黑土是在温带半湿润草甸草原下发育形成的具深厚均腐殖质层的无石灰性黑色土壤，具 A-ABh-BhC-C 剖面构型。该土壤均腐殖质层厚 30—60cm，有机质含量一般为 30—60g/kg，底层具轻度滞水还原淋溶特征，见硅粉。土壤盐基饱和度在 80% 以上，pH 为 6.5—7.0。

黑垆土是和政县第二大土壤类型，占本县地域面积的 19%。黑垆土是在黄土高原上，由黄土发育而成的土壤。该土壤有机质含量低，但腐殖质层深厚。土体原位黏化，但无明显黏化层，具假菌丝状石灰累积；无盐化，多旱耕。

棕壤是和政县第三大土壤类型，占本县地域面积的 15%。棕壤形成于落叶阔叶林下，但大部分已被垦殖，以旱作为主。该土壤处于硅铝风化阶段，具有黏化特征，呈棕色。土体见黏粒淀积，盐基充分淋失，pH 一般为 6.0—7.0，见少量游离铁。

红黏土占本县地域面积的 11%。深厚黄土层下，常见第三纪红色黏土（保德期红黏土）埋藏。厚层黄土层侵蚀殆尽处，红色黏土层露出，形成的母质性状明显的初育土，即红黏土。其黏粒含量高，塑性强，生物作用微弱，母质特性明显，pH 为 7.0—8.0，有时夹有砂姜。

黑毡土占本县地域面积的 11%。黑毡土形成于青藏高原高寒略较温湿的原面上，蒿草与杂生草类的草毡层初步分解，形成初步腐殖化的暗色草根茎盘结层。该土壤色泽较深，有机质含量较高，为 100—150g/kg，底土见锈色斑纹。土壤 pH 为 6.5—8.0。

草毡土占本县地域面积的 4%。草毡土是在高寒区（青藏高原）平缓高原面上发育形成的具强度生草腐殖质累积与弱度氧化还原特征的高山土壤。由于寒冻，蒿草根累积并弱度分解，该土壤呈草毡状。土体滞水，冻融交替，弱度氧化还原交替进行，造成该土壤氧化铁微弱游离。

小于本县地域面积 3% 的土壤类型有寒冻土和风沙土。

本区域中心区气候特征

本区域中心区气候特征值
Regional climate characteristics in central area of the region

气候带：中温带亚湿润气候 Climate region: Mid temperate subhumid climate	
年平均气温 /℃ Annual average temperature /℃	5.8
年平均最高气温 /℃ Annual average maximum temperature /℃	13.5
年平均最低气温 /℃ Annual average minimum temperature /℃	0.1
年降水量 /mm Annual precipitation /mm	438
≥ 10℃的积温 /℃ Daily temperature accumulated in a year (≥ 10℃) /℃	2131
年日照时数 /h Annual sunshine /h	2376
年平均相对湿度 /% Annual average relative humidity /%	61
干燥度 Dryness	0.94

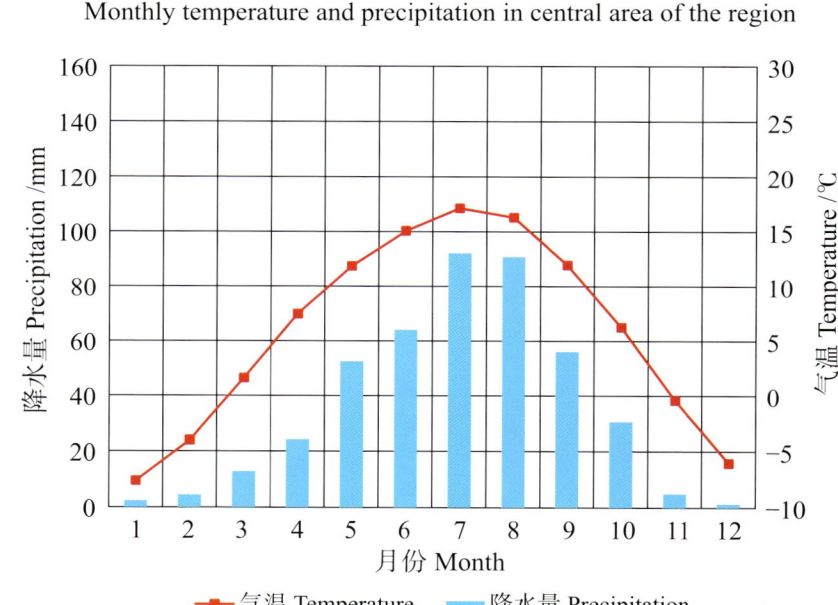

本区域中心区月平均气温与月平均降水量
Monthly temperature and precipitation in central area of the region

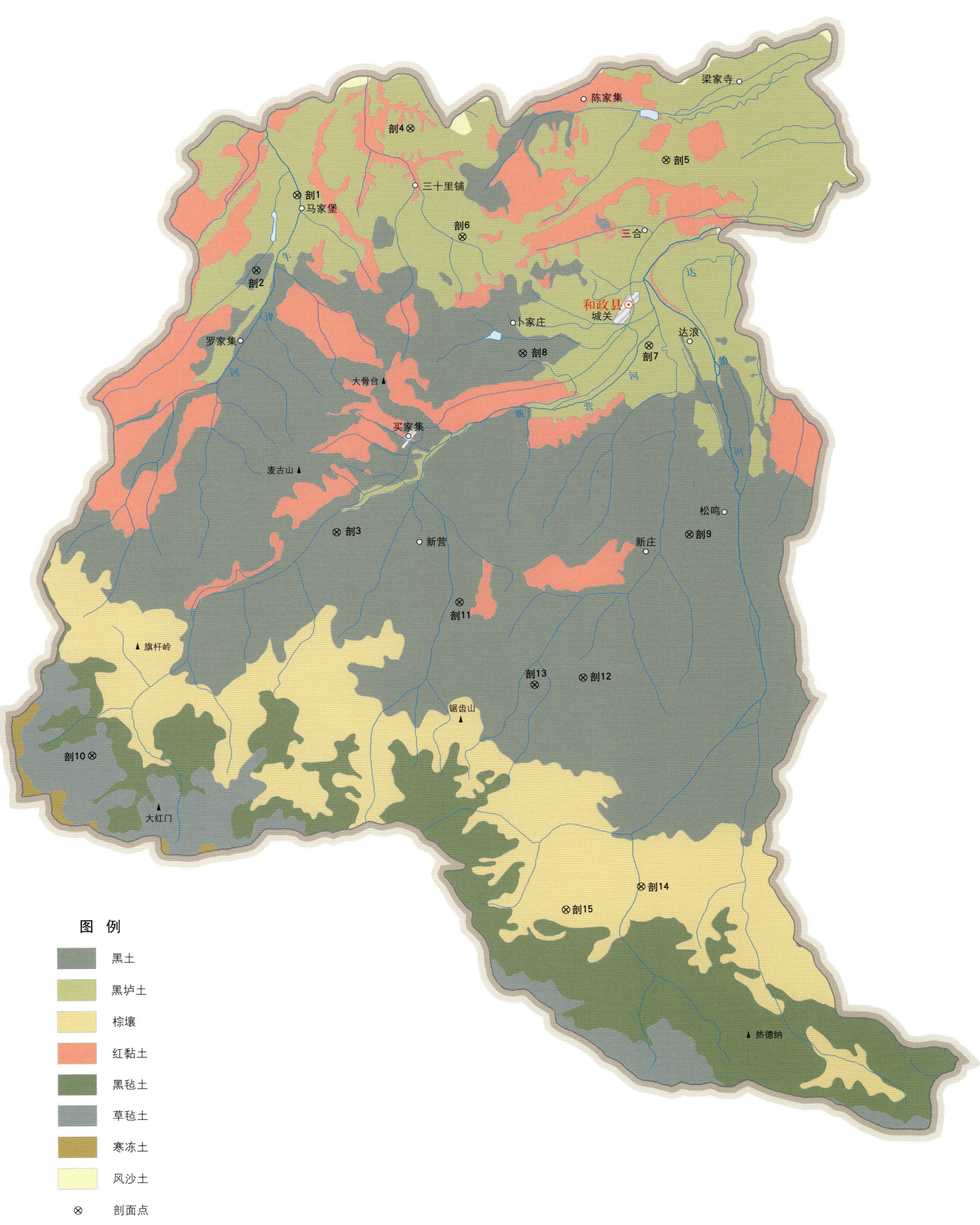

和政县土壤剖面理化性状表

剖面号 Soil profile	土纲 Soil order	土类 Soil great group	亚类 Soil subgroup	土属 Soil genus	土种 Soil species	土层码 Layer code	土层厚度 Depth/cm	颜色 Soil color	质地 Soil texture	土壤结构 Soil structure	pH	有机质 OM/(g/kg)	全氮 TN/(g/kg)	全磷 TP/(g/kg)	全钾 TK/(g/kg)	有效磷 AP/(mg/kg)	速效钾 AK/(mg/kg)	阳离子交换量CEC/(cmol/kg)	土壤母质 Parent material	剖面点坐标 Profile coordinate	匹配指数 Matching index/%
剖1	钙层土	黑垆土	黑垆土	淤垫麻砂土	厚层淤垫麻砂土	1	0—21		中壤土		8.0	16.1	1.15	0.79	14.4			10.7	淤积物，堆垫物	E 103°12′11.2″ N 35°28′04.8″	76
						P	21—36		中壤土		8.0	17.7	1.38	0.84	14.5			7.7			
						3	36—68		中壤土		8.0	11.4	0.94	0.80	16.3			7.6			
						4	68—150		轻壤土		7.9	7.1	0.68	0.97	13.5			11.5			
剖2	半淋溶土	黑土	石灰性黑土	山地耕种石灰性黑土	山地薄层油黑土	1	0—22	灰黄棕色	重壤土	团粒状										E 103°11′08.9″ N 35°26′24.0″	71
						P	22—35	暗黄棕色	重壤土	粒状、块状											
						3	35—74	褐色	重壤土	粒状、块状											
						4	74—150	褐色	轻黏土	块状											
剖3	半淋溶土	黑土	黑土	山地耕种黑土	灰黑土	1	0—22	浅棕黄色	中壤土	团块状										E 103°13′20.8″ N 35°20′38.0″	84
						P	22—36	灰黄色	中壤土	小块状											
						3	36—76	灰黄色	中壤土	小块状											
						4	76—150	浅棕黄色	中壤土												
剖4	钙层土	黑垆土	黑垆土	黄绵质麻土	生草麻土	As	0—22		中壤土		7.9	30.1	2.05	0.46	17.2	6.0	204	12.6	黄土	E 103°15′07.3″ N 35°29′35.8″	71
						A_1	22—60		重壤土	粒状、块状	8.4	13.0	1.05	0.26	16.8	6.0	68	7.6			
						B	60—75		轻黏土	粒状、块状	8.4	9.3	0.40	0.24	16.8			15.6			
						C	75—150		重黏土	粒状、块状	8.5	6.4	0.42	0.36	19.7			11.7			
剖5	钙层土	黑垆土	黑垆土	山地黄麻土	山地黄麻土	1	0—21	黄棕色	中壤土	粒状、块状	8.5	12.6	0.93			13.0	188	7.7		E 103°21′49.7″ N 35°28′58.4″	72
						P	21—35	黄棕色	中壤土	粒状、块状	8.5	13.3	0.89			6.0	156	7.3			
						3	35—83	浅黄棕色	中壤土	粒状、块状	8.6	10.1	0.75					7.6			
						4	83—150	褐色	中壤土	块状	8.6	8.2	0.49					6.7			
剖6	钙层土	黑垆土	黑麻土	山地麻土	山地黑麻土	1	0—21	暗黄棕色	重壤土	团粒状	8.0	16.9	1.29			17.0	341	18.5	黄土	E 103°16′31.4″ N 35°27′12.6″	75
						P	21—34	暗黄棕色	中壤土	粒状、块状	8.1	16.0	1.34			3.0	224	18.7			
						3	34—55	灰黄棕色	中壤土	粒状、块状	8.1	15.1	1.14					18.2			
						4	55—150	棕色	轻黏土	小块状	8.0	22.4	1.27					17.1			
剖7	钙层土	黑垆土	黑麻土	坪地麻土	坪地黑麻土	1	0—22	栗色	重壤土	粒状	8.3	18.4	1.43	0.83	24.2				黄土	E 103°21′26.3″ N 35°24′51.7″	84
						P	22—35	栗色	重壤土	粒状、块状	8.3	15.9	1.35	0.77	24.3						
						3	35—140	暗棕色	重壤土	粒状、块状	8.4	13.0	1.04	0.71	23.1						
						4	140—150	褐色	中壤土	块状	8.6	2.0	0.36	0.62	20.9						
剖8	半淋溶土	黑土	石灰性黑土	山地耕种石灰性黑土	山地厚层油黑土	1	0—21	暗棕色	中壤土	粒状、块状									黄土	E 103°18′08.7″ N 35°24′39.3″	77
						P	21—30	暗棕色	中壤土	粒状、块状											
						3	30—132	浅棕色	中壤土	块状											
						4	132—150	浅黄棕色	中壤土												
剖9	半淋溶土	黑土	黑土	山地耕种黑土	山地厚层黑土	1	0—21	栗色	重壤土	团粒状	7.3	137.8	6.60	0.84	18.7			63.9		E 103°22′33.6″ N 35°20′41.3″	71
						P	21—38	栗色	重壤土	粒状	7.2	110.6	5.36	0.90	17.7			35.5			
						3	38—80	栗色	轻壤土	小块状	7.8	82.6	3.52	0.94	17.3			29.4			
						4	80—150	浅黄棕色	中壤土	块状											
剖10	高山土	草毡土	草毡土	草毡土		A	0—5		中壤土	团粒状										E 103°07′02.6″ N 35°15′36.8″	70
						A_1	5—18	暗棕褐色	重壤土	小块状											
						BC	18—40	暗棕褐色	轻壤土	块状											
剖11	半淋溶土	黑土	黑土	川谷耕种黑土	川谷中层大黑土	1	0—20	黑棕色	轻壤土	块状										E 103°16′34.9″ N 35°19′07.7″	74
						P	20—33	红棕色	重壤土	块状											
						3	33—60														
						4	60—150														

续表 Continued

剖面号 Soil profile	土纲 Soil order	亚类 Soil subgroup	土属 Soil genus	土种 Soil species	土层码 Layer code	土层厚度 Depth/cm	颜色 Soil color	质地 Soil texture	土壤结构 Soil structure	pH	有机质 OM/(g/kg)	全氮 TN/(g/kg)	全磷 TP/(g/kg)	全钾 TK/(g/kg)	有效磷 AP/(mg/kg)	速效钾 AK/(mg/kg)	阳离子交换量 CEC/(cmol/kg)	土壤母质 Parent material	剖面点坐标 Profile coordinate	匹配指数 Matching index/%
剖12	半淋溶土	黑土	山地耕种黑土	山地中层大黑土	1	0—19	栗色	重壤土	团粒状										E 103°19′49.8″ N 35°17′29.0″	79
					P	19—30	灰棕色	重壤土	团粒状											
					3	30—90	褐色	中壤土	小块状											
					4	90—150	灰黄色	重壤土	小块状											
剖13	半淋溶土	黑土	山地耕种黑土	山地薄层大黑土	1	0—15	栗色	中壤土	团粒状										E 103°18′34.3″ N 35°17′18.5″	81
					P	15—28	栗色	中壤土	块状											
					3	28—79	棕色	中壤土	块状											
					4	79—150	棕灰色	中壤土	团块状											
剖14	淋溶土	山地棕壤	山地森林棕壤		Ao	0—5				7.0	147.2	6.46	0.95	16.1			21.0		E 103°21′24.9″ N 35°12′51.1″	89
					A_1	5—13		轻黏土		7.0	84.6	3.85	0.74	15.2			27.6			
					B	13—27		轻壤土		7.1	19.9	1.92	0.59	11.2			21.3			
					C	27—														
剖15	淋溶土	山地棕壤	山地草甸棕壤		As	0—7		中壤土		6.7	90.5	4.04	0.82	17.4			26.8		E 103°19′27.8″ N 35°12′19.4″	94
					A_1	7—25		中壤土		6.7	71.5	3.13	0.72	17.0			39.0			
					B	25—38		中壤土		7.0	38.4	1.74	0.59	16.1			24.3			
					C	38—45		中壤土		7.0	8.2	0.50	0.51	15.4			12.7			

东乡族自治县

主要土类说明

黑垆土是东乡族自治县主要土壤类型，占本县地域面积的45%。黑垆土是在黄土高原上，由黄土发育而成的土壤。该土壤有机质含量低，但腐殖质层深厚。土体原位黏化，但无明显黏化层，具假菌丝状石灰累积；无盐化，多旱耕。

栗钙土是东乡族自治县第二大土壤类型，占本县地域面积的37%。栗钙土是在温带半干旱草原下发育形成的具有栗色腐殖质层和灰白色钙积层的土壤。该土壤表层为栗色腐殖质层，厚20—30cm，有机质含量为15—45g/kg。其下，灰白色钙积层发育明显，见于20—30cm深处，厚20—40cm，呈斑点状或层状积钙。石膏及易溶盐局部聚积。

黄绵土是东乡族自治县第三大土壤类型，占本县地域面积的11%。黄绵土是由黄土母质直接翻耕形成的初育土。由于土壤侵蚀严重，表层长期遭侵蚀，只能不断加深耕作黄土母质层，因而母质特性明显。土壤无明显发育，为A-C型土。由于风成黄土富含细粉粒，故质地、结构均一，疏松绵软，富含石灰，磷、钾储量较丰富，但有效性差，土壤有机质缺乏。

红黏土占本县地域面积的7%。深厚黄土层下，常见第三纪红色黏土（保德期红黏土）埋藏。厚层黄土层侵蚀殆尽处，红色黏土层露出，形成的母质性状明显的初育土，即红黏土。其黏粒含量高，塑性强，生物作用微弱，母质特性明显，有时夹有砂姜。

小于本县地域面积3%的土壤类型有风沙土。

本区域中心区气候特征

本区域中心区气候特征值
Regional climate characteristics in central area of the region

气候带：中温带亚湿润气候 Climate region: Mid temperate subhumid climate	
年平均气温 /℃ Annual average temperature /℃	6.6
年平均最高气温 /℃ Annual average maximum temperature /℃	14.0
年平均最低气温 /℃ Annual average minimum temperature /℃	1.0
年降水量 /mm Annual precipitation /mm	399
≥10℃的积温 /℃ Daily temperature accumulated in a year (≥10℃) /℃	2331
年日照时数 /h Annual sunshine /h	2418
年平均相对湿度 /% Annual average relative humidity /%	59
干燥度 Dryness	1.12

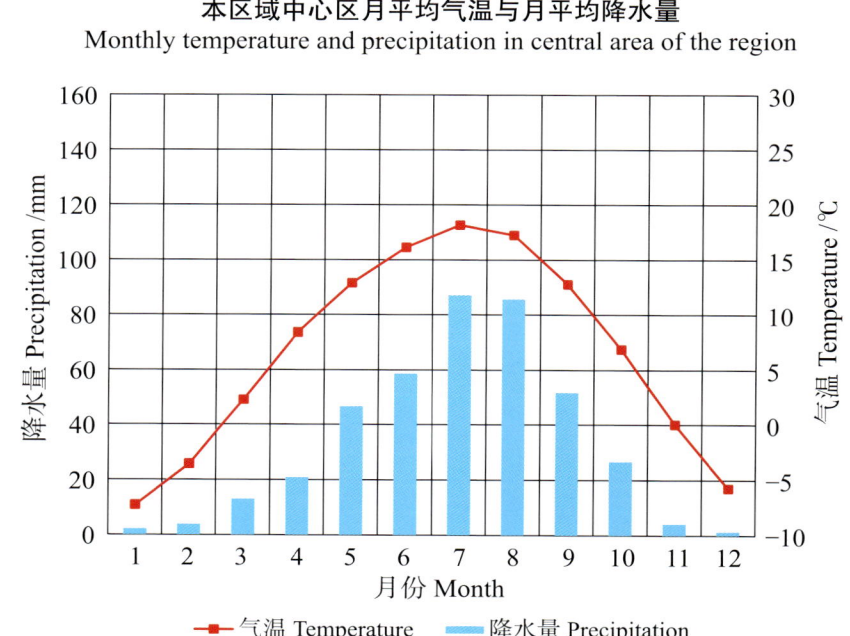

本区域中心区月平均气温与月平均降水量
Monthly temperature and precipitation in central area of the region

东乡族自治县主要土壤类型与土壤剖面点分布图

1∶220 000

图 例

- 黑垆土
- 栗钙土
- 黄绵土
- 红黏土
- 风沙土
- ⊗ 剖面点

第二编 分县土壤图与土壤剖面数据

东乡族自治县土壤剖面理化性状表

剖面号 Soil profile	土纲 Soil order	土类 Soil great group	亚类 Soil subgroup	土属 Soil genus	土种 Soil species	土层码 Layer code	土层厚度 Depth/cm	颜色 Soil color	质地 Soil texture	土壤结构 Soil structure	pH	有机质 OM/(g/kg)	全氮 TN/(g/kg)	全磷 TP/(g/kg)	全钾 TK/(g/kg)	有效磷 AP/(mg/kg)	速效钾 AK/(mg/kg)	阳离子交换量CEC/(cmol/kg)	土壤母质 Parent material	剖面点坐标 Profile coordinate	匹配指数 Matching index/%
剖1	钙层土	黑垆土	黑垆土	山地垆土	山地黑垆土	1	0—20				8.3	16.5	1.24	0.66	21.4	3.0	216	10.9	黄土	E 103°25′49.8″ N 35°52′38.6″	89
						P	20—27				8.5	14.4	0.98	0.60	19.5	2.0	136	10.1			
						3	27—85				8.5	16.0	1.02	0.56	19.1			9.7			
						4	85—150				8.3	10.1	0.72	0.57	19.0			7.8			
剖2	初育土	黄绵土	黄绵土	塬坪地黄绵土	塬平地大白土	1	0—18	浅褐色	中壤土	粒状	8.2	7.9	0.65	0.56		4.0	120	0.5	残积、坡积物、风积黄土	E 103°21′45.3″ N 35°51′29.8″	85
						P	18—27	浅褐色	中壤土	核状	8.1	6.3	0.54	0.56		2.0	96	6.5			
						3	27—82	灰褐色	轻壤土	小块状	8.2	1.7	0.29	0.60				6.2			
						4	82—150	灰黄色	轻壤土	小块状	8.1	1.6	0.24	0.57				5.5			
剖3	钙层土	栗钙土	栗钙土	疏林栗钙土		As	0—3	栗色	中壤土	核粒状	7.8	23.9	1.82	0.60	17.1	4.0	208	11.3	残积、坡积黄土	E 103°20′22.2″ N 35°50′19.7″	100
						2	3—16	栗色	中壤土	核粒状	7.7	21.4	1.72	0.60	17.9	3.0	128	10.8			
						3	16—57	暗褐色	中壤土	块状	7.8	18.5		0.60	16.8			10.1			
						4	57—150	灰黄色	中壤土	粒状	7.8	4.7	1.79	0.47	16.9			8.0			
剖4	钙层土	黑垆土	黑垆土	塬平地垆土	塬平地黄绵土	1	0—18	褐色	重壤土	核粒状	8.0	13.0	1.02	0.65	19.8	5.0	160	11.1	风积黄土	E 103°17′48.4″ N 35°50′14.4″	81
						P	18—31	褐色	重壤土	核粒状	7.8	10.7	1.01	0.64	19.7	3.0	112	10.2			
						3	31—70	灰黄色	重壤土	小块状	8.0	0.8	0.72	0.63	20.3			8.9			
						4	70—150	灰黄色	重壤土	块状	7.9	5.4	0.65	0.58	19.6			6.6			
剖5	钙层土	黑垆土	黑垆土	塬平地垆土	塬平地白垆土	1	0—20	浅褐色	中壤土	粒状	8.4	11.3	0.88	0.66		6.0	160	12.4	风积黄土	E 103°14′04.6″ N 35°48′45.7″	90
						P	20—31	浅褐色	中壤土	核状	8.3	8.6	10.77	0.64	18.6	5.0	128	10.8			
						3	31—120	灰黄色	中壤土	小块状	8.3	8.5	0.71	0.60	18.6			9.7			
						4	120—150	浅黄色	中壤土	小块状	8.3	9.8	0.68	0.60	17.5			8.9			
剖6	钙层土	黑垆土	黑垆土	川谷地白垆土		1	0—20	浅褐色	轻壤土	小块状	8.6	6.6	0.65	0.69	18.6	12.0	112	8.2	残积、坡积黄土	E 103°12′45.4″ N 35°45′42.5″	93
						3	31—108	灰黄色	轻壤土	块状	8.5	2.7	0.63	0.68	18.6	9.0	88	6.3			
						4	108—150	浅黄色	少砾质轻壤土	小块状	8.4	7.8	0.44	0.66	17.5			5.6			
剖7	钙层土	栗钙土	淡栗钙土	生草淡栗钙土		As	0—3	浅褐色	重壤土	块状	8.3	5.4	0.72	0.66	17.1	2.0	96	4.6	洪冲积黄土	E 103°17′16.9″ N 35°47′58.0″	86
						2	3—27	浅褐色	轻壤土	核状	8.0		0.63	0.55	18.0	2.0	88	6.4			
						3	27—75	浅褐色	轻壤土	小块状	8.0	2.2	0.45	0.58	17.5			5.0			
						C	75—150	灰黄色	轻壤土	块状	8.1	3.2	0.26	0.57	17.5			4.5			
剖8	钙层土	栗钙土	栗钙土	生草栗钙土		As	0—3	暗褐色	中壤土	核状	8.3	3.3	0.30	0.54	17.3			4.1	残积、坡积黄土	E 103°15′49.8″ N 35°47′23.9″	75
						2	3—18	褐色	中壤土	粒状	8.1	16.0	1.10	0.54	19.5	11.0	176	8.8			
						3	18—33	浅褐色	中壤土	小块状	8.1	12.8	0.98	0.50	19.8	6.0	120	8.3			
						C	33—150	灰黄色	中壤土	小块状	8.2	4.7	0.56	0.51	18.6			7.3			
剖9	初育土	红黏土	红黏土	川谷地耕种红黏土	川谷地黏红土	A_{11}	0—18	红褐色	中壤土	核状	8.2	3.0	0.42	0.47	17.6	8.0	120	5.4	残积、坡积黄土	E 103°17′22.0″ N 35°43′05.5″	91
						P	18—29	浅红褐色	中壤土	小块状	8.3	5.5	0.57	0.63	20.8	6.0	208	9.2			
						C_1	29—85	浅红棕色	中壤土	核状	8.3	3.9	0.52	0.62	20.1			5.8			
						C_2	85—150	红红棕色	中壤土	小块状	8.2	3.3	0.44	0.62	20.2			5.0			
剖10	初育土	红黏土	红黏土	川谷地耕种红黏土	川谷地砂红土	1	0—19	红红棕色	轻壤土	粒状	8.2	3.5	0.41	0.62	20.1			4.2	残积、坡积黄土	E 103°15′02.5″ N 35°47′18.3″	79
						P	19—30	红红棕色	轻壤土	块状	7.9	5.2	0.49	0.76	17.8	5.0	104	12.8			
						3	30—84	浅红棕色	砂土	块状	7.9	5.0	0.46	0.73	16.2	3.0	88	11.4			
						4	84—150	浅红棕色	砂土	块状	8.1	1.6 2.2	0.20 0.30	0.71 0.66	15.6 15.5			8.7 8.5			

续表 Continued

剖面号 Soil profile	土纲 Soil order	土类 Soil great group	亚类 Soil subgroup	土属 Soil genus	土种 Soil species	土层码 Layer code	土层厚度 Depth/cm	颜色 Soil color	质地 Soil texture	土壤结构 Soil structure	pH	有机质 OM/(g/kg)	全氮 TN/(g/kg)	全磷 TP/(g/kg)	全钾 TK/(g/kg)	有效磷 AP/(mg/kg)	速效钾 AK/(mg/kg)	阳离子交换量 CEC/(cmol/kg)	土壤母质 Parent material	剖面点坐标 Profile coordinate	匹配指数 Matching index/%
剖11	钙层土	栗钙土	淡栗钙土	疏林淡栗钙土		As	0~3	浅褐色	轻壤土	粒状	8.3	6.6	0.76	0.60		4.0	200	6.8	残积、坡积黄土	E 103°34′48.4″ N 35°41′42.7″	98
						2	3~14	浅褐色	中壤土	核状	8.3	8.0	0.74	0.60		2.0	136	6.2			
						3	14~52	灰黄色	轻壤土	小块状	8.3	4.0	0.58	0.60				5.6			
						C	52~150	灰黄色	轻壤土	块状	8.5	3.4	0.61	0.60				5.2			
剖12	初育土	红黏土	红黏土	山地耕种红黏土	山地黏红土	1	0~19	红棕色	重壤土	核状	8.4	6.6	0.62	0.62	22.0	2.0	240	13.8	残积、坡积红泥岩	E 103°19′50.8″ N 35°39′18.0″	71
						P	19~31	红棕色	重壤土	核状	8.3	5.5	0.45	0.66	21.2	2.0	216	12.3			
						3	31~69	红棕色	重壤土	小块状	8.4	4.6	0.56	0.62	20.0			11.8			
						4	69~150	红棕色	重壤土	块状	8.3	3.6	0.39	0.62	20.2			10.7			
剖13	初育土	红黏土	红黏土	生草红黏土		As	0~7	棕红色	重壤土	粒状	8.2	22.6	1.54	0.60	20.9	4.0	360	16.1	砂岩	E 103°18′23.7″ N 35°36′27.8″	82
						2	7~25	棕红色	重壤土	核状	8.2	9.9	0.77	0.69	22.4	4.0	360	13.8			
						3	25~65	红黄色	重壤土	小块状	8.2	3.5	0.42	0.70	22.2			11.7			
						4	65~150	红棕色	轻壤土	块状	8.2	2.0	0.34	0.78	26.5			11.3			
剖14	初育土	黑垆土	黑垆土	山地垆土	山地黄黏麻土	1	0~20	褐色	中壤土	粒状	8.6	15.9	1.26	0.55	19.1	20.0	96	10.2	黄土	E 103°22′37.9″ N 35°36′14.5″	79
						P	20~29	褐色	中壤土	核粒状	8.5	14.5	1.12	0.55	19.1	9.0	88	8.8			
						3	29~95	褐色	中壤土	小块状	8.5	16.7	1.13	0.54	18.8			7.9			
						4	95~150	灰黄色	中壤土	块状	8.5	15.5	0.74	0.52	18.5			6.3			
剖15	初育土	黑垆土	黑垆土	山地垆土	山地黑麻土	1	0~18	栗色	中壤土	团粒状									黄土	E 103°23′36.1″ N 35°34′09.1″	76
						P	18~28	栗色	中壤土	核粒状											
						3	28~90	栗色	中壤土	核状											
						4	90~150	灰黄色	中壤土	块状											
剖16	初育土	红黏土	红黏土	生草砂红土		As	0~6	棕红色	砂壤土	核状	8.2	8.8	0.60	0.78	13.6	3.0	72	15.7	砂岩	E 103°24′45.1″ N 35°33′17.5″	75
						2	6~81	紫棕色	砂壤土	核状	8.4	3.9	0.29	0.72	13.4	2.0	32	15.7			
						C	81~150	紫棕色	砂壤土	块状	8.4	1.9	0.15	0.72	13.4			11.2			
剖17	钙层土	黑垆土	黑垆土	川谷地垆土	川谷地黄黏土	1	0~20	浅褐色	中壤土	核状	8.3	12.6	1.27	0.63	21.2	11.0	200	16.1	洪冲积黄土	E 103°29′30.2″ N 35°33′12.9″	73
						2	20~30	褐色	中壤土	核状	8.4	9.8	0.99	0.66	21.2	6.0	176	15.8			
						3	30~120	褐色	中壤土	小块状	8.3	12.0	1.08	0.66	18.6			13.8			
						4	120~150	灰黄色	中壤土	块状	8.4	2.5	0.69	0.56	18.6			12.7			
剖18	初育土	红黏土	红黏土	山地耕种红黏土		1	0~19	红色	重壤土	核状	8.3	13.4	1.01	0.70		7.0	368	9.1	残积、坡积红泥岩	E 103°19′21.1″ N 35°32′43.9″	71
						P	19~27				8.3	13.8	0.11	0.69	21.2	6.0	352	8.5			
						3	27~79				8.3	12.6	0.08	0.66	19.1			6.8			
						4	79~150				8.3	11.9	0.96	0.66				5.5			
剖19	钙层土	黑垆土	黑垆土	川谷地垆土	川谷地黄黏土	As	0~4	栗色	中壤土	团粒状	8.4	33.4	2.33	0.68	20.5	4.0	440	15.3	洪冲积黄土	E 103°25′15.0″ N 35°32′35.1″	96
						2	4~18	棕红色	中壤土	核粒状	8.4	21.1	1.39	0.66	18.8	3.0	184	12.8			
						3	18~100	红棕色	重壤土	小块状	8.2	12.0	0.75	0.63	18.8			11.6			
						4	100~150	暗红棕色	轻黏土	块状	8.3	13.4	0.43	0.56	18.2			10.9			
剖20	初育土	红黏土	红黏土	灌丛红黏土		1	0~17	浅褐色	重壤土	粒状	8.5	8.4	0.65	0.62	20.9	5.0	208	8.5	残积物、坡积物、风积黄土	E 103°19′08.4″ N 35°31′56.6″	81
						P	17~28	灰黄色	中壤土	核粒状	8.3	3.6	0.42	0.63	19.1	2.0	184	7.7			
						3	28~61	灰黄色	轻壤土	小块状	7.9	2.7	0.37	0.53	17.8			6.0			
剖21	初育土	黄绵土	黄绵土	山地黄绵土	山地大白土	4	61~150	灰黄色	轻壤土	块状	7.9	2.1	0.24	0.60	18.3			5.1		E 103°30′26.7″ N 35°38′32.7″	76

续表 Continued

剖面号 Soil profile	土纲 Soil order	土类 Soil great group	亚类 Soil subgroup	土属 Soil genus	土种 Soil species	土层码 Layer code	土层厚度 Depth/cm	颜色 Soil color	质地 Soil texture	土壤结构 Soil structure	pH	有机质 OM/(g/kg)	全氮 TN/(g/kg)	全磷 TP/(g/kg)	全钾 TK/(g/kg)	有效磷 AP/(mg/kg)	速效钾 AK/(mg/kg)	阳离子交换量CEC/(cmol/kg)	土壤母质 Parent material	剖面点坐标 Profile coordinate	匹配指数 Matching index/%
剖22	钙层土	黑垆土	黑垆土	山地垆土	山地白垆土	1	0—20	褐色	中壤土	核块状	8.1	11.9	0.69	0.74	20.2	10.0	336	7.1	黄土	E 103°31′59.1″ N 35°36′16.9″	78
						P	20—29	灰黄色	中壤土	核块状	8.2	10.2	0.70	0.58	19.0	5.0	160	6.9			
						3	29—105	灰黄色	中壤土	小块状	8.3	5.6	0.36	0.52	18.8			6.4			
						4	105—150	灰黄色	中壤土	小块状	8.3	3.1	0.29	0.52	20.0			5.7			

积石山保安族东乡族撒拉族自治县

主要土类说明

黑垆土是积石山保安族东乡族撒拉族自治县主要土壤类型，占本县地域面积的49%。黑垆土是在黄土高原上，由黄土发育而成的土壤。该土壤有机质含量低，但腐殖质层深厚。土体原位黏化，但无明显黏化层，具假菌丝状石灰累积；无盐化，多旱耕。

黑土是积石山保安族东乡族撒拉族自治县第二大土壤类型，占本县地域面积的18%。黑土是在温带半湿润草甸草原下发育形成的具深厚均腐殖质层的无石灰性黑色土壤，具 A-ABh-BhC-C 剖面构型。该土壤均腐殖质层厚 30—60cm，有机质含量一般为 30—60g/kg，底层具轻度滞水还原淋溶特征，见硅粉。土壤盐基饱和度在80%以上。

红黏土是积石山保安族东乡族撒拉族自治县第三大土壤类型，占本县地域面积的17%。深厚黄土层下，常见第三纪红色黏土（保德期红黏土）埋藏。厚层黄土层侵蚀殆尽处，红色黏土层露出，形成的母质性状明显的初育土，即红黏土。其黏粒含量高，塑性强，生物作用微弱，母质特性明显，pH 为 7.0—8.0，有时夹有砂姜。

棕壤占本县地域面积的7%。棕壤形成于落叶阔叶林下，但大部分已被垦殖，以旱作为主。该土壤处于硅铝风化阶段，具有黏化特征，呈棕色。土体见黏粒淀积，盐基充分淋失，pH 一般为 6.0—7.0，见少量游离铁。

黑毡土占本县地域面积的4%。黑毡土形成于青藏高原高寒略较温湿的原面上，蒿草与杂生草类的草毡层初步分解，形成初步腐殖化的暗色草根茎盘结层。该土壤色泽较深，有机质含量较高，为 100—150g/kg，底土见锈色斑纹。土壤 pH 为 6.5—8.0。

小于本县地域面积3%的土壤类型有草毡土和黄绵土。

本区域中心区气候特征

本区域中心区气候特征值
Regional climate characteristics in central area of the region

气候带：中温带亚湿润气候 Climate region: Mid temperate subhumid climate	
年平均气温 /℃ Annual average temperature /℃	5.2
年平均最高气温 /℃ Annual average maximum temperature /℃	12.9
年平均最低气温 /℃ Annual average minimum temperature /℃	-0.6
年降水量 /mm Annual precipitation /mm	422
≥10℃的积温 /℃ Daily temperature accumulated in a year (≥10℃) /℃	1915
年日照时数 /h Annual sunshine /h	2457
年平均相对湿度 /% Annual average relative humidity /%	59
干燥度 Dryness	0.84

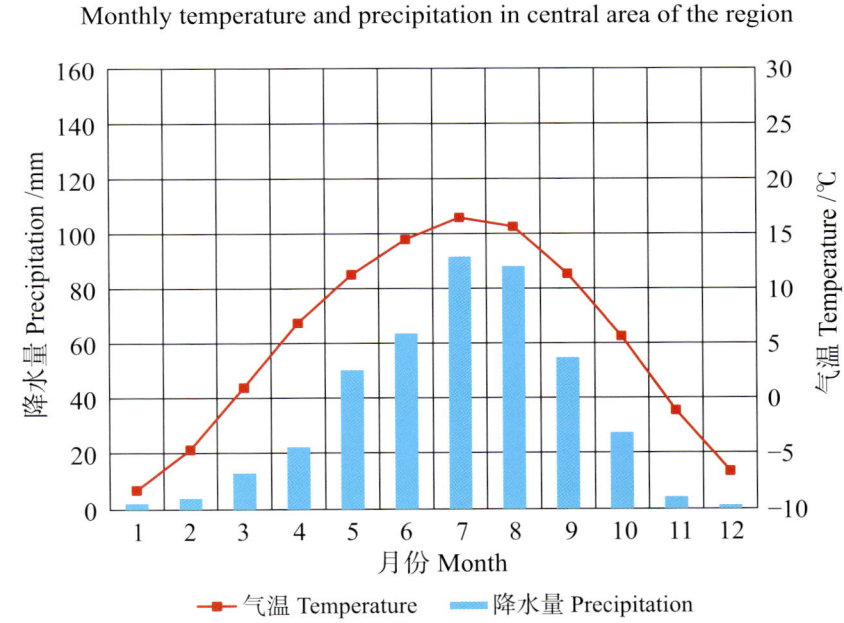

本区域中心区月平均气温与月平均降水量
Monthly temperature and precipitation in central area of the region

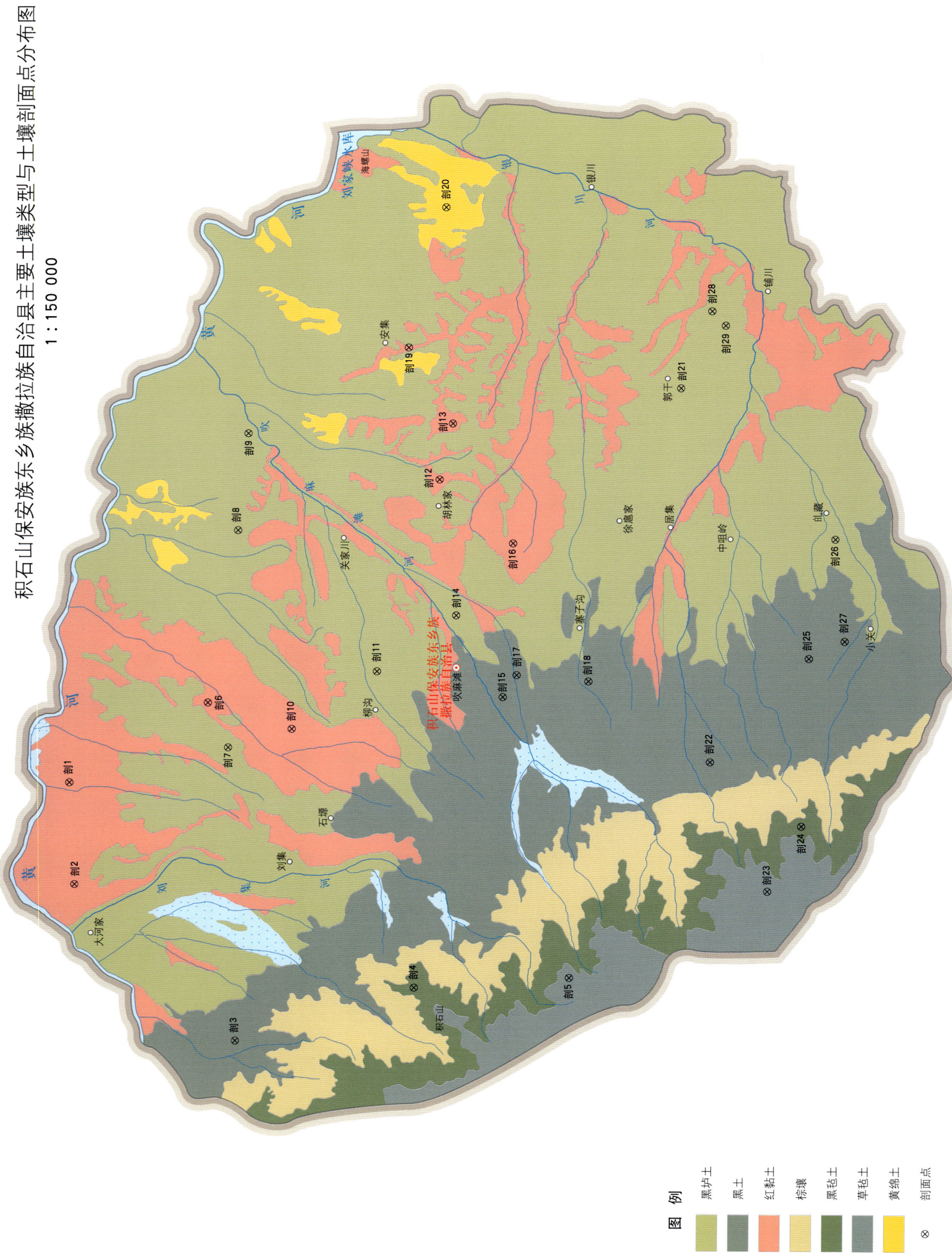

积石山保安族东乡族撒拉族自治县土壤剖面理化性状表

剖面号 Soil profile	土纲 Soil order	土类 Soil great group	亚类 Soil subgroup	土属 Soil genus	土种 Soil species	土层码 Layer code	土层厚度 Depth/cm	颜色 Soil color	质地 Soil texture	土壤结构 Soil structure	pH	有机质 OM/(g/kg)	全氮 TN/(g/kg)	全磷 TP/(g/kg)	全钾 TK/(g/kg)	有效磷 AP/(mg/kg)	速效钾 AK/(mg/kg)	阳离子交换量CEC/(cmol/kg)	土壤母质 Parent material	剖面点坐标 Profile coordinate	匹配指数 Matching index/%
剖1	初育土	红黏土	红土	川谷红土	川谷红土	1	0–19	红橙色	中壤土	粒状		5.9	0.55	0.77	24.8	3.0	188	12.5	红层风化物	E 102°49′09.5″ N 35°50′35.2″	71
						P	19–31	红橙色	中壤土	块状		4.5	0.60	0.72	23.6	1.0	188	10.8			
						3	31–78	红橙色	中壤土	块状		4.9	0.62	0.73	22.2			7.8			
						4	78–150	红橙色	中壤土	块状		3.4	0.50	0.66	20.7			8.1			
剖2	初育土	红黏土	麻红土	川谷麻红土	川谷麻红土	1	0–22	棕色	中壤土	核粒状		9.4	0.59	1.08	22.1	4.0	208	12.7	残积、坡积红土	E 102°46′38.3″ N 35°50′25.8″	87
						P	22–35	棕色	中壤土	小块状		6.0	0.53	0.81	22.8	3.0	116	11.6			
						3	35–120	棕色	轻壤土	块状		6.6	0.42	0.89	22.0			10.8			
						4	120–150	棕色	中壤土	块状		4.9	0.47	0.81	20.1			10.1			
剖3	半淋溶土	黑土	黑土	灌丛黑土	灌丛黑土	As	0–12	黑棕色	轻壤土	团粒状		175.0	8.55	1.12	17.9	18.0	312	35.5	洪冲积物	E 102°42′51.9″ N 35°47′12.9″	89
						A_1	12–54	暗棕色	轻壤土	团粒状		126.5	6.61	1.12	18.8	9.0	160	30.4			
						BC	54–66	栗色	石质土	粒状、块状											
						D	66–			石质状											
剖4	高山土	黑毡土	黑毡土	黑毡土	黑毡土	As	0–10	黑色	轻壤土	粒状		74.2	0.48	0.98	22.1	8.0	88	18.0	残积、坡积物	E 102°44′16.8″ N 35°43′46.1″	74
						A_1	10–28	暗灰棕色	中壤土	块状		8.8	0.87	0.47	19.6	3.0	80	17.8			
						B	28–56	暗黄棕色	中壤土	梭块状											
						C	56–	褐色	轻壤土	梭块状		7.2	0.66	0.43	18.7			14.3			
剖5	高山土	草毡土	草毡土	草毡土	草毡土	As	0–10	黑棕色	砂壤土	粒状、块状		98.4	4.19	1.14	19.2	12.0	283	15.7	残积物、坡积物	E 102°44′37.4″ N 35°40′45.4″	100
						As_1	10–45	栗色	石质土	团粒状											
						C	45–														
剖6	初育土	红黏土	麻红土	生草麻红土	生草麻红土	As	0–6	紫棕色	中壤土	粒状、块状									残积、坡积红土	E 102°51′13.3″ N 35°47′56.0″	98
						A_1	6–24	紫棕色	重壤土	团粒状											
						B	24–82	紫棕色	重壤土	梭块状											
						C	82–150	褐色	重壤土	梭块状											
剖7	黑护土	黑护土	黑毡土	堰坪黄黏土	堰坪黄黏土	1	0–20	褐色	中壤土	团粒状									黄土坡积物	E 102°50′07.1″ N 35°47′31.2″	97
						P	20–28	褐色	重壤土	粒状、块状											
						3	28–68	褐色	重壤土	块状											
						4	68–150	褐色	中壤土	粒状											
剖8	钙层土	黑护土	黑毡土	山地黄黏土	山地黄黏土	1	0–20	褐色	中壤土	团粒状		11.1	0.79	0.61	19.6	1.0	64	13.6	黄土坡积物	E 102°55′29.6″ N 35°47′26.1″	92
						P	21–33	浅棕色	中壤土	小块状		3.6	0.53	0.61	17.8			10.1			
						3	33–80	灰黄色	中壤土	块状		2.8	0.34	0.64	19.1			7.6			
						4	80–150	灰黄色	中壤土	块状											
剖9	钙层土	草毡土	草毡土	生草麻红土	生草麻红土	1	0–6	棕红色	重壤土	团粒状		9.4	0.93	0.83	26.9	3.0	380	33.4	黄土坡积物	E 102°57′54.1″ N 35°47′17.2″	96
						A_1	6–36	浅棕红色	重壤土	核状		5.7	0.70	0.76	26.3	3.0	400	26.1			
						AB	36–105	暗棕红色	重黏土	梭状		2.9	0.42	0.75	25.1			20.2			
						C	105–150	暗棕红色	重黏土	梭状		1.9	0.31	0.75	24.6			25.2			
剖10	初育土	红黏土	红土	山地红土	山地胶红土	1	0–18	暗棕红色	重黏土	梭状									红层风化物	E 102°50′37.0″ N 35°46′17.4″	99
						P	18–30														
						3	30–80														
						4	80–150														
剖11	钙层土	黑护土	黑麻土	山地黑土	山地黑毡土	1	0–19	褐色	中壤土	团粒状									黄土坡积物	E 102°52′05.9″ N 35°44′39.8″	74
						P	19–28	棕灰色	中壤土	团块状											
						3	28–63	褐色	中壤土	小块状											
						4	63–150	棕灰色	重壤土	小块状											

续表 Continued

剖面号 Soil profile	土纲 Soil order	土类 Soil great group	亚类 Soil subgroup	土属 Soil genus	土种 Soil species	土层码 Layer code	土层厚度 Depth/cm	颜色 Soil color	质地 Soil texture	土壤结构 Soil structure	pH	有机质 OM/(g/kg)	全氮 TN/(g/kg)	全磷 TP/(g/kg)	全钾 TK/(g/kg)	有效磷 AP/(mg/kg)	速效钾 AK/(mg/kg)	阳离子交换量 CEC/(cmol/kg)	土壤母质 Parent material	剖面点坐标 Profile coordinate	匹配指数 Matching index/%
剖12	初育土	红黏土	麻红土	灌丛麻红土	灌丛麻红土	As	0~6	紫棕色	砂壤土	团粒状									残积、坡积红土	E 102°56′52.1″ N 35°43′32.9″	83
						A_1	6~35	紫色	中壤土	团块状											
						B	35~105	紫色	中壤土	团块状											
						C	105~150	暗棕红色	中壤土	块状											
剖13	初育土	红黏土	麻红土	灌丛砂麻红土	灌丛砂麻红土	A	0~4	浅棕红色	砂壤土	块状									残积、坡积红土	E 102°58′15.9″ N 35°43′19.1″	71
						C_1	4~41	红棕色	中壤土												
						C_2	41~150	浅棕红色	中壤土												
剖14	钙层土	黑垆土	黑麻土	淤淀麻砂土	中层淤淀麻砂土	1	0~15	褐色	中壤土	粒状									淤积物、堆垫物	E 102°53′31.6″ N 35°43′09.1″	89
						P	15~33	棕灰色	中壤土	粒状、块状											
						3	33~			砂砾状											
剖15	半淋溶土	黑土	川谷黑土	川谷中层大黑土	川谷中层大黑土	1	0~20	褐色	中壤土	粒状									洪冲积物	E 102°51′32.4″ N 35°42′12.2″	95
						P	20~29	棕灰色	中壤土	块状											
						3	29~57	浅棕黄色	轻壤土	棱块状											
						4	57~150	浅棕黄色	中壤土	棱块状											
剖16	初育土	红黏土	麻红土	山地麻红土	山地麻红土	1	0~20	褐色	重壤土	团粒状		12.2	0.84	0.82	19.4	9.0	160	14.0	残积、坡积红土	E 102°55′19.9″ N 35°42′05.1″	86
						P	20~30	褐色	重壤土	粒状、块状		13.3	0.89	0.88	19.5	8.0	144	13.4			
						3	30~75		重壤土	块状		16.6	1.19	0.91	21.7			11.9			
						4	75~150		重壤土	块状		8.5	0.60	0.77	20.2			17.5			
剖17	半淋溶土	黑土	川谷黑土	川谷薄层大黑土	川谷薄层大黑土	1	0~18	褐色	轻壤土	团粒状									洪冲积物	E 102°52′05.5″ N 35°41′56.8″	81
						P	18~28	褐色	轻壤土	块状											
						3	28~64		轻壤土	块状											
						4	64~150	灰白色		块状											
剖18	半淋溶土	黑土	山地黑土	山地中层大黑土	山地中层大黑土	1	0~19	紫色	重壤土	粒状、块状									洪冲积物	E 102°51′58.7″ N 35°40′32.9″	100
						P	19~31	暗灰棕色	重壤土	块状											
						3	31~43	褐色	重壤土	团粒状											
						4	43~150	灰黄色	中壤土	块状											
剖19	初育土	红黏土	岩性红土	岩性红土	岩性红土	A	0~12	暗棕红色	重壤土	团粒状、块状									红层风化物	E 103°00′06.5″ N 35°44′12.8″	80
						2	12~52	浅棕红色	重壤土	块状											
						C	52~150	浅红色	重壤土	块状											
剖20	初育土	黄绵土	山地大白土	山地大白土	山地大白土	1	0~20	灰黄色	中壤土	粒状、块状		10.0	0.86	0.75	20.9	10.0	292	8.3	黄土	E 103°03′35.7″ N 35°43′33.0″	80
						P	20~29	灰黄色	中壤土	块状		9.6	0.79	0.73	21.5	3.0	260	8.1			
						3	29~96	灰黄色	中壤土	块状		9.5	0.71	0.67	19.9			6.5			
						4	96~150	土黄色	中壤土	块状		7.4	0.66	0.62	17.1			5.8			
剖21	钙层土	黑垆土	黑麻土	山地麻土	山地白麻土	1	0~15	褐色	中壤土	粒状、块状									黄土	E 102°59′15.0″ N 35°38′53.9″	99
						P	15~21	褐色	中壤土	团粒状、块状											
						3	21~97	褐色	中壤土	粒状、块状											
						4	97~150	褐色	中壤土	块状		8.0						18.5			
剖22	半淋溶土	黑土	生草黑土	生草黑土	生草黑土	As	0~8	褐色	中壤土	粒状、块状	7.1	64.3	3.25	0.73	21.5	4.0		16.7	洪冲积物	E 102°50′03.0″ N 35°38′08.1″	96
						A_1	8~31	灰黄色	中壤土	块状	7.1	43.5	2.21	0.69	22.6			10.0			
						B	31~129	灰黄色	中壤土	片状	7.0	5.6	0.66	0.63	23.4			8.6			
						C	129~150	黄色	轻壤土		6.7	2.1	0.27	0.63	22.5						
剖23	高山土	草毡土	草毡土	草毡土	草毡土	As	0~7	黑棕色	轻壤土	粒状、块状		90.7	4.59	1.01	21.1	6.0	160	18.2	残积物、坡积物	E 102°46′53.4″ N 35°36′57.2″	75
						A_1	7~35	栗色	轻壤土	块状		17.5	1.12	0.49	19.7	3.0	102	16.8			
						BC	35~54	暗黄棕色	砂壤土			15.9	0.94	0.52	17.7			18.6			
						C	54~														

续表 Continued

剖面号 Soil profile	土纲 Soil order	土类 Soil great group	亚类 Soil subgroup	土属 Soil genus	土种 Soil species	土层码 Layer code	土层厚度 Depth/cm	颜色 Soil color	质地 Soil texture	土壤结构 Soil structure	pH	有机质 OM/(g/kg)	全氮 TN/(g/kg)	全磷 TP/(g/kg)	全钾 TK/(g/kg)	有效磷 AP/(mg/kg)	速效钾 AK/(mg/kg)	阳离子交换量CEC/(cmol/kg)	土壤母质 Parent material	剖面点坐标 Profile coordinate	匹配指数 Matching index/%
剖24	高山土	黑毡土	黑毡土	棕黑毡土	棕黑毡土	As	0—7	暗棕灰色	中壤土	粒状		122.8	5.52	0.82	20.8	9.0	200		残积物、坡积物	E 102°48′31.2″ N 35°36′19.7″	95
						A₁	7—22	灰棕色	重壤土	粒状、块状		39.4	2.78	0.65	19.8	4.0	176				
						B	22—90	紫棕色	中壤土	块状		53.7	2.54	0.74	19.8		80				
						C	90—	紫色		粒状											
剖25	半淋溶土	黑土	山地黑土	山地厚层大黑土	1	0—22	棕灰色	重壤土	粒状									洪积冲积物	E 102°52′39.7″ N 35°36′16.2″	74
						P	22—35	暗棕灰色	重壤土	粒状、块状											
						3	35—84	暗灰棕色	重壤土	块状											
						4	84—150	暗黄棕色	中壤土												
剖26	钙层土	黑垆土	川谷麻土	川谷黑麻土		1	0—21	灰棕色	中壤土	团粒状		14.9	1.16	1.16	21.9	4.0	184	14.9	黄土	E 102°55′36.2″ N 35°35′49.0″	78
						P	21—30	灰棕色	中壤土	核状		12.1	0.96	1.37	24.4	3.0	144	9.9			
						3	30—105	灰棕色	中壤土	小块状		12.0	0.96	1.40	23.7			9.8			
						4	105—150	暗棕色	中壤土	块状		19.1	1.45	1.23	25.9			8.3			
剖27	半淋溶土	黑土	川谷黑土	川谷厚层大黑土		1	0—20	灰棕色	中壤土	粒状、块状									洪积冲积物	E 102°53′06.2″ N 35°35′34.8″	85
						P	20—29	暗棕灰色	重壤土	粒状、块状											
						3	29—85	暗棕灰色	重壤土	块状											
						4	85—150	灰黄色	重壤土	块状											
剖28	钙层土	黑垆土	塬坪麻土	塬坪白麻土		1	0—22	褐色	中壤土	核粒状									黄土坡积物	E 103°01′09.8″ N 35°38′19.7″	75
						P	22—32	褐色	中壤土	核粒状											
						3	32—105	栗色	重壤土	小块状											
						4	105—150	褐色	中壤土	块状											
剖29	钙层土	黑垆土	黑麻土	疏林麻土	疏林麻土	As	0—6	棕灰色	中壤土	核粒状		18.7	1.58	0.78	23.6	3.0	192	12.2	黄土坡积物	E 103°00′49.0″ N 35°38′03.5″	74
						AB	6—110	棕灰色	中壤土	小块状		16.8	1.36	0.77	23.3	1.0	128	12.3			
						BC	110—150	棕灰色	中壤土	块状		8.6	0.92	0.72	22.3			11.5			

甘南藏族自治州

合 作 市

主要土类说明

黑毡土是合作市主要土壤类型，占本市地域面积的53%，分布在海拔2800—3600m的地区。植被生长茂盛，有草甸群落和灌丛草甸群落，在过牧地带、阳坡及低山川原还有草原草甸群落。黑毡土草根盘结层不如草毡土紧密，但其腐殖质层较厚，有机质含量高。全剖面pH为6.0—8.6，剖面上中部碳酸钙有一定淋溶，剖面下部有明显的锈纹锈斑。本市黑毡土分为亚高山草甸土、亚高山灌丛草甸土、亚高山草原草甸土等亚类。

灰褐土是合作市第二大土壤类型，占本市地域面积的19%，分布在海拔2200—3500m的地区。本市灰褐土分为淋溶灰褐土、灰褐土、石灰性灰褐土等亚类。其中，淋溶灰褐土面积较大，其剖面中有一定厚度的枯枝落叶层，1m以内深度没有碳酸钙积累，也没有石灰反应。

草毡土是合作市第三大土壤类型，占本市地域面积的15%，主要分布在海拔3600m以上至山体最高线的寒冷、潮湿、风大的高山地带。草毡土具有紧密且有弹性的草根层，还具有两层结构不同、颜色有别、厚度不等的腐殖质层。

黑钙土占本市地域面积的9%，分布在海拔2800—3300m的地区。腐殖质层较厚，剖面中上部碳酸钙有一定淋溶，剖面下部有碳酸钙积累，呈假菌丝状和粉末状。本市黑钙土分为黑钙土、石灰性黑钙土等亚类。

沼泽土占本市地域面积的3%，分布在海拔3460—3600m的地区。土壤冻结时间在200d以上，水分充足，因而在地表形成密布的冻胀丘。其剖面由草皮层、泥炭层、腐泥层和潜育层组成。

小于本市地域面积3%的土壤类型有草甸土和寒冻土。

本区域中心区气候特征

本区域中心区气候特征值
Regional climate characteristics in central area of the region

气候带：高原亚温带亚湿润气候 Climate region: Plateau subtemperate subhumid climate	
年平均气温 /℃ Annual average temperature /℃	3.9
年平均最高气温 /℃ Annual average maximum temperature /℃	12.1
年平均最低气温 /℃ Annual average minimum temperature /℃	-2.0
年降水量 /mm Annual precipitation /mm	521
≥10℃的积温 /℃ Daily temperature accumulated in a year (≥10℃) /℃	1629
年日照时数 /h Annual sunshine /h	2305
年平均相对湿度 /% Annual average relative humidity /%	63
干燥度 Dryness	0.52

本区域中心区月平均气温与月平均降水量
Monthly temperature and precipitation in central area of the region

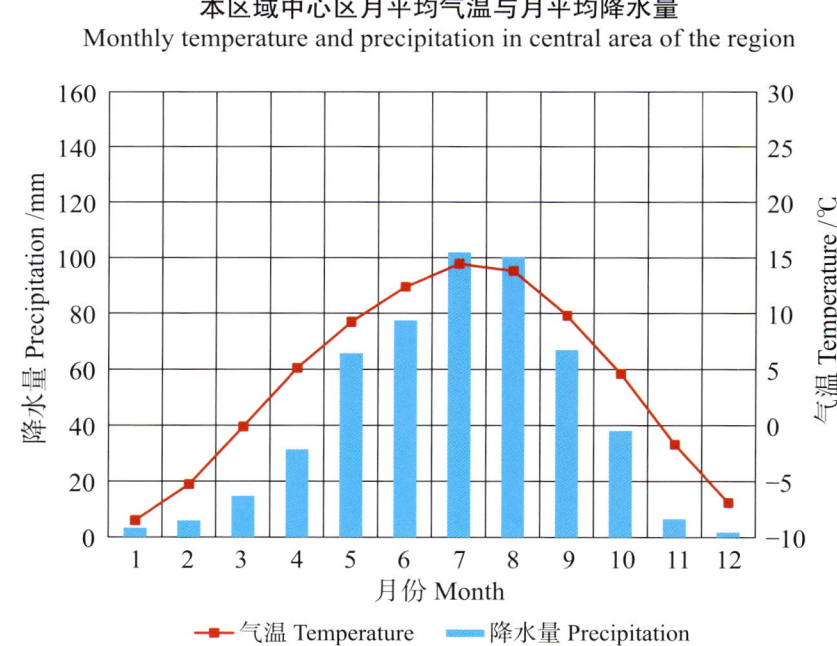

合作市主要土壤类型与土壤剖面点分布图
1∶260 000

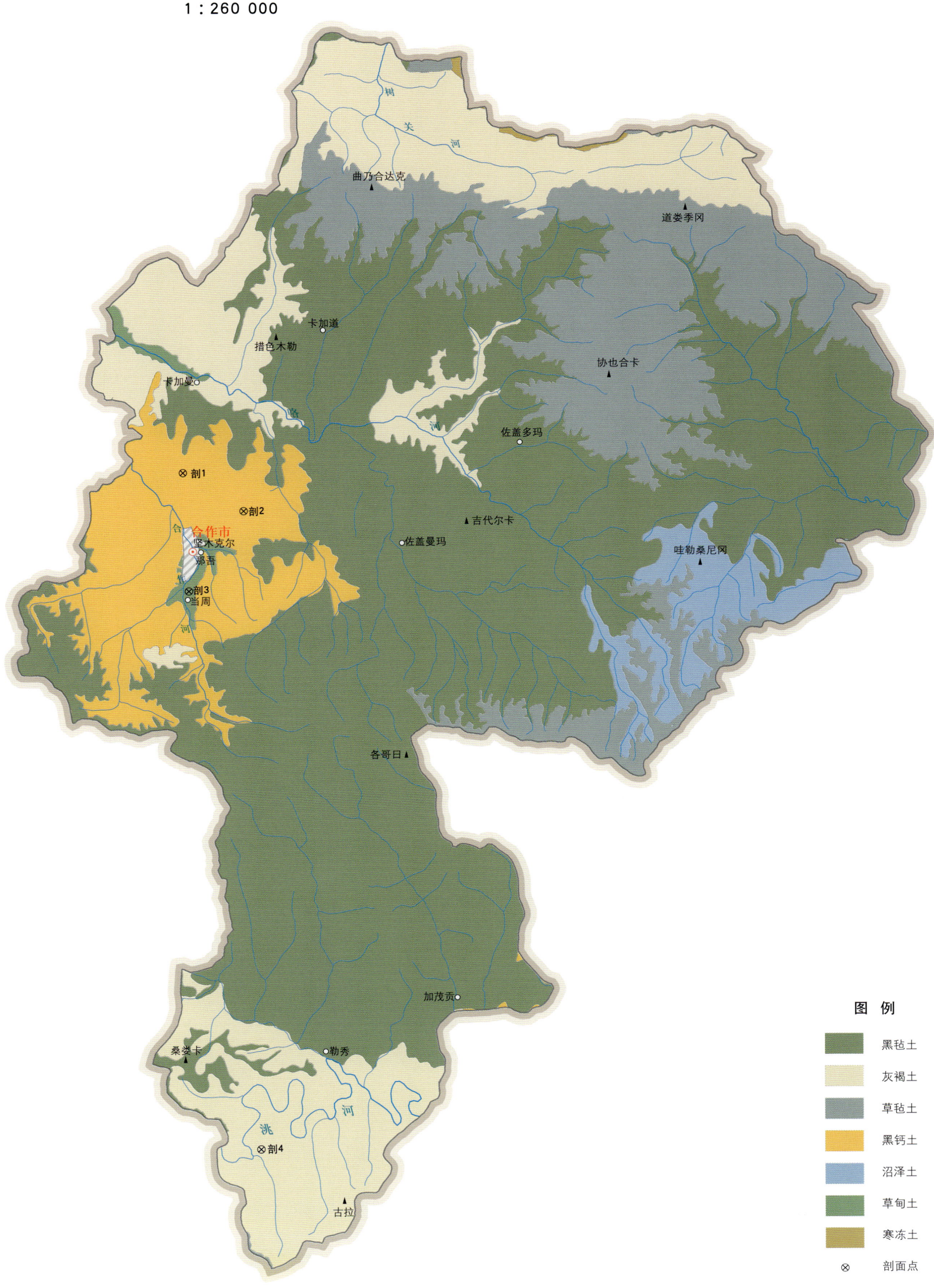

合作市土壤剖面理化性状表

剖面号 Soil profile	土纲 Soil order	土类 Soil great group	亚类 Soil subgroup	土属 Soil genus	土层码 Layer code	土层厚度 Depth/cm	颜色 Soil color	质地 Soil texture	土壤结构 Soil structure	pH	有机质 OM/(g/kg)	全氮 TN/(g/kg)	全磷 TP/(g/kg)	全钾 TK/(g/kg)	阳离子交换量CEC/(cmol/kg)	剖面点坐标 Profile coordinate	匹配指数 Matching index/%
剖1	钙层土	黑钙土	石灰性黑钙土	石灰性黑钙土	As	0—8	暗黄棕色	重壤土	小团粒状	8.2	68.8	3.78	0.93	22.6	27.9	E 102°54′05.3″ N 35°02′06.4″	87
					2	8—108	黑色	重壤土	团粒状、核状	8.3	48.6	2.42	0.92	22.5	23.6		
					3	108—134	青灰色	轻石质中壤土	块状	8.5	13.4	0.64	0.72	19.7	13.3		
					C	134—154	红黄色		块状								
剖2	钙层土	黑钙土	石灰性黑钙土	耕种石灰性黑钙土	1	0—13	灰黑色	重石质中壤土	小块状	8.0	38.1	2.40	0.77	21.3	21.1	E 102°56′33.0″ N 35°00′51.2″	97
					P	13—22	灰黑色	重石质中壤土	块状	8.2	39.0	2.21	0.69	20.9	22.1		
					3	22—136	灰黑色	中石质中壤土	块状	8.3	33.8	2.04	0.67	20.4	23.2		
					4	136—167	灰黄棕色	重石质中壤土	块状	8.5	18.3	1.14	0.63	18.3	16.3		
					C	167—200	黄棕色	中石质中壤土	粉粒状	8.6	12.7	0.84	0.59	18.3	12.1		
剖3	半水成土	草甸土	石灰性草甸土	石灰性草甸土	As	0—10	棕黑色	轻石质轻壤土	粒状	8.2	41.4	2.22	0.65	18.7	17.3	E 102°54′25.4″ N 34°58′04.4″	71
					2	10—29	棕黑色	轻石质中壤土	块状、片状	8.1	39.5	2.10	0.67	19.7	17.3		
					3	29—84	黑色	轻石质中壤土	块状、片状	8.0	50.6	2.67	2.67	21.2	21.4		
					G	84—118	暗棕黄色	轻石质轻壤土	块状、片状	8.4	3.2	0.33	0.64	20.1	6.6		
					C	118—192			无明显结构								
剖4	半淋溶土	灰褐土	石灰性灰褐土	耕种石灰性灰褐土	1	0—15	灰褐色	轻壤土	粒状	8.2	25.6	1.58	0.82	20.5	10.6	E 102°57′42.1″ N 34°39′11.2″	70
					P	15—24	灰褐色	轻壤土	粒状	8.3	19.0	1.22	0.70	20.5	9.6		
					3	24—44	暗棕黄色	轻壤土	块状	8.4	13.6	0.92	0.78	20.5	8.4		
					4	44—98	灰黄色	轻壤土	块状	8.4	11.6	0.76	0.77	20.1	7.6		
					C	98—145	灰黄色		块状								

临 潭 县

主要土类说明

灰褐土是临潭县主要土壤类型，占本县地域面积的 47%。灰褐土形成于温带干旱、半干旱山地云冷杉下，腐殖质累积与钙积作用明显。该土壤表层有机质含量可达 100g/kg，表层下见暗色腐殖质层，有弱黏淀特征。B 层呈棕褐色，钙积层在 40cm 以下出现，铁铝氧化物无移动。

黑毡土是临潭县第二大土壤类型，占本县地域面积的 19%。黑毡土形成于青藏高原高寒略较温湿的原面上，蒿草与杂生草类的草毡层初步分解，形成初步腐殖化的暗色草根茎盘结层。该土壤色泽较深，有机质含量较高，为 100—150g/kg，底土见锈色斑纹。

黑钙土是临潭县第三大土壤类型，占本县地域面积的 18%。黑钙土是在温带半湿润草甸草原下发育形成的具深厚均腐殖质层和碳酸钙淋溶淀积层的土壤。该土壤均腐殖质层厚 50cm 左右，有机质含量为 50—80g/kg。其下，钙积层明显。土壤表层 pH 约为 7.0，逐渐往下 pH 为 8.0—8.5。冬季冻层厚 1.3—1.5m。

褐土占本县地域面积的 10%。褐土是在半湿润区发育形成的具有黏化与钙质淋移淀积特征的土壤，具 A-B-Bk-C 剖面构型。该土壤盐基饱和，处于硅铝风化阶段，有明显黏淀层与假菌丝状钙积层。土壤 pH 为 7.0—7.5，盐基饱和度在 80% 以上，有时过饱和。

风沙土占本县地域面积的 4%。风沙土形成于半干旱、干旱漠境地区及滨海地区，是在风沙移动堆积形成的多种形态的风沙沉积物上发育的初育土。由于成土时间短暂，该土壤无剖面发育，具 C、（A）-C 或 A-C 剖面构型，反映了风沙移动堆积与固定的不同阶段。

小于本县地域面积 3% 的土壤类型有暗棕壤和草毡土。

本区域中心区气候特征

本区域中心区气候特征值
Regional climate characteristics in central area of the region

气候带：高原亚温带亚湿润气候 Climate region: Plateau subtemperate subhumid climate	
年平均气温 /℃ Annual average temperature /℃	6.5
年平均最高气温 /℃ Annual average maximum temperature /℃	14.1
年平均最低气温 /℃ Annual average minimum temperature /℃	0.9
年降水量 /mm Annual precipitation /mm	484
≥ 10℃的积温 /℃ Daily temperature accumulated in a year（≥ 10℃）/℃	2440
年日照时数 /h Annual sunshine /h	2214
年平均相对湿度 /% Annual average relative humidity /%	62
干燥度 Dryness	0.94

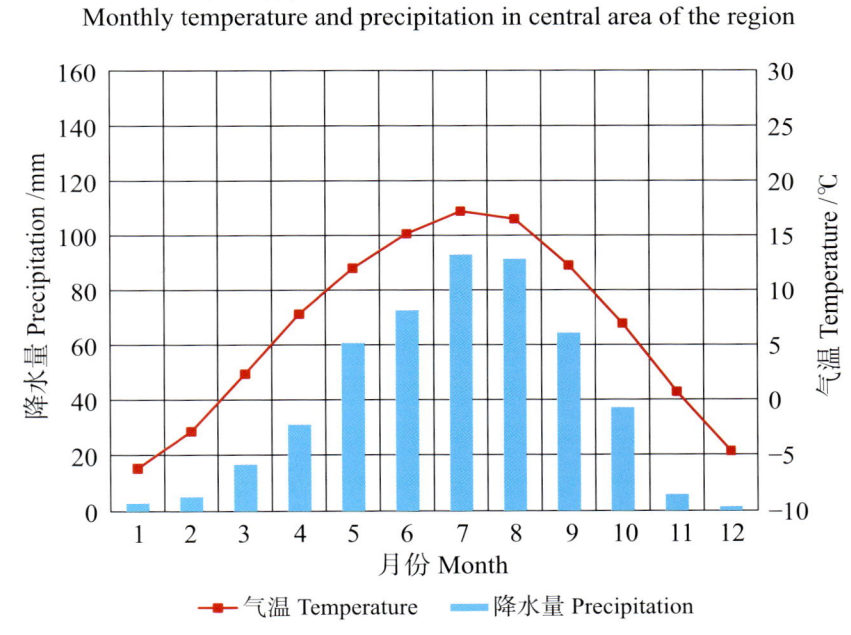

本区域中心区月平均气温与月平均降水量
Monthly temperature and precipitation in central area of the region

临潭县主要土壤类型与土壤剖面点分布图
1:280 000

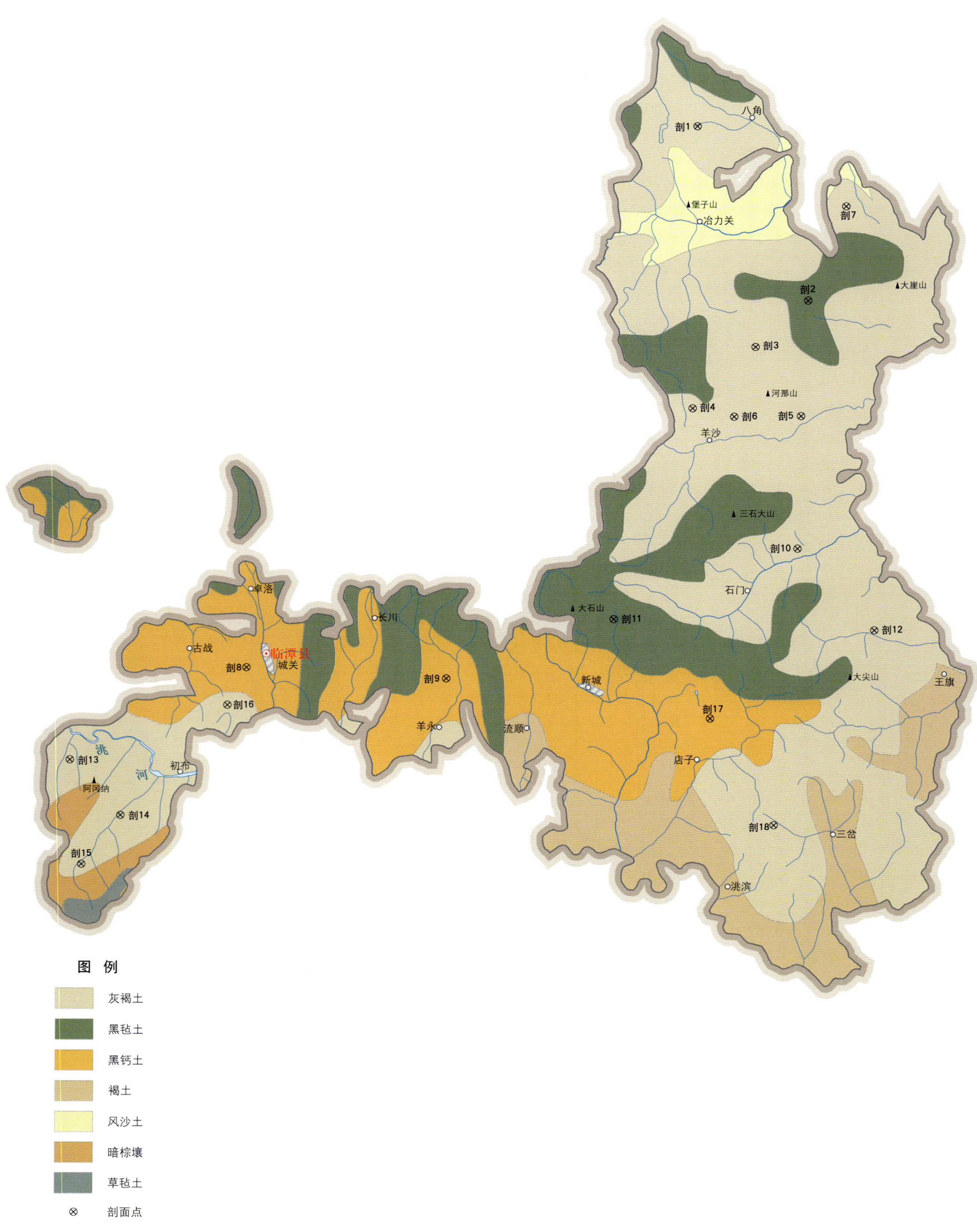

临潭县土壤剖面理化性状表

剖面号 Soil profile	土纲 Soil order	土类 Soil great group	亚类 Soil subgroup	土属 Soil genus	土种 Soil species	土层码 Layer code	土层厚度 Depth/cm	颜色 Soil color	质地 Soil texture	土壤结构 Soil structure	pH	有机质 OM/(g/kg)	全氮 TN/(g/kg)	全磷 TP/(g/kg)	全钾 TK/(g/kg)	阳离子交换量CEC/(cmol/kg)	剖面点坐标 Profile coordinate	匹配指数 Matching index/%
剖1	半淋溶土	灰褐土	淋溶灰褐土	林缘淋溶红砂土	林缘淋溶黑麻砂土	1	0—11				8.0	35.9	2.17	0.81	22.7	17.5	E 103°39′25.6″ N 35°01′21.7″	79
						P	11—15				8.0	35.2	2.17	0.76	22.9	17.3		
						3	15—55				8.2	32.6	2.07	0.76	22.5	19.6		
						4	55—116				8.2	23.7	1.36	0.62	23.0	15.8		
剖2	高山土	黑色土	棕黑色土			As	0—8		重壤土		6.7	127.2	5.84	1.00	20.5		E 103°44′22.3″ N 34°54′56.9″	87
						2	8—52		轻黏土		6.7	32.6	3.43	0.89	22.3			
						3	52—79		中壤土		6.9	8.1	0.87	0.40	22.7			
剖3	半淋溶土	灰褐土	淋溶灰褐土	林缘淋溶红砂土	林缘淋溶黑红砂土	1	0—14		中石质重壤土		8.1	42.2	2.26	0.84			E 103°42′06.8″ N 34°53′12.1″	89
						P	14—21		中石质重壤土		8.0	43.4	2.29	0.82	21.8			
						3	21—91		轻石质重壤土		8.0	45.2	2.23	0.86	20.7			
						4	91—114		重壤土		8.3	3.2	0.44	0.74	21.4			
剖4	半淋溶土	灰褐土	淋溶灰褐土	林缘淋溶黄土	林缘淋溶黑土	1	0—17		轻石质中壤土		8.0	56.2	2.95	0.99	21.9	25.8	E 103°39′24.9″ N 34°50′53.1″	87
						P	17—32		轻石质轻壤土		7.9	53.8	2.84	0.90	20.7	24.5		
						3	32—78		中壤土	粒状	7.5	46.4	2.44	0.91	21.4	22.5		
						4	78—125		轻石质中壤土	粒状	7.4	36.1	2.07	0.92	21.9	22.4		
剖5	半淋溶土	灰褐土	石灰性灰褐土			As	0—12	暗棕色	重壤土	粒状	8.1	78.9	4.24	0.93	25.6	33.2	E 103°44′08.5″ N 34°50′39.1″	83
						2	12—44	暗棕色	重壤土	粒状	8.1	78.9	4.24	0.93	25.6	33.2		
						3	44—61	暗棕色	重壤土	粒状	8.0	66.3	3.27	0.89	24.8	30.0		
						4	61—111	暗棕灰色	中壤土	小团状	8.1	58.8	1.55	0.87	24.0	24.7		
剖6	半淋溶土	灰褐土	石灰性灰褐土	林缘黄土	林缘白麻土	1	0—13		中壤土		8.4	14.6	0.98	0.69			E 103°41′13.9″ N 34°50′35.8″	87
						P	13—20		中壤土		8.4	12.7	0.80	0.62				
						3	20—42		中壤土		8.5	8.7	0.59	0.58				
						C	42—95		中壤土		8.6	6.0	0.44	0.58				
						4	95—147		中壤土		8.6	5.0	0.39	0.59				
剖7	半淋溶土	灰褐土	淋溶灰褐土	林缘淋溶黄土	林缘淋溶麻土	1	0—16		中石质中壤土		8.3	36.2	2.08	0.83	23.3	16.8	E 103°45′58.0″ N 34°58′27.1″	93
						P	16—27		中石质中壤土		8.0	36.7	2.15	0.81	25.1	16.2		
						3	27—88		中石质中壤土		8.0	34.6	2.04	0.78	23.8	16.4		
						4	88—102		中石质中壤土		7.9	29.6	1.62	0.78	23.9	19.6		
剖8	钙层土	黑钙土	石灰性黑钙土	黑钙黄土	黑钙麻土	1	0—16	黑棕色	中石质重壤土	粒状	8.2	36.9	2.22	1.25	23.7	20.1	E 103°20′15.9″ N 34°40′59.9″	77
						2	16—28	暗棕色	轻石质重壤土	小核状	8.3	27.8	1.81	1.25	25.1	16.2		
						3	28—98	暗棕色	轻石质重壤土	块状	8.4	28.4	1.75	1.16	23.8	16.4		
						4	98—116	暗棕色	轻石质重壤土	核状	8.3	34.0	2.10	1.29	23.9	19.6		
剖9	钙层土	黑钙土	石灰性黑钙土	黑钙红土	黑红胶土	1	0—12		轻石质重壤土		8.1	36.4	2.11	0.91	23.7	20.1	E 103°28′56.3″ N 34°40′43.1″	79
						P	12—20		重壤土		8.1	33.9	2.07	0.86	22.2	20.5		
						3	20—84		重壤土		8.1	37.2	1.85	0.76	23.3	28.1		
						4	84—140		砂壤土		8.3	25.4	1.17	0.67	24.8	25.6		
剖10	半淋溶土	灰褐土	石灰性灰褐土	林缘冲淤土	林缘冲淤黄麻土	1	0—18		重壤土		8.3	15.7	0.93	0.69			E 103°44′05.3″ N 34°45′44.6″	80
						P	18—30		中壤土		8.2	28.7	1.99	0.97				
						3	30—95		中壤土		8.4	17.3	1.18	0.90				
						4	95—110		轻壤土		8.5	9.4	0.66	0.76				

续表 Continued

剖面号 Soil profile	土纲 Soil order	土类 Soil great group	亚类 Soil subgroup	土属 Soil genus	土种 Soil species	土层码 Layer code	土层厚度 Depth/cm	颜色 Soil color	质地 Soil texture	土壤结构 Soil structure	pH	有机质 OM/(g/kg)	全氮 TN/(g/kg)	全磷 TP/(g/kg)	全钾 TK/(g/kg)	阳离子交换量CEC/(cmol/kg)	剖面点坐标 Profile coordinate	匹配指数 Matching index/%
剖11	高山土	黑毡土				As	0–9	黑色		粒状	5.4	122.2	5.50	0.97			E 103° 36′ 09.4″ N 34° 43′ 01.6″	72
						2	9–23	黑色		粒状、团块状	5.4	96.0	4.57	0.96				
						3	23–32	灰白色		团块状	5.4	15.1	0.46	0.33				
						C	32–69	青灰色		团块状								
剖12	半淋溶土	灰褐土	石灰性灰褐土	林缘黄土	林缘黑墡土	1	0–22		轻石质中壤土		8.3	24.2	1.52	0.68			E 103° 47′ 28.4″ N 34° 42′ 44.6″	80
						P	22–32		重壤土		8.2	27.6	1.71	0.71				
						3	32–71		重壤土		8.2	46.5	2.59	0.89				
						4	71–100		轻石质中壤土		8.4	7.3	0.46	0.58				
						5	100–109		轻石质中壤土		8.5	5.5	0.40	0.47				
剖13	半淋溶土	灰褐土	石灰性灰褐土	林缘红土	林缘红土	1	0–19		中壤土		8.3	14.9	1.04	0.49	22.8	15.7	E 103° 12′ 41.6″ N 34° 37′ 27.5″	90
						P	19–26		轻石质中壤土		8.3	13.6	1.00	0.49	23.9	16.4		
						3	26–60		轻石质中壤土		8.2	14.4	1.09	0.55	24.7	16.8		
						4	60–95		轻石质中壤土		8.3	3.2	0.52	0.34	23.3	18.1		
剖14	半淋溶土	灰褐土	石灰性灰褐土	林缘冲淤土	林缘冲淤麻土	1	0–15		轻石质中壤土	粒状	8.4	32.8	2.19	1.06	22.0	14.1	E 103° 14′ 56.0″ N 34° 35′ 25.8″	72
						P	15–23		轻石质中壤土	片状	8.1	32.1	2.02	1.04	20.8	15.4		
						3	23–94		轻石质重壤土	片状	8.4	25.3	1.55	0.90	21.5	14.8		
						4	94–110	棕灰色										
剖15	半淋溶土	灰褐土	淋溶灰褐土	林缘淋溶黑红土		1	0–19		轻黏土		8.1	23.9	1.58	0.60	24.8	20.5	E 103° 13′ 17.1″ N 34° 33′ 34.1″	80
						P	19–28		轻黏土		8.0	23.8	1.53	0.67	23.5	21.0		
						3	28–90		轻黏土		7.9	15.7	1.09	0.54	22.9	20.6		
						4	90–102		轻黏土		7.9	8.3	0.63	0.49	22.6	18.4		
剖16	半淋溶土	灰褐土	石灰性灰褐土	林缘红砂土	林缘黑砂土	1	0–18	暗棕色	中石质中壤土		8.3	33.8	2.24	0.72	26.5	19.4	E 103° 19′ 28.2″ N 34° 39′ 35.1″	98
						P	18–27	暗棕色	轻石质重壤土		8.3	32.7	2.02	0.72	26.2	18.9		
						3	27–108	暗黄棕色	轻石质重壤土		8.4	23.0	1.56	0.59	28.2	20.2		
						4	108–130		轻石质重壤土		8.5	10.7	0.69	0.55	25.0	13.5		
剖17	钙层土	黑钙土	石灰性黑钙土			As	0–10		中壤土	粉粒状	8.1	68.7	4.03	0.68	20.9	28.6	E 103° 40′ 24.5″ N 34° 39′ 23.0″	95
						2	10–45		中壤土	团粒状	8.3	40.7	2.51	0.63	19.2	17.3		
						3	45–85		中壤土		8.5	13.4	0.85	0.59	19.3	10.8		
						4	85–105		中壤土		8.7	3.7	0.33	0.60	18.9	6.9		
剖18	半淋溶土	灰褐土	淋溶灰褐土			1	0–7	黑棕色	重壤土	小团块状	7.2	171.8	6.50	1.00	21.8	50.6	E 103° 43′ 14.9″ N 34° 35′ 28.0″	79
						2	7–54	黑棕色	重壤土	小团块状	7.2	171.8	6.50	1.00	21.8	50.6		
						3	54–85	灰黄棕色	重壤土	小块状	7.0	66.5	3.04	0.90	21.4	30.1		
						4	85–102	灰黄棕色	重壤土		7.4	32.1	1.56	0.91	22.9	26.1		
						C	102–116				7.5	16.0	0.80	0.60	22.5	17.8		

卓 尼 县

主要土类说明

灰褐土是卓尼县主要土壤类型，占本县地域面积的 69%。灰褐土形成于温带干旱、半干旱山地云冷杉下，腐殖质累积与钙积作用明显。该土壤表层有机质含量可达 100g/kg，表层下见暗色腐殖质层，有弱黏淀特征。B 层呈棕褐色，钙积层在 40cm 以下出现，铁铝氧化物无移动。

黑毡土是卓尼县第二大土壤类型，占本县地域面积的 16%。黑毡土形成于青藏高原高寒略较温湿的原面上，蒿草与杂生草类的草毡层初步分解，形成初步腐殖化的暗色草根茎盘结层。该土壤色泽较深，有机质含量较高，为 100—150g/kg，底土见锈色斑纹。

草毡土是卓尼县第三大土壤类型，占本县地域面积的 9%。草毡土是在高寒区（青藏高原）平缓高原面上发育形成的具强度生草腐殖质累积与弱度氧化还原特征的高山土壤。由于寒冻，蒿草根累积并弱度分解，该土壤呈草毡状。土体滞水，冻融交替，弱度氧化还原交替进行，造成该土壤氧化铁微弱游离。

小于本县地域面积 3% 的土壤类型有黑钙土、寒漠土和红黏土。

本区域中心区气候特征

本区域中心区气候特征值
Regional climate characteristics in central area of the region

气候带：高原亚温带亚湿润气候 Climate region: Plateau subtemperate subhumid climate	
年平均气温 /℃ Annual average temperature /℃	6.8
年平均最高气温 /℃ Annual average maximum temperature /℃	14.3
年平均最低气温 /℃ Annual average minimum temperature /℃	1.3
年降水量 /mm Annual precipitation /mm	503
≥10℃的积温 /℃ Daily temperature accumulated in a year (≥10℃) /℃	2523
年日照时数 /h Annual sunshine /h	2159
年平均相对湿度 /% Annual average relative humidity /%	62
干燥度 Dryness	0.96

本区域中心区月平均气温与月平均降水量
Monthly temperature and precipitation in central area of the region

卓尼县主要土壤类型与土壤剖面点分布图
1∶470 000

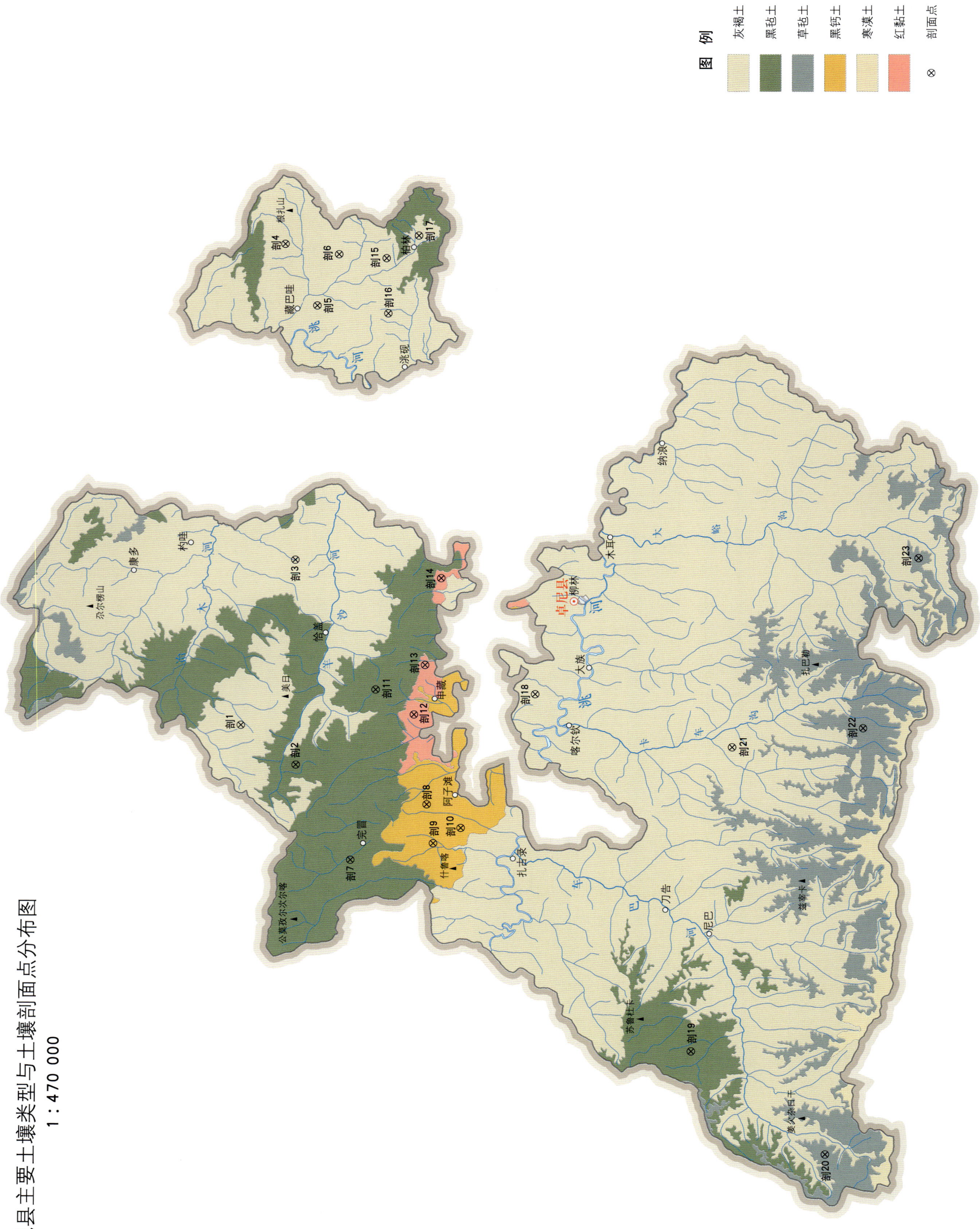

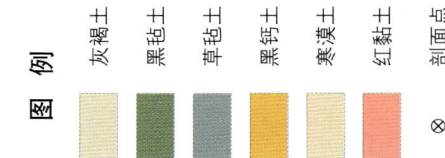

卓尼县土壤剖面理化性状表

剖面号 Soil profile	土纲 Soil order	土类 Soil great group	亚类 Soil subgroup	土属 Soil genus	土层码 Layer code	土层厚度 Depth/cm	颜色 Soil color	质地 Soil texture	土壤结构 Soil structure	pH	有机质 OM/(g/kg)	全氮 TN/(g/kg)	全磷 TP/(g/kg)	全钾 TK/(g/kg)	有效磷 AP/(mg/kg)	速效钾 AK/(mg/kg)	阳离子交换量 CEC/(cmol/kg)	土壤母质 Parent material	剖面点坐标 Profile coordinate	匹配指数 Matching index/%
剖1	半淋溶土	灰褐土	淋溶灰褐土		1	0–4												黄土状母质、坡积物	E 103°20′36.2″ N 34°55′31.1″	84
					2	4–22				6.9	275.8	8.27	0.80	18.8	3.0	194	49.6			
					3	22–42				7.2	88.7	3.63	0.61	22.2			35.9			
					4	42–90				8.1	16.3	0.80	0.43	25.7			12.5			
					5	90–118				8.4	12.4	0.61	0.54	24.1			11.9			
剖2	高山土	黑毡土	黑毡土		1	0–6				6.7	125.0	6.22	0.91	21.4			41.4	黄土状残积物、坡积物	E 103°17′42.7″ N 34°52′13.4″	86
					2	6–25				6.8	80.0	4.31	0.80	22.1	5.0	88	35.9			
					3	25–46				7.1	42.8	2.18	0.70	22.3			23.2			
					4	46–64				7.2	19.8	1.07	0.49	22.6			14.7			
剖3	半淋溶土	灰褐土	淋溶灰褐土		1	0–10												黄土状母质、坡积物	E 103°32′57.8″ N 34°52′29.3″	70
					Ao	10–21	黑棕色	轻壤土	粒状											
					3	21–31	暗棕色	轻壤土	团粒状	6.7	104.8	3.84	0.59	21.5	4.0	204	41.7			
					4	31–65	棕色		小块状	7.3	69.5	2.60	0.52	22.4			37.4			
					5	65–95	浅棕色	中壤土	片状	8.0	19.9	1.19	0.67	31.2			15.4			
剖4	半淋溶土	灰褐土	石灰性灰褐土		Aoo	0–5												黄土状母质、坡积物	E 103°56′28.5″ N 34°53′22.4″	97
					Ao	5–11	暗棕色	轻壤土	粒状	7.5	76.5	3.92	0.74	23.8	6.0	518	34.7			
					Bca	11–44	暗棕色	中壤土	粒状	7.7	55.8	2.92	0.68	24.4			33.3			
						44–95	棕色		块状	8.0	19.6	0.99	0.40	26.3			27.2			
					C	95–121				8.1	15.3	0.76	0.38	26.0			23.8			
剖5	半淋溶土	灰褐土	石灰性灰褐土	耕种石灰性灰褐土	1	0–17				8.1	25.7	1.58	0.90	22.1	14.0	377	10.4	黄土状母质、坡积物	E 103°51′54.3″ N 34°51′25.7″	75
					2	17–27				8.4	17.9	1.20	0.80	21.1			10.4			
					3	27–57				8.5	6.4	0.49	0.58	15.9			4.3			
					4	57–125														
剖6	半淋溶土	灰褐土	石灰性灰褐土	耕种石灰性灰褐土	1	0–21				8.1	45.9	2.57	1.13	25.2	11.0	326	20.1	黄土状母质、坡积物	E 103°55′44.8″ N 34°50′11.4″	81
					2	21–30	暗棕色	中壤土	粒状、小块状	8.3	26.4	1.53	0.85	26.2			17.3			
					3	30–49	灰黄棕色	中壤土	块状、小粒状	8.4	22.4	1.43	0.81	26.1			14.4			
					4	49–84	浅黄棕色	砾质土		8.4	15.8	1.67	0.76	26.1			11.8			
					5	84–120				8.5	5.2	0.49	0.64	24.5			6.5			
剖7	高山土	黑毡土	薄黑毡土		As	0–10	灰棕色	中壤土	粒状、块状	6.5	82.2	4.28					28.8	黄土状残积物、坡积物	E 103°10′40.4″ N 34°48′52.2″	72
					2	10–60	暗棕色	中壤土	片状、块状	8.0	60.5	3.38	0.70	23.1	4.0	159	19.0			
					3	60–86	灰黄棕色	砾质土	粒状、块状	8.4	26.9	1.66	0.58	21.8			8.6			
					C	86–121	浅灰棕色	中壤土		8.5	11.1	0.81	0.63	21.1			22.6			
剖8	钙层土	黑钙土	淋溶黑钙土		1	0–20	暗灰棕色	中壤土	粒状	8.2	39.6	2.03	0.90	21.6	8.0	203	23.3	黄土状母质	E 103°14′56.0″ N 34°44′25.4″	90
					P	20–30	暗灰棕色	中壤土	片状、块状	8.3	37.0	2.12	0.84	22.1			28.0			
					3	30–72	灰黑色	中壤土	粒状	8.3	46.2	2.40	0.85	22.1			31.5			
					4	72–118	黑色	中壤土	块状	8.3	53.9	2.39	0.85	21.4			17.9			
					5	118–130	灰黄棕色	中偏重壤土		7.0	29.8	1.50	0.78	21.6						
剖9	钙层土	黑钙土	石灰性黑钙土		As	0–9	暗棕色	轻壤土	粒状	7.9	61.7	3.47	0.70	21.8	4.0	130	26.4	黄土状母质	E 103°12′02.3″ N 34°43′59.5″	100
					2	9–34	黑灰色	轻壤土	粒状	8.2	56.1	3.20	0.69	22.8			10.7			
					3	34–50	暗红棕色	轻壤土	块状	8.2	18.6	1.28					17.9			
					4	50–90	浅棕黄色	轻壤土	小块状	8.5	7.7	0.77	0.72	22.9			7.0			

续表 Continued

剖面号 Soil profile	土纲 Soil order	土类 Soil great group	亚类 Soil subgroup	土属 Soil genus	土层码 Layer code	土层厚度 Depth/cm	颜色 Soil color	质地 Soil texture	土壤结构 Soil structure	pH	有机质 OM/(g/kg)	全氮 TN/(g/kg)	全磷 TP/(g/kg)	全钾 TK/(g/kg)	有效磷 AP/(mg/kg)	速效钾 AK/(mg/kg)	阳离子交换量 CEC/(cmol/kg)	土壤母质 Parent material	剖面点坐标 Profile coordinate	匹配指数 Matching index/%
剖10	钙层土	黑钙土	淋溶黑钙土		As	0—10	黑棕色											黄土状母质	E 103°13′13.2″ N 34°42′22.6″	79
					2	10—35	暗棕色	轻偏中壤土	粒状、小块状											
					3	35—54	暗棕色	中偏质轻壤土	粒状、小块状											
					C	54—98	暗灰黄色	中砾质轻壤土												
剖11	高山土	黑毡土	黑毡土		1	0—5		中壤土										黄土状残积物、坡积物	E 103°23′25.4″ N 34°47′35.5″	78
					2	5—29		中壤土												
					3	29—45		中壤土												
					4	45—57		中壤土	小粒状											
剖12	初育土	红黏土	红黏土	红黏土	As	0—8	浅棕色	中壤土	小粒状									第四纪红黏土	E 103°21′36.7″ N 34°45′17.0″	78
					2	8—37	棕色	重壤土	块状											
					3	37—59	红色	中壤土	棱块状											
					C	59—71	红色	中壤土	粒状											
剖13	初育土	红砂土	红砂土	红砂土	1	0—23	浅棕色	轻壤土	粒状									第四纪红黏土	E 103°25′18.0″ N 34°44′41.2″	95
					2	23—47	红棕色	轻壤土	块状											
					3	47—129	红色	轻壤土	砂砾状											
					4	129—161	浅棕色	中黏土	小团粒状	8.2	16.3	1.34	0.70	23.5	9.0	551	15.2			
剖14	初育土	红黏土	红黏土	耕种红黏土	1	0—15	暗棕色	中黏土	小块状	8.3	15.3	1.34	0.69	24.5			16.1	第四纪红黏土	E 103°31′45.4″ N 34°43′49.9″	84
					P	15—23	暗棕色	中黏土	块状	8.3	15.7	1.32	0.59	24.4			19.3			
					3	23—44	暗棕色	重壤土	片状、棱块状	8.4	6.9	0.78	0.62	25.2			17.1			
					4	44—65	红色	轻壤土	粒状											
剖15	半淋溶土	灰褐土	石灰性灰褐土	耕种石灰性灰褐土	1	0—20	黑棕色	轻壤土	团粒状	6.7	38.6	2.34	0.98	24.7	26.0		15.7	黄土状母质、坡积物	E 103°55′29.8″ N 34°47′22.3″	79
					2	20—27	暗棕色	中壤土	小块状	7.3	29.5	1.98	0.90	24.7			17.8			
					3	27—76	暗棕色	中壤土	片状	8.0	22.7	1.50	0.87	24.6			12.7			
					4	76—93	灰棕色	粉砂土			28.7	1.73	0.91	22.2			14.5			
					5	92—143	灰黄色	中壤土			6.9	0.60	0.55	16.2			5.5			
剖16	半淋溶土	灰褐土	石灰性灰褐土	耕种石灰性灰褐土	1	0—10	暗棕色	轻壤土	小团粒状	6.2	77.1	4.23	0.64	21.9	5.0	199	27.7	黄土状母质、坡积物	E 103°51′23.7″ N 34°47′13.8″	94
					2	10—25	暗棕色	中壤土	小块状	7.2	31.6	1.85	0.51	22.7			21.4			
					3	25—52	暗棕色	中壤土	块状	8.1	10.4	0.98	0.46	23.8			16.8			
					4	52—74		中壤土				0.51	0.57	21.0			8.8			
					5	74—111		轻壤土												
剖17	半淋溶土	灰褐土	石灰性灰褐土	耕种石灰性灰褐土	1	0—22	暗灰色	轻壤土	片状	8.1		1.98	0.87	24.6		330		黄土状母质、坡积物	E 103°57′12.5″ N 34°45′28.5″	78
					P	22—31	暗灰色	轻偏中壤土	粒状、小块状	8.3		1.50	0.91	22.2						
					3	31—62	灰棕色	中壤土	粒状	8.4		1.73								
					4	62—92	灰黄色	粉砂土	粒状	8.5										
					5	92—143	灰黄色	中壤土	片状	7.5										
剖18	半淋溶土	灰褐土	石灰性灰褐土	耕种石灰性灰褐土	1	0—20	暗棕色	轻壤土	粒状	7.7								黄土状母质、坡积物	E 103°23′17.1″ N 34°38′08.7″	72
					2	20—27	棕色	中壤土	块状	8.0	8.1									
					3	27—82	暗灰棕色	重黏土												
					4	82—98														
剖19	高山土	黑毡土	黑毡土		As	0—8	暗棕色	轻壤土	粒状	6.4	168.5	7.30	1.07	23.4		162	44.4	黄土状残积物、坡积物	E 102°57′01.4″ N 34°28′25.7″	75
					2	8—27	暗棕色	中壤土	团粒状	6.6	82.1	3.99	1.04	23.1			33.9			
					3	27—51	暗灰棕色	重黏土	粒状、小块状	6.6	40.9	2.25	0.89	22.4	5.0		24.2			
					C	51—				7.0	10.6	0.69	0.36	20.4			9.4			
剖20	高山土	草毡土			1	0—9				6.4	159.2	7.35	1.60	20.3		236	45.6	坡积物、残积物	E 102°49′44.8″ N 34°20′19.5″	94
					2	9—52				6.6	92.3	3.79	1.07	21.9	5.0		38.6			
					3	52—71				6.6	26.6	1.23	0.67	21.9			20.0			
					4	71—81				6.6	11.1	0.65	0.48	22.6			14.0			

续表 Continued

剖面号 Soil profile	土纲 Soil order	土类 Soil great group	亚类 Soil subgroup	土属 Soil genus	土层码 Layer code	土层厚度 Depth/cm	颜色 Soil color	质地 Soil texture	土壤结构 Soil structure	pH	有机质 OM/(g/kg)	全氮 TN/(g/kg)	全磷 TP/(g/kg)	全钾 TK/(g/kg)	有效磷 AP/(mg/kg)	速效钾 AK/(mg/kg)	阳离子交换量CEC/(cmol/kg)	土壤母质 Parent material	剖面点坐标 Profile coordinate	匹配指数 Matching index/%
剖21	半淋溶土	灰褐土	淋溶灰褐土		1	0—8				6.4	130.6	4.93	1.01	20.3	3.0	128	59.0	黄土状母质、坡积物	E 103°19′36.5″ N 34°26′25.1″	80
					2	8—23				6.3	118.9	4.35	1.10	20.9			49.5			
					3	23—44				6.5	38.9	1.88	0.85	20.8			31.5			
					4	44—81				6.7	19.7	1.00	0.45	24.4			18.5			
					5	81—96				6.5	179.7	8.29	1.06	20.0			50.5			
剖22	高山土	草毡土			1	0—6				6.7	99.8	4.52	1.07	22.3	2.0	51	41.2	坡积物、残积物	E 103°21′11.3″ N 34°18′41.4″	95
					2	6—49				6.8	49.7	2.24	0.86	22.2		159	27.2			
					3	49—66				7.2	9.1	0.60	0.29	24.0		27	9.1			
					4	66—98										9				
剖23	高山土	草毡土			1	0—6				7.0	140.5	6.55	1.02	21.4	4.0	162	35.6	坡积物、残积物	E 103°33′47.6″ N 34°15′35.8″	70
					2	6—58				7.0	80.8	3.86	1.02	21.4			17.9			
					3	58—69				7.1	23.9	1.18	0.56	22.2			13.6			
					4	69—79				7.2	11.5	0.72	0.44	22.2						

舟 曲 县

主要土类说明

褐土是舟曲县主要土壤类型，占本县地域面积的 38%。褐土是在半湿润区发育形成的具有黏化与钙质淋移淀积特征的土壤，具 A-B-Bk-C 剖面构型。该土壤盐基饱和，处于硅铝风化阶段，有明显黏淀层与假菌丝状钙积层。土壤盐基饱和度在 80% 以上，有时过饱和。

棕壤是舟曲县第二大土壤类型，占本县地域面积的 28%。棕壤形成于落叶阔叶林下，但大部分已被垦殖，以旱作为主。该土壤处于硅铝风化阶段，具有黏化特征，呈棕色。土体见黏粒淀积，盐基充分淋失，pH 一般为 6.0—7.0，见少量游离铁。

暗棕壤是舟曲县第三大土壤类型，占本县地域面积的 25%。暗棕壤是在湿润地区针阔叶混交林下发育形成的具有明显有机质富集和弱酸性淋溶特征的土壤，具 O-A-B-C 剖面构型。A 层有机质含量可达 200g/kg，弱酸性淋溶使铁铝轻微下移；B 层呈棕色，结构面见铁锰胶膜。土壤呈弱酸性，盐基饱和度为 70%—80%。土壤冻结期长。

黑毡土占本县地域面积的 8%。黑毡土形成于青藏高原高寒略较温湿的原面上，蒿草与杂生草类的草毡层初步分解，形成初步腐殖化的暗色草根茎盘结层。该土壤色泽较深，有机质含量较高，为 100—150g/kg，底土见锈色斑纹。土壤 pH 为 6.5—8.0。

小于本县地域面积 3% 的土壤类型有草毡土、山地草甸土和潮土。

本区域中心区气候特征

本区域中心区气候特征值
Regional climate characteristics in central area of the region

气候带：高原亚温带湿润气候 Climate region: Plateau subtemperate humid climate	
年平均气温 /℃ Annual average temperature /℃	11.2
年平均最高气温 /℃ Annual average maximum temperature /℃	17.5
年平均最低气温 /℃ Annual average minimum temperature /℃	6.5
年降水量 /mm Annual precipitation /mm	502
≥10℃的积温 /℃ Daily temperature accumulated in a year (≥10℃) /℃	3933
年日照时数 /h Annual sunshine /h	1938
年平均相对湿度 /% Annual average relative humidity /%	59
干燥度 Dryness	1.53

本区域中心区月平均气温与月平均降水量
Monthly temperature and precipitation in central area of the region

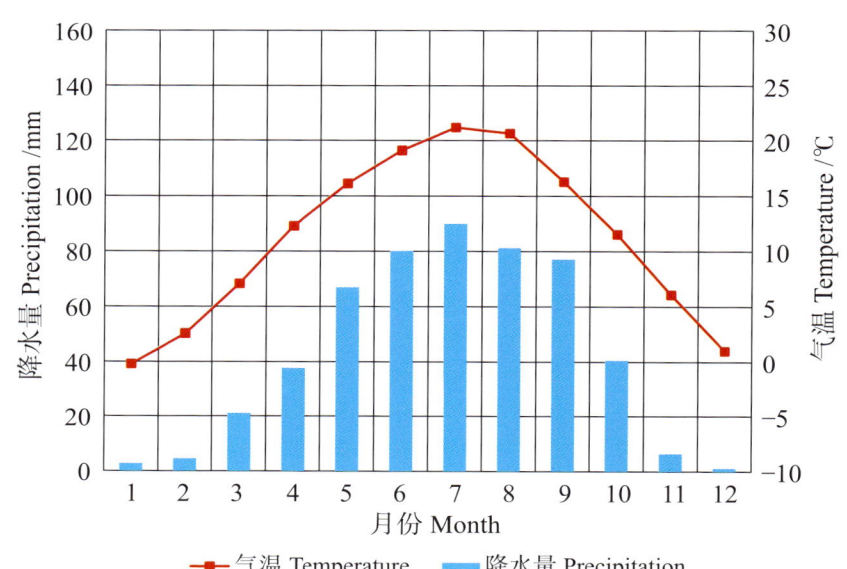

舟曲县主要土壤类型与土壤剖面点分布图
1:370 000

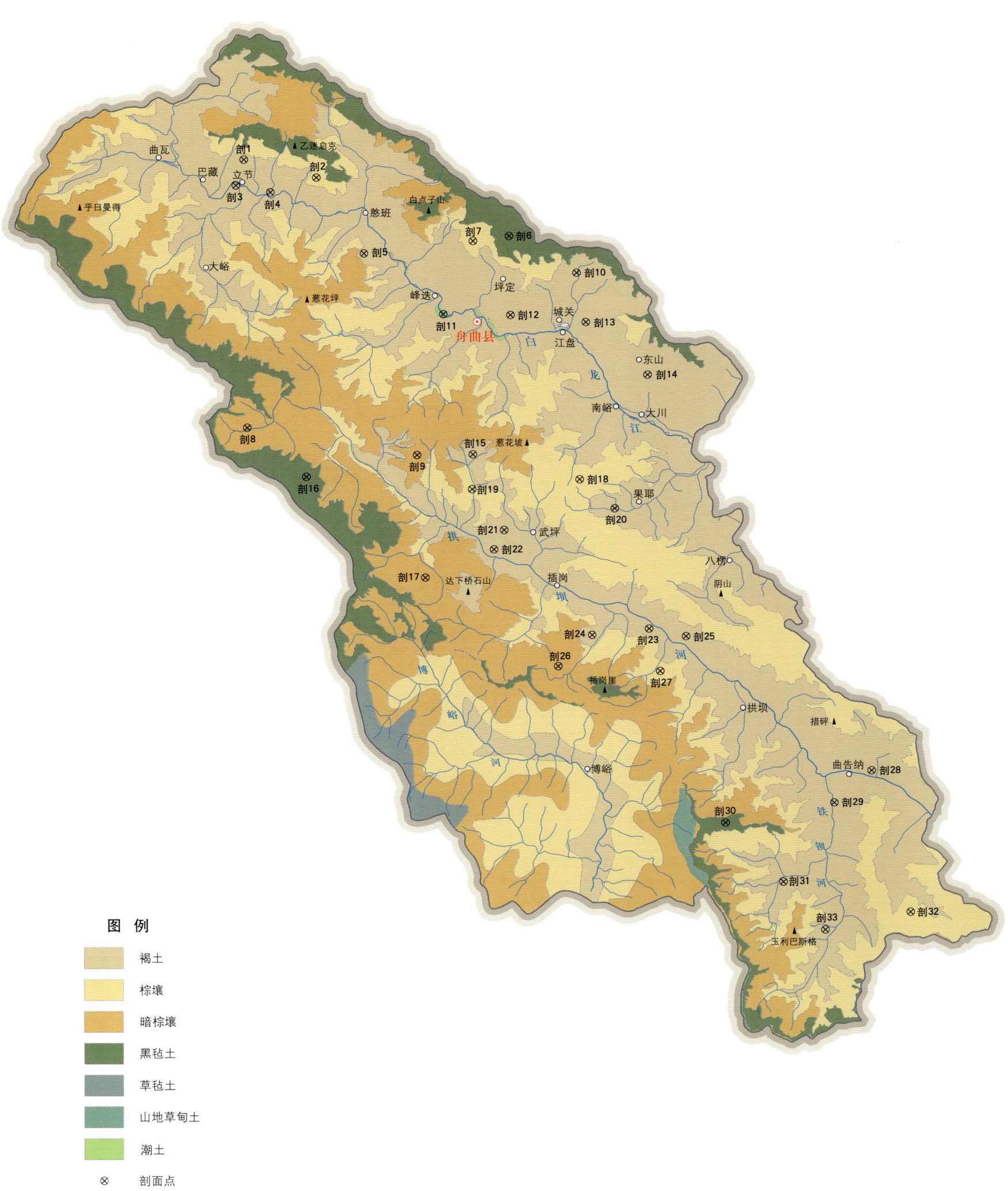

舟曲县土壤剖面理化性状表

剖面号 Soil profile	土纲 Soil order	土类 Soil great group	亚类 Soil subgroup	土属 Soil genus	土层码 Layer code	土层厚度 Depth/cm	颜色 Soil color	质地 Soil texture	土壤结构 Soil structure	pH	有机质 OM/(g/kg)	全氮 TN/(g/kg)	全磷 TP/(g/kg)	全钾 TK/(g/kg)	有效磷 AP/(mg/kg)	速效钾 AK/(mg/kg)	阳离子交换量CEC/(cmol/kg)	土壤母质 Parent material	剖面点坐标 Profile coordinate	匹配指数 Matching index/%
剖1	半淋溶土	褐土	褐土	耕种黄土质褐土	1	0—19	棕褐色	中壤土	团粒状	7.6	25.3	1.16	0.73	21.5	2.0	111	14.5	黄土	E 104°04′07.0″ N 33°54′59.0″	94
					P	19—32	褐色	重壤土	块层状	7.7	10.0	0.78	0.73	23.3			15.0			
					3	32—75	褐色	重壤土	块状	7.7	7.8	0.62	0.80	23.2			14.0			
					C	75—	黄褐色	中壤土	块状											
剖2	淋溶土	棕壤	山地棕壤	酸性岩类山地棕壤	Ao	0—10	黑褐色		无明显结构									酸性岩类	E 104°08′07.7″ N 33°54′09.8″	100
					2	10—37	黑棕色	中壤土	粒状	7.1	172.7	8.28	1.42	22.0	15.0	835	61.9			
					3	37—60	棕色	重壤土	小块状	7.1	50.6	2.99	1.48	24.4			27.0			
					4	60—130	棕色	重壤土	小块状	6.9	58.7	3.78	1.73	24.2			32.1			
					C	130—138	灰棕色		块状											
剖3	半淋溶土	褐土	石灰性褐土	耕种冲积石灰性褐土	1	0—20	浅棕色	重壤土	团块状	8.1	24.0	1.83	0.89	26.6	10.0	195	7.6	冲积物	E 104°03′41.3″ N 33°53′45.0″	86
					P	20—26	暗棕色	重壤土	小块状	8.2	10.8	1.20	0.79	29.5			4.6			
					3	26—50	褐色	重壤土	小块状	8.6	7.1	1.21	0.75	28.2			6.2			
					4	50—65	灰褐色	重壤土	块状	8.5	8.3	1.01	0.80	28.5			4.4			
					C	65—81	灰褐色													
剖4	半淋溶土	褐土	褐土性	酸性岩类褐土	1	0—20	暗褐色	中壤土	团块状	8.3	45.1	2.78	1.18	19.6	38.0	106	12.7	酸性岩类	E 104°05′35.7″ N 33°53′26.4″	96
					P	20—27	浅褐色	重壤土	小块状	8.6	15.5	1.18	0.94	19.4			6.9			
					3	27—55	黄褐色	重壤土	小块状	8.6	9.4	0.88	0.68	20.1			5.5			
					4	55—110	棕黄色	重壤土	块状	8.6	7.5	0.76	0.66	20.6			6.2			
剖5	半淋溶土	褐土	褐土	酸性岩类褐土	Ao	0—3	暗棕色	重壤土	无明显结构									冲积物	E 104°10′46.9″ N 33°50′35.4″	100
					2	3—32	暗棕色	中壤土	团粒状	6.8	70.2	1.20	0.70	21.7	5.0	139	31.4			
					3	32—68	红棕色	中壤土	块状	7.9	7.2	0.55	0.41	24.8			26.4			
					C	68—89	红棕色	中壤土	块状	8.6	6.0	0.36	0.58	20.6			7.6			
剖6	高山土	黑色土	棕黑色	碳酸岩类棕黑土	As	0—11	暗棕黑色	中壤土	团粒状	7.8	212.7	8.99	0.92	16.5	11.0	143	67.2	碳酸岩类	E 104°18′45.6″ N 33°51′27.8″	99
					2	11—24	暗棕黑色	中壤土	粒状	7.3	292.6	9.69	0.89	13.6			90.4			
					3	24—38	棕黑色	中壤土	小块状	5.4	108.2	5.77	1.21	20.8			28.0			
					C	38—50	棕色	中壤土	块层状	5.5	50.4	5.70	1.17	20.2			35.9			
剖7	棕壤	棕壤	山地棕壤	黄土质山地棕壤	1	0—12	棕色	中壤土	小块状	5.5	4.2	0.47	0.48	23.0	3.0	75	10.4	黄土	E 104°16′47.3″ N 33°51′13.2″	100
					2	12—50	黄褐色	重壤土	块状	6.0	401.5	16.33	1.19	10.7	17.0	530	119.0			
					C	50—	黄褐色	重壤土	块状											
剖8	淋溶土	暗棕壤	暗棕壤	黄土质暗棕壤	Ao	0—5	暗棕色	轻壤土	无明显结构	6.0	39.2	2.13	0.55	18.2			28.1	黄土	E 104°04′26.0″ N 33°42′14.0″	71
					2	5—34	暗棕色	中壤土	团块状	7.5	8.8	0.62	0.36	18.6			18.9			
					3	34—52	浅黑棕色	中壤土	小块状											
					4	52—98	黄褐色	重壤土	小块状											
					C	98—101	棕褐色	轻壤土	块状											
剖9	淋溶土	暗棕壤	暗棕壤	红砂砾岩类暗棕壤	Ao	0—7	黑棕色	重壤土	无明显结构	7.7	292.4	9.82	0.94	16.5	17.0	820	88.2	砂砾岩类	E 104°13′47.7″ N 33°41′00.3″	96
					2	7—19	棕黑色	重壤土	粒状	6.3	40.2	2.01	0.60	18.8			23.4			
					3	19—28	棕色	重壤土	小块状	5.7	24.1	1.73	0.57	17.3			21.7			
					4	28—46	红棕色	重壤土	小块状											
					C	46—60	红棕色	重壤土	块状											
剖10	半淋溶土	褐土	褐土	碳酸岩类褐土	Ao	0—7	黑褐色	中壤土	团粒状	7.1	98.3	4.25	0.72	16.7	10.0	294	38.0	碳酸岩类	E 104°22′30.4″ N 33°49′44.8″	99
					2	7—35	黑棕色	重壤土	团块状	7.9	33.0	1.91	0.65	14.3			22.1			
					3	35—73	暗褐色	重壤土	团块状											
					C	73—90	褐色	重壤土	块状	8.0	42.6	2.49	0.17	14.5			22.2			

续表 Continued

剖面号 Soil profile	土纲 Soil order	土类 Soil great group	亚类 Soil subgroup	土属 Soil genus	土层码 Layer code	土层厚度 Depth/cm	颜色 Soil color	质地 Soil texture	土壤结构 Soil structure	pH	有机质 OM/(g/kg)	全氮 TN/(g/kg)	全磷 TP/(g/kg)	全钾 TK/(g/kg)	有效磷 AP/(mg/kg)	速效钾 AK/(mg/kg)	阳离子交换量CEC/(cmol/kg)	土壤母质 Parent material	剖面点坐标 Profile coordinate	匹配指数 Matching index/%
剖11	半水成土	潮土	湿潮土	耕种冲积湿潮土	1	0—17	褐色	轻壤土	散粒状	8.4	23.2	1.39	0.75	24.3	4.0	183	9.0	河流冲积物	E 104°15′11.2″ N 33°47′43.4″	95
					P	17—24	褐色	轻壤土	粒状	8.3	25.8	1.46	0.73	25.6			8.9			
					G	24—53	灰棕色	砂壤土	小块状	8.2	20.7	1.09	0.69	22.3			9.4			
					C	53—67	灰棕色	砂石土	块状	8.2	10.4	0.51	0.68	23.7			5.0			
剖12	半淋溶土	褐土	石灰性褐土	耕种碳酸岩类石灰性褐土	1	0—19	褐色	重壤土	粒状	8.4	28.4	1.88	0.93	19.6	16.0	502	14.2	碳酸岩类	E 104°18′51.8″ N 33°47′42.7″	79
					P	19—28	褐色	重壤土	团块状	8.4	25.5	1.83	0.86	20.1			14.1			
					3	28—60	黄褐色	重壤土	块状	8.5	19.8	1.46	0.80	20.0			12.8			
					C	60—73	灰棕色	重壤土	块状	8.2										
剖13	半淋溶土	褐土	石灰性褐土	耕种洪积石灰性褐土	1	0—11	褐色	重壤土	块状	8.2	33.9	2.06	1.09	21.5	10.0	449	23.0	洪积物	E 104°23′02.0″ N 33°47′24.2″	94
					P	11—33	褐色	重壤土	块状	8.2	31.6	2.00	1.02	21.9			13.1			
					3	33—60	暗黄棕色	重壤土	小块状	8.3	25.2	1.18	1.10	22.1			17.1			
					C	60—77	黄棕色	重壤土	块状	8.2										
剖14	半淋溶土	褐土	石灰性褐土	耕种黄土质石灰性褐土	1	0—18	褐色	中壤土	粒状	8.4	17.6	1.46	0.72	22.3	6.0	155	16.9	黄土	E 104°26′26.9″ N 33°44′55.0″	92
					P	18—29	褐色	中壤土	小块状	8.3	13.0	0.97	0.79	22.3			16.9			
					3	29—58	暗黄棕色	中壤土	块状	8.4	9.5	0.50	0.78	23.7			14.9			
					4	58—90	黄棕色	中壤土	块状	8.4	3.7	0.34	0.80	23.7			12.4			
					C	90—108	黄色	中壤土	块状	8.3	3.3	0.33	0.88	22.6			11.1			
剖15	高山土	褐土	棕黑毡土	红色砂砾岩类褐棕土	Ao	0—1			无明显结构										砂砾岩类	E 104°16′51.8″ N 33°41′03.5″	75
					2	1—20	暗棕色	重壤土	团块状	7.4	122.7	5.84	1.10	20.4	7.0	305	43.0			
					3	20—70	暗棕色	重壤土	梭块状	7.7	114.0	5.15	1.07	21.0			30.0			
					C	70—91	浅棕色	重壤土	块状	8.0	25.9	1.93	1.01	21.0			16.4			
剖16	半淋溶土	黑毡土	暗棕壤	黄土质棕壤	As	0—8	暗棕色	中壤土	团粒状	6.4	106.4	5.47	0.93	22.1	4.0	176	34.6	黄土	E 104°07′42.7″ N 33°39′55.3″	75
					2	8—42	暗棕色	中壤土	粒状	6.3	86.4	4.55	0.89	22.7			31.7			
					3	42—60	灰黄棕色	轻壤土	块状											
					C	60—82	浅黄棕色	重壤土	块状											
剖17	淋溶土	棕壤	山地棕壤	碳酸岩类暗棕壤	Ao	0—14	暗棕褐色	重壤土	团块状	7.0	470.3	15.10	0.69	9.5	14.0	90	114.3	碳酸岩类	E 104°22′44.6″ N 33°39′54.9″	81
					2	14—32	暗棕褐色	中壤土	小块状	7.8	90.8	4.04	0.38	16.9			44.0			
					3	32—52	暗棕褐色	中壤土	块状	8.0	53.0	2.43	0.30	17.3			33.9			
					4	52—70	黄棕褐色	砂砾土	块状											
					C	70—81	暗棕褐色	重壤土	块状											
剖18	淋溶土	棕壤	山地棕壤	耕种泥质岩山地棕壤	1	0—20	黑棕色	重壤土	粒状	7.8	52.2	2.95	0.62	32.1	8.0	215	21.3	泥质岩类	E 104°16′50.0″ N 33°39′24.5″	79
					P	20—25	暗棕色	重壤土	小块状	8.0	51.9	2.89	0.59	31.1			21.9			
					3	25—94	棕色	重壤土	块层状	8.0	8.4	0.84	0.50	32.0			11.2			
					C	94—117	黄棕色	砂砾土	块状	7.3	23.1	1.36	0.64	21.2			17.4			
剖19	淋溶土	棕壤	山地棕壤	耕种黄土质山地棕壤	1	0—13	黑棕色	重壤土	粒状	7.2	5.0	0.43	0.58	22.7	7.0	124	14.4	黄土	E 104°16′50.0″ N 33°39′24.5″	80
					P	13—28	暗棕色	重壤土	小块状	7.6	4.5	0.32	0.64	22.9			12.8			
					3	28—86	棕色	重壤土	块层状	7.4	3.2	0.34	0.73	21.8			11.1			
					C	86—130	浅黄棕色	中壤土	块状											
剖20	半淋溶土	褐土	石灰性褐土	泥质岩类石灰褐土	1	0—33	暗褐色	重壤土	小块状	8.1	56.5	2.71	0.81	22.9	3.0	203	15.8	泥质岩类	E 104°24′41.0″ N 33°38′33.0″	70
					2	33—70	灰黄褐色	重壤土	块状	8.2	16.6	1.00	0.66	22.1			9.1			
					C	70—84	灰棕色	砾质土	块状											
剖21	半淋溶土	褐土		黄土质褐土	1	0—21	黑棕色	中壤土	团粒状	6.2	70.9	3.80	0.70	20.0	3.0	149	24.5	黄土	E 104°18′35.6″ N 33°37′28.6″	100
					2	21—37	黑棕色	中壤土	小块状	6.9	13.7	0.99	0.46	20.0			15.5			
					3	37—103	红棕色	重壤土	块层状	7.4	6.9	0.49	0.49	21.7			11.2			
					C	103—125	浅棕色	重壤土	块状	8.2	5.7	0.45	0.52	21.5			9.6			

续表 Continued

剖面号 Soil profile	土纲 Soil order	土类 Soil great group	亚类 Soil subgroup	土属 Soil genus	土层码 Layer code	土层厚度 Depth/cm	颜色 Soil color	质地 Soil texture	土壤结构 Soil structure	pH	有机质 OM/(g/kg)	全氮 TN/(g/kg)	全磷 TP/(g/kg)	全钾 TK/(g/kg)	有效磷 AP/(mg/kg)	速效钾 AK/(mg/kg)	阳离子交换量CEC/(cmol/kg)	土壤母质 Parent material	剖面点坐标 Profile coordinate	匹配指数 Matching index/%
剖22	半淋溶土	褐土	石灰性褐土	红色砂砾岩类石灰性褐土	Ao	0—3	黑棕色	重壤土	小块状	8.1	32.8	1.76	0.71	20.8	4.0	159	12.2	砂砾岩类	E 104°18′03.6″ N 33°36′33.1″	91
					2	3—12	暗红棕色	重壤土	块状	8.4	7.6	0.78	0.64	19.1			6.4			
					3	12—37	红棕色	中壤土	块状	8.5	3.7	0.59	0.68	19.6			5.1			
					C	37—50	红色	重壤土	小块状	8.3	19.1	1.53	0.68	22.0	8.0	239	13.8			
剖23	半淋溶土	褐土	石灰性褐土	耕种红砂砾岩类石灰性褐土	1	0—15	暗紫色	重壤土	块状	8.0	28.7	6.15	0.78	22.3			15.2	砂砾岩类	E 104°26′35.5″ N 33°32′48.8″	84
					P	15—24	暗紫棕色	重壤土	棱块状	8.2	23.0	1.27	0.72	22.1			15.2			
					3	24—77	红色	重壤土	块状	8.2	9.8	0.84	0.66	21.2			13.3			
					4	77—128	紫红色	重壤土	块状	8.2	5.9	0.67	0.60	21.3			11.8			
					C	128—144	紫棕色	重壤土	块状	7.6	114.7	4.65	0.54	21.5			14.2			
剖24	半淋溶土	褐土	褐土	泥质岩类褐土	1	0—6	黑棕色	重壤土	团粒状	7.6	33.0	1.60	0.45	22.6	3.0	106	21.6	泥质岩类	E 104°23′28.3″ N 33°32′29.8″	95
					2	6—35	暗红棕色	重壤土	团块状	8.2	10.1	0.57	0.48	23.6			20.0			
					3	35—54	红棕色	中壤土	块状	8.4	5.4	0.42	0.70	20.6			7.5			
					C	54—173	灰色	中壤土	块状	8.1	76.0	3.62	0.68	21.0	5.0	579	30.4			
剖25	半淋溶土	褐土	石灰性褐土	黄土质石灰性褐土	1	0—13	暗褐色	中壤土	粒状	8.5	21.0	1.00	0.37	19.1			19.1	黄土	E 104°28′37.9″ N 33°32′27.6″	98
					2	13—60	暗红褐色	重壤土	块状	8.7	3.9	0.31	0.55	19.1			6.0			
					3	60—150	灰黄色	重壤土	块状	8.6	3.3	0.24	0.58	19.9			5.0			
					C	150—179	灰黄色	中壤土	无明显结构											
剖26	淋溶土	暗棕壤	暗棕壤	泥质岩类暗棕壤	Ao	0—7	黑褐色	中壤土	团粒状	7.7	348.5	15.86	1.22	15.1	3.0	449	111.7	泥质岩类	E 104°21′36.9″ N 33°31′00.3″	99
					2	7—26	暗棕色	重壤土	粒状、块状	7.6	144.0	7.82	1.12	22.7			59.0			
					3	26—71	灰棕色	砾质土	块状											
					C	71—78	灰青色	砾质土	无明显结构											
剖27	淋溶土	棕壤	山地棕壤	泥质岩类山地棕壤	Ao	0—4	黑棕色	重壤土	粒状	6.8	231.4	10.49	1.45	21.3	27.0	538	68.0	泥质岩类	E 104°27′12.9″ N 33°30′47.7″	73
					2	4—17	暗棕色	重壤土	小块状	6.8	117.5	6.64	1.37	25.1			39.0			
					3	17—42	浅棕褐色	黏土	块状	6.9	35.8	2.62	1.07	28.2			18.2			
					4	42—80	棕色	砾质土	块状											
剖28	半淋溶土	褐土	石灰性褐土	碳酸岩类石灰性褐土	Ao	0—4	灰棕色	中壤土	团粒状	7.8	31.6	2.12	0.98	20.3	12.0	266	37.3	碳酸岩类	E 104°38′50.1″ N 33°26′06.9″	73
					2	4—19	黑棕色	重壤土	粒状	8.3	28.7	2.06	0.99	26.8			4.9			
					3	19—34	暗棕色	重壤土	小块状	8.4	18.6	1.51	0.88	26.3			4.2			
					4	34—60	灰棕色	重壤土	块状											
剖29	半淋溶土	褐土	褐土性土	耕种洪积物褐土性土	1	0—20	浅棕褐色	中壤土	粒状	8.2	10.3	0.85	0.78	25.2	25.0	280	9.0	洪积物	E 104°36′48.2″ N 33°24′33.3″	90
					P	20—28	暗棕色	重壤土	粒状	8.3	124.7	5.61	0.37	17.5			9.2			
					3	28—67	灰棕色	重壤土	片状	8.4							8.1			
					C	67—81	灰棕色	中壤土	粒状								6.8			
剖30	高山土	黑毡土	棕黑毡土	泥质岩类棕黑毡土	As	0—9	褐色	重壤土	小块状	6.4	78.5	3.67	0.68	19.7	179.0	4	34.3	泥质岩类	E 104°30′50.4″ N 33°23′33.9″	94
					2	9—25	暗褐色	中壤土	块状	5.9	25.9	1.26	0.44	19.2			24.5			
					3	25—43	黄褐色	中壤土	块状	6.1							16.2			
					C	43—51														
剖31	半淋溶土	褐土	石灰性褐土	耕种泥质岩类石灰性褐土	1	0—20	褐色	重壤土	团粒状	8.3	27.4	1.53	1.09	24.5	10.0	501	14.4	泥质岩类	E 104°34′01.2″ N 33°20′46.0″	81
					P	20—25	暗褐色	重壤土	小块状	8.1	31.1	1.88	1.05	28.4			14.1			
					3	25—45	褐色	重壤土	块状	8.2	25.4	1.61	1.02	24.5			14.9			
					4	45—65	浅褐色	重壤土	块状	8.3	21.6	1.37	1.05	26.3			14.5			
					C	65—78	浅褐色	砾质土												

续表 Continued

剖面号 Soil profile	土纲 Soil order	土类 Soil great group	亚类 Soil subgroup	土属 Soil genus	土层码 Layer code	土层厚度 Depth/cm	颜色 Soil color	质地 Soil texture	土壤结构 Soil structure	pH	有机质 OM/(g/kg)	全氮 TN/(g/kg)	全磷 TP/(g/kg)	全钾 TK/(g/kg)	有效磷 AP/(mg/kg)	速效钾 AK/(mg/kg)	阳离子交换量 CEC/(cmol/kg)	土壤母质 Parent material	剖面点坐标 Profile coordinate	匹配指数 Matching index/%
剖32	淋溶土	棕壤	山地棕壤	碳酸岩类山地棕壤	Ao	0—3	黑棕色		无明显结构	7.5	232.4	12.23	2.02	17.7	7.0	111	86.0	碳酸岩类	E 104°40′59.8″ N 33°19′22.6″	94
					2	3—17	黑棕色	重壤土	粒状	7.8	198.1	10.90	2.14	19.0			82.7			
					3	17—62	棕褐色	重壤土	粒状	7.8	113.7	6.40	1.55	20.2			52.3			
					4	62—90	棕色	重壤土	小块状	8.1	17.4	0.99	0.74	20.2			20.5			
					C	90—118	黄棕色		块状	8.4	24.5	1.48	0.71	22.1			9.5			
剖33	半淋溶土	褐土	石灰性褐土	耕种酸性岩类石灰性褐土	1	0—15	棕褐色	中壤土	粒状	8.5	6.5	0.55	0.58	21.1	10.0	146	5.8	酸性岩类	E 104°36′19.8″ N 33°18′31.3″	84
					P	15—25	棕褐色	中壤土	团块状	8.7	5.3	0.43	0.60	21.6			5.4			
					3	25—60	褐色	中壤土	小块状	8.7	5.0	0.41	0.60	22.1			5.4			
					C	60—89	灰褐色	中壤土	小块状											

迭 部 县

主要土类说明

棕壤是迭部县主要土壤类型，占本县地域面积的 35%。棕壤形成于落叶阔叶林下，但大部分已被垦殖，以旱作为主。该土壤处于硅铝风化阶段，具有黏化特征，呈棕色。土体见黏粒淀积，盐基充分淋失，pH 一般为 6.0—7.0，见少量游离铁。

褐土是迭部县第二大土壤类型，占本县地域面积的 28%。褐土是在半湿润区发育形成的具有黏化与钙质淋移淀积特征的土壤，具 A–B–Bk–C 剖面构型。该土壤盐基饱和，处于硅铝风化阶段，有明显黏淀层与假菌丝状钙积层。土壤盐基饱和度在 80% 以上，有时过饱和。

黑毡土是迭部县第三大土壤类型，占本县地域面积的 24%。黑毡土形成于青藏高原高寒略较温湿的原面上，蒿草与杂生草类的草毡层初步分解，形成初步腐殖化的暗色草根茎盘结层。该土壤色泽较深，有机质含量较高，为 100—150g/kg，底土见锈色斑纹。土壤 pH 为 6.5—8.0。

暗棕壤占本县地域面积的 8%。暗棕壤是在湿润地区针阔叶混交林下发育形成的具有明显有机质富集和弱酸性淋溶特征的土壤，具 O–A–B–C 剖面构型。A 层有机质含量可达 200g/kg，弱酸性淋溶使铁铝轻微下移；B 层呈棕色，结构面见铁锰胶膜。土壤呈弱酸性，盐基饱和度为 70%—80%。土壤冻结期长。

寒漠土占本县地域面积的 5%。寒漠土形成于高原高寒干旱条件下，其表层见明显漠土化砾幂及漆皮，多砾石，易溶盐就地累积。土壤 pH 为 7.8—9.0。

小于本县地域面积 3% 的土壤类型有草毡土、红黏土和新积土。

本区域中心区气候特征

本区域中心区气候特征值
Regional climate characteristics in central area of the region

气候带：高原亚温带湿润气候 Climate region: Plateau subtemperate humid climate	
年平均气温 /℃ Annual average temperature /℃	7.4
年平均最高气温 /℃ Annual average maximum temperature /℃	14.9
年平均最低气温 /℃ Annual average minimum temperature /℃	2.0
年降水量 /mm Annual precipitation /mm	530
≥ 10℃的积温 /℃ Daily temperature accumulated in a year (≥ 10℃) /℃	2717
年日照时数 /h Annual sunshine /h	2078
年平均相对湿度 /% Annual average relative humidity /%	62
干燥度 Dryness	1.05

本区域中心区月平均气温与月平均降水量
Monthly temperature and precipitation in central area of the region

迭部县主要土壤类型与土壤剖面点分布图

1:380 000

图 例

颜色	类型
	棕壤
	褐土
	黑毡土
	暗棕壤
	寒漠土
	草毡土
	红黏土
	新积土
⊗	剖面点

第二编 分县土壤图与土壤剖面数据 | 393

迭部县土壤剖面理化性状表

剖面号 Soil profile	土纲 Soil order	土类 Soil great group	亚类 Soil subgroup	土属 Soil genus	土种 Soil species	土层码 Layer code	土层厚度 Depth/cm	质地 Soil texture	pH	有机质 OM/(g/kg)	全氮 TN/(g/kg)	全磷 TP/(g/kg)	全钾 TK/(g/kg)	阳离子交换量CEC/(cmol/kg)	土壤母质 Parent material	剖面点坐标 Profile coordinate	匹配指数 Matching index/%
剖1	高山土	黑毡土	棕黑毡土			A	4–18	中壤土	6.2	66.6	4.60	1.37	20.6	32.1	残积物、坡积物、黄土状母质	E 103°15′47.5″ N 34°14′33.6″	92
						B	18–30	重壤土	6.3	60.6	3.46	0.97	16.2	29.7			
						C	30–60	重壤土	6.5	31.7	1.45	0.91	19.0	14.7			
剖2	初育土	新积土	石灰性新积土	砂砾质新积土	砂石土	A	0–12	轻壤土	8.3	40.0	2.18	1.16	21.2	8.1	新冲积物	E 103°11′58.6″ N 34°03′07.6″	78
						B	12–18	轻壤土	8.4	38.8	2.00	1.21	20.5	7.2			
						C	18–25	轻壤土	8.3	36.3	1.33	1.38	19.0	6.9			
剖3	淋溶土	棕壤	棕壤			Ao	0–6	轻壤土	6.6	170.9	2.50	0.79	17.9	58.0	黄土夹岩石碎屑残积物、坡积物	E 103°16′22.4″ N 34°06′23.0″	80
						A₁	6–22	中壤土	6.0	37.2	1.49	0.71	18.0	20.0			
						B	22–52	中壤土	6.5	14.7	1.10	0.40	23.5	18.0			
						C	52–70	中壤土	6.5	13.0	0.79	0.32	26.1	12.5			
剖4	半淋溶土	褐土	石灰性褐土	黄土质石灰性褐土	黄土	A	0–15	中壤土	7.7	44.7	3.69	0.79	18.8	17.4	黄土	E 103°20′44.8″ N 34°01′11.4″	82
						B	15–21	中壤土	7.8	32.2	3.04	0.79	18.5	10.0			
						C	21–60	中壤土	8.6	11.9	0.61	1.22	24.9	3.3			
剖5	半淋溶土	褐土	石灰性褐土	黄土质石灰性褐土	卵石黄土	A	0–15	中壤土	8.1	15.7	1.06	1.56	19.4	8.6	黄土状混合物	E 103°34′30.7″ N 34°06′10.3″	85
						B	15–23	中壤土	8.4	8.5	0.59	0.85	20.9	3.6			
						C	23–60	轻壤土	8.9	2.8	0.42	0.55	31.8	2.9			
剖6	半淋溶土	褐土	石灰性褐土	残坡积质石灰性褐土	灰黑土	A	0–16	中壤土	8.1	41.8	3.12	0.91	19.0	8.6	残积物、坡积物	E 103°34′29.7″ N 34°05′21.0″	84
						B	16–25	重壤土	8.3	23.7	3.00	0.86	20.9	5.2			
						C	25–53	中壤土	8.3	10.8	1.20	0.61	21.2	3.9			
剖7	半淋溶土	褐土	石灰性褐土	残坡积质石灰性褐土	青土	A	0–16	重壤土	8.1	45.2	3.41	1.01	23.8	12.6	残积物、坡积物	E 103°30′41.8″ N 34°02′40.0″	85
						B	16–24	中壤土	8.4	34.0	2.27	0.92	24.1	9.5			
						C	24–60	中壤土	8.7	17.8	0.90	0.90	24.9	6.2			
剖8	半淋溶土	褐土	褐土	耕种褐土	淋钙土	A	0–15	中壤土	6.5	52.9	3.20	0.82	19.0	23.1	黄土	E 103°47′50.3″ N 34°04′56.6″	90
						B	15–25	中壤土	7.2	48.4	2.50	0.88	19.4	13.6			
						C	25–65	中壤土	8.0	18.0	0.70	0.53	22.2	5.0			
剖9	半淋溶土	褐土	石灰性褐土	黄土质石灰性褐土	角砾黄土	A	0–16	中壤土	7.9	35.6	4.19	1.76	29.1	16.9	黄土状混合物	E 103°46′18.1″ N 34°03′14.8″	90
						B	16–25	中壤土	8.0	11.0	2.18	0.89	25.8	8.6			
						C	25–70	中壤土	8.6	4.3	1.49	0.81	22.8	5.5			
剖10	高山土	黑毡土				Ao	0–6	中壤土	6.0	126.0	6.11	0.22	20.8	40.5	残积物、坡积物、黄土状母质	E 103°11′54.3″ N 33°52′30.9″	83
						A₁	6–24	重壤土	6.6	94.5	5.26	0.22	21.0	37.4			
						B	24–40	中壤土	6.2	39.2	1.80	0.29	21.4	17.7			
						C	40–65	重壤土	6.0	17.3	1.00	0.29	25.6	15.2			
剖11	半淋溶土	褐土	褐土			A	0–20	重壤土	6.4	48.0	2.71	0.40	24.6	27.3	黄土	E 103°16′18.9″ N 33°57′36.4″	87
						B	20–60	重壤土	7.4	28.0	2.31	0.32	23.5	24.3			
						C	60–	重壤土	8.5	17.0	1.29	0.21	22.5	10.8			
剖12	半淋溶土	褐土	石灰性褐土	残坡积质石灰性褐土	夹石壤土	A	0–15	中壤土	8.0	43.8	3.24	0.66	21.8	18.0	黄土残积物、坡积物	E 103°19′12.2″ N 33°52′38.2″	93
						B	15–22	轻壤土	8.1	26.8	2.75	0.62	21.8	12.1			
						C	22–80	重壤土	8.3	6.5	1.03	0.61	21.5	4.8			
剖13	初育土	新积土	石灰性新积土	砂砾质新积土	砂壤土	A	0–15	轻壤土	8.1	26.4	1.71	0.79	16.1	5.1	新冲积物	E 103°22′14.9″ N 33°51′36.7″	70
						B	15–25	轻壤土	8.3	24.1	1.71	0.71	21.6	4.8			
						C	25–42	砂壤土	8.5	8.6	0.65	0.46	22.7	3.5			

续表 Continued

剖面号 Soil profile	土纲 Soil order	土类 Soil great group	亚类 Soil subgroup	土属 Soil genus	土种 Soil species	土层码 Layer code	土层厚度 Depth/cm	质地 Soil texture	pH	有机质 OM/(g/kg)	全氮 TN/(g/kg)	全磷 TP/(g/kg)	全钾 TK/(g/kg)	阳离子交换量CEC/(cmol./kg)	土壤母质 Parent material	剖面点坐标 Profile coordinate	匹配指数 Matching index/%
剖14	半淋溶土	褐土	石灰性褐土	洪积石灰性褐土	石块黄土	A	0–20	轻壤土	8.0	41.8	0.77	0.86	23.0	20.2	老冲积物	E 103°40′55.3″ N 33°55′19.7″	76
						B	20–30	重壤土	8.3	32.3	2.20	0.67	24.0	9.3			
						C	30–60	中壤土	8.5	9.1	2.05	0.22	25.2	2.4			
剖15	半淋溶土	褐土	淋溶褐土			A	0–25	中壤土	7.3	104.0	4.60	0.93	22.5	18.0	黄土	E 103°36′22.9″ N 33°53′11.4″	95
						B	25–40	重壤土	7.4	21.0	1.72	0.79	25.1	13.0			
						C	40–75	重壤土	8.2	5.8	0.77	0.62	25.9	9.4			
剖16	半淋溶土	褐土	石灰性褐土			A	0–14	中壤土	8.1	20.6	1.37	0.57	17.8	15.7		E 103°40′33.1″ N 33°48′23.7″	90
						B	14–30	中壤土	8.3	14.3	1.18	0.41	21.2	7.4			
						C	30–75	重壤土	8.5	5.2	0.32	0.21	23.2	3.0			
剖17	淋溶土	暗棕壤	暗棕壤			Ao	0–16	轻壤土	6.3	143.0	9.55	0.94	17.0	23.3	残积物、坡积物	E 103°48′29.4″ N 33°47′23.1″	71
						A₁	16–26	中壤土	5.9	24.4	1.10	0.47	17.5	18.8			
						B	26–51	中壤土	6.0	22.2	1.10	0.39	12.4	10.0			
						C	51–70	重壤土	6.2	13.3	0.86	0.32	23.2	9.3			
剖18	初育土	红黏土	红黏土			Ao	0–13	中壤土	8.1	25.9	1.83	0.64	24.9	12.8	砂岩、砾岩	E 103°55′43.7″ N 33°47′08.9″	87
						A₁	13–20	中壤土	8.3	22.2	1.52	0.60	24.2	14.2			
						B	20–45	重壤土	8.5	17.8	1.26	0.49	22.8	8.2			
						C	45–85	中壤土	8.5	9.1	0.82	0.49	20.3	6.5			
						D	85–110	中壤土	8.8	5.8	0.77	0.68	18.3	6.5			

玛 曲 县

主要土类说明

黑毡土是玛曲县主要土壤类型，占本县地域面积的33%，主要分布在海拔3600—3900m的山地，欧拉、欧拉秀玛、木西合、阿万仓、尼玛等地分布较多。该土壤周期性冻融变化较为显著，但冻结期比草毡土短，一般无常年冻土层。成土母质多为残积物、坡积物和次生坡积黄土。黑毡土区已有啮齿动物活动痕迹，而草毡土区只有蚯蚓活动痕迹。黑毡土表层为草根盘结形成的较松软的毡状草皮层，其下腐殖质层发育良好，厚10—30cm，多呈暗灰棕色或灰黑色，为粉屑粒状或粒状结构。全剖面无石灰反应，pH为5.9—6.7。

草毡土是玛曲县第二大土壤类型，占本县地域面积的27%，主要分布在海拔3900—4500m的高山区，欧拉、欧拉秀玛、木西合、阿万仓等地分布较多。该土壤冻融交替特征明显，冻结期有6—7个月，部分地区有常年冻土层。成土母质主要为残积物和坡积物，其次为冰碛沉积物。草毡土上部形成有弹性的毡状草皮层，厚5—10cm，其下为灰棕黑色腐殖质层，厚10—20cm，向下过渡明显。腐殖质层与母质层颜色差异较大，两层间多有层状或鳞片状冻融潜流侧渗层次。全剖面无石灰反应，pH为6.0—7.0。

草甸土是玛曲县第三大土壤类型，占本县地域面积的25%，主要分布在海拔3600m以下的黄河沿岸冲积阶地及其支流的冲积洪积扇。发育在低平谷地上的草甸土全剖面无石灰反应，土壤呈微酸性；发育在山地坡脚和黄河二级阶地上且地下水位为3—5m的草甸土，锈色斑纹层上部或石砾层中有石灰淀积斑，土壤呈中性；发育在低平谷地和低洼地上且有季节性积水的草甸土，多受沼泽化过程的初步影响，锈色斑纹层下有潜育层出现，腐殖质层中有类似泥炭物产生。

泥炭土占本县地域面积的6%，主要分布在黄河故道、黑河冲积湖积滩及积石山东麓低洼谷地，曼日玛、采日玛、齐哈玛分布较多。由于地表长期积水，植物残体在还原条件下形成泥炭层，并且不断增厚超过50cm，厚者可达4m。泥炭层下亦有潜育层存在，为蓝灰色黏泥。泥炭层和潜育层中无碳酸钙存在，除草根层呈中性外，其余各层次均呈弱酸性，pH为5.5—7.2。本县泥炭土仅有低位泥炭土一个亚类。

沼泽土占本县地域面积的5%，主要分布在采日玛、曼日玛、齐哈玛和阿万仓。成土母质为低洼滞水的黄河故道沉积物和积石山东麓丘陵间的低洼谷地沉积物。由于常年积水或季节性积水，植物残体难以分解，形成泥炭层，在还原作用下，底土的灰蓝色潜育层上部掺杂了灰黄色锈纹层，称为矿质潜育层。本县沼泽土分为草甸沼泽土、泥炭沼泽土、腐泥沼泽土等亚类。

小于本县地域面积3%的土壤类型有黑钙土和潮土。

本区域中心区气候特征

本区域中心区气候特征值
Regional climate characteristics in central area of the region

气候带：高原亚寒带湿润气候 Climate region: Plateau subfrigid humid climate	
年平均气温 /℃ Annual average temperature /℃	2.4
年平均最高气温 /℃ Annual average maximum temperature /℃	11.2
年平均最低气温 /℃ Annual average minimum temperature /℃	-4.0
年降水量 /mm Annual precipitation /mm	602
≥10℃的积温 /℃ Daily temperature accumulated in a year (≥10℃) /℃	1098
年日照时数 /h Annual sunshine /h	2364
年平均相对湿度 /% Annual average relative humidity /%	62
干燥度 Dryness	0.28

本区域中心区月平均气温与月平均降水量
Monthly temperature and precipitation in central area of the region

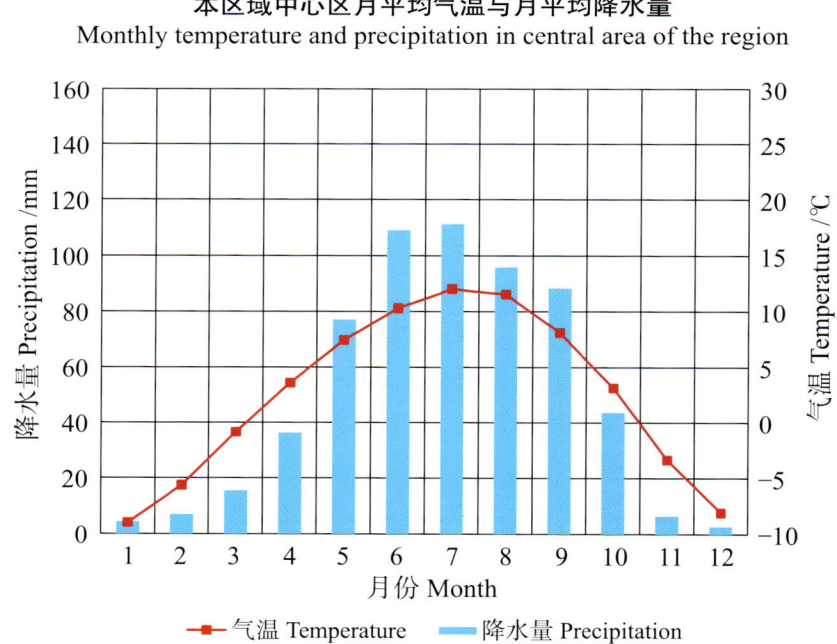

玛曲县主要土壤类型与土壤剖面点分布图

1:620 000

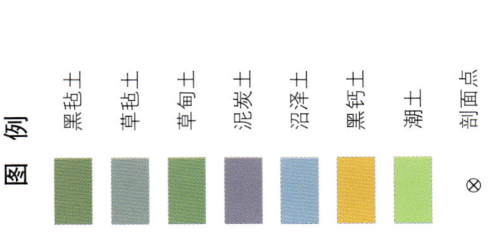

第二编　分县土壤图与土壤剖面数据

玛曲县土壤剖面理化性状表

剖面号 Soil profile	土纲 Soil order	土类 Soil great group	亚类 Soil subgroup	土属 Soil genus	土层码 Layer code	土层厚度 Depth/cm	颜色 Soil color	质地 Soil texture	土壤结构 Soil structure	pH	有机质 OM/(g/kg)	全氮 TN/(g/kg)	全磷 TP/(g/kg)	全钾 TK/(g/kg)	有效磷 AP/(mg/kg)	速效钾 AK/(mg/kg)	阳离子交换量CEC/(cmol/kg)	土壤母质 Parent material	剖面点坐标 Profile coordinate	匹配指数 Matching index/%
剖1	高山土	草毡土	棕草毡土	棕毡土	As	0—10	灰棕色	中壤土	散粒状	6.9	285.3	6.27	0.86	16.7	9.0	210	74.4	残积物、坡积物、冰碛沉积物	E 101°37′43.8″ N 34°00′21.7″	92
					2	10—40	暗灰棕色	中壤土	团粒状	6.8	165.5	6.75	0.86	19.3			48.8			
					3	40—60	暗灰色	中壤土	片层状	6.8	87.7	3.88	0.81	21.0			34.2			
					C	60—79	灰青色	砂砾土												
剖2	半水成土	草甸土	石灰性草甸土	洪冲积石灰性草甸土	1	0—20	棕褐色	轻壤土	团块状	7.6	177.3	8.31	0.99	18.2	10.0	530	47.6	黄河支流宽谷洪积物、黄河沉积物	E 101°54′24.7″ N 34°01′58.5″	74
					2	20—60	灰褐色	轻壤土	块状	7.9	9.2	0.61	0.91	18.4			5.9			
					C	60—78	灰褐色	轻壤土	块状											
剖3	高山土	草毡土	草毡土	草毡土	As	0—13	黑棕色	中壤土	毡状	6.3	226.1	8.92	1.18	18.0	8.0	316	51.0	残积物、坡积物、冰碛沉积物	E 101°21′48.5″ N 33°57′37.0″	93
					2	13—40	黑棕色	中壤土	团粒状	6.4	159.6	6.59	1.16	19.2			46.1			
					3	40—60	暗褐色	中壤土	鳞片状	6.9	33.2	1.45	0.67	21.1			19.7			
					C	60—81	灰黄色	砾质土	块状											
剖4	半水成土	草甸土	草甸土	洪积草甸土	1	0—30	暗棕色	轻壤土	团块状	6.1	50.9	2.50	0.74	20.6	7.0	147	15.4	黄河支流宽谷洪积物	E 101°36′22.1″ N 33°50′39.1″	92
					2	30—70	灰浅黄色	中壤土	块层状	6.5	30.6	1.57	0.66	20.7			15.1			
					C	70—81	灰黄色	砂砾土	块状	7.0										
剖5	高山土	黑毡土	黑毡土	黑土	As	0—12	黑棕色	中壤土	粒状	6.1	116.2	5.07	1.09	21.4	6.0	263	32.4	残积物、坡积物、坡积次生黄土	E 101°50′03.0″ N 33°53′49.7″	70
					2	12—30	黑棕色	中壤土	粒状	6.0	76.7	3.71	1.00	21.6			25.0			
					3	30—50	灰黄色	轻壤土	片层状											
					C	50—65	灰黄色	砾质土												
剖6	高山土	黑毡土	棕黑毡土	棕黑毡土	As	0—10	黑棕色	中壤土	粒状	6.1	87.9	4.15	1.05	20.9	4.0	230	56.1	残积物、坡积物、坡积次生黄土	E 101°25′54.1″ N 33°43′15.3″	98
					2	10—38	黑棕色	中壤土	团块状	6.0	71.4	3.71	1.03	20.6			56.1			
					3	38—48	青灰色	重壤土	块层状	6.4	24.4	1.40	0.68	21.2			15.8			
					C	48—95	灰白色	轻壤土	块层状	8.4	10.5	0.58	0.46	21.0			9.1			
剖7	水成土	沼泽土	泥炭沼泽土	湖积泥炭沼泽土	H	0—10	黑棕色	中壤土	块层状	8.2	166.8	7.88	1.11	22.7	14.0	388	52.0	河湖沉积物	E 101°44′54.7″ N 33°45′12.6″	78
					G	10—62	黑棕色	重壤土	块状	7.8	284.3	13.56	0.95	14.1			69.6			
					C	62—85	黑棕色	轻壤土	块状	8.2	47.2	1.53	0.67	20.9			19.6			
						85—98	灰白色	中壤土	块状	8.4	48.9	1.55	0.55	18.6			13.9			
剖8	半水成土	潮土	潮土	冲积潮土	As	0—10	灰黄色	轻壤土	块状	7.8	35.2	1.89	0.74	16.4	6.0	116	54.3	黄河支流宽谷洪积物	E 101°42′14.0″ N 33°42′15.9″	91
					2	10—25	灰黄色	中壤土		8.3	13.0	0.97	0.72	20.6			25.4			
					3	25—110	灰黄色	砂砾土	无明显结构											
					C	110—124														
剖9	半水成土	草甸土	草甸土	冲积草甸土	1	0—10	黑色	黏土	块状	7.0	148.5	6.58	1.16	16.8	13.0	199	45.7	黄河沉积物	E 101°41′32.6″ N 33°39′58.3″	88
					2	10—70	黑灰色	黏土	粒状	6.0	30.4	1.65	0.65	20.2						
					C	70—82	灰蓝色	粉砂土	粒状											
剖10	钙层土	黑钙土	坡积黑钙土	坡积黑钙土	As	0—12	棕黑色	中壤土	团块状	7.8	104.3	5.49	0.90	21.5	5.0	262	34.4	坡积物	E 102°00′34.9″ N 34°02′02.4″	91
					2	12—70	棕黑色	中壤土	粒状	8.1	57.9	3.47	0.82	20.2			23.5			
					3	70—145	灰黄色	中壤土	块状	8.5	15.9	1.04	0.64	18.9			9.5			
					C	145—178	灰褐色	中壤土	块状	8.5	2.4	0.33	0.64	20.0			8.2			
剖11	钙层土	黑钙土	草甸黑钙土	洪积草甸黑钙土	As	0—10	棕黑色	中壤土	粒状	6.3	89.6	4.41	0.94	27.0	5.0	168	30.9	坡积物	E 102°10′08.4″ N 34°01′58.4″	80
					2	10—74	棕黑色	重壤土	团块状	6.9	43.3	2.35	0.80	22.3			25.1			
					3	74—100	灰黑色	中壤土	块状	8.0	29.4	1.67	0.80	22.8			21.6			
					4	100—130	暗褐色	中壤土	块状	8.4	18.5	1.09	0.69	22.1			14.6			
					C	130—153	灰黄色	砂土	块状											

续表 Continued

剖面号 Soil profile	土纲 Soil order	土类 Soil great group	亚类 Soil subgroup	土属 Soil genus	土层码 Layer code	土层厚度 Depth/cm	颜色 Soil color	质地 Soil texture	土壤结构 Soil structure	pH	有机质 OM/(g/kg)	全氮 TN/(g/kg)	全磷 TP/(g/kg)	全钾 TK/(g/kg)	有效磷 AP/(mg/kg)	速效钾 AK/(mg/kg)	阳离子交换量 CEC/(cmol/kg)	土壤母质 Parent material	剖面点坐标 Profile coordinate	匹配指数 Matching index/%
剖12	水成土	沼泽土	腐泥沼泽土	湖积腐泥沼泽土	As	0—20	黑色	中壤土		7.1	374.6	15.24	1.20	12.2	8.0	82	88.3	河湖沉积物	E 102°09′19.4″ N 33°46′49.4″	96
					2	20—30	黑色	中壤土		7.6	322.5	13.09	1.18	12.0			93.6			
					3	30—50	黑色	黏土	块层状	8.3	120.8	5.48	0.57	13.9			39.9			
					G	50—70	灰黑色	黏土	块层状	7.6	319.6	13.88	0.61	12.9			73.0			
					C	70—102	灰白色	黏土		8.6	234.7	8.58	0.41	8.9			49.4			
剖13	半水成土	草甸土	石灰性草甸土	冲积石灰性草甸土	1	0—20	棕黑色	轻壤土	团粒状	8.1	67.1	3.62	0.90	19.9	4.0	320	21.9	黄河支流宽谷洪积物	E 102°12′04.5″ N 33°43′29.4″	76
					2	20—60	黄棕色	轻壤土	团粒状	8.2	36.2	1.91	0.58	16.7						
					C	60—77	棕黄色	轻壤土	粒状											
剖14	半水成土	草甸土	石灰性草甸土	坡积石灰性草甸土	1	0—33	棕黑色	轻壤土	粒状	7.5	59.7	3.47	0.82	20.2	4.0	421	17.4	黄河支流宽谷洪积物	E 102°00′22.7″ N 33°39′34.9″	89
					2	33—57	灰黄色	砂土	块状	8.1	10.4	0.71	0.83	20.3			10.0			
					C	57—70	灰黄色	砂土												
剖15	水成土	沼泽土	草甸沼泽土	湖积草甸沼泽土	As	0—10	黑棕色	重壤土	粒状	7.6	349.8	15.00	1.19	13.0	15.0	84	86.5	河湖沉积物	E 102°06′40.0″ N 33°37′17.8″	97
					A	10—25	黑棕色	重壤土	粒状	7.5	152.2	6.76	0.82	17.2			58.9			
					3	25—35	灰黄色	重壤土	块层状	8.0	53.1	2.68	0.64	20.4			29.5			
					G	35—80	灰蓝色	重壤土	块层状	8.3	29.4	1.52	0.57	19.3			19.6			
					C	80—109	灰白色	中壤土	块状											
剖16	半水成土	草甸土	沼泽草甸土	洪积沼泽草甸土	As	0—12	棕色	中壤土	团块状	6.2	86.5	4.34	1.33	20.7	9.0	503	27.3	洪冲积物	E 102°01′54.4″ N 33°30′59.5″	92
					2	12—40	灰黄色	中壤土	团块状	6.2	60.5	3.11	1.15	20.8			24.6			
					3	40—140	灰黄色	轻壤土	块状	7.4	6.9	0.46	0.85	20.5			6.6			
					G	140—151	灰蓝色	轻壤土	块状											

碌 曲 县

主要土类说明

黑毡土是碌曲县主要土壤类型，占本县地域面积的86%，主要分布在本县北部、中部、南部及西南部海拔3000—4000m的地带。植被主要为亚高山草甸和亚高山灌丛草甸，植被覆盖百分率在30%以上。成土母质为黄土状沉积物。黑毡土草皮层发达，有弹性；腐殖质层发达，腐殖质含量高，土壤团粒结构好。由于淋溶作用强，土体中碳酸钙淋洗强烈，并出现一定程度的腐殖质及黏粒下移淀积现象。

灰褐土是碌曲县第二大土壤类型，占本县地域面积的8%，主要分布在本县东北部洮河流域的峡谷地带，海拔为2860—3600m。植被以暗针叶林（冷杉、云杉）为主，地被物主要为苔藓。成土母质为坡积物及黄土状沉积物。成土过程主要为林下腐殖质积累过程。因土壤冻结期长，受冻融作用影响，土体最下部多呈鳞片状多孔结构。由于降水较多，加上丰富的有机质和中壤性的土壤环境，碳酸钙淋移较为强烈，碳酸钙在土体中垂直淋移的同时，大部分沿水平方向移动到海拔较低的地带。伴随着有机质和钙的淋移，土体中黏粒的移动也比较明显，常常在土体下部形成淀积。本县灰褐土分为石灰性灰褐土、淋溶灰褐土等亚类。

草甸土是碌曲县第三大土壤类型，占本县地域面积的4%。成土母质为砂砾质沉积物。因所处地带地下水位较高，潜水参与土壤形成过程，受地下水升降与浸润作用，成土过程具有明显腐殖质累积和铁锰氧化还原特征，土体出现锈色斑纹层，具 A-Cu 或 A-C-Cu 剖面构型。因降水多，表层植被生长茂盛，土壤有发达的草皮层和腐殖质层。本县草甸土仅有石灰性暗色草甸土一个亚类。

小于本县地域面积3%的土壤类型有沼泽土、草毡土、泥炭土和黑钙土。

本区域中心区气候特征

本区域中心区气候特征值
Regional climate characteristics in central area of the region

气候带：高原亚寒带湿润气候 Climate region: Plateau subfrigid humid climate	
年平均气温 /℃ Annual average temperature /℃	2.6
年平均最高气温 /℃ Annual average maximum temperature /℃	11.3
年平均最低气温 /℃ Annual average minimum temperature /℃	-3.8
年降水量 /mm Annual precipitation /mm	563
≥10℃的积温 /℃ Daily temperature accumulated in a year（≥10℃）/℃	1292
年日照时数 /h Annual sunshine /h	2360
年平均相对湿度 /% Annual average relative humidity /%	62
干燥度 Dryness	0.32

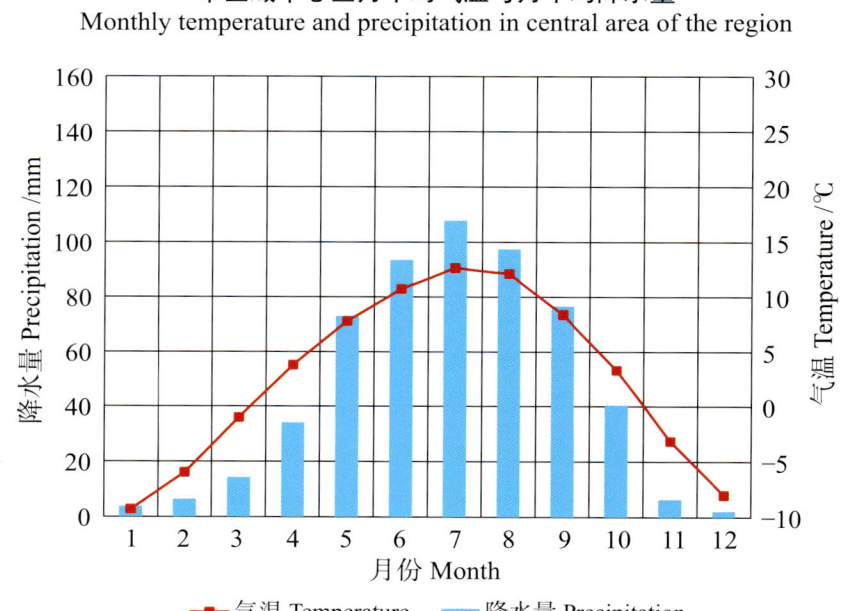

本区域中心区月平均气温与月平均降水量
Monthly temperature and precipitation in central area of the region

碌曲县主要土壤类型与土壤剖面点分布图
1:400 000

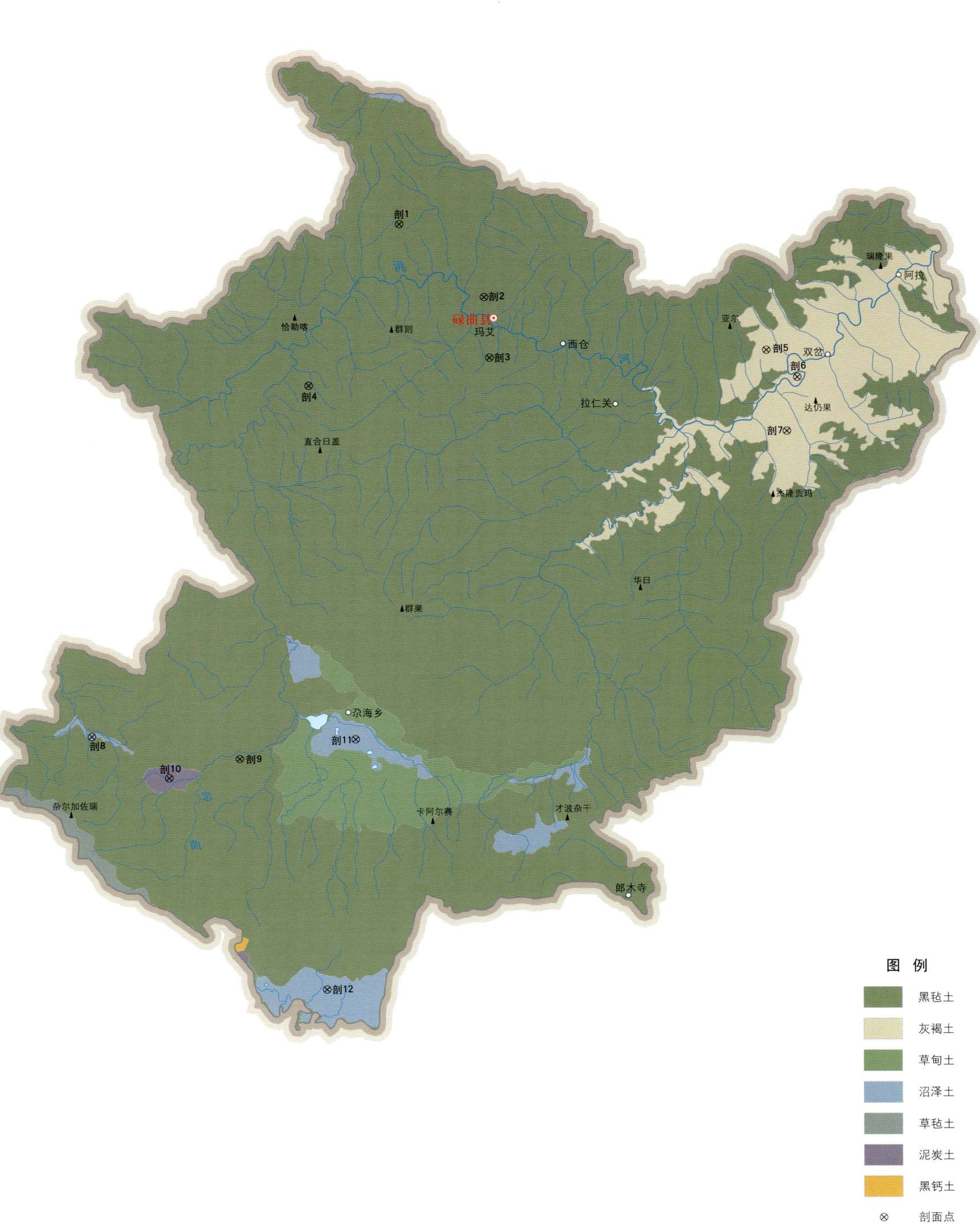

碌曲县土壤剖面理化性状表

剖面号 Soil profile	土纲 Soil order	土类 Soil great group	亚类 Soil subgroup	土层码 Layer code	土层厚度 Depth/cm	颜色 Soil color	质地 Soil texture	土壤结构 Soil structure	pH	有机质 OM/(g/kg)	全氮 TN/(g/kg)	全磷 TP/(g/kg)	全钾 TK/(g/kg)	有效磷 AP/(mg/kg)	速效钾 AK/(mg/kg)	阳离子交换量CEC/(cmol/kg)	土壤母质 Parent material	剖面点坐标 Profile coordinate	匹配指数 Matching index/%
剖1	高山土	黑毡土	黑毡土	1	0–18		中壤土										黄土状沉积物	E 102°23′26.5″ N 34°40′06.5″	72
				2	18–85		中壤土												
				3	85–100		轻壤土												
				4	100–118		轻壤土												
剖2	高山土	黑毡土	薄黑毡土	As	0–15	暗棕色	中壤土	粒状	7.0	87.9	4.51	0.69	21.6	4.0	150	31.7	黄土状沉积物	E 102°28′40.6″ N 34°36′25.8″	77
				A	15–47	暗棕色	中壤土	粒状	7.8	56.6	3.28	0.64	21.9			27.4			
				AC	47–58	棕色	轻壤土	粒状	8.1	33.8	2.06	0.55	20.3			19.0			
				C	58–103	灰黄棕色	中壤土	块状	8.5	23.9	1.44	0.58	20.1			13.7			
剖3	高山土	黑毡土	棕黑毡土	As	0–16	黑棕色	中壤土	团粒状	6.1	171.2	7.39	1.01	19.3	3.0	124	42.5	残积物、坡积物	E 102°29′05.6″ N 34°33′15.8″	87
				2	16–55	黑棕色	中壤土	团粒状	6.3	93.2	4.48	0.93	21.0			30.9			
				3	55–79	灰棕色	中壤土	团粒状	6.4	46.0	2.01	0.74	21.8			22.7			
				4	79–107	灰黄棕色	轻壤土	块状	6.6	17.9	0.86	0.39	21.6			12.8			
				C	107–123	灰黄棕色	砂壤土	粒状	6.9	5.5	0.43	0.21	21.4			7.3			
剖4	高山土	黑毡土	棕黑毡土	1	0–19		中壤土										残积物、坡积物	E 102°18′11.9″ N 34°31′35.4″	97
				2	19–48		中壤土												
				3	48–73		中壤土												
				4	73–102		中壤土												
剖5	半淋溶土	灰褐土	淋溶灰褐土	1	0–3		轻壤土										坡积物、黄土状沉积物	E 102°45′53.3″ N 34°34′00.5″	99
				2	3–12		重壤土												
				3	12–91		中壤土												
				4	91–118		中壤土												
				5	118–137		中壤土												
剖6	半淋溶土	灰褐土	石灰性灰褐土	Ao	0–7	暗棕色	中壤土	粒状	6.4	130.9	4.74	0.81	21.8			39.7	坡积物、黄土状沉积物	E 102°47′47.8″ N 34°32′38.2″	79
				2	7–56	黑棕色	重壤土	粒状、小块状	6.7	33.9	1.68	0.70	23.9	4.0	111	24.8			
				3	56–88	暗黄棕色	砂壤土	小块状	7.1	10.4	0.73	0.63	24.2			14.6			
				C	88–288	浅棕黄色	中壤土	块状	8.1	4.7	0.48	0.63	25.0			10.4			
剖7	半淋溶土	灰褐土	淋溶灰褐土	1	0–5		轻壤土										坡积物、黄土状沉积物	E 102°47′14.1″ N 34°29′50.2″	98
				Ao	5–14	黑棕色	轻壤土	小粒状	6.5	248.2	8.79	1.00	17.6	4.0	136	26.3			
				2	14–25	暗棕色	中壤土	团粒状	6.6	96.1	7.01	0.85	19.1			11.3			
				4	25–75	灰棕色	中壤土	小粒状	7.2	24.6	1.12	0.60	21.6			14.5			
				5	75–107	灰黄棕色	中壤土	片状	7.5	16.5	0.79	0.52	22.1			14.3			
				6	107–														
剖8	水成土	沼泽土	泥炭沼泽土	As	0–14	黑棕色	中壤土	粒状	7.5	403.6	16.80	1.01	11.9	8.0	100	70.2	河湖沉积物	E 102°05′36.8″ N 34°13′04.5″	87
				H	14–36	黑棕色	中壤土	片状	7.4	443.9	16.50	0.72	12.1			75.4			
				G	36–64	青灰色	砂壤土		7.8	21.8	1.07	0.53	12.9			4.9			
剖9	高山土	黑毡土	黑毡土	As	0–14	黑棕色	中壤土	粒状	6.2	134.2	6.28	1.05	20.0	4.0	151	37.1	黄土状沉积物	E 102°14′35.2″ N 34°12′06.8″	96
				2	14–62	暗棕色	中壤土	粒状	6.4	53.3	2.67	0.85	22.8			23.5			
				3	62–78	棕色	中壤土	粒状、小块状	7.0	16.1	0.90	0.45	21.1			12.0			
				C	78–93	浅棕色	轻壤土		8.2	10.3	0.61	0.57	19.6			8.7			
剖10	水成土	泥炭土	低位泥炭土	As	0–30	黑棕色	中壤土	粒状	6.5	325.6	15.04	1.18	14.0	6.0	226	64.5	洪冲积物、河湖沉积物	E 102°10′21.0″ N 34°11′01.0″	76
				H	30–237	黑棕色		片状	5.2	462.5	13.32	0.71	13.4			57.8			
				G	237–300	青灰色		块状	6.3	81.7	3.11	0.60	18.7			6.4			

续表 Continued

剖面号 Soil profile	土纲 Soil order	土类 Soil great group	亚类 Soil subgroup	土层码 Layer code	土层厚度 Depth/cm	颜色 Soil color	质地 Soil texture	土壤结构 Soil structure	pH	有机质 OM/(g/kg)	全氮 TN/(g/kg)	全磷 TP/(g/kg)	全钾 TK/(g/kg)	有效磷 AP/(mg/kg)	速效钾 AK/(mg/kg)	阳离子交换量 CEC/(cmol/kg)	土壤母质 Parent material	剖面点坐标 Profile coordinate	匹配指数 Matching index/%
剖11	水成土	沼泽土	草甸沼泽土	As	0—20	暗棕色	砂壤土	小粒状	7.0	259.2	12.56	1.12	16.0	11.0	141	60.3	河潮沉积物	E 102°21′33.3″ N 34°13′17.6″	86
				2	20—43	暗灰棕色	重壤土	小粒状	8.2	44.5	4.12	0.56	18.2			21.5			
				G	43—55	青蓝色	重壤土		8.3	11.4	0.76	0.52	19.0			10.7			
剖12	水成土	沼泽土		As	0—7	黑棕色	重壤土	粒状	8.0	98.8	5.24	0.68	14.4			16.7	河湖沉积物	E 102°20′10.1″ N 34°00′17.2″	100
				G	7—48	青灰蓝色	重壤土	粒状、小块状	8.6	11.0	1.21	0.53	17.6	4.0	142	12.1			

夏 河 县

主要土类说明

黑毡土是夏河县主要土壤类型，占本县地域面积的 37%，分布在海拔 2800—3600m 的地区。植被生长茂盛，有草甸群落和灌丛草甸群落，在过牧地带、阳坡及低山川原还有草原草甸群落，植被覆盖百分率为 55%—95%。黑毡土草根盘结层不如草毡土紧密，但其腐殖质层较厚，有机质含量高。全剖面 pH 为 6.0—8.6，剖面上中部碳酸钙有一定淋溶，剖面下部有明显的锈纹锈斑。鼠类、旱獭、野兔、蚯蚓等动物活动活跃，活动痕迹随处可见，且不少地方鼠害严重，造成草原退化。

草毡土是夏河县第二大土壤类型，占本县地域面积的 31%，分布在海拔 3600m 以上至山体最高线的寒冷、潮湿、风大的高山地带，个别地区最低海拔（桑科的达久塘）为 3540m，最高海拔（甘加的达里加山）达 4636m，主要分布在桑科、科才等地。植被以高山矮草草甸为主，伴生小灌木，植被覆盖百分率为 60%—90%。草毡土具有紧密且有弹性的草根层，具有两层结构不同、颜色有别、厚度不等的腐殖质层。

冷钙土是夏河县第三大土壤类型，占本县地域面积的 15%，主要分布在海拔 2760—3600m 的甘加、麻当、王格尔塘、达麦、桑科等地。植被为草甸化草原，植被覆盖百分率为 30%—55%。该土壤具弱腐殖质累积和钙积特征，有机质含量为 15—30g/kg。碳酸钙含量为 50—200g/kg，呈斑点状或脉络状，且含少量易溶盐与石膏，pH 为 7.5—8.5。

灰褐土占本县地域面积的 12%，集中分布在大夏河两岸各支流所割裂的山岳区，即中部半湿润区，海拔为 2200—3500m。植被有以云杉、冷杉、黑桦树、山杨为建群种的针阔叶混交林，以杨树、黑桦树为主的阔叶林，以黑桦树、杨树、柳树、珍珠梅、绣线菊等为建群种的乔灌混交林，以及由杜鹃、珍珠梅、绣线菊、黄栌木、锦鸡儿、沙棘等组成的灌木林等。该土壤腐殖质累积与钙积作用明显，表层有机质含量可达 100g/kg，表层下见暗色腐殖质层，有弱黏淀特征。B 层呈棕褐色，钙积层在 40cm 以下出现，铁铝氧化物无移动。本县灰褐土分为淋溶灰褐土、灰褐土、石灰性灰褐土等亚类。

黑钙土占本县地域面积的 4%，分布在海拔 2800—3300m 的扎油、博拉、阿木去乎等地。植被以草甸草原为主，植被覆盖百分率为 55%—90%。腐殖质层较厚，剖面中上部碳酸钙有一定淋溶，剖面下部有碳酸钙积累，呈假菌丝状和粉末状。本县黑钙土分为黑钙土、石灰性黑钙土等亚类。

小于本县地域面积 3% 的土壤类型有草甸土。

本区域中心区气候特征

本区域中心区气候特征值
Regional climate characteristics in central area of the region

气候带：高原亚温带亚湿润气候 Climate region: Plateau subtemperate subhumid climate	
年平均气温 /℃ Annual average temperature /℃	2.6
年平均最高气温 /℃ Annual average maximum temperature /℃	11.2
年平均最低气温 /℃ Annual average minimum temperature /℃	-3.7
年降水量 /mm Annual precipitation /mm	499
≥10℃的积温 /℃ Daily temperature accumulated in a year（≥10℃）/℃	1184
年日照时数 /h Annual sunshine /h	2462
年平均相对湿度 /% Annual average relative humidity /%	62
干燥度 Dryness	0.33

本区域中心区月平均气温与月平均降水量
Monthly temperature and precipitation in central area of the region

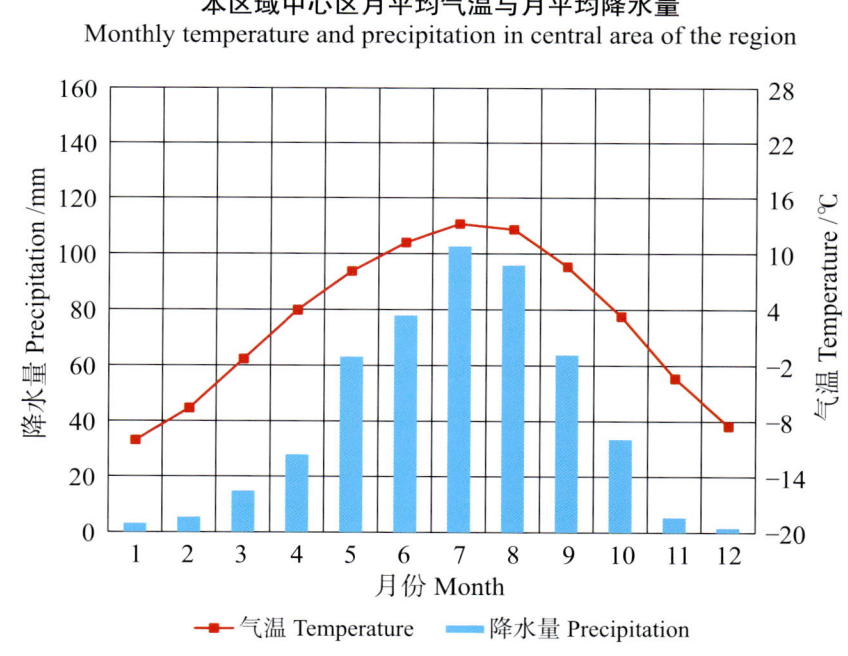

夏河县主要土壤类型与土壤剖面点分布图
1:520 000

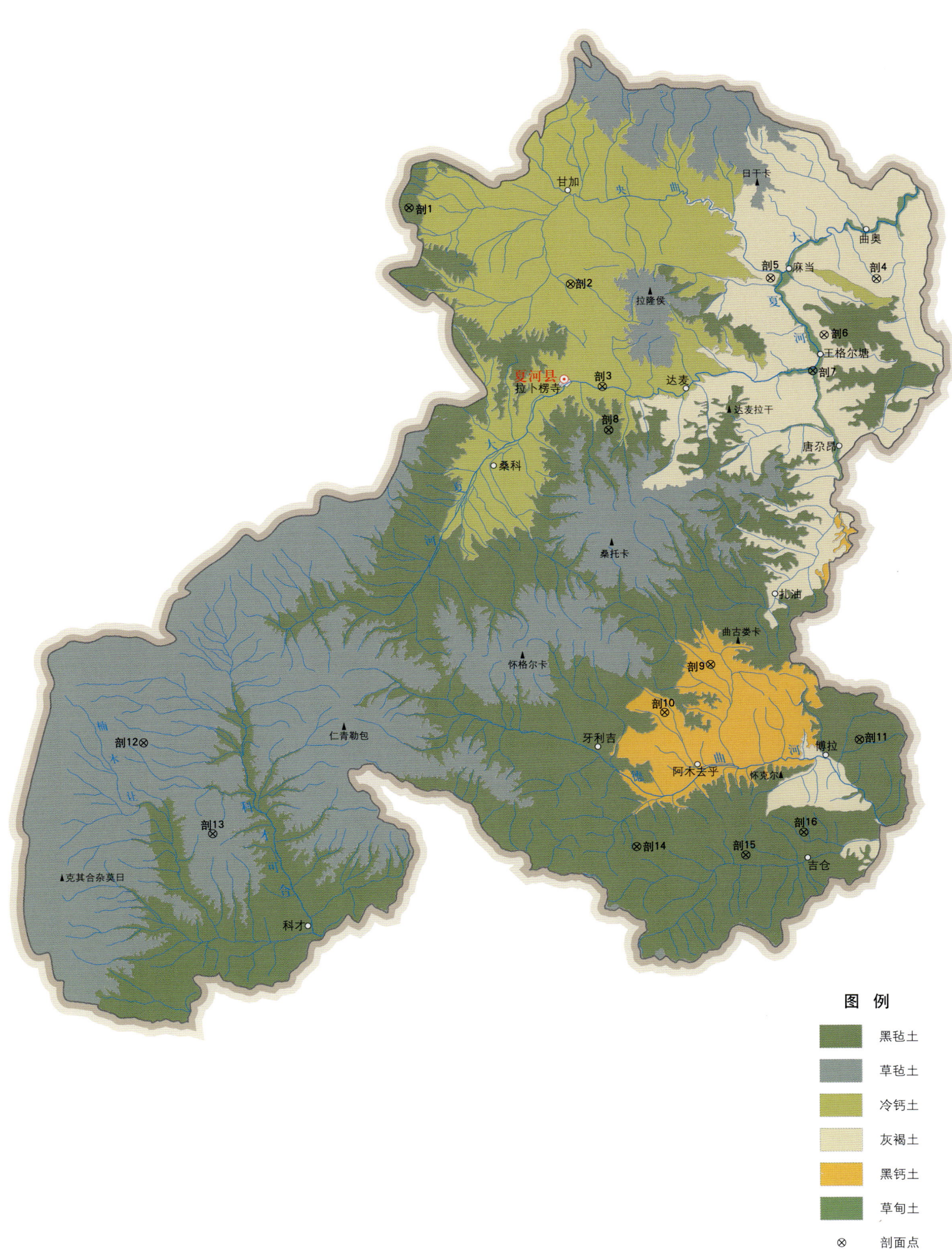

夏河县土壤剖面理化性状表

剖面号 Soil profile	土纲 Soil order	土类 Soil great group	亚类 Soil subgroup	土属 Soil genus	土层码 Layer code	土层厚度 Depth/cm	颜色 Soil color	质地 Soil texture	土壤结构 Soil structure	pH	有机质 OM/(g/kg)	全氮 TN/(g/kg)	全磷 TP/(g/kg)	全钾 TK/(g/kg)	阳离子交换量CEC/(cmol/kg)	剖面点坐标 Profile coordinate	匹配指数 Matching index/%
剖1	高山土	黑毡土	黑毡土		As	0—10	暗棕色		团粒状	6.6	179.1	8.04	1.14	19.5	53.2	E 102°19′19.7″ N 35°22′44.3″	77
					2	10—50	黑棕色		块状	6.7	87.9	4.36	1.06	21.2	36.1		
					3	50—73	灰棕色		块状	6.7	41.3	1.90	0.84	22.4	22.8		
					C	73—90	浅棕黄色			7.1	10.8	0.66	0.48	22.1	11.7		
剖2	高山土	冷钙土	暗冷钙土	暗冷钙土	As	0—7	灰棕色	重石质中壤土	粉粒状	8.0	54.4	3.32	0.68	19.7	15.0	E 102°31′12.0″ N 35°18′15.8″	98
					2	7—30	灰棕色	重石质中壤土	粒状	8.2	36.1	2.38	0.64	19.4	11.8		
					3	30—77	灰黄色	重石质中壤土	小团块状	8.4	14.3	0.90	0.59	18.1	5.7		
					4	77—135	灰黄色	轻石质中壤土	粒状	8.7	4.7	0.32	0.58	18.8	3.7		
					C	135—150	浅棕黄色		粉砂状								
剖3	高山土	冷钙土	暗冷钙土	耕种暗冷钙土	1	0—14	浅棕黄色	轻石质轻壤土	粒状	8.3	16.6	1.12	0.87	21.9	5.9	E 102°33′40.7″ N 35°11′58.5″	79
					P	14—27	灰棕色	轻石质轻壤土	粒状	8.5	15.8	1.09	0.85	22.0	7.4		
					3	27—64	灰棕色	轻石质轻壤土	粒状	8.5	13.1	1.00	0.69	22.0	6.6		
					4	64—78	灰黄色	轻石质轻壤土	粒状	8.6	15.9	1.27	0.65	18.9	7.4		
					C	78—90	灰黄色	轻石质轻壤土	粒状	8.7	14.5	1.10	0.65	19.1	6.8		
剖4	半淋溶土	灰褐土	淋溶灰褐土		1	0—6	黑棕色		粒状	6.6	244.7	10.70	1.09	18.5	66.8	E 102°53′26.8″ N 35°18′58.1″	76
					2	6—49	暗棕色		团粒状	6.4	113.3	5.15	0.97	21.9	41.5		
					3	49—62	黄棕色		团块状	6.5	41.9	1.89	0.76	23.5	23.3		
					C	62—72	灰褐色	轻石质中壤土	粒状	8.2	45.9	2.62	0.73	20.8	16.7		
剖5	半淋溶土	灰褐土	石灰性灰褐土		As	0—5	灰褐色	重石质中壤土	粒状	8.3	40.5	2.33	0.72	20.8	14.4	E 102°45′44.6″ N 35°18′53.1″	98
					2	5—22	灰褐色	中石质中壤土	粒状	8.6	29.7	1.52	0.68	21.2	14.1		
					3	22—40	黄棕色	中石质中壤土	粒状								
					C	40—77	暗黄棕色										
剖6	半淋溶土	灰褐土	灰褐土	耕种石灰性草甸土	Ao	0—3	暗棕色		粒状	7.9	228.5	8.13	0.77	19.7	53.9	E 102°49′43.1″ N 35°15′26.6″	79
					2	3—27	灰棕色	中石质中壤土	粒状	7.5	124.0	4.70	0.54	19.8	38.7		
					3	27—43	灰棕色	中石质中壤土	小块状	8.4	62.0	2.74	0.56	20.7	22.6		
					4	43—92	浅灰色	轻石质中壤土	碎石状	8.8	15.4	1.15	0.63	21.5	9.4		
					C	92—101	灰色	轻石质中壤土	粒状	8.1	36.3	2.38	1.15	22.7	15.9		
剖7	半水成土	草甸土	石灰性草甸土	耕种灰棕草甸土	1	0—16	暗棕色	中石质中壤土	小团块状	8.2	25.8	1.56	0.73	23.3	17.2	E 102°48′56.9″ N 35°13′12.6″	84
					P	16—25	暗黄棕色	中石质中壤土	块状	8.3	28.8	1.71	0.72	23.7	17.7		
					3	25—51	暗黄棕色		块状								
					4	51—64	灰白色										
剖8	高山土	黑土	棕黑毡土		As	0—8	暗棕色	中壤土	团粒状	6.9	53.9	2.71	0.81	23.4	21.7	E 102°34′12.5″ N 35°09′18.0″	92
					2	8—42	暗棕色	中壤土	小块状	7.2	29.8	1.59	0.68	23.3	18.3		
					3	42—70	灰黄棕色	中壤土	团粒状								
剖9	钙层土	黑钙土	黑钙土	耕种黑钙土	1	0—15	黑色	轻石质中壤土	团块状	6.6	77.6	4.07	0.93	23.5	30.3	E 102°41′55.7″ N 34°54′56.2″	77
					2	15—70	黑色	轻石质中壤土	块状	6.2	64.6	3.44	0.81	23.5	26.8		
					3	70—78	暗棕色	轻石质中壤土	块状	7.0	34.7	1.88	0.65	23.2	22.1		
					C	78—86	灰白灰色										
剖10	钙层土	黑钙土	黑钙土	黑钙土	As	0—8	暗棕色	中壤土	团粒状							E 102°38′40.6″ N 34°51′56.3″	71
					2	8—61	暗棕色	中壤土	团块状	7.2	29.8	1.59	0.68	23.3	18.3		
					3	61—93	灰黄棕色	中壤土	团粒状	8.4	13.7	0.74	0.66	20.1	10.9		
					C	93—111	黄棕色	中壤土	团块状	8.5	8.9	0.56	0.61	19.5	8.4		

续表 Continued

剖面号 Soil profile	土纲 Soil order	土类 Soil great group	亚类 Soil subgroup	土属 Soil genus	土层码 Layer code	土层厚度 Depth/cm	颜色 Soil color	质地 Soil texture	土壤结构 Soil structure	pH	有机质 OM/(g/kg)	全氮 TN/(g/kg)	全磷 TP/(g/kg)	全钾 TK/(g/kg)	阳离子交换量 CEC/(cmol/kg)	剖面点坐标 Profile coordinate	匹配指数 Matching index/%
剖11	高山土	黑毡土	棕黑毡土		As	0—8	棕黑色		粒状	7.2	139.7	6.02	0.88	21.5	46.3	E 102°52′48.9″ N 34°50′28.8″	74
					2	8—39	棕黑色		粒状、块状	6.9	107.5	5.13	0.89	20.8	38.0		
					3	39—57	浅黄色		粒状、块状	7.3	18.2	0.94	0.42	20.3	17.4		
					C	57—71											
剖12	高山土	草毡土			As	0—14	灰棕色		粒状	6.5	115.6	5.11	0.99	21.2	41.1	E 102°01′02.0″ N 34°49′21.8″	87
					2	14—18	暗棕色		片层状	6.3	264.0	12.34	1.20	16.8	68.3		
					3	18—70	黑色		块状	6.8	86.3	3.47	1.02	20.7	43.1		
					4	70—80	黄棕色		块状	7.1	15.0	0.90	0.44	22.8	15.6		
					C	80—94	浅灰色										
剖13	高山土	草毡土			1	0—15		轻石质中壤土								E 102°06′12.9″ N 34°43′49.2″	72
					2	15—18		轻石质轻壤土									
					3	18—38		轻石质中壤土									
					4	38—90											
剖14	高山土	黑毡土	棕黑毡土		1	0—10		轻石质中壤土								E 102°36′51.3″ N 34°43′34.6″	83
					2	10—50		中石质中壤土									
					3	50—73		重石质重壤土									
					4	73—90		重石质轻壤土									
剖15	高山土	黑毡土	薄黑毡土	薄黑黑毡土	As	0—9	黑色	轻石质中壤土	块状	7.9	66.9	3.71	0.92	20.9	24.3	E 102°44′44.2″ N 34°43′11.1″	96
					2	9—34	黑色	轻石质中壤土	块状	8.0	50.2	3.01	0.92	21.4	22.6		
					3	34—70	暗灰色	中石质中壤土	散粒状	8.2	37.1	2.21	0.90	21.3	20.1		
					4	70—105	浅灰色	重石质轻壤土	无明显结构	8.3	20.4	1.25	0.80	21.2	15.9		
					C	105—117	紫色	重石质中壤土		8.6	3.5	0.37	0.61	16.5	7.1		
剖16	高山土	黑毡土	薄黑毡土	耕种薄黑毡土	1	0—17	灰棕色	重石质中壤土	小块状	8.1	35.2	2.23	0.90	21.6	15.7	E 102°48′54.0″ N 34°44′39.8″	82
					A	17—29	暗灰棕色	重石质中壤土	小块状	8.1	27.0	1.76	0.90	21.1	15.9		
					AC	29—56	棕褐色	重石质中壤土	小块状	8.2	28.9	1.85	0.91	21.2	17.1		
					C	56—89	灰褐色	砾质土									

中国土壤剖面数据集·甘肃卷

附 录

附录1 甘肃省县级行政区及分县主要土壤类型与土壤剖面点分布图地域名对照表

地级行政区划	县级行政区划[1]	分县主要土壤类型与土壤剖面点分布图地域名[2]	地级行政区划	县级行政区划[1]	分县主要土壤类型与土壤剖面点分布图地域名[2]
兰州市	城关区	市辖区*	天水市	甘谷县	甘谷县
	七里河区			武山县	武山县
	西固区			张家川回族自治县	张家川回族自治县
	安宁区		武威市	凉州区	市辖区*
	红古区			民勤县	民勤县
	永登县	永登县		古浪县	古浪县
	皋兰县	皋兰县		天祝藏族自治县	天祝藏族自治县
	榆中县	榆中县	张掖市	甘州区	市辖区*
嘉峪关市	市辖区	市辖区*		肃南裕固族自治县	肃南裕固族自治县
金昌市	金川区	市辖区*		民乐县	民乐县
	永昌县	永昌县		临泽县	临泽县
白银市	白银区	市辖区*		高台县	高台县
	平川区	平川区		山丹县	山丹县
	靖远县	靖远县	平凉市	崆峒区	市辖区*
	会宁县	会宁县		泾川县	泾川县
	景泰县	景泰县		灵台县	灵台县
天水市	秦州区	市辖区*		崇信县	崇信县
	麦积区	麦积区		庄浪县	庄浪县
	清水县	清水县		静宁县	静宁县
	秦安县	秦安县		华亭市	华亭县

续表

地级行政区划	县级行政区划 [1]	分县主要土壤类型与土壤剖面点分布图地域名 [2]	地级行政区划	县级行政区划 [1]	分县主要土壤类型与土壤剖面点分布图地域名 [2]
酒泉市	肃州区	市辖区*	陇南市	文县	文县
	金塔县	金塔县		宕昌县	宕昌县
	瓜州县	安西县		康县	康县
	肃北蒙古族自治县	肃北蒙古族自治县		西和县	西和县
	阿克塞哈萨克族自治县	阿克塞哈萨克族自治县		礼县	礼县
				徽县	徽县
	玉门市	玉门市		两当县	两当县
	敦煌市	敦煌市	临夏回族自治州	临夏市	
庆阳市	西峰区			临夏县	临夏县
	庆城县	庆城县		康乐县	康乐县
	环县	环县		永靖县	永靖县
	华池县	华池县		广河县	广河县
	合水县	合水县		和政县	和政县
	正宁县	正宁县		东乡族自治县	东乡族自治县
	宁县	宁县		积石山保安族东乡族撒拉族自治县	积石山保安族东乡族撒拉族自治县
	镇原县	镇原县			
定西市	安定区	市辖区*	甘南藏族自治州	合作市	合作市
	通渭县	通渭县		临潭县	临潭县
	陇西县	陇西县		卓尼县	卓尼县
	渭源县	渭源县		舟曲县	舟曲县
	临洮县	临洮县		迭部县	迭部县
	漳县	漳县		玛曲县	玛曲县
	岷县	岷县		碌曲县	碌曲县
陇南市	武都区	武都县		夏河县	夏河县
	成县	成县			

注：1）为民政部于 2022 年 3 月发布的《2021 年中华人民共和国行政区划代码》中的县级行政区名称。该名称也作为本数据集分县目录。分县排序按《2021 年中华人民共和国行政区划代码》中的地级、县级行政区排列。

2）分县主要土壤类型与土壤剖面点分布图地域名是全国第二次土壤普查中分县采样调查、制图的县级行政区名称。分县主要土壤类型与土壤剖面点分布图采用的县级行政域是从国家测绘局获取的 1∶25 万 DLG（公众版）数据（使用许可协议编号：非 2011—1011）。附录 1 显示了全国第二次土壤普查时的县级行政区域名与《2021 年中华人民共和国行政区划代码》中的县级行政区名称之间的关联。附录 1 中仅有《2021 年中华人民共和国行政区划代码》中的县级行政区名称，而没有对应的分县主要土壤类型与土壤剖面点分布图地域名的分县，表示该县级行政区无土壤剖面数据，未纳入分县目录。

* 在附录 1 中，凡分县主要土壤类型与土壤剖面点分布图地域名表示为"市辖区"的地域，均指在全国第二次土壤普查中，在城市中心区及近郊区完成的采样调查和制图。此时，县级行政区名称与分县主要土壤类型与土壤剖面点分布图地域名不是完全的对应关系。如兰州市市辖区（部分）主要土壤类型与土壤剖面点分布图代表土壤调查中兰州市城区及近郊区的土壤分布状况。此时将"市辖区"作为这一节的标题。

附录 2　专题图基础地理要素图例

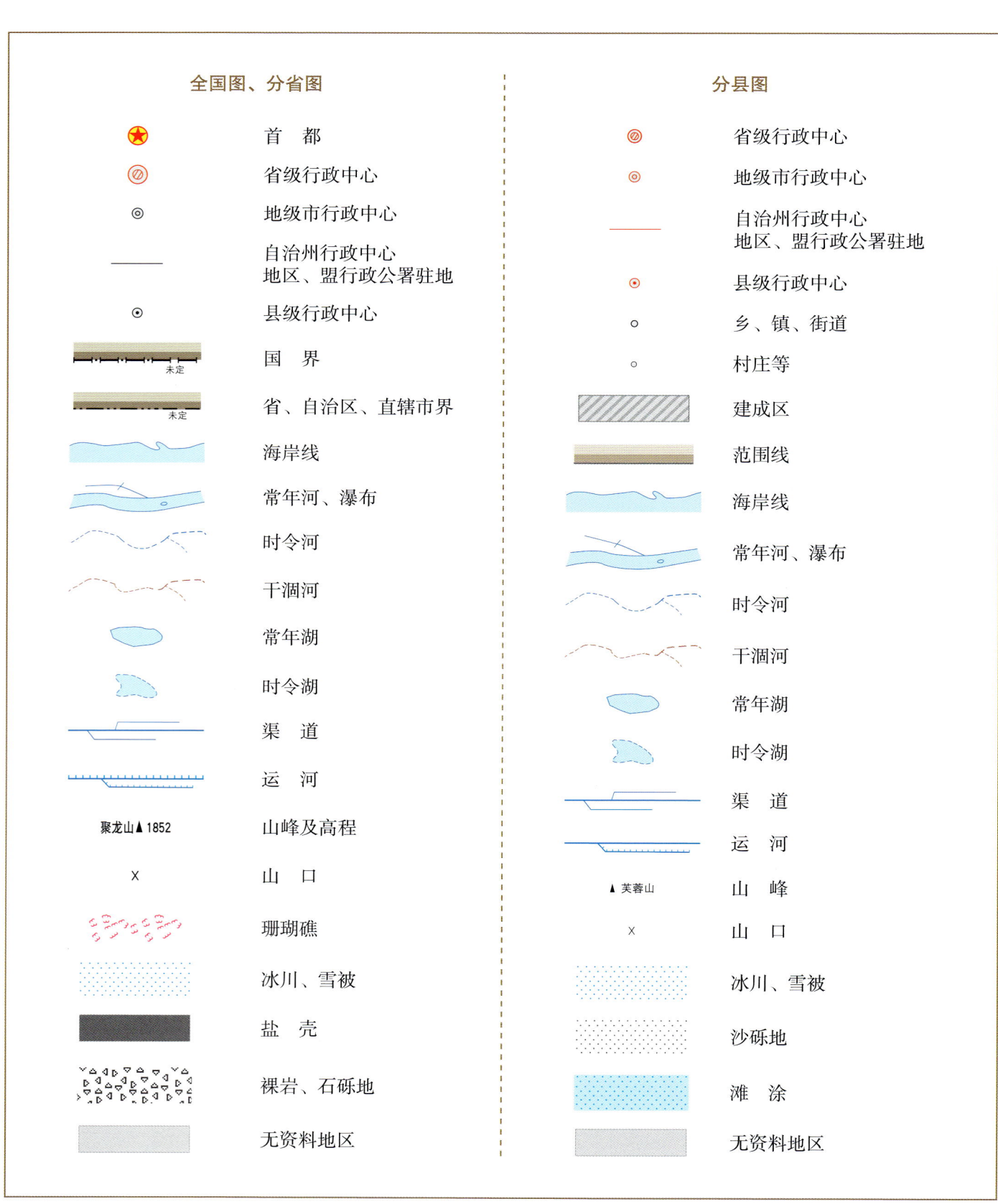

附录3　土壤图土类图例

图例	土类名	色码（RGB）	色码（CMYK）	图例	土类名	色码（RGB）	色码（CMYK）
	砖红壤	253，139，149	0，56，26，0		棕钙土	250，221，212	2，17，13，0
	赤红壤	253，160，170	0，47，17，0		灰钙土	230，214，165	11，15，40，1
	红　壤	252，199，209	1，29，6，0		灰漠土	246，237，182	4，6，36，0
	黄　壤	250，238，14	2，5，92，0		灰棕漠土	232，207，118	8，19，62，1
	黄棕壤	247，231，171	3，9，40，0		棕漠土	238，220，86	5，12，76，1
	黄褐土	249，236，121	2，5，64，0		黄绵土	249，223，2	1，13，93，0
	棕　壤	238，218，147	6，14，50，1		红黏土	247，149，143	1，52，33，0
	暗棕壤	226，181，98	9，33，68，2		新积土	184，199，156	30，11，44，2
	白浆土	223，226，205	15，7，22，0		龟裂土	254，252，55	0，7，86，0
	棕色针叶林土	206，169，142	18，35，40，4		风沙土	242，242，180	6，2，39，0
	灰化土	183，169，182	31，31，16，4		石灰（岩）土	176，175，85	28，21，75，9
	漂灰土*	220，219，162	15，9，44，1		火山灰土	223，167，170	11，41，19，2
	燥红土	250，161，9	0，46，95，0		紫色土	199，177，221	28，31，0，0
	褐　土	225，201，153	12，21，43，1		磷质石灰土	240，250，156	7，1，51，0
	灰褐土	228，219，186	12，12，30，0		石质土	171，181，150	35，18，43，5
	黑　土	142，164，151	46，21，38，8		粗骨土	196，187，132	23，21，53，4
	灰色森林土	162，178，175	40，19，27，4		草甸土	128，171，117	51，14，63，7

续表

图例	土类名	色码（RGB）	色码（CMYK）	图例	土类名	色码（RGB）	色码（CMYK）
	黑钙土	230，188，50	6，30，88，1		潮　土	169，219，118	34，1，68，0
	栗钙土	214，195，161	17，22，37，2		砂姜黑土	191，202，188	29，13，26，1
	栗褐土	240，213，157	5，18，43，1		林灌草甸土	171，191，44	31，12，93，5
	黑垆土	201，204，125	22，12，60，3		山地草甸土	132，184，161	52，9，42，3
	沼泽土	144，183，212	49，14，8，2		灌漠土	158，184，110	39，12，67，6
	泥炭土	150，140，173	46，41，10，6		草毡土	150，172，169	45，20，29，6
	草甸盐土	222，145，201	21，49，0，0		黑毡土	129，157，106	48，19，63，14
	滨海盐土	232，206，217	10，22，5，0		寒钙土	198，214，203	26，8，21，1
	酸性硫酸盐土	187，159，184	29，38，9，3		冷钙土	194，194，96	23，15，72，5
	漠境盐土	209，130，159	16，58，11，3		冷棕钙土	183，186，169	31，20，32，3
	寒原盐土	187，159，184	29，38，9，3		寒漠土	235，223，181	9，12，33，0
	碱　土	227，211，211	13，18，11，0		冷漠土	223，197，102	11，22，68，2
	水稻土	107，176，107	59，9，72，3		寒冻土	196，171，79	19，29，77，8
	灌淤土	136，146，47	38，24，90，21				

注：＊漂灰土，《中国土壤分类与代码》（GB/T 17296—2009）中无此土类，在全国第二次土壤普查中完成的中国 1∶100 万土壤图和分县土壤图中含漂灰土，主要分布于西藏自治区南部，总面积约为 112 km²。

附录 4　中国主要土壤类型简表

土纲名[1]	土类名[2]	主要成土条件及特征[3]	分布区域	WRB 土组名[4]	MR[5]/%	百分比[6]/%
铁铝土纲 Ferrallisols	砖红壤 Latosols	热带雨林或季雨林下，强烈脱硅富铝化，游离铁占全铁的80%，土壤呈砖红色，具 A-Bs-Bv-C 剖面构型	海南、广东等	Acrisols	29	0.46
	赤红壤 Latosolic red soils	南亚热带季雨林下，脱硅富铝化程度次于砖红壤、强于红壤，铁的游离度介于二者之间，土壤呈赤红色，具 A-Bs-C 剖面构型	广东、云南、广西、福建等	Acrisols	40	2.23
	红壤 Red soils	中亚热带常绿阔叶林下，中度脱硅富铝化，具有深厚红色土层，具 A-Bs-Bv 或 A-Bs-C 剖面构型	南部的江西、福建、湖南等	Cambisols	35	6.79
	黄壤 Yellow soils	亚热带湿润气候条件下，多见于海拔700—1200m 的山区，中度富铝化，土壤有机质累积较多，土壤呈黄色，具 O-A-AB-B-C 剖面构型	贵州、四川、云南、西藏、台湾等	Cambisols	45	2.65
淋溶土纲 Alfisols	黄棕壤 Yellow-brown soils	北亚热带暖湿落叶阔叶林下，弱度富铝化，母质多为砂页岩及花岗岩风化物，黏化特征明显，土壤呈黄棕色，具 A-B-C 或 A-(B)-C 剖面构型	长江中下游沿江低山丘陵区，以及云南、贵州、四川、陕西、西藏等	Cambisols	39	2.37
	黄褐土 Yellow-cinnamon soils	北亚热带地区，黄土状母质，无游离碳酸钙，黏化淀积明显，土壤呈灰黄棕色，具 A-B-C 或 A-Bt-C 剖面构型	河南、安徽面积最大，陕南、鄂北、江苏、川东北、江西等地也有分布	Luvisols	58	0.59
	棕壤 Brown soils	湿润暖温带地区，处于硅铝风化阶段，盐基已淋失，土体见黏粒淀积，土壤呈棕色，具 O-A-Bt-C 剖面构型	辽东至苏北低山丘陵，以及内蒙古、河南、西藏、云南、湖北等地的山地垂直带	Luvisols	51	2.73
	暗棕壤 Dark brown soils	湿润温带地区，针阔叶混交林下，弱酸性淋溶，有机质富集明显，土体B层呈棕色，具 O-A-B-C 剖面构型	黑龙江、吉林、内蒙古等	Cambisols	48	4.12

续表

土纲名[1]	土类名[2]	主要成土条件及特征[3]	分布区域	WRB 土组名[4]	MR[5]/%	百分比[6]/%
淋溶土纲 Alfisols	白浆土 Bleached baijiang soils	湿润温带平缓岗地森林草原下,上层土壤周期性滞水,还原铁、锰,漂洗形成灰黄色至灰白色白浆土层 E,具 Ah–E–Bt–C 剖面构型	黑龙江、吉林等	Luvisols	46	0.49
	棕色针叶林土 Brown coniferous forest soils	寒温带针叶林下,酸性淋溶,表层盐基饱和度降低,B 层呈棕色,具 O–A–AB–B–C 剖面构型	内蒙古、黑龙江、四川、云南、吉林、新疆等	Cambisols	47	1.15
	灰化土 Podzolic soils	寒冷湿润针叶林下,表层有机质层深厚,强烈淋溶和 SiO_2 淀积形成灰化层 A_2,具 A_1–A_2–B–BC 剖面构型	西藏	Podzols	100	< 0.01
半淋溶土纲 Semi-alfisols	燥红土 Torrid red soils	热带、亚热带干旱河谷与雨区稀树草原下形成的盐基饱和的红色土壤,具 A–B–C(D)剖面构型	海南、贵州、云南、四川等	Luvisols	100	0.08
	褐土 Cinnamon soils	暖温带半湿润,黏化与钙质淋移淀积,盐基饱和,B 层呈棕褐色,具 A–B–Bk–C 剖面构型	河北、山西、北京等	Cambisols	48	2.88
	灰褐土 Gray-cinnamon soils	温带干旱、半干旱山地云冷杉下,腐殖质累积与钙积作用明显,弱黏淀特征,具 Ao–A–B–C 剖面构型	甘肃、内蒙古、新疆、西藏、青海、宁夏等地的山地垂直带	Cambisols	43	0.65
	黑土 Black soils	温带半湿润草甸草原下,具深厚的腐殖质层,无石灰性的黑色土壤,底层轻度淋溶,具 A–ABh– BhC–C 剖面构型	东北平原	Phaeozems	31	0.68
	灰色森林土 Gray forest soils	温带森林植被下,腐殖质层深厚,弱度淋溶,剖面下部见硅粉,具 O–A–AB 或(B)–BC–C 剖面构型	内蒙古、新疆、河北	Phaeozems	77	0.34
钙层土 Pedocals	黑钙土 Chernozems	温带半湿润草甸草原下,具深厚的腐殖质层、碳酸钙淋溶淀积	内蒙古、新疆、吉林、黑龙江、青海、甘肃	Chernozems	50	1.51
	栗钙土 Castanozems	温带半干旱草原下,具有栗色腐殖质层和灰白色钙积层	内蒙古、新疆、河北、山西、吉林等	Kastanozems	61	4.18
	栗褐土 Castano-cinnamon soils	暖温带半干旱草原及灌木下,弱度黏化和弱度淋溶,通体有石灰反应	山西、内蒙古、河北	Cambisols	40	0.47
	黑垆土 Dark loessial soils	黄土高原上,由黄土母质发育,有机质含量低,腐殖质层深厚,无明显黏化层	甘肃面积最大,其次为陕北和宁南地区	Cambisols	59	0.21
干旱土 Aridisols	棕钙土 Brown caliche soils	温带干旱草原向荒漠过渡区,具浅棕色薄腐殖质层、灰白色薄钙积层,钙积层接近地表	内蒙古、甘肃、青海、新疆	Cambisols	36	2.81
	灰钙土 Sierozems	暖温带干旱草原下,母质多为黄土,低腐殖质、弱淋溶,具腐殖质层和钙积层	甘肃、宁夏、新疆、青海、内蒙古、陕西	Cambisols	63	0.50

续表

土纲名[1]	土类名[2]	主要成土条件及特征[3]	分布区域	WRB 土组名[4]	MR[5]/%	百分比[6]/%
漠土 Desert soils	灰漠土 Gray desert soils	温带干旱漠境边缘区	宁夏、内蒙古、甘肃、新疆等	Cambisols	44	0.72
	灰棕漠土 Gray-brown desert soils	温带干旱中心	新疆、内蒙古等	Cambisols	78	3.11
	棕漠土 Brown desert soils	暖温带极干旱漠境中心	新疆、甘肃等	Cambisols	65	2.69
初育土 Amorphic soils	黄绵土 Loessial soils	黄土高原上，由黄土母质直接翻耕形成，具 A-C 剖面构型	陕西、甘肃、山西、宁夏等	Cambisols	33	1.97
	红黏土 Red primitive soils	由第三纪红色黏土及部分第四纪老黄土发育	陕西、甘肃、河南、山西、辽宁等	Regosols	48	0.07
	新积土 Neo-alluvial soils	新近冲积、洪积、坡积、塌积或人工堆垫，具 A-C 或（A）-C 剖面构型	全国各地，以吉林、陕西面积最大，其次为黑龙江、宁夏、四川等	Fluvisols	51	0.57
	龟裂土 Takyr	干旱、漠境地区山前细土洪积微弱发育，表层为不规则龟裂结皮	新疆、甘肃、内蒙古、宁夏	Cambisols	72	0.06
	风沙土 Aeolian soils	半干旱、干旱及滨海地区，由风成沙性母质发育	新疆、内蒙古、甘肃、青海等	Arenosols	75	7.03
	石灰（岩）土 Limestone soils	由热带、亚热带石灰岩母质发育	贵州、广西、四川、湖南等	Cambisols	80	1.73
	火山灰土 Volcanic ash soils	由火山喷发碎屑、粉尘状堆积物发育，具 A-C 剖面构型	黑龙江、江苏、海南等	Andosols	53	0.04
	紫色土 Purplish soils	由热带、亚热带紫红色岩层侵蚀发育，土层浅薄，具 A-C 剖面构型	四川、云南、湖南、贵州、广西等	Cambisols	68	2.44
	磷质石灰土 Phospho-calcic soils	热带珊瑚岛礁上，由海鸟粪与珊瑚礁风化物形成	南海的西沙、南沙、东沙、中沙诸岛	Arenosols	81	<0.01
	石质土 Lithosols	石质山地岩石风化残积物，风化层厚度一般小于 10cm，具 A-R 剖面构型	西北和华北山地	Leptosols	100	1.87
	粗骨土 Skeletal soils	基岩风化残积物、坡积物，属于 A-C 或（A）-C 剖面构型	辽宁、内蒙古、山东、浙江等地的河谷阶地、丘陵、低山和中山	Regosols	93	1.76
水成土 Aqueous soils	沼泽土 Bog soils	所处地势低洼，长期地表积水，还原作用形成潜育层 G，泥炭层或腐泥层厚度小于 50cm，具 H-G 剖面构型	黑龙江、青海、内蒙古等地的沟谷、平原河湖滨低洼地区均有分布，主要分布于东北	Gleysols	53	1.53
	泥炭土 Peat soils	泥炭层 H 厚度大于 50cm，其下为潜育层 G，具 H-G 剖面构型	青海、四川、黑龙江、吉林等	Histosols	48	0.06

续表

土纲名[1]	土类名[2]	主要成土条件及特征[3]	分布区域	WRB 土组名[4]	MR[5]/%	百分比[6]/%
半水成土 Semi-aqueous soils	草甸土 Meadow soils	冷湿条件下受地下水浸润并在草甸植被下发育，有明显腐殖质累积，铁、锰氧化还原形成锈纹层 Cu，具 A-Cu 或 A-C-Cu 剖面构型	黑龙江、内蒙古、新疆、四川等	Cambisols	92	3.54
	潮土 Fluvo-aquic soils	河流冲积平原或低平阶地耕作土壤，地下水位高，底土氧化还原交替形成锈纹层 Cu，具 A_{11}-A_{12}-Cu 或 A_{11}-C-Cu 剖面构型	主要分布于黄淮海平原，内蒙古、辽宁、湖北等地的河谷平原，滨湖低地与山间谷地也有分布	Cambisols	85	3.71
	砂姜黑土 Lime concretion black soils	河湖沉积物经脱沼与长期耕作形成，底土见砂姜	主要分布于安徽、河南、山东、江苏等，河北、湖北、广西等地也有分布	Cambisols	79	0.54
	林灌草甸土 Shrubby meadow soils	漠境河谷平原沿河一带的胡杨林下发育，有交替氧化还原作用，具 Ao-AC-C 剖面构型	新疆、内蒙古、甘肃等	Cambisols	87	0.24
	山地草甸土 Mountain meadow soils	中海拔山顶平台草甸植被下发育的薄层土壤，草皮层 As 下见铁锰锈纹、胶膜，具 As-A-C-D 剖面构型	除青藏高原及西北高山区以外，各省、自治区、直辖市均有分布，以西部为多，西南部次之	Cambisols	60	0.04
盐碱土 Alkali-saline soils	草甸盐土 Meadow solonchaks	草甸土、潮土、沼泽土地区，盐分累积量大于 6g/kg，有盐化表土层 Az，具 Az-C 剖面构型	从长江口到松辽平原均有分布	Solonchaks	55	1.21
	滨海盐土 Coastal solonchaks	母质为滨海沉积物，盐分来自海水和高矿化潜水，通常含盐量为 10g/kg，具 Az-Cz 剖面构型	山东、浙江、福建等沿海地区	Solonchaks	47	0.31
	酸性硫酸盐土 Acid sulphate soils	热带、南亚热带滨海低平原的海潮可及处，红树林残体形成的硫化物经氧化形成硫酸，土壤呈强酸性	海南、广东、广西、福建、台湾等	Solonchaks	36	<0.01
	漠境盐土 Desert solonchaks	极端干旱的漠境条件，含盐量通常在 100g/kg 以上	新疆、青海、甘肃等	Solonchaks	50	0.31
	寒原盐土 Frigid plateau solonchaks	青藏高寒地区退缩内陆湖盆、河间洼地	西藏	Solonchaks	88	0.10
	碱土 Solonetzes	碱化度（交换性钠占阳离子交换量百分比）大于 20%	零星分布于东北、华北、西北的内陆地区	Solonetz	50	0.06
人为土 Anthrosols	水稻土 Paddy soils	长期季节性淹灌、排水，水下翻耕，氧化还原交替，形成多种发生层分异：淹育层 Aa、犁底层 Ap、渗育层 P、潴育层 W 与潜育层 G	全国各地，以四川、江西、湖南等地面积为大	Anthrosols	83	4.93
	灌淤土 Irrigated warped soils	引用高泥沙含量灌溉水淤灌，加厚土层大于 50cm	新疆、宁夏、甘肃、河北、青海、西藏等	Anthrosols	70	0.22

续表

土纲名[1]	土类名[2]	主要成土条件及特征[3]	分布区域	WRB 土组名[4]	MR[5]/%	百分比[6]/%
人为土 Anthrosols	灌漠土 Irrigated desert soils	干旱荒漠地区，坎儿井水长期耕灌	新疆、甘肃、宁夏、青海等地的荒漠绿洲地带	Anthrosols	68	0.12
高山土 Alpine soils	草毡土 Felty soils	高寒区平缓高原面上，强度生草腐殖质累积与弱度氧化还原形成草毡层	青海、西藏、四川、新疆等	Cambisols	69	5.46
	黑毡土 Dark felty soils	高寒区略较温湿的原面上，草毡层初步分解，色泽较暗，有机质含量较高	西藏、四川、新疆、甘肃等	Cambisols	61	2.73
	寒钙土 Frigid calcic soils	高寒半干旱区，弱度腐殖质累积，底层积钙	西藏、青海、新疆、甘肃等	Calcisols	70	7.88
	冷钙土 Cold calcic soils	高寒区冷凉半干旱原面下，具弱腐殖质累积与钙积特征	新疆、西藏、甘肃等	Cambisols	45	1.43
	冷棕钙土 Cold brown calcic soils	高寒区温凉的半干旱河谷处，土壤弱腐殖质累积，弱度淋溶与积钙	西藏	Cambisols	67	0.09
	寒漠土 Frigid desert soils	高寒干旱条件下成土	青藏高原西北部海拔4000m以上地区，涉及新疆、四川、西藏、青海等	Cryosols	87	0.29
	冷漠土 Cold desert soils	亚高山冷凉干旱条件下成土	西藏海拔4500m以下的湖盆、河谷及山地中下部	Cambisols	42	0.03
	寒冻土 Frigid frozen soils	高山冰川冰缘地带条件下，以物理风化为主	青藏高原冰缘地区，涉及新疆、西藏、甘肃等	Leptosols	100	3.23

注：1）中国土壤分类系统中土纲名及土纲英译名。
2）中国土壤分类系统中土类名及土类英译名。
3）本栏所用土层及后缀代码释义。
　　自然土壤：A 表土层，As 草根层、草毡层，A_2 灰化层，B 母质特征消失的表下层，C 受成土作用影响小的母质层，D 未受成土作用影响的碎屑层，R 坚硬岩石层，E 漂白层、白浆层，H 泥炭状有机质层，Hi 纤维状泥炭层，He 半分解泥炭层，O 凋落物有机质层。
　　旱地土壤：A_{11} 旱耕层，A_{12} 亚耕层，C_1 心土层，C_2 底土层。
　　水田土壤：Aa 耕作层（淹育层），Ap 犁底层（淹育层），P 渗育层，W 潜育层，G 潜育层，Gw 脱潜层，M 腐泥层。
　　土层后缀代码：d 漂灰特征，c 铁结核或硬结核，f 冰冻特征，h 有机质淀积，k 石灰聚积，n 碱化特征，q 硅聚积，t 黏粒淀积，v 网纹特征，x 脆盘，z 易溶盐聚积，su 硫化物聚积，b 埋藏或重叠，e 漂洗特征，g 潜育特征，i 弱分解有机质，m 胶结或固结，p 人工扰动，s 三氧化二物聚积，u 锈色斑纹，w 色泽或结构发育，y 石膏聚积，mo 铁锰胶膜。
4）世界土壤资源参比基础（world reference base for soil resources，WRB）工作组发布土组名，WRB 土组划分原则与中国土壤分类系统中土纲接近。
5）WRB 土组对中国土壤分类系统中各土类的最大可参比性（maximum referencibility，MR）。
6）该土类面积占各土类总面积的百分比。

附录 5 甘肃省主要土壤类型表

土纲名[1]	土类名[2]	WRB 土组名[3]	MR[4]/%	百分比[5]/%
淋溶土纲 Alfisols	黄棕壤 Yellow-brown soils	Cambisols	39	0.4
	棕壤 Brown soils	Luvisols	51	2.6
	暗棕壤 Dark brown soils	Cambisols	48	1.4
半淋溶土纲 Semi-alfisols	褐土 Cinnamon soils	Cambisols	48	6.0
	灰褐土 Gray-cinnamon soils	Cambisols	43	3.3
	黑土 Black soils	Phaeozems	31	0.3
钙层土 Pedocals	黑钙土 Chernozems	Chernozems	50	0.8
	栗钙土 Castanozems	Kastanozems	61	3.4
	黑垆土 Dark loessial soils	Cambisols	59	4.0
干旱土 Aridisols	棕钙土 Brown caliche soils	Cambisols	36	1.0
	灰钙土 Sierozems	Cambisols	63	6.4
漠土 Desert soils	灰漠土 Gray desert soils	Cambisols	44	0.6
	灰棕漠土 Gray-brown desert soils	Cambisols	78	20.8
	棕漠土 Brown desert soils	Cambisols	65	4.1
初育土 Amorphic soils	黄绵土 Loessial soils	Cambisols	33	8.0
	红黏土 Red primitive soils	Regosols	48	0.6
	新积土 Neo-alluvial soils	Fluvisols	51	1.5
	龟裂土 Takyr	Cambisols	72	0.2
	风沙土 Aeolian soils	Arenosols	75	6.8
	石质土 Lithosols	Leptosols	100	1.9
	粗骨土 Skeletal soils	Regosols	93	1.9
水成土 Aqueous soils	沼泽土 Bog soils	Gleysols	53	0.4
	泥炭土 Peat soils	Histosols	48	0.1

续表

土纲名[1]	土类名[2]	WRB 土组名[3]	MR[4]/%	百分比[5]/%
半水成土 Semi-aqueous soils	草甸土 Meadow soils	Cambisols	92	1.1
	潮土 Fluvo-aquic soils	Cambisols	85	0.4
	林灌草甸土 Shrubby meadow soils	Cambisols	87	0.1
	山地草甸土 Mountain meadow soils	Cambisols	60	0.3
盐碱土 Alkali-saline soils	草甸盐土 Meadow solonchaks	Solonchaks	55	1.7
	漠境盐土 Desert solonchaks	Solonchaks	50	0.7
人为土 Anthrosols	水稻土 Paddy soils	Anthrosols	83	0.1
	灌淤土 Irrigated warped soils	Anthrosols	70	0.2
	灌漠土 Irrigated desert soils	Anthrosols	68	2.3
高山土 Alpine soils	草毡土 Felty soils	Cambisols	69	3.1
	黑毡土 Dark felty soils	Cambisols	61	4.0
	寒钙土 Frigid calcic soils	Calcisols	70	2.4
	冷钙土 Cold calcic soils	Cambisols	45	5.1
	寒漠土 Frigid desert soils	Cryosols	87	0.2
	寒冻土 Frigid frozen soils	Leptosols	100	1.3

注：1) 中国土壤分类系统中土纲名及土纲英译名。
2) 中国土壤分类系统中土类名及土类英译名。
3) 世界土壤资源参比基础（world reference base for soil resources，WRB）工作组发布土组名，WRB 土组划分原则与中国土壤分类系统中土纲接近。
4) WRB 土组对中国土壤分类系统中各土类的最大可参比性（maximum referencibility，MR）。
5) 该土类面积占甘肃省省域面积百分比，土类面积不足本省省域面积 0.05% 的土类未列入本表。

附录6　分省土壤有机质含量图有机质含量分级图例

图例	分级序号	色码（CMYK）	色码（RGB）	图例	分级序号	色码（CMYK）	色码（RGB）
	1	2, 2, 17, 0	255, 255, 220		8	38, 0, 74, 0	157, 218, 104
	2	4, 1, 35, 0	248, 255, 190		9	42, 0, 80, 0	146, 210, 90
	3	8, 0, 47, 0	238, 255, 165		10	48, 1, 85, 0	132, 200, 80
	4	17, 0, 53, 0	220, 249, 150		11	52, 4, 89, 1	123, 190, 70
	5	23, 0, 60, 0	203, 242, 135		12	54, 11, 94, 3	115, 175, 55
	6	28, 0, 62, 0	185, 235, 130		13	61, 18, 98, 7	92, 158, 37
	7	34, 0, 68, 0	169, 225, 118		14	64, 24, 100, 15	70, 138, 20

附录7　甘肃省典型剖面0—20cm土层土壤理化性状中位数与平均数

土壤理化性状[1]	甘肃省[2]			西北地区[3]			全国[4]		
	中位数	平均数	样本量*	中位数	平均数	样本量*	中位数	平均数	样本量*
有机质/（g/kg）	13.6	26.1	1860	12.7	25.3	5132	18.6	25.4	53243
pH	8.2	8.0	1741	8.2	8.0	4727	6.8	6.8	54014
全氮/（g/kg）	0.90	1.50	1844	0.85	1.41	4954	1.06	1.37	49409
全磷/（g/kg）	0.69	0.77	1808	0.65	0.77	4844	0.60	0.78	50185
全钾/（g/kg）	19.8	19.8	1354	19.4	19.3	3034	18.0	17.5	29736
碱解氮/（mg/kg）	50	66	251	57	98	1597	90	114	19316
有效磷/（mg/kg）	5.0	7.1	1250	5.0	7.5	2643	4.4	7.5	23100
速效钾/（mg/kg）	147	165	1347	149	171	2529	90	110	23841
阳离子交换量/（cmol/kg）	12.0	15.0	1470	12.3	15.0	3210	13.1	14.8	22361

注：1）土壤全氮、全磷、全钾、碱解氮、有效磷、速效钾含量均以N、P、K纯养分量计。
　　2）本卷收录的甘肃省典型土壤剖面共计2035个。通过对剖面数据的土层厚度转换，附录7给出了这些典型剖面0—20cm土层土壤理化性状中位数与平均数。全国第二次土壤普查剖面采样为典型土类采样，而非网格化采样。0—20cm土层土壤理化性状中位数与平均数不代表本省土壤理化性状平均状况。但全国第二次土壤普查是我国最早的大样本量调查，附录7所示的0—20cm土层土壤理化性状中位数与平均数对了解甘肃省20世纪80年代土壤肥力性状量化指标具有一定参考价值。
　　3）西北地区包括陕西、甘肃、宁夏、青海和新疆5个省、自治区，本数据集收录该地区的剖面共计6078个。
　　4）本数据集全集收录的剖面共计63792个。
　　* 样本量的单位为"个"。

附录 8　甘肃省主要土地利用类型 0—30cm 土层土壤有机质含量[1]

土地利用类型	甘肃省		西北地区[2]		全国	
	占省域面积百分比[3]/%	有机质/(g/kg)	占地域面积百分比/%	有机质/(g/kg)	占地域面积百分比/%	有机质/(g/kg)
耕地	12.27	12.76	5.62	12.35	13.52	18.65
园地	1.01	10.42	0.95	9.58	2.13	16.68
林地	18.75	20.64	12.67	19.03	30.04	26.96
草地	33.69	16.16	36.49	20.20	27.97	19.18
湿地	2.79	12.65	2.62	14.55	2.48	17.56

注：1）各土地利用类型 0—30cm 土层土壤有机质含量由本卷编制的甘肃省土壤有机质含量图和自然资源部土地科学数据中心编制的 2019 年 1∶100 万比例尺全国土地利用缩编图通过叠加、计算生成。其中，耕地包括水田、水浇地和旱地；园地包括果园、茶园和其他园地；林地包括有林地、灌木林地和其他林地；草地包括天然牧草地、人工牧草地和其他草地；湿地包括沼泽地、沿海滩涂和内陆滩涂。
2）西北地区包括陕西、甘肃、宁夏、青海和新疆 5 个省、自治区。
3）土地利用类型占省域面积百分比根据第三次全国国土调查发布的 2019 年土地利用现状分类面积汇总数据计算生成。

附录 9　甘肃省耕地、园地、林地和草地中主要土壤类型占比[1]

甘肃省									西北地区[2]									全国								
耕地		园地		林地		草地		耕地		园地		林地		草地		耕地		园地		林地		草地	
土类名	占比/%	土类名	占比/%	土类名	占比/%	土类名	占比/%	土类名	占比/%	土类名	占比/%	土类名	占比/%	土类名	占比/%	土类名	占比/%	土类名	占比/%	土类名	占比/%	土类名	占比/%
黄绵土	22.5	褐土	26.0	褐土	21.8	灰棕漠土	19.6	黄绵土	14.9	黄绵土	21.2	黄绵土	11.1	草毡土	18.2	水稻土	14.9	水稻土	14.3	红壤	16.7	寒钙土	21.8
黑垆土	17.6	黄绵土	25.9	棕壤	14.0	灰钙土	12.0	草甸盐土	8.9	褐土	14.3	风沙土	11.1	寒钙土	13.6	潮土	14.3	红壤	13.1	暗棕壤	10.3	草毡土	14.4
褐土	9.9	黑垆土	19.5	灰褐土	11.1	冷钙土	10.1	黑垆土	7.4	棕漠土	9.0	黄棕壤	9.7	棕钙土	9.0	草甸土	9.1	砖红壤	11.5	黄壤	7.0	栗钙土	9.7
灌漠土	9.2	新积土	7.6	黄绵土	7.2	黑毡土	7.9	草甸土	6.9	灌淤土	8.0	棕壤	8.6	栗钙土	7.4	褐土	6.1	褐土	10.5	黄棕壤	6.3	棕钙土	7.4
灰钙土	8.7	红黏土	4.7	风沙土	6.1	黄绵土	7.4	潮土	6.9	黑垆土	6.4	褐土	8.0	灰棕漠土	7.0	紫色土	4.8	赤红壤	9.6	棕壤	5.8	寒冻土	5.3
风沙土	5.3	风沙土	2.5	暗棕壤	6.0	栗钙土	6.5	褐土	6.6	潮土	6.2	灰褐土	5.0	寒冻土	4.9	红壤	4.7	紫色土	5.6	赤红壤	5.1	风沙土	4.8
新积土	3.7	灌漠土	2.4	灰棕漠土	5.6	草毡土	6.3	灰棕土	5.4	草甸土	5.3	草甸盐土	4.9	冷钙土	4.9	黑土	3.4	粗骨土	5.0	褐土	4.6	灰棕漠土	4.4
灰褐土	3.7	灰棕漠土	2.4	黑毡土	5.4	寒毡土	4.0	灰漠土	4.6	风沙土	4.8	草毡土	4.4	棕漠土	4.0	黑钙土	3.2	潮土	4.8	紫色土	4.5	黑钙土	4.0
合计	80.6	合计	91.0	合计	77.2	合计	77.2	合计	61.6	合计	75.2	合计	62.8	合计	69.0	合计	60.5	合计	74.4	合计	60.3	合计	71.8

注：1）耕地、园地、林地和草地中主要土壤类型占比由本表编制的甘肃省土壤图和自然资源部土地科学数据中心编制的2019年1：100万比例尺全国土地利用缩编图通过叠加、计算生成。其中，耕地包括水田、水浇地和旱地；园地包括果园、茶园和其他园地；林地包括有林地、灌木林地和其他林地；草地包括天然牧草地、人工牧草地和其他草地。当某省、自治区、直辖市中某土地利用类型所含土壤类型较多时，本表仅列出占比较大的土壤类型。

2）西北地区包括陕西、甘肃、宁夏、青海和新疆5个省、自治区。

附录10 《中国土壤剖面数据集》参编单位

国家科技基础性工作专项重点项目"我国1∶5万土壤图籍编撰及高精度数字土壤构建"主持与参加单位	
中国农业科学院农业资源与农业区划研究所	湖南农业大学
中国科学院南京土壤研究所	西北农林科技大学
中国农业科学院农业环境与可持续发展研究所	沈阳大学
中国科学院地理科学与资源研究所	山东省国土测绘院
国家基础地理信息中心	辽宁省基础测绘院
全国农业技术推广服务中心	黑龙江省农业科学院土壤肥料与环境资源研究所
中国农业大学	海南省农业科学院
华中农业大学	上海市农业科学院生态环境保护研究所
中国地质大学(北京)	城信迪赛(北京)科技有限公司
参加数据集各分卷审核和修订工作的单位	
北京市农林科学院植物营养与资源研究所	广西农业科学院农业资源与环境研究所
河北省农林科学院农业资源环境研究所	重庆市农业技术推广总站
山西省农业科学院农业环境与资源研究所	贵州省农业科学院土壤肥料研究所
辽宁省农业科学院植物营养与环境资源研究所	云南省农业科学院农业环境资源研究所
吉林省农业科学院农业资源与环境研究所	甘肃省农业科学院土壤肥料与节水农业研究所
江苏省农业科学院农业资源与环境研究所	青海省农林科学院土壤肥料研究所
福建省农业科学院	宁夏农林科学院农业资源与环境研究所
江西省土壤肥料技术推广站	新疆农业科学院土壤肥料与农业节水研究所
山东省农业科学院农业资源与环境研究所	西藏自治区农牧科学院
湖南省土壤肥料研究所	

续表

参加分县大比例尺纸质土壤图与土种志收集的单位	
北京市耕地建设保护中心	福建省农田建设与土壤肥料技术总站
天津市农田建设管理处	山东省土壤肥料总站
河北省土壤肥料总站	河南省土壤肥料站
山西省耕地质量监测保护中心	湖北省耕地质量与肥料工作总站（湖北省土壤肥料调查测试中心）
内蒙古自治区土壤肥料和节水农业工作站	湖南省土壤肥料工作站
辽宁省土壤肥料总站	广东省农业科学院农业资源与环境研究所
吉林省土壤肥料总站	河池市土壤肥料工作站
黑龙江八一农垦大学	成都土壤肥料测试中心
上海市农业技术推广服务中心	云南省土壤肥料工作站
江苏省农业科学院	陕西省耕地质量与农业环境保护工作站
扬州市土壤肥料站	甘肃省耕地质量建设保护总站
安徽省土壤肥料总站	

注：表中各参编单位仅出现一次，参与多项工作的单位不重复列出。

参考文献

[1] 张维理，徐爱国，张认连，等.土壤分类研究回顾与中国土壤分类系统的修编[J].中国农业科学，2014，47（16）：3214-3230.

[2] 张维理，KOLBE H，张认连，等.世界主要国家土壤调查工作回顾[J].中国农业科学，2022，55（18）：3565-3583.

[3] MCBRATNEY A B，MENDONÇA SANTOS M L，MINASNY B. On digital soil mapping[J]. Geoderma，2003（117）：3-52.

[4] USDA. Natural Resources Conservation Service[EB/OL]. Soils National Soil Information System（NASIS）[2021-12-01]. http://www.nrcs.usda.gov/wps/portal/nrcs/detail/soils/survey/cid=nrcs142p2_053552.

[5] CSIRO Land and Water. Australian Soil Resource Information System（ASRIS）[EB/OL].[2021-12-01]. http://www.asris.csiro.au/asris.

[6] European Soil Data Centre[EB/OL].[2021-12-01]. http://eusoils.jrc.ec.europa.eu/.

[7] 全国土壤普查办公室.全国第二次土壤普查暂行技术规程[M].北京：农业出版社，1979.

[8] 张维理，张认连，徐爱国，等.中国1∶5万比例尺数字土壤的构建[J].中国农业科学，2014，47（16）：3195-3213.

[9] 张维理，傅伯杰，徐爱国，等.中国土壤调查结果的地统计特征[J].中国农业科学，2022，55（13）：2572-2583.

[10] 张维理.海量空间数据提取、整合与制图表达方法概要[J].中国农业科学，2014，47（16）：3231-3249.

[11] 张维理.智能化海量空间信息分析与地图制图软件包IMAT设计及构建[J].中国农业科学，2014，47（16）：3250-3263.

[12]《第一次全国地理国情普查地图集》编纂委员会.第一次全国地理国情普查地图集[M].北京：中国地图出版社，2019.

[13] 中国地图出版社.中国地图集[M].3版.北京：中国地图出版社，2022.

[14] 全国土壤质量标准化技术委员会.土壤制图 1∶25 000　1∶50 000　1∶100 000中国土壤图用色和图例规范：GB/T 36501—2018[S].北京：中国标准出版社，2018.

[15] 张维理，KOLBE H，张认连.土壤有机碳作用及转化机制研究进展[J].中国农业科学，2020，53（2）：317-331.

[16] 周北燕，石家星.中国地形图[M].北京：中国地图出版社，2009.

[17]《中华人民共和国气候图集》编委会.中华人民共和国气候图集[M].北京：气象出版社，2002.

[18] 中国标准化与信息分类编码研究所，全国农业技术推广服务中心.中国土壤分类与代码：GB/T 17296—1998[S].

[19] 中国标准研究中心.中国土壤分类与代码：GB/T 17296—2000[S].

[20] 全国信息分类编码标准化技术委员会.中国土壤分类与代码：GB/T 17296—2009[S].北京：中国标准出版社，2009.

[21] ISSS，ISRIC，FAO. World Reference Base for Soil Resources. Wageningen/Rome，1998.

［22］SHI X Z，YU D S，XU S X，et al. Cross-reference for relating Genetic Soil Classification of China with WRB at different scales［J］. Geoderma，2010（155）：344-350.
［23］全国土壤普查办公室. 中国土种志　第一卷［M］. 北京：中国农业出版社，1993.
［24］全国土壤普查办公室. 中国土种志　第二卷［M］. 北京：中国农业出版社，1994.
［25］全国土壤普查办公室. 中国土种志　第三卷［M］. 北京：中国农业出版社，1994.
［26］全国土壤普查办公室. 中国土种志　第四卷［M］. 北京：中国农业出版社，1995.
［27］全国土壤普查办公室. 中国土种志　第五卷［M］. 北京：中国农业出版社，1995.
［28］全国土壤普查办公室. 中国土种志　第六卷［M］. 北京：中国农业出版社，1996.
［29］全国土壤普查办公室. 中国土壤［M］. 北京：中国农业出版社，1998.